U0804002

JIANZHU RUODIAN GONGCHENG
SHEJI SHIGONG SHOUCE

建筑弱电工程设计施工手册

黎连业　黎恒浩　王　华　编著

中国电力出版社
CHINA ELECTRIC POWER PRESS

内 容 提 要

本书是一部比较系统、完整地介绍建筑弱电工程设计、施工、测试、验收技术的实用工具书。本书内容以建筑弱电工程的设计与施工技术为核心，将弱电工程的子系统进行了细分，阐述了防雷与接地系统、广播音响系统、电视监控系统、防盗报警系统、出入口控制系统、楼宇对讲系统、电子巡更系统、电话通信系统、火灾自动报警与消防联动控制系统、有线电视和卫星接收系统、视频会议系统、综合布线系统、计算机网络系统、停车场系统等，共计21个子系统的设计、施工和检验、验收技术，融入了工程的设计思想、常用的计算公式、设计图表、设计实例，设备、线缆的选型，施工、安装工艺，工程质量检验与检测等。同时还介绍了与弱电工程紧密联系的内装修施工技术和验收、机房工程的设计与施工技术。

本书适合于建筑设计院所、建筑施工企业、机电安装公司、安防与智能化系统集成商等单位的从事相关设计、施工、监理、验收、管理的工程技术人员、技术工人，从事房地产开发、物业管理的工程技术人员以及各大专院校相关专业师生、所有有志于深入了解和全面掌握智能建筑弱电工程设计与施工技术的专业人员阅读和使用。

图书在版编目（CIP）数据

建筑弱电工程设计施工手册/黎连业，黎恒浩，王华编著. —北京：中国电力出版社，2010.4（2020.1重印）

ISBN 978-7-5083-9475-6

Ⅰ.①建… Ⅱ.①黎…②黎…③王… Ⅲ.①房屋建筑设备：电气设备-建筑安装工程-建筑设计-技术手册②房屋建筑设备：电气设备-建筑安装工程-工程施工-技术手册 Ⅳ.①TU85-62

中国版本图书馆CIP数据核字（2009）第176344号

中国电力出版社出版、发行

（北京市东城区北京站西街19号 100005 http://www.cepp.sgcc.com.cn）

三河市万龙印装有限公司印刷

各地新华书店经售

*

2010年4月第一版 2020年1月北京第十次印刷

787毫米×1092毫米 16开本 44.75印张 1509千字

印数22001—23500册 定价**88.00**元

版 权 专 有 翻 印 必 究

本书如有印装质量问题，我社营销中心负责退换

前言
Preface

智能建筑中的弱电主要有两类，一类是国家规定的安全电压等级及控制电压等低电压电能，有交流与直流之分，交流36V以下，直流24V以下，如24V直流控制电源，或应急照明灯备用电源；另一类是载有语音、图像、数据等信息的信息源，如电话、电视、计算机的信息。具有电压低、电流小、功率小、频率高的特点，应用上主要考虑的问题是信息传输，即信息传输的保真度、速度、广度和可靠性。改革开放以来，我国的建筑规模居世界的前列，尤其是智能大厦、智能小区建筑技术的进步，对弱电工程提出更高、更新的要求，弱电工程向着集成系统方向发展，它的建设更显得特别重要。弱电工程的设计与施工已经成为现代建筑建设的重要组成部分。

本书依据国家最新有关标准、规范，紧密跟踪当前弱电技术的发展，阐述了各个弱电工程子系统的设计与施工技术，融入了技术原理、设计思想、设计实例，设备、线缆的选型、施工、安装工艺，工程质量检验与检测等。主要内容包括：弱电工程基本知识，防雷与接地系统、广播音响系统、电视监控系统、防盗报警系统、出入口控制系统、楼宇对讲系统、电子巡更系统、电话通信系统、卫星导航定位系统、火灾自动报警与消防联动控制系统、有线电视和卫星接收系统、视频会议系统、综合布线系统、计算机网络系统、楼宇设备控制系统、一卡通系统、停车场系统、图像信息管理系统、多媒体教学系统、LED大屏幕显示系统、舞台机械灯光系统的设计与施工技术，UPS系统的实用技术，以及内装修施工技术和验收、机房工程的设计与施工技术。最后给出了建筑弱电工程设计与施工全过程所使用的表格体系，所有表格读者可到中国电力出版社网站 www.cepp.sgcc.com.cn 下载使用。本书是编者多年从事建筑弱电工程设计与施工、系统集成、弱电工程监理、信息工程监理工作的心血之作。

本书构建了弱电工程设计与施工所需的知识体系、方法体系和操作体系，并体现实用性、可操作性、易用性的特点。使读者不但能掌握弱电工程的基础知识，而且知道怎样去做弱电工程，为读者工作创造基础条件，是读者进行建筑弱电工程的方案设计，组织工程施工、测试、验收和鉴定的必备工具书。

本书的主要执笔者为黎连业、黎恒浩、李淑春、王华。在本书的编写过程中，得到了中国气象局的郭军让先生，王超成、苏畅同志提供的许多有价值的资料和帮助；中科院软件所张维同志参与讨论，确定本书的写作思想和具体的写作内容；得到了广州番禺职业技术学院的向东明先生、中国软件评测中心朱卫东、李皓、王安、金陆、段兆金、李宝林等同行的支持；单银根、陈建华、王兆康、王长富等同志提出了许多有益的建议，并为本书的写作提供了便利；中科院计算所（二部）的张久军、潘朝阳同志对书稿提出了许多修改意见；黎娜、王月冬、黎萍、黎军为本书写作做了大量的文字组织工作，提供帮助的还有滕华、梁艳、张静、张洪波、顾寿筠等。借此机会对上述同志一并表示感谢！

同时，本书的编写参考借鉴了大量的文章、书籍和许多宝贵的技术资料，借本书出版的机会，对这些书籍、文章、技术资料、技术白皮书的作者、公司表示由衷的感谢！

将本书献给广大从事建筑弱电工程设计和施工工作的同行们，以及大专院校相关专业的师生，希望本书能够帮助你们拓宽和更新知识面，改善知识结构，提升自身的业务素质和理论水平，为提高工程的设计和施工质量略尽绵力。

由于时间仓促，作者水平有限，书中的错误和不当之处，敬请读者批评指正。

编　者

2010 年 3 月于中科院计算所(二部)

目录
Contents

前言
第1章　弱电工程基本知识 …… 1
◎1.1　弱电工程概述 …… 1
◎1.1.1　弱电集成综合管线设计时要考虑的问题 …… 1
◎1.1.2　弱电系统设计时要考虑的问题 …… 1
◎1.1.3　安装施工时要考虑的问题 …… 1
◎1.2　弱电工程的应用领域 …… 3
◎1.2.1　智能建筑 …… 3
◎1.2.2　智能小区 …… 3
◎1.2.3　智能校园 …… 4
◎1.2.4　平安城市建设 …… 4
◎1.3　弱电工程的分类与研究的内容 …… 5
◎1.3.1　防雷与接地系统 …… 5
◎1.3.2　广播音响系统 …… 5
◎1.3.3　电视监控系统 …… 6
◎1.3.4　防盗报警系统 …… 6
◎1.3.5　出入口控制系统 …… 6
◎1.3.6　楼宇对讲系统 …… 6
◎1.3.7　电子巡更系统 …… 6
◎1.3.8　电话通信系统 …… 6
◎1.3.9　全球定位系统 …… 6
◎1.3.10　火灾自动报警与消防联动控制系统 …… 7
◎1.3.11　有线电视和卫星接收系统 …… 7
◎1.3.12　综合布线系统 …… 7
◎1.3.13　计算机网络系统 …… 8
◎1.4　弱电工程施工的实施步骤 …… 8
◎1.4.1　弱电工程施工的规范和标准 …… 8
◎1.4.2　弱电工程的施工组织设计 …… 9
◎1.4.3　弱电工程施工图的绘制 …… 9
◎1.4.4　弱电工程项目的实施 …… 12
◎1.5　弱电工程的项目管理 …… 13
◎1.5.1　施工管理 …… 13
◎1.5.2　工程技术管理 …… 13
◎1.5.3　质量管理 …… 13
◎1.6　弱电工程的系统电源 …… 14
◎1.6.1　交流供电方式 …… 14
◎1.6.2　直流供电方式 …… 14
◎1.6.3　不间断电源设备（UPS） …… 15
◎1.7　弱电工程验收 …… 15
◎1.7.1　验收目的 …… 15
◎1.7.2　验收方式 …… 15
◎1.7.3　验收前提 …… 16
◎1.7.4　验收内容 …… 16
◎1.7.5　弱电工程施工验收规则 …… 17
第2章　防雷与接地系统的设计与施工技术 …… 20
◎2.1　防雷与接地基本知识 …… 20
◎2.1.1　雷电 …… 20
◎2.1.2　防雷术语 …… 20
◎2.1.3　建筑物的防雷分类 …… 21
◎2.1.4　防雷的基本要素 …… 22
◎2.1.5　防雷系统设计原则 …… 22
◎2.1.6　防雷系统设计相关技术标准 …… 23
◎2.2　防雷接地设计规范要求 …… 23
◎2.2.1　防雷接地设计的一般要求 …… 23
◎2.2.2　建筑物防雷措施 …… 25
◎2.2.3　移动通信基站防雷措施 …… 29
◎2.2.4　微波站防雷措施 …… 30
◎2.2.5　防雷装置 …… 31
◎2.2.6　接地装置 …… 32
◎2.2.7　接闪器布置 …… 33
◎2.3　防雷设计 …… 33
◎2.3.1　防雷与接地设计的整体考虑 …… 33
◎2.3.2　防雷装置 …… 35
◎2.3.3　通信系统的防雷设计 …… 35
◎2.3.4　建筑物的防雷设计 …… 37
◎2.3.5　微波、无线基站的防雷设计 …… 39
◎2.4　弱电系统的接地设计 …… 39
◎2.4.1　弱电系统的接地设计原则 …… 39
◎2.4.2　接地体和常用的接地 …… 40
◎2.4.3　弱电系统的接地 …… 42
◎2.5　弱电系统的防雷接地工程的施工 …… 46
◎2.5.1　防雷接地工程的施工准备工作 …… 46
◎2.5.2　防雷装置的安装 …… 47
◎2.5.3　地网施工安装 …… 50
◎2.5.4　接地体的施工安装 …… 51
◎2.5.5　接地干线安装 …… 51
◎2.5.6　防雷接地工程实例 …… 52

◎2.6 防雷与接地系统工程检验验收 …… 53
◎2.6.1 主要检验验收内容 …… 54
◎2.6.2 工程交接验收 …… 55
第3章 广播音响系统的设计与施工技术 …… 56
◎3.1 广播音响系统的传输方式、组成与分类 …… 56
◎3.1.1 广播系统传输方式 …… 56
◎3.1.2 广播音响系统的组成 …… 57
◎3.1.3 广播音响系统的分类 …… 58
◎3.2 广播音响系统的有关标准和声学特性指标 …… 59
◎3.2.1 广播音响系统的有关国家标准 …… 59
◎3.2.2 广播系统声学特性指标 …… 59
◎3.3 广播音响系统中使用的有关设备 …… 61
◎3.3.1 调谐器 …… 61
◎3.3.2 前置放大器 …… 61
◎3.3.3 传声器 …… 61
◎3.3.4 电唱机 …… 61
◎3.3.5 录音机 …… 61
◎3.3.6 扬声器 …… 62
◎3.3.7 激光唱机 …… 62
◎3.3.8 耳机 …… 62
◎3.3.9 调音台 …… 62
◎3.3.10 功率放大器 …… 62
◎3.4 广播音响系统设备的选择和配置 …… 62
◎3.4.1 节目源设备的选择和配置 …… 62
◎3.4.2 信号放大和处理设备的选择和配置 …… 64
◎3.5 室内声场的音质设计与吸声材料 …… 66
◎3.5.1 室内声场的传播与音质设计要求 …… 66
◎3.5.2 吸声材料 …… 67
◎3.6 厅堂扩声音响系统及其设计 …… 68
◎3.6.1 厅堂扩声系统的分类 …… 68
◎3.6.2 厅堂扩声系统的技术指标 …… 68
◎3.6.3 扬声器的布置方式 …… 69
◎3.6.4 厅堂扩声系统的设计 …… 70
◎3.6.5 某演示厅方案设计示例 …… 71
◎3.6.6 歌舞厅方案设计示例 …… 72
◎3.7 公共广播系统的分类及其设计 …… 72
◎3.7.1 公共广播系统的分类 …… 72
◎3.7.2 公共广播系统的功能及技术要求 …… 73
◎3.7.3 公共广播系统的工程设计 …… 74
◎3.8 广播音响系统的施工 …… 75
◎3.8.1 敷设线路 …… 75
◎3.8.2 扬声器安装 …… 75
◎3.8.3 设备安装 …… 76
◎3.9 广播音响系统的检验验收 …… 76
◎3.9.1 主要检验验收内容 …… 76
◎3.9.2 广播音响系统验收使用的主要表据 …… 77
第4章 电视监控系统的设计与施工技术 …… 78
◎4.1 电视监控系统基础知识 …… 78
◎4.1.1 系统概述 …… 78
◎4.1.2 系统分类 …… 78
◎4.1.3 一般要求的电视监控系统 …… 79
◎4.1.4 特别要求的电视监控系统 …… 79
◎4.1.5 电视监控系统的组成 …… 80
◎4.2 电视监控系统的有关标准和要求 …… 81
◎4.2.1 电视监控系统的有关技术标准 …… 81
◎4.2.2 电视监控系统对设计人员的具体要求 …… 81
◎4.2.3 对电视监控系统功能的要求 …… 81
◎4.3 电视监控系统设计 …… 82
◎4.3.1 电视监控系统选型 …… 82
◎4.3.2 电视监控系统前端设备的选型与安装设计 …… 83
◎4.4 电视监控系统工程施工技术 …… 84
◎4.5 电视监控系统工程测试、检验、验收 …… 84
◎4.5.1 电视监控系统工程测试的具体要求和内容 …… 84
◎4.5.2 传输线路测试 …… 85
◎4.5.3 安全防范工程前端设备测试 …… 89
◎4.5.4 中心端设备测试检查 …… 91
◎4.5.5 电视监控系统功能测试检验 …… 91
◎4.5.6 电源测试检查 …… 93
◎4.5.7 防雷与接地测试检查 …… 93
◎4.5.8 电视监控工程验收使用的主要表据 …… 94
第5章 防盗报警系统的设计与施工技术 …… 95
◎5.1 防盗报警系统基础知识 …… 95
◎5.1.1 防盗报警系统的组成 …… 95
◎5.1.2 防盗报警器的分类 …… 97
◎5.2 防盗报警系统的有关标准 …… 98
◎5.3 防盗报警系统设计 …… 98
◎5.3.1 防盗报警系统设计要求 …… 99
◎5.3.2 防盗报警系统前端探测设计 …… 99
◎5.3.3 防盗报警系统信道传输设计 …… 105
◎5.3.4 防盗报警系统中心监控设计 …… 108
◎5.3.5 验证和警卫部分 …… 111
◎5.3.6 报警控制器 …… 112

◎5.4 防盗报警系统的施工 …… 112
◎5.4.1 防盗报警工程的施工准备 …… 112
◎5.4.2 防盗报警工程各类探测器的安装要求和技术 …… 113
◎5.4.3 防盗报警工程报警控制器的安装要求和技术 …… 115
◎5.5 防盗报警系统的测试检验验收 …… 117
◎5.5.1 防盗报警工程验收的条件 …… 117
◎5.5.2 防盗报警系统验收要求 …… 118
◎5.5.3 防盗报警工程验收所使用的主要表据 …… 119
第6章 出入口控制系统的设计与施工技术 …… 120
◎6.1 出入口控制系统基础知识 …… 120
◎6.1.1 出入口控制系统的特点 …… 120
◎6.1.2 出入口控制系统的结构 …… 120
◎6.1.3 出入口控制系统的类型 …… 121
◎6.1.4 系统的防护级别 …… 122
◎6.1.5 出入口控制系统的功能 …… 122
◎6.1.6 出入口控制系统的传输、电源要求 …… 125
◎6.1.7 出入口控制系统的智能识别技术 …… 126
◎6.2 出入口控制系统的有关标准 …… 128
◎6.3 出入口控制系统设计 …… 128
◎6.3.1 出入口控制系统设计原则和一般规定 …… 128
◎6.3.2 设备和传输方式、线缆选型 …… 130
◎6.3.3 出入口控制系统工程的设计要求 …… 133
◎6.3.4 系统功能设计施工要求 …… 133
◎6.3.5 门禁出入口控制系统方案举例 …… 133
◎6.4 出入口控制系统的施工技术 …… 134
◎6.4.1 出入口控制工程的施工准备 …… 134
◎6.4.2 出入口控制系统安装要求和施工 …… 134
◎6.5 出入口控制系统工程的测试检验验收 …… 136
◎6.5.1 检测及验收依据 …… 136
◎6.5.2 软件的检测及验收 …… 136
◎6.5.3 硬件的检测及验收 …… 136
第7章 楼宇对讲系统的设计与施工技术 …… 137
◎7.1 可视对讲系统基础知识 …… 137
◎7.1.1 可视对讲系统发展的基本情况 …… 137
◎7.1.2 直按式对讲系统 …… 138
◎7.1.3 小户型套装对讲系统 …… 139
◎7.1.4 普通数码对讲系统 …… 139
◎7.1.5 直按式可视对讲系统 …… 140
◎7.1.6 联网型可视对讲系统 …… 141
◎7.1.7 可视对讲系统的产品功能与规格 …… 145
◎7.1.8 对讲系统产品的应用 …… 148
◎7.2 可视对讲系统的有关标准 …… 149
◎7.3 可视对讲系统的设计 …… 149
◎7.3.1 设计原则 …… 149
◎7.3.2 设计应当满足的要求 …… 150
◎7.3.3 三种系统结构 …… 150
◎7.3.4 可视对讲系统设计的内容 …… 151
◎7.3.5 某小区可视对讲设计方案举例 …… 152
◎7.4 可视对讲系统的施工技术 …… 153
◎7.4.1 可视对讲系统工程的施工准备 …… 153
◎7.4.2 可视对讲系统工程配线的施工 …… 153
◎7.4.3 可视对讲系统工程箱盒、门的施工 …… 153
◎7.4.4 门口主机安装 …… 153
◎7.4.5 层间分配器安装 …… 154
◎7.4.6 管理中心机安装 …… 155
◎7.4.7 门前铃安装 …… 155
◎7.4.8 总线接线箱安装 …… 155
◎7.5 可视对讲系统的测试和检验验收 …… 156
◎7.5.1 对讲系统的测试 …… 156
◎7.5.2 对讲系统检验验收 …… 156
第8章 电子巡更系统的设计与施工技术 …… 158
◎8.1 电子巡更系统基础知识 …… 158
◎8.1.1 电子巡更系统概述 …… 158
◎8.1.2 电子巡更系统组成 …… 158
◎8.2 电子巡更系统的有关标准 …… 160
◎8.2.1 有关标准和导则 …… 160
◎8.2.2 电子巡更系统要求 …… 160
◎8.3 电子巡更系统设计 …… 160
◎8.3.1 电子巡更系统设计原则 …… 160
◎8.3.2 技术要求 …… 160
◎8.3.3 电子巡更解决方案 …… 161
◎8.3.4 安居宝电子巡更系统 …… 161
◎8.3.5 海湾安全技术股份有限公司的巡更管理系统 …… 162
◎8.4 电子巡更系统的施工 …… 163
◎8.4.1 电子巡更系统工程施工准备和产品相关要求 …… 163
◎8.4.2 电子巡更系统工程布线施工 …… 163
◎8.4.3 电子巡更系统工程设备安装 …… 163
◎8.4.4 电子巡更系统工程系统调试 …… 164
◎8.5 电子巡更系统的测试检验验收 …… 164
第9章 电话通信系统的设计与施工技术 …… 165

◎9.1 电话通信系统基础知识 …… 165
◎9.1.1 电话机的分类 …… 165
◎9.1.2 程控交换机 …… 165
◎9.2 电话通信系统的有关标准 …… 168
◎9.3 电话通信系统的设计 …… 168
◎9.3.1 电话机房的工程设计 …… 168
◎9.3.2 电话机房的接地设计 …… 170
◎9.3.3 电话机门数（电话站）的设计 …… 173
◎9.3.4 程控交换机容量的设计 …… 174
◎9.3.5 机房使用设备数量的计算 …… 175
◎9.3.6 消防电话系统 …… 175
◎9.3.7 某大楼电话布线系统的初步设计 …… 177
◎9.4 电话通信系统的施工 …… 178
◎9.4.1 电话通信系统工程的施工准备 …… 178
◎9.4.2 电话通信系统线路的施工要求及方式 …… 178
◎9.4.3 程控电话交换设备安装工程 …… 181
◎9.5 电话通信系统的测试和检验验收 …… 184
◎9.5.1 电话通信系统工程测试的具体要求 …… 184
◎9.5.2 传输线路测试 …… 184
◎9.5.3 电缆线路工程验收内容和标准 …… 184
◎9.5.4 传输设备安装验收内容与标准 …… 186
◎9.5.5 交换系统各种功能调测检查主要项目 …… 187
◎9.5.6 电话通信系统的测试 …… 187
◎9.5.7 试运转测试 …… 189
◎9.5.8 地线验收 …… 189
◎9.5.9 电话通信系统验收使用的主要表据 …… 189
第10章 卫星导航定位系统 …… 191
◎10.1 卫星导航定位系统的基础知识 …… 191
◎10.1.1 GPS卫星定位系统 …… 191
◎10.1.2 GPS系统的组成 …… 192
◎10.1.3 GPS定位原理和方法 …… 193
◎10.1.4 GPS定位的误差因素和提高精度的方法 …… 194
◎10.1.5 北斗卫星导航系统与GPS系统比较 …… 196
◎10.1.6 地理信息系统GIS …… 196
◎10.1.7 GPS使用的术语 …… 197
◎10.2 卫星导航定位系统的有关标准 …… 197
◎10.3 GPS布网方法 …… 198
◎10.3.1 GPS布网中使用的坐标系统 …… 198
◎10.3.2 GPS网的设计准则 …… 200
◎10.3.3 GPS基线向量网的布网形式 …… 201
◎10.3.4 采用同步图形扩展的布网形式 …… 202
◎10.4 卫星导航定位系统的设计重点和设备选择检查 …… 203
◎10.4.1 GPS工程设计重点 …… 203
◎10.4.2 GPS设备的选择和检查 …… 203
第11章 火灾自动报警与消防联动控制系统的设计与施工技术 …… 204
◎11.1 火灾发生过程与检测方法 …… 204
◎11.1.1 火灾发生的典型过程 …… 204
◎11.1.2 火灾的检测方法 …… 204
◎11.2 火灾探测器 …… 205
◎11.2.1 火灾探测器的型号含义 …… 205
◎11.2.2 火灾探测器的分类 …… 205
◎11.2.3 离子感烟式火灾探测器 …… 206
◎11.2.4 光电感烟式火灾探测器 …… 207
◎11.2.5 感温式火灾探测器 …… 208
◎11.2.6 感光式火灾探测器 …… 208
◎11.2.7 可燃气体探测器 …… 208
◎11.2.8 智能型火灾探测器 …… 209
◎11.2.9 火灾探测器的选用 …… 209
◎11.3 火灾报警控制器 …… 211
◎11.3.1 火灾报警控制器的型号含义 …… 211
◎11.3.2 火灾报警控制器的分类 …… 211
◎11.3.3 火灾报警控制器产品的功能与性能 …… 212
◎11.3.4 模拟量自动火灾报警系统 …… 215
◎11.3.5 智能火灾报警系统 …… 218
◎11.4 消防联动控制系统 …… 220
◎11.4.1 消防联动控制的功能 …… 220
◎11.4.2 消防设备的供电控制 …… 220
◎11.4.3 消防泵的控制 …… 221
◎11.4.4 防排烟设施的控制 …… 222
◎11.4.5 防火卷帘门、防火门控制 …… 222
◎11.4.6 电梯的控制 …… 223
◎11.4.7 典型的消防联动控制系统 …… 223
◎11.5 系统工程设计 …… 224
◎11.5.1 系统设计原则 …… 224
◎11.5.2 区域报警系统设计 …… 224
◎11.5.3 集中报警控制系统设计 …… 224
◎11.5.4 控制中心报警系统设计 …… 225
◎11.5.5 细水雾灭火系统设计 …… 226
◎11.6 火灾自动报警与消防联动控制系统的安装施工 …… 230
◎11.6.1 系统布线 …… 230
◎11.6.2 火灾自动报警系统设备的安装要求 …… 233
◎11.6.3 点型紫外火焰探测器安装 …… 235

◎11.6.4 室内火灾光警报器安装 …… 237
◎11.6.5 点型红外火焰探测器安装 …… 238
◎11.6.6 火灾声光警报器安装 …… 239
◎11.6.7 点型感温火灾探测器安装 …… 240
◎11.6.8 剩余电流式电气火灾监控探测器安装 …… 241
◎11.6.9 点型光电感烟火灾探测器安装 …… 243
◎11.6.10 总线制火灾报警控制器安装 …… 243
◎11.6.11 壁挂式区域火灾报警控制器安装 …… 244
◎11.6.12 联动型火灾报警控制器安装 …… 246
◎11.6.13 手动火灾报警按钮安装 …… 249
◎11.6.14 总线接线箱安装 …… 250
◎11.6.15 火灾显示盘安装 …… 251
◎11.6.16 气体灭火控制盘安装 …… 252
◎11.6.17 总线制消防电话主机安装 …… 256
◎11.6.18 输入/输出模块安装 …… 257
◎11.6.19 齐纳式安全栅安装 …… 258
◎11.6.20 系统接地 …… 258

◎11.7 火灾自动报警及联动控制系统的调试 …… 259

◎11.7.1 火灾自动报警及联动控制系统调试的要求 …… 259
◎11.7.2 线路调试 …… 259
◎11.7.3 单体调试 …… 259
◎11.7.4 整体调试 …… 260
◎11.7.5 火灾报警控制器调试 …… 261
◎11.7.6 点型感烟、感温式火灾探测器调试 …… 261
◎11.7.7 线型感温式火灾探测器调试 …… 261
◎11.7.8 红外光束感烟火灾探测器调试 …… 261
◎11.7.9 通过管路采样的吸气式火灾探测器调试 …… 261
◎11.7.10 点型火焰探测器和图像型火灾探测器调试 …… 261
◎11.7.11 手动火灾报警按钮调试 …… 261
◎11.7.12 消防联动控制器调试 …… 261
◎11.7.13 区域显示器（火灾显示盘）调试 …… 262
◎11.7.14 可燃气体报警控制器调试 …… 262
◎11.7.15 可燃气体探测器调试 …… 262
◎11.7.16 消防电话调试 …… 263
◎11.7.17 消防应急广播设备调试 …… 263
◎11.7.18 系统备用电源调试 …… 263
◎11.7.19 消防设备应急电源调试 …… 263
◎11.7.20 消防控制中心图形显示装置调试 …… 263
◎11.7.21 气体灭火控制器调试 …… 264
◎11.7.22 防火卷帘控制器和其他受控部件调试 …… 264
◎11.7.23 火灾自动报警系统的系统性能调试 …… 264

◎11.8 火灾自动报警及联动控制系统验收 …… 264

◎11.8.1 火灾自动报警系统验收要求 …… 264
◎11.8.2 验收前的准备 …… 265
◎11.8.3 火灾自动报警系统的设备验收 …… 265
◎11.8.4 火灾自动报警系统的验收 …… 268

第12章 有线电视和卫星接收系统的设计与施工技术 …… 269

◎12.1 有线电视系统基础知识 …… 269

◎12.1.1 有线电视系统的特点 …… 269
◎12.1.2 有线电视系统的组成 …… 269
◎12.1.3 有线电视系统分类 …… 270
◎12.1.4 有线电视频道的划分 …… 270
◎12.1.5 有线电视接收天线 …… 270
◎12.1.6 电缆电视系统常用部件 …… 273
◎12.1.7 双向有线电视 …… 278
◎12.1.8 数字电视 …… 278
◎12.1.9 有线电视频道的划分 …… 279

◎12.2 卫星电视系统基础知识 …… 279

◎12.2.1 卫星电视概述 …… 279
◎12.2.2 卫星通信系统特点 …… 279
◎12.2.3 卫星通信系统结构和作用 …… 279
◎12.2.4 卫星电视广播系统的频率分配 …… 280
◎12.2.5 卫星电视接收系统的组成和技术要求 …… 281
◎12.2.6 卫星接收天线 …… 283
◎12.2.7 卫星电视接收设备与信号处理 …… 285

◎12.3 有线电视和卫星电视系统的有关标准 …… 286

◎12.4 有线电视系统工程设计 …… 287

◎12.4.1 有线电视系统设计步骤 …… 287
◎12.4.2 有线电视系统设计的主要参数和指标要求 …… 288
◎12.4.3 有线电视系统的基本模式及主要指标分配 …… 289
◎12.4.4 有线电视前端系统的设计 …… 290
◎12.4.5 有线电视传输分配系统的设计 …… 296
◎12.4.6 有线电视天线系统的接收设计 …… 298
◎12.4.7 双向有线电视工程的设计技术指标 …… 300
◎12.4.8 有线电视系统供电的设计 …… 301
◎12.4.9 有线电视部件与线路设计 …… 301

◎12.4.10 有线电视系统防雷、接地的安全设计 …… 301
◎12.5 卫星电视系统工程设计 …… 302
◎12.5.1 卫星地面接收站的配置方式 …… 302
◎12.5.2 卫星电视接收系统的设计 …… 303
◎12.6 有线电视和卫星电视系统的施工 …… 304
◎12.6.1 有线电视系统工程施工的一般要求 …… 304
◎12.6.2 接收天线的安装 …… 304
◎12.6.3 前端机房的安装 …… 306
◎12.6.4 干线架设 …… 307
◎12.6.5 支线与用户线的安装 …… 308
◎12.6.6 系统放大器、分配器、分支器、用户终端盒的安装 …… 308
◎12.6.7 防雷、接地及安全保护 …… 308
◎12.7 有线电视和卫星电视系统的测试检验验收 …… 308
◎12.7.1 有线电视系统的调试 …… 308
◎12.7.2 卫星电视接收系统的调试 …… 310
◎12.7.3 系统的验收 …… 311
第13章 视频会议系统的设计与施工技术 …… 314
◎13.1 视频会议系统基础知识 …… 314
◎13.1.1 视频会议系统的现状 …… 314
◎13.1.2 视频会议系统组成和分类 …… 314
◎13.1.3 视频会议系统的信号、音频输入和输出 …… 317
◎13.1.4 视频会议主要技术 …… 319
◎13.1.5 视频会议终端设备 …… 320
◎13.1.6 视频会议系统的网络组建技术 …… 321
◎13.1.7 视频会议的网络拓扑结构 …… 322
◎13.1.8 视频会议组网主要技术路线 …… 324
◎13.2 视频会议系统的有关标准 …… 326
◎13.2.1 国际视频会议系统的有关标准 …… 326
◎13.2.2 视频会议系统工程施工常用的国内标准规范 …… 327
◎13.3 视频会议系统工程设计 …… 327
◎13.3.1 视频会议系统设计原则 …… 327
◎13.3.2 会议场地、会议室设计 …… 328
◎13.3.3 视频会议系统同声传译的设计 …… 330
◎13.3.4 译员室的设计 …… 331
◎13.3.5 会议表决系统的设计 …… 332
◎13.3.6 一个简单的视频会议研讨系统方案 …… 332
◎13.4 视频会议系统的施工 …… 333
◎13.4.1 视频会议系统的网络带宽 …… 333
◎13.4.2 视频会议插件安装 …… 333
◎13.4.3 视频会议系统的设备安装 …… 333
◎13.5 视频会议系统的测试检验验收 …… 334
◎13.5.1 视频会议系统的测试 …… 334
◎13.5.2 视频会议系统调试 …… 335
◎13.5.3 视频会议系统的测试和检验验收 …… 335
第14章 综合布线系统的设计与施工技术 …… 336
◎14.1 综合布线系统基础知识 …… 336
◎14.1.1 综合布线系统概述 …… 336
◎14.1.2 综合布线系统等级 …… 339
◎14.1.3 综合布线系统的优点 …… 340
◎14.1.4 综合布线系统的布线的构成 …… 340
◎14.1.5 综合布线系统线缆系统的分级与类别 …… 341
◎14.1.6 缆线长度划分 …… 341
◎14.1.7 综合布线系统的信道 …… 342
◎14.1.8 屏蔽布线系统 …… 343
◎14.2 综合布线系统的有关标准 …… 344
◎14.3 综合布线系统的设计 …… 344
◎14.3.1 综合布线系统设计的步骤 …… 344
◎14.3.2 综合布线系统设计的系统指标 …… 346
◎14.3.3 工作区子系统设计 …… 350
◎14.3.4 配线（水平）子系统设计 …… 351
◎14.3.5 干线（垂直干线）子系统设计 …… 354
◎14.3.6 设备间子系统设计 …… 355
◎14.3.7 技术管理 …… 358
◎14.3.8 建筑群子系统设计 …… 360
◎14.3.9 进线间设计 …… 364
◎14.3.10 光缆传输系统 …… 365
◎14.3.11 电信间设计 …… 365
◎14.3.12 电源、防护和接地设计 …… 367
◎14.3.13 环境保护设计 …… 371
◎14.4 综合布线系统的施工 …… 372
◎14.4.1 网络工程布线施工技术要点 …… 372
◎14.4.2 线槽铺设技术 …… 372
◎14.4.3 布线技术 …… 376
◎14.4.4 缆线终接技术 …… 380
◎14.4.5 安装工艺要求 …… 382
◎14.5 综合布线系统的测试检验验收 …… 384
◎14.5.1 综合布线工程电气测试要求 …… 384
◎14.5.2 TSB-67 测试的主要内容 …… 385
◎14.5.3 超5类、6类线测试有关标准 …… 386
◎14.5.4 国家标准制定的电气性能主要测试内容 …… 388
◎14.5.5 故障诊断 …… 389

◎14.5.6 设备材料进场检验 …… 390
◎14.5.7 综合布线工程验收 …… 390
◎14.5.8 现场验收 …… 393
◎14.5.9 系统测试验收 …… 394
第15章 计算机网络系统的设计与施工技术 …… 395
◎15.1 计算机网络概述 …… 395
◎15.1.1 网络的定义 …… 395
◎15.1.2 计算机网络体系结构 …… 395
◎15.1.3 网络传输和传输速率等级 …… 396
◎15.1.4 网络类型 …… 396
◎15.1.5 网络功能 …… 397
◎15.1.6 网络的基本要素 …… 398
◎15.1.7 计算机网络系统的组成 …… 398
◎15.1.8 计算机网络的参考模型 …… 398
◎15.2 以太网技术 …… 399
◎15.2.1 以太网 …… 399
◎15.2.2 10M以太网（10Base－T） …… 399
◎15.2.3 100M以太网 …… 400
◎15.2.4 1000M以太网 …… 400
◎15.2.5 10000M以太网 …… 403
◎15.3 计算机局域网络系统设计 …… 405
◎15.3.1 计算机局域网络系统组成 …… 405
◎15.3.2 计算机局域网络系统设计 …… 405
◎15.3.3 工作区子系统设计要点 …… 406
◎15.3.4 配线子系统设计的要点 …… 406
◎15.3.5 电信间子系统设计的要点 …… 407
◎15.3.6 干线子系统设计的要点 …… 407
◎15.3.7 设备间子系统设计的要点 …… 408
◎15.3.8 建筑群子系统设计的要点 …… 409
◎15.4 计算机网络系统设备选型 …… 410
◎15.4.1 交换机选型要点 …… 410
◎15.4.2 防火墙选型要点 …… 411
◎15.4.3 路由器选型要点 …… 412
◎15.4.4 工作站选型要点 …… 412
◎15.4.5 服务器选型要点 …… 413
◎15.4.6 服务器操作系统选型要点 …… 414
◎15.5 计算机网络系统施工 …… 414
◎15.5.1 工程施工的具体要求 …… 414
◎15.5.2 工程施工方案的评审 …… 415
◎15.5.3 工程施工阶段要点 …… 415
◎15.5.4 工程布线要点 …… 416
◎15.5.5 安装工程设备要点 …… 416
◎15.6 计算机网络系统验收 …… 416
◎15.6.1 工程验收的前提条件 …… 416
◎15.6.2 工程验收方案的审核与实施 …… 416
◎15.6.3 工程验收的组织 …… 417
第16章 楼宇设备控制系统的设计与施工技术 …… 418
◎16.1 楼宇设备控制系统基础知识 …… 418
◎16.1.1 楼宇设备控制系统概述 …… 418
◎16.1.2 楼宇设备控制系统主要部件 …… 418
◎16.1.3 空调控制系统 …… 419
◎16.1.4 冷冻站控制系统 …… 419
◎16.1.5 给排水监控系统 …… 419
◎16.1.6 变配电监控系统 …… 419
◎16.1.7 热力站监控系统 …… 419
◎16.1.8 中央管理计算机功能 …… 419
◎16.2 楼宇设备控制系统的基本功能 …… 420
◎16.3 楼宇设备控制系统的设计 …… 421
◎16.3.1 楼宇设备控制系统设计的依据 …… 421
◎16.3.2 楼宇设备控制系统总体设计的要点 …… 421
◎16.3.3 方案初步设计 …… 423
◎16.3.4 方案设计 …… 423
◎16.3.5 方案施工图设计 …… 425
◎16.4 通风与空调工程施工技术 …… 425
◎16.4.1 通风与空调工程施工技术要求 …… 425
◎16.4.2 通风与空调施工的一般规定 …… 426
◎16.4.3 通风与空调风管施工要求 …… 427
◎16.4.4 风管部件与消声器制作要求 …… 431
◎16.4.5 风管系统安装要求 …… 432
◎16.4.6 通风与空调设备安装要求 …… 434
◎16.4.7 空调制冷系统安装要求 …… 437
◎16.4.8 空调水系统管道与设备安装要求 …… 439
◎16.4.9 防腐与绝热施工要求 …… 442
◎16.5 楼宇布线和设备安装施工 …… 443
◎16.5.1 楼宇设备控制系统的布线施工 …… 443
◎16.5.2 中央控制及网络通信设备柜的安装 …… 443
◎16.5.3 温度传感器的安装 …… 443
◎16.5.4 湿度传感器的安装 …… 444
◎16.5.5 压差开关的安装 …… 445
◎16.5.6 压力传感器的安装 …… 445
◎16.5.7 水流开关的安装 …… 446
◎16.5.8 水管流量传感器的安装 …… 447
◎16.5.9 电量传感器的安装 …… 447
◎16.5.10 空气质量传感器的安装 …… 447
◎16.5.11 风机的安装 …… 447
◎16.5.12 风阀控制器安装 …… 449
◎16.5.13 电动调节阀的安装 …… 449
◎16.5.14 电磁阀的安装 …… 450
◎16.5.15 送风口、回风口布置要求 …… 450

◎16.5.16 泵的安装 …… 450
◎16.5.17 冷却水塔的安装 …… 454
◎16.6 BA 系统监控设备现场调试方案 …… 455
◎16.6.1 空调机组的调试方案 …… 455
◎16.6.2 新风机组测试方案 …… 456
◎16.6.3 FCU 末端的调试方案 …… 456
◎16.6.4 送、排风机的调试方案 …… 457
◎16.6.5 给水系统调试方案 …… 457
◎16.6.6 排水系统调试方案 …… 458
◎16.6.7 照明系统调试方案 …… 458
◎16.6.8 冷热站调试方案 …… 458
◎16.7 系统调试 …… 459
◎16.8 楼宇设备自控系统工程验收 …… 460
第17章 一卡通系统的设计与施工技术 …… 461
◎17.1 一卡通系统基础知识 …… 461
◎17.1.1 一卡通系统概述 …… 461
◎17.1.2 一卡通系统组成 …… 461
◎17.1.3 智能一卡通安全体系 …… 471
◎17.2 一卡通系统的有关标准 …… 472
◎17.3 一卡通系统工程设计 …… 473
◎17.3.1 一卡通系统设计原则 …… 473
◎17.3.2 一卡通系统设计思想 …… 473
◎17.3.3 一卡通系统设备的基本配置设计 …… 474
◎17.3.4 线路和设备（装置）的安装位置设计 …… 474
◎17.4 一卡通系统的施工 …… 474
◎17.4.1 一卡通系统的施工要点 …… 474
◎17.4.2 布线施工 …… 475
◎17.4.3 设备（装置）的安装 …… 475
◎17.5 一卡通系统的测试检验验收 …… 475
◎17.5.1 一卡通系统的调试 …… 475
◎17.5.2 一卡通系统的验收 …… 476
第18章 停车场系统的设计与施工技术 …… 477
◎18.1 停车场系统的基础知识 …… 477
◎18.1.1 停车场管理系统概述 …… 477
◎18.1.2 停车场系统的结构 …… 479
◎18.1.3 停车场管理系统的主要设备 …… 485
◎18.1.4 泊车位地面和车行通道 …… 486
◎18.2 停车场系统的有关标准 …… 486
◎18.3 停车场系统设计 …… 487
◎18.3.1 停车场系统总体设计原则和要求 …… 487
◎18.3.2 停车场管理系统设计 …… 487
◎18.3.3 系统技术指标 …… 489
◎18.3.4 停车场入口（出口）部分设计 …… 490
◎18.3.5 停车库地面部分设计 …… 490
◎18.4 停车场系统的施工 …… 491
◎18.4.1 停车场系统管线敷设布线 …… 491
◎18.4.2 停车场地感线圈施工 …… 493
◎18.4.3 海湾公司小区车辆出入/停车读卡控制系统的安装应用 …… 494
◎18.5 停车场系统的调试检验验收 …… 495
◎18.5.1 停车场系统测试 …… 495
◎18.5.2 停车场验收的主要内容 …… 496
第19章 图像信息管理系统的设计与施工技术 …… 497
◎19.1 图像信息管理系统基本知识 …… 497
◎19.1.1 图像信息系统组成 …… 497
◎19.1.2 图像信息管理系统技术架构 …… 499
◎19.1.3 图像信息管理系统三级联网方式 …… 501
◎19.1.4 图像信息管理系统接入参考模型 …… 502
◎19.1.5 图像信息系统图像资源 …… 503
◎19.1.6 图像资源整合 …… 503
◎19.1.7 图像信息管理系统需要分级、分层、分权的管理 …… 503
◎19.1.8 图像信息系统发展历程 …… 503
◎19.1.9 图像信息系统在3111工程中的作用 …… 505
◎19.2 图像信息管理系统设计 …… 506
◎19.2.1 图像信息管理系统建设原则和要求 …… 506
◎19.2.2 图像信息管理系统设计依据 …… 507
◎19.2.3 图像信息系统总体设计 …… 508
◎19.2.4 实时图像系统总体设计 …… 521
◎19.2.5 历史图像系统的总体设计 …… 522
◎19.2.6 基础信息交换平台 …… 523
◎19.2.7 图像边界管理系统 …… 525
◎19.2.8 认证体系设计 …… 526
◎19.2.9 公安指挥中心建设 …… 526
◎19.2.10 无线视频监控 …… 529
◎19.3 图像信息管理系统工程的施工技术 …… 530
◎19.3.1 图像信息管理系统工程施工的具体要求 …… 530
◎19.3.2 PVG 网络视频管理平台安装 …… 534
◎19.4 图像信息管理系统工程调试的有关技术 …… 537
◎19.4.1 图像信息管理系统工程调试的要求 …… 537
◎19.4.2 设备调试 …… 538
◎19.4.3 分系统的调试 …… 539
◎19.4.4 系统调试 …… 539
◎19.4.5 电视监控系统的调试 …… 539

◎19.4.6 其他系统调试 …… 540
◎19.5 图像信息管理系统工程验收 …… 541
◎19.5.1 图像信息管理系统工程验收执行的依据和验收的条件 …… 542
◎19.5.2 图像信息管理系统工程的验收 …… 544
◎19.5.3 图像信息管理系统工程的移交 …… 545
第20章 内装修施工技术和验收 …… 546
◎20.1 内装修的有关标准和内装修的主要内容 …… 546
◎20.1.1 内装修的有关标准 …… 546
◎20.1.2 内装修的主要内容 …… 546
◎20.2 地面工程装修施工和验收 …… 546
◎20.2.1 石材地面施工和验收 …… 546
◎20.2.2 陶瓷地面砖铺贴施工和验收 …… 547
◎20.2.3 木地板铺贴施工和验收 …… 547
◎20.2.4 塑料地板铺贴施工和验收 …… 548
◎20.2.5 地毯铺设施工和验收 …… 549
◎20.2.6 水泥砂浆抹灰的施工和验收 …… 550
◎20.3 墙面、隔断墙施工和验收 …… 550
◎20.3.1 木龙骨隔断墙的施工和验收 …… 550
◎20.3.2 轻钢龙骨隔断墙施工和验收 …… 552
◎20.3.3 砖砌墙施工和验收 …… 553
◎20.3.4 玻璃隔断墙工程施工和验收 …… 553
◎20.3.5 罩面类墙面施工和验收 …… 555
◎20.3.6 裱糊类墙面施工和验收 …… 556
◎20.3.7 墙面瓷砖粘贴施工和验收 …… 556
◎20.3.8 幕墙施工和验收 …… 558
◎20.4 吊顶装饰工程施工和验收 …… 560
◎20.4.1 暗龙骨吊顶 …… 560
◎20.4.2 明龙骨吊顶 …… 561
◎20.4.3 吊顶工程安装施工要点 …… 562
◎20.4.4 木质吊顶施工和验收 …… 562
◎20.4.5 轻钢龙骨、铝合金吊顶工程施工要求 …… 563
◎20.4.6 木格栅式吊顶工程施工要求 …… 564
◎20.4.7 PVC塑料板吊顶施工要求 …… 564
◎20.4.8 壁橱和吊橱安装施工要求 …… 564
◎20.4.9 藻井吊顶施工要求 …… 564
◎20.5 门窗工程的施工和验收 …… 565
◎20.5.1 木门窗工程的设计施工要求 …… 565
◎20.5.2 门窗工程的施工验收要求 …… 567
◎20.5.3 铝合金门窗安装施工和验收 …… 567
◎20.5.4 镀锌彩板门窗施工和验收 …… 568
◎20.5.5 塑钢门窗施工和验收 …… 568
◎20.5.6 包门套、窗框套施工和验收 …… 569
◎20.5.7 软包工程 …… 569
◎20.5.8 护栏扶手和花饰制作安装 …… 569
◎20.6 厨房设备施工和验收 …… 570
◎20.6.1 厨房设备施工要求 …… 570
◎20.6.2 厨房设备施工流程 …… 571
◎20.6.3 厨房设备验收要求 …… 571
◎20.7 电路灯具改造施工 …… 571
◎20.8 卫浴洁具安装施工和验收 …… 571
◎20.8.1 坐便器的安装施工 …… 571
◎20.8.2 洗脸盆的安装施工要求 …… 572
◎20.8.3 浴盆的安装施工要求 …… 572
◎20.8.4 淋浴器的安装要求 …… 573
◎20.9 封阳台的施工和验收 …… 573
◎20.10 油漆涂料施工和验收 …… 573
◎20.10.1 刷乳胶漆的施工 …… 573
◎20.10.2 清油漆的施工 …… 574
◎20.10.3 混油漆的施工 …… 574
◎20.11 防水地漏施工 …… 574
第21章 多媒体教学系统的设计与施工技术 …… 575
◎21.1 多媒体教学系统的基础知识 …… 575
◎21.1.1 多媒体教学系统的建设 …… 575
◎21.1.2 多媒体教学系统组成 …… 575
◎21.1.3 多媒体教学系统运行环境 …… 577
◎21.1.4 多媒体教学系统功能要求 …… 577
◎21.2 多媒体教学系统的有关标准 …… 578
◎21.3 多媒体教学系统的工程设计 …… 578
◎21.3.1 多媒体教学系统的设计原则 …… 578
◎21.3.2 多媒体教学系统的设计方案 …… 578
◎21.4 多媒体教学系统的施工 …… 580
◎21.4.1 视频展示台的施工要求 …… 580
◎21.4.2 视频展示台说明 …… 580
◎21.4.3 视频展示台安装和操作说明 …… 580
◎21.5 多媒体教学系统的测试验收 …… 582
◎21.5.1 多媒体教学系统的测试 …… 582
◎21.5.2 多媒体教学系统工程验收 …… 582
第22章 LED大屏幕显示系统的设计与施工技术 …… 583
◎22.1 LED大屏幕显示系统的基础知识 …… 583
◎22.1.1 LED大屏幕显示系统介绍 …… 583
◎22.1.2 大屏幕投影系统分类和显示技术 …… 585
◎22.1.3 DLP技术与LCD技术比较 …… 586
◎22.1.4 投影光源 …… 587
◎22.1.5 触摸屏系统 …… 587
◎22.1.6 屏幕控制机 …… 587
◎22.1.7 关键技术 …… 588
◎22.2 LED大屏幕显示系统的有关标准 …… 588

◎22.3 LED 大屏幕显示系统的工程设计 …… 589
◎22.3.1 LED 大屏幕显示系统的设计原则 … 589
◎22.3.2 大屏幕显示系统设计的主要内容 … 589
◎22.3.3 LED 大屏幕显示系统的投影机使用方式和投影屏幕设计 …… 592
◎22.3.4 全彩 LED 大屏幕的设计 …… 594
◎22.3.5 大屏幕显示系统系统安全性设计 … 594
◎22.4 LED 大屏幕显示系统的施工 …… 594
◎22.4.1 LED 大屏幕显示系统施工开工前的准备和安装步骤 …… 594
◎22.4.2 LED 大屏幕显示系统综合布线 …… 594
◎22.4.3 大屏幕显示系统安装 …… 594
◎22.4.4 投影机安装 …… 595
◎22.4.5 计算机网络控制的 LED 大屏幕显示系统安装施工逻辑框架图 …… 596
◎22.5 LED 大屏幕显示系统的测试检验验收 …… 597
◎22.5.1 LED 大屏幕显示系统的测试检验验收要求 …… 597
◎22.5.2 LED 大屏幕显示系统屏目测手感和实测方式检查内容 …… 597
◎22.5.3 验机 …… 597
◎22.5.4 大屏幕电视墙的调试 …… 598
◎22.5.5 系统检验检查要点 …… 598
第 23 章 UPS 系统的实用技术 …… 600
◎23.1 UPS 系统的基础知识 …… 600
◎23.1.1 不间断电源 UPS …… 600
◎23.1.2 UPS 类型 …… 600
◎23.1.3 UPS 的工作方式 …… 602
◎23.1.4 UPS 主要性能指标 …… 602
◎23.1.5 UPS 系统作用 …… 603
◎23.2 UPS 系统选型 …… 603
◎23.2.1 UPS 系统应用需求分析 …… 603
◎23.2.2 UPS 系统容量的确定 …… 604
◎23.2.3 UPS 系统电源保护解决方案的选择 …… 604
◎23.2.4 UPS 综合性能的评价 …… 604
◎23.3 UPS 系统使用维护 …… 605
第 24 章 机房工程的设计与施工技术 …… 607
◎24.1 机房工程的基础知识 …… 607
◎24.1.1 机房的基本概念 …… 607
◎24.1.2 机房工程建设 …… 607
◎24.1.3 计算机机房使用面积的计算方法 …… 611
◎24.1.4 计算机机房设计的环境考虑 …… 611
◎24.1.5 机房建设的温、湿度指标要求 …… 613
◎24.2 机房工程的有关标准 …… 614
◎24.3 机房工程设计 …… 614
◎24.3.1 机房工程设计原则 …… 614
◎24.3.2 机房规划 …… 615
◎24.3.3 屏蔽机房工程设计 …… 616
◎24.3.4 室内装修设计 …… 616
◎24.3.5 配电系统设计 …… 617
◎24.3.6 新风系统设计 …… 617
◎24.4 机房工程的施工 …… 617
◎24.4.1 一般机房装修要求 …… 617
◎24.4.2 对吊顶施工 …… 617
◎24.4.3 对隔断墙施工 …… 618
◎24.4.4 机房墙面装修 …… 618
◎24.4.5 对铝合金门、窗和隔断施工的监理 …… 619
◎24.4.6 对活动地板施工 …… 619
◎24.4.7 对空气调节施工 …… 619
◎24.4.8 对给排水施工 …… 620
◎24.4.9 对电气装置施工 …… 620
◎24.4.10 对接地装置施工 …… 620
◎24.4.11 对消防系统施工的监理 …… 620
◎24.4.12 对电磁屏蔽系统施工 …… 621
◎24.4.13 对屏蔽门施工 …… 622
◎24.4.14 对波导风口和观察窗施工 …… 622
◎24.4.15 对滤波器施工 …… 622
◎24.4.16 对刷乳胶漆施工 …… 622
◎24.4.17 对油漆工程施工 …… 622
◎24.4.18 防静电地板施工 …… 623
◎24.5 机房工程的测试检验验收 …… 623
◎24.5.1 机房工程综合测试 …… 623
◎24.5.2 工程交接验收的一般规定 …… 624
◎24.5.3 活动地板施工验收 …… 624
◎24.5.4 吊顶施工验收 …… 625
◎24.5.5 隔断墙验收 …… 625
◎24.5.6 铝合金门窗和隔断验收 …… 625
◎24.5.7 空气调节验收 …… 626
◎24.5.8 给排水验收 …… 626
◎24.5.9 电气装置验收 …… 626
◎24.5.10 照明装置验收 …… 627
◎24.5.11 接地装置验收 …… 627
◎24.5.12 消防系统的验收 …… 627
◎24.5.13 电磁屏蔽的验收 …… 628
◎24.5.14 屏蔽门的验收 …… 628
◎24.5.15 波导风口和观察窗的验收 …… 628
◎24.5.16 滤波器的验收 …… 629
◎24.5.17 施工单位应提交的资料和文件 …… 629
第 25 章 舞台机械灯光系统的设计与施工技术 …… 630
◎25.1 舞台机械灯光系统的基础知识 …… 630

◎25.1.1 舞台概述 …… 630
◎25.1.2 舞台音响系统概述 …… 632
◎25.1.3 舞台灯光系统概述 …… 632
◎25.1.4 舞台机械概述 …… 635
◎25.1.5 舞台幕布概述 …… 635
◎25.1.6 舞台视频系统 …… 636

◎25.2 舞台机械灯光系统的有关标准 …… 636

◎25.3 舞台机械灯光系统的工程设计 …… 637

◎25.3.1 舞台机械灯光系统的工程设计要求 …… 637
◎25.3.2 舞台工程设计 …… 638
◎25.3.3 舞台音响系统设计 …… 638
◎25.3.4 舞台灯光设计 …… 640
◎25.3.5 舞台机械设计 …… 641
◎25.3.6 舞台幕布设计 …… 642
◎25.3.7 舞台安全设计 …… 642

◎25.4 舞台机械灯光系统的施工 …… 642

◎25.4.1 舞台机械灯光系统工程施工的要求 …… 642
◎25.4.2 舞台机械灯光工程施工难点 …… 643
◎25.4.3 舞台机械灯光系统工程施工的步骤 …… 643
◎25.4.4 舞台机械灯光系统工程施工技术要求 …… 643

◎25.5 舞台机械灯光系统的测试检验验收 …… 644

◎25.5.1 舞台机械灯光系统的测试要求和条件 …… 644
◎25.5.2 舞台机械灯光系统的测量仪器 …… 644
◎25.5.3 舞台机械灯光系统的调试 …… 645
◎25.5.4 舞台机械灯光系统的验收 …… 645

附录A 建筑弱电工程设计与施工使用的主要表格 …… 647

附录B 建筑电气常用图形符号 …… 666

附录C 建筑电气常用文字符号 …… 691

参考文献 …… 697

第1章 chapter1 弱电工程基本知识

弱电是指传播信息、进行信息交换的电能，其特点是电压低、电流小、频率高，它的主要作用是考虑信息传播的效果。弱电工程是一个较为复杂的、由多种技术集成的系统工程，随着电子技术、传感技术和计算机技术的发展，弱电系统将逐步发展成为一门重点技术学科。

本章重点介绍的内容有：弱电工程概述；弱电工程分类与研究的内容；弱电工程施工的步骤；弱电工程的项目管理；弱电工程的系统电源；弱电工程的施工验收规则。

1.1 弱电工程概述

在建筑电气技术领域中，通常被分为强电和弱电两部分。我们把建筑物的电力、照明用的电能称为强电，强电系统可以把电能引入建筑物，经过用电设备转换成机械能、热能和光能等；而把传播信号、进行信息交换的电能称为弱电，弱电系统则完成建筑物内部或内部与外部间的信息传递与交换。强电和弱电两者既有联系，又有区别，它们的特点如下：

（1）强电的处理对象是能源，其特点是电压高、电流大、频率低，主要考虑的问题是减少损耗、提高效率。

（2）弱电处理的对象主要是信息，即信息的传送与控制，其特点是电压低、电流小、功率小、频率高，主要考虑的问题是信息传送的效果问题，例如，信息传送的保真度、速度、广度和可靠性等。信息是现代建筑不可缺少的内容，因此以处理信息为主的建筑弱电设计是建筑电气设计的重要组成部分。

（3）与强电相比，弱电技术的另一个重要特点就是建筑弱电是一门综合性的技术，它涉及的学科十分广泛，并朝着综合化、智能化的方向发展。由于弱电系统的引入，使建筑物的服务功能大大扩展，增加了建筑物与外界的信息交换能力。

（4）弱电工程是一个较为复杂、由多种技术集成的系统工程，它的应用领域包括广播音响系统、电视监控系统、防盗报警系统、出入口控制系统、楼宇对讲系统和电子巡更系统、电话通信系统、全球定位系统、火灾自动报警与消防联动控制系统、有线电视和卫生接收系统、视频会议系统、综合布线系统、防雷与接地系统、计算机网络系统等，被广泛应用于建筑、楼宇、小区、社区、广场、校园等建筑智能化工程当中。

弱电系统工程设计与施工时要考虑以下问题：

1.1.1 弱电集成综合管线设计时要考虑的问题

弱电集成综合管线设计时要考虑各种信息点、信息源的分布情况。信息点的分布取决于用户需求、系统功能、大楼平面布置、设备的安装位置。信息点包括3类、5类和6类线插座，信息源包括各种烟感和温感探测器、防盗探测器、广播扬声器、摄像点及各种传感器等。信息点、信息源位置确定以后，需要进行系统布线综合设计，这样有利于施工与管理，节省管线材料。

1.1.2 弱电系统设计时要考虑的问题

系统设计时要考虑尽可能采用一套系统完成建筑物所需的功能与管理的需求。采用统一的操作界面以便有利于用户的掌握。采用一条公共通信网络，真正做到信息、任务、软硬件的共享。

1.1.3 安装施工时要考虑的问题

由于建筑物的性质、功能和规模的不同，弱电工程的安装与施工各不相同。信息点多的高楼大厦，弱电系统工程是在室内进行安装与施工，相应的管线敷设简单；如果是工业建筑，则既有室内又有室外作业，管线敷设比较复杂。施工时要充分考虑建筑物的现状，与土建、设备、管道、电力、照暖和空调等专业密切配合，按照设计要求进行施工，并要解决好弱电工程综合管线与土建工程的施工配合、弱电工程与装修工程的施工配合问题。

弱电系统安装施工有它自身的特点：系统多而且复杂，技术先进；施工周期较长，作业空间大，使用设备和材料品多，有些设备不但很精密，价格也十分昂贵；在系统中涉及计算机、通信、无线电、传感器件等多方面的专业，给调试工作增加了复杂性。弱电施工，目前主要以手工操作加电动工具和液压工具配合施工，施工要求按照有关弱电工程安装施工及验收规范进行。可靠性、工程质量是整个弱电系统施工质量的核心。

弱电系统施工过程中要把握住3个环节，6个阶段。

1.1.3.1 3个环节

(1) 弱电集成系统施工图的会审。图纸会审是一项极其严肃和重要的技术工作。认真做好图纸会审工作，对于减少施工图中的差错，保证和提高工程质量有重要作用。在图纸会审前，施工单位必须向建设单位索取施工图，负责施工的专业人员应首先认真阅读施工图，熟悉图纸的内容和要求，把疑难问题整理出来，把图纸中存在的问题记录下来，在设计交底和图纸会审时解决。

图纸会审应由弱电工程总包方组织和领导，分别由建设单位、各子系统设备供应商、系统安装承包商参加，有步骤地进行，并按照工程的性质、图纸内容等分别组织会审工作。会审结果应形成纪要，由设计、建设、施工三方共同签字，并分发下去，作为施工图的补充技术文件。

(2) 弱电集成系统施工工期的时间表。确定施工工期的时间表是施工进度管理、人员组织和确保工程按时竣工的主要措施，因此工程合约一旦签订，应立即由建设方组织智能弱电集成系统各子系统设备供应商、机电设备供应商、工程安装承包商进行工程施工界面的协调和确认，从而形成弱电工程施工工期时间表。该时间表的主要时间段内容包括：系统设计、设备生产与购买、管线施工、设备验收、系统调试、培训和系统验收等，同时工程施工界面的协调和确认应形成纪要或界面协调文件。

(3) 弱电集成系统工程施工技术交底。技术交底包括智能弱电集成系统设计单位（通常是系统总承包商）与工程安装承包商、各分系统承包商和机电设备供应商、工程安装承包商与机电设备供应商、工程安装承包商内部负责施工专业的工程师与工程项目技术主管（工程项目工程师）的技术交底工作。

在这里着重提出的是弱电集成系统设计单位与工程安装承包商之间的技术交底工作的目的有两方面：一是为了明确所承担施工任务的特点、技术质量要求、系统的划分、施工工艺、施工要点和注意事项等，做到心中有数，以利于有计划、有组织地多快好省地完成任务，工程项目经理可以进一步帮助工人理解消化图纸；二是对工程技术的具体要求、安全措施、施工程序、配制的工具等作详细地说明，使责任明确，各负其责。

技术交底的主要内容包括：施工中采用的新技术、新工艺、新设备、新材料的性能和操作使用方法，预埋部件注意事项，技术交底应做好相应的记录。

1.1.3.2 6个阶段

(1) 弱电集成系统预留孔洞和预埋线管与土建工程的配合。通常在建筑物土建初期的地下层工程中，牵涉到弱电集成系统线槽孔洞的预留和消防、保安系统线管的预埋，因此在建筑物地下部分的“挖坑”阶段，弱电集成系统承包商就应该配合建筑设计院完成该建筑物地下层、群楼部分的孔洞预留和线管预埋的施工图设计，以确保土建工程如期进行。

(2) 线槽架的施工与土建工程的配合。弱电集成系统线槽架的安装施工，应在土建工程基本结束以后，与其他管道（风管、给排水管）的安装同步，也可少迟于管道安装一段时间（约15个工作日），但必须在设计上解决好弱电线槽与管道在空间位置上的合理安置和配合。

(3) 弱电集成系统布线和中控室布置与土建和装饰工程的配合。弱电集成系统布线和穿线工作，土建完全结束以后，并与装饰工程同步进行，同时中央监控室的装饰也应与整体的装饰工程同步，在中央监控室基本装饰完毕前，应将中控台、电视墙、显示屏定位。

(4) 弱电集成系统设备的定位、安装、接线端连线。弱电集成系统设备的定位、安装、接线端连线，应在装饰工程基本结束时开始，而相应监控的机电设备安装完毕以后，弱电系统集成设备的定位与安装以及连线的步骤应该为：

- 中控设备；
- 现场控制器；
- 报警探头；
- 传感器；
- 摄像机；
- 读卡器；
- 计算机网络设备。

(5) 弱电集成系统的调试。弱电集成系统的调试，基本上在中控设备安装完毕后即可进行，调试的步骤是：

- 中控设备；
- 现场控制器；
- 分区域端接好的终端设备；
- 程序演示；

●部分开通；

●全部开通。

弱电集成系统的调试周期，大约需要30～45天。

(6) 弱电集成系统的验收。由业主组织系统承包商、施工单位进行系统的竣工验收是对弱电系统的设计、功能和施工质量的全面检查。在整个集成系统验收前，分别进行集成系统中的各子系统工程验收。为了做好系统的工程验收，要进行以下几方面的准备工作。

1) 系统验收文件。在施工图的基础上，将系统的最终设备，终端器件的型号、名称、安装位置，线路连线，正确地标注在楼层监控及信息点分布平面图上，同时要向业主提供完整的"监控点参数设定表"、"系统框图"、"系统试运行日登记表"等技术资料，以便业主今后系统的提升和扩展，为系统的维护和维修提供一个有据可查的文字档案。以下是需要向业主提供弱电系统验收文件的目录：

●工程验收书；

●系统竣工报告书；

●系统监控点数设定表；

●系统框图；

●各楼层监控及信息点分布平面图；

●摄像监控点分布图；

●各楼层配线架描述；

●配线管理与网络连接；

●端接标号说明；

●系统测试报告。

2) 系统的培训。弱电系统承包商要向业主提供不少于一周的系统培训课程，该培训课程需在工程现场进行。培训课程的主要内容是系统的操作、系统的参数设定和修改、系统的维修等三个方面，同时要进行必要的上机考核。培训的教材以"程序手册"、"操作手册"和"工程安装手册"为基础。业主参加系统培训的人员，必须是具有一定专业技术的工程技术人员，以及实际的值班操作人员。

1.2 弱电工程的应用领域

弱电系统被广泛应用于建筑、楼宇、小区、社区、广场、校园、平安城市建设等工程当中。

1.2.1 智能建筑

智能建筑（IB）的概念，在20世纪末诞生于美国。第一幢智能大厦于1984年在美国哈特福德（Hartford）市建成。

智能建筑是信息时代的必然产物，建筑物智能化程度随科学技术的发展而逐步提高。当今世界科学技术发展的主要标志是4C技术（即Computer计算机技术、Control控制技术、Communication通信技术、CRT图形显示技术）。将4C技术综合应用于建筑物之中，在建筑物内建立一个计算机综合网络，使建筑物智能化。4C技术仅仅是智能建筑的结构化和系统化。

智能建筑应当是：通过对建筑物的4个基本要素，即结构、系统、服务和管理，以及它们之间的内在联系，以最优化的设计，提供一个投资合理又拥有高效率的幽雅舒适、便利快捷、高度安全的环境空间。智能建筑物能够帮助大厦的主人、财产的管理者和拥有者等意识到，他们在诸如费用开支、生活舒适、商务活动和人身安全等方面得到最大利益的回报。

建筑智能化的目的是：应用现代4C技术构成智能建筑结构与系统，结合现代化的服务与管理方式给人们提供一个安全和舒适的生活、学习与工作环境空间。

建筑智能化结构是由三大系统组成：楼宇自动化系统（BAS）、办公自动化系统（OAS）、通信自动化系统（CAS）。

诸多的机电设备之间有着内在的相互联系，于是就需要完善的自动化管理。建立机电设备管理系统，达到对机电设备进行综合管理、调度、监视、操作和控制。楼宇自控系统由建筑设备运行管理的监控、火灾报警与消防联动控制、电梯运行管理、公共安全技术防范等部分组成。

办公自动化是智能建筑的重要组成部分之一，实现办公自动化就是要利用先进的技术和设备来提高办公效率和办公质量，改善办公条件，减轻劳动强度，实现管理和决策的科学化，防止或减少人为的差错和失误。办公自动化是多层次的技术、设备和系统的综合。一个完整的办公自动化系统应包括信息的生成与输入、信息的加工与处理、信息的存储与检索、信息的复制、信息的传输与交流，以及信息安全管理等功能。

智能建筑的信息通信系统是保证建筑物内语音、数据、图像传输的基础，同时与外部通信网（如电话公网、数据网、计算机网、卫星以及广电网）相连，与世界各地互通信息。智能建筑中的通信系统目前主要由两大系统组成：程控数字用户交换机和有线电视网（CATV）。前者是由电信系统方面发展而来的，后者是广电系统方面发展至今的。今后随着4C技术发展将有可能使智能建筑的通信自动化系统统一。

1.2.2 智能小区

智能化小区是随着计算机技术、通信技术、自动化控制技术和影像显示技术的进步和相互渗透而逐渐发展起来的。它通过综合考虑小区的四个基本要素即结构、系统、服务和管理以及它们之间的内在联系，来提供一个投资合理、高效、舒适、便利的环境空间，帮助住户实现其包括开支、舒适、便利、安全等各方面的整体优化。其本质是通过综合配置小区内各功能子系统，以通信网络为基础，实现各种资源共享，从而为业主提供一个最优环境，以适应现代社会快速发展的需要。智能化小区必须能全面实现对小区内各种不同设备、通信系统、管理自动化系统等的综合集成管理和控制，实现现有及未来应用于小区内的各子系统的集成。

随着社会的发展智能化小区将是一个大的发展方向，现在的房地产开发公司大体上都朝这个方向发展，但根据各个公司的经济实力，小区所上的智能化系统又各自不同，任何一个房产公司都可以根据自己的需求和经济实力选择不同的智能化系统。

智能小区主要包括以下几个系统，可以根据用户需要分期、分系统地逐步建立和逐渐完善：

- 综合信息传输网；
- 楼宇对讲系统；
- 住宅智能中心；
- 智能化控制中心；
- 小区周界防护系统；
- 闭路电视监控系统；
- 车辆出入口管理系统；
- 小区保安巡更系统；
- 物业管理计算机局域网；
- 触摸屏查询系统；
- 物业信息发布系统；
- 背景音乐系统；
- 照明自动控制系统。

1.2.3　智能校园

智能校园是通过信息化手段，实现对各种资源的有效集成、整合和优化，实现资源的有效配置和充分利用，实现教育和校务管理过程的优化、协调，实现数字化学习、数字化教学、数字化科研和数字化管理，提高各项工作效率、效果和效益，实现教育的信息化和现代化。

智能校园主要包括弱电和教学两大子系统：

(1) 弱电子系统。

- 通信系统；
- 有线电视系统；
- 公共广播系统；
- 厅堂扩声系统；
- 校园 IC 一卡通系统；
- 电子显示屏系统；
- 公共触摸屏系统；
- 校园安防监控系统；
- 结构化综合布线系统。

(2) 教学子系统。

- 交互式多媒体教学系统；
- 双向闭路电视系统；
- 教师备课系统；
- 教学评估系统；
- 财务管理系统；
- 图书管理系统；
- 语音系统；
- 电子阅览室；
- 课件制作室；
- 演播室；
- 教学资源库；
- 课件/视频点播系统；
- 校内网吧管理系统。

1.2.4　平安城市建设

平安城市建设是提高治安防控和社会管理水平的重要措施。也是 2005 年 9 月公安部提出平安城市建设（3111 工程）的关键系统。

平安城市建设作为维护社会稳定的重大举措和重要的政治任务，摆上了突出位置。

平安城市建设主要是图像信息管理系统与公安、城管、环保部门的图像信息管理系统，实现互联、互通资源共享，起到震慑、预防犯罪、快速破案，及时、快速处理社会问题的作用。整合资源，科技创安，发案率降低，群众安全感提高，走出一条城市管理与治安防控相结合的新路：

(1) 消极防范转向积极预防。图像信息管理系统可以节约出大量的人力，由消极的人防巡逻，转向积极的预防。

(2) 图像信息管理系统实现资源共享。图像信息管理系统建成后，可实现市、区之间，区、街之间及委办局之间信息的互联、互通和可控。实现信息资源共享：

- 及时处理热点城市管理问题；
- 装探头让老百姓生活得踏实；
- 技防改变了人防的思维定式；
- 指挥中心全面监控；
- 回放图像再现报警现场；
- 实现“科技强警、科技创安”的目标；
- 分级负责、综合协调、统一指挥；
- 整体规划设计、具备分步实施及扩充空间；

● 提供图像存储、实时监控、预警联动；

● 提供矢量电子地图 GIS 系统符合城市管理综合应用；

● 符合未来发展方向及城市综合化管理的需要。

1.3　弱电工程的分类与研究的内容

弱电工程的分类与研究的内容大致可分为：

● 防雷与接地系统；
● 广播音响系统；
● 电视监控系统；
● 防盗报警系统；
● 出入口控制系统；
● 楼宇对讲系统；
● 电子巡更系统；
● 电话通信系统；
● 全球定位系统；
● 火灾自动报警与消防联动控制系统；
● 有线电视和卫星接收系统；
● 视频会议系统；
● 综合布线系统；
● 计算机网络系统；
● 楼宇自控系统；
● 一卡通系统；
● 停车场系统；
● 图像信息管理系统；
● 内装修设计；
● 多媒体教学系统；
● LED 大屏幕显示系统；
● UPS 系统；
● 机房工程；
● 舞台机械灯光系统。

下面介绍几种常用的系统。

1.3.1　防雷与接地系统

防雷与接地是信息传输质量、系统工作稳定性、设备和人员安全的保证。弱电系统的接地可分为分开单独接地和共同接地两种方式。

电子设备的接地可以采用串联式一点接地、并联式一点接地、多点接地和混合式接地方式。

计算机房的接地可采用交流工作接地、安全保护接地、直流工作接地和防雷接地四种方式。

防雷工程是一项系统工程。建筑物防雷的六项要素包括接穴功能、分流影响、均衡电位、屏蔽作用、接地效果和合理布线。在建筑物内部，总体的防雷措施可分为安全隔离距离和等电位联结。这类安全距离指在需要防雷的空间内，两导体之间不会发生危险火花放电的最小距离。等电位联结的目的是使内部防雷装置所防护的各部分减小或消除雷电流引起的电位差，包括靠近户点的外来导体上也不产生电位差。

1.3.2　广播音响系统

广播音响系统根据使用功能可以归纳为三种类型：①公共广播系统；②厅堂扩声系统；③会议系统。

（1）公共广播系统：公共广播系统属有线广播系统，包括背景音乐和紧急广播功能。公共广播系统的报务区域广、距离长，为了减小传输线路引起的损耗，系统的输出功率馈送方式采用高压传输方式，由于传输电流小，故对传输线要求不高，例如旅馆客户的服务性广播线路宜采用铜芯多芯电缆或铜芯塑料绞合线；其他广播线路宜采用铜芯塑料绞合线；各种节目线应采用屏蔽线；火灾紧急广播应采用阻燃型铜芯电线和电缆，或耐火型铜芯电线和电缆。

公共广播系统可分为面向公众区的和面向宾馆客户的两类系统。面向公众区的公共广播系统主要用于语言广播，这种系统平时进行背景音乐广播，出现紧急情况时，可切换成紧急广播。面向宾馆客房的广播音响系统包括收音机的调幅和调频，在紧急情况下，客房广播自动中断。

（2）厅堂扩声系统：厅堂扩声系统一般采用定阻抗输出方式，传输线要求截面积粗的多股线，一般为塑料绝缘双芯多股铜芯导线；同声传译扩声系统一般采用塑料绝缘三芯多股铜芯导线；这两种扩声系统的传输导线都要穿钢管敷设或线槽敷设，不得将线缆与照明、电力线同槽敷设；若不能同槽，也要以中间隔离板分开。

厅堂扩声系统使用专业音响设备，并要求有大功率的扬声器系统和功放，它的用途主要有面向体育馆、剧场为代表的厅堂扩声系统，面向歌舞厅、宴会厅、卡拉 OK 厅的音响系统。

（3）会议系统：会议系统包括会议讨论系统、表决系统和同声传译系统。这类系统也设置由公共广播提供的背景音乐和紧急广播两用的系统。

对于屏蔽电缆电线与设备、插头连接时应注意屏蔽层的连接，连接时应采用焊接，严禁采用扭接和绕接。

对于非屏蔽电缆电线在箱、盒内的连接，可使这种线路两端应插接接线端子上，用接线端子排上的螺栓加以固定，压接应牢固可靠，并对每根导线两端进行编号。

厅堂、同声传译扩声控制室的扩音设备应设保护接地和工作接地。同声传译系统使用的屏蔽线的屏蔽层应接地，整个系统应构成一点式接地方式，以免产生干扰。

1.3.3 电视监控系统

电视监控系统是一种先进的、防范能力极强的综合系统。它的主要功能是通过遥控摄像机及其辅助设备来监视被控场所，并把监测到的图像、声音内容传递到监控中心。

电视监控系统除了正常的监视外，还可实时录像。先进数字视频报警系统还把防盗报警与监控技术结合起来，直接完成探测任务。

1.3.4 防盗报警系统

防盗报警系统是用探测器装置对建筑物内外重要地点和区域进行布防。该系统通常由探测器、信号传输信息和控制器组成。第一代安全防盗报警器是开关式报警器，它防止破门而入的盗窃行为；第二代安全防盗报警器是安装在室内的玻璃破碎报警器和震动式报警器；第三代安全防盗报警器是空间移动报警器。防盗报警系统的设备多种多样，应用较多的探测器类型有主动与被动红外报警器、微波报警器、被动红外—微波双鉴报警器等。

1.3.5 出入口控制系统

出入口控制系统的功能是控制人员的出入，还能控制人员在楼内及其相关区域的行动。

电子出入口控制装置识别相应的各类卡片或密码，才能通过。各种卡片识别技术发展很快，生物识别技术不断涌现。这类系统装置及识别技术比较先进，但安装施工比较简单方便。

1.3.6 楼宇对讲系统

楼宇对讲系统，亦称访客对讲系统。它的作用是指来访客人与住户之间提供双向通话或可视电话，并由住户遥控防盗门的开关向保安管理中心进行紧急报警的一种安全防范系统。楼宇保安对讲系统分为单对讲型、可视一对讲型两类系统。单对讲型价格低廉，应用普遍；可视一对讲型价格较高，随着技术的发展将逐渐推广起来。

1.3.7 电子巡更系统

电子巡更系统是保安人员在规定的巡逻路线上，在指定的时间和地点向中央控制站发回信号，控制中心通过电子巡更信号箱上的指示灯了解巡更路线的情况。电子巡更系统分为有线无线巡更系统两种：有线巡更系统由计算机、网络收发器、前端控制器、巡更点等设备组成；无线巡更系统由计算机、传递单元、手持读取器、编码片等设备组成。

1.3.8 电话通信系统

电话通信系统是各类建筑必备的主要系统。电话通信设施的种类很多。传输系统按传输媒介分为有线传输和无线传输。从建筑弱电工程出发，主要采用布线传输方式。有线传输按传输信息工作方式又分为模拟传输和数字传输两种。模拟传输将信息转换成电流模拟量进行传输，例如普通电话就是采用模拟语言信息传输。数字传输则是将信息按数字编码（PCM）方式转换成数字信号进行传输，程控电话交换就是采用数字传输各种信息。

电话通信系统主要由电话交换设备、传输系统和用户终端设备组成。建筑弱电工程中的通信系统安装施工主要是按规定在楼外预埋地下通信配线管道，敷设配线电缆，并在楼内预留电话交接、暗管和暗管配线系统。

通信设备安装内容主要有：电话交接间、交接箱、壁龛（嵌式电缆交接箱、分线箱及过路箱）、分线盒和电话出线盒。分线箱可以明装在竖井内，也可以暗装在竖井外墙上。

1.3.9 全球定位系统

全球定位系统（GPS）是利用导航卫星进行测距、测速和定位，能够连续、实时、全天候地为全球范围内各个用户提供高精度的三维位置、速度和时间信息的空间无线电导航系统。

全球定位系统由空间部分、地面控制部分和用户部分组成。

（1）空间部分：GPS空间部分由24颗飞行在20 183km高空的GPS工作卫星组成。其中21颗为可用于导航的卫星，另3颗为活动的备用卫星。每颗GPS工作卫星都发出用于导航定位的信号，GPS用户利用这些信号来进行工作。

（2）地面控制部分：GPS的地面控制部分由分存在全球的由若干个跟踪站组成的监控系统构成。根据GPS作用的不同，跟踪站分为主控站、监控站、注入站。主控站的作用是根据各监控站对GPS的观测数据，计算出卫星时钟的改正参数，并将这些数据通过注入站注入卫星中去。监控站的作用是接收卫星信号，监测卫星的工作状态；注入站的作用是将主控站计算出的卫星星历和卫星时钟的改正参数等注入卫星中去。

GPS网常用的布网形状有：

（3）跟踪站式：采用跟踪站式布网形式所采集的数据时，一般要采用精度星历。

（4）会战式：采用会战式布网形式需要较高的尺度精度。

（5）多基准站式：采用多基准站式布网形式所布设的GPS网，可以获得较高精度的定位结果。

（6）同步图形扩展式：采用同步图形扩展式布网形式，具有扩展速度快，图形强度高，且作业方法简单的优点。它是最常用的一种布网形式。

（7）单基准站式：采用单基准站式布网方式的效

率很高，为提高图形强度，需要每个测站至少进行两次观测。

1.3.10 火灾自动报警与消防联动控制系统

火灾自动报警系统设备有多种产品，其产品性能、布线线制控制方式也各不相同。它的联动控制关系简繁各异，联动控制的目标（设备）有些属强电驱动设备，要注意强、弱电接口关系。

探测器无论是开关量还是模拟量类型，或者是复合型探测器类型，只要是点型火灾探测器，大多通过接线盒进行安装，在天花板下暗配管安装方式居多。

单线报警无联动控制方式不多，仅适用于小系统，N+1多线制火灾自动报警系统国内也有生产，取而代之的是总线制报警方式。总线制分为二、三、四线制，二线制为佳，应用普遍。

对于小规模建筑物，常用总线制报警、多线制可编程控制方式。对于较大规模建筑可采用区域—集中两级报警、总线控制方式；目前还常用楼层显示器取代区域报警器方式。

国内自动报警设备可分为区域报警控制器和集中报警控制器；国内外部分产品仅有通用报警控制器系列，采用主机、从机报警方式，以通信总线连接成网，组网灵活性大，规模从小型到大型皆可。按照产品的不同，通信线可连成主干型或环型。

报警总线与控制总线一般分开布线，还可以将各路报警与控制合用总线，节省线材，安装维修方便，此时宜采用环形连接方式则可靠性较高。无论是何种控制总线方式，联动控制至少有6组直接配线控制，例如消防泵与防排烟机等重要设备必须由消防控制中心直接联动输出控制。

手动报警器按钮是火灾自动报警系统必要的部件，是人工报警和确认火情的重要方式。按规范要求设置，其安装与一般输入/输出模块相同。

消防控制中心要设置紧急广播系统，该系统可以是消防专用的广播系统，也可以利用背景音乐的普通广播系统，由消防控制强切换至紧急广播，通过控制模块实现。控制模块与传输模块种类很多，因所连接的设备各异。控制模块输出触点电压有24V与220V之分。这些模块一般都安装在现场有关设备附近。

1.3.11 有线电视和卫星接收系统

电视和卫星接收系统的应用和推广，解决了城市高层建筑或电视信号覆盖区外的边远地区因电视信号反射和屏蔽严重影响电视信号的接收问题。有线电视网可分为大、中、小型，中小型通常采用电缆传输方式，而大型有线电视网已从电缆向光缆干线与电缆网络相结合的形式过度。

电视系统的分配方式，一种是适用于供有天线电视系统的串接单元分配方式；另一种是供付费收看的有线电视适用的分配—分支方式。若采用串接单元方式安装时，一种配管方法是用一根配管从顶层的分配器箱内一直穿通每层用户盒，此管内的同轴电缆是共用的；另一种配管方法是从顶层的分配器箱内配出一根管，一直穿通设在单元每个梯间的分支器盒内，同轴电缆由分配器箱至梯间分支器盒内为共用一根电缆，再由梯间分支器盒内引出配管至用户盒。

卫星电视接收系统要使用同步卫星，同步卫星通常分为通信卫星和广播卫星。通信卫星主要用于通信目的，在传送电话、传真的同时传送电视广播信号。广播卫星主要用于电视广播。卫星电视接收天线架安装前选择架设位置要慎重，先进行环境调查，必须避开微波干扰，在接收卫星电视方位角应保证接收天线仰角大于等于天际线仰角5°。

电缆电视系统的天线一般都安装在建筑物的最高处，因此天线避雷至关重要。当建筑物有避雷带时，可用扁钢或圆钢将天线杆、基座与其避雷带电焊连接为一体，并将器件金属部件屏蔽接地，所有金属屏蔽层、电缆线屏蔽层及器件金属外壳座全部连通。

1.3.12 综合布线系统

建筑物综合布线系统（PDS）是计算机和通信技术、社会信息化和经济国际化的需要，也是办公自动化进一步发展的结果。

综合布线系统是跨学科、跨行业的系统工程，作为一种信息产业，它包含这几个方面：楼宇自动化系统（BA）、通信自动化系统（CA）、办公自动化系统（OA）、计算机网络系统（CN）。

综合布线系统可划分为6个子系统，它们是：

（1）工作区子系统。工作区子系统是由RJ45跳线信息插座与所连接的设备组成。它所使用的连接器具有国际ISDN标准的8位接口，它能接收低压信号以及高速数据网络信息和数码声频信号。

（2）水平干线子系统。水平干线子系统是整个布线系统的最重部分，它是从工作区的信息插座开始到管理间子系统的配线架。

（3）管理间子系统。管理间子系统由交连、互连和I/O组成。它是连接垂直干线子系统和水平干线子系统的设备，其主要设备是配线架、集线器、机框和电源。

（4）垂直干线子系统。垂直干线子系统提供建筑物的干线电缆，负责连接管理间子系统到设备间子系统，通常使用光缆或选用大对数的非屏蔽双绞线。

（5）楼宇子系统。楼宇子系统是将一个建筑物中的电缆延伸到另一个建筑物的通信设备和装置，通常由光缆和相应设备组成。

(6) 设备间布线子系统。设备间子系统由电缆、连接器和相关支撑硬件组成。它把各种公共系统设备的多种不同设备互连起来，其中包括邮电部门的光缆、同轴电缆和程控交换机等。

1.3.13 计算机网络系统

计算机网络就是指利用通信线路将具有独立功能的计算机连接起来而形成的集合，计算机之间使用相同的通信规则，借助通信线路来交换信息，共享软件、硬件和数据等资源。网络中计算机在交换信息的过程中共同遵循的通信规则就是网络协议。网络协议对于保证网络中计算机有条不紊的工作是非常重要的。

组建计算机网络的目的是为了计算机之间的资源共享。因此，网络能提供资源的多少决定了一个网络的存在价值。计算机网络的规模有大有小，大的可以覆盖全球，小的可以仅由两台或几台微机构成。通常，网络规模越大，包含的计算机越多，它所提供的网络资源就越丰富，其价值也就越高。

计算机网络主要由通信线路、路由器、主机与信息资源等部分组成。

(1) 通信线路。通信线路是计算机网络的基础设施，它负责将计算机网络中的路由器与主机连接起来。计算机网络中的通信线路可以分为两类：有线通信线路和无线通信信息。

通常使用“带宽”与“传输速率”等术语来描述通信线路的数据传输能力。传输速率指的是每秒钟可以传输的比特数，它的单位为 bit/s（比特/秒），常用以下方法来表示：

$$1\text{Kbit/s} \approx 10^{3}\,\text{bit/s}$$
$$1\text{Mbit/s} \approx 10^{6}\,\text{bit/s}$$
$$1\text{Gbit/s} \approx 10^{9}\,\text{bit/s}$$
$$1\text{Pbit/s} \approx 10^{12}\,\text{bit/s}$$
$$1\text{Tbit/s} \approx 10^{15}\,\text{bit/s}$$

通信线路的最大传输速率与它的带宽成正比。通信线路的带宽越宽，它的传输速率也就越高。

(2) 路由器。路由器是计算机网络中的重要设备之一，它负责将计算机网络中的各个局域网或广域网连接起来。当数据从一个网络传输到路由器时，它需要根据数据所要到达的目的地，通过路径选择算法为数据选择一条最佳的输出路径。如果选择的输出路径比较拥挤，则路由器将负责管理数据传输的等待队列。数据从源主机出发后，往往需要经过多个路由器的转发，经过多个网络才能到达目的主机。

(3) 主机。主机是计算机网络中不可缺少的成员，它是信息资源与服务的载体。主机可以分为两类：服务器与客户机。服务器是信息资源与服务的提供者，它一般是性能比较高、存储容量比较大的计算机。服务器根据它所提供的功能不同，可以分为文件服务器、数据库服务器、WWW 服务器、FTP 服务器、E-mail 服务器或域名服务器等。客户机是信息资源与服务的使用者，它可以是普通的微机或便携机。服务器使用专用的服务器软件向用户提供信息资源与服务，而用户使用各类计算机网络客户端软件来访问信息资源或服务。

(4) 信息资源。信息资源是用户最关心的问题，它会影响到计算机网络是否受到欢迎。计算机网络的发展方向是如何更好地组织信息资源，并使用户快捷地获得信息。计算机网络中存在着很多类型的信息资源，例如文本 、图像、声音与视频等多种信息类型，并涉及社会生活的各个方面。通过计算机网络，可以查找科技资料，获得商业信息，参与联机游戏或收看网上直播等。

1.4 弱电工程施工的实施步骤

为了提高弱电工程的施工质量，确保系统的正常运行，弱电工程的施工必须严格执行国家有关的标准、规范的规定。弱电工程的施工全过程可分为掌握弱电工程施工的规范和标准、施工组织设计、施工图的绘制、施工项目的实施。

1.4.1 弱电工程施工的规范和标准

JGJ 16—2008《民用建筑电气设计规范》

GB 50016—2008《建筑设计防火规范》

GB 50116—1998《火灾自动报警系统设计规范》

GB 50084—2001《自动喷水灭火系统设计规范(附条文说明)》

GBJ 120—1988《工业企业共用天线电视系统设计规范》

GB 50200—1994《有线电视系统工程技术规范》

GB/T 74241—1998《光缆　第 1 部分：总规范》

GB 50166—2007《火灾自动报警系统施工及验收规范》

GBJ 42—1981《工业企业通信设计规范》

GB 50057—1994 (2000)《建筑物防雷设计规范》

GB 50198—1994《民用闭路监视电视系统工程技术规范》

GY/T 106—1999《有线电视广播系统技术规范》

IEC-364-5-52《建筑物电气设备选择和布线系统安装》

ISO/IEC/IS 1180《国际标准化组织的布线标准》

YD/T 2008—1993《城市住宅区和办公楼电话通信设施设计标准》

GB/T 50314—2006《智能建筑设计标准》

GBJ 232—1982《电气装置安装施工及验收规范》

GB 50303—2002《建筑电气安装工程质量验收规范》

GB 50093—2002《自动化仪表工程及验收规范》

GB 50131—2007《自动化仪表工程施工质量验收规范》

1.4.2 弱电工程的施工组织设计

施工组织设计按编制的对象和范围不同，可分为施工组织总设计、施工组织设计和施工方案三类。

施工组织总设计是以大、中型等群体工程建设项目为对象，其内容比较概括、粗略，可按图1-1所示的程序进行。

施工组织设计是在施工组织总设计指导下，以一个单位工程为对象，在施工图纸到达后编制的，内容较施工组织总设计详细具体，单位工程施工组织设计如图1-2所示。

施工方案是以单位工程中的一个分部工程、分项工程或一个专业工程为编制对象，内容比施工组织设计更为具体，而且简明扼要，施工方案如图1-3所示。

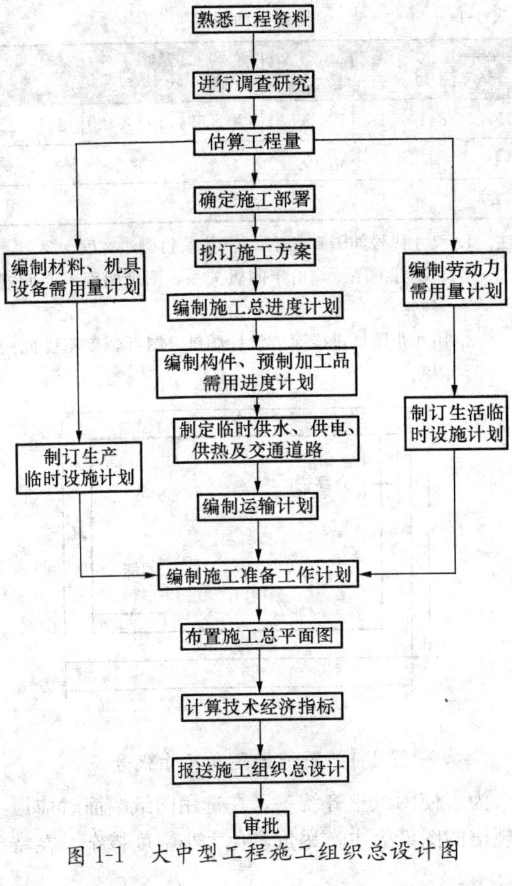

图1-1 大中型工程施工组织总设计图

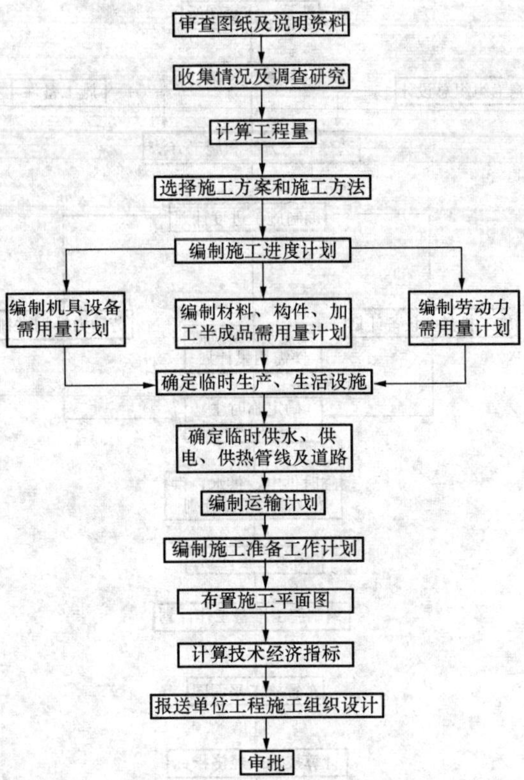

图1-2 单位工程施工组织设计图

1.4.3 弱电工程施工图的绘制

为了提高弱电系统的工程质量，必须首先做好弱电系统施工图的设计和绘制。

施工图的设计必须与有关专业密切配合，做好动力的预留，管线的预埋和预留，以保证以后能顺利穿线和系统调试。

施工图的绘制应认真执行绘图的规定，所有图形和符号都必须符合公安部颁布的GAT 74—2000《安全防范系统通用图形符号》的规定，以及CECS 37—1991《工业企业通信工程设计图形及文字符号标准》。不足部分应补充并加以说明。绘图要清晰整洁，字体规整，原则上要求书写宋体字，力求图纸简化，方便施工，既详细而又不烦琐地表达设计意图。

绘制图纸要求主次分明，应突出线路敷设，电气元件等为中实线，建筑轮廓为细实线，凡建筑物的主要房间，应标示房间名称，绘出主要轴线标号。

各类有关的防范区域，应根据平面图明显标出，以检查防范的方法及区域是否符合设计要求。探测器的布置力求准确，墙面或吊顶上安装的器件要标出距地面的高度（即标高）。

相同的平面，相同的防范要求，可只绘制一层或单元一层平面。局部不同时，应按轴线绘制局部平

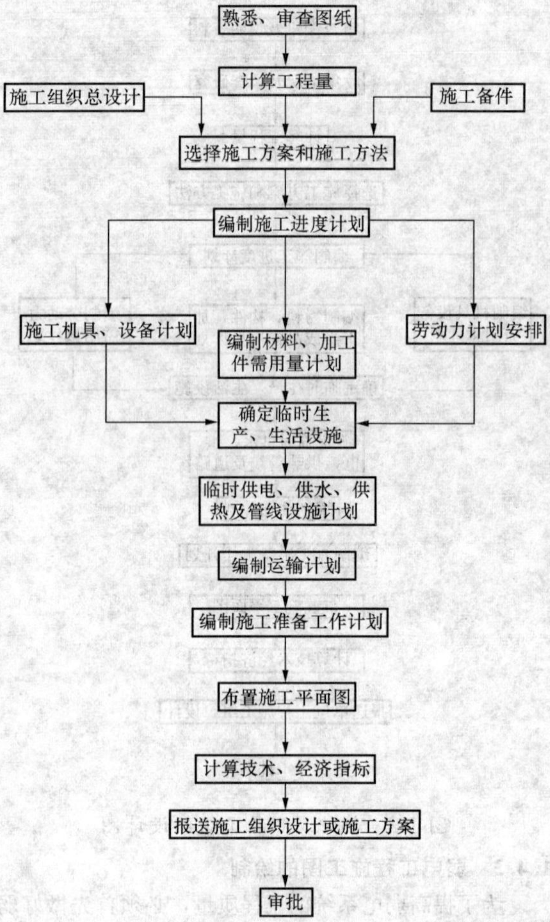

图 1-3　部分工程施工组织设计或施工方案图

面图。

比例尺的规定：尺寸宜采用 1∶100。但面积很大，设备又较少，能表达清楚的话可采用 1∶200。

剖面图复杂的宜用 1∶20、1∶30 甚至 1∶5，根据比例关系细小部分的清晰度而定。

施工图的设计说明力求语言简练，表达明确。凡在平面图上表示清楚的不必在说明中重复叙述，施工图中未注明或属于共性的情况，以及图中表达不清楚者，均需加以补充说明，如防范区域、空间防范的防范角等。单项工程可以在首页图纸的右下方，图角的侧上方列举说明事项。如果一个系统，子项较多，属于统一性的问题，应编制总说明，排列在图纸的首页。

1.4.3.1　设计图纸的规定

(1) 防范系统的总平面图。标出防范系统在总建筑图中的位置，标出监控范围、控制室的位置、传输线的走向、系统的接地等。

(2) 系统图。系统图确定以下内容：

1) 确定完成安防任务的设备和器材的相互联系，确定探测器的性能、数量及安置的位置。

2) 确定控制器的功能、容量。

3) 确定所有主要设备以满足订货要求。

(3) 每层、每分部的平面图。确定探测器的安装位置，注明标号，确立传输线的走向、管线数量、管理埋设方法及标高。有可能的话绘出探测器的探测区域或范围。

(4) 主要设备材料表。复杂部位安装的剖面图。

1.4.3.2　绘图标准

绘制图纸的线条粗细原则是，以细线绘制建筑平面，以粗线绘制电气线路，以突出线路图例符号为主，建筑轮廓为次，这样做主要是为了达到主次分别方便施工的目的。

(1) 有关安全防范工程所用图例及代号，均应按现行的国家标准或部颁标准执行。

(2) 各计量单位的中文名称及代号，一律按照《国务院关于在我国统一实行法定计量单位的命令》、《中华人民共和国法定计量单位》以及《全面推行我国法定计量单位的意见》等文件规定执行。

(3) 所有设计图纸幅面均须符合表 1-1 规定。

表 1-1　　**图纸幅面规定**

基本幅面代号	0	1	2	3	4
$b\times L$	841×1189	594×841	420×594	192×420	297×210
c	10			5	
a	25				

注　1. 尺寸代号如图 1-4 所示，a 为装钉侧边宽度。
2. 印刷标准图纸，由于制版关系，图纸幅面不受此规定限制。
3. 用几张图纸拼接而成设计图纸，图纸幅度不受此规定限制。

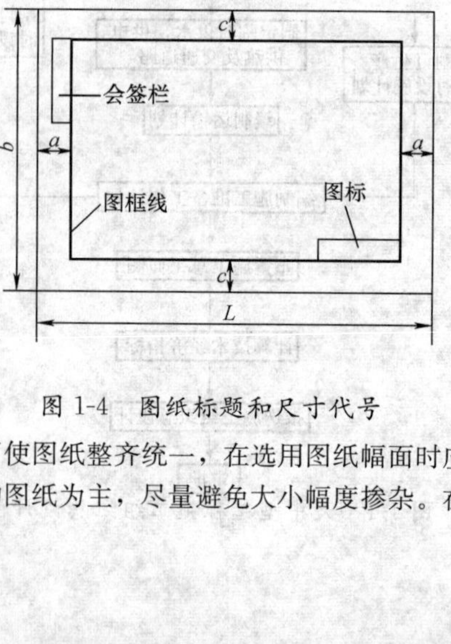

图 1-4　图纸标题和尺寸代号

为了使图纸整齐统一，在选用图纸幅面时应以一种规格的图纸为主，尽量避免大小幅度掺杂。在特殊情况下，允许加长 1～3 号图纸的长度和宽度，0 号图纸只能加长长度，加长部分应为图纸边长的 1/8 及其倍数，4 号图纸不得加长。如图 1-4 所示。

（4）图标一般分国内工程图标、对外工程图标。特殊用的图标，可以根据需要自行规定。国内工程图标（0～4 号图纸）的宽度不得超过 180mm，高度以 40mm 为宜。对外工程图标的宽度不得超过 180mm，高度以 50mm 为宜。图标格式如图 1-5 所示。图标位置应在图纸的右下角。

会签栏规格一般为 75×20，如图 1-6 所示。会签栏仅供需要会签的图纸用，当一个不够用时，可再增加一个，两个会签栏可以并列使用，会签栏应放在左侧图框线上，其底边与图框线重合。

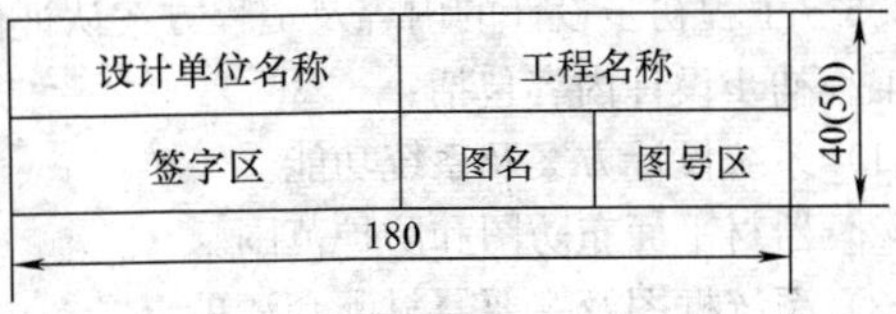

图 1-5　图标的格式

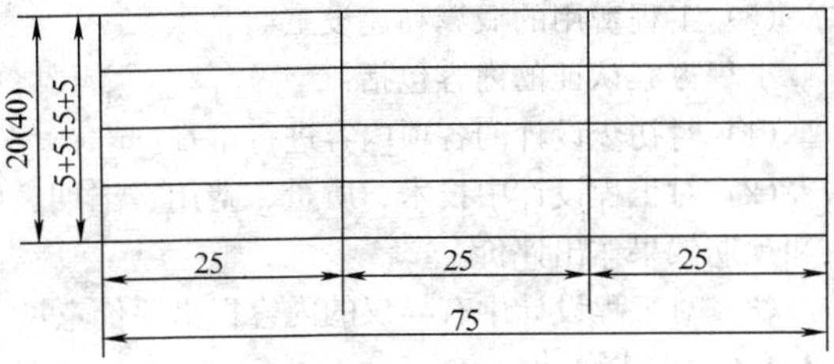

图 1-6　会签栏

（5）制图时所用比例可选用 1：100、1：50、1：20，并采用阿拉伯数字表示，不得采用“足尺”或“半足尺”等方法表示。比例注定在图名右边。当整张图纸只用一种比例时，也可注写在图标内图名的下面。

（6）图纸上所有字体，包括各种符号、字母代号、尺寸数字及文字说明等，一般用黑墨水书写；各种字体应从左向右横向书写，并注意标点符号清楚。

所有字体高度一般不小于 4mm 为宜。必要时数字尺寸可以稍小，但不得小于 2.5mm。

字体必须书写端正、排列整齐、笔画清楚，中文书写时应采用国家公布实施的简化汉字并宜用仿宋体。

文字说明需用编排号时，应按下列次序排列：

一、二、三……

1、2、3、……

(1)、(2)、(3)、……

①、②、③、……

a、b、c、……

在图纸中所有涉及的数字均采用阿拉伯数字表示；计量单位采用国家颁布的符号，例如三千七百毫米，应写成 3700mm。

表示分数时不得将数字与中文文字混用，例如四分之三应写成 3/4，不得写成 4 分之 3。小数数字前，应加上定位的“0”，例如 0.15、0.004。

（7）制图中实线、点画线、虚线等各种线条一般区分为粗、中粗、细三种，折断线、波浪线一般为细线。

画点画线时首末两端为线段，点画线与点画线相交时应交于线段处。虚线的各线段应保持长短一致。采用直线折断的折断线必须经过全部被折断的图面，折断符号应画在被折断的图画以内，圆形的构件应采用曲线折断。

1.4.3.3　设计图纸的标注

设计图纸的标注图例符号应执行国家统一标准规定，计量应用公制标准，不应滥行标注，以免混淆不清。标注语言力求简洁，原则上应采用宋体楷书，书写工整，不得潦草，以保证图面清晰，方便施工。为了确保设计图纸质量，一般应按下述方法进行标注。

（1）平面图结构曲角变化复杂，应用细线标注轴线编号。建筑轮廓不应过粗，标注位置应选择适当，不要过度集中。平面图上不同电压线路并列时，应以粗细线严格分精，并分别标注清楚。

（2）引进电源线路，在平面进线口附近注明相别、电压等级、导线规格型号、根数、保护管类别、管径及安装高度等。

（3）各种管型的标注如下（管径均按公称直径）：

1）金属管一律用“G”表示，管径为 15，20，25，32，40，50，70，80，100。

2）硬质塑料管用“VG”表示，管径为 16，20，25，32，40，50，63，75，100。

3）半硬塑料管用“SG”表示，管径为 16，20，25，32，40，50。

4）软塑料管（绝缘套管）用“RG”表示，管径为 16，18，20，22，25，28，30，36，40。

5）PVC 波纹管用“BG”表示，管径为 11，13，20，25，32，40，50，80，100。

在标注以上各类管型时，凡单项工程中，采用了同一类型时，则在平面图上可以省略标注不重复。如局部采用不同类型，可局部分别标注。如全部采用同一类型管形，则在图纸说明中加以注明。

（4）配电箱、板的标注按供电类别在平面图配电箱、板位置附近的明显空隙处分别标注。配电箱进出线如图 1-7 所示。

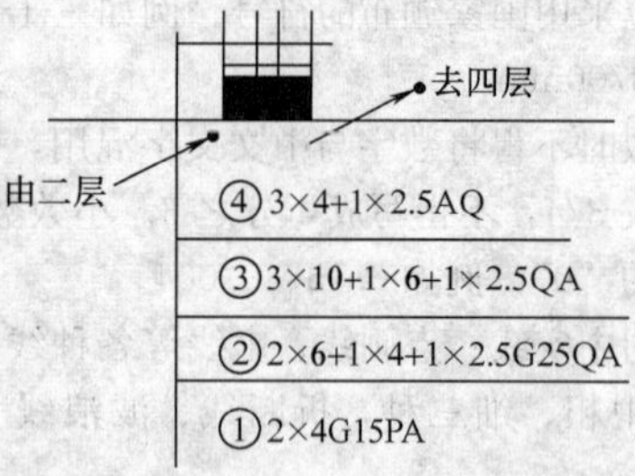

图 1-7　配电箱进出线标注

1.4.4　弱电工程项目的实施

弱电工程项目的实施一般要经历以下的过程。

1.4.4.1　可行性研究

建设单位要实施弱电工程项目必须先进行工程项目的可行性研究。研究报告可由建设单位或设计单位编制，并对被防护目标的风险等级与防护级别、工程项目的内容和要求、施工工期、工程费用等进行论证。可行性研究报告批准后，进行正式工程立项。

弱电系统施工时间表的确定由建设单位组织弱电各系统设备供应商、机电设备供应商、工程安装承包商进行工程施工界面的协调和确认，从而形成弱电工程时间表。主要内容包括系统施工图的确认或二次深化设计、设备选购、管线施工、设备安装前单体验收、设备安装、系统调试开通、系统竣工验收和培训等。同时工程施工界面协调和确认应形成纪要或界面协调文件。

1.4.4.2　弱电安装工程施工预算

弱电安装工程预算，按不同的设计阶段编制成的可以分为：设计概算、施工图预算、设计预算及电气工程概算四种。

采用电气工程概算作为工程结算和投资控制的手段，而预算仅作施工企业内部管理用，概算定额是以主代次，子项目少，概括性强，比较容易接近实际工程的用量。工程总承包适用概算定额，定额价格中包含有不同预欠费的成分。

1.4.4.3　弱电工程的招标

工程项目在主管部门和建设单位的共同主持下进行招标，工程招标应由建设单位根据设计任务书的要求编制招标文件，发出招标广告或通知。

建设单位组织招标单位勘察工程现场，负责解答招标文件中的有关问题。

中标单位根据建设单位任务设计书提出的委托和设计施工的要求，提出工程项目的具体建议和工程实施方案。

1.4.4.4　签订合同

中标单位提出的工程实施方案经建设单位批准后，委托生效，这时可签订工程合同。工程合同的条款应包含以下内容：

（1）工程名称和内容。

（2）建设单位和设计施工单位的责任和任务。

（3）工程进度和要求。

（4）工程费用和付款方式。

（5）工程验收方法。

（6）人员培训和维修。

（7）风险及违约责任。

（8）其他有关事项。

1.4.4.5　工程初步设计的内容及工程方案认证内容

工程初步设计内容包括：

（1）系统设计方案及系统功能。

（2）器材平面布防图和防护范围。

（3）系统框图及主要器材配套清单。

（4）中心控制室布局及使用操作。

（5）工程费用的概算和建设工期。

工程方案认证的内容包括：

（1）对初步设计的各项内容进行审查。

（2）对工程设计中技术、质量、费用、工期、服务和预期效果作出评价。

（3）对工程设计中有异议的内容提出评价意见。

1.4.4.6　正式设计

对工程设计方案进行论证后，就可进入正式设计阶段。正式设计包含以下内容：

（1）提交技术设计、施工图设计，操作、维修说明和工程费用预算书。

（2）建设单位对设计文件和预算进行审查，审批后工程进入实施阶段。

1.4.4.7　工程施工

（1）工程施工后，依照工程设计文件所预选的器材及数量进行订货。

（2）按管线铺设图和施工规范进行管线铺设施工。

（3）按施工图的技术要求进行器材设备安装。

1.4.4.8　系统调试

按系统功能要求进行系统调试，系统调试报告包括以下内容：

（1）系统运行是否正常。

（2）系统功能是否符合设计要求。

（3）误报警、漏报警的次数及产生原因。

（4）故障产生的次数及排除故障的时间。

(5) 维修服务是否符合合同规定。

弱电系统种类很多，性能指标和功能特点差异很大。一般都是先单体设备或部件调试，而后局部或区域调试，最后是整体系统调试。也有些智能化程度高的弱电系统，诸如智能化火灾自动报警系统，有些产品是先调试报警控制主机，再分别逐一调试所连接的所有火灾探测器和各类接口模块与设备；又如弱电集成系统也是如此，在中央监控设备安装完毕后进行，调试步骤为：中央监控设备→现场控制器→分区域端接好的终端设备→程序演示→部分开通。

1.4.4.9 竣工验收

弱电工程验收分为隐蔽工程、分项工程和竣工工程三项步骤进行。

(1) 弱电安装中线管预埋、直埋电缆、接地极等都属隐蔽工程，这些工程在下道工序施工前，应由建设单位代表进行隐蔽工程检查验收，并认真办理好隐蔽工程验收手续，纳入技术档案。

(2) 弱电工程在某阶段工程结束，或某一分项工程完工后，由建设单位会同设计单位进行分项验收；有些单项工程则由建设单位申报当地主管部门进行验收。火灾自动报警与消防控制系统由公安消防部门验收；安全防范系统由公安技防部门验收；卫星接收电视系统由广播电视部门验收。

(3) 工程竣工验收是对整个工程建设项目的综合性检查验收。在工程正式验收前，应由施工单位进行预验收，检查有关的技术资料、工程质量、发现问题及时解决。

智能化建筑物管理系统验收，在各个子系统分别调试完成后，演示相应的联动联锁程序。在整个系统验收文件完成以及系统正常运行一个月以后，方可进行系统验收。在整个集成系统验收前，也可分别进行集成系统各子系统的工程验收。

1.5 弱电工程的项目管理

弱电工程的项目管理，按照 ISO 9001 的工程质量规范要求，主要有施工管理、技术管理和质量管理。

1.5.1 施工管理

施工管理的主要内容如下：

1.5.1.1 施工进度管理

施工进度管理包括施工期间施工人员的组织、设备的供应、弱电工程与土建工程、装修工程的配合等，通常必须通过建立工程进度表的方式来检查和管理。弱电施工进度表的建立是在施工顺序的基础上，其施工顺序有施工安装图设计，管线施工，设备验收，设备安装、调试、初开通和验收几个阶段。

1.5.1.2 施工界面管理

施工界面管理主要有高压配电柜接口界面、低压配电柜接口界面、空调设备接口界面、冷水机组接口界面、电梯运行监控接口界面、办公自动化系统的网络协议界面等。施工界面管理的中心内容是弱电系统工程施工、机电设备安装工程施工和装修工程施工在其工程施工内容界面上的划分和协调。

1.5.1.3 施工组织管理

施工组织管理需要与施工进度管理密切结合，分阶段组织强有力的施工队伍，合理安排工程管理人员、技术人员、安装和调试人员的进场时间，保质保量地按时完成这个阶段的施工任务。

1.5.2 工程技术管理

工程技术管理的主要内容如下：

1.5.2.1 技术标准和规范管理

在弱电工程中，进行系统设计、设备提供和安装等环节上要认真检查，对照有关的技术标准和规范，使整个管理处于受控状态。弱电工程中所涉及的国家或行业的技术标准和规范很多，例如火灾报警系统、综合布线系统等。

1.5.2.2 安装工艺管理

弱电工程的技术管理主要要抓住安装设备的技术条件和安装工艺的技术要求。现场工程技术人员要严格把关，遇到与规范和设计文件不相符的情况或施工过程中做了现场修改的内容，都要记录在案，为系统整体调试和开通，建立技术管理档案和数据。

1.5.2.3 技术文件管理

弱电工程的技术文件包括各弱电子系统的施工图纸、设计说明、相关的技术标准、产品说明书、各系统的调试大纲、验收规范、弱电集成系统的功能要求及验收的标准。对这些文件要实施有效科学的管理。

1.5.3 质量管理

弱电工程质量管理要执行 ISO 9001 系统工程质量体系，要贯穿在弱电系统的整个工程实施过程中。为保证系统高质量的环节时，要确切做好质量控制、质量检验和质量评定。

质量管理要抓好以下环节：

- 施工图的规范化和制图的质量标准；
- 管线施工的质量检查和监督；
- 配线规格的审查和质量要求；
- 配线施工的质量检查和监督；
- 现场设备和前端设备的质量检查和监督；
- 主控设备的质量检查和监督；
- 智能化弱电系统的监控；

- 调试大纲的审核和实施及质量监督；
- 系统运行时的参数统计和质量分析；
- 系统验收的步骤和方法；
- 系统验收的质量标准；
- 系统操作与运行管理的规范要求；
- 系统的保养和维修的规范和要求；
- 年检的记录和系统运行总结等。

1.6 弱电工程的系统电源

弱电工程的系统电源包括交流供电方式、直流供电方式和不间断电源设备。

1.6.1 交流供电方式

建筑物类型的不同，交流供电的等级也不同。一级负荷中的重要负荷电源条件除应由两个电源供电外，应增设应急电源，并禁止将其他负荷接入应急供电系统。要达到上述要求有下列四种方案：

- 2 个市电电源和 1 组发电机组；
- 1 个市电电源及 2 组发电机组；
- 1 个市电电源、1 个发电机组、1 个 UPS（不间断电源设备）；
- 2 个市电电源和 1 组 UPS。

火灾自动报警系统使用 2 个市电电源和 1 组发电机组，2 个市电电源经切换装置直供一路电源；应急发电机组直供一路电，在末端经双电源切换装置向弱电负荷供电，使弱电负荷有 3 个供电电源。当市电及发电机组中 2 个电源出现故障，仍能保证供电。以用市电为主，发电机为应急电源的 2 个市电电源和 1 组发电机组的交流供电系统如图 1-8 所示。

建筑物自动化系统常用 2 个市电电源和 1 组 UPS。2 个市电各直供 1 路电经双电源切换装置向 UPS 供电，再由 UPS 向弱电负荷供电。该方案主接

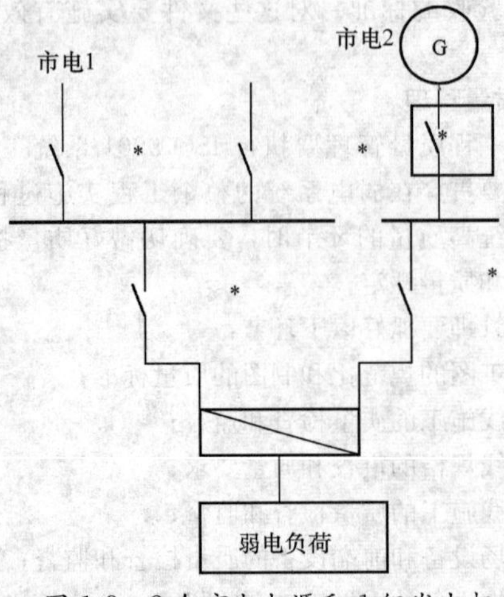

图 1-8　2 个市电电源和 1 组发电机组的交流供电系统

线图如图 1-9 所示。

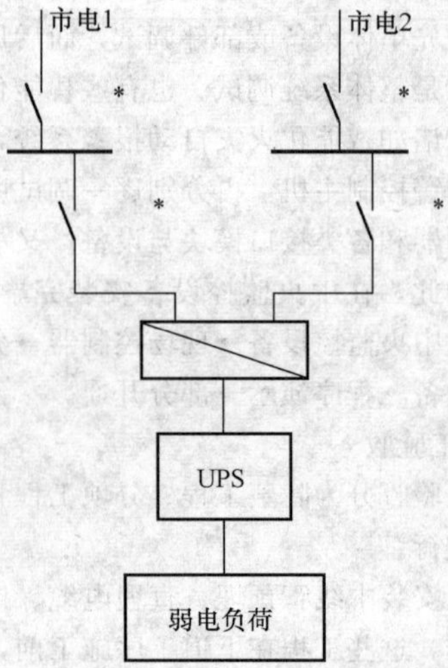

图 1-9　2 个市电电源和 1 组 UPS 的交流供电系统图

1.6.2 直流供电方式

弱电工程中广泛采用直流供电方式，特别是免维护蓄电池和高频开关型整流器的广泛应用，已从集中供电向分布式供电方式转变。在整流设备直接供电方式多种方案中，采用双交流电源→双电源切换箱→开关型整流器→用电负荷这种方案最好。

（1）直流设备的施工项目分为配电和整流设备、蓄电池、电源线安装三项。配电和整流设备的安装与强电成套配电柜及电力开关柜的安装相同，安装程序也是基础型钢埋设、配电柜的搬运、立柜、内部清扫等项目。

（2）蓄电池的安装包括电池支架制作、电池安装和配液充电三项。电池支架无论木支架还是铁支架都须涂刷防酸漆，埋在蓄电池台架内的桩柱定位后用沥青浇灌预留孔。蓄电池的安装要注意：①蓄电池槽与台架之间用绝缘子隔开；②绝缘子应按台架中心对称安装；③极板之间的距离应相等且相互平行等。

（3）电流馈电线安装要做到：①馈电线穿墙、穿天花板、穿楼板的孔洞等均应避开房屋中的梁和柱；②馈电线由弱电设备机房的地槽引上机架，要求引上处的正线排列在靠近机房主要通道的一边，以防止馈电线在列电缆走线架上方增加一处交叉；③蓄电池室内裸母线的安装属低压直流母线施工，按照 GBJ 232—1982《电气装置安装工程施工及验收规范》进行施工。

配电设备和元件的直流压降参考值见表 1-2；各种电压、电压降固定分配表见表 1-3。

表 1-2 配电设备和元件的直流压降参考值（MV）

名　称	额定电流下直流压强	名　称	额定电流下直流压强
刀型开关	30～250	直流配电屏	≤500
RT 型熔断器	80～2200	直流电源屏	≤200
RLI 型熔断器	200	支路熔断器及机器下线	≤200
分流器	有45及75两种，一般接75计算	—	—

表 1-3 各种电压、电压降固定分配表 （V）

电压种类	电池至专业室电源屏	专业室	全程压降
24	1.2	0.6	1.6
48	1.4	0.6	2.0

1.6.3 不间断电源设备（UPS）

不间断电源设备 UPS（Uninterruptable Power System）的作用是：当电网一旦断电时，UPS 能快速切换将蓄电池的直流电逆变成交流电，立刻供给负载系统继续用电。

UPS 可按输出的功率容量大小、供电方式和供电时间分类。从基本型式分类又有铁磁共振式、线路交互式和双变换式三种。双变换式通过整流器、逆变器的交—直—交双变换过程供电，在直流环节向蓄电池组浮充电。当交流电源失电时，由蓄电池经逆变器向负荷充电。若电路过载或 UPS 内部故障时，通过旁路电路将 UPS 解列，交流电源直接供电。

1.7 弱电工程验收

弱电工程项目是集现代建筑技术、计算机技术、控制技术、图像显示技术于一体的系统工程。因此，必须根据弱电系统的特点，科学合理地组织和实施系统工程的竣工验收。

1.7.1 验收目的

1.7.1.1 对工程施工质量全面考察

弱电工程竣工验收将按规范和技术标准通过对已竣工工程检查和试验，考核承包商的施工质量、系统性能是否达到了设计要求和使用能力，是否可以正式投入运行。通过竣工验收可及时发现和解决系统运行和使用方面存在的问题，以保证系统按照设计要求的各项技术经济指标正常投入运行。

1.7.1.2 明确和履行合同责任

系统能否顺利通过竣工验收，是判别承包商是否按系统工程承包合同约定的责任范围完成了工程施工义务的标志。完满地通过竣工验收后，承包商可以与业主办理竣工结算手续，将所施工的工程移交业主或物业公司使用和照管。

1.7.1.3 验收是系统交付使用的必备程序

系统工程竣工验收，也是全面考核工程项目建设成果，检验项目决策、规划与设计、施工、管理综合水平，以及工程项目建设经验的重要环节。系统只有经过竣工验收，才能正式交付业主或物业公司使用，办理设备与系统的移交。

1.7.2 验收方式

弱电系统由各种类型和用途的自动控制系统、图像视频系统、计算机网络系统等组成，这些系统跨越多个专业技术领域和行业，且施工工期、行业监管方式、验收规范和要求均不相同，因此其竣工验收的方式和实施办法与其他建筑机电系统相比有明显区别。依据一些成功建设弱电工程项目的工程管理与工程监理经验，弱电工程竣工验收可采用分系统、分阶段多层次和先分散后集中的验收方式，整个系统验收按施工和调试运行阶段分成管线验收（隐蔽工程验收）、单体设备验收、单项系统功能验收、系统联动（集成）验收、第三方测试验收、系统竣工交付验收六个层次验收方式。

采用分阶段多层次验收方式有以下优点：

1.7.2.1 便于及时有效地实施质量控制、进度控制

弱电工程施工周期、试运行周期均很长，由于各种原因，有些系统的竣工交付验收可能要在建筑正常运营数年以后。分系统、分阶段多层次验收方式可在系统建设和试运行的每个关键环节实施监控，确保工程质量与进度。同时也把复杂的验收工作分散在工程的各个阶段分步完成，加强每一施工阶段的验收任务。系统采用分阶段及时验收，使系统验收的技术数据、工程图纸、设备资料等更完整、更实际，同时也有利于系统验收工作细化，更具有可操作性。

1.7.2.2 有利于已建系统及时投入运行

弱电系统包括许多子系统，通常整个施工、调试、试运行、验收周期很长，但一些特殊的系统如消防、安保、通信等，应建成后及时验收和投入使用。分阶段多层次验收方式可把系统验收内容有效地分解，只要系统使用功能达到设计和规范要求，即可进行系统的功能性验收，而后系统即可投入试运行。而一些非功能性的验收工作，如竣工资料审核、设备清点、工作量核算等可随后在系统试运行至系统交付前进行。

1.7.2.3 适合不同的工程承包模式

弱电工程项目，是一项技术先进、涉及领域广、投资规模大的建设项目，目前主要有以下工程承包模式：

(1) 工程总承包模式。这种模式中，工程承包商将负责所有系统的深化设计、设备供应、管线和设备安装、系统调试、系统集成和工程管理工作，最终提供整个系统的移交和验收，这种模式也称交钥匙工程模式。

(2) 系统总承包安装分包模式。这种模式中，工程承包商将负责系统的深化设计、设备供应、系统调试、系统集成和工程管理工作，最终提供整个系统的移交和验收。而其中管线、设备安装将由专业安装公司承担，这种模式有助于整个建筑工程（包括土建、其他机电设备安装）管道、线缆走向的总体合理布局，便于施工阶段的工程管理和横向协调，但增加了管线、设备安装与系统调试之间界面，在工程交接过程中需业主和监理按合同要求和安装规范加以监管和协调。

(3) 总包管理分包实施模式。这种模式中，总包负责系统深化设计和项目管理，最终完成系统集成，而各子系统设备供应、施工调试由业主直接与分包商签订合同，工程实施由分包商承担，这种承包模式可有效节省项目成本，但由于关系复杂，工作界面划分、工程交接对业主和监理的工程管理能力提出了更高要求，否则极易产生责任推诿和延误工期。

(4) 全分包实施模式。这种模式中，业主将按设计院或系统集成公司的系统设计对所有智能化系统分系统实施（有时系统集成也作为一个子系统实施），业主直接与各分包签订工程承包合同，业主和监理负责对整个工程实施工程协调和管理。这种工程承包模式对业主和监理技术能力和工程管理经验提出更高要求，但可有效降低系统造价，适用于系统规模相对较小的项目。

分阶段多层次验收方式因系统验收工作分阶段、分层次地具体化，可在每个施工节点即时验收并作工程交接，故能适合上述工程承包模式，有利于形成规范的随工验收、交工验收、交付验收制度，便于划清各方工程界面，有效地实施整个项目的工程管理。

1.7.3 验收前提

由业主组织系统承包商、施工单位进行系统的竣工验收是对弱电系统的设计、功能和施工质量的全面检查。在整个集成系统验收前，分别进行集成系统各子系统的工程验收。详细要求参见 1.1.3.2 中（6）的内容。

1.7.4 验收内容

按分系统、分阶段多层次验收方式。弱电工程竣工验收过程可分成单体设备验收、单项系统功能验收、系统联动（集成）验收、第三方测试验收、系统竣工交付验收五个阶段，整个系统验收工作分散在五个阶段中完成，每个阶段验收工作主要有以下内容：

1.7.4.1 管线验收（隐蔽工程验收）

弱电系统的管线验收是指对系统的电管、线缆安装、敷设和测试完成后进行的阶段验收，管线验收是管线施工和设备安装与调试的工作界面，只有通过管线验收才可进一步进行设备通电试验。管线验收可以作为机电设备施工管线隐蔽工程验收的一部分，由监理组织业主、施工单位、系统承包商、设备供应商等共同参加。管线验收报告应包括管线施工图、施工管线的实际走向、长度与规格、安装质量、线缆测试记录等。在施工期内，验收报告可用于核算工作量和支付工程进度款，同时也是工程后期制作系统竣工图和竣工决算的依据。若设备安装与调试是由其他工程公司承担，也可以此办理管线交接。

1.7.4.2 单体设备验收

弱电系统的单体设备验收是指对系统设备安装到位，通电试验完成后，对已安装好的设备的验收，通常以现场安装设备为主。如卫星接收与 CATV 系统的天线、分支分配器和终端等，安保系统的摄像机、探测器，BA 系统的传感器、执行器等。通过单体设备验收是进行系统调试的必要条件，同时也可对设备安装质量、性能指标、产地证明、实际数量等及时核实和清点。单体设备验收可由监理组织业主、安装公司、系统承包商、设备供应商等共同参加。验收报告应包括：设备供货合同，设备到场开箱资料，进口设备产地证明，设备安装施工平面图和工艺图，安装设备名称、规格、实际数量、试验数据等。单体设备验收报告可用于核算设备安装工作量和支付工程进度款，同时也是工程后期竣工决算的依据。若设备供应、安装与调试是由多家工程公司承担，也可以此办理设备的移交或以此作为相互间的产品保护依据。

1.7.4.3 单项系统功能验收

弱电系统的单项系统功能验收指对调试合格的各子系统及时实施功能性验收（竣工资料审核、费用核算等可在后续阶段进行），以便系统及早投入试运行发挥作用。单项系统功能验收可由监理组织业主、系统承包商、物业管理部门等共同参加验收。验收报告应包括：系统功能说明（方案）、工程承包合同、系统调试大纲、系统调试记录、系统操作使用说明书等。通过单项系统功能验收是系统可以进入试运行的必要条件，系统承包商还应及时对物业人员做相应技术培训。系统试运行期间，系统运行与维护由系统承包商与物业管理部门共同照管。

1.7.4.4 系统联动（集成）验收

弱电系统的系统联动（集成）验收也是一种对系统的功能性验收。系统联动（集成）验收对象是各子系统正常运行条件下的系统间联动功能，或者是对各子系统的集成功能。系统联动（集成）验收可由监理组织业主、系统承包商、物业管理部门等共同参加验收。具体可根据系统联动（集成）的内容和规模以不同的方式操作，如子系统间联动验收（消防和安保、消防和门禁等）可在单项系统功能验收后补充验收内容，BMS类的系统集成可以作为BA系统功能的补充内容组织验收，而IBMS类的系统集成则应作为单独一个上层子系统组织验收。

1.7.4.5 第三方测试验收

弱电系统通过系统功能和联动（集成）验收，并经过一定时间试运行后，应由国家有关部门组织竣工验收。但因建筑智能化系统的特殊性，尚无统一的部门来完成整个系统的验收。目前必须行业监管部门组织的验收主要有消防部门的消防报警与联动控制系统验收(GB 50166—2007《火灾自动报警系统施工及验收规范》)，公安部门的安保系统验收(GB 50198—1994《民用闭路监视电视系统工程技术规范》)，广电部门的CATV系统验收(GB 50200—1994《有线电视系统工程技术规范》)，电信部门的电话、程控交换机系统验收，无线电管委会对楼宇通信中继站的验收等。另外还有技术监督部门组织综合布线系统验收(GB 50311—2007《综合布线系统工程设计规范》)，楼宇自控系统的验收、智能建筑的检验和评估等。上述系统验收都必须先经过有资质的第三方测试，第三方资质由行业主管部门或权威机构认定。具体申报、测试、验收流程、验收资料要求和报告格式详见相应规范，这里不一一列举。

1.7.4.6 系统竣工交付验收

弱电系统交付验收由国家有关部门和业主上级单位组成的验收委员会主持，业主、监理、系统承包商及有关单位参加。主要内容有：

(1) 听取业主对项目建设的工作报告。

(2) 审核竣工项目移交使用的各种档案资料。

(3) 评审项目质量。对主要工程部位的施工质量进行复验、鉴定，对系统设计的先进性、合理性、经济性进行鉴定和评审。

(4) 审查系统运行规程，检查系统正式运行准备情况。

(5) 核定收尾工程项目，对遗留问题提出处理意见。

(6) 审查前阶段竣工验收报告，签署验收鉴定书，对整个项目作出总的验收鉴定。

(7) 整个工程项目竣工验收后，业主应迅速办理系统交付使用手续，并按合同进行竣工决算。

弱电系统建设项目是集多种现代技术、涉及多个行业领域的系统工程，对工程管理与监理人员在专业知识和工程管理经验上都有更高要求。分阶段多层次的验收方式对每一阶段都提出具体的、切实可行的验收目标和操作方法，可有效地帮助工程管理与监理人员，在工程的每一重要环节实施质量和进度控制，从而确保整个系统工程如期顺利地实施。

1.7.5 弱电工程施工验收规则

为了提高弱电工程的施工质量，确保系统正常运行，做到技术先进、经济合理、可靠和安装维护方便，弱电工程要按照施工图纸和安装使用说明书的规定进行。

1.7.5.1 电气线路敷设的规定

(1) 电气线路敷设的一般规定：

1) 电缆敷设前，用直流500V绝缘电阻表测量绝缘电阻，其电阻值不应小于5MΩ。

2) 线路不应敷设在影响操作，妨碍设备检修、运输和运行的位置。应按最短途径集中敷设，横平竖直、整齐美观、不宜交叉。

3) 线路周围环境温度超过65℃时，应采取隔热、防水、防火措施。

4) 线路与绝热的工艺设备，管道绝热层表面之间的距离应大于200mm，与其他工艺设备、管道表面之间的距离应大于150mm。

5) 线路不应该平行敷设在高温工艺设备、管道的上方以及具有腐蚀性液体介质的工艺设备、管道的下方。

6) 线路的终端接线处以及经过建筑物的伸缩和沉降缝处，应留有适当的余度。线缆不应有中间接头，当无法避免时，应在分线箱或接线盒内接线，接头宜采用压接。当采用焊接时应用无腐蚀性的焊药。补偿导线宜采用压接，同轴电缆及高频电缆应采用专用接头。

7) 线路敷设完毕，应进行接线及编号，并测量绝缘电阻。测量线路绝缘时，必须将已连接上的设备及元件断开。

(2) 线槽敷设规定：

1) 线槽需要平整、内部光洁、无毛刺、加工尺寸准确。线槽采用焊接连接时应牢固，不应有显著变形。

2) 线槽采用螺栓连接或固定时，宜用平滑的半圆头螺栓，螺母应在线槽的外侧，固定应牢固。

3）线槽的安装应横平竖直，排列整齐。垂直排列的汇线槽拐弯时，其弯曲弧度应一致。线槽安装在工艺管架上时，宜在工艺管道的侧面或上方。

4）线槽拐直角弯时，其最小的弯曲半径不应小于槽内最粗电缆外径的10倍。槽与槽之间、槽与信表盘之间、槽与盖之间的连接处，应对合严密。

●线槽的直线长度超过50m时，宜采取热膨胀补偿措施，线槽应有排水孔。

●线柄内直接引出电缆时，应用机械加工方法开孔，并采用合适的护圈保护电缆。

（3）电线管敷设规定：

1）电线宜穿保护管敷设，保护管的内部应清洁、无毛刺，管口应光滑、无锐边。

2）电线管弯制时，角度不应小于90°、弯曲处不应有凹陷、裂缝和明显的弯扁。

3）电线管的直径长度超过30m或弯曲角度的总和超过270°时，要在其中加装接线盒。

4）电线管的两端管口应带线箍或打成喇叭形。

5）金属管的连接方式：明敷设时采用螺纹连接，管端螺纹长度不应小于管接头的1/2；埋设时采用套管焊接，管子的对口处应处于套管的中心位置，焊接应牢固，焊口应严密，并作防腐处理。

6）电线管与检测元件或接地设备之间，应用金属软管连接，并有防水弯。与分线箱、接线盒等连接时应密封，并用锁紧螺母将管固定牢固。

7）电线管的埋设应选最短途敷设，离表面的净距离不应小于15mm。电线管应排列整齐、固定牢固。

8）电线管穿墙时，两端自延伸出墙面的长度不大于30mm；穿过楼板时，电线管要高出楼板1m。

9）埋设的电线管引出地面时，管口要高出地面200mm，当从地下引入落地式仪表盘时，要高出盘（箱）内地面50mm。

10）在户外和潮湿场所敷设的保护管，引入分线箱或仪表盘（箱）时，要从底部进入。接线盒和分线箱要密封，分线箱应标明编号。

（4）电缆敷设规定：

1）电缆敷设时要合理安排、不宜交叉、防止电缆之间及电缆与其他硬物体之间的摩擦。

2）电缆敷设时的环境温度不应低于−7℃，多芯电缆的弯曲半径不应小于其外径的6倍。

3）在同一线槽内的不同信号、不同电压等级的电缆，应分类布置；对于交流电源线路和连锁线路，应用隔板与无屏蔽的信号线路隔开敷设。

4）信号电缆线与电力电缆线交叉敷设时，要成直角；当平行敷设时，其相互间的距离应符合设计规定。

5）敷设的信号线路与具有强磁场和强电场的电气设备之间的净距离要大于1.5m；采用屏蔽电缆或穿金属保护管以及在线槽内敷设时要大于0.8m。

6）数条线槽垂直分成安装时，电缆按照从上至下的顺序排列：仪表信号线路、安装连锁线路、交流和直流供电线路。

7）信号线路、供电线路、连锁线路要分别采用各自的保护管。

8）电缆沿支架或线槽内敷设时规定如下：当电缆倾斜度超过45°或垂直排列时，固定在每一个支架上；当不超过45°且水平排列时，在每隔1～2个支架上固定；在引入仪表盘前300～400mm处固定；在引入接线盒及分线箱前150～300mm处固定。

1.7.5.2 电源设备安装的规定

（1）供电系统规定：

1）继电器、接触器和开关应动作灵活，接触紧密，无锈蚀、损坏。

2）紧固件、接线端子应完好无损、且无污物和锈蚀。

3）设备的附件齐全，性能符合安装使用说明书的规定。

（2）电源设备安装规定：

1）电源设备的安装应牢固、整齐、美观，端子编号、用途标牌及其他标志应完整无缺，书写正确清楚。

2）仪表箱内安装的供电设备其裸露带电体之间或其他裸露导电体之间的距离应不小于4mm。

3）供电箱安装在混凝土墙、柱或基础上时，采用膨胀螺栓固定，箱体中心距离地面的高度宜为1.3～1.5m；成排安装的供电箱，应排列整齐。

4）UPS设备安装完毕，要检查其自动切换装置的可靠性，切换时间及切换电压值应符合设计规定。

5）稳压器在使用前应检查其稳压特性，电压波动值应符合安装使用说明书的规定；整流器在使用前应检查其输出电压，电压值应符合安装使用说明书的规定。

6）供电设备的带皮部分与金属外壳间和绝缘电阻，用500V绝缘电阻表测量时，应不小于5MΩ。

7）供电系统送电前，系统内所有电源设备的开关均应处于“断”的位置，并应检查熔断器容量。

1.7.5.3 弱电系统接地的规定

（1）电信设备接地规定：

1）直流电源、电信设备的机架、机壳、通信电缆的金属保护套和屏蔽层。

2）交流配电屏、稳流器屏等供电设备的外露导电部分；直流配电屏的外露导电部分。

3）交流直流两用电信设备的机架、机框内与机架、机框不绝缘的供电整流盘的外露导电部分。

4）电缆、架空线路、放电器、避雷器等。

5）当采用IT制式供电，电气设备的泄漏电流在10mA以上时，为了避免保护设备误动作，可采取双线圈变压器供电，其一次侧接入IT制式，二次侧若以TN制式供电，此时供电设备的接地与TN制式相同。

6）电信设备的工作接地，一般要求单独设置，也可与建筑物内变压器的工作接地共用一个接地装置，这样必须通过绝缘的专用接地线与接地装置相连。

7）电信设备采用共同接地装置时，其接地电阻应不大于1Ω，宜用两根截面不小于25mm^{2}的铜芯绝缘线穿管敷设到共同接地极上。当采用基础钢筋作为共同接地极时，连接处应有铜铁过渡接头。

（2）电子设备接地规定：

1）电子设备的信号接地、逻辑接地、功率接地、屏蔽接地和保护接地等，通常合用一个接地极，其接地电阻不大于4Ω；当电子设备的接地与工频交流接地、防雷接地合用一个接地极时，其接地电阻不大于1Ω；屏蔽接地单独设置，接地电阻一般为30Ω。

2）电子设备的抗干扰能力差时，其接地应和防雷接地分开，两者相互距离在20m以上；抗干扰能力较强的电子设备，两者距离不宜超过5m。

3）电子设备接地和防雷接地采用共同接地装置时，为了避免雷击时遭受反击和保证设备安全，应采用埋地铠装电缆供电。

4）电缆屏蔽层必须接地，为避免产生干扰电流，对信号电缆和1MHz以下低频电缆应一点接地；对1MHz以上电缆，为保证屏蔽层为地电位，应采取多点接地。

5）电子设备的工作频率在1MHz以下，接地线长度大于20m时，采用辐射式接地系统；电子设备的工作频率在10MHz以下，接地线长度大于20m时，采用环式接地系统；电子设备的工作频率在1～10MHz，接地线长度等于20m时，采用混合式接地系统。

6）辐射式接地系统采用一点接地；环式接地系统采用等电位联结；混合式接地系统，在电子设备内部采用辐射式接地，在外部采用环式接地系统。

7）接地环母线的截面，电子设备频率在1MHz时采用120mm×0.35mm的铜箔；在1MHz以下时，采用80mm×0.35mm的铜箔。

（3）数据处理设备接地规定：

1）数据处理设备的接地电阻一般为4Ω，当与交流工频接地和防雷接地合用时，接地电阻为1Ω。

2）直流工作接地与交流工作接地不采用共同接地时，两者之间的电位差不应超过0.5V，以免产生干扰。

3）直流工作接地的引下线应采用多芯铜导线，截面不小于35mm^2，当改善信号的工作条件时，采用多股铜绞线。

4）数据处理设备泄漏电流10mA以上时，主机室内的金属体应相互连接成一体，连接线可采用6mm^{2}的铜导线或25mm×4mm镀锌扁钢，并进行接地，接地电阻不大于4Ω。

（4）电视系统接地规则：

1）电视系统的接地电阻一般为4Ω，如果设备容量≤0.5kVA时，接地电阻不大于10Ω。

2）闭路电视系统采用一点接地方式，可避免接地电位差造成交流杂散波的干扰。

3）演播室宜采取防静电接地，当电磁场干扰严重时，采用屏蔽接地。防静电接地、屏蔽接地可接到系统的接地装置上。

第2章 chapter2 防雷与接地系统的设计与施工技术

当今人类科学技术的发展已进入了高度信息化的发展阶段，但是仍然在受到能源、环境和安全这三个因素的困扰，特别是环境和安全。安全是维持人们正常生活、工作的基本条件，造成不安全的因素很多，但不外乎天灾和人祸两大类。在不考虑人为因素的情况下，自古至今人类始终以积极探索的精神对自然灾害进行着顽强的抵抗，尤其是对雷电的防护。

本章重点介绍的内容有：防雷与接地基本知识；防雷接地设计规范要求；弱电系统的防雷设计；弱电系统的接地设计；弱电系统的防雷接地工程的施工；弱电系统的防雷接地工程的检验验收。

2.1 防雷与接地基本知识

2.1.1 雷电

雷电是由于空中运动的带有正电荷的云层和带有负电荷的云层接触时的放电。

雷电的形成，常与当地地形、大气气流、温湿度和地球纬度有关。一般山区比平原多，沿海比腹地多，温、湿度高比温、湿度低地区多，低纬度比高纬度地区多。

雷电的种类主要有以下3种：直接雷、感应雷和雷电波。

(1) 直击雷（或称直接雷）。直击雷是雷雨云对大地和建筑物的放电现象。直击雷特性是：能量巨大，放电时间极短，主放电流可高达几百千安，电压高达数百万伏。强大的雷电流在通过物体入地时，将产生破坏性很大的热效应和机械效应，可直接导致人畜的死亡和物体的损坏。

(2) 感应雷。感应雷是由于雷雨云与大地之间放电时对周围产生的电磁感应、静电感应，使建筑物上的金属部件，如管道、钢筋、电源线、信号传输线、天馈线等感应出雷电高电压，通过这些线路进入室内的管道、电缆、走线桥架等引入室内造成放电，对与之相连的元器件造成损坏。感应雷可分为静电感应和电磁感应两种。

1) 静电感应是由于云层中电荷的感应使建筑物顶部积聚起极性相反的电荷，当电场强度达到一定程度时，就会放电，放电过程开始后，放电通路中的电荷迅速中和，但建筑物顶部极性相反的电荷却来不及流散入地，因而形成很高的电位，故易将顶部损坏，在内部将金属设备烧损或引起火灾。

2) 电磁感应是当雷电流通过金属导体入地时，形成了一个迅速变化的强磁场，使处于附近的输电线路或电气设备产生感应过电压，将线路或设备的绝缘击穿，导致供电中断或设备损坏。

(3) 雷电波。雷云放电时会产生一股冲击波，架空线遭雷击或发生感应雷时产生的沿各个方向迅速传播的高电位冲击波。这种冲击波常沿着架空线缆或管道传播，对设备造成冲击破坏作用。

2.1.2 防雷术语

(1) 雷击。雷云对大地及地面的放电现象。

(2) 接地。将导体连接到“地”，使之具有近似大地（或代替大地的导电体）的电位，可以使地电流流入或流出大地（或代替大地的导电体）。

(3) 雷电过电压。雷电过电压是因特定的雷电放电，在系统中一定的位置上出现的瞬态过电压。

(4) 综合防雷。综合防雷是对建筑物以及内部电子信息系统，进行直击雷防护、联合接地、等电位联结、电磁屏蔽和雷电过电压保护的一系列措施。

(5) 雷暴日。一天中可听到一次以上的雷声，成为一个雷暴日。

(6) 雷电活动区。根据年平均雷暴日的多少，雷电活动区分为少雷区、中雷区、多雷区和强雷区：

- 一年平均雷暴日不超过15～25天的地区为少雷区；
- 一年平均雷暴日在26～40天的地区为中雷区；
- 一年平均雷暴日在41～90天的地区为多雷区；
- 一年平均雷暴日超过90天的地区称为强雷区。

(7) 环形接地装置。围绕移动通信基站机房四周，按规定深度埋设于地下的封闭环形接地体（含垂直接地体）。

(8) 接地体。埋入地下并直接与大地接触的导体。

(9) 接地汇集线。引出机房、电力室等各种接地线的公共接地母线。

(10) 接地引入线。接地汇集线与接地体之间的连接线。

(11) 接地线。通信设备与接地汇集线之间的连线。

(12) 接地系统。接地线、接地汇集线、接地引入线以及接地体的总称。

(13) 接地网。由一组或多组接地体在地下相互连通构成，为电气设备或金属结构提供基准电位和对地泄放电流的通道。

(14) 接地引入线。接地网与接地总汇集线（或总汇排）之间相连的导体称为接地引入线。

(15) 联合接地。各建筑物的基础接地体和其他专设接地体相互连通形成一个共用地网，并将电子设备的工作接地、保护接地、逻辑接地、屏蔽体接地、防静电接地，以及建筑物防雷接地等共用一组接地系统的接地方式。

(16) 等电位联结。将不同的电气装置、导电物体等，用接地导体或浪涌保护器以某种方式连接起来，以减小雷电流在它们之间产生的电位差。

(17) 接地汇流排。与接地母线相连，并作为各类接地线连接端子的矩形铜排。

(18) 接地端子。接地线的连接端子或接地排。

(19) 垂直接地主干线。垂直接地主干线（垂直接地汇集线）是一组在电信设备和主接地端子间提供低电阻路径的垂直导体，垂直贯穿建筑体各楼层的接地主干线。

(20) 中性点工作地。中性点工作地是指稳定的供电系统中性点电位的接地。

(21) 防雷保护接地。防雷保护接地是指在雷雨季节为防止雷电过电压的保护接地。

(22) 安全保护地。安全保护地是指为防止接触电压及跨步电压危害人身和设备安全，而设置的微电子装置金属外壳的接地。

(23) 电源装置直流系统地。电源装置直流系统地又称为逻辑地、工作地，它为微电子装置各个部分、各个环节提供稳定的基准电位（一般是零电位）。这个地可以接大地，也可以仅仅是一个公共点。系统地如果与大地不相连，即系统地处于悬浮工作状态，称之为浮空地。

(24) 电源装置的屏蔽地。电源装置的屏蔽地为抑制各种干扰信号而设置的，屏蔽的种类很多，但都需要可靠的接地。屏蔽地就是屏蔽网络的接地。

(25) 独立接地系统。将系统的直流地（逻辑地）与交流工作地、安全保护地和防雷地、供电系统地相互独立。独立接地系统为了防止雷击时反击到其他接地系统，还规定了它们相互之间应保持的安全距离。采用独立接地方式的目的，是为了保证相互不干扰，当出现雷电流时，仅经防雷接地点流入大地，使之与其他部分隔离起来。有关规程提到若把直流地（逻辑地）、防雷地分离时，其间距离应相距15m左右。在不受环境条件限制的情况下，采用专用接地系统也是可取的方案，这可避免地线之间相互干扰和反击。

2.1.3 建筑物的防雷分类

建筑物的防雷分为三类：

(1) 第一类防雷建筑物。

1) 使用或储存炸药、火药、起爆药、火工品等大量爆炸物质的建筑物，因电火花而引起爆炸，会造成巨大破坏和人身伤亡者。

2) 具有爆炸危险环境的建筑物。

3) 具有爆炸危险环境的建筑物，因电火花而引起爆炸，会造成巨大破坏和人身伤亡者。

(2) 第二类防雷建筑物。

1) 国家级重点文物保护的建筑物。

2) 国家级的会堂、办公建筑物、大型展览和博览建筑物、大型火车站、国宾馆、国家级档案馆、大型城市的重要给水水泵房等特别重要的建筑物。

3) 国家级计算中心、国际通信枢纽等对国民经济有重要意义且装有大量电子设备的建筑物。

4) 制造、使用或储存爆炸物质的建筑物，且电火花不易引起爆炸或不致造成巨大破坏和人身伤亡者。

5) 具有爆炸危险环境的建筑物，且电火花不易引起爆炸或不致造成巨大破坏和人身伤亡者。

6) 工业企业内有爆炸危险的露天钢质封闭气罐。

7) 部、省级办公建筑物及其他重要或人员密集的公共建筑物。

8) 住宅、办公楼等一般性民用建筑物。

(3) 第三类防雷建筑物。

1) 省级重点文物保护的建筑物及省级档案馆。

2) 少雷区的部、省级办公建筑物及其他重要或人员密集的公共建筑物。

3) 少雷区住宅、办公楼等一般性民用建筑物。

4) 少雷区一般性工业建筑物。

5）在一年平均雷暴日不超过25天的地区，高度在15m及以上的烟囱、水塔等孤立的高耸建筑物。

6）在一年平均雷暴日小于或等于15天的地区，高度在20m及以上的烟囱、水塔等孤立的高耸建筑物。

2.1.4 防雷的基本要素

防雷工程是一种系统工程，需要进行外部防雷装置和内部防雷装置的整体考虑。建筑物防雷有6项要素。6项要素为：①接闪功能；②分流影响；③均衡电位；④屏蔽作用；⑤接地效果；⑥合理布线。

（1）接闪功能。接闪功能是指外部防雷装置和内部防雷装置的总功能，即接闪器的效果好坏，建筑物内部会不会产生反击。

（2）分流影响。分流影响的效果直接取决于下线数量的多少，引下线多，每根引下线通过的雷电流就小，其感应范围也小。引下线互相之间的距离不应小于规范中的规定。当建筑物很高时，引下线很长，应在建筑物的中间部分增加均压环，以减小引下线的电感，它不仅可以分流，还可降低反击电压。

（3）均衡电位。均衡电位是指建筑物内的各部位均能构成同一电位（等电位）。如果楼内各部位的结构钢筋和各种金属设备及金属管线都能连成统一的导电体，当然建筑物内部就不会产生不同的电位，保证了建筑物内部不会产生反击和危及人身安全的接触电压或跨步电压，同时对微电子设备防雷电电磁脉冲也很有好处。钢筋混凝土结构的建筑物最具备做到等电位的条件，为了防雷装置的需要，应再有目的地将接闪装置与梁、板、柱和基础可靠地焊接、绑扎或搭接，同时将各种金属设备和金属管线与之焊接或卡接来形成均衡电位。

（4）屏蔽作用。屏蔽的主要目的是对建筑物内的各种通信设备、电子计算机、精密仪器和各种微电子设备的防护。对建筑物内部的这些设备，不仅当防雷装置接闪时设备受到电磁干扰，而且由于本身性能的灵敏度，当打雷时，雷电波的电磁辐射，甚至其他建筑物接闪传来的电磁波也会对其发生影响。因此，要尽量利用钢筋混凝土结构的顶板、地板、墙面和梁、柱，使其构成一个六面体的网笼，即笼式避雷网，使其达到屏蔽条件。良好的屏蔽不仅使等电位和分流影响迎刃而解，对防雷电电磁脉冲也是最有效的措施。

（5）接地效果。接地效果的好坏是防雷安全的重要保证之一。钢筋混凝土结构的建筑物在符合规范条件时，应利用基础内钢筋作为接地装置。当达不到规范条件或基础包在防水油毡层内，可做周圈式接地装置，但应将周圈式接地体预先埋在基础槽的最外边，接地体靠近基础的钢筋，有利于均衡电位的效果，同时还避免了专门挖深沟的土方量和人工工作量。

木结构建筑和砖混结构建筑必须做独立引下线，并采用独立接地方式；如果土壤电阻率大，使用接地极较多时，也可做周圈式接地装置。因为周圈式接地装置的冲击阻抗小于独立接地装置的冲击阻抗，有利于改善建筑物内的地电位分布，减小跨步电压。独立接地方式中以打钻孔深埋接地极（约4～5mm以下）的效果为最好，深孔接地极容易达到地下水位，且能节省接地极的数量。

（6）合理布线。在现代建筑物内部都离不开照明、动力、电话、电视和各种微机设备的线路，必须考虑防雷系统与这些管线的关系。当防雷装置接闪时，为了保证这些线路不受影响，首先，应将这些线路穿于金属管内，用以保证可靠的屏蔽；其次，这些线路的主干线的垂直部分要走在高层建筑物的中心部件，避免靠近作为引下线柱筋的位置，以尽量缩小感应的范围面；最后，应注意由室外引来的电源线、电话线、电视共用天线和屋顶高处的彩灯及航空障碍灯等线路的引入做法，防止雷电波侵入。

在建筑物内部，总体的防雷措施可分为安全隔离和等电位联结两大类措施。安全距离指在需要防雷的空间内，两导体之间不会发生危险火花放电的最小距离，即不会发生反击的最小距离。等电位联结的目的是使内部防雷装置所防护的各部分减小或消除雷电流引起的电位差，包括靠近进户点操作的外来导体上也不产生电位差。

2.1.5 防雷系统设计原则

雷电防护系统应具备先进性、可靠性、易维护、升级等方面的特性，防雷工程设计及设备的选择应遵从以下原则：

（1）设备雷电防护的原则。防雷装置和被防护设备之间绝缘应匹配，将雷电感应电压限制到被保护的冲击耐压水平以下。正常情况下，防雷装置不应影响被防护设备的工作，受雷电干扰时，应保证设备不得错误动作。采用多级防护时，各级防护元件应配置合理。

（2）防雷元件的安装和设备的要求。外部防护用防雷元件宜安装在线路终端。安装应牢固可靠，便于检测，集中安装。

（3）一点接地原则。在自动化控制系统接地设计中，必须要遵循一点接地的原则。因系统由多台自动化设备构成，整个系统必须在一处接地。但系统接地线和接地电阻都不可能为零，尤其是在高频或瞬变状态下更是如此；另外，当有大电流从接地极注入大地时，接地极及其附近的大地电位升高，如有多点接地则会出现接地点间的电位差，形成干扰。即使是同一台设备中的系统地线，也应遵守一点接地原则，否则就会形成接地环路，各点之间的接地电位差将会形成干扰被引入其他电路。

(4) 一点接地与多点接地原则。在低频电子线路中，布线和元件间的电感显得并不严重，为了避免地线造成地环路，因此建议采用一点接地原则。对于高频电子线路来说，电感的影响将显得更突出，因为增加了地线的阻抗将导致各地线间的电感耦合。一般来说，频率小于 1MHz 时可采用一点接地，而高于 10MHz 时则应采用多点接地。当频率处于 1～10MHz 之间时，如采用一点接地，其地线长度不应超过波长的 1/20，否则，应采用多点接地。

(5) 尽量采用建筑物地基的钢筋和自然金属接地物统一连接地来作为接地网。

(6) 尽量以自然接地物为基础，辅以人工接地体补充，外形尽可能采用闭合环形。

(7) 一切为客户着想原则。无论是多大或多小的系统防护工程都应以一切为用户着想的原则做事，以用户需求作为准绳，本着务实，不追求豪华的思想，但又具扩展性，通过相互间诚恳的交流，协助用户，使其需求最终达到尽善尽美。

(8) 可靠性原则。设计系统雷电防护工程应最先考虑的问题就是可靠性。在工程的设计中不一定要求最先进，但一定要用最成熟可靠的产品和技术，有些新技术确实在某些方面有优势，但还需用更多的时间去考验，在网络系统的雷电防护中应选择被广泛应用和证实的可靠产品和技术。

一个中大型计算机系统每天处理数据量一般都较大，系统每个时刻都要采集大量的数据，并进行处理，因此，任一时刻的系统故障都有可能给用户带来不可估量的损失，这就要求系统具有高度的可靠性。提高系统可靠性的方法很多，一般的做法如下：

1) 选用备份回路，出现故障时能够迅速恢复并有适当的应急措施。

2) 采用热插拔功能，故障处理无须停机。

3) 采用声光报警功能。

(9) 先进性原则。采用当今国内、国际上最先进和成熟的技术，使新建立的系统能够最大限度地适应今后技术发展变化和业务发展变化的需要，从目前国内发展来看，系统总体设计的先进性原则主要体现在以下几个方面：

1) 采用的系统结构应当是先进的、开放的体系结构。

2) 采用的技术应当是先进的、可扩充的，能满足今后日益扩充需要。

(10) 实用性原则。本着一切从用户实际角度出发，配置防雷保护系统不是给用户花钱，而是在保护用户的投资，实用性就是能够最大限度地满足实际工作要求，从实际应用的角度来看，实用性更加重要。

(11) 开放性、可扩充、可维护性原则。雷电防护技术是不断发展变化的，为了保证用户的投资，所选产品必须符合国际标准及流行的工业标准，这样才能对未来发展提供保证。

(12) 经济性原则。整个防雷保护的建设要坚持实用为主，根据投资的强度选择有实用价值，在满足系统需求的前提下，应尽可能选用性能价格最好，可靠性高、可维护性好的产品，选用性能价格比高的设备，尽快投入使用，并使整个系统能安全可靠地运行，以便节省投资，以最低成本来完成雷电防护的建设。

2.1.6　防雷系统设计相关技术标准

GB 50057—1994 (2000)《建筑物防雷设计规范》

YD 5098—2005《通信局（站）防雷与接地工程设计规范》

GB/T 2887—2000《电子计算机场地通用规范》

GB 50174—2008《电子信息系统机房设计规范》

GB 50054—1995《低压配电设计规范》

GA 173—2002《计算机信息系统防雷保安器》

GB/T 3482—2008《电子设备雷击试验》

GB 11032—2000《交流无间隙金属氧化物避雷器》

IEC1024—1：1990《建筑防雷》

IE1312—1：1995《雷电电磁脉冲的防护通则》

ITU. TS. K20：1990《电信交换设备耐过电压和过电流能力》

ITU. TS. K21：1998《用户终端耐过电压和过电流能力》

2.2　防雷接地设计规范要求

2.2.1　防雷接地设计的一般要求

防雷接地设计的一般要求如下：

2.2.1.1　建筑物防雷一般要求

(1) 各类防雷建筑物应采取防直击雷和防雷电波侵入的措施。

(2) 第一类防雷建筑物、第二类防雷建筑物应采取防雷电感应的措施。

(3) 装有防雷装置的建筑物，在防雷装置与其他设施在建筑物内无法隔离的情况下，应采取等电位联结。

2.2.1.2　移动通信基站防雷一般要求

(1) 移动通信基站的交流供电系统应采用三相五线制供电方式。

(2) 移动通信基站宜设置专用电力变压器，电力线宜采用具有金属护套或绝缘护套电缆穿钢管埋地引入移动通信基站，电力电缆金属护套或钢管两端应就近可靠接地。

(3) 当电力变压器设在站外时，对于地处年雷暴日大于 20 天，大地电阻率大于 100Ω·m 的暴露地区的架空高压电力线路，宜在其上方架设避雷线，其长度不宜小于 500m。电力线应在避雷线的 25°保护范围内，避雷线（除终端杆处）应每杆作一次接地。为确保安全，宜在避雷线终端杆的前一杆上，增装一组氧化锌避雷器。若已建站的架空高压电力线路防雷改造采用避雷线有困难时，可在架空高压电力线路终端杆，终端杆前第一、第三或第二、第四杆上各增设一组氧化锌避雷器，同时在第三杆或第四杆增设一组高压熔断器。

(4) 当电力变压器设在站内时，其高压电力线应采用电力电缆从地下进站，电缆长度不宜小于 200m，电力电缆与架空电力线连接处三根相线应加装氧化锌避雷器，电缆两端金属外护层应就近接地。

(5) 移动通信基站交流电力变压器高压侧的三根相线，应分别就近对地加装氧化锌避雷器。电力变压器低压侧三根相线应分别对地加装无间隙氧化锌避雷器。变压器的机壳、低压侧的交流中性线，以及与变压器相连的电力电缆的金属外护层，应就近接地。出入基站的所有电力线均应在出口处加装避雷器。

(6) 进入移动通信基站的低压电力电缆宜从地下引入机房，其长度不宜小于 50m（当变压器高压侧已采用电力电缆时，低压侧电力电缆长度不限）。电力电缆在进入机房交流屏处应加装避雷器，从屏内引出的中性线不作重复接地。

(7) 移动通信基站供电设备的正常不带电的金属部分、避雷器的接地端，均应作保接接地，严禁作接零保护。

(8) 移动通信基站直流工作地，应从室内接地汇集线上就近引接，接地线截面积应满足最大负荷的要求，一般为 35～95mm^2，材料为多股铜线。

(9) 移动通信基站电源设备应满足相关标准，规范中关于耐雷电冲击指标的规定，交流屏、整流屏（或高频开关电源）应设有分极防护装置。

(10) 电源避雷器和天馈线避雷器的耐雷电冲击指标等参数应符合相关标准、规范的规定。

2.2.1.3　微波站防雷一般要求

(1) 由于微波站引入雷害的途径多并且遭受雷害几率高，所以微波站的防雷采取泄放、消峰、均压等电位的联合接地设计原理，全面系统地做好微波站的防雷设计。

(2) 为微波站供电的电力电缆及其他进出缆线必须具有金属外护层或穿金属管道，并埋设于地下。

(3) 微波站防雷与接地应统筹设计、统筹施工，加强随工验收和维护管理，以确保微波站防雷与接地的工程质量，做到安全可靠。

(4) 微波站直流工作接地，应从接地汇集线上就近引线，接地线截面积应满足最大负荷要求，一般为 35～95mm^2，材料为多股铜线。

(5) 微波站通信设备及供电设备的正常不带电的金属部门、通信设备所设防雷保安器的接地端，均应作保护接地，严禁作接零保护，其接地线截面积应不小于 35mm^2，材料为多股铜线。

(6) 出入微波站的电缆金属护套在入站处应作保护接地，电缆内芯线在进站处应加装保安器，电缆内的空线对亦应作保护接地。站区严禁布放架空缆线。

(7) 机房内的走线架应每隔 5m 作一次接地。走线架、吊挂铁件、机架（或机壳）、金属通风管道、金属门窗，以及其他金属管线，均应良好接地并相互妥善连通。

(8) 微波天线的馈线及塔顶航空障碍信号灯馈线的金属外护层，应在顶端及进入机房入口处的外侧就近接地。经走线架上塔的天线的馈线，应在其转弯处上方 0.5～1m 范围内作良好接地；在进入机房入口处应与地网就近引出的接地线妥善连通。塔灯控制线的每根相线均应在机房入口处分别对地加装氧化锌无间隙避雷器，零线直接接地。

(9) 微波天线应在避雷针保护范围内。避雷针与引下线应可靠焊接连通，引下线材料为 40mm×4mm 镀锌扁钢。引下线在地网上连接点与接地引入线在地网上连接之间的距离宜不小于 10m。

(10) 微波机房屋顶应设避雷网，其网格尺寸不大于 3m×3m，且与屋顶避雷带一一焊接连通。微波机房四角应设雷电流引下线，该引下线可利用机房四角房柱内 2 根以上主钢筋，其上端应与避雷带、下端应与地网焊接连通。机房屋顶上其他金属设施亦应分别就近与避雷带焊接连通。

(11) 当微波站天线铁塔位于机房旁边时，铁塔地网与机房地网之间，应每间隔 3～5m 相互焊接连通一次（至少有两处相互连通），铁塔四脚应与其地网就近焊接连通。

(12) 当微波站天线铁塔位于机房屋顶时，其四脚应在屋顶与雷电流引下线分别就近连通。

(13) 由机房屋顶进入机房的缆线和太阳能电池馈电线，应采用具有金属护层的电线，其金属护层在进入机房入口处，就近与屋顶女儿墙上的避雷带焊接连通，电缆内芯应在入口处一一就近对地加装保安器。

(14) 微波站交流电力变压器高压侧的三根相线，应分别就近对地加装氧化锌避雷器；电力变压器低压侧的每根相线应分别就近对地加装氧化锌无间隙避雷器。变压器的机壳、低压侧的交流中性线，以及与变压器相连的电力电缆的金属外护层，应就近接地。

(15) 进入微波站的低压电力电缆的长度应不小于50m，其三根相线及中性线在进交流屏之前，应分别对地加装氧化锌无间隙避雷器或其他可靠防雷器件，屏内交流中性线不作重复接地。

(16) 微波站电力变压器不宜与微波机房在同一建筑物内，若其安装在机房内时，高压电力电缆长度应不小于200m，在与架空电力线的接头处，电缆金属外护层应就近接地，电缆内三根相线应分别对地加装氧化锌避雷器。当电缆埋设于年雷暴日超过20天，大地电阻率超过100Ω·m的地段时，应在电缆上方埋设屏蔽线。

(17) 微波站的架空高压电力线路，其进站端上方宜设架空避雷线，长度为300～500m。避雷线的保护角应不大于25°。避雷线（除终端杆外）宜每杆作一次接地。

(18) 为确保安全，宜在避雷线终端杆的前一杆上，增装一组氧化锌避雷器。

(19) 若已建站的架空高压电力线路防雷改造采用避雷线有困难时，可在架空高压电力线路终端杆、终端杆前第一、第三或第二、第四杆上各增设一组氧化锌避雷器，同时在第三杆或第四杆增设一组高压熔断器。

避雷线与避雷器的接地体，宜设计成辐射形或环形。

(20) 微波站的交直流配电设备及电源自动倒换控制架，应选用机内具有分级防雷措施的产品，即交流屏输入端、自动稳压稳流的控制电路均应有防雷措施，直流屏的输出端应有浪涌吸收装置。

(21) 微波站和卫星地球站等局站的市电高压引入线路，如采用高压架空线路，其进站端上方宜设架空避雷线，长度为300～500m，避雷线的保护角应不大于25°，避雷线（除终端杆外）宜每杆作一次接地。位于城区内的电信局，市电高压引入线路宜采用地埋电力电缆进入通信局（站），其电缆长度不宜小于200m。

(22) 电力变压器高、低压侧均应各装一组避雷器，避雷器应尽量靠近变压器装设。

(23) 出入局（站）的交流低压电力线路应采用地埋电力电缆，基金属护套应就近两端接地。低压电力电缆长度宜不小于50m，两端芯线应加装避雷器。通常将通信电源交流系统低压电缆进线作为第一级防雷，交流配电屏内作第二级防雷，整流器输入端口作为第三级防雷，这是通信电源系统防雷的最基本的要求。

2.2.2 建筑物防雷措施

建筑物防雷措施分为：一类、二类、三类防雷措施。

2.2.2.1 一类防雷建筑物的防雷措施

(1) 一类防直击雷的措施。第一类防雷建筑物防直击雷的措施，应符合下列要求：

1) 应装设独立避雷针或架空避雷线（网），使被保护的建筑物及风帽、放散管等突出屋面的物体均处于接闪器的保护范围内。架空避雷网的网格尺寸不应大于5m×5m或6m×4m。

2) 排放爆炸危险气体、蒸汽或粉尘的放散管、呼吸阀、排风管等的管口外的以下空间应处于接闪器的保护范围内，当有管帽时应按规范要求确定；当无管帽时，应为管口上方半径5m的半球体。接闪器与雷闪的接触点应设在上述空间之外。

3) 排放爆炸危险气体、蒸汽或粉尘的放散管、呼吸阀、排风管等，当其排放物达不到爆炸浓度、长期点火燃烧、一排放就点火燃烧时，及发生事故时排放物才达到爆炸浓度的通风管、安全阀，接闪器的保护范围可仅保护到管帽，无管帽时可仅保护到管口。

4) 独立避雷针的杆塔、架空避雷线的端部和架空避雷网的各支柱处应至少设一根引下线。对用金属制成或有焊接、绑扎连接钢筋网的杆塔、支柱，宜利用其作为引下线。

5) 独立避雷针和架空避雷线（网）的支柱及其接地装置至被保护建筑物及与其有联系的管道、电缆等金属物之间的距离应符合要求，但不得小于3m。

6) 架空避雷线至屋面和各种突出屋面的风帽、放散管等物体之间的距离应符合规范要求，但不应小于3m。

7) 架空避雷网至屋面和各种突出屋面的风帽、放散管等物体之间的距离，应符合规范要求，但不应小于3m。

8) 独立避雷针、架空避雷线或架空避雷网应有独立的接地装置，每一引下线的冲击接地电阻不宜大于10Ω。在土壤电阻率高的地区，可适当增大冲击接地电阻。

（2）一类建筑物防感应雷电的措施。第一类防雷建筑物防雷电感应的措施，应符合下列要求：

1）建筑物内的设备、管道、构架、电缆金属外皮、钢屋架、钢窗等较大金属物和突出屋面的放散管、风管等金属物，均应接到防雷电感应的接地装置上。

2）金属屋面周边每隔18～24m应采用引下线接地一次。

3）现场浇制的或由预制构件组成的钢筋混凝土屋面，其钢筋宜绑扎或焊接成闭合回路，并应每隔18～24m采用引下线接地一次。

4）平行敷设的管道、构架和电缆金属外皮等长金属物，其净距小于100mm时应采用金属线跨接，跨接点的间距不应大于30m。

5）交叉净距小于100mm时，其交叉处亦应跨接。当长金属物的弯头、阀门、法兰盘等连接处的过渡电阻大于0.03Ω时，连接处应用金属线跨接。对有不少于5根螺栓连接的法兰盘，在非腐蚀环境下，可不跨接。

6）防雷电感应的接地装置应和电气设备接地装置共用，其工频接地电阻不应大于10Ω。防雷电感应的接地装置与独立避雷针、架空避雷线或架空避雷网的接地装置之间的距离应符合规范要求。

7）屋内接地干线与防雷电感应接地装置的连接，不应少于两处。

（3）第一类建筑物防雷电波侵入的措施。第一类防雷建筑物防止雷电波侵入的措施，应符合下列要求：

1）低压线路宜全线采用电缆直接埋地敷设，在入户端应将电缆的金属外皮、钢管接到防雷电感应的接地装置上。当全线采用电缆有困难时，可采用钢筋混凝土杆和铁横担的架空线，并应使用一段金属铠装电缆或护套电缆穿钢管直接埋地引入，其埋地长度应符合规范的要求，但不应小于15m，在电缆与架空线连接处应装设避雷器。避雷器、电缆金属外皮、钢管和绝缘子铁脚、金具等应连在一起接地，其冲击接地电阻不应大于10Ω。

2）架空金属管道，在进出建筑物处，应与防雷电感应的接地装置相连。距离建筑物100m内的管道，应每隔25m左右接地一次，其冲击接地电阻不应大于20Ω，并宜利用金属支架或钢筋混凝土支架的焊接、绑扎钢筋网作为引下线，其钢筋混凝土基础宜作为接地装置。

埋地或地沟内的金属管道，在进出建筑物处亦应与防雷电感应的接地装置相连。

3）当建筑物太高或其他原因难以装设独立避雷针、架空避雷线、避雷网时，可将避雷针或网格不大于5m×5m或6m×4m的避雷网或由其混合组成的接闪器直接装在建筑物上，避雷网应沿屋角、屋脊、屋檐和檐角等易受雷击的部位敷设。并必须符合下列要求：

- 所有避雷针应采用避雷带互相连接。
- 引下线不应少于两根，并应沿建筑物四周均匀或对称布置，其间距不应大于12m。
- 排放爆炸危险气体、蒸汽或粉尘的管道应符合规范的要求。
- 建筑物应装设均压环，环间垂直距离不应大于12m，所有引下线、建筑物的金属结构和金属设备均应连到环上。均压环可利用电气设备的接地干线环路。

4）防直击雷的接地装置应围绕建筑物敷设成环形接地体，每根引下线的冲击接地电阻不应大于10Ω，并应和电气设备接地装置及所有进入建筑物的金属管道相连，此接地装置可兼作防雷电感应之用。

当建筑物高于30m时，应采取以下防侧击的措施：

- 从30m起每隔不大于6m沿建筑物四周设水平避雷带并与引下线相连。
- 30m及以上外墙上的栏杆、门窗等较大的金属物与防雷装置连接。
- 在电源引入总配电箱处宜装设过电压保护器。
- 当树木高于建筑物且不在接闪器保护范围之内时，树木与建筑物之间的净距不应小于5m。

2.2.2.2 第二类防雷建筑物的防雷措施

（1）第二类防雷建筑物防直击雷的措施。第二类防雷建筑物防直击雷的措施，宜采用装设在建筑物上的避雷网（带）或避雷针或由其混合组成的接闪器。避雷网（带）应按规定沿屋角、屋脊、屋檐和檐角等易受雷击的部位敷设，并应在整个屋面组成不大于10m×10m或12m×8m的网格。所有避雷针应采用避雷带相互连接。

1）突出屋面的放散管、风管、烟囱等物体，应按下列方式保护：

- 排放爆炸危险气体、蒸汽或粉尘的放散管、呼吸阀、排风管等管道应符合规范的要求。
- 排放无爆炸危险气体、蒸汽或粉尘的放散管及烟囱，爆炸危险环境的自然通风管，装有阻火器的排放爆炸危险气体、蒸汽或粉尘的放散管、呼吸阀、排风管，其防雷保护应符合金属物体可不装接闪器，但应和屋面防雷装置相连，在屋面接闪器保护范围之外的非金属物体应装接闪器，并和屋面防雷装置相连。

2）引下线不应少于两根，并应沿建筑物四周均匀或对称布置，其间距不应大于18m。当仅利用建筑物四周的钢柱或柱子钢筋作为引下线时，可按跨度设引下线，但引下线的平均间距不应大于18m。

3）每根引下线的冲击接地电阻不应大于10Ω。防直击雷接地宜和防雷电感应、电气设备等接地共用同一接地装置，并宜与埋地金属管道相连，当不共用、不相连时，两者在地中的距离应符合下列要求，但不应小于2m；

● 单根引下线系数应为1，两根引下线及接闪器不成闭合环的多根引下线分流系数应为0.66，接闪器成闭合环或网状的多根引下线分流系数应为0.44。

● 在共用接地装置与埋地金属管道相连的情况下，接地装置宜围绕建筑物敷设成环形接地体。

4）利用建筑物的钢筋作为防雷装置时应符合下列规定：

● 建筑物宜利用钢筋混凝土屋面、梁、柱、基础内的钢筋作为引下线。

● 当基础采用硅酸盐水泥和周围土壤的含水量不低于4%及基础的外表面无防腐层或有沥青质的防腐层时，宜利用基础内的钢筋作为接地装置。

● 敷设在混凝土中作为防雷装置的钢筋或圆钢，当仅一根时，其直径不应小于10mm。被利用作为防雷装置的混凝土构件内有箍筋连接的钢筋，其截面积总和不应小于一根直径为10mm钢筋的截面积。

● 利用基础内钢筋网作为接地体时，在周围地面以下距地面不小于0.5m。

● 构件内有箍筋连接的钢筋或成网状的钢筋，其箍筋与钢筋的连接，钢筋与钢筋的连接，应采用土建施工的绑扎法连接或焊接。单根钢筋或圆钢或外引预埋连接板、线与上述钢筋的连接应焊接或采用螺栓紧固的卡夹器连接。构件之间必须连接成电气通路。

5）当土壤电阻率ρ小于或等于300Ω·m时，在防雷的接地装置同其他接地装置和进出建筑物的管道相连的情况下，防雷的接地装置可不计及接地电阻值。

6）建筑物内的设备、管道、构架等主要金属物，应就近接至防直击雷接地装置或电气设备的保护接地装置上，可不另设接地装置。

7）平行敷设的管道、构架和电缆金属外皮等长金属物应符合规范的要求，但长金属物连接处可不跨接。

8）建筑物内防雷电感应的接地干线与接地装置的连接不应少于两处。

9）当金属物或线路与引下线之间有自然接地或人工接地的钢筋混凝土构件、金属板、金属网等静电屏蔽物隔开时，金属物或线路与引下线之间的距离可不受限制。

10）当金属物或线路与引下线之间有混凝土墙、砖墙隔开时，混凝土墙的击穿强度应与空气击穿强度相同，砖墙的击穿强度应为空气击穿强度的1/2。当不能满足要求时，金属物或线路应与引下线直接相连或通过过电压保护器相连。

（2）防雷电波侵入的措施。防雷电波侵入的措施应符合下列要求：

1）当低压线路全长采用埋地电缆或敷设在架空金属线槽内的电缆引入时，在入户端应将电缆金属外皮、金属线槽接地。

2）建筑物其低压电源线路应符合下列要求：

● 当低压架空线转换金属铠装电缆或护套电缆穿钢管直接埋地引入时，其埋地长度应大于或等于15m。

● 入户端电缆的金属外皮、钢管应与防雷的接地装置相连。

● 在电缆与架空线连接处尚应装设避雷器。

● 避雷器、电缆金属外皮、钢管和绝缘子铁脚、金具等应连在一起接地。

● 冲击接地电阻不应大于10Ω。

● 靠近建筑物的两基电杆上的绝缘子铁脚应接地，其冲击接地电阻不应大于30Ω。

3）平均雷暴日小于30天/年地区的建筑物，可采用低压架空线直接引入建筑物内，但应符合下列要求：

● 在入户处应装设避雷器或设2～3mm的空气间隙，并应与绝缘子铁脚、金具连在一起接到防雷的接地装置上，其冲击接地电阻不应大于5Ω。

● 入户处的三基电杆绝缘子铁脚、金具应接地，靠近建筑物的电杆，其冲击接地电阻不应大于10Ω，其余两基电杆不应大于20Ω。

4）架空和直接埋地的金属管道在进出建筑物处应就近与防雷的接地装置相连，当不相连时，架空管道应接地，其冲击接地电阻不应大于10Ω。建筑物引入、引出该建筑物的金属管道在进出处应与防雷的接地装置相连；对架空金属管道尚应在距建筑物约25m处接地一次，其冲击接地电阻不应大于10Ω。

5）高度大于45m的钢筋混凝土结构、钢结构建筑物应采取以下防侧击和等电位的保护措施：

●应利用钢柱或柱子钢筋作为防雷装置引下线。

●应将45m及以上外墙上的栏杆、门窗等较大的金属物与防雷装置连接。

●竖直敷设的金属管道及金属物的顶端和底端与防雷装置连接。

6）有爆炸危险的露天钢质封闭气罐，当其壁厚不小于4mm时，可不装设接闪器，但应接地，且接地点不应少于两处，两接地点间距离不宜大于30m，冲击接地电阻不应大于30Ω。

2.2.2.3 第三类防雷建筑物的防雷措施

（1）第三类防雷建筑物防直击雷的措施。

1）第三类防雷建筑物防直击雷的措施宜采用装设在建筑物上的避雷网（带）或避雷针，或由这两种混合组成的接闪器。避雷网（带）应沿屋角、屋脊、屋檐和檐角等易受雷击的部位敷设。并应在整个屋面组成不大于20m×20m或24m×16m的网格。平屋面的建筑物，当其宽度不大于20m时，可仅沿网边敷设一圈避雷带。

2）每根引下线的冲击接地电阻不宜大于10Ω。其接地装置宜与电气设备等接地装置共用。防雷的接地装置宜与埋地金属管道相连。当不共用、不相连时，两者间在地中的距离不应小于2m。

在共用接地装置与埋地金属管道相连的情况下，接地装置宜围绕建筑物敷设成环形接地体。

3）建筑物宜利用钢筋混凝土屋面板、梁、柱和基础的钢筋作为接闪器、引下线和接地装置。利用基础内钢筋网作为接地体时，在周围地面以下距地面不小于0.5m。

4）当土壤电阻率ρ小于或等于300Ω·m时，在防雷的接地装置同其他接地装置和进出建筑物的管道相连的情况下，防雷的接地装置可不计及接地电阻值，其接地体应符合规范的规定。

5）砖烟囱、钢筋混凝土烟囱，宜在烟囱上装设避雷针或避雷环保护。多支避雷针应连接在闭合环上。应采取以下措施：

●当非金属烟囱无法采用单支或双支避雷针保护时，应在烟囱口装设环形避雷带，并应对称布置三支高出烟囱口不低于0.5m的避雷针。

●钢筋混凝土烟囱的钢筋应在其顶部和底部与引下线和贯通连接的金属爬梯相连。利用钢筋作为引下线和接地装置，可不另设专用引下线。

●高度不超过40m的烟囱，可只设一根引下线，超过40m时应设两根引下线。可利用螺栓连接或焊接的一座金属爬梯作为两根引下线用。

●金属烟囱应作为接闪器和引下线。

6）引下线不应少于两根，但周长不超过25m且高度不超过40m的建筑物可只设一根引下线。引下线应沿建筑物四周均匀或对称布置，其间距不应大于25m。当仅利用建筑物四周的钢柱或柱子钢筋作为引下线时，可按跨度设引下线，但引下线的平均间距不应大于25m。

7）防止雷电流流经引下线和接地装置时产生的高电位对附近金属物或线路的反击，应符合规范的要求。

（2）第三类防雷建筑物防雷电波侵入措施。第三类防雷建筑物防雷电波侵入的措施应符合下列要求：

1）对电缆进出线，应在进出端将电缆的金属外皮、钢管等与电气设备接地相连。当电缆转换为架空线时，应在转换处装设避雷器；避雷器、电缆金属外皮和绝缘子铁脚、金具等应连在一起接地，其冲击接地电阻不宜大于30Ω。

2）对低压架空进出线，应在进出处装设避雷器并与绝缘子铁脚、金具连在一起接到电气设备的接地装置上。当多回路架空进出线时，可仅在母线或总配电箱处装设一组避雷器或其他型式的过电压保护器，但绝缘子铁脚、金具仍应接到接地装置上。

3）进出建筑物的架空金属管道，在进出处应就近接到防雷或电气设备的接地装置上，或独自接地，其冲击接地电阻不宜大于30Ω。

4）高度超过60m的建筑物，其防侧击雷和等电位的保护措施应符合规范的规定，并应将60m及以上外墙上的栏杆、门窗等较大的金属物与防雷装置连接。

2.2.2.4 其他防雷措施

（1）当一座防雷建筑物中兼有第一、二、三类防雷建筑物时，其防雷分类和防雷措施宜符合下列规定：

1）当第一类防雷建筑物的面积占建筑物总面积的30%及以上时，该建筑物宜确定为第一类防雷建筑物。

2）当第一类防雷建筑物的面积占建筑物总面积的30%以下，且第二类防雷建筑物的面积占建筑物总面积的30%及以上时，或当这两类防雷建筑物的面积均小于建筑物总面积的30%，但其面积之和又大于30%时，该建筑物宜确定为第二类防雷建筑物。但对第一类防雷建筑物的防雷电感应和防雷电波侵入，应采取第一类防雷建筑物的保护措施。

3）当第一、二类防雷建筑物的面积之和小于建筑物总面积的30%，且不可能遭直接雷击时，该建筑物可确定为第三类防雷建筑物；但对第一、二类防雷建筑物的防雷电感应和防雷电波侵入，应采取各自类别的保护措施；当可能遭直接雷击时宜按各自类别采取防雷措施。

（2）当一座建筑物中有一部分为第一、二、三类防雷建筑物时防雷措施宜符合下列规定：

1）当防雷建筑物可能遭直接雷击时，宜按各自类别采取防雷措施。

2）当防雷建筑物不可能遭直接雷击时，可不采取防直击雷措施，可仅按各自类别采取防雷电感应和防雷电波侵入的措施。

3）当防雷建筑物的面积占建筑物总面积的 50％以上时，该建筑物按规范的规定采取防雷措施。

（3）固定在建筑物上的节日彩灯、航空障碍信号灯及其他用电设备的线路，应根据建筑物的重要性采取相应的防止雷电波侵入的措施。并应符合下列规定：

1）无金属外壳或保护网罩的用电设备宜处在接闪器的保护范围内，不宜布置在避雷网之外，并不宜高出避雷网。

2）从配电盘引出的线路宜穿钢管。钢管的一端宜与配电盘外壳相连；另一端宜与用电设备外壳、保护罩相连，并宜就近与屋顶防雷装置相连。当钢管因连接设备而中间断开时宜设跨接线。

3）在配电盘内，宜在开关的电源侧与外壳之间装设过电压保护器。

（4）粮、棉及易燃物大量集中的露天堆场，宜采取防直击雷措施。当其年计算雷击次数大于或等于 0.06 时宜采用独立避雷针或架空避雷线防直击雷。独立避雷针和架空避雷线保护范围的滚球半径可取 100m。在计算雷击次数时，建筑物的高度可按堆放物可能堆放的高度计算，其长度和宽度可按可能堆放面积的长度和宽度计算。

（5）在独立避雷针、架空避雷线（网）的支柱上严禁悬挂电话线、广播线、电视接收天线及低压架空线等。

2.2.3　移动通信基站防雷措施

移动通信基站防雷措施分为：供电系统的防雷与接地、铁塔的防雷与接地、天馈线系统的防雷与接地、信号线路的防雷与接地、其他设施的防雷措施。

2.2.3.1　供电系统的防雷与接地措施

供电系统的防雷与接地措施要注意有如下 10 点：

（1）移动通信基站的交流供电系统应采用三相五线制供电方式。

（2）移动通信基站宜设置专用电力变压器，电力线宜采用具有金属护套或绝缘护套电缆穿钢管埋地引入移动通信基站，电力电缆金属护套或钢管两端应就近可靠接地。

（3）当电力变压器设在站外时，对于地处年雷暴日大于 20 天，大地电阻率大于 100Ω·m 的暴露地区的架空高压电力线路，宜在其上方架设避雷线，其长度不宜小于 500m。电力线应在避雷线的 25°保护范围内，避雷线（除终端杆处）应每杆作一次接地。为确保安全，宜在避雷线终端杆的前一杆上，增装一组氧化锌避雷器。若已建站的架空高压电力线路防雷改造采用避雷线有困难时，可在架空高压电力线路终端杆，终端杆前第一，第三或第二，第四杆上各增设一组氧化锌避雷器，同时在第三杆或第四杆增设一组高压熔断器。

（4）当电力变压器设在站内时，其高压电力线应采用电力电缆从地下进站，电缆长度不宜小于 200m，电力电缆与架空电力线连接处三根相线应加装氧化锌避雷器，电缆两端金属外护层应就近接地。

（5）移动通信基站交流电力变压器高压侧的三根相线，应分别就近对地加装氧化锌避雷器。电力变压器低压侧三根相线应分别对地加装无间隙氧化锌避雷器。变压器的机壳、低压侧的交流中性线及与变压器相连的电力电缆的金属外护层，应就近接地。出入基站的所有电力线均应在出口处加装避雷器。

（6）进入移动通信基站的低压电力电缆宜从地下引入机房，其长度不宜小于 50m（当变压器高压侧已采用电力电缆时，低压侧电力电缆长度不限）。电力电缆在进入机房交流屏处应加装避雷器，从屏内引出的中性线不作重复接地。

（7）移动通信基站供电设备的正常不带电的金属部分、避雷器的接地端，均应作保接接地，严禁作接零保护。

（8）移动通信基站直流工作地，应从室内接地汇集线上就近引接，接地线截面积应满足最大负荷的要求，一般为 35～95mm^2，材料为多股铜线。

（9）移动通信基站电源设备应满足相关标准、规范中关于耐雷电冲击指标的规定，交流屏、整流屏（或高频开关电源）应设有分极防护装置。

（10）电源避雷器和天馈线避雷器的耐雷电冲击指标等参数应符合相关标准、规范的规定。

2.2.3.2　铁塔的防雷与接地措施

（1）移动通信基站铁塔应有完善的防直击雷及二次感应雷的防雷装置。

（2）移动通信基站铁塔宜采用太阳能塔灯。对于使用交流电馈电的航空标志灯，其电源线应采用具有金属外护层的电缆，电缆的金属外护层的塔顶及机房入口处的外侧就近接地。塔灯控制线及电源线的每根相线均应在机房入口处分别对地加装避雷器，中性线应直接接地。

2.2.3.3 天馈线系统的防雷与接地措施

(1) 移动通信基站天线应在接闪器的保护范围内，接闪器应设置专用雷电流引下线，材料宜采用40mm×4mm的镀锌扁钢。

(2) 基站同轴电缆馈线的金属外护层，应在上部，下部和经走线架进机房入口处就近接地，在机房入口处的接地应就近与地网引出的接地线妥善连通。当铁塔高度大于或等于60m时，同轴电缆馈线金属外护层还应在铁塔中部增加一处接地。

(3) 同轴电缆馈线进入的感应雷。馈线避雷器接地端子应就近引接到室外馈线入口处接地线上，选择馈线避雷器时应考虑阻抗、衰耗、工作频段等指标与通信设备相适应。

2.2.3.4 信号线路的防雷与接地措施

(1) 信号电缆应由地下进出移动通信基站，电缆内芯线在进站处应加装相应的信号避雷器，避雷器和电缆内的空线对均应作保护接地。站区内严禁布放架空缆线。

(2) 对于地处年雷暴日大于20天，大地电阻率大于100Ω·m地区的新建信号电缆，宜采取在电缆上方放排流线或采用有金属外护套的电缆，亦可采用光缆，以防雷击。

2.2.3.5 其他设施的防雷与接地措施

(1) 移动通信基站的建筑物应有完善的防直击雷及抑制二次感应雷的防雷装置（避雷网、避雷带和接闪器等）。

(2) 机房顶部的各种金属设施，均应分别与屋顶避雷带就近连通。机房屋顶的彩灯应安装在避雷带下方。

(3) 机房内走线架、吊挂铁架、机架或机壳、金属通风管道、金属门窗等均应作保护接地。保护接地引线一般宜采用截面积不小于35mm²的多股铜导线。

2.2.4 微波站防雷措施

微波站防雷措施分为微波站地网、接地体、接地引入线、接地汇集线、接地电阻值几种。

2.2.4.1 微波站地网措施

微波站地网由机房地网、铁塔地网和变压器地网组成，同时应利用机房建筑物的基础（含地桩）及铁塔基础内的主钢筋作为接地体的一部分。微波地网的组成如图2-1所示。

机房地网利用机房建筑物基础自然间横竖梁内的

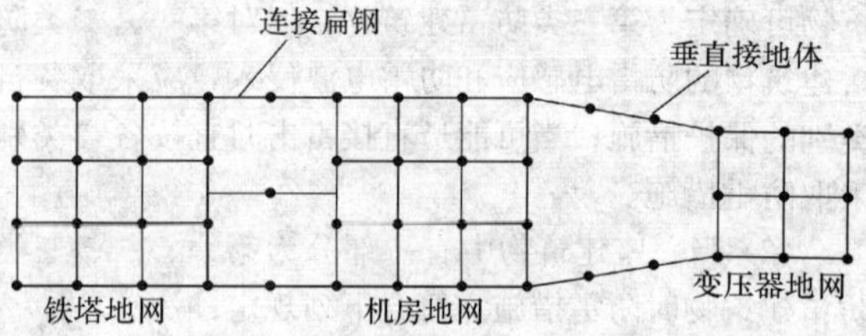

图2-1 微波站地网的组成

2根以上主钢筋（必要时辅以相同尺寸的钢筋），组成网格不大于3m×3m的机房地网。当机房建筑物基础有桩时，应将地桩内2根以上主钢筋与机房地网就近焊接连通。

当微波天线铁塔坐落在机房旁边时，铁塔地网面积应延伸到塔基四脚外1.5m以外的范围，网格尺寸应不大于3m×3m，其周边为封闭式。同时，还应利用塔基地桩内2根以上主钢筋作垂直接地体，与地网焊接连通；当微波机房位于微波天线塔内或微波天线铁塔位于机房屋顶时，宜在机房地网四角设置辐射式外引接地体，以利雷电散流。变压器地网当电力变压器设置在机房内时，其地网可合用机房及铁塔地网组成的地网；当电力变压器设置在机房外，且距机房地网边缘30m以内时，变压器地网与机房地网或与铁塔地网之间，应每间隔3～5m相互焊接连通（至少有两处连通），以相互组成一个周边封闭的地网。当地网的接地电阻值达不到要求时，应扩大其面积，具体做法是：在地网外围增设1圈或2圈环形接地装置。环形接地装置由水平接地体和垂直接地体组成，水平接地体周边为封闭式，水平接地体与地网宜在同一水平面上，环形接地装置与地网之间以及环形接地装置之间均应每间隔3～5m相互焊接连通一次；也可在铁塔四角设置辐射式延伸接地体，延伸接地体的长度宜限制在10～30m。

2.2.4.2 接地体措施

接地体应采用镀锌钢材，其规格要求如下。

1) 钢管：ϕ50mm，壁厚应不小于3.5mm。

2) 角钢：应不小于50mm×50mm×5mm。

3) 扁钢：应不小于40mm×4mm。

垂直接地体长度为1.5～2.5m。垂直接地体间距为其自身长度的1.5～2倍。当垂直接地体埋设有困难时，可设多根环形水平接地体，其彼此间隔可为1～1.5m,且应每隔3m相互焊接连通一次。

接地体之间所有焊点，除浇注在混凝土中的以外，均应进行防腐蚀处理。接地装置的焊接长度：

1) 对扁钢为宽边的2～3倍。

2) 对圆钢为其直径的10倍。

3）接地体埋深，其上端距地面应不小于 0.7m，在寒冷地区，接地体应埋设在 1～1.2m 以下。

4）接地坑应回填土壤或降阻材料。

2.2.4.3　接地引入线

接地引入线长度应不超过 30m，其材料为镀锌扁钢，截面积应不小于 40mm×4mm。接地引入线应作防腐、绝缘处理，并不得在暖气地沟内布放，埋设时应避开污水管道和水沟，裸露在地面以上部分，应有防止机械损伤的措施。

接地引入线应以对称方式（南北或东西）由地网就近引入，其中 2 根与电力室接地汇集线相连，另 2 根与机房接地汇集线相连。两接地汇集线之间应采用截面积不小于 40mm×4mm 镀锌扁钢朴素妥善连通，其连接方式如图 2-2 所示。

2.2.4.4　接地汇集线

（1）接地汇集线一般设计成环形或排状，材料为铜材，其截面积应不小于 $120mm^2$，也可采用相同电阻值的镀锌扁钢。

（2）电力室的接地汇集线可设在干燥的地槽内或墙面适宜位置。

（3）微波机房的接地汇集线可设在地槽内、墙面适宜位置或走线架上。

2.2.4.5　接地电阻值

（1）微波中继站地网的工频接地电阻值应不大于 10Ω。

（2）微波枢纽站地网的工频接地电阻值应不大于 5Ω。

（3）无源中继站地网的工频接地电阻值为 20～30Ω。

（4）架空电力线与电力电缆接口处的保护接地及电力变压器保护接地的接地电阻值应不大于 10Ω。

（5）架空电力线上方的避雷线及增装在高压线上的避雷器的接地电阻值，其首端（即进站端）应不大于 10Ω，中间和末端应不大于 30Ω。

2.2.5　防雷装置

（1）避雷针。避雷针宜采用圆钢或焊接钢管制成，其直径不应小于下列数值：

1）针长 1m 以下：圆钢为 12mm，钢管为 20mm。

2）针长 1～2m：圆钢为 16mm，钢管为 25mm。

3）烟囱顶上的针：圆钢为 20mm，钢管为 40mm。

（2）避雷网和避雷带。

1）避雷网和避雷带宜采用圆钢或扁钢，优先采

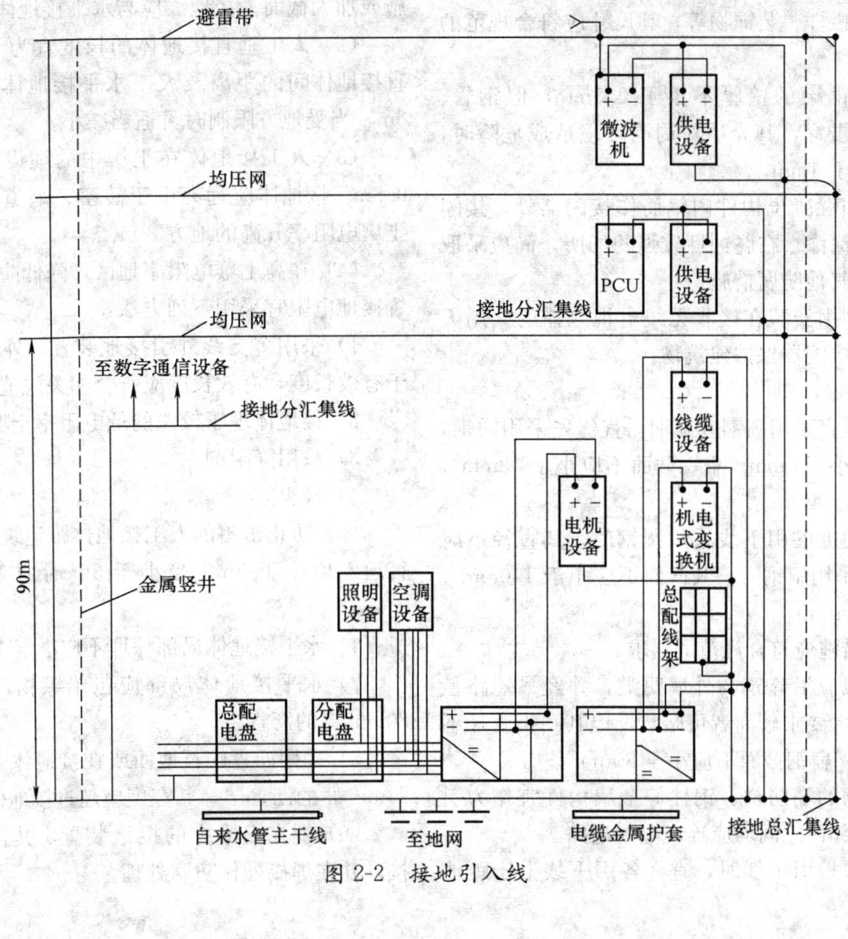

图 2-2　接地引入线

用圆钢。圆钢直径不应小于 8mm。扁钢截面不应小于 48mm²，其厚度不应小于 4mm。

2）当烟囱上采用避雷环时，其圆钢直径不应小于 12mm。扁钢截面不应小于 100mm²，其厚度不应小于 4mm。

3）架空避雷线和避雷网宜采用截面不小于 35mm² 的镀锌钢绞线。

4）除第一类防雷建筑物外，金属屋面的建筑物宜利用其屋面作为接闪器，并应符合下列要求：

●金属板之间采用搭接时，其搭接长度不应小于 100mm。

●金属板下面无易燃物品时，其厚度不应小于 0.5mm。

●金属板下面有易燃物品时，其厚度，铁板不应小于 4mm，铜板不应小于 5mm，铝板不应小于 7mm。

●金属板无绝缘被覆层。

注意，薄的油漆保护层或 0.5mm 厚沥青层，或 1mm 厚聚氯乙烯层均不属于绝缘被覆层。

5）除第一类防雷建筑物的规定外，屋顶上永久性金属物宜作为接闪器，但其各部件之间均应连成电气通路，并应符合下列规定：

●旗杆、栏杆、装饰物等，其尺寸应符合规范的规定。

●钢管、钢罐的壁厚不小于 2.5mm，但钢管、钢罐一旦被雷击穿，其介质对周围环境造成危险时，其壁厚不得小于 4mm。

6）除利用混凝土构件内钢筋作接闪器外，接闪器应热镀锌或涂漆。在腐蚀性较强的场所，尚应采取加大其截面或其他防腐措施。

7）不得利用安装在接收无线电视广播的共用天线的杆顶上的接闪器保护建筑物。

（3）引下线。

1）引下线宜采用圆钢或扁钢，宜优先采用圆钢，圆钢直径不应小于 8mm。扁钢截面不应小于 48mm²，其厚度不应小于 4mm。

2）当烟囱上的引下线采用圆钢时，其直径不应小于 12mm；采用扁钢时，其截面不应小于 100mm²，厚度不应小于 4mm。

3）防腐措施应符合规范的要求。

4）引下线应沿建筑物外墙明敷，并经最短路径接地；建筑艺术要求较高者可暗敷，但其圆钢直径不应小于 10mm，扁钢截面不应小于 80mm²。

5）建筑物的消防梯、钢柱等金属构件宜作为引下线，但其各部件之间均应连成电气通路。

6）采用多根引下线时，宜在各引下线上于距地面 0.3～1.8m 之间装设断接卡。

当利用混凝土内钢筋、钢柱作为自然引下线并同时采用基础接地体时，可不设断接卡，利用钢筋作引下线时应在室内外的适当地点设若干连接板，该连接板可供测量、接人工接地和作等电位联结用。当仅利用钢筋作引下线并采用埋于土壤中的人工接地体时，应在每根引下线上于距地面不低于 0.3m 处设接地体连接板。采用埋于土壤中的人工接地体时应设断接卡，其上端应与连接板或钢柱焊接。连接板处宜有明显标志。

7）在易受机械损坏和防人身接触的地方，地面上 1.7m 至地面下 0.3m 的一段接地线应采取暗敷或镀锌角钢、改性塑料管或橡胶管等保护设施。

2.2.6　接地装置

（1）埋于土壤中的人工垂直接地体宜采用角钢、钢管或圆钢；埋于土壤中的人工水平接地体宜采用扁钢或圆钢。圆钢直径不应小于 10mm；扁钢截面不应小于 100mm²，其厚不应小于 4mm；角钢厚度不应小于 4mm；钢管壁厚不应小于 3.5mm。

在腐蚀性较强的土壤中，应采取热镀锌等防腐措施或加大截面。接地线应与水平接地体的截面相同。

（2）人工垂直接地体的长度宜为 2.5m。人工垂直接地体间的距离及人工水平接地体间的距离宜为 5m，当受地方限制时可适当减小。

（3）人工接地体在土壤中的埋设深度不应小于 0.5m。接地体应远离由于砖窑、烟道等高温影响使土壤电阻率升高的地方。

（4）在高土壤电阻率地区，降低防直击雷接地装置接地电阻宜采用下列方法：

1）采用多支线外引接地装置，外引长度不应大于有效长度，有效长度应符合相关规范的规定。

2）接地体埋于较深的低电阻率土壤中。

3）采用降阻剂。

4）换土。

（5）防止击雷的人工接地体距建筑物出入口或人行道不应小于 3m。当小于 3m 时应采取下列措施之一。

1）水平接地体局部深埋不应小于 1m。

2）水平接地体局部应包绝缘物，可采用 50～80mm 厚的沥青层。

3）采用沥青碎石地面或在接地体上面敷设 50～80mm 厚的沥青层，其宽度应超过接地体 2m。

（6）埋在土壤中的接地装置，其连接应采用焊接，并在焊接处作防腐处理。

2.2.7　接闪器布置

接闪器布置应符合建筑物防雷类别，其滚球半径 h_r（m）避雷网网格尺寸为：

1）第一类防雷建筑物：滚球半径 h_r(m)30，避雷网网格尺寸为 5×5 或≤6×4。

2）第二类防雷建筑物：滚球半径 h_r(m)45，避雷网网格尺寸为 10×10 或≤12×8。

3）第三类防雷建筑物：滚球半径 h_r(m)60，避雷网网格尺寸为 20×20 或≤24×16。

布置接闪器时，可单独或任意组合采用滚球法、避雷网。

滚球法是以 h_r 为半径的一个球体，沿需要防止击雷的部位滚动，当球体只触及接闪器（包括被利用作为接闪器的金属物），或只触及接闪器和地面（包括与大地接触并能承受雷击的金属物），而不触及需要保护的部位时，则该部分就得到接闪器的保护。

2.3　防雷设计

2.3.1　防雷与接地设计的整体考虑

随着科技的飞速发展，今天的建筑已同许多年前的建筑物有很大的区别，除了采用新型材料，先进的结构使之更大更坚固外，其内部所安装的电气设备和微电子设备也越来越多，越来越昂贵。除了设备本身的价值外，它们的重要性、不可间断性及其运行所产生的产品价值无疑更加重要，更加昂贵。以往的建筑物都有传统的防雷系统（即富兰克指针、钢筋、铜带、法拉第和接地网）对建筑物及其中的人员起到保护作用。但这些传统的防雷系统不能有效地防止雷电感应、电磁脉冲、电路浪涌、静电等许多外界干扰对微电子及通信等设备的危害，其表现为：

（1）当雷电直接击中传统防雷系统时，巨大的能量通过建筑物结构某一不可预知钢筋或铜带向大地导通，它产生巨大的电磁会感应到供电线路，更有甚者，雷击直接由下导铜带或钢筋向供电线路或数据线路跳火。

（2）雷电直接击中延伸建筑物外的供电和通信数据线路，甚至击中数公里以外的供电线路时，雷电电流都会迅速侵入建筑物内部。

（3）城市公用输电网切换和大的电力用户的设备起停而产生的浪涌。

（4）建筑物内部电气设备（如空调、电梯、通风机等）的频繁起停而产生的浪涌。

（5）供电、通信、数据线路与其相连的其他建筑物或地面被雷击中而传输，或感应的电磁脉冲和浪涌电流。

（6）静电通过数据线路对设备电路板上电子元件直接的损害。

由此可见建筑物弱电系统防雷是一个系统工程。必须综合考虑，将智能大厦外部防雷措施和内部防雷措施等各种因素作为整体来统一考虑。

我们以雷电对电子设备的影响、计算机信息系统的雷电入侵和危害为对象，分别从以下几点进行分析：

（1）电力线是雷电入侵电子设备的重要渠道。

1）雷电远点袭击电力线。我国电力线输电方式是由发电厂通过升压变压器升压后，输电至低压变压器，经低压变压器的输出给用户。由于我国的电压基本波形是 50Hz/s 的正弦波形曲线，在电力线上形成 50 次/s 的交变磁场。如遇雷害发生时，在雷电未击穿大气时，将呈现出高压电场形式。根据电学基本原理，磁场与电场之间是相互共存可逆变化的，那么雷击高压电场通过静电吸收原理，向大地方向运动。假设电力线杆有 5m 高，那么在相对湿度 25%时，要击穿 5m 空气，需要 15×10^6V 雷击高压（3000V/mm）。如果在相对湿度 95%时（下雨时），击穿 5m 空气需要 5×10^6V 雷电击高压（1000V/mm）。电力线上的交变磁场对雷云的吸引小于大地的静电吸引。如果雷云击穿 5m 空气入地，需要很高的电压，雷电首先击在电力线上，并从电力线的负载保护地线入地释放，这样就击穿了设备。在高压线上的表现为击穿变压器的绝缘，在变压器低压端与负载的连线上遭雷击，损失的是用电设备。由于变压器低压输出端是三条相线，雷电击在相线与大地放电，就等于相线与中性线放电通过电力线直接击穿用电设备的电子元件。一般电子设备线与外壳的耐压为 U_{AC} 1500V/min，相线与中性线耐压为工业级 U_{dc} 550～650V，这么低的耐压一旦遭受远点雷击，必将击坏用电设备。为此，在选择防雷器时，首先考虑远点雷击。

2）雷电近点袭击电力线。所谓雷电近点袭击电力线，实际上是雷电袭击用电设备所在的建筑物避雷针，从而引起的雷电电磁脉冲的保护问题。雷电打在建筑物避雷装置上，按照 GB 50057—1994（2000）《建筑物防雷设计规范》规定，定义大楼接闪电能力为波形 10×350μs 三角波，雷击电流为 150kA。避雷针引下线由于线路电感的作用，IEC 1312 定义最多只能将 50%的电流引入大地。100 余米高的大楼，它的引下线电感为 155μH 左右（1.55μH/m），IEC 1312 定义电感大于 37.5μH，则发生侧闪雷击，也就是说，10×350μs直击雷引下线只能引下 50%的雷击电流，余下的电流将通过电力线屏蔽槽、水管、暖气管、金属门窗等与地面有连接的金属物质联合引雷，但也只引下少部分雷电流，余下总电流的25%流窜至大楼内UPS输入输出负载的电源线、局域网线等，击穿小型机局域网端，最终由逻辑地线处下泄入地。对设备而言，部分雷电流将由UPS输入电源线对交流地线进行L—PE、N—PE泄放，UPS输出L—PE′（逻辑地）、N—PE′泄放，小型机L—PE′、N—PE′泄放，局域网线对逻辑地线等进行泄放。最终结果，将击穿UPS输出对地线和输入对地线端、小型纲电源对逻辑地线、网口对逻辑地线。为此，必须对UPS输入输出相线、中性线，对交流地和直流逻辑地进行保护；必须对小型机、服务器及其他重要终端进行等电位保护，以及对网口进行保护。只有堵死一切雷电导入的端口，才能有效的保护设备免受雷电的侵害。

3）错相位雷害。美国空军使用的电磁兼容书籍中，描述雷电发生时用肉眼可识别闪电为一组雷击，每次不少于26个雷，它有大小和发生先后的区别，如果一个高能量雷打在一条相线上，而另一个低能量雷打在另一条相线上，线与线之间就会产生一个电压差，侵入设备。这种侵害齐备的现象，称错相位雷击，又称雷电的二次破坏，对三相UPS而言，它的输入和输出端，应安装线与线之间的保护，才能更全面更立体的保护电子设备。

堵死雷电由电力线入侵电子设备，应该从远点雷击、近点雷击和错相位雷击三种雷击现象入手，实施全方位的保护，才能在发生雷击时、有效的保护设备。

（2）雷电作用下，建筑物内感应雷害。雷电击在建筑物避雷针上，由避雷针通过引下线，将雷电流泄放大地，引下线自上而下产生一个变化旋转快速运动磁场，建筑物内的电源线、网络等相对切割磁力线，产生感应高压并沿线路传输击毁设备。

（3）雷电作用下的网络雷害。

1）广域网络。

一般地讲，广域网络通常不遭受直击雷的破坏，$1mm^2$的铜线遭受10kA的雷电袭击，它自身就断了。所以，广域网的雷害主要是感应雷害，击穿方式为线对线和线对机壳（地），在GA173—2002《计算机信息系统防雷保安器》标准中，广域网保护的最大雷电流为5kA，连接广域网一般有以下几类：①DDN租用专线；②ISDN专线；③帧中继及微波通信方式。对于专线的接收端口，它的耐压应为5倍工作电压，即U_{dc}25V，传输速率≤2M，插入保安器，使之在雷电作用下，短路保护5kA电流，而端口残压小于25V；而对于话线备份来说，它的工作电压为48V加上$93\sqrt{2}$V振铃电压，共计约175V，插入保安器，保安器的起动电压185V，残留电压小于U_{dc}330V，因为调制解调器的耐压为U_{dc}330V。保护模式为线对地和线对线，广域网遭受雷击的概率较大，一般在28%左右。

2）局域网。在局域网的传输电缆中，常常采用UTP电缆，UTP电缆的四对线中两对线（1-2、3-6线对）一对线接收一对线发送，采用RJ45接口方式。既然局域网电缆采用RJ45型是一收一发，那么就应按两对线进行雷电保护。

在机房的综合布线中，施工人员为了布线工程的美观漂亮，把很多网线放在墙壁内，没有考虑对UTP电缆的屏蔽处理，一旦大楼某些钢筋泄放雷击电流都将引起感应高压，从而击毁设备。

另外，对于网络系统，由于雷电引起的电磁脉冲，在机房内产生3Gs的变化电磁场，必然引起网卡端口芯片的烧毁。

3）综合布线。从防雷角度上考虑，布线一定要明确表示：

- 电源线不要与网络线同槽架设，数据插座与电源插座保持一定距离。
- 广域网线缆不要与局域网线缆同槽架设。
- 网线与墙壁布置时，有条件应远距离安装。
- 屏蔽槽有厚度要求，并要求两点接地。

（4）雷电作用下的二次效应——雷电高压反击雷。雷电袭击建筑物避雷针，由引下线将雷电流引入大地，由于大地电阻的存在，雷电电荷不能快速全部的与大地负电荷中和，必然引起局部地电位升高，交流配电地和直流逻辑地将这种高电位引入机房，UPS输出、输入端被击穿，小型机及其他网络设备连接断口被击穿。这种反击电压少则数千伏，多则数万伏，直接烧坏用电器的绝缘部分。

（5）由雷击引起的人身安全问题。雷电泄放大地，由于地电阻较大，不能马上泄放，从而引起地电位升高，由于机房直流逻辑地线和交流配电保护地线不在一点入地，将两个电位值引入机房，这时，一个操作人员的一只手摸在UPS输出负载外壳上（即小型机），而另一只手（或身体）摸在交流配电地线上（如空调），电压降形成电流通过操作人员的身体短路，造成操作人员伤亡。所以防雷保护设备很重要，但是保护人身安全更重要。

（6）遵照执行相关的国家标准。在方案设计工作中除了遵照执行相关的国家标准要求外，我们还参考和引入IEC/TC—81有关标准的核心内容作为我们设计的指导思想和理论依据。IEC/TC—81是在国际电工委员会防雷技术精华的基础上，制定的各项防雷技术标准、规范，对我们的实际工作具有指导意义。如在IEC 1024—1《建筑物防雷》和IEC 1312《雷电电磁脉冲的防护通则》标准中，重点提出了防雷分区和等电位联结的概念。根据雷击在不同区域的电磁脉冲强度划分防雷区域，并在不同的防雷区域的界面上进行等电位联结，能直接连接的金属物就直接相连，不能直接连接的，如电力线路和通信线路等，则必须依据不同的防雷区域的科学划分，采用不同防护等级的防雷设备器件，对后续被保护设备进行有效的保护且必须实施等电位联结。实践证明，这种分区分级等电位均压联结，并以防雷设备来确保被保护设备的防护措施是最好的解决问题、实现有效防护的方法。

(7) 防雷区划分。防雷区划分在IEC 1312标准中有详细的叙述，防雷区是指闪电电磁环境需要限定和控制的区域。各区以在其交界处的电磁环境有无明显的改变作为划分不同防雷区的特征，具体到我们拟进行的计算机信息系统的防雷保护中，就是要根据计算机信息系统所在的建筑物按需要保护的空间划分不同的防雷区域，以确定各防雷区空间的雷电电磁脉冲（LEMP）的强度，来确定不同防雷区所应采取的具体防护措施和防护手段。

建筑物一般把防雷区分为四个区域。

1）A区：本区内的各类物体都可能遭到直接雷击，因此各物体都可能导走全部电流，本区内的电磁场没有衰减。

2）B区：本区内的各类物体很少遭到直接雷击，但本区内电磁场没有衰减。

3）C区：本区内的各类物体不可能遭受直接雷击，流经各类导体的电流比B区进一步减小。由于建筑物的屏蔽措施，本区内的电磁场得到了初步的衰减。

4）D区：为进一步减少所导引的电流或电磁场而引入的后续防雷区，应按照需要保护的计算机信息系统所要求的环境选择后续防雷区的要求和条件。

雷电防护设计工作不是简单的避雷设施的安装和堆砌，而是一项要求高、难度大的系统工程，涉及多方面的因素。设计本着“经济、实用、高标准、严要求、高起点、高可靠性”的原则，遵照执行国家有关标准，以期达到更好的防护效果。

(8) 电源系统的过电压保护。电源系统中，经常受到过电压的干扰，过电压产生于下列原因：

1）雷电过电压，包括受直击雷和感应雷产生的雷电过电压。

2）电源系统内部过电压，包括工频过电压、操作过电压和谐波过电压。

电源系统内部过电压，是由于开关操作、故障、短路或其他原因，使电源系统工作状况发生变化，在过渡瞬态过程中因电磁能在系统内部发生振荡而引起过电压。如工频电流单相接地故障时，过电压倍数可达1.1～1.3倍，持续时间为0.1～1s；在操作开关，断开电感性负载时过电压倍数可达1～4倍，持续时间为0.0002～0.04s；在220/380V系统中，10A熔断器由于短路产生的过电压倍数可达2～7倍；而35A或100A熔断器熔断时可达1.5～4倍的工作电压；在直流60V系统中如10A机架熔断器烧坏时会产生150V过电压，持续时间为0.4ms；而63A的机架列熔断器熔断时会产生130V过电压，持续时间为0.7ms。过电压不仅在交流或直流导线上产生，也会因感应和电的耦合在地线上和信号线上产生。

电压将威胁人身和设备安全，以及保护装置运行的可靠性，为此必须采取防范措施，设法将过电压降低到允许的水平。

2.3.2 防雷装置

防雷装置一般由避雷针、避雷线、避雷带（避雷网）、避雷器组成。不管是直击雷、感应雷，或其他形式的雷，最终都是防雷装置把雷电流送入大地。常用的防雷装置有：

(1) 避雷针。避雷针由接闪器、引下线和接地体三部分组成。

(2) 避雷线。避雷线由悬挂在空中的接地导线、支持物和接地引下线组成。

(3) 避雷带（避雷网）。避雷带（避雷网）普遍用来保护高层建筑免遭直击雷和感应雷的作用。

(4) 避雷器。避雷器用来防护变、配电所及其他建筑物内的设备免遭感应雷的作用。

2.3.3 通信系统的防雷设计

通信系统的防雷设计应考虑设计原则、电力线路的防雷设计、电子设备的防雷设计、监控系统防雷的设计。

2.3.3.1 电信电源系统防雷设计原则

为了防止电信电源系统遭受雷害，应考虑以下原则：

(1) 尽快让雷电流入地，避免危及人身和设备安全。

(2) 工作接地、保护接地、防雷接地合用的联合接地系统。

电信建筑物屋顶上设置避雷针和避雷带等接闪器与建筑物外墙上下的钢筋和柱子钢筋等结构相连接，再接到建筑物的地下钢筋混凝土基础上组成一个接地网。这个接地网与建筑物外的接地装置，如变压器、油机发电机、微波铁塔等接地相连接，组成电信设备的工作接地、保护接地、防雷接地合用的联合接地系统。

（3）采用等电位原理。等电位原理是防止遭受雷击时产生高电位差的使人身和设备免遭损害的理论根据。通信系统采用联合接地，把建筑物钢筋结构组成一个呈法拉第笼式的均压体，使各点电位分布比较均匀，则工作人员和设备安全将得到较好保障，而且对通信系统设备也起到屏蔽作用。

（4）采用分区保护和多级保护。通信系统应将需要保护的空间划分为不同的防雷区，防直击雷区、防间接雷区、防感应雷冲击区，以确定各部分空间不同的雷电电磁脉冲的严重程度和相应的防护对策。

1）防直击雷区。直击雷区内的各物体都可能遭到直接雷击。

2）防间接雷区。防间接雷区内的各物体不可能遭到直接雷击，流经各导体的雷电流，比直击雷区减少，但间接雷区内电磁场没有衰减。

3）防感应雷冲击区。感应雷冲击区内的各物体不可能遭到直接雷击，流经各导体的电流比间接雷区进一步减小，感应雷冲击区内的电磁场已经衰减，衰减程度取决于屏蔽措施。

4）防雷多级保护的措施。因为雷击设备时，设备第一级保护元件动作之后，进入设备内部的过电压幅值仍相当高。只有采用多级保护才足以把外来的过电压抑制到电压很低水平，以保护设备内部集成电路等元件的安全。如果设备的耐压水平较高，可使用二级保护，但当设备可靠性要求很高、电路元件又极为脆弱时，则应采用三级或四级保护。

一般把限幅电压较高、耐流能力较大的保护元件放在靠近外线电路处。而把限幅电压较低、耐流能力较弱的保护元件放在内部电路的保护上。

（5）加装电涌保护器（Surge Protection Device，SPD）。电涌保护器是抑制传导来的线路过电压和过电流装置，包括放电间隙、压敏电阻、二极管、滤波器等。

2.3.3.2 电力线路的防雷设计

（1）输电线路的防雷设计。输电线路的防雷，应根据线路的电压等级、负荷性质和系统运行方式，并结合当地地区雷电活动的强弱、地形地貌特点及土壤电阻率高低等情况，通过技术经济比较，采用合理的防雷方式。

1）35kV 线路不宜全线架设避雷线，一般在变电所的进线段架设 1～2km 的避雷线，同时在雷电活动强烈的地段架设避雷线，或者安装线路金属氧化物避雷器。

对于 35kV 线路装设的金属氧化物避雷器的技术参数，一般应满足以下条件：

● 持续运行电压（有效值）不小于 40.8kV。

● 额定电压（有效值）不小于 51kV。

● 直流 1mA 参考电压不小于 73kV（范围在 73～74kV 之间）。

● 标准放电电流 5kA 等级下残压（峰值）不大于：雷电冲击 134kV、操作冲击 114kV、陡波冲击 154kV。

● 2000μs 方波电流（峰值）200A。对绝缘配置，根据线路等级要求确定。

2）110kV 线路应全线架设避雷线，山区应采用双避雷线；但在年平均雷暴日数不超过 15 日或运行经验证明雷电活动轻微的地区，可不架设避雷线。

3）220kV 线路应全线架设避雷线，同时应采用双避雷线。对于架设避雷线的线路，应注意杆塔上避雷线对边导线的保护角，一般采用 20°～30°保护角，同时做好杆塔的接地。根据土壤电阻率的不同，杆塔的工频接地电阻，不宜大于规范要求的数值。

（2）配电线路的防雷设计。与输电线路一样，配电线路的防雷也可采用避雷线或者避雷器，对于不同电压等级和不同线路采取的措施也不一样。

1）10kV 裸导线线路。对于 10kV 裸导线线路，原则上可以采用避雷线进行防雷保护，但由于成本高，施工不方便，目前基本上都不采用避雷线，而是在一些雷电活动频繁的线段安装避雷器，同时按照要求做好杆塔的接地。

2）10kV 绝缘线线路。10kV 交联聚乙烯架空绝缘线，其防雷措施与原来的裸导线线路的防雷措施并没有变化，对于架空绝缘线目前可采取以下防雷措施：

● 安装避雷线（此种方法避雷效果最好，但可行性和难度大，成本高）。

● 提高线路绝缘子耐压水平，将 10kV 绝缘子换为防雷绝缘子，将大大提高防雷水平。

● 在多雷区或者按照一定档距安装线路避雷器，减少雷击断线事故。

● 延长闪烁路径，导致电弧容易熄灭，局部增加绝缘强度，如在导线与绝缘子相连处加强绝缘，以及采用长闪烁路径避雷器等。

● 局部剥离绝缘导线，使之局部成为裸导线，从而电弧能在剥离部分滑动，而不是固定在某一点烧蚀，同时也可为以后施工提供一个挂地线点。

（3）低压配电线路防雷设计。低压线路应从变压器出口处安装低压避雷器或击穿保险器，同时做好接地，接地装置的接地电阻不应大于4Ω。中性点直接接地的低压电力网中的中性线应在电源点接地。

2.3.3.3 电子设备的防雷设计

设备的防雷离不开建筑物的防雷，按照GB 50054—1995《低压配电设计规范》，对建筑物与设备的防雷接地应采用等电位联结，而不是传统上分别做独立的接地网。所谓等电位联结，就是把建筑物本身和其内外各种导电物用导体（电气上）焊接起来，以保证等电位。由于雷电流峰值非常大，流经之处都立即升至很高的电位（相对于大地而言），因此对于处在大地电位的电子设备容易引起设备和人身事故。所以等电位联结是防雷的关键措施之一。电子设备的防雷设计分为室内设备的防雷、室外设备的防雷。

（1）室内设备的防雷设计。建筑物本身的防雷装置是室内设备防雷的第一道屏障。室内各种金属屏、柜外皮均应与底座槽钢焊接或用螺栓连接，保证接触良好，同时槽钢应与电缆沟道内的电缆支架用镀锌扁钢焊接起来，形成一个整体，与室外接地网形成一个完整的大接地网。

（2）室外设备的防雷设计。由于通信系统必须通过信号电缆与通信塔上天线相连，因此对于通信电缆外皮必须做好接地（多点重复接地），为了防止直击雷，室外可根据需要，安装一支或多支避雷针，计算其保护范围，以达到保护室外所有设备要求为原则。同时对于室外架构母线和变压器中性点应加装避雷器保护，室外做一接地网，所有设备的接地引下线都与该接地体焊接，以保证等电位。

为了防止雷击产生过电压，各种设备的绝缘水平应能满足电压对该设备的绝缘要求，在设备订货和出厂试验时应严格把关，按照规程要求确保设备绝缘耐压水平，以防雷害击穿。

2.3.3.4 监控系统防雷的设计

（1）安装有监控系统的建筑物，户外广场摄像头的云台杆应采取防直击雷措施。设计方法应按滚球法计算、安装避雷针，将需要保护的设备置于避雷针的保护范围内。防直击雷设计可优先选用避雷针。

（2）监控系统供电线路应进行防护。防护位置一级在总盘，二级在楼层分盘，三级在设备前。

（3）摄像头两端的电缆外层、摄像头外壳、金属支架、防护罩的等电位连接接地宜短而粗。

（4）视频监视器、多画面切换控制设备、录像设备及自动转换装置等均在中心监控室内，宜采用等电位联结措施与接地。

（5）光缆通信系统的光缆金属吊挂钢缆线、光缆的外屏蔽层、光缆内的加强金属筋，在进户处宜做等电位联结接地。

2.3.4 建筑物的防雷设计

建筑物的防雷设计分为两大部分：外部防雷和内部防雷。

建筑物防雷的基本框架如图2-3所示。由图2-3可见，现代防雷技术一般分为“两大部分”“三道防线”。

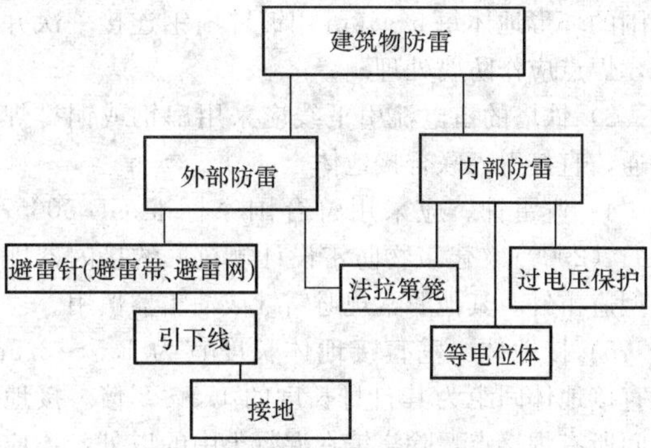

图2-3　建筑物防雷的基本框架

两大部分：外部防雷和内部防雷。

三道防线：

● 将绝大部分雷电流直接引入地下泄散（外部防雷）。

● 阻击沿电源线或数据信号线引入的侵入雷电波（内部防雷）。

● 限制被保护设备上雷电过电压幅值（过电压保护）。

建筑物的防雷设计采取“两大部分”“三道防线”防护措施。

2.3.4.1 外部防雷

外部防雷由避雷针（避雷带、避雷网）、引下线和接地装置三部分组成。

● 避雷针（避雷带、避雷网）位于建筑物的顶部，其作用是引雷或叫截获闪电，即把雷电流引下。

● 引下线上与避雷针（避雷带和避雷网）连接，下与接地装置连接，它的作用是把接闪器截获的雷电流引至接地装置。

● 接地装置位于地下一定深度之处，它的作用是使雷电流顺利流散到大地中去。

（1）建筑物楼顶装置与雷电流引下线的设计要求。

1）在建筑物楼顶上的标志灯、节日彩灯、空调附属设备等设施，其金属框架，电源线的金属护层上、下端均应与暗装避雷网或顶女儿墙上的避雷带连接焊牢，焊点做防腐处理。大楼的避雷带设于女儿墙上，每隔5～10m与暗装避雷网连接一次并焊牢，暴露在空气中的焊点一律做防腐处理。楼顶设有微波天线，移动通信天线等均应在其上设置避雷针，其引下线应就近在两个相对方向上与暗装避雷网连接焊牢。有塔楼的应在塔楼上装置避雷针，利用塔楼柱内的两根主钢筋作为引下线并与暗装避雷网连接焊牢。

2）雷电流引下线由楼顶开始，引至大楼环形接地体上形成一个笼形结构，大楼底层均压网宜与大楼周围的环形地体每5～10m用镀锌扁钢连接一次并焊牢，焊点应作防腐处理。

3）铁塔的雷电流引下线应采用扁钢或铜排焊接连通，直接引入联合接地体。

4）避雷针。应采用符合国家标准GB 50057—1994（2000）《建筑物防雷设计规范》的接闪器即常规型避雷针，其他非常规避雷针或消雷器慎用。

5）接地体。垂直接地体长度宜为1.5～2.5m，垂直接地体间距为其自身长度的1.5～2倍。接地体之间所有焊接点，除浇铸在混凝土中的以外，均应进行防腐处理。接地体的上端距地面不宜小于0.7m。

6）接地线和接地引线。接地线宜短、直，截面积为35～95mm^2，材料为多股铜线。接地引入线长度不宜超过30m，其材料为截面积不小于40mm×4mm的镀锌扁钢、不小于95mm^{2}的多股铜线。接地引线由地网从两个方向就近引出与机房接地汇集线接通，避免从雷电流引下线附近引出。

7）接地汇集线。接地汇集线一般设计成环形或排状，材料为铜材，截面积应不小于120mm^2，也可采用镀锌扁钢。机房的接地汇集线可安装在地槽内、墙面或走线架上。

（2）接闪功能。指实现接闪功能所应具备的条件，包括接闪器的形式（避雷针、避雷带和避雷网）、耐流耐压能力、连续接闪效果、造价及接闪器等。

（3）分流影响。指引下线对分流效果的影响。引下线的粗细和数量直接影响分流效果，引下线多，每根引下线通过的雷电流就小，其感应范围就小。引下线相互之间的距离不应小于规范中的规定。当建筑物很高，引下线很长时，应在建筑物的中间部位增加均压环，以减小引下线的电感电压降。这不仅可以分流，而且还可以降低反击电压。

（4）接地效果。良好的接地是防雷成功的重要保证之一。每个建筑物都要考虑哪种接地方式的效果最好和最经济。

1）钢筋混凝土结构的建筑物（符合规范条件）应利用基础内的钢筋作为接地装置。

2）对木结构和砖混结构建筑物，必须做独立引下线并采用独立接地方式。当土壤电阻率大，使用接地极较多时，也可做周围式接地装置。因为周圈式接地装置的冲击阻抗小于独立接地装置的冲击阻抗，而且有利于改善建筑物内的地电位分布，减小跨步电压。采用独立式接地方式时，以钻孔深埋接地极（约4～12m）的效果为最好，深孔接地极容易达到地下水位，且能减少接地极的用钢量。

（5）大厦防雷设计应考虑的措施。

1）进楼电缆应从地下进楼。

2）进楼电缆的金属外护套应在大厦进线室内就近接地或与地网连接后再进楼。

3）进楼电缆的信号线均应对地加装信号SPD后，再接入网络系统，电缆内的空线对应做保护接地。

4）地处少雷区、中雷区大厦的市话配线箱，可采用由气体放电管或半导体放电管与正温度系数热敏电阻组成的保安单元。

5）地处多雷区和强雷区大厦的市话配线箱，必须采用由半导体放电管与高分子PTC组成的保安单元。

6）总配线架必须就近接地是关系到配线架的保安单元能否对交换机用户板起到有效保护的关键问题。在机房总体规划时，总配线架宜安装在建筑物的低层，接地引入线应从地网两个方向就近分别引入（从地网在建筑物预留的接地端子接地或从接地汇集线上引入）。

7）市话电缆空线对应在配线架上接地。

2.3.4.2　内部防雷

只设计外部防雷而不配之内部防雷手段，接闪器再好，也无法获得好的防雷效果。

内部防雷的作用是减少建筑物内的雷电流和所产生的电磁脉冲干扰、接触电压、跨步电压等二次雷害。除外部防雷装置外，所有为达到此目的所采用的设施、手段和措施均为内部防雷，它包括等电位联结设施（物）、屏蔽设施、加装的避雷器及合理布线和良好接地等措施。

（1）建筑物内的雷电电磁脉冲干扰。建筑物内的雷电电磁脉冲干扰指以下三种情况：

1）天空中雷电波的电磁辐射对建筑物内电力线路和电子设备的电磁干扰。

2）建筑物的防雷装置接闪时，强大的瞬间雷电流对建筑物内电力线路和电子设备的干扰。

3）由外部各种强、弱电架空线路或电缆线路传来的电磁波对建筑物内电子设备的干扰。

（2）等电位。等电位指使建筑物内的各个部位都形成一个相等的电位。若建筑物内的结构钢筋与各种金属设置及金属管线都能连接成统一的导电体，建筑物内当然就不会产生不同的电位，这样就可保证建筑物内不会产生反击和危及人身安全的接触电压或跨步电压，对防止雷电电磁脉冲干扰微电子设备也有很大的好处。

钢筋混凝土结构的建筑物具备实现等电位的条件，因为其内部结构钢筋的大部分都是自然而然地焊接或绑扎在一起的。为满足防雷装置的要求，应有目的地把接闪装置与梁、板、柱和基础可靠地焊接、绑扎或搭接在一起，同时再把各种金属设备和金属管线与之焊接或卡接在一起，这就使整个建筑物成为良好的等电位体。

(3) 屏蔽设施。屏蔽的主要目的是使建筑物内的通信设备、电子计算机、精密仪器以及自动控制系统免遭雷电电磁脉冲的危害。建筑物内的这些设施，不仅在防雷装置接闪时会受到电磁干扰，而且由于它们本身灵敏性高且耐压水平低，有时附近打雷或接闪时，也会受到雷电波的电磁辐射的影响，甚至在其他建筑物接闪时，还会受到从该处传来的电磁波的影响。因此，我们应尽量利用钢筋混凝土结构内的钢筋，即建筑物内地板、顶板、墙面以及梁、柱内的钢筋，使其构成一个六面体的网笼，即笼式避雷网，从而实现屏蔽。还能防球雷、侧击雷和绕击雷的袭击。

(4) 安全隔离距离与等电位联结。在建筑物内部，防雷措施可分为安全隔离距离和等电位联结两类。安全隔离距离指在需要防雷的空间内，两导电物体之间不会发生危险的火花放电的最小距离，即不会发生反击的最小距离。等电位联结的目的是减小或消除内部防雷装置各个部位上所产生的电位差，包括靠近进户点的外来导体上的电位差。等电位联结措施包括：

1) 出入大厦的线缆必须埋地，线缆的金属外护套两端应就近接地。

2) 机房内走线架、吊挂铁架、机架过机壳、金属通风管道、金属门窗等均应做等电位联结和接地。

3) 设备的接地引入线宜从接地汇流排上就近引入。

4) 变压器的中性点、避雷器的接地端及缆线金属护套应就近连接接地。

2.3.5 微波、无线基站的防雷设计

微波、无线基站的防雷设计要注意如下10点：

(1) 微波天线及其他天线应在避雷针保护范围内。

(2) 铁塔避雷针的雷电流引下线一律采用扁钢或铜排焊接连通，直接塔地网。

(3) 微波天线馈线应在铁塔上部、下部或经走线架进机房入口处就近接地，在机房入口的接地应就近与地网引出的接地线妥善连通。当铁塔高度大于60m时，馈线的金属外护层还应在铁塔中部增加一处接地。当移动通信，无线微波天线馈线采用的同轴电缆大于30m时，在机房入口处应加装相应的同轴避雷器。

(4) 铁塔地网与机房地网须两点以上用扁钢与机房地网连接。

(5) 铁塔标志灯宜采用太阳能塔灯，对于使用交流馈电的标志灯，其电源线应采用具有金属外护层的电缆，电缆的金属外护层应在塔顶及机房入口处的外侧就近接地。塔灯控制线及电源线的每根相线均应在机房入口处分别对地加装避雷器，中性线应直接接地。

(6) 机房电缆引入线。由机房屋顶进入机房的缆线和太阳能电池电线，应采用具有金属护层的电缆，其金属护层在进入机房入口处，就近与屋顶女儿墙上的避雷带焊接连通，电缆内芯线应一一就近对地加装避雷器。

(7) 各类信号缆线引入，金属外皮应在进线室做接地处理。

(8) 进机房的缆线应先通过保安器后再与设备连接。

(9) 与天线设备相连的数据线，在终端设备前加装信号线避雷器。

(10) 光缆进楼后其金属构件应在进入设备前做接地处理。

2.4 弱电系统的接地设计

2.4.1 弱电系统的接地设计原则

弱电系统中有着不同的电子设备分属不同的子系统，由于这些设备工作频繁、抗干扰能力和功能各不同，对接地的要求也不同。弱电系统接地设计的原则要注意如下要求：

(1) 电子设备的信号接地、逻辑接地、防静电接地、屏蔽接地和保护接地一般合用一个接地极，其接地电阻不大于4Ω，当电子设备的接地与工频交流接地、防雷接地合用一个接地极时其接地电阻不大于1Ω。

(2) 对抗干扰能力差的电子设备其接地应与防雷接地分开，两者相距在20m以内。

(3) 对抗干扰能力强的电子设备两者的距离可酌情减少，但不宜低于5m。

(4) 当电子设备与防雷接地采用共同接地装置时，两者为避免雷击时遭受反击和保证设备安全，应采用埋地铠装电缆供电，电缆屏蔽层必须接地。

(5) 工作接地。电路利用大地作回路，起着工作回路的作用。工作接地一般不利用其他自然接地体，例如金属上下水管、暖气管、煤气管、建筑物构架等。工作接地电阻值应小于等于 4Ω。

(6) 保护接地。为了人身和设备的安全，利用大地建立统一的参考电位。保护接地引线必须是专用的，而且都是单独地从保护接地母线直接引出。保护接地电阻值要求小于等于 10Ω。

(7) 防雷接地。为了人和物的安全，防止雷电流的危害。各类防雷接地装置的接地电阻，一般应根据落雷时的反击条件来决定。防雷接地电阻值应小于等于 10Ω。

(8) 静电接地。为了防止静电引起的灾害，把管道或设备进行接地。防静电接地要求在洁净干燥的环境中，所有设备外壳及室内设施必须均与 PE 线多点可靠连接。防静电接地电阻要求应小于等于 10Ω。

(9) 独立的交流工作接地电阻值应小于等于 4Ω。

(10) 独立的直流工作接地电阻值应小于等于 4Ω。

(11) 建筑物防雷装置散流电阻、供配电系统强弱电接地共用时，其接地电阻值应小于等于 1Ω。

(12) 系统工艺地电阻值应小于等于 4Ω。

(13) 以减小或消除同系统中不同性质的接地（如防雷地、工作地、外壳接地、静电地、信号地等）之间的电位差为目的，选用适当的布线方式。

(14) 根据地网所在地的接地电阻、土层分布等地质情况，尽量进行准确设计。

(15) 运动场馆中的图像信息接地系统应为一独立系统，不能与电力系统的地网、防雷地网、建筑物基础，以及发射和接收天线的接地网等相连。

(16) 不得利用蛇皮管、管道保温层的金属外皮或金属网及电缆金属护层作接地线。

(17) 室内设备应尽量置于远离建筑物避雷网的引下地金属体。

(18) 共用接地系统的接地电阻应满足各种接地中最小接地电阻的要求。

(19) 直流地、交流地和保护地虽然最后都接在同一地线总汇流排上，但这并不意味着各种地之间可以任意连接，在其未接入前，地线之间应保持严格的绝缘。因此通信大楼的地线设计应合理安排地线系统的拓扑结构，建筑防雷地应直接连接到地网，设备的工作地在地线总汇流排单点连接后汇集到地网信号设备接地装置。

(20) 信号设备的各种地线不得与电力、房屋建筑和通信地线合用。

(21) 同一地点相同性质的信号地线才可以合用。

(22) 接地装置的接地电阻值越小越好，合用时必须小于 1Ω。

(23) 按地线不应作其他用途。

2.4.2 接地体和常用的接地

2.4.2.1 接地体

接地体分水平接地体、垂直接地体。

(1) 接地体材质。常用镀锌钢材和铜板材质。最好采用铜板材料。

(2) 接地体的埋设。垂直埋设 0.5～3m，水平延伸 1～15m。

接地体的引接线长度越短越好，电阻越小越好，有利于雷电流的扩散。

垂直接地体的埋设深度并不是越深越好，垂直接地体的最佳埋设深度不是固定的，在设计中应按接地网的等值半径、区域内的地质情况来确定，一般取 1.5～2.5m 间为宜。

2.4.2.2 常用的接地

(1) 不等长接地体。不等长接地体，即为各垂直接地体的长度各不相等，在接地体的布置上，采取垂直接地体布置为两长一短或一长两短，以使接地体组间的屏蔽作用减小到最小限度。不等长接地体技术，从理论上到实践中应用，都较好地解决了多个单一接地体间的屏蔽作用问题，提高了各单一接地体的利用系数，降低接地体组的散流电阻。

(2) 中性点直接接地。电器设备在正常工作情况下，不带电的金属部分与接地体之间做良好的金属连接，都称为接地，前者为工作接地，后者为保护接地。配电变压器低压侧的中性点直接接地，则此中性点叫做零点，由中性点引出的线叫做中性线。用电设备的金属外壳直接接到中性线上，称接零。在接零系统中，如果发生接地故障即形成单相短路，使保护装置迅速动作，断开故障设备，从而使人体避免触电的危险。

(3) 独立接地系统。独立接地系统将系统的直流地（逻辑地）与交流工作地、安全保护地及防雷地、供电系统地相互独立。为了防止雷击时反击到其他接地系统，还规定了它们相互之间应保持的安全距离。采用独立接地方式的目的，是为了保证相互不干扰，当出现雷电流时，仅经防雷接地点流入大地，使之与其他部分隔离起来。有关规范提到若把直流地（逻辑地）防雷地分离时，其间距离应相距 15m 左右。在不受环境条件限制的情况下，采用专用接地系统也是可取的方案，因这可避免地线之间相互干扰和反击。

(4) 防雷接地。为使雷电浪涌电流泄入大地，使被保护物免遭直击雷或感应雷等浪涌过电压、过电流的危害，所有建筑物、电气设备、线路、网络等不带电金属部分，金属护套，避雷器，以及一切水、气管道等均应与防雷接地装置作金属性连接。防雷接地装置包括避雷针、带、线、网，接地引下线、接地引入线、接地汇集线、接地体等。为防止反击，以往的防雷规范对防雷接地与其他接地之间提出一整套限制措施，即规定两类接地体和接地线之间的最短距离。在有些情况下，间距无法拉开到规定值时，则要采用严密的绝缘措施。

防雷接地，应按 GB 50057—1994 (2000)《建筑防雷设计规范》执行。由于接地的良好状态对防雷有非常重要的影响，所以在制作接地体时一般采用 40mm×40mm 的角铁，每根长 2.5m，间距约 5m 垂直打入地下，顶端距地面为 0.5～1.0m，顶端再用 40mm×40mm 左右的扁铁全部焊起来，构成一个统一的接地系统。

防御雷电电磁脉冲对接地的要求也很严格。电子系统的低频信号工作接地应采用单点接地系统，在整个建筑物内应为树干式结线布置。各层或各段的低频信号工作接地均应直接接到单点接地板上，不得形成环路。单点接地系统不应与用作防雷引下线的柱子平行，以防强磁场干扰。由于是利用建筑物结构钢筋作屏蔽，因此必须采用综合共同接地方式，即将防雷接地、电源的工作接地、各种装置的外壳、铁管外皮和高频电子设备的信号接地都统一接到建筑物的基础上或室外接地装置上。为避免杂散电流，单点接地系统必须采用绝缘线，其主接地板必须置于建筑物的最底层且直接与基础或室外接地装置连接。各层单点接地系统的区域接地板或终端接地板如需要与综合共用接地系统的装置接地板连接，应在它们之间加装不大于直流 300V 的放电管或压敏电阻。综合共用接地的电阻一般应在 1Ω 以下，对于特殊的电子设备，可在 0.5Ω 以下。确定接地电阻时，应考虑各种设备对接地电阻值的要求，在所要求的各种阻值下，应取最低值。

(5) 低压供电系统接地。在低压 220/380V 供电系统中，应采用三相五线（TN—S）系统，以便于装置接地（PE）线和中性（N）线分开，PE 线应接到各层或各段装置接地的终端地板上。为了防御雷电电磁脉冲，建筑物的电源、电话、广播等线路最好采用埋地电缆引入，所用电缆应为铠装电缆或同轴电缆且外皮两端均要接地。

(6) 防雷等电位联结。等电位联结的目的在于减少需要防雷的空间内各金属部件和各系统之间的电位差。穿过各防雷区交界的金属部件和系统，以及在一个防雷区内部的金属部件和系统，都应在防雷区交界处做等电位联结。应采用等电位联结线和螺栓紧固的线夹在等电位联结带做等电位联结，而且当需要时，应采用避雷器做暂态等电位联结。

(7) 直流系统的接地。需要接地的直流系统的接地装置应符合下列要求：

1) 能与地构成闭合回路且经常流过电流的接地线应沿绝缘垫板敷设，不得与金属管道、建筑物和设备的构件有金属的连接。

2) 在土壤中含有在电解时能产生腐蚀性物质的地方，不宜敷设接地装置，必要时可采取外引式接地装置或改良土壤的措施。

3) 直流电力回路专用的中性线和直流两线制正极的接地体、接地线不得与自然接地体有金属连接；当无绝缘隔离装置时，相互间的距离不应小于 1m。

4) 三线制直流回路的中性线宜直接接地。

(8) 交流电气设备的接地。

1) 交流电气设备的接地可以利用下列自然接地体：

● 埋设在地下的金属管道，但不包括有可燃或有爆炸物质的管道。

● 金属井（管）。

● 与大地有可靠连接的建筑物的金属结构。

● 水工构筑物及其类似的构筑物的金属管、桩。

2) 交流电气设备的接地线可利用行列接地体接地。

● 建筑物的金属结构（梁、柱等）及设计规定的混凝土结构内部的钢筋。

● 生产用的起重机的轨道、配电装置的外壳、走廊、平台、电梯竖井、起重机与升降机的构架、运输皮带的钢梁、电除尘器的构架等金属结构。

3) 配线的钢管。

● 接地装置宜采用钢材。接地装置的导体截面应符合热稳定性能和机械强度的要求，但不应小于规范所列规格。大中型发电厂、110kV 及以上变电所或腐蚀性较强场所的接地装置应采用热镀锌钢材，或适当加大截面。

● 在地下不得采用裸铝导体作为接地体或接地线。

(9) 联合接地。电信局（站）各类电信设备的工作接地、保护接地以及建筑防雷接地共同合用一组接地体的接地方式称为联合接地方式。根据电信工程需要，交直流电源系统和建筑物防雷等都要求接地，各种接地的分类一般可分为工作接地、保护接地和防雷接地。工作接地又可分为直流工作接地和交流工作接地。

出入局（站）的交流低压电力线路应采用地埋电力电缆，其金属护套应就近两端接地。低压电力电缆长度宜不小于50m，两端芯线应加装避雷器。通常将通信电源交流系统低压电缆进线作为第一级防雷，交流配电屏内作第二级防雷，整流器输入端口作为第三级防雷，这是通信电源系统防雷的最基本的要求。

2.4.3 弱电系统的接地

弱电系统的接地对于信息传输质量、系统工作稳定性、设备和人员的安全都具有重要的保证作用。弱电系统的接地可分为单独接地和共同接地两种方式，目前国内外都采用共同接地方式。当采用共同接地时，接地体以采用自然接地体为主。

当自然接地体同时符合以下三个条件时，不再另设人工接地体。

1）接地电阻能满足规定值要求。

2）基础的外表面无绝缘防水层。

3）基础内钢筋必须连接成电气通路，同时形成闭合环，闭合环距地面不小于0.7m。

采用共同接地方式时，安装防雷接地线的注意事项如下：

1）接地线、引下线固定点间的距离，水平直线部分一般为1～1.5m，垂直部分为1.5～2m，转弯部分为0.5m。

2）扁钢接地线、引下线搭接长度为扁钢宽度的2倍，且最少三面焊接。

3）圆钢接地线、引下线搭接长度为圆钢直径的6倍，且两面焊接。

4）明装接地线、引下线在地面以上1.7m长的一段，用角钢或钢管保护。

5）接地装置应采用焊接，所有外露焊接点应进行防腐处理。

6）接地体不宜埋设在污水排放和土壤腐蚀性强的区段，当难以避开时，其接地体截面应适当增大，镀层不宜小于100μm。

保护线、等电位联结导线、接地线焊接长度、钢接地体和接地线的选择见表2-1～表2-4。

表2-1　保护线的最小截面　(mm^2)

装置的相线截面 s	接地线及保护线最小截面	装置的相线截面 s	接地线及保护线最小截面
$s \leqslant 16$	s	$s > 35$	$s2$
$16 \leqslant s \leqslant 35$	16		

表2-2　等电位联结的最小截面　(mm^2)

防雷类别	材料	流过大部分雷电流的连接导线最小截面	流过很小部分雷电流的连接导线最小截面
一、二、三类	Cu（铜）	16	6
	Al（铝）	25	10
	Fe（铁）	56	16

表2-3　接地线焊接长度规定和检验方法

项目		规定数值	检验方法
搭接长度	扁钢	≥2b（b为扁钢宽度）	—
	圆钢	≥6d（d为圆钢直径）	尺量检查
	圆钢和扁钢	≥6d	—
扁钢搭接焊的棱边数		3	尺量检查

表2-4　钢接地体和接地体的最小规格　(mm)

种类、规格及单位		地上		地下	
		室内	室外	交流电流回路	直流电流回路
圆钢直径		6	8	10	12
扁钢	截面	60	100	100	100
	厚度	3	4	4	6
角钢厚度		2	2.5	4	6
钢管管壁厚度		2.5	2.5	3.5	4.5

采用单设接地设置与共用接地装置的各系统接地电阻值比较如表2-5所示。

表2-5　采用单设接地装置与共用接地装置各系统接地电阻值比较

序号	名称	接地形式	规模或容量	接地电阻(Ω)
1	调度电话站	单设接地装置	直流供电	<15
			交流供电：$P_e \leqslant 0.5$kW	<10
			$P_e \geqslant 0.5$kW	<5
		共用接地装置	—	<1
2	程控式交换机	单设接地装置	—	<5
		共用接地装置	—	<1
3	综合布线（屏蔽）系统	单设接地装置	—	<4
		接地电位差	—	<1Vr.m.s
		共用接地装置	—	<1
4	天线系统	单设接地装置	—	<4
		共用接地装置	—	<1
5	消防系统	单设接地装置	—	<4
		共用接地装置	—	<1

续表

序号	名　称	接地形式	规模或容量	接地电阻 (Ω)
6	有线广播系统	单设接地装置	—	<4
		共用接地装置	—	≤1
7	闭路电视系统 同声传译系统 计算机管理系统 保安监视系统等	单设接地装置	—	<4
		共用接地装置	—	≤1

2.4.3.1 电子设备的接地

电子设备接地主要有串联式一点接地、并联式一点接地、多点接地、混合式接地等形式。

(1) 串联式一点接地。串联式一点接地形式简单易行，它将接地母线引至总等电位或接地极，电平最低者应距接地点最近。串联式一点接地形式如图 2-4 所示。

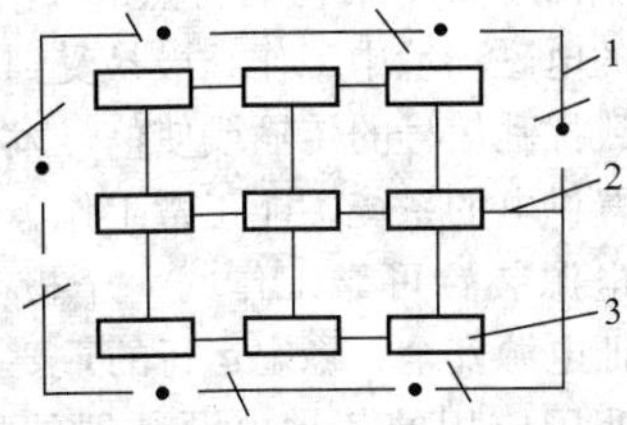

图 2-4　串联一点接地

1—接地母线；2—电子设备接地线；3—电子设备

串联式一点接地形式缺点在于信号可能会互相干扰，当电平相差较大时，会产生较大干扰。

(2) 并联式一点接地。并联式一点接地的优点是干扰小，缺点在于接地数量多，布线复杂。并联式一点接地如图 2-5 所示。

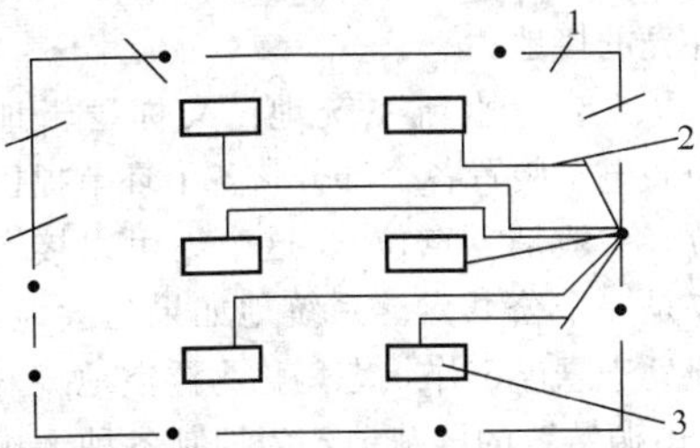

图 2-5　并联式一点接地

1—接地母线；2—电子设备接地线；3—电子设备

(3) 多点接地方式。多点接地方式如图 2-6 所示。它将接地母线引至总等电位板或接地极，引至总等电位板或接地板的接地线应采取屏蔽。

(4) 混合式接地。混合式接地形式实质上是串联式一点接地形式与多点接地形式组合；混合式接地形式也可以是并联式一点接地与多点接地形式的组合。

一点接地形式适用于电平相近的各低频电子设备

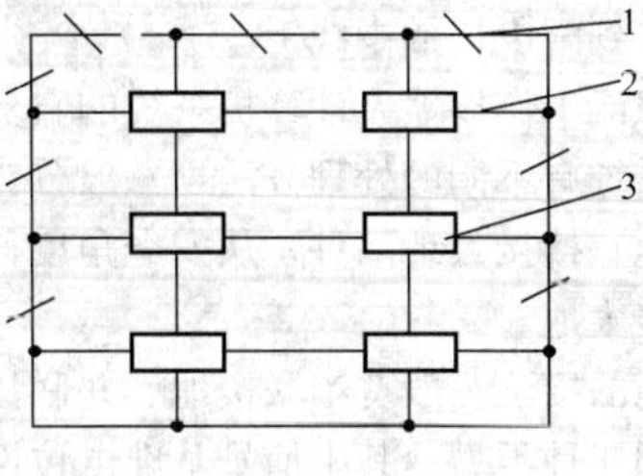

图 2-6　多点接地方式

1—接地母线；2—电了设备接地线；3—电子设备

或电路；混合式接地适用于低频与高频之间的电子设备或电路；多点接地形式适用于高频电子设备或电路。弱电系统工作接地形式如图 2-7 所示。

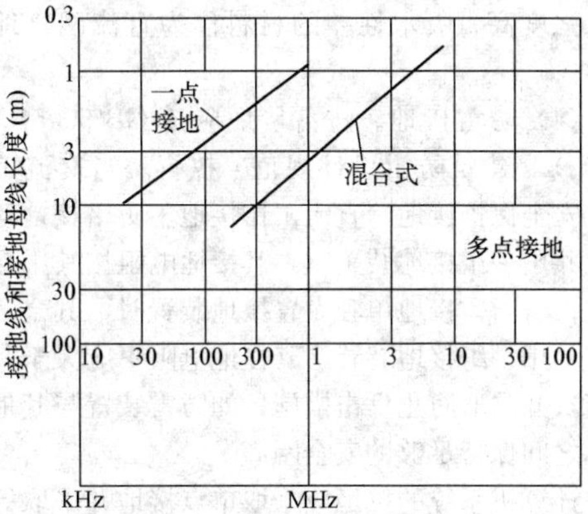

图 2-7　弱电系统工作接地形式选择图

弱电系统工作地接线薄铜排（厚 0.35～0.5mm）宽度选择表见表 2-6。

表 2-6　弱电系统工作地接线薄铜排宽度选择表

电子设备灵敏度 (μV)	接地线长度 (m)	电子设备工作频率 (MHz)	薄铜排宽度 (mm)
1	<1	>0.5	120
1	1～2		200
10～100	1～5		100
10～100	5～10		240
100～1000	1～5		80
100～1000	5～10		160

2.4.3.2 计算机房的接地

弱电系统的接地要求，以计算机机房与综合布线的接地要求最高。计算机机房应采用交流工作接地、安全保护接地、直流工作接地和防雷接地四种方式。

(1) 交流工作接地。交流工作接地就是把计算机中使用交流电的设备作二次接地或特殊设备与大地做金属连接。

(2) 安全保护接地。安全保护接地是将有机框的机壳，用一根根绝缘导线串联起来，再用接地线将其接地或者接到配电框的中线上。

(3) 直流工作接地。计算机系统的直流地对不同的计算机系统有不同的处理方法，一般分为直流地悬浮和直流地直接接大地两种，从安全角度而言，直流地应直接接大地。

直流地的接法一般有串联接地、并联接地和信号基准电位网三种类型。其中信号基准电位网，即网格地方法较好。

直流网格地是用一定截面积的铜带，在活动地板下面交叉排成 600mm×600mm 的方格，其交叉点与活动地板支撑的位置交错排列。为了使直流网格地和大地绝缘，在铜带下应垫 2～3mm 厚的聚氯乙烯板或绝缘强度高、吸水性差的材料作为直流网格地的绝缘体。

(4) 防雷接地。防雷接地应按 GB 50057—1994 (2000)《建筑防雷设计规范》执行。当交流工作接地、安全保护接地、直流工作接地、防雷接地等四种接地共用一组接地装置时，其接地电阻按其中最小值确定；若防雷接地单独设置接地装置时，其余三种接地宜共用一组接地装置，其接地电阻不应大于其中最小值，并采取防止反击措施，如防雷装置与其他接地物体之间保持足够的安全距离。

计算机系统的接地应采取单点接地并采取等电位措施。当多个计算机系统共用一组接地装置时，宜将各计算机系统分别采用接地线与接地体连接。

2.4.3.3 EPS电源系统接地

(1) 应急电源 EPS。应急电源 EPS (Emergency Power Supplydely) 分为直流输出 (EPS-DC) 和交流输出 (EPS-AC) 两种。

(2) 直流输出 EPS。市电供电正常时，市电通过直流输出 EPS 装置向用电负荷交流供电；同时市电在直流输出型 EPS 装置内经充电器向蓄电池组浮充电。当市电失电时，经直流输出型 EPS 装置内的接触器将用电负荷从市电供电切换到由 EPS 装置内的蓄电池组供给直流电。当市电恢复供电时，经直流输出型 EPS 装置内的接触器切换，从而由市电继续供电。蓄电池组的放电时间取决于蓄电池组的容量。

(3) 交流输出 EPS。市电供电正常时，市电通过交流输出型 EPS 装置内的接触器向用电负荷交流供电；同时，市电在交流输出型 EPS 装置内经充电器向蓄电池组浮充电。当市电失电时，EPS 装置内的接触器将用电负荷从市电供电切换至由 EPS 装置内的逆变器向用电负荷交流供电；逆变器的直流输入由蓄电池组提供。当市电恢复供电时，经 EPS 装置内的接触器切换，从而由市电继续供电。蓄电池组的放电时间取决于蓄电池组的容量。

(4) EPS 的接地。应急电源 EPS 的接地形式根据需要可选用 TN 系统、TT 系统和 IT 系统。

2.4.3.4 通信系统接地

通信系统接地应具备的功能：

(1) 防止电气设备事故时故障电路发生危险的接触电位和使故障电路开路。

(2) 保证系统的电磁兼容 (EMC) 的需要，保证通信系统所有功能不受干扰。

(3) 提供以大地作回路的所有信号系统一个低的接地电阻。

(4) 提高电子设备的屏蔽效果。

(5) 减低雷击的影响，尤其在高层电信大楼和山上微波站的防雷影响更大。

2.4.3.5 电源装置的接地系统

电源装置由于自身结构的特点和工作特性所限，在复杂多样的电磁环境中工作，极易受到各种干扰源的影响，以致扰乱信号的传输或使信号发生畸变，造成有电源装置供电的系统不能正常工作。采用接地技术，是保证电源装置可靠工作的一个极为重要的措施，也是保证电源安全、稳定运行的重要手段。

目前在我国应用的各种电源装置的接地种类繁多，归纳起来可分为以下几类。

(1) 给电源装置供电电源中性点的工作地：指稳定的供电系统中性点电位的接地。

(2) 电源装置的防雷保护接地：指在雷雨季节为防止雷电过电压的保护接地。

(3) 电源装置的安全保护地：指为防止接触电压及跨步电压危害人身和设备安全，而设置的微电子装置金属外壳的接地。

(4) 电源装置直流系统地：又称逻辑地、工作地，它为微电子装置各个部分、各个环节提供稳定的基准电位 (一般是零点位)。这个地可以接大地，也可以仅仅是一个公共点。系统地如果与大地不相连，即系统地处于悬浮工作状态，称为浮空地。

(5) 电源装置的屏蔽地：为抑制各种干扰信号而设置的，屏蔽的种类很多，但都需要可靠的接地。

屏蔽地就是屏蔽网络的接地。尽管在实际应用中的电源装置是由不同公司生产的，各公司的产品对接地的种类规定及接地电阻的阻值要求不尽相同，但电源装置的系统地要求比其他几种接地要求要严格得多，并有越来越高的趋势。为了避免诸“地”间相互干扰，上述几种“地”都应设置各自独立的接地网络。其接地线必须采用绝缘铜导线，连接到统一的接地点，以形成一个共同的电位点。

2.4.3.6 独立接地系统

将系统的直流地（逻辑地）与交流工作地，安全保护地与防雷地、供电系统地相互独立。为了防止雷击时反击到其他接地系统，还规定了它们相互之间应保持的安全距离。采用独立接地方式的目的，是为了保证相互不干扰，当出现雷电流时，仅经防雷接地点流入大地，使之与其他部分隔离起来。有关规程提到若把直流地（逻辑地）防雷地分离时，其间距离应相距15m左右。在不受环境条件限制的情况下，采用专用接地系统也是可取的方案，因这可避免地线之间相互干扰和反击。

2.4.3.7 移动通信基站接地系统

移动通信基站接地系统分室外部分、室内部分。

室外部分要注意有以下11点。

(1) 移动通信基站的共用地网应由机房地网、铁塔地网和变压器地网组成。当电力变压器设置在机房内时，可共用机房地网。

(2) 机房地网由机房基础接地体（含地桩）和外围环形接地体组成。环形接地体应沿机房建筑物散水点外敷设，并与机房基础接地体横竖梁内两根以上主钢筋焊接连通。机房基础接地体有地桩时，应将地桩主钢筋与环形接地体焊接连通。

(3) 当电力变压器设置在机房外，且距机房地网边缘30m以内时，变压器地网与机房地网或铁塔地网之间，应每隔3～5m相互焊接连通1次（至少有2处连通），以相互组成1个周边封闭的地网。

(4) 铁塔地网。

1) 角钢塔。铁塔地网应采用40mm×4mm的热镀锌扁钢，将铁塔4个塔脚地基内的金属构件焊接连通。

2) 当地网的接地电阻值达不到要求时，可适当扩大地网的面积，即在地网外围增设1圈或2圈环形接地装置。环形接地装置由水平接地体和垂直接地体组成，水平接地体周边为封闭式，水平接地体与地网宜在同一平面上，环形接地装置与地网之间及环形接地装置之间应每隔3～5m相互焊接连通1次；也可在铁塔四角设置辐射式接地体，延伸接地体的长度宜限制在10～30m以内。环形接地装置的周边可根据地形、地理状况决定其形状。

(5) 地网形式。

1) 落地塔建在机房旁的地网。落地塔建在机房旁的地网应将机房、落地塔（包括角钢塔和钢管塔）、变压器相互独立的地网相互连通组成一个共用地网。若落地塔设有避雷针雷电引下线时，其引下线应接至落地塔地网或环形接地装置远离机房一侧。机房内的接地引入线应接至机房环形接地体（或环形接地装置）远离落地塔的一侧。

2) 基站使用钢管塔地网。基站使用钢管塔地网时，应从钢管塔基础敷设不少于两根辐射型水平接地体，水平接地体应根据周围的地理环境向远离机房方向敷设。钢管塔的地网应和机房地网在两侧用水平接地体可靠连通。

(6) 移动通信基站电力线应选用具有铠装层的电力电缆或护套电缆穿钢管埋地引入机房，电缆金属铠装层和钢管应在两端就近可靠接地。接地工艺要求如下：在端杆处和入基站前分别作铠装电缆的接地，铠装皮与接地线采用铜铁连接件热熔焊接，焊接处涂抹沥青，然后用玻璃纤维布缠绕，再涂沥青处理。

(7) 进入移动通信基站的低压电力电缆应从地下引入机房，其长度不宜小于30m。当变压器或电力线路终端杆离机房较近时，可将电缆环绕机房或空旷区域迂回埋设。

(8) 铁塔上架设的馈线及其他同轴电缆金属外护层应分别在天线处（馈线上端）、离塔处及机房入口处外侧就近接地；当馈线及其他同轴电缆长度大于60m时，宜在铁塔中部增加一个接地点，接地连接线应采用截面积不小于10mm^{2}的多股铜线。

(9) 馈线接地点的设置。为便于馈线在机房入口处妥善接地，宜在机房入口处设置馈线接地排，接地排采用热镀锌扁钢材质，并做防护箱体保护。馈线接地排应采用40mm×4mm的热镀锌扁钢或截面面积不小于95mm^{2}的多股铜导线就近与机房地网作可靠连接。

(10) 室外走线架在机房馈线口处应接地，接地应单独引接地线至地网，不能与馈线接地排相连，也不能与馈线接地排合用接地线。

通信光缆进入机房可选用以下方式处理：①光缆线路中从末端接头盒至引入机房内的段落改用无金属光缆，但鼠害严重的地区慎用；②采用直埋光缆或普通光缆穿钢管埋地进入机房，埋地长度宜不小于30m，一般可从线路终端杆开始埋设，直埋电缆的金属屏蔽层或钢管两端应就近可靠接地。

(11) 进入机房的其他信号线路，如HDSL、双绞线等应选用具有铠装层的电缆或护套电缆穿钢管埋地引入，其长度不宜小于30m，电缆金属铠装层或钢管两端应就近可靠接地。并对HDSL、双绞线等空线对做接地处理。进入基站的PCM电缆的屏蔽层入室处应就近可靠接地，其空线对必须就近接地。

室内部分要注意以下4点：

(1) 机房内走线架、吊挂铁架、机架或机壳、金属通风管道等均应与接地总汇集线相连作保护接地处理，走线架各段应保证电气连通。室内走线架应与建筑物内的钢筋（包括立柱、梁、地板）绝缘，更不得与室外馈线架直接连通。

(2) 各种监控线缆应采用屏蔽电缆或穿钢管，电缆屏蔽层或钢管两端必须接地。

(3) 交流电源线、直流电源线、射频线、地线、传输电缆、控制线等应分开敷设，严禁互相交叉、缠绕或捆扎在同一线束内；同时，所有的接地线缆应避免与电源线、光缆等其他线缆近距离并排敷设。接地线沿墙敷设时应穿 PVC 管。

(4) 各设备的保护地线应单独从接地汇集线上引入。

2.4.3.8 共用接地系统

共用接地系统要注意如下 6 点：

(1) 共用接地系统是自然接地体与人工接地体及等电位网络的组合。强大的雷击电流只有与大地中和，才能达到能量相对平衡，接地质量的好坏是保护效率高低的重要因素之一。

(2) 共用接地系统是将交流工作地、直流工作地、安全保护地、防静电接地、防雷接地等共用一组接地装置。共用接地系统是自然接地体与人工接地体的组合。

(3) 自然接地体利用建筑物的基础钢筋做接地装置，如建筑物没有基础钢筋地网，宜在建筑物四周散水坡外埋设人工垂直接地体和水平环形接地体。水平环形接地体可作为等电位联结带使用。如果接地电阻达不到要求时，应外延增加人工接地装置，外延长度不应大于 60m。

(4) 共用接地系统的接地电阻应按信息系统设备中要求的最小值确定。

(5) 接地装置材料的选择，要充分考虑其导电性、热稳定性、耐腐蚀性和承受雷电流的能力。宜选用热镀锌钢材、铜材及其他新型接地材料和低电阻接地模块。

(6) 接地装置的埋设方法可采用垂直埋设、水平埋设、深井埋设、深井爆破作业埋设、各类混合埋设等方式。埋置深度不宜小于 0.7m，一般为 0.7～1.0m。采用多个接地极并联埋设时，接地极间距不宜小于 4.0m。

2.4.3.9 微波、无线基站铁塔及馈线接地

微波、无线基站铁塔及馈线接地要注意如下 5 点：

(1) 微波天线。微波天线及其他天线应在避雷针保护范围内。

(2) 铁塔避雷针的雷电流引下线要求。铁塔避雷针的雷电流引下线一律采用扁钢或铜排焊接连通，直接塔地网。

(3) 天馈线要求。天馈线应在铁塔上部、下部或经走线架进机房入口处就近接地，在机房入口的接地应就近与地网引出的接地线妥善连通。当铁塔高度大于 60m 时，馈线的金属外护层还应在铁塔中部增加一处接地。当移动通信、无线用户天馈线采用的同轴电缆大于 30m 时，在机房入口处应加装相应的同轴避雷器。

(4) 铁塔标志灯要求。宜采用太阳能塔灯，对于使用交流馈电的标志灯，其电源线应采用具有金属外护层的电缆，电缆的金属外护层应在塔顶及机房入口处的外侧就近接地。塔灯控制线及电源线的每根相线均应在机房入口处分别对地加装避雷器，中性线应直接接地。

(5) 机房电缆引入线的要求。由机房屋顶进入机房的缆线和太阳能电池电线，应采用具有金属护层的电缆，其金属护层在进入机房入口处，就近与屋顶女儿墙上的避雷带焊接连通，电缆内芯线应一一就近对地加装避雷器。

2.5 弱电系统的防雷接地工程的施工

2.5.1 防雷接地工程的施工准备工作

2.5.1.1 开工前的准备

防雷接地经过调研，确定方案后，下一步就是工程的实施，而工程实施的第一步就是开工前的准备工作，要求做到以下几点：

(1) 严把设计审查关。设计中是否考虑新规程标准，在审查中一定要把好关，这对保证工程质量是非常关键的。

(2) 为保证施工安全，施工工期一定避开雷雨季节，即使无雷雨季节施工，在进行设备操作时一定要停止施工。

(3) 设计防雷接地实际施工图。供施工人员、督导人员和主管人员使用。

(4) 备料。防雷接地施工过程需要施工材料，这些材料有的必须在开工前就备好料，有的可以在开工过程中备料。主要有以下几种：

1) 避雷针安装材料。

2) 避雷网安装材料。

3) 防雷引下线材料。

4) 支架安装材料。

5) 接地体安装材料。

6) 接地干线安装材料。

防雷及接地装置所有部件均应采用镀锌材料，并有出厂合格证和镀锌质量证明书。在施工过程中应注

意保护镀锌层。主要镀锌材料有：扁钢、角钢、圆钢、钢管、铅丝、螺栓、垫圈垫圈、U形螺栓、元宝螺栓、支架等。

（5）不同规格的工程用料就位。电焊条、氧气、乙炔、沥青、混凝土支座、预埋铁件、银粉、防腐漆等。

（6）制订好施工安全措施。

（7）制订施工进度表（要留有适当的余地，施工过程中意想不到的事情，随时可能发生，若出现应要求立即协调）。

（8）向工程单位提交开工报告。

2.5.1.2　确定施工安装流程

防雷接地工程的施工安装流程：

接地体→接地干线→支架→引下线明敷→避雷针→避雷网→避雷带或均压环。

2.5.1.3　施工过程中要注意的事项

（1）施工现场督导人员要认真负责，及时处理施工进程中出现的各种情况，协调处理各方意见。

（2）如果现场施工碰到不可预见的问题，应及时向工程单位汇报，并提出解决办法供工程单位当场研究解决，以免影响工程进度。

（3）对工程单位计划不周的问题，要及时妥善解决。

（4）对工程单位新增加的内容要及时在施工图中反映出来。

（5）对部分场地或工段要及时进行阶段检查验收，确保工程质量。

（6）制订工程进度表。

在制订工程进度表时，要留有余地，还要考虑其他工程施工时可能对本工程带来的影响，避免出现不能按时完工、交工的问题。

2.5.1.4　质量要求

防雷接地工程的施工安装质量要符合GB 50303—2002《建筑电气工程施工质量验收规范》的规定。主要有：

（1）接地装置的施工安装质量。

（2）接地电阻值。

（3）防雷接地的人工接地装置的接地干线埋设施工安装质量。

（4）接地模块的埋设深度、间距和基坑尺寸。

（5）接地装置埋设深度、间距搭接长度和防腐措施。

（6）接地装置的材质和最小允许规格、尺寸。

（7）接地模块与干线的连接施工安装质量。

（8）避雷针施工安装质量。

（9）避雷网施工安装质量。

（10）防雷引下线施工安装质量。

（11）支架施工安装质量。

（12）接地体施工安装质量。

（13）接地干线施工安装质量。

2.5.2　防雷装置的安装

防雷装置由接闪器、引下线和接地装置组成。应采取自下而上的施工程序。首先安装集中接地装置，后安装引下线，最后安装接闪器。

2.5.2.1　防雷的接地装置安装要求

避雷针（线、带、网）的接地除应符合有关规定外，应遵守下列要求：

（1）避雷针（带）与引下线之间的连接应采用焊接。

（2）避雷针（带）的引下线及接地装置使用的紧固件均应使用镀锌制品。当采用没有镀锌的地脚螺栓时，应采取防腐措施。

（3）建筑物防雷设施采用多根引下线时，宜在各引下线距地面的1.5～2m处设置断接夹卡，断接夹卡应加保护措施。

（4）避雷线不应有接头。

（5）独立避雷针（线）应设置独立的集中接地装置。当有困难时，该接地装置可与接地网连接，但避雷针与主接地网的地下连接点至35kV及以下设备与主接地网的地下连接点，沿接地体的长度不得小于15m。

（6）独立避雷针的接地装置与接地网的地中距离不应小于3m。

（7）建筑物上的避雷针或防雷金属网应和建筑物顶部的其他金属物体连接成一个整体。

（8）装有避雷针和避雷线的构架上的照明灯电源线，必须采用直埋于土壤中的带金属护层的电缆或穿入金属管。电缆的金属护层或金属管必须接地，埋入土壤中的长度应在10m以上，方可与配电装置的接地网相连或与电源线、低压配电装置相连接。

（9）配电装置的架构或屋顶上的避雷针应与接地网连接，并应在其附近装设集中接地装置。

（10）微波天线及其他天线应在避雷针保护范围内，馈线下部或经走线架进机房入口处就近接地，在机房入口的接地应就近与地网引出的接地线妥善连通。当铁塔高度大于60m时，馈线的金属外护层还应在铁塔中部增加一处接地。当移动通信，无线用户天馈线采用的同轴电缆大于30m时，在机房入口处应加装相应的同轴避雷器。

2.5.2.2 防雷的引下线安装

防直击雷装置的引下线应优先利用建筑物钢筋混凝土中的钢筋，不仅节约钢材，更重要的是比较安全。

防雷引下线是将接闪器接受的雷电流引到接地装置，引下线有明敷设和暗敷设两种。

防雷引下线采用圆钢或扁钢。无要求时：圆钢直径为8mm；扁钢截面积48mm^2，厚度为4mm；安装在烟囱上的引下线，圆钢直径为12mm；扁钢截面积100mm^2，厚度为4mm。一级防雷建筑物专设引下线时，其根数不应少于两根，间距不应大于18m；二级防雷建筑引下线的数量不应少于两根，间距不应大于20m；三级防雷建筑引下线的数量不应少于两根，间距不应大于25m。

防雷接地装置由多个分接地装置部分组成时，应按设计要求设置便于分开的断接夹卡，自然接地体与人工接地体连接处应有便于分开的断接夹卡。断接夹卡有明装和暗装两种，断接夹卡可利用小于40mm×4mm或25mm×4mm的镀锌扁钢制作，断接夹卡应用两根镀锌螺栓拧紧。引下线的扁钢与断接夹卡的扁钢应采用搭接焊，搭接的长度不应小于圆钢直径3倍，且应在两面焊接。

明装引下线不应套钢管，以免接闪时感应涡流及下线的电感增加，影响雷电流的顺利导通。明装引下线在断接夹卡下部应外套竹管、硬塑料管、角铁和开口钢管保护，以防止机械损坏。保护管深入地下部分不应小于300mm。

当引下线长度不足，需要在中间接头时，引下线应进行搭接焊接，扁钢引下线搭接长度不应小于宽度的3倍，最少在三个棱边处焊接；引下线为圆钢时，搭接长度不应小于圆钢直径的6倍，且应在两面焊接。

(1) 防雷引下线明敷施工。明装引下线应随建筑主体施工预埋支持夹卡（夹卡或测试点设置的部位应不影响建筑物的外观且应便于测试，夹卡所用螺栓直径不得小于10mm，并需加镀锌垫圈和镀锌弹簧垫圈），然后将圆钢或扁钢固定在支持夹卡上。作为引下线一般在距室外护坡2m高处，预埋第一个支持夹卡，在距第一个夹卡正上方1.5～2m处，用线坠吊直第一个夹卡的中心点，埋设第二个夹卡，依次向上逐个埋设，其间距应均匀相等，支持夹卡应突出外墙装饰面15mm以上，露出长度应一致。

明敷引下线必须调直后方可进行敷设。调直的做法为：扁钢，可放在平板上用手锤调直；圆钢，将其一端固定在牢固地锚的机具上，另一端固定在导链的夹具上进行冷拉直。支架高度一般为15mm，支持点间距不大于1.5m。建筑物外墙装饰工程完成后，将调直的引下线材料运到安装地点，用绳子提拉到建筑物的最高度，由上而下逐点使其与埋设在墙体内的支持夹卡套环卡固，用螺栓或焊接固定，与接地装置的引出扁钢焊好。焊接后清除药皮，局部调直，刷防锈漆。

防雷引下线明敷安装位置要正确、要固定牢靠、防腐良好、固定点间距均匀，焊接连接的焊缝平整、饱满、埋设深度距地面不小于0.6m。

防雷引下线明敷设要注意如下3点：

1）引下线应避开建筑物的出入口和行人较易接触到的地点，以防止发生危险。

2）引下线必须调直后方可进行敷设，弯曲处不应小于90°，并不得弯成死角。

3）引下线除设计有特殊要求外，镀锌扁钢截面不得小于48mm^2，镀锌圆钢直径不得小于8mm。

(2) 防雷引下线暗敷施工。防雷引下线暗敷设引下线一般应使用截面不小于ϕ12mm镀锌圆钢或25mm×4mm镀锌扁钢。引下线沿砖墙或混凝土构造柱内暗设，配合土建主体外墙施工。将钢筋调直后先与接地体连接好，由下至上展放钢筋，敷设路径应尽量短而直，可直接通过挑檐板与避雷带焊接。

防雷引下线暗敷设要注意如下3点：

1）利用建筑物主筋作暗敷设引下线时，每条引下线不得少于两根主筋，每根主筋直径不能小于ϕ2mm。每栋建筑物至少有两根引下线。引下线间距离不应大于20m，当大于20m时应在中间多引一根引下线。

2）现浇混凝土内敷设引下线不做防腐处理。

3）主筋搭接处按接地线要求焊接。

防雷引下线暗敷设施工：

1）首先将所需扁钢（或圆钢）进行调直。将调直的引下线运到安装地点，按设计要求施工，隐蔽之前应请有关人员进行隐检验收，填写隐检记录。

2）利用建筑物主筋作引下线时，按设计要求找出全部主筋位置，用油漆做好标记，距室外地面0.5m处焊接断接夹卡，随钢筋逐层串联焊接至顶层，并焊接出屋面以备与避雷网连接。隐蔽之前应请有关人员进行隐检验收，填写隐检记录。

2.5.2.3 防雷的接闪器安装

防雷的接闪器安装可分为避雷网安装、支架安装、避雷针安装、避雷带安装。

(1) 避雷网安装要求。

1）避雷网安装的有关要求。

●避雷网卡固时应加镀锌弹垫、平垫。

●避雷线弯曲处不得小于90°，弯曲半径不得小于圆钢直径的10倍。

●避雷线用扁钢，截面不得小于48mm²；用圆钢直径不得小于8mm。

●遇有变形缝处应做煨弯补偿。

2）避雷网安装。避雷网安装分为明网和暗网两种。

暗装避雷网是利用建筑物屋面板内钢筋作为接闪装置，只要每层楼的楼板内的钢筋与梁、柱、墙内的钢筋有可靠的电气连接，并与层台和地桩有良好的电气连接，形成可靠的暗网，这种方法要比其他防护设施更为有效。无论是明网还是暗网，网格越密，防雷的可靠性越好。

网格的密度应视建筑物的重要程度而定。重要建筑物可使10m×10m的网格，一般建筑物采用20m×20m的网格即可。

明网防雷电是将金属线制成的网，架在建（构）筑物顶部空间，用截面积足够大的金属物与大地连接的防雷电。

(2) 支架安装。

1）支架安装的有关要求。

●支架应有燕尾，角钢支架埋深度不小于100mm，扁钢和钢支架埋深不小于90mm。

●防雷装置的各种支架顶部应距建筑物表面100mm，接地干线支架的端应距墙面20mm。

●支架水平间距不大于1m（混凝土支座不大于2m），垂直间距不大于1.5m，各间距应均匀，允许偏差30mm。转角处两边的支架距转角中心不大于250mm。

●埋设支架所用的水泥砂浆，其配合比不应低于1∶2。

2）支架安装。

●应尽可能随结构施工预埋支架或铁件。

●根据设计要求进行分档定位。

●用手锤、錾子进行剔洞，洞口的大小应里外一致。

●首先埋设一条直线上的两端支架，然后用铅丝拉直线埋设其他支架，在埋设前应先把洞内用水湿润。

●如用混凝土支座，将混凝土支座分档摆好，先在两端支架间拉直线，然后将其他支架用砂浆找平找直，支架稳固后，不得碰撞松动。

●如果女儿墙预留有预埋铁件，可将支架直接焊在铁件上，支架的找直方法同前。

●支架稳后应保护好，防止土建外墙装修或内墙喷浆时污染支架。

(3) 避雷针安装。

1）避雷针制作与安装的有关规定：

●独立避雷针及其接地装置与道路或建筑物的出入口等的距离应大于3m。当小于3m时，应采取均压措施或铺设暖石、沥青地面。

●独立避雷针应设置独立的集中接地装置。当有困难时，该接地装置可与接地网连接，但避雷针与主接地网的地下连接点至35kV及以下设备与主接地网的地下连接点，沿接地体的长度不得小于15m。

●独立避雷针的接地装置与接地网的地中距离不应小于3m。配电装置的架构或屋顶上的避雷针应与接地网连接，并在其附近装设集中接地装置。

●建筑物上的避雷针或防雷金属网应和建筑物顶部的其他金属物体连接成一个整体。

●避雷针采用镀锌钢管制作针尖，管壁厚度不得小于3mm，针尖涮锡长度不得小于70mm。

●避雷针应垂直安装牢固。

2）避雷针制作。

●避雷针一般采用圆钢（钢管）制成，其直径不应小于下列数值：独立避雷针一般采用ϕ19镀锌圆钢；屋面上的避雷针一般采用ϕ25镀锌钢管；水塔顶部避雷针圆钢直径为25mm，钢管直径为40mm；烟囱顶上圆钢直径为25mm；避雷环圆钢直径为12mm；扁钢截面长100mm，厚度为4mm。

●把放电尖端打磨光滑后进行涮锡。如针尖采用钢管制作，可先将上节钢管一端锯成锯齿形，用手锤收尖后，焊缝磨平、涮锡。

3）避雷针安装。在屋面上安装避雷针，先将钢板在混凝土支座内固定在预埋地脚螺栓上，焊上一块肋板，再将避雷针立起、找直、找正后进行点焊、校正，焊上其他三块肋板（间距度120°）。最后将引下线牢固焊接在底板上，屋面上若有避雷带（网）还要与其焊成一个整体，刷防锈漆。

2.5.2.4 避雷带安装

避雷带适用于建筑物的屋脊、屋檐或屋顶边缘，对建筑物的易受雷击部位进行重点保护。

在房屋建筑雷电保护上，用扁平的金属带代替钢线接闪的方法称之为避雷带，它是由避雷线改进而来。在城市高大楼房上，使用避雷带比避雷针有较多的优点，它可以与楼房顶的装饰结合起来，可以与房屋的外形较好的配合，即美观防雷效果又好，特别是大面积的建筑，它的保护范围大而有效，这是避雷针所无法比的。避雷带的制作，采用扁钢，截面积不小

于 $48mm^2$，其厚度不应小于 4mm。

避雷带应采用镀锌圆钢或扁钢制成，镀锌圆钢直径 $\phi 12mm$；镀锌扁钢 25mm×4mm 或 40mm×4mm。对于圆钢或扁钢在使用前，应进行调直加工。

2.5.3 地网施工安装

地网施工是一件细致的工作，地网一旦埋入地下成了永久性的隐蔽工程。如果地网出问题，维护是困难的，所以在地网施工安装时，搞好每一环节，1 个扎头、1 个焊点必须做到十分可靠，不能存在任何问题。

2.5.3.1 地网工程施工中应注意的问题

(1) 把好方案设计关。对于设计，首先要根据地质报告，确定土壤性质和地质情况，没有地质报告，盲目设计，对施工会带来很多问题。

(2) 严把设计审查关。设计是否符合新标准的设计要求，对保证工程质量是非常关键的。

(3) 为保证施工安全，施工工期一定避开雷雨季节。

(4) 土壤电阻率。土壤电阻率的测量是工程接地设计重要的第一手资料，由于受到测量设备、方法等条件的限制，土壤电阻率的测量往往不够准确。

DL/T 621—1997《交流电气装置的接地》中对接地电阻值有具体的规定，一般不大于 0.5Ω。在高土壤电阻率地区，当接地装置要求做到规定的接地电阻在技术经济上极不合理时，大接地短路电流系统接地电阻允许达到 5Ω，但应采取措施，如防止高电位外引采取的电位隔离措施，验算接触电动势，跨步电压等。根据规程规定，主要是以发生接地故障时，接地电位的升高不超过 2000V 进行控制，其次以接地电阻不大于 0.5Ω 和 5Ω 进行要求。因此，人们普遍认为，110kV 及以上变电站中，接地电阻值小于 0.5Ω 即认为合格，大于 0.5Ω 就是不合格，不管短路电流有多大都不必采取措施。

(5) 接地所用的材料必须符合设计要求，水平接地极的埋深一定要符合规定。

(6) 严把焊接质量关。焊接工艺要严格执行高标准，三面焊接一定要保证。

(7) 接地扁铁连接处的搭接面积一定要满足规程要求，保证为扁铁宽度的 2 倍以上，特别是在接地引下线与接地网连接时，因为垂直焊接，其焊接面积不够，要求在引下线上再焊一个宽为接地引线宽度 3 倍的扁铁与接地网相连。在水平地网与垂直接地极的连接上一定要注意截面，用角钢与水平地网的接触面为其宽度，不符合要求，应再加一个直角扁钢将水平地网与垂直接地极的另一面焊接，以保证焊接截面符合要求。

(8) 注意防腐，在焊口处除锈并涂防锈漆，在引下线入土处加涂防锈漆。

(9) 引下线方向应尽量一致，涂斑马线的高度也尽量一致，以保证接地引下线整体美观。

2.5.3.2 一般地网的要求

地网由于环境的不同，地网的设计也存在较大差异。不同的行业，不同的地域使用的接地材料也不尽相同。

(1) 要求。一般地网设计在建筑物周围，地网上端深度为 2000mm，宽不少于 600mm，接地电阻≤1Ω，垂直接地体采用高效接地极（或接地模块），水平接地体采用 440mm 热镀锌扁钢，垂直接地体与水平接地体的连接采用双面焊接，水平接地体与水平接地处理。接地线用 440mm 的热镀锌扁钢，预留接地测试点。汇接点用规格的扁铜，扁铜扁钢连接处采用气焊，体的搭接采用双面焊接，焊接长度不小于 10cm，焊接处刷沥青，做防腐在扁铜上预留 $\phi 8$ 的连接孔不少于三个，配备相应规格的不锈钢螺钉或铜螺钉。

(2) 天线高度与工作波长比。当天线架设高度 H 与工作波长 λ 之比 H/λ 较小时，塔基附近的地电流很大，地损耗功率也很大，天线辐射电阻很小，辐射功率也很小。为了提高天线的辐射功率，应尽量降低地电阻，因此需要敷设良好的地网。实践证明：当塔基底部径向距离（即以塔基中点为圆心划圆）为 0.5λ 时，地电流趋于一个固定值，与天线架设高度无关；当 $H/\lambda > 0.5\lambda$ 时，即属于天线的辐射场，因此地网辐射半径为 0.5λ 是最理想的，由于地网辐射半径 $> 0.5\lambda$ 没有多大的效益，所以以 0.5λ 为限。

2.5.3.3 地网制作工艺

(1) 浇灌地网的基础。浇灌地网的基础时，埋 1 根约 5m 长的接地棒，塔基用薄铜皮屏蔽，并在此屏蔽铜皮上焊上 1～2 圈汇流条，均匀分布所有地网线的始端，并牢固地焊在此汇流环条上。

(2) 地网线的埋设施工，可分为 4 组（每 90°区域为 1 组）或 6 组（每 60°区域为 1 组）。

(3) 不同地质环境地网制作工艺不同。

1) 高山地区的地网制作工艺。

- 垂直接地体施工安装。高山一般多岩石，在地表土层下挖沟槽 200mm×（2000～3000）mm（视环境而定），底部采用爆破方式捣碎地层岩石形成缝隙，浇注填充剂垂直放入非金属接地体，加入高分子降阻剂和填充剂后在距地表土层 800mm 处夯实，至此垂直接地体敷设完毕。

●水平地网施工安装。水平地网采用铜缆拨皮后适当涂刷导电胶并在距地表500mm处做水平地网线槽，线槽宽为200mm，在线槽上施放高分子降阻剂和填充剂将刷好防锈漆的电缆按照网格形状敷设好后埋土夯实。接地网的接地距离可以按照（1.5×1.5～3.0×3.0）m的距离敷设，每个十字型交叉点作为一个垂直接地体的连接点，最后把地网表层用细土填埋。

2）盐碱地质条件下的地网制作工艺。盐碱地区的土壤中含有较高的腐蚀性物质，所以在这种环境下是不采用金属材料作为接地体的，采用非金属材料膨胀石墨体。

挖深1.2m宽0.2m的沟槽，安装膨胀石墨接地体水平放置，外面包裹填充剂，接地体之间用扁钢连接，节点防腐处理，回填土使用细黑土。

2.5.4　接地体的施工安装

2.5.4.1　接地体的施工安装要求

（1）接地体顶面埋设深度应符合规定。当无规定时，不宜小于0.7m。高寒地区应埋设在冻土层以下。角钢及钢管接地体应垂直配置。除接地体外，接地体引出线的垂直部分和接地装置焊接部位应作防腐处理；在作防腐处理前，表面必须除锈。

（2）垂直接地体的间距不宜小于其长度的2倍，水平接地体的间距应符合设计规定，当无设计规定时不宜小于5m。

（3）接地线应防止发生机械损伤和化学腐蚀。在与公路、铁路或管道等及其他可能使接地遭受损伤处，均应用钢管或角钢等加以保护。接地线在穿过墙壁、楼板和地坪处应加装钢管和其他坚固的保护套，有化学腐蚀的部位还应采取防腐措施。

（4）接地干线应在不同的两点及以上与接地网相连。自然接地体应在不同的两点及以上与接地干线或接地网相连。

（5）每个电器装置的接地应以单独的接地线与接地端子板连接（S型），不得在一个接地线中串联几个需要接地的电气装置。

（6）接地体敷设完后。回填土内不应有石块和建筑垃圾等；外取的回填土不得有较强的腐蚀性，回填时应分层夯实。

（7）明敷接地线的安装应符合下列要求：

1）便于检查。

2）敷设位置不应妨碍设备的拆卸与检修。

3）支撑件间的距离，在水平直线部分宜为0.5～1.5m;垂直部分宜为1.5～3m；转弯部分宜为0.3～0.5m。

4）接地线应按水平或垂直敷设，亦可与建筑物倾斜结构平行敷设；在直线段上不应有高低起伏及弯曲等情况。

5）接地线沿建筑物墙壁水平敷设，离地面距离宜为250～300mm；接地线与建筑物墙壁间的间隙宜为10～15mm。

6）在接地线跨越建筑物伸缩缝、沉降缝处时，应设补偿器，补偿器可用接地线本身成弧状代替。

7）明敷接地线的表面应涂以相当宽度的绿色和黄色相间的条纹。每个接点部位宜作出接地标志。

8）在接地线引向建筑物的入口处和在检修时临时接地点处，均应刷白色底漆并标以黑色接地标志。

（8）接地体（线）的连接应采用焊接，焊接必须牢固无虚焊。接至电气设备上的接地线，应用镀锌螺栓连接；有色金属接地线不能采用焊接时，可用螺栓连接。螺栓连接处的接触面应按GBJ 149—1990《电气装置安装工程母线装置施工及验收规范》的规定处理。

（9）接地体（线）的焊接应采用搭接焊，其搭接长度必须符合下列规定：

1）钢为其宽度的2倍（且至少3个棱边焊接）。

2）圆钢为其直径的6倍。

3）圆钢与扁钢连接时，其长度为圆钢直径的6倍。

2.5.4.2　接地体安装

（1）按设计图要求，在接地体线路上挖掘深为0.8～1m（当无规定时，不宜小于0.7m，高寒地区应埋设在冻土层以下），长为1.5～2.5m，宽为0.5m的沟，沟上部稍宽。

（2）先加工好一端为尖头形状的角钢接地极，沟挖好后，立即安装接地极和接地扁钢。一般用手锤将接地体垂直打入土中，将扁钢置于沟内与接地极焊接，扁钢应侧放（不可放平），扁钢与角钢接地极连接的位置距接地极最高点约100mm。

（3）接地极连接完后，应及时请质检和有关部门进行隐检，并测量绝缘电阻，经检验合格后方可进行回填，分层夯实。

2.5.5　接地干线安装

2.5.5.1　接地干线安装的要求

（1）接地干线在穿过墙壁、楼板和地坪处应加装钢管或其他坚固的保护套；有化学腐蚀的部位还应采取防腐措施。在跨越建筑物伸缩缝、沉降缝处，应设置补偿器，补偿器可用接地线本身弯成弧状代替。

（2）接地干线应设有测量接地电阻而预备的断接卡。

(3) 接地干线应在不同的两点或两点以上与接地网相连接。自然接地体应在不同的两点或两点以上与接地干线或接地网相连接。

(4) 每个电气装置的接地应以单独的接地线与接地干线相连接，不得在一个接地线中串联几个需要接地的电气装置。

2.5.5.2　接地干线敷设

(1) 应便于检查。

(2) 支持件间的距离，在水平直线部分应为0.5～1.5m，垂直部分应为1.5～3m，转弯部分应为0.3～0.5m。

(3) 接地干线沿建筑物墙壁水平敷设时，离地面距离应为250～300mm，与建筑物墙壁间的间隙应为10～15mm。

(4) 接地干线应按水平或垂直敷设，亦可与建筑物倾斜结构平行敷设，在直线段上不应有高低起伏及弯曲等情况。

(5) 明敷接地线表面应涂15～100mm宽度相等的绿色和黄色相间的条纹。在每个导体的全部长度上或只在每个区间或每个可接触到的部位上应作出标志。当使用胶带时，应使用双色胶带。

(6) 室外敷设前按设计要求的尺寸位置先开挖沟槽，然后将扁钢侧放埋入。回填土应压实，接地干线末端露出地面应不超过0.5m，以便接引地线。

2.5.6　防雷接地工程实例

本例为某仿真中心设计的防雷接地工程，主体结构为钢筋混凝土结构，需要的接地项目有防雷接地、工作接地、保护接地、屏蔽接地、消防控制系统接地和电视广播设备接地。其中前三项为大电流接地，后三项为小电流接地。大电流接地主要确保人和物安全，小电流接地主要是确保设备不受外来干扰，正确可靠运行，因此要求统一接地。设计应满足：①尽可能减小接地电阻，尽量减小引下线的阻抗；②设计成一种等电位均压网络；③避开雷电流的反击。

2.5.6.1　系统雷电防护拓扑结构

(1) 电源系统防雷保护拓扑结构。电源系统防雷保护拓扑结构如图2-8所示。

(2) UPS电源末级防雷保护。UPS电源末级防雷保护结构如图2-9所示。

(3) 防雷保护箱结构图。防雷保护箱结构如图2-10所示。

(4) 分配电电源雷电防护结构。分配电电源雷电防护结构如图2-11所示。

2.5.6.2　系统防雷接地措施和实现步骤

(1) 铁塔顶部设避雷针，铁塔底边四角与四根框架柱连接，利用框架柱筋体接地引下线，电视广播线用同轴电缆引入室内，并经低压避雷器接地。

(2) 前后各8根框架柱，做接地引下线；左、右两边是剪力墙，前后是铝合金带窗，窗上下用两根40mm×4mm扁铁与铝合金窗用平头螺栓连接，扁铁与框架柱筋焊接。施工中，要求垂直钢筋一律采用焊接，垂直钢筋与水平钢筋采用多点焊接或绑扎。这样形成的封闭的金属笼，它具有极小接地电阻，极小引下线阻抗，均压等电位的法拉第笼。它有良好的均压和引流作用，既能防直击雷、侧击雷，又能防止雷电感应效应。

(3) 利用框架柱作引下线，每根柱子的纵向主筋自下而上焊接，每层又与梁板钢筋焊接，向上引出与避雷带广播铁塔基座焊接，向下与承台、地梁、基础钢筋焊接，形成接地引下网。

(4) 在建筑物配电室内，用40mm×4mm镀锌扁铁沿配电室内布置一圈与四根接地引下柱的纵向主筋

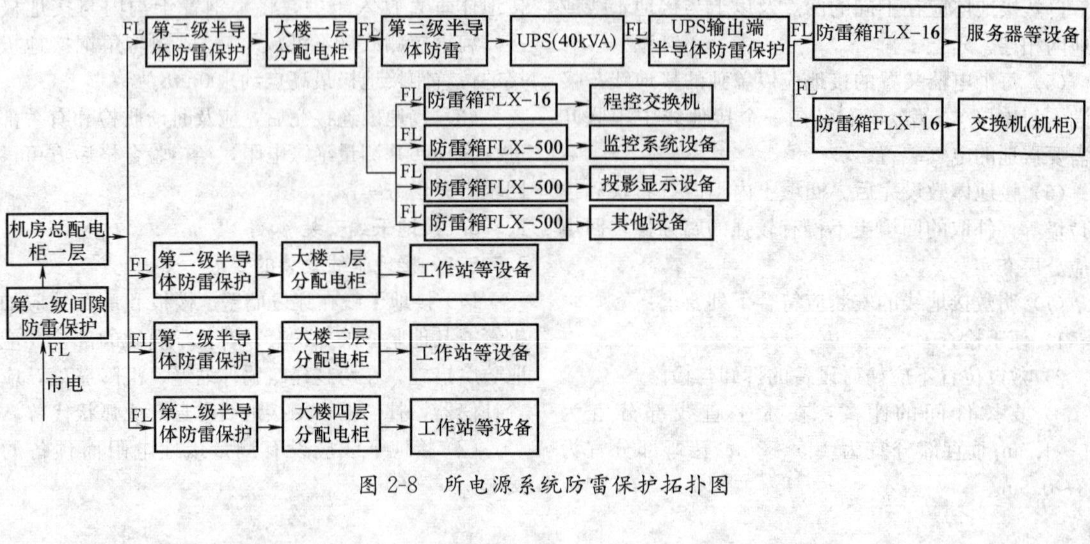

图2-8　所电源系统防雷保护拓扑图

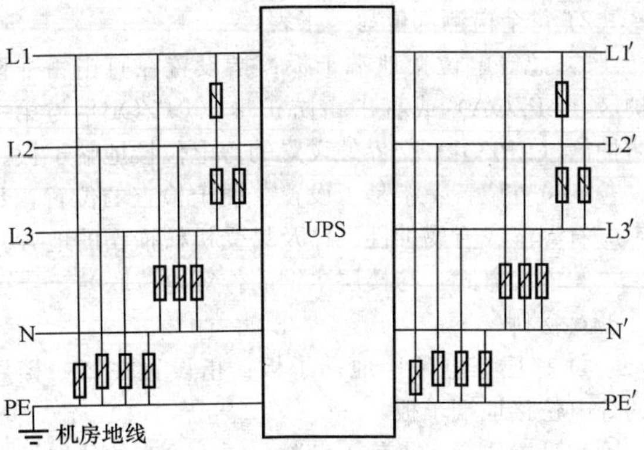

图 2-9　UPS 电源末级防雷保护结构图

—过电压保护器 VAL-MS230；

—过电压保护器 VAL-MS440

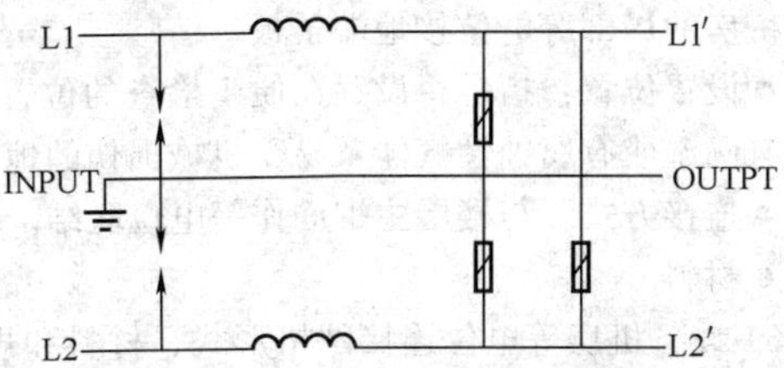

图 2-10　防雷保护箱结构图

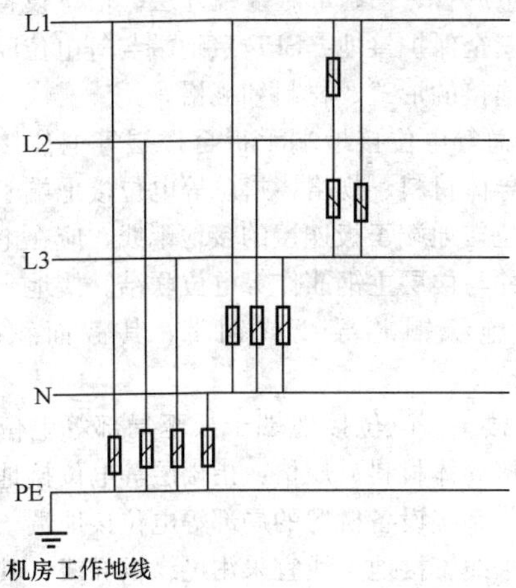

图 2-11　分配电电源雷电防护结构图

焊接，然后从四角用 40mm×4mm 镀锌扁铁引至电缆沟与总等电位铜排连接。等电位铜排采用 50mm×5mm×100mm 铜排，每隔 100mm 钻 ϕ12mm 孔，铜排两端与接地扁铁连接。

为了防止雷电波的侵入，进入建筑物的各种穿线金属管及各种铠装电缆，按新规范的规定，宜采用全线埋地引入。入户的金属管道、金属外皮在入户前必经与防雷接地装置连接。

(5) 考虑保护线 PE 就近接地可能在雷击时雷电流通过 PE 线串到设备外壳上，潜伏着不安全因素，因此还是单独引 PE 线为好，用 BV—500、1×500mm^2 铜芯线引至各层，各层设 PE 小母线，与各层防雷金属物体绝缘，并保持一定距离。各层设备外壳工作地线，用放射式与 PE 小母线相连接，使外壳真正做到等电位。

(6) 建筑物的电气接地、保护接地、工作接地、屏蔽接地与防雷接地共用一套接地装置，接地电阻要求小于 1Ω。建筑物内电气线路采用钢管布线。

(7) 使用小电流接地（屏蔽、静电、直流接地）、电视广播设备的接地用 BV—500、1×35mm^2 导线引下，以最短的长度直接与总等电位铜排连接。各层计算机通信等接地，从总等电位铜排引一根 BV—500、1×16mm^2 导线作这些设备的接地线。

(8) 采用 TN-S 接地系统，中性线 N 在总等电位铜排上一点接地后，出配电室的 N 线严禁与"地"导通，用 BV—500、1×16mm^2 导线沿电气竖井分层引至楼层各层电气设备。

2.6　防雷与接地系统工程检验验收

防雷与接地工程施工完毕后，由相关检测部门依据相关的防雷规范标准进行验收，并出具相应的合格检测报告。

防雷工程验收过程中应当严格把关，经验收合格后，防雷装置才能投入使用。

防雷系统的接地宜采用一点接地方式。接地母线应采用铜质线、接地线不得形成封闭回路、不得与强电的电网中性线短接或混接，这种接地方式是为了避免由于接地电位差而混入交流杂波等干扰。

目前，城市高层建筑物越来越多，采用专门接地装置受位置限制，实际中往往将高层建筑基础的钢筋网作为综合接地网，整个建筑的电气接地、防雷接地及各系统设备接地都接在钢筋网接地体上。钢筋接地网的接地电阻都很小，往往小于 0.5Ω。

进入建筑物架空电缆吊线的两端和架空电缆线路中的金属管道应接地。

防雷接地装置宜与电气设备接地装置和埋地金属管道相连，当不相连时，两者间的距离不宜小于 20m，不得直接在两建筑屋顶之间敷设电缆，应将电缆沿墙敷设置于防雷保护区以内，并且不得妨碍车辆的运行。

系统的防雷接地与安全防护设计应符合现行国家标准 GBJ 79—1985《工业企业通信接地设计规范》、GB 50057—1994（2000）《建筑物防雷设计规范》的规定。

2.6.1 主要检验验收内容

检验验收有2大点，具体如下。

(1) 单独接地装置。

1) 单独接地装置的检测。单独接地装置的检测包括：垂直接地体检测、水平接地体检测、连接方式、防腐措施、测试点标志、接地电阻值和安装质量等项，根据工程的具体要求，需增加检测项目时，可在表中检测项目一栏中增加项目。

2) 每个检测部位填写一张表。

3) 垂直接地体。

●材料：指垂直接地体的材料，宜采用热镀锌钢质材料。

●数量：指垂直接地体的数量。

●规格：指垂直接地体的规格。

●长度(m)：指垂直接地体的长度。

●间距(m)：指钢质垂直接地体直接打入地沟时其间距不宜小于其长度的2倍，并均匀分布。

●深度(m)：指接地体在土壤中宜埋设在冻土层下，埋设深度不应小于0.5m。

4) 水平接地体。

●材料：指水平接地体的材料。

●规格：指水平接地体的规格。

●总长度(m)：指水平接地体的总长度。

5) 连接方式。

●钢质接地装置的连接方式，宜采用焊接连接，搭接长度和焊接方式应符合规范要求。

●铜质接地装置应采用焊接或熔接。

●钢质与铜质接地装置之间的连接应采用熔接或采用搪锡后螺栓连接。

6) 防腐措施：指焊接部位应做防腐措施。

7) 测试点标志：指在地面上设置的接地体测试点是否有明显的标志。

8) 接地电阻值：必须符合设计要求。

9) 安装质量：指接地体的施工质量和工艺水平。

(2) 等电位接地带。

1) 等电位连接带的检测包括：总等电位接地、楼层等电位接地和局部等电位接地端子板，设备机房等电位联结，总等电位接地端子板至楼层等电位接地端子板联结，楼层等电位接地端子板至局部等电位接地端子板联结，屋面金属物接地，金属管道接地，电梯轨道接地，低压配电保护接地，线缆金属屏蔽层接地。设备金属外壳、机架接地，线槽、桥架接地，其他等电位接地和安装质量等项，根据工程的具体要求，需增加检测项目时，可在表中检测项目一栏中增加项目。

2) 每个检测部位写一张表。

3) 总等电位接地端子板：指设置在直击雷非防护区(LPZOA)或直击雷防护区(LPZOB)与第一防护区(LPZO1)交界处设置的等电位接地端子板。

●设置位置：指是否设置在便于检查的位置，且不应有潮湿或有腐蚀性气体及易受机械损伤的地方。

●连接方式：与楼层主钢筋作等电位联结。

●材料。

4) 楼层等电位接地端子板：指设置在每一楼层的等电位接地端子板。

●设置位置：指是否设置在便于检查的位置，且不应有潮湿或有腐蚀性气体及易受机械损伤的地方。

●连接方式：与楼层主钢筋作等电位联结。

●材料。

5) 局部等电位接地端子板：指设置智能化系统设备机房的局部等电位接地端子板。

●设置位置：指是否设置在便于检查的位置，且不应有潮湿或有腐蚀性气体及易受机械损伤的地方。

●连接方式：与楼层主钢筋作等电位联结。

●材料。

6) 设备机房等电位连接网格形式、材料和规格：指设备机房内的电气和电子设备的金属外壳、机柜、机架、金属管、槽、屏蔽线缆外层、信息设备防静电接地、安全保护接地、SPD接地端与等电位联结网络的端子连接的形式、材料和规格。

7) 总等电位接地端子板至楼层等电位接地端子板连接导体材料、规格：指总等电位接地端子板与楼层等电位接地端子板连接的接地干线，应在电气竖井明敷、并与楼层主钢筋作等电位联结。接地干线宜采用多股绝缘铜芯导线或铜带，其截面积不应小于16mm^2。

8) 楼层等电位接地端子板至局部等电位接地端子板连接导体材料、规格：指楼层等电位接地端子板与智能化系统设备机房的局部等电位接地端子板连接的接地干线。接地干线宜采用绝缘铜导线，其截面积不应小于16mm^2。

9) 屋面金属物接地：指屋面的天线接收设备、通信基站等设备的金属物的接地。

10) 金属管道接地：指智能化系统的串线缆的金属管的接地。

11) 电梯轨道接地：指电梯轨道的接地。

12) 低压配电保护接地：指低压配电柜、各级配电箱的保护接地。

13) 线缆金属屏蔽层接地：指屏蔽线缆屏蔽层的接地。

14）设备金属外壳、机架接地：指设备机房内的电气和电子设备的金属外壳、机柜、机架的接地。

15）线槽、桥架接地：指线槽、桥架的接地。

16）其他等电位接地。

17）安装质量：等电位接地端子板表面应无毛刺、无明显伤痕、无残余焊渣，安装应平整端正、联结牢固。接地绝缘导线的绝缘层无老化龟裂现象。

2.6.2　工程交接验收

在验收时应按下列要求进行检查：

（1）整个接地网外露部分的连接可靠，接地线规格正确，防腐层完好，标志齐全明显。

（2）避雷针（带）的安装位置及高度符合设计要求。

（3）供连接临时接地线用的连接板的数量和位置符合设计要求。

（4）工频接地电阻值及设计要求的其他测试参数符合设计规定，雨后不应立即测量接地电阻。

（5）在验收时，应提交下列资料和文件：

1）实际施工的竣工图。

2）变更设计的证明文件。

3）安装技术记录（包括隐蔽工程记录等）。

4）测试记录。

第3章 chapter3 广播音响系统的设计与施工技术

广播音响系统又称电声系统，应用范围极为广泛，是剧场、影院、宾馆、舞厅、俱乐部、艺术广场、体育广场、工矿企业、机关学校等各种场合所必备的设备。

本章重点介绍的内容有：广播音响系统的传输方式、组成与分类；广播音响系统的有关标准和声学特性指标；广播音响系统中使用的有关设备；广播音响系统设备的选择和配置；扩声系统与音质设计；厅堂扩声音响系统及其设计；公共广播系统及其设计；广播音响系统的施工；广播音响系统的检验验收。

3.1 广播音响系统的传输方式、组成与分类

3.1.1 广播系统传输方式

广播从传输方式上基本上可以划分为：定压广播、调频广播、网络广播三大类。

3.1.1.1 定压传输方式

定压传输广播是将音频信号直接放大，基于功率信号进行传输。为降低线路传输损耗，通过升压变压器将其4～16Ω匹配阻抗变换到100V定压方式进行传输，传输到终端后降压转换到4～16Ω的喇叭上，一般传输距离是几十米到几百米。

(1) 优点：技术成熟、结构简单、性能稳定、维护容易、终端便宜。目前广泛应用在车站、码头、学校、商业与民用建筑中。

(2) 缺点：

1) 定压传输受线路的变压器带宽、喇叭尺寸、电缆线径等因素影响，频响范围在200Hz～12kHz，失真度≤10%，无法实现立体声传输。

2) 节目容量小，不能寻址控制，一条线只能传输一套节目。

3) 音源基本上都是采用模拟音源，不能播放数字格式音频文件，不能实现自动播放、自动控制。定压广播都是按照功率匹配和阻抗匹配的原则进行设计的，系统扩充的容量十分有限。

3.1.1.2 调频广播

调频广播采用调频调制的办法，将音频信号传输到高频载波上，用高频载波的频率变化描述音频信号变化。不同的载波频率可以同时搭载不同的音频节目，我国将87～108MHz划分为调频广播频段。现阶段我国城市广播、闭路广播都采用FM调频广播的方式。

调频广播可与有线电视共缆传输。

(1) 优点：

1) 调频广播的音频范围为30Hz～7kHz，失真度≤0.7%，调频广播具有频响宽、高音丰富、抗干扰能力强、失真小等优点，并可进行立体声传输。

2) 技术成熟、节目容量大，配套器材价格十分低廉。调频广播的带宽是16kHz，这一频段内可以同时传输60多套调频广播节目，可以满足多分区同时广播的要求。

3) 可兼容性、可扩展性好。

(2) 缺点：调频广播是基于弱信号方式传输，每个接收设备必须是有源设备，即每个音箱及终端必须外接220V电源。

3.1.1.3 数字音频网络广播

数字音频网络广播必须在网上进行传输、播放才可实现广播的功能和要求。

网络音频广播由一台IP网络广播控制主机、一套广播软件或服务器软件，将音频文件以IP流的方式发送给远端网络终端，每台终端都应该有一个固定的IP地址及网络模块、一个专业数字音频解码装置（软件或硬件）、功放控制单元。目前厂家开始研发网络音频广播，并有产品推出。

(1) 优点：

1) 网络广播从节目的制作到传输全部实现了数字化、网络化，系统信噪比高，可以获得比较好的音质，也可以进行立体声传输。

2) 实现智能广播较为容易，以太网本身就是一套双向网络。在以太网上通过软件可轻而易举地实现智能广播的定时、寻址、分组等功能。

3) 在网络速度允许的情况下，可实现多路广播。

4) 实现交互方式广播。

5）管理方便。

（2）缺点：

1）对于数字音频文件的解压，必须是PC＋专用软件，或专用解压芯片，且每只终端都必须有自己的IP地址，技术含量比较高。

2）价格昂贵。当前国内没有专业的芯片级开发商，只能用嵌入式微机＋专用解压芯片来解码，所以导致产品价较高。

3.1.2　广播音响系统的组成

广播音响系统由节目源设备、信号的放大和处理设备、传输线路和扬声器系统四部分组成。

3.1.2.1　节目源设备

相应的节目源设备有FM/AM调谐器、电唱机、激光唱机和录音卡座等。还包括传声器（话筒）、电视伴音（包括影碟机、录像机和卫星电视的伴音）、电子乐器等。

3.1.2.2　信号放大和处理设备

信号的放大就是指电压放大和功率放大，其次是信号的选择受理，即通过选择开关选择所需要的节目源信号。

3.1.2.3　传输线路

对于厅堂扩声系统，由于功率放大器与扬声器的距离不远，采用低阻大电流的直接馈送方式。对于公共广播系统，由于服务区域广、距离长，为了减少传输线路引起的损耗，往往采用高压传输方式。

3.1.2.4　扬声器系统

（1）扬声器的分类。扬声器是“能将电信号转换成声信号并辐射到空气中去的电声换能器”，一般称之为喇叭*。在弱电工程的广播系统中有着广泛的使用。由于使用场合、研究角度不同，对扬声器的分类方式有：按辐射方式分类；按组合方式分类；按换能方式分类；按振膜方式分类；按用途分类；按工作原理分类。下面分别进行介绍。

1）按辐射方式分类。扬声器按辐射方式分类一般分为：

● 直接辐射式扬声器。该扬声器特点是振膜直接向空气中辐射，效率比较低。

● 号筒式扬声器。该扬声器振膜经号筒辐射声波，通过话筒在将声波辐射到空间。此种扬声器效率较高，多用于扩声类扬声器。

● 耳机。

● 海尔式扬声器。

* 读者如需要对扬声器有一个全面的了解，请参阅王以真先生编著的《实用扬声器技术手册》。

2）按组合方式分类。按组合方式分类时表现为：

按组合方式分类
- 单纸盆扬声器
- 组合纸盆扬声器
- 组合号筒扬声器
- 同轴复合扬声器

（组合纸盆扬声器、组合号筒扬声器）
- 两分频扬声器
- 三分频扬声器
- 多分频扬声器

3）按换能方式分类。在扬声器中使用电声换能器（可逆换能器、不可逆换能器）具体表现为：

扬声器按换能方式分类
- 能量可逆
  - 电动式
  - 电磁式
  - 静电（电容）式
- 能量不可逆
  - 放电（离子）式
  - 气流调制

4）按振膜形式分类。扬声器按振膜形式分类时表现为：

扬声器按振膜形式分类
- 纸盒式
  - 单纸盒
  - 双子盒
- 球顶形
  - 硬球顶
  - 软球顶
- 带式
- 平板驱动式

5）按用途分类。扬声器按用途分类时表现为：

扬声器按用途分类
- 高保真（家庭用）
- 监听
- 扩声
- 影视、乐器
- 收音机、电视机、录音机用
- 报警用扬声器
- 水中用扬声器
- 汽车用扬声器

6）按工作原理分类。扬声器按工作原理分类时表现为：

扬声器按工作原理分类
- 电动式
- 电磁式
- 静电式
- 压电式
- 离子式
- 火焰式
- 气流式
- 磁致失真式

（2）扬声器型号命名方法。对于扬声器型号命名，国外的公司都是自成体系的，国内有严格的规定，如图 3-1 所示。

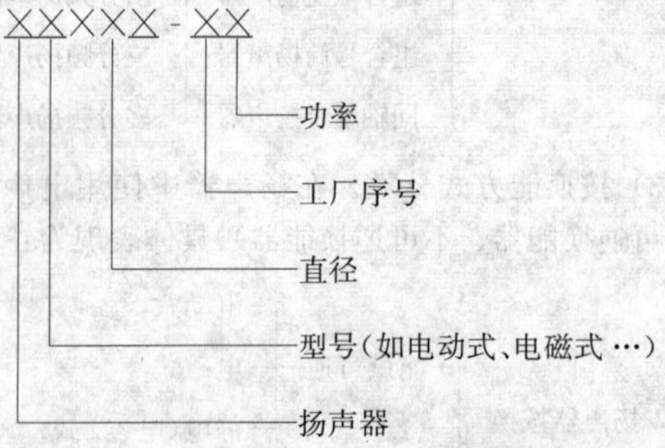

图 3-1　扬声器型号命名方式

（3）扬声器的选用。在工程建设中，对扬声器的选用，有人主张用数字扬声器。数字扬声器还处于研究过程中，目前的研究成果仅仅证明数字扬声器是可以实现的。真正实用化、商品化还有一段不短的距离，尚没有动摇和取代现在扬声器的迹象，正等待进一步的突破。

1）监听扬声器应用场合及性能要求。在工程建设中监听扬声器应用的场合较多，如监狱、看守所、银行、公安、娱乐、广播等。一般说来，以工程角度分为两种：①监听节目声音质量的扬声器（是一种高质量、高标准、高档次的高保真扬声器）；②监听（复核）动静的扬声器（是一种声音清晰度高的扬声器）。

监听扬声器的性能要求。无论是监听节目还是监听复核使用的扬声器，在性能要求上要具有以下几点：

● 最大输出声压级。在监听节目和监听复核时，一般要重放声与原声的声压级一致，否则在节目方面就得不到高低音的平衡或各音乐声的平衡感。要求在 1m 处监听扬声器有 110dB 的声压级；监听复核扬声器在 1m 处应有 80dB 以上的声压级。

● 耐输入能力。要求有大的输出声压级，就要加大输入功率和提高扬声器的灵敏度，扬声器的灵敏度提高必然会影响失真。因此，灵敏度不能过高。监听用的扬声器必须有很高的可靠性。耐输入功率的实际数值应为额定输入功率的 2 倍。

● 失真率要小。

● 输出声压频率尽可能平直。

2）高保真扬声器。高保真是指“用于评价高质量放声系统，如实重现原有声源特性的术语，它力求准确而如实记录或重放节目的原有特性并在主观上不引起可分辨的畸变感觉”。

高保真扬声器的性能要求见表 3-1。

表 3-1　高保真扬声器的性能要求

阻抗曲线	在 20Hz～20kHz 频率范围内，阻抗模值的最低值不应小于额定阻抗的 80%
频率特性	在 50Hz～12kHz 频率范围内频率响应曲线不均匀度应符合规范的要求，若频率范围超过 50Hz～12kHz 仍可用 +4～-80dB 为允许差范围
有效频率范围	最低要求为 50Hz～12.5kHz
指向性响应	指向性指水平、垂直指向性。在 250Hz～8kHz 频率范围内，偏差在 4dB 以内
幅度/频响差	在 250Hz～8kHz 频率范围内立体声左、右扬声器平均声压不大于 2dB
总谐波失真	(1) 在 250Hz～1kHz 频率范围内，失真小于或等于 2%。 (2) 在 1～2kHz 频率范围内，相对于对数频率坐标以小于或等于 2% 线性下降。 (3) 在 2～6.3kHz 频率范围内失真小于等于 1%
高保真扬声器与监听扬声器的对比	(1) 高保真扬声器具有个性，有修饰与美化的作用目的是为了欣赏：监听扬声器要没有个性，如实地反映音乐的好坏。 (2) 高保真扬声器更注重临场感；监听扬声器要求有适当的声像分解能力。 (3) 高保真扬声器对造型、外观更为重视；监听扬声器对可靠性要求高。 (4) 高保真扬声器着重左右的一致性；监听扬声器要求同一型号有很好的一致性

3.1.3　广播音响系统的分类

在民用建筑工程中广播音响系统可以归纳为以下三种类型。

3.1.3.1　公共广播系统

（1）公共广播系统包括背景音乐和紧急广播功能，平时播放背景音乐和其他节目；当出现紧急情况时，强切转换为报警广播。这种系统中的广播用的传声器（话筒）与向公共广播的扬声器一般不处在同一个房间内，故无声反馈的问题，且以定压式传输方式为其典型系统。

(2) 面向公众区的公共广播系统。面向公众区的公共广播系统主要用于语言广播，这种系统往往平时进行背景音乐广播，在出现灾害或紧急情况时，可切换成紧急广播。公共广播系统的特点是服务区域面积大、空间宽旷，声音传播以直达声为主。如果扬声器的布局不合理，因声波多次反射而形成超过50ms以上的延迟，会引起双重声或多重声，甚至会出现回声，影响声音的清晰度和声像的定位。

(3) 面向宾馆客房的广播音响系统。这种系统由客房音响广播和紧急广播组成正常情况时向客户提供音乐广播，包含收音机的调幅（AM）和调频（FM）广播波段和宾馆自播的背景音乐等多个可供自由选择的波段，每个广播均由床头柜扬声器播放。在紧急广播时，客房广播强行中断，只有紧急广播的内容强切换到床头扬声器，使所有客人均能听到紧急广播。

3.1.3.2 厅堂扩音系统

厅堂扩声系统使用专业音响设备，并要求有大功率的扬声器系统和功率，由于演讲或演出用的传声器与扩声用的扬声器同处于一个厅堂内，故存在声反馈的问题，所以厅堂扩声系统一般采用低阻值直接传输方式。

(1) 面向体育馆、剧场、礼堂为代表的厅堂扩声系统。这种扩声系统是应用最广泛的系统，它是一种专业性较强的厅堂扩声系统。室内扩声系统往往有综合性多用途的要求，不仅可供会场语言扩声使用，还可作文艺演出。对音质的要求很高，受建筑声学条件的影响较大。对于大型现场演出的音响系统，要用大功率的扬声器系统和功率放大器，在系统的配置和器材选用方面有一定的要求。

(2) 面向歌舞厅、宴会厅、卡拉OK厅的音响系统。这种系统应用于综合性的多用途群众娱乐场所。由于人流多、杂声或噪声较大，故要求音响设备要有足够的功率，较高档次的还要求有很好的重放效果，故也应配置专业音响器材，在设计时要注意供电线路与各种灯具的调光器分开。对于歌舞厅、卡拉OK厅，还要配置相应的视频图像系统。

3.1.3.3 会议系统

会议系统包括会议讨论系统、表决系统和同声传译系统。这类系统一般也设置由公共广播提供的背景音乐和紧急广播两用的系统，因有其特殊性，常在会议室和报告厅单独设置会议广播系统。对要求较高的国际会议厅，还需另行设计同声传译系统、会议表决系统以及大屏蔽投影电视。会议系统广泛应用于会议中心、宾馆、集团公司、大学学术报告厅等场所。

3.2 广播音响系统的有关标准和声学特性指标

3.2.1 广播音响系统的有关国家标准

GB/T 17975.3—2002《信息技术　运动图像及其伴音信号的通用编码　第3部分：音频》

GB/T 4311—2000《米波调频广播技术规范》

GY/T 208—2005《广播电视高塔供电、防雷、给排水、通风和消防系统运行维护规程》

GY/T 206—2005《采用多音信号对调频广播进行测量的方法》

GY/T 205—2005《广播实况转播节目传输通路技术规范》

GY/T 202.1—2004《广播电视音像资料编目规范　第1部分：电视资料》

GY/Z 199—2004《广播电视节目资料分类法》

GY/T 196—2003《调频广播覆盖网技术规定》

GY/T 193—2003《数字音频系统同步》

GY/T 179—2001《广播电视发射台运行维护规程》

GY/T 178—2001《中、短波天馈线运行维护规程》

GY/T 176—2001《中、短波广播效果监测技术规程》

GY/T 169—2001《米波调频广播发射机技术要求和测量方法》

GY/T 168—2001《广播音频数据文件格式规范——广播波形格式（BWF）》

GY/T 154—2000《调频同步广播系统技术规范》

GY/T 142—1999《米波分米波地面电视广播监测技术规程》

GY/T 106—1999《有线电视广播系统技术规范》

3.2.2 广播系统声学特性指标

3.2.2.1 扩声系统的声学特性指标

中华人民共和国文化行业颁布的歌舞厅扩声系统的声学特性指标和迪斯科舞厅扩声系统的声学特性指标见表3-2、表3-3。

3.2.2.2 厅堂扩声系统的声学特性指标

广播电影电视部颁布的厅堂扩声系统的声学特性指标见表3-4。

3.2.2.3 体育馆扩声系统的声学特性指标

建设部颁布的体育馆扩声系统的声学特性指标见表3-5。

表 3-2　歌舞厅扩声系统的声学特性指标

等级	声学特性					
	最大声压级	传输频率特性	传声增益	声场不均匀度	总噪声（dB）	失真度
一级	100～6300Hz≥103dB	40～2500Hz 以 80～8000Hz 的平均声压级为 0dB，允许＋4～－8dB，且在 80～8000Hz 内允许≤±4dB	125～4000Hz 的平均值≥－8dB	100Hz≤10dB 1000Hz≤8dB 6300Hz≤8dB	40	7%
二级	125～4000Hz≥98dB	63～8000Hz 以 125～4000Hz 平均值声压级为 0dB，允许＋4～－10dB，且在 125～4000Hz 内允许≤±dB	125～4000Hz 的平均值≥－10dB	1000Hz≤8dB 4000Hz≤8dB	40	10%
三级	250～4000Hz≥93dB	100～6300Hz 以 250～4000Hz 的平均声压级为 0dB，允许＋4～－10dB，且在 250～4000Hz 内允许＋4～－6dB	250～4000Hz 的平均值≥－10dB	1000Hz≤12dB 4000Hz≤12dB	45	13%

表 3-3　迪斯科舞厅扩声系统的声学特性指标

等级	声学特性					
	最大声压级	传输频率特性	传声增益	声场不均匀度	总噪声（dB）	失真度
一级	100～6300Hz≥110dB	40～2500Hz 以 80～8000Hz 的平均声压级为 0dB，允许＋4～－8dB，且在 80～8000Hz 内允许≤±4dB	—	100Hz≤10dB 1000Hz≤8dB 6300Hz≤8dB	40	7%
二级	125～4000Hz≥103dB	63～8000Hz 以 125～4000Hz 平均值声压级为 0dB，允许＋4～－10dB，且在 125～4000Hz 内允许≤±4dB	—	1000Hz≤8dB 4000Hz≤8dB	45	10%

表 3-4　厅堂扩声系统的声学特性指标

扩声系统类别分级 / 声学特性	音乐扩声系统一级	音乐扩声系统二级	语音和音乐兼用扩声系统一级	语言和音乐兼用扩声系统二级	语言扩声系统一级	语言和音乐兼用扩声系统三级	语言扩声系统二级
最大声压级（空40kHz 范围内平均场稳态准峰值声压级）	0.1～6.3kHz 范围内平均声压级≥100dB	0.125～4.0kHz 范围内平均声压级≥95dB		0.25～4.0kHz 范围内平均声压级≥90dB		0.25～4.0kHz 范围内平均声压级≥85dB	
传输频率特性	0.05～10kHz 以 0.1～6.3kHz 的平均声压级为 0dB 允许＋4～－12dB，且在 0.1kHz～6.3kHz 内允许≤±4dB	0.063～80kHz，以 0.125～4.0kHz 的平均声压级为 0dB 允许＋4～－1.2dB，且在 0.125～4.0kHz 内允许≤±4dB		0.1～6.3kHz，以 0.25～4.0kHz 的平均声压级为 0dB 允许＋4～－10dB 且在 0.25～4.0kHz 内允许≤＋4～－6dB		0.25～4.0kHz 以平均声压级为 0dB 允许≤＋4～－10dB	
传声增益（dB）	0.1～6.3kHz 的平均值≥－4dB（戏剧演出）≥－8dB（音乐演出）	0.125～4.0kHz 的平均值≥－8dB		0.25～4.0kHz 的平均值≥－12dB		0.25～4.0kHz 的平均值≥－14dB	
声场不均匀度（dB）	1kHz≤10dB 1.1kHz≤8dB 6.3kHz≤8dB	1.0kHz≤8dB 4.0kHz≤8dB		1.9kHz≤10dB 4.0kHz≤10dB		1.0kHz≤10dB 4.0kHz≤10dB	

表3-5　　体育馆扩声系统的声学特性指标

等级	特性指标				
	最大声压级	传输频率特性	传声增益	声场不均匀值	系统噪声
一级	105dB	以125～4000Hz平场声压级为0dB，在此频带内允许±4dB（1/3倍频程测量）；63～125Hz和4000～8000Hz的允许变化范围见现行标准	125～4000Hz平均值＞－10dB	中心频率为1000Hz，4000Hz（1/3率带宽），大部分区域不均匀度＜8dB	扩声系统不产生明显可察觉的噪声干扰
二级	98dB	以250～4000Hz平均声压级为0dB，在此频带内允许＋4dB，－6dB（1/3倍频程测量）；100～250Hz和4000～6300Hz的允许变化范围见现行标准	250～4000Hz平均值＞－12dB	中心频率为1000Hz，4000Hz（1/3倍频程带宽），大部分区域不均匀度＜10dB	扩声系统不产生明显可察觉的噪声干扰
三级	90dB	以250～4000Hz平均声压级为0dB，在此频带内允许＋4dB，－10dB（1/3倍频程测量）	250～4000Hz平均值＞－14dB	中心频率为1000Hz，4000Hz（1/3倍频程带宽），大部分区域不均匀度＜10dB	扩声系统不产生明显可察觉的噪声干扰

3.3　广播音响系统中使用的有关设备

在广播音响系统中使用的设备主要有10种类型，现简要介绍如下。

3.3.1　调谐器

调谐器的性能直接影响音响设备的质量，在工程中选用时要考虑以下8点：

（1）灵敏度。以功率为参考点，灵敏度的数值越低，效果越好。

（2）50dB静噪。为了能够达到噪声被接收的信号强度到少要比噪声大50dB。50dB静噪的信号强度越低，性能就越好。

（3）信噪比。信噪比以S/N表示的，S/N比值越高越好，立体声大于65dB。

（4）捕获率。捕获率有时也称为选择性，它是在指定频率电台的影响下的工作能力，捕获率的数值越低越好。

（5）频率响应。频率响应适当频率调制范围在30Hz～15kHz范围内进行的，频率响应的数值越低越好。

（6）立体声分离度。立体声分离度时表示调谐器立体声解码器能够把左声道和右声道进行隔离的程度，它的值越大越好。

（7）静噪阀。它是指静噪电路保证在调谐时将两个电台之间的杂音抑制掉。

（8）其他。如频抑制、中频抑制、假响应等。

3.3.2　前置放大器

前置放大器的任务是把各种弱信号进行放大，一般考虑的因素有：音量控制、音调控制、响度控制、带宽控制。

3.3.3　传声器

传声器也称为送话器、微音器、麦克风或话筒，它属于换能器，将声音转换成信号。考虑的因素有：

（1）频响。频响就是频率响应、影响性能的参数有：

1）频率范围。

2）额定频响。

3）瞬态特性。

（2）灵敏度。灵敏度是声—电控换能力的重要参数，其特性有：

1）开路灵敏度S_o。

2）有载灵敏度S_e。

3）声场灵敏度S_i。

4）电压灵敏度S_v。

（3）阻抗。传声器的阻抗分为输出阻抗和负载阻抗。输出阻抗为内阻，其值越小越好。负载阻抗即输入阻抗，其值越大越好。

（4）方向性。方向性也称指向性。表现为单向性、全向性和双向性。

（5）信噪比。

3.3.4　电唱机

电唱机是利用机械方法进行声音信号记录的。它由电唱盘、音臂、拾音头、唱针和附件组成。目前这类产品在工程中使用较少，这里就不再介绍了。

3.3.5　录音机

录音机应用的场合多，品种也多，但从总体上讲，分为盘式和盒式两类录音机。盘式录音机又分为台式、立式、便携式。盒式录音机为单声道、双声道、立体声。在技术和性能指标方面，由于品种多，各种性能指标也多，从工程角度认为比较重要的指标有：①信噪比；②频率响应；③谐波失真；④抖晃率；⑤灵敏度；⑥选择性。

3.3.6 扬声器

从工程角度考虑使用的扬声器，编者在本章 3.1 节中已作了介绍，这里就不再介绍了。

3.3.7 激光唱机

激光唱机也称为 CD（Compact Disc）唱机，它是光电结合的产物。

它的特性主要表现在 2 个方面：

（1）电声指标高。具体表现为：①信噪比高（一般在 90～130dB）；②动态范围大（适应大型音乐活动）；③分离度好；④失真度小；⑤频率范围；⑥抖晃率小。

（2）操作方面。具有面板按键和遥控操作的功能。

3.3.8 耳机

耳机也称为听筒，是音频电信号转换成声波的一种设备。它的种类很多，如果按换能原理来分有电磁式、电动式、电压式、静电式。如果按传导方式区分，有全导式和骨导式。

如果按使用方式来分有头戴式、插入式、耳挂式。

如果按性能来分有密闭式、半开放式、全开放式。

如果按结构来分有高阻耳机、低阻耳机。

从应用角度我们考虑的是耳机的主要性能。一般情况下要考虑 6 点：①频率响应；②灵敏度；③额定阻抗；④功率；⑤工作电压；⑥互调失真。

3.3.9 调音台

调音台是播控中心的重要设备，用以传送、处理和分配音频信号、监听输出通道等作用。

（1）调音台分类。调音台有多种，可分为四种类型：

1）按节目种类可分为：音乐台和语音台。

2）按使用场合可分为：携带式和固定式。

3）按输出方式可分为：单声道、双声道、立体声、四声道和多声道。

4）按信号处理方式可分为：模拟式和数字式。

（2）功能。调音台的功能主要考虑以下 5 点：

1）电平及阻抗分配，设计时输出阻抗应为负载阻抗的 1/5。

2）信号放大与频率均衡。

3）动态处理。

4）信号分配与混合。

5）提供特殊效果。

（3）应用场合。由于场所、对象不同，对调音台的功能要求和规模也不一样，实际应用中使用的产品有：①同期对白台；②后期配音台；③外景调音台；④外出调音台；⑤音乐台；⑥转录台；⑦混录台等。

对于上述的产品规格和用途见表 3-6。

表 3-6 调音台的名称、规格和用途

名 称	工作场所	形式	路数	声道	用 途
同期对白台	摄影棚	可移动	2～4	1～2	同期对白效果录音
后期配音台	对白效果棚	半固定	4～5	1、2、4	配音
外景调音台	外景同期现场	便携式	2～4	1～2	外景对白效果录音
外出调音台	剧场或排演厂	便携式	6～12	2	外出录制音乐
音乐台	音乐录音棚	固定式	12～36	2～24	音乐录音
转录台	转录室	半固定	4～6	1～4	转录混合
混录台	混录棚	固定式	6～24	2～4	混合录音

3.3.10 功率放大器

向负载提供信号功率的放大器称为功率放大器，功率放大器正常工作时，信号电压和电流都比较大。

一般内部由三部分组成：①接收前置放大器送来的输入信号的输入级；②产生输出电流的功率放大级；③驱动该功率放大级的驱动级。

3.4 广播音响系统设备的选择和配置

广播音响系统中常用的音响设备可分为以下三类：①节目源设备；②信号放大和处理设备；③扬声器系统（音箱）。

3.4.1 节目源设备的选择和配置

节目源设备主要有传声器、调谐器、录音机、电唱机和激光唱机。

3.4.1.1 传声器

传声器应用非常普遍，有线的、无线的品种也很多，应用时应结合其特点和条件才能取得满意的效果，在工程中要注意在不同应用场合选择不同的传声器。

（1）语音节目。像会议、码头、车站、广播、新闻频道、朗诵、电影对白等属于语音节目。

1）如果环境条件差、嘈杂声大，应选择清晰度高、可靠性好、频响为 300～800Hz 单向型窄频带动圈式传声器。

2）如果是报告会需要放映会场气氛时，可选择全向性窄频带动圈式传声器。

3）如果是声音扩散、噪声等较好环境，使用者与传声器之间的距离稳定（30～50cm），要能够准确反映频响效果，可选择中等灵敏度的传声器。

（2）文艺节目的录制。文艺节目的录制对传声器要求高，选择时应注意：

1）如果是通俗唱法可选用声压级较高的近讲动圈式传声器。

2）如果是美声或民歌唱法可选用电容式传声器。

3）如果是歌舞、乐器演奏时的录制，可选高保真频响在40～160Hz，最高声压级至少在120dB以上，本底噪声级可在20dB以下电容式传声器。

（3）实况录制。

1）远距离操作：可选用单向形电容传声器，足球等球赛节目应用选用超指向型传声器。

2）近距离操作：可选用灵敏高的电容传声器。

（4）家用传声器的选择。家用传声器一般选用驻极体电容传声器。

（5）无线传声器。

1）无线传声器按接收方式可分为单接收机单频道接收型，单接收机多频道接收型，双接收机单频道接收型和双接收机多频道接收型。

2）按载波频率可分为：FM型（调频波段88～108MHz），VHF型（低频段30～50MHz，高频段150～250MHz）和UHF型（低频段300～600MHz，高频段700～1000MHz）。

3）按振荡回路方式可分为：调谐振荡回路式、石英晶体控制电路式和锁相环频率合成式。

3.4.1.2　调谐器

调谐器分为调幅调谐器和调频调谐器，调幅调谐器接收调幅（AM），调频调谐器接收调频广播信号（FM）。调谐器由高频放大器、本地振荡器、混频器、中频放大器、检波器组成。在不同场合选择不同的检波器：①对调幅（AM）使用幅度检波器；②对调频接收机使用频率检波器。

调谐器的技术性能分为两类：①调谐器选择电台的能力，例如：灵敏度、选择性和捕获率；②输出信号的保真度，例如：谐波失真、信噪比和立体声分离度。选择产品时是要注意的。

3.4.1.3　录音机

磁带录音机是利用磁带进行录音和放音的电声设备，它是一种常用的节目源设备。磁录音机可按以下四个方面进行选择：

（1）外观。录音机的外观应美观大方、式样新、机壳塑料电镀件的表面应光滑无毛刺、机壳平整、无裂缝、无硬物划伤的痕迹和无机械性的损伤。

录音机上的各种按钮、旋钮和插座要便于操作。

（2）机械性能。机械性能要考虑3点：①操作性能；②抖晃和抖晃率；③带速误差。

（3）音质性能。音质性能要考虑5点：①录音性能；②放音性能；③声道平衡和串音检查；④检查立体声录音机声道；⑤检查伴音效果。

（4）检查收音效果。有意识地选择高、中、低端频率的电台，观察其频率和频率覆盖面、灵敏度、选择性、失真度是否满足收听要求。

在工程建设中，主张乙方仅向甲方推荐产品，决定由甲方做出。

3.4.1.4　激光唱机

激光唱机又称CD唱机。激光唱机按技术性能分为A、B、C三级，各等级激光唱机的电性能见表3-7。

表3-7　　**各等级激光唱机电性能指标**

序号	项　目	性能等级		
		A	B	C
1	基准输出电压	2V±1.7dB	2V±3dB	2V±3dB
2	1kHz通道不平衡度	≤0.8dB	≤1.2dB	≤1.5dB
3	串音（L-R，基波）	≥95dB（1kHz）	≥85dB（1kHz）	≥70dB（1kHz）
		≥90dB（125Hz～10kHz）	≥75dB（125Hz～10kHz）	≥60dB（125Hz～10kHz）
4	频率响应	±0.5dB（4Hz～20kHz）	±1.5dB（16Hz～20kHz）	±3.0dB（31.5Hz～16kHz）
5	去加重频率响应	±0.5dB（125～16kHz）	±2.0dB（125～16kHz）	±3.0dB（125～16kHz）
6	信噪比	≥100dB	≥90dB	≥80dB

续表

序号	项目		性能等级		
			A	B	C
7	动态范围		≥95dB (1kHz)	≥85dB (1kHz)	≥75dB (1kHz)
8	失真加噪声		≤−100dB (1kHz)	≤−80dB (1kHz)	≤−60dB (1kHz)
			≤−90dB (31.5Hz～20kHz)	≤−70dB (31.5Hz～20kHz)	—
9	互调失真		≤−80dB	≤−60dB	≤−50dB
10	频率误差		±0.005%	±0.01%	±0.02%
11	通道间相位		1°	—	—
12	位读取时间	短	2.0s	2.5s	5s
		长	2.5s	4.0s	10s
13	电平非线性		±1dB	±4dB	—
14	最大功耗		由产品标准规定		

激光唱机选择时考虑的因素：

(1) 普通型。普通型，结构简单、操作功能较少、价格便宜，适应一般家庭使用。

(2) 专业型。专业型具有节目检索的精度高，控制功能齐全、音像质量好。能够直接输出数字信号，应用于要求很高的娱乐场所。

除了上述两种类型外还派生出：兼容型、组合型、伴唱型、自动换电型、专用型、录放型等。选择时考虑因素有：

(1) 电气性能：电气性能要注意 5 点：①频率响应；②信噪比；③动态范围；④失真度；⑤抖晃率。

(2) 功能发挥。功能发挥一般表现在 CD 功能和卡拉 OK 功能。

(3) 性价比。工程中常用的激光唱机有 CD (Compact Disc) 唱机、DAT (Digital Audio Taperecoder) 数字化唱机、DCC (Digital Compact Cassette) 数字化盒式磁带录音机、MD (Mini Disk) 唱机，对于这 4 种激光唱机选择时要考虑性价比。

3.4.2 信号放大和处理设备的选择和配置

信号放大和处理设备主要有调音台、功率放大器、频率均衡器、压缩限制器、延时器、混响器。

3.4.2.1 调音台

调音台是专业音响系统的中心控制设备，它的任务是对各种输入信号进行匹配放大、混合、处理和分配控制等。选择时要考虑的因素：

(1) 满足使用功能要求。由于扩声系统的规模不一，节目内容和音响效果要求各不相同，必须根据系统的要求配置相应功能和档次的调音台。

调音台的输入通道和输出通道的数量除了能满足正常工作需要外，还要考虑若干数量的备用通道，以适应系统扩充、临时增加和工作备份的需要。根据系统使用的周边设备的类型和数量确定必需的辅助输出 (AOX) 的数量和需要的特种输入功能。

(2) 优良的技术性能指标。调音台是在微弱输入信号电平上工作，容易引入噪声和交流噪声，其等效输噪声电平特别小。

第一个主要技术参数是调音台的等效输入噪声，一般的调音台应小于 −126dBμ；好的调音台达到 −129～−130dBμ 的水平。

第二个主要技术参数是调音台的增益，必须具有 60dB 的电压增益，好的调音台具有 70dB 的电压增益。

第三个主要技术参数是输出电平的动态余量，一般调音台的动态余量为 15dB，好的调音台达到 20dB 以上。

第四个主要技术参数是通道之间的串音。一般要求能大于 80dB 以上。

第五个主要技术参数是完善的操作指标系统，能正确指示调音台各部分的工作状态。

(3) 操作使用方便。调音师的操作通过各种电位器和切换按钮进行，各通道的主音量推子电位器操作更是频繁。因此操作方便、维护简单是选择调音台的重要条件。

(4) 最好的性能价格比。在购买调音台时，要充分考虑调音台的功能、技术特性和优良的音质，必须以其性能/价格比来全面恒量。

3.4.2.2 功率放大器

(1) 功率放大器简称功放，它的作用是在前置放大器输出的音频电压信号进行放大。

选择时可考虑以下方案：

1）低频部分可占所需总功率的2/3。

2）中频可占所需总功率的1/3。

3）高频作为附加部分约占总功率的1/3。

（2）具体考虑的技术指标有如下几点：

1）输出功率。

● 额定输出功率：在一定的谐波失真指标内，功放输出的最大功率。

● 最大输出功率：功放所能输出的最大功率称为最大输出功率。

● 音乐输出功率：功放工作于音乐信号时的输出功率，在输出失真度不超过规定值的条件下，功放对音乐信号的瞬间最大输出功率。

● 峰值音乐输出功率：将功放的音量和音调电位器调至最大时，功放所能输出的最大音乐功率。峰值音乐功率不仅反映了功放的性能，还反映功放直流电流电源的供电能力。

2）频率响应。

● 幅度频率响应：功放的工作频率范围及幅度是否均匀和不均匀的程度。例如，某一高保真功放的工作频率范围及不均匀度表示为：20Hz～50kHz，±1dB。

● 相位频率响应：功放输出信号与原有信号中各频率之间相互的相位关系。

● 家用功率放大器的频响范围：20Hz～20kHz。

● 专用功率放大器的频响范围：0Hz～40kHz。

● 高级功率放大器的频响范围：0Hz～80kHz。

3）谐波失真。谐波失真与频率有关。通常在1000Hz附近，谐波失真量较小；在频响的高、低端，谐波失真量较大。谐波失真还与功放的输出功率有关，当接近额定最大输出功率时，谐波失真急剧增大。一般的功率放大器的谐波失真小于0.1%，优质功放的谐波失真在0.03%～0.05%之间。

4）信噪比。信噪比是指功放输出的各种噪声电平与输出信号电平的比值的分贝数。信噪比的分贝值越高，说明功放的噪声越小，性能越好。一般要求在50dB以上，优质功放在放唱片时的信噪比大于72dB。

3.4.2.3 频率均衡器

频率均衡器（Frequency Equalicer）在音频信号处理或设备系统中，利用滤波处理方式对放大器频率响应进行调整，减小信号畸度，使得音频频段内频谱得以平衡。

频率均衡器的品种很多，如果按用途可分为相位均衡器和幅度均衡器。在工作中常用的有：①相位均衡器；②搁架形均衡器；③峰谷形均衡器；④图示均衡器；⑤房间均衡器；⑥参数均衡器；⑦实用均衡器；⑧高保真均衡器等。

选择频率均衡器时应参照的要素有：

（1）对声响有一定的主观评价能力。

（2）调节房间声学特性，控制声反馈。

（3）最佳频点的调整。

（4）能够熟练地掌握声源音域。

（5）作音调控制，美化音色。

3.4.2.4 压缩器和限幅器

（1）压缩器和限幅器简称压限器。压缩器实际为可变增益放大器，弱信号时按正常增益放大，当输入信号达到某一额定值时，增益减小。限幅器则不同，不管输入电平如何变化，必须使输出恒定，来防止强信号使放大器过载。压缩器和限幅器有以下几种用途：

1）限制了音乐信号中极大的峰值信号，保护功放和扬声器系统免受损坏。

2）使扩声系统获得更大的声音增益。使节目信号中其他幅度较小的信号可得到充分的提升。

3）使节目中的小信号不会落到传输通道的底部噪声中去，提高了节目信号的信号噪声比。

4）在多话筒扩声系统中，利用噪声门的作用，可自动开放讲话筒/关闭没使用的话筒，提高了系统的传声增益。

5）通过对压限器四个参数（门槛电平、压缩比、动作时间和释放时间）适当的调整，产生特殊的音响效果。

（2）压限器参数选择。压限器的众多用途，使它越来越被人们重视并被广泛采用，前景十分看好。但如果对门槛电平、压缩比、动作时间和释放时间调整得不恰当，其结果会适得其反。如何选好、用好这四个参数是关键。

1）门槛电平：压缩器的门槛电平是不受压缩影响的最高输入信号电平。门槛电平以上的信号会受到增益减少的压缩，一般的可调范围是$-40\sim+20dB\mu$。

2）压缩比：压缩比是一种增益减小的度量。2∶1的压缩比是指输入信号超过门槛电平时，当输入信号增加2dB时，允许输出电平仅增加1dB。

3）动作时间：发生信号过载时，压限器需经多长时间才能控制信号，这段时间称为动作时间。它的调节范围是500ms～10ms之间。快的动作时间会产生“咯哒”声，慢的动作时间会使过多的过载峰值信号通过而不能保护设备免受冲击。

4）释放时间：过载信号结束后，压限器需花多长时间才能消除控制信号，这是影响音质的一项重要参数，一般的调节范围是100ms～3s；释放时间太短时，会使声音发生不连贯和增加信号失真。如果太长，限幅器会发生短暂的呼吸声。但释放时间越长，产生的信号失真越小。

3.4.2.5　延迟器和混响器

（1）混响和延迟器。混响是与回声紧紧联系在一起的，当声源停止发音时，由于边界面或障碍物使声波多次反射，或散射产生延续的效果成为混响。混响会使音频信号性质得到改善，主观听觉感到自然、丰满。目前常用混响设备有：①磁混响器；②钢板混响器；③金箔混响器；④弹簧混响器；⑤电子混响器；⑥多功能混响器；⑦适用时混响器等。

延迟就是滞后的意思，延迟器主要用于多轨录音的后期制作，与声音场中声音传播的状态密切相关。

不同节目形式延迟时间的经验数据见表3-8。

表3-8　不同节目形式的延迟时间　(ms)

节目形式	延迟时间
唱诗班合唱	120
大型管弦乐	30～35
戏曲	40～60
独唱	15～20
吹奏乐	50～70
中小型管弦乐	20～25
曲艺	30～50
广播剧特殊效果	1～300

（2）延迟器和混响器的作用。延迟器的作用是将声音信号延迟一段时间再传送出去；混响器是用来调节声音的混响效果的设备。延迟混响器都是用电子技术的方法对声音进行加工，产生人为的立体声效果和混响效果，在扩声系统中的应用如下：

1）提高扩声系统的清晰度。在扩声系统中，用来消除回声干扰，提高扩声系统的清晰度。在一个较大的厅堂中，除原声声源外，还设有不少扬声器箱，各扬声器箱与听众的距离不同，后排的听众先听到最靠近的后场扬声器箱发出的声音，然后再听到前场扬声器箱发出的声音，最后还可能听到来自舞台上传来的原始声，这几种不同时间到达后排听众的声音，若时间差大于50ms会破坏声音的清晰度。如果在后排功放之前加入一个延迟器，并精确地调整延迟量，就能使前后场扬声器箱发出的声音同时到达后排听众，从而获得好的声音清晰度。

2）延迟器和混响器混合使用。延迟器和混响器的混合使用时，利用延迟器来产生早期反射声的效果，再加上混响器产生的混响声，可获得室内声场中的混响声，然后再通过调音台与输入的原始声混合。只要把它们三者之间的比例调整恰当，就可使原来比较单调的原始声获得像在音乐厅那样的演出临场感效果。

3.5　室内声场的音质设计与吸声材料

3.5.1　室内声场的传播与音质设计要求

3.5.1.1　声场

在音乐声学设计中讨论的是近场、远场、室内音场。

（1）近场。近场也称菲湿尔区（Frenel range），它指的是声源附近区域。在此区域内声场设定的最大直径为d，波长为λ，延场的区域为

$$r \leqslant \frac{d^2}{\lambda}$$

（2）远场。远场也称费朗和费区（Fraunbo fer rauge），它是指均匀面各向同性媒体远离声源的区域，远场区范围为

$$r > \frac{d^2}{\lambda}$$

声源产生的声波通过媒体向周围自由场辐射时，声源四周均称声场。

（3）室内声场。室内声场主要包括直达声、近次反射声、混响时间、反射板、扩散体和吸声体在场内的布置，噪声干扰的抑制措施等。在室内，声音传播形成的声场比较复杂。房间对声音的主要影响有：①引起一系列的反射声；②由房间的共振或声聚焦引起室内声音在某一频率的加强或减弱；③使室内空间声场的分布发生变化。

室内的声波以球面波方式向四周传播扩声。当声波传播到周围墙面时，就会被反射，先后到达听众耳朵的声音有直达声、近次反射声和混响声三部分组成。

1）直达声。直达声是由声源直接传播到达的声音，它是声音最主要的信息。在传播过程中，直达声不受室内界面的影响，直达声的声强按离声源距离的平方成反比衰减。

2）近次反射声。近次反射声是指在直达声之后50ms内到达的反射声，这些短延迟的一次、二次和少数三次反射后到达的声波对直达声起到加强的作用，使人感觉到空间的大小和声音的洪亮效果。近次反射声与直达声之间的时间间隔代表房间空间的大小。近次反射声和直达声对于人耳来说是难以分开的。

3）混响声。混响声是在近次反射声后陆续到达

的、经过多次反射的声音，声波每反射一次，其能量就衰减一次，混响声的衰减率与周围界面对声音吸收的能力有关。通常用混响时间 T_{60} 来表示，即声源停止发声后，室内声压级衰减 60dB 所需的时间，单位为 s，与声波的频率有关。混响时间对音质有着重要的影响，T_{60} 太大时会使声音拖尾，太小时会使声音发干。

3.5.1.2 音质设计具体要求

音质的评价包括主观、客观两个方面，最终要看是否满足使用者的听音要求。音质设计的总体要求有以下几个方面：

（1）合适的响度。合适的响度是音质设计的基本要求，与响度密切相关的客观指标是声压级。对于语言声，要求声压级在 50～55dB 之间，信噪比≥10dB；对于音乐声，要求声压级在 75～96dB 之间。

（2）丰满度和清晰度之间的适当平衡。语言和音乐都要求声音清晰，而语言的声音清晰度要求较高，音乐则要求更高的丰满度。与此密切相关的物理指标是混响时间。如果混响时间过长，则导致清晰度下降；混响时间过短，会影响丰满度。

对以语言声为主的演讲厅，混响时间为 1s 左右为宜；对以听音乐为主的音乐厅，混响时间为 1.5～2s。

（3）要具有良好的音质。音质设计时要考虑具有良好的音质，即低音、中音、高音要适度平衡，不失真。与此相关的物理参量主要是混响时间的频率特性。用于语言清晰度为主的演讲室需用较短的混响时间，并采用平的混响时间频率特性；用于音乐演出的厅堂需用较长的混响时间，混响时间频率特性曲线采用中音、高音平直，低频高于中频，就可使演唱和音乐富有低音感，起到美化音质的作用。

（4）低噪声。室内外的噪声都会对听音有妨碍。连续的噪声，尤其是低频噪声会掩散语言和音乐；不连续出现的噪声会破坏室内的气氛。所以要尽量消除干扰，并控制在允许的范围内。

（5）要具有一定的空间感。对于音乐厅要求观众厅的侧墙距离不要过大，侧墙宜修建成坚硬的声反射面或布置专用反射板。最好使反射声在垂直于听众两耳连线的中面成±（55°±20°）的角度范围内。对于室内立体声，由于立体声的空间感是由扬声器组经立体声效果处理后提供的，故对室内声学的要求有所不同。

3.5.1.3 室内音质设计的具体要求

（1）混响时间。设计时，以 1000Hz 时 T_{60} 值为参考点，推荐值为：

1）多声道录音室为 0.3～0.4s。

2）试听室（听音评价房间）为 0.4～0.5s。

3）企事业单位礼堂（兼顾语言、音乐）为 0.8～1.1s。

4）一般家庭为 0.4～0.6s。

混响还与空气吸声、混响时间有关，见表 3-9、表 3-10。

表 3-9 空气吸声系数的 4m 值（室温 20℃）

频率（Hz）	室内相对湿度（%）				
	30	40	50	60	70
1000	0.005	0.004	0.004	0.004	0.003
2000	0.012	0.010	0.010	0.009	0.009
4000	0.038	0.029	0.024	0.022	0.021
6300	0.084	0.062	0.050	0.43	0.040
8000	0.120	0.095	0.077	0.065	0.057

表 3-10 混响时间推荐值（500Hz） （s）

厅堂用途	混响时间
电影院、会议厅	1.0～1.2
立体声宽银幕电影院	0.8～1.0
演讲、戏剧、话剧	1.0～1.4
歌剧、音乐厅	1.5～1.8
多功能厅、排练室	1.3～1.5
声乐、器乐练习室	0.3～0.45
电影同期录音摄影棚	0.8～0.9
语言录音（播音）	0.4～0.5
音乐录音（播音）	1.2～1.5
电话会议、同声传译室	小于 0.4
多功能体育馆	小于 2
电视、演播室、室内乐	0.8～1

（2）本底噪声。

1）演播室≤25dB（A）。

2）影剧院≤35dB（A）。

3）会议室≤40dB（A）。

4）居民区：白天≤55dB（A）。
　　　　　夜间≤45dB（A）。

（A）表示总吸声。

如果本底噪声高，可采用隔声、隔振办法或在室内铺一定吸声材料进行吸声。

3.5.2 吸声材料

常用的吸声材料有多孔吸声材料。多孔吸声材料包括纤维材料和颗粒材料。纤维材料有：玻璃棉，超细玻璃棉，矿棉等无机纤维及其毡、板制品，棉、毛、麻等有机纤维织物。颗粒材料有膨胀珍珠岩、微孔砖等板、块制品。

多孔吸声材料一般有良好的中高频吸声性能。通常，多孔材料的吸声能力与其厚度、容重有关，随着厚度增加，中低频吸声系数显著增加，高频变化不大。增加材料的密度也可以提高中低频吸收系数，但比增加厚度的效果小。因此在使用同样材料时，宁愿采用结构密度松散、厚度大的多孔材料。

多孔材料背后有无空气层，对吸声性能有重要影响。其吸声性能随着空气厚度的增加而提高。

帘幕也是一种很好的多孔吸声材料，就吸声效果而言，丝绒最好，平绒次之，棉麻织品再次，化纤类帘幕最差。通过调节帘幕与墙面或玻璃的间距可调节吸声效果。

3.6 厅堂扩声音响系统及其设计

3.6.1 厅堂扩声系统的分类

厅堂扩声系统的种类很多，可以按照工作环境、声源性质、工作原理、扬声器布置方式等进行分类。

(1) 按工作环境分类。按工作环境可分为室外扩声系统和室内扩声系统两类。

1) 室外扩声系统。室外扩声系统的特点是反射声少，有回声干扰，扩声区域大，条件复杂，干扰声强，音质受气候条件影响等。

2) 室内扩声系统。室内扩声系统的特点是对音质要求高，有混响干扰，扩声质量受建筑声学条件影响较大。

(2) 按声源性质分类。按声源性质可将扩声系统分为以下三类：①语言扩声系统；②音乐扩声系统；③语言和音乐兼用的扩声系统。

(3) 按工作原理分类。按工作原理可将扩声系统分为以下三类：①单通道系统；②双通道立体声系统；③多通道扩声系统。

(4) 按扬声器布置方式分类。按扬声器布置方式可将扩声系统分为以下三类：①集中布置方式；②分散布置方式；③混合布置方式。

3.6.2 厅堂扩声系统的技术指标

厅堂扩声系统中使用的有关技术指标如下：

(1) 最大声压级。最大声压级是扩声系统在厅堂听众席所产生的最高稳态准峰值声压级。而准峰值声压级是对于非简谐波形的声音用与它具有相同峰值的稳态简谐信号声压的有效值表示的声压级。

(2) 传输频率特性。当扩声系统达到最高可用增益时，厅堂内各听众席处稳态声压的平均值相对于扩声系统传声器处声压或扩声设备输入端电压的幅频响应。

(3) 传声增益。传声增益是指当扩声系统达到最高可用增益时，厅堂内各听众席处稳态声压级平均值与扩声系统传声器处声压级的差值。

(4) 声场不均匀度。声场不均匀度是厅堂内有扩声时，各听众席得到稳态声压级的差值。

对于厅堂扩声系统的技术指标规范，应依据建设部颁布的 JGJ/T 16—2008《民用建筑电气设计规范》的技术标准，该标准给出了厅堂扩声系统的声学特性分类等级指标，见表 3-11。

表 3-11　厅堂扩声系统的声学特性分类等级指标

级　别	音乐扩声系统一级	音乐扩声系统二级	语言和音乐兼用扩声系统一级	语言和音乐兼用扩声系统二级	语言扩声系统一级	语言和音乐兼用扩声系统三级	语言扩声系统二级
最大声压级（空场稳态准峰值声压级）	100～6300Hz 范围内平均声压级≥103dB	250～4000Hz 范围内平均声压级≥95dB		250～4000Hz 范围内平均声压级≥90dB		250～4000Hz 范围内平均声压级≥85dB	
传输频率特性	50～10000Hz 以 100～6300Hz 的平均声压级为 0dB，允许＋4～－12dB，且在 100～6300Hz 内允许≤±4dB	63～8000Hz 以 125～4000Hz 的平均声压级为 0dB，允许±4～－12dB 且在 125～4000Hz 内允许≤±4dB		100～6300Hz 以 250～4000Hz 的平均声压级为 0dB，允许＋4～－12dB，且在 250～4000Hz 内允许＋4～－6dB		250～4000Hz，以其平均声压级为 0dB，允许＋4～10dB	

续表

级别	音乐扩声系统一级	音乐扩声系统二级	语言和音乐兼用扩声系统一级	语言和音乐兼用扩声系统二级	语言扩声系统一级	语言和音乐兼用扩声系统三级	语言扩声系统二级
传声增益	100～6300Hz 的平均值≥−4dB（戏剧演出），≥−8dB（音乐演出）	125～4000Hz 的平均值≥−8dB		125～4000Hz 的平均值≥−12dB		250～4000Hz 的平均值≥−14dB	
声场不均匀度	100Hz≤10dB，1000Hz≤8dB，6300Hz≤8dB	1000Hz≤8dB，4000Hz≤8dB		1000Hz≤10dB，4000Hz≤10dB		1000Hz≤10dB，4000Hz≤10dB	
舞厅用级别		星级宾馆，室内舞厅参考之		普通舞厅（多功能厅）参考之			

3.6.3 扬声器的布置方式

扬声器的布置是电声系统设计的关键，它与建筑处理的关系也较密切，室内扬声器的布置要求有：①观众席上的声场分布均匀；②多数观众席上的声源方向感觉良好，即声像一致性好；③有良好的声反馈抑制能力，避免产生回声干扰。

扬声器的布置方式可分为集中布置方式、分散式和混合式三类。扬声器各种布置方式的特点和设计考虑见表 3-12。

表 3-12 扬声器各种布置方式的特点和设计考虑

布置方式	扬声器的指向性	优缺点	适宜使用场合	设计注意事项
集中布置	较宽	（1）声音清晰度好 （2）声音方向感好，且自然 （3）有引起啸叫的可能性	（1）设置舞台并要求视听效果一致者 （2）受建筑体型限制不宜分散	应使听众区的直达声较均匀，并尽量减少声反馈
分散布置	较尖锐	（1）易使声压分布均匀 （2）容易防止啸叫 （3）声音清晰度容易变坏 （4）声音从旁边或后面传来，有不自然感觉	（1）大厅净高较低、纵向距离长或大厅可能被分隔几部使用 （2）厅内混响时间长，不宜集中布置者	应控制靠近讲台第一排扬声器的功率，尽量减少声反馈；应防止听众区产生双重声现象，必要时采取延时措施

续表

布置方式	扬声器的指向性	优缺点	适宜使用场合	设计注意事项
混合布置	主扬声器应较宽；辅助扬声器应较尖锐	（1）大部分座位的声音清晰度好 （2）声压分布较均匀，没有低声级的地方 （3）有的座位会同时听到主、辅扬声器两方向来的声音	（1）跳台过深或设楼座的剧院等 （2）对大型或纵向距离长的大厅堂 （3）各方向均有观众的视听大厅	应解决控制声程差和限制声级的问题；必要时应加延时措施，避免双重声现象

3.6.3.1 集中式布置方式

在观众度的上方或左右两侧设置指向性较强的扬声器组合，使扬声器组合中的各扬声器的主轴线分别指向观众区的中部和后部。这是剧场、礼堂及体育馆等常采用的布置方式。其优点是声能集中，直达声强，清晰度高，观众的方向感好，声像较一致。

3.6.3.2 分散布置方式

分散布置方式适用于面积很大、天花板很低的厅。这种方式可使声场分布非常均匀，观众听到的是距离自己最近扬声器发出的声音，所以方向感不佳。如果设置延时器，将附近的扬声器的发声推迟到一次声源的直达声到达之后，方向感可以明显改善。

扬声器分散式布置覆盖区域的计算如图 3-2 所示。

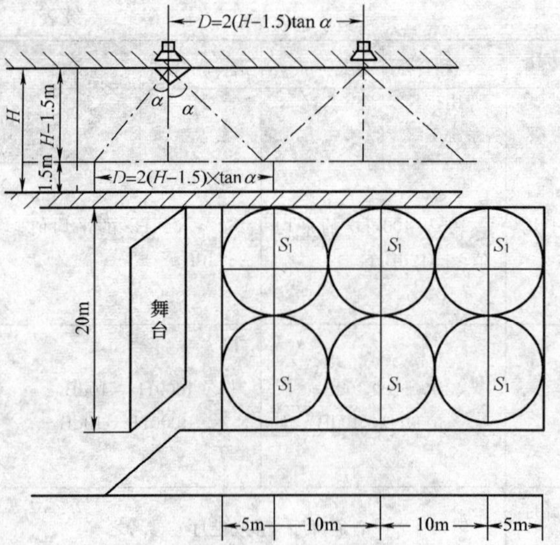

图 3-2　天花板扬声器的覆盖区计算

$$D = 2(H-1.5)\tan\alpha \quad (\text{m})$$

式中：H 为天花板的高度；α 为扬声器的覆盖角。

扬声器的覆盖区面积 S_1 的计算公式为

$$S_1 = \frac{\pi D^2}{4} = 0.785[2(H-1.5)\tan\alpha] \quad (\text{m}^2)$$

3.6.3.3　混合式布置方式

采用混合式布置方式有以下几种情况：

(1) 在集中式供声的剧场中，扬声器在舞台上部，靠近舞台的观众感到声音来自头顶，方向感较差。在这种情况下，须在台口前或舞台两侧布置若干只小功率扬声器，以改善声像定位。

(2) 在较大型的剧场中，前面的扬声器不能使大厅的后部有足够的音量。后排观众区收听不到直达声，影响音质效果。在这种情况下，须在适当的位置补装一些补声扬声器。这些辅助扬声器还需适当加些延迟量，以便与主扬声器传播来的声音同时到达这部分观众区。

(3) 在电影院中，为了增加环绕声效果，须在后排和两侧面后部的位置增加若干数量的环绕声扬声器。这些以主扬声器供声为主，结合辅助扬声器的布置称为混合布置方式。

3.6.4　厅堂扩声系统的设计

3.6.4.1　厅堂扩声系统的技术要求

扩声系统的性能指标决定厅堂的用途的电声设备的质量，依据建设部厅堂扩声系统的技术标准要求要考虑以下几点：

(1) 室内空场稳态最大声压级：①对语言扩声系统在 85～95dB；②对音乐扩声系统在 90～100dB。

(2) 信噪比：在室内最小声压级的位置上，信噪比应大于 30dB。

(3) 最大供声距离：通常为监界距离 R 的 3 倍。

(4) 传声增益：一般要求 −8～−12dB。

(5) 传输频率响应：125～4000Hz，允许偏差为 6～10dB；100～8000Hz，允许偏差为 10～14dB。

(6) 声场不均匀度：一般在 ±3dB 范围内。

为了保证扩声系统的稳定性，在保证所需响度的条件下需要抑制声反馈。抑制声反馈的方法有：①音场没有明显的缺陷；②合理布置传声器和扬声器；③使用指向性传声器；④使用频率均衡器。

3.6.4.2　设计思想

要使音响效果好，在房间设计上应考虑长、宽、高的比值。房间越大，下限频率越低，这就要声学房间要求有足够大的容积。

一般情况下，矩形房间长、宽、高之比为 1.618∶1∶0.618，或者为 $\sqrt{2}:\sqrt[3]{3}:1$。

3.6.4.3　设计要点

设计时要考虑如下几点：

(1) 提高吸声率。

(2) 减少驻波共振。

(3) 避免声聚焦。

(4) 增加扩散性。

(5) 扩声形式。

(6) 扩声的响度。

(7) 与厅堂相适应的扩声设备。

3.6.4.4　建筑物物理因素的考虑

音场需要一个好的物理环境，具体表现为：

(1) 墙体。墙体应取用厚而重的结构，以提高隔音、隔声、隔气。有条件是采用双层墙。

(2) 吊顶与地板的铺设。为了减少地板、天花板传入的固体声，吊顶天花板应使用吸声材料。

(3) 空调管道应进行消声处理。

(4) 门窗。门窗是减噪的关键部位。一般木门的隔音声量为 14～18dB，应增厚木板门的厚度提高隔音量，门应与专门厂家订购。一般设二道门。窗可由三层玻璃组成。采用的平板玻璃越厚越好，周围密封。

3.6.4.5　设备的配置

(1) 功放设备的配置。依据标准的有关要求：

1) 功放设备的单元划分应满足负载的分组要求。

2) 厅堂扩声系统的功放一般采用低阻直接输出。

当传输距离较远时，则采用定压输出。

3）厅堂扩声系统为确保扩声质量，要有充分的功率储备。通常要求功放的功率余量，在语言扩声时5倍以上，音乐扩声时为10倍以上。

（2）传声器的配置。传声器的配置应符合以下规定：

1）传声器的配置要满足语言或音乐扩声的要求，并选用有利抑制声反馈的传声器。

2）当传声器的电缆超过10m时，选用平衡式、低阻抗型传声器。

3）如果室内声场不均匀时，传声器要尽量避免设在声级高的部位。

4）传声器的位置要远离晶闸管干扰源及其辐射范围。

（3）调音台的配置。根据扩声要求和演出规模，确定使用音源的数量和种类，以便选择相应输入、输出路数的调音台。例如：CD唱机、调谐器、录入机等节目源设备要占用2路调音台输入；话筒输入需要选用8～24路的调音台。

（4）馈线的选择。在要求音质较高的场合，可使用专用的扬声器馈线。

扩声系统设备之间的馈线以采用平衡方式电缆连接，这样可以减少外部引入的噪声，提高抗干扰能力。扬声器的馈线与通常的配电馈线不同，馈线宜采用聚氯乙烯绝缘双芯绞合的多股铜芯导线穿管敷设。功率放大器至扬声器馈线的选取应使这段线上的功率损失控制在0.5dB之内，因而芯线线路径的选取与扬声器的阻抗有关。

（5）扩声控制室的设置。扩声控制室简称音控室，是除扬声器系统外全部扩声设备安装和调音师操作的工作室。扩声控制室的设置要根据工作实际情况具体确定，对于大型扩声系统，音控室内包括调音台，周边器材，录音、视频监视和通信设备等，功放机安装在附近的专门房间，采用计算机控制和测量全部功放设备。

扩声控制室面积一般要大于15m^2，室内作适当的吸声处理。当控制室设在观众厅后面时，观众用的玻璃窗宜为1.5～2m，窗底边应比最后一排地面高1.7m以上，以免被观众遮挡视线。

扩声控制室应设置保护接地和工作接地。单独设置专用接地装置时，接地电阻不大于4Ω。广播设备的电路工作接地点，传声器输出屏蔽线接地，功放输出变压器接地端等均应接至该接地装置并构成系统一点接地。

扩声控制室的交流电源的供电级别与建筑物供电级别相适应。对扩声设备的功放机框采用单相三线制放射式供电，以防止因三相相位差而影响功放工作。当调音台（前级、信号处理机框）功放设备的交流电源的电压波动超过设备规定时，要加装自动稳压装置。

3.6.5　某演示厅方案设计示例

3.6.5.1　演示厅和控制是结构布局设计

（1）演示厅功能。

1）大屏幕投影——吊顶安装三台投影仪，在墙上安装三面150in（3m×2.25m）金属、软幕，每个投影仪对应一个大屏幕。

2）音响系统——在演播厅安装有音箱、吸顶喇叭、麦克风等设备，即可播放音响又能记录演播厅内的话音。

3）摄像系统——在演播厅安装2台高清晰度、带云台、半球彩色摄像机，可将演播厅内投影大屏幕上的影像，以及演播厅的实况录像记录下来。

（2）控制室功能。

1）投影控制——控制室配备三台联网PC机，每台PC机连接控制一台投影仪。PC机屏幕上的图像可以通过投影仪显示在投影大屏幕上。

2）应答调度——控制室配备一台对讲主机，其他房间配备对讲分机。对讲分机可群呼所有分机，亦可单独寻呼任一对讲分机。对讲分机可以呼叫主机。

3）有线电视——控制室安装一台有线电视信号分配/控制器，其他房间每间安装一个电视信号接收插座。控制器可将节目源通过跳线或软开关送到通往各房间的同轴电缆上。节目源包括：

- 演播厅大屏幕上显示的投影图像。
- VCD/DVD教学、观摩、参考资料影像。
- VTR录像机教学、观摩、参考资料影像。
- 有线电视节目。

4）调音台——控制室安装调音台，音箱安装在演播厅，控制室可向演播厅播放音响或录下演播厅内的声音。

5）演播控制——控制室可对演播厅进行声、光、影像控制：

- 通过调音台控制演播厅音响和录音。
- 通过调光器控制演播厅内的灯，光的强度可变。
- 通过遥控器控制演播厅窗帘、大屏幕幕帘。
- 通过云台镜头控制器控制演播厅内吊顶安装的彩色摄像机（带云台）工作，使得演播厅内的实况或大屏幕投影上的影像可随时被摄录下来，显示在监视器上，并保存在硬盘数字录像机内，通过闭路电视系统还可显示在各房间的电视机上。

3.6.5.2 演示厅布局规划

演示厅布局规划如图 3-3 所示。

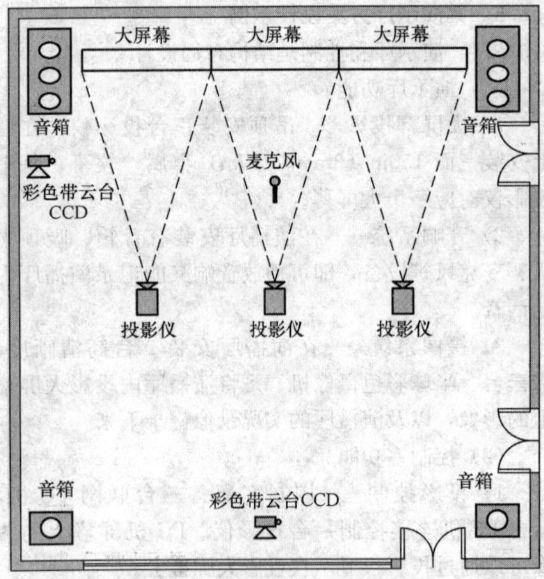

图 3-3 某演示厅布局规划

说明：

(1) 靠墙安装三个大屏幕。

(2) 吊顶安装三个投影仪（信号线和电源线通过天花板上方的管道直达控制室）。

(3) 墙角或天花板顶上面，安装立体声音响或吸顶喇叭（信号线和电源线通过天花板上方的管道直达控制室）。

(4) 在两边墙上（或吊顶）各安装一台带云台的彩色摄像机一台，（信号线和电源线通过天花板上方的管道直达控制室）。

(5) 地面不设固定座椅，墙壁上留有适当电源插座、有线电视接收插座、计算机插座。

3.6.6 歌舞厅方案设计示例

(1) 歌舞厅音响的总体要求。

1) 歌舞厅中的音响设备应使之工作在额定电平上，各专业音响设备的输入电路中都设置有峰值指示和过载指示。

2) 在调音台上有明显的增益控制。

3) 扩音现场谐振频率进行适均衡处理。

4) 响度平衡。

(2) 设备。歌舞厅所需设备见表 3-13。

表 3-13　　歌舞厅所需设备

序号	名称	数量	备　注
1	调音台	1～2 台	歌舞厅的乐队音源多，比其他节目切换频繁，如果设有编组通道，操作困难
2	功放器	1	最好使用电子三分频方式的功放器
3	音频/扬声器	多只	视环境设定
4	混响器	2 台	用于串联或并联使用
5	激励器	1 台	—
6	传声器	多只	可用有线或无线的传声器
7	灯光控制	1 套	—

3.7 公共广播系统的分类及其设计

3.7.1 公共广播系统的分类

公共广播系统简称 PA 系统（Public Address）。它的特点是：服务区域大，传输距离远，信息内容以语言为主兼用音乐；传声器与扬声器不在同一房间，故没有声反馈问题。为了减少传输线功率损耗，通常采用 70V 或 100V 的定电压传输，或用调频方式进行多路广播传输。

公共广播系统按用途和按传输方式分为两大类：

(1) 按用途来分类。

1) 业务性广播系统。业务性广播系统是以业务宣传、时事、新闻、通知等类的广播，可用于办公楼、大学院校、车站等场合。

2) 服务性广播系统。服务性广播系统是以欣赏音乐或背景音乐为主、时事新闻为辅的广播系统。这种系统用于大型公共活动场所和旅馆等场合。

3) 消防广播系统。这种系统是用于火灾事故和突发性事故的紧急广播。

(2) 按传输方式来分类。公共广播系统按传输方式可分为音频传输方式和载波传输方式。

1) 音频传输方式。音频传输方式常见的有定压式和终端带功放的有源方式。

2) 调频射频传输方式。调频射频传输方式是将音频信号经过调制器转换成被调制的高频载波，经同轴电缆传送至各个用户终端，并在终端经解调还原成声音信号。

调频射频传输方式和传输方式的比较见表 3-14。

表 3-14　音频传输方式和调频射频传输方式比较

比较项目＼传输方式	定电压音频传输	调频射频传输
系统设备	简单	复杂
收听端设备	扬声器	调频接收机＋功放＋扬声器
传输线路 多节目传输性能	一对双芯电线 一个节目源需用一副传输线	低损耗同轴电缆，可与CATV兼用网络 多个节目源可共用一根同轴电线
传输距离	受频响特性变坏及线路损耗限制	可以远距离传输
音频信号质量	较好	受多波段FM接收机频源的影响
使用情况	广泛使用	特殊情况下使用

3.7.2　公共广播系统的功能及技术要求

公共广播系统可以播放背景音乐、进行业务宣传和寻呼广播以及火灾事故的紧急广播。这种通用性极强的广播系统具备以下各项功能和技术要求：

3.7.2.1　播放背景音乐

背景音乐简称BGM（Back Ground Music），它的主要作用是掩盖噪声并创造一种轻松愉快的气氛。背景音乐是单声道音乐，这是因为立体声要求能分辨出声源方位，并具有纵深感，而背景音乐是指不专心听意识不到声音从何处来。背景音乐服务区的平均声压级要求不高，在60～70dB，但声场要求均匀，频响为100～6000Hz。

背景音乐系统设计时要注意以下几点：

（1）背景音乐系统的音质设计。以背景音乐系统的音质作为设计目标，其设计指标如下：

1）室内声压级要均匀，平均声压级最大为60～70dB。

2）频带为100～6000Hz，重放特性比较平直，频带处希望急剧下降。

3）噪声较好的房间，需把200～300Hz以下的低音提升3～6dB，这比立体声音乐的指标要低（立体声音乐的频响为40～15000Hz，平均声级为80～85dB）。

（2）节目源及其设备的选择。背景音乐的节目源设备包括磁带、唱片和广播三方面的放音设备。

磁带是最常用的节目源设备。与普通音响使用的录音机不同，在选择背景音乐使用的磁带录音机或放音机时，要求具有能长期而连续重放的功能。

利用唱片重放设备或激光唱片唱机来播放背景音响，随着CD技术和软件的发展，激光唱片在背景音乐方面的应用将进一步扩大。

在无线电广播节目中，调幅接收机所接收的信号因在广播时缺少5kHz以上的高音信号，噪声干扰显著，音质欠佳，故做背景音乐的信号源不合适。调频接收机所接收的信号在技术性能上可以满足要求，由于节目内容多样，不一定是理想的节目源。

（3）功率放大器与扬声器的配接。在公共广播中，由于所需功率大、传输距离长，广泛采用定压式功放。定压式功放的特点是，当负载电阻改变时，输出电压的变化很小，输出电压较稳定。由于机内采用了深度负反馈，从而改善了频率响应特性。定压式功放多为大功率机。定压式功放的输出多采用70、100、120V或240V高压输出，而扬声器的工作电压要低得多，因此在其间必须利用变压器来变换阻抗和电压进行配接，这种变压器称为线路匹配变压器，或称为线间变压器。

定压式功放与扬声器配接方式有直接配接和用线间变压器配接两种。直接配接时，扬声器不能接在功放输出电压比扬声器工作电压高的两端，例如10W，8Ω扬声器需9V，就不能接在功放20V的输出上，否则扬声器过载。

如果扬声器与功放距离较远或无适当输出电压供直接配接时，就要用线间变压器配接。这种配接方式有以下要求：

1）选用变压器的功率要能满足输给扬声器的要求。

2）线间变压器初级接功放（或线路）上时，一般要使两者相等。其电压要求和功率计算与直接配接方式相同。

3.7.2.2　火灾事故时的紧急广播

火灾事故的紧急广播系统具备以下功能：

（1）优先广播权功能。发生火灾时，消防广播信号具有最高级的优先广播权，即利用消防广播信号可自动中断背景音乐和寻呼找人等广播。

（2）选区广播功能。当发生火灾报警时，仅向火灾区及其相邻的区域进行紧急广播，即向$n\pm1$层选区广播。这个选区广播功能应有自动选区和人工选区两种，确保可靠执行指令。

（3）强制切换功能。播放背景音乐时，各扬声器负载的输入状态各不相同，有的处于小音量状态；有的处于关断状态；在紧急广播时，各扬声器的输入状态都将转为最大全音量状态，即通过遥控指令进行音量强制切换。

(4) 广播分控台功能。消防值班室必须备有紧急广播分控台，它的功能是遥控公共广播系统的开机、关机，分控台话筒具有优先广播权，分控台具有强切权和选区广播权等。

3.7.2.3 扬声器负载的计算

定电压传输的公共广播系统，各扬声器负载的连接都采用并联，如图 3-4 所示。

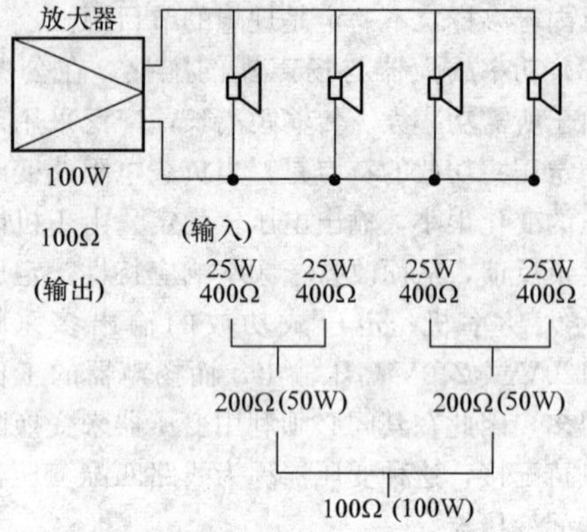

图 3-4 定电压系统的阻抗匹配

功放输出端的输出电压、输出功率和输出阻抗三者之间的关系如下

$$P=\frac{u^2}{Z}$$

式中：P 为输出功率（W）；Z 为输出阻抗（Ω）；u 为输出电压（V）。

扬声器负载计算实例：

当功放的输出功率为 100W，输出电压为 100V，则其能接上的最小负载能力为

$$Z_{100V}=\frac{u^2}{p}=\frac{100^2}{100}=100(\Omega)$$

低于 100Ω 的总负载将会使功放发生过载。

3.7.3 公共广播系统的工程设计

3.7.3.1 公共广播系统的工程设计原则

(1) 先进性。对公共广播系统设计时，保证这些场地的声学技术指标达到招标文件中规定和国家标准规范的要求，使各个场地的音响系统设计体现当今广播技术的发展水平，在技术上适度超前，符合今后的发展趋势，在今后相当长的一段时间内可保持其技术的领先地位。

(2) 实用性。在公共广播系统工程设计中，要达到招标文件中规定所要求的功能和水准，符合工程实际需要和国内有关规范的要求，实现容易，操作方便，维护简单，便于管理，使系统具有良好的灵活性、兼容性、扩展性。

3.7.3.2 系统工程设计的内容

(1) 确定系统方式。公共广播系统是业务性系统、服务性系统，还消防广播系统；系统拟采用的传输方式是什么，都是系统工程设计时首要考虑的问题。

(2) 系统音质的要求。声音的传播将遵循室内声学的规律，系统的音质设计从以下两方面考虑。

1) 声学性特。声学特性最低限度要达到：

● 最大噪声声压级≥85dB（250～4000Hz 内平均声压级）。

● 传输频率特性为 250～4000Hz 内以其平均声压级为 0dB，允许偏差为+4dB～-10dB。

● 传音失真率以设计使用功率，在≤4000Hz 的传输频率特性范围内≤15%。

2) 音质评价。公共广播系统的音质好坏与室内环境噪声有关，该噪声级越低越好，一般控制在50～552dB 以下。

(3) 分区广播设计。对于智能大厦、宾馆、饭店等建筑物来说，公共广播系统应分区设计。

1) 每一分区配置一台独立的功率放大器。

2) 在扬声器与功率放大器匹配的情况下，若干个分区可以共用一台功率放大器，并在功率放大器和各分区扬声器之间安装扬声器分区选择器，以便选择和控制这些分区扬声器的接通或断开。

3) 由于功率放大器最大输出功率为 240W 或 300W，当一个分区扬声器的总功率不应超过 240W。

4) 分区一般以楼层为单位。在大厦中不应串楼层，或几个楼串阶楼在一分区。

5) 扬声器间隔应为 20～30m 为宜。

6) 扬声器应选 3W 以上的功率。

(4) 广播控制室设计。依据国家标准，广播控制室设计时要考虑以下因素：

1) 广播控制室设置原则。

● 当消防值班室与广播控制室合用时，要符合消防安全的有关规定。

● 旅馆类建筑，服务性广播应与电视播放合并设置控制室。

● 车站、码头类建筑，广播控制设置在调度室附近。

2) 广播控制室内设备放置要求。

● 功放设备立柜的前面净距不应小于 1.5m。

● 功放设备立柜的侧面与墙、柜背与墙的净距不应小于 0.8m。

● 立柜之间距离不应小于 1m。

● 单用电子管的功放设备单列布置时，立柜之

间距离不应小于0.5m。

3）有线广播交流电源的配置。

● 仅有一路交流电源供电的工程，要由照明配电箱专路供电。功放设备容量在250W以上时，广播控制室应配置电源配电箱。

● 具有两路交流电源供电的工程，要采用两回路电源在广播控制室互投供电。

● 交流电源电压偏移值一般不应大于±10%。当电压偏移不能满足设备的限制要求时，应设UPS电源。

4）广播控制室的工作接地与保护接地。广播控制室应设置保护接地与工作接地，原则如下：

● 单独设置专用接地装置，接地电阻不应大于4Ω。

● 系统接地网，接地电阻不应大于1Ω。

（5）系统的布线要求。

1）室内广播线路的布线。旅馆类的服务性广播线路，采用藕芯双绞线电缆。其他广播线路采用实铜芯绞合线广播线路需穿管或线槽敷设。

2）室外广播线路的敷设。在室外布线时遇到的情况较为复杂，限于篇幅这里就不再叙述，读者可参阅参考文献[32]。

3.7.3.3 系统工程设计步骤

（1）系统的具体要求。根据广播音响系统的基本功能、规模布局，明确该系统的具体要求，一般要考虑5点：

1）确定广播服务区域。

2）确定播节目源的种类。

3）确定客房广播的节目。

4）确定报警广播要求及应急电源等措施，是否需要紧急广播功能，在交流电源停电时是否需要保证紧急广播的供电设施。

5）确定广播控制室的位置和布局。

（2）系统工程设计。系统设计的内容主要有如下9点：

1）对广播区域进行分区，确定扬声器的数量、型号、所需电功率。

2）确定功率放大器的型号和数量。

3）选定节目源设备及相关的前级放大器或信号切换放大装置。

4）设计系统图，考虑信号流的安排，做好信号流的切换、优先权安排等信号切换；并配齐监听器、电源开关盒、接线箱、直流电源等。

5）选择安装设备的机架及控制台，设计或选择有关的安装附件。

6）确定控制中心室的位置，估算各种设备所需电源的容量。

7）确定管线的走向、型号、接线盒和接线箱，并考虑照明、空调、动力、土建和结构是否妥当，最后在建筑平面图上绘制管线图。

8）根据系统所需的设备及工程实施中所需的材料列出设备、材料清单和工程预算表。

9）系统接地。

（3）编制设计文件。

1）系统工程说明文件。

2）系统方框图。

3）管线布置图。

4）控制中心室设备布局图。

5）设备材料清单及工程预算表。

3.8 广播音响系统的施工

广播音响系统施工重点是敷设线路、扬声器安装、设备安装。

3.8.1 敷设线路

由于传输距离较远，为了保证信号在线路上不产生太大的衰减。主干线截面采用≥$2\times2.5mm^2$多股线，支线用$2\times1mm^2$多股线。穿管或线槽敷设。自功率放大设备输出至最远扬声器的导线或衰减不应大于0.5dB。为了达到消防要求，线管采用阻燃线槽或阻燃线管。每一接线点及分支点都设分线盒。为便于检查故障，拉好线后，要用万用表在始端测量。检查线路是否有断路、短路、漏电的现象问题。每装好一处线要立刻检查，然后按照设计图装好设备、检查每一区到中心的阻抗等设计是否有出入。最后接上功放，试听每一区的声音是否正常。传声器线路应采用四芯金属屏蔽绞线（对角线对接）并穿金属管敷设。调音台（或前级控制台）的进出线路均应采用屏蔽线。

3.8.2 扬声器安装

扬声器（喇叭）安装注意安装牢固，避免产生共振噪声。

扬声器需要明装时，箱底安装高度不宜低于2.2m。扬声器的输出，宜就地设置音量调节装置或分路控制开关。与火灾应急广播合用的背景音乐扬声器，现场不宜装设调节器或控制开关，否则应采取快速强制措施接通并全音量广播措施。

同一供声范围的不同分路扬声器不应接至同一功率单元，避免功率放大器故障时造成大范围失声。大宴会厅（或多功能厅）、礼堂、报考厅等均应采用独立扩声系统，并可向每一个可分隔或独立的地区单独广播。

扩声系统宜兼做火灾应急广播或与火灾应急广播的联网，其广播分路应满足火灾应急广播和分区广播的需要。功率馈送回路应采用二线制。

3.8.3 设备安装

设备安装时要注意以下几点：

(1) 所有设备在安装前均进行全面检查，并确认其符合设备安装条件方可进行安装。

(2) 所有设备的安装均符合图纸及有关规范要求。

(3) 及时解决设备安装中出现的技术问题，做好现场安装质量区的管理。

3.9 广播音响系统的检验验收

广播音响工程施工完毕后，由相关检测部门验收，验收标准依据相关的广播音响系统规范标准进行验收。并出具相应的合格检测报告。

3.9.1 主要检验验收内容

(1) 施工单位在系统安装调试完成后，应对系统进行自检。自检时，要求对检测项目逐项进行检测。

(2) 系统完成检测后，应根据系统的特点和要求，进行合理周期的连续不中断的试运行。

(3) 任何一个扬声器所输出的最大音量在距扬声器方圆 1m 的位置将不超过 90dB，但也不能低于 10dB，至少要高于外界杂音的音量。

(4) 当扬声器线路短路时，自动切断与功率放大器连线的功能，同时在控制台产生报警信号，表明电路发生故障。

(5) 专门设定用于封闭式讲话环境的传声器，具有自动消除杂音的功能，其响应频率是一致的，从 100～10000Hz。

(6) 扬声器、线路放大器、预先放大器和调频器等所有设备，都是采用模块化结构形式。

(7) 扬声器至最远听众的距离不应大于临界距离的 3 倍。

(8) 扬声器至任意一只传话器的距离宜大于临界距离。

(9) 扬声器的轴线不应对准主席台或其他有传声器的地方，对主席台上空附近的扬声器宜单独控制，以减少声反馈。

(10) 当声像要求一致时，扬声器布置位置应与声源的视觉位置一致。

(11) 广播系统的交流电源电压偏移值一般不宜大于 10%。当不能满足要求时，应装设自动稳压装置。

(12) 广播用交流电源容量一般可按终期广播设备的交流耗电量的 1.5～2 倍计算。

(13) 广播系统工作接地如为单独装设的专用接地装置时，其接地电阻不应大于 4Ω。当广播系统接地与建筑物防雷接地、通信接地、工频交流供电系统接地共用一组接地网时，广播系统接地应以专用线与其可靠连接，接地网接地电阻应≤1Ω，广播系统工作接地应为一点接地。

(14) 实物检查验收。对材料、设备、部件、工具、器具等的检查验收按进场批次及隐蔽工程、安装质量等工序、进度要求进行。验收采用现场观察、核对施工图、抽查测试等方法。抽检应按国家有关规定的产品抽样检验方案执行。

(15) 有完整的工程技术文件和工程实施及质量控制记录。

(16) 资料检查验收包括材料、设备、部件、工具、软件等的中文产品合格证（含质量合格证明文件、规格、型号等）、根据建设方要求提供的性能检测报告、使用维护说明书、软件产品检测报告、著作权登记证等，进口产品应提供原产地证明和商检证明，以及进场复验报告、施工过程重要工序的自检报告和交接检验记录、抽样检验报告、鉴证检测报告、隐蔽工程验收记录等。

(17) 公共广播与紧急广播系统检测应符合下列要求：

1) 系统音频线的敷设、接地形式、安装质量及输入输出不平衡度应符合设计要求，设备之间阻抗匹配合理。

2) 放声系统应分布合理，符合设计要求。

3) 最高输出电平、输出信噪比、声压级和频宽的技术指标应符合设计要求。

4) 通过对响度、音色和音质的主观评价，评定系统的音响效果。

5) 满足设计功能。

6) 紧急广播与公共广播共用设备时，消防广播应具有最高优先权。紧急事件发生时，能强制切换为紧急广播。

7) 作为紧急广播功能的功率放大器应采用冗余配置，并在主机故障时，按设计要求能自动启用备用机。

8) 公共广播分区控制的，分区的划分不得与消防分区产生矛盾。

9) 火灾应急广播在环境噪声大于 60dB 的场所设置火灾警报装置时，其警报器的声压级应高于背景噪声 15dB 以上。

10) 布线系统工程验收应符合 GB/T 50312—2007《综合布线系统工程验收规范》中的规定。

11）广播音乐系统应重点检测系统的连通性和音响效果，并保证在紧急事故情况下，切换为紧急事故广播运行模式。

3.9.2　广播音响系统验收使用的主要表据

广播音响系统工程验收所使用的主要表据有：

（1）背景音乐广播系统扬声器安装质量验收记录表。

（2）背景音乐及广播系统扬声器安装隐蔽工程（随工检查）随检表。

（3）背景音乐系统音控开关质量验收记录表。

（4）背景音乐系统音控开关隐蔽工程（随工检查）验收表。

（5）电梯吸顶扬声器安装检验质量验收记录表。

（6）电梯吸顶扬声器安装隐蔽工程（随工检查）验收表。

（7）成套配电柜、控制柜（屏、台）和动力、照明配电箱（盘）安装工程检验质量验收记录表。

（8）成套配电柜、控制柜（屏、台）和动力、照明配电箱（盘）安装工程隐蔽工程（随工检查）验收表。

（9）背景音乐及紧急广播系统检测调试记录表（1）。

（10）背景音乐及紧急广播系统检测调试记录表（2）。

（11）背景音乐及紧急广播系统检测调试记录表（3）。

（12）背景音乐及紧急广播系统子系统检测记录表。

（13）背景音乐紧急广播工程安装质量及观感质量验收记录表。

（14）背景音乐紧急广播系统分项工程质量验收记录表（1）。

（15）背景音乐紧急广播系统分项工程质量验收记录表（2）。

（16）公共广播紧急广播系统分项工程质量验收记录表。

（17）综合布线系统验收表。

第4章 chapter4 电视监控系统的设计与施工技术

电视监控系统是一种先进的安全、防范能力极强的综合系统。它的主要功能是通过遥控摄像机及其辅助设备来监视被控场所，并把监测到的图像、声音内容传送到监控中心。

本章介绍的内容有：电视监控系统基础知识；电视监控系统的有关标准；电视监控系统设计；电视监控系统的施工；电视监控系统的测试检验验收。

4.1 电视监控系统基础知识

4.1.1 系统概述

安防领域的电视监控系统，国外又称闭路电视 CCTV（Closed Circuit Television），为区别国内普遍称为的闭路电视 CATV，我国将 CCTV 称为应用电视。根据监控区域的大小及实际需要，电视监控系统可有大、中、小型系统之分。一般电视监控系统均由前端设备、传输系统和终端设备组成。

电视监控系统具有以下特点：

（1）CCTV 系统与扩散型的广播电视不同，是集中型，一般供监测、控制、管理使用。

（2）CCTV 系统的信息来源于多台摄像机，多路信号要求同时传输、同时显示。

（3）用户是在一个或几个有限的点上，比较集中，目的是收集或监视信息，传输的距离一般较短，多在几十米到几公里的有限范围内。

（4）一般都采用闭路传输，极少采用开路传输方式。1km 以内用电缆传输，1km 以上可以用光缆传输。

（5）一般用视频直接传输，不用射频传输。视频传输又称基带传输，即不经过频率变换等任何处理，直接传送摄像机等设备输出的视频信号。

（6）除向接收端传输视频信号外，还要向摄像机传送控制信号和电源，因此是一种双向的多路传输系统。

4.1.2 系统分类

根据系统的技术和功能要求，确定系统的组成形式及其设备配置。系统的组成形式的选择如下：

（1）单头单尾系统。单头单尾系统是最简单的组成方式，它由一台摄像机和一台监视器组成，在一处连续监视一个固定目标。

如果在该系统上增加一些功能，例如摄像镜头焦距的长短、光圈的大小、远近聚焦都可以遥控调制，还可以遥控电动云台的左右上下运动和接通摄像机的电源。摄像机加上专用外罩就可以在特殊的环境下工作。这些功能的调节都是靠控制器来完成。

（2）单头多尾系统。单头多尾系统在多处监视同一个分散目标时，选用摄像机，传输电（光）缆、视频分配器等组成。它是由一台摄像机向许多监视点输送图像信号，由各个点上的监视器同时观看图像。

（3）多头单尾系统。多头单尾系统用在一处集中监视多个分散目标时，选用摄像机、传输电（光）缆、切换控制器、监视器等组成。它除了控制功能外，还具有切换信号的功能。如果系统中没有动作控制的要求，那么它就是一个视频信号选切器。

（4）多头多尾系统。多头多尾系统用在多处监视多个目标时，选用摄像机、传输电（光）缆、切换分配器、视频分配器等组成。

我国闭路电视监控系统主要应用于监视、调度和电视会议等场合。对这类系统的功能要求是：将基层观察点所摄制的图像传送到中心控制室去，控制室可以对基层点的摄像机、云台等设备进行远距离控制调节。闭路电视监控系统按控制方式可以分为以下三类：

（1）单级控制。单级控制只有中心控制室一个控制点，全部受控设备均由中心控制室进行遥控。这种类型适用于小型系统。

（2）不交叉多级串并控制。不交叉多级串并控制除总控制中心以外，还设有一级或多级分控中心，各分控中心之间没有联系，即分控中心 1 的摄像机输出的图像不能调到分控中心 2 中去。

（3）交叉多级串并控制。交叉多级串并控制可以实现各分控中心之间的图像交换，即每一个控制中心都可以按照要求调用本系统的各种图像，控制所有的摄像机或其他受控设备。根据系统的要求，总控中心和分控中心可以是平等关系，也可以是主从关系。

4.1.3　一般要求的电视监控系统

一般要求的电视监控系统如图 4-1 所示。

这种系统由摄像机、镜头、终端解码器、视频传输线路及控制信号总线、电源控制器及监视器组成。它的主要功能是通过摄像机捕获监视场所的图像信号，但不能拾取声音信号。信号传输采用视频基带传输方式，适用于距离较近、蓝图较小的电视监控系统。

4.1.4　特别要求的电视监控系统

特别要求的电视监控系统分为以下几类：

（1）带有声音拾取功能的电视监控系统。该系统可以把被监视地的图像和声音内容一起传送到控制中心，它的信号传输一般采用声音和图像分别传送、也可以将声音信号调频到 6.5MHz 上，与图像信号一起传送到控制中心，再把声音信号解调出来。

（2）与防盗报警系统联动的电视监控系统。该系统在控制台上设有防盗报警的联动接口，在有防盗报警信号时，控制台上发出报警并启动录像机自动对有警报的场所进行录像。

该系统由电视监控系统和防盗报警系统两部分组成，控制中心通过控制台将两部分合在一起进行联动运行。

（3）具有自动跟踪和锁定功能的电视监控系统。最先进的自动跟踪和锁踪系统采用“数字式电视监控系统”。数字式电视监控系统的核心是多媒体计算机及其配套的其他设施。该系统的工作方式是将入侵目标的图像及声音信号变为计算机文件，从中提取目标信号，然后反馈给摄像机及电动云台，以控制摄像机及云台进行跟踪锁定。另外，还将自动启动该摄像机附近其他关联的摄像机或报警装置，以便进行继续跟踪和锁定。

（4）远距离多路信号的电视监控系统。远距离多路信号根据要求和实际情况在传输方式上有以下几种方式：

1）采用视频基带传输方式。

2）采用射频传输方式。

3）采用光纤传输方式。

4）采用无线发射传送方式。

5）采用无线发射并移动方式传输方式。

6）采用“远端切换”的视频基带传输方式。

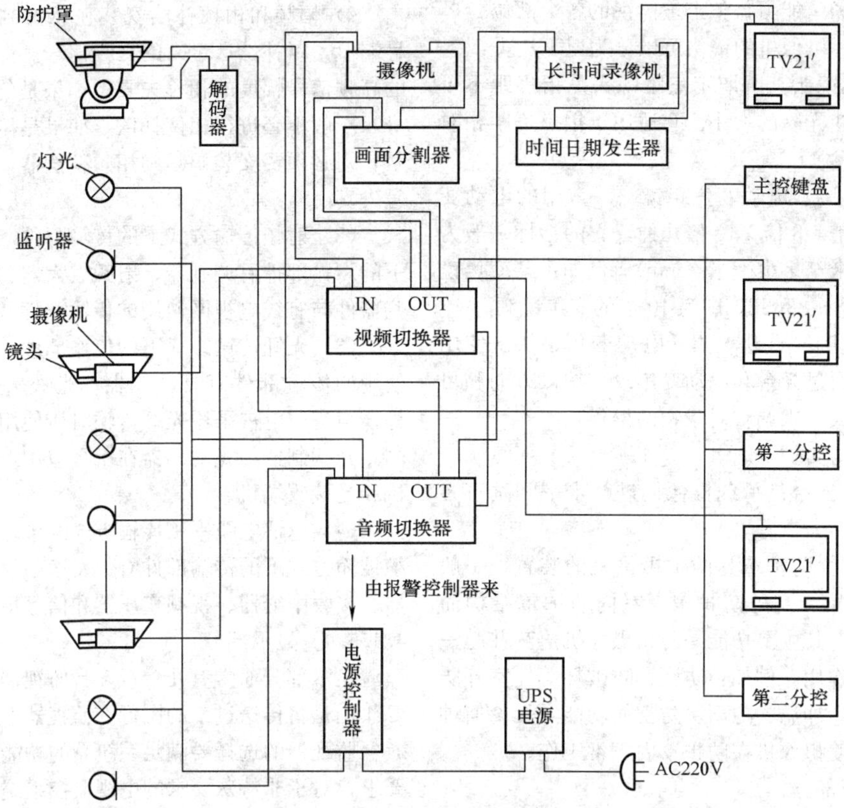

图 4-1　一般要求的电视监控系统

7）采用“平衡式”视频传输方式。

8）采用电话电缆传输方式。

4.1.5 电视监控系统的组成

电视监控系统由摄像、传输、控制和显示四部分组成，其结构如图 4-2 所示。

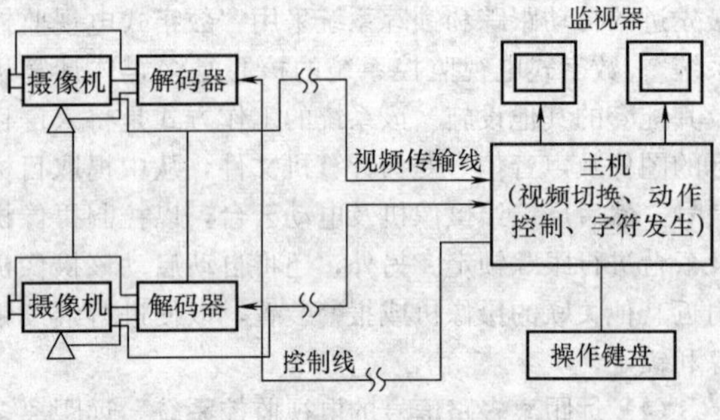

图 4-2 电视监控系统结构图

4.1.5.1 摄像部分

摄像部分包括摄像机、镜头、防护罩和云台等。

(1) 摄像机。摄像机是电视监控系统的眼睛，它是拾取图像信号的设备。被监视场所通过摄像机将画面的光信号变为电信号（图像信号）。无论是彩色还是黑白摄像机，其光电转换的器件均采用 CCD 器件，即“电耦合”器件。摄像机布置在被监视场所的某一位置，使其视场角能覆盖整个被监视的各个部位。

(2) 镜头。摄像机的镜头可以分为以下三类：

1）定焦距镜头。所谓定焦距镜头是指焦距不可变的，只能改变光圈的大小。它适用于拍摄焦距相对固定的目标。

2）自动范围、电动变焦距镜头。常用的电动变焦距镜头有 6 倍、8 倍、10 倍几种，它的指标一般为焦距从多少毫米至多少毫米（mm）。例如：某变焦镜头的焦距为 8.8～88mm，即为 10 倍的变焦镜头。

3）自动光圈、自动聚焦、电动变焦镜头。使用这种镜头，可通过云台和电动变焦改变拍摄方向和目标时，不需要人工来调整对景物的聚焦。

(3) 云台与防护罩。

1）云台。云台是承载摄像机进行水平和垂直方向转动的装置。

2）防护罩。防护罩是防护摄像机的装置，一般分为室内防护罩、室外防护罩。室内防护罩结构简单、价格便宜，其主要功能是防止摄像机落灰并起一定的安全防护作用，例如：防盗、防破坏等。室外防护罩具有降温、加温、防雨、防雷的功能，无论何种恶劣天气，均使摄像机在防护罩内正常工作。

4.1.5.2 控制部分

控制部分是整个系统的核心，控制部分主要由主控制台和副控制台组成。主控制台也称总控制台，它是电视监控系统中的核心设备，对系统内各种设备的控制都是通过总控制台来指挥。主控制台中主要的功能有：视频信号放大与分配、图像信号的校正与补偿、图像信号的切换。主控制台是多种设备的组合，而这种组合是根据系统的功能要求来确定的。

电视监控系统中有多个摄像机时，可以采用多画面分割器使多路图像同时在一台监视器上显示。常用的画面分割器有四、九和十六画面。

4.1.5.3 传输部分

传输部分是指传输图像和声音信号。在电视监视系统中，由于传输方式的不同，在系统中采用的传输部件也不同。

(1) 远距离视频传输方式下的传输部件。远距离视频传输方式下的传输部件分为视频放大器和幅频或相频补偿器两类。

1）视频放大器是装在摄像机输出端之后，传输线之前。也就是说从摄像机输出的视频信号经视频放大后再经线路送至监控中心。视频放大器要求其输出的电压是可调的，一般为 $1.5V_{p-p}\sim 6V_{p-p}$；其中幅频特性曲线在 2.5～6MHz 之间峰起，峰起的高度应为 2.5MHz 以曲线的两倍以上。

2）幅频和相频补偿安装在总控制台上的视频信号端口，以补偿送过来的视频信号。由于传输而造成的高频信号幅度的相移失真。如果是传输黑白电视信号，一般不必进行相位补偿；如果是传输彩色电视信号，则必须要安装幅频和相频补偿器，否则会产生信号失真。

(2) 射频传输方式下的传输部件。射频传送方式下的传输部件有调制器、射频放大器、解调器等，这些器件与有线电视网使用的传输部件基本相同。

(3) 光纤传送方式下的传输部件。光纤传送方式使用的传输部件有光调制器、光放大器、光解调器等，与有线电视采用光纤传输时所使用的部件基本相同。光调制器与光解调器在工程应用上称为光发送端机和光接收端机。

(4) 电话电缆平衡传输方式的传输部件。电话电缆传输方式下的传输部件有：发送中继器、地沟中继器、接收中继器、视频变压器和信号检测传感器等。

4.1.5.4 显示部分

显示部分通常有几台或多台监视器组成。它的主要作用是将传送过来的图像在监视器上显示出来。

监视器的选择要满足系统总的功能和技术指标的要求，对于非特殊要求的电视监控系统，监视器可采用有视频输入端子的普通电视机，而不必采用造价较高的专用监视器。如果采用了“画面分割器”，可选用较大屏幕的监视器。

通常在电视监控系统中，一般是多以摄像机和图像信号用一台监视器轮流切换显示。这是因为在被监视场所不太可能同时发生意外危险，当某个被监视场所发生意外时，可以通过切换器将这一路信号切换到一台监视器上显示，并通过控制台对其遥控跟踪记录。

一般情况下，摄像机对监视器的比例为 4∶1，即四台摄像机对应一台监视器，也可以采用 8∶1 或 16∶1 的设置方案。

在摄像机较多的电视监控系统中，可以使用“画面分割器”，用画面分割器把几台摄像机送来的图像信号同时显示在一台监视器上，这样可以节省监视器，并且观看起来比较方便。

4.2　电视监控系统的有关标准和要求

4.2.1　电视监控系统的有关技术标准

GB 50198—1994《民用闭路监视电视系统工程技术规范》

GBJ 115—1987《工业电视系统工程设计规范》

GA/T 75—1994《安全防范工程程序与要求》

GB/T 50314—2006《智能建筑设计标准》

CECS 119—2000《城市住宅建筑综合布线系统工程设计规范 CECS 119：2000》

GB 50311—2007《综合布线系统工程设计规范》

JGJ/T 16—1992《民用建筑电气设计规范》

GB 50198—1994《民用闭路监视电视系统工程技术规范》

GB 14050—2008《系统接地的型式及安全技术要求》

GA/T 75—1994《安全防范工程程序与要求》

GA/T 308—2001《安全防范工程验收规则》

GBJ 115—1987《工业电视系统工程设计规范》

GA/T 74—2000《安全防范系统通用图形符号》

GB 50303—2002《建筑电气工程施工质量验收规范》

GBJ 232—1982《电气装置安装工程施工及验收规范》

GB 50093—2002《自动化仪表工程施工及验收规范》

JGJ 16—2008《民用建筑电气设计规范》

GB/T 15411—1994《防爆应用电视总技术条件》

GB/T 13953—1992《隔爆型防爆应用电视设备防爆性能试验方法》

GB 3836《爆炸性气体环境用电气设备》

GA 38—2004《银行营业场所风险等级和防护级别的规定》

GB/T 16676—1996《银行营业场所安全防范工程设计规范》

GA 27—2002《文物系统博物馆风险等级和安全防护级别的规定》

GB/T 16571—1996《文物系统博物馆　安全防范工程设计规范》

GB/T 16677—1996《报警图像信号有线传输装置》

4.2.2　电视监控系统对设计人员的具体要求

电视监控系统的建设就是为了加强安全，那么对设计人员作出如下要求：

(1) 熟悉国家有关部门对建设单位在电视监控系统上的要求和有关的法律法规及有关的标准。

(2) 具有较强的责任感和保密意识。

(3) 全面了解并掌握电视监控系统技术设备和器材的性能、技术指标及发展动向。

(4) 具有较全面的专业知识和熟练的设计技能。

(5) 安防设计人员政治素质要高，要有高度的责任感和使命感。

(6) 熟悉项目建设的设备安装、调试过程。

(7) 了解视频信号的传输方式及其原理。

(8) 了解与安防系统相关的其他弱电系统专业知识。

(9) 设计的工程师们必须首先做到两清：

1) 对电视监控系统设备及器材的特点（包括各种技术指标及其质量情况）、适用范围及其局限性要搞清楚。

2) 对被保护的场所所处的政治、经济、军事地位及其现场的地理位置、结构和环境情况要勘察清楚。

(10) 熟练掌握常用的文字处理软件和绘图软件。

(11) 具有较强的语言文字组织能力。

4.2.3　对电视监控系统功能的要求

电视监控系统功能应符合下列要求：

(1) 应根据各类建筑物安全防范管理的需要，对建筑物内（外）的主要公共活动场所、通道、电梯及重要部位和场所等进行视频探测、图像实时监视和有效记录、回放。对高风险的防护对象，显示、记录、回放的图像质量及信息保存时间应满足管理要求。

(2) 系统的画面显示应能任意编程，能自动或手动切换，画面上应有摄像机的编号、部位、地址和时间、日期显示。

(3) 系统应能独立运行。应能与入侵报警系统、出入口控制系统等联动。当与报警系统联动时，能自动对报警现场进行图像复核，能将现场图像自动切换到指定的监示器上显示并自动录像。

(4) 电视监控系统应能实现自动化管理与控制。

4.3 电视监控系统设计

当前电视监控系统的结构可以分为模拟系统、数字系统以及模拟与数字混合系统，设计时要注意以下内容。

4.3.1 电视监控系统选型

电视监控系统选型时，一般要注意15点内容，现简述如下。

(1) 电视监视系统的工程设计与施工中，贯彻执行国家的技术经济政策，做到技术先进、经济合理、安全适用、确保质量。

(2) 电视监视系统的工程设计应在满足使用功能和可靠运行的前提下，努力降低工程造价，并便于施工、维护及操作。

(3) 电视监视系统的工程设计，除应执行规范外，应符合国家现行有关标准、规范的规定。

(4) 系统宜由摄像、传输、显示及控制等四个主要部分组成，当需要记录监视目标的图像时，应设置录像装置，在监视目标的同时，当需要监听声音时，可配置声音传输、监听和记录系统。

(5) 电视监视电视系统的制式宜与通用的电视制式相一致。

(6) 系统的设备、部件、材料的选择应符合下列要求：

1) 应采用符合现行的国家和行业有关技术标准的定型产品，进口产品至少应有商检合格证书。

2) 系统中各种配套设备的性能及技术要求应协调一致。

(7) 电视监控系统宜采用黑白电视系统，在对监视目标有彩色要求时，可采用彩色电视系统。

(8) 电视监视宜采用黑白电视系统，当需要观察色彩信息时，可采用彩色电视系统。

(9) 电视监控系统系统设施的工作环境温度应符合下列要求：

寒冷地区室外工作的设施为−40～35℃。

其他地区室外工作的设施为−10～55℃。

室内工作的设施为−5～40℃。

(10) 电视监控系统的设备、部件、材料的选择应符合下列规定：

1) 应采用符合现行的国家和行业有关标准的定型产品。

2) 系统采用设备和部件的视频输入和输出阻抗及电缆的特性阻抗均应为75Ω，音频设备的输入、输出阻抗应为高阻抗或600Ω。

3) 系统选用的各种配套设备的性能及技术要求应协调一致。

(11) 电视监控系统的图像质量可按五级损伤制评定，图像质量不应低于4分。

1) 图像质量可按五级损伤制评定，图像质量不应低于4分。

2) 相对应4分图像质量的信噪比应符合表4-1的规定。

表4-1　4分图像质量的信噪比　(dB)

指标项目	黑白电视系统	彩色电视系统
随机信噪比	37	36
单频干扰	40	37
电源干扰	40	37
脉冲干扰	37	31

3) 图像水平清晰度黑白电视系统不应低于400线，彩色电视系统不应低于270线。

4) 图像画面的灰度不应低于8级。

5) 系统的各路视频信号，在监视器输入端的电平值应为1V±3dBVBS。

6) 系统各部分信噪比指标分配符合表4-2的规定。

表4-2　系统各部分信噪比指标分配　(dB)

项　目	摄像部分	传输部分	显示部分
连续随机信噪比	40	50	45

7) 系统在低照度使用时，监视画面应达到可用图像，其系统信噪比不得低于25dB。

(12) 系统的设计方案应根据下列因素确定：

1) 根据系统的技术和功能要求，确定系统组成及设备配置。

2) 根据建筑平面或实地勘察，确定摄像机和其他设备的设置地点。

3) 根据监视目标和环境的条件，确定摄像机类型及防护措施。

4) 根据摄像机分布及环境条件，确定传输电（光）缆的线路路由。

(13) 在监视区域内，灯光照度应符合摄像系统的要求。

(14) 整个监控系统的技术指标应满足下列要求：

在摄像机的标准照度情况下：

1) 视频信号输出幅度=(1±0.3)V_{p-p}。

2) 黑白电视水平清晰度≥350TVL（电视线）。

3) 彩色电视水平清晰度≥270TVL。

4) 灰度≥8 级。

5) 信噪比≥38dB。

(15) 在摄像系统正常工作的条件下，监控系统的图像质量不应低于下述中的 4 级要求：

图像等级	图像损伤主观评价
5	不察觉
4	可察觉，但不令人讨厌
3	有明显察觉，令人感到讨厌
2	较严重，令人相当讨厌
1	极严重，不能观看

4.3.2　电视监控系统前端设备的选型与安装设计

电视监控系统前端设备主要是摄像机，摄像机造型要重点注意以下内容：

(1) 应根据监视目标的照度选择不同灵敏度的摄像机。监视目标的最低环境照度应高于摄像机最低照度的 10 倍。

(2) 所选摄像机满足的要求。

1) 能满足系统最终指标要求。

2) 电源变化适应范围≥±15%（必要时可加稳压装置）。

3) 温度、湿度适应范围满足现场气候条件的变化。

4) 监视目标照度不高，而要求清晰度较高时，宜选用黑白摄像机；监视目标照度不高，且需彩色摄像时，需附加照明装置。

5) 监视目标亮度变化范围大或必须逆光摄像时，应选用具有自动电子快门和数字背景光处理摄像机。

6) 夜间需隐蔽监视时，宜选用带红外光源的摄像机（或安装红外灯作光源）。

7) 摄像机应由稳定牢固的支架（或电动云台）固定在建筑物上。

8) 摄像镜头应尽量避免逆光设置，必须逆光设置的场合，除对摄像机的技术性能加以要求外，还应设法尽量减小监视区域的对比度。

9) 室内、外安装的摄像机均应加装防护罩。

10) 应选用体积小、质量轻、便于现场安装与检修的电荷耦合器件（CCD）型摄像机。

11) 监视目标亮度变化范围大或必须逆光摄像时，应选用具有自动电子快门和数字背景光处理摄像机。

12) 夜间需隐蔽监视时，宜选用带红外光源的摄像机（或安装红外灯作光源）。

13) 摄像机应由稳定牢固的支架（或电动云台）固定在建筑物上。

14) 摄像镜头应尽量避免逆光设置，必须逆光设置的场合，除对摄像机的技术性能加以要求外，还应设法尽量减小监视区域的对比度。

15) 室内、外安装的摄像机均应加装防护罩。

16) 当监视目标照度有变化时，均应采用光圈可调镜头。

17) 当需要遥控时，可选用具有光对焦、光圈开度、变焦距的遥控镜头装置。

18) 根据工作环境应选配相应的摄像机防护套，防护套可根据需要设置调温控制系统和遥控雨刷等。

19) 固定摄像机在特定部位上的支承装置，可采用摄像机托架或云台。当一台摄像机需要监视多个不同方向的场景时，应配置自动调焦装置和遥控电动云台。

20) 摄像机需要隐蔽时，可设置在天花板或墙壁内，镜头可采用针孔或棱镜镜头。对防盗用的系统，可装设附加的外部传感器与系统组合，进行联动报警。

21) 监视水下目标的系统设备，应采用高灵敏度摄像管和密闭耐压、防水防护套，以及渗水报警装置。

22) 摄像机的设置位置、摄像方向及照明条件应符合下列规定。

● 摄像机宜安装在监视目标附近不易受外界损伤的地方，安装位置不应影响现场设备运行和人员正常活动。安装的高度，室内宜距地面 2.5～5m；室外宜距地面 3.5～10m，并不得低于 3.5m。

● 电梯厢内的摄像机应安装在电梯厢顶部、电梯操作器的对角处，并应能监视电梯厢内全景。

● 摄像机镜头应避免强光直射，保证摄像管靶面不受损伤。镜头视场内，不得有遮挡监视目标的物体。

● 摄像机镜头应从光源方向对准监视目标，并应避免逆光安装；当需要逆光安装时，应降低监视区域的对比度。

摄像机主要性能参数、镜头选型、云台选型、传输方式的选择与线路设计、室外布线设计、无线传输系统设计、电视监控系统的结构设计、控制室的布局设计、控制中心设备监视器的选型、控制中心设备控制台的选型、控制中心设备画面分割器的选型、控制中心设备视频切换器的选型、控制中心设备录像机的选型、控制中心设备数字硬盘录像机的选型请参见《安全防范工程设计与施工技术》。

4.4　电视监控系统工程施工技术

施工技术是电视监控系统工程中非常重要的一部分，如果系统选用的都是高质量的摄像机、镜头、监视器、录像机等，但是没有好的施工技术，可能达不到预期使用效果。工程施工是一个熟练工种，施工技术人员在工作中要注意多动手摸索规律，多动脑筋，多看实际工程，多学习，多与同事、同行交流经验。实际工程施工要注意如下 4 点：

1）电视监控系统施工。

2）前端设备的安装。

3）电视监控工程电缆施工。

4）中心控制设备的安装。

电视监控系统工程施工技术的具体内容本书不作深入讨论，读者可参考《安全防范工程设计与施工技术》一书。

4.5　电视监控系统工程测试、检验、验收

4.5.1　电视监控系统工程测试的具体要求和内容

电视监控系统工程的测试是工程的具体实施过程，也是决定整个系统的设备安装，施工质量和系统功能、性能的关键步骤。所以，按规范和规定的要求，认真进行施工，是非常重要的。

测试是较为复杂、细致的工作。科学、合理地进行安装和测试，是工程顺利进行的必要保证。

4.5.1.1　电视监控系统工程测试的一般规定

电视监控系统工程测试的一般规定有 10 点，具体如下。

（1）电视监控系统工程的测试应由法定检验机构实施。

（2）电视监控系统工程中所使用的产品、设备、材料应符合相关法律、法规和标准、规范的要求，并经有关机构检验/认证合格，出具检验报告或认证证书等相关质量证明，并与正式设计文件、工程合同的内容相符合。

（3）对于每个工程，它的系统规模和功能都不相同，工程测试项目应覆盖工程设计的主要功能范围，以便对系统作出全面检查。

（4）测试用的仪器设备的准确性直接关系到检验数据的准确性。因此要求所使用仪器设备的性能应稳定可靠，计量、检验、管理使用与检定应符合国家有关法规的规定。

（5）测试程序。为了保证工程检验的质量和顺利实施，测试程序应符合下列规定：

1）受测单位提出申请，并提交主要技术文件、资料。技术文件、资料应包括：①工程合同；②正式设计文件；③系统配置框图；④设计变更文件；⑤更改审核单；⑥工程合同设备清单；⑦变更设备清单；⑧隐蔽工程随工验收单；⑨主要设备的检验报告或认证证书等。

2）测试机构在实施工程测试前应依据规范和以上工程技术文件，制订测试实施细则。

3）实施测试，编制测试报告，对测试结果进行评述。

（6）测试实施细则作为测试过程的指导性文件，它应当规定测试过程的主要测试依据、测试项目、使用仪器、抽样率、测试步骤、测试方法、测试方案等主要内容。其中测试方案的设计非常重要。系统的特性和存在的缺陷只有通过周密的测试方案才能反映出来。实施测试时，应由测试人员根据规范的要求提出具体的实施细则和测试方案。

（7）对系统中主要设备的测试，应采用简单随机抽样法进行抽样；抽样率不应低于 20%且不应少于 3 台；设备少于 3 台时，应 100%检验。检验中，如有不合格项并进行了复测，在测试报告中应注明进行复测的内容及结果。

（8）测试过程应遵循先子系统，后集成系统的顺序测试。

（9）对定量测试的项目，在同一条件下每个点必须进行 3 次以上读值。

（10）测试中有不合格项时，允许改正后进行复测。复测时抽样数量应加倍，复测仍不合格则判该项不合格。

4.5.1.2　电视监控系统工程测试的内容

电视监控系统工程测试内容主要包括：①电缆的测试；②光缆测试；③系统功能与主要性能检验；④摄像机主要性能指标的测试方法；⑤设备调试；⑥安全性及电磁兼容性检验；⑦设备安装检验；⑧电源检验；⑨防雷与接地检验；⑩分系统调试；⑪系统联调。

4.5.1.3　电视监控系统工程测试范围

电视监控系统工程的测试范围总体上应围绕如下几个方面进行：

（1）前端设备（探测器、摄像机、镜头、云台、解码器等）的型号、数量、质量、技术指标、安装位置与安装质量以及外观和外形情况等。

（2）管线敷设情况（包括管线敷设位置、安装质量、管线的走向、接地情况、屏蔽情况、线路接头质量与接头的处理情况）。

(3) 中心控制设备（矩阵切换主机、报警主机、监视器、图像处理和记录设备、电源设备等）的型号、数量、质量、技术指标、安装位置与安装质量、外观外形情况、接地情况等。

(4) 系统功能、系统的各项技术指标及操作运行情况。

围绕上述四个方面，逐点、逐台、逐项地进行检验、检测和工程验收。

4.5.2　传输线路测试

电视监控系统工程传输线路测试分电缆测试、光缆测试。

4.5.2.1　电缆测试

电视监控系统工程的安装是从电缆开始的，电缆是最基础的部分。据统计，大约50%的故障与电缆有关。所以电缆本身的质量以及电缆安装的质量都直接影响安防系统能否健康地运行。此外，很多布线系统是在建筑施工中进行的，电缆通过管道、地板铺设到各个房间。当安防系统运行时发现故障是电缆引起时，此时就很难或根本不可能再对电缆进行修复。即使修复其代价也相当昂贵。所以最好的办法就是把电缆故障消灭在安装之中。那么如何检测安装的电缆是否合格，它能否支持安防系统，用户的投资是否能得到保护就成为关键问题。这也就是电缆测试的重要性。电缆测试要检查以下内容：

(1) 系统所用线缆、光缆型号、规格、数量，应符合工程合同、设计文件、设计材料清单的要求。变更时，应有更改审核单。

(2) 检查线缆、光缆敷设的施工记录或监理报告或隐蔽工程随工验收单，结果应符合规范的规定。

(3) 检查综合布线的施工记录或监理报告，应符合规范的规定。

(4) 检查隐蔽工程随工验收单时，应按规范的要求，做到内容完整、准确。

电缆测试一般可分为两个部分：电缆的验证测试和电缆的认证测试。

电缆的验证测试是测试电缆的基本安装情况。例如电缆有无开路或短路，电缆的两端是按照有关规范正确连接，同轴电缆的终端匹配电阻是否连接良好，电缆的走向如何等。

电缆的认证测试是指电缆除了正确的连接以外，还要满足有关的标准，即安装好的电缆的电气参数是否达到有关规定所要求的指标。

4.5.2.2　光缆测试

(1) 光纤测试技术综述。

1) 在光纤的应用中，光纤本身的种类很多，但光纤及其系统的基本测试方法，大体上都是一样的，所使用的设备也基本相同。对光纤或光纤系统，其基本的测试内容有：连续性和衰减/损耗。测量光纤输入功率和输出功率，分析光纤的衰减/损耗，确定光纤连续性和发生光损耗的部位等。

在进行光纤的各种参数测量之前，必须做好光纤与测试仪器之间的连接。目前，有各种各样的接头可用，但如果选用的接头不合适，就会造成损耗，或者造成光学反射。例如，在接头处，光纤不能太长，即使长出接头端面1μm，也会因压缩接头而使之损坏。反过来，若光纤太短，则又会产生气隙，影响光纤之间的耦合。因此，应该在进行光纤连接之间，仔细地平整及清洁端面，并使之适配。

目前，绝大多数的光纤系统都采用标准类型的光纤、发射器和接收器。如纤芯为62.5μm的多模光纤和标准发光二极管LED光源，工作在850nm的光波上。这样就可以大大地减少测量中的不确定性。而且，即使是用不同厂家的设备，也可以很容易地将光纤与仪器进行连接，可靠性和重复性也很好。

2) 测试仪器精确度。光纤测试仪由两个装置组成：①光源，它接到光纤的一端发送测试信号；②光功率计，它接到光纤的另一端，测量发来的测试信号。测试仪器的动态范围是指仪器能够检测的最大和最小信号之间的差值，通常为60dB。高性能仪器的动态范围可达100dB甚至更高。在这一动态范围内功率测量的精确度通常被称为动态精确度或线性精度。

功率测量设备有一些共同的缺陷：高功率电平时，光检测器呈现饱和状态，因而增加输入功率并不能改变所显示的功率值；低功率电平时，只有在信号达到最小阈值电平时，光检测器才能检测到信号。

在高功率和低功率之间，功率计内的放大电路会产生三个问题。常见的问题是偏移误差，它使仪器恒定地读出一个稍高或稍低的功率值。大多数情况下，最值得注意的问题是量程的不连续，当放大器切换增益量程时，它使功率显示值发生跳变。无论是在手动，还是在更经常遇到的自动（自动量程）状态下，典型的切换增量为10dB。一个较少见的误差是斜率误差，它导致仪器在某种输入电平上读数值偏高，而在另一些点上却偏低。

3) 测量仪器校准。为了使测量的结果更准确，首先应该对功率计进行校准。但是，即使是经过了校准的功率计也有大约±5%（0.2dB）的不确定性。这就是说，用两台同样的功率计去测量系统中同一点的功率，也可能会相差10%。

其次，为确保光纤中的光有效地耦合到功率计中去，最好是在测试中采用发射电缆和接收电缆。但必须使每一种电缆的损耗低于 0.5dB，这时，还必须使全部光都照射到检测器的接收面上，又不使检测器过载。光纤表面应充分地平整清洁，使散射和吸收降到最低。

值得注意的是，如果进行功率测量时所使用的光源与校准时所用的光谱不相同，也会产生测量误差。

4）光纤的连续性。光纤的连续性是对光纤的基本要求，因此对光纤的连续性进行测试是基本的测量之一。

进行连续性测量时，通常是把红色激光，发光二极管（LED）或者其他可见光注入光纤，并在光纤的末端监视光的输出。如果在光纤中有断裂或其他的不连续点，在光纤输出端的光功率就会下降或者根本没有光输出。

通常在购买电缆时，人们用四节电池的电筒从光纤一端照射，从光纤的另一端察看是否有光源，如有，则说明这光纤是连续的，中间没有断裂。如光线弱时，则要用测试仪来测试。

光通过光纤传输后，功率的衰减大小也能表示出光纤的传导性能。如果光纤的衰减太大，则系统也不能正常工作。光功率计和光源是进行光纤传输特性测量的一般设备。

5）光缆布线系统测试。光缆布线系统的测试是工程验收的必要步骤，也是工程承包者向业主兑现合同的最后工序，只有通过了系统测试，才能表示布线系统的完成。

布线系统测试可以从多个方面考虑，设备的连通性是最基本的要求，跳线系统是否有效可以很方便地测试出来，通信线路的指标数据测试相对比较困难，一般都借助专业工具进行，1995 年 9 月通过的TSB—1995 中对双绞线的测试作了明确的规定，布线系统测试应参照此标准进行。

（2）光纤测试四种方法与测试步骤。通常我们在具体的工程中对光缆的测试方法有：连通性测试、端一端损耗测试、收发功率测试和反射损耗测试四种，现简述如下。

1）连通性测试。连通性测试是最简单的测试方法，只需在光纤一端导入光线（如手电光），在光纤的另外一端看看是否有光闪即可。连通性测试的目的是为了确定光纤中是否存在断点。在购买光缆时都采用这种方法进行。

2）端-端的损耗测试。端-端的损耗测试采取插入式测试方法，使用一台功率测量仪和一个光源，先将被测光纤的某个位置作为参考点，测试出参考功率值，然后再进行端-端测试并记录下信号增益值，两者之差即为实际端到端的损耗值。用该值与 FDDI 标准值相比就可确定这段光缆的连接是否有效。

第一步是参考度量（PI）测试，测量从已知光源到直接相连的功率表之间的损耗值 P_1；第二步是实行度量（P_2）测试，测量从发送器到接收器的损耗值 P_2。端到端功率损耗 A 是参考度量与实际度量的值：$A=P_1-P_2$。

3）收发功率测试。收发功率测试是测定布线系统光纤链路的有效方法，使用的设备主要是光纤功率测试仪和一段跳接线。在实际应用情况中，链路的两端可能相距很远，但要测得发送端和接收端的光功率，即可判定光纤链路的状况。具体操作过程如下：

● 在发送端将测试光纤取下，用跳接线取而代之，跳接线一端为原来的发送器，另一端为光功率测试仪，使光发送器工作，即可在光功率测试仪上测得发送端的光功率值。

● 在接收端，用跳接线取代原来的跳线，接上光功率测试仪，在发送端的光发送器工作的情况下，即可测得接收端的光功率值。

发送端与接收端的光功率值之差，就是该光纤链路所产生的损耗。

4）反射损耗测试。反射损耗测试是光纤线路检修非常有效的手段。它使用光纤时间区域反射仪（OTDR）来完成测试工作，基本原理就是利用导入光与反射光的时间差来测定距离，如此可以准确判定故障的位置。虽然 FDDI 系统验收测试没有要求测量光缆的长度和部件损耗，但它也是非常有用的数据。OTDR 将探测脉冲注入光纤，在反射光的基础上估计光纤长度。OTDR 测试适用于故障定位，特别是用于确定光缆断开或损坏的位置。OTDR 测试文档对网络诊断和网络扩展提供了重要数据。

5）光纤测试步骤。测试光纤的目的，是要知道光纤信号在光纤路径上的传输损耗。

光信号是由光纤路径一端的 LED 光源所产生的（对于 LGBC 多模光缆，或室外单模光缆是由激光光源产生的），这个光信号在它从光纤路径的一端传输到另一端时，要经历一定量的损耗。这个损耗来自光纤本身的长度和传导性能，来自连接器的数目和接续的多少。当光纤损耗超过某个限度值后，表明此条光纤路径是有缺陷的。对光纤路径进行测试有助于找出问题。下面给出如何用 938 系列光纤测试仪来进行光纤路径测试的步骤。

● 完成测试仪初始调整工作。

● 用测试跳线将 938 的输入端口与光能源连接

起来。

● 如果用的是一变化的输出源，则将输出能级调到其最大值。

● 如果用两个变化的输出源，调整两个源的输出能级，直到它们是等同的（如－10dBm/100μW等）为止。

● 通过按下REL（dB）按钮，选择REL（dB）方式，显示的读数为0.00dB。

● 断开（从OPM/OLTS输入端口上）测试跳线，并将它连接到光纤路径上。

光纤测试过程中，可能遇到下列问题：

①用手电对一端光纤头照光时，另一端的光纤头光线微弱，是什么原因？

用手电继续检查其他光纤时，如发现的确有某个光纤头光线微弱，则说明光纤头制作过程中有操作问题。用测试夜测量其值（dB），如超标，应重新制作该头。

②跳线连接时出现指示灯不亮或指示灯发红是什么原因？

● 检查一下跳线接口是否接反了，正确的端接是O→I、I—O，交叉跳接。

● ST是否与耦合器扣牢，防止光纤头间出现不对接现象。

③使用光纤测试仪测试时，如果测量值大于4.0dB以上时怎么处理？

● 检查光纤头是否符合制作要求。

● 检查光纤头是否与耦合器正确连接。

● 检查光纤头部是否有灰尘（用酒精纸擦拭光纤头，等酒精挥发干后再测）。

视情况分别处理（重新制作或不需要重新制作）。

4.5.2.3 光纤连接、链路损耗估算

连接损耗是采用光纤传输媒体时必须考虑的问题，连接光纤的任何设备都可能使光波功率产生不同程度的损耗，光波在光纤中传播时自身也会产生一定的损耗。FDDI要求任意两个端节点间总的连接损耗应控制在一定范围内，如多模光纤的连接损耗应不超过17dB。因此，有效地计算光纤的连接损耗是FDDI网络布线时面临的一个非常重要的课题。

（1）光纤连接损耗估算。一般情况下，端-端（End-to-end）之间的连接损耗包括下列几个方面的内容：

1）节点至配线架之间的连接损耗，如各种连接器。

2）光纤自身的衰减。

3）光纤与光纤互联所产生的损耗，如光纤熔接或机械连接部分。

4）为将来预留的损耗富裕量，包括检修连接、热偏差、安全性方面的考虑以及发送装置的老化所带来的影响等。

对于各个主要连接部分件所生产的光波损耗值，见表4-3。

表4-3　连接部件损耗值

连接部件	说　明	损　耗	单位
多模光纤	导入波长850μm	3.5～4.0	dB/km
多模光纤	导入波长1300μm	1.0～1.5	dB/km
单模光纤	导入波长1300μm	1.0～2.0	dB/km
连接器	≥1.0	dB/个	—
光旁路开关	在未加电的情况下	2.5	dB/个
拼接点	熔接或机械连接	0.3（近似值）	dB/个

不同尺寸的光纤耦合器件组合在一起也会产生损耗，而这种损耗是随着发送功率的不同而异。表4-4给出了FDDI标准中定义的各种发送功率下不同尺寸光纤的耦合所产生的损耗指标。从表中可以看出，相同尺寸光纤的耦合不会产生损耗。

表4-4　光纤耦合损耗表

接收光纤	发送光纤				
	50μm NA=0.20	51μm NA=0.22	62.5μm NA=0.275	85μm NA=0.26	100μm NA=0.29
50μm，NA=0.20	0.0	0.4	2.2	3.8	5.7
51μm，NA=0.22	0.0	0.0	1.6	3.2	4.9
62.5μm，NA=0.275	0.0	0.0	0.0	1.0	2.3
85μm，NA=0.26	0.0	0.0	0.1	0.0	0.8
100μm，NA=0.29	0.0	0.0	0.0	0.0	0.0

表4-4中的NA（Numerical Aperture）表示数值孔径，是光纤对光的接受程度的度量单位，是衡量光纤集光能力的参数。准确定义为

$$NA = n \cdot \sin\theta$$

计算连接损耗的公式为

$$M = G - L$$

式中：M 是剩余功率的临界值（Margin），在光纤通信工程中表示损耗的余量，称作富裕度或边际，必须保证 $M>0$，才能使系统正常运行；G 表示信号增益值（Gain），其计算公式为

$$G = P_t - P_r$$

P_t 代有 PMD 指定的发送功率，P_r 是接收装置的灵敏度，PMD 中都作了具体的定义。表 4-5 给出 PMD 标准中 P_t 和 P_r 的指标。由于单模光纤分为Ⅰ级和Ⅱ级，相互连接时产生的损耗各不相同，表 4-6 给出了单模光纤的光功率损耗值。

表 4-5　FDDI PMD 中定义的收发功率　(dBm)

PMD 标准	发送方输出功率	接收方输入功率
多模光纤	−10～−16	−10～−27
单模光纤，Ⅰ级	−14～−20	−14～−31
单模光纤，Ⅱ级	0～−4	−15～−37

表 4-6　单模光纤的光功率损耗值　(dBm)

发送方输出	接收方输入	光功率损耗	
		最小	最大
Ⅰ级	Ⅰ级	0	17
Ⅰ级	Ⅱ级	1	17
Ⅱ级	Ⅰ级	14	27
Ⅱ级	Ⅱ级	15	33

(2) 光纤链路损耗估算。关于光纤链路有两个基本参数：带宽和功率损耗。PMD 标准规定：光纤的距离为 2km，模态带宽至少为 500MHz/1300μm。在规划和施工时要选择合适的符合标准的光纤。链路损耗是指端口到端口之间光功率的衰减，包括链路上所有器件的损耗。光信号发送器、接收器、光旁路开关、接头、终端处及光纤上都产生损耗。PMD 标准给出两结点间允许的最大损耗值。多模光纤的最大损耗值为 17dB，而单模光纤分为两类收发器，类型Ⅰ收发器允许最大损耗值为 17dB，类型Ⅱ收发器允许损耗值小于 33dB，大于 14dB，链路损耗值是两结点间所有部件损耗值之和，包括下列主要因素：①结点到光纤的连接（如 ST、MIC 连接器）；②光纤损耗；③无源部件，如光旁路开关；④安全、温度变化、收发器老化、计划整修的接头等。

在设计和规划中，要估算链路的损耗值，检查是否符合 PMD 标准。如果不符合 PMD 的规定标准，就要重新考虑布线局方案。如使用单模光纤类型Ⅱ收发器，在连接处增加有源部件，移去光旁路开关，甚至改变网络的物理拓扑结构，然后重新计算链路的损耗值直到满足标准为止。在计算链路损耗值时，并不需要计算每条链路的损耗值，只要计算出最坏情况下的链路损耗即可。最坏情况链路就是光纤最长、连接器和接头的个数最多以及光旁路开关的个数最多等造成光功率损耗值最大的链路。当然，如果计算并记录所有链路的损耗值，对于将来的故障诊断和故障排除是非常有用的。在网络设计中计算链路损耗值是必要的。如果在安装完成后才发现有错误，代价可能很大，需要增加或替换器件，甚至需要重新设计和安装。由于计算时都采用估计值，且影响网络工作的因素又很多，即使链路损耗计算值满足要求，也不能完全保证安装后的网络一定是成功的。

链路损耗值（L）的基本计算公式为

$$L = I_c \times L_c + N_{con} \times L_{con} + (N_s + N_r) \times L_s + N_{pc} \times L_{pc} + N_m \times L_m + P_d + M_a + M_s + M_t$$

式中：I_c 为光纤的长度 km；L_c 为单位长度的损耗（1.5dB～2.5dB/km）；N_{con} 为连接器的数目；L_{con} 为每个连接器的损耗（约 0.5dB）；N_s 为安装接头的数目；N_r 为计划整修接头的数目；L_s 为每个接头的损耗（约 0.5dB）；N_{pc} 为无源部件的数目（如光旁路开关）；L_{pc} 为每个无源部件的损耗（约 2.5dB）；N_m 为不匹配耦合的数目；L_m 为每个不匹配耦合的损耗；P_d 为色散损耗；M_a 为信号源老化损耗（1～3dB）；M_s 为安全损耗（1～3dB）；M_t 为温度变化损耗（1dB）。

(3) 计算实例。假设设计一幢大楼内的 FDDI 网络，要求两站之间最大光纤（MMF1300μm）长度是 1.5km（损耗为 1.2dB/km），连接三个机械接头（损耗为 0.5dB/接头）和六个连接器（损耗为 0.5dB/连接器），其他的链路长度为 14km，且包含有一个熔接接头（损耗为 0.3dB/接头）。假设没有不匹配耦合，安全边界损耗值为 1dB，信号源老化损耗值为 1dB，两个机械接头计划将来整修。根据链路损耗值计算公式，计算如下：

1）光纤长度＝1.5km

单位长度损耗(dB/km)＝1.2

总损耗＝1.5×1.2＝1.8dB

2）连接器数目＝6

损耗/连接器＝0.5dB

总损耗＝6×0.5＝3dB

3）安装接头数目＝3

计划整修接头数目＝2

损耗/接头－0.5dB

总损耗＝(3＋2)×0.5＝2.5dB

4）旁路开关个数＝0

总损耗＝0

5）不匹配耦合数目＝0

总损耗＝0

6）色散损耗＝0

7）信号源老化损耗＝1dB

8）安全临界损耗＝1dB

9）温差损耗＝1dB

所以，整个链路的损耗值为

L＝1.8＋3＋2.5＋0＋0＋1＋1＋1＝10.3（dB）

这个值小于 MMF 的最大损耗值 17dB，说明从链路损耗这个角度考虑，此设计方案可以接受。

一个光旁路开关的功率损耗是 2.5dB，FDDI 标准建议：在带有光旁路开关的链路上，任意相邻两通信站点之间的光纤长度不要超过 400m（2.5dB/km）。在这个限定值内，即使有四个连续的站点处于旁路状态，这四个站的两边结点仍可以通信，因为任意两个结点间的连接损耗仍能满足损耗不大于 17dB（4×2.5＋0.4×2.5＝17dB）的边界条件。当然，这样的计算是假定没有其他损耗源的情况下进行的。

（4）损耗/衰减测试计算。OLTS/OPM 可用来测试光纤及其元件/部件（衰减器、分离器、跳线等）或光纤路径的衰减/损耗。

1）通常输入功率与输出功率的比值来定义损耗。计算公式如下：

损耗(dB)＝10log[输出功率(W)/输出功率(W)]　　(4-1)

如果能级在 dBm 中测试

dBm＝10log[功率电平(W)/1mW]

则损耗/衰减计算可简化如下

损耗(dB)＝输出功率(dBm)－输出功率(dBm)　　(4-2)

假设 10mW(＋10dBm)光功率被输进光纤的一端，而在此光纤的输出端测出的是 10μW(－20dBm)，那么利用式(4-1)和式(4-2)可计算出路径的损耗如下

损耗(dB)＝－20dBm－(＋10)dBm＝－30dB

2）光衰减测试依赖于所用光源（发送器）的特性。因此，当测试一条光纤路径时，光源的类型(Center/Peak 波长，频谱的宽度等）要与系统运行时所用的光源类型相近。

3）OLTS 使用的光源模块具有宽频谱的 LEDS，使用这些光源模块所获得的损耗测试值对于使用相近 LEDS 发送器的系统是有效的。

4）单模光波系统使用基于激光的发送器，从而要求使用激光源模块来进行损耗/衰减测试，而多模光波系统通常设计成由 LED 光源来运行。

5）所使用的测试跳线的类型将影响衰减测试结果。因此，要保证所用的测试跳线（对于参考测试或到一个外部源连接的测试）与被测光纤路径具有同一光纤类型。

6）任一稳定的光源输出波长若在 OLTS/OPM 接收器的检波范围之内（938C：400～1700nm；938A：800～16000nm），都可用来测试光纤链路的损耗/衰减。

4.5.3　安全防范工程前端设备测试

（1）摄像机测试的主要内容与引用标准

根据国家标准以及国家等同采用的国际标准，规定的 CCD 黑白应用电视摄像机的主要性能的测量方法。

1）测试引用标准。

GB 12338—1990《黑白通用型应用电视摄像机测量方法》

SJ/T 10203—1991《CCD 彩色单板应用电视摄像机测量方法》

GB/T 15865—1995《摄像机（PAL/SECAM/NTSC）测量方法　第 1 部分：非广播单传感器摄像机》

GB 6996.1—1986《透射式电视综合测试图》

GB 6996.4—1986《透射式电视高频特性测试图》

GB 6996.12—1986《透射式电视灰度测试图　A 型》

GB 6996.13—1986《透射式电视灰度测试图　B 型》

2）测量仪器包括：照度计，示波器，视频综合测试仪，监视器，标准光源灯箱，镜头。

3）几项主要性能指标的测试：信号极性及输出幅度，最低照度，信噪比（加权的），亮度鉴别等级，分解力，行频 f_H 及相位抖动，伽马（γ）校正特性，色还原性。

（2）对安防系统的前端各类探测器、云台、护罩、控制器、辅助电源、电锁、对讲机等设备安装的部位，产品的规格型号和安装质量等进行测试检查的主要内容见表 4-7。

（3）安防工程前端各类探测器、云台、护罩、控制器、辅助电源、电锁、对讲机等性能和功能测试检查的主要内容见表 4-8。

表 4-7　　安全防范系统工程前端设备测试检查表

序号	测试检查项目	测试检查内容	抽查百分数（%）	检查记录 1	2	3	4	5	6	…	n
1	摄像机	（1）设置位置； （2）视野范围； （3）安装质量及外观； （4）镜头、防护罩、支撑装置、云台	30								
2	监视器	（1）安装位置； （2）设置条件	100								
3	各类探测器（包括探测器、巡更点、读卡器等）	（1）安装设置位置； （2）安装质量及外观	30								
4	控制器（包括矩阵、报警控制器、门禁控制器、车库控制器等）	（1）安装位置； （2）接线引入电缆； （3）接地线情况	100								
5	辅助电源	（1）安装位置； （2）接线引入电缆； （3）接地线情况	30								
6	电锁	（1）安装设置位置； （2）安装质量及外观； （3）开关性能、灵活性	30								
7	控制台与机架*	（1）安装垂直度、水平度； （2）设备安装位置； （3）穿孔、连接处接触情况	100								
8	电（光）缆敷设*	（1）敷设与布线； （2）电缆排列位置，布放、绑扎质量； （3）地沟、支架、桥架的安装质量； （4）埋设深度及架设质量； （5）焊接及插接头安装质量； （6）接线盒接线质量	30								
9	接地*	（1）接地材料； （2）接地线焊接质量； （3）接地电阻	30								

注　摄像机和探测器总数在 10 台以下时 100%检测。
* 随工检测项目。

表 4-8　安全防范系统工程前端设备的功能测试检查表

序号	前端设备项目	前端设备的功能测试检查内容	抽查百分数%	检查记录							
				1	2	3	4	5	6	…	*n*
1	摄像机	（1）通电试验； （2）防拆、防破坏功能； （3）云台动作、镜头情况及视野范围； （4）图像质量	100								
2	监视器	（1）通电试验； （2）显示清晰度	100								
3	各类探测器（包括探测器、巡更点、读卡器等）	（1）通电试验； （2）探测器灵敏度调整； （3）防拆、防破坏功能； （4）环境对探测器工作有无干扰的情况	100								
4	控制器（包括矩阵、报警控制器、门禁控制器、车库控制器等）	（1）通电试验； （2）防拆、防破坏功能； （3）控制功能； （4）动作实时性	100								
5	后备电源	（1）电源品质； （2）电源自动切换情况； （3）断电情况下电池工作状况	30								
6	电锁	（1）通电试验； （2）开关性能、灵活性	100								
7	自动栅栏（栏杆）	（1）通电试验； （2）栏杆升降情况； （3）防砸车测试	100								

4.5.4　中心端设备测试检查

中心控制设备（矩阵切换主机、报警主机、监视器、图像处理和记录设备、电源设备等）的型号、数量、质量、技术指标、安装位置与安装质量、外观外形情况、接地情况等。

中心控制设备的控制柜、箱、控制台与机架、监视器等的施工质量测试检查的主要内容见表 4-9。

4.5.5　电视监控系统功能测试检验

电视监控系统功能测试检查的主要内容见表 4-10。

表 4-9 建筑设备监控系统现场检测表

<table>
<tr><th rowspan="2">项　目</th><th colspan="2" rowspan="2">质量测试检查的主要内容</th><th colspan="2">抽查数量</th><th colspan="2">合格率</th><th rowspan="2">检测结果</th></tr>
<tr><th>规定值</th><th>实际值</th><th>规定值</th><th>实际值</th></tr>
<tr><td rowspan="14">主控项目：
(1) 现场设备安装质量检查
(2) 控制系统和控制单元现场测试</td><td colspan="2">监视器</td><td>100%</td><td></td><td>100%</td><td></td><td rowspan="14"></td></tr>
<tr><td colspan="2">控制器</td><td>10%</td><td></td><td>90%</td><td></td></tr>
<tr><td colspan="2">控制柜、箱、控制台与机架</td><td>100%</td><td></td><td>100%</td><td></td></tr>
<tr><td colspan="2">接入率和完好率</td><td>10%</td><td></td><td>90%</td><td></td></tr>
<tr><td colspan="2">模拟信号精度测试</td><td>10%</td><td></td><td>90%</td><td></td></tr>
<tr><td colspan="2">控制设备性能测试</td><td>20%</td><td></td><td>90%</td><td></td></tr>
<tr><td rowspan="2">实时性能测试</td><td>巡检速度</td><td>10%</td><td></td><td>90%</td><td></td></tr>
<tr><td>报警信号</td><td>20%</td><td></td><td>100%</td><td></td></tr>
<tr><td colspan="2">分　项</td><td colspan="2">检查情况</td><td colspan="2">检查结果</td></tr>
<tr><td rowspan="2">维护功能检验</td><td>应用软件在线编程</td><td colspan="2"></td><td colspan="2"></td></tr>
<tr><td>故障检测</td><td colspan="2"></td><td colspan="2"></td></tr>
<tr><td rowspan="2">可靠性测试</td><td>抗干扰性</td><td colspan="2"></td><td colspan="2"></td></tr>
<tr><td>备用电源切换</td><td colspan="2"></td><td colspan="2"></td></tr>
<tr><td colspan="6"></td></tr>
<tr><td rowspan="5">现场评测
一般项目</td><td colspan="2">评测内容</td><td colspan="4">评测意见</td><td rowspan="5"></td></tr>
<tr><td colspan="2">监控网络和数据库标准化</td><td colspan="4"></td></tr>
<tr><td colspan="2">系统冗余配置</td><td colspan="4"></td></tr>
<tr><td colspan="2">系统可扩充性</td><td colspan="4"></td></tr>
<tr><td colspan="2">节能评价</td><td colspan="4"></td></tr>
<tr><td>过程质量记录</td><td colspan="2"></td><td colspan="4"></td><td></td></tr>
<tr><td>现场检测结论</td><td colspan="7"></td></tr>
</table>

表 4-10 电视监控系统功能测试检查表

<table>
<tr><th rowspan="2">检测项目</th><th rowspan="2">电视监控系统功能测试检查内容</th><th rowspan="2">设计要求</th><th colspan="8">检　查　记　录</th></tr>
<tr><th>1</th><th>2</th><th>3</th><th>4</th><th>5</th><th>6</th><th>…</th><th>n</th></tr>
<tr><td rowspan="9">主观评价</td><td>云台水平转动</td><td></td><td></td><td></td><td></td><td></td><td></td><td></td><td></td><td></td></tr>
<tr><td>云台垂直转动</td><td></td><td></td><td></td><td></td><td></td><td></td><td></td><td></td><td></td></tr>
<tr><td>光圈调节功能</td><td></td><td></td><td></td><td></td><td></td><td></td><td></td><td></td><td></td></tr>
<tr><td>调焦功能</td><td></td><td></td><td></td><td></td><td></td><td></td><td></td><td></td><td></td></tr>
<tr><td>变倍功能</td><td></td><td></td><td></td><td></td><td></td><td></td><td></td><td></td><td></td></tr>
<tr><td>图像切换功能</td><td></td><td></td><td></td><td></td><td></td><td></td><td></td><td></td><td></td></tr>
<tr><td>录像功能</td><td></td><td></td><td></td><td></td><td></td><td></td><td></td><td></td><td></td></tr>
<tr><td>防护罩功能</td><td></td><td></td><td></td><td></td><td></td><td></td><td></td><td></td><td></td></tr>
<tr><td>其他</td><td></td><td></td><td></td><td></td><td></td><td></td><td></td><td></td><td></td></tr>
</table>

续表

检测项目	电视监控系统功能测试检查内容	设计要求	检查记录							
			1	2	3	4	5	6	…	n
图像质量测试	信号幅度	$1V_{p-p}/75\Omega$								
	黑白电视水平清晰度	400 线								
	彩色电视水平清晰度	270 线								
	灰度	8 级								
	黑白电视系统信噪比	37dB								
	彩色电视系统信噪比	36dB								
	黑白电视系统电源干扰	40dB								
	彩色电视系统电源干扰	37dB								
	黑白电视系统单频干扰	40dB								
	彩色电视系统单频干扰	37dB								
	黑白电视系统脉冲干扰	31dB								
	彩色电视系统脉冲干扰	198～242V								
	供电									
结论										

注　1. 图像质量的测试是在摄像机的标准照度下进行的。
2. 抽检百分数为 30%，被抽检设备总数在 10 台以下时 100%检测。

4.5.6　电源测试检查

电源测试检查的主要内容：

(1) 系统电源的供电方式、供电质量、备用电源容量等应符合规范和正式设计文件的要求。

(2) 主、备电源转换检验应符合下列规定：

1) 对有备用电源的系统，应检查当主电源断电时，能否自动转换为备用电源供电。主电源恢复时，应能自动转换为主电源供电。在电源转换过程中，系统应能正常工作。

2) 对于双路供电的系统，主备电源应能自动切换。

3) 对于配置 UPS 电源装置的供电系统，主备电源应能自动切换。

(3) 电源电压适应范围检验。当主电源电压在额定值的 85%～110%范围内变化时，不调整系统(或设备)，应仍能正常工作。

(4) 备用电源检验。备用电源检验应符合下列规定：

1) 检查入侵报警系统备用电源的容量，能否满足系统在设防状态下，满负荷连续工作时间的设计要求。

2) 检验防盗报警控制器的备用电源是否有欠电压指示，欠电压指示值应符合设计要求。

3) 检查出入口控制系统的备用电源能否保证系统在正常工作状态下，满负荷连续工作时间的设计要求。

(5) 还应检查安防监控系统的备用电源容量能否满足设计和使用要求。

4.5.7　防雷与接地测试检查

防雷与接地测试检查的主要内容：

(1) 防雷与接地检验也是系统安全性检验的重要组成部分。由于我国南北东西的气候环境、雷电环境、地质土壤环境等因素差异较大，因此雷电防护和接地施工的难度也各不相同。对安防工程的防雷接地检验应按相关标准和具体工程的设计要求、地区规范，重点实施对室外前端设备的雷电防护检查和监控中心的接地设施检（查）验。

(2) 防雷设施检验应符合下列规定：

1) 检查系统防雷设计和防雷设备的安装、施工，结果应符合规范的规定。

2) 检查监控中心接地汇集环或汇集排的安装，结果应符合规范的规定。

3) 检查防雷保护器数量、安装位置，结果应符合设计要求。

(3) 接地装置检验。接地装置检验应符合下列规定：

1) 检查监控中心接地母线的安装，结果应符合规范的规定。

2) 检查接地电阻时，相关单位应提供接地电阻检验报告。当无报告时，应进行接地电阻测试，结果应符合规范的规定。若测试不合格，应按规范的要求进行整改，直至测试合格。

4.5.8 电视监控工程验收使用的主要表据

电视监控工程验收所使用的主要表据有：

(1) 半球形、枪形摄像机安装检验质量验收记录表。

(2) 半球形、枪形摄像机安装隐蔽工程（随工检查）验收表。

(3) 成套配电柜、控制柜（屏、台）和动力、照明配电箱（盘）安装工程检验批质量验收表。

(4) 成套配电柜、控制柜（屏、台）和动力、照明配电箱（盘）安装隐蔽工程（随工检查）验收表。

(5) 电视墙安装检验质量验收记录表。

(6) 电视墙安装隐蔽工程（随工检查）验收表。

(7) 电视墙内设备安装检验质量验收记录表。

(8) 电视墙内设备安装隐蔽工程（随工检查）验收表。

(9) 电梯形摄像机安装检验质量验收记录表。

(10) 电梯形摄像机安装隐蔽工程（随工检查）验收表。

(11) 对射安装检验质量验收记录表。

(12) 对射安装隐蔽工程（随工检查）验收表。

(13) 紧急报警安装检验质量验收记录表。

(14) 紧急报警安装隐蔽工程（随工检查）验收表。

(15) 控制台安装检验质量验收记录表。

(16) 控制台安装隐蔽工程（随工检查）验收表。

(17) 控制台内安装检验质量验收记录表。

(18) 控制台内安装隐蔽工程（随工检查）验收表。

(19) 室内球安装检验质量验收记录表。

(20) 室内球安装隐蔽工程（随工检查）验收表。

(21) 室外球安装检验质量验收记录表。

(22) 室外球安装隐蔽工程（随工检查）验收表。

(23) 探测器安装检验质量验收记录表。

(24) 探测器安装隐蔽工程（随工检查）验收表。

第5章 chapter5 防盗报警系统的设计与施工技术

防盗报警系统是防止盗窃行为，当窃贼侵入防范区时，利用各类功能的探测器发出出现危险情况信号引起报警的装置。一个完善的安全防盗报警系统还应包括响应力量，即警卫力量。

本章重点介绍的内容有：防盗报警系统基础知识；防盗报警系统的有关标准；防盗报警系统设计；防盗报警系统的施工；防盗报警系统的测试检验验收。

5.1 防盗报警系统基础知识

5.1.1 防盗报警系统的组成

安全防盗报警器是指当窃贼侵入防范区时，引起报警的装置。它是用来发出出现危险情况信号的。安全防盗报警系统的组成如图5-1所示。

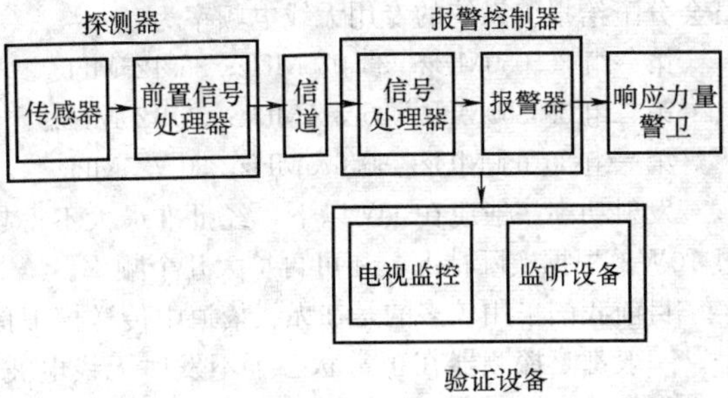

图5-1 安全防盗报警系统组成框图

5.1.1.1 探测器

探测器通常由传感器和信号处理器组成。有的探测器只有传感器，没有信号处理器。

传感器是探测器的核心部分，它是一种物理量的转换装置，在入侵探测器中，传感器把测到的物理量压力、位移、振动、温度、声音、光强等转化成一种容易处理的电量，如电流、电压、电阻、电容等。

传感器是一种能量转换装置，是将被测的物理量（如力、压力、质量、应力、位移、速度、加速度、振动、冲击、温度、声响、光强等）转换成相应的、易于精确处理的电量（如电流、电压、电阻、电感、电容等）。该电量称为原始电信号。

设传感器的输出量为 y，传感器输入量为 x，那么 $y=f(x)$ 称为转换函数，它表示传感器的输入—输出特性。在理想情况下，变换函数应为一元函数。但在实际应用时，由于测量对象和测量环境的干扰，如气压、温度、噪声、振动、辐射等的影响，变换函数则是多元函数 $y=f(x, Q, A\cdots)$。当然，通常在设计和选用传感器时，总是使干扰对输出量 y 的影响限制在最低水平上。

前置信号处理器将原始电信号进行加工处理，如放大、滤波等，使之成为适合在信道中传输的信号，称之为探测电信号。

传感器有以下几种类型：

（1）开关传感器。开关传感器是一种简单、可靠的传感器，也是一种最廉价的传感器，广泛应用在安防技术中，它将压力、磁声或位移等物理量转化成电压或电流。

（2）压力传感器。压力传感器是把压力变化转换成相应的电量，进行放大处理成探测电信号的传感器。

（3）声传感器。声传感器是把声信号（例如：说话、走动、打碎玻璃、锯钢筋等）转换成一定电量的传感器。

声音是一种机械波，声音的传播是机械波在媒介中传播的过程。频率在20～2000Hz的声波，人耳能接收到，称为可闻波。频率低于20Hz、人耳听不到的声波称为次声波。频率高于20000Hz的声波称为超声波。

（4）光电传感器。光电传感器是一种将可见光转换成某种电量的传感器。光敏二极管是最常见的光传感器。光敏二极管的外型与一般二极管一样，只是它的管壳上开有一个嵌着玻璃的窗口，以便于光线射入，为增加受光面积，PN结的面积做得较大。光敏二极管工作在反向偏置的工作状态下，并与负载电阻相串联。

光敏三极管除了具有光敏二极管能将光信号转换

成电信号的功能外，还有对电信号放大的功能。

（5）热电传感器。热电传感器是一种将热量变化转换成电量变化的一种能量转换器件。热释电红外线元件是一种典型的热量传感器。一般的热释电材料为 $LiTaO_3$，当受到红外线的照射，热释电材料的温度发生变化，同时其表面电荷也会产生变化。当以 $LiTaO_3$ 为代表的热释电材料处于自极化状态时，吸收红外线入射波后，结晶的表面温度改变，自极化也发生改变，结晶表面的电荷变得不平衡，把这种不平衡电荷的电压变化取出来，便可测出红外线。热释电材料只有在温度变化时才产生电压，如果红外线一直照射，则没有不平衡电压，一旦无红外线照射时，结晶表面电荷就处于不平衡状态，从而输出电压。

（6）电磁感应传感器。电磁场也是物质存在的一种形式。电磁场的运动规律由麦克斯韦议程组来表示。当入侵者入侵防范区域，使原先防范区域内电磁场的分布发生变化，这种变化可能引起空间电场的变化，电场畸变传感器就是利用此特性。同时，入侵者的入侵也可能使空间电容发生变化，电容变化传感器就是利用此特性。

5.1.1.2　有线信道与无线信道

信道是传输探测电信号的通道，也即媒介。根据信道的范围有狭义和广义之分，把仅指传输信号的媒介称为狭义信道；把除包括传输媒介外，还包括从探测器输出端到报警控制器输入端之间的所有转换器（如发送设备、编码发射机、接收设备等）在内的扩大范围的信道称为广义信道如图 5-2 所示。在广义信道中，不管中间过程如何，它们只不过是把探测电信号进行了某种处理而已。只需关心最终传输的结果，而无需关心形成这个最终结果的详细过程。

图 5-2　广义信道框图

（1）有线信道。在报警器中常用的有线信道有：

1）专用线。专用于连接每个探测器和报警接收中心的线路，只作为传输该系统的探测信号用，不作它用。一般常用的双绞线、电话线、电缆，通信电缆。专用线是我国目前大量采用的信道。专用线有并行传输的多线制和串行传输的总线制两种。总线制有树型布线和环状布线两种形式，线数最少有 2 根线，既作电源传输用又作信号传输用。常用的是 4 根线，电源线和信号线分开用。也有 6 根线或更多一点的。串行总线制比并行传输的多线制对整个报警工程系统的设计、施工和节省导线上都优越得多，尤其是对大、中型工程来说优越性就更加显著。

2）借用线。一些已建筑好的建筑物内，已有了各种传输线网络，如 220V 的照明线路、电话及电视共用的天线线路等。如果能借此来传输报警系统的探测信号，这也是报警系统的设计者和施工者们所盼望的。人们已根据实际需要研制了能利用已有的线路传输报警探测信号的相关设备，像电话报警器，平时作电话用，有情况时作报警器用，能由自动交换台自动控制的范围内都可以用，手动交换台控制的范围内不能用，这是因为，在需要报警的时刻，电缆不一定能保证接通。其他是像利用照明线路、电视共用天线来传输报警探测电信号，也有不少人从事这项研究工作，并研制出了样机，相信在不久的将来，样机会转化成商品的，这类产品是很有用场的。

（2）无线信道。无线信道将探测器输出的探测电信号经过调制用一定频率的无线电波，向空间发送到报警控制器处接收。而控制中心将接收信号分析处理后，发出报警和判断出报警部位。全国无线电管理委员会分配给报警系统的专用无线电频率为：

第一组 36.050MHz；36.075MHz；36.125MHz。

第二组 36.350MHz；36.375MHz；36.425MHz。

第三组 36.650MHz；36.675MHz；36.725MHz。

发射功率一般应在 1W 以下，经批准最大不得超过 10W。根据实际情况，还可再扩大几个频率。

目前我国采用较多的是在无线信道中传送模拟信号。一般都是探测器在正常状态下不发射无线电波，而在报警状态下发射无线电波的模式。常用的有调幅、调频两种方式。

1）调幅方式。当某个探测器 A 产生报警电信号时，发射机发出某个调幅波，其调制信号可以是该探测器特有的低频信号 f_A，即显示探测器 A 处出现了危险情况。

这种传输方式较易受到外界干扰，引起误报警。有的尽管采取了抗电火花干扰措施但效果仍不理想。

2）调频方式。当某个探测器 B 产生报警电信号时，发射机发出某个调频波，其调制信号可以是该探测器特有的两个音频号 f_B、f'_B（采用音叉振荡器频率较精确）。在报警接收中心收到调频波后，鉴频得到双音频信号 f_B、f'_B，即显示探测器 B 处出现了危险情况。这种传输方式与调幅方式相比较，抗干扰性能较好。

随着科学技术的不断进步，人们将会更多地采用在无线信道中传送数字信号的传输方式。这是因为数字传输系统与模拟传输系统相比较，它更能适应对传输技术越来越高的要求。首先，数字传输的抗干扰能力强；第二，传输中的差错可以设法检测和纠正；第三，便于使用计算机对信号进行处理，便于计算机联网使用。

5.1.1.3　报警控制器

报警控制器由信号处理和报警装置组成。报警信号处理是对信号中传来的探测电信号进行处理，判断出电信号中"有"或"无"情况，并输出相应的判断信号。若探测电信号中含有入侵者入侵信号时，则信号处理器发出报警信号，报警装置发出声或光报警，引起防范工作人员的警觉。反之，若探测电信号中无入侵者的入侵信号，则信号处理器送出"无情况"的信号，则报警器不发出声光报警信号。

通常为了实现区域性的防范，即把几个需要防范的小区，联网到一个报警中心，一旦出现危险情况，可以集中力量打击犯罪分子。而各个区域的报警控制器的电信号，通过电话线、电缆、光缆，或用无线电波传到控制中心，同样控制中心的命令或指令也能回送到各区域的报警值班室，以加强防范的力度。控制中心通常设在市、区的公安保卫部门。

5.1.1.4　响应力量

报警控制器通常由信号处理器和告警器（即显示器）两部分组成。信号处理器将传输系统送来的探测电信号作进一步处理，判断出"有"或"无"危险情况出现。输出相应的判定电信号，控制报警器动作。也有的报警器其全部信号处理均在探测器中完成。告警器在接收到"有"危险情况出现的判定电信号后，将它转换成人能感知声音、光亮报警信号输出，引起人们的警觉，以便及时采取相应的行动。

验证设备及其系统，即声、像验证系统，由于报警器不能做到绝对的不误报，所以往往附加电视监控和声音等验证设备，以确切判断现场发生的真实情况，避免警卫人员因误报而疲于奔波。

电视验证设备后来又发展成为视频运动探测器，使报警与监视功能合二为一，减轻了监视人员的劳动强度。

响应力量（或称警卫力量），根据监控中心（即报警控制器）发出的告警信号，警卫力量迅速前往出事地点，抓获入侵者，中断其入侵活动。

没有警卫力量，不能算作一个完整的报警系统。各居民区应与派出所、联防队合作，组成区域性的探测中心，在监控中心应配以必要的警卫力量。同时，监控中心应与更高层次的公安部门的机动力量保持联系，以便在必要时可以作出较大规模的行动。至于各单位，应根据其规模的大小，自行组成相应的监控中心，并与区域性的监控中心联网。只有这样，才能对入侵者形成一种威慑力量。

5.1.2　防盗报警器的分类

防盗报警器的名目繁多，以防盗报警器进行分类，将有助于从总体上认识和掌握它。

防盗报警器通常按传感器的种类、工作方式、工作原理、传输信道（或方法）、警戒范围、应用场合等划分。现将提到的一些类别简述如下。

5.1.2.1　按传感器的种类分类

按传感器的种类，即按可探测的物理量来分，报警器可分为磁控开关报警器、振动报警器、声报警器、超声波报警器、电场报警器、微波报警器、红外报警器、激光报警器、视频运动报警器，把两种传感器全装于一个探测器里边的称为双技术（或称双鉴、复合）报警器等。

5.1.2.2　按探测器的工作方式分类

按探测器的工作方式划分，报警器可分为主动式和被动式报警器。

主动式报警器在工作时，探测器本身要向警戒现场发射某种能量，在接收传感器上形成一个稳定信号。当出现危险情况时，稳定信号被破坏，形成携有报警信息的探测信号，由传感接收，经处理产生报警信号，达到报警目的，其发射装置和接收传感器可以在同一位置，也可以在不同一位置。此类报警器有超声波式、主动红外式、激光式、微波式、光纤式、电场式等报警器。

被动式报警器在工作时，探测器不需要向警戒现场发射出能量信号，而是依靠接收自然界本身存在的能量，在接收传感器上形成一个稳定的信号。当出现危险情况时，稳定信号被破坏，形成携有报警信息的探测信号，由传感器接收，经处理产生报警信号。例如，被动红外报警器，是探测入侵者人体发出的红外辐射与背景红外辐射相比较来实现报警的。所以，被动红外报警器属被动式报警器。此外，还有振动式、可闻声探测式、次声探测式、视频运动式等报警器。

5.1.2.3　按探测电信号传输信道分类

按探测电信号传输信道划分，报警可分为有线报警器和无线报警器。

有线报警是探测电信号由传输线（无论是专用线或借用线）来传输的报警器，这是目前大量采用的方式。

无线报警器是探测电信号由空间电磁波来传输的报警器。在某些防范现场很分散或不便架设传输线的情况下，无线报警器有独特作用。为实现无线传输，必须在探测器和报警控制器之间，增加无线信道发射机和接收机。

需要指出的是，有线报警和无线报警器，仅仅是按传输信道（或传输方式）的分类，任何探测器都可与之组成有线或无线报警系统。

5.1.2.4 按警戒范围分类

按警戒范围划分，报警器可分为点控制报警器、线控制报警器、面控制报警器和空间控制报警器。

点控制报警器是指警戒范围仅是一个点的报警器。当这个警戒点的警戒状态被破坏时，即发出报警信号，如磁控开关及各种机电开关报警器。

线控制报警器是指警戒范围是一条线束的报警器。当这条警戒线上任意处的警戒状态被破坏时，即发出报警信号。如激光、主动红外、被动红外，微波（对射型）及双技术报警器，都可构成一种看不见摸不着的无形的警戒线，还有一些看得见摸得着的封锁线，如电场周界传感器、电磁振动周界电缆传感器、压力平衡周界传感器、高压短路周界传感器等。

面控制报警器是指警戒范围是一个面的报警器。当这个警戒面上任意处的警戒状态被破坏时，即发出报警信号，例如，震动报警器、感应报警器。有的线控报警器经组合也可构成面控报警器。例如，采用多束型或单束型经过多次反射等构成的激光墙、红外墙与微波墙等，也可采用来回布金属线构成线网墙等。

空间控制报警器是指警戒范围是一个空间的报警器。当这个警戒空间内任意处的警戒状态被破坏时，即发出报警信号，例如双技术报警器、超声波报警器、微波报警器、被动红外报警器、电场式报警器、视频运动报警器等。在这些报警器所警戒的空间内，入侵者无论是从门窗、从天花板、或从地下等任意处进入警戒空间时，都会产生报警信号。

5.1.2.5 按应用场合分类

按应用场合分类，可分为室内与室外报警器，或可分为周界报警器、建筑物外层报警器、室内空间报警器及具体目标监视用报警器。

5.1.2.6 按工作原理分类

按工作原理分类大致可分为机电式报警器、电声式报警器、电光式报警器、电磁式报警器等。但是要完全严格的分类有时也会发生困难，叙述起来也会有较多的重复。不过从不同角度和侧面进行分类，是有利于从整体上认识它和掌握它的。

防盗报警系统基础知识的详细内容可参见参考文献［23］。

5.2 防盗报警系统的有关标准

GB 50198—1994《民用闭路监视电视系统工程技术规范》

GBJ 115—1987《工业电视系统工程设计规范》

GA/T 75—1994《安全防范工程程序与要求》

GA/T 74—2000《安全防范系统通用图形符号》

GA/T 368—2001《入侵报警系统技术要求》

GB 10408.1—2000《入侵探测器　第1部分：通用要求》

GB/T 50314—2006《智能建筑设计标准》

CECS 119—2000《城市住宅建筑综合布线系统工程设计规范 CECS119：2000》

GB 50311—2007《综合布线系统工程设计规范》

JGJ 16—2008《民用建筑电气设计规范》

GB 50198—1994《民用闭路监视电视系统工程技术规范》

GB 14050—2008《系统接地的型式及安全技术要求》

GA/T 75—1994《安全防范工程程序与要求》

GA/T 308—2001《安全防范工程验收规则》

GBJ 115—1987《工业电视系统工程设计规范》

GB 16806—2006《消防联动控制系统》

GB 50116—1998《火灾自动报警系统设计规范》

GBJ 42—1981《工业企业通信设计规范》

GB 50303—2002《建筑电气工程施工质量验收规范》

GBJ 232—1982《电气装置安装工程施工及验收规范》

GB 50093—2002《自动化仪表工程施工及验收规范》

JGJ 16—2008《民用建筑电气设计规范》

GB/T 15411—1994《防爆应用电视总技术条件》

GB/T 13953—1992《隔爆型防爆应用电视设备防爆性能试验方法》

GB 3836《爆炸性气体环境用电气设备》

GA 38—2004《银行营业场所风险等级和防护级别的规定》

GB/T 16676—1996《银行营业场所安全防范工程设计规范》

GA 27—2002《文物系统博物馆风险等级和安全防护级别的规定》

GB/T 16571—1996《文物系统博物馆安全防范工程设计规范》

5.3 防盗报警系统设计

为了对付盗窃和抢劫，防盗报警系统设计是一项系统工程，而且是一项复杂的工程，因此，它的建设应遵循工程的基本程序。

由于防盗报警系统外部条件的可变性，用直观的传统方法和单凭个人的经验技术是不行的，为了保证系统的整体性就需要统盘地考虑这一问题，以便实现设计的防盗报警系统最优化。

5.3.1　防盗报警系统设计要求

防盗报警系统是安防工程中很重要的系统，设计应遵循以下内容进行。

(1) 防盗报警系统应由入侵探测器、传输系统、控制设备组成，并应附加音、像（或两者之一）复核装置（监听装置）。

(2) 防盗报警系统应具备盗窃、抢劫之报警功能，具有用于指挥调动处警力量的通信手段，其防范能力应与设计任务的要求相一致。

(3) 防盗报警系统的设计，必须按国家现行的有关规定进行，必须结合实体防护系统和接处警力量的情况设计。

(4) 防盗报警系统设计，应在现场勘察的基础上进行。

(5) 传输系统一般宜自敷专线传输报警信息，并配以必要的有线、无线转接装置，形成以有线传输为主，无线传输为辅的报警传输系统，不适宜采用有线传输方式的区域和部位，应采用无线传输方式。

(6) 设备及线路敷设方式的选择应符合防范要求，满足使用环境条件，并有合适的性能价格比。

(7) 所选用设备、器材均必须为符合国家有关技术标准的安全标准、并经过国家指定检测中心检验合格的产品；进口设备、器材至少应有商检合格证书。

(8) 系统设计应考虑到系统进一步发展的可能性，应有利于系统规模的扩充及新技术的引用。

(9) 系统应考虑安装方便、配置方便、使用方便。

(10) 系统自身安全性、保密性要强。

(11) 在防护区域内，入侵探测器盲区边缘与防护目标间的距离不得小于5m。

(12) 室外探测、传输系统应考虑有适应当地具体条件的抗雷电干扰措施，以及在自然环境条件下正常工作的能力。

(13) 所选用设备、器材必须符合国家有关技术标准的安全标准、并经过国家指定检测中心检验合格的产品；进口设备、器材至少应有商检合格证书。

(14) 供内部工作人员使用的出入口应配置自动识别身份的出入控制装置。

(15) 固定安装的无线报警发射装置，应有防拆报警和防止人为破坏的实体保护壳体。

(16) 以无线报警组网方式为主组成的安全防范系统，应有对使用的信道进行监视的功能，当出现连续阻塞信号或干扰信号超过30s，足以妨碍正常接收报警信号时，接收端应有故障信号显示。

(17) 以无线报警组网方式为主组成的安全防范系统，接收端应有接收处理多路同时报警的功能而不得产生漏报警。

(18) 门、窗应安装开关式报警装置或其他报警装置。

(19) 中心控制室应能在接收报警信号的同时立即识别部位、性质（抢劫、盗窃、火灾、故障等），并在屏幕上显示；打印记录及存储报警时间、部位、性质及处置预案。

(20) 发射机使用的电池应保证有效使用不少于6个月，在发出欠电压报警信号时，电源应能支持发射机正常工作7天。

(21) 接收机安装位置应由现场试验确定，以保证接收到防范区域内任意发射机发出的报警信号。

(22) 系统设计应考虑到系统进一步发展的可能性，应有利于系统规模的扩充及新技术的引用。

(23) 系统应考虑安装方便、配置方便、使用方便，系统自身安全性、保密性要强。

5.3.2　防盗报警系统前端探测设计

探测部分是整个防盗报警工程的前沿部分，在这一部分的主要工作是根据被保护现场的实际情况选择合适的探测器，再根据探测器的技术要求选择合适的位置安装探测器。因为被保护的现场的实际情况往往是千差万别的，难保统一，而各种探测器的性能是有差异的，各有长处和短处，都有它适用的地方，也受到一定的局限。因此选用探测器的最重要一点是它的适用性。即某种探测器只要满足实际需便行。当然要考虑产品的工作电压、工作电流、价格及其质量等问题。

5.3.2.1　探测器的选型

防盗报警系统前端探测器选型基本原则：

(1) 国产前端探测器选型。前端探测器产品首先要关注是否经过国家有关部门批准生产的，国家工商部门对安防产品生产企业经营范围应有明确的规定；各地公安机关对安防产品也会核发生产许可证、对安防产品销售会核发销售许可证；对于通过电话线报警的安防产品，国家信息产业部还会核发电信设备入网许可证。对于同时具备以上一照（营业执照）、三证（安防产品生产许可证、安防产品销售许可证、电信设备入网许可证）的产品，用户可列入选购范围。

(2) 进口的前端探测器选型。对于进口的前端探测器，也要通过国家有关部门的检验，具备获发（销售许可证、营业执照、电信设备入网）许可证的基本条件，用户可列入选购范围。

(3) 在探测器防护区域内，有盗窃行为发生时不应产生漏报警，无盗窃行为发生时应尽可能避免误报警。

(4) 根据使用条件和防区干扰源情况选择探测器的类型。

(5) 根据防护要求选择具有相应技术性能的探测器。

(6) 探测器灵敏度。参考目标从探测范围边界处，沿径向以每秒一步（约0.75m/s）的速度接近探测器，移动3m或最大探测距离的30%以内（两者取其小值），应产生报警；移动小于0.2m，不应产生报警。

(7) 产生报警状态后，参考目标停止运动，探测器在10s内恢复到警戒状态。

(8) 信号线发生断路、短路或并接其他负载时，应发出报警信号。

5.3.2.2 探测器安装设计的基本原则

探测器的安装设计应遵循以下基本原则：

(1) 在防护区域内，入侵探测器盲区边缘与防护目标间的距离应≥5m。

(2) 探测器的作用距离、覆盖面积，一般应留有25%～30%的裕量。

(3) 设防部位的探测应满足条件：①防护区域内无盲区；②探测灵敏度满足防范要求；③在交叉覆盖时应避免相互干扰。

(4) 重点防护目标或部位宜实施多层次防护（如室外周界、室内空间、重点防护目标或部位本身三层防护）。

(5) 主动红外发射机与接收机之间红外光束的对准。

(6) 探测器在下列工作环境条件下，应符合标准的规定。

1) 室内使用：温度−10～55℃，相对湿度小于或等于95%。

2) 室外使用（分为二组）：①第一组温度−25～70℃，相对湿度小于或等于95%；②第二组温度−40～70℃，相对湿度小于或等于95%。

(7) 发射机的红外辐射光谱应在可见光光谱之外（其波长应大于0.76μm）。

(8) 探测器在制造厂规定的探测距离工作时，辐射信号被完全或按给定的百分比部分遮蔽的持续时间大于40ms容差±10%，探测器应产生报警；辐射信号被完全或按给定的百分比部分遮蔽的持续时间小于20ms，容差±10%，探测器不应产生报警。探测器处于报警状态时，其持续时间大于1s。

(9) 探测距离。

1) 室内用：发射机与接收机经正确安装和对准红外光束并工作在制造厂规定的探测距离，辐射能量有75%被持久地遮蔽时，接收机不应产生报警。

2) 室外用：主动红外入侵探测器的最大射束距离应是制造厂规定的探测距离的6倍以上。

(10) 为了实现发射机与接收机之间红外光束的对准，接收机面板上应装指示装置。当红外光束对准时，指示装置应发出信号。

(11) 探测器应有可靠的固定装置。为了防止阳光或其他强光进入，探测器应配备遮光罩。

(12) 探测器盒体内应有接线柱，接线柱和引线头分别用数字、字符中颜色标志其功能。接收机的接线柱或印制板上应有放大器输出电压的检测点。

(13) 被动红外入侵探测器的探测范围不应小于制造厂技术条件的规定值，但不得超过规定值的25%。

(14) 被动红外入侵探测器产生报警状态后，参考目标停止移动，探测器应在10s内恢复到正常的警戒状态。

(15) 抗小动物干扰。当被动红外入侵探测器安装在制造厂推荐的使用高度时，在探测范围边界内不同距离的地面移动一直径为30mm，长度为150mm，具有与小动物（例如啮齿动物）类似的红外辐射特性的圆筒，探测器不应产生报警。

(16) 抗背景温度变化。被动红外入侵探测器背景温度为（25±1)℃。并以1℃/min的速率上升至(40±2)℃时，探测器不应产生报警。

(17) 抗环境影响。被动红外入侵探测器按制造厂提供的安装规定和高度进行安装和调整时，不应受探测范围边界外任何移动物体及噪声或建筑物振动的影响。

(18) 若探测器的传感器与处理器不在同一机壳中，则其连接电缆应被视作探测器的一部分。当电缆线发生短路或断路时，处理器本身在10s内均应报警。

(19) 探测器在温度为−10～40℃。相对湿度小于或等于93%的工作环境下。

(20) 超声波入侵探测器在正常环境条件下，不调整灵敏度，探测范围应符合产品说明书给定值，不得超给定值的25%。

(21) 探测器应能承受常温气流和电铃的干扰，不产生误报警。

(22) 产品说明书需提供技术指标、接线图、安装和使用说明，除此之外还应提供下列内容：

1）以图解形式表示出敏感带的几何图形及探测范围。

2）安装高度和角度或安装高度的范围。

3）功率密度为－20dB处发射机的射束角度。

4）接收到辐射误减为－20dB处接收机的接收角度。

5）有效射束宽度。

6）探测距离，对室外使用的探测器应给出最大射束距离。

7）使用环境条件。

8）给出水平面及垂直面探测边界。

9）工作频率。

10）可探测速度范围。

11）对电源的要求及警戒状态和报警状态的工作电流。

12）灵敏度和探测范围调整说明。

13）维修、使用说明和建议。

14）安装注意事项。

（23）微波入侵探测器在正常环境条件下，不调整灵敏度，探测器的最大探测范围边界应符合制造厂技术条件的规定，但不超过该值的25％。

（24）微波辐射安全剂量。在距离探测器5cm处，正对探测器的辐射器，测量其微波辐射功率密度应小于5mW/cm^2。

（25）微波入侵探测器产品说明书的要求。微波入侵探测器产品说明书中，必须具有下列内容：

1）给出水平面和垂直面探测边界极坐标图。

2）工作频率（如果是调制型的应给出调制频率和调制型式）。

3）如大于规定的可探测速度范围应注明。

4）安装方法及使用环境条件。

5）对电源的要求及警戒状态、报警状态的工作电流。

6）灵敏度或探测范围调整说明。

7）维修、使用说明和建议。

（26）微波和被动红外复合探测器。微波和被动红外复合探测器参考目标在探测范围的边界处，以每秒一步（约0.75m/s）的速度，在探测范围内作横向移动时，移动距离小于3m应产生报警信号。对标称探测距离小于10m者，要求移动距离小于该探测距离的30％时，应产生报警信号。

（27）微波和被动红外复合探测器最大的复合探测范围应不小于产品性能指标中的规定值，但不应超过此值的25％。

（28）当复合探测器中微波或红外单元之一受到干扰而处于报警状态时，探测器不应发出报警信号。

（29）指示灯应能分别显示微波、红外和复合三种报警状态。推荐使用三只指示灯分别显示三种状态。规定微波为黄色、红外为绿色、复合为红色。

（30）复合探测器应不受超出探测范围25％以外区域的任何移动物体及建筑物震动源的干扰影响而产生报警信号。

（31）对微波和被动红外复合探测器产品说明书的要求。复合探测器的产品说明书除提供探测功能、技术性能指标、接线图和使用说明之外还应包括下列内容：

1）微波、红外和复合的探测范围分别用不同的线条（或颜色）表示在同一幅图上。

2）自检功能的基本原理、功能和检验方法。

3）步行测试装置的使用方法。

4）避免漏报警和误报警的注意事项。

（32）安装设计应避免各种可能的干扰。

5.3.2.3 磁控开关安装设计要点

磁控开关结构简单、价格低廉、抗腐蚀性好、触点寿命长、体积小、动作快、吸合功率小，因此使用很普通。磁控开关主要用于各类门、窗的警戒，其安装设计要点为：

（1）安装设计要针对现场情况去选择磁控开关，不要把木门上用的磁控开关直接用在钢、铁门上，因为这些金属会将磁场削弱，缩短磁铁的使用寿命，甚至使其失效。门、窗缝隙大的场所要选择磁力大一些的磁控开关。

（2）注意所防护门窗的质地，一般普通的磁控开关仅能用于木质的门窗上，钢、铁门窗应采用专用型磁控开关。

（3）磁控开关的控制距离至少应为被控制门、窗缝隙的2倍。

（4）磁控开关应安装在距门窗拉手边150mm的位置；舌簧管安装在门、窗框上，磁铁安装在门、窗扇上，两者间对准，间距0.5cm左右。

（5）人员流动性较大的场合最好采用暗装磁开关，引出线要加以伪装。

5.3.2.4 水银触点开关安装设计要点

水银触点开关的倾倒敏感，它用于防范保险柜等大型物体被非法搬运。在安装设计时应调节好水银触点开关的工作角度，防范区域内物体一旦被移动，就会发出报警。

5.3.2.5 压力开关安装设计要点

压力开关通常放在窗户、楼梯和保险柜周围的地毯下面，形成通往被防护目标通道上的一道防线。

5.3.2.6 紧急报警装置安装设计要点

紧急报警装置用于可能发生直接威胁生命的场所（如银行营业所、值班室、收银台等），利用人工启动（手动报警开关、脚踢报警开关等）发出报警信号。紧急报警装置可采用有线或无线传输报警方式。

设计要具有以下防误报、漏报技术措施：

（1）防误触发措施。

（2）触发报警后能自锁。

（3）复位需采用人工再操作方式。

（4）无线紧急报警装置的发射机应能在整个防范区域内达到触发报警的要求。

（5）安装在紧急情况下人员易可靠触发的部位。

（6）要隐蔽安装。

5.3.2.7 主动红外入侵探测器安装设计要点

主动红外入侵探测器主要用于室内房间周边、重点区域、周边警戒、室外周界警戒。安装设计要点：

（1）发射机与接收机之间的红外辐射光束不能被遮挡（如室内窗帘飘动、室外树木晃动等）。

（2）探测器安装方位应严禁阳光直射接收机透镜内。

（3）周界需由两组以上收发射机构成时，发射机的红外辐射光谱应在可见光光谱之外（其波长应大于0.76μm）宜选用不同的脉冲调制红外发射频率，以防止交叉干扰。

（4）响应时间。探测器在制造厂规定的探测距离工作时，辐射信号被完全或按给定的百分比部分遮蔽的持续时间大于40ms容差±10%，探测器应产生报警信号；辐射信号被完全或按给定的百分比部分遮蔽的持续时间小于20ms容差±10%，探测器不应产生报警信号。探测器产生报警信号时，其持续时间大于1s。

（5）探测距离。

1）室内用：发射机与接收机经正确安装和对准红外光束并工作在制造厂规定的探测距离，辐射能量有75%被持久地遮蔽时，接收机不应产生报警信号。

2）室外用：主动红外入侵探测器的最大射束距离应是制造厂规定的探测距离的6倍以上。

（6）正确选用探测器的环境适应性能，室内用探测器严禁用于室外。

（7）室外应用要注意隐蔽安装。

（8）主动红外探测器不宜应用气候恶劣，特别是经常有浓雾、毛毛细雨的地域，以及环境脏乱或动物经常出没的场所。

5.3.2.8 微波探测器安装设计要点

（1）微波入侵探测器安装设计要点。微波入侵探测器主要用于室外周界防护，安装设计要点：

1）发射机与接收机是分开相对而立，其间形成一个稳定的微波场。

2）要求所发射的微波束长且发散角小，同时波束最好无旁瓣。

3）收发机之间的校直要严格。

4）信号线发生断路、短路或并接其他负载时，应发出报警信号。

5）在收发机之间的防护区内不应有任何活动的物体存在。

（2）微波多普勒探测器安装设计要点有以下几点。

1）微波多普勒探测器的探头不能直对活动物体，如门帘、窗帘、货架盖布、风扇等，它们一旦被风吹动或运动，就相当于移动的目标，会引起误报警。

2）由于微波可以穿透墙、玻璃等物，所以安装时必须注意安装位置，适当调整灵敏度，以避免室外的运动物体（如人的走动、车的运行、树的摇动等）引起误报警。

3）微波多普勒探测器安装时，必须固定牢靠，不能晃动。自身晃动也相当于有移动物体存在。

4）微波多普功探测器的探头不能直对闪烁的日光灯、水银灯等光源，因灯内的电离气体可以反射微波，闪烁的灯就相当于运动的反射体，可能引起误报警。

5）微波在传播途中遇有金属物体将产生反射，安装时必须注意到反射波区域内不能有运动物体。否则可能引起误报警。

6）在有老鼠、猫、鸟常出没的房间（如旧仓库）安装使用此种探测器时，要注意它们的干扰。若它们在探头附近活动时，由于反射信号较强，可以会引起报警。应将探头安装在距离它们可能活动处2m以外的地方。

5.3.2.9 次声波探测器安装设计要点

（1）次声波探测器能探测频率低于20Hz的声波。

（2）安装次声波探测器的场所密封的愈好，检测效果愈佳，但在有通风机、通风管道和有烟囱的建筑物内不宜安装。

（3）次声波探测器适用于安装铰链的门窗。而不宜安装在滑动式（上下或左右滑动）门窗，因此类门窗密封效果不好，易产生误报。次声波探测器安装在门窗直接通往用户的建筑内效果好。这是因为户内外气压差较大的缘故。

(4) 安装调试次声波探测器还必须充分注意建筑物的声学环境。因为所检测的次声波包括直射波和反向波，声学环境不同，反射次声波的强弱也不同，检测到的信号强弱就不同。故对已经安装好次声探测器的建筑物，如果室内声学环境有重大变化时（如铺设地毯、悬挂厚窗帘、墙面敷设吸声材料、室内增加吸声较强的家具等），必须重新检查和调试探测器。

5.3.2.10 视频报警器安装设计要点

(1) 安装电视摄像机的高度，以站在地面上的人不易摸着为宜，最好安装在屋角附近，以扩大视野。

(2) 摄像机应顺光架设，避免环境光对镜头的直接照射。在视场内也不应有任何人工照明光源的突然出现。如需人工照明光源出现时，则应采取定向遮光措施。

(3) 适当调整摄像机镜头圈，使之在正常照明条件下，监示器上图像的白色部分不致饱和，且有足够的对比度。否则有可能漏报警。

(4) 由于对快变化的光线敏感，如闪电、拉动窗帘都会引起误报警，使用中必须注意。

5.3.2.11 电动式振动探测器安装设计要点

电动式振动探测器用于室内、外周界警戒及防凿、砸金库、保险柜等。主要特点：

(1) 面控型。

(2) 在实休屏障突破之前即可发出报警。

(3) 室外周界警戒形状组成灵活，隐蔽性好。

(4) 传感器中的活动部件易磨损，需半年检修一次。

电动式振动探测器安装设计要点：

(1) 室内应用明敷、暗敷均可。通常安装于可能入侵的墙壁、天花板、地面或保险柜上。

(2) 安装于墙体时，距地面高度2～2.4m为宜，传感器垂直于墙面。

(3) 室外应用时，通常埋入地下，深度在15cm左右，不宜埋入土质松软地带。

(4) 安装位置应远离振动源（如室内冰箱、空调等，室外树木、拦网桩柱等），室外用一般应与振动源保持1～3m以上距离，室内用酌情处理。

(5) 不宜用于附近有强振动干扰源的场所（如附近临公路、铁路、水泥构件厂等）。

5.3.2.12 电动式振动电缆入侵探测器安装设计要点

电动式振动电缆入侵探测器用于室内外周界警戒，主要特点包括：①电缆易弯曲，可用于地形复杂的周界防护；②电缆本身无源，可在不宜进入电源的易燃易爆场所安装使用；③不受温度、湿度的影响；④外界的振动干扰（如小动物爬越、冰雹等引起的振动）较大时易产生误报警；⑤功耗小。

电动式振动电缆入侵探测器安装设计要点包括：

(1) 安装于网状围栏上时，电缆应敷设在围栏的2/3高度处，固定间隔应小于30cm，且应每15m预留一个维护环（直径为8～15cm）。

(2) 安装于栅状围栏上时，宜将传感电缆穿入金属管内置于栅栏的顶端，固定金属管的卡子与管子之间应留有少量活动空间，以便入侵时能够产生振动。

(3) 围墙上安装可采用如下三种方式：

1) 电缆穿入金属管，用金属支架将金属管宽松地固定在围墙内侧或外侧的上方。

2) 在围墙上安装铁刺网，电缆敷设在铁刺网上，敷设方法与上述网状围栏情况雷同。

3) 用支架将电缆固定在围墙内侧或外侧的2/3高度处。

(4) 电缆敷设需经过大门时，应将电缆穿入金属管埋入地下1m深处。

(5) 室内安装时，将电缆敷设在可能入侵的房屋墙体的2/3高度处、天花板、地板上，明敷、暗敷均可。

(6) 接线盒（内置前置信号处理器）应固定安装在传感电缆附近的桩柱或墙体上，且注意防破坏，其地线应良好接地。

(7) 电缆分区要适当，每个警戒区域不宜过长，最好不超过300m，以便能确定入侵部位。

5.3.2.13 泄漏电缆入侵探测器安装设计要点

泄漏电缆入侵探测器用于室外周界，或隧道、地道、过道、烟囱等处的警戒。主要特点包括：①隐蔽性好，可形成一堵看不见的，但有一定厚度和高度的磁场“墙”；②电磁场探测区不受热、声、振动、气流干扰源影响，且受气候变化（雾、雨、雪、风、温、湿）影响小；③电磁场探测区不受地形、地面不平坦等因素的限制；④无探测盲区；⑤功耗较大。

泄漏电缆入侵探测器安装设计要点包括：

(1) 泄漏电缆视情况可隐藏安装在隧道、地道、过道、烟囱、墙内或埋入警戒线的地下。

(2) 应用于室外时，埋入深度及两根电缆之间的距离视电缆结构、电缆介质、环境及发射机的功率而定。

(3) 泄漏电缆探测主机就近安装于泄漏电缆附近的适当位置，注意隐蔽安装，以防破坏。

(4) 泄漏电缆通过高频电缆与泄漏电缆探测主机相连，主机输出送往报警控制器。

（5）周界较长，需由一组以上泄漏电缆探测装置警戒时，可将几组泄漏电缆探测装置适当串接起来使用。

（6）泄漏电缆埋入的地域要尽量避开金属堆积物，在两电缆间场区不应有易移动物体（如树等）。

5.3.2.14　电场线感应式入侵探测器安装设计要点

电场线感应式入侵探测器用于室外周界警戒。主要特点包括：①电磁感应探测区不受热、声、振动、气流干扰源影响，且受气候变化（雾、雨、雪、风、温、湿）影响小；②价格较低。

电场线感应式入侵探测器安装设计要点包括：

（1）安装在周边钢丝网的中部或顶部、围墙的顶部，或单独安装在地面的柱桩上。

（2）场线与感应线间距离依具体产品技术性能来定，两者之间应保持平行（安装时需用拉线器拉紧）。

（3）场线与感应线的数目可以是一对一，也可以是一对二，对于后一种情况，两根感应线应分放在场线的两侧。

周界较长，需由一组以上探测装置警戒时，可将几组电场感应线探测装置适当串接起来使用。

5.3.2.15　超声波入侵探测器安装设计要点

超声波入侵探测器是一种声场型移动探测器，它在密闭的室内形成稳定的声场，而破坏声场则引起报警。因此，它是一种空间报警器，适用于各种不同形状、面积的房间，在某一确定的范围内，可实现无死角警戒。超声波入侵探测器安装方便、灵活。可以把接收机和发射机装在同一机壳内，也可以把接收机和发射机分开安装，主要根据所要防范现场的实际情况而定。

超声波是机械波，不受外界电磁波的干扰。但对那些同频带的超声波，是无法排除的。

超声波入侵探测器主要用于室内，安装设计要点包括：

（1）防范区域一般应为密闭的室内。门、窗要求关闭，其缝隙也应足够小，以免因外界因素影响而报警。室内电扇、空调设备均应关闭，因为这些设备都可造成空气流动而误报警。

（2）墙壁要求隔声性能好（一般砖墙均可，但不要使用纤维板墙），以免室外超声波干扰源（如汽笛声、蒸汽泄漏声、排气声等都伴随有超声波产生）引起误报警。

室内的电话铃声是否能造成误报警，要在安装好探测器后通过试验来决定。

（3）室内的家具最好靠墙旋转，尽量减少人为造成的死区（不灵敏区）。因为超声波不能穿透这些物体。

（4）要根据使用环境的要求，选择适当的超声波探测器和选择适当的安装布局方式。超声波探测器既可装在墙上，也可装在天花板上。假若室内有许多较高的柜子、货架、展台等，采用天花板上安装形式比较好。当采用此种安装方式时，超声波的能量场将呈现一个锥形场向下辐照着，当安装高度为 10～15ft 时，其能量场覆盖直径约为 30ft。假若在走廊中应用，采用长距离型超声波探测器比较好，可在超声波收发机前放一个偏转器来实现，如此处理之后能量场可变为椭圆场，长轴很长、短轴很短，有一种探测器其探测距离可达 70ft。假若在较大的保护区或不规则的保护区应用时，可安装多个探测器来实现。但探测器的布局即安装的位置，要使被保护的区域不能有遗漏部分，可以有重叠部分。分开安装的超声波发射机和接收机，大部分是全向或半方向型的，全向型的探测器，通常装在天花板上，半向型的通常安装在墙壁上。

5.3.2.16　被动红外入侵探测器安装设计要点

被动红外入侵探测器常用于室内防护目标的空间区域警戒。主要特点包括：①功耗低、隐蔽性好（被动式）；②同一室内可安装多台，探测区任意交叉互不干扰；③灵敏度随室温升高而下降，探测范围也随之减小；④探测区内有热变化或热气流流过易造成误报；⑤红外穿透性差，遇遮挡造成盲区。

被动红外入侵探测器安装设计要点包括：

（1）壁挂式被动红外探测器，安装高度距地面 2.2m 左右，视场与可能入侵方向成 90°角，探测器与墙壁的倾角视防护区域覆盖要求确定。

（2）吸顶式被动红外探测器，一般安装在重点防范部位上方附近的天花板上，应水平安装。

（3）楼道式被动红外探测器，视场面对楼道（通道）走向，安装位置以能有效封锁楼道（或通道）为准，距地面高度 2.2m 左右。

（4）合理选择透镜结构，使其视场形状适合防范区域要求。

（5）被动红外探测器的视窗不应正对强光源以及阳光直射的窗口。

（6）被动红外探测器的附近及人不应有可能引起温度快速变化的热源，如暖气、火炉、电加热器、热管道、空调的出风口等。

（7）被动红外探测器的防护区内不应有障碍物。

5.3.2.17　微波—被动红外双技术入侵探测器安装设计要点

微波-被动红外双技术入侵探测器用于室内防护

目标的空间区域警戒。主要特点（与被动红外单技术探测器相比）包括：①误报警少；②安装使用方便（对环境条件要求宽）；③增加了漏报的可能性；④功耗较大。

微波—被动红外双技术入侵探测器安装设计要点包括：

(1) 壁挂式微波—被动红外探测器，安装高度距地面 2.2m 左右，视场与可能入侵方向应成 45°角为宜（若受条件所限，应首先考虑被动红外单元的灵敏度），探测器与墙壁倾角视防护区域覆盖要求确定。

(2) 吸顶式微波—被动红外探测器，一般安装在重点防范部位上方附近的天花板上，应水平安装。

(3) 楼道式微波—被动红外探测器，视场面对楼道（通道）走向，安装位置以能有效封锁楼道（或通道）为准，距地面高度 2.2m 左右。

(4) 应避开能引起两种探测技术同时产生误报的环境因素。

(5) 防范区内不应有障碍物。

5.3.2.18　多维驻波入侵探测器安装设计要点

多维驻波入侵探测器适用于展柜、商品柜等的小型密闭空间警戒。主要特点包括：①全方位警戒，无盲区；②全天时工作，不受观众或顾客的影响。

多维驻波入侵探测器安装设计要点包括：

(1) 安装在展柜后侧上部的某一角处。

(2) 探测器视场轴线与展柜前侧玻璃有 30°夹角为宜，严禁正对玻璃。

(3) 相邻展柜采用多探测器联网组合运用时，所用同步信号线应采用双绞线。

(4) 同步器的接地点应靠近电源地。

5.3.2.19　控—振动双技术玻璃破碎入侵探测器安装设计要点

控-振动双技术玻璃破碎入侵探测器用于对门窗、展柜等玻璃的警戒。主要特点包括：①避免了声控或振动单技术探测器因受环境干扰（噪声或其他振动）而导致的误报；②比单技术探测器增加了漏报的可能性。

控—振动双技术玻璃破碎入侵探测器安装设计要点包括：

(1) 安装在玻璃附近的墙壁或天花板上。

(2) 同时警戒两处以上门窗玻璃时，探测器的位置应居中，并且探测范围应能满足要求。

5.3.3　防盗报警系统信道传输设计

防盗报警系统中的视频信号使用同轴电缆、光缆、双绞线传输。

当前视频信号传送的主要方式还是基带传输方式，传输的是来自摄像机输出的不经任何频率变换（如调制）等处理的复合视频信号。视频基带传输最大的优点就是传输系统简单，在一定的传输距离内，失真小，附加噪声低（即信噪比高），不必增加附加设备。视频基带传输质量最好的传输介质就是同轴电缆。在视频信号传输时，如果传输距离过长可以考虑使用光纤传输。

在通信距离不远的情况下，实际使用屏蔽双绞线传送通信信号即可，如果通信距离过长，在远距离传输中不建议使用同轴方式传送通信信号，需要与视频信号传输统一考虑传输方式。双绞线传输方式以及微波传输方式等。

5.3.3.1　线路的设计

到目前为止，无论是国内或国际上，采用有线尤其是专用线传输的报警系统占多数，而且无论是区域控制或集中控制，采取集中供电和信号显示的也居多数，选用现场供电的很少，因为采用集中供电，便于管理，一般现场的各个探测器都是靠这种专用线和控制器连接起来的，这种传输线相当于整个报警系统的神经，在报警系统中无论哪根线断了破了或选得不合适，或在布线施工中弄错了，都会使报警系统的局部或全部造成瘫痪。因此在对报警系统有线传输部分设计时，应对以下问题进行认真考虑：

(1) 导线规格的选择。对系统中的信号传输线，不需计算导线截面，因为信号电流太小。只需考虑机械强度，但共用信号线要计算，尤其是对许多探测器共用一条线时，更需要进行计算。

对集中供电的电源线，一定要根据这对导线上所承受的总负载和由控制器供电部位到最远的探测器之间的距离，以及要选择的线的种类按下式进行计算和选线：

导线截面通常可按下式计算

铜线　$$S=\frac{IL}{54.4\Delta U}$$

铝线　$$S=\frac{IL}{34\Delta U}$$

式中：I 为导线中通过的最大电流，A；L 为导线的长度，m；ΔU 为允许的电压降，V；S 为导线截面，mm^2。

说明：

1) ΔU 电压降可由整个系统中所用的探测器的工作电压范围和给系统供电用的电源电压额定值（包括备用电源在内）综合起来考虑来选定，一般选取工作范围最小的那个值。假如在一对电源传输线上有多个探测器，其中有的探测器工作电压范围为10.5～16V；有的为11～13V；有的为8～15V等。而电源电压额定值则为12V，按取下限最高值，上限最低值的原则来选，因为只有这样来选定ΔU，计算出来的导线规格，才能满足整个系统的要求。上边的这个例子中的ΔU应为1V。

2）计算出来的导线截面值S，在查表选线规时，应向上靠。

有这样一个系统，最远的探测器离集中控制器的供电部位传输线应有的长度L为200m，传输线上所带的负荷为0.25A，综合起来选定所允许的电压降ΔU为1.5V，则

$$铜线：S=\frac{IL}{54.4\Delta U}=\frac{0.25\times 200}{54.4\times 1.5}=0.61(\text{mm}^2)$$

$$铝线：S=\frac{IL}{34\Delta U}=\frac{0.25\times 200}{34\times 1.5}=0.98(\text{mm}^2)$$

在线规表上离计算出来的值相近的有0.5，0.75，1几个数值，那么如果选铜线的话应选标称截面积为0.75mm²，选铝导线时应选1mm²。往往为了保险系数大点，还可以选再粗点的线。

3）导线选色和标号。在一个系统中尤其是在$(3+n)$或$(2+n)$的并行传输系统中，最好根据导线所起的作用选色和标号，有标准的执行标准，没标准的自己配色和编号，这样会使众多的导线层次清楚，对下道工序和维修都方便。例如：电源（＋）（红）；地（－）（黑）；共用信号线（黄）；巡检线（绿）；地址信号线（白）等，地址信号线不多时也可用不同的颜色来区分，如果采用并行传输的大系统，地址信号线太多时，可用不同的颜色来分区域或分层，每区每层再编号。力争做到层次分明，多而不乱。

（2）导线配管。为了对传输线加在保护，免受外界的干扰和破坏，一般都穿管或线槽。但穿管时应注意以下几点：

1）不同电源电压回路的导线，在没有采取电路隔离措施时，一般不得穿在同一管内，尤其是强电传输线（如220、380V或更高的电压）和安全电传输线（如65V以下的12、24、48V等）对弱电压和信号会产生强烈的干扰，会使弱电压不稳，会使弱信号失真；万一有破皮短路，将会给低电压的设备和操作维修者造成严重的威胁。但电压为65V以下的传输线路除外。

2）穿在管内的导线不得有接头，因为检查维修不方便。

3）穿在管内导线的总截面积（包括绝缘层）不应超过管内截面积的40%。

（3）传输线路布局。整个系统传输线路的布局走向设计，应从整个系统防护区域的整体着眼，查明地形结构及环境情况，选择安全易施工而捷径的路线。

5.3.3.2 几种信号的传输方法

设计一个报警系统时，报警信号的传输是分次的，一般有以下几种组合方式：

（1）局部报警。这种装置比较简单，直接装在建筑物内，它只探测与记录入侵活动，触发声光报警恐吓入侵者，并唤起邻居或警卫的注意。家庭用的常是此类报警器。

（2）局部报警与直接通信结合。它与局部报警相同，不过还将报警信号传送到警卫部门。例如家庭、储蓄所、小的银行、商店、仓库等一些无人值守和无有警卫力量的场所用此种报警系统较多。

（3）局部报警与中央站相结合。在局部报警后，同时将报警信号传送到中央站。中央站再根据情况发出命令或通知。

（4）专用报警监控中心。在一些大型工厂、医院、学校、博物馆、监狱、大机关、大商店、大银行和大研究所等都可设监控中心，将报警信号传送到监控中心，然后由监控中心根据情况发出命令或通知。

（5）设在中央站的监控中心。这是在一个区域的监控中心，它监视着区域各单位和居民的报警信号，并可向公安部门发送信号。这个中央监控中心可设在居委会、商业中心或公安部门指定位置。

5.3.3.3 传输方式的选择

（1）选择传输方式的主要依据。

1）传输距离。

2）地理条件。

3）探测设备的数量及分布情况。

4）防盗报警系统信道传输能快捷、准确地传输探测信号，而且应性能稳定、受环境影响小，并具有防破坏能力。

5）系统布线时，一般应采用金属管、硬质塑料管或塑料线槽进行保护。

6）有与上一级报警中心电话通信联络设备，与上级报警中心实施双向通信，有处警指挥措施；

7）中心控制设备应具有有线、无线两种报警传输方式及有线、无线转换功能。报警信号能及时准确地传送到有关接警部门。

8）报警网的主干线（特别是借用公共电话网构成的区域报警网）及防护级别高的金融、文物单位系统等，宜采用以有线传输为主，无线传输为辅的双重

报警传输方式，并配以必要的有线、无线转接装置。

9）在传输距离远、布线困难的情况下，不便铺设线缆（电缆、光缆）的区域，可考虑采用无线传输方式，但要注意选用抗干扰能力强的设备。

（2）线缆选型。

1）同轴电缆。①应根据图像信号采用基带传输还是射频传输，确定选用视频电缆还是射频电缆；②所选用电缆的防护层适合电缆敷设方式及使用环境（如环境气候、存在有害物质、干扰源等）；③室外线路，宜选用外导体内径为9mm的同轴电缆，采用聚乙烯外套；④室内距离不超过500m时，宜选用外导体内径为7mm的同轴电缆，且采用防火的聚氯乙烯外套；⑤终端机房设备间的连接线，距离较短时，宜选用的外导体内径为3mm或5mm，且具有密编铜网外导体的同轴电缆。

2）光缆。①光缆的传输模式，可依传输距离而定，长距离时宜采用单模光缆，距离较短时宜采用多模光缆；②光缆芯线数目，应根据监视点的个数、监视点的分布情况来确定，并注意留有一定的裕量；③光缆的结构及允许的最小弯曲半径、最大抗拉力等机械参数，应满足施工条件的要求，光缆的最小弯曲半径应不小于其外径的20倍；④光缆的保护层，应适合光缆的敷设方式及使用环境。

3）传输线缆在满足衰减、弯曲、屏蔽和防潮等性能要求的前提下，宜选用线径较细、容易施工的线缆。

（3）布线系统与其他干扰源的间距。布线系统与其他干扰源的间距应符合表5-1的要求。

表5-1　布线系统与其他干扰源的间距表

其他干扰源	与综合布线接近状况	最小间距（cm）
380V以下电力电缆＜2kVA	与线缆平行敷设	13
	有一方在接地的线槽中	7
	双方都在接地的线槽中	①
380V以下电力电缆2～5kVA	与线缆平行敷设	30
	有一方在接地的线槽中	15
	双方都在接地的线槽中	8
380V以下电力电缆＞5kVA	与线缆平行敷设	60
	有一方在接地的线槽中	30
	双方都在接地的线槽中	15
荧光灯、氩灯、电子启动器或交感性设备	与线缆接近	15～30
无线电发射设备（如天线、传输线、发射机等），雷达设备，其他工业设备（开关电源、电磁感应炉、绝缘测试仪等）	与线缆接近（当通过空间电磁场耦合强度较大时，应按规范规定的要求办理）	≥150
配电箱	与配线设备接近	≥100
电梯、变电室	尽量远离	≥200

注　双方都在接地的线槽中，且平等长度≤10m时，最小间距可以是1cm。

（4）电缆传输部件的选择。

1）视频电缆传输方式。在如下位置处宜加电缆均衡器：①黑白电视基带信号在5MHz时的不平坦度≥3dB处；②彩色电视基带信号在5.5MHz时的不平坦度≤3dB处。宜加电缆均衡放大器处：①黑白电视基带信号在5MHz时的不平坦度≤6dB处；②彩色电视基带信号在5.5MHz时的不平坦度≤6dB处。

2）射频电缆传输方式。①摄像机在传输干线的某一处相对集中时，宜采用混合器来收集信号；②摄像机分散在传输干线的沿途时，宜选用定向耦合器来收集信号。

3）控制信号传输距离较远，到达终端已不能满足接收电平要求时，宜考虑中途加装再生中继器。

5.3.3.4　布线设计

（1）室内布线设计。

1）室内线路敷设应符合JGJ 16—2008《民用建筑电气设计规范》的有关规定。

2）在新建或有内装修要求的已建建筑物内，宜采用暗管敷设方式；对无内装修要求的已建建筑物可采用线卡明敷方式。

3）室内明敷电缆线路宜采用配管、配槽敷设方式。明敷线路布设应尽量与室内装饰协调一致。

4）选用管线内截面应至少留有1/3的裕量。

5）电缆线路不得与电力线同线槽、同出线盒、同连接箱安装。

6）明敷电缆与明敷电力线的间距不应小于0.3m。

7）布线使用的非金属管材、线槽及附件应采用不燃或阻燃性材料制成。

8）电缆竖井宜与强电电缆的竖井分别设置，如受条件限制必须合用时，报警系统线路和强电线路应分别布置在竖井两侧。

（2）室外布线设计。

1）电缆在室外敷设，应符合GBJ 42—1981《工业企业通信设计规范》中的要求及国家现行的有关规定和规范。

2）室外线路敷设方式宜按以下原则确定：①有可利用的管道时可考虑采用管道敷设方式；②监视点的位置和数量比较稳定时，可采用直埋电缆敷设方式；③有建筑物可利用时可考虑采用墙壁固定敷设方式；④有可供利用的架空线杆时可采用架空敷设方式。

3）电缆、光缆线路路径设计，应使线路短直、安全、美观，信号传输稳定、可靠，线路便于检修、检测，并应使线路避开易受损地段，减少与其他管线等障碍物的交叉跨越。

4）电缆线路宜穿金属管或塑料管加以防护。

5）电缆架空敷设时，同共杆架设的电力线（1kV以下）的间距不应小于1.5m，同广播线的间距不应小于1m，同通信线的间距不应小于0.6m。

6）在电磁干扰较强的地段（如电台天线附近），电缆应穿金属管并尽可能埋入地下，或采用光缆传输方式。

7）交流供电电缆应与视频电缆、控制信号线单独分管敷设。

8）地埋式引出地面的出线口，应尽量选有隐蔽地点，并应在出口处设置从地面计算高度不低于3m的出线防护钢管，且周围5m内不应有易攀登的物体。

9）电缆线路由建筑物引出时，应尽量避开避雷针引下线，不能避开处两者平行距离不应小于1.5m，交叉间距不应小于1m，并应尽量防止长距离平行走线，在不能满足上述要求处，可在间距过近处对电缆加缠铜皮屏蔽，屏蔽层要有良好的就近接地装置。

10）在中心控制室电缆汇集处，应对每根入室电缆在接线架上加装避雷装置。

（3）无线传输系统设计。

1）传输频率必须经过国家无线电管理委员会批准。国家无线电管理委员会分配给报警系统专用的无线传输频率如下。

第一组：36.050MHz，36.075MHz，36.125MHz；

第二组：36.350MHz，36.375MHz，36.425MHz；

第三组：36.650MHz，36.675MHz，36.725MHz。

2）发射功率应适当，以免干扰广播和民用电视。

3）发射功率在1W以内，经批准最大不超过15W。

4）无线图像传输宜采用调频制。

5）无线图像传输方式主要有高频开路传输方式和微波传输方式：①监控距离在15km范围内时，可采用高频开路传输方式。②监控距离较远且监视点在某一区域较集中时，应采用微波传输方式，其传输距离最远可达几十公里。需要传输距离更远或中间有阻挡物的情况时，可考虑加装微波中继器。

5.3.4 防盗报警系统中心监控设计

5.3.4.1 监控系统中心设计时要考虑的问题

（1）监控中心的作用及设计中应注意的问题。人们为了对付盗窃和抢劫，要求把各分散的报警点和报警信息通送住有警卫力量的监控中心，以便有力量对付盗窃。这样，把某一区域的居民报警点组成网络，并有监控中心加以管理，就十分必要了。一般一个大的单位有许多保护区，并有足够的警卫力量，它们可以自行组建自己的监控中心。小的单位可以建立小型监控中心或值班室，然后再加入区域监控中心联网。监控中心的作用在于监视各个保护区的情况，分析判断各个保护区送来的信息，然后作出判断，采取适当措施。

根据上述要求，在设计或布置监控中心时，有以下3个问题必须注意：

1）室内要有合适的可视度。关键是照度必须适当，能使工作人员确切无误地看清楚各种显示的信息及周围工作区中的各种设备，以便工作人员能够正确地完成各种操作。对于有闭路电视的监控中心来说，尚需注意照度不能影响到监视器画面的反差度。

2）监控中心必须要有适度的空间，以容纳一定数量的工作人员。在成排的设备之间，操作人员应能自由地活动，维修人员在场操作时，不能产生相互干扰。因为任何干扰都会影响工作人员的注意力，尤其是当得知有入侵或紧急情况出现时。

3）要注意维修的可达性。任何监控设备都可能因故障要进行维修，而且要求能及时维修，维修的部位应能让维修人员迅速到达。比如某机器维修时必须从其背后才能接触到维修部位，那么这个机器放置时就应该离开墙壁有一定的距离，或者此机器能从墙壁处较快的移出，以便维修人员迅速修理出故障的零部件。

对于工作人员所使用的各种设备，如通信设备等都应按人机工程学的原理安排，以使工作人员能快速，而且尽可能舒适地进行工作。

（2）监控设备的配置。监控设备是整个防盗报警系统中的中心设备，是整个系统的司令部，它的选择是至关重要，应从整个系统的实际需要出发来选配监控设备的种类、容量和功能等，当然还应该考虑其价格和其质量。例如，若这个系统是个防盗、防火、电视监控等的综合系统，那么在控制室内，这几种监控设备都应该具备，或选一种都兼容的设备代替之。除了控制设备外，还应该根据需要配备录像机、打印机和不间断电源等辅助设备。若这个系统是一个只有几个保护区的单一的防盗报警系统，那么只需选一台可容纳几个信息的小型控制装置或区域控制装置即可，但要求这些装置都需具备联网的功能，选用计算机和多路传输技术为宜。若警力和控制中心不在同一处，还需要选择合适的通信设备（有线的或无线的）等。

5.3.4.2 小型系统的控制设备选型与控制室的布局设计

（1）小型系统的报警控制器设备的选型。

1）一般采用的报警控制器常见结构主要分为台式、柜式和壁挂式3种，小型系统的报警控制器多采用壁挂式。

2）选用的控制器应符合GB 12663—1990《防盗报警控制器通用技术条件》中有关要求。

3）选用的控制器应具有本地报警功能，报警喇叭声音应大于80dB。

4）选用的控制器应具有三证（安防产品生产许可证、安防产品销售许可证、电信设备入网许可证）。

5）选用的控制器应具有可编程和联网功能。

6）选用的控制器应具有操作员密码，可对操作员密码进行编程，密码组合不应小于15000组。

7）具有联网功能的报警控制器应满足有关部门入网技术要求。

8）具有防破坏功能。

（2）小型系统的控制室的布局设计。

1）小型系统的控制器应设置在值班室，室内应无高温、高湿及腐蚀气体，且环境清洁。

2）壁挂式控制器在墙上的安装位置，其底边距地面的高度不应小于1.5m；如靠门安装时，靠近其门轴的侧面距离不应小于0.5m；正面操作距离不应小于1.2m。

3）小型系统的控制器的操作、显示面板应避开阳光直射。

4）控制器的联动功能。

5）控制器的电源不间断。

6）值班室应安装防盗门、防盗窗和防盗锁，设置紧急报警装置以及同处警力量联络和向上级部门报警的通信设施。

5.3.4.3 大、中型系统的控制设备选型与控制室的布局设计

（1）大、中型系统的报警控制台。

1）大、中型系统的报警控制台一般采用的报警控制台结构可分为台式和柜式。

2）柜式结构的控制台，其高度应不超过2200mm；内边缘宽度选择482.6mm；单位高度定位孔距44.5mm。

3）控制台能直接或间接接收来自入侵探测器发出的报警信号，发出声、光报警并指示入侵发生的部位。声、光报警信号应能保持至手动复位。

4）当紧急报警和入侵报警同时发生，则优先发出紧急报警声、光信号，且两者信号应有明显区别，紧急报警功能不受电源开关影响。

5）控制台应符合GB/T 16572—1996《防盗报警中心控制台》的有关技术性能要求。

6）控制台应能自动接收用户终端设备发来的所有信息（如报警，音、像复核），采用微处理技术时应同时有计算机屏幕上实时显示（大系统可配置大屏幕电子地图或投影装置），并发出声、光报警。

7）应能对现场进行声音（或图像）复核。

8）应具有系统工作状态实时记录、显示直观、操作简便、查询和打印功能。

9）宜设置“黑匣子”，用以记录系统开机、关机、报警和故障等多种信息，而且值班人员无权更改。

10）故障（线路故障）报警功能。控制台与入侵探测器、手动报警按钮一起传输入侵报警信号作用的部件及位于控制台外部的报警显示盘之间的连线发生断路、短路或并接其他负载时，应能发出有别于入侵报警和紧急报警的声、光报警并指示故障发生的部位。声报警信号能手动消除；光报警信号应能保持至故障排除。故障报警不应影响非故障回路的报警功能。

11）为入侵探测器提供电源功能。①直接输入式控制台应能为全部与其直接接入的入侵探测器提供12～18V直流工作电压，电压纹波系数小于1%，连续工作24h，电压变化率不大于3%，输出电流容量应在有关技术文件中说明；②直接输入式控制台应具有为入侵探测器提供的电源进行开关的功能，并且对应于该电源的开、关状态，控制台应有相应的指示。

12）报警反应速度。直接输入式控制台在收到入侵探测器信号后2s内报警，收到紧急报警信号后1s内报警，收到故障报警信号后4s内报警；间接输入式控制台在收到报警信号后4s之内报警。

13）解除与恢复受警功能。直接输入式控制台应能对任意一路入侵报警信号解除受警，并能显示已被解除受警的入侵部位；还应能对已被解除受警的入侵报警信号恢复受警。

14）复核功能。直接输入式控制台应具备声音或图像复核功能。当控制台执行复核功能时，应能明确指示当前的复核部位。

15）记录功能。控制台应能对开、关机时间、入侵报警、紧急报警和故障报警的部位和时间作出记录。记录时间应包括年、月、日、时、分、秒。控制台记录内容在电源关闭时不丢失。

16）自检功能。①直接输入式控制台在执行自检功能时，应自动将模拟入侵探测器报警状态和信号接入控制台入侵探测输入回路，检查报警功能。应有自检状态指示，该信号输入形式和自检状态指示内容应在有关文件中说明。②间接输入式控制台在执行自检功能时，应能自动检测报警输入回路。应有自检状态指示，指示内容应在有关文件中说明。③控制台应能对所有显示器件和声响器件进行自检。

17）接口。控制台的接口应符合下列要求：①控制台的报警信息输出接口宜采用 RS-232C、RS-422、RS-485 接口。具体内容应在产品技术文件中明确说明；②控制台的视频接口应符合表 5-2 的要求；③控制台音频接口应符合表 5-3 的要求；④间接输入式控制台的报警输入接口应在有关文件中明确说明。

表 5-2　　控制台视频接口要求

项　目	技术要求
输入输出连接器	符合 SJ/T 11072—1996《BNC 型射频同轴连接器》规定
输入输出阻抗标准值	75Ω
输出额定值	$1V_{p-p}$正极性
通道带宽	≥6MHz

表 5-3　　控制台音频接口要求

项　目	技术要求
低输入阻抗	600Ω
高输入阻抗	≥10Ω

18）电源转换功能。控制台应有电源转换装置。当主电源断电时自动转换到备用电源，主电源恢复时能自动转换到主电源。若备用电源为可充电电池，则电源应对备用电源自动充电，备用电源工作状态用灯光指示。电源转换时控制台应能正常工作，不产生误报警。

19）控制台操作级别应按表 5-4 规定划分。

Ⅰ级：允许专门人员操作的功能。

Ⅱ级：允许工程设计、维修人员操作的功能。

表 5-4　　控制台操作级别表

序号	操作项目	Ⅰ级	Ⅱ级
1	控制台的开机、关机	M	M
2	消除外声、光设备的声、光信号	M	M
3	消除控制台的声信号	M	M
4	解除、设置警戒状态	M	M
5	调整计时装置	O	M
6	输入或更改数据	O	M

注　M 为本级操作人操作。O 为可选择。

进行Ⅰ、Ⅱ级操作功能状态应采用钥匙或操作编码，用于进行Ⅱ级操作功能状态的钥匙或操作编码可用于进入Ⅰ级操作状态的钥匙或编码不能进行Ⅱ级操作功能状态。

20）气候环境适应性要求。控制台或报警控制部件的环境适应性要求见表 5-5。每项试验后检查基本功能，应符合规定的要求。

表 5-5　　控制台或报警控制部件环境适应性要求

试验项目	气候条件及时间	数　值	状　态
高温试验	温度（℃）	40	工作状态
	持续时间（h）	2	
低温试验	温度（℃）	0	工作状态
	持续时间（h）	2	
恒定湿热试验	相对湿度（%）	93^{+2}_{-3}	非工作状态
	温度（℃）	40	
	持续时间（h）	48	
低温储存	温度（℃）	−40±3	非工作状态
	持续时间（h）	16	

21）稳定性。控制台在正常工作条件下连续工作 7d，工作应正常且不出现误报警、漏报警。

22）指示灯。如采用钨丝灯泡时，应双灯并联运行，否则应有灯丝断线监视措施。红色表示入侵和紧急报警信号，黄色表示故障信号，绿色表示主电源和备用电源工作正常，其他颜色可用作表示其他状态。

所有指示灯应标注出功能。在一般环境光线下，指示灯在距离其 3m 处应清晰可见。

23）字母—数字显示器（含 CRT 显示器）。用于显示报警信息的字母—数字显示器在光线 0.1～500lx 条件下应在 0.8m 处可读。用于显示其他信息的字母—数字显示器在光线 40～500lx 条件下应在 0.8m 处可读。

24）音响器件。在额定工作电压下，距离音响器件中心1m处的声压级应为40～80dB（A）；在80%额定工作电压条件下应能发出不小于30BdB（A）声响。

25）接线端子。每一接线柱端子上都应清晰、牢固地标注其编号或符号，其用途应在有关文件中说明。

26）开关和按键。开关和按键应坚固耐用，并在其上或靠近的位置上清楚地标注其功能。

27）备用电源。控制台备用电源的容量应能满足产品说明书规定的指标，并在24h之内保证达到标准的有关规定的全部功能正常执行。

28）系统软件及运行。①程序应存放在ROM、EPROM、E^2PROM等不易丢失和改动的存储器中；②如果程序放在磁盘存储器中，应有预防、检查计算机病毒和防止非专门人员改动的措施；③计算机的工作程序停止运行时，应给出明确的灯光或声响指示，并在有关文件中说明。

（2）大、中型系统的报警控制室的布局设计。

1）控制室应为设置控制台的专用房间，室内无高温、高湿及腐蚀气体，且环境清洁。

2）控制台后面板距墙不应小于0.8m，两侧距墙不应小于0.8m，正面操作距离不应小于1.5m。

3）宜采用防静电活动地板，其架空高度应≥0.3m，并根据机柜、控制台等设备的相应位置，留进线槽和进线孔。

4）应设置同处警力量联络和向上级部门报警的专线电话，通信手段不应少于两种。

5）控制室安装防盗门、防盗窗和防盗锁，设置紧急报警装置。

6）室内应设卫生间。

（3）大、中型系统的报警控制器设备的选型。

1）互连监控和指示。①防盗报警控制器应能对入侵探测器、防拆报警装置、告警器、紧急报警装置、报警传输设备以及辅助控制设备等互连设备进行监控；②防盗报警控制器应对入侵报警、防拆报警、防破坏报警和紧急报警等报警状态有明确的区分指示。

2）设置警戒与解除警戒。防盗报警控制器应有设置警戒和解除警戒的装置。它们可以是机械钥匙或遥控装置或密码键盘或读卡装置或其他装置：①防盗报警控制器应能使用授权装置和/或用户密码进行设置警戒，也可以用单一按键快速设置警戒；②防盗报警控制器的设置警戒状态，只能用授权的装置和/或用户密码、有效卡等解除警戒，不能用控制面板上的单一按键进行解除警戒。

3）报警。防盗报警控制器应能接收报警信号，产生报警。①瞬时报警是在接收到入侵探测器的报警信号后，立即产生报警指示，并应能发送报警信号到远程监控站；②防拆报警包括两个方面，其一防盗报警控制器应有能接受探测器防拆报警信号的接口，其二是防盗报警控制器及其辅助设备应有装在机壳盖里面的防拆探测装置；当打开探测器或防盗报警控制器机盖或防盗报警控制器被移离安装表面时，应不受防盗报警控制器所处状态和交流断电影响，提供24h防拆报警；③防破坏报警是当与防盗报警控制器互连的报警探测回路发生断路、短路时，应立即发出报警；当报警探测回路为阻性，并接任何阻性负载时，应立即发出报警或不能破坏防盗报警控制器正常报警功能。

此外，还有延时报警、紧急报警、传递延时报警和胁迫报警等功能要求。

4）故障检测、指示、通告功能及声压要求。应能检测主电源故障、备用电源故障、时钟和互连设备直流欠电压等故障；在解除警戒状态下应能故障指示、区分故障种类，并在故障持续时期内保持；防盗报警控制器全设置警戒状态下则不需要故障指示；故障信号在任何时候均应传送到远程监控站；故障提示声压不得小于60dB（A）。

5）复位。具有编程功能的防盗报警控制器，应有恢复出厂设定值的装置或手段；使用编程密码只能复位可听报警指示；使用用户密码能复位可见报警指示和取消发往远程监控站的报警。

6）事件记录及传输。防盗报警控制器应有如下事件记录：报警事件；故障事件；防拆/防破坏事件；设置警戒/解除警戒事件；复位事件；隔离/暂时隔离事件；更改有效用户密码事件；传输故障事件；校时事件；修改软件（包括特定位置数据）事件；主电源掉电事件；备用电源欠压事件。

防盗报警控制器所有记录应包括时间：时、分、日、月，时间误差不大于15min。应能储存最近250条独立事件记录。

防盗报警控制器用正常或非正常手段均不能改变记录内容，在交、直流电源全部失电时，设置参数和事件记录应能最少30d不丢失，事件记录应能打印。

防盗报警控制器应有传送事件信息到远程监控站的功能，并应能区别事件属性。

5.3.5 验证和警卫部分

5.3.5.1 验证

验证系统主要弥补误报警问题，进一步验证发出报警信息的准确性。验证系统要与否，可根据用户的需求和保护目标所处的政治、经济地位来定。一般加装监听系统比电话监控系统要廉价的多，一般都可以加，但有些处所不宜加，像领导人的办公室就不宜加。电视监控也如此，但以出入口处、商店营业厅、银行、金库等处，有经济条件时应加装电视监控系统。

5.3.5.2 警卫部分

只有将人防和技防结合起来，才算得上一个完整的安全防范方案。否则，即使有一套第一流的防盗报警系统，若没有人即刻到达出事地点去阻止犯罪行为或抓获罪犯，也同样达不到安全防范的目的。因此，凡设有控制中心的地方，都应该配备警卫力量，或与有关警卫力量（派出所、保安公司、治安队等）有快而准的通信联系。只有技防和人防密切结合起来，才能真正达到安全防范的目的。

5.3.6 报警控制器

(1) 入侵报警控制器应能直接或间接接收来自入侵探测器发出的报警信号，发出声、光报警并能指示入侵发生的部位。声、光报警信号应能保持到手动复位，复位后，如果再有入侵报警信号输入时，应能重新发出声、光报警信号。另外，入侵报警控制器还能向与该机接口的全部探测器提供直流工作电压。

(2) 入侵报警控制器应有防破坏功能，当连接入侵探测器和控制器的传输线路发生断路、短路或并接其他负载时应能发出声、光报警信号。报警信号应能保持到引起报警的原因排除后，才能实现复位；而在报警信号存在期间，如有其他入侵信号输入，仍能发生相应的报警信号。

(3) 入侵报警控制器能对控制的系统进行自检，检查系统各个部分的工作状态是否处于正常工作状态。

(4) 入侵报警控制器应有较宽的电源适应范围，当主电源电压变化±15%时，不需调整仍能正常工作。主电源的容量应保证在最大负载条件下连续工作24h以上。

(5) 入侵报警控制器应有备用电源。当主电源断电时能自动转换到备用电源上，而当主电源恢复后又能自动转换到主电源上。转换时控制器仍能正常工作，不产生误报。备用电源应能满足要求，并连续工作24h。

(6) 入侵报警控制器应有较高的稳定性，在正常大气条件下连续工作7d，工作正常，不出现误报、漏报。

(7) 入侵报警控制器应在额定电压和额定负载电流下进行警戒、报警、复位、循环6000次，而不允许出现电的或机械的故障，也不应有器件的损坏和触点粘连。

(8) 入侵报警控制器平均无故障时间分为三个等级：A级为5000h；B级为20000h；C级为60000h。

(9) 入侵报警控制器的机壳应有门锁或锁控装置(两路以下例外)，机壳上除密码按键及灯光指示外，所有影响功能的操作机均应放在箱体之内。

(10) 入侵报警控制器应能接受各种性能的报警输入。

1) 瞬时入侵：为入侵探测器提供瞬时入侵报警。

2) 紧急报警：接入按钮可提供24h的紧急呼救，不受电源开关影响，能保证昼夜工作。

3) 防拆报警：提供24h防拆保护，不受电源开关影响，能保证昼夜工作。

4) 延时报警：实现0～40s可调进入延迟和100s固定外出延迟。

凡4路以上的防盗报警器必须有a，b，c三种报警输入。

由于入侵探测器有时会产生误报，通常控制器对某些重要部位的监控，采用声控和电视复核。

(11) 入侵报警控制器可做成盒式、挂壁式和柜式。

(12) 入侵报警控制器按其容量可分为单路或多路报警控制器。而多路报警控制器则多为2、4、8、16、24、32路。

(13) 入侵报警控制器，根据用户的管理机制和对报警的要求，可分为小型报警控制器、区域入侵报警控制器和集中入侵控制器。

5.4 防盗报警系统的施工

5.4.1 防盗报警工程的施工准备

5.4.1.1 防盗报警工程施工要应具备的条件

防盗报警工程施工要应具备的条件包括：设计文件、仪器设备、施工场地、管道、施工器材及隐蔽工程的要求等。施工单位应对这些要求认真准备，以提高施工安装效率，避免在审核、安装、随工验收等工作中出现不必要的返工。

5.4.1.2 施工现场要求

对施工现场进行检查，要符合下列要求方可进场、施工。

(1) 施工对象已基本具备进场条件，如作业场地、安全用电等均符合施工要求。施工区域内建筑物的现场情况和预留管道、预留孔洞、地槽及预埋件等应符合设计要求。

(2) 使用道路及占用道路（包括横跨道路）情况

符合施工要求。

(3) 允许同电线杆架设的杆路及自立电线杆杆路的情况必须要了解清楚，符合施工要求。

(4) 敷设管道电缆和直埋电缆的路由状况必须要了解清楚，并已对各管道标出路由标志。

(5) 当施工现场有影响施工的各种障碍物时，已提前清除。

5.4.2 防盗报警工程各类探测器的安装要求和技术

防盗报警工程设备的安装主要是指各类安装探测器和安装报警控制器。

5.4.2.1 安装各类探测器要注意的操作步骤

(1) 各类探测器的安装，应根据所选产品的特性、警戒范围要求和环境影响等，确定设备的安装点(位置和高度)。

(2) 探测器安装前要通电检查其工作状况，并作记录。

(3) 探测器的安装应符合《电器装置安装施工及验收规范》的要求。

(4) 探测器的安装应按设计要求及设计图纸进行。

(5) 不同类型的探测器安装方法有所不同，有着不同的要求。

(6) 周界探测器的安装，应能保证防区交叉、避免盲区，并应考虑使用环境的影响。

(7) 探测器底座和支架应固定牢固。

(8) 导线连接应牢固可靠，外接部分不得外露，并留有适当余量。

(9) 紧急按钮的安装位置应隐蔽，便于操作。

5.4.2.2 安装被动红外探测器

被动式红外探测器不向空间辐射能量，而是依靠接收人体发出的红外辐射来进行报警。任何温度在绝对零摄氏度以上的物体都会不断地向外界辐射红外线，人体的表面温度为36℃，其大部分辐射能量集中在8～12μm的波长范围内。被动红外探测器可直接安装在墙上、天花板上或墙角，其布置和安装的原则如下：

(1) 安装高度通常为2～4m。

(2) 探测器对探测器视区的人体运动最敏感，故安装时应尽量利用这个特性达到最佳效果。

(3) 应该充分注意探测背景的红外辐射情况，并且要求选择的背景是不动的。

(4) 警戒区内最好不要有空调或热源，如果无法避免热源，则应与热源保持至少1.5m以上的间隔距离，并且探测器不要对准灯泡、火炉、冰箱散热器、空调的出风口。

(5) 探测器不要对准强光源，应避免正对阳光或阳光反射的地方，也应避开窗户。

(6) 警戒区内不要有高大的遮挡物遮挡和电风扇叶片的干扰，也不要安装在强电磁辐射源附近（例如无线电发射机、电动机)。

(7) 被动式红外探测器不要安装在容易振动的物体上，否则物体震动将导致探测器震动，相当于背景辐射的变化，会引起误报。

(8) 要注意探测器的视角范围，防止“死角”。

被动红外探测器的安装原则如下：

(1) 室内壁挂式被动红外探测器安装的要求。

1) 在与可能入侵方向成90°角的方位；

2) 高度为2.2～2.5m；

3) 并视防范具体情况确定探测器与墙壁的倾角；

4) 底座和支架应固定牢固；

5) 导线连接应牢固可靠。

(2) 吸顶式被动红外探测器安装。吸顶式被动红外探测器，一般安装在重点防范部位上方附近的天花板上，必须水平安装，导线连接应牢固可靠。

(3) 楼道式被动红外探测器安装应满足下列要求：

1) 楼道式被动红外探测器必须安装在楼道端；

2) 视场沿楼道走向；

3) 高度2.2～2.5m；

4) 底座和支架应固定牢固；

5) 导线连接应牢固可靠。

5.4.2.3 安装主动红外探测器

主动红外探测器是由发射机与接收机配对组成，发射机发出红外光束，同时接收机接收发射机发出的红外光束。当发射机发出的红外光束被完全遮断或按给定的百分比部分被遮断时，则接收机因接收不到红外光束即会产生报警信号。主动红外探测器又被称为红外对射探测器或红外栅栏。红外对射有双光束、三光束和四光束等，红外栅栏一般在四光束以上，甚至有多至十几束。

主动红外探测器一般用于周界防范，所以安装的基本出发点就是不能让非法人员越过周界。在使用时考虑到环境及气候的影响，一般实际使用的长度是标准距离的70%，这样有利于降低误报率。

主动红外入侵探测器有室内型、室外型。

主动红外入侵探测器的探测距离一般有10、20、30、40、60、80、100、150、200、300m等。

(1) 室内型主动红外探测器安装方法。

1) 室内型主动红外探测器嵌入式安装。安装在出入口窗门沿外侧，在室外又紧靠墙体，一不影响室内装修；二不影响室外美观。

2）室内型主动红外探测器预埋盒安装。预埋盒及布线由开发商在土建时放置。预埋盒嵌入式主动红外探测器一般安装在窗外墙、近窗下沿，既在室外，又不完全在室外。它在外墙面的内侧，又在窗门的外侧。但安装不影响开窗（指对外开窗，对平移窗和内开窗不会影响）。安装的是室外型双光束主动红外入侵探测器。安装、调试由工程商完成。

预埋盒嵌入式主动红外探测器，可靠性高、误报率低、不受环境温度影响。环境误触发率几乎为零。

3）室内型主动红外探测器一般墙上安装。安装时应注意以下几点：

1）红外探测器安装时不要直接对着窗外；

2）红外探测器探测范围内不得隔屏、家具、大型盆景或其他隔离物；

3）在同一个空间不得安装两个红外探测器，以避免产生因同时触发而造成干扰现象；

4）避免安装在面对窗户、冷暖气机、火炉等温度会产生快速变化的地方，以免红外探测器误报；

5）红外探测器刚开启时，对周围环境有 5min 左右的感知时间，待红外探测器开启 5min 后，再用控制器进行设防；

6）当入侵体被红外探测器探测到时，需几秒钟的分析确认时间，方能发射报警信号，以免误报、漏报；

7）室内红外探测器只能安装在室内，切勿安装在室外。

（2）室外型主动红外探测器安装方法。

1）支柱式安装。①走线穿暗管；②不能让线路裸露在空中；③支柱式安装必须坚固牢实，没有移位或摇晃，以利于安装和设防、减少误报，尤其是当发射器和接收器较远时，不论是发射器是接收器，轻微的晃动就会引起误报。要避免树叶、晃动物体对红外光束的干扰。

2）墙壁式安装。主动红外线探测器能够提供水平 180°全方位转角，仰俯 20°以上转角的红外线探测器，在建筑物外壁或围墙、栅栏上直接安装。

在围墙上的探测器，顶上安装和侧面安装两种均可：①顶上安装的探测器，探头的位置应高出栅栏、围墙顶部 25cm，以减少在墙上活动的小鸟、小猫等引起误报。四光束探测器的防误报能力比双光束强，双光束又比单光束强。②侧面安装的探测器则是将探头安装在栅栏、围墙靠近顶部的侧面，一般是作墙壁式安装，安装于外侧的居多。

（3）室外型主动红外探测器安装要求如下：

1）探测距离要求。室外型主动红外探测器的最大探测距离按探测器技术要求规定一般应是其标称探测距离的 6 倍。室外型探测器需要考虑到室外环境及天气因素，也就是指在室外遇到风、雪、雨、风沙等情况也要能正常工作。所以在实际使用时，按照行规和公安技防规范要求还常常再增加余量，现在约定的共识是：实际探测使用距离≤厂方标称值的 70%。

2）安装位置要求。

3）避免盲区要求。

两对相邻的主动红外入侵探测器要求交叉安装，一般要求交叉间距要≥300mm，即在至少 300mm 以内是两对相邻探测器的公共保护区。当然两对相邻探测器光束方向要相反。

如果是立柱加栏栅形围墙，一般两根立柱的间距远大于 300mm，而在 3～5m，此时交叉保护在立柱之间是最理想的选择。

4）其他安装要求。

5）应注意周界探测器安装要与周界实体、绿化等合理协调，若不事前协调，容易出死角和漏洞，致使周界防范设备无法合理安装，造成达不到探测效果。

6）安装在同一直线上的两对主动红外入侵探测器，应该使发射机或接收机相背安装。否则，会发生某对探测器的发射机的射线射入另一对探测器的接收机，而使探测器不能正常工作。当使用多对红外对射探测器或者红外栅栏组成光墙或光网时，要避免消除红外光束的交叉误射，方法是合理选择发射器和接收器的安装位置使不发生交叉误射，或选用不同频率的红外对射探测器，调节各探测器使它们在不同的频率段工作。实际安装时，采用在相同直线上的两对主动红外入侵探测器应使发射端或接收端相背，或采用具有频率调制功能的探测器，也可避免发射接收互相干扰。

5.4.2.4 安装微波-被动红外双技术探测器

安装微波—被动红外双技术探测器（双鉴探测器）要求在警戒范围内两种探测器的灵敏度尽可能保持均衡。微波探测器一般对物体纵向移动最敏感，而被动红外探测器则对横向切割视区的人体移动最敏感，因此要使这两种探测传感器都处于较敏感状态。

（1）壁挂式微波—被动红外双技术探测器在安装时宜使探测器轴线与警戒区的方向成 45°夹角，高度 2.2～2.5m，并视防范具体情况确定探测器与墙壁倾角。底座和支架应固定牢固；导线连接应牢固可靠。

（2）吸顶式微波—被动红外双技术探测器，一般安装在重点防范部位上方附近的天花板上，必须水平安装，导线连接应牢固可靠。

(3) 楼道式微波—被动红外双技术探测器，必须安装在楼道端，视场正对楼道走向，高度2.2～2.5m左右。

(4) 探测器正前方不准有遮挡物和可能遮挡物。

(5) 底座和支架应固定牢固。

(6) 导线连接应牢固可靠。

5.4.2.5 安装玻璃破碎探测器

玻璃破碎探测器的安装使用要点：

(1) 玻璃破碎探测器适用于一切需要防玻璃破碎的场所。

(2) 安装时应将声电传感器正对着警戒的主要方向。

(3) 安装时要尽量靠近所要保护的玻璃，并尽可能地远离噪声干扰源，以减少误报警。

(4) 也可以用一个玻璃破碎探测器来保护警戒区内的多面玻璃窗。

(5) 探测器不要对准通风口或换气扇，也不要靠近门铃，以确保工作可靠性。

次声波玻璃破碎高频声响双鉴式玻璃破碎探测器安装方式比较简易，可以安装在室内任何地方，只需满足探测器的探测范围半径要求即可。

5.4.2.6 安装声控—振动双技术玻璃破碎探测器

声控—振动双技术玻璃破碎探测器的安装应满足下列要求：

(1) 探测器必须牢固地安装在玻璃附近的墙壁上或天花板上。

(2) 不能安装在被保护玻璃上方的窗帘盒上方。

(3) 安装后应用玻璃破碎仿真器精心调节灵敏度。

5.4.2.7 安装磁开关探测器

磁开关探测器的安装应满足下列要求：

(1) 磁开关探测器应牢固地安装在被警戒的门、窗上，距门窗拉手边的距离为150mm。

(2) 舌簧管安装在固定的门、窗框上，磁铁安装在活动门、窗上，两者对准，间距在0.5cm左右为宜。

(3) 安装磁开关探测器（特别是暗装式磁开关）时，要避免猛烈冲击，以防舌簧管破裂。

5.4.2.8 安装振动探测器

振动探测器的安装分振动探测器、电缆式振动探测器、电动式振动探测器的安装。

(1) 振动探测器的安装。

1) 振动探测器属于面控制型探测器，室内用明装、暗装均可，通常安装于可能入侵的墙壁、天花板、地面或保险柜上。

2) 探测器安装要牢固，振动传感器应紧贴安装面，安装面应为干燥的平面。

3) 安装于墙体时，距地面高度2～2.4m为宜，探测器垂直于墙面。

4) 埋入地下使用时深度为10cm左右，不宜埋入土质松软的地带。

5) 振动探测器不宜用于附近有强振动干扰源的场所。

6) 安装的位置应远离振动源（如旋转的电动机、变压器、风扇、空调），如无法避开振动源，则视振动源震动情况，距离振动源1～3m。

7) 注意在振动探测器频率范围内的高频振动、超声波的干扰容易引起误报。

(2) 电缆式振动探测器的安装。

1) 在网状围栏上安装时，需将信号处理器（接口盒）固定在栅栏的桩柱上，电缆敷设在栅网2/3高度处。

2) 敷设振动电缆时，应每隔20cm固定一次，每隔10m做一半径为8cm左右的环。

3) 若警戒周界需过大门时，可将电缆穿入金属管中，埋入地下1m深度。

4) 在周界拐角处需作特殊处理，以防电缆弯成死角和磨损。

5) 施工中不得过力牵拉和扭结电缆，电缆外皮不可损坏，电缆末端处理应符合GBJ 232—1982《电气装置安装工程施工及验收规范》的要求，并加防潮处理。

(3) 电动式振动探测器的安装。

1) 远离振源和可能产生振动的物体。如室内要远离电冰箱；室外不要安装在树下等。

2) 电动式探测器通常安装在可能发生入侵的墙壁、地面或保险柜上，探测器中传感器振动方向尽量与入侵可能引起的振动方向一致，并牢固连接。

3) 埋在地下时，需埋入10cm深处，并将周围松土砸实。

5.4.3 防盗报警工程报警控制器的安装要求和技术

报警控制器按防护功能级别分为A、B、C三级。

(1) A级：较低防护功能级。

(2) B级：一般防护功能级。

(3) C级：较高防护功能级。

平均无故障工作时间分为三个等级。

(1) A级：5000h。

(2) B级：20000h。

(3) C级：60000h。

安装报警控制器要注意以下操作方法。

5.4.3.1 控制器开箱检查

控制器到达现场后，应及时作下列验收检查：

(1) 按装箱清单检查清点，规格、型号应符合设计要求；附件、备件应齐全。

(2) 产品的技术文件齐全。

(3) 报警控制器的铭牌中，必须标有国家检验单位签发的“防爆合格证”号。

(4) 包装和密封应良好。

(5) 按规范要求作外观检查。

5.4.3.2 控制器安装用的基础、预埋件、预留孔（洞）

控制器安装用的基础、预埋件、预留孔（洞）等应符合设计。

5.4.3.3 防爆电气设备接线盒

防爆电气设备接线盒内部接线紧固后，裸露带电部分之间及与金属外壳之间的漏电距离和电气间隙，不应小于表5-6的规定。

表5-6　带电部分之间与金属外壳之间的漏电距离和电气间隙

电压等级(V)		漏电距离(m)				电气间隙(ms)
		绝缘材料抗漏电强度级别				
直流	交流	Ⅰ	Ⅱ	Ⅲ	Ⅳ	
48以下	60以下	6/3	6/3	6/3	10/3	6/3
115以下	127～133	6/5	6/5	10/5	14/5	6/5
830以下	220～230	6/6	8/8	12/8		8/6
460以下	300～400	8/6	10/10	14/10		10/6
	660～690	14	20	28	不许使用	14
	3000～3800	50	70	90		36
	6000～6900	90	125	160		60
	10000～11000	125	160	200		100

注　1. 分母为电流不大于5A，额定容量不大于250W的电气设备的漏电距离和电气间隙值。

2. Ⅰ级为上釉的陶瓷、云母、玻璃。Ⅱ级为三聚腈胺石棉耐弧塑料，硅有机石棉耐弧塑料。Ⅲ级为聚四氯乙烯塑料、三聚腈胺玻璃纤维塑料；表面用耐弧漆处理的玻璃布板。Ⅳ级为酚醛塑料、层压制品。

5.4.3.4 防爆电气设备多余的进线口

防爆电气设备多余的进线口的弹性密封垫和金属垫片应齐全，并应将压紧螺母拧紧使进线口密封。

5.4.3.5 防爆电气设备在额定工作状态下，外壳表面的允许最高温度

防爆电气设备在额定工作状态下，外壳表面的允许最高温度（防爆安全型包括设备内部），不应超过表5-7的规定。

表5-7　防爆电气设备在额定工作状态下外壳表面的允许最高温度

组　别	a	b	c	d	e
温度(℃)	360	240	160	110	80

5.4.3.6 隔爆型插销的检查和安装

隔爆型插销的检查和安装应符合下列要求：

(1) 插头插入时，接地或接零触头先接通；拔脱时主触头先分断。

(2) 插头插入后开关才能闭合，开关在分断位置时插头才能插入或拔脱。

(3) 安装场所应无腐蚀性介质。

(4) 应垂直安装，偏斜不大于5°。

5.4.3.7 施工中的安全技术措施

施工中的安全技术措施应符合国家现行有关安全技术标准及产品技术文件的规定。

5.4.3.8 认真阅读报警控制器的使用说明书，检查控制器

控制器在墙上安装时，其底边距地（楼）面高度不应小于1.5m；落地安装时，其底边宜高出地（楼）面0.2～0.3m。正面应有足够的活动空间。

5.4.3.9 报警控制器的安装

报警控制器必须安装牢固、端正。安装在松质墙上时，应采取加固措施。

5.4.3.10 引入报警控制器的电缆或导线的要求

引入报警控制器的电缆或导线应符合下列要求：

(1) 配线应排列整齐，不准交叉，并应固定牢固。

(2) 引线端部均应编号，所编序号应与图纸一致，且字迹清晰不易褪色。

(3) 端子板的每个接线端，接线不得超过两根。

(4) 电缆芯和导线留有不小于20cm的余量。

(5) 导线应绑扎成束。

(6) 导线引入线管时，在进线管处应用机械润滑油封堵管口。

5.4.3.11 报警控制器应牢固接地

报警控制器应牢固接地，接地电阻值应小于4Ω（采用联合接地装置时，接地电阻值应小于1Ω）。接地应有明显标志。

5.5 防盗报警系统的测试检验验收

5.5.1 防盗报警工程验收的条件

5.5.1.1 防盗报警工程验收的条件

(1) 根据防盗报警工程设计文件和合同技术文件，防盗报警相关设备已全部安装调试完毕。

(2) 现场敷线和设备安装已经通过施工质量检查和设备功能检查，并已提交建设、监理、施工及相关单位签字的检查验收报告。

(3) 系统安装调试、试运行后的正常连续投运时间大于3个月。

(4) 工程经试运行达到设计、使用要求并为建设单位认可，出具系统试运行报告。建设单位根据试运行记录写出系统试运行报告。其内容包括：试运行起讫日期；试运行过程是否正常；故障（含误报警、漏报警）产生的日期、次数、原因和排除状况；系统功能是否符合设计要求以及综合评述等。

(5) 已进行了系统管理人员和操作人员的培训，并有培训记录，系统管理人员和操作人员已可以独立工作（设计、施工单位必须对有关人员进行操作技术培训，使系统主要使用人员能独立操作。培训内容应征得建设单位同意，并提供系统及其相关设备操作和日常维护的说明、方法等技术资料）。

(6) 防盗报警工程进行了系统检测，检测结论为合格。工程正式验收前，由建设单位（监理单位）组织设计、施工单位根据设计任务书或工程合同提出的设计、使用要求对工程进行初验，要求初验合格并写出工程初验报告。初验报告的内容主要有：系统试运行概述；对照设计任务书要求，对系统功能、效果进行检查的主观评价；对照正式设计文件对安装设备的数量、型号进行核对的结果；对隐蔽工程随工验收单的复核结果等。工程检验合格并出具工程检验报告。工程正式验收前，应按规范的规定进行系统功能检验和性能检验。实施工程检验的检验机构应符合规范的规定，工程检验后由检验机构出具检验报告。检验报告应准确、公正、完整、规范，并注重量化。

(7) 文件及记录完整。

5.5.1.2 系统验收的文件及记录

系统验收的文件及记录应包括以下内容：

(1) 设计任务书。

(2) 工程合同。

(3) 工程初步设计论证意见（并附方案评审小组或评审委员会名单）及设计、施工单位与建设单位共同签署的设计整改落实意见。

(4) 正式设计文件与相关图纸资料（系统原理图、平面布防图、器材配置表、线槽管道布线图、监控中心布局图、器材设备清单以及系统选用的主要设备、器材的检验报告或认证证书等）。

(5) 工程设计说明书，包括系统选型论证，系统监控方案和规模容量说明，系统功能说明和性能指标等。

(6) 技术防范系统建设方案的审批报告。

(7) 工程竣工图纸，包括系统结构图、各子系统监控原理图、施工平面图、设备电气端子接线图、中央控制室设备布置图、接线图和设备清单等。

(8) 工程初验报告。

(9) 工程检验报告。

(10) 工程竣工报告。

(11) 系统使用说明书（含操作和日常维护说明）。

(12) 工程竣工核算（按工程合同和被批准的正式设计文件，由设计施工单位对工程费用概预算执行情况作出说明）报告。

(13) 系统试运行报告。

(14) 系统的产品说明书、操作手册和维护手册。

(15) 工程检测记录，包括隐蔽工程检测记录、施工质量检查记录、设备功能检查记录和系统检测报告等。

(16) 其他文件，包括工程合同、系统设备出厂检测报告、设备开箱验收记录、系统试运行记录、相关工程质量事故报告、工程设计变更单和工程决算书等。

5.5.1.3 系统的竣工验收小组

系统的竣工验收应由工程的建设、监理、设计、施工单位和本地区的技术防范系统管理部门的代表组成验收小组，按竣工图进行验收。验收时应做好记录，签署验收证书，并应立卷、归档。在工程验收合格后，验收小组应签署验收证书。

工程验收时，应协商组成工程验收小组，重点工程或大型工程验收时应组成工程验收委员会。工程验收委员会（验收小组）下设技术验收组、施工验收组和资料审查组。

工程验收委员会（验收小组）的人员组成应由验收的组织单位根据项目的性质、特点和管理要求与相关部门协商确定，并推荐主任、副主任（组长、副组长）；验收人员中技术专家应不低于验收人员总数的50%；不利于验收公正的人员不能参加工程验收（是指工程设计、施工单位人员、工程主要设备生产、供货单位人员以及其他需要回避的人员）。

验收机构对工程验收应作出正确、公正、客观的验收结论。尤其是对国家、省级重点工程和银行、文博系统等要害单位的工程验收，验收机构对照设计任务书、合同、相关标准以及正式设计文件进行验收，如发现工程有重大缺陷或质量明显不符合要求的应予以指出，严格把关验收通过或基本通过的工程，对设计、施工单位根据验收结论写出的并经建设单位认可的整改措施，验收机构有责任配合公安技防管理机构和工程建设单位督促、协调落实；验收不通过的工程，验收机构应在验收结论中明确指出问题与整改要求。

验收内容包括工程设备安装验收（包括现场前端设备和监控中心终端设备）；管线敷设验收；隐蔽工程验收。技术验收由技术验收组负责实施。

监控中心的检查与验收要对照正式设计文件和工程检验报告，复查监控中心的设计是否符合规范相关要求；检查其通信联络手段（宜不少于两种）的有效性、实时性；检查其是否具有自身防范（如防盗门、门禁、探测器和紧急报警按钮等）和防火等安全措施。

资料审查应符合下列规定：

(1) 资料审查由工程验收委员会（验收小组）的资料审查组负责实施。

(2) 设计、施工单位应提供全套验收图纸资料，并做到图纸资料的准确性、完整性和规范性。

1) 图纸资料的准确性主要是指标记确切、文字清楚、数据准确、图文表一致，特别是要同工程实际施工结果一致。

2) 图纸资料的完整性主要是指所提供的资料内容要完整，成套资料要符合要求。对三级安全防范工程图纸资料审查时，可适当简化或省略。

3) 图纸资料的规范性主要是指图样的绘制应符合 GA/T 74—2000《安全防范系统通用图形符号》等相关标准要求；图纸资料应按照工程建设的程序编制成套。做到内容完整、标记确切、文字清楚、数据准确、图文表一致。图样的绘制应符合 GA/T 74—2000 及其他相关标准的规定。

防盗报警系统在通过验收后方可正式交付使用，未经竣工验收的安全防范系统不应投入使用。当验收不合格时，应由工程承接单位负责整改，在自检合格后再组织验收，直至验收合格。

工程移交是工程建设单位、设计单位、施工单位交付使用单位的基本职责。工程验收通过或基本通过后，设计、施工单位应按规定整理编制竣工图纸资料，并交建设单位签收盖章，方可作为正式归档的工程技术文件。这标志着工程的正式结束。工程竣工图纸资料是反映工程质量的重要内容，也是提供良好售后服务的基本要求之一。

5.5.2 防盗报警系统验收要求

5.5.2.1 验收要求

防盗报警系统验收的验收应符合下列要求：

(1) 对照正式设计文件和工程检验报告、系统试运行报告，复核系统的报警功能和误、漏报警情况，应符合 GA/T 368—2001《入侵报警系统技术要求》的规定。对入侵探测器的安装位置、角度、探测范围作步行测试和防拆保护的抽查，抽查室外周界报警探测装置形成的警戒范围，应无盲区。

(2) 抽查系统布防、撤防、旁路和报警显示功能，应符合设计要求。

(3) 抽测紧急报警响应时间。

(4) 当有联动要求时，抽查其对应的灯光、摄像机、录像机等联动功能。

(5) 对于已建成区域性安全防范报警网络的地区，检查系统直接或间接联网的条件。

5.5.2.2 工程质量

(1) 根据系统的设计方案、合同规定和施工图纸来检查系统工程的实际情况。如设备安装的部位、产品的规格型号、产品的性能和功能等，并按照设备说明书、产品的使用操作说明书的规定程序进行操作。

(2) 入侵报警系统检查内容见表 5-8。

表 5-8　入侵报警系统检查内容

项　目	内　容	抽查百分数（%）
探测器	安装设置位置 安装质量及外观 环境影响，易引起误报的干扰的情况 安装质量与紧固情况 通电测验 探测器灵敏度调整	100
报警控制器	安装位置 接线引入电缆 接地线情况 通电检测 控制机热备份情况	100
电源	电源品质 电源自动切换情况	100

(3) 建设单位对隐蔽工程进行随工验收，凡经过检验合格的办理验收签证，在进行竣工验收时，可不再进行检验。

5.5.2.3 系统检测

(1) 系统探测器的盲区检测及防破坏功能检测包括防止拆卸报警器、断开、短路信号线和剪断电源等情况报警。

（2）防盗报警系统控制功能及通信功能检查内容见表 5-9。

表 5-9　防盗报警系统控制功能及通信功能检查内容

项　目	功　能		测试结果
报警管理	设防		
	撤防		
	优先报警功能		
	系统自检、巡检功能		
	延时报警功能		
	报警信息查询		
	预案处理		
	手/自动出发报警功能		
报警信息处理	报警打印		
	报警储存		
	报警显示	声音报警显示	
		光报警显示	
		电子地图显示	
		报警区域号显示	
	报警时间		<4s
	报警接通率		>98%
	监听、对讲功能		
	报警确认时间系统		
	统计功能、报表打印		
防盗报警系统联动功能	相关电视监控画面自动调入		
	出入口门禁系统关闭相关入口		

（3）防盗报警系统与电视监控系统，出入口门禁管理系统相关安全防范系统的联动功能的检测。

5.5.3　防盗报警工程验收所使用的主要表据

（1）成套配电柜，控制柜（屏、台）和动力、照明配电箱（盘）安装工程检验批质量验收表。

（2）成套配电柜，控制柜（屏、台）和动力、照明配电箱（盘）安装隐蔽工程（随工检查）验收表。

（3）电视墙安装检验质量验收记录表。

（4）电视墙安装隐蔽工程（随工检查）验收表。

（5）电视墙内设备安装检验质量验收记录表。

（6）电视墙内设备安装隐蔽工程（随工检查）验收表。

（7）对射安装检验质量验收记录表。

（8）对射安装隐蔽工程（随工检查）验收表。

（9）紧急报警安装检验质量验收记录表。

（10）紧急报警安装隐蔽工程（随工检查）验收表。

（11）控制台安装检验质量验收记录表。

（12）控制台安装隐蔽工程（随工检查）验收表。

（13）控制台内安装检验质量验收记录表。

（14）控制台内安装隐蔽工程（随工检查）验收表。

（15）探测器安装检验质量验收记录表。

（16）探测器安装隐蔽工程（随工检查）验收表。

（17）综合防范功能分项工程质量检测记录表。

（18）入侵报警系统分项工程质量检测记录表。

（19）住宅（小区）智能化安全防范系统分项工程质量检测记录表。

（20）住宅（小区）智能化火灾自动报警分项工程质量检测记录表。

（21）住宅（小区）智能化家庭控制器分项工程质量检测记录表。

（22）住宅（小区）智能化监控与管理系统分项工程质量检测记录表（1）。

（23）住宅（小区）智能化监控与管理系统分项工程质量检测记录表（2）。

（24）住宅（小区）智能化室外设备及管网分项工程质量检测记录表。

（25）子分部检测记录表。

（26）综合布线系统管理分项工程质量检测记录表。

第6章 chapter6 出入口控制系统的设计与施工技术

出入口控制系统（Access Control System，ACS）是采用电子与信息技术，识别、处理相关信息并驱动执行机构动作或指示，从而对目标在出入口的出入行为实施放行、拒绝、记录和报警等操作的设备（装置）。

出入口控制系统属于智能弱电系统中的一种新型现代化安全管理系统，它集计算机自动识别技术和现代安全管理措施为一体，是解决重要部门出入口实现安全防范管理的有效措施。适用各种机要部门，如银行、图书馆、机房、军械库、机要室和办公间等。

通常大楼的一楼大门和重要房间安装电子门禁，确保大楼人员出入安全、方便。

出入口控制系统具有很高的自动化程度，它可以实现人员出入自动控制，故又称为门禁管理系统。

本章重点介绍的内容有：出入口控制系统基础知识；出入口控制系统的有关标准；出入口控制系统设计；出入口控制系统的施工；出入口控制系统的测试检验验收。

6.1 出入口控制系统基础知识

6.1.1 出入口控制系统的特点

出入口控制就是对建筑内外正常的出入通道进行管理。该系统可以控制人员的出入，还能控制人员在楼内及其相关区域的行动。以往，此项任务是由保安人员、门锁和围墙来完成的。但是，人有疏忽的时候，钥匙会丢失、被盗和复制。智能大厦采用的是电子出入口控制系统，可以解决上述问题。在大楼的入口处、金库门、档案室门、电梯等处可以安装出入口控制装置，比如磁卡识别器或者密码键盘等。用户要想进入，必须拿出自己的磁卡或输入正确的密码，或两者兼备才允许通过。出入口控制系统具有以下的特点：

(1) 每个用户持有一个独立的卡或密码，这些卡和密码的特点是它们可以随时从系统中取消。卡片一旦丢失即可使其失效，而不必像使用机械锁那样重新给锁配钥匙，或者更换所有人的钥匙。同样，离开一个单位的人持有的磁卡或密码也可以轻而易举地被取消。

(2) 可以用程序预先设置任何一个人进入的优先权，一部分人可以进入某个部门的一些门，而另一部分人只可以进入另一组门。这样使你能够控制谁可以去什么地方，还可以设置一个人在一周里有几天、一天里有多少次可以使用磁卡或密码。这样就能在部门内控制一个人进入的次数和活动。

(3) 系统所有活动都可以用打印机或计算机记录下来，为管理人员提供系统所有运转的详细记载，以备事后分析。

(4) 使用这样的系统，只需很少的人在控制中心就可控制整个大楼内外所有的出入口，节省了人员，提高了效率，也提高了保安效果。

采用出入口控制系统为防止罪犯从正常的通道侵入提供了保证。

6.1.2 出入口控制系统的结构

目前，先进的出入口控制系统是通过计算机网络来进行管理，其结构如图 6-1 所示。

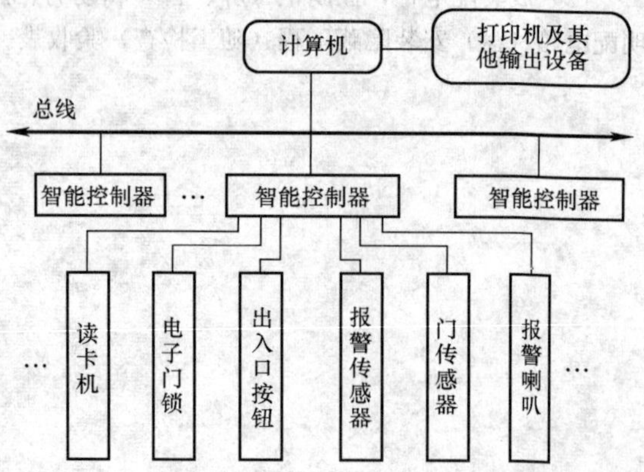

图 6-1 计算机管理的出入口控制系统基本结构

从图 6-1 可以看出，出入口控制系统由三个层次的设备组成。第一层是与人直接打交道的设备（读卡机、电子门锁、出入口按钮、报警传感器、门传感器和报警喇叭等），用来接收人输入的信息；第二层是智能控制器，它将第一层发来的信息同自己存储的信息相比较，作出判断后，再给第一层发出相关信息；第三层是一个局域网络，可以管理整个大厦的出入口，它管理着所有的智能控制器，对智能控制器所产生的信息进行分析、处理和管理。

（1）现代的出入口控制装置是机械、电子和光学等的一体化系统，其主要功能如下：

1）对已授权的人员，凭有效的卡片、代码或特征，允许其进入；对未授权人员将拒绝其入内。

2）对某时间段内人员的出入状况、某人的出入情况、在场人员名单等资料实时统计、查询和打印输出。

（2）出入口控制主要目的是对重要的通行口、出门口通道、电梯进行出入监视和控制。目前一般采用以下三种方式：

1）在办公室门、通道门和营业大厅门等通行门上安装门磁开关。在上班时间，被监视门的开和关，无需向管理中心报警和记录；在下班时间，被监视门的开和关，向管理中心报警并记录。

2）在楼梯间、通道门和防火门等既要监视又需要控制的门上，除安装门磁开关外，还要装电动门锁。上班时间楼梯间、通道门处于开启状态；在下班时间自动处于闭锁状态。当发生报警时，联动相应楼层的防火安全门立即自动开启。

3）在银行金库门、财务室、配电室、计算机室和控制室等要害部门的出入门上，除安装门磁开关、电动门锁外，还安装人员出入识别装置，例如安装智能型读卡机，以便对这些通道门进行监视、控制和身份识别。下班时间持卡人进入上述房间，管理中心将记录进入者的姓名、时间等资料，从而确保上述房间的高度安全性。

6.1.3　出入口控制系统的类型

6.1.3.1　按出入口控制系统硬件构成类型分类

（1）一体型。一体型出入口控制系统的各个组成部分通过内部连接、组合或集成在一起，实现出入口控制的所有功能，其结构如图 6-2 所示。

（2）分体型。分体型出入口控制系统的各个组成部分，在结构上有分开的部分，也有通过不同方式组合的部分。分开部分与组合部分之间通过电子、机电等手段连成为一个系统，实现出入口控制的所有功能。

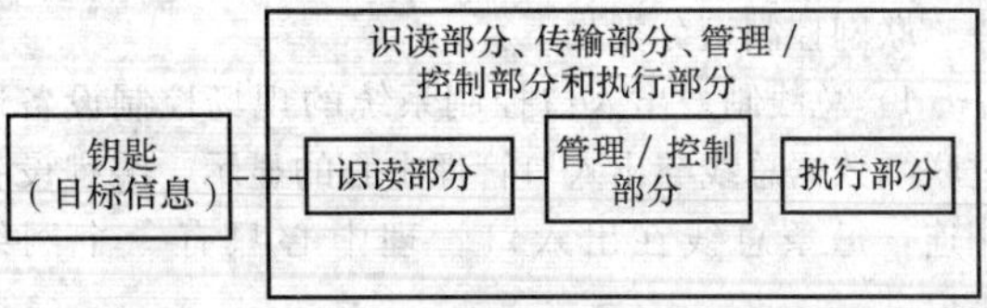

图 6-2　一体型出入口控制系统结构图

6.1.3.2　按出入口控制系统的管理/控制方式分类

（1）独立控制型。独立控制型出入口控制系统，其管理/控制部分的全部显示/编程/管理/控制等功能均在一个设备（出入口控制器）内完成，其结构如图 6-3 所示。

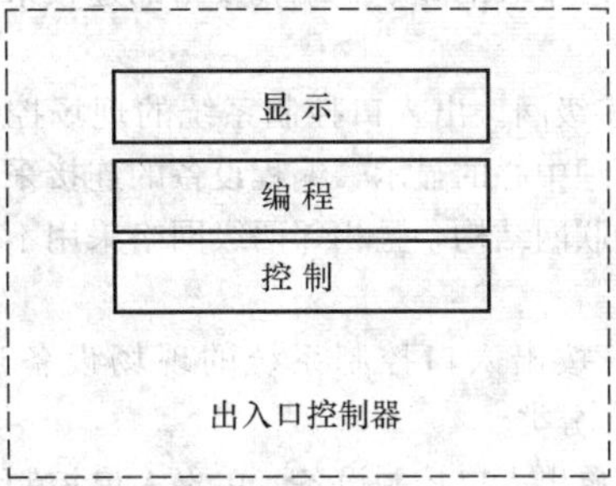

图 6-3　独立控制型出入口控制系统结构图

（2）数据载体传输控制型。数据载体传输控制型出入口控制系统与联网型出入口控制系统区别仅在于数据传输的方式不同。其管理/控制部分的全部显示/编程/管理/控制等功能不是在一个设备（出入口控制器）内完成。其中，显示/编程工作由另外的设备完成。设备之间的数据传输通过对可移动的、可读写的数据载体的输入/导出操作完成，其结构如图 6-4 所示。

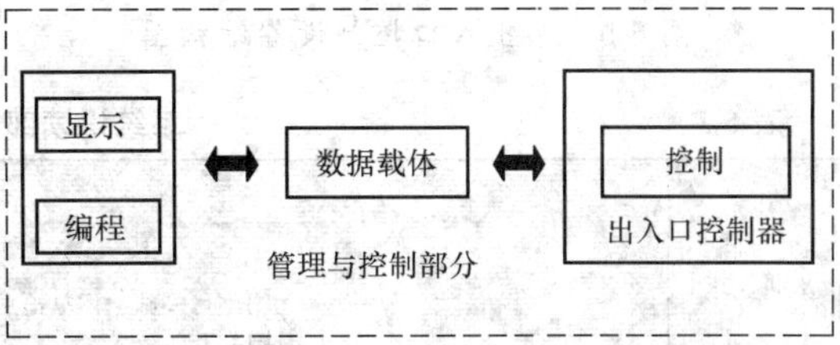

图 6-4　数据载体传输控制型出入口控制系统结构图

（3）联网控制型。联网控制型，其管理/控制部分的全部显示/编程/管理/控制功能不在一个设备（出入口控制器）内完成。其中，显示/编程功能由另外的设备完成。设备之间的数据传输通过有线和/或无线数据通道及网络设备实现。

联网控制型分类如下：

1）总线制。出入口控制系统的现场控制设备通过联网数据总线与出入口管理中心的显示、编程设备相连，每条总线在出入口管理中心只有一个网络接口。

2）环线制。出入口控制系统的现场控制设备通过联网数据总线与出人口管理中心的显示、编程设备相连，每条总线在出入口管理中心有两个网络接口，当总线有一处发生断线故障时，系统仍能正常工作，并可探测到故障的地点。

3）单级网。出入口控制系统的现场控制设备与出入口管理中心的显示、编程设备的连接采用单一联网结构。

4）多级网。出入口控制系统的现场控制设备与出入口管理中心的显示、编程设备的连接采用两级以上串联的联网结构，且相邻两级网络采用不同的网络协议。

6.1.3.3 按出入口控制系统的现场设备连接方式分类

（1）单出入口控制设备。单出入口控制设备是仅能对单个出入口实施控制的单个出入口控制器所构成的控制设备，其结构如图 6-5 所示。

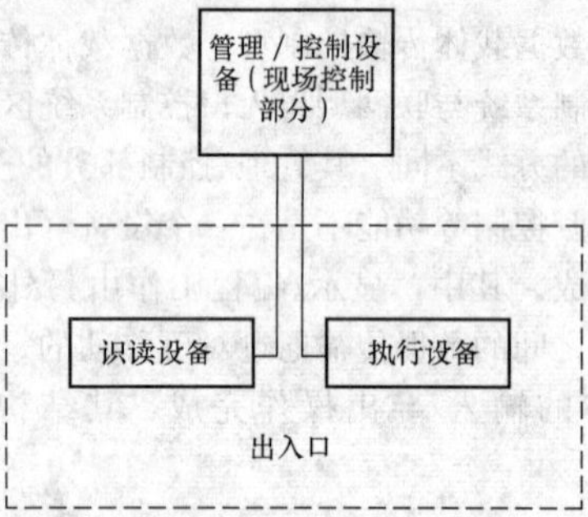

图 6-5 单出入口控制设备结构图

（2）多出入口控制设备。多出入口控制设备是由能同时对两个以上出入口实施控制的单个出入口控制器所构成的控制设备，其结构如图 6-6 所示。

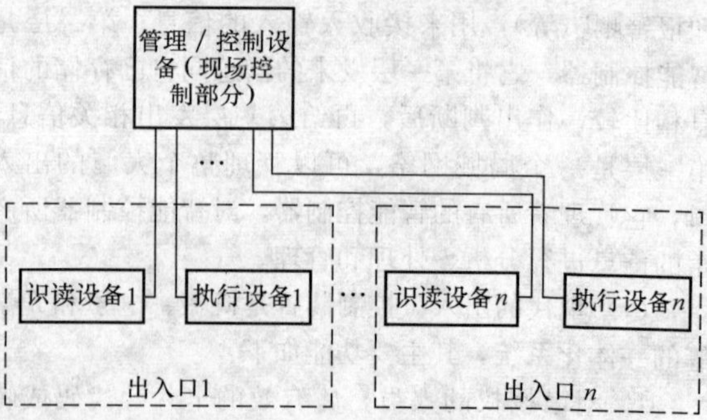

图 6-6 多出入口控制设备结构图

6.1.4 系统的防护级别

系统的防护级别由所用设备的防护面外壳的防护能力，防破坏能力、防技术开启能力以及系统的控制能力、保密性等因素决定。系统的防护级别介绍如下。

6.1.4.1 系统识读部分的三个防护级别

系统识读部分的三个防护级别如表 6-1 所示。

6.1.4.2 系统管理/控制部分的三个防护级别

系统管理/控制部分的三个防护等级如表 6-2 所示。

6.1.4.3 系统执行部分的三个防护级别

系统执行部分的三个防护级别如表 6-3 所示。

6.1.5 出入口控制系统的功能

出入口控制系统的功能分出入口控制系统的系统功能和系统各部分功能。

6.1.5.1 系统功能

出入口控制系统的系统功能要注意如下 8 点内容：

表 6-1 系统识读部分的三个防护级别

级别要求	外壳防护能力	保密性			防破坏		防技术开启	
		用电子编码作为密钥信息的	采用图形图像、人体生物特征、物品特征、时间等作为密钥信息的	防复制和破译	有防护面的设备（抵抗时间，min）			
A级（普通防护级别）	外壳应符合 GB 12663—2001《防盗报警控制器通用技术条件》的有关要求；识读现场装置外壳应符合 GB 4208—2008《外壳防护等级（IP 代码）》中 IP42 的要求；室外型的外壳还应符合 GB 4208—2008 中 IP53 的要求	密钥量＞104×n…	密钥差异＞10×n…；误识率不大于1/n…	使用的个人信息识别载体应能防复制	防钻	10	防误识开启	25
					防锯	3		
					防撬	10	防电磁场开启	25
					防拉	10		

续表

级别要求	外壳防护能力	保密性			防破坏		防技术开启	
		用电子编码作为密钥信息的	采用图形图像、人体生物特征、物品特征、时间等作为密钥信息的	防复制和破译	有防护面的设备（抵抗时间，min）			
B级（中等防护级别）	外壳应符合 GB 4208—2008 中 IP42 的要求；室外型的外壳还应符合 GB 4208—2008 中 IP53 的要求	密钥量＞104×*n*…，并且至少采用以下一项：（1）连续输入错误的钥匙信息时，有限制操作的措施；（2）采用自行变化编码；（3）采用可更改编码（限制无授权人员更改）	密钥差异＞102×*n*…；误识率不大于1/*n*…	使用的个人信息识别载体应能防复制；无线电传输密钥信息的，则至少经 24h 扫描时间（改变不少于 5000 种编码组合）获得正确编码的概率小于 4%，或每次操作钥匙后自行变化编码	防钻	20	防误识开启	50
					防锯	6		
					防撬	20	防电磁场开启	50
					防拉	20		
C级（高防护级别）	外壳应符合 GB 4208—2008 中 IP43 的要求；室外型的外壳还应符合 GB 4208—2008 中 IP55 的要求	密钥量＞106X/最大值，并且至少采用以下一项：（1）连续输入错误的钥匙信息时，有限制操作的措施；（2）采用自行变化编码；（3）采用可更改编码（限制无授权人员更改）。不能采用在空间可被截获的方式来传输密钥信息	密钥差异＞103×*n*…；误识率不大于 $0.1/n_{max}$	制造的所有钥匙应能防未授权的读取信息、防复制	防钻	30	防误识开启	83.3
					防锯	10		
					防撬	30	防电磁场开启	83.3
					防拉	30		
					防冲击	30	防冲击	1

表 6-2　　系统管理/控制部分的三个防护级别

级别要求	外壳防护能力	防目标重入控制	多重识别控制	复合识别控制	异地核准控制	防调阅管理与控制程序	防当场复制管理与控制程序	抵抗时间（min）
A级（普通防护级别）	有防护面的管理与控制部分，其外壳应符合 GB 4208—2008 中 IP42 的要求；否则外壳应符合 GB4208—2008 中 IP32 的要求	无	无	无	无	有	无	对于有防护面的管理与控制部分，与系统识读部分的防护等级的此项要求相同；对于无防护面的管理与控制部分不作要求
B级（中等防护级别）	有防护面的管理与控制部分，其外壳应符合 GB 4208—2008 中 IP42 的要求；否则外壳应符合 GB 4208—2008 中 IP32 的要求	有	无	无	无	有	有	
C级（高防护级别）	有防护面的管理与控制部分，其外壳应符合 GB 4208—2008 中 IP42 的要求；否则外壳应符合 GB 4208—2008 由 IP32 的要求	有	有	有	有	有	有	

表 6-3　　系统执行部分的三个防护级别

级别要求	外壳防护能力	控制出入的能力		防破坏/防技术开启
		执行部件	强度要求	（抵抗时间，min）或（次数）
A级（普通防护级别）	有防护面的外壳应符合 GB 4208—2008《外壳防护等级（IP 代码）》中 IP42 的要求；否则外壳应符合 GB 4208—2008 中 IP32 的要求	机械锁定部件（锁舌、锁栓等）	符合 GA/T73—1994《机械防盗锁》A 级别要求	符合 GA/T 73—1994 A 级别要求
		电磁铁作为间接闭锁部件		符合 GA/T 73—1994 A 级别要求；防电磁场开启＞1500min
		电磁铁作为直接闭锁部件		符合 GA/T 73—1994 A 级别要求；防电磁场开启＞1500min；抵抗出入目标以 3 倍正常运动速度撞击 3 次
		阻挡指示部件（电动挡杆等）	指示部件不作要求	指示部件不作要求
B级（中等防护级别）	有防护面的，外壳应符合 GB 4208—2008 中 IP42 的要求；否则外壳应符合 GB 4208—2008 中 IP32 的要求	机械锁定部件（锁舌、锁栓等）	符合 GA/T 73—1994 B级别要求	符合 GA/T 73—1994 B级别要求
		电磁铁作为间接闭锁部件		符合 GA/T 73—1994 B级别要求；防电磁场开启＞3000min
		电磁铁作为直接闭锁部件		符合 GA/T 73—1994 B级别要求；防电磁场开启＞3000min；抵抗出入目标以 5 倍正常运动速度撞击 3 次
		阻挡指示部件（电动挡杆等）	指示部件不作要求	指示部件不作要求
C级（高防护级别）	有防护面的，外壳应符合 GB 4208—2008 中 IP42 的要求；否则外壳应符合 GB 4208—2008 中 IP32 的要求	机械锁定部件（锁舌、锁栓等）	符合 GA/T 73—1994 B级别要求	符合 GA/T 73—1994 B级别要求
		电磁铁作为间接闭锁部件		符合 GA/T 73—1994 B级别要求；防电磁场开启＞5000min
		电磁铁作为直接闭锁部件，阻挡指示部件（电动挡杆等）	符合 GA/T 73—1994《机械防盗锁》B 级别要求，指示部件不作要求	符合 GA/T 73—1994 B级别要求；防电磁场开启＞5000min；抵抗出入目标以 10 倍正常运动速度撞击 3 次，指示部件不作要求

（1）出入授权。系统应能设定目标的出入授权，即何时、何出入目标、可出入何出入口、可出入的次数和通行的方向等权限。

（2）系统响应时间。系统的主要操作响应时间应小于 2s。

（3）计时。计时精度：非网络型系统的计时精度不低于 5s/d；网络型系统的中央管理主机的计时精度不低于 5s/d，其他的与事件记录、显示及识别信息有关各计时部件的计时精度不低于 10 s/d。

（4）自检和故障指示。系统及各主要组成部分应有表明其工作正常的自检功能，B、C 防护级别的还应有故障指示功能。

（5）报警。系统报警功能分为现场报警、向操作（值班）员报警、异地传输报警等。报警信号的传输方式可以是有线的和/或无线的，报警信号的显示可以是可见的光显示和/或声音指示。

（6）应急开启。系统应采取冗余设计，增加开启出入口通路（但不得降低系统的各项技术要求）以实现应急开启。

（7）指示/显示。系统及各部分应对其工作状态、操作与结果、出入准许和发生事件等给出指示。指示可采用可见的、出声的、物体位移和/或其组合等易于被人体感官所觉察的多种方式。

1）发光指示信息宜采用下列颜色区分。

●绿色：用以显示操作正确、有效、准许、放行等信息，也可以显示正常、安全等信息。

●红色：以 1Hz 以下频率的慢闪烁（或恒亮）显示操作不正确、无效、不准许、不放行等信息，也可以显示不正常等信息；以 1Hz 以上频率的快闪烁显示报警、发生故障、不安全、电源欠压等信息。

●黄（橙）色：如果使用，则用以显示提醒、显示、预告、警告等类信息。

●蓝色：如果使用，则用以显示准备、已进入/已离去、某部分投入工作等信息。

2）发声指示/显示。报警时的发声指示应显示区别于其他发声。

（8）软件及信息保存要求。

1）除网络型系统的中央管理机外，对所要求的功能而言，需要的所有软件均应保存到固态存储器中。

2）具有文字界面的系统管理软件，其用于操作、提示、事件显示等文字必须是简体中文。

3）除网络型系统的中央管理机外，系统中具有编程单元的每个微处理模拟，均应设置独立于该模块的硬件监控电路（Watch Dog），实时监测该模块的程序是否工作正常，当发现该模块的程序工作异常后3s内应发出报警信号和/或向该模块发出复位等控制指令，使其投入正常工作。此操作不应影响系统时钟的正常运行，不应影响授权信息及事件信息的存储。

4）当电源不正常、掉电或更换电池时，系统的密钥（钥匙）信息及各记录信息不得丢失。

6.1.5.2 系统各部分功能

（1）识读部分功能。

1）识读部分应能通过识读现场装置获取操作及钥匙信息并对目标进行识别，应能将信息传递给管理/控制部分处理，也可接受管理/控制部分的指令。

2）系统应有识别率/误识率、拒认率、识读响应时间等指标，并且在产品说明书中列举出。

3）对识读现场装置的各种操作以及接受管理/控制部分的指令等应有对应的指示信号。

4）采用的识别方法（如编码识别、特征识别）和方式（如一人/一物与一个识别信息对应和/或一类人员/物品与一个识别信息对应）应操作简单，识读信息可靠。

（2）管理/控制部分功能。

1）管理/控制部分是出入口控制系统的管理一控制中心，也是出入口控制系统的人机管理界面。

2）系统的管理/控制部分传输信息至系统其他部分的响应时间，应在产品说明书中列举出。

3）接收识读部分传来的操作和钥匙信息，与预先存储、设定的信息进行比较、判断，对目标的出入行为进行鉴别及核准；对符合出入授权的目标，向执行部分发出予以放行的指令。

4）设定识别方式、出入口控制方式，输出控制信号。

5）处理报警情况，发出报警信号。

6）实现扩展的管理功能（如考勤、巡更等），与其他控制及管理系统的连接（如与防盗报警、视频监控、消防报警等的联动）。

7）对系统操作（管理）员的授权管理和登录核准进行管理，应设定操作权限，使不同级别的操作（管理）员对系统有不同的操作能力；应对操作员的交接和登录系统有预定程序；B、C防护级别的系统应将操作员及操作信息记录于系统中。

8）事件记录功能。将出入事件、操作事件、报警事件等记录存储于系统的相关载体中，并能形成报表以备查看。A防护级别的管理/控制部分的现场控制设备中的每个出入口记录总数不小于32个，B、C防护级别的管理/控制部分的现场控制设备中的每个出入口记录总数不小于1000个。中央管理主机的事件存储载体，应根据管理与应用要求至少能存储不少于180d的事件记录。存储的记录应保持最新的记录值。事件记录采用4W的格式，即When（什么时间），其中Who（谁），Where（什么地方），What（干什么）。其中时间信息应包含：年、月、日、时、分和秒，年应采用千年记法。

9）事件阅读、打印与报表生成功能：经授权的操作（管理）员可将授权范围内的事件记录、存储于系统相关载体中的事件信息、进行检索、显示和/或打印，并可生成报表。

（3）执行部分功能。

1）执行部分接收管理/控制部分发来的出入控制命令，在出入口作出相应的动作和/或指示，实现出入口控制系统的拒绝与放行操作和/或指示。

2）执行部分由闭锁部件或阻挡部件以及出入准许指示装置组成。通常采用的闭锁部件、阻挡部件有：各种电控锁、各种电动门、电磁吸铁、电动栅栏和电动挡杆等；出入准许指示装置主要是发出声响和/或可见光信号的装置。

3）出入口闭锁部件或阻挡部件在出入口关闭状态和拒绝放行时，其闭锁部件或阻挡部件的闭锁力，伸出长度或阻挡范围等应在其产品标准或产品说明书中明示。

4）出入准许指示装置可采用声、光、文字、图形和物体位移等多种指示。出入准许指示装置的准许和拒绝两种状态应易于区分而不致混淆。

5）从收到指令至完成出入口启/闭的过程（即完成一次启/闭）的时间应符合标准的要求，并在其产品标准或产品说明书中明示。

6）出入口开启时对通过人员和/或物品的通过时限和/或数量应在其产品标准或产品说明书中明示。

6.1.6 出入口控制系统的传输、电源要求

6.1.6.1 传输要求

联网控制型系统中编程/控制/数据采集信号的传

输可采用有线加/或无线传输方式，且应具有自检、巡检功能，应对传输路径的故障进行监控。

具有C级防护能力的联网控制型系统应有与远程中心进行有线和/或无线通信的接口。

6.1.6.2 电源要求

系统的主电源可以仅使用电池或交流市电供电，也可以使用交流电源转换为低电压直流供电。可以使用二级电池及充电器、UPS电源和发电机作为备用电源。如果系统的执行部分为闭锁装置，且该装置的工作模式为加电闭锁断电开启时，B、C防护级别的系统必须使用备用电源。

(1) 电池容量。

1) 仅使用电池供电时，电池容量应保证系统正常开启10000次以上。

2) 使用备用电池时，电池容量应保证系统连续工作不少于48h，并在其间正常开启50次以上。

(2) 欠电压工作。

1) 当以交流市电转换为低电压直流供电时，直流电压降低至标称电压值的85%时，系统应仍正常工作并发出欠电压指示。

2) 仅以交流市电供电时，当交流市电电压降低至标称电压值的85%时，系统应仍正常工作并发出欠电压指示。

3) 仅以电池供电时，当电池电压降低至仅能保证系统正常启闭不少于若干次时应给出欠电压指示，该次数由制造厂标示在产品说明中。

(3) 过电流保护。当出入口控制设备的执行启闭动作的电动或电磁等部件短路时，进行任何开启、关闭操作都不得导致电源损坏，但允许更换保护装置。

(4) 电源电压范围。

1) 当交流市电供电时，电源电压在额定值的85%～115%范围内，系统不需要作任何调整应能正常工作。

2) 仅以电池供电时，电源电压在电池的最高电压值和欠压值范围内，系统不需要作任何调整应能正常工作。

(5) 外接电源。

1) 系统可以使用外接电源。在标示的外接电源的电源电压范围内，系统不需要作任何调整应能正常工作。

2) 短路外接电源输入口，对系统不应有任何影响。

6.1.7 出入口控制系统的智能识别技术

在出入口控制系统中使用的智能识别技术主要有以下3大类：

6.1.7.1 卡片识别技术

(1) 智能识别技术简介。随着系统规模的扩大，其所包含的信息量急剧增加，而足够多的信息是系统能够作出正确判断的基础，也是系统具有智能的前提。人类的许多活动，都需要智能。如果计算机能够执行这种任务，就可以认为这类计算机具有一定程度的人工智能。按照这一说法，在智能建筑的保安系统中，有下面几个方面具有智能的成分。

1) 智能识别。在许多场合，需要计算机识别各种图形、文字和符号。比如贵重物品仓库或金库等重要部门，只允许少数人进出，这时可以采用指纹或眼底视网膜图像识别设备来进行出入控制。将允许出入人员的指纹信息存储在计算机中，当某人到来时，将其指纹输入，计算机将其输入的指纹图像与存储的图像按一定规则进行比较，只有符合的才允许通过。而人的视网膜在正常、有病、死亡等不同情况下，其图像是不同的，所以视网膜网图像识别系统比指纹识别的安全性还要高。在以前，指纹和眼底图像识别都是靠专业人员进行的，而今计算机可以自动识别，所以可以说它具有智能。

2) 智能判断。人可以根据以往的经验来预测某一事件的结果，这是人类智能的一个标志。保安系统的计算机可以对许多事件的分立数据进行逻辑推理，得出正确的判断，作出适当的处理。比如用多种探测器封锁某一区域时，一旦有报警产生，计算机可以综合这些探测器的信息，对它们进行分析，最后作出是否有入侵的判断。这样做要比采用单种探测方式误报率小得多。计算机所采用的推理判断方法很多，复杂的可以用人工神经元网络来处理，简单的可以用差分表达式来判断。

用规定的推理程序来判断事件的结果，在人工智能中称为"专家系统诊断"的方法。专家系统和传统的固定计算机程序最本质的不同之处在于专家系统所要解决的问题一般没有算法解，并且经常在不完全、不精确或不确定的信息基础上作出结论。在保安系统中采用这种方法非常有利于降低误报率。

3) 智能跟踪。报警系统和闭路电视监视系统的结合使自动对目标进行跟踪成为可能。在智能建筑内，报警探测器和监视用的摄像机的分布可以综合考虑。这样，一旦某个区域产生报警，计算机将把图像切换到此区域的摄像机上，随着目标和移动，图像将跟踪到其所在的区域。目前先进的带位置待服的云台，可以有几百个预置位置，这些位置可以对应多个报警点，这样目标在什么地方，摄像机将对准什么地方，以实现目标的自动跟踪。

4）智能调度。这是指出现情况后，如何合理地调度保安设备和力量，来对付突发事件，如巡更系统出现异常，到指定的时间没有信号发回或不按规定的次序出现信号，普通的巡更系统只能派保安人员前往查看，而智能保安系统会自动采取一些措施。如这些区域的摄像机会自动对准出事地点并进行录像；对这些地点的探测设备进行自动检查；计算机屏幕上提示出处理方案供值班人员考虑等一系列措施。

总之，大量的信息、高速的信息传输和人工智能技术的应用使现代保安系统具有智能性。

（2）卡片识别技术。卡片由于轻便、易于携带而且不易被复制，使用起来安全方便，是传统钥匙理想的替代品。读卡的原理是利用卡片在读卡器中的移动，由读卡机阅读卡片上的密码，经解码后送到控制器进行判断。读卡机到控制器的连接，近距离一般用RS-232通信，远距离（1000m以上）用RS-422或RS-485等方式。卡片目前已发展到免刷卡接近式感应型读卡技术，还可以结合指纹辨识机来进行更安全的管制。

随着卡片的材料、技术的不断更新，刷卡的读卡机是由早期的光学卡发展到最新的生物辨识系统。其发展的过程、种类和特性简述如下：

1）光学卡。利用塑料或纸卡打孔，利用机械或光学系统读卡。这种卡片非常容易被复制，所以目前已被淘汰。

2）磁矩阵卡。用磁性物质按矩阵方式排列在塑料卡的夹层中，让读卡机阅读。这种卡也容易被复制，而且易被消磁。

3）磁码卡。就是我们常说的磁卡，它是把磁性物质贴在塑料卡片上制成的。磁卡可以容易地改写，使用户随时可更改密码，应用方便。其缺点是易被消磁、磨损。磁卡价格便宜，是目前使用最普遍的产品。

4）条码卡。在塑料片上印上黑白相间的条纹组成条码，就像商品上贴的条码一样。这种卡片在出入口系统中已渐渐被淘汰，因为它可以用复印机等设备轻易复制。

5）红外线卡。用特殊的方式在卡片上设定密码，用红外线光线读卡机阅读。这种卡易被复制，也容易破损。

6）铁码卡。这种卡片中间用特殊的细金属线排列编码，采用金属磁扰的原理制成。卡片如果遭到破坏，卡内的金属线排列就遭到破坏，所以很难复制。读卡机不用磁的方式阅读卡片，卡片内的特殊金属丝也不会被磁化，所以它可以有效地防磁、防水和防尘，可以长期使用在恶劣环境下，是目前安全性较高的一种卡片。

7）感应式卡。卡片采用电子回路及感应线圈，利用读卡机本身产生的特殊震荡频率，当卡片进入读卡机能量范围时产生共振，感应电流使电子回路发射信号到读卡机，经读卡机将接受的信号转换成卡片资料，送到控制器对比。接近式感应卡不用在刷卡槽上刷卡，比较迅速方便，由于卡是由感应式电子电路做成，所以不易被仿制。同时它具有防水功能且不用换电池，是非常理想的卡片。

上面介绍了各种卡片，要根据具体情况选用。磁码卡由于价格便宜，仍广泛应用在各种建筑的出入口管理与停车场管理系统中。铁码卡和感应式读卡器由于保安性能好，在国外比较流行。各种卡片的性能特点见表6-4。

表6-4　读卡机性能特点

读卡机类型 项目	感应式读卡机	金属码读卡机	磁条读卡机
读取装置	无接触性读头	无接触性读头	需清理磁头，卡片有磨损的可能
读取方式	进接感应式，可免手持刷卡	需刷卡或插入读取	需刷卡或插入读取
卡片信赖度	高度安全性且防水	安全性高且防水	易消磁及磨损磁条
工作环境	－35～66℃，相对湿度0～95%	－40～70℃，相对湿度10%～90%	0～60℃相对湿度，0～95%
接线方式	4～5芯	5芯	6～8芯
配线距离	75～1650m	60～305m	10～1650m
存取资料到卡片	可以（写入型卡片）	无	可以（读写两用读卡机）

6.1.7.2　生物特征识别技术

（1）指纹机。指纹机利用每个人的指纹差别作对比辨识，是比较复杂且安全性很高的门禁系统。它可以配合密码机或刷卡机使用。

（2）掌纹机。掌纹机利用人的掌型和掌纹特性做图形对比，类似于指纹机。

（3）视网膜辨识机。视网膜辨识机利用光学摄像对比，比较每个人的视网膜管分布的差异，其技术相当复杂。正常人和死亡后的视网膜差异也能检测出来，所以它的保安性能极高。这种系统也有两点顾虑：一是睡眠不足导致视网膜充血、糖尿病引的视网膜病变或视网膜脱落时，将无法对比；再者摄像光源对眼睛会有不同程度的伤害。

(4) 声音辨识。声音辨识利用每个人声音的差异以及所说的指令内容不同而加以比较。但由于声音可以被模仿，而且使用者如果感冒会引起声音变化，其安全性受到影响。

生物辨识技术安全性极高，对视网膜的复制几乎是不可能的，所以把它应用在军政要害部门或者大银行的金库等处是比较合适的。

6.1.7.3 代码识别技术

代码识别技术就是指定密码进行识别，可以使用数字密码锁开门。各种出入凭证和识别方法的比较如表 6-5 所示。

表 6-5 各种出入凭证和识别方法的比较表

分类		原理	优点	缺点	备注
代码		输入预先登记的密码进行确认	不要携带物品、价廉	不能识别个人身份、会泄密或遗忘	要定期更改密码
卡片	磁卡	对磁卡上的磁条存储的个人数据进行读取与识别	价廉、有效	伪造更改容易、会忘带卡或丢失	为防止丢失和伪造，可与密码法并用
	IC卡	对存储在IC卡中的个人数据进行读取与识别	伪造难、存储量大、用途广泛	会忘带卡或丢失	
	非接触式IC卡	对存储在IC卡中的个人数据进行非接触式的读取与识别	伪造难、操作方便、耐用	会忘带卡或丢失	
生物特征识别	指纹	输入指纹与预先存储的指纹进行比较与识别	无携带问题、安全性极高、装置最小型化	对无指纹不能识别	效果好
	掌纹	输入掌纹与预先存储的掌纹进行比较与识别	无携带问题、安全性很高	精确度比指纹法略低	
	视网膜	用摄像输入视网膜与存储的视网膜进行比较与识别	无携带问题、安全性极高	对弱视或睡眠不足而视网膜充血以及视网膜病变者无法对比	注意摄像光源强度不致对眼睛有伤害

6.2 出入口控制系统的有关标准

GB 50396—2007《出入口控制系统工程设计规范》

GB 4208—2008《外壳防护等级（IP代码）》

GB 8702—1988《电磁辐射防护规定》

GB 12663—2001《防盗报警控制器通用技术条件》

GB/T 15211—1994《报警系统环境试验》

GB 16796—1997《安全防范报警设备安全要求和试验方法》

GB/T 17626.2—2006《电磁兼容 试验和测量技术 静电放电抗扰度试验》

GB/T 17626.3—2006《电磁兼容 试验和测量技术 射频电磁场辐射抗扰度试验》

GB/T 17626.4—2008《电磁兼容 试验和测量技术 电快速瞬变脉冲群抗扰度试验》

GB/T 17626.5—2008《电磁兼容 试验和测量技术 浪涌（冲击）抗扰度试验》

GB/T 17626.11—2008《电磁兼容 试验和测量技术 电压暂降、短时中断及电压变化的抗扰度试验》

GA/T 73—1994《机械防盗锁》

GA/T 74—2000《安全防范系统通用图形符号》

DBJ 08—47—1995《智能建筑设计标准》

JGJ 16—2008《民用建筑电气设计规范》

GBJ 147—1990《电气装置安装工程高压电器施工及验收规范》

GA/T 75—1994《安全防范工程程序与要求》

6.3 出入口控制系统设计

6.3.1 出入口控制系统设计原则和一般规定

6.3.1.1 出入口控制系统设计原则

出入口控制系统设计的原则要重点有如下 10 点内容：

(1) 规范性原则。出入口控制系统的设计应对现场进行实际勘察，根据环境条件、出入管理要求、安全要求、投资规模、维护保养以及识别方式、控制方式等因素进行设计。系统设计应符合有关风险等级和防护级别标准的要求，符合有关设计规范、设计任务书及建设方的管理和使用要求。

(2) 实用性原则。出入口控制系统设计应紧紧围绕着人们的实际需求，以实用、简便、经济和安全的原则，同时照顾到不同职务层次、不同部门的需要，满足企业管理这一特定使用功能。当今科技发展迅速，应用于出入口控制系统的技术和产品层出不穷，设计选用的产品应能满足近期使用和远期发展的需要。

（3）先进性原则。系统在设计技术上应适度超前，选用的设备应有互换性，为系统的增容和/或改造留有余地。但不盲目追求尚不成熟的新技术或不实用的新功能，以充分保护用户的投资。

（4）可靠性原则。

1）系统的设计应具有较高的可靠性，在系统故障或事故造成中断后，能确保数据的准确性、完整性和一致性，并具备迅速恢复的功能。系统应能准确实时地对出入目标的出入行为实施放行、拒绝、记录和报警等操作。

2）系统的拒认率应控制在可以接受的限度内。采用自定义特征信息的系统不允许有误识，采用模式特征信息的系统的误识率应根据不同的防护级别要求控制在相应范围内。系统所使用的设备，其平均无故障工作时间（MTBF）不应小于10000h。

（5）功能扩展性原则。出入口控制系统设计应考虑管理功能要求，可利用出入事件等数据信息提供如考勤、巡更、客房人员管理和物流统计等功能。

（6）联动性与兼容性原则。出入口控制系统应能与报警系统、视频安防监控系统等联动。当与其他系统联合设计时，应进行系统集成设计，各系统之间应相互兼容又能独立工作。

（7）安全性原则。安全性应注意如下内容。

1）用于消防通道口的出入口控制系统应与消防报警系统联动。当发生火灾时，应及时开启紧急逃生通道。

2）设备机械、电气设备均应符合GB 16796—1997《安全防范报警设备安全要求和试验方法》和相关产品标准的安全性要求。

3）系统的任何部分、任何动作以及对系统的任何操作都不应对出入目标及现场管理、操作人员的安全造成危害。

4）如果系统应用于人员出入控制，且通向出口或安全通道方向为防护面，则系统需与消防监控系统及其他紧急疏散系统联动，当发出火警或需紧急疏散时，不使用钥匙人员应能迅速安全地通过。

（8）系统所使用设备应能抗电磁干扰原则。系统所使用设备应能抗电磁干扰要注意如下内容。

1）抗电磁干扰，即：①抗静电放电干扰；②抗射频电磁场干扰；③抗快速瞬变脉冲群干扰；④抗交流电源直流电源的浪涌干扰。

2）抗电磁辐射，即：①系统中若使用无线发射设备，其电磁辐射功率应符合国家和行业有关法规和标准的要求；②系统中人员操作设备（含视读装置）的电磁辐射应符合GB8702—1988《电磁辐射防护规定》的要求。

（9）防雷接地。出入口控制系统的防雷接地要注意如下内容：

1）设计出入口控制系统时，选用的设备应符合电子设备的雷电防护要求。

2）系统应有防雷击措施，应设置电源避雷装置，宜设置信号避雷装置。

3）系统应等电位接地。系统单独接地时，接地电阻不大于4Ω，接地导线截面积应大于$25mm^2$。

4）室外装置和线路的防雷与接地设计应符合有关国家标准和行业标准的要求。

（10）环境适应性要求。

1）除网络型系统的中央管理机外，系统所用设备的环境适应性，应满足GB/T 15211—1994《报警系统环境试验》的要求。不同防护级别的系统设备应能正常工作。

2）在有腐蚀性气体或易燃易爆环境中工作的系统设备，应有相应的保护措施。

6.3.1.2　出入口控制系统设计的一般规定

出入口控制系统设计的一般规定要注意以下内容。

（1）系统的防护能力由所用设备的防护面外壳的防护能力、防破坏能力、防技术开启能力以及系统的控制能力、保密性等因素决定。系统设备的防护能力由低到高符合A、B、C三个等级的规定。

（2）系统响应时间应符合下列规定：

1）系统的下列主要操作响应时间应不大于2s：①在单级网络的情况下，现场报警信息传输到出入口管理中心的响应时间；②除工作在异地核准控制模式外，从识读部分获取一个钥匙的完整信息始至执行部分开始启闭出入口动作的时间；③在单级网络的情况下，操作（管理）员从出入口管理中心发出启闭指令始至执行部分开始启闭出入口动作的时间；④在单级网络的情况下，从执行异地核准控制后到执行部分开始启闭出入口动作的时间。

2）现场事件信息经非公共网络传输到出入口管理中心的响应时间应不大于5s。

（3）系统计时、校时应符合下列规定：

1）计时精度见6.1.5.1相关内容。

2）系统与事件记录、显示及识别信息有关的计时部件应有校时功能；在网络型系统中，运行于中央管理主机的系统管理软件每天宜设置向其他与事件记录、显示及识别信息有关的各计时部件校时功能。

（4）系统报警功能分为现场报警、向操作（值班）员报警和异地传输报警等，报警信号应为声光提示。

（5）系统在发生以下情况时应报警：

1）当连续若干次（最多不超过5次，具体次数应在产品说明书中规定）在目标信息识读设备或管理与控制部分上实施错误操作时。

2）当未使用授权的钥匙而强行通过出入口时。

3）当未经正常操作而使出入口开启时。

4）当强行拆除和/或打开B、C级的识读现场装置时。

5）当B、C级的主电源被切断或短路时。

6）当C级的网络型系统的网络传输发生故障时。

（6）系统应具有应急开启功能。

1）使用制造厂特制工具采取特别方法当局部破坏系统部件后，使出入口应急开启，且可迅即修复或更换被破坏部分。

2）采取冗余设计，增加开启出入口通路（但不得降低系统的各项技术要求）以实现应急开启。

（7）软件及信息保存应符合下列规定：

1）除网络型系统的中央管理机外，需要的所有软件均应保存到固态存储器中。

2）具有文字界面的系统管理软件，其用于操作、提示和事件显示等的文字应采用简体中文。

3）当供电不正常、断电时，系统的密钥（钥匙）信息及各记录信息不得丢失。

4）当系统与考勤、计费及目标引导（车库）等一卡通联合设置时，软件必须确保出入口控制系统的安全管理要求。

（8）系统应能独立运行，并应能与电子巡查、入侵报警和视频安防监控等系统联动，宜与安全防范系统的监控中心联网。

6.3.2 设备和传输方式、线缆选型

6.3.2.1 设备选型

（1）设备选型应符合以下要求：

1）防护对象的风险等级、防护级别、现场的实际情况和通行流量等要求。

2）安全管理要求和设备的防护能力要求。

3）对管理/控制部分的控制能力、保密性的要求。

4）信号传输条件的限制对传输方式的要求。

5）出入目标的数量及出入口数量对系统容量的要求。

6）与其他子系统集成的要求。

7）识读装置的设置应便于目标的识读操作。

8）采用非编码信号控制和/或驱动执行部分的管理与控制设备，必须设置于该出入口的对应受控区、同级别受控区或高级别受控区内。

9）设备选型应分识读设备选型和常用执行设备选型。

（2）常用识读设备选型。常用识读设备选型分编码识读设备和人体生物特征识读设备。常用识读设备选型要重点注意如下5点：

1）当识读设备采用对比模式时，不需由编码识读方式辅助操作，当目标数多时识别速度及误识率的综合指标会下降；

2）当识读设备采用1∶1对比模式时，需编码识读方式辅助操作，识别速度及误识率的综合指标不随目标数多少而变化；

3）当采用的识读设备，其人体生物特征信息的存储单元位于防护面时，应考虑该设备被非法拆除时数据的安全性；

4）当采用的识读设备，其人体生物特征信息存储在目标携带的介质内时，应考虑该介质如被伪造而带来的安全性影响；

5）所选用的识读设备，其误识率、拒认率、识别速度等指标应满足实际应用的安全与管理要求。

常用编码识读设备的选型如表6-6所示。

常用人体生物特征识读设备的选型如表6-7所示。

（3）常用执行设备选型。常用执行设备选型如表6-8所示。

6.3.2.2 传输方式、线缆选型

传输方式、线缆选型要重点注意如下7点内容：

（1）传输方式应考虑出入口控制点位分布、传输距离、环境条件、系统性能要求及信息容量等因素，应认真计算系统供电及信号的电压、电流，所选用的线缆实际截面积应大于理论值。

（2）识读设备与控制器之间的通信用信号线宜采用多芯屏蔽双绞线。

（3）门磁开关及出门按钮与控制器之间的通信用信号线，线芯最小截面积不宜小于0.50mm^2。

（4）控制器与执行设备之间的绝缘导线，线芯最小截面积不宜小于0.75mm^2。

（5）控制器与管理主机之间的通信用信号线宜采用双绞铜芯绝缘导线，其线径根据传输距离而定，线芯最小截面积不宜小于0.50mm^2。

（6）布线设计应符合GB 50348—2004《安全防范工程技术规范》的有关规定。

表 6-6　　常用编码识读设备的选型表

序号	名　称	适应场所	主要特点	安装设计要点	适宜工作的环境和条件	不适宜工作的环境和条件
1	普通密码键盘	人员出入口；授权目标较少的场所	密码易泄露、密码易被窥视，保密性差，密码需经常更换	用于人员通道门，宜安装于距门开启边200～300mm，距地面1.2～1.4m处；用于车辆出入口，宜安装于车道左侧距地面高1.2m，距挡车器3.5m处	室内安装；如需室外安装，需选用密封性良好的产品	不易经常更换密码且授权目标较多的场所
2	乱序密码键盘	人员出入口；授权目标较少的场所	密码易泄露，密码不易被窥视，保密性较普通密码键盘高，需经常更换			
3	磁卡识读设备	人员出入口；较少用于车辆出入口	磁卡携带方便，便宜，易被复制、磁化，卡片及读卡设备易被磨损，需经常维护			室外可被雨淋处；尘土较多的地方；环境磁场较强的场所
4	接触式IC卡读卡器	人员出入口	安全性高，卡片携带方便，卡片及读卡设备易被磨损，需经常维护		室内安装；适合人员通道可安装在室内、外	室外可被雨淋处；静电较多的场所
5	接触式TM卡（纽扣式）读卡器	人员出入口	安全性高，卡片携带方便，不易被磨损			尘土较多的地方
6	条码识读设备	用于临时车辆出入口	介质一次性使用，易被复制、易损坏	宜安装在出口收费岗亭内，由操作员使用	停车场收费岗亭内	非临时目标出入口
7	非接触只读式读卡器	人员出入口；停车场出入口	安全性较高，卡片携带方便，不易被磨损，全密封的产品具有较高的防水、防尘能力	用于人员通道门的，宜安装于距门开启边200～300mm，距地面1.2～1.4m处；用于车辆出入口的，宜安装于车道左侧距地面高1.2m，距挡车器3.5m处，用于车辆出入口的超远距离有源读，卡器（读卡距离>5m），应根据现场实际情况选择安装位置，应避免尾随车辆先读卡	可安装在室内、外；近距离读卡器（读卡距离<500mm）适合于人员通道；远距离读卡器（读卡距离>500mm）适合于车辆出入口	电磁干扰较强的场所；较厚的金属材料表面；工作在900MHz频段下的人员出入口；无防冲撞机制（防冲撞：可依次读取同时进入感应区域的多张卡），读卡距离>1m的人员出入口
8	非接触可写、不加密式读卡器	人员出入口；消费系统一卡通应用的场所；停车场出入口	安全性不高，卡片携带方便，易被复制，不易被磨损，全密封的产品具有较高的防水、防尘能力			
9	非接触可写、加密式读卡器	人员出入口；与消费系统一卡通应用的场所；停车场出入口	安全性高，无源卡片，携带方便不易被磨损，不易被复制，全密封的产品具有较高的防水、防尘能力			

表 6-7　　常用人体生物特征识读设备的选型表

序号	名　称	主　要　特　点		安装设计要点	适宜工作的环境和条件	不适宜工作的环境和条件
1	指纹识读设备	指纹头设备易于小型化；识别速度很快，使用方便；需人体配合的程度较高	操作时需人体接触识读设备	用于人员通道门，宜安装于适合人手配合操作，距地面1.2～1.4m处；当采用的识读设备，其人体生物特征信息存储在目标携带的介质内时，应考虑该介质如何被伪造而带来的安全性影响	室内安装；使用环境应满足产品选用的不同传感器所要求的使用环境要求	操作时需人体接触识读设备，不适宜安装在医院等容易引起交叉感染的场所
2	掌形识读设备	识别速度较快；需人体配合的程度较高				

续表

序号	名　称	主　要　特　点		安装设计要点	适宜工作的环境和条件	不适宜工作的环境和条件
3	虹膜识读设备	虹膜被损伤、修饰的可能性很小，也不易留下被可能复制的痕迹；需人体配合的程度很高；需要培训才能使用	操作时不需人体接触识读设备	用于人员通道门，宜安装于适合，人眼部配合操作，距地面1.5～1.7m处	环境亮度适宜、变化不大的场所	环境亮度变化大的场所，背光较强的地方
4	面部识读设备	需人体配合的程度较低，易用性好，适于隐蔽地进行面像采集、对比		安装位置应便于摄取面部图像的设备能最大面积、最小失真地获得人脸正面图像		

表 6-8　　常用执行设备选型表

序号	应用场所	常采用的执行设备	安　装　设　计　要　点
1	单向开启、平开木门（含带木框的复合材料门）	阴极电控锁	适用于单扇门；安装位置距地面0.9～1.1m边门框处；可与普通单舌机械锁配合使用
		电控撞锁	适用于单扇门；安装于门体靠近开启边，距地面0.9～1.1m处；配合件安装在边门框上
		一体化电子锁	
		磁力锁	安装于上门框，靠近门开启边；配合件安装于门体上；磁力锁的锁体不应暴露在防护面（门外）
		阳极电控锁	
		自动平开门	安装于上门框；应选用带闭锁装置的设备或另加电控锁；外挂式门机不应暴露在防护面（门外）；应有防夹措施
2	单向开启、平开镶玻璃门（不含带木框门）	阳极电控锁；磁力锁；自动平开门机	同本表第1条相关内容
3	单向开启、平开玻璃门	带专用玻璃门夹的阳极电控锁；带专用玻璃门夹的磁力锁；玻璃门夹电控锁	安装位置同本表第1条相关内容；玻璃门夹的作用面不应安装在防护面（门外）；无框（单玻璃框）门的锁引线应有防护措施
4	双向开启、平开玻璃门	带专用玻璃门夹的阳极电控锁；玻璃门夹电控锁	同本表第3条相关内容
5	单扇、推拉门	阳极电控锁	同本表第1、3条相关内容
		磁力锁	安装于边门框；配合件安装于门体上，不应暴露在防护面（门外）
		推拉门专用电控挂钩锁	根据锁体结构不同，可安装于上门框或边门框；配合件安装于门体上；不应暴露在防护面（门外）
		自动推拉门机	安装于上门框；应选用带闭锁装置的设备或另加电控锁；应有防夹措施
6	双扇、推拉门	阳极电控锁	同本表第1、3条相关内容
		推拉门专用电控挂钩锁	应选用安装于上门框的设备，配合件安装于门体上，不应暴露在防护面（门外）
		自动推拉门机	同本表第5条相关内容
7	金属防盗门	电控撞锁；磁力锁自动门机	同本表第1、5条相关内容
		电动机驱动锁舌电控锁	根据锁体结构不同，可安装于门框或门体上
8	防尾随人员快速通道	电控三棍闸；自动启闭速通门	应与地面有牢固的连接；常与非接触式读卡器配合使用自动启闭速通门应有防夹措施

续表

序号	应用场所	常采用的执行设备	安装设计要点
9	小区大门、院门等（人员、车辆混行通道）	电动伸缩栅栏门	固定端应与地面有牢固的连接；滑轨应水平铺设；门开口方向应在值班室（岗亭）一侧；启闭时应有声光指示，应有防夹措施
		电动栅栏式栏杆机	应与地面有牢固的连接，适用于不限高的场所，不宜选用闭合时间小于3s的产品，应有防砸措施
10	一般车辆出入口	电动栏杆机	应与地面有牢固的连接；用于有限高的场所时，栏杆应有曲臂装置；应有防砸措施
11	防闯车辆出入口	电动升降式地挡	应与地面有牢固的连接；地挡落下后，应与地面在同一水平面上；应有防止车辆通过时，地挡顶车的措施

（7）执行部分的输入电缆在该出入口的对应受控区、同级别受控区或高级别受控区外的部分，应封闭保护，其保护结构的抗拉伸、抗弯折强度应不低于镀锌钢管。

6.3.3 出入口控制系统工程的设计要求

出入口控制系统工程的设计应重点注意如下9点内容：

（1）根据防护对象的风险等级和防护级别、管理要求、环境条件和工程投资等因素，确定系统规模和构成；根据系统功能要求、出入目标数量、出入权限、出入时间段等因素来确定系统的设备选型与配置。

（2）出入口控制系统的设置必须满足消防规定的紧急逃生时人员疏散的相关要求。

（3）供电电源断电时系统闭锁装置的启闭状态应满足管理要求。

（4）执行机构的有效开启时间应满足出入口流量及人员、物品的安全要求。

（5）系统前端设备的选型与设置，应满足现场建筑环境条件和防破坏、防技术开启的要求。

（6）当系统与考勤、计费及目标引导（车库）等一卡通联合设置时，必须保证出入口控制系统的安全性要求。

（7）系统兼容性应满足设备互换的要求，系统可扩展性应满足简单扩容和集成的要求。

（8）出入口控制系统工程的设计流程、设计文件应准确、完整、规范。

（9）施工图纸设计要详细、准确，着重体现系统配置的可实现性，现场安装的可实施性。

（10）管线敷设应符合第14章相关要求。

6.3.4 系统功能设计施工要求

出入口控制系统的系统提供以下主要功能要求：

（1）避免使用机械钥匙所出现的问题，能够24h限制人的活动范围和时间。

（2）保护部门以及大楼的财产及雇员。

（3）对进入建筑的人所处位置以及进入该处多少次作详细的实时记录。

（4）可依照用户的使用权限设置在什么日期、什么时间，可通行什么门。

（5）对所有门均可在软件中设定门的开启时间、重锁时间，以及每天的固定常开时间（依业主要求随意设定）。

（6）降低办公楼管理及保安费用，获得更高的安全性和控制水平。

（7）消除人为的差错。

（8）系统可与消防系统联动。

（9）成为一个完整的一卡通管理系统。

6.3.5 门禁出入口控制系统方案举例

某大楼一楼大门安装感应卡电子门禁，确保大楼人员出入安全、方便，重要实验室安装简单磁卡锁，介绍如下。

6.3.5.1 感应卡门禁系统特点

（1）完善的功能。门禁系统可单独操作，系统软件除直接控制门锁外，具有发卡、读卡、挂失、解挂、查询、统计等多种功能。这些功能可联网操作，也可单机操作，它反应灵敏、安全可靠、准确无误。

（2）可靠的系统结构。门禁系统采用坚固耐用的电控电子门锁，与管理主机、开门控制器（读卡器）、非接触式智能卡组成一个安全、可靠的控制系统。管理主机实行程序管理，保密性好、适应性强，可单机操作也可多机联网使用。整个系统具有双向验证机制和多组密钥保护，确保了系统的安全、可靠。非接触式智能卡开门控制器（读卡器）通过RS485串口与管理主机相连，开门控制器具有防冲突功能，使用无方向性、操作速度快、准确、便捷，门禁系统管理软件可对每个开门控制器进行统一管理，并存储记录每个持卡人的出入信息，如卡号、开门日期、时间、房号等。非接触式智能卡与开门控制器之间的数据交换通过无线电波传送，无机械性接触，从而避免了由于磨损导致的故障及污垢造成的数据读写失败。非接触式智能卡无裸露芯片、防潮湿、防污染、使用寿命长。备用电源可保证在停电时门禁系统正常工作。

(3) 便捷的安装使用。非接触式智能卡门禁系统安装使用简单、方便，管理者和使用人都可以一学就会。系统软件安装在管理主机上，在 Windows95/98 界面运行，所有界面均图形化，操作起来十分简便。读卡器（开门控制器）安装在门框或墙壁上，美观大方，不会破坏装饰原貌。系统传输线缆（电源线、信号线等）均可根据用户要求和现场环境分别采用预留暗穿或平铺平槽，确保使用安全和布局美观。

(4) 感应卡。非接触式智能卡是将集成电路芯片和射频天线线圈封闭在如同信用卡大小的一块塑料卡片中，每张卡有一套密码，卡中芯片内记载着卡号、持卡人姓名、年龄、性别、工作单位、职务、开门的时间段（例如，从早上 8：00～下午 17：00，其他时间无效）和门号等信息。卡的表面可印制精美图案和资料。

6.3.5.2 感应卡门禁系统功能

(1) 进入方式。密码进入、持卡进入、人工控制允许进入。

(2) 多级授权。感应卡经过授权方可进入，可设置不同的权限、确定持卡人可进入的门号、时间段。

(3) 事件记录。持卡人进入的门号、时间、卡号。

(4) 网络功能。各个门禁可组网运行。

(5) 考勤管理。可根据需要随时统计、查询、打印持卡人的出勤情况（任选功能）。

(6) 安全功能。丢失的卡可以挂失。

(7) 运行方式。本系统设计为全天 24h 实时采集处理。

(8) 门禁与数据采集。上班（进门）时，有权进入该门的员工在门禁考勤机前出示自己的员工卡后，绿色指示灯亮，门锁自动打开，门禁考勤机自动记录员工的姓名、部门、职务和出、入日期和时间等，并将所采集到的数据传送给主机。当无权进入此门或超过时限的员工在刷卡后，天线上的红灯亮，锁打不开。下班（外出）时，在出口天线上晃一下卡或轻按一下门上的按钮（两种可选），门锁自动打开。

(9) 统计。统计系统将各门禁考勤机采集到的信息进行过滤处理，只保留每天的考勤记录，然后按员工姓名、部门、日期进行统计。

(10) 查询。各部门可根据需要随时在查询系统查询本部门员工的考勤情况等，并可随时打印出来。管理部门也可以根据需要，随时查询全公司各部门出勤情况，同时也可以查询员工进入每门的详细记录。

(11) 安全。相互认证、数据密码和信息识别码保护系统免受任何诈骗。区分通路条件的卡的算术增加和减少能力，提高了安全性。对每条命令独立密钥的分配，在系统节省费用的情况下，允许密钥分层使用。

6.4 出入口控制系统的施工技术

6.4.1 出入口控制工程的施工准备

6.4.1.1 出入口控制工程施工要应具备的条件

出入口控制工程施工要应具备的条件包括：设计文件、仪器设备、施工场地、管道、施工器材及隐蔽工程的要求等。施工单位应对这些要求认真准备，以提高施工安装效率，避免在审核、安装、随工验收等工作中出现不必要的返工。

向施工人员进行质量、安全、进度交底的同时，明确文明施工的要求，严禁野蛮施工。

6.4.1.2 施工现场要求

施工现场要求请参见 5.4.1.2 的施工现场要求。

6.4.2 出入口控制系统安装要求和施工

出入口控制系统安装分设备结构安装要求、系统设备施工要求、出入口管理系统施工要求、软件功能施工要求、安防联动功能施工要求和施工。

6.4.2.1 设备结构安装要求

设备结构安装要求要注意如下 3 点：

(1) 设备结构。

1) 设备各活动部件依据说明书中的内容应活动自如，配合到位，手动部件（如键盘、按钮、执手、手柄、转盘等）手感良好。控制机构动作灵活、无卡滞现象。

2) 有防护面的设备（装置）的结构应能使该设备（装置）在安装后从防护面不易被拆卸。

3) 处于防护面的操作键或按钮应能够承受 60N 按压力、连续 100 次的按动，该键或钮不应产生故障和输入失效现象。

4) 处于防护面的接触式编码载体识读装置，能够承受利用编码载体的故意恶意操作而不产生故障和损坏。

5) 对闭锁后位于防护面的手动开启相关部件施加 980N 的静压力和 11.8N·m 的扭矩时，该部件不应产生变形、损坏、离位现象，闭锁部件也不得被开启。

(2) 连接。

1) 接线柱和引出线的要牢固。

2) 系统各设备（装置）之间的连接应有明晰的标示（如接线柱/座有位置、规格、定向等特征，引出线有颜色区分或以数字、字符标示）。

3）执行部分的输入电缆在该出入口的对应受控区、同级别受控区或高级别受控区外的部分，应具有相应的抗拉伸、抗弯折性能，需用强度不低于镀锌钢管的保护材料加以保护。

4）系统各设备（装置）外壳之间的连接应能以隐蔽工程连接。

（3）安装位置。

1）各类识读装置的安装高度离地不宜高于1.5m，安装应牢固。

2）感应式读卡机在安装时应注意可感应范围，不得靠近高频、强磁场。

3）锁具安装应符合产品相关技术要求，安装应牢固，启闭应灵活。

4）识读现场装置的安装位置应便于目标的识读操作。

5）如果管理/控制设备是采用电位或电脉冲信号控制，驱动执行部分的接线与连接装置必须置于该出入口的对应受控区、同级别受控区或高级别受控区内。

6）用于完成编程与实时监控任务的出入口管理控制中心，应位于最高级别防区内。

6.4.2.2　系统设备施工要求

出入口系统的设备应该满足以下要求：

（1）输入设备——读卡机。读卡机的输入方式有感应式、密码、指纹识别。

（2）控制设备。控制设备有门禁控制器、磁力门锁。它符合保障员工生命安全、大楼内部安全。

（3）电力设备。电力设备的门禁系统采用24VDC直流电，在断电情况下满足8h连续工作，数据30d不丢失，这在安全系统中是非常重要的一环。

（4）现场控制器。现场控制器可满足单门、两门等模式的门禁设计方式，并可依实际情况进行无限扩展。

（5）信号联动设备。信号联动设备可与门磁开关、红外报警、消防火警、防盗报警联动（硬件联动）。

（6）控制中心。软件的工作平台基于NT技术构建的Windows操作系统。

（7）传输标准。传输标准有RS-485通信、TCP/IP通信协议（可实现联网）、API模块库。

6.4.2.3　出入口管理系统施工要求

出入口管理系统施工要求出入口部分由门禁控制器、感应式读卡器和电锁组成（联网时外加计算机和通信转换器），读卡方式属非接触读卡方式，持卡人只要将卡在读卡器附近（10～15cm）晃动一次，读卡器就能感应到有卡并将卡中的信息（卡号）发送到主机，主机检查卡的合法性，然后决定是否进行开门动作。整个过程只要在有效的刷卡范围内均可实现门禁管理功能（整个操作过程小于0.1s）。读卡器安装在门边墙内外，而不影响其工作。感应卡目前无法复制、安全可靠、寿命长（非接触读卡方式使卡的机械磨损减少到零，寿命在10年以上）。并通过通信转接器（RS-485）与计算机进行实时监控（可由计算机发指令开/关所有门，并可实时查看所有门的状态）、数据处理、查询、报表输出等。输入管理功能如图6-7所示。

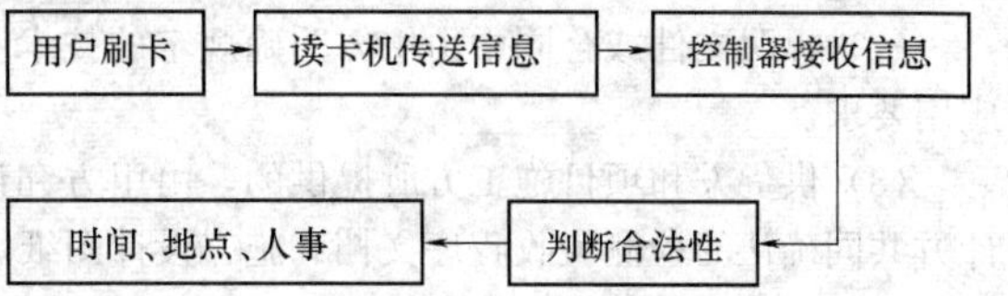

图 6-7　输入管理功能

6.4.2.4　软件功能施工要求

门禁系统软件提供给用户的功能由软件来管理完成，包括员工资料、部门信息、卡片信息、人员出入区域、范围时间区、远程遥控、门区开关、防盗、消防的联动设置以及历史记录的查询、各种报表输出等。

6.4.2.5　安防联动功能施工要求

（1）通过给控制器加装信号输入/输出模块，设置联动流程。

（2）门磁信号。输入结合刷卡来判别是否开门超时或强行进入。

（3）红外探测器信息。在非工作时间区及重要区域安置红外探测设备，并且设置为在警报器联动，这样，当有人或动物进入防区时，就会立即被红外设备探测到，引发非法事件，控制器接收到此事件信号后，自动接通与此联动之设备（报警器），并且将信息上传到控制中心，起到防盗报警功能。

6.4.2.6　施工

（1）环境。施工前必须先看好环境，确定系统每一条线路及每一设备安装位置，设计出完整工程图。

（2）埋管/布线。先按工程图将每个门与控制器及控制器与控制器之间的管理好，然后布线（操作过程中不可用力过大将线芯拉断，每条线作上标志，以备安装时辨别，并检测每条线的通信状态）。

（3）安装：每个工程人员必须先掌握整个工程过程（设备安装位置、接线方法等），熟知每个施工环节方可上岗操作，尽量减少工程的安装调试的复杂程度。工程执行流程图如图6-8所示。

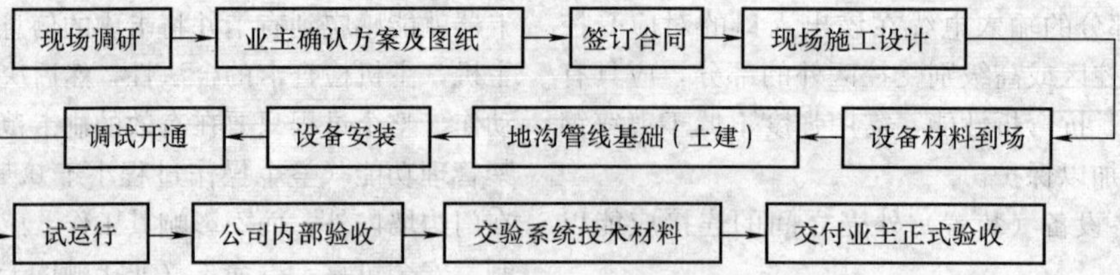

图 6-8　工程执行流程图

6.5　出入口控制系统工程的测试检验验收

6.5.1　检测及验收依据

(1) 要进行检测的通行门、通道、电梯、楼梯、停车场出入口等控制点的风险等级。

(2) 标明文件或合同中由甲方明确规定的技术和应用要求。

(3) 供货方和项目施工方所提供的，由甲方和设计方共同确认的检测验收程序文档和施工设计图纸。

(4) 其他依据及参考。

GB 50166—1992《火灾自动报警系统施工及验收规范》

YD/T 926.1～3—2001《大楼通信综合布线系统》

GBJ 79—1985《工业企业通信接地设计规范》

软件工程国家标准

《智能化建筑弱电系统设计施工图集》

现有的先进、成熟、实用智能建筑电气产品和技术资料

6.5.2　软件的检测及验收

(1) 审定由软件提供方提供的审定验收测试计划并检查全套软件源程序清单及文件。

(2) 演示验收软件的所有功能，以证明软件功能与任务书或合同书要求一致。

(3) 根据需求说明书中规定的性能要求，包括：精度、时间、适应性、稳定性、安全性、易用性以及图形化界面友好程度，对所验收的软件逐项进行测试，或检查已有的测试结果。

(4) 对所检测验收软件按 GJB 437—1988 中的要求进行强度测试与降级测试。

(5) 在软件测试的基础上，对被验收的软件进行综合评审，给出综合评价。包括：软件设计与需求的一致性；程序与软件设计的一致性；文档（含培训软件、教材和说明书）描述与程序的一致性、完整性、准确性和标准化程度等。

6.5.3　硬件的检测及验收

(1) 检查系统主机与区域控制器之间的信息传输及数据加密功能。

(2) 检测系统主机在离线的情况下，区域控制器独立工作的准确实时性和储存信息的功能。

(3) 检测掉电后，系统启用备用电源应急工作的准确实时性及信息的存储和恢复能力。

(4) 通过系统主机、区域控制器及其他控制终端，使用电子地图实时监控出入控制点的人员并防止重复迂回出入的功能及控制开闭的功能。

(5) 系统及时接收任何类型报警信息的能力，包括：非法强行入侵，非法进入系统，非法操作、硬件失败，与本系统联动的其他系统报警输入。

(6) 系统操作的安全性：系统操作人员的分级授权；系统操作人员操作信息的详细只读存储记录。

(7) 检测系统与综合管理系统、防盗及消防系统的联网联动性能。

第7章 chapter7 楼宇对讲系统的设计与施工技术

对讲系统产品可分联网型和非联网型。产品有多种型号，并具备多种功能，可视与不可视系统可以同时共用，可以根据用户的不同要求配置用户满意的装置。

产品型号有独户型和大楼型两种。独户型根据接入室内机的台数又分为多种款式；大楼型有经济型和数字型两种。

（1）独户型特为别墅小区制作。1台室外机可接3台室内机，2台室外机可接8台室内机。室内机具有对讲、相互呼叫功能，2线式无级性配线方式，红外夜间照明，420线以上解析度，防尘、防雾。

（2）大楼型是公寓式小区的理想型号，最多可扩至5个室外摄像机，用户最多可达9999户。其特点是：安全密码开门；室外摄像机可选择组合式或数字式；可视与不可视系统可同时共用；用户可选择2台以上可视与不可视室内机；1～4个室外机可接9999台数字式或按键式室内机；红外夜间照明；管理中心可同时监控4个门口。

可视对讲室内机可配置报警控制器，并同报警控制器一起接到小区管理机上。管理机与计算机连接，运行专门的小区安全管理软件，可随时在电子地图上直观地看出报警发生的地理位置、报警住户资料，便于物业管理人员采取相应措施。

可视对讲系统，亦称访客对讲系统，也有人称楼宇对讲系统。它的作用是为来访客人与住户之间提供双向通话或可视通话，且由住户遥控防盗门的开关或向保安管理中心进行紧急报警的一种安全防范系统。它是安全防范系统中一个重要的子系统，也是智能小区中使用频率最高的一个系统。

本章重点介绍的内容有：可视对讲系统基础知识；可视对讲系统的有关标准；可视对讲系统设计；可视对讲系统的施工；可视对讲系统的测试检验验收。

7.1 可视对讲系统基础知识

7.1.1 可视对讲系统发展的基本情况

7.1.1.1 可视对讲系统市场基本情况

可视对讲系统是智能建筑领域的一个重要组成部分，从早期的直按式对讲系统、小户型对讲系统、普通数码对讲系统发展到今天的直按式可视对讲系统、联网可视对讲系统等。目前可视对讲系统主要应用于智能小区。就其产品而言中外产品竞争很激烈，国外的产品主要有韩国的金丽，cocom，commax，samsung；日本的Panasonic，AIPHONE，NEC；法国的Cegrand；意大利的URMET；澳大利亚的MOX；西班牙的FERMAX等；国内的产品有广州安居宝、北京大科、深圳视得安、珠海进桢和厦门立林等。

（1）从价格来说国外的产品价位较高，国内的产品价格较低。

（2）从产品性能来说，早期的产品国外的产品技术较为先进，但近年来国内多家公司的产品已与国外的产品技术并驾齐驱。

（3）从宣传来说，国外公司他们凭借雄厚的资金，做广告发送技术白皮书、宣传品和各种展览会，就这点来说国内的公司在宣传上还应加大力度。

尽管国内房地产开发商较多，但真正在小区安装可视对讲系统的还不多，随着经济的发展居民对安全度提高，在未来的3～5年内，中等收入以上的家庭会有所需求。

7.1.1.2 可视对讲系统主要特点

（1）通过观察监视器上来访者的图像，可以将不希望的来访者拒之门外，因而不会为此受到推销者的打扰而浪费时间，也不会有受到可疑陌生人攻击的危险。只要安装了接收器，甚至可以不让别人知道家中有人。

(2) 当你回家，说“是我”，并按下呼出键，即使没人拿起听筒，屋里的人也可以听到你的声音。

(3) 如果你有事不能亲自去开门，便可按下“电子门锁打开按钮”开门。

(4) 按下“监视按钮”，即使不拿起听筒，也可以监听和监看来访者长达30s，而来访者却听不到屋里的任何声音。再按一次，解除监视状态。如发现可疑人可迅速报警。

7.1.1.3 可视对讲系统的电路

(1) 300MHz高频遥控发射与接收电路；双向通信、智能电话识别接口。

(2) 即抹即录、断电可保持录音系统；交流供电及直流断电保护电路。

(3) 由计算机控制的键盘、液晶、多路传感器输入、报警喇叭输出、电话录放音、遥控发射接收、断电保护等电路系统。

7.1.1.4 可视对讲系统的主要功能

(1) 可适用于不同制式的双音频及脉冲直拨电话或分机电话。

(2) 可同时设置带断电保护的多种警情电话号码及报警语音。

(3) 自动识别对方话机占线、无人值班或接通状态。

(4) 按顺序自动拨通先设置的直接电话、手机及寻呼台，并同时传至小区管理中心。

(5) 可同时连多路红外、瓦斯、烟雾传感器。

(6) 手动及自动开关、传感器的有线及无线连接报警方式。

7.1.2 直按式对讲系统

直按式（单对讲）对讲系统是一种单对讲结构，它由电控防盗门、对讲系统和电源等组成。直按式对讲系统的特点主要表现为：

(1) 单键直按式操作，方便简单。

(2) 金色铝成型主机面板，美观大方。

(3) 带夜光装置，不锈钢按键，房号可自行灵活变动。

(4) 双音振铃或“叮呼”门铃声。

(5) 待命电流少，省电。

(6) 面板可根据房数灵活变化。

(7) 用户操作时方法简单方便。

1) 当有来客时，客人按动主机面板对应房号键，主人分机即发出振铃声。当夜间时，访客可按动主机面板的灯光键作照明。主人提机与客人对讲后，主人可通过分机的开锁开关遥控大门电控锁开锁。客人进入大门后，闭门器使大门自动关闭。

2) 当停电时，系统可由防停电电源维持工作。

直按式对讲系统的构成如图7-1所示。

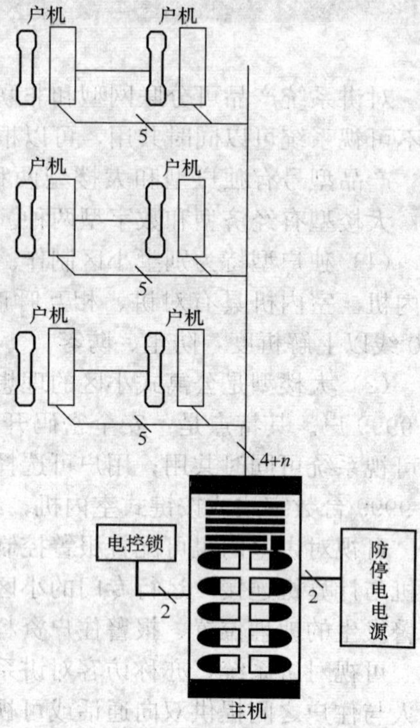

图7-1 直按式对讲系统的构成

图7-1所示的系统在建设时所需的配置主要有：直按主机、电源与电源线（电源线线径≥0.5mm^2）、分机、电控锁和闭门器。

以广州安居宝智能系统有限公司的DF-10B-938产品为例，组成的系统接线图如图7-2所示。

7.1.2.1 直按式对讲系统设计考虑的因素

从图7-1可以看出：单对讲系统是用于一幢楼的一个门洞或筒子楼的一层，那么设计时要考虑以下几点：

(1) 电控防盗门安装。电控防盗门应安装在一个门洞的出入口处，并有电控锁和防停电电源。

(2) 防停电电源。防停电电源应是交直流两用，当市电停电时能正常开启门。

(3) 对讲系统。对讲系统主要由传声器、振铃电路等组成，要求语言清晰，失真度低，使对讲双方都能够听清对方的讲话。

(4) 控制系统。控制系统一般采用总线传输、数字编码方式控制，当由来客时，客人按动主机面板对应的房号，户主户机即发出振铃声，户主便与客人通话。

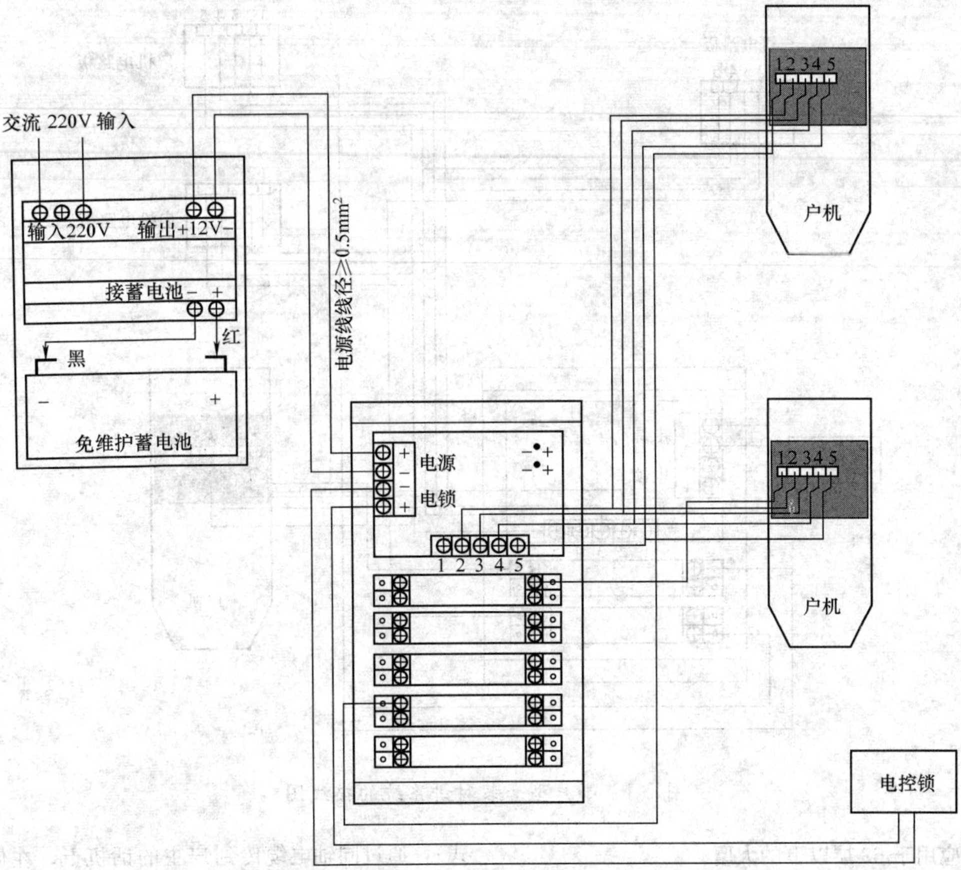

图 7-2　DF-10B-938 直按式对讲系统接线图
1—呼叫线；2—开锁线；3—地线；
4—送话线；5—受话线

7.1.2.2　直按式对讲系统按线方式

直按式对讲接线图如图 7-2 所示。

由于直按式对讲系统安装简单、价格低能够被低收入家庭接受，早期的小区多数使用这种产品，除了广州安居室 DF-10B-938 外，还有韩国金丽智能访客对讲系统等。

7.1.3　小户型套装对讲系统

小户型套装对讲系统是针对小户型及别墅式住宅设计的套装系统，可由用户自行安装，系统的特点、操作方便与 7.1.2 节的直按式对讲系统相同。它的系统构成如图 7-3 所示。

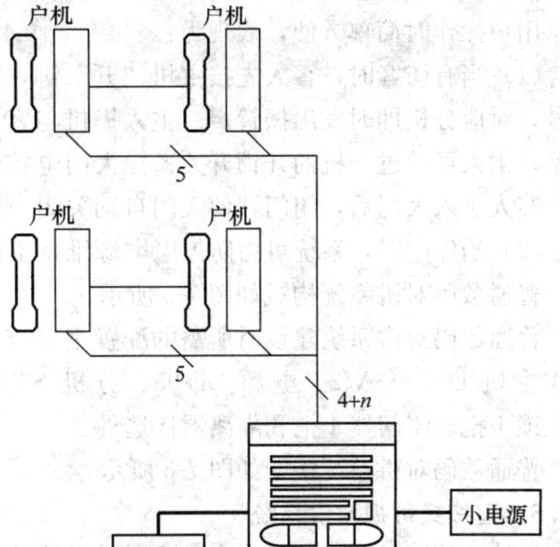

图 7-3　小户型套装对讲系统构成

小户型套装对讲系统的接线图如图 7-4 所示。

小户型套装对讲系统建设时主要配件有：主机 1 台、户机 1～4 台、小电源 1 个、连线若干米和电控锁（选配件）1 把。

7.1.4　普通数码对讲系统

普通数码对讲系统比直按式对讲系统在使用上要方便些，负载能力也强，它的分机采用插线式结构，

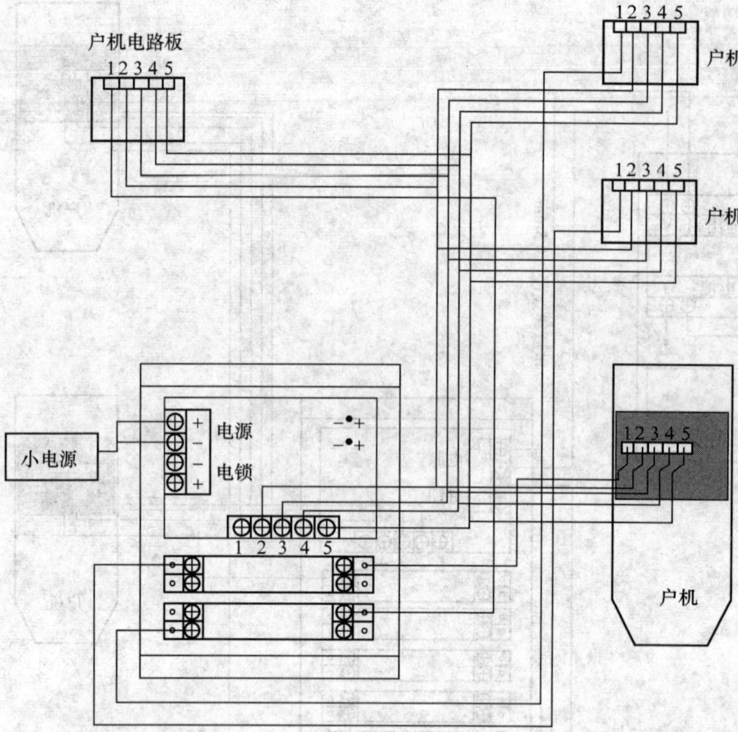

图 7-4 小户型套装对讲系统的接线图

能够直接应用于63层以下的大厦。

数码式对讲系统的特点主要表现为：不锈钢面板；专用集成电路控制板；四总线结构，施工方便快捷；负载力强；四位房号显示；自动关机功能；自动电源保护装置；自动夜光，使用方便。

用户操作时简单方便，表现为：

(1) 当有访客时，客人先按主机“开”键，输入房号，对应分机即时发出振铃声。主人提机与客人对讲后，主人可通过分机的开锁开关遥控大门电控锁开锁。客人进入大门后，闭门器使大门自动关闭。

(2) 当停电时，系统可由防停电电源维持工作。

普通数码对讲系统构成如图 7-5 所示。

普通数码对讲系统建设时所需的配置主要有：数码式主机 DF2000A/2、电源 DE-98、分机 ST-201、电控锁1把、闭门器1把和隔离器任选件。

普通数码对讲系统接线如图 7-6 所示。

7.1.5 直按式可视对讲系统

直按式可视对讲系统是在直按式对讲系统的基础上发展起来的。它不仅具有对讲功能，还能够看到来访客人的画面，使用户一目了然，是近年来建设智能小区的主流产品。

该产品在主机部分增加了红外线摄像头（针孔式），通过同轴电缆传到户主的话机上，在使用上方便简单。表现为：

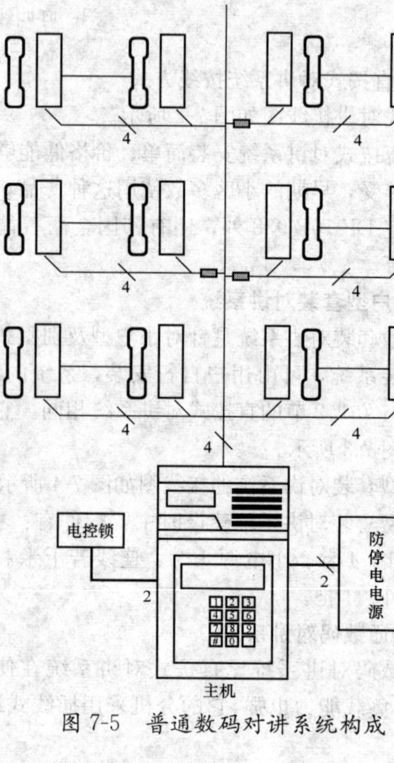

图 7-5 普通数码对讲系统构成

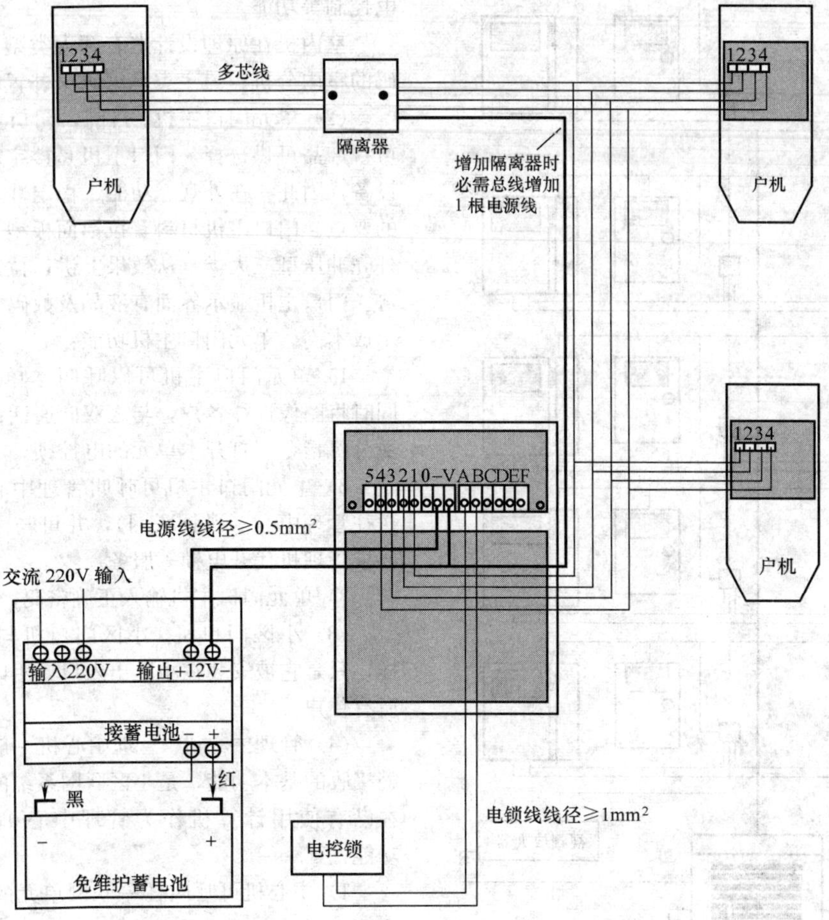

图 7-6　普通数码式对讲系统接线图

1—地线；2—数据线；3—电源线；4—声音线

(1) 当访客按动主机板上对应房号时，户主的分机即发出振铃声，同时显示屏自动打开，显示访客图像，主人提机与客人对讲及确认身份后，可通过分机的开锁键遥控大门的电子锁开锁，客人进入大门后，闭门器使大门自动关闭。

(2) 当市电停电时，系统由防停电电源维持工作。

(3) 住户还可以通过监视键在显示屏上观察楼外情况。

直按式可视对讲系统的构成如图 7-7 所示。

在图 7-7 中可以看出直按式可视对讲系统由下列部件组成：主机，在主机面板左上方有一个圆孔，这圆孔放置红外线摄像头；防停电电源；信号线（总线）；视频线；视频分配器；视频放大器；户机；可视主机。

直按式可视对讲系统建设时注意：视频放大器为可选配件，一般在 12 个用户以内可省略；视频分配器有二分配、四分配的，根据该层用户多少来决定选用；防停电电源，每个防停电电源可供 2～4 台可视用户机，如果采用小直流电源供电，停电时没有图像，但对讲系统仍可正常工作。视频线一般采用 SYV-75-3 线缆，即可满足图像清晰度的要求，如果距离较远，也可利用 SYV-75-5 线缆。直按式可视对讲系统系统的接线，以 DF108B-938V/2 产品为例，安装时接线图如图 7-8 所示。

DF10B-938V/2 适用于门洞（单元楼）、楼层式等，如果工程是大厦型的，可选用数码式可视对讲系统或数码式可视对讲系统的产品。

7.1.6　联网型可视对讲系统

联网型可视对讲系统时采用单片机技术，进行中央计算机控制，该系统具有通话频道和多路可视视频监视线路，系统覆盖面大，可全方位地管理住宅小区的可视对讲。

7.1.6.1　基本组成

联网型可视对讲系统主要由可视室内分机、单元

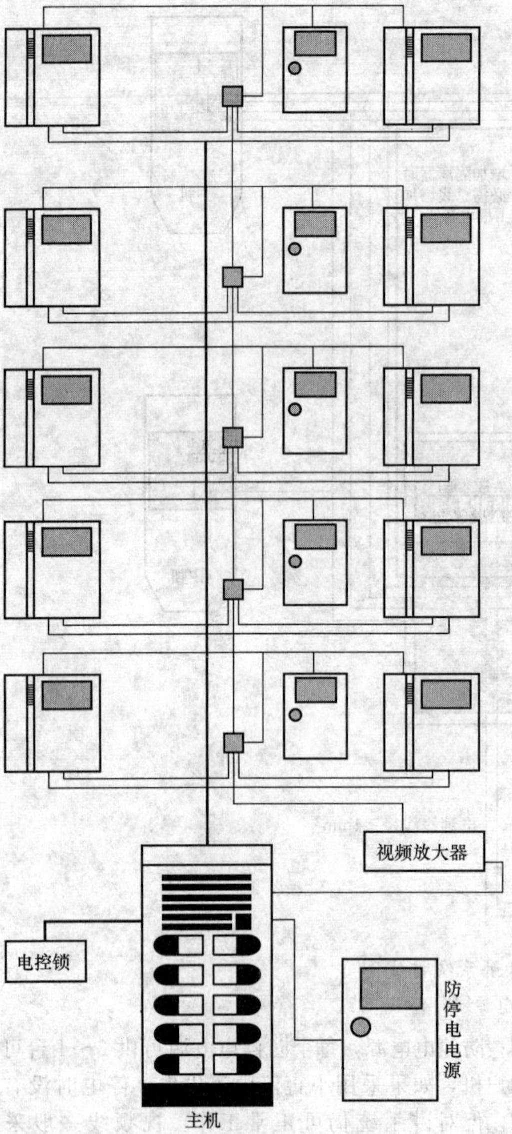

图 7-7 直接可视对讲系统的构成

门口主机、小区门口机和管理中心机等部分组成，基本组成如图 7-9 所示。

系统主要部件的主要功能特点如下：

（1）室内分机。室内分机功能：①用户分机可直接呼叫管理中心；②用户分机可直接监视本单元楼梯口情况；③用户分机和用户分机可双向通话；④用户分机具有家居报警功能，将报警信息传送给中心机；⑤用户分机能开启本单元电控锁。

室内分机主要有对讲和可视对讲两大类产品。对讲、可视对讲室内分机基本功能为对讲和可视对讲、开锁。现在许多产品还具备了监控、安防报警、户户通话、信息接收、远程电话报警、留影留言提取、家电控制等功能。

室内机在原理设计上有两大类型，一类是自带编码的室内分机；另一类是编码由外置解码器来完成。

（2）单元门口主机。目前，门口主机有可视或非可视产品可供选择。门口主机是楼宇对讲系统的关键设备，因此，在外观、功能、稳定性上是各厂家竞争的要点。门口主机材料有拉铝面板型、压铸或不锈钢外壳冲压型三大类。从效果上讲，拉铝面板型占有优势。门口主机显示界面有液晶及数码管两种，液晶显示成本高。单元门口主机功能：

1）单元门口主机可以呼叫本单元的各户分机，同时将图像送往各户，与之双向通话；门口主机可接受分机指令，打开本单元的电控锁。

2）单元门口主机可呼叫管理中心，同时将图像送往管理中心（视频联网），并可与之双向通话，可要求管理机代开电锁等服务。

3）单元门口主机输入正确密码，可打开电控锁。

（3）小区门口机。小区门口机与单元门口机一样，只是它被安装在小区出入口，用以可呼叫小区内所有住户。

（4）管理中心机。管理中心机一般具有呼叫、报警接收的基本功能，是小区联网系统的基本设备。现在已有使用计算机作为管理中心机。管理中心机功能：

1）中心机可呼叫任一联网单元的住户分机并与之双向通话。

2）中心机可接收任一联网单元住户分机的呼叫信息并储存。

3）中心机可接收任一联网单元住户的报警信息并储存。

4）中心机可呼叫、监视任一联网单元门口主机。

5）中心机可接收任一联网单元门口主机的呼叫，并能双向通话及开启任一单元主机入口电控锁。

（5）干线。系统采用总线结构，主干线为四芯线，加一根视频线。

7.1.6.2　联网方式

现在大多厂家的产品主要以总线联网为主流方式，也有采用无线方式。

7.1.6.3　功能

联网型可视对讲系统的功能主要有 7 点：

（1）单一系统具有多个通话频道，多路双向对讲进行。

（2）系统具有多路可视监视屏监视，除管理员可视对讲可以监视多个门口及状态外，住户室内可视对讲也同样可监视多个门口机状态。

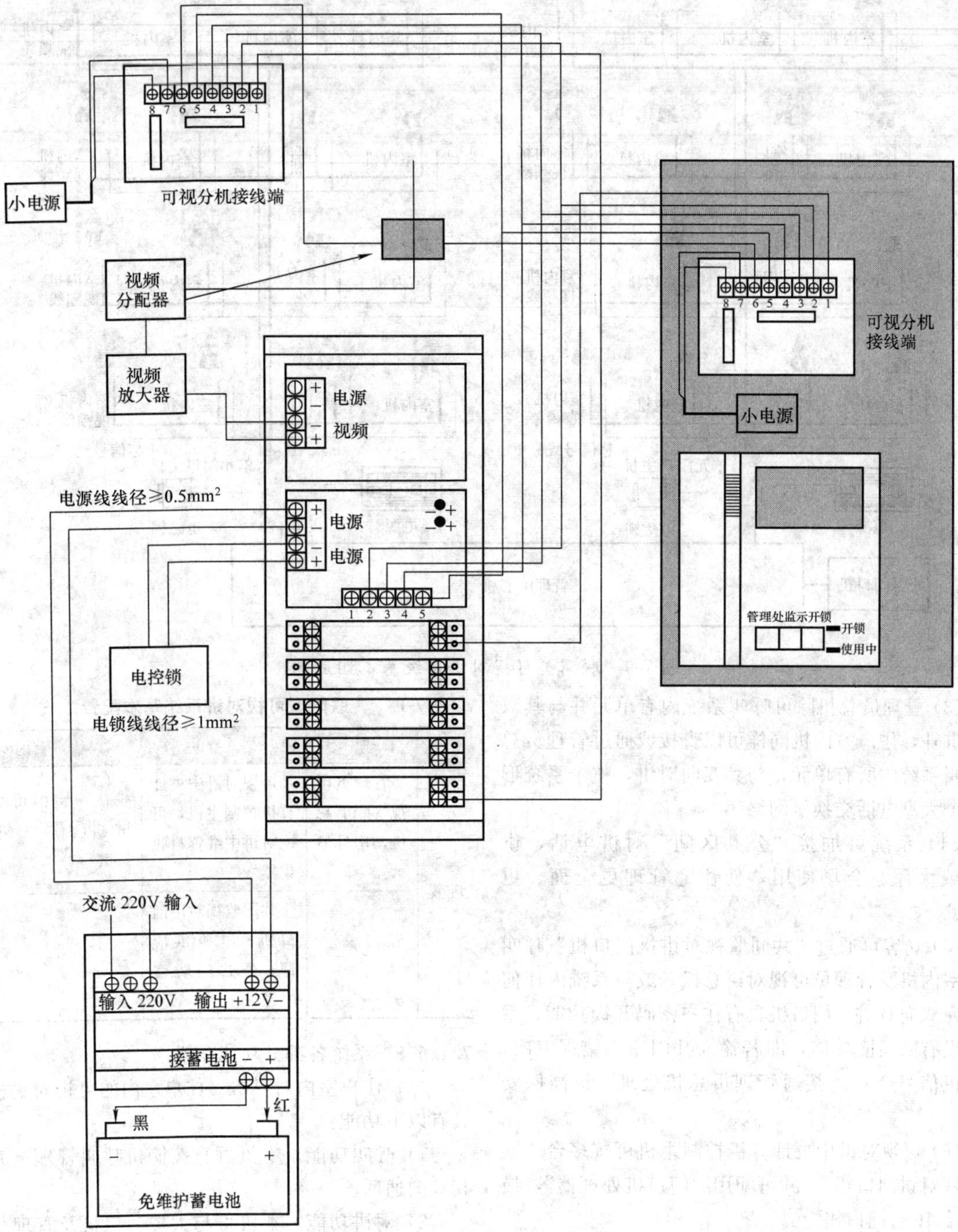

图 7-8　直接式可视对讲系统接线图

1—呼叫线；2—开锁线；3—地线；4—送话线；
5—受话线；6—视频线；7—地线；8—电源线

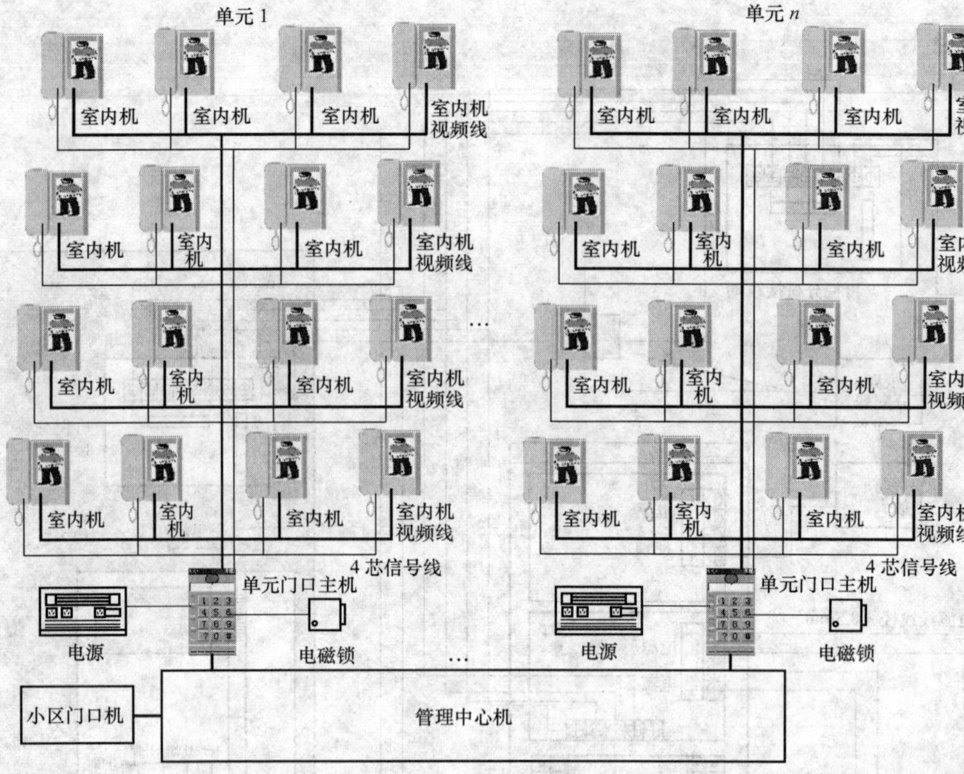

图 7-9　联网型可视对讲系统基本组成图

(3) 管理员总机除可呼叫系统内有单元并与其双向对讲外，住户室内机同样可以直接或通过管理员总机呼叫系统内所有单元，与其双向对讲，整个系统形成一个大型电话交换机网络。

(4) 系统可加接“公共区间”对讲电话，供门卫或大厅、会场使用，使住宅管理更全面、更灵活。

(5) 访客可通过“共同监视对讲机门口机”呼叫住户室内机及管理员可视对讲总机，或与系统内任何一单元双向对讲，门口机具有住户密码开锁功能，系统还没有防误撞功能，即若输入开门密码错误三次，门口机信号会自动接通管理员总机处理，提高保安效率。

(6) 可视对讲中央计算机控制主机可按多台“共同监视对讲门口机”，并可配用“门口机处理器”，最多可接 16 台门口机。

(7) 系统可通过“中央联网终端控制机”进行联网，形成一个大型系统，最多可连接 63 个系统及最多可接 31500 台住户室内可视对讲机，充分满足大型住户小区的管理需要。

7.1.6.4　基本配置

联网型可视对讲系统基本配置如表 7-1 所示。

表 7-1　　联网型可视对讲系统基本配置

分类	管理中心	公共空间	住户室内
配置	管理员可视对讲总机，房号显示器	可视对讲中央计算机控制主机，可视对讲中继资料收集器	住户室内可视对讲机，住户门铃按键
	—	共同监视对讲门口机，电源供应器，公共门防盗电锁	—

7.1.6.5　系统各部分功能介绍

(1) 住户室内对讲机。住户室内的可视对讲机应具有以下功能：

1) 呼叫功能。本机可直按摘机呼叫管理员并与其双向通话。

2) 对讲功能。本机可与大楼门口机及管理员主机通过对讲，并可通过管理员主机转线，达到住户机与住户机双向对讲。

3) 监视功能。本机除可监视访客呼叫外，还可主动按键监视本栋楼所有门口机状态。

4) 门铃功能。本机具有两组不同门铃声响，可区分访客位置。

5）私密功能。本机具有私密性，通话时其他住户及管理员无法窃听。

6）开门功能。本机具有开门键，可以开启公共大门电子锁。

7）安全功能。本机具有专用“紧急求援”按键，求援信号直达管理中心。

8）留言功能。本机具有留言信息显示灯，可按收来自管理员主机之留言信息提示。

（2）公共空间。

1）可视对讲中央计算机控制主机。本机为系统的主控中心，实现整个系统功能的控制，包括多个通话频道交换、多路视频监视交换、房号储存、开门密码储存等，并可以进行系统自检及显示系统动作状态等功能。

2）可视对讲中继资料收集器应具有如下功能：中继功能，内置视频信号放大器和自动增益音频放大器，保护功能，本机具有10路视频和音频分配器，每路独立分隔，其保护电路能避免因1户室内机故障而影响整个系统；提供住户室内机工作用电；自检功能。

3）共同监视对讲门口机应具有以下功能：①本机具有大型房号显示屏，可显示住户层号及房号；②本机具有数字式呼叫键盘，可以呼叫住户或管理员总机；③监视功能，本机带CCD摄像镜头，视频图像清楚地传送至住户可视室内机及管理员可视总机，更有红外线补光，夜间仍可保持图像清晰稳定；④对讲功能，本机可与住户室内机和管理员总机通话对讲；⑤私密性功能，通话对讲时其他住户及管理员无法窃听；⑥自动切话功能，本机呼叫管理员或住户时，如对讲未连线，25s后会自动切线，从而提高使用效率；⑦电锁控制功能，本机具有密码开启电锁功能，若密码按错3次，信号会自动转至管理员总机，以防误撞或破坏。

（3）管理中心。

1）管理员可视对讲总机应具有如下功能：①全方位呼叫，本机具有数字键盘，可以呼叫本系统内所有单元，包括室内机，门口机及公共区间对讲电话；②监视对讲，本机可主动监视同系统内所有门口机状态；③对讲转线功能，本机可转接同系统内住户呼叫，实现住户与住户之间双向对讲；④开门功能，本机可遥控开启系统内所有防盗门电锁；⑤编程功能，本机可直接用数字键盘操作，设置房号、开门密码、开锁时间、通话时间限制等参数。

2）房号显示器具有如下功能：①大型楼号显示屏，本机有8位数字显示屏，可以全面显示区号、楼号、层号及房号；②紧急报警显示，本机可接收住户发出的报警信号，并能发出报警声响和显示不同的报警类别；③呼叫显示，本机可现实所呼叫管理员总机的地址码，包括系统内所有住户房号、门口机地址码及公共区间电话地址码；④自检显示，本机可显示系统自检过程的数据；⑤编程显示，本机可显示进行系统编程时的所有输入数据。

7.1.7　可视对讲系统的产品功能与规格

7.1.7.1　可视对讲中央联网终端控制机

可视对讲中央联网终端控制机端如图7-10所示。

（1）终端控制机功能。

1）本终端控制机最高可连接63个独立系统，总管31500台住户室内机。

2）联网系统拥有4个通话频道，可以转接不同栋（系统）住户机双向对讲。

3）4路视频输入口，可监视联网系统内所有门口机状态。

4）配合管理员可视对讲总机，可呼叫联网系统内所有单元并与之双向对讲，可接收联网系统内所有门口机之呼叫及开启联网小区所有之公共防盗门。

5）可与每栋系统分段管理。

6）配合“层号显示器”可接收及显示联网系统内所有住户室内机之“紧急求援”信号。

7）编程功能可编写整个系统各栋楼之栋号、层号及房号，包括各栋之开门密码。

8）系统具有自检功能及显示系统运作状态功能。

（2）电气参数，见表7-2。

表7-2　　电气参数

名　称	参　数　值
电源电压（V）	17（DC）
工作电流（mA）	95
消耗功率（W）	1.6
信号传输	数字式编码
外观尺寸（$W\times D\times H$）	310mm×180mm×56mm

7.1.7.2　可视对讲中央计算机控制机

可视对讲中央计算机控制机端口如图7-11所示。

（1）中央计算机控制机端口功能。

1）系统中央主机可带500户室内机。

2）拥有6个通话频道，可以6种形式对讲同时进行。

3）4个门口机或公共区间电话接口，可自由设定。

4）带门口机扩充接口，可扩充至最多接16台门口机。

5）独立视频信号输出，供视频调制器使用。

6）具有系统自检功能及能显示系统运作状态。

7）带系统联网接口，可组成小区联网。

（2）电气参数，见表 7-2。

7.1.7.3 可视对讲中继资料收集器

可视对讲中继器资料收集器的端口如图 7-12 所示。

（1）功能。

1）内置视频信号放大器和自动增益音频放大器。

2）10 路视频和音频分配器，每路独立分隔，克服总线制经常性的故障及接线麻烦的缺点。

3）提供住户室内机工作用电。

4）自检功能可将故障部位资料传送至 MCU 的显示器上，维修方便快捷、不需逐户检查。

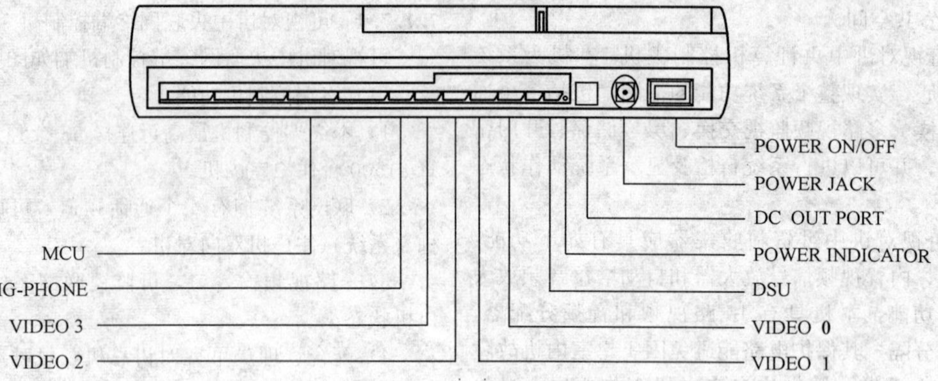

图 7-10 联网终端控制机端口

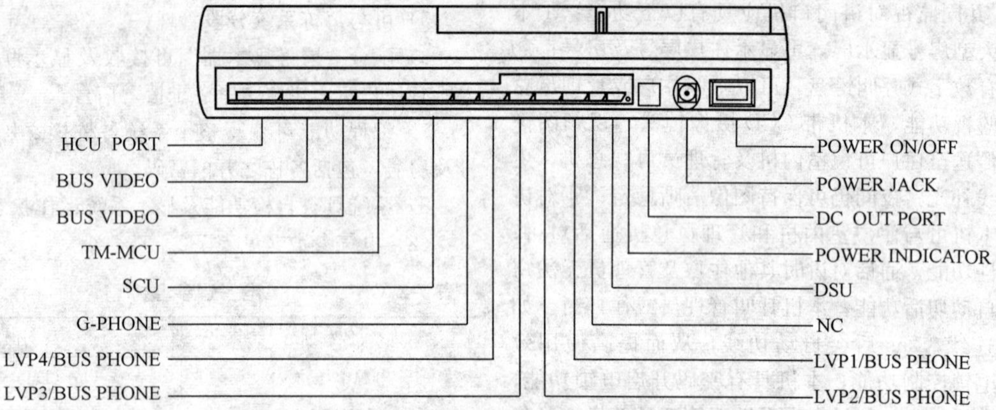

图 7-11 可视对讲中央计算机控制机端口

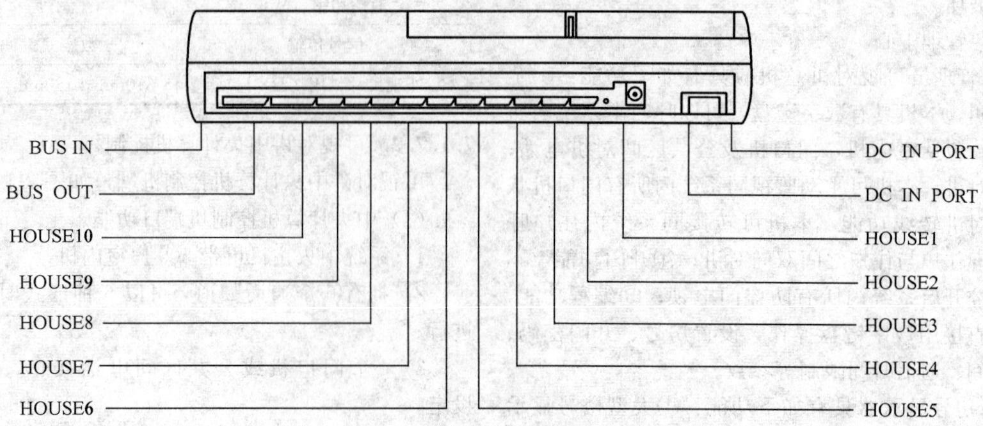

图 7-12 资料收集器的端口

(2) 电气参数，见表 7-3。

表 7-3　可视对讲中继器资料收集器的电气参数

名　称	参 数 值
电源电压（V）	17（DC）
工作电流（mA）	65
消耗功率（W）	1.1
信号传输	数字式编码
外观尺寸（$W \times D \times H$）	310mm×180mm×56mm

7.1.7.4　共同监视对讲门口机

共同监视对讲门口机的外观如图 7-13 所示。

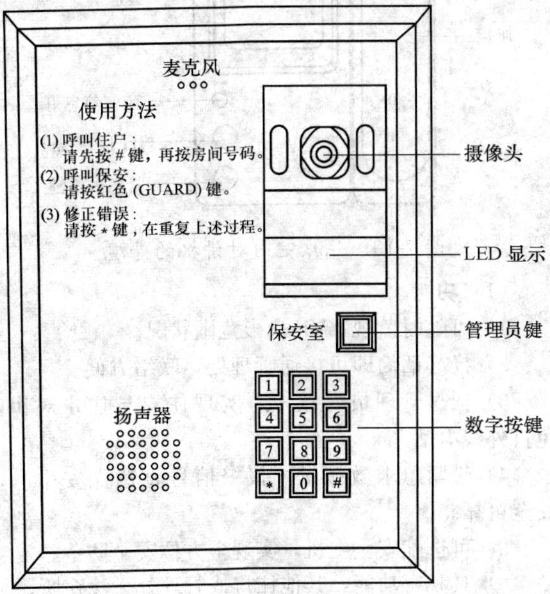

图 7-13　共同监视对讲门口机外观

(1) 功能。

1) 具有监视对讲功能，可主动呼叫本系统的任何一个终端接收单元，包括住户、管理员及公共区间电话。

2) 具密码开锁功能，如按错密码三次，系统会自动转接至管理员总机。

3) 红外线补光，晚上可看清楚来访者。

4) 机身背部有控制和调节功能，可以调节灵敏度。

5) 本机在呼叫住户或管理员时，对方未摘机 45s 后将自动切话，充分提高通话效率。

(2) 电气参数见表 7-4。

(3) 配线图。配线图如图 7-14 所示。

表 7-4　共同监视对讲门口机电气参数

名　称	参 数 值
电源电压（V）	17（DC）
工作电流（mA）	静态 30；动态 220
消耗功率（W）	静态 0.5；动态 3.7
信号传输	数字式编码
外观尺寸（$W \times D \times H$）	230mm×62mm×285mm

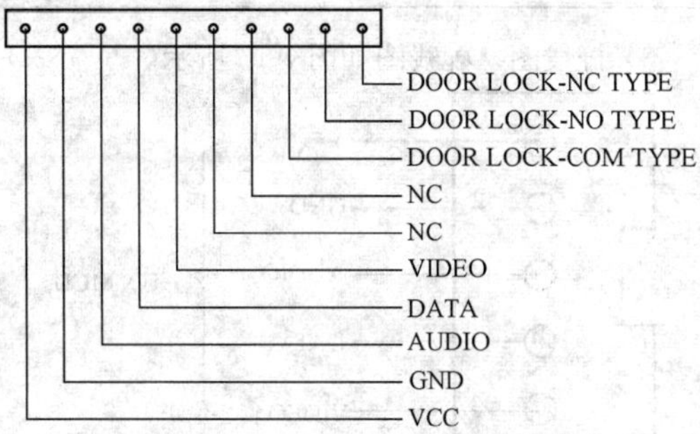

图 7-14　共同监视对讲门口机配线图

7.1.7.5　管理员可视对讲机

管理员可视对讲机外观如图 7-15 所示。

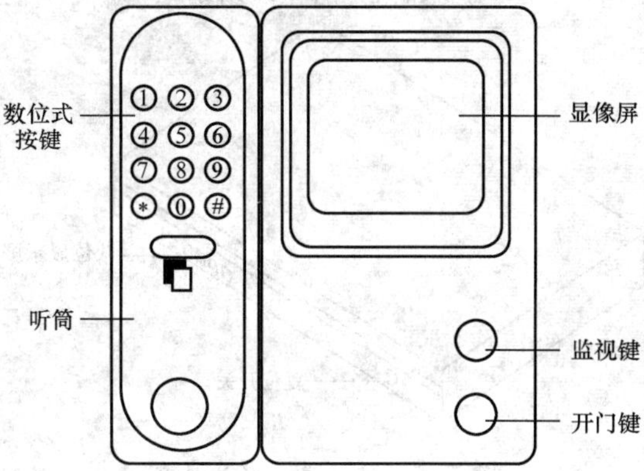

图 7-15　管理员可视对讲机外观

(1) 功能。

1) 可主动呼叫系统内任何终端接收单元，包括住户室内机、门口机，公共区间电话等，实现全方位双向对讲。

2) 房号编程功能，可直接在话筒数字键盘上操作，如编写房号、开门密码设定、开锁时间设定、通话时间限制功能等参数设定，操作方便快捷。

3) 可遥控开启系统内所有电锁。

4) 可监视系统内所有门口机状态。

5) 转接住户呼叫，实现住户与住户之间的双向对讲。

6) 留言提示设定功能。

（2）电气参数见表7-5。

表7-5　管理员可视对讲机电气参数

名　称	参　数　值
电源电压（V）	17（DC）
工作电流（mA）	静态30；动态450
消耗功率（W）	静态0.5；动态7.6
信号传输	数字式编码
外观尺寸（$W\times D\times H$）	182mm×70mm×216mm

（3）配线图。配线图如图7-16所示。

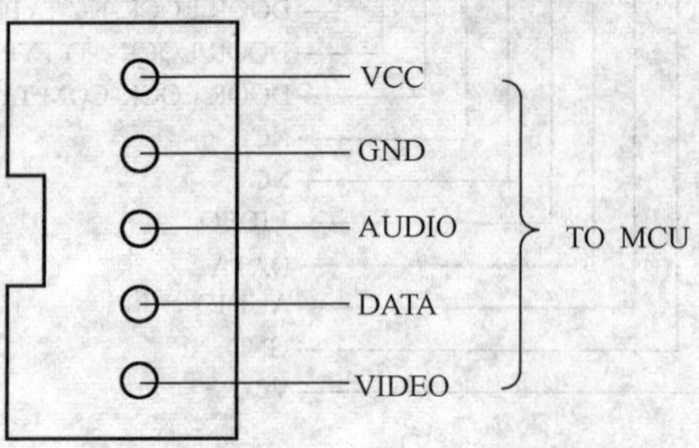

图7-16　管理员可视对讲机配线图

7.1.7.6　房号显示器

房号显示器的外观如图7-17所示。

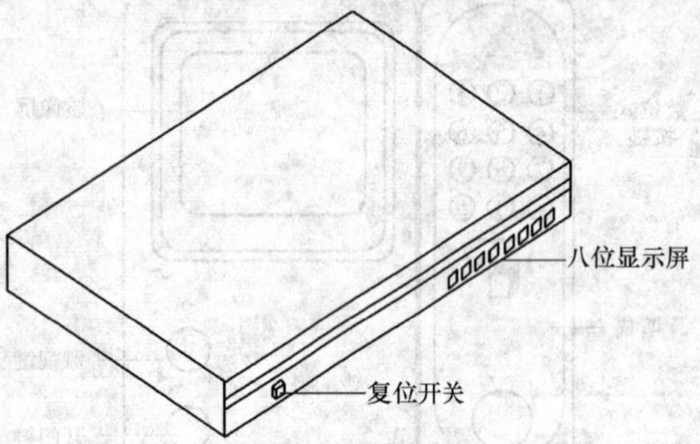

图7-17　房号显示器的外观

（1）功能。

1）八位显示屏，可清楚地显示栋号、层号和房号。

2）显示住户紧急报警状态信息。

3）四种警报显示及警报声响提示。

（2）电气参数见表7-6。

表7-6　房号显示器电气参数

名　称	参　数　值
电源电压（V）	17（DC）
工作电流（mA）	60
消耗功率（W）	1
信号传输	数字式编码
外观尺寸（$W\times D\times H$）	310mm×180mm×56mm

（3）配线图。配线图如图7-18所示。

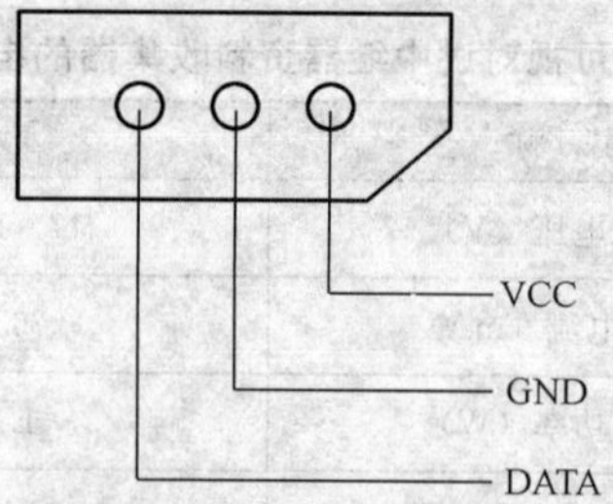

图7-18　房号显示器配线图

7.1.7.7　住户室内可视对讲机

住户室内可视对讲机的外观如图7-19所示。

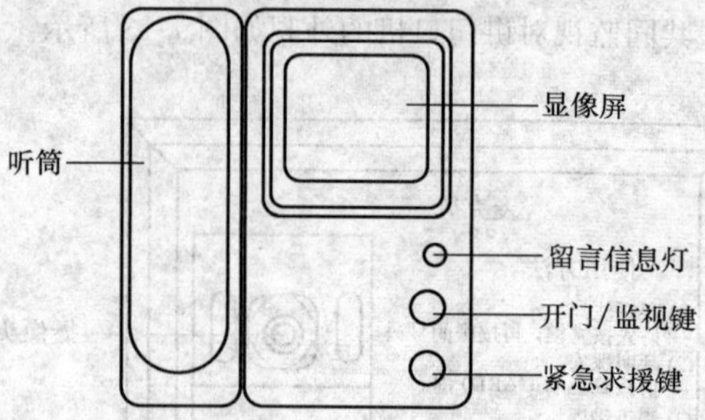

图7-19　住户室内对讲机的外观

（1）功能。

1）可随时监视LVP摄影范围状况。

2）提起话筒即可接通管理处，联络方便。

3）通过管理员转接，可实现住户与住户对讲，免打外线电话。

4）带紧急求救按键，报警信号直达保安中心，安全可靠。

5）可选配安全主机，实现全方位安全防范。

6）具私密功能，其他住户或管理处无法窃听。

7）带门铃功能，两种不同的音乐声，可区分访客位置。

8）留言提示功能。

（2）电气参数见表7-7。

表7-7　住户室内可视对讲机电气参数

名　称	参　数　值
电源电压（V）	17（DC）
工作电流（mA）	静态4，动态410
消耗功率（W）	静态0.07，动态7
信号传输	数字式编码
外观尺寸（$W\times D\times H$）	182mm×70mm×216mm

（3）配线图。配线图如图7-20所示。

7.1.8　对讲系统产品的应用

对于对讲系统的有关产品的应用场合，作一归纳，如表 7-8 所示。

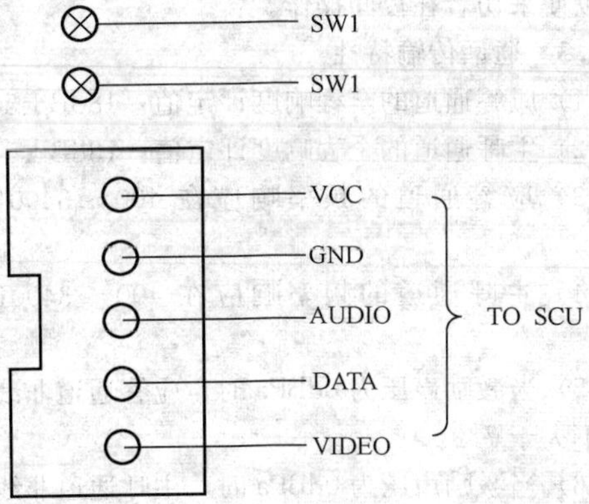

图 7-20　住户室内可视对讲机配线图

表 7-8　对讲系统产品的应用场合

系统名称	主要产品	应用范围
直按式对讲系统	DF-10B-938/1，GST-DJ6000	单元门洞或楼层、小户型和别墅
多线型可视对讲系统	DF-10B-938/2	单元门洞或楼层、小户型和别墅
数码式对讲系统	DF2000A/1，GST-DJ6000	智能大厦、小区
智能型可视对讲系统	DF2000A/2，GST-DJ6000	智能大厦、小区
直按式可视对讲系统	DF-10B-938V/1，GST-DJ6000	单元门洞或楼层
智能型可视对讲系统	DF-10B-938V/2，GST-DJ6000	单元门洞或楼层
数码式可视对讲系统	DF2000AV/1，GST-DJ6000	智能大厦、小区
智能型可视对讲系统	DF2000AV/2，GST-DJ6000	智能大厦、小区
联网型可视对讲系统	北京大科	智能大厦、小区联网监视

7.2　可视对讲系统的有关标准

GA/T 269—2001《黑白可视对讲系统》

GA/T 72—2005《楼寓对讲系统及电控防盗门通用技术条件》

GB/T 191—2008《包装储运图示标志》

GB/T 2649—1989《焊接接头机械性能试验取样方法》

GB/T 2651—2008《焊接接头拉伸试验方法》

GB/T 2828.1—2003《计数抽样检验程序　第 1 部分：按接收质量限（AQL）检索的逐批检验抽样计划》

GB/T 2829—2002《周期检验计数抽样程序及表（适用于对过程稳定性的检验）》

GB 9962—1999《夹层玻璃》

GB 12663—2001《防盗报警控制器通用技术条件》

GB/T 15211—1994《报警系统环境试验》

GB/T 15279—2002《自动电话机技术条件》

GB 16796—1997《安全防范报警设备安全要求和试验方法》

GB 17565—2007《防盗安全门通用技术条件》

GB/T 17626.2—2006《电磁兼容　试验和测量技术　静电放电抗扰度试验》

GB/T 17626.3—2006《电磁兼容　试验和测量技术　射频电磁场辐射抗扰度试验》

GB/T 17626.4—2008《电磁兼容　试验和测量技术　电快速瞬变脉冲群抗扰度试验》

GB/T 17626.5—2008《电磁兼容　试验和测量技术　浪涌（冲击）抗扰度试验》

GB/T 17626.11—2008《电磁兼容　试验和测量技术　电压暂降、短时中断和电压变化的抗扰度试验》

GA/T 73—1994《机械防盗锁》

QB/T 2698—2005《闭门器》

ITU—TP.79《电话机响度评定值的计算》

7.3　可视对讲系统的设计

7.3.1　设计原则

可视对讲系统的设计应该遵循以下设计原则：

（1）安全性和可靠性。为保证整个可视对讲系统安全、可靠地运行，必须首先保证作为可视对讲系统布线的安全与可靠性。从系统布线方案的设计、材料与器材的选择以及工程各阶段都应必须考虑到所有影响整个系统安全、可靠性的各种因素。

（2）灵活性和可扩充性。为保证用户有利的投资以及用户不断增长业务需求，系统布线必须具有灵活的结构，并留有合理的扩充余地和可兼容性，以使用户根据需要进行适当的变动。

（3）成熟性和先进性。选择性能优良和合理的可视对讲系统，工程所用的设备、材料应选择技术较为先进的、有保障的，并得到社会和广大用户认可的生产厂家的产品。

（4）标准化和规范化。选择符合相关安全防范技术规范的可视对讲通信介质，即系统布线连接件、材料、器件及器材。系统施工也必须遵照 GA/T 72—2005《楼寓对讲系统及电控防盗门通用技术条件》和相关安全防范技术要求严格进行。

（5）优化性能价格比。在满足系统性能、功能以及考虑到在可预见期间内仍不失其先进性的前提下，尽量使整个系统所需投资合理。

7.3.2 设计应当满足的要求

7.3.2.1 技术要求

可视对讲系统设计应当满足以下技术要求：

（1）住户通过可视分机与门口机相连，能够在可视分机中观看到来访者的一举一动，待确认准确无误后可按动开锁键开启单元门口处的电锁。

（2）住户通过分机的对讲功能与访客对讲通话。

（3）访客通过门口机呼叫住户分机，并能与其对讲通话。

（4）物业管理通过中心管理机与门口机相连接，可以呼叫任一住户与其对讲通话。

（5）中心管理机如果安装了 CCD 摄像头，住户分机可通过可视功能看到管理中心的情况。

（6）物业管理通过中心管理机可与门口机访客对讲，并能观看到访客的影像。

7.3.2.2 基本功能要求

（1）选呼功能。经操作，门口机应能正确选呼相应室内机，并能听到回铃音。

（2）通话功能。选呼后，能实施双向通话，语音清晰，不应出现振鸣现象。

（3）电控开锁功能。经操作，室内机应能实施电控开锁。

（4）夜间操作功能。门口机应提供照明或可见提示，以便来访者在夜间操作。

7.3.2.3 通话传输特性

（1）应答通道的全程响度评定值：18dB±5dB。

（2）主呼通道的全程响度评定值：13dB±5dB。

（3）应答通道的频率响应在 400～3400Hz 范围内。

（4）主呼通道的频率响应在 400～3400Hz 范围内。

（5）当激励声压为 0dBPa 时，应答通道非线性失真应不大于 7%。

（6）当激励声压为 0dBPa 时，主呼通道非线性失真应不大于 7%。

（7）应答通道信噪比应不小于 30dB。

（8）主呼通道信噪比应不小于 35dB。

（9）室内机的振铃声级应不小于 70dB。

7.3.2.4 闭门器锁门功能

闭门器在门扇关至 15°～30°时，应能使闭门速度骤然减慢并发力关门，使门锁能可靠锁门。

7.3.3 三种系统结构

楼宇对讲系统按功能可分为单对讲系统和可视对讲系统两种类型，从系统形式上可分成开放式系统和封闭式系统。楼宇对讲系统的结构可分为多线制、总线多线制和总线制三种结构形式，如图 7-21 所示。

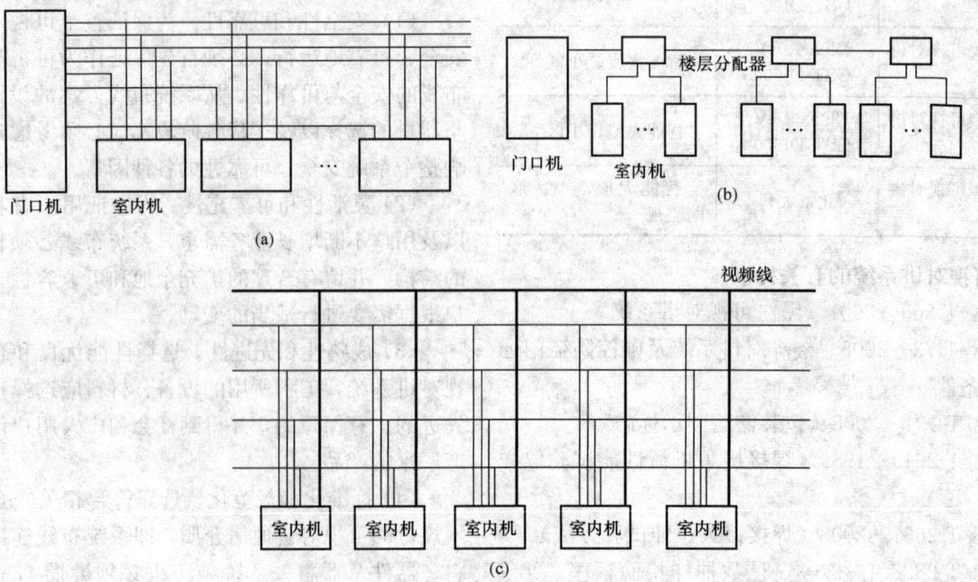

图 7-21 楼宇对讲系统的结构形式

（a）多线制；（b）总线多线制；（c）总线制

多线制、总线多线制、总线制三种结构的主要性能指标如表7-9所示。

表7-9 三种结构系统主要性能指标

性能	多线制	总线多线制	总线制
设备价格	低	高	较高
施工难易程度	难	较易	易
系统容量	小	大	大
系统灵活性	小	较大	大
系统功能	弱	强	强
系统扩充	难扩充	易扩充	易扩充
系统故障排除	难	易	较易
日常维护	难	易	易
线材耗用	多	较多	少

7.3.4 可视对讲系统设计的内容

7.3.4.1 中心机设计的内容

中心机设计要重点注意如下23点：

(1) 点阵液晶显示，一屏可显示16×16的汉字48个。

(2) 接收住户分机的呼叫信息，并可存储64条记录。

(3) 内置实时时钟和大容量非易失存储器，断电后信息不丢失。

(4) 可查询呼叫记录的完整信息，如报警地址、类型、日期、时间等。

(5) 主动呼叫任一联网楼栋单元的住户分机。

(6) 接收门口主机呼叫并双向通话，能主动打开各主机入口电控锁。

(7) 支持单元之间户户通话。

(8) 呼叫、监视各主机。

(9) 工作电压：14.5～18V DC。

(10) 工作电流：静态200mA，动态700mA。

(11) 视频分辨率≥250线。

(12) 亮度等级≥7级。

(13) 声压：0.5m外≥70dB。

(14) 外壳防护等级IP30。

(15) 音频响应300～3400Hz变化不大于±3dB。

(16) 谐波失真≤5%。

(17) 信噪比≥35dB。

(18) 音频输出不失真功率≥5mW。

(19) 通道输入电平≤30mV。

(20) 可以接收室内机呼叫及显示呼叫房号，如遇“忙线”显示器有记忆功能，管理员可以按先进先出原则逐个处理，并有自动拨码功能。

(21) 可优先接多个室内机报警信号，并反复显示。

(22) 可设定住户室内机上之“留言信号灯”提示回电管理中心。

(23) 主机有门口机视频接口，可以输出门口机视频信号给监控系统显示器，显示门口状况及录像。系统容量可以容纳多个室内机。

7.3.4.2 门口机设计的内容

门口机设计要重点注意如下13点：

(1) 四位超亮数码显示。

(2) 多个设置选项。

(3) 在线编制房号，各种开锁密码设置。

(4) 工作电压：14.5～18V DC。

(5) 工作电流：静态100mA，动态500mA。

(6) 解晰度≥380线。

(7) 照度：(最低) 0.1lx。

(8) 声压：0.5m外≥65dB。

(9) 外壳防护等级IP33。

(10) 音频响应300～3400Hz变化不大于±3dB。

(11) 谐波失真≤5%。

(12) 信噪比≥40dB。

(13) 音频输出不失真功率≥100mW。

(14) 通道输入电平≤30mV。

7.3.4.3 室内分机设计的内容

室内分机设计要重点注意如下13点：

(1) 采用4in扁平显像管，整体超薄设计。

(2) 集呼叫、监视、开锁、报警于一体。

(3) 工作电压：14.5～18V DC。

(4) 工作电流：静态50mA，动态650mA。

(5) 解晰度≥250线。

(6) 亮度等级≥7级。

(7) 声压为0.5m外≥65dB。

(8) 外壳防护等级IP33。

(9) 音频响应300～3400Hz，变化不大于±3dB。

(10) 谐波失真≤5%。

(11) 信噪比≥35dB。

(12) 音频输出不失真功率≥5mW。

(13) 通道输入电平≤30mV。

7.3.4.4 系统电源设计的内容

系统电源设计要重点注意如下12点：

(1) 在额定的电源电压的85%～115%变化范围内，电控锁应能正常启动。

(2) 具有短路、过电流、欠电压保护电路。

(3) 具有备用电源与主电源自动转换功能。

(4) 增设开锁输出电路，当主、备电源同时断电时，应具备能实施手动开锁的功能。

(5) 工作电压为 187～242V AC，18V±10% V DC。

(6) 输出电压为 18V DC。

(7) 输出电流为 2.5A。

(8) 后备电池为三个 6V/4Ah 串联。

(9) 静态功耗≤200mA。

(10) 电控锁在启闭和使用时所产生的噪声声级值应不大于 60dB (A)，可加装消音装置。

(11) 锁舌伸出长度应不小于 14mm。

(12) 外壳防护等级为 IP33。

7.3.5 某小区可视对讲设计方案举例

7.3.5.1 某小区概况简介

某小区住宅由某部队开发建设管理，属于部队家属住宅区。小区内共建五座塔楼，现已建成两座，另外三座正在建筑中，目前将要实施工程施工的这座塔楼楼层共二十五层，地下一层。此楼分为左右结构户套型，每层共有住户八家，楼中设双电梯和双人楼梯供住户使用，另还配有高低压竖井分左右一个，塔楼的正中央有一口天井。

7.3.5.2 某小区可视对讲系统的技术要求

(1) 住户通过可视分机与门口机相连，能够在可视分机中观看到来访者的一举一动，待确认准确无误后可按动开锁键开启单元门口处的电锁。

(2) 住户通过分机的对讲功能与访客对讲通话。

(3) 访客通过门口机呼叫住户分机，并能与其对讲通话。

(4) 物业管理通过中心管理机与门口机相连接，可以呼叫任一住户与其对讲通话。

(5) 中心管理机如果安装了 CCD 摄像头，住户分机可通过可视功能看到管理中心的情况。

(6) 物业管理通过中心管理机可与门口机访客对讲，并能观看到访客的影像。

7.3.5.3 智能小区可视对讲系统概述

可视对讲控制系统是采用单片微电脑控制技术，数位式总线传输技术而设计的小区安防控制系统，整个系统由安防管理中心或物业管理中心、单元门门禁主机、住户室内分机三大主要部分构成。

系统以管理中心机和中心计算机为整个系统的管理和控制中心，通过信号转换器将各单元系统连接起来。

系统中的设备款式品种繁多、功能全面，适合各种不同的智能楼宇结构和用户的不同要求。在整个系统中同类器材互相兼容，可直接互换。

单元门门口机，系豪华型或普通型数字编码式主机。1 台门口机可带分机（可视和非可视）1500 台，可带解码器 1200 台。一般情况下以带 1000 台以内分机，1000 台以内解码器为最佳。

值得注意的是，因为小区住户需求的多样性，在一个实际工程中，可以选用可视对讲分机也可以选用非可视对讲分机。因此，在可视对讲工程中，选用若干非可视对讲分机是可能的。

7.3.5.4 设计思想

设计思想见 7.3.1。

7.3.5.5 可视对讲系统设计方案

为了保证该小区楼宇可视对讲系统的先进性和实用性，推荐小区物业可选择广州安居宝智能系统有限公司的可视对讲系统，产品的优点是：

(1) 实用性好。

(2) 可扩充性强。该系统所选配的家庭可视对讲设备具有合理的扩充接口，一旦将来小区可视对讲系统升级时，只需在现有设备的前提下适当增加部分小型设备；保护了现有的投资，同时为扩充留有余地。

(3) 管理和维护性较好。可视对讲系统设备采用的是结构化布线的原理和方法，整个可视对讲系统可按小区楼宇分布情况，分为左右两个区域，每个区域设置 7 个子域，每个子域负责 16 个独立用户。区域、子域和独立用户各部分相互连接，即提高了工作的可靠性，同时又简化了今后系统维护的工作量。

(4) 可靠性高。该系统除了原器件采用成熟先进的技术产品之外，在性能上做到了高稳定和高可靠，设备运行工作时不受外界大气候环境因素的干扰，保证系统可靠运行。

(5) 安全性。系统通过密码、口令设置分级授权权限来实现可视对讲系统的安全。

1) 住宅楼门口安装安防专用门 1 个，门上安装 1 台门口机、1 把可控电磁锁，配电源 1 个，为了与物业中心联网配置信号转换器 1 台。该门口机配备有 CCD 工业摄像机 1 个（要求适应低照度)，并配有红外光源保证夜间也能看清来访者的影像。住户可通过可视分机按键开启门口机处电锁。住户外出归来时进大门可按设置的密码进行开锁，也可用钥匙开锁。注意：建议最好不用密码设置进行开锁，因密码容易造成丢失泄密，不利于楼宇住户的安全和进出。

2) 物业中心配备一台可视对讲管理机和信号转换器一台及相应电源等辅助设备。该管理机与门口机通过专线相连，可相互呼叫通话，管理中心可视看到门口机情况。管理中心可与任 1 住户室内分机对讲，如管理中心安装了 CCD 摄像头，任 1 住户可通过可视分机显示部分显示出管理中心影像。

3）在左右两个竖井中各安装13台信号保护器，每台信号保护器可连接8部室内对讲分机。

4）在左右两个竖井中各安装13台电源，每台电源可供8部室内对讲分机使用。

7.3.5.6　某物业小区园区范围可视对讲系统总体设计方案

（1）某物业小区共有5座高层住宅楼，每座住宅楼高25层，每层8户。

（2）每座楼各安装1台信号转换器，物业中心安装1台信号转换器，通过专线将各楼信号转换器与物业中心信号转换器连接起来。

（3）物业中心安装1台可视对讲管理机，通过中心信号转换器与园区内的5座住宅楼的各家各户的室内对讲分机通信。

这种通信即可以是可视的也可以是非可视的。

7.3.5.7　设备安装说明

（1）可视分机安装在住户室内适当的位置，通过线缆与外部设备连接。

（2）门口机安装在楼宇大门处，以方便住户通过可视对讲观看来访者。

（3）多路保护器或视频放大器安装在楼宇内的竖井里，以便今后的管理维护。

（4）管理中心主机安装在物业管理部门的适当位置。以便管理人员进行管理。

（5）电子锁、闭门器、电子门禁安装在楼宇大门处，便于住户进出楼宇管理。预防外界人员随便进出楼宇。

（6）各设备间用同轴电缆和4芯信号线、2芯电源线相互连接组成可视对讲网络。

7.4　可视对讲系统的施工技术

7.4.1　可视对讲系统工程的施工准备

可视对讲系统工程的施工准备请参见6.4.1。

7.4.2　可视对讲系统工程配线的施工

可视对讲工程配线施工要注意以下几点：

（1）视频线。单元内主干线布线长度小于30m时采用SYV75-1同轴电缆，布线长度在30m以上时采用SYV75-3同轴电缆。

（2）对信号、电源、音频线。单元内主干线采用RVV4×0.5或RVV4×1.0电缆线。当布线长度小于30m时用RVV4×0.5电缆线，布线长度在30m以上时用RVV5×1.0电缆线，布线长度按最高楼层来计。

（3）每一回路导线间和对地的绝缘电阻值必须大于0.5MΩ，并填写测试记录。

（4）线路在经过建筑物的伸缩缝及沉降处，应有补偿装置，导线有适当余量。

（5）明管敷设时，排列整齐。

（6）分层做好隐蔽工程记录。

7.4.3　可视对讲系统工程箱盒、门的施工

7.4.3.1　箱盒的施工

（1）箱盒安装，应牢固、平整，箱盒内应保持清洁。

（2）箱盒内导线应有适当的余量，铜导线的连接应采用符合规范。

7.4.3.2　门的施工

门的施工要注意如下9点：

（1）门扇顶边与门框配合活动间隙应不大于4mm。

（2）门扇关闭状态下，门扇装锁侧与门框配合活动间隙应不大于3mm，应有相应锁舌防撬保护设施。

（3）门扇关闭状态下，门扇装铰链侧与门框的缝隙，当门扇厚度小于50mm时，应不大于3mm，当门扇厚度大于等于50mm时，应不大于5mm，玻璃门与门框的间隙应不大于8mm。

（4）门框应有伸入墙体纵向的支撑受力构件，该构件直径应不小于10mm，以间距不大于800mm分布于门框四周边，支撑受力构件与门框的连接应牢固、可靠，在门外不能拆卸，任一点的连接强度均应可承受2000N的剪力作用而不产生严重变形、断裂。焊接时，焊接点不应影响门体正常开启。

（5）门铰链应转达动灵活，在49N拉力作用下门体可灵活转动90°。折叠门扇（或根）的铰链在49N力作用下，应可收缩开启，其整体动作就应一致。门扇折叠后，其相临两扇面的高低差值不应大于2mm。

（6）门体为栅栏门时水平或垂直方向的栅栏轴向中心栅距间隔不应大于60mm，单个栅栏最大面积不应超过250mm×35mm。

（7）门铰链在强度上应可承受使用普通机械手工工具对铰链实施冲击、破坏时传给铰链的冲击力和撬扒力矩，在规定的时间内，门铰链应无断裂现象。采用焊接时，焊接不得高于铰链表面。

（8）门铰与门扇的连接处，在6000N压力作用下，力的作用方向为门的开启方向，门框与门扇之间不应产生大于8mm的位移，门扇面不应产生大于5mm的凹变形。

（9）严格按照工程通用施工中有关《防雷技术安装要求质量标准》和《接地体安装技术要求、质量标准》规定。

7.4.4　门口主机安装

7.4.4.1　门口主机安装注意的内容

门口主机安装重点注意以下几点：

(1) 门口主机一般安装在各单元住宅门口的防盗门上或附近的墙上，(可视) 对讲主机操作面板的安装高度离地不宜高于 1.5m，操作面板应面向访客，便于操作。

(2) 调整可视对讲主机内置摄像机的方位和视角于最佳位置，对不具备逆光补偿的摄像机，宜作环境亮度处理。

(3) 安装应牢固、稳定。

7.4.4.2 门口主机的安装方式

安装方式有嵌入式、预埋式、壁挂三种。

(1) 嵌入式安装。

1) 在门上开孔（前门板开口尺寸、后门板开口尺寸大于室外主机外形 1mm，方便操作即可）。

2) 把传送线连接在端子和线排上，插接在室外主机上。

3) 把室外主机塞入到门上的长方孔内，从门里面用 4 个螺钉固定牢固。

4) 面板：主机的操作面，均裸露在安装面上，提供使用者进行操作。楼宇对讲系统主机的面板一般要求为金属质地，主要是要求达到一定的防护级别，确保主机的坚固耐用。

(2) 预埋式安装。

1) 在墙上预留一个方孔 [为预埋盒预埋尺寸 (长×宽×厚)]。

2) 用混凝土把预埋盒固定在墙上（注意：预埋盒底部箭头方向朝上）。

3) 将传送线连接在端子和线排上，插接在室外主机上。

4) 把室外主机塞入预埋盒中，从侧面用螺钉固定牢固。

(3) 壁挂式安装。

1) 固定壁挂盒（注意：壁挂盒与预埋盒通用。安装时盒底部箭头方向朝上）。

2) 将传送线连接在端子和线排上，插接在室外主机上。

3) 把室外主机塞入壁挂盒中，从侧面用螺钉固定牢固。

7.4.4.3 接线

接线为电源端子、通信端子、出门按钮及门磁端子的接线。

(1) 电源端子。电源端子说明见表 7-10。

(2) 通信端子通信端子说明见表 7-11。

(3) 出门按钮及门磁端子。出门按钮及门磁端子说明见表 7-12。

7.4.5 层间分配器安装

层间分配器采用壁挂式安装。层间分配器一般安装在各单元层附近的墙上，(可视) 对讲主机操作面板的安装高度离地宜高于 2.2m，应便于操作。安装应牢固、稳定。

表 7-10 电源端子说明

端子序号	标识	名称	与总线层间分配器连接关系
1	D	电源	电源＋18V
2	G	地	电源端子 GND
3	LK	电控锁	接电控锁正极
4	G	地	接锁地线
5	LKM	电磁锁	接电磁锁正极

表 7-11 通信端子说明

端子序号	标识	名称	连接关系
1	V	视频	接层间分配器主干端子 V (1)
2	G	地	接层间分配器主干端子 G (2)
3	A	音频	接层间分配器主干端子 A (3)
4	Z	总线	接层间分配器主干端子 Z (4)

表 7-12 出门按钮及门磁端子说明

端子序号	标识	名称	连接关系
1	DM	门磁	接门磁的正极
2	DK	出门按钮	接出门按钮的正极
3	G	地	接出门按钮或门磁的地

7.4.5.1 接线方法及要求

(1) 层间分配器顶部的扁平电缆是干线引入线，左右两旁的扁平电缆是分支输出线。分支输出接室内分机。

(2) 主干线采用 RVV4×1.0，视频线采用 SYV75-3；分支线线长小于 30m 采用 RVV4×0.3，线长 30～50m 采用 RVV4×0.5，视频线采用 SYV75-1。

如果层间分配器处于干线末端，需要打开此层间分配器外壳，将主板上的短路块插上。注意外壳一定要有良好接地。

7.4.5.2 对外接线端子

对外接线端子说明见表 7-13。

表 7-13 接线端子说明

线颜色	端子标识	线名称	注　释
1 黄色	V	视频线	分支输出可与可视室内分机相应的端子连接
2 黑色	G	地线	
3 蓝色	A	音频线	
4 白色	Z	总线	
5 红色	D	电源线	
6 棕色	G	地线	

7.4.6　管理中心机安装

7.4.6.1　管理中心机安装方式

管理中心机安装分桌面安装方式、壁挂式安装方式。

（1）中心机采用桌面安装。安装方法将管理中心机放置在水平桌面上，或打开脚撑，将管理中心机放置在水平桌面上。

（2）管理中心机采用壁挂安装方式。管理中心机采用壁挂安装方法如下：

1）在需安装管理中心机的墙壁上打四个安装孔；

2）将塑料胀管木螺钉组合装入墙壁四个安装孔内；

3）将装入墙壁的螺钉从管理中心机底面安装孔中穿入，把管理中心机固定在墙壁上。

7.4.6.2　管理中心机接线

系统根据社区的大小、布线的复杂程度采用不同的网络拓扑结构，对于小型社区采用手拉手连接方式，对于大型社区采用矩阵交换连接方式。接线端子见表 7-14。

表 7-14　接线说明

端口号	序号	端子标识	端子名称	连接设备名称	说　明
端口 A	1	GND	地	室外主机或矩阵切换器	音频信号输入端口
	2	AI	音频入		
	3	GND	地		视频信号输入端口
	4	VI	视频入		
	5	GND	地	监视器	视频信号输出端，可外接监视器或视频采集设备
	6	VO	视频出		
端口 B	1	CANH	CAN 正	室外主机或矩阵切换器	CAN 总线接口
	2	CANL	CAN 负		
端口 C	1-9		RS-232	计算机	RS232 接口，接上位计算机。调试用
端口 D	1	D1	18V 电源	电源箱	给管理中心机供电，18V 无极性
	2	D2			

视频信号线采用 SYV7-3 同轴电缆；音频信号和 CAN 总线采用两对 RVS2×1.5 双绞线。

7.4.7　门前铃安装

门前铃安装分为预埋安装、防盗门上直接安装。

7.4.7.1　预埋安装

预埋安装分不带防雨罩的安装、带防雨罩的安装。

（1）不带防雨罩的安装。

1）在墙上预留一个略大于预埋盒尺寸的方孔。

2）用混凝土把预埋盒固定在墙上（预埋盒折边紧贴墙面）。

3）将线连接在端子和线排上，插接在门前铃上。

4）用两个螺钉从侧面将门前铃固定在预埋盒上。

（2）带防雨罩的安装。

1）将门前铃后面的三条黑色 EVA 密封条拆除。

2）将附件的黑色 EVA 条粘贴在防雨罩背面的凹槽内（只粘三条，最底下的槽内不要粘）。

3）用两个沉头螺钉将防雨罩固定到门前铃上下的两个安装柱上。此时，防雨罩就与门前铃安装成一体了。

4）将安装好防雨罩的门前铃整体再安装到预埋盒内。

7.4.7.2　门前铃在防盗门上直接安装

门前铃在防盗门上直接安装时，若防盗门厚度大于 40mm（门前铃嵌入部分厚度空间）时，防盗门前面板开孔尺寸 125mm×95mm（高×宽），后面板开孔尺寸大于 150mm×150mm，方便安装即可；若防盗门厚度小于或等于 40mm 时，请防盗门提供商配合解决安装，建议在防盗门后面板上安装金属后罩。

安装时首先将进出线从门中拉出，与门前铃接好，然后将门前铃嵌入防盗门前面板上开好的长方孔内，再从防盗门后部将两个 M3 螺钉从上、下端的 2 个的圆孔穿入，将门前铃固定在门上。

门前铃对外接线端子如图 7-22 所示，接线见表 7-15。

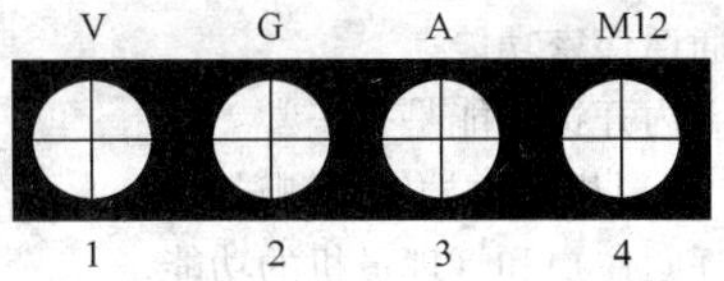

图 7-22　接线端子示意图

表 7-15　门前铃接线表

端子标识	端子名称	注　释
V	视频线	与联网器、室内分机及门前铃分配器相应的端子连接
G	地	
A	音频线	
M12	+12V	

7.4.8　总线接线箱安装

7.4.8.1　总线接线箱为壁挂安装方式，采用 4 个膨胀螺栓固定到墙上

一个总线接线箱中放置有两个端子的线路板，两

个线路板完全相同，在使用时是独立的。接线时，端子必须按组使用，同一组的两对端子不分输入和输出，若一侧作为输入端，则另一侧即为输出端。

7.4.8.2　接线方法

总线接线箱的接线方法如图 7-23 所示。

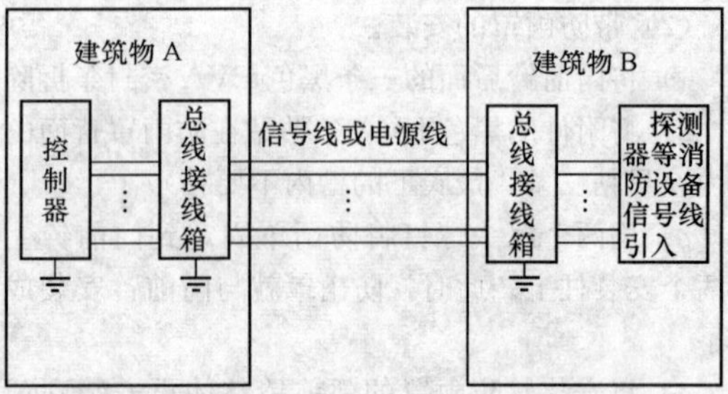

图 7-23　总线接线箱的接线方法示意图

图 7-23 中，建筑物 A 为消防系统的控制室，当信号线或电源线引出建筑物 A 时，应通过总线接线箱，建筑物 B 为探测器等消防设备的保护区域，当信号线或总线引入建筑物 B 时，也应通过总线接线箱。

7.5　可视对讲系统的测试和检验验收

7.5.1　对讲系统的测试

对讲系统功能的测试包括对室内机、门口机、电控锁、管理中心机的功能检测，还要检测市电掉电后备用电源的使用状况。

7.5.1.1　室内机的测试

（1）门铃提示及与门口机双方通话、与管理员通话的清晰度。

（2）访客图像（可视对讲系统）的清晰度。

（3）通话保密功能。

（4）室内开锁功能是否正常。

7.5.1.2　门口机和电控锁的测试

（1）呼叫住户和管理员机的功能。

（2）CCD 红外夜视（可视对讲系统）功能。

（3）门口机的防水、防尘、防振、防拆等功能。

（4）密码开锁功能，对电锁的控制功能。

（5）在有火警等紧急情况下电控锁应处于释放状态。

7.5.1.3　管理中心机的测试

（1）与门口机的通信是否正常，联网管理功能。

（2）与任一门口机、任一室内机互相呼叫和通话的功能。

（3）管理中心机自检功能。

（4）音视频部分的检测。

（5）设置地址的检测。

（6）设置管理中心机地址的检测。

（7）设置联网器地址的检测。

（8）配置的检测：回读、删除和联调。

7.5.1.4　检测在市电掉电后的状况

检测在市电掉电后，备用电源应保证系统正常工作 8h 以上。

7.5.2　对讲系统检验验收

对讲系统检验验收收时，各项目检查主要参数如表 7-16 所示。

表 7-16　对讲系统各项目检查主要参数

设备	检测项目		参数	
门口机	对讲部分供电电压（+，−）(V)		12±2 DC	
	通话时对讲部分供电电压(V)		12±2 DC	
	可视部分供电电压（+，−）(V)		18±2 DC	
	通话时可视部分供电电压(V)		18^{+1}_{-2} DC	
	信号线	电压(Sa,−)及电阻(V,Ω)	(3.5±0.8)V	∞
		电压(Sb,−)及电阻(V,Ω)	0	∞
	语音线(2，−)电阻(Ω)		∞	
	语音线(6，−)电阻(Ω)		∞	
	对讲模块供电电压(1，3)(V)		12^{+1}_{-2}DC	
	视频线电阻(V，MΩ)		75±10	
	通话时信号线	电压(Sa,−)(V)	3.5±0.8	
		电压(Sb,−)(V)	0	
	开锁电压（Ab＋，Ab－）电压(V)		12	
管理机	对讲部分供电电压（+，−）(V)		12±2 DC	
	通话时对讲部分供电电压(V)		12±2 DC	
	信号线	电压(Sa,−)及电阻(V,Ω)	3.5±0.8	∞
		电压(Sb,−)及电阻(V,Ω)	0	∞
	语音线	电阻(2,−)(Ω)	∞	
		电阻(6，−)(Ω)	∞	
	视频线电阻(V，MΩ)		75±10	
	通话时信号线	电压(Sa,−)(V)	3.5±0.8	
		电压(Sb,−)(V)	0	

续表

设备	检测项目		参数	
中控器	中控器供电电压(+,-)(V)		12±2 DC	
	总线信号线	电压(D1,-)(V)	4±1 DC	
		电压(D2 ,-)(V)	0	
	总线视频线电阻(V, MΩ)		75±10	
	通话时总线信号线	电压(D1 ,-)(V)	4±1	
		电压(D2 ,-)(V)	0	
	联网信号线	电压(A,-)(V)	3.5±0.8	
		电压(B,-)(V)	0	
电源	可视部分供电电压(+,-)及电流(V,A)		18^{+1}_{-2}	2
	对讲部分供电电压(+,-)及电流(V,A)		12±2	2

续表

设备	检测项目		参数
解码器	解码器供电电压(+,-)(V)		12±2
	总线信号线	电压(D1,-)(V)	3.5±0.8
		电压(D2,-)(V)	0
	通话时总线信号线	电压(D1,-)(V)	3.5+0.8
		电压(D2,-)(V)	0
视频分配器	视频分配器供电电压(V)		18^{+1}_{-2}
	总线视频线电阻(V, MΩ)		75±10
	通话时总线视频线电阻(V, MΩ)		75±10

第8章 chapter8 电子巡更系统的设计与施工技术

电子巡更系统从20世纪90年代进入中国，电子巡更系统可应用于大厦、园区、厂区、库房等多种行业领域，是一种安全防范措施，实现每天24h的周界动态保安巡逻。

本章重点介绍的内容有：电子巡更系统基础知识；电子巡更系统的有关标准；电子巡更系统设计；电子巡更系统的施工；电子巡更系统的测试检验验收。

8.1 电子巡更系统基础知识

8.1.1 电子巡更系统概述

巡更系统是周界防卫的一个部分，巡更系统主要是在园区周界设立保安，实现每天24h的周界动态保安巡逻。对于巡更保安目前采用的方式大致分为以下三种：

(1) 定向巡更。定电巡更是巡更人员只管理一个视角方向防卫，不能够照顾到其他。实现的方式如图8-1所示。

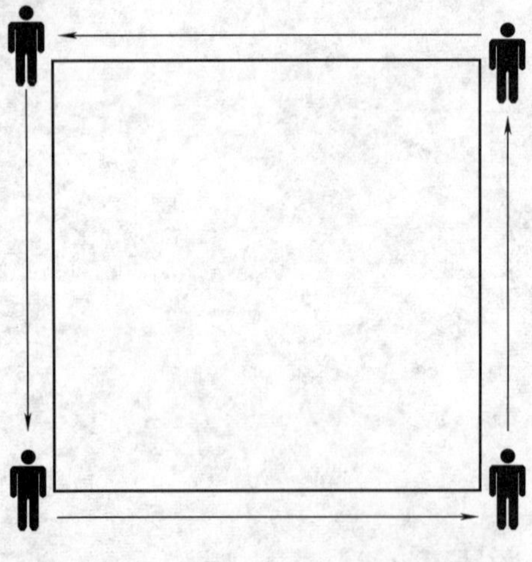

图8-1 巡更人员只管一个视角的方式

这种方式缺点是明显的，主要表现为：人容易疲劳，而且单调枯燥，在人员成本费低的状态下还可行，如果人员成本费高时，就不经济了。

(2) 流动巡更。流动巡更是在园区周界设立一支巡更保安队伍，在园区周界流动，这种方式缺点也是明显的。目前都倾向于电子巡更。

(3) 电子巡更。

1) 能够监测防护区域内保安人员是否按要求工作，按时巡逻检查。

2) 能预防防护区域内意外事故的发生。

3) 能确保保安人员的人身安全。

4) 能够与电视监控设备组合使用，以达到最佳防护效果。

5) 能有效地预防灾害事故的发生，为积极防御、主动出击争取时间。

电子巡更是一种在园区内部使用的安全防范措施，可监督保安人员兢兢业业地履行职责，以确保园区内部的安全。

8.1.2 电子巡更系统组成

电子巡更系统分有线巡更系统和无线巡更系统两种。

(1) 有线巡更系统由计算机、网络收发器、前端控制器、巡更点等设备组成。保安人员到达巡更点并触发巡更点开关，巡更点将信号通过前端控制器及网络收发器送到计算机。巡更点主要设备在各主要出入口，主要通道、各紧急出入口、主要部门等处。

有线巡更系统又称在线系统，目前国内使用的在线式系统大多从对讲、门禁或CCTV等其他系统移植过来。一般而言，布线系统若具备通信协议、总线方式架构，该系统再包含巡更点设置微波红外双鉴控测器，保安人员到达各巡更点，双鉴控测器信号通过前置报警器及网络收发器发送到计算机。

有线巡更系统管线安装、硬件可靠性以及使用方便往往不及无线式巡更系统，因此后者推广应用较快。

(2) 无线巡更系统由计算机、传送单元、手持读取器、编码片等设备组成。编码片安装在巡更点处代替巡更点，保安人员巡更时手持读取器读取巡更点上的编码片资料。巡更结束后将手持读取器插入传送单元，使其存储的所有信息输入到计算机，记录各种巡更信息并可打印各种巡更记录。

巡更时传统签名簿的签到形式容易出现冒签或补签的问题，在查核签到时比较费时费力，对于失盗、失职分析难度较大。随着非接触式 IC 卡的出现，便自然地产生了感应巡更系统。这一系统的推出对电子巡更系统起到了重要的作用。感应式巡更分为在线式巡更和离散式巡更两种。

在线式巡更系统是在一定的范围内进行综合布线，将巡更器设置在一定的巡更点上，巡更人员携带信息钮或信息卡，按布线的范围进行巡逻；管理者只需在中央监控室就可以看到巡更人员所在的巡逻路线，以及到达巡更点的时间；如巡更人员发生意外，没有读卡时，中心可以快速核查，处理突发事件。由于在线式可以实现实时控制，因此，在一些对巡更要求特别严格或巡更工作有一定危险性的地方，都较适合使用在线式系统。此外，在门禁点比较多的小区或管理区域内，结合门禁布线，也可以使用在线式巡更系统。

在线式巡更系统的缺点是施工量大、成本高，容易受到温度、湿度、布线范围的影响，另外，室外安装的传输线路也容易遭受人为的破坏。鉴于在线式巡更系统存在的缺点，到 20 世纪 90 年代中后期，一些厂商推出了离线式巡更系统。

离线式巡更系统与在线式电子巡更系统相比，优点在于易于携带，无需布线，安装简单，不受温度、湿度的影响，又不易被破坏，并且系统扩容和线路变更的实现更为容易。产品一经推广后，就很受用户欢迎，目前离线式巡更已成为当前国内市场的主流产品。离线式巡更系统又分为接触式和感应式两种。

(1) 在线式巡更系统。一个巡更点放置一个读卡机，通过电缆直接连至控制管理中心计算机（原理上和门禁相同）。每个巡更点均设有时钟，储存巡更记录达 3200 条以上。巡更时只要巡更员将巡更牌（感应式 IC 卡）靠近巡更点读卡机便自动记录巡更员编号、时间、地点等信息。控制管理中心随时可以了解巡更员的巡更情况。该子系统由巡更牌（IC 卡）、巡更点（读卡机）、网络扩展器、计算机系统组成，其系统框图如图 8-2 所示。

在确定巡更线路设定一合理的检测点安装感应式 IC 卡读卡机（即巡更点），以 IC 卡作为巡更牌，由控制中心计算机软件编排巡更班次、时间间隔、线路走向，有效地管理巡更员巡视活动，增强保安防范措施。

软件设定巡更时间要求、线路要求、次数要求，

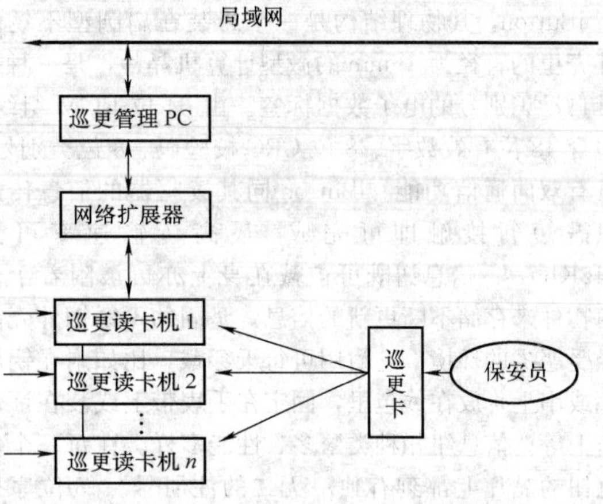

图 8-2　在线式巡更系统框图

通过巡更点（位置信息）、巡更牌（记录巡更员身份、编号，并授予有效巡更活动权限）记录信息，查询备份。

巡更员带巡更牌按规定时间及线路巡视，将巡更牌在巡更点前一晃，便可记录巡更员到达日期、时间、地点及相关信息。若不按正常程序巡视，则记录无效。查对核实后，即视作失职。控制管理中心可随时查询整理备份相关信息，对失盗失职进行有效分析。

可随时或者定时提取各巡更员的巡更记录。

计算机对采集回来的数据进行整理、存档，自动生成分类记录、报表，并打印。管理人员根据需要随时在计算机中实时、非实时查询保安人员巡逻情况。

(2) 离散式巡更系统。离散式巡更系统由巡更检测点（即 IC 卡）、巡更机（即手持式 IC 卡读卡机）、巡更管理软件等组成。其系统框图如图 8-3 所示。

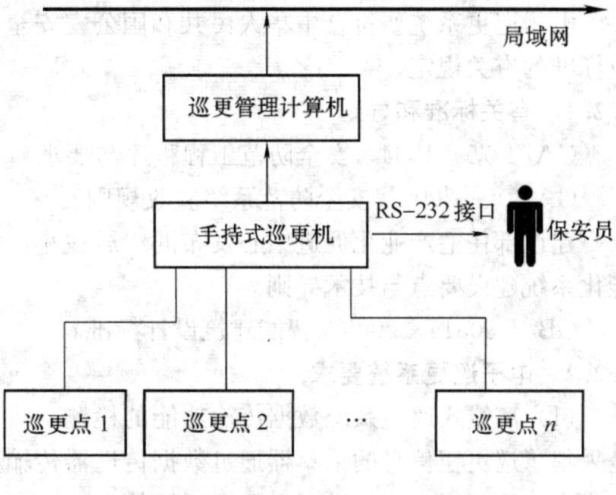

图 8- 3　离散式巡更系统框图

(3) 接触式巡更系统。接触式巡更系统，也叫信息钮式巡更产品，其工作程序是在巡更点上安装信息

钮 iButton，其物理结构是一个封装在扁圆型不锈钢外壳里的直径为 16mm 的微型计算机晶片，是一种携带自动识别号的电子数据标签。由 64 位 ROM 组织，包含 48 位有效数字、8 位 CRC 校验码、8 位类别号，具有双向通信功能。iButton 同其读写器的信息传递只需短暂接触即可完成。最高传输速率可达 142Kbit/s。信息钮既可被戴在身上亦可被附着于任何物件来存储不断更新的信息。坚固的不锈钢外壳能经受恶劣的环境。它耐用可每天穿戴，比如附在钥匙环或串上，放在钱包里，固定在手表带上或装在证件卡上等。信息纽扣种类繁多、性能多样。在每一个信息钮的晶片上都刻有独一无二的注册号。48 位序列号码具有不可伪造性和唯一性，在生产过程中用激光工艺永久刻在 ROM 上，并加了保护层，任何企图更改此号码都会使 CRC 校验过程出错。而信息钮内置的 NVSRAM 存储器，还可以存放文字或数字化的图像。任何时刻只要短暂的触碰就可读取或更改存放的信息，巡更人员巡逻时，手持巡更机（或称为巡更棒）到各点，在信息钮上触碰一下，巡更机便读取信息钮数据。完成整个巡逻任务后，到监控中心，管理人员通过软件把手持巡更机（棒）内存储的信息传回到计算机，对巡更数据进行分析并生成打印报表，以备查验。

但是由于这种系统需要“接触”，因此一些弊端就显现出来了：①巡更机（巡更棒）与信息钮必须非常准确地接触才能读取信息，操作起来很不方便，尤其在晚上，光线不好，不易找准；②信息钮外露的金属外壳易受污染，造成接触不良，导致不能有效地采集信息；③外露的信息钮容易遭到破坏。

8.2 电子巡更系统的有关标准

电子巡更系统要符合中华人民共和国公安安全行业标准的有关规定。

8.2.1 有关标准和导则

GA/T 75—1994《安全防范工程程序与要求》

GA 308—2001《安全防范系统验收规则》

建设部住宅产业化促进中心发布的《居住小区智能化系统建设要点与技术导则》

GB/T 50314—2006《智能建筑设计标准》

8.2.2 电子巡更系统要求

（1）离线式巡更系统数据传输功能的检测：将已经采集了巡更钮信息的采集器通过数据传送器传输至主机中，应能正确实现进行显示巡更钮信息。

（2）在线式巡更系统实时报警功能的检测：分别模拟巡更人员对巡更点漏检、提前到达及未按时到达指定巡更点，控制主机应能立即接收到报警信号，并记录巡更情况。

8.3 电子巡更系统设计

8.3.1 电子巡更系统设计原则

电子巡更系统的设计应该遵循以下设计原则：

8.3.1.1 先进性

信息技术的发展使新产品、新技术日新月异，每一个新技术的出现都对工作方式产生极大的影响，对工作效率的提高起到极大的推动作用。因此电子巡更系统系统必须采用先进的技术和设备，一方面反映系统所具有的先进水平；另一方面又使得系统具有强大的发展潜力，同时电子巡更系统系统是一实际使用的工程，因此其技术和设备先进又要是相对成熟的。

8.3.1.2 经济性

考虑到巡更系统为自身单位使用、系统的投资没有回报的特点，设计应满足性能要求的前提下应尽最大的可能使整个系统具有经济性。

8.3.1.3 数据可靠可靠性

电子巡更系统必须考虑采用相对成熟的技术与产品，在使用中应尽量减少故障的发生；数据在通信和存储中都进行加密和校验、无法更改，以保证数据真实性；可靠的数据自动多重备份，其中有每日备份、每月备份，而且每天数据库都有导出备份，同时对巡查结果记录自动导出文件进行备份。

8.3.1.4 安全性

由于巡更系统对工作人员的监督性较强，所以系统在使用过程中极有可能遭到使用者毁坏。使用单位应尽可能地防止这种现象发生，加强员工对单位内部的管理设备的爱护性。

8.3.1.5 实用性

设计电子巡更系统，应首先考虑能满足使用单位的巡检功能要求后，还应为将来用户扩展应用范围需求留有相应的空间。

8.3.1.6 巡更点设置简易

巡更点所用的信息钮具有防水、防磁、防震、耐高温和低温，并且成本低廉，安装简便。

8.3.2 技术要求

电子巡更系统的设计应该遵循以下技术要求：

8.3.2.1 系统可以实现的功能

（1）实现巡更人员编号设置、班次设定和基本信息的输出。

（2）实现信息钮功能、位置的设定。

（3）预先设定巡更路线和巡更点到达时间。

（4）实现巡更采集器数据下载和清空功能。

（5）对巡更违规记录用红字提示。

（6）巡更数据可以随时查询和报表打印。

（7）对巡更数据实现自动/手动备份及备份恢复。

（8）查询功能。可按人名、时间、巡更班次、巡更路线对巡更人的工作情况进行查询。按照不同的查询条件可生成巡更情况总表、巡更事件表、巡更遗漏表，并可将结果打印出来。

（9）巡更数据备份、恢复功能。可定期将以前的数据备份到软盘上，需要的时候可恢复到硬盘上。

8.3.2.2　巡更系统设计方案应尽量满足的技术要求

（1）采用感应卡技术，便于使用和维护。

（2）防水密封设计，以便野外和特殊场合使用。

（3）抗摔设计，最好采用金属壳体，尤其是用于保安巡逻的巡更机。

（4）尽可能缩小体积，减轻重量，如手机状的，便于携带和使用。

（5）感应距离不能太近，以便使用。

（6）功耗应尽可能低，电池容量应尽可能大，无需经常换电池或充电，便于使用。

（7）数据存储应高度可靠，最好采用无电保存技术，避免掉电或电磁干扰造成数据丢失。

（8）数据存储容量应尽可能大，不必频繁上传数据，还可以起到数据安全备份的作用。

（9）软件应傻瓜化操作，以方便用户使用，降低服务成本。

（10）软件应具有排班核查功能，以方便用户工作考核。

（11）要考虑巡逻的路线、时间、频率、密度是否合理。

8.3.3　电子巡更解决方案

电子巡更借鉴方案包括以下内容。

（1）巡查方式。巡查人员使用信息钮，该信息钮储存巡查人员信息。巡查人员到巡查点用巡查信息钮碰触巡查管理机，该巡查管理机迅速将该巡查信息上传到管理中心，管理中心以图文指示哪个巡查员到达哪个巡查点及巡查时间，并产生巡查记录。

（2）巡查计划。管理人员设置巡查管理计划，计划包括以下要素：巡查员、巡查点、应到巡查时间、巡查次序、允许时间误差。管理人员随时可对巡查记录进行统计，并与巡查计划对照生成统计报表。

（3）事件记录。巡查人员可通过巡查管理机键盘输入事件记录，例如窗坏、灯坏、漏水等。事件记录实时传送至管理中心并产生记录，并以图文方式通知中心工作人员。

（4）维护记录。工程和维护人员亦可通过本系统输入维护或安装记录。

（5）产品选择。

1）巡更棒是对巡逻人员巡更过程进行记录和管理的工具。没有按钮或开关，操作使用简单方便。采用计算机技术，可存储4000条巡查记录，内置实时时钟。使用电池供电，电池价格便宜，一年内无需更换，坚固耐用，防破坏性高。

2）数据传输器是读取巡更棒记录、信息钮资料及与巡更棒双向通信的工具。可读取巡更棒记录、清零巡更棒记录、对巡更棒校时和设置等。标准RS232口与计算机连接。

3）信息钮用来存储位置或身份信息。采用DALAS TM卡，不锈钢封装，防水、防磁、防振、耐高温和低温，无需电源，安装十分方便。

4）管理软件的运行平台为Windows98/2000操作系统，全中文菜单和帮助系统，操作使用简单。管理软件具有如下功能：巡查人员登记、巡更点设置、巡更棒注册、巡查时间注册、巡查时间设置、巡查任务设置、巡查点编辑（包括巡查点增减、巡查点名称和编号的更改）、巡查记录读取、记录数据处理（存盘、打印、查询等）、系统管理（密码更改、串行口选择）功能和巡查点电子地图，可一目了然地观察巡查点的巡查情况，易于分析、总结。

电子巡更产品，目前在国内市场上常见的有三种形式：在线式、离线式、无线式；三种形式各有其优缺点，各自适应不同的物理环境；在线式巡更产品适应方便布线、点位比较集中的场所。离线式巡更产品无需布线、价格具有优势、施工周期短；无线式巡更产品适用于周边范围较大的场所，它要求防护场所内无超标准的电场、磁场干扰源。

8.3.4　安居宝电子巡更系统

8.3.4.1　安居宝HY-411 RFID感应式计算机巡更系统简述

安居宝的HY-411RFID感应式计算机巡更系统使用最先进的感应识别技术生产。各巡更点采用预埋非接触感应卡，由巡更人员手持巡更手持机到各巡更点读卡。巡更手持机不仅可以准确地读入各巡更点的ID码，并且同时记录下读卡的时间。每次巡更完毕，应将手持机中的巡更记录，通过巡更管理系统软件，转储到巡更管理系统的数据库中，以便系统对各个巡更情况进行统计、分析、查询、考核。系统的特点为：

采用管理卡的方式，控制各巡更点的注册，可注册128个巡更点。

（1）容量大，可存储640个巡更点的巡更数据，而且不会因断电而丢失数据。

（2）低功耗感应读卡头，读取距离3～10cm。

(3) 内部自带时钟，锂电池供电，不受掉电影响。

(4) 省电工作方式，开机或读卡后能自动断电。

(5) 巡更点设置灵活，安装不用布线，经济方便。

8.3.4.2 使用方法

(1) 各巡更点的注册。在使用本巡更系统之前，应首先把要放置在各巡更点的感应卡注册到巡更手持机内。一旦注册之后，巡更手持机识别已注册的感应卡。注册方法如下：

1) 按手持机电源开关，打开手持机电源，电源指示灯亮；或插上与计算机接口的插头，使手持机电源指示红灯亮。

2) 持管理卡在手持机上读卡，读卡正确后“嘀”响一声，表示现在可以注册各巡更点卡。

3) 自定顺序把各巡更点卡依次在手持机上读卡，每读一卡，手持机就“嘀”响一声。

4) 所有巡更点卡注册完毕后，拔下接口插头断电或5s后自动断电，即表示注册结束。

5) 若需要取消或增加一些巡更卡，可以重复上述过程。

(2) 巡更。巡更人员手持巡更手持机，按规定路线和时间到各巡更点读卡。读卡时，首先按电源开关“嘀”响一声后，电源打开，红灯亮，紧接着便可读巡更点卡。若打开巡更手持机5s内没有读卡，手持机会自动关机。读卡正确，手持机“嘀嘀”响两声，如错误则响五声。读卡后手持机便会自动关机。

(3) 与计算机巡更管理系统相连。巡更人员巡更完成后，巡更的记录转储到管理系统中去，由计算机长期保存巡更记录。

首先将与计算机接口的插头插上，电源指示红灯亮。按发送按钮，读卡指示绿灯亮。这时手持机进入准备发送状态。管理人员在计算机巡更管理系统中，进入手持机操作中的读手持机窗口，然后单击读手持机。在此之前，应在资料输入栏中的巡更地点资料输入窗口中，先将手持机内的各巡更点卡的ID码读入系统，否则系统认为该巡更点没有注册。

(4) 巡更交接班。每一班次的巡更人员，在每一班的第一次巡更前，应将巡更手持机与计算机相连，作一次校时（写手持机）操作，本操作有两种意义：①校准手持机与计算机的时间；②清除手持机内记录的信息，为本班次巡更做好准备。

8.3.5 海湾安全技术股份有限公司的巡更管理系统

8.3.5.1 海湾巡更管理系统简述

保安巡更管理系统的作用是在小区各区域内的重要部位制订保安人员巡更路线，并安装巡更站点，保安巡更人员携带巡更记录器按指定的路线和时间到达巡更点并进行记录，将记录信息传送到智能化管理中心。管理人员可调阅打印各保安巡更人员的工作情况，加强保安人员的管理，从而实现人防和技防的结合。系统可实现如下功能：

(1) 实现巡更路线的设定、修改。

(2) 实现巡更时间的设定、修改。

(3) 在小区重要部位及巡更路线上安装安更站点。

(4) 中心可查阅、打印各巡更人员的到位时间及工作情况。

(5) 巡更违规记录提示。

8.3.5.2 海湾 HW-XQ5928 电子巡更器

海湾 HW-XQ5928 电子巡更器可广泛用于需要定时定次进行安检的地方，如高级酒店、军队、工厂、监狱、博物馆、银行和通信线路的巡回检查、森林防火等场合。

巡更器采用无线方式，携带方式和固定安装巡更感应器配合使用，记录巡更人员工作情况。巡更器设有RS-232接口，可直接与计算机相连，将巡更记录读入计算机存档和核查。巡更器内装镍镉或锂电池，可充电重复使用。此外，巡更器外形设计采用多种防尘，防水、防振技术，保证能够全天候使用。技术数据如下：

(1) 感应距离>100mm。

(2) 感应速度为0.15s。

(3) 存储容量为500个感应点信息，可扩充。

(4) 通信方式为RS-232。

(5) 工作方式为手动触发、间歇工作。

(6) 电池容量为700mAh（感应500次以上，可充电）。

(7) 静态功耗<50μA。

(8) 最大功耗<50mA/5V。

(9) 指示为红色闪亮表示准备好（STANDBY）、绿色闪亮表示完成采集（OK）、黄色闪亮表示电池欠压（LOWBAT）、红色常亮表示正在通信（BUSY）、黄色常亮表示正在充电（CHARGE）、绿色常亮表示充电完毕（READY）。

(10) 充电电源为DC 6V/500mA。

(11) 重量为200g。

(12) 工作温度为−25～55℃。

8.3.5.3 海湾 HW-XQ5928-1 巡更感应器

HW-XQ5928-1巡更感应器体积小，易于安装，一般采用预埋方式，可安装在水泥墙、砖墙或其他物体内，外形为玻璃棒式或楔子式感应器，每个感应器内置全球唯一的独立内码，安全性极高。非接触式读取数据的操作方式没有一般记录设备的接触性磨损，外形设计防水、防磁、防尘，寿命可达十年。

8.3.5.4 海湾 HW-XQ5928-2 巡更人员识别卡

HW-XQ5928-2 巡更人员识别卡用于注册巡更人员，一般由巡更人员保管，可印制巡更人员照片，姓名等。外形为卡式，每个感应器内置全球唯一的独立内码，安全性极高。非接触式读取数据的操作方式没有一般记录设备的接触性磨损，外形设计防水、防磁、防尘，寿命可达十年。

8.3.5.5 海湾巡更系统应用设计

系统由巡更管理软件、HW-XQ5928 电子巡更器及巡更感应器组成，巡更感应器放置在各个巡更点，由操作人员持电子安更器在现场对其作无线感应，以达巡更确认的目的，现场巡更确认完成后，可将安更器内记录的信号直接转送到控制中心内计算机，以便记录和查询。系统配置示意如图 8-4 所示。

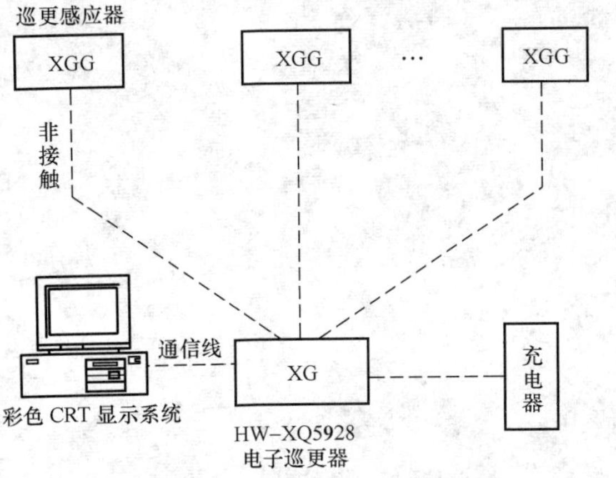

图 8-4　巡更管理系统配置示意图

巡更系统的设计一般分为如下几个步骤：

（1）设计巡更线路，根据巡更路线选取最佳巡更点数量和位置。设置安更点示意图如图 8-5 所示。

（2）在巡更点位置安装巡更感应器。

（3）巡更时，巡更人员按照巡更路线巡逻，在每个巡更点用电子巡更器在巡更感应器前晃动，读取数据。

（4）回到控制中心后，将电子巡更器读取的数据录入计算机。

8.4 电子巡更系统的施工

8.4.1 电子巡更系统工程施工准备和产品相关要求

电子巡更系统工程的施工准备请参见 6.4.1。设备材料必须有产品合格证、质检报告、安装及使用说

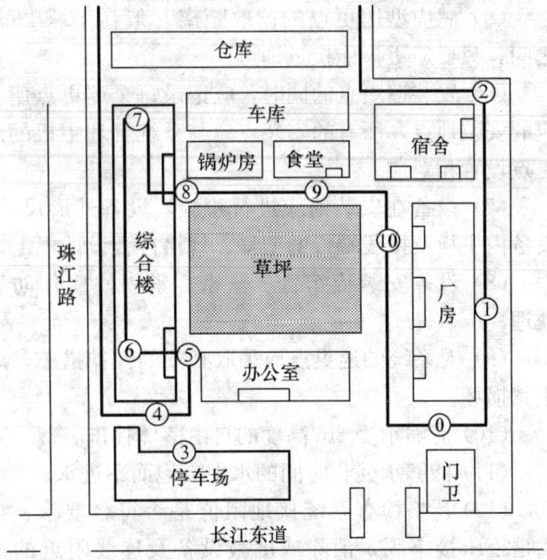

图 8-5　巡更点设置示意图
⓪～⑩—安更点

明书等，并具有 3C 认证标识。如果是进口产品，则需提供进口商品商检证明。设备安装前应根据使用说明书进行全部检查方可安装。产品能够抵御 100 万 V 的警棒电击，产品能够在－40～70℃的大温度范围内工作。

8.4.2 电子巡更系统工程布线施工

电子巡更系统工程布线施工要注意如下内容：

（1）明管敷设时排列整齐、不拧绞，尽量减少交叉，交叉处粗线在下、细线在上。

（2）管内穿入多根线缆时，线缆之间不得相互拧绞，管内不得有接头，接头必须在线盒（箱）处连接。

（3）线管出线终端口与设备接线端子之间，必须采用金属软管连接，并不得将线缆直接裸露。

（4）所敷设的线缆两端必须作标记，屏蔽电缆的屏蔽层均需单端可靠接地。

8.4.3 电子巡更系统工程设备安装

电子巡更系统工程设备安装要注意如下内容：

（1）电子巡更系统安装前应按图纸核对巡更点的位置及数量，并读取巡更点的 ID 码。

（2）巡更点的安装高度应符合设计或产品说明书的要求，如无特殊说明一般安装高度为 1.4m。

（3）安装离线式系统，巡更点应安装于巡更棒便于读取的位置。

（4）离线式巡更点安放时可以用钢钉、固定胶，或直接埋于水泥墙内（感应型巡更点），埋入深度应小于 5cm，巡更点的安装应与安装位置的表面平行。

(5) 感应型巡更点的读取距离一般在 10～25cm 之间，只要巡更棒能接近即可。

(6) 安装巡更点的同时，应记录每个巡更点所对应的安装地点，所有的安装点应与系统管理主机的巡更点设置相对应。

(7) 设备在安装前应进行检验，设备外形尺寸、设备内主板及接线端口的型号、规格符合设计规定。

(8) 设备安装应牢固、紧密，紧固件应作防锈处理。

(9) 对系统的巡更点应采取必要的保护措施，防止其损坏。

(10) 能够承受 6m 高度的自由落体摔击。

(11) 能够承受长时间的水中浸泡而不进水。

(12) 严格检查系统接地阻值是否符合要求，接线是否压接牢固，消除或屏蔽设备及连线附近的干扰源。

(13) 安装的设备应按图纸或产品说明书要求接地，其接地电阻应符合设计要求。

(14) 安装系统软件的计算机硬件配置不应低于软件对计算机硬件的要求。

8.4.4 电子巡更系统工程系统调试

(1) 运行巡更系统管理软件必须进行初始化设置。

(2) 按照图纸对巡更点进行读取操作，确认巡更棒读取数据正常有效。

(3) 在巡更系统主机上测试对巡更棒读取的数据进行读入、数据查询、修改、打印、删除等操作，对系统软件进行调试。

(4) 系统设备安装完毕后应妥善保管钥匙，以防设备丢失、损坏。

8.5 电子巡更系统的测试检验验收

小区周界防范与电子巡更系统安装工程质量验收记录表的主要有两种，请参见本书附录 A 中的安全防范综合管理系统分项工程质量验收记录表和巡更管理系统分项工程质量验收记录表。读者可以从中国电力出版社网站 www.cepp.com.cn 下载。

第9章 chapter9

电话通信系统的设计与施工技术

电话通信系统是弱电系统的基础平台，由电话交换设备、传输系统和用户终端设备三部分组成。交换设备主要是电话交换机，是接通电话用户之间通信线路的专用设备；传输系统按传输媒介分为有线传输和无线传输；用户终端设备是指电话机、传真机、计算机终端等。

本章重点介绍的内容有：电话通信系统基础知识；电话通信系统的有关标准；电话通信系统的设计；电话通信系统的施工；电话通信系统的测试检验验收。

9.1 电话通信系统基础知识

9.1.1 电话机的分类

9.1.1.1 模拟电话机

模拟电话机传输的信号是模拟信号，在连续的时间内对语音进行处理变为信号，传送给对方，电话机的送话机就是对语音进行处理的设备。连续的时间内处理的信号称为连续的模拟信号，时间上不连续的称为离散的模拟信号。

现在许多家庭使用普通电话机就是模拟电话机。模拟电话机具有代表性的产品有：

（1）拨号盘式电话机。拨号盘式电话机是利用机电结构和声电互换原理来完成拨号、响铃、通话。它的优点是经济、耐用。拨号盘式电话机因整机是机械结构，对环境的适应性较强，因此对高温、高湿、有腐蚀气体以及对强磁、强电等环境较为适用，这是20世纪60年代前的产物。

（2）按钮脉冲式电话机。按钮脉冲式电话机采用导电橡胶作为接点和CMOS集成电路构成的电子拨号器，当按下一个数字键（0～9）时，就能发出相应的直流脉冲。它是用按键和一块LSI取代旋转键盘，构成拨号电话；用一块音调振铃集成电路和电声换能器件构成铃电路；用一块LSI取代混合线圈，并采用小型电声器组成放送受话器，构成通话线路。

脉冲式电话机由于采用全电子线路器件，一般都具有存储和重拨号码性能，有的还具有指示、扬声和音乐铃声装置，因此适用于办公室、住宅、公用电话服务站使用。

（3）双音多频（DTMF）式电话机。20世纪60年代提出双音多频，双音多频式电话机的发话、受话、消侧音等电路与拨号式电话机相同，不同的是取消了拨号，而用双音多频（DTMF）产生和号码键盘，其信号由高低两个音频组成。用户每按一个数字键，它就向外线发出相应的双音频信号组，代表一位拨号数字或符号。另外，还有一种脉冲、音频两用按键电话机，它由“P/T”选择键，拨至“P”处，电话机将按键盘形成的编码信号转换成脉冲信号，拨至“T”处，则作为音频发号用。

9.1.1.2 数字电话机

数字电话（Digital Telephone）是指采用数字技术的电话（相对于早期的模拟电话）。具有高科技数字扩频、自动跳频技术、信噪比高等特点。

数字电话机已经开始大量使用，并且代表了有线电话的最高水平。数字电话机是ISDN最常用的一种终端。它不仅能够提供基本的电话服务，而且还提供许多ISDN补充业务（图像、传真等）。

数字电话机采用的是数字信号，数字信号是一种不连续变化的阶跃信号。

数字电话机目前在我国还没有形成大量使用，其主要原因如下。

（1）电话用户使用电话机仍以语音通信为主，数据、图像、多媒体通信很少。语音通信使用价格低廉的普通电话机是最经济的选择。

（2）数字电话机是一种理论较深，涉及的电子技术和通信技术面广、结构复杂的电话机。

数字电话机在普通双绞线上实现端到端的全数字连接，适用于家庭用户、小型办公室和公司的数字应用。

9.1.2 程控交换机

9.1.2.1 电话程控交换机基本功能和组成

电话程控交换机的任务是完成任意两个电话用户

之间的通话连接。其基本功能有：①呼出检出功能；②接受被叫号码；③对被叫进行忙、闲测试；④如果被叫空闲，则做好通话准备；⑤向被叫振铃，向主叫送回铃声；⑥被叫应答，通话；⑦及时发现话终进行拆线。

电话程控交换机主要组成有：

(1) 话路系统。话路系统包括用户电路、交换网络、出中继器、入中继器。其是线路和监视功能的信号设备。

(2) 控制系统。控制系统包括译码、忙闲测试、路由选择、链路选试、驱动控制、计费等。

电话程控交换机由人工电话交换机、共电式电话交换机发展到程控数字交换机。

9.1.2.2 程控数字交换机的主要的服务功能

程控用户交换机是使用计算机进行程序控制，程控用户交换机可根据不同需要实现众多的服务功能，参考文献［33］中指出，主要服务功能分为三大类：

系统功能、话务台功能和用户分机功能。

(1) 系统功能。从服务器的角度来看，程控数字交换机可以具备下述功能，这些功能在机电式交换机中是不可能有的。

1) 灵活编号 (Flexible Numbering)。程控交换机的编号方案可根据用户单位的具体要求来确定。在号码字长、各种字冠的使用等方面都没有什么限制，因此，它可以满足各种用户的编号需求。

2) 话务等级 (Traffic Class)。程控交换机可以为每一个分机用户规定一个话务等级，已确定其通话范围。例如，规定话务等级为0级的用户只能呼叫话务台，1级可以打内线电话，2级可以通某些外线电话，3级可以通市话，4级可以打国内长途，5级可以打国际长途等。高等级覆盖低等级的功能。

对中继线的使用也可以利用话务等级进行限制，例如，规定某些中继线只能为某个话务等级的用户使用等。

3) 直接拨入(Direct Dialing in)。具有直接拨入功能的数字交换机，外线用户呼叫时，可直接拨入所要的分机用户号码，系统可直接将外线用户与其所要的分机接通，无需话务员转接。

直接拨入也可以要求有话务员协助。如果由于某些原因，直接拨入呼叫未被接通时，该呼叫可以转向话务台有话务员处理。

4) 迂回路由选择 (Overflow on Route Selection)。如果交换机系统到同一目的地有多条路由，当主路由遇忙时，其他路由都可作为迂回路由使用。对于分机和话务台，迂回路由的选择以及迂回路线可以不同。

5) 截接服务 (Interception Service)。此功能也称之为截答或中间服务。主要用来向未能接通所需号码的用户提供一个提示。

如果交换系统在接续过程中遇到空号、久叫不应、系统阻塞或主叫话务等级不够等情况，而使用户的呼叫不能完成时，系统将会自动截住这些呼叫，并以适当的方式（一般用专用信号音，但也可以由话务员处理）向主叫用户之时未能接通的原因，从而避免了无意义的重复呼叫，提高了接续效率。

6) 数字号码转换 (Digit Conversion)。这一功能可以使交换系统在进行号码数字分析以前把所收到的一组数字转换成另一组数字。数字转换可以完全删除所接受的数字串，也可以在所接收的数字串前面添加字头。这一功能常用于不同交换机间的互连，它可以使分布在不同交换机上的用户之间相互透明拨号。

7) 功能等级 (Facility Class)。虽然程控交换机可以为分机用户提供不同的振铃信号，但是由于资源有限以及其他一些非技术因素方面的考虑，不可能使每一个分机用户无条件地随意使用全部功能，为此，可对分机用户设定功能等级加以限制。具有相应功能等级的分机用户才能有权使用相应的服务。

8) 铃流识别 (Distinctive Ringing)。程控交换机可根据呼叫类型向用户提供不同的振铃信号，以使用户了解情况，作出相应处理。例如，内线呼叫时、外线呼叫、自动回铃功能产生的回叫等，其振铃信号都可以有所不同，这种安排方便了用户，例如自动回铃呼叫时，主叫用户在振铃摘机后首先听到的是回铃音，这和一般呼叫用在振铃摘机后听到话音的情况是不同的。因此，若对振铃信号不加以区别，就可能会引起用户的误解或者心理上的不适应。

9) 超时 (Time Out)。为了有效地利用系统公共的硬件、软件资源，程控交换机对许多操作进行了时间限制。例如用户摘机后到拨第一位号码数字的间隔时间、两位号码之间的拨号间隔时间、各种信号音对用户连续提供服务的时间等，如果超时，则系统将封存该用户，不向该用户提供进一步的服务，从而使该用户的本次呼叫失效。

10) 集中用户交换 (Centerx)。该功能也叫做分区使用功能。这就是把交换机上的用户分成几个区域，同一个区域内的分机可以直接互相呼叫，不同区域的分机用户，则要通过出中继线拨另一个用户所在区域的中继线号码进行呼叫。因此，每个不同的区域相当于一个独立的交换机，他们有各自的用户、中继线与话务台，但维护终端是共用的。该功能也意味着把一台交换机当作几台使用。

（2）话务台功能。

话务台功能主要包括以下内容：

1）显示功能。话务台上配有许多指示灯和数码显示器，这些显示装置可使话务员在进行电话接续时，了解一些有关用户和系统的当前状态信息，从而进行相应处理。可显示的内容有：

● 有关用户的当前状态，如忙、闲、空号、封锁等。如果用户设置了免打扰或者呼叫转移等功能时，话务员在对该用户进行接续时，这些信息在话务台上也会显示出来。

● 呼叫类型，如不同方向来的外线呼叫、内线用户呼叫、回叫等。

● 系统的某些当前状态，如系统公共资源暂时缺乏而引起的阻塞、系统出现故障所产生的警告等。

● 向话务台呼叫的外线编号和内线用户的电话号码。

● 话务员在接续过程中所执行的某些功能，如连续呼叫、呼叫保留等。

● 时间显示，话务台在没有进行接续处理时，可作为一个时钟显示时间。

上述显示内容中，许多都只是和话务员正在进行的接续有关，若接续操作完毕，则所有与本次接续有关的显示内容全部消除。

2）某些简单的运行维护功能，如显示用户状态、更改用户电话号码等。

3）某些话务台专有的服务功能，例如：

● 呼叫保留（Call Hold）。当话务员不能立即将来话呼叫接续到所要被叫时，可将该呼叫置于保留状态，如果系统具有音乐保留（Music Hold）功能，则处于保留状态的用户将听音乐。有些交换机在话务台可以同时保留几个呼叫。

● 连续呼叫（Series Call）。连续呼叫有连续呼入和连续呼出之分。

当一个外线用户希望与几个内线用户连续通话时，话务员可对其进行连续呼入处理。当外线用户与第一个内线用户的通话结束，内线用户挂机后，话务台便向进行本次连续呼入处理的话务员发出信号，然后，该话务员再向这个外线用户询问其所要的下一个内线用户号码。重复一过程，直到最后一个所要求的内线用户通话完毕。

当几个内线用户希望连续与同一个外线用户通话时，话务员可以进行连续呼出处理。这时话务员先将第一个内线用户与外线用户接通，当第一个内线用户与外线用户接通，当第一个内线用户通话完毕，话务员向该话务员发出信号，话务员在接通下一个内线用户，直至最后一个用户完成呼叫。

实质上，连续呼叫是呼叫保留功能的扩展。

● 回叫（Call Back）。话务员进行呼叫接续后，如果被叫迟迟无人应答或正在通话，则该呼叫又回叫到进行这次接续处理的话务台，由话务员将被叫状态通知对方。

● 强插忙中继线（Busy Override on Busy Trunk Lines）。如果一个中继线组中所有的中继线都显示忙，而话务员有紧急情况需要使用其中的中继线时，话务员可以使用强插功能。插入后通知原使用用户，话务员要使用这条中继线，待用户挂机拆线后，话务员即可使用该中继线。

● 缺席（Absence）。进入夜间服务时，话务台可以缺席。此后，所有到话务台的呼叫均转到夜间服务台处理。

● 话务台的共用号码和单独号码（Common and Individual Number）。所有的话务台可以用一个电话号码供内线用户呼叫，而每个话务台还可以有自己单独的电话号码供分机用户使用。

（3）用户分机功能。用户分机功能有：自动回铃、电话转接、三方电话、跟随电话、无人应答呼叫转移、分组寻找、热线电话、缩位拨号、呼叫代应、插入、电话会议、定时呼叫、恶意电话追踪、寻呼电话和免打扰。

9.1.2.3　程控模拟交换机

参考文献［34］中给出：

程控用户交换机按技术结构可以分为程控模拟交换机和程控数字交换机。程控模拟交换机有空分模拟程控交换机和时分模拟交换机。

程控空分制交换机与纵横制交换机的主要不同点如下：

（1）采用电子计算机作为控制设备，控制核心是中央处理机。软件控制是由存放在储器中的程序来控制交换接续和完成维护与管理功能。

（2）中央处理机通过扫描监视话路设备，可随时发现发生的摘机、收到拨号脉冲、挂机等信息。中央处理机通过交换网络、用户电路、绳路等电路中的继电器或触发器，则中央处理机根据规定的程序控制。也就是说，中央处理机通过扫描器收集话路设备的扫描信息，作为处理的依据，然后通过驱动器向话路设备发送驱动控制信息作为处理的结果，来控制话路设备的动作。

（3）程控空分制交换机与纵横交换机的话路设备组成相似，纵横制交换机的记发器电路和功能比较复杂，而程控交换机中只向中央处理机转发拨号脉冲，其余工作都由处理机的软件来完成。

9.1.2.4　程控数字交换机

程控数字交换机有增量调制（DM）的时分式程控交换机和脉码调制（PCM）的时分式程控交换机（已淘汰）两种。

9.1.2.5　程控数字交换机的优点

程控数字交换机将程控、时分、数字技术融为一体。参考文献［34］中叙述的程控数字交换机的优点如下：

（1）灵活性大。由于程控数字交换机是用软件来控制交换机的操作，因此改动原有的功能、增加新的功能或开辟新的业务时，只需要改软件就可以实现。例如要使用电话号码升级，只需修改软件，无需改变硬件设备。

（2）提供新的服务项目。程控数字交换机能够提供如缩位拨号、转移呼叫、热线服务、叫醒业务、会议电话、遇忙等待的服务项目。这些新业务的开通使用，不仅方便了用户，也使交换机的接线次数减少，减轻了处理机的工作负担。

（3）便于维护管理，可靠性高。程控数字交换机在日常的维护管理都是通过软件完成，它有自动维护管理程序，如装拆、移机或更改用户号码，增减中继线，更改中继线路由等，只需通过“人机对话”命令更改某些数据就完成了。对于故障的发现和处理，可以通过故障诊断程序查找故障，进行定位处理。在发生故障时可以及时地进行紧急处理。例行测试和话务统计也由专门的程序去执行，所以维护管理非常方便，甚至可以做到无人值守。由于交换机采用了全冗余度形式，每个设备都有双备份，可靠性很高。

（4）通话质量高。由于采用了时分、数字交换，大大地改善了通话质量，在音质、音量上都有显著地改善。

（5）体积小、耗电省。程控数字交换机所使用的器件大多是大规模集成电路或超大规模集成电路，大大缩小了交换机的体积，减少了占用面积及耗电量。

（6）便于保密。数字信号加密是很方便的，对加密的信号破译比较困难，因此采用数字交换，对于加强通信的保密十分有利。

（7）便于向综合业务数字网（ISDN）方向发展。ISDN是将话音信息和非话音信息，如数据、电报、图像等各种业务信息，经过同一设备进行处理，变成数字信号而在一个统一的数字网中进行传输和交换。要完成数字交换只有程控数字交换机才能担当，所以程控数字交换机是实现和发展ISDN的一个重要组成部分。

9.2　电话通信系统的有关标准

电话通信系统的有关技术标准有：

GBJ 42—1981《工业企业通信设计规范》

GB 50303—2002《建筑电气工程施工质量检验评定标准》

GB 50093—2002《自动化仪表工程施工及验收规范》

GBJ 232—1992《电气装置安装工程施工及验收规范》

GBJ 79—1985《工业企业通信接地设计规范》

GB 50339—2003《智能建筑工程质量验收规范》

GB 50311—2007《综合布线系统工程设计规范》

YD 5048—1997《城市住宅和办公楼电话通信设施验收规范》

GB 50200—1994《有线电视系统工程技术规范》

9.3　电话通信系统的设计

在实际的电话通信系统工程中，根据用户的门数决定是否需要设置机房。设计的方式也是多样的，大致分为集团电话话系统（在200部电话机内）、部门电话系统（通常有20、30、50、100部电话）、大厦（单位）电话系统（大于1000部电话机）。一般情况下，集团电话系统，部门电话系统可不设专门的电话机房（在计算机网络设备间增设计柜即可）。大厦和大单位因电话门数多，应设专门的机房。对于上述问题分别讨论如下。

9.3.1　电话机房的工程设计

根据国家部门标准对电话机房设计应考虑如下几点：

9.3.1.1　原则

（1）电话总机房的位置通常安排在一楼或二楼，并且邻近大道，以便于电缆和接地线的敷设。为防止电话设备的受潮，不能把电话总机房设在地下室。

（2）电话总机房的位置要选择在大楼的阳面，并且电话机房之间要紧密相连，这样既便于维护管理，又节省布线电缆。

（3）电话总机房要建在环境比较安静的场所，不要安排在变配电室、空调压缩机房、通风机房、水泵房、浴室、开水房、卫生间和食堂餐厅等附近。

（4）要符合城市发展规划的要求。

（5）要通信安全保密，并符合人防和消防的要求。

（6）应尽量远离嘈杂、震动、较多尘垢、散发有害气体以及有电磁干扰的地点。

（7）电话总机房需要设置交换机室、蓄电池室、传输设备室、维修室和话务员室等。

(8) 程控交换机室对室内空气洁净度有要求，除灰尘含量与粒径要求外，对空气中含有盐、酸、硫化物等有一定的要求。交换机室要求恒温恒湿，环境要求温度最佳为18～28℃，要求湿度最佳为30%～75%。

(9) 电话机房要求通往室外的窗和门，都应严密防尘。容量大门1000门的程控交换机房内对于室内灰尘限度要求如表9-1所示；容量小于1000门的程控交换机室内灰尘限度要求如表9-2所示。

表9-1　容量大于1000门的程控交换机房内允许灰尘限度要求

最大直径（μm）	0.5	1	3	5
最大浓度（粒子数/m^3）	1.4×10^6	7×10^6	2.4×10^6	1.3×10^6

表9-2　容量小于1000门的程控交换机室内灰尘限度要求

最大直径（μm）	1	3	5	10
最大浓度（粒子数/m^3）	14×10^6	7×10^5	24×10^4	13×10^4

(10) 话务员室设有话务台、计算机终端机、打印机和无线呼叫通信机等，应该安装中央空调设备。使用程控交换机，话务员室可与交换机室合用，当然最好话务员室与交换机房隔开。话务员室要采用防静电、阻燃的活动地板、塑料地面，要考虑房间隔音。

(11) 蓄电池室安装的蓄电池，是用来使48V直流电源更加平稳，并在断电时，交换机能维持工作。蓄电池的地面、墙面、顶棚、门窗等表面均采用耐酸腐蚀的材料。蓄电池室要安装单独的机械排风，通风量要每小时换气5次。

(12) 程控交换机房设计时的土建工艺要求，程控交换机房设计时的土建工艺要求如表9-3所示。

表9-3　程控交换机房土建工艺要求

机房名称	交换机室	话务员室	蓄电池室
楼层净高	≥3m（高架≥3.5m）	≥3m	≥3m
楼板荷重	低架≥450kg/m^2　高架≥600kg/m^2	≥300kg/m^2	≥600kg/m^2
地板	活动地板或塑料地面		耐酸瓷砖

续表

机房名称	交换机室	话务员室	蓄电池室
墙面	塑纸贴面或水泥石灰砂浆粉刷，并涂油漆	水泥石灰砂浆粉刷，表面涂油漆	水泥石灰砂浆粉刷，表面涂耐酸油漆
顶棚	铝合金吊顶或水泥石灰砂浆粉刷，表面涂无光油漆	水泥石灰砂浆粉刷，表面涂白色无光油漆	同上
门	铝合金或外开双扇门，门宽1.2～1.5m	一般防尘	良好防尘，涂耐酸漆
窗	双层窗，严密防尘	一般防尘	双层窗、外层窗装磨砂玻璃
环境温度	18～28℃（长期），10～35℃（短期）	10～30℃	10℃以上
相对湿度	30%～75%（长期）　10%～90%（短期）	40%～80%	
其他	应设空调		应设通风排气装置

注　1. 低架是指低于2.4 m的机架，一般为2.0～2.4m。
2. 高架是指2.6m或2.9m的机架。
3. 活动地板或塑料地面要防静电并阻燃。

9.3.1.2　机房建筑面积要求

控制交换机房应根据系统的容量及最终容量来考虑使用面积。200门以下的部门可以不考虑设立专门的机房，程控交换机放置在计算机网络的设备间，一般仅占用两个2.2m高的机柜，大于200门以上应设机房。机房应设交换机室、话务室和维修室等。

程控交换机由于型号、厂家生产的具体要求不同，体积有大有小。一般情况下，依据表9-3、表9-4的参数考虑。

表9-4　程控数字交换机房的面积的估算　（m^2）

技术用房名称	800门以下	800～2000门	2000～3000门	3000门以上
交换机室	20	25	30	40～50
话务台室	15	15	20	25
配线室	设于交换机房	10	15	20
蓄电池式（UPS）	10	15	20	25
电力室	设于蓄电池室	10	15	20
电缆进线室	设于交换机房	设于配线室	10	15

续表

技术用房名称	800门以下	800～2000门	2000～3000门	3000门以上
配件配品维修室	10	15	20	25
值班室	10	15	20	25
总面积	70	100	150	200

9.3.1.3 机房建筑要求

由于程控交换机高度不等，设计机房时要提出建筑的具体要求如表9-5所示。

表9-5　　机房建筑的要求

机房名称	室内净高（m）		地面等效均布
	梁下或网管下		话筒处（kN/m^2）
程控交换机房机柜	低架	3.0	4.5
	高架	3.5	5.0
控制室	3.0		4.5
话务员室	3.0		3.0
传输设备室	3.5		6.0
总配线室	3.5		6.0

地面材料	温度（%）		相对湿度（%）	
	长期	短期	长期	短期
活动地板或塑料地板	10～28	10～35	30～75	10～90
	10～39		40～80	
	0～32	10～40	20～80	10～90
塑料地板	10～32		20～80	

防静电活动地板距地面一般为30cm左右，同时要有良好的接地。机柜排放要求要符合相关标准规范。柜架面对面时：净距离为1～1.2m，机柜与墙体的间距离为0.8m，便于安装和维修。

9.3.1.4 控制交换机房照明要求

程控交换机房的照明要求如表9-6所示。

表9-6　　机房照明要求

名　称	照度标准（lx）	计算点高度（m）	照度方向
程控交换机房	100～200	1.4	垂直照度
话务台	100～150	0.8	水平照度
总配线架室	100～200	1.4	垂直照度
控制室	100～200	0.8	水平照度
电力室配电盘	100～150	1.4	垂直照度
电池槽上表面	50～75	0.8	水平照度
电缆进线室和电缆室	50～75	0.8	水平照度
传输设备室	100～200	1.4	垂直照度

9.3.1.5 电话机房的供电设计

（1）电话机房的电源设备包括交流配电、整流、直流配电及蓄电池四部分。中小容量的电话机房通常采用整流配电组合电源柜，它将交流配电、整流、直流配电合为一体，因此需要配UPS电源。

（2）电话交换机所需的工作电源主要是直流电源，程控电话交换机使用48V直流电。为了供给交换机所需的直流电源，必须配备可将交流电源转换为直流电源的换流设备，目前采用可硅整流器及开关型整流器。

（3）电话机房一般配备蓄电池。蓄电池有两个作用：一个作用是换流设备直接供电时与换流设备并联工作，起平滑电压波动的作用；另一个作用是换流设备停机时，保证一定时间的直流电源供给。

电话机房的直流供电方式有以下几种：

（1）整流设备直接供电方式。整流设备直接供电方式的优点是不采用蓄电池；缺点是容易造成通信中断。为使用规范，规定采用交流直供电方式供电的电话机房，应设置备用蓄电池一组及整流器，整流器应有稳压及滤波性能，并备用一台。

（2）蓄电池充放电方式。这个方式的直流电功率全部由蓄电池供给，整流设备仅作充电机用，需配备两组蓄电池轮换工作。

（3）蓄电池浮充方式。这种方式可接入一组或两组蓄电池与整流设备并联，平时由整流设备供给通信设备所需的直流电源，同时对蓄电池充电。当交流中断时转换由蓄电池供电。程控用户交换机容量较大时，采有全浮充制直流供电方式供电，当交流供电负荷等级在二级以上时，可选用一组蓄电池；为三级供电负荷时，要可选用两组蓄电池。

9.3.1.6 电话机房平面布置的设计

电话机房平面布置设计要点为：

（1）房间净高3m，活动地板或布放电缆的地槽的高度应大于25cm。

（2）话务员室与交换机房的隔墙中间，在离地面1m高，设有至少1m×2m的透明玻璃隔墙，以便观察机房状态。

（3）蓄电池室房顶或侧墙安装12in排气扇。

9.3.2 电话机房的接地设计

9.3.2.1 接地类型

电话机房的接地有以下3种情况：

（1）工作接地。程控电话机房的工作接地主要用于以下5个方面。

1）站内蓄电池正极接地。它的作用是使中继线单线上传送各种直流控制信号，起到旁路杂音干扰电流和串话电流的作用。

2）总配线架的工作接地。它的作用是当外线遭受雷击或高压电力线的感应而出现过电压等情况时，通过避雷器利用总配线架上的地线将过电压引导入地，以避免交换设备被击毁。

3）程控用户交换机机盘的工作接地。它的作用是给交换机提供一个基点零电位，起到工作稳定的目的。

4）程控机房电缆的接地。它的作用是使电缆进线室铁架与敷设在铁架上的电缆处于同一电位，这样可以起到屏蔽、过电压保护和防止电缆外皮腐蚀作用。

5）防静电活动板和MDF的接地。

（2）保护接地。保护接地是指整流设备外壳、不停电电源外壳的接地。它的作用是防止设备带电导线的绝缘损坏而漏电到外壳或框架上产生危害电压，防止可能由雷电或高压电的直击或感应产生的过电压。

（3）防雷接地。防雷接地用于建筑物的防雷，通常由建筑物整体防雷设计负责考虑。单位接地时，一般不应大于4Ω。系统联合接地时不应大于1Ω。

9.3.2.2 接地的布置方式

电话机房的接地方式分为星形接地方式和网形接地方式。

（1）星形接地方式。程控交换机星形接地方式是从接地端子板开始，只布放一根接地线，这根接地线按星形分离辐射到程控用户交换机的工作接地上，然后由工作接地线按星形分离辐射到每个机框上，机框里按一点接地考虑，这个工作接地作为程控电话交换机的基准零电位。要点为：

1）在单点接地方式中，全部设备都以一点作为参考点，这个参考点是与建筑物的地线连接的，机箱内的所有电子电路都连接在这个接地参考点上。

2）一点接地为电话机房所有设备提供了一个公共参考点，使通信质量不受地电流和电位差的影响。

3）电话交换机房地面是活动地板时，工作接地线布置在机框下部的活动地板里，并采用星形工作接地方式。

4）星形接地方式使得不同设备和不同接地点之间的接地引线路由是分开的，并尽可能地避免造成回路间的耦合影响，减少环流。

（2）网形接地方式。网形接地方式是将不同设备和不同接地点的接地线，在较多点互相连接起来，这种多点接地方式要求有一个供系统使用的等电位地面。在电气上搭接在一起的有稠密钢筋的地板、外墙和房柱的建筑物。

网形接地方式不会产生过大的电位差，减小了通信回路的干扰。在发生事故的情况下，维护人员可采取有效的保护措施。

网形接地设备的接地布置要点为：

1）电话机房内的布线、屏蔽层统一采用两端接地的方式，以地线环代替地线排，以地线环作为基准零电位，由集中的接地装置的地线环开始，布放一条接地线至程控交换机机房的工作接地上，然后由工作接地布放到各机架的机盘接地端子上。

2）为了减小各接地点的电位差，将各楼层内的接地设备（工作接地、保护接地、防雷接地）妥善地连接，既要多点连接又要分布均匀，不要集中在一个方向上。

3）电话机房所有的机柜和接地设备，通过最捷途径用良导体把它们连接起来。

4）地线环安装在地下室或电缆进线室，所有引进楼内的电缆外皮、自来水管、下水管、暖气管以及建筑物钢筋都连接到这个地线环上。通信设备的工作接地和交流电源设备变压器的中性线也要连到这地线环上。

9.3.2.3 接地系统结构

电子系统、分支系统和设备可采用节点型的接地分配系统，其结构为：

（1）第一级节点。程控用户交换机电话机房的电源系统、取暖通风系统、工业配电系统、电子系统等的各种不同的设备，为了安全、故障保护、降低噪声等必须接地。如果所有要接地的设备都接到一个单独的共用地线上（即一点接地），这个接地系统的效果最好。一点接地为程控交换机电话房所有设备提供了一个公共参考点，不受地电流和地位差的影响。这个公共的汇总点就是系统接地点或称总地线排，一般用铜板制成。

（2）第二级节点。第二级节点用馈线向第三级节点辐射连接，连接处包括程控用户交换机机房内的机柜、机箱、控制台等设备外壳。这些馈线的最小规格为线径6.55mm的铜板线或其他相当规格的馈线。如果分系统设在容易受干扰的范围内，第二线节点的铜板必须包封在抗射频干扰的屏蔽箱内。同时，第三级的馈线也必须穿放在绝缘的铁管内。对噪声不太敏感而且占有的范围较大的分系统，可以用树干式汇流条代替铜板，作为第二级节点。

（3）第三级节点。程控用户交换机电子设备的机壳、机架内的接地螺栓是第三级节点。接地螺栓设置在机壳的底部，以便于从底部连接馈线。通常用直径为10mm的接地螺栓直接栓固或焊在机箱结构的底部或顶部。从第三级节点开始连接到以下5个端子上。

1）用经为4mm铜线（绿色绝缘线）连接到第四级节点；

2）用经为2.5mm铜线（绿色绝缘线）连接到机房或机架内电源插座的接地端子上；

3）用经为2.5mm铜线（绿色绝缘线）连接移动式测试仪表电源插座的接地端子上；

4）直流配电盘的保护接地线不能连接到电源或插座的接地端子上；

5）用经为7mm绿色绝缘铜绞线，连接到两侧的相邻机壳上。

（4）第四级节点：第四级节点包括机壳内的垂直汇流条和机架旁侧的接地线，汇流条或接地线的接线片是机壳或机架内各个底盘或面板的参考接地面。第四级节点至底盘的连线用线径为2.5mm的绝缘铜线。

9.3.2.4　程控交换机强电保护接地

程控交换机的强电保护接地系统分为TN-S系统、TT系统和TN-C系统。

（1）TN-S系统。TN-S系统是国际电工委员会（IEC）的八种接地系统之一。TN-S系统中字母的含义如下：

T——地；

N——中性线（即零线）；

S——表示中性线和保护中性线。

在TN-S系统中，中性线和保护中性线是严格分开的，把它们分别称为单相三线和三相五线的保护接地方式。其要点如下：

1）TN-S系统中除了相线和中性线外，不论单相回路还是三相回路，都要另外增加一根交流保护线，直接由中性点引到机壳或机架上。

2）工频电流或不平平衡电流直接由中性线回到中性点，与外界的电气设备及通信接地不发生关系，避免受到电源交流50Hz的干扰。当绝缘损坏碰地短路时，在交流保护线上有工频短路电流通过，因短路电流较大，使保护电路动作，在极短时间即将障碍电路切除，从而保证了通信设备的安全。

3）三相五线制接零保护，其“零”线进入建筑物后严禁与楼内的接地系统电气连通，而交流保护地线应与该建筑物共用汇集线。

使用TN-S系统时特别注意事项如下：

1）交流工作零线绝对不能连接到任何设备外壳、机架或保护接地系统中，交流工作零线（N）必须与设备机架、机壳、机盘和全部建筑物的钢筋等绝缘。

2）做好重复接地，防止中性线断线造成的危险，当市电变压器距电话站较近时，可不设重复接地。

3）当强电保护接地为TN-C系统时，可从电话站布放另外一根保护线到市电变压器的中性点。当市电变压器距离电话站较远，布放另外一根保护线有困难时，可在电高气压站所在建筑物内增设一个1∶1的中间分隔变压器，并将中间变压器的二次侧线圈的中性点与地线排相连接作为保护接地线。

（2）TT系统。TT系统是指采用电源端中性点直接接地，电气设备接至与电源端无关的接地体上，这种接地方式称为保护接地。

采用接地保护时可以避免工频电流的干扰，但当强电设备绝缘损坏产生短路时，不容易使电路中保护装置动作。故障持续的时间较长可能烧毁设备。当设备的接地电阻大于1Ω时，外壳的对地电压会大于50V的安全电压。由于机壳上长时间存在危险电压，对于维护人员是不安全的。

（3）TN-C系统。采用TN-C系统时中性线（工作零线）和保护中性线是共用的，这种外壳接中性保护措施，称为接零保护。在采用接零保护（TN-C系统）的电话站内，经常会有单相工频或三相不平衡电流直接从中性线通过机架、机壳等途径流到通信工作接地系统上来。因为带三相不平衡负荷，故在正常运行时，接中性线的设备金属外壳带电位，这个电流对通信回路可能产生杂音干扰，而且会干扰计算机，影响交换机里的处理机工作。

9.3.2.5　各种接地装置的距离、要求和适用场合

（1）距离。各种接地装置间的距离通常为20m以上，在影响不大的情况下，可以缩短到6～10m。接地装置与建筑物基础间的距离通常为3～5m。

（2）要求。工作接地的要求有以下几点：

1）工作接地应有两组同时并联使用，两组接地装置间距为20m，其接地电阻一般做成相等，如果不相等其两组差矩不应差一倍。

2）电话站按星形接地方式和一点接地方式进行设计和施工。

3）不允许与广播站的工作接地合用。

4）对保护接地装置的要求是：程控用户交换机采用TN-S系统进行接地保护，即采用单相三线或三相五线的保护接地方式。

（3）适用场合。各种接地装置的适用场合如下：

1）可供使用的场地面积小，各接地装置不能满足最小距离要求时；

2）各通信设备的机架、走线架等加固在建筑物的地面或墙上，它们与建筑物钢筋间的绝缘距离不能满足要求时；

3）三种接地系统较为复杂时：

①因为各种随机的因素，不同系统的接地线实际上也是相互连通的；

②高层及超高层建筑的接地。

9.3.2.6 高层建筑共用接地系统设计

高层建筑共用接地系统设计要考虑以下几点：

(1) 楼层接地排设置。楼层接地排设置要求如下：

1) 将所有需要接地的设备必须围绕在以楼层接地排为中心的 $370m^2$ 范围内。

2) 所有接地引线终端在引出设备的楼层上。

3) 主干垂直引上地线和至楼层接地排的终线必须包封或用管道时，应是非金属的。

4) 楼层接地排不能压在电缆走线架下面。

5) 接地引线通过墙壁、楼板或天花板时，需采用非金属套管保护和将导线绝缘。

6) 楼层的任何方向超过 60m 时，应设置第二块总地线排和垂直引上地线，两条主干垂直引上地线在最低层和最高层以及每隔三层楼的楼层接地排间应用绝缘绞线互相连接。

7) 当楼层被通道或隔墙分割，每一部分有单独的水管系统和电源设备时，应各有单独的主干垂直引上地线。

(2) 地线环的设置。地线环的设置一般安装在地下室内，当建筑物地下基础部分采用防水措施处理能起到绝缘作用时，则不应利用基础内钢筋作为接地体，而应用外设的闭合环路接地装置作为大楼的接地体。钢筋和地线环每隔 5～10m 连接一次。

地线环通常埋设在建筑物周围，用镀锡裸铜线以及与其连接的一级接地棒做成。环形导线的埋入深度要大于 0.5m，距离建筑物的基础要大于 0.6m。垂直接地体要用热熔焊接法搭接在环形导线上，然后用多股铜芯软线引入建筑物，并与室内的接地母线连接。在地线环每隔 5～10m 和建筑中钢筋连接一次。地线环设置的特点如下：

1) 地线环与接地体，同大楼内各部分的接地分配系统的连线相比，设置比较容易，并具有安全性。

2) 引入大楼内电话站的电缆外皮和各种管线，在大地散布的电磁场影响下，会引进 50Hz 或其他频率的电流经交换机入地，产生干扰。如果在建筑物入口处把它们都连在地线环上，那么由电缆外皮和综合管线流向电话站方向的电流，在未进入通信设备之前就排泄入地。安装了地线环可使干扰电流降低一个数量级，从而减少对通信的干扰。

(3) 程控用户交换机房接地的设计。程控用户交换机房接地的设计要注意以下几点：

1) 接地装置采用共用接地极，它应满足接触电阻、接触电压和跨步电压的要求。机房的保护接地采用三相五线制或单相三线制接地方式；

2) 在机房内围绕机房敷设环形接地母线，环形接地母线作为第二级节点，按一点接地的原则，程控交换机的机架和机箱的分配点为第三级节点，第四级节点是底盘或面板的接地分配点，第三级节点的接地引线直接焊到环形接地母线上；

3) 有条件的电话站还需设立直流地线，一般用 120mm×0.35mm 的紫铜带敷设而成；

4) 为了减少高频电阻，电话站内设备的接地引线要用铜导线。

(4) 主干垂直引地线的设置。主干垂直引地线是一条绝缘绞线，连接到大楼底层的总地线排或地线环上。每层楼用绝缘绞线将主干引垂直地线与楼层接地排连接。每层楼上的所用设备都要连接到本层的楼层接地排上。在新建的钢框架结构建筑物内，施工时要在钢筋上终接一根绝缘绞线，直接通过最短路径连接到主干接地汇流条上，或者将主干接地汇流条永久性地熔接地建筑钢筋预先规定的位置上。

(5) 供电线路引入的方式。供电线路引入方式应注意：

1) 采用架空线对高层建筑供电时，当建筑物接闪时，雷电流通过共用接地系统进入地下，建筑物内的设备要承受很高的纵向电压，有时可达 150kV，大大超过了安全电压。当程控用户交换机电话站的接地与防雷接地采用共用接地装置时，用架空线供电是不安全的。

2) 为保证程控用户交换机及其他设备的安全，应采用埋地金属外皮电缆引入方式供电。

9.3.2.7 接地电阻

当各种接地装置分开装设时，由于各种不同型号程控交换机的要求是不一样的，接电电阻按 2～10Ω 考虑。通常对 2000 门以下的程控交换机，接地电阻≤5Ω。当各种接地装置采用联合接地时，接地电阻等于 1Ω。

9.3.3 电话机门数（电话站）的设计

电话机门数设计时要考虑如下几点：

9.3.3.1 电话用户量设计

电话用户量一般以建设单位提供的要求为依据，但仅这一点是不够的。

(1) 如果是初装，对最终状态不清楚应考虑增大 50%的容量设计。

(2) 如果是办公区，应以每个工作区 8～$10m^2$ 有 2 个电话接口点计算。

(3) 18～20m² 的办公室应考虑安装 4 部电话接口点。

9.3.3.2 外线使用量的设计

以往向电信部门申请电话外线，难度大，费用高。现在电信部门免费送到用户楼内，只收电话线路使用服务费，但工作人员不能都使用外线。在设计工程时采取领导办公室每一个人一部内线、一部外线电话；一般工作人员一部内线电话（可通过内线电话打外线）。在交换机外线端口数，按照内线电路总数除以 5 加上领导者所需外线电话数量就是交换机端申请外线的总数（这是经验值）。

9.3.3.3 工作区电话接口位置设计

工作区电话接口应考虑放置在房间的两边（各有两个端口），距离地面 30cm 以上。

电缆线缆可使用 4 对 3 类非屏蔽双绞线或 4 对 5 类非屏蔽双绞线。其优点：①节约布线槽的工作程量；②节约线缆布槽的使用量。

9.3.3.4 线路容量设计

目前，我国广泛采用程控用户交换机，按邮电部规定，将程控用户交换机的容量分成三类：

(1) 小容量：250 门以下。

(2) 中容量：250～1000 门。

(3) 大容量：1000 门以上。

交换机容量的设计，首先确定内线数量，然后再由此确定中继线数（局线数）等的分配。内线数的计算方法有很多，常见的方法有：①按照所有电话机数目计算；②按照建筑物面积计算；③按照人员数目计算。

有关局线数与内线门数的估算见表 9-7。

表 9-7 局线数与内线门数的估算

计算范围	业　种	局线数	内线数
每 10m² 建筑面积	事务所 政府机关 商贸公司 证券公司	0.4	1.5
	广播电视台 新闻报社	0.4	1.3
	银行	0.3	1.0
	医院	0.2	1.3
每户	住宅	1	1

有关按照人员数的计算法，见表 9-8。

内线数确定以后，再确定局线数（中继线数），局线数的计算也有多种方法。有按话务量计算，有按总容量的 8%～10% 比例配分，还有按邮电部规定确定。

表 9-8 每线的工作人员数

业　种	每线的工作人员数
政府机关	1.9
公司	1.7～3.5
事务所	1.7～3.5
旅馆	1.9＋客房数
新闻报社	4.6
百货商店	20

当容量小于 500 门的用户交换机接入公用网时，一般可不进行中继线的计算，直接依据国家邮电部的《用户交换机管理办法》规定，按表 9-9 申请相应的中继线数即可。

表 9-9 中继线数的确定方法

可以和市话局互相呼叫的分机数（线）	接口中继线配发数目（话数）	
	呼出至端局中继	端局来话呼入中继
50 以内	采用双向中继 1～5 条	
50	3	4
100	6	7
200	10	11
300	13	14
400	15	16
500	18	19

表 9-9 的规定为基本配备数，一般配备数不得小于市话局核定的这个最低数量，其目的是为了不影响全程全网接续质量。若交换机用户对公用网的话务量大，则中继数可以大于表 9-9 中规定的数目。

在确定交换机的容量时，应该考虑满足将来终期的容量需要，并备有维修余量。表 9-10 是预测通信业务发展的参考数据。

交换机的初装容量和终装容量计算如下

初装容量＝1.3×[目前所需门数
　　＋(3～5)年内的近期增容数]

终装容量＝1.2×[目前所需门数
　　＋(10～20)年后的远期发展增容数]

中继线数量按照总机容量的 8%～10% 考虑确定。交换机的实装分机限额约为交换机容量的 80%。

9.3.4 程控交换机容量的设计

一个建设单位，不可能把最终的用户数量敲定，随着工作环境和技术的发展用户数量是在不断变化

表 9-10 预测通信业务发展的参考数据

预测发展分期 \ 建筑	机关、办公用高层建筑	饭店、宾馆高层建筑	财经商业服务大楼
近期（5 年左右）	每自然间 1.5 个电话，对于银行、办公性质的楼层应根据实际需要分布估算	高级宾馆应考虑用户电报、数据终端、电话等多种业务。目前可按每套客房 1.2～2.0 的系数考虑	按办公用户和营业厅分别估算： （1）办公用户同办公楼。 （2）营业厅每个专业售货柜台有一个电话，其面积约为 $10m^2$ 左右
远期（15～20 年）	每自然间 2.0 个电话，对银行、办公性质的楼层应根据需要分布估算	要求同上，可按每套客房 2.0～3.0 的系数考虑	要求同上，并应适当增加数量

的。具体设计时要考虑的因素如下：

（1）建设单位设有详细的近期发展规划的资料时，设计程控交换机的容量可按城市运期电话通话率指标确定，也可按近期容量的 15%～200%设计。

（2）如果按工作区两个电话接口点设计的，程控交换机容量应加 20%富裕量。

（3）如果按当前电话用户数加近期发展容量设计的程控交换机容量应加 30%富裕量。

9.3.5 机房使用设备数量的计算

机房设备使用数量的计算主要有：①交换设备话务量的计算；②模拟用户单元 ALU 的计算；③数字用户单元 DLU 的计算；④出入中继单元的数量计算；⑤话务台的计算；⑥外围设备模块的计算；⑦公共控制模块的计算；⑧机柜的数量计算。

对于上述 8 点要进行以下计算：①话务量：模拟电话每门按 0.16Erl 计算；数字电话每门按 0.2 Erl 计算。②每个模拟用户单元可容纳 16 个用户。③每个数字用户单元可容纳 16 个用户。④出入中继单元电路板每块台计装 8 条中继线。⑤每个话务可接入 20 条中继器。⑥每个外围模块有 256 个端口。⑦每个用户占一个端口，每个中继器占 2 个端口。⑧1 个公共控制机柜可装 2 个控制模块单元，1 个外围设备机柜可装 3 个外围模块单位。

计算所需设备时可参照上述计算方法进行。

电话布线的方法读者可参阅《网络综合布线系统与施工技术》。

9.3.6 消防电话系统

在大厦、宾馆、办公楼工程中消防电话系统是很重要的，建设单位也非常重视。为了说明消防电话系统的建设，引用海湾安全技术有限公司（以下简称海湾公司）、北京利达防火保安公司（以下简称北京利达公司）馈赠的技术资料介绍如下。

9.3.6.1 海湾公司的消防电话系统

消防电话系统是一种消防专用的通信系统，通过这个系统可迅速实现火灾的人工确认，并可以及时掌握火灾现场情况及进行其他必要的通信联络，便于指挥灭火及恢复工作。消防电话系统分为总线制和多线制两种实现方式，由于工作方式的不同，两种系统所需要的设备及它们的应用方法都有所区别。两种系统中的主要设备如下。

（1）总线制消防电话系统的主要设备：① 智能型总线制消防电话主机，型号为 TS-Z01A；② 总线制电话分机，型号为 TS-100A；③ 总线制消防电话专用模块，型号为 LD-8304。

（2）多线制消防电话系统的主要设备：① 智能型总线制消防电话主机，型号为 TS-Z02；② 多线制固定式电话分机，型号为 TS-200A；③ 多线制手提式电话分机，型号为 TS-200B。

两种系统可使用同样的电话插孔，型号为 LD-8312，下面对总线制消防电话系统的应用设计进行详细的说明。

总线制消防电话系统。完整的总线制消防电话系统由设置在消防控制中心的 TS-Z01A 和火灾报警控制器、LD-8304 和 LD-8312 及 TS-100A 构成。

LD-8304 是一种编码模块，直接与火灾报警控制器总线连接，并需要接上 24V DC 电源总线。另外，为实现电话语音信号的传送，不需要接入消防电话总线。LD-8304 上有一个电话插孔，可直接供总线制电话分机使用。LD-8312 型电话插孔和 J-SPA-8402 型智能编码手动报警按钮的电话插孔部分是非编码的，可直接与消防电话总线连接构成非编码电话插孔，若与 LD-8304 连接使用，可构成编码式电话插孔。

1）主要特点：① 分机可呼叫主机，无需拨号，主机被呼叫时会振铃直至主机摘机或分机取消呼叫；② 主机可呼叫任一固定分机（通过火灾报警控制器实现），分机被呼叫时会振铃直至分机摘机或火灾报警控制器取消呼叫；③ 分机之间通过主机允许也可以通话；④ 电话插孔可任意扩充。

摘下固定电话分机或将电话分机插入 LD-8312 型插孔及 J-SAP-8402 型智能编码手动报警按钮（含电话插座）的电话插孔都是通过分机呼叫可通过火灾报警控制器启动相应的 LD-8304 模块式分机振铃来实现。

2）设计方法。在工程应用设计时，只要掌握 LD-8304 和 LD-8312 或 J-SAP-8402（含电话插座）各自的特点并灵活运用就可满足大多数应用要求。下面为三种较典型的应用系统。

● 现场全部为固定式话机分机。在这种系统中，每一部分机均需配置一个 LD-8304，每一部电话分机均有一个固定的地址编码。

● 现场全部为电话插孔。在这种系统中没有固定式分机，可对电话插孔进行分区编码，也可以全部电话插孔不编码。可将电话插孔直接并联在消防电话主机的两条电话线上，构成非编码电话插孔。

● 现场既有固定式电话分机又有电话插孔。这是一个混合式的连接方法，是将上面两种情况综合在一起得到的一种系统组成方式，这是在实际中用得最多的系统构成方式，它能满足一座大型建筑物内不同位置的不同要求。如在电梯机房、水泵房、配电房、电梯门口等重要的地方安装固定式电话分机，而在每一楼层安装一个或多个 LD-8304 作为电话插孔分区编码模块，在走廊墙壁上隔一定距离安装一个 LD-8312 或 J-SAP-8402 型一体化手钮模块分组并连在该楼层的 LD-8304 上。无需编码的电话插孔则可直接接在消防电话主机的两根电话线上。

布线要求：电源总线 D1、D2 采用 BV 线，截面积≥2.5mm^2，信号总线 Z1、Z2 采用 RVS 双绞线，截面积≥1.0m^2。电话总线 L1、L2（或 TL1、TL2）采用 RVVP 屏蔽线，截面积≥1.0mm^2，报警请求线 AL、DGND 采用 BV 线，截面积≥1.0mm^2。

9.3.6.2 北京利达防火保安公司的消防电话系统

多线制消防电话系统的控制核心为 LD8000 多线制消防电话主机。按实际需求的不同，消防电话主机的容量也不相同。在多线制消防电话系统中，每一部 LD8100 型固定式消防电话分机占用消防电话主机的一路，采用独立的两根线与电话主机连接。LD8300A 型多线制消防电话插孔可并联使用，并联的数量不限，并联的电话插孔仅占用消防电话主机的一路，也采用独立的两根线与电话主机连接。多线制消防电话系统中主机与分机、分机与分机间的呼叫、通话等均由主机自身控制完成，无需其他控制器配合。主机带有微型计算机，属于智能型控制装置，可在接通电源（24V DC）后独立控制外接消防电话并完成电话语音的传送工作。系统中各设备介绍如下。

（1）LD8000 多线制消防电话总机

1）用途及特点。LD8000 火警电话盘是消防通信设备系列的配套产品之一，是一种新型的火警通信专用设备，当发生火灾报警时，它提供方便快捷的通信手段，是火灾控制及其报警系统中不可缺少的通信设备。

2）性能。

● LD8000 组成星型（2N 布线）火警通信系统的总机，另外配接分机即可组成火灾报警通信系统。电话分机是专用的共电式火警话机，也可以使普通话机。

● LD8000 有专用的市话用户线，经接线端子连至市话通信网络中，主要用于火灾时自动呼叫火警电话 119。

● 现场某一电话分机举机时。总机发出报警声响，相应的分机指示灯闪亮，“告警”指示灯常亮。当总机举机与分机通话时，闪亮的指示灯变为常亮，告警灯熄灭，报警声亦消失，同时在数码管上显示出最后摘机的分机号及通话用户的总数。

● LD8000 可同时呼叫多部分机，必要时可以进行群呼（相当于召开电话会议）。多机通话时，每一部分均可随时退出或插入。本设备还可以对双方通话进行自动录音，可以将火警时的通话详细录制下来，“音频输出”接口，以便与广播设备配合组成电话通话广播系统，实现火警电话的现场广播。

3）主要技术指标。

● 工作电压为 24V DC；

● 最大工作电流为 2A；

● 传输衰耗≤5dB；

● 允许电话分机环路电阻≤1000Ω；

● 频率范围为 300～3400Hz（±3dB）；

● 串音电平＞－60dB；

● 环境温度为－10～50℃；

● 相对湿度≤95%RH，40℃。

4）结构与安装尺寸。

● LD8000 火警电话盘中 LD8008、LD8016 的外形尺寸为 132mm×482.6mm×225mm（3U）

● LD8000 火警电话盘中 LD8024、LD8032、LD8040 的外形尺寸为 265.9mm×482.6mm×155mm（6U）

5）布线要求：所有电话线可采用 RVVP-2×1.0mm 线。

（2）LD8100 固定式消防电话分机。LD8100 固定式消防电话分机是专用的共电式火警话机，与LD8000火警通信系统的总机相配可组成火灾报警通信系统。各个房间或值班室人员在巡视过程中可以随时通过电话分机与总消防中心通话，通报情况。

（3）LD8200消防电话手柄。LD8200消防电话手柄专门与LD8300电话插孔配合使用，消防值班人员在巡视过程中可以随时通过电话插孔与消防中心通话，通报情况。该手柄配有微型通话电路和标准6.25mm两芯插头，通话清晰，不常振铃。

（4）LD8300普通消防电话插孔。

（5）总线消防电话系统。本系统由LD8600总线消防电话主机通过两总线与火警电话、总线消防电话分机、总线消防电话插孔等一起构成火灾报警通信系统。用户可根据需要在总线上连接分机或电话插孔。

（6）LD8600总线消防电话主机。

1）用途及特点。LD8600总线式消防电话主机是一种新型的火警通信设备，用于消防火警通信系统。当发生火灾事故时，它提供方便的通信手段，是火灾控制与报警通信中必备的通信产品之一，它广泛用于建筑的消防电话和现场监听。

●本设备可容纳80个分机地址编码，分A，B两组，通过A/B键可以分别显示它们的运行状态。

●录音功能：本设备可自动录音，记录火警时火警主机与分机的全部通话过程。

●本设备可外接一条市内电话线，通过操作自动控制119键呼叫火警电话119。当有市话呼入时，操作“外线电话”，应答外线的呼入。

●本设备与广播设备配合使用，可将主机与分机通话内容进行现场广播。

●空闲时，本设备可手动操作进行正常的录音放音。

2）主要技术指标。

●工作电压为24V DC；

●最大工作电流为0.5A；

●杂音电平≤－50dB；

●传输衰耗≤5dB；

●线路信号电平为DTMF方式；

●发送电平为（－9±5.5）dB（总线端口）；

●接收电平为－4～23dB（总线端口）；

●环境温度为5～40℃；

●相对湿度≤95%RH，40℃。

3）结构与安装尺寸（略）。

4）接线端子。

5）布线要求。

●所有电话线可采用RVVP-2×1.0mm线。

●在干扰严重的现场应使用屏蔽电缆。

（7）LD8300总线消防电话插孔

1）用途及特点。LD8300总线消防电话插孔是总线式火警电话通信系统的配套装置，也是总线式火警电话通信系统的电话分机。总线消防电话插孔提供了一个具有抵制编码的电话插孔。工程安装时将总线插孔安装在墙壁的86盒内。用户将手提式火警电话机插入该插孔，即可呼叫总机。总线插孔不工作时不耗电，对总线呈高阻状态，因此多个总线插孔可并联在电话总线上。总线插孔可并接多个（数量不限）无编码的电话插孔，即多个电话插孔使用一个地址编码。

2）性能。

●将手提式火警电话插入总线插孔，可以呼叫总机并通话，总线插孔的地址编码由其中的8位拨码开关设置，采用二进制编码方式，地址编码为1～80号。

3）主要技术指标。

●工作电压为（24±20%）V DC（有极性）；

●频率响应为300～3400Hz；

●线路信号为双音多频信号；

●发送电平为（－10±5.5）dB；

●耗电：待机状态<0.1mA，工作状态<80mA；

●环境温度为－10～50℃；

●相对湿度为≤95%RH，40℃；

●外形尺寸为85mm×85mm×12mm。

4）结构与安装尺寸（略）。

5）安装步骤。

●总线插孔一般安装在手动报警按钮、消火栓按钮等处。

●将电话总线中的通话信号线安装在“总线”的两个接线端子上。将电源线安装在“电源”两个接线端子上。若有无编码的电话插孔需要连接，将其插孔连接线连接在“电话插孔”的蓝色小接线端子上。

●所有接线均无极性要求。

●设置好该总线插孔的地址编码。地址编码为1～80号。

●所有连接线连接无误后，将总线插孔安装在预埋盒中。

9.3.7　某大楼电话布线系统的初步设计

9.3.7.1　某大楼电话系统概况

某大楼需要安装一台集团电话交换机，管理本楼内的所有电话，目前，大楼有25条电信部门提供的外线作为集团电话交换机的出局线，内部每一工作区端接2～4部电话（内线或外线由电话班负责），考虑到工作区内的人员变动或工作调整与计算机网络同时布线，要求随工作人员的变化，能够实现语音点与数据点互换，降低工程造价，使系统设备的使用、维护、升级的方便提供一个良好的基础平台。大楼（12层）的每层设有电信管理间，系统的构成中如图9-1所示。

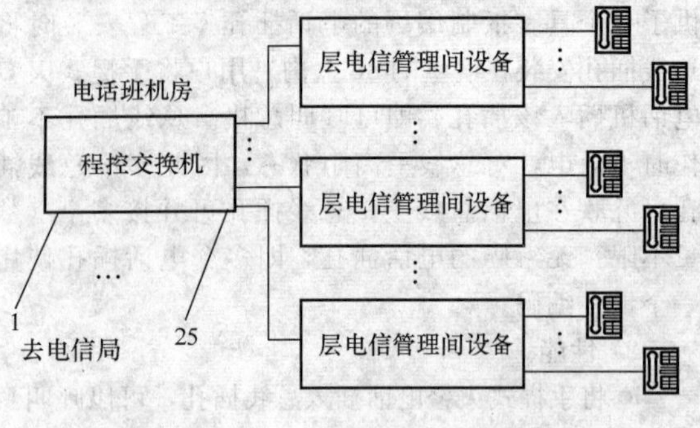

图9-1　某大楼电话系统构成图

注　层电信管理间，每层均设一个管理间管理该层的用户电话。

9.3.7.2　某大楼电话系统的技术要求

（1）各层用户的电话的跳线由各层的层电信管理间管理。

（2）各层电信管理间与电话班机房相隔约1000m，用25对线大对数线连接。

（3）每一工作区安排用户电话数量在2～4部之间。

（4）必要时要能实现语音点与数据互换。

电话系统主机是采用微型计算机电子技术进行数据、数字程控转换交换的一种通信设备，就该楼而言，整个系统由电话主机（即集团程控交换机）、电话分机、电源设备和电缆线路四部分组成。集团电话系统如图9-2所示。

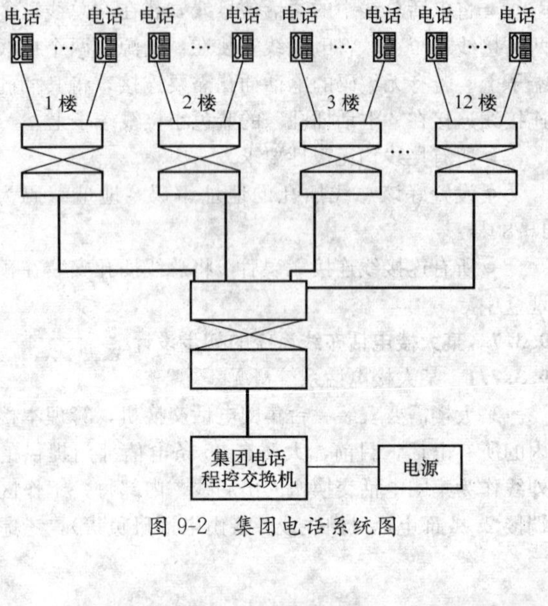

图9-2　集团电话系统图

9.3.7.3　电话系统设计方案

建议电话系统工程的布线与计算机网络实施综合布线。为解决语音点与数据点的互换、互为备份，降低工程造价，系统设备的使用、维护、升级的灵活与方便，提供了一个可靠的基础平台。

电话系统与计算机网络布线同时进行，利用计算机网络线材综合布线：在用户端使用与计算机网络信息点相同的信息模块，传输介质使用超5类双绞线，其特点是：

（1）便于语音点换成数据信息点，在增加计算机网络用户时，撤销该部电话分机换成计算机网络用户即可享受网络通信。

（2）使用灵活，便于电话用户的扩充，由现在的1个用户电话线可扩充改装成4部用户电话机。

（3）维护方便，线路直观清晰、简单明了，1个用户线路出现了故障时可更换其中一对线进行使用，保证了用户电话畅通。

9.4　电话通信系统的施工

9.4.1　电话通信系统工程的施工准备

9.4.1.1　电话通信系统工程施工要应具备的条件

电话通信系统工程施工要应具备的条件包括：设计文件、仪器设备、施工场地、管道、施工器材及隐蔽工程的要求等。施工单位应对这些要求认真准备，以提高施工安装效率，避免在审核、安装、随工验收等工作中出现不必要的返工。

向施工人员进行质量、安全、进度交底的同时，明确文明施工的要求，严禁野蛮施工。

9.4.1.2　施工现场要符合要求

施工现场要求请参见5.4.1。

9.4.2　电话通信系统线路的施工要求及方式

9.4.2.1　进户管线的方式

电话线路进户管线有两种方式，分别为地下进户和外墙进户。

（1）地下进户方式。地下进户方式是为了满足市政管网美观要求而将管线转入地下的。地下进户管线又分为两种敷设形式：①建筑物设有地下层，采用的是直进地下进户管进入地下层；②建筑物没有地下层，地下进户管采用进户弯管直接引入设在底层的配线设备间或分线箱。

（2）外墙进户方式。外墙进户方式是在建筑物第二层预埋进户管至配线设备间或配线箱内。进户管应呈内高外低倾斜状，并做防水弯头，以防雨水进入管中。

9.4.2.2　电话交接间要求

每幢住宅建筑内必须设置一专用电话交接间。电话交接间一般设在建筑物底层，靠近竖向电缆管路的上升点，并应设在线路网中心，靠近电话局或室外交接箱一侧。

电话交接间内应设置照明灯及 220V 电源插座。交接间内通信设备可用建筑物综合接地线作保护接地，其综合接地时电阻不宜大于 1Ω，独自接地时其接地电阻应有不大于 5Ω。

9.4.2.3　进户管敷设要求

民用建筑的电话通信地下进户管焊接点应预埋出，距离建筑物外墙 2m，埋入深度为 0.8m，以便与邮电局地下通信管道连接，并应向外倾斜不小于 10°的坡度。

选择电话线路引入的具体位置时，应考虑以下几点：

(1) 不能靠近其他地下管线的引入位置。电缆管道、直埋电缆与其他地下管线和建筑物的最小净距如表 9-11 所示。

表 9-11　电缆管道、直埋电缆与其他地下管线和建筑物的最小净距　(m)

名　称			平衡净距		交叉净距	
			电缆管道	直埋电缆	电缆管道	直埋电缆
给水管	直径	75～150mm	0.8	0.8	—	0.8
		20～400mm	1.2	1.2	0.8	0.8
		400mm 以上	1.5	1.5	0.8	0.8
排水管			1.2	1.2	0.8	0.8
热力管			1.5	1.5	0.8	0.8
煤气管	压力	≤300kPa	1.5	1.5	0.8	0.8
		300～800kPa			0.8	0.8
10kV 以下电力电缆			1.5	1.0	0.8	0.8
建筑物的散水边缘				0.8		
建筑物（无散水时）				1.0		
建筑物基础			1.5			

(2) 电话线路的引入位置不应选择在邻近易燃、易爆、易受机械损伤的地方，如锅炉房、汽车加油处、货物搬运的出入口处等。

(3) 电话线路的敷设路由和引入位置，不应选择在需要穿越高层建筑的伸缩缝、主要结构或承重墙等关键部分，以免建筑物沉降或承重不同而对电话线路产生外力影响，使电话电缆外护套受伤，及引入管道发生错口。

(4) 引入高层建筑的各种地下管线采用公共隧道的方式时，电话线路的引入部分应尽量利用公共隧道，但尽量不与电力电缆同侧敷设。必须同侧敷设时，电话电缆在隧道托架上的位置要尽量远离电力电缆。公共隧道内的通信电缆应与其他管线之间有一定距离。

(5) 电话线路的引入位置应尽量选择在高层建筑的后面或侧面，引入处的人孔或手孔，不应设在高层建筑的正面出入门或交通要道上，以免检修电话线路影响交通。人（手）孔、通道基础的外形，尺寸应符合设计规定，其外形偏差应不大于±20mm，厚度偏差应不大于±10mm。

(6) 直埋电缆穿越车行道时，应加钢管或铸铁管等保护，在设计穿管保护时，应将管径规格增大一级进行选择。

(7) 地下电话电缆引入管道在靠近高层建筑处时，埋设深度不宜小于 0.7m。如穿越绿化地带，要适当加大埋设深度。在引入管道的外面，应用 8cm 厚度混凝土包封，以增加管道的机械强度和防水性能。

(8) 引入管道穿越墙壁时，为了防止污水或有害气体由管孔中进入高层建筑内部，应采取防水和堵气措施。防水措施除采用密闭性能好的钢管等管材外，还应将引入管道由室内向室外稍有倾斜铺设，以防水流入室内。堵气措施通常是对已占用管孔的电缆四周用环氧树脂等填充剂堵塞。对空闲管孔用麻丝等堵口，再用防水水泥浆堵封严密，使外界有害气体无隙可入。

(9) 人（手）孔、通道墙体的预埋铁件。

1) 电缆支架穿钉的预埋。

- 穿钉的规格、位置应符合设计规定，穿钉与墙体应保持垂直；
- 上、下钉应在同一垂直线上，允许垂直偏差不大于 5mm，间距偏差应小于 10mm；
- 相邻两组穿钉间距偏差应小于 20mm；
- 穿钉露出墙面应适度，一般应为 50～70mm，露出部分无砂浆等附着物，穿钉螺母应齐全有效；
- 穿钉安装必须牢固。

2) 拉力（拉缆）环的预埋。

- 拉力（拉缆）环的安装位置应符合设计规定，一般情况下应与管道底保持 200mm 以上的间距；
- 露出墙面部分应为 80～100mm；
- 安装必须牢固。

管道进入人（手）孔、通道的窗口位置，应符合设计规定，允许偏差应不大于 10mm；管道端边至墙体面应呈圆弧状的喇叭口；人（手）孔、通道内的窗口堵抹严密、不得浮塞、外观整齐、表面平光；管道窗口外侧应填充密实、不得浮塞、表面整齐。

(10) 严禁不等径的钢管接续使用。

9.4.2.4 室内管路的敷设

室内管路敷设应随土建施工预埋，应避免在高温、高压、潮湿及有强烈振动的位置敷设。暗配管与其他管线的最小净距见表 9-12。

表 9-12 暗配线管与其他管线最小净距 (mm)

其他管线相互关系	有电线路	压缩空气管	给水管	热力管(不包封)	热力管(包封)	煤气管	备注
平行净距	150	150	150	500	300	300	间距不足时应加绝缘层，应尽量避免交叉
交叉净距	50	20	20	500	300	20	

室内管路敷设要点如下：

(1) 直线敷设电缆和用户线管，长度超过 30m 应加装过路箱，管路弯曲敷设两次也应加装过路箱，以方便穿线施工。

(2) 过路箱应设置在建筑物内的公共部分，底边距地面 0.3～0.4m 或距顶 0.3m。

(3) 入线箱至用户电话出线盒，应敷设电话线暗管。电话线暗管管径应在 15～20mm 间选用。穿放平行用户线的管子截面利用率为 25%～30%。穿放用户线的管子截面利用率为 20%～25%。

(4) 暗配管长度超过 30m 时，电缆暗管中间应加装过路箱，用户电话线暗管中间应加装过线盒。暗配管需要弯曲敷设时，其路由长度应小于 15m，且该段内不得有 S 弯、Z 弯，当出现 S、Z 时，应加装过线盒。

(5) 管子的弯曲处应安排在管子的端部，管子的弯曲角度不应小于 90°，电缆暗管弯曲半径不应小于该管外径的 10～12 倍，用户电话线管弯曲半径不应小于该管外径的 8～10 倍。

(6) 分线箱至用户的暗配管不宜穿越非本户的其他房间，如必须穿越时，暗管不得在其房内开口。暗配管的出入口必须在墙内镶嵌暗线箱，管的出入口必须光滑、整齐。

9.4.2.5 通信管道接续

塑料管通信管道宜采用硬质塑料管（如硬聚氯乙烯等），其铺设方法、接续方式等均应符合设计规定。塑料管的接续宜采用承插法或双承插法等。采用承插法接续时，承插部分的长度见表 9-13。

表 9-13 塑料管承插接续部分长度参考表 (mm)

项目	数值					
塑料管外径	40	50	60	75	90	≥100
承插长度	40	50	50	55	60	70

采用双承插法接续塑料管，其接续管的各部分长度如表 9-14 所示。

表 9-14 塑料管双承接头各部尺寸参考表 (mm)

项目	数值					
塑料管外径 D	40	50	60	75	90	≥100
承口长度 L_1	40	50	50	55	60	70
直管部分长度 L_2	60	70	90	100	110	110
双承接头总长度 L	140	170	190	210	230	250

采用承插法接续塑料管，其承插部分可涂黏合剂，其黏合剂应按塑料管生产厂的要求或施工所在地的选用黏合剂。涂抹黏合剂应在距直管管口 10mm 处向管身涂抹，涂抹承插长度的近 2/3。

塑料管的组群管间缝隙宜为 10～15mm，接续管头必须错开，每隔 2～3m 可设衬垫物（但不得使用钢筋）的支撑，并保证管群的整体形状统一，直至进入窗口部分，其形状应一致。窗口部分的涂抹要求与水泥管相同。

9.4.2.6 通信管道的防水、防蚀、防强电干扰等防护措施

通信管道的防水、防蚀、防强电干扰等防护措施，必须按设计要求处理。各种材质构成的通信管道，其最小埋设深度应符合表 9-15 的规定。

通信管道与其他各种管线平行或交越的最小净距，应符合表 9-15 的规定。

表 9-15 通信管道最小埋深表 (m)

管道类别	管顶距地表最小深度			
	人行道	车行道	电车轨道	铁路①
水泥、石棉水泥管、玻璃钢等管	0.5	0.7	1.0	1.5
钢管②	0.2	0.4	0.7	1.2

① 具体应与铁道部门协商。

② 钢管最小埋深在有冰冻的范围以内时，施工时应注意管内不能有进水或存水的可能。

9.4.2.7 回土夯实

(1) 通信管道工程的回填土，应在管道或人（手）孔按施工顺序完成施工内容，并经 24h 养护和隐蔽工程检验合格后进行。

(2) 回填土前，应先清除沟（坑）内的遗留木料、草帘、纸袋等杂物。沟（坑）内如有积水和淤泥，必须排除后方可进行回填土。

(3) 通信管道工程的回填土，除设计文件有特殊要求外，应符合下列规定：

1）管道顶部30cm以内及靠近管道两侧的回填土内，不应含有直径大于5cm的砾石、碎砖等坚硬物。

2）管道两侧应同时进行回填土，每回填土15cm厚，用木夯排夯两遍。

3）管道顶部30cm以上，每回填土30cm应用木夯排夯三遍或用蛤蟆夯排夯两遍，直至回填、夯实与原地表平齐。

(4) 通信管道工程挖明沟穿越道路的回填土，应符合下列要求：

1）在市内主干道路的回土夯实，应与路面平齐。

2）市内一般道路的回土夯实，应高出路面5～10cm；在郊区大地上回填土，可高出地表15～20cm。

(5) 人（手）孔坑的回填土，应符合下列要求：

1）在路上的人（手）孔坑两端管道回填土，应按照上述（4）中的规定执行。

2）在市内主干道路路上的回土夯实，应与路面平齐。

3）市内一般道路路上的回土夯实，应高出路面5～10cm。在郊区大地上回填土，可高出地表15～20cm。

4）靠近人（手）孔壁四周的回填土内，不应有直径大于10cm的砾石、碎砖等坚硬物。

5）人（手）孔坑每回填土30mm，应用夯排夯两遍或木夯排夯三遍。

6）人（手）孔坑的回填土，严禁高出人（手）孔口圈的高程。

7）通信管道工程回土完毕，应及时清理现场的碎砖、破管等杂物。

要了解布线施工详细情况，请参见第14章相关内容。

9.4.3 程控电话交换设备安装工程

程控电话交换设备安装要求准备好竣工技术文件，竣工图纸应包括下列内容：实际安装的传输设备平面图；各端机架立面图；实际通路系统图；线架变更的端子板及插孔接线图；技术文件要保证质量，做到外观整洁、内容齐全、数据准确、相互对应；各种备件应联机试验、性能良好。

程控电话交换设备安装要注意如下8点内容：

9.4.3.1 程控电话交换设备安装器材

(1) 外观检查。器材外观应完整无损。对外观有问题的器材，应有对其损坏程度作详细检查，并作测试的记录，对有损于电气性能或严重影响机械强度的器材必须更换。

(2) 主要器材的电气性能测试。室内电缆、接线板、保安排等主要器材的电器性能应抽样测试。当相对湿度在75%以下，用250V绝缘电阻表测试时，电缆芯线绝缘电阻每百米应不小于200mΩ；接线板等相邻端子的绝缘电阻应不低于500mΩ。

9.4.3.2 安全保障设施

程控电话交换设备机房的安全保障设施应注意如下5点内容：

(1) 机房必须配备有效的消防器材。如感烟、感温等告警装置，性能应良好。

(2) 机房内不同电压的电源插座，应有明显标志。

(3) 机房内严禁存放易燃、易爆等危险物品，并有明显提示标志。

(4) 机房内预留孔洞应配有安全盖板。

(5) 机房内应有良好的接地系统，其接地电阻值应符合设计要求。

9.4.3.3 机架

机架安装注意如下内容：

(1) 机架安装的水平、垂直度应符合厂家规定，若厂家无规定时，垂直偏差度应不大于3mm。

(2) 机架在主走道侧必须对齐成直线，误差不大于5mm，相邻机架应紧密靠拢；系列机柜应在一平面上。

(3) 各种螺钉必须拧紧，同一类螺钉露出螺母的长度应一致。

(4) 机架及架上各种零件上的油漆不得脱落或碰坏。漆面如有脱落应予补漆。各种标志应正确、清晰、齐全。

(5) 机架、列架必须按施工图的防震要求进行加固。

9.4.3.4 机台和外围设备

机台和外围设备安装注意以下内容：

(1) 机台位置安装正确，符合机房平面图要求。

(2) 安装应整齐，机台正面边缘成一直线，相邻机台应紧密靠拢，台面相互保持同一水平。

(3) 外围终端应做到设备完整，安装就位，标志齐全。

9.4.3.5 总配线架

总配线架安装注意如下内容：

(1) 总配线架安装位置正确，符合机房设计要求。

(2) 上下两端垂直倾斜误差应不大于3mm，底座水平误差每平方米不大于2mm。

(3) 横列接线板安装在同一层内应保持水平，位置应符合设计图，各种标志完整齐全。

(4) 跳线环位置横竖均应平直整齐。

(5) 滑梯安装应牢固可靠、滑动平移，滑梯轨道拼接平垫整。

(6) 总配线架必须按施工图的防震要求进行加固。

(7) 总配线架防雷接地应符合设计要求。

9.4.3.6 电缆走道及槽道

电缆走道及槽道安装注意以下内容：

(1) 电缆走道及槽道安装位置应符合施工图的规定，左右偏差不得超过50mm。

(2) 水平走道应与列架保持平行或直角相交，水平度每米偏差不超过2mm；垂直走道应与地面保持垂直，垂直度偏差不超过3mm；走道吊架应保持垂直，安装整齐牢固。

(3) 电缆走道穿过楼板孔或墙洞的地方，应加木框保护。施工完后应用盖板封住洞口，木框和盖板的漆色宜与地板或墙壁的颜色一致。

(4) 安装沿墙单边或双边走道时，在墙上的支持物应牢固可靠，水平方向的间隔距离均匀。安装完的走道应整齐一致，不得有起伏不平或歪斜现象。

(5) 槽道安装应端正牢固，并保持垂直；列间槽道应成一直线，从前向后看左右偏差不超过3mm，两列槽道拼接处水平度偏差不超过2mm。

9.4.3.7 电缆及电源线布放

电缆及电源线布放注意以下内容：

(1) 布放电缆的规格、路由、截面和位置应符合施工图的规定，排列整齐，无外皮损伤；电源电缆、信号电缆及通信用各类电缆应分离布放；电缆转弯应均匀圆滑，转弯的最小曲率半径应大于60mm。

(2) 布放走道电缆必须绑扎。绑扎后的电缆应互相紧密靠拢，外观平直整齐，线扣间距均匀，松紧适度。扎线用麻线时必须浸蜡；布放槽道电缆可以不绑扎，槽内电缆应顺直，尽量不交叉，电缆不得溢出槽道，在电缆进出槽道部位和转弯处应绑扎或用塑料卡捆扎固定。

(3) 插接架间电缆必须依据设计文件进行，电缆走向及路由应符合厂家有关规定；架间电缆及布线的两端必须有明确标志，不得错接、漏接；插接部位应紧密牢靠，接触良好，插接端子不得折断或弯曲；架间电缆及布线插接完毕应进行整线，外观平直整齐；电缆应平齐，不得损伤芯线的绝缘，分线应按色谱顺序，不得将每组芯线的互绞打开；绕接电缆芯线必须使用绕线枪，不得以手钳代替。每根芯线在端子上绕接的圈数应为：线径为0.4～0.5mm时6～8圈，0.6～1.0mm时4～6圈。绕接应紧密，不应叠绕，芯线应从端子根部开始绕，不接触端子的芯线部分不得露铜，芯线不得有明显损伤；压接或卡接电缆芯线必须使用相适应规格的压接钳、卡接枪；芯线压接或卡接应牢靠，接触良好，不得使接插件、端子排有变形或损伤。

(4) 机房直流电源线的路由、路数及布放位置应符合施工图的规定，使用导线（铝、铜条或电缆线）的规格、器材绝缘强度及熔丝的容量均应符合设计要求。

(5) 电源线应采用整段的线料，不得在中间接头。直流电源线接续时应连接牢固、接头接触良好，保证电压降指标及对地电位符合设计要求。

(6) 架空敷设的铝（铜）条应整齐平直，固定方法应符合施工图的规定。安装完毕应在正线上涂红色油漆，负线涂蓝色油漆，不同电压用不同颜色区分。

(7) 机房的每路直流馈电线连同所接的列内电源线、机架引入线两端架空时，用500V绝缘电阻表测试芯线间和芯线对地间的绝缘电阻均不得小于1MΩ。

(8) 交换系统使用的交流电源线必须有接地保护线。电源线两端架空时，用500V绝缘电阻表测试芯线间和芯线对地的绝缘电阻均不得小于1MΩ。

(9) 采用胶皮线做直流馈电线时，每对馈电线应保持平行，正负线两端应有统一的红蓝标志。安装后的电源线末端必须用绝缘物封头，电缆切头处必须用绝缘带和护套封扎。

9.4.3.8 安装系统

安装系统测试注意如下内容：

(1) 通电测试前机房温、湿度和电源电压符合设备说明书的要求，设备无具体要求时应符合以下要求：

1) 温度为18～28℃；

2) 相对湿度为30%～75%；

3) 直流电压为(－48±5)V。

(2) 硬件检查应包括下列内容：

1) 设备标志齐全正确；

2) 印刷电路板数量、规格、安装位置与施工文件相符；

3) 设备的各种选择开关应置于指定的位置上；

4) 设备的各种熔丝规格符合要求；

5) 列架、机架接地良好；

6) 设备内部的电源布线无接地现象；

7) 熔丝盘有关端子上主电源电压正常。

(3) 硬件测试。

1) 各种硬件设备必须按厂家提供的操作程序操作，逐级加上电源设备通电后，检查所有变换器的输出电压均应符合规定。

2) 各种外围终端应设备齐全，自测正常。设备内风扇应运转良好。

3) 各种可闻可见的告警装置工作正常。

4）时钟装置应工作正常，精度符合要求。

5）信号系统应工作正常。

6）装入测试程序，通过人机命令或自检，对设备进行测试检查，确认硬件系统无故障，并提供测试报告。

程控电话交换设备安装工程内容和标准如表 9-16 所示。

表 9-16　　程控电话交换设备安装工程验收内容和标准表

验收项目	验 收 内 容	验收标准
机房环境	（1）土建施工质量。 （2）土建工艺，地面，预留孔洞、地槽、壁槽。 （3）机房电源照明。 （4）空调设备	
器材	（1）外观整齐。 （2）主要器材的电气性能测试	
安全保障设施	（1）消防器材。 （2）电源插座标志。 （3）严禁存放危险物品。 （4）预留孔洞所配安全盖板。 （5）地线	
机架	（1）垂直水平度。 （2）机面排列。 （3）各种螺钉必须拧紧。 （4）油漆不得脱落。 （5）防震加固措施	
机台和外围设备	（1）机台位置正确。 （2）安装整齐。 （3）设备安全、标志齐全	
总配线架	（1）安装位置正确。 （2）直列垂直倾斜度。 （3）横列接线板安装位置。 （4）跳线环位置。 （5）滑梯。 （6）防震加固措施。 （7）防雷接地	《程控电话交换设备安装工程验收标准》
电缆走道及槽道	（1）安装位置正确。 （2）平直走道的工艺。 （3）过墙洞和过桥板孔的工艺。 （4）安装沿墙电缆走道工艺。 （5）安装槽道工艺	
电缆及电源线布放	（1）电缆规格、路由、截面和位置。 （2）走道电缆和槽道电缆的工艺。 （3）插接架间电缆及布线的走向、路由和工艺。 （4）直流电源线的路由、路数、位置及导线和熔丝的规格。 （5）直流电源线的接头。 （6）铝、铜条架空敷设的工艺。 （7）直流馈电线的绝缘电阻值。 （8）交换系统交流电源的接地保护及绝缘电阻值。 （9）胶皮线敷设的工艺	

续表

验收项目	验 收 内 容	验收标准
安装系统测试	（1）通电测试前温度，湿度和电源电压检查。 （2）硬件检查。 （3）硬件测试： 1）各种变换器的输出电压； 2）外围终端的检查； 3）告警装置的检查； 4）时钟装置的检查； 5）信号系统检查； 6）装入程序，确认硬件无故障。 （4）交换系统各种功能调测	
初验测试	（1）可靠性测试。 1）分群设备的可靠性； 2）分散设备的可靠性； 3）处理机再启动； 4）软件测试故障、印刷板故障； 5）长时间通话测试。 （2）接通率测试。 1）局内模拟呼叫器大话务量测试； 2）局内人工拨号测试； 3）局间人工拨号测试。 （3）性能测试。 1）本局呼叫； 2）出、入局呼叫； 3）释放控制； 4）特种业务和代答业务； 5）用户新业务； 6）非电话业务； 7）计费功能及差错率。 （4）局间中继测试。 1）市话中继； 2）长市中继及迂回路由。 （5）处理能力，超负荷测试。 1）测试考核各种模块的处理能力； 2）超负荷测试。 （6）维护管理和故障诊断。 1）人机命令测试； 2）告警系统及其功能测试； 3）话务统计和观察； 4）对局数据和用户数据增、删、改的验证； 5）对各种设备进行例行测试和输出结果的验证； 6）对控制台、测量台维护管理功能的验证及话务转接台功能验证； 7）故障诊断功能的验证及主备用设备的倒换； 8）系统建立和应急启动功能测试。 （7）环境验收测试。 1）直流电源极限试验； 2）温、湿度极限试验（厂测）。 （8）传输指标测试： 1）用户线/用户线、用户线/中线/长途用户衰减； 2）增益/频率特性； 3）串音衰减测试； 4）增益/电平特性； 5）衡重杂音； 6）群时延失真； 7）绝对群时延； 8）互调失真； 9）单频杂音； 10）脉冲杂音； 11）总失真	《程控电话交换设备安装工程验收标准》

续表

验收项目	验收内容	验收标准
试运转测试	(1) 观察指标。 1) 硬件故障率； 2) 再启动指标； 3) 计费差错率； 4) 交换网络非正常倒换； 5) 人工再装入和人工再启动； 6) 软件设计故障； 7) 分群设备的可靠性； 8) 分群设备的可靠性。 (2) 模拟测试。 1) 局内接通率测试； 2) 局间接通率测试； 3) 长时间通话测试	《程控电话交换设备安装工程验收标准》
工程总验收	(1) 竣工技术文件。 (2) 确认验收结果，考核工程质量	

9.5 电话通信系统的测试和检验验收

9.5.1 电话通信系统工程测试的具体要求

电话通信系统工程测试的一般要求有10点：

(1) 电话通信系统工程属基本建设，必须遵守基本建设程序。基本建设程序所有单位、部门和个人都必须遵守的行动准则和工作规范。

(2) 电话通信系统工程中所使用的产品、设备、材料应符合相关法律、法规和标准、规范的要求，并经有关机构检验/认证合格后，出具检验报告或认证证书等相关质量证明，并与正式设计文件、工程合同的内容相符合。

(3) 电话通信系统建设质量应满足系统长期持续、稳定、协调发展的需要以及安全生产的要求，所以通信系统工程建设必须以确保通信工程建设质量为目的。

(4) 对于每个工程，它的系统规模和功能都不相同，工程测试项目应覆盖工程设计的主要功能范围，以便对系统作出全面检查。

(5) 测试用的仪器设备的准确性直接关系到检验数据的准确性。因此要求所使用仪器设备的性能应稳定可靠，计量、检验、管理使用与检定应符合国家有关法规的规定。

(6) 电话通信系统工程完成后，先要进行自检，再经过一定时间开通试运行后，确认一切工作具备验收要求后申报上级主管部门进行验收。

(7) 电话通信系统竣工技术文件内容。

1) 工程可行性报告及批复文件。

2) 初步设计及批复文件。

3) 施工图设计及审定意见。

4) 进口设备的批件、技术资料、合同。

5) 设备合格证明文件。

6) 试运行报告书。

7) 材料核销及财务决算。

8) 安装工程量总表，安装的设备明细表。

9) 工程质量监督委托书。

10) 质量监督通知书。

11) 开工报告。

12) 工程质量中间检查、检测记录表。

13) 隐蔽工程验收记录签证单及图像资料。

14) 工程质量事故处理表。

15) 工程质量问题处理表。

16) 施工质量纠纷仲裁书面材料。

17) 工程变更表。

18) 单项工程竣工的工程质量合格证。

19) 完工通知书。

20) 竣工报告、竣工说明书。

21) 工程初步验收报告。

22) 设备、主要材料检验、复验证明。

23) 竣工图纸。施工图设计在工程实施过程中，由于客观需要根据批准文件等对施工图将有变更，为有利于交付使用时维修和保养，工程完成后，必须提交正式竣工图（一式三份）。若施工过程中无变更，可利用设计单位提供的施工图经复核后做竣工图。

24) 工程质量等级评定。

(8) 对系统中主要设备的测试，应100%检验。检验中，如有不合格项并进行了复测，在测试报告中应注明进行复测的内容及结果。

(9) 测试过程应遵循先子系统，后集成系统的顺序测试。

(10) 测试中有不合格项时，允许改正后进行复测。复测时抽样数量应加倍，复测仍不合格则判该项不合格。

9.5.2 传输线路测试

电话通信系统工程传输线路分电气性能测试和电缆气闭性测试。

(1) 全部电气性能测试。全部电气性能测试包括线路的绝缘电阻、线路电阻及规定的近端串音衰减测试记录。

(2) 电缆气闭性测试。

9.5.3 电缆线路工程验收内容和标准

电缆线路工程验收内容和标准如表9-17所示。

表 9-17 电缆线路工程验收内容和标准表

验收项目	验收内容	验收标准	抽查比例
架空吊线	(1) 吊线规格，架设位置，装设规格。 (2) 吊线各种节点及接续质量，规格。 (3) 吊线附属的辅助装置质量。 (4) 吊线垂度。 (5) 吊线的接地电阻	(1) 按照设计要求进行架空电缆架设的验收。 (2) 吊线接续采用“套接”，两端捆扎上卡。 (3) 吊线垂度按规范见垂度标准表	100%
架空电缆及墙壁电缆	(1) 电缆规格。 (2) 卡、挂间隔。 (3) 电缆接头规格质量。 (4) 接头的吊扎规格。 (5) 电缆引上规格。 (6) 气闭质量。 (7) 电缆的其他设备装置质量。 (8) 分线设备安装规格，质量等	(1) 按照设计要求。 (2) 卡挂间隔 50cm±3cm。 (3) 电缆接头美观，不漏气。 (4) 吊扎采用三点固定方式。 (5) 电缆引上应具有保护管，采取防腐、防损伤，规格型号等按设计要求。 (6) 分线箱安装应符合设计	100%
埋式电缆	(1) 电缆规格。 (2) 敷设位置，深度。 (3) 保护装置的规格，质量 (4) 电缆防护设施的设置质量规格。 (5) 回土夯实质量。 (6) 引上管，引上电缆设置质量。 (7) 电缆接头处理质量。 (8) 电缆标面的设置质量	(1) 验收内容的 (1) ～ (4) 条应符合设计要求。 (2) 回夯应分套夯实。 (3) 电缆引上应有保护管，采取防护措施。 (4) 电缆标志，采用石桩、水泥桩，设在电缆接、拐弯等处，直线埋设每 200m 设一标识，郊区可 500m 设一个。 (5) 电缆引上应具有保护管，采取防腐、防损伤，规格型号等按设计要求	检查隐蔽工程，现场记录，现场察看 60%

续表

验收项目	验收内容	验收标准	抽查比例
管道电缆	(1) 电缆规格。 (2) 使用管孔孔位。 (3) 电缆接续规格质量。 (4) 电缆走向，托板等衬垫。 (5) 电缆的防护设施的设置质量。 (6) 气闭头制作质量及气闭质量等	(1) 电缆规格，管孔孔位应符合设计。 (2) 电缆接头美观，不漏气。 (3) 在人 (手) 孔处应加托板，电缆接头应在人 (手) 孔内	检查电缆布放记录，人孔等查看 60%
水下电缆	(1) 电缆规格，布放位置。 (2) 水下电缆标志。 (3) 梅花桩设置。 (4) 电缆防护设施	(1) 电缆规格、布放位置应符合设计。 (2) 按规定设置水下电缆标志	水线房等设施查看 100%
电缆气闭	(1) 按气闭段检验气闭。 (2) 单一电缆工程的气闭检验。 (3) 中继电缆 5km 以上者按合拢点检验等。 (4) 电缆气闭标面设置质量	(1) 气闭段：划分和要求应符合设计。 (2) 气压标准 (新架)：地下电缆 50～70kPa 架空电缆 40～60kPa。 (3) 空气含气量每立方米不大于 1.5g，气压表必须使用同一表	查验记录 100%
设备安装	(1) 设备安装规格质量。 (2) 终端机安装质量、应符合设计规格。 (3) 防蚀设备安装质量、规格及开通测试报告	(1) 设备安装地点、型号等。 (2) 终端机安装牢固，合理，外皮无损	100%

续表

验收项目	验收内容	验收标准	抽查比例
电气测试	（1）绝缘电阻测试。 （2）环路电阻测试。 （3）规定的近端串音衰减测试及设计特殊规定的测试内容。 （4）电缆全程充耗测试。 （5）电缆成端接地电阻。 （6）PCM 端机测试	（1）绝缘电阻，环路电阻，串音衰耗等应符合设计要求。 （2）电缆全程衰减应符合设计要求。 （3）PCM 端机测试应符合产品技术指标	查验记录100%
其他	（1）电缆线路与其设施的间距。 （2）保护设施的设置质量。 （3）分线设备安装规格、位置。 （4）地下室安装、施工质量。 （5）气压、告警装置的质量。 （6）地面上可见部分的规格质量	（1）电缆与其他设置间距：电缆与自来水管为 0.5～2m，煤气管、下水管等，交越时 0.5m。 （2）其他按设计要求及施工规范要求进行检查	查验记录100%

9.5.4 传输设备安装验收内容与标准

传输设备安装工程验收内容与标准如表 9-18 所示。

表 9-18　　传输设备安装工程验收表

验收项目	验收内容	验收标准	抽查比例
机房要求	（1）传输室环境要求。 1）土建完成情况； 2）地面、门窗油漆等； 3）照明、电源、通风、采暖； 4）室内温、湿度要求。 （2）安全要求。 1）消防器材； 2）电源标志； 3）严禁存放危险物品； 4）预留孔洞处理。 （3）器材清点检查。 1）外观检查； 2）资料清点	（1）应符合设计要求。 （2）传输室必须配备消防设备。 （3）按设计要求和订货合同对器材的型号、规格、数量进行清点，对破损、锈蚀进行检查。 （4）技术资料要齐全	100%
设备安装	机架及配线架：①垂直、水平度；②机架排列；③螺钉及地线；④油漆、标志	（1）垂直、水平度偏差每米不大于 2mm，排列要整齐。 （2）安装牢固松紧适度。 （3）电缆外导体要接地	随工检验
电缆布放	（1）布放电缆。 1）电缆的布放路由和位置； 2）走道及槽道电缆的工艺要求； 3）架间电缆的布放要求。 （2）编扎、卡接电缆芯线。 1）分线要求； 2）绕接要求	见电缆布放规范要求	随工检验
零、附件安装	（1）零、附件安装正确。 （2）外导体或屏蔽的接地。 （3）设备标志	（1）安装牢固正确。 （2）设备标志名称用仿宋体字或英文印刷体字	随工检验
布线检查及通电试验	（1）布线检查。 1）布放路由； 2）绝缘测试。 （2）通电试验。 1）电源电压； 2）熔丝容量； 3）告警检查	应符合设计要求	随工检验
本机测试	（1）光端机：①供给电压和功能；②时钟频率；③偏流；④发送光功率；⑤接收灵敏度；⑥主要波形；⑦公共接口；⑧告警功能。 （2）中继器：①平均发送光功率；②接收机灵敏度；③偏流；④告警功能；⑤公务接口；⑥远供电源。 （3）复用电端机：①供给电压和功率；②时钟频率；③误码测试；④抖动测试；⑤接口输入衰减和输出波形；⑥告警功能。 （4）PCM 基群设备	按设备技术指标进行测试	检查测试记录

续表

验收项目	验收内容	验收标准	抽查比例
系统测试	(1) 连通测试系统总衰减。 (2) 市内局间中继光缆通信系统测试：①发送光功率；②系统动态范围；③抖动性能；④监测功能；⑤转换功能；⑥告警功能；⑦误码率；⑧音频接口指标。 (3) 长途光缆通信系统测试：①发送光功率；②系统动态范围；③抖动性能；④监测功能；⑤转换功能；⑥告警功能；⑦公务功能；⑧误码率；⑨音频话路指标	(1) 应符合设计要求。 (2) 按设备技术指标进行测试	抽测1个系统或1～2个中继段，抽测不少于1个光系统，一个基群中抽测不少于2个话路

9.5.5　交换系统各种功能调测检查主要项目

交换系统各种功能调测检查要重点注意以下5点内容：

(1) 系统建立功能。

1) 系统初始化；

2) 系统自动/人工再装入；

3) 系统自动/人工再启动。

(2) 系统的交换功能。

1) 本局呼叫；

2) 对市话（电信公网）出入局呼叫及转接呼叫；

3) 本地局间呼叫（本地多局制时调测）；

4) 汇接呼叫；

5) 本专网长途来、去话呼叫（自动、半自动）及迂回路由呼叫；

6) 特种业务呼叫；

7) 新业务性能；

8) 非电话业务；

9) 计费功能。

(3) 系统的维护管理功能。

1) 人机命令核实；

2) 告警系统测试；

3) 话务观察和统计；

4) 例行测试；

5) 中继线和用户线的人工测试；

6) 用户数据、局数据的管理；

7) 故障诊断；

8) 冗余设备的人工/自动倒换；

9) 输出、输入设备性能测试。

(4) 系统的信号方式及其配合。

1) 用户的信号方式（脉冲、多频）；

2) 局间信号方式（随路、共路、多频互控、数字编码）；

3) 系统的网同步功能。

(5) 稳定性已达到初验要求的最新软件版本和系统测试记录。

9.5.6　电话通信系统的测试

电话通信系统的测试分接通率测试、性能测试、局间中继测试、处理能力、超负荷测试、维护管理和故障诊断、环境测试、传输指标测试。

9.5.6.1　接通率测试

(1) 局内模拟呼叫器大话务量测试。60对用户集中在数个用户级接近满负载的情况下运行，指标应达99.96%。

(2) 局内人工拨号测试。10对用户话机分组同时拨叫，累计达5000次，以做辅助考核指标。

(3) 局间人工拨号测试。每个直达局向出、入局呼叫在话务清闲时各进行200次。数字局间达98%；数模局间达95%。

9.5.6.2　性能测试

性能测试要重点注意如下7点内容：

(1) 本局呼叫测试。每次抽测3～5次应良好。内容有：正常通话、摘机不拨号和位间超时，拨号中途放弃，久叫不应、被叫忙用户电路锁定、呼叫群的空号、链路忙及用户连选等。

(2) 出、入局呼叫测试。对每个直达局向的中继线作100%呼叫测试，应良好。

(3) 释放控制测试。互不控制、主呼控制和被叫控制应良好。

(4) 特种业务和代答业务测试。对特服中继作100%呼叫测试，对代答录音接口作测试检查，均应良好。

(5) 用户新业务性能：缩位拨号、热线、限制呼出、叫醒业务、免打扰服务、转移呼叫、呼叫等待、三方通话、遇忙回叫、空号服务、追查恶意呼叫等的登记、接通和撤销良好。

(6) 非电话业务测试。在用户电路上接入传真机进行文字、图片传真，接入调制解调器，传送300～2400bit的数据应良好，并不被其他呼叫插入和中断。在2B+D接口传送数据应符合说明书规定。

(7) 计费功能及差错率测试。计费功能应符合设计规定。差错率不大于1/10000。

9.5.6.3 局间中继测试

(1) 对市话（电信公网）及本地局间中继测试：位间超时、拨号中弃、久叫不应、中继忙、被叫应答、一方先挂释放、呼叫空号及经本局来、去话汇接等每项3～5次应良好。

(2) 对本专网长途中继作全自动、半自动来话、人工来话呼叫测试：正常通话、被叫挂机再应答、中继忙、久叫不应、长途忙、呼叫空号、被叫忙等经长途中继作自环测试及经迂回路由呼叫、半自动来话插入通知、人工来话再振铃和插入通知及强拆，每项3～5次应良好。

9.5.6.4 处理能力、超负荷测试

(1) 按技术规范书指标，分系统、分级和用户模块测试考核处理能力。

(2) 超负荷测试应达到下列要求：

1) 当处理机的处理能力超过上限值时，应自动逐步限制普通用户的呼出；

2) 所限制的用户要均匀分布在普通用户之间，优先用户不受限制；

3) 不允许同时将全部普通用户停止服务。

9.5.6.5 维护管理和故障诊断

(1) 根据人机命令手册，对人机命令进行测试，应达到功能完善，执行正确。

(2) 告警系统及其功能测试应符合下列要求：

1) 告警装置的可闻、可视信号应动作可靠；

2) 操作维护中心与交换设备之间的各种告警信息传递应迅速正确；

3) 对交换、传输、电源及环境系统的故障模拟试验，其告警指标和信息应准确，记录完整。

(3) 话务统计和观察应符合下列要求：

1) 用命令登记方式结合模拟呼叫器或人工呼叫对处理机用户级、中继群和公共设备的运行状况进行观察统计，输出结果应正确；

2) 用命令指定中继线和用户线进行话务观察，统计呼叫全过程及计费变更情况，输出结果应正确；

3) 按说明书对其他工作性能的内容进行检查核对应正确；

4) 对信令链路的永久性观察和监视的检查，应正确。

(4) 用人机命令对局数据和用户数据进行增、删、改的操作，并应通过呼叫予以证实，局数据项目包括：局向、中继线数量、路由、信令、发号位数、中继迂回路由和费率等；用户数据项目包括：用户号码、设备号码、类别和性能等。

(5) 用人机命令执行下列例行测试和指定测试，输出结果应正确：

1) 用户线和用户电路；

2) 中继线和中继电路；

3) 公用设备；

4) 信号链路；

5) 交换网络。

(6) 验证系统控制台、线路测量台的维护管理功能和话务转接台功能，应良好。

(7) 验证故障诊断功能应符合说明书要求。主、备用设备倒换应良好。

(8) 系统备用工作文件重新装入进行初始化，交换系统应正常运行；验证系统自动再装入和自动再启动，人工再启动功能应良好。

9.5.6.6 环境测试

(1) 直流电源电压在标称电压－48V，机房电源输入端电压分别为－54V和－43V极限时，用模拟呼叫器进行多频话机呼叫，1h的本局接通率应为99.9%；各种操作维护功能应正常。

(2) 在机房室温达35℃，相对湿度为30%～60%时，机架的前后盖板开启，系统应能正常工作1h，用模拟呼叫器进行局内呼叫，接通率应为99.9%；必要时要进行临界高温试验，即使室温达45℃，相对湿度大于20%，测试呼叫接通率0.5h，系统工作应正常；返回正常条件，即室温达20℃，相对湿度大于90%，测试呼叫接通率1h，指标应为99.9%（温度梯度应小于5℃/h，相对湿度梯度应小于10%/h）。

9.5.6.7 传输指标测试

传输指标测试要注意以下内容：

(1) 传输衰减应符合下列标准。

1) 用户线与用户线间本地通话3.5dB；

2) 用户线经四线中继与长途用户间长途通话7dB；

3) 港区通信、中国交通通信网内通信全程传输衰减应符合设计要求。设计未提出具体要求时，模拟网全程传输衰减不应大于22dB。

(2) 增益/频率特性。在模拟接口点输入 f＝1004Hz或1020Hz正弦波信号，其功率电平为－10时，模拟接口点之间的衰减频率失真应满足图中实践范围要求。

(3) 串音衰减。在通过交换机形成的两个连接通路间，在最不利的条件下，频率 f＝1100Hz输入电平为0dB时，串音防扰度不小于67dB。

(4) 增益/电平特性。将一个频率为700～

1100Hz范围内的正弦波信号，以$-55\sim+3$dB之间的电平加到任一信道的输入端，这个信道的增益相对于输入电平为-10dB时的增益变化处于规定的实线范围内。

（5）衡量杂音。由编解码过程引起的杂音不超过-65dB。

（6）群时延失真。一个传输方向群时延失真对二线音频口Z之间应满足图中实线范围内要求。

（7）绝对群时延。通过交换机由模拟用户A至模拟用户B加上模拟用户B至模拟用户A间，绝对群时延平均值应小于3000μs的95%数值应$\leqslant$3800μs。

（8）互调失真应满足下列要求：

1）在频率300～3400Hz范围内，非谐波的正弦波信号频率f在$-4\sim-21$dB范围内；

2）在频率300～3400Hz范围内，具有-9dB电平的任何信号与具有-23dB电平的$f=50$Hz信号同时加到通路的输入端，任何互调失真的电平应低于-49dB。

（9）任一单频杂音电平应不超过-50dB。

（10）交换局在忙时的脉冲杂音平均次数，在5min内超过-35dB（相对零电平点绝对功率电平）的脉冲杂音次数应不大于5次。

9.5.7　试运转测试

试运转应从初验测试完毕、割接开通后开始，时间应不少于三个月。试运转测试的主要指标和性能应达到指标规定，方可进行工程总验收。如果主要指标不符合要求，应从次月开始重新进行三个月试运转。在试运转期间，如果障碍率总指标合格，但某月的指标不合格时，应追加一个月，直到合格为止，试运转期间应接入设备容量的20%以上的用户联网运行。

9.5.7.1　观察指标

（1）硬件故障率。因元器件等损坏，需更换印刷板的次数，每月应不大于0.1次/100门。

（2）计费差错率应不大于1/10000。

（3）交换网络非正常倒换的指标应不大于：第一月，2次；第二月，1次；第三月，1次；总计，4次。

（4）在试运转阶段不得由于设备原因进行人工再装入和最高级的人工再启动。

9.5.7.2　模拟测试

（1）局内接通率测试。

1）用模拟呼叫器每月测试一次，每次在忙时作1000次呼叫，接通率应不小于99.9%。

2）用人工拨叫方法每月测试一次，每次在忙时作2000次呼叫，接通率应不小于99.5%。

（2）局间接通率测试。各局向出入中继接通率每月测试一次，每个局向连接4对用户，在话务清闲时作200次呼叫，接通率应不小于95%。

（3）长时间通话测试。每月测试一次，用10对话机连成通话状态，在48h后通话电路应正常，计费正确，无重接、断话或单向通话等现象。

9.5.8　地线验收

地线验收室外地线和室内地线验收。

9.5.8.1　室外地线验收

（1）接地体组数、根数、位置及路由应符合设计要求。

（2）焊接牢固、无残渣、无气孔、无裂纹。

（3）活接头两个接触面均应除锈、镀锡，用螺栓固定其搭接长度不应小于扁钢宽度。

（4）经化学处理的土壤接地体，与地下金属物的距离不得小于10m。

（5）接地电阻值。

1）大型收发信台机房工作接地电阻$\leqslant2\Omega$；

2）中型收发信台机房工作接地电阻$\leqslant4\Omega$；

3）小型收发信台机房工作接地电阻$\leqslant10\Omega$；

4）中央控制室、终端机室、人工报房的保护接地电阻$\leqslant10\Omega$；

5）收发信天线馈线引入窗口，真空避雷器接地电阻$\leqslant10\Omega$；

6）联合接地体电阻$\leqslant1\Omega$。

9.5.8.2　室内地线验收

（1）接地母线、规格、路由符合设计，应敷设地槽中央平直，完整。

（2）铜皮搭接、两面镀锡、搭接长度不小于铜皮宽度焊接牢固、整齐、光滑，铜皮宽度80mm以上，应采用铆钉连接。

（3）母线为扁钢时，应除锈、焊接、刷防锈漆，焊接长度不小于扁钢宽度。

9.5.9　电话通信系统验收使用的主要表据

电话通信系统工程所使用的主要表据有：

（1）设备材料进场检验表；

（2）程控电话交换设备安装工程验收内容和标准表；

（3）传输设备安装工程验收表；

（4）电缆电气性能测试记录表；

（5）电缆气闭性测试记录表；

（6）电缆线路工程验收内容和标准表；

（7）电源设备接地电阻测试记录表；

（8）电源设备接地电阻测试记录表；

（9）调压器检查记录表；

(10) 更改审核表；
(11) 工程安装质量及观感质量验收记录表；
(12) 工程变更单表；
(13) 工程初步验收报告表；
(14) 工程单项工程质量合格证表；
(15) 工程竣工报告表；
(16) 工程竣工验收资料审查表；
(17) 工程竣工质量等级评定表；
(18) 工程质量监督委托书表；
(19) 工程质量事故处理表；
(20) 工程质量问题处理表；
(21) 工程质量中间检测记录表；
(22) 光缆工程竣工验收内容与标准；
(23) 光缆工程随工检验项目内容表；
(24) 建筑安装工程量总表；
(25) 交流配电屏检查记录表；
(26) 竣工验收结论汇总表；
(27) 开工报告表；
(28) 强制措施条文检测记录表；
(29) 设备材料进场检验表；
(30) 审批固定资产投资建设项目开工表；
(31) 施工现场质量管理检查记录表；
(32) 数字微波接力通信工程验收内容与标准表；
(33) 通信管道最小埋深表；
(34) 完工通知单表；
(35) 稳压器检查记录表；
(36) 无线电中短波电台通信工程验收内容与标准表；
(37) 系统（分部工程）检测汇总表；
(38) 系统试运行记录表；
(39) 蓄电池组初充电测试记录表；
(40) 蓄电池组初放电测试记录表；
(41) 已安装的设备明细表；
(42) 隐蔽工程（随工检查）验收表；
(43) 隐蔽工程验收记录单及图、像和记录资料表；
(44) 油机发电机组测试记录表；
(45) 整流器测试记录表；
(46) 直流馈电母线电压降和绝缘电阻测试记录表；
(47) 直流配电屏检查记录表；
(48) 智能建筑工程分项工程质量检测记录表；
(49) 子系统检测记录表。

第10章 chapter10 卫星导航定位系统

全球定位系统（Global Positioning System，GPS），是一个卫星导航定位系统，利用该系统，用户可以在全球范围内实现全天候、连续、实时的三维导航定位和测速；另外，利用该系统，用户还能够进行高精度的时间传递和高精度的精密定位。

地理信息系统（Geographic Information System，GIS），是一种采集、处理、传输、存储、管理、查询检索、分析、表达和应用地理信息的计算机系统。它主要包括计算机硬件、软件、地理数据和用户等几个部分。地理信息系统技术广泛应用于农业、林业、国土资源、地矿、军事、交通、测绘、水利、广播电视、通信、电力、公安、社区管理、教育、能源等行业。

本章重点介绍的内容有：卫星导航定位系统的基础知识；卫星导航定位系统的有关标准；GPS布网方法；卫星导航定位系统的设计重点和设备选择检查。

10.1 卫星导航定位系统的基础知识

10.1.1 GPS卫星定位系统

GPS卫星定位系统是利用导航卫星进行测距、测速和定时，能够为全球范围内海陆空各个用户连接、实时、全天候地提供高精度的三给位置、三维速度和时间信息的空间无线电导航系统。

10.1.1.1 4套全球导航定位系统

（1）美国的全球卫星定位系统GPS。美国的全球卫星定位系统GPS，是继阿波罗登月和航天飞机之后的第三航天工程。美国的全球卫星定位系统是由美国政府于20世纪70年代开始进行研制的，原来是美国国防部为了军事定时、定位与导航的目的而发展的，希望以卫星导航为基础的技术可构成主要的无线电导航系统，第1颗GPS卫星在1978年发射，1993年全部发射部署完毕，1994年全面建成。1995年4月27日达到全运行状态。

长期以来，美国对本国军方提供的是精确定位信号，对其他用户提供的则是加了干扰的低精度信号，也就是说，地球上任何一个目标的准确位置，只有美国人掌握，其他国家只知道个“大概”。

（2）俄罗斯的GLONASS。俄罗斯的全球导航卫星系统格洛纳斯（Global Navigation Satellite System，GLONASS），它是前苏联于1982年宣布研制开发的全球导航定位系统，前苏联解体前发射10颗，随后俄罗斯于1996年1月18日发射部署完毕，并投入全运行状态。

俄罗斯格洛纳斯系统与美国全球卫星定位系统GPS类似。格洛纳斯系统标准配置为24颗卫星，而18颗卫星就能保证为俄罗斯境内用户提供全部服务。

（3）中国北斗卫星导航定位系统。北斗卫星导航定位系统是中国自行研制开发的区域性有源三维卫星定位与通信系统，是除美国的GPS、俄罗斯的GLONASS之后第三个成熟的卫星导航系统。该系统由3颗（2颗地球静止轨道工作卫星、1颗备用卫星）定位卫星、地面控制中心为主的地面部分、北斗用户终端3部分组成。北斗卫星导航定位系统以2颗在轨卫星的已知坐标为圆心，以测定的卫星至用户终端的距离为半径，形成2个球面，用户终端将位于这2个球面交线的圆弧上。地面中心站配有电子高程地图，提供一个以地心为球心、以球心至地球表面高度为半径的非均匀球面，用数学方法获得用户的位置。可向用户提供全天候、24h的即时定位服务，定位精度可达数十纳秒的同步精度，其精度与GPS相当。

中国自行研制生产的北斗卫星导航系统不仅具备在任何时间、任何地点为用户确定其所在的地理经纬度和海拔高度的能力，而且在定位性能上有所创新。北斗系统与其他系统最大的不同，在于它不仅能使用户知道自己的所在位置，还可以告诉别人自己的位置，特别适用于需要导航与移动数据通信场所。

北斗卫星导航定位系统的覆盖范围是北纬5°～

55°，东经70°～140°之间的地区，最宽处在北纬35°左右。

北斗卫星导航定位系统具有卫星数量少、投资小、用户设备简单、价廉，能实现一定区域的导航定位、通信等多用途，可满足当前我国陆、海、空运输导航定位的需求等优点。缺点是不能覆盖两极地区，赤道附近定位精度差，只能二维主动式定位，且需提供用户高程数据，不能满足高动态和保密的军事用户要求，用户数量受一定限制。

北斗卫星导航定位系统系统是我国独立自主建立的卫星导航系统，它并不排斥国内民用市场对美国全球卫星定位系统GPS的广泛使用。

北斗卫星导航定位系统地面控制中心包括主控站、测轨站、测高站、校正站和计算中心。主要用来测量和校正导航定位参数，以便调整卫星的运行轨道、姿态，并编制星历，完成用户定位修正资料和对用户进行定位。简单地说，"北斗"卫星导航定位系统具有快速定位、简短通信和精密授时的三大主要功能。

1）快速定位：快速确定用户所在地的地理位置，向用户及主管部门提供导航信息。

2）简短通信：用户与用户、用户与中心控制系统间均可实现双向简短数字报文通信。

3）精密授时：中心控制系统定时播发授时信息，为定时用户提供时延修正值。

北斗卫星导航定位系统的工作步骤如下：

1）地面控制中心向2颗卫星发送询问信号。

2）卫星接收到询问信号，经卫星转发器向服务区用户播送询问信号。

3）用户响应其中1颗卫星的询问信号，并同时向2颗卫星发送回应信号。

4）卫星收到用户响应信号，经卫星转发器发送回地面控制中心。

5）地面控制中心收到用户的响应信号，解读出用户申请的服务内容。

6）地面控制中心利用数值地图计算出用户的三维坐标位置，再将相关信息或通信内容发送到卫星。

7）卫星在收到控制中心发来的坐标资料或通信内容后，经卫星转发器传送给用户或收件人。

（4）欧洲联盟"伽利略"全球卫星定位导航系统。欧洲联盟考虑到全球卫星定位导航系统的应用前景，就建立了他们自己的全球卫星定位导航系统——"伽利略"全球卫星导航系统。

"伽利略"计划是一种中高度圆轨道卫星定位方案。"伽利略"全球卫星定位导航系统的建立于2007年底之前完成，2008年投入使用，2013年全面启用，总共发射30颗卫星，其中27颗卫星为工作卫星，3颗为候补卫星。卫星高度为24126km，位于3个倾角为56°的轨道平面内。该系统除了30颗中高度圆轨道卫星外，还有2个地面控制中心。

"伽利略"全球卫星定位导航系统是世界上第一个基于民用的全球卫星导航定位系统，在2008年投入运行后，全球的用户将使用多制式的接收机，获得更多的导航定位卫星的信号，无形中极大地提高了导航定位的精度，这是"伽利略"计划给用户带来的直接好处。

由于全球出现4套全球导航定位系统，从市场的发展来看，将会出现竞争的局面，竞争会使用户得到更稳定的信号、更优质的服务。

目前江苏省采用中外合作方式研发的伽利略卫星导航系统，与欧盟15个主要国家均有合作交流，伽利略卫星的精确定位误差不超过1m。

10.1.1.2 四大卫星导航定位系统的优劣

美国的GPS胜在成熟，欧洲的伽利略胜在精准，俄罗斯格洛纳斯抗干扰能力强，中国北斗的优势则在于互动性和开放性。

一个国家的国防、气象、金融、通信、新闻、导航乃至日常生活，都将高度依赖卫星导航系统。俄罗斯和欧盟认为，如果全球只有美国的GPS一套系统，很多国家会失去安全感。从目前的竞争格局看，GPS无疑还占据着主导地位，但它的优势正逐步被其他3大系统所取代。

10.1.2 GPS系统的组成

GPS系统由三部分组成：空间部分、地面控制部分和用户部分。

10.1.2.1 空间部分

GPS的空间部分是由24颗飞行在20 183km高空的GPS工作卫星所组成，这些GPS工作卫星共同组成了GPS卫星星座，其中21颗为可用于导航的卫星，3颗为活动的备用卫星。这24颗卫星分布在6个倾角为55°的轨道上绕地球运动。卫星的运动周期约为12恒星时。每颗GPS工作卫星都发出用于导航定位的信号。GPS用户正是利用这些信号来进行工作的。

GPS卫星发射两种频率的载波信号，即频率为1575.42MHz的L1载波和频率为1227.60MHz的L2载波，它们的频率分别是10.23MHz的154倍和120倍，它们的波长分别为19.03cm和24.42cm。在L1和L2上又分别调制着多种信号，这些信号主要有：

（1）C/A码。C/A码又被称为粗捕获码，它被调制在L1载波上，是1MHz的伪随机噪声码（PRN码），其码长为1023位（周期为1ms）。由于每颗卫星的C/A码都不一样，因此，经常用它们的PRN号来区分它们。C/A码是普通用户用以测定站到卫星间的距离的一种主要的信号。C/A码供民用。

（2）P码。P码又被称为精码，它被调制在L1和L2载波上，是10MHz的伪随机噪声码，其周期为7d。

（3）导航信息。导航信息被调制在L1载波上，其信号频率为50Hz，包含有GPS卫星的轨道参数、卫星钟改正数和其他一些系统参数。用户一般需要利用此导航信息来计算某一时刻GPS卫星在地球轨道上的位置，导航信息也被称为广播星历。

10.1.2.2　地面控制部分

GPS的地面控制部分由若干个跟踪站所组成的监控系统（这些监控系统分布在全球）所构成，根据其作用不同，这些跟踪站又被分为主控站、监控站和注入站。主控站有一个，位于美国科罗拉多的法尔孔空军基地，它的作用是根据各监控站对GPS的观测数据，计算出卫星的星历和卫星钟的改正参数等，并将这些数据通过注入站注入卫星中去；同时，它还对卫星进行控制，向卫星发布指令，当工作卫星出现故障时，调度备用卫星，替代失效的工作卫星工作；另外，主控站也具有监控站的功能。监控站有五个，除了主控站外，其他四个分别位于夏威夷、阿松森群岛、迭哥伽西亚、卡瓦加兰，监控站的作用是接收卫星信号，监测卫星的工作状态；注入站有三个，它们分别位于阿松森群岛、迭哥伽西亚、卡瓦加兰，注入站的作用是将主控站计算出的卫星星历和卫星钟的改正数等注入卫星中去。

10.1.2.3　用户部分

GPS的用户部分由GPS接收机、数据处理软件及相应的用户设备如计算机气象仪器等所组成。它的作用是接收GPS卫星所发出的信号，利用这些信号进行导航定位等工作。

GPS接收机最简单的使用是不组网单机使用，例如船用导航仪，陆用手持定位仪等。它包括以下内容：有源天线（含前置放大器）；高频信号识别和处理电路；计算机、用于控制接收机捕捉数据、解释导航电文；进行差分基准信号接收和差分运算；操作键、显示板和数据存储器；其他附属部件，如石英钟、电源等。

10.1.3　GPS定位原理和方法

10.1.3.1　工作原理

GPS采用交互定位的原理。已知几个点的距离，则可求出未知点所处的位置。对GPS而言，已知点是空间和卫星，未知点是地面某一移动目标。

卫星的距离由卫星信号传播时间来测定，将传播时间乘以光速可求出距离

$$R = vt$$

式中：v为无线信号传输速度，$v=3\times10^8\,\mathrm{m/s}$；$t$为卫星信号传到地面时间（卫星信号传输到地面大约需0.06s）。

最基本的问题是要求卫星和用户接收机都配备很精确的时钟，但一般为降低成本，用户接收机都用石英钟，卫星上采用原子钟。

由于光速很快，要求卫星和接收机相互间同步精度达到纳秒级（10^{-6}s），而接收机是石英钟，测量时就会产生较大的误差，该误差可通过计算机加以清除。因为每颗卫星之间的时钟同步性十分精确，因此同时跟踪四颗GPS可见卫星后就能解算出径度、纬度、高度及接收机钟差，在数学上由4个方程求解4个未知数是典型的运算。

一个GPS接收机必须同时接收四颗卫星才能进行三维定位，而对于有实时厘米级定位精度要求的，则需要5颗或更多的卫星。在理想情况下，因为GPS系统有24颗卫星环绕地球运动，通常在水平角10°以上都能观测到7颗卫星。但如果附近有山、建筑物或其他遮蔽物，那么可见的卫星会减到4颗、3颗或更少，这样接收机就很难定位，所以有的应用还要与惯性导航技术相结合。

10.1.3.2　GPS定位方法

GPS定位的方法是多种多样的，用户可以根据不同的用途采用不同的定位方法。GPS定位方法可依据不同的分类标准，作如下划分：

（1）根据定位所采用的观测值。在GPS定位中，经常采用下列观测值中的一种或几种进行数据处理，以确定出待定点之间的基线向量：L1载波相位观测值；L2载波相观观测值（半波或全波）；调制在L1上的C/A码伪距；调制在L1上的P码伪距；调制在L2上的P码伪距；L1上的多普勒频移；L2上的多普勒频移。

实际上，在进行GPS定位时，除了大量地使用上面的观测值进行数据处理以外，还经常使用地面的观测值通过某些组合而形成的一些特殊观测值，如宽巷观测值（Wide-Lane）、窄巷观测值（Narrow-Lane）、消除电离层延迟的观测值（Ion-Free）来进行数据处理。

（2）伪距定位。伪距定位所采用的观测值为GPS伪距观测值，所采用的伪距观测值既可以是C/A码

伪距，也可以是P码伪距。伪距定位的优点是数据处理简单，对定位条件的要求低，不存在整周模糊度的问题，可以非常容易地实现实时定位；其缺点是观测值精度低，C/A码伪距观测值的精度一般为3m，而P码伪距观测值的精度一般也在30cm左右，从而导致定位成果精度低，另外，若采用精度较高的P码伪码观测值，还存在干扰的问题。

(3) 载波相位定位。载波相位定位所采用的观测值为GPS的载波相位观测值，即L1、L2或它们的某种线性组合。载波相位定位的优点是观测值的精度高，一般优于2mm；其缺点是数据处理过程复杂，存在整周模糊度的问题。

(4) 根据定位的模式。

1) 绝对定位。绝对定位又称为单点定位，这是一种采用一台接收机进行定位的模式，它所确定的是接收机天线的绝对坐标。这种定位模式的特点是作业方式简单，可以单机作业。绝对定位一般用于导航和精度要求不高的应用中。

2) 相对定位。相对定位又称为差分定位，这种定位模式采用两台以上的接收机，同时对一组相同的卫星进行观测，以确定接收机天线间的相互位置关系。

(5) 根据获取定位结果的时间。

1) 实时定位。实时定位是根据接收观测到的数据，实时地解算出接收机天线所在的位置。

2) 非实时定位。非实时定位又称后处理定位，它是通过对接收机接收到的数据进行后处理以进行定位的方法。

(6) 根据定位时接收机的运动状态。

1) 动态定位。所谓动态定位，就是在进行GPS定位时，认为接收机的天线在整个观测过程中的位置是变化的。也就是说，在数据处理时，将接收机天线的位置作为一个随时间改变而改变的量。动态定位又分为Kinematic和Dynamic两类。

2) 静态定位。所谓静态定位，就是在进行GPS定位时，认为接收机的天线在整个观测过程中的位置是保持不变的。也就是说，在数据处理时，将接收机天线的位置作为一个不随时间改变而改变的量。在测量中，静态定位一般用于高精度的测量定位，其具体观测模式为多台接收机在不同的观测站上进行静止同步观测，时间有几分钟、几小时甚至数十小时不等。

10.1.4 GPS定位的误差因素和提高精度的方法

10.1.4.1 GPS定位的误差因素

在利用GPS进行定位时，会受到各种各样因素的影响，这些因素可以分为以下四大类。

(1) 与GPS卫星有关的干扰因素SA。美国政府从其国家利益出发，通过降低广播星历精度（技术）、在GPS基准信号中加入高频抖动（技术）等方法，人为降低普通用户利用GPS进行导航定位时的精度。

1) 卫星星历误差。在进行GPS定位时，计算在某时刻GPS卫星位置所在的卫星轨道参数是通过各种类型的星历提供的，但不论采用哪种类型的星历，所计算出的卫星位置都会与其真实位置有所差异，这就是所谓的星历误差。

2) 卫星钟差。卫星钟差是GPS卫星上所安装的原子钟的钟面时间与GPS标准时间之间的误差。

3) 卫星信号发射天线相位中心偏差。卫星信号发射天线相位中心偏差是GPS卫星上信号发射天线的标称相位中心与其真实相位中心之间的差异。

(2) 与传播途径有关的因素。

1) 电离层延迟。由于地球周围的电离层对电磁波的折射效应，使得GPS信号的传播速度发生变化，这种变化称为电离层延迟。电磁波所受电离层折射的影响与电磁波的频率以及电磁波传播途径上电子总含量有关。

2) 对流层延迟。由于地球周围的对流层对电磁波的折射效应，使得GPS信号的传播速度发生变化，这种变化称为对流层延迟。电磁波所受对流层折射的影响与电磁波传播途径上的温度、湿度和气压有关。

3) 多路径效应。由于接收机周围环境的影响，使得接收机接收到的卫星信号中还包含有各种反射和折射信号的影响，这就是所谓的多路径效应。

(3) 与接收机有关的因素。

1) 接收机钟差。接收机钟差是GPS接收机所使用的钟的钟面时与GPS标准时之间的差异。

2) 接收机天线相位中心偏差。接收机天线相位中心偏差是GPS接收机天线的标称相位中心与其真实的相位中心之间的差异。

3) 接收机软件和硬件造成的误差。在进行GPS定位时，定位结果还会受到诸如处理与控制软件和硬件等的影响。

(4) 其他因素。

1) GPS控制部分人为或计算机造成的影响。

2) 由于GPS控制部分的问题或用户在进行数据处理时引入的误差等。

3) 数据处理软件的影响。

4) 数据处理软件的算法不完善对定位结果的影响。

10.1.4.2 提高GPS定位精度的方法

针对美国有关政策，各国在GPS应用中为提高定位精度，都采用差分技术。根据差分运算配置的位置不同分为：前向差分和后向差分（又称逆向差分）。

1）前向差分是以广播方式不断将差分基准站估算的校正信息发送给移动目标，各移动目标的接收机接收差分基准信号进行差分估算，计算出自身的差分位置信息，并将该信息传给监控中心。广播差分基准信号的间隔时间直接影响多个移动目标的定位精度，一般间隔时间长，有些移动目标的差分运算定位精度就低，一般每5s广播一次差分基准信号，以保证定位精度在10～15m。

2）后向差分是各移动目标把GPS接收机接收的定位信息、星历、时间等传输到监控中心，在中心结合差分基准站的信息由计算机进行差分运算。

前向差分需占用无线信道多，中心工作量较小，且一般GPS DEM板都具有差分运算的功能不需另增投资；后向差分信道利用率高，中心系统计算机工作量增加。所以一般常规通信GPS专用网情况下采用前向差分方式，在集群通信，特别是公用移动通信网情况下采用后向差分方式，有利提高系统可靠性和系统效率，但要增加投资，技术难度也较大，要建立差分运算的数学模型和修正系数。

根据差分运算方法不同分为：位置差分、伪距差分、多狭义相位差分和广义相位差分等。位置差分精度低，相位差分精度高，但技术难度大，造价高，一般采用伪距差分。

位置差分是建立一个固定点的坐标信号作为参考基准信号，移动目标GPS接收机接收到定位信息，利用位置的相对关系，可消除测量中的系统误差，以提高精度。把参考基准定位信息以 $S_0+\Delta S$ 表示，其中 S_0 是基准站的位置信息，ΔS 为误差。移动目标的定位信息以 $S_N+\Delta S$ 表示，进行差分求出 S_N，消除 ΔS 误差。这种方法要求差分基准站和移动目标GPS接收机接收相同的卫星信息，否则误差还是很大。这样移动目标的活动范围就小，否则，离中心远，要使两者GPS接收机接收相同卫星信号是不可能的。

伪距差分也是依靠分基准信号，但它不要求差分基准站和移动目标的GPS接收机接收相同的卫星信号。

GPS接收机的时钟与卫星参考时间不同步，且精度不高，所以C/A码的移动量中既包含GPS接收机到卫星的距离，又包含接收机钟差的偏移量，这样实际测量结果被称为伪距，不是真实的距离。利用伪距差分运算出的定位精度可达10m左右，甚至到1～5m。

10.1.4.3 采用GPS+GLONASS定位精度可提高一倍以上

GPS、GLONASS的主要性能如表10-1所示。

表10-1 **GPS和GLONASS主要性能**

种类 性能	GPS	GLONASS
卫星数目	24颗	24颗
复用工作方式	码分多址	频分多址（FDMA）
信号形式	数字量	模拟量
总线接0方式	标准化	非标准化
定位精度	加干扰（SA）P码加密	未加干扰（无SA），P码设有加密
单个卫星寿命	7.5～10年	3～5年
构成系统	简单	复杂
价格	低	高

从表10-1可以看出，GPS被广泛利用是下列因素决定的：

（1）GPS数字化系统，易于数字化设备构成系统；

（2）采用标准化总线RS-232，可方便地与计算机连接使用；

（3）GPS早于GLONASS投入市场；

（4）GPS技术被广泛应用，使GPS OEM大批量生产，价格大大下降，性能大大提高；

（5）GPS设备性能稳定，寿命长。

更重要的是俄罗斯发射的导航定位星寿命是3年，到期要发射新星替补，从综合国力讲，很难保证GLONASS导航卫星的空间实际飞行数量，可能会减少。

这并不是说GLONASS没有应用的价值，现在很多国家都研制生产一种GPS和GLONASS兼容的接收机，平时可增加接收导航星的捕捉速度，战时，在多极世界，总有一个空间导航卫星系统可使用，不可能同时与美国、俄罗斯作战。同时利用GPS+GLONASS可增加提高定位精度。

从GPS技术发展已经成熟，剩下来要解决的问题有两个：① 解决城市楼群、树遮挡影响；② 降低成本。

对我国而言，要避开中央占领两厢，即避开GPS核心部件的开发，占领：① 电子地图和地理信息系统的开发；② GPS应用系统的外围设备的开发和生产。

GPS应用领域很广阔，就城市范围而言，有下列几种：① 公检法系统警车；② 金融系统运钞车；③ 邮政；④ 急救；⑤ 特种运输；⑥ 公交车辆电子站牌；⑦ 出租车及家庭私车；⑧ 军队车辆及训练。

GPS系统工程目前正处在一个发展高峰期，随着经济建设的发展，应用的领域会越来越宽广，国民经济和人民生活的各个领域均可应用，除了系统组网外，还用于个人手持机、一般性导航定位、高档宾馆的时钟系统等。

10.1.5 北斗卫星导航系统与GPS系统比较

（1）覆盖范围。北斗导航系统是覆盖我国本土的区域导航系统。覆盖范围东经为70°～140°，北纬5°～55°，GPS是覆盖全球的全天候导航系统。

（2）卫星数量和轨道特性。北斗导航系统是在地球赤道平面上设置2颗地球同步卫星颗卫星的赤道角距约60°。GPS是在6个轨道平面上设置24颗卫星，轨道赤道倾角55°，轨道面赤道角度60°。导航卫星为准同步轨道，绕地球一周11h58min。

（3）定位原理。北斗导航系统是主动式双向测距二维导航。地面中心控制系统解算，供用户三维定位数据。GPS是被动式伪码单向测距三维导航。由用户设备独立解算自己三维定位数据。“北斗一号”的这种工作原理带来两个方面的问题，一是用户定位的同时失去了无线电隐蔽性，这在军事上相当不利；另一方面由于设备必须包含发射机，因此在体积、重量上、价格和功耗方面处于不利的地位。

（4）定位精度。北斗导航系统三维定位精度约几十米，授时精度约100ns。GPS三维定位精度P码目前已由16m提高到6m，C/A码目前已由25～100m提高到12m，授时精度目前约20ns。

（5）用户容量。北斗导航系统是主动双向测距的询问—应答系统，用户设备与地球同步卫星之间不仅要接收地面中心控制系统的询问信号，还要求用户设备向同步卫星发射应答信号，这样，系统的用户容量取决于用户允许的信道阻塞率、询问信号速率和用户的响应频率。因此，北斗导航系统的用户设备容量是有限的。GPS是单向测距系统，用户设备只要接收导航卫星发出的导航电文即可进行测距定位，因此GPS的用户设备容量是无限的。

（6）生存能力。和所有导航定位卫星系统一样，北斗导航定位卫星系统基于中心控制系统和卫星工作，但是北斗导航定位卫星系统对中心控制系统的依赖性明显要大很多，因为定位解算在哪里，不是由用户设备完成的。为了弥补这种系统易损性，GPS正在发展星际横向数据链技术，使万一主控站被毁后GPS卫星可以独立运行。而北斗导航定位卫星系统从原理上排除了这种可能性，一旦中心控制系统受损，系统可继续工作。

（7）实时性。北斗导航定位卫星系统用户的定位申请要送回中心控制系统，中心控制系统解算出用户的三维位置数据之后再发回用户，其间要经过地球静止卫星走一个来回，再加上卫星转发，中心控制系统的处理，时间延迟就更长了，因此对于高速运动体，就加大了定位的误差。此外，北斗卫星导航系统也有一些自身的特点，定位精度1.2m、具备的短信通信功能就是GPS所不具备的。

10.1.6 地理信息系统GIS

地理信息系统的设备主要是工作站和计算机。

地理信息系统的软件主要是计算机操作系统UNIX、Windows9X、WindowsNT、Windows2000、Macintosh等。

地理信息系统的计算机应用软件主要是ARC/INFO、MGE、GeoMedia、GenaMap、MapInfo、AutoDeskMap、ArcView、MapObjects、MapX、Maptitude、MapGIS、GeoStar、MapEngine等。

地理信息系统的基础地理数据主要是比例尺为1∶400万、1∶100万、1∶25万、1∶5万、1∶1万、1∶2000、1∶1000和1∶500等；基础地理数据种类为数字线划图、数字栅格图、数字正射影像图和数字高程模型等。

GIS地理信息系统由硬件、软件、数据、人员和方法五部分组成。硬件和软件为地理信息系统建设提供环境；数据是GIS的重要内容；方法为GIS建设提供解决方案；人员是系统建设中的关键和能动性因素，直接影响和协调其他几个组成部分。

硬件主要包括计算机和网络设备，存储设备，数据输入、显示和输出的外围设备等。

软件主要包括以下几类：操作系统软件；数据库管理软件；系统开发软件；GIS软件等。

GIS软件的选型，直接影响其他软件的选择，系统解决方案和系统建设周期和效益。

数据是GIS的重要内容，也是GIS系统的灵魂和生命。数据组织和处理是GIS应用系统建设中的关键环节，涉及许多问题：应该选择何种比例尺的数据；已有数据可靠性如何；数据精度是否能满足要求；数据格式是否能被已有的GIS软件集成；应采用何种方法进行处理和集成；采用何种方法进行数据的更新和维护等。

人是GIS系统的能动部分。人员的技术水平和组织管理能力是决定系统建设成败的重要因素。系统人员按不同分工有项目经理、项目开发人员、项目数据人员、系统文档撰写和系统测试人员等。各个部分齐心协力、分工协作是GIS系统成功建设的重要保证。

GIS（地理信息系统）建设首先是网络建设，网络在整个GIS项目中处于至关重要的地位。GIS应用与常规事务处理有很大不同，突出表现在庞大的数据量、复杂的处理方式、空间的分布性，以及对安全容错机制的要求上，网络设计必须满足以下内容。

（1）网络性能高，传输速率快，GIS处理对象以图形图像为主，数据量大，非常规类型。当用户较多时，网络传输繁重，容易造成网络阻塞，因而要求有足够带宽和灵活的传送技术。

（2）Client/Server、Intranet结构，分布式数据处理GIS系统是一个有机组合的群体，通过网络将地理上分散、具有自治功能的多个计算机系统互联，实现信息交换、资源共享和协同工作。支持空间分布性、联机事务处理、多用户并发操作，是GIS网络基本特征。

（3）多媒体数据同步传输GIS处理越来越多地涉及声音、动画、影视等多媒体数据，因此需要实现时间敏感数据的同步传输。

（4）空间操作的复杂性，对于应用型的事务处理GIS基于空间数据的操作，例如图形修改、拓扑关系建立，都要求独占主机和网络资源，网络必须对此提供足够的支持，而且一旦操作失败，应具备容错和恢复等安全机制。

（5）GIS网络构成复杂，涉及很多硬件平台、操作系统、网络类型的综合集成GIS硬件平台从传统小型机到各种UNIX服务器直至流行的个人工作站，几乎包括了计算产品的各种类型，还有扫描仪、绘图仪、数字化仪、硬盘阵列等专用设备；GIS系统必须同时支持UNIX、NT、Windows95等操作系统及Web/Browser应用，其客户端、服务器、中间件、开发工具等产品种类繁多、性能各异；网络设备选择涉及集线器、交换机、路由器、远程访问服务器等各个方面；如何从实际出发，对计算资源进行合理选型与配置以发挥最佳效益，是GIS网络设计的关键所在。

10.1.7 GPS使用的术语

GPS使用的术语有：

（1）坐标（coordinate）。坐标有二维（经度、纬度）、三维（经度、纬度、高度）两种。当只能收到3颗卫星的信号时，显示二维坐标（可能还会显示高度数据，但这数据是无效的）；当只能收到4颗卫星的信号时，显示三维坐标。

（2）GPS的经纬度。地球子午线长是39 940.67km，纬度1°合110.94km，1′合1.849km，1″合30.8m；赤道圈是40 075.36km，北京地区的经度1°合276km，1′合1.42km，1″合23.69m。

（3）路标（Landmark or Waypoint）是GPS数据核心，它是构成“路线”的基础，路标是GPS主要功能之一。

（4）路线（Route）是GPS内存中存储的一组数据，包括一个起点和一个终点的坐标，还可以包括若干中间点的坐标。

（5）前进方向（Heading）GPS没有指南针的功能，静止不动时它是不知道方向的。一旦动了起来，它就能知道自己的运动方向。GPS每隔1s更新一次当前地点信息，每一点的坐标和上一点的坐标一比较，就可以知道前进的方向。

（6）导向（Bearing）。

1）以设定“走向”（GOTO）目标。“走向”目标的设定可以按“GOTO”键，然后从列表中选择一个路标。以后“导向”功能将导向此路标。

2）目前有活跃路线（Activity Route）。活跃路线一般在设置一>路线菜单下设定。如果目前有活动路线，那么“导向”的点是路线中第一个路点，每到达一个路点后，自动指到下一个路点。在“导向”页面上部都会标有当前导向路点名称（“Routf”里的点也是有名称的）。它是根据当前位置，计算出导向目标对你的方向角，以与“前进方向”相同的角度值显示，同时显示离目标的距离等信息。读出导向方向，按此方向前进即可走到目的地。有些GPS把前进方向和导向功能结合起来，只要用GPS的头指向前进方向，就会有一个指针箭头指向前进方向和目标方向的偏角，跟着这个箭头就能找到目标。

（7）日出日落时间（Sun Set/raise Time）GPS能够显示当地的日出、日落时间，这个时间是GPS根据当地经度和日期计算得到的，是指平原地区的日出、日落时间，在山区因为有山脊遮挡，日照时间根据情况要早晚各少0.5h以上。

（8）足迹线（Plot trail）GPS每秒更新一次坐标信息，记载自己的运动轨迹。

10.2 卫星导航定位系统的有关标准

CH 8016—1995《全球定位系统（GPS）测量型接收机检定规程》

GB/T 18314—2009《全球定位系统（GPS）测量规范》

CJJ 73—1997《全球定位系统城市测量技术规程》

JTJ/T 066—1998《公路勘测规范》

CH 8016—1995《全球定位系统（GPS）测量型接收机检定规程》

CH 1002—1995《测绘产品检查验收规定》

CH 1003—1995《测量产品质量评定标准》

10.3 GPS 布网方法

10.3.1 GPS 布网中使用的坐标系统

一个完整的坐标系统是由坐标系统和基准两方面要素所构成的。坐标系指的是描述空间位置的表达形式，而基准指的是为描述空间位置而定义的一系列点、线、面。在大地测量中的基准一般是指为确定点在空间中的位置，而采用的地球椭球或参考椭球的几何参数和物理参数时，描述的是在空间的定位、定向方式，以及在描述空间位置时所采用的单位长度和定义。

10.3.1.1 坐标系的分类

正如前面所提及的，所谓坐标系指的是描述空间位置的表达形式，即采用什么方法来表示空间位置。人们为了描述空间位置，采用了多种方法，从而也产生了不同的坐标系，如直角坐标系，极坐标系等。在测量中，常用的坐标系有以下几种：

(1) 空间直角坐标系。空间直角坐标系的坐标原点位于参考椭球的中心，Z 轴指向参考椭球的北极，X 轴指向起始子午面与赤道的交点，Y 轴位于赤道面上，且按右手系与 X 轴呈 90°夹角。某点在空间中的坐标可用该点在此坐标系的各个坐标轴上的投影来表示，如图 10-1 所示。

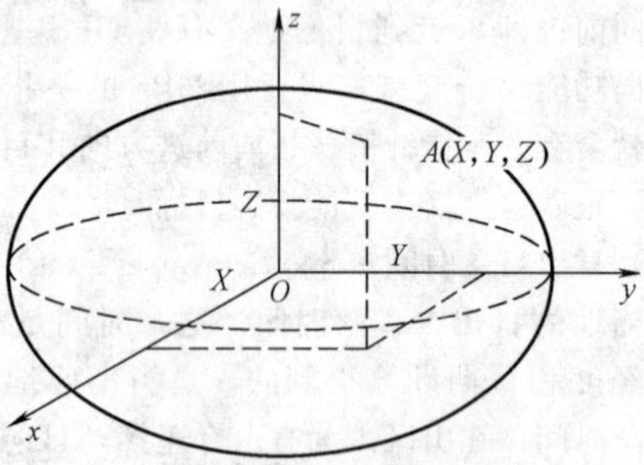

图 10-1 空间直角坐标系

(2) 空间大地坐标系。空间大地坐标系是采用大地经、纬度和大地高度来描述空间位置的。纬度是空间的点与参考椭球面的法线与赤道面的夹角，经度是空间中的点与参考椭球的自转轴所在的面与参考椭球的起始子午面的夹角，大地高是空间点沿参考椭球的法线方向到参考椭球面的距离，如图 10-2 所示。

(3) 平面直角坐标系。平面直角坐标系是利用投影变换，将空间坐标（空间直角坐标或空间大地坐标）通过某种数学变换映射到平面上，这种变换又称为投影变换。投影变换的方法有很多，如 UTM 投影、Lambuda 投影等，在我国采用的是高斯—克吕格投影，也称为高斯投影。

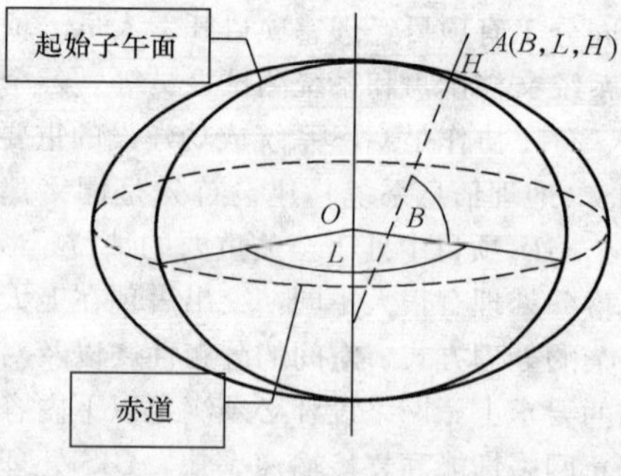

图 10-2 空间大地坐标系

10.3.1.2 基准

所谓基准是指为描述空间位置而定义的点、线、面，在大地测量中，基准是指用以描述地球形状的参考椭球的参数，如参考椭球的长短半轴，以及参考椭球在空间中的定位及定向，还有在描述这些位置时所采用的单位长度的定义。

10.3.1.3 坐标系变换与基准变换

在 GPS 测量中，经常要进行坐标系变换与基准变换。所谓坐标系变换就是在不同的坐标表示形式间进行变换，基准变换是指在不同的参考基准间进行变换。

(1) 坐标系的变换方法。

1) 空间直角坐标系与空间大地坐标系间的转换。

在相同的基准下，空间大地坐标系向空间直角坐标系的转换方法为

$$X=(N+H)\cos B\cos L$$
$$Y=(N+H)\cos B\sin L$$
$$Z=[N(1-e^2)+H]\sin B$$
$$N=\frac{a}{\sqrt{1-e^2\sin^2 B}}$$
$$e^2=\frac{a^2-b^2}{a^2}$$

式中：N 为卯酉圈的半径；a 为地球椭球长半轴；b 为地球椭球的短半轴。

在相同的基准下，空间直角坐标系向空间大地坐标系的转换方法为

$$L=\arctan\left(\frac{Y}{X}\right)$$
$$B=\arctan\left\{\frac{Z(N+H)}{\sqrt{(X^2+Y^2)}[N(1-e^2)+H]}\right\}$$
$$H=\frac{Z}{\sin B}-N(1-e^2)$$

在采用上式进行转换时，需要采用迭代的方法，先将

B求出，最后在确定H。

2）空间坐标系与平面直角坐标系间的转换。空间坐标系与平面直角坐标系间的转换采用的是投影变换的方法。在我国一般采用的是高斯投影。

（2）坐标系统的转换方法。不同坐标系统的转换本质上是不同基准间的转换，不同基准间的转换方法有很多，其中，最为常用的有布尔沙模型，又称为七参数转换法。

七参数转换法是：设两空间直角坐标系间有七个转换参数：3个平移参数、3个旋转参数和1个尺度参数，如图10-3所示。

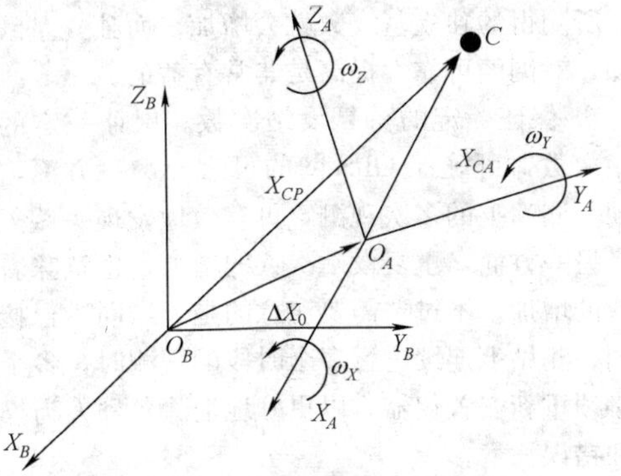

图10-3 七参数转换法示图

若：$(X_A Y_A Z_A)^r$为某点在空间直角坐标系A的坐标；$(X_B Y_B Z_B)^r$为该点在空间直角坐标系B的坐标；$(\Delta X_0 \Delta Y_0 \Delta Z_0)^r$为空间直角坐标系A转换到空间直角坐标系B的平移参数；$(\omega_X \omega_Y \omega_Z)^r$为空间直角坐标系A转换到空间直角坐标系B的旋转参数；m为空间直角坐标系A转换到空间直角坐标系B的尺度参数，则由空间直角坐标系A到空间直角坐标系B的转换关系为

$$\begin{bmatrix} X_B \\ Y_B \\ Z_B \end{bmatrix} = \begin{bmatrix} \Delta X_0 \\ \Delta Y_0 \\ \Delta Z_0 \end{bmatrix} + (1+m)R(\omega) \begin{bmatrix} X_A \\ Y_A \\ Z_A \end{bmatrix}$$

$$R(\omega_Y) = \begin{pmatrix} \cos\omega_Y & 0 & -\sin\omega_Y \\ 0 & 1 & 0 \\ \sin\omega_Y & 0 & \cos\omega_X \end{pmatrix}$$

一般ω_X、ω_Y和ω_Z均为小角度，可以认为：$\cos\omega \approx 1$，$\sin\omega \approx \omega$，则有

$$R(\omega) = R(\omega_Z)R(\omega_Y)R(\omega_X) = \begin{bmatrix} 1 & \omega_Y & -\omega_Y \\ -\omega_Z & 1 & \omega_X \\ \omega_Y & -\omega_X & 1 \end{bmatrix}$$

$$R(\omega_Z) = \begin{pmatrix} \cos\omega_{Zy} & \sin\omega_Z & 0 \\ -\sin\omega_Z & \cos\omega_Z & 0 \\ 0 & 0 & 1 \end{pmatrix}$$

也可将转换公式表示为

$$\begin{bmatrix} X_B \\ Y_B \\ Z_B \end{bmatrix} = \begin{bmatrix} X_A \\ Y_A \\ Z_A \end{bmatrix} + \begin{bmatrix} \Delta X_A \\ \Delta Y_A \\ \Delta Z_A \end{bmatrix} + K \begin{bmatrix} \omega_X \\ \omega_Y \\ \omega_Z \\ m \end{bmatrix}$$

$$K = \begin{bmatrix} 0 & -Z_A & Y_A & X_A \\ Z_A & 0 & -X_A & Y_A \\ -Y_A & X_A & X_A & Z_A \end{bmatrix}$$

10.3.1.4 GPS测量中常用的坐标系统

（1）世界大地坐标系-84（World Geodical System-84，WGS-84）。WGS-84坐标系是目前GPS所采用的坐标系统，GPS所发布的星历参数就是基于此坐标系统的，它是一个地心地固坐标系统。

WGS-84坐标系由美国国防部制图局建立，于1987年取代了当时GPS所采用的坐标系——WGS-72坐标系而成为GPS的所使用的坐标系。

WGS-84坐标系的坐标原点位于地球的质心，Z轴指向BIH1984.0定义的协议地球极方向，X轴指向BIH1984.0的起始子午面和赤道的交点，Y轴与X轴和Z轴构成右手系。

WGS-84系所采用椭球参数为$a=6378137$m，$f=1/298.257223563$，$\overline{C}_{20}=-484.16685\times10^{-6}$，$w=7.292115\times10^{-5}$ rad/s，$GM=398600.5\text{km}^3/\text{s}^2$。

（2）1954年北京坐标系。1954年北京坐标系是我国目前广泛采用的大地测量坐标系，该坐标系源自于前苏联采用过的1942年普尔科夫坐标系。

建国前，我国没有统一的大地坐标系，建国初期，在苏联专家的建议下，我国根据当时的具体情况，建立起了全国统一的1954年北京坐标系。该坐标系采用的参考椭球是克拉索夫斯基椭球，该椭球的参数为：$a=6378245$m，$f=1/298.3$。

遗憾的是，该椭球并未依据当时我国的天文观测资料进行重新定位，而是由前苏联西伯利亚地区的一等锁，经我国的东北地区传算过来的，该坐标系的高程是以前苏联1955年大地水准面重新平差的结果为起算值，按我国天文水准路线推算出来的，而高程又是以1956年青岛检测潮站的黄海平均海水面为基准。

1954年北京坐标系建立后，全国天文大地网尚未布测完毕，因此，在全国分期布设该网的同时，相应地进行了分区的天文大地网局部平差，以满足经济和国防建设的需要。局部平差是按逐级控制的原则，先分区平差一等锁系，然后以一等锁环为起算值，平差环内的二等三角锁，平差时网区的连接部仅作了近似处理，如有的仅取两区的平差值，当某些一等锁环内的二等网太大，在当时的计算条件下无法处理时，也进行了分区平差，连接部仍采用近似处理的方法。

由于当时条件的限制，1954 年北京坐标系存在着很多缺点，主要表现在以下几个方面：

(1) 克拉索夫斯基椭球参数同现代精确的椭球参数的差异较大，并且不包含表示地球物理特性的参数，因而给理论和实际工作带来了许多不便。

(2) 椭球定向不十分明确，椭球的短半轴既不指向国际通用的 CIO 极，也不指向目前我国使用有 JYD 极。参考椭球面与我国大地水准面呈西高东低的系统性倾斜，东部高程异常达 60 余米，最大达 67m。

(3) 该坐标系统的大地点坐标是经过局部分区平差得到的，因此，全国的天文大地控制点实际上不能形成一个整体，区与区之间有较大的隙距，如在有的接合部中，同一点在不同区的坐标值相差 1～2m，不同分区的尺度差异也很大，而且坐标传递是从东北到西北和西南，后一区是以前一区的最弱部作为坐标起算点，因而一等锁具有明显的坐标积累误差。

(4) 1980 年西安大地坐标系。1978 年，我国决定重新对全国天文大地网施行整体平差，并且建立新的国家大地坐标系统，整体平差在新大地坐标系统中进行，这个坐标系统就是 1980 年西安大地坐标系统。1980 年西安大地坐标系统所采用的地球椭球参数的四个几何和物理参数采用了 IAG 1975 年的推荐值，它们是 $a=6378140\text{m}$，$GM=3.986005\times10^{14}\ \text{M}^3/\text{S}^2$，$J_2=1.08263\times10^{-3}$，$\omega=7.292115\times10^{-5}\text{rad}\cdot\text{s}^{-1}$。

椭球的短轴平行于地球的自转轴（由地球质心指向地极原点方向），起始子午面平行于格林尼治平均天文子午面，椭球面同似大地水准面在我国境内符合最好，高程系统以 1956 年黄海平均海水面为高程起算基准。

10.3.2　GPS 网的设计准则

10.3.2.1　出发点

GPS 网设计的出发点是在保证质量的前提下，尽可能地提高效率，努力降低成本。因此，在进行 GPS 的设计和测设时，既不能脱离实际的应用需求，盲目地追求不必要的高精度和可靠性，也不能为追求高效率和低成本，而放弃对质量的要求。

10.3.2.2　GPS 网布网作业准则

(1) 选点。选点有以下准则：

1) 为保证对卫星的连续跟踪观测和卫星信号的质量，要求测站上空尽可能的开阔，在 10°～5°高度角以上不能有成片的障碍物。

2) 为减少各种电磁波对 GPS 卫星信号的干扰，在测站周围约 200m 的范围内不能有强电磁波干扰源，如大功率无线电发射设施、高压输电线等。

3) 为避免或减少多路径效应的发生，测站应远离对电磁波信号反射强烈的地形、地物，如高层建筑、成片水域等。

4) 为便于观测作业和今后的应用，测站应选在交通便利，建点方便的地方。

5) 测站应选择在易于保存的地方。

(2) 提高 GPS 网可靠性的方法。

1) 增加观测期数（增加独立基线数）。在布设 GPS 网时，适当增加观测期数（时段数）对于提高 GPS 网的可靠性非常有效。因为，随着观测期数的增加，所测得的独立基线数就会增加，而独立基线数的增加，对网的可靠性提高是非常有益的。

2) 保证一定的重复设站次数。保证一定的重复设站次数，可确保 GPS 网的可靠性。一方面，通过在同一测站上的多次观测，可有效地发现一些人为错误；另一方面，重复设站次数的增加，也意味着观测期数的增加。不过，需要注意的是，当同一台接收机在同一测站上连续进行多个时段的观测时，各个时段间必须重新安置仪器，以更好地消除各种人为操作误差和错误。

3) 保证每个测站至少与三条以上的独立基线相连，这样可以使得测站具有较高的可靠性。在布设 GPS 网时，各个点的可靠性与点位无直接关系，而与该点上所连接的基线数有关，点上所连接的基线数越多，点的可靠性则越高。

4) 在布网时要使网中所有最小异步环的边数不大于 6 条。

在布设 GPS 网时，检查 GPS 观测值（基线向量）质量的最佳方法是异步环闭合差，而随着组成异步环的基线向量数的增加，基检验质量的能力将逐渐下降。

(3) 提高 GPS 网精度的方法。提高 GPS 网精度的方法如下：

1) 为保证 GPS 网中各相邻点具有较高的相对精度，对网中距离较近的点一定要进行同步观测，以获得它们间的直接观测基线。

2) 为提高整个 GPS 网的精度，可以在全面网之上布设框架图，以框架网作为整个 GPS 网的骨架。在布网时要使网中所有最小异步环的边数不大于 6 条。

3) 在布设 GPS 网时，引入高精度激光测距边，作为观测值与 GPS 观测值（基线向量）一同进行联合平差，或将它们作为起算边长。

4) 若要采用高程拟合的方法，测定网中各点的正常高/正高，则需在布网时选定一定数量的水准点，水准点的数量应尽可能的多，且应在网中均匀分布，还要保证有部分点分布在网中的四周，将整个网包含在其中。

5）为提高GPS网的尺度精度，可采用增设长时间、多时段的基线向量的方法。

（4）布设GPS网时起算点的选取与分布。若要求所布设的GPS网的成果与旧成果吻合最好，则起算点数量越多越好，若不要求所布设的GPS网的成果完全与旧成果吻合，则一般可选3～5个起算点，这样既可以保证新老坐标成果的一致性，也可以保持GPS网的原有精度。

为保证整网的点位精度均匀，起算点一般应均匀地分布在GPS网的周围。要避免所有的起算点分布在网中一侧的情况。

（5）布设GPS网时起算边长的选取与分布。在布设GPS网时，可以采用高精度激光测距边作为起算边长，激光测距边的数量可在3～5条，它们可设置在GPS网中的任意位置，但激光测距边两端点的高差不应过分悬殊。

（6）布设GPS网时起算方位的选取与分布。在布设GPS网时，可以引入起算方位，但起算方位不宜太多，起算方位可布设在GPS网中的任意位置。

10.3.3 GPS基线向量网的布网形式

GPS网常用的布网形式有以下几种：跟踪站式、会战式、多基准站式（枢纽点式）、同步图形扩展式和单基准站式。

10.3.3.1 跟踪站式

（1）布网形式。若干台接收机长期固定安放在测站上，进行常年、不间断的观测，即一年观测365天，一天观测24h，这种观测方式很像是跟踪站，因此，这种布网形式被称为跟踪站式。

（2）特点。由于在采用跟踪站式的布网形式布设GPS网时，接收机在各个测站上进行了不间断的连续观测，观测时间长、数据量大，而且在处理采用这种方式所采集的数据时，一般采用精密星历，因此，采用此种形式布设的GPS网具有很高的精度和框架基准特性。

每个跟踪站为保证连续观测，一般需要建立专门的永久性建筑即跟踪站，用以安置仪器设备，这使得这种布网形式的观测成本很高。

此种布网形式一般用于建立GPS跟踪站（AA级网），对于普通用途的GPS网，由于此种布网形式观测时间长、成本高，故一般不被采用。

10.3.3.2 会战式

（1）布网形式。在布设GPS网时，一次组织多台GPS接收机，集中在一段不太长的时间内，共同作业。在作业时，所有接收机在若干天的时间里分别在同一批点上进行多天、长时段的同步观测，在完成一批点的测量后，所有接收机又都迁移到另外一批点上进行相同方式的观测，直至所有的点观测完毕，这就是所谓的会战式的布网。

（2）特点。采用会战式布网形式所布设的GPS网，因为各基线均进行过较长的时间、多时段的观测，所以可以较好地消除SA等因素的影响，因而具有特高的尺度精度。此种布网方式一般用于布设A级网，B级网。

10.3.3.3 多基准站式

（1）布网形式。所谓多基准站式的布网形式就是有若干接收机在一段时间里长期固定在某几个点上进行长时间的观测，这些测站称为基准站，在基准站进行观测的同时，另外一些接收机则在这些基准站周围相互之间进行同步观测，如图10-4所示。

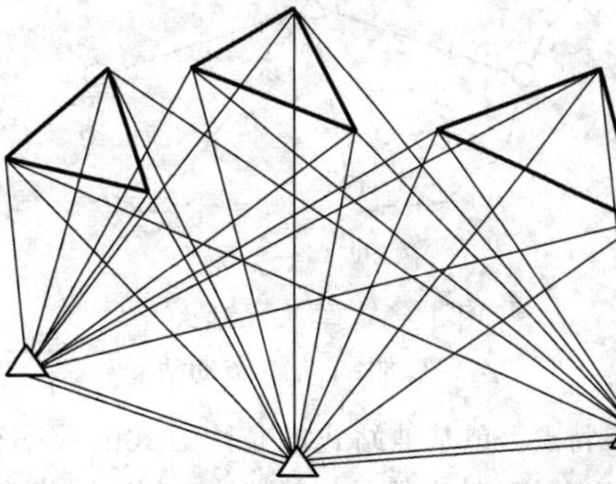

图10-4 多基准站式

（2）特点。采用多基准站式的布网形式所布设的GPS网，由于在各个基准站之间进行了长时间的观测，因此，可以获得较高精度的定位结果，这些高精度的基线向量可以作为整个GPS网的骨架。另外一方面，其余的进行了同步观测的接收机间除了自身间有基线向量相连外，它们与各个基准站之间也存在有同步观测，因此，也有同步观测基线相连，这样可以获得更强的图形结构。

10.3.3.4 同步图形扩展式

（1）布网形式。所谓同步图形扩展式的布网形式，就是多台接收机在不同测站上进行同步观测，在完成一个时段的同步观测后，又迁移到其他的测站上进行同步观测，每次同步观测都要以形成一个同步图形，在测量过程中，不同的同步图形间一般有若干个公共点相连，整个GPS网由这些同步图形构成。

(2) 特点。同步图形扩展式的布网形式具有扩展速度快，图形强度较高，且作业方法简单的优点。同步图形扩展式是布设 GPS 网时最常用的一种布网形式。

10.3.3.5　单基准站式

(1) 布网形式。单基准站式的布网方式有时又称作星形网方式，它是以一台接收机作为基准站，在某个测站上连续开机观测，其余的接收机在此基准站观测期间，在其周围滚动，每到一点就进行观测，滚动的接收机之间一般不要求同步，这样，滚动的接收机每观测一个时段，就与基准站间测得一条同步观测基线，所有这样测得的同步基线就形成一个以基准站为中心得星形，流动的接收机有时也称为流动站，如图 10-5 所示。

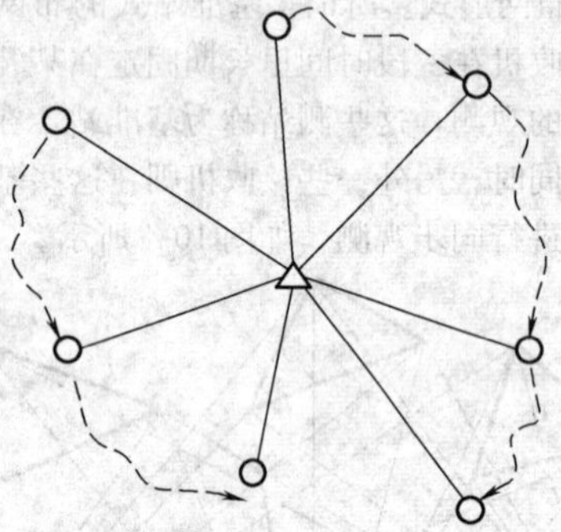

图 10-5　单基准站式

△—基准站；○—流动站

(2) 特点。单基准站式的布网方式的效率很高，但是由于各流动站一般只与基准站之间有同步观测基线，故图形强度很弱，为提高图形强度，一般需要每个测站至少进行两次观测。

10.3.4　采用同步图形扩展的布网形式

布设 GPS 基线向量网时的观测作业方式如下：

同步图形扩展式的作业方式具有作业效率高，图形强度好的特点，它是目前在 GPS 测量中普遍采用的一种布网形式，在本书中将着重介绍此种布网形式。

采用同步图形扩展式布设 GPS 基线向量网时的观测作业方式主要以下几种方式，点连式、边连式、网连式和混连式。

10.3.4.1　点连式

(1) 观测作业方式。所谓点连式就是在观测作业时，相邻的同步图形间只通过一个公共点相连。这样，当有台仪器共同作业时，每观测一个时段，就可以测得 $m-1$ 个新点，当这些仪器观测了 5 个时段后，就可以测得 $1+5(m-1)$ 个点，如图 10-6 所示。

图 10-6　点连式

(2) 特点。点连式观测作业方式的优点是作业效率高，图形扩展迅速；它的缺点是图形强度低，如果连接点发生问题，将影响到后面的同步图形。

10.3.4.2　边连式

(1) 观测作业方式。所谓边连式就是在观测作业时，相邻的同步图形间有一条边（即两个公共点）相连。这样有 m 台仪器共同作业时，每观测一个时段，就可以测得 $m-2$ 个新点，当这些仪器观测了 s 个时段后，就可以测得 $2+s(m-2)$ 个点，如图 10-7 所示。

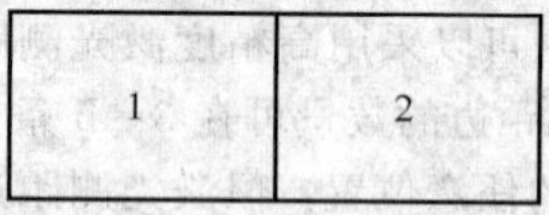

图 10-7　边连式

(2) 特点。边连式观测作业方式具有较好的图形强度和较高的作业效率。

10.3.4.3　网连式

(1) 观测作业方式。所谓网连式就是在作业时，相邻的同步图形间有 3 个（含 3 个）以上的公共点相连。这样当有 m 台仪器共同作业时，每观测一个时段，就可以测得 $m-k$ 个新点，当这些仪器观测 s 个时段后，就可以测得 $k+s(m-k)$ 个点，如图 10-8 所示。

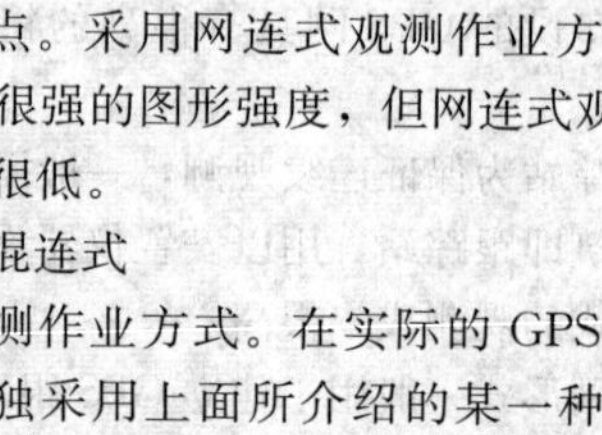

图 10-8　混连式

(2) 特点。采用网连式观测作业方式所测设的 GPS 网具有很强的图形强度，但网连式观测作业方式的作业效率很低。

10.3.4.4　混连式

(1) 观测作业方式。在实际的 GPS 作业中，一般并不是单独采用上面所介绍的某一种观测作业模式，而是根据具体情况，有选择地灵活采用这几种方式作业，这种观测作业方式就是所谓的混连式。

(2) 特点。混连式观测作业方式是实际作业中最常用的作业方式，它实际上是点连式、边连式和网连式的一个结合体。

10.4 卫星导航定位系统的设计重点和设备选择检查

10.4.1 GPS工程设计重点

GPS工程设计要重点注意如下5点：

（1）基准站应远离大功率无线电发射台和高压输电线，以避免其周围磁场对GPS卫星信号的干扰，附近也不能有大面积水域，避免增强多路径效应。

（2）观测站应设在易于安置接收设备的地方，且视场开阔。在视场内周围障碍物的高度角，根据情况视场角一般应大于10°～15°，以减弱对流层折射的影响。另外应选在交通方便的地方，并且便于用其他测量手段联测和扩展。

（3）GPS接收机天线要接地。

（4）当确认外接电源、电缆及天线等各项连接完全无误后，方可接通电源，启动接收机。

（5）开机后接收机的有关仪表数据显示正常时，方能进行自测试和输入有关信息。

（6）水平测量精度、垂直测量精度要满足要求。

10.4.2 GPS设备的选择和检查

目前国际上生产GPS接收机的厂家已有数十家，型号超过数百种，且新产品更新很快、日新月异，因此购买过程中一定要根据设备性能和经济技术指标慎重选择。

10.4.2.1 GPS设备选择

设备性能应考虑设备的测量精度、软件的质量与功能以及设备重量。

10.4.2.2 GPS设备检查

必须对设备的性能与可靠性进行全面检查。全面检查的内容包括一般检查、通电检查和试测检验。

（1）一般检查主要检查设备的各部件是否齐全、完好，紧固部件是否松动与脱落，设备的使用手册是否齐全等。

（2）通电检查主要是设备通电后有关信号灯、按键、显示系统和仪表的工作状况以及自测系统的工作状况是否正常。

GPS接收机属贵重的精密电子仪器，必须制订严格的使用、运输与保管办法。

第11章 chapter11 火灾自动报警与消防联动控制系统的设计与施工技术

防火系统是智能大厦BA系统中的一个非常重要的部分，也有人把防火系统称为消防系统。从消防角度来说，智能大厦的防火系统应贯彻以防为主，防消结合的方针。防火系统应能及时发现并报告火情，控制火灾的发展，尽早扑灭火灾，以确保人身安全和减少社会财产损失，将火灾消灭在萌芽状态。

随着科技进步和生产的发展，微电子技术、检测技术、自动控制技术和计算机技术广泛应用到消防领域，使火灾探测技术、自动报警技术、消防设备联动控制技术、火灾监控系统等有了飞速的发展。消防系统已从过去简单、被动的体系演变为今天自动探测、自动报警的智能系统。

本章重点介绍的内容有：火灾发生过程与检测方法；火灾探测器；火灾报警控制器；消防联动控制系统；系统工程设计；火灾自动报警与消防联动控制系统的安装施工；火灾自动报警及联动控制系统的调试；火灾自动报警及联动控制系统验收。

11.1 火灾发生过程与检测方法

11.1.1 火灾发生的典型过程

在叙述防火探测器的类型之前，先简述火灾发生典型过程。

根据物质燃烧过程的基本现象，物质燃烧过程一般伴随着烟、火、温度等反应过程，要考虑燃烧过程中的下列情况。

(1) 温度。物质燃烧时，必然有热量释放，使物体的周边环境温度升高。如果物质燃烧速度非常慢，测试的温度变化不易被鉴别出来。

(2) 燃烧主体与烟雾。一般燃烧物开始燃烧时都会释放出燃烧气体。由于燃烧气体的烟雾具有流动性和毒性，能够在建筑物内任意传播和扩散，故燃烧气体和烟雾是重要的火灾探测参数。在防火术语中，把物质燃烧产生的燃烧气体的烟雾统称为烟雾气溶胶。

(3) 火焰。火焰是物质着火产生的灼热发光的气体部分，也是物质的全燃分阶段。这时，物质燃烧反应释放的热量提高了温度，并引起燃烧物质发出各种波长的光。作为燃烧的基本特征，火焰光也是重要的火灾探测参数。

对于典型起火过程，可燃物质的普遍表现形式是：首先产生燃烧气体烟雾，在氧气供应充分的条件下达以完全燃烧，产生火焰并发出一些可见光和不可见光，同时释放出大量的热能，使环境温度升高。可燃物由开始燃烧到火势渐大，最终酿成火灾。

对于化学品、油品、液化烃等物质来说，由于起火速度快，并迅速达到全燃阶段，故会形成很少有烟雾遮蔽的明火火灾。这些情况都为自动探测火灾提供了可靠基础。

11.1.2 火灾的检测方法

火灾检测是以物质燃烧过程中产生的各种情况为依据，以实现早期发现。所以，可根据物质燃烧过程中发生的能量转换和物质转换来确定是否有可能发生火灾。如图11-1所示为火灾自动检测方法分类。

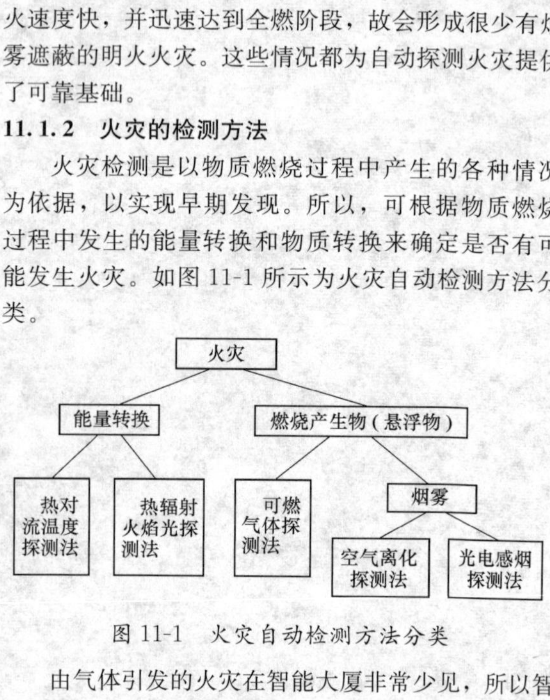

图11-1　火灾自动检测方法分类

由气体引发的火灾在智能大厦非常少见，所以智能大厦中一般不使用可燃气体探测法。

空气离化探测法是利用放射性同位素释放的 α 射线将空气电离，使电离室内具有一定的导电性。当烟雾气溶胶进入电离室时，烟粒子将吸附其中的带电离子，产生电流变化，从而获得与烟浓度直接相关的电信号。这一信号用于火灾的确认和报警。

光电感烟探测法是基于光散射定律，在通气暗箱内用发光元件产生一定波长的探测光，当烟雾溶入暗箱时，其中直径大于探测光波长的着色烟粒子产生散射光，通过与发光元件成一定夹角（90°～135°）的光电接收元件收到的散射光强度，可以得到与烟浓度成正比的电流或电压，以此判定火灾是否发生。

温度（热）探测法是根据物质燃烧放出的热量（温度）所引起的环境温度升高或其变化率大小，通过热敏元件与电子线路来探测火灾的发生。

火焰光探测法是根据物质燃烧所产生的火焰光辐射大小（主要是红外光辐射和紫外光辐射的大小），通过光敏元件与电子线路来探测火灾的发生。

11.2　火灾探测器

11.2.1　火灾探测器的型号含义

火灾探测器是用来响应附近区域火灾产生的物理或化学现象的探测器件。其技术发展很快，在国内有多个厂家生产。产品技术目前已可以和国外公司的产品抗衡，并远销海外市场。现对火灾探测器的型号、分类、原理作一简要介绍。

EBC 8100-84 标准对产品型号编制方法作出了规定。

火灾控测器的型号含义如下：

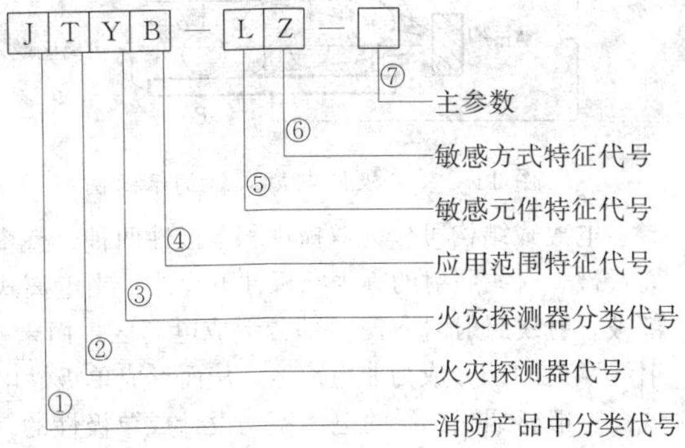

说明：

① J(警)——消防产品中分类代号(火灾报警设备)。

② T(探)——火灾探测器代号。

③ 火灾探测器分类代号，各种类型火灾探测器的具体表示方法如下：

Y(烟)——感烟火灾探测器；

W(温)——感温火灾探测器；

G(光)——感光火灾探测器；

Q(气)——可燃气体探测器；

F(复)——复合式火灾探测器。

④ 应用范围特征代号表示方法如下：

B(爆)——防爆型；

C(船)——船用型；

非防爆型或非船用型可以省略，无需注明。

⑤，⑥ 传感器特征表示法如下：

LZ(离子)——离子；

GD(光、电)——光电；

MD(膜、定)——膜盒定温；

MC(膜、差)——膜盒差温；

复合式探测器表示方法如下：

GW(光温)——感光感温；

GY(光烟)——感光感烟；

YW(烟温)——感烟感温；

YW-HS(烟温—红束)——红外光束感烟感温。

⑦ 主参数——定温、差定温用灵敏度级别表示。

型号含义举例：

- JTY-LZ-E 型离子感烟探测器，二总线模拟量超薄型；
- JTY-DZ-E 型电子感温探测器，二总线模拟量超薄型；
- JTY-GD -SH9431 型光电感烟探测器；
- JTW-CDZ-262/061 型电子差定温探测器；
- JTF-YW-4100 型光电、离子、感温三复合探测器；
- JTY-HS -SX1005 型红外光束线型感烟探测器。

11.2.2　火灾探测器的分类

火灾探测器依据不同的探测方法可分为不同类型。按其待测的火灾参数可以分为感烟式、感温式、感光式火灾探测器和可燃气体探测器，以及感温感烟型、感温感光型、感烟感光型、感烟感温感光型等复合式火灾探测器。

火灾探测器的分类如下：感烟式火灾探测器是利用一个小型传感器来响应悬浮在周围大气中燃烧和（或）热解产生的烟雾气溶胶（固态或液态微粒）；感温式火灾探测器是利用一个点或线缆式传感器来响应周围气流的异常温度（或）升温速率；感光式火灾探测器是根据燃烧火焰的特性和火焰的光辐射来响应火焰光特性，一般可制成主动式红外线火灾探测器和被动式紫外、红外火焰探测器；可燃气体探测器是采用各种气敏元件或传感器来响应火灾初期可燃气体浓度或液化石油气等的浓度。

火灾探测器的分类如图 11-2 所示。

- 感烟式火灾探测器
  - 点型
    - 离子式
      - 双源式
      - 单源式
    - 光电式
      - 散射光式
      - 减光式
    - 电容式
    - 半导体式
  - 线型
    - 红外光束型
    - 激光型
- 感温式火灾探测器
  - 点型
    - 定温式
      - 水银接点型
      - 易熔合金型
      - 玻璃球型
      - 热电偶型
      - 半导体型
      - 双金属型
      - 热敏电阻型
    - 差温式
      - 半导体式
      - 双金属型
      - 热敏电阻型
      - 膜盒型
    - 差定温式
      - 双金属型
      - 热敏电阻型
      - 膜盒型
  - 线型
    - 定温式
      - 多点型
      - 缆式型
    - 差温式
      - 空气管型
- 感光式火灾探测器
  - 紫外火焰型
  - 红外火焰型
- 可燃气体探测器
  - 气敏半导体型
  - 铂丝型
  - 光电型
  - 固体电介质型
- 双技术(复合式) 火灾探测器
  - 感温感烟型
  - 感温感光型
  - 感烟感光型
  - 感烟感温感光型
  - 分离式红外光束感温感烟型

图 11-2　火灾探测器的分类（一）

- 其他火灾探测器
  - 超声波型
  - 微差压型
  - 静电感应型
  - 漏电流感应型
- 智能型火灾探测器
  - 智能光电感烟型
  - 智能电子差定温感温型
  - 智能紫外火焰型
  - 智能线型红外光束感烟型

图 11-2　火灾探测器的分类（二）

11.2.3　离子感烟式火灾探测器

离子感烟式火灾探测器是采用空气离子火灾探测方法，通常只适用于点型火灾探测。根据探测器内电离室的结构形式，离子感烟式火灾探测器又可分为双源和单源感烟式两种。

（1）电离式结构和电特性。感烟电离式是离子感烟探测器的核心传感器件，其结构如图 11-3 所示。电离室两极间的空气分子受放射源 Am^{241} 不断辐射出的 α 射线照射，高速运动的 α 粒子撞击空气分子，从而使两极间空气分子电离为正离子和负离子，这样，电极之间原来不导电的空气具有导电性。在电场作用下，正、负离子规则运动，使电离式呈现典型的伏—安特性，形成离子电流。

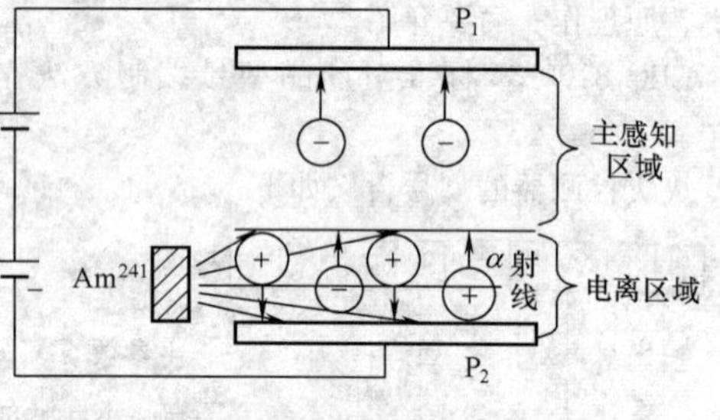

图 11-3　单极性电离式结构示意图

电离式结构可分为双极性和单极性两种：整个电离式被 α 射线照射的称为双极性电离式；当电离式局部被 α 射线照射时，使一部分形成电离区，而未被 α 射线照射的部分成为非电离区，从而形成单极性电离式。一般感烟探测器的电离室均设计成单极性的。当发生火灾时。烟雾进入电离室后，单极性电离式要比双极性电离式的离子电流变化大，可以得到较大的电压变化量，从而提高了离子感烟式火灾探测器的灵敏度。

当火灾发生时，烟雾粒子进入电离室，电离部分（区域）的正离子和负离子被吸附到烟雾粒子上，使正、负离子相互中的几率增加，从而可将烟雾浓度大小以离子电流的变化量大小表示出来，实现对火灾参数的检测。

（2）双源离子感烟式火灾探测器原理。双源离子感烟式火灾探测器的电路原理及其工作特性如图 11-4 所示。在实际设计中，开室结构（烟雾容易进入的检测用电离室）与闭室结构（烟雾难以进入的补偿用电离室）反向串联，检测室工作在其特性的灵敏区，补偿室工作在其特性的饱和区。无烟时，探测器工作点在 A，有烟时在 B 点，电压差 ΔV 的大小反映了烟深度的大小。经电子线路对 ΔV 处理，可以得到火灾时产生的烟浓度，从而确认火灾发生。

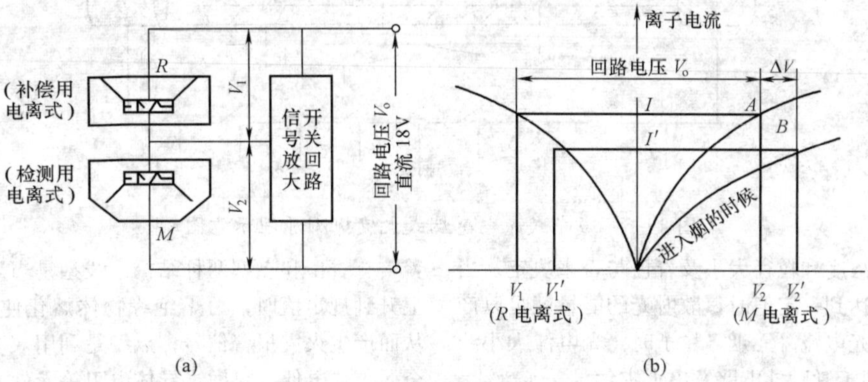

图 11-4　双源离子感烟式火灾探测器原理图

（a）电路原理；（b）工作特性

在感烟式火灾探测器中，选择不同的电子线路，可以实现不同的信号处理方式，从而构成不同形式的离子感烟式火灾探测器。例如，选用阈值比较放大和开关电路可以构成阈值报警式离子感烟式火灾探测器；选用 A/D 或 A/F 转换和编码传输电路可以构成编码型类比感烟探测器；选用 A/D 转换、编码传输和微处理单元电路可以构成分布智能式感烟探测器。

采用双源反向串联式结构的离子感烟式火灾探测器可以减少环境温度、湿度、气压等条件变化对离子电流的影响，提高探测器的环境适应能力和工作稳定性。国内典型的生产探测器厂家有北京达宗智能有限责任公司。

（3）单源离子感烟式探测器原理。单源离子感烟式火灾探测器的电路原理图如图 11-5 所示。其检测电离式和补偿电离式由电极板 P_1，P_2 和 P_m 等构成，共用一个放射源。在探测火灾时，探测器的烟雾检测式（外式）和补偿式（内式）都工作在其特性的灵敏区，利用 P_m 电位的变化量大小反映进入的烟雾浓度变化，实现火灾探测。

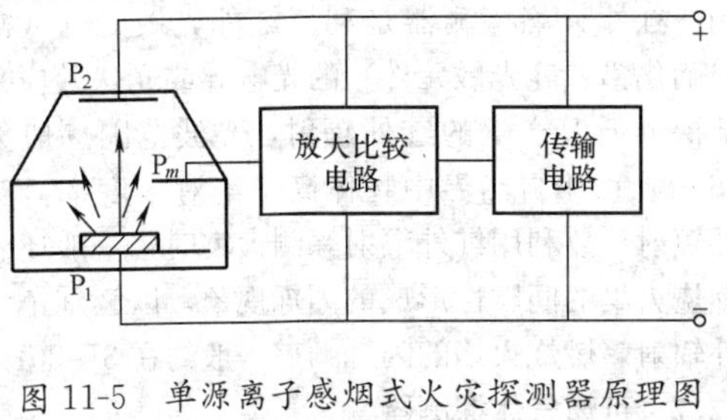

图 11-5　单源离子感烟式火灾探测器原理图

单源离子感烟式火灾探测器的烟雾检测室和补偿室在结构上基本都是敞开的，两者受环境变化的影响相同，因而提高了对环境的适应能力。特别是在抗潮湿方面，单源离子感烟式火灾探测器的性能比双源式的要好得多。单源离子感烟式火灾探测器也有阈值放大、类比判断和分布智能等结构类型和信号处理方式。

11.2.4　光电感烟式火灾探测器

根据烟雾粒子对光的吸收和散射作用，光电感烟式火灾探测器可分为减光式和散射光式两种。

（1）减光式光电感烟式火灾探测原理。减光式光电感烟式火灾探测原理如图 11-6 所示。进入光电检测暗室内的烟雾粒子对光源发出的光产生吸收和散射作用，使通过光路上的光通量减少，从而使受光元件上产生的光电流降低。光电流相对于初始标定值的变化量大小，反映了烟雾的浓度，电子线路对该火灾信号进行阈值比较放大、类比判断处理或数据对比计算，通过传输电路发出相应的火灾信号。

减光式光电感烟式火灾探测原理可用于点型探测器，点型探测器用微小的暗箱式烟雾检测室探测火灾产生的烟雾浓度大小。减光式光电感烟式火灾探测原理更适于线型火灾探测，如分离式主动红外光束感烟探测器。

（2）散射光式光电感烟式火灾探测原理。散射光式光电感烟式火灾探测原理如图 11-7 所示。进入暗室的烟雾粒子对发光元件（光源）发出的一定波长的光产生散射（按照散射定律，烟粒子需轻度着色，粒径大于光的波长时将产生散射作用），使处于一定夹角位置的受光元件（光敏元件）的阻抗发生变化，产生光电流。此光电流的大小与散射光强弱有关，并且

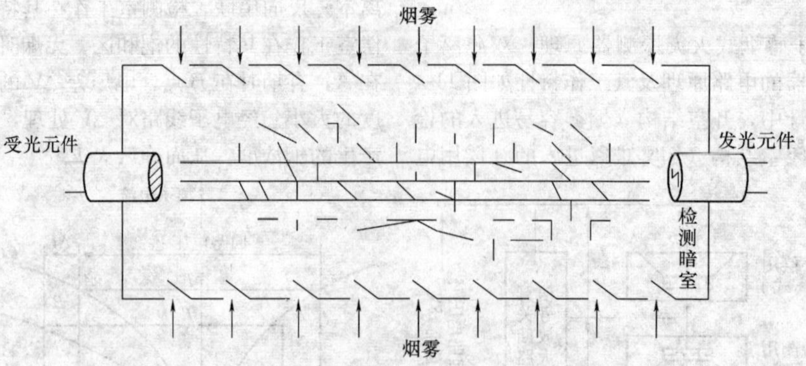

图 11-6　减光式光电感烟式火灾探测原理示意图

由烟雾粒子的浓度和粒径大小及着色与否来决定。当烟雾粒子浓度达到一定值时，散射光的能量就足以产生一定大小的光电流（无烟雾粒子时，光电流大小约为暗电流），用于激励外电路发出火灾信号。

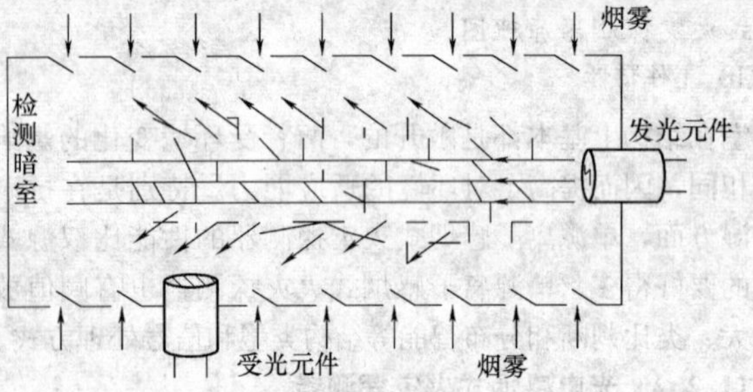

图 11-7　散射光式电感烟式火灾探测原理示意图

散射光式光电感烟式火灾探测方式只适用于点型探测器结构，其遮光暗室中发光元件与受光件元件的夹角在 90°～135°之间，夹角愈大，灵敏度愈高。不难看出，散射光式光电感烟是利用一套光学系统作为传感器，将火灾烟雾对光传播特性的影响用电的形式表示出来并加以利用。由于光学器件，特别是发光元件的寿命有限，因此，在电—光转换环节多采用交流供电方案。一般是通过振荡电路使发光元件产生间歇脉冲光，并且发光元件和受光元件多采用红外发光元件——砷化镓二极管（发出峰值波长 0.94pm），而受光元件采用硅光敏二极管。一般，散射光式光电感烟式火灾探测器中光源的发光波长约 0.94pm，光脉冲宽度 10～10pm，发光间歇 3～5s，对粒径为 0.9～10pm 的烟雾粒子能够灵敏探测，而对粒径为 0.01～0.9pm 的烟雾粒子浓度变化无反应。

11.2.5　感温式火灾探测器

感温式火灾探测器根据其作用原理可分为如下三类：

(1) 定温式探测器。定温式探测器是在规定时间内，由火灾引起的温度上升超过某个规定值时启动报警，有线型和点型两种结构。线型是当局部环境温度上升到规定值时，可熔绝缘物体熔化使两导线短路，从而产生火灾报警信号；点型是利用双金属片、易熔金属、热电偶、热敏半导体电阻等元件，在规定的温度值上产生火灾报警信号。

(2) 差温式探测器。差温式探测器是在规定时间内，火灾引起的温度上升速率超过某个规定值时启动报警，它也有线型和点型两种结构。线型是根据广泛的热效应而动作的；点型是根据局部的热效应而动作的。主要感温器件是空气膜盒、热敏半导体电阻元件等。

(3) 差定温式探测。差定温式探测器结合了定温和差温两种作用原理并将这两种探测器结构组合在一起。差定温式探测器一般多为膜盒式或热敏半导体电阻式等点型的组合式探测器。

11.2.6　感光式火灾探测器

感光式火灾探测器主要是指火焰光探测器，目前广泛使用紫外和红外两种类型。紫外火焰探测器是应用紫外光敏管（光电管）来探测 0.2～0.3pm 以下的由火灾引起的紫外辐射，多用于油品和电力装置火灾监测；红外火焰探测器是利用红外光敏元件（硫化铅、硒化铅、硅光敏元件）的光电导或光伏效应来敏感地探测低温产生的红外辐射，光波范围一般大于 0.76pm。由于自然界中物体高于绝对零度都会产生红外辐射，故利用红外辐射探测火灾时，一般还要考虑燃烧火焰的间歇性形成的闪烁现象，以区别于背景红外辐射。燃烧火焰的闪烁频率一般约在 3～30Hz。

11.2.7　可燃气体探测器

可燃气体探测器目前主要用于宾馆厨房或燃料气储备间、汽车库、压气机站过滤车间、溶剂库、炼油厂、燃油电厂等存在可燃气体的场所。用于火灾的烟气体的探测尚未普及，国外有关可燃气体探测器的应用报道也不多。

按照使用气敏元件或传感器的不同，可燃气体的探测分为四种类型：热催化型，热导型，气敏型和三端电化学型。热催化原理是利用可燃气体在足够氧气和一定高温条件下发生在铂丝催化元件表面的无焰燃烧放出热量并引起铂丝元件电阻变化，从而达到探测可燃气体浓度的目的；热导原理是利用被测气体与纯净空气导热性的差异和金属氧化物表面燃烧的特性，将被测气体浓度转换成热丝温度或电阻的变化，达到测定气体浓度的目的；气敏原理是利用灵敏度较高的气敏半导体元件吸附可燃气体后电阻变化的特性来达到测量的目的；三端电化学原理是利用恒电位解法，在电池内安置三个电极并施加一定的极化电压，用透气薄膜同外部隔开，被测气体透过此膜达到工作电极，发生氧化还原反应，从而使传感器产生与气体浓度成正比的输出电流，达到探测目的。

采用热催化原理和热导原理测量可燃气体时，不具有气体选择性，通常以体积百分浓度表示气体浓度。采用气敏原理和三端电化学原理测量可燃气体时，具有气体选择性，适于气体成分检测和低浓度测量，并且过去多以 10^{-6} 表示气体浓度。可燃气体探测器一般只有点型结构形式，其传感器输出信号的处理多采用阈值比较方式。

除了上述典型的探测原理外，复合式火灾探测方法在工程上获得使用，烟温复合式探测器是一个典型例子。当前使用量最多的是离子和光电感烟式火灾探测器、膜盒差定温和电子差定温探测器，对大空间的机房、控制室、电缆沟等，线缆式探测器也有广泛的应用。

11.2.8　智能型火灾探测器

（1）智能光电感烟探测器。

1）广泛适用于宾馆、写字楼、工厂、餐饮娱乐等大多数场所。

2）表面贴装（SMT）工艺制造，光学腔迷宫结构设计独特，防尘、防虫、抗外界光线干扰性能良好。

3）采用超薄式结构设计，光学腔罩可现场取下，便于清洗维护。

4）特殊防潮设计，底部设有防渗透溢水槽。

5）内置带 A/D 转换的八位单片芯片，固化高可靠火灾判断程序，杜绝误报。

（2）智能电子差定温感温探测器。

1）适用于车库、会议室等一些特定场合探测火灾。

2）表面贴装（SMT）工艺制造。

3）内置带 A/D 转换的八位单片芯片，固化高可靠火灾判断程序，杜绝误报。

4）采用优质的热敏元件，可准确探测环境温度变化确定报警。

5）特殊防潮设计，底部设有防渗透溢水槽。

6）可电子编码、简单、方便。

7）本探测器是专利产品，专利号为：ZL 99 3 11722.8。

（3）智能紫外火焰探测器（JTG-ZW-G1）。

1）通过探测物质燃烧所产生的紫外线来探测火灾，适用于火灾发生时易产生明火的场所。

2）传感器采用高性能紫外光敏管，灵敏可靠、抗粉尘污染。

3）特殊防潮设计，底部设有防渗透溢水槽。

（4）智能线型红外光束感烟探测器（JTY-HS-G2）。

1）适用环境：高层建筑群、文物保护建筑设施、厅堂馆所、仓库群及隧道等。

2）内置单片机，固化高可靠火灾判断程序，杜绝误报。

3）表面贴装工艺制造。

4）接收器上具有对正指示灯，安装调试方便。

5）发射器和接收器探测距离可达 100m，直径 14m。

11.2.9　火灾探测器的选用

火灾探测器的选用很重要，这直接影响火灾探测器的灭火作用。火灾探测器选用方法有三种：根据火灾的形成与发展特点来选用；根据房间高度来选用；综合环境条件来选用。

（1）根据火灾的形成与发展特点选用火灾探测器。这种选用方法一般遵循六个原则，它们是：

1）原则 1——火灾初期有阴燃阶段（如棉麻织物和木器火灾），产生大量的烟和少量的热，很少或没有火焰辐射时，一般应选用感烟探测器。探测器的感烟方式和灵敏度级别应根据具体使用场所来确定，见表 11-1。感烟探测器的工作方式则要根据反应速率与可靠性要求来确定，对于只用作报警目的的探测器，一般选用非延时工作方式；对于报警后用作联动消防设备的探测器，一般选用延时工作方式，并应与其他种类火灾探测配合使用。

表 11-1　感烟探测器适用场所、灵敏度与感烟方式的关系

序号	适用场所	灵敏度级别选择	感烟方式及说明
1	饭店、旅馆、写字楼、教学楼、办公楼等的厅堂、卧室、办公室、展室、娱乐室、会议室等处	厅堂、办公室、大会议室、值班室、娱乐室、接待室等，用中低档，可延时工作；吸烟室、小会议室，用低档，可延时工作；卧室、病房、休息厅、展室、衣帽室等，用高档，非延时工作	早期热解产物中烟气溶胶微粒很小的，用离子感烟式更好；微粒较大的，用光电感烟式更好。可按价格选择感烟方式，不必细分

续表

序号	适用场所	灵敏度级别选择	感烟方式及说明
2	计算机房、通信机房、影视放映室等处	高档或高、中档分开布置联合使用，不用延时工作方式	考虑装修情况和探测器价格选择：有装修时，烟浓度大，颗粒大，光电式更好；无装修时，离子式更好
3	楼梯间、走道、电梯间、机房等处	高档或中档均可，采用非延时工作方式	按价格选定感烟方式
4	博物馆、美术馆、图书馆等文物古建单位的展室、书库、档案库等处	灵敏度级别选高档，采用非延时工作方式	按价格和使用寿命选定感烟方式，同时还应设置火焰探测器，提高反应速率和可靠性
5	有电器火灾危险的场所，如电站、变压器室、变电站和建筑配电室	灵敏度级别必须选高档，采用非延时工作方式	(1) 早期热解产物微粒小，用离子式，否则，用光电式。(2) 必须与紫外火焰探测配用
6	银行、百货商场、仓库	灵敏度级别可选高档或中档，采用非延时工作方式	有联动探测要求时，可用有中、低档灵敏度和双信号探测器，或与感温探测器配用，或采用烟温复合式探测器
7	可能产生阴燃火，或发生火灾不早期报警将造成重大损失的场所	灵敏度级别必须选高档，必须采用非延时工作方式	(1) 烟温复合式探测器。(2) 烟温光配合使用方式。(3) 必须按有联动要求考虑

离子和光电感烟式火灾探测器的适用场所是根据离子和光电感烟方式的特点确定的。对于那些使感烟式火灾探测器变得不灵敏或总是误报，对离子感烟式火灾探测器放射源产生腐蚀并改变其工作特性，或使感烟式火灾探测器在长期、短期内被严重污染的场所，离子和光电感烟式火灾应不适用，有关规定见 GB 50116—1998《火灾自动报警系统设计规范》。

2）原则 2——火灾发展迅速，有强烈的火焰辐射和少量的烟雾时，应选用火焰光探测器。火焰光探测器通常用紫外与红外复合式，一般为点型结构，其有效性取决于探测器的光学灵敏度（4.5cm 焰高的标准烛光距探测器 0.5m 或 1.0m 时，探测器有额定输出）、视锥角（即视野，通常 70°～120°）、响应时间（≤1s）的安装定位。

3）原则 3——火灾形成阶段以迅速增长的烟火速度发展，产生较大的热量或同时产生大量的烟雾和火焰辐射时，应选用感温、感烟和火焰探测器或组合使用。

感温探测器的使用一般应在其定温、差温和差定温方式中选择，其使用环境条件要求不高，一般在感烟探测器不能使用的场所均可使用。尽管在可使用感烟探测器的场所也可使用感温探测器，但其探测速度却大大低于感烟式，因此，在感烟和感温探测器均可使用的场所多选用感烟式，在有联动控制要求时则采用感烟与感温组合式或复合式。此外，点型电子感温探测器受油雾污染会影响热敏元件的特性，因此对环境污染应鉴别考虑，感温探测器的主要适用场所有：相对湿度经常高于 95%以上的场所，有大量粉尘、水雾滞留的场所，可能发生无烟火灾的场所，正常情况下有烟雾和蒸汽滞留的场所以及其他不宜用感烟探测器的厅堂和公共场所。对于可能产生阴燃火或需要早期报警以避免重大损失的场所，各种感温火灾探测方式均不适应；正常温度在 0℃以下的场所，不宜用点型定温探测器，可用差温或差定温探测器；正常情况下温度变化较大的场所，不宜用差温探测器，可用定温探测器。

4）原则 4——火灾探测报警与灭火设备有联动要求时，必须以可靠性为前提，只有在获得双报警信号后，或者再加上延时报警判断后，才能产生联动控制信号。

必须采用双报警信号或双信号组合报警的场所，一般都是重要性强、火灾危险性较大的场所。这时一般采用感烟、感温和火焰探测器的同类型或不同类型组合起来产生双报警信号。同类型组合通常是指同一探测器具有两种不同灵敏度的输出，如具有两极灵敏输出的双信号式光电复合感烟式火灾探测器；不同类型组合则包括复合探测器和探测器的组合使用，如光电式复合探测器，感烟探测器—感温探测器配对组合使用等。

5）原则 5——在散发可燃气体或易燃液体蒸汽的场所，多选用可燃气体探测器实现早期报警。

6）原则 6——火灾形成特点为不可预料的场所，可进行模拟试验后，按试验结果确定火灾探测器的选型。

(2) 根据房间高度选用火灾探测器。对火灾探测器的使用高度加以限制，是为了在整个探测器保护面积范围内，使火灾探测器有相应的灵敏度，确保其有效性。一般情况下，感烟式火灾探测器的安装使用高度 $h \leqslant 12$m，随着房间高度上升，使用的感烟式火灾探测器灵敏度要相应提高；感温式火灾探测器的使用高度 $h \leqslant 8$m，房间高度也与感温探测器的灵敏度有关，灵敏度高，适于较高的房间；火焰式火灾探测器的使用高度由其光学灵敏度范围（9～30m）确定，房间高度增加，要求火焰探测器灵敏度提高。房间高度与火灾探测器选用的关系见表11-2。应当指出，房间顶棚的形状（尖顶形、拱顶形）和空间不平整顶棚对房间高度（h）的确定有影响，应根据具体情况以及探测器的保护面积和保护半径等确定。

(3) 综合环境条件选用火灾探测器。火灾探测器使用的环境条件，如环境温度、气流速度、振动、空气湿度、光干扰等，对探测器的工作有效性（灵敏度等）会产生影响。一般情况下，感烟与火焰式火灾探测器的使用温度＜50℃，定温式火灾探测器为10～35℃；在0℃以下火灾探测器安全工作的条件是其本身不允许结冰，并且多采用感烟或火焰式火灾探测器。环境的气流速度对于感温和火焰式火灾探测器工作无影响，感烟式火灾探测器则要求气流速度＜5m/s。环境中有限的正常振动，对于点型火灾探测器一般影响很小，对分离式光电感探测器影响较大，要求定期调校。环境空气湿度＜95%时，一般不影响火灾探测器的工作；当有雾化烟雾或凝露存在时，对感烟和火焰式火灾探测器的灵敏度有影响。环境中存在烟雾、灰尘及类似的气溶胶时，直接影响感烟式火灾探测器的使用；对感温和火焰式火灾探测器，如避免湿灰尘，则使用不受限制。环境中的光干扰对感烟和感温式火灾探测器的使用无影响，对火焰式火灾探测器则无论直接与间接都将影响工作可靠性。

选用火灾探测器时，若不充分考虑环境因素的影响，则在其使用中会产生误报。误报除与环境因素有关外，还与火灾探测器故障或设计中的缺欠、维护不周、老化，以及污染等有关，应认真对待，见表11-2。

表11-2 房间高度与火灾探测器选用关系

房间高度 h（m）	感烟式火灾探测器（离子式或光电式）	感温式火灾探测器			火焰式火灾探测器（紫外）
		Ⅰ级（62℃）	Ⅱ级（70℃）	Ⅲ级（78℃）	
$12 < h \leqslant 20$					✓
$8 < h \leqslant 12$	✓				✓
$6 < h \leqslant 8$	✓	✓			✓
$4 < h \leqslant 6$	✓	✓	✓		✓
$h \leqslant 4$	✓	✓	✓	✓	✓

11.3 火灾报警控制器

火灾报警系统中，火灾探测器是用户端的产品，是系统的感觉器官，照着监视和收集现场的火情信号，而火灾报警控制器则是整个系统的中心，它的探测器发回的信息进行分析，做出报警。

11.3.1 火灾报警控制器的型号含义

EBC8100-84对火灾报警控制器的信号标识有着如下定义：

火灾报警探测器型号含义如下：

(1) J（警）——消防产品中分类代号（火灾报警设备）。

(2) B（报）——火灾报警控制器代号。

(3) 应用范围特征代号表示方法如下：

B（爆）——防爆型；

C（船）—— 船用型；

非防爆型和非船用型可以省略，无需指明。

(4) 分类特征代号，具体表示方法如下：

D（单）—— 单路；

Q（区）—— 区域；

J（集）—— 集中；

T（通）—— 通用，即可作集中报警又作区域报警。

(5) 结构特征代号，具体表示方法如下：

G（柜）—— 柜式；

T（台）—— 台式；

B（壁）—— 壁挂式。

(6) 主参数——表示报警器的路数，例如50，表示50路。

型号含义举例：

1) JB-QB-100-Ⅲ表示100路壁挂式区域报警控制器；

2) JB-JB-4000-ZN905表示4000路壁挂式集中报警控制器。

11.3.2 火灾报警控制器的分类

火灾报警控制器的功能主要有4点：

(1) 向前端探测器提供电源。

(2) 接受探测器发出的火灾信号，对信号进行声光处理，并明确指出火警部位和记录报警的有关信息。

(3) 可通过联动装置启动火灾报警信号和自动消防灭火的消防联动设备。

(4) 具有自检功能，自动地监视系统的工作状态。

火警报警控制器的产品较多，在工程中通常分为三类：①区域火灾报警控制器；②集中火灾报警控制器；③通用火灾报警控制器。区域报警控制器用于火灾探测器的监测、巡检，接收监测区域内的火灾探测器的报警信号，并将此信号转化为声、光报警输出，显示火灾部位等。集中报警控制器用于接收区域报警控制器的火灾信号，显示火灾部位、记录火灾信息等。

(1) 区域火灾报警控制器。区域火灾报警控制器直接连接火灾探测器，处理探测器传输来的各种信息，然后将报警信息传输给集中火灾报警控制器。

火灾报警控制器的系统构成如图 11-8 所示。

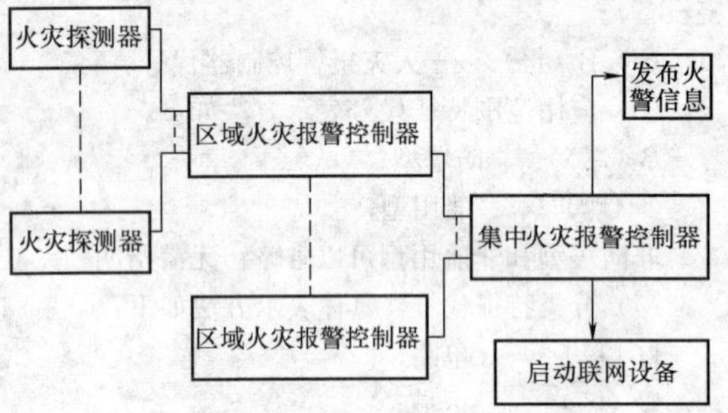

图 11-8　火灾报警控制器的系统构成

(2) 集中火灾报警控制器。集中火灾报警控制器是一个计算机控制系统（一般选用单板机），它接收区域火灾报警控制器或火灾探测器发来的各种信息，并进行分析处理，一边启动联网设备，一边发布火灾报警信息。

这三种类型的火灾报警控制器从产品结构上分，一般分为壁挂式、台式和柜式。在工程建设中，应根据现场的具体情况来选择产品。

11.3.3　火灾报警控制器产品的功能与性能

从工程建设的角度，本节讨论集中火灾报警控制器产品。

11.3.3.1　JB-QB-100-Ⅲ区域火灾报警控制器

(1) 功能简介。

1) JB-QB-100-Ⅲ区域火灾报警控制器是二总线模拟量火灾自动报警控制器，工作稳定可靠、误报率低。

2) 最多可控制 98 个地址点，每个地址点可为下列任一总线设备：离子感烟式火灾探测器；光电感烟式火灾探测器；电子感温式火灾探测器；手动报警器；消火栓报警开关；ZN907 开关信号输入模块；ZN936 常规探测器接口；ZN904 重复显示器。

3) 具有模拟火警功能，机内有模拟键，按此键可报 00 号火灾探测器的火警。这一功能可用于系统调试。

4) 最大控制地址数有 64 点和 98 点两种型号。

5) 能与 JB-TG-2000-ZN905E 火灾报警控制器构成区域集中火灾报警系统。

(2) 工作原理。JB-QB-100-Ⅲ区域火灾报警控制器在探测总线不断地上发送连续的地址信号，与发送地址相同的火灾探测器收到该地址信号后，立即把现场采集的数据发送回火灾报警控制器，如烟雾浓度数据、温度数据或其他数据。火灾报警控制器收到数据后，与以前返回的数据相比较，判断是否有火警发生。如果没有火警发生，则查询下一个地址；如果有火警发生，则在面板上显示出发生火警的地址，给出声光报警，并使有火警处的火灾探测器指示火警。在区域集中火灾报警系统中，发现火警的火灾探测器信息还要传送到集中报警控制器。

(3) 技术参数。

总线：1 路；

总线容量：98 个地址编码点；

探测总线最大长度：1.5km；

输出控制：CTR1 在预警时接通，CTR2 在火警时接通（CTR1 和 CTR2 在控制器复位时释放，触电可控制 1A27V 负载）；

电源：184～245V，AC，50Hz；

备用电源：24V，DC，6.5AH；

环境温度：－20～45℃；

相对湿度：小于 95％。

(4) 与集中报警控制器的连接。JB-QB-100-Ⅲ火灾报警控制器与 JB-TG-2000-ZN905E 火灾报警控制器可构成区域集中火灾报警系统。区域集中火灾报警系统由下列控制器构成：1 台 JB-TG-2000-ZN905E 火灾报警控制器作为集中火灾报警控制器；1～40 台 JB-QB-100-Ⅲ火灾报警控制器作为区域控制器。区域火灾报警控制器到集中火灾报警控制器使用屏蔽线连接，所有区域火灾报警控制器都与该屏蔽线连接。

11.3.3.2　JB-QB-100-Ⅶ区域火灾报警控制器（联动型）

(1) 功能简介。

1）JB-QB-100-Ⅶ区域火灾报警控制器为二总线模拟量火灾报警控制器及联动控制器，其控制面板显示有：LCD液晶显示器、系统工作状态指示灯、按键和打印机，它们能够显示、记录、打印火警信息和联动设备状态，查询和操作采用菜单提示方式，既方便又直观。

2）分A型和B型两种，A型最多可控制100个地址点，B型最多可扩展到200个地址点，每个地址点可为下列任一种：离子感烟式火灾探测器；光电感烟式火灾探测器；电子感温式火灾探测器；手动报警器；消火栓报警开关；ZN907开关信号输入模块；ZN936常规探测器接口；ZN937红外光束探测器接口；ZN904重复显示器；ZN906系列输入出模块。

3）通过ZN906系列模块实现对联动设备的控制，控制联动设备启动的逻辑关系可现场编程。

4）能与JB-TG-2000-ZN905E火灾报警控制器或JB-TG-6000-ZN975E火灾报警控制器构成区域集中火灾报警系统。

5）配有微型打印机，可在线打印现场火警、预警和故障信息。

（2）工作原理。JB-QB-100-Ⅶ区域火灾报警控制器的工作原理与JB-QB-100-Ⅲ相同。

（3）技术参数。

探测总线：两路；

总线容量：每探测总线A型50个地址点，B型100个地址点；

探测总线最大长度：1.5km；

最多控制地址点：A型50个地址点，B型100个地址点；

电源：184～245V，AC，50Hz，2A；

备用电源：24V，6.5AH；

环境温度：－20～45℃；

相对湿度：小于95%。

（4）与集中报警控制器的连接。JB-QB-100-Ⅶ区域火灾报警控制器与JB-TG-2000-ZN905E火灾报警器可构成区域集中火灾报警系统。区域集中，火灾报警系统由下列控制器构成：一台JB-TG-2000-ZN905E或JB-TG-6000-ZN975E火灾报警控制器作为集中报警控制器。1—40台JB-TG-100-Ⅶ区域火灾报警控制器作为区域控制器。区域报警控制器到集中报警控制器使用屏蔽双绞线连接，所有区域火灾报警控制器都与该屏蔽双绞线连接。

11.3.3.3 JB-TG-2000-ZN905E火灾自动报警控制器（联动型）

（1）功能简介。

1）JB-TG-2000-ZN905E（以下简称ZN905E）火灾自动报警控制器（联动型）为二总线模拟量火灾报警控制器及联动控制器，火警信息、故障信息和其他状态信息等都在液晶显示器上显示，显示信息和操作提示均使用汉字，便于监视和操作。

2）ZN905E控制器本身最多可控制1980个地址点，每个地址点可为下列任一种总线设备：同JB-QB-100-Ⅶ。

3）在有ZN905E控制器的火灾报警系统中，可以在报警控制器上调整探测灵敏度，使探测器工作在不同环境中。

4）ZN905E控制器对联动设备的控制通过ZN906系列模块实现，控制联动设备启动的逻辑关系可现场编程。在消防控制中心可以对所有联动设备进行手动或自动控制。

5）可作为集中控制器与JB-QB-100-Ⅶ区域火灾报警控制器构成区域集中火灾报警系统，每台ZN905E控制器可控制40台JB-QB-100-Ⅶ区域火灾报警控制器，同时ZN905E控制器的其他功能不受影响。

6）配有直接控制面板，可使用多线制6台联动设备。

7）可与ZN905E-LD总线联动控制盘连接，每个ZN905E-LD总线联动控制盘可以通过控制ZN906系列输入输出模块来控制32台联动设备。ZN905E控制器最多可控制10个ZN905E-LD总线联动控制盘，即ZN905E控制器最多可控制320台联动设备。

8）ZN905E控制器配有RS-232接口，可将现场的火警、预警和故障信息传给计算机，并在CRT平面图上显示这些信息。

9）ZN905E控制器为模块化结构，由于驱动探测总线的驱动箱数量不同，分别可控制2、4、8、12、16和20路探测总线。每个探测器驱动箱标有号码，这一号码也可现场编程，但必须是40～59之间的能被4整除的数字（40、44、48、52、56）。探测器总线的号码为驱动箱号码＋驱动箱所标总线号，例如40号机箱的2号总线的总线号为42。各探测器驱动箱之间不允许共地。

（2）工作原理。

ZN905E控制器不断在探测总线上发送不同的地址信号，当与发送地址相同的探测器收到该地址信号后，立即把现场采集的数据发送回火灾报警控制器，该数据可为烟雾浓度数据、温度数据或其他数据。火灾报警控制器收到该数据后，与以前返回的数据相比较，判断是否有火警发生。如果没有火警发生，则查询下一个地址；如果有火警发生，则发出火警信号，在液晶显示器上显示出发生火警的地址并发送命令，使有火警的火灾探测器指示火警，同时检查联动设备的逻辑关系，如果满足启动联动设备的逻辑关系，则迅速启动联动设备。在发生火警或故障等异常情况下，ZN905E控制器通过RS-232接口把相应的信息发送到CRT平面图上在计算机中显示。在区域集中火灾报警系统中，ZN905E控制器还要不断查询每一台JB-QB-100-Ⅲ或Ⅶ区域火灾报警器，如有火警或故障，也要在ZN905E控制器显示出来。

(3) 技术参数。

最多探测总线：20路；

总线容量：每探测总线99个地址点；

探测总线最大长度：1.5km；

最大控制地址数：1980个地址点；

联动直接控制点：6个；

连接区域控制器通信县最大长度：1.5km；

环境温度：−20～45℃；

相对湿度：小于95%；

电源：220V，AC，36V，DC，17AH。

(4) 接线端子。ZN905E控制器机箱内有1～5个驱动箱，每个驱动箱都有8个接线端子，其中标有"探测总线0"、"探测总线1"、"探测总线2"和"探测总线3"的端子分别为该驱动箱的0号、1号、2号和3号探测总线。在控制器中每一路探测总线的总线号为驱动箱号码＋驱动箱所标总线号。每个驱动箱的4路总线负端公用3个端子，这3个端子都标有"GND"。注意，不同驱动箱的探测总线负端不能短路。

(5) 与区域火灾报警控制器的连接。ZN905E控制器与JB-QB-100-Ⅲ或Ⅶ区域火灾报警控制器可构成区域集中火灾报警系统。区域集中火灾报警系统由下列控制器构成：1台ZN905E控制器作为集中报警控制器，1～40台JB-QB-100-Ⅲ或Ⅶ区域火灾报警控制器作为区域火灾报警控制器。区域报警控制器到集中报警控制器使用屏蔽线连接，所有区域火灾报警控制器都与该屏蔽线连接。

11.3.3.4 JB-TG-6000-ZN975E火灾自动报警控制器（联动型）

(1) 功能简介。

1) JB-TG-6000-ZN975E火灾自动报警控制器（联动型）（以下简称ZN975E控制器），为二总线模拟量火灾报警控制器。其主CPU采用486工业控制机，大屏幕、高分辨率彩色液晶显示，使用Windows操作界面，火警信息、股长信息和联动控制状态信息等都在液晶显示器上完成，显示信息和操作提示均为汉字，便于监视和操作。

2) ZN975E控制器为完全中文操作。系统在中文提示下运行，打破了消防控制系统人机界面操作的瓶颈，可对总线上的任何设备（如探测器、手工报警和模块等）定义中文名称，进行现场编程并对系统工作异常（如火警、预警和故障）采用中文显示、记录和打印。中文输入采用Windows标准中文输入方式。

3) ZN975E控制器可实现主电源和备电源的自动切换，自动监测主电源欠电压、备电源欠电压、备电源短路和备电断路等电源故障，以及总线上的探测器、手工报警和控制模块等故障，并有故障自动恢复监测功能。

4) ZN975E控制器最多可控制5880个地址点，每个地址点可为下列任一种：同JB-QB-100-Ⅶ。

5) 由ZN975E控制器组成的火灾报警系统中，可以在报警控制器上调整探测器灵敏度，使探测器工作在不同环境中。

6) ZN975E控制器通过ZN906系列模块完成对联动设备的控制，控制联动设备启动的逻辑关系，可现场编程。在消防控制中心可对所有联动设备进行手动或自动控制。

7) ZN975E控制器配有直接控制面板，可使用多线制控制6台联动设备。

8) ZN975E控制器上可以显示CRT平面图，当发生火警时，可在液晶显示器上直接看到火警发生部位的建筑平面图。

9) ZN975E控制器为模块化结构，由于驱动探测总线的驱动箱数量不同，可分别控制8、12、16、20、24、28、32、36、40、44、48、52、56和60路探测总线，每个探测器驱动箱标有探测器驱动箱的号码。这一号码也可现场编程，但必须是0～56之间能被4整除的数字（0，4，…，48，52，56）。探测器总线的号码为驱动箱号码＋驱动箱所标总线号。各探测器驱动箱之间不允许共地。

(2) 工作原理。ZN975E控制器不断在探测总线上发送不同的地址信号，当与发送地址相同的探测器收到该地址信号后，立即把现场采集的数据发送或火灾报警控制器，该数据可为烟雾浓度、温度或其他数据。火灾报警控制器收到该数据后，与以前返回的数据相比较，判断是否有火警发生。如果没有火警发生，则查询下一个地址；如果有火警发生，则发出火警信号，在液晶显示器上显示出发现火警他侧其物理地址、现场编程的现实抵制和探测器类型，并发送命令，使有火警的火灾探测器发出火警信号，同时，检查是否满足启动联动设备的逻辑关系，如果满足，则迅速启动联动设备。

(3) 技术参数。

1) 最多探测总线：60路；

2) 总线容量：每探测总线98个地址点；

3) 探测总线最大长度：1.5km；

4) 最大控制地址数：5880个地址点；

5) 联动直接控制点：6个；

6) 环境温度：−20～45℃；

7) 相对湿度：小于95%；

8) 电源：220V，AC，24V，DC，20AH；

9) 最多探测总线：20路；

10) 总线容量：每探测总线99个地址点；

11) 探测总线最大长度：1.5km；

12) 最大控制地址数：1980个地址点；

13) 连接区域控制器通信线最大长度：1.5km；

14) 环境温度：−20～45℃；

15) 相对湿度：小于95%；

16) 电源：220V，AC，36V，DC，17AH。

(4) 接线端子。ZN975控制器机箱内有1～15个驱动箱，每个驱动箱有8个接线端子，其中标有"探测总线0"、"探测总线1"、"探测总线2"和"探测总线3"的端子分别为该驱动箱的0号、1号、2号和3号探测总线正端。在控制器中每一路探测总线的总线号为驱动箱号码＋驱动箱所标总线号。每个驱动箱的4路探测总线负端公用3个端子，这3个端子都标有"GND"。注意，不同驱动箱的探测总线负端不能短路。

11.3.4　模拟量自动火灾报警系统

模拟量自动火灾报警系统是20世纪90年代末才在国内市场上出现，预示着火灾报警探测器由开关量报警方式向模拟量报警方式过渡。

所谓开关量报警是指火灾报警探测器在其内部电路设计过程中，人为地赋予它一个固定的报警阈值。当报警因素（如烟雾浓度、环境温度等）达到一定程度时，探测信号超过了探测器内部电路翻转阈值，探测器进入报警状态，并通过报警通信线路传输到火灾报警控制器。开关量报警方式只能反映火警和正常两种状态，不能反映出一个火灾报警的全部发展过程，并由于环境、元件等因素，有误报的可能。

模拟量报警方式，在火灾报警探测器内部电路不存在报警阈值，探测器将烟雾浓度或环境温度等报警因素转换成具有一定值的数据信号，即模拟量信号，这个模拟量信号，由内部的单板机进行相应的处理，得出火警信号。整个系统在建设时是采用集散型计算机控制系统的理论，这是与计算机网络通信技术相结合的产物。

所谓集散，就是集中管理，分散控制。北京狮岛消防电子有限公司（以下简称狮岛）生产的SD2100系统就属于集散型。二总线制模拟量火灾自动报警联动控制系统。特点表现为：

(1) 采用模拟量探测技术，探测回路为二总线制，探测器及联动控制模块为无极性安装。

(2) 以计算机为中心的智能控制器。

(3) 探测器的探测灵敏度可在控制器上进行调整。

(4) 火灾报警与灭火联动控制一体化，在统一总线上安装探测器、控制模块及各类报警接口共存。

(5) 具有现场联动编程功能，适应不同工程的需要。

11.3.4.1　狮岛模拟量探测器

(1) SD6600型模拟量光电感烟探测器。SD6600型模拟量光电感烟探测器是利用红外线光束对烟雾散射的原理进行烟雾浓度的探测。探测区内烟雾浓度越高红外线散射越强烈，转换出来模拟量信号值也越高。

SD6600型模拟量光电感烟探测器适用于宾馆、饭店、写字楼、计算机房、图书馆、档案馆等有火灾危险的场所。

SD6600型模拟量光电感烟探测器主要特性：

1) 误报率低：由于模拟量探测技术和计算机数据分析技术的应用，使得系统具有相当的智能化程度，并且在探测器内部设有屏蔽保护和防虫筛网。因此不受现场环境干扰，误报率极低。

2) 结构简单：探测电路与通信电路一体化，无需加装编码底座，因此既减少了因结构件配合而发生线路故障的可能性因素，又使其安装更加简便、更加可靠。

3) 无污染：SD6600型模拟量光电感烟探测器是集光、电、机于一体的高科技产品，其内部无放射源，无污染，使用安全可靠。

4) 抗潮湿：每一只探测器在生产过程中均经过了防潮、防腐、防霉变的三防工艺处理，使其在沿海地区及高温潮湿地区也能够可靠工作。

5) 清洗简便，费用支出低。

6) 外形美观：其外形结构采用了国际流行的超薄型结构，可与安装现场的周围环境区相和谐。

(2) SD6600型定温感温探测器。SD6600型定温感温探测器是利用半导体热敏元件对温度的敏感性来探测环境温度，并将探测温度转换为模拟信号送至火灾报警控制器，当探测温度达到报警值时，火灾报警控制器便发出报警信号。

SD6600型定温感温探测器特别适用于可能发生无烟火灾、有大量粉尘或正常情况下有烟雾和蒸汽滞留的环境，如室内车库、厨房、锅炉房、茶炉房、发电机房、烘干车间等。

SD6600型定温感温探测器性能特点：通信探测一体，灵敏度高、稳定性好、误报率低，不受气候变化影响。

(3) SD6210型差定温感温探测器。SD6210型差定温感温探测器与SD6200定温感温探测器的工作原理大致相同，它除了具有固定的报警温度值外，还能够对骤然升高的环境温度作出快速反应，即使该温度尚未达到定点报警温度。

其适用范围与SD6200定温感温探测器基本相同。

SD6210型差定温感温探测器性能特点：通信探测一体，灵敏度高、稳定性好，误报率低、抗干扰性强、可探测温度变化速率、不受气候变化影响。

11.3.4.2　集散型火灾报警联动控制系统

(1) SD2100集散型火灾报警联动控制系统。SD2100集散型火灾报警联动控制系统（以下简称SD2100系统）是计算机及三控制系统理论与计算机网络通信技术相结合的产物。所谓集散控制系统是指以计算机为基础的集中分散型控制系统。它的基本思想是：将集中的控制系统（即工作主站）分解为分散的控制系统（即工作子站），这些工作子站各自完成设定的控制和操作，各个子站之间的数据流通和相互协调工作由系统的工作主站担任。这里的分散概念包含了设备分散、地域分散、危险分散、功能分散及操作分散。

SD2100集散型系统可分为三大基本组成部分：

1) 各类工作子站。SD2100系统中通常配置的工作子站要有I/O子站、电源子站和联动子站。这些工作子站具有人们赋予它们特殊的、单一的控制功能。以I/O子站为例：它是集散控制系统主站与探测器及联动控制模块之间的数据转换装置，它把监测到的各类报警状态信息转化为能够在主站上进行监视和操作的数据并将这些数据传送到主站，主站则通过子站将控制命令传送到执行机构——SD6013输出控制模块。I/O子站所担负的主要工作包括进行I/O相互转换、完成控制操作所必需的各类逻辑和数字运算、对传输的信息和控制命令进行相应的数据处理等。

2) SD2100工作主站。SD2100工作主站就是SD2100主控单元，即：显示控制面板，它是操作人员与控制系统之间的操作界面。其主要功能是集中各子站传来的测试数据和状态信息，使操作人员通过工作主站了解系统运行状态，并通过控制其键盘向各子站下达控制命令。系统的各类状态信息均作为分析、储存、打印、显示以及确定联动控制动作的依据，SD2100主站可根据事先制作完成的软件程序向各子站下达控制命令。

3) 通信系统。工作主站与各子站之间需要有一个桥梁来完成数据的传递和交换，这个桥梁就是通信系统。这里所说的通信系统不仅仅是通信总线、通信接口，其内容还包含着与系统相适应的通信软件、数据结构方式、数据传递方式、数据校验方式和通信协议等。在硬件设备和这些系统软件的支持下SD2100系统便具备了集散控制系统所特有的开放性和互操作性。

(2) SD2100系统的特点。

1) 分级递阶型的控制方式。SD2100系统是一个分级递阶型的控制系统，它在纵向上分为操作管理级（即工作主站）和过程控制级（即工作子站）。由于过程控制级的各工作子站之间属于同等的控制级，它们把数据向上传送到工作主站，同时接收从工作主站下达的指令，各子站之间可以相互进行数据的交换。集散系统的这种结构使得各个工作子站既具有各自的分工范围，又具有相互之间的协调和制约。通常这种协调工作是通过上一级的操作管理层来完成的。

由于工作子站所完成的控制任务比较单一，而且各工作子站都是并行工作的，它们之间相对独立、互不干扰，使得系统在整体上增强了对恶劣环境的适应能力、对故障风险的分散能力和对实时控制的快速反应能力。

2) 灵活多样的构成形式。SD2100系统具有两种典型的结构形式。

工作主站和各个工作子站均安装在一个控制箱或一组控制柜内，构成一个多回路的总线式报警联动系统，称之为集中式系统结构，或称为A型结构。

若将各工作子站安装在检测现场，各个工作子站与工作主站之间用一对RS485标准通信总线和一对24V电源线相互连接，构成一个火灾报警联动控制的网络通信系统，称之为分布式系统结构，或称为B型结构。分布式系统结构实现了真正意义上的两总线制控制系统。

在实际的工程应用当中通常都是两种结构共存。但不管是何种类型的结构，都是在表现结构形式上有所不同，系统本身的特性及工作方式并未改变，系统工作的本质仍是集散控制系统。

3）开放性的系统特征。

①系统功能的可扩展性。SD2100 系统是一个标准的、专业网络系统，其工作主站对各工作子站所具备的功能并没有特殊的限制。只要工作子站的数据结构方式、数据传递方式和通信协议方式与系统的通信标准相符合即可连机入网。由此可见，只要给完成各种功能的设备（如消防事故广播系统、消防电话通信系统、气体灭火控制系统等）配备以相应的标准通信系统软件并与 SD2100 系统联网机即可方便地使系统的功能得以扩充。

系统功能的可扩展性为系统性能的改善、系统的换代升级及与其他标准网络的联机并网提供了良好的软件与硬件环境。

②系统容量的可扩展性。SD2100 系统在系统构成方面采用了积木式的结构方式。若用户提出对原有的 SD2100 系统进行容量扩充，则只需将相应的工作子站接入系统并执行“登记”操作即可方便地完成容量的扩展。

单台 SD2100 系统可直接连接 32 个工作子站。如果这 32 个工作子站设置为 I/O 子站，每一个 I/O 子站可控制监测两个报警联动回路，每一个回路可连接 127 个探测器和联动模块，则该系统的单机容量为 8128 个报警联动点。若将 SD2100 系统也当作一个工作子站，则整个系统构成了多极的集散控制系统，其容量将得到更大的扩充。因此，认为 SD2100 系统特别适应于大规模的消防联动系统。

对于分布式结构的系统中，可能会由于工作子站距离工作主站较远或工作子站负荷过重，主干电源电路上的损耗较大而影响到工作子站的正常工作。则此时在工作子站附近增加一个电源子站即可解决系统远程电源供电问题。

4）简便易学的可操作性。SD2100 系统采用了液晶屏幕显示技术，使得显示信息更丰富、更直观。根据不同用户的需要，SD2100 系统备有中文和英文两种版本的显示软件。全部菜单化的操作系统可使操作人员能够准确、快捷地进行各种类型的操作。即使用从未操作过该系统操作人员也可以通过启动控制器内部的“帮助程序”来学习、操作和维护 SD2100 系统。

对于在系统开通使用过程中经常性出现的非正常情况的报警联动点位，操作人员或工程人员可以启动模拟量测试程序，该程序可以显示一个点位的探测器或联动模块从现场发回的模拟量数值曲线，用以监测、分析和研究该点的工作状况和现场环境状况。

操作人员或工程技术人员还可以通过启动档案查询程序来查询报警记录、编程档案和各点位登记情况。

5）集散控制的高可靠性。集散控制系统所具有的资源共享特性，使得系统工作子站在运行软件时所需的内存空间得到最大限度的节省，从而为系统软件的运行提供了较为宽松的环境，人们可以将这些节省下来的内存空间留给旨在提高工作子站对环境的适应能力、增强工作子站的工作性能、发挥工作子站工作的更大效益的系统软件使用。为提高系统可靠性创造了有利条件。

集散控制系统工作子站控制功能的单一性，使其工作稳定性和可靠性得以充分的保证。

集散控制系统工作子站的并行方式使得系统的工作效率和实时控制能力得到了极大地发挥。

6）集散控制系统的实用性。集散控制系统工作子站控制功能的单一化省略了许多不必要的显示功能和操作功能，降低了产品的生产成本，提高了产品的性能价格比。

多样化的、灵活的结构形式为系统的设计和变更带来了极大的方便，提高了产品在工程应用上的竞争能力。

真正意义上的二总线系统设计将大大降低施工造价，同时也排除了因回路过多而引起的相互干扰因素，为系统的稳定运行提供了又一个有利条件。

开放的系统特征可以方便地实现系统的多机操作，实现 SD2100 系统网络与楼宇自控网络及其他专业网络的相互联网，从而极大地扩展了 SD2100 系统的应用范围，使 SD2100 系统不再只是单一的消防报警联动控制系统，而是可以延伸到各个领域里的集消防、保安、工业控制于一体的多元化的计算机控制体系。

（3）SD2100 火灾报警联动控制系统主站。SD2100 火灾报警联动控制系统主站是 SD2100 系统的指挥控制中心，属于系统最高的管理级，即工作主站。它担负着整个系统的状态信息的处理、数据流向的控制、联动控制命令的下达以及各类显示操作的执行等项任务。系统主站具备以下基本功能，可通过液晶显示屏、LED 显示窗、键盘等人机对话界面对系统进行控制和监视。

1）报警及状态显示功能。

①主站对接收到的各工作子站送来的状态信息和数字信息进行分析，判断子站和子站所连接的各探测器所处的工作状态及火警和故障信息。

②主站接收到火警报警时，点亮火警状态指示灯，并发出火警声响。此时可按消音键消音。消音后

新火警点发生时主站将重新启动火警声响。

③"首次报警地址"窗口，用于显示首次报警地址。当系统处于火警状态时，时钟窗口停止在首次火警时间。

④"后续报警地址"用于循环显示首次报警点报警之后各后续报警点。各地址显示窗口由六位LED数码组成。在系统处于正常检测的情况下，当工作主站接收到故障报警时，点亮故障指示灯，并发出故障声响。按消音键可实现消音。消音后待新故障点发生时工作主站将重新启动故障声响。在"首次报警地址"和"后续报警地址"显示窗口内将显示故障点地址。

⑤当系统中存在多个报警点，工作主站将自动累计报警点总数并显示在相应的窗口内。

⑥当系统开始实施联动控制时，工作主站上联动指示灯被点亮，同时发出火警声响，并在"联动地址"窗口内循环显示各联动点地址。工作主站自动累计联动点总数。

⑦打印机自动打印火警或故障地址和时间。

⑧全面汉化的液晶显示屏系统是进行人—机对话及系统各类状态信息向外传递的主要窗口。用于显示系统运行状态，显示火警、故障点地址，显示联动点的请求、启动和回答状态及各探测点和联动点的方位提示。

液晶显示屏采用蓝色背光做底色，色调柔和，字迹清晰。具有自动屏幕保护功能。当系统长时间处于正常巡检状态而且无人操作时，液晶显示屏将自进入黑屏保护以延长其使用寿命。液晶显示屏在屏保期间若系统有新的火警、故障信号出现或人为按动控制器上任意一个按键时，液晶屏将自动恢复正常显示。

⑨可通过液晶显示屏查询报警档案记录或显示某探测点的动态模拟量曲线。

2）灭火联动功能。控制器在联动自动状态下，可按照预先设定的联动关系自动启动联动模块，使受控制设备启动或停止。控制器在联动手动状态下，只提示需启动联动设备但不立即执行联动控制，只有当按下自动/手动转换键时，相应联动设备才会动作。控制器内部设置有火警继电器输出，可直接启动联动设备。

联动关系的设置可以通过面板上的操作键盘进行手工编制，但一般采用计算机编程方式进行联动关系的设置。

3）菜单式操作功能。SD2100系统工作主站的操作命令可分为五大功能模块：

①设置——包括系统加密，时钟、日期的设置和调整，联动关系表的建立和修改，报警联动点类型的定义及特性参数的调整。

②登记——用于工作各站的注册，报警点和联动的登记、清除、屏蔽和释放。

③档案——用于查询报警及故障记录，检查联动关系编程档案及子站、报警点和联动点的登记情况；检查个屏蔽点的地址和类型。

④联动——用于设置系统联动功能的禁止与允许状态，手动启动/关闭一个或一组联动设备。

⑤其他——用于检查某一地点的模拟量曲线；对控制器进行灯检和通信系统的检验；为用户提供本系统的使用、操作、维护及性能介绍的帮助文件。

（4）SD2100IO（输入/输出）I/O子站。I/O是SD2100系统工作主站与探测器及联动控制模块之间的数据转换装置，是系统的主要组成部分之一。其主要功能有：

1）采集与之相连接的回路上各探测器、手动报警按钮、输入模块等火灾报警装置的报警信号和状态信号，并将这些信号转化为可监视和操作的系统数据。

2）通过RS485接口和通信线路将数据传送到工作主站，同时接收主站的控制器命令。

3）将接收到的控制命令转化为可执行的操作数据，并通过报警联动总线动作信号下达给具体的输出控制模块。

11.3.5 智能火灾报警系统

11.3.5.1 火灾自动报警系统

在讨论智能火灾报警系统时，首先要了解火灾自动报警系统。火灾自动报警系统通常是由火灾探测器、区域火灾报警控制器和集中火灾报警控制器以及联动模块和控制设备等组成。

火灾探测器的选用及其与报警控制器的配合是火灾报警系统设计的关键，其中，探测器是对火灾有效探测的基础；控制器是火灾信息处理和报警控制设计的核心，并最终通过实际对控制设备实施消防动作。

我国消防部门对火灾报警系统有以下要求：确保火灾探测和报警功能，保证不漏报；减少环境因素影响，减少系统误报率；确保系统工作稳定，信号传输准确可靠；系统灵活性、兼容性强，配套成系列；系统的工程适应性强，布线简单、灵活；系统的应变能力强，调试、维护、管理方便；系统的联动控制方式有效、多样；系统的性能价格比高。

火灾自动报警系统分为基本型和线型。

（1）基本型报警系统。基本型火灾自动报警有三种模式。它们是区域报警系统、集中报警系统和控制中心报警系统。

1）区域报警系统。区域报警系统由火灾探测器、手动报警器、区域火灾报警控制器或通用火灾报警控制器和火灾警报装置等构成，如图 11-9 所示。这种系统适于小型建筑等单独使用，报警区域内最多不超过 3 台区域火灾报警控制器，若多于 3 台，可考虑集中报警系统。

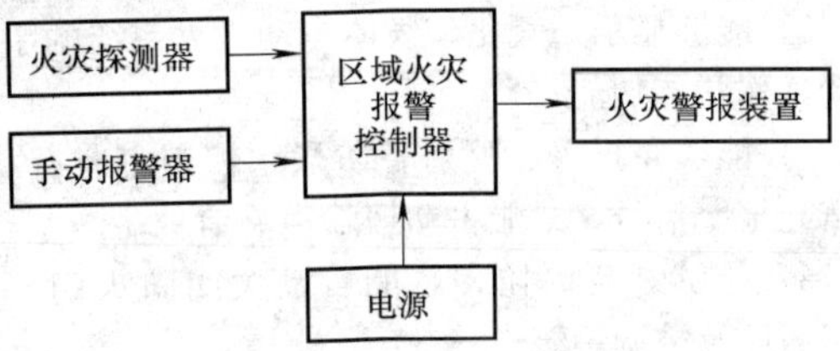

图 11-9　区域报警系统原理框图

2）集中报警系统。集中报警系统由火灾探测器、区域火灾报警控制器或通用火灾报警控制器和集中火灾报警控制器等组成，如图 11-10 所示。这种系统适于高档的宾馆、写字楼等。

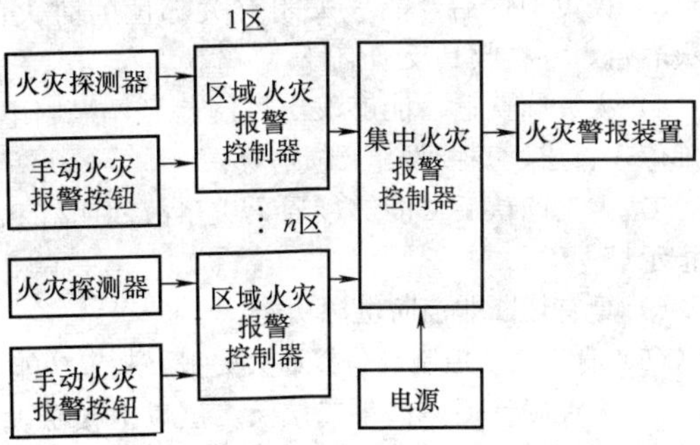

图 11-10　集中报警系统原理框图

3）控制中心报警系统。控制中心报警系统是由设置在消防控制室的消防设备、集中火灾报警控制器、区域火灾报警控制器和火灾探测器等组成，或由消防控制设备、环状布置的多台通用火灾报警控制器和火灾探测器等组成，如图 11-11 所示。这种系统适

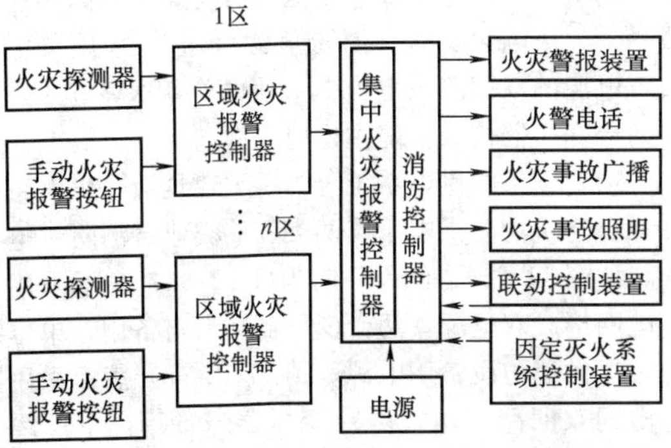

图 11-11　控制中心报警系统原理框图

用于大型建筑群、商场、宾馆、公寓综合楼等，可对各类建筑物中的消防设备实现联动控制和手动/自动转换。一般情况下，控制中心报警系统是智能型建筑物中消防系统的主要类型，是楼宇自动化系统的重要组成部分。

（2）线型报警系统。线型自动报警系统分多线制系统和总线制系统。

1）多线制系统。多线制系统是火灾探测器的早期设计。探测器与控制器的连接方式等有关，每个探测器需要两条或多条导线与控制器连接，以发出每个点的火灾报警信号，换言之，多线制系统的探测器与控制器采用硬线一一对应连接，有一个探测点便需要一组硬线对应到控制器，依靠直流信号工作和检测。多线制系统的线制可表示为 $an+b$，其中 n 是探测器个数，a 和 b 为定系数，$a=1$，$b=1$，2，4。可见，有 $2n+2$，$n+1$ 等线制。多线制系统设计、施工与维护复杂，已逐渐被淘汰。

2）总线制系统。总线制系统形式是在多线制系统形式的基础上发展起来的。随着微电子器件、数字脉冲电路及微型计算机应用技术等用于火灾自动报警系统，改变了以往多线制系统的直流巡检功能，代之以使用数字脉冲信号巡检和信息压缩传输，采用大量编码及译码逻辑电路来实现探测与控制器的协议通信，大大减少了系统线制，带来了工程布线的灵活性，并形成支状和环状两种布线结构。总线制系统的线制也可表示为 $an+b$，其中 n 是使用的探测数目，$a=0$，$b=2,4,6$ 等。当前使用较多的是二总线和四总线系统两种形式。

由于消防问题涉及人民的生命财产，而智能大厦的消防系统又是楼宇管理自动化中的最重要的一部分，故国家公安、建筑、消防等有关部门对消防系统都极为重视，并制定了极其严格的规定。用户在建筑智能大厦的消防系统时，一定要选择得到国家有关部门批准的实力强而且可靠的设计安装商和供货商。

11.3.5.2　智能防火系统

智能防火系统有两种类型，即主机智能系统和分布式智能系统。

（1）主机智能系统。主机智能系统是将探测器的阈值比较电路取消，使探测器成为火灾传感器，无论烟雾影响大小，探测器本身不报警，而是将烟雾影响产生的电流、电压变化信号通过编码电路和总线传给主机，由主机内置软件将探测器传回的信号与火警典型信号比较，根据其速率变化等因素判断出是火灾信号还是干扰信号，并增加速率变化、连续变化量、时间、阈值幅度等一系列参考量的修正，只有信号特征

与计算机内置的典型火灾信号特征相符时才会报警，这样就极大地减少了误报。

主机智能系统的主要优点有：灵敏度信号特征模型可根据探测器所在环境特点来设定；可补偿各类环境中干扰和灰尘积累对探测器灵敏度的影响，并能实现报脏功能；主机采用微处理机技术，可实现时钟、存储、密码、自检联动、联网等多种管理功能；可通过软件编程实现图形显示、键盘控制、翻译等高级扩展功能。

尽管主机智能系统比非智能型系统优点多，由于整个系统的监测、判断功能不仅全部要控制器完成，而且还要一刻不停地处理上千个探测器发回的信息，因而系统软件程序复杂、量大，并且探测器巡检周期长，导致探测点大部分时间失去监控，系统可靠性降低和使用维护不便等。

(2) 分布式智能系统。分布式智能系统是在保留智能模拟量探测系统优点的基础上形成的，它将主机智能系统中对探测信号的处理、判断功能由主机返回到每个探测器，使探测器真正具有智能功能，而主机由于免去了大量的现场信号处理负担，可以实现多种管理功能，从根本上提高了系统的稳定性和可靠性。

智能防火系统还可按其主机线路方式分为多总线制和二部线制等。智能防火系统的特点是软件和硬件具有相同的重要性，并在早期报警功能、可靠性和总成本费用方面显示出明显的优势。

11.4 消防联动控制系统

11.4.1 消防联动控制的功能

在了解消防联动控制的功能之前，先解释一下自动控制，联动控制和手动控制的含义：

(1) 自动控制。自动控制指由火灾探测器探测火灾发生，继而自动控制相应设备。

(2) 联动控制。联动控制指消防系统中某些设备或设备动作后其相关设备也动作的控制方法。

(3) 手动控制。手动控制包括就地手动控制或消防室手动控制的方式。

消防联动控制对象包括消防泵、防排烟设施、防火卷帘门、防火门、水幕、电梯以及非消防电源的断电控制。消防联动控制的功能有以下几个方面：

(1) 消火栓系统的控制、显示功能。

1) 能够控制消防水泵的开与关；

2) 能够显示打开泵按钮的位置；

3) 能够显示消防水泵的工作、故障状态。

(2) 自动喷水灭火系统的控制、显示功能。

1) 能够控制自动喷水灭火系统的打开与关闭；

2) 能够显示喷淋水泵的工作、故障状态；

3) 能够显示报警阀、闸阀及水流指示器的工作状态。

(3) 二氧化碳气体自动灭火系统的控制、显示功能。

1) 能够控制二氧化碳气体自动灭火系统的紧急启动和切断功能；

2) 能够控制火灾探测器联动的控制设备应具有30s可调的延时功能；

3) 能够显示二氧化碳气体自动灭火系统的手动、自动工作状态功能；

4) 能够在报警、喷射各阶段，控制室应有相应的声光报警信号，并能手动切除声响信号；

5) 能够在延时阶段，能自动关闭防火门、窗、停止通风及空调系统。

(4) 消防联动控制设备对联动控制对象功能。

1) 火灾报警后，能够停止有关部位的风机、关闭防火阀，并具有接收其反馈信号的功能；

2) 火灾报警后，能够启动有关部位的防烟、排烟风机、正压送风机和排烟阀，并接收其反馈信号；

3) 火灾确认后，能够关闭有关部位的防火门、防火卷帘，并接收其反馈信号；

4) 火灾确认后，能够发出控制信号，强制电梯全部停于首层，并接收其反馈信号；

5) 火灾确认后，能够接通火灾事故照明灯和疏散指示灯；

6) 具有切断非消防电源功能。

(5) 消防联动控制设备接通火灾报警装置功能。

1) 火灾确认后，如果二层及二层以上楼层发生火灾，先接通着火层及相邻的上、下层的火灾报警装置；

2) 火灾确认后，如果首层发生火灾，先接通本层、二层及地下各层的火灾报警装置；

3) 火灾确认后，如果地下室发生火灾，先接通地下各层和各首层的火灾报警装置。

11.4.2 消防设备的供电控制

消防设备供电系统对于电力负荷集中的高层建筑或一、二级电力负荷（消防负荷），通常采用单电源或双电源的双回路供电方式，用两个10kV电源进线和两台变压器构成消防主供电电源。

消防设备的供电系统分为一类建筑消防供电系统和二类建筑消防供电系统两类。一类建筑消防供电系统，如图11-12所示。其中图11-12 (a) 表示采用不同电网构成双电源，两台变压器互为暗备用，单母线分段提供消防设备用电源；图11-12 (b) 表示采用同一电网双回路供电，两台变压器暗备用，单母线分段，设置柴油发电机组作为应急电源向消防设备供电，与主供电电源互为备用，满足一级负荷要求。

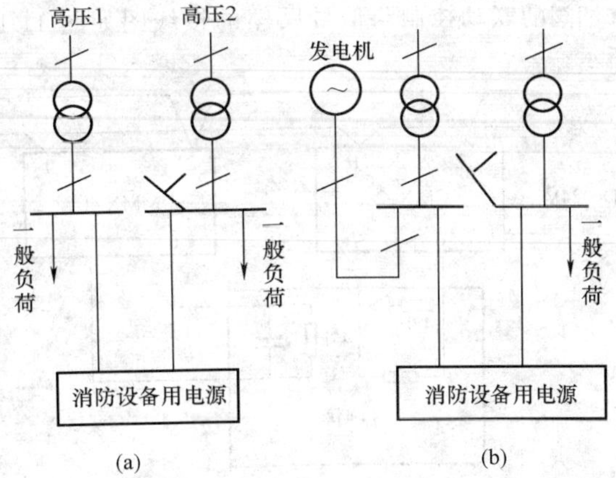

图 11-12　一类建筑消防供电系统

(a) 不同电网；(b) 同一电网

二类建筑消防设备的供电系统如图 11-13 所示。图 11-13（a）表示由外部引来的一路低压电源，与本部门电源互为备用，供给消防设备电源；图 11-13（b）表示双回路供电，满足二级负荷要求。

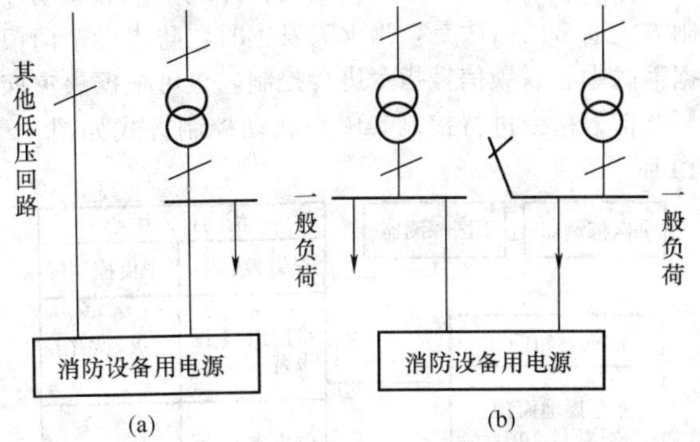

图 11-13　二类建筑消防供电系统

(a) 一路为低压电源；(b) 双回路电源

根据消防规范要求，一类、二类建筑消防供电系统分别采用双电源、双回路供电，变电部门采用分段母线供电，以保障供电的可靠性。可以使用备用电源的自动投入装置（BZT）使两路供电，互为备用，或用于主供电电源与应急电源的连接和应急电源自动投入。

11.4.3　消防泵的控制

室内消火栓系统是建筑内最基本的消防设备。该系统由消防给水（包括给水管网、加压泵及阀门等）设备和电控部分（包括启泵按钮、消防中心启泵装置及消防控制柜等）组成。消防中心对室内消火栓系统应有下列控制、显示功能：控制消防水泵的启、停，显示启泵按钮的位置和显示消防泵的工作、故障状态。

消防泵的手动控制有以下两种方式：

(1) 通过消火栓按钮直接启动消防泵。

(2) 通过手动报警按钮，将手动报警信号送入控制室的控制器后，产生手动或自动信号控制消防泵启动，同时接收返回的水位信号。

消防泵经中控室联动控制的过程如图 11-14 所示。

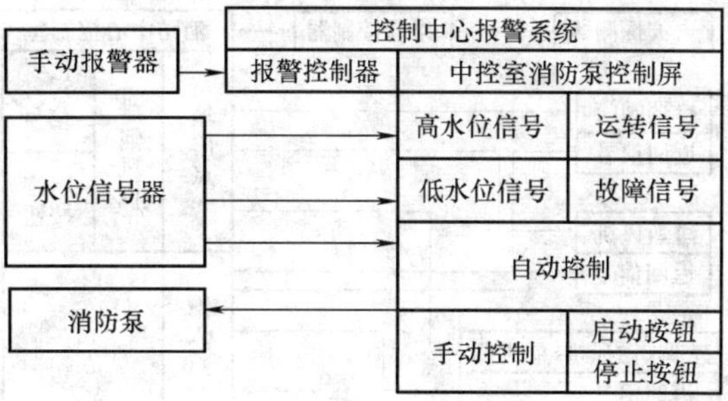

图 11-14　消防泵联动控制图

国内外也有用双触点按钮兼容消火栓和手动火灾报警按钮的做法，这种兼容的消火栓，既可满足用于消防泵启动和在消防控制室的控制功能，又可满足火灾自动报警系统的手动报警功能，并具有兼容性，将此按钮放置于消火栓旁边墙上，合二为一。

应用消火栓报警开关直接启动方式如图 11-15 所示。

图 11-15 说明如下：

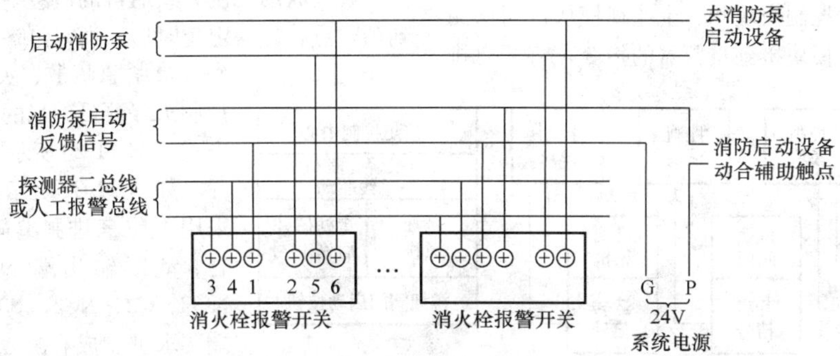

图 11-15　消火栓报警开关直接启动方式连接图

（1）把消火栓开关的动合辅助触点（5、6 脚）并联起来接到消防泵控制柜的启动输入端。

（2）把 1 脚全部并联起来接到 24V 系统电源负极。

（3）把 2 脚全部并联起来经消防泵启动柜的动合辅助触点接到 24V 系统电源的正极。

（4）把 3、4 脚接到探测器二总线或人工报警总线。

11.4.4 防排烟设施的控制

防排烟设施的控制有以下两种方式：中心控制方式；模块控制方式。

（1）中心控制方式。中心控制方式通常的做法是消防中心接到火灾报警信息后，直接产生信号控制排烟阀门开启、排烟风机启动，关闭空调、送风机、防火门等，并接收各设备的返回信号和防火阀动作信号，监视各设备运行状况。中心控制方式如图 11-16 所示。

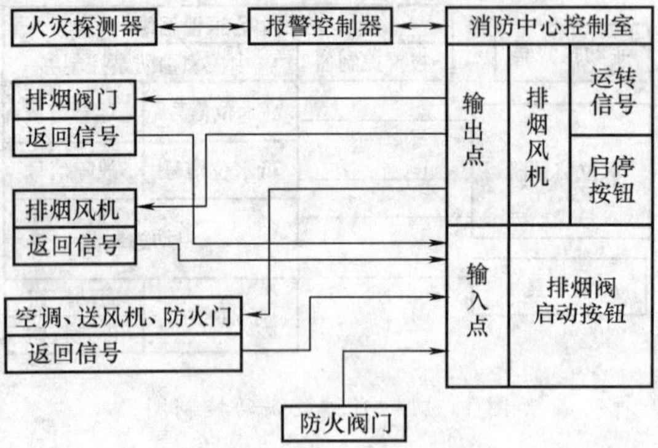

图 11-16　中心控制方式

（2）模块控制方式。模块控制方式通常的做法是消防中心接收到火警信号后，产生排烟风机和排烟阀门等的动作信号，经总线和控制模块驱动各设备动作并接收其返回信号，监测其运行状态。模块控制方式如图 11-17 所示。

（3）排烟阀的联动控制与信号反馈。一个排烟阀联动控制需设一个控制模块和一个监视模块。当探测器报警以后，控制模块接到报警器的指令，将开启排烟阀，排烟阀动作的反馈信号由监视模块完成，某种排烟阀的联动控制与信号反馈的接线图如图 11-18 所示。

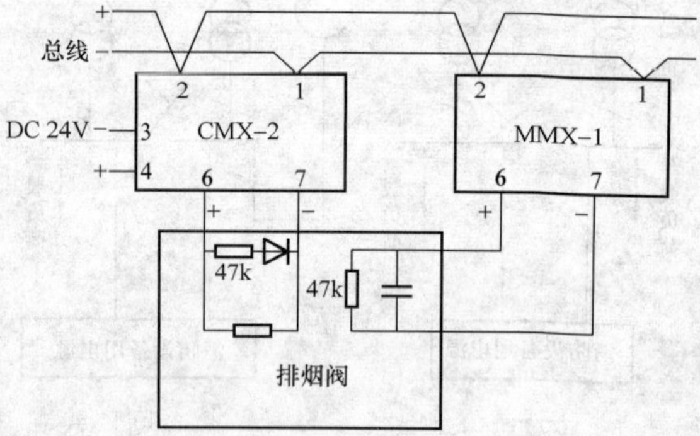

图 11-18　排烟阀的联动控制与信号反馈连接图
CMX-2—控制模块；MMX-1—监视模块

11.4.5 防火卷帘门、防火门控制

（1）防火卷帘门的控制。防火卷帘门控制可分为中心联动控制和模块联动控制两种方式。中心联动控制方式通常的做法是，当火灾发生时，防火卷帘门根据消防中心联锁信号指令进行控制，也可根据火灾探测器信号指令进行控制。中心联动控制方式如图 11-19 所示。

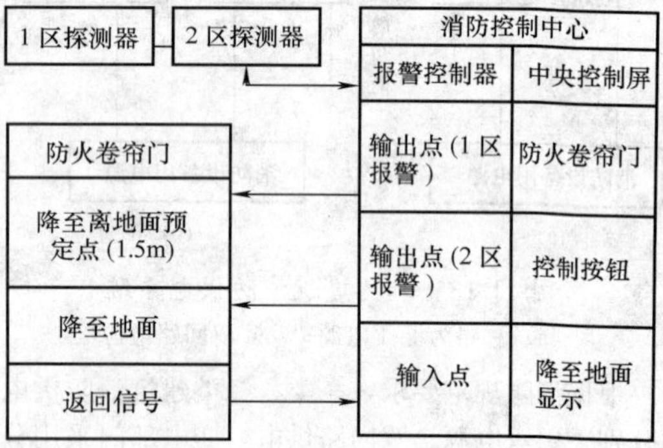

图 11-19　中心联动控制方式

模块联动控制方式通常的做法是使卷帘首先下降到预定点，经一定延时后，卷帘门降到地面，从而达到人员紧急疏散、灾区隔烟、隔水、控制火势蔓延的目的。模块联动控制方式如图 11-20 所示。

如图 11-21 所示为 LD-303 模块采用五位三进制编码，具有两对动合、动断输出端 NO1、C1、NC1、NO2、C2、NC2，其中两对动合输出端要求可设成有源或无源输出形式，容量为 DC 24V、5A 或 AC 220V、

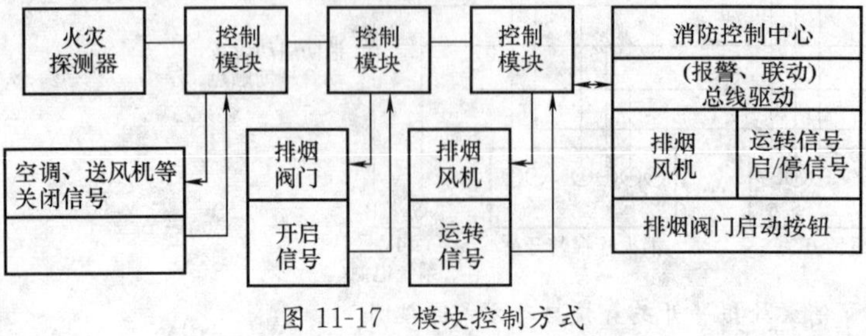

图 11-17　模块控制方式

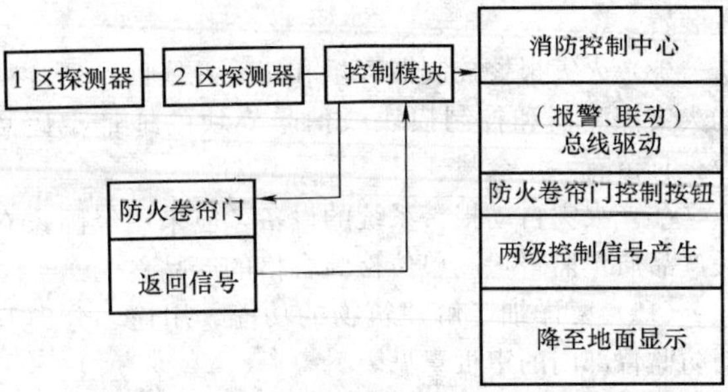

图 11-20　模块联动控制方式

5A；另有两对外接联动设备开关信号输入端 IN1、IN2、COM，其中 COM 为公共端；Z1、Z2 为由联动控制器来的信号线端子，不分极性。该模块占用两个联动编码点，具有两次不同输出和确认两个不同输入的功能。

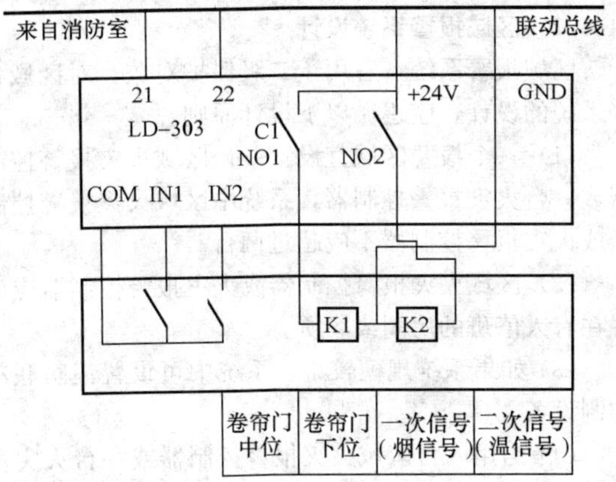

图 11-21　LD -303 模块联动控制示意图

（2）防火门的控制。防火门的控制就是在发生火灾时控制其关闭，其控制方式有感烟式火灾探测器控制，消防控制中心控制、手工操作控制。

防火门的作用主要是防火和防烟。当无火灾时，防火门处于打开状态；当发生火灾时，防火门受控关闭。

11.4.6　电梯的控制

（1）电梯控制的方式。火灾发生后，消防控制中心室立即控制电梯停于首层，并接收其反馈信号。电梯的控制有以下几种方式：

1）将所有电梯控制显示的副盘设在消防控制中心室，消防控制中心室工作人员可随时进行操作。

2）消防控制室自行设计电梯控制装置。当发生火灾时，消防室工作人员通过控制装置，向电梯机房发出报警信号和强制电梯停于首层的指令。

3）较大的公共建筑物中，利用消防电梯前的烟雾探测器直接联动控制电梯。

（2）电梯控制的基本原理。电梯控制的基本原理如图 11-22 所示。当消防室接收到火警信号后，由 XF-SBK 手动报警控制装置发指令给 XF-TK 电梯控制装置，该装置立即发出声光信号，并将信号送至电梯机房内的电梯控制柜，同时该信号又传给 XF-JBH 轿厢内报警盒使其发出声光报警，通知轿厢内人员将电梯降到底层。

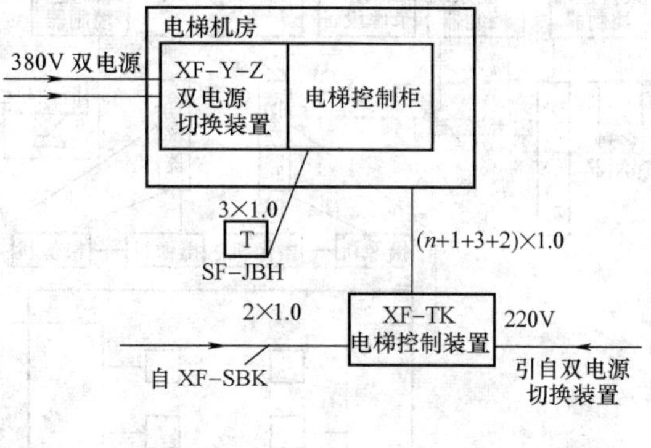

图 11-22　电梯控制基本原理图

图 11-22 说明如下：

（1）XF-TK 为电梯控制装置，该装置为柜式，安装在消防控制室。盘面上设有各部电梯层站运行显示，电梯强降按钮及声光报警器。

（2）XF-JBH 为轿厢内报警盒，安装在电梯轿厢内，具有专用、光报警功能，并设有实验和消音按钮，引出线为 3 根（2 根为 24V 直流线，1 根为信号线）。

（3）XF-SBK 为手动报警控制装置，安装在消防控制室内，柜面有人工报警部位显示、消防泵启动故障状态显示及声、光报警显示。

（4）XF-Y-Z 为双电源切换装置。

（5）n 为电梯层数。

11.4.7　典型的消防联动控制系统

如图 11-23 所示为一个基本的计算机控制的消防控制系统结构图。

智能大厦被分解为 N 个区域，系统的所有控制均由计算机完成。其工作方式是：从计算机引一条通信总线，把 N 个区域的火灾报警控制器连到这条总线上，区域火灾报警控制器将收到的信息发给计算机，这些信息经计算机处理后送到火灾报警装置，由火警报警装置启动有关出入口通道和消防电梯，同时给出疏散诱导指示。这样有利于消防车辆、救灾人员及时迅速地投入到灭火工作中，也便于调度指挥中心的人员或现场指挥车有效合理的使用装备和人员，达到迅速扑灭火灾的目的。

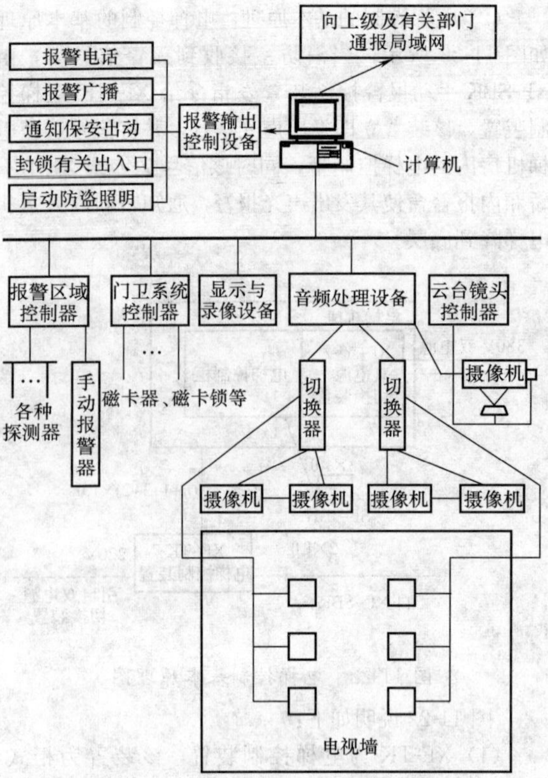

图 11-23　一个基本的计算机控制的消防控制系统结构图

11.5　系统工程设计

11.5.1　系统设计原则

在进行火灾自动报警系统工程设计时，首先要明确系统设计原则：

(1) 根据 GB 50116—1998《火灾自动报警系统设计规范》设计防火系统。

(2) 火灾自动报警系统的保护对象应根据其使用性质、火灾危险性、疏散和扑救难度等分为特级、一级和二级。

(3) 火灾探测器的设置部位应与保护对象的等级相适应。

(4) 探测区域应按独立房（套）间划分。一个探测区域的面积不宜超过 500m²；从主要入口能看清其内部，且面积不超过 1000m² 的房间，也可划为一个探测区域。

(5) 相邻房间不超过 5 间，总面积不超过 400m²，并在门口设有灯光显示装置。

(6) 相邻房间不超过 10 间，总面积不超过 100m²，在每个房间门口均能看清其内部，并在门口设有灯光显示装置。

(7) 火灾自动报警系统应设有自动和手动两种触发装置。

(8) 火灾报警控制器容量和每一总线回路所连接的火灾探测器和控制模块或信号模块的地址编码总数，宜留有一定余量。

(9) 火灾自动报警系统的设备，应采用经国家有关产品质量监督检测单位检验合格的产品。

(10) 要详细了解建筑物的功能、用途、分类及消防监督部门的审批意见。

(11) 掌握相关专业的标准、规范，例如安全防范技术、车库、防排烟、卷帘门的相关标准及规范等，然后综合考虑后再进行系统设计。

在执行中遇到问题时，应掌握以下设计原则：

(1) 行业标准服从国家标准。

(2) 尽量以高标准的安全要求进行设计。

(3) 遇有不可解决的矛盾，报请主管部门解决。

11.5.2　区域报警系统设计

区域报警系统，宜用于二级保护对象，对区域报警系统的设计，应遵循以下设计原则：

(1) 一个报警区域宜设置一台区域火灾报警控制器或一台火灾报警控制器，系统中区域火灾报警控制器或火灾报警控制器不应超过两台。

(2) 区域火灾报警控制器或火灾报警控制器应设置在有人值班的房间或场所。

(3) 如果系统规模较小，系统中可设置消防联动控制设备。

(4) 当用一台区域火灾报警控制器或一台火灾报警控制器警戒多个楼层时，应在每个楼层的楼梯口或消防电梯前室等明显部位，设置识别着火楼层的灯光显示装置。

(5) 区域火灾报警控制器或火灾报警控制器安装在墙上时，其底边距地面高度宜为 1.3～1.5m，其靠近门轴的侧面距墙不应小于 0.5m，正面操作距离不应小于 1.2m。

区域报警系统由区域火灾报警控制器、火灾探测器、手动报警按钮、警报装置等构成，如图 11-24 所示。

区域报警系统结构比较简单，但使用范围十分广泛，例如计算机机房、民用建筑物等，还可以作为集中报警系统和控制中心系统最基本的组成设备。

11.5.3　集中报警控制系统设计

集中报警控制系统适用于一、二级保护对象。对集中报警控制系统的设计，应符合下列要求：

(1) 系统中应设置一台集中火灾报警控制器和两台及以上区域火灾报警控制器，或设置一台火灾报警控制器和两台及以上区域显示器。

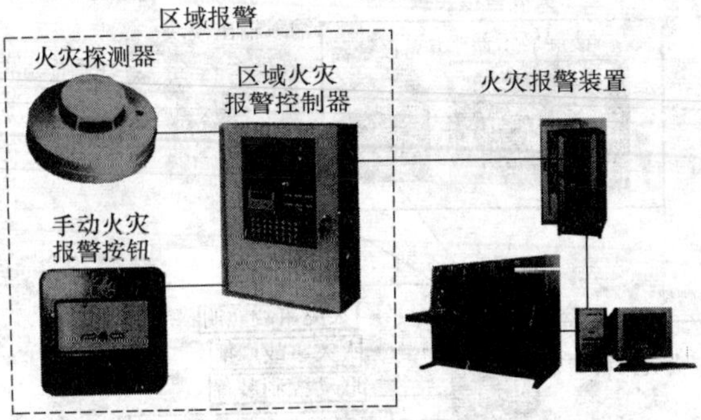

图 11-24　区域报警系统结构图

(2) 系统中应设置消防联动控制设备。

(3) 集中火灾报警控制器或火灾报警控制器，应能显示火灾报警部位信号和控制信号，亦可进行联动控制。

(4) 集中火灾报警控制器或火灾报警控制器，应设置在有专人值班的消防控制室或值班室内。

(5) 集中火灾报警控制器或火灾报警控制器、消防联动控制设备等在消防控制室或值班室内的布置，应符合下列要求：

1) 设备面盘前的操作距离：单列布置时不应小于 1.5m；双列布置时不应小于 2m。

2) 在值班人员经常工作的一面，设备面盘至墙的距离不应小于 3m。

3) 设备面盘后的维修距离不宜小于 1m。

4) 设备面盘的排列长度大于 4m 时，其两端应设置宽度不小于 1m 的通道。

5) 集中火灾报警控制器或火灾报警控制器安装在墙上时，其底边距地面高度宜为 1.3～1.5m，其靠近门轴的侧面距墙不应小于 0.5m，正面操作距离不应小于 1.2m。

(6) 集中报警控制系统中，需要设置必要的消防联动控制输出触点和输入触点，可以控制有关消防设备，并接收其的反馈信号。

(7) 报警控制器能够显示火灾报警的具体部件，并能实现联动控制。

(8) 集中报警控制器的 I/O 信号线需要通过端子进行连接，并且要有明显的标记和编号。

(9) 报警控制器安装在消防控制室或有人值班的控制室内。

(10) 控制盘应放在便于操作和维修的地方。

(11) 集中报警控制器连接的区域报警控制器要符合区域报警控制系统的技术要求。

新型的集中报警控制系统由火灾报警控制器、区域显示器（楼层显示器）、声光警报装置、火灾探测器、控制模块等构成。按相关规范要求，集中报警控制系统应设有一台集中报警控制器和两台以上区域报警控制器，如图 11-25 所示。

通常在一级中档宾馆中，集中报警控制器设在消防控制室，而区域报警控制器设在各楼层服务台。

11.5.4　控制中心报警系统设计

控制中心报警系统适用于特级、一级保护对象。所谓控制中心报警系统实际上就是集中报警系统和联动消防控制设备组成。

传统的控制中心报警系统由以下内容组成：

(1) 消防控制室的消防控制设备。

(2) 集中报警控制器。

(3) 区域报警控制器。

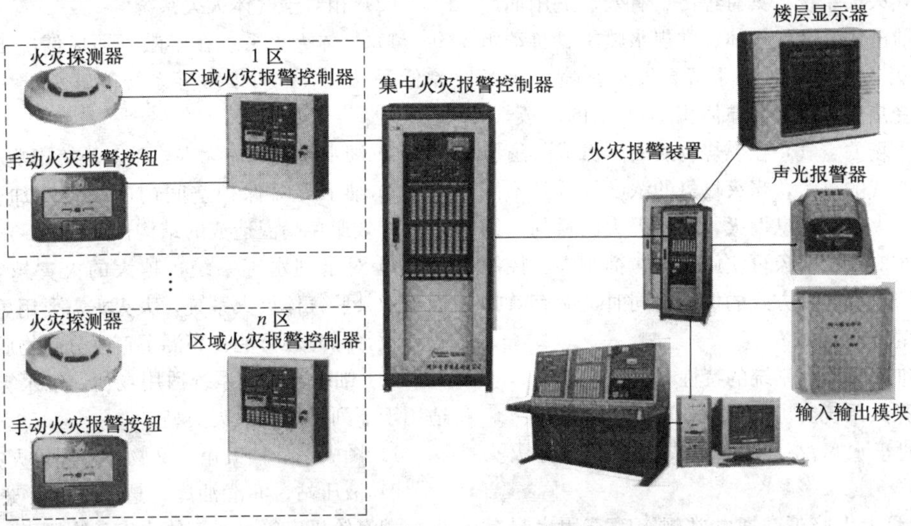

图 11-25　集中报警系统结构图

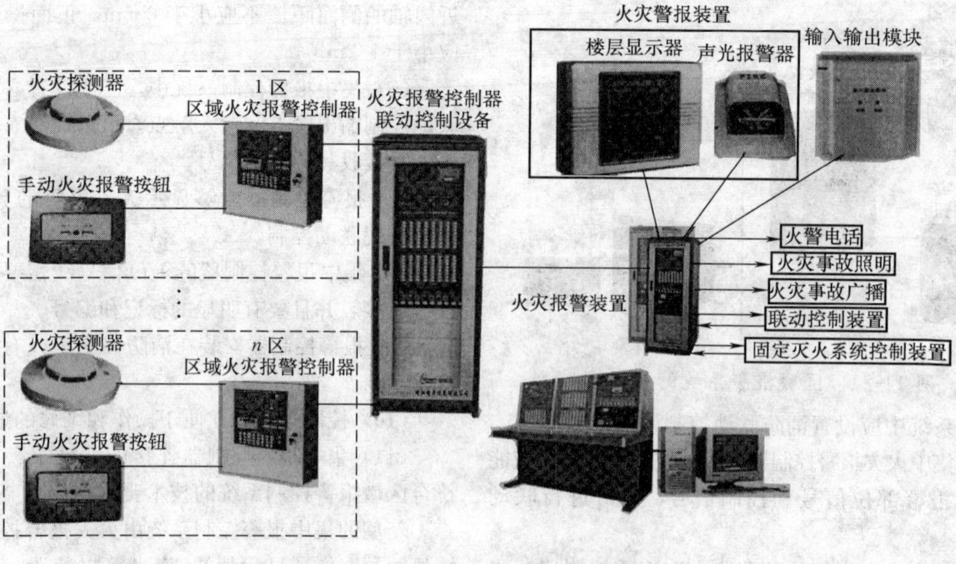

图 11-26 控制中心报警系统结构

（4）火灾探测器。

近几年来，随着总线制编码传输技术的发展，新型的控制中心报警系统由以下内容组成：

（1）消防控制室的消防控制设备。

（2）火灾报警控制器。

（3）区域显示器（或灯光显示器）。

（4）火灾探测器。

典型的控制中心报警系统结构如图 11-26 所示。

11.5.5 细水雾灭火系统设计

细水雾灭火系统是利用水作为灭火介质，采用特殊的喷头在特定的压力工作范围内将水流直接分解（或采用氮气雾化介质将水分解）成细水雾进行灭火的一种固定式灭火系统。具有经济、有效、适用面广等特点，目前已成为替代气体、常规水喷雾、自动水喷淋和泡沫灭火系统的重要手段。细水雾喷入火场后，雾滴在受热后汽化形成原体积 1700 倍的水蒸气，迅速地排斥火场的空气，在燃烧物质周围形成一道屏障阻隔新鲜空气的进入，当火场氧的浓度降低到不能燃烧的程度，火焰被窒息熄灭，达到灭火的目的。细水雾灭火系统对保护对象可实施灭火、抑制火、控制火、控温和降尘等多种方式的保护，同时，能有效扑救带电设备的火灾。

11.5.5.1 细水雾灭火系统的特性

细水雾灭火系统突出的特性如下：

（1）相对于水喷淋灭火系统或常规水喷雾灭火系统。

1）用水量大大降低。通常常规水喷雾用水量是水喷淋的 70%～90%，而细水雾灭火系统的用水量通常为常规水喷雾的 20%以下。

2）降低了火灾损失和水渍损失。对于水喷淋系统，很多情况下由于使用大量水进行火灾扑救造成的水渍损失还要高于火灾损失。

3）减少了火灾区域热量的传播。鉴于细水雾的辐射热阻隔作用，可以有效地阻隔热量的传播。

4）更能忍受火灾区域可能存在的障碍物，而这些障碍物有可能导致水喷淋灭火失效。

5）雾滴粒径更小，电气绝缘性能更好，可以更有效地扑救带电设备。

6）细水雾灭火的高效性使得其可以有效扑救低闪点可燃液体火灾。

（2）相对于气体灭火系统。

1）气体灭火系统在半敞开通风情况下将变得效率低下或失效，而细水雾系统能够承受一定限度的通风。

2）细水雾对人体无害，且对环境影响小。

3）细水雾对保护空间内的设备冷却作用明显，可以有效避免高温造成的结构件变形。

4）对于细水雾系统，越大的火灾越容易扑救，而不像某些气体灭火系统，大火灾需要用更长的时间去扑救，同时还可能在高温下产生分解物质。

（3）细水雾灭火系统适用场所。细水雾灭火系统适用于下列场所及火灾类型：

1）图书馆、档案馆、文物库等固体火灾。

2）液压站、润滑油库、透平油库、柴油发电机房、燃汽轮机房等可燃液体火灾危险场所。

3）电缆隧（廊）道、大型电缆室、油浸式电力变压器、油开关、配电室、开关柜室、计算机房、通信机房、中央控制室等电气火灾危险场所。

4）候机楼、医院候诊室等人群密集公共场所或其他适于细水雾灭火系统的火灾危险场所。

（4）不能采用细水雾灭火系统的场所。不能采用细水雾灭火系统的场所和火灾类型包括：

1）遇水产生可燃气体或氧气并导致加剧燃烧或引起爆炸后果的场所，遇水产生有毒有害物质的场所，例如存在较多金属钾、钠、锂、钙、锶、氯化锂、氧化钠、氧化钙、碳化钙、磷化钙等的场所，以及存放一定量原油、渣油、重油等的敞口容器（罐、槽、池）洒水将导致喷溅或沸溢事故的场所。

2）细水雾灭火系统不得用于扑救遇水发生化学反应造成燃烧、爆炸或产生大量危险物质，以及遇水造成剧烈沸溢的可燃液体或液化气体火灾。

11.5.5.2　细水雾灭火系统的分类

细水雾灭火系统的分类：

（1）按系统工作压力可分为低压系统、中压系统和高压系统。

（2）按应用方式可分为全淹没式系统、分区保护式系统和局部应用式系统。

（3）按系统动作方式可分为开式系统和闭式系统（包括湿式系统、干式系统和预作用系统）。

（4）按系统雾化介质类型可分为单流体系统和双流体系统。

11.5.5.3　细水雾灭火系统设计

（1）细水雾灭火系统设计一般规定。

1）对于封闭空间，且火灾危险点不确定时，应采用全空间应用灭火系统。

2）对于敞开、半敞开空间，只能考虑针对某个设备、某些设备群或设备的某些危险点采用局部应用灭火系统。

3）对于空间较大的封闭空间，且火灾危险点能确定时，也可采用局部应用灭火系统。

4）在选择细水雾灭火系统时，应针对防护区和保护对象的实际情况，选用不同方式的细水雾灭火系统，确保系统灭火的可靠性和经济性。

（2）细水雾灭火系统的基本设计原则。

1）目前细水雾喷头的适用空间高度一般小于8m，对于高度不超过5m的空间，细水雾封堵效果明显，因此适用于开口高度小于5m的情况。

2）细水雾完全可以对防火卷帘门等分隔物进行防护冷却，而且防护作用明显。另外为了全面覆盖分隔物，根据目前喷头技术状况，分隔物高度应不大于4m。

3）由于细水雾具有趋热特性，而且水颗粒细小、质量轻，所以细水雾系统释放灭火时，应关闭影响灭火效果的设备和设施。对于人员确认发生的火灾已经被扑灭后，才可启动排烟设备进行排烟和灾后处理。

4）喷头是细水雾灭火系统的关键组件之一，种类繁多，供货商必须提供经过国家有关消防产品检测机构检测认可的产品。

5）对于全淹没系统，往往采用正方形、矩形或长方形布置；对于局部应用或分区保护应用方式往往采用长方形或菱形布置；而对于电缆隧道等狭长防护区域则可以采用线形布置方式。

6）细水雾系统的所有管道、喷头与裸露或非绝缘带电设备间的安全间距应符合国家现行有关标准。由于细水雾具有良好的电绝缘性能，因此细水雾系统可用于扑灭电气设备火灾，但是细水雾喷头和管道，均要与带电的电器部件保持一定的距离。鉴于上述原因，细水雾系统的所有管道、喷头与裸露或非绝缘带电设备间的安全间距应符合现行的国家标准和行业标准中的有关规定。表 11-3 内容可参考执行。

表 11-3　细水雾系统的管道、喷头与裸露或非绝缘带电设备间的安全间距

工程系统电压（kV）	最大系统电压（kV）	设计 BIL2（kV）	最小间隙（mm）
13.8	14.5	110	178
23	24.3	150	254
34.5	36.5	200	330
46	48.5	250	432
69	72.5	350	635
115	121	550	1067
138	145	650	1270
161	169	750	1473
230	242	900	1930
1050	2134	—	—
345	362	1050	2134
1300	2642	—	—
500	550	1500	3150
1800	3658	—	—
765	800	2050	4242

7）启动系统的火灾探测器或闭式喷头，应能有效探测初期火灾。

8）开式系统、预作用系统应在火灾自动报警系统报警后启动，湿式系统、干式系统应在开放一个喷头后自动启动。

9）作用面积或空间范围内的喷头，应在规定时间内按设计选定的强度喷雾。

10）全淹没式系统和分区保护式系统中，应在防护分区进、出口或相邻区域的分界处设置防火门、防火墙等防火分隔，对于高度不超过5.0m的开口，可采用由细水雾喷头组成的水雾封堵分隔；当对高度大于4.0m的防火卷帘门等分隔物保护时，细水雾应能覆盖被保护对象。

11）细水雾灭火系统启动前，防护区内的通风、空调设备应自动停止。

12）细水雾灭火系统由于压力较高，管道连接处的泄漏对系统的压力影响较大，对细水雾灭火系统管道的连接方式作了规定。

(3) 不同细水雾灭火系统的设计要求。采用局部应用式系统和分区保护式系统的火灾危险场所，其保护面积应按其外表面面积确定，并应符合下列规定：

1）当保护对象外形不规则时，应按包容保护对象的最小规则形体的外表面面积确定。

2）变压器的保护面积除应按扣除底面面积以外的变压器外表面面积确定外，尚应包括油枕、冷却器的外表面面积和集油坑的投影面积。

细水雾喷头的平面布置方式可分为正方形、矩形和菱形，并应符合以下规定：

1）采用全淹没细水雾灭火系统时，喷头间距不应大于3.5m，安装高度不应大于8.0m。

2）采用分区保护式系统和局部应用式细水雾灭火系统时，喷头间距不应大于2.5m，喷头距防护物间距不应大于5.0m。

3）采用闭式系统时，喷头间距应符合GB 50084—2001《自动喷水灭火系统设计规范（附条文说明）》的规定，且防护区空间的最大净空高不应大于4.0m。

当保护对象为室外油浸式电力变压器时，细水雾喷头布置应符合下列规定：

1）应布置在变压器的周围，不宜布置在变压器顶部。

2）不应直接喷向高压套管，并避免造成变压器顶部上方高压套管处形成密集的水雾。

3）喷头的布置应使细水雾覆盖变压器外表面。

4）油枕、冷却器、集油坑应设细水雾喷头保护，对于变压器冷却器距变压器本体超过0.7m时，应对其间的空隙部分增设喷头。

5）当保护对象为电缆隧（廊）道，且电缆托架成列双侧布置时，喷头应采用双排布置方式，左排喷头保护右侧电缆，右排喷头保护左侧电缆。

6）当防护空间存在未被细水雾淹没或覆盖的点火源，燃烧物或存在障碍物时，应相应增设喷头。

7）细水雾封堵分隔的喷头宜按双排交错均匀布置，排间距不应小于1.2m。

8）细水雾系统的所有管道、喷头与裸露或非绝缘带电设备间的安全间距应符合国家现行有关标准的规定。

(4) 系统管网设计要求。系统管网的设计应符合下列规定：

1）中、低压单流体细水雾灭火系统，单喷嘴喷头喷口最小过流孔径大于2mm或多喷嘴喷头喷口最小过流孔径大于1.2mm的，系统管网控制阀前长期充满稳压水的主管道可采用热镀锌无缝钢管，控制阀后应采用不锈钢管或铜管，并应设计特定要求的过滤器；其他类型的系统应采用不锈钢管或铜管。

2）不锈钢管或铜管的规格和壁厚应符合GB 13296—2007《锅炉、热交换器用不锈钢无缝钢管》、GB/T 12771—2008《流体输送用不锈钢焊接钢管》和GB/T 1527—2006《铜及铜合金拉制管》的相关规定，且管道连接件应采用与管道相同的材质。

3）中、低压单流体系统，系统管道的最小公称直径不应小于20mm。

4）系统管道的连接，对于不锈钢管，可采用丝扣、法兰、焊接、球形连接、限位活接、卡压式连接，焊接时应采用亚弧焊工艺；其他材质的管道应采用沟槽式连接件（卡箍）或丝扣、法兰连接。

5）系统中直径等于或大于80mm的管道应分段采用法兰或沟槽式连接件（卡箍）连接、水平管道上法兰间的管道长度不宜大于20m；主管上法兰间的距离不应跨越3个及以上楼层。净空高度大于8m的场所内，立管上应有法兰。

6）当系统管网设置于爆炸性火灾危险场所或强电场所时，应设防静电接地装置，且接地电阻不应大于30Ω，当采用联合接地装置时，接地电阻不应大于1Ω。管道连接接头处应采用必要的措施保证管道完整接地。

(5) 系统管件设计要求。系统管件的设计应符合下列规定：

1）对于管径大于50mm的管道不应使用螺纹活接头。当管道尺寸发生变化时，应采用一体式异径接头。

2）各种配件的工作压力应不小于系统在54℃环境条件下最大的工作压力。对于系统中采用了压力调节装置的，压力调节阀下游的配件工作压力应不小于下游管道预期的最大工作压力。

3）支吊架的型式、加工尺寸及焊接质量等应符合设计要求和现行国家有关标准的相关规定。

4）当细水雾系统有抗震要求时，应按相应的抗震等级进行计算和制造相应设备、管道和支吊架。

（6）供水要求。

1）细水雾灭火系统供水应无污染、无腐蚀、无悬浮物，水源水质宜不低于生活用水标准，对于选用的细水雾喷头最小过流尺寸小于 51μm 的系统，应采用纯净水。

2）细水雾灭火系统的供水可由企业的生产、消防给水管道或市政供给，也可由消防水池或天然水源供给。

3）水、添加剂（如果需要）、雾化介质（如果需要）的最小计算用量应满足流量最大的防护分区开式系统 30min、闭式系统 60min 持续喷雾时间的要求。

4）对于系统工作后 24h 内不能更换的灭火介质，应进行备份，且可以随时连接到系统中。当需要人工更换时，应能在防护区外完成。

5）严寒与寒冷地区，对系统中遭受冷冻影响的部分，应采取防冻措施。

（7）水泵设置要求。水泵的设置应符合下列规定：

1）系统应设独立的供水泵，并应按一运一备或两运一备比例设置备用泵。

2）消防泵或其他供水设备宜按一级负荷供电；当条件受限时，可采用从同一变电站不同段母线引出的双回路及双变压器供电，或采用 UPS 供电电源和柴油驱动的消防泵。

3）当水源不会间断和压力高于 0.3MPa 时，可直接采用供水水源稳压，而不设稳压泵。

4）用于细水雾灭火系统的消防水泵或其他供水设备应采用自动控制方式；消防泵或其他供水设备的工作状态以及供电状况应能在消防控制室进行监视。

（8）气液容器的设置要求。气液容器的设置应符合下列规定：

1）气体（水）容器应有永久性的铭牌或其他形式的标识，用以说明其所储存气体（水、添加剂）的种类、重量、体积以及耐压等级。

2）容量应满足防护区域内设计用气、用水的要求。

3）受压容器应设置泄放超压的安全装置。

4）应设有压力指示装置以显示充压或复充气体容器的压力。

5）对于多容器系统，所有提供相同集管出口的容器应可互换，且尺寸相同。

6）对于双流体系统，雾化介质应罐装于专用的容器内，并设有压力的监视装置。当工厂能够提供的气源满足供气量、供气质量、供气压力和可靠性要求时，可以作为一种雾化介质使用。

11.5.5.4　系统选型

系统的选择应符合下列规定：

（1）室内可燃液体、电气和固体火灾危险场所宜选用全淹没式系统。

（2）预先可以划定危险防护分区，且初期火灾可能局限在设定分区内的室内火灾危险场所，宜采用分区保护式系统。

（3）室外或半室外含油电气设备或敞开、半敞开空间内的火灾危险场所，以及火灾仅会发生在某一个设备或设备的某一个或几个点的室内危险场所，宜采用局部应用式系统。

（4）对于室内可燃液体、电气和固体火灾等火灾危险场所，国内外调研、试验研究和工程应用表明全淹没应用方式可以保证全面有效地灭火，因此建议优先选用。

（5）对于室外（半室外）含油电气设备或敞开、半敞开空间内的火灾危险场所，由于空间无限大，只能考虑针对某一个设备、某一些设备（设备群）或设备的某些危险点采用局部应用方式。对于火灾仅会发生在某一个设备或设备的某一个（几）个点的室内危险场所，可按局部应用方式设计。

（6）火灾的水平或垂直蔓延速度快、闭式喷头的开放不能及时使喷雾有效覆盖着火区域的火灾危险场所应采用开式系统。

（7）下列场所应采用湿式系统：

1）火灾的水平蔓延速度慢、闭式系统能够及时启动控火、灭火的中、轻危险等级场所。

2）环境温度不低于 4℃，且不高于 70℃的场所，环境温度低于 4℃，或高于 70℃的场所应采用干式系统。

（8）系统工作压力的选型应符合下列规定：

1）中、大型计算机房、主控制室、通信中心、主操作室等电气设备火灾危险场所，宜选用中、高压系统。

2）液压站、润滑油站（库）、电缆隧道、电缆夹层、电气地下室、室外油浸变压器和柴油发电机房等可燃液体火灾危险场所，宜选用工作压力不大于 2.0MPa 中、低压系统。

3）图书馆、档案库、文物库等固体火灾危险场所宜选用高压系统，候机楼、医院候诊室等人员密集公共场所宜选用中、低压系统。

4）富含橡胶、塑料的固体场所或闪点低于60℃的可燃液体火灾危险场所，宜采用细水雾——泡沫联用灭火系统。

5）开式细水雾灭火系统的响应时间不应大于35s。

6）利用有压气体作为系统启动介质的干式系统，预作用系统，其配水管道内的气压值，应根据报警阀的技术性能确定；利用有压气体检测管道是否严密的预作用系统，配水管道内的气压值不宜小于0.03MPa，且不宜大于0.05MPa。

11.6 火灾自动报警与消防联动控制系统的安装施工

11.6.1 系统布线

火灾自动报警系统的布线应该从以下几方面进行考虑：接线的要求；接线的方式；联动控制系统的线制；接线工艺；配线选择与导线穿管。

11.6.1.1 接线的要求

（1）火灾自动报警系统的布线，应符合GB 50311—2007《综合布线系统工程设计规范》、GB 50116—1998《火灾自动报警系统设计规范》和GB 50303—2002《建筑电气装置工程施工质量验收规范》的规定，对导线的种类、电压等级进行检查。

（2）火灾自动报警系统应单独布线，系统内不同电压等级、不同电流类别的线路，不应布置在同一管内或线槽的同一槽孔内。

（3）导线在管内或线槽内，不应有接头或扭结。导线的接头，应在接线盒内焊接或用端子连接。

（4）从接线盒、线槽等处引到探测器底座、控制设备、扬声器的线路，当采用金属软管保护时，其长度不应大于2m。

（5）敷设在多尘或潮湿场所管路的管口和管子连接处，均应作密封处理。

（6）管路超过下列长度时，应在便于接线处装设接线盒：

1）管子长度每超过30m，无弯曲时；

2）管子长度每超过20m，有1个弯曲时；

3）管子长度每超过10m，有2个弯曲时；

4）管子长度每超过8m，有3个弯曲时。

（7）金属管子入盒，盒外侧应套锁母，内侧应装护口；在吊顶内敷设时，盒的内外侧均应套锁母。塑料管入盒应采取相应固定措施。

（8）明敷设各类管路和线槽时，应采用单独的卡具吊装或支撑物固定。吊装线槽或管路的吊杆直径不应小于6mm。

（9）线槽敷设时，应在下列部位设置吊点或支点：

1）线槽始端、终端及接头处；

2）距接线盒0.2m处；

3）线槽转角或分支处；

4）直线段不大于3m处。

（10）线槽接口应平直、严密，槽盖应齐全、平整、无翘角。并列安装时，槽盖应便于开启。

（11）同一工程中的导线，应根据不同用途选不同颜色加以区分，相同用途的导线颜色应一致。电源线正极应为红色，负极应为蓝色或黑色。

11.6.1.2 接线方式

现行的火灾自动报警系统基本采用总线制接线方式，总线制的接线方式分为单支布线与多支线接线方式两类。

（1）单支布线接线方式。单支布线接线方式的结构如图11-27所示。

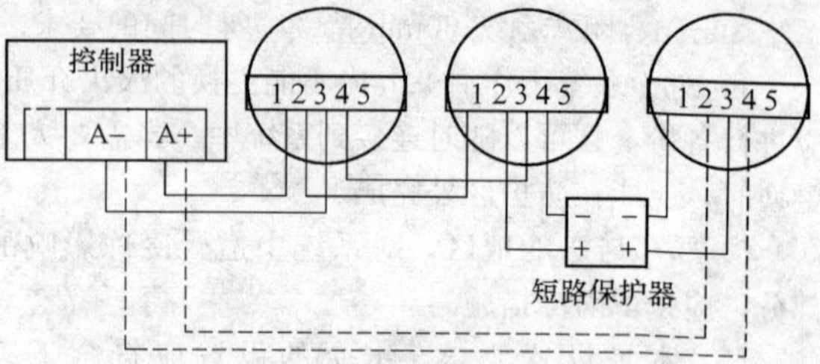

图11-27 单支布线接线图

图11-27说明如下：

1）单对布线可分为串形和环形两种。无虚线接线为串形接法，增加虚线接线为环形接法；

2）串形接法的优点是总线的传输质量佳，传输距离长；

3）环形接法的优点是系统线路中任何地点断路时不影响系统的正常运行，环形接法的线路比串形接法线路要长。

（2）多支线接线方式。多支线接线方式也叫做树状系统接线法，细分为鱼骨形接法和小星形接法。

鱼骨形接法的优点是总线的传输质量好，不过必须注意二总线主干线两边的分支距离应小于10m，这种接线方式传输距离较远。鱼骨形接线方式如图11-28所示。

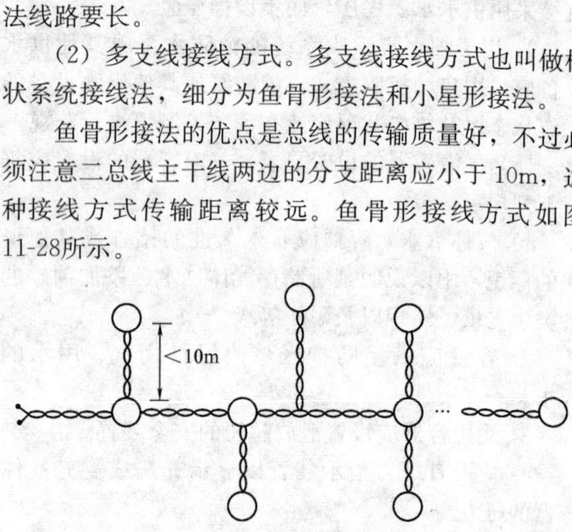

图11-28 鱼骨形接线图

小星形接线方式传输效果不如串形或鱼骨形，使用时应该注意：以二总线端子到遇到的第一个节点的距离＞50m，由主干线到支路节点的距离＜30m，它的优点是传输距离较远。通常小星形接线线路较短，同一点分支线不宜过多，一般不超过三根。小星形接线方式如图 11-29 所示。

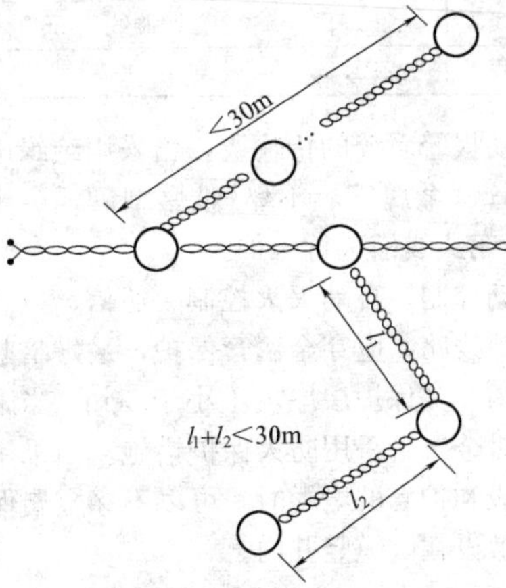

图 11-29　小星形接线图

11.6.1.3　联动控制系统线制

联动控制系统线制分为总线—多线、全总线和混合总线三种形式。

（1）总线—多线制形式。这种形式的联动控制系统从消防控制室到各楼层或消防分区为总线制联动方式，需要 3 根以上的联动总线。从联动控制模块到各联动设备则为多线制方式，其配线遵循多线制联动的原则。多线制联动系统中从消防控制中心到各联动设备点的纵向管线一般只需 10 根左右的总线，但并不减少横向联动管线。这类系统适合于各层平面面积不太大，大楼高度较高的场合。

（2）全总线制形式。全总线制形式适用于楼层面积较大，各联动设备相距较远的场合，它的特点是系统的管线简单，缺点是设备造价较高。在实际应用中往往要兼顾到各方面的要求，采用复合控制模式，即总线—多线制、总线制、全总线制复合控制模式。例如：有些重要设备采用多线制控制，设备相对集中的场合采用多路输出控制模块，分散的联动设备采用全总线制模式。

（3）混合总线制形式。联动的混合总线制形式的设备一般分为火灾探测器（含编码模块）、报警与回授模块，控制模块，也有控制兼回授的制形块。混合总线制形式的总线数量较少，这种形式的功能不分明，系统调试与维护比较麻烦。

11.6.1.4　接线工艺

（1）导线断点处焊接工艺。导线断点处焊接处理，如图 11-30 所示。导线脱出芯线要求≥8mm，焊锡处外径要比导线外皮略粗，当导线焊接处半凉时将导线外皮直径同粗或略粗的塑料套管（热缩管）套在焊接外，套管两端要各套入导线外皮 40mm 左右，并用电工胶布将管固定在导线上。

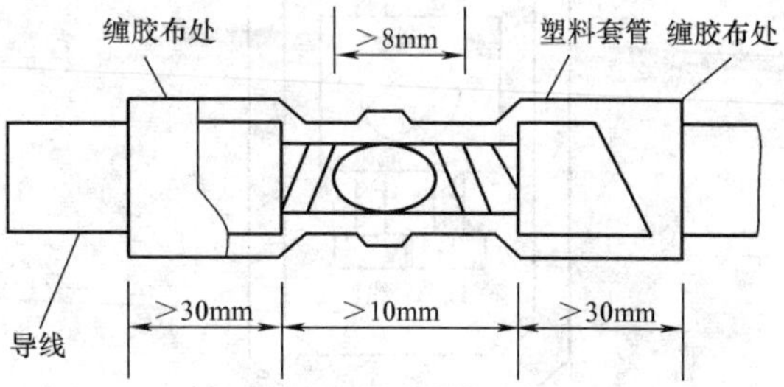

图 11-30　导线断点处焊接图

（2）导线与设备端子的接线要求 1。导线与设备端子的接线要求 1 是：脱出芯线约为 15mm，脱出的多股芯线要绞合在一起，在将绞合后的芯线接端子紧固螺钉的方向至少绕一圈，拧紧紧固螺钉，如图 11-31 所示。

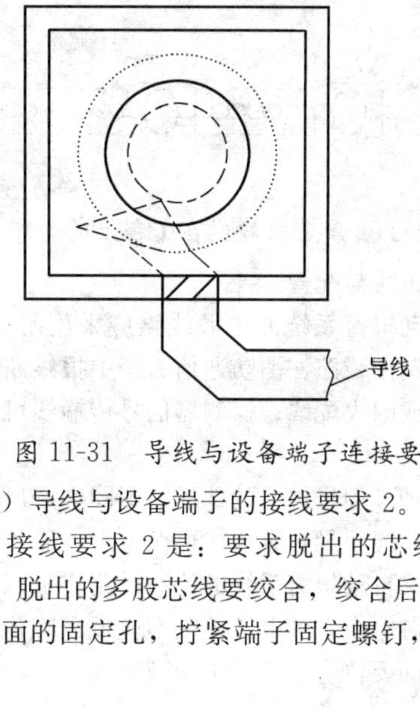

图 11-31　导线与设备端子连接要求 1

（3）导线与设备端子的接线要求 2。导线与设备端子的接线要求 2 是：要求脱出的芯线长度约为 10mm，脱出的多股芯线要绞合，绞合后的芯线插入端子侧面的固定孔，拧紧端子固定螺钉，如图 11-32 所示。

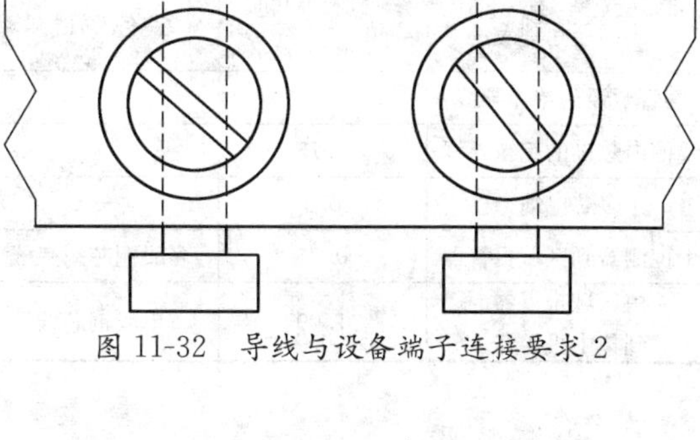

图 11-32　导线与设备端子连接要求 2

(4) 导线与设备端子连接要求 3。导线与设备端子连接要求 3 是：脱出芯线的长度约为 10mm，脱出的多股芯线要绞合，绞合后的芯线插入端子压板下，拧紧紧固螺钉，如图 11-33 所示。

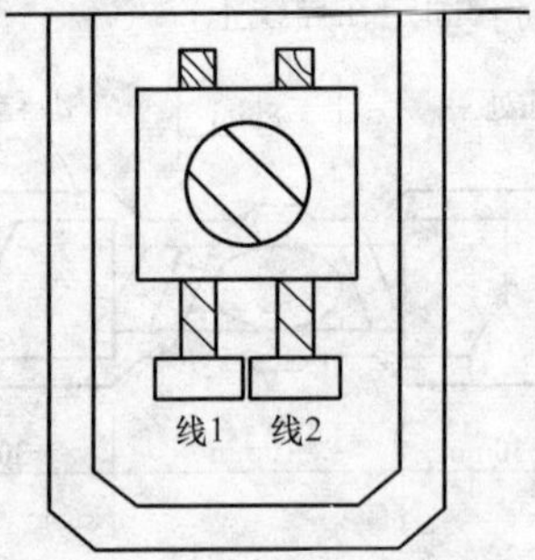

图 11-33 导线与设备端子连接要求 3

(5) 屏蔽双绞线断点处焊接工艺。屏蔽双绞线断点处焊接要求将屏蔽层的铜网在断点处的前后一定要接通，即在屏蔽层二总线或三总线的传输距离内，不允许出现断点，要求屏蔽层与设备外壳相连接，如图 11-34 所示。

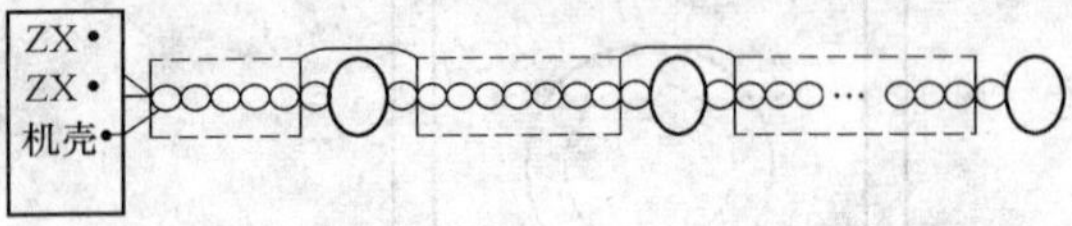

图 11-34 屏蔽双绞线在工程上的处理

11.6.1.5 布线与配管

火灾自动报警系统的电源线路应采用耐火配线；消防联动控制用线路、消防通信、警中报线路和应采用耐热配线或耐火配线；探测器信号传输线可用普通配线。

线缆品种、型号规格的选择因不同生产厂家的产品而异，但大同小异，有规律可循。

(1) 火灾自动报警系统的传输线路应采用铜芯绝缘导线或铜芯电缆，其电压等级不应低于交流 250V，线芯最小截面要符合表 11-4 的规定。

表 11-4 火灾报警系统用导线最小截面

类别	线芯最小截面 (mm^2)	备注
穿管敷设的绝缘导线	1.00	—
线槽内敷设的绝缘导线	0.75	—
多芯电缆	0.5	—
由探测器到区域报警器	0.75	多股铜芯耐热线
由区域报警器到集中报警器	1.00	单股铜芯线
水流指示器控制线	1.00	—
湿示报警阀及信号阀	1.00	—
排烟防水电源线	1.50	控制线＞1.00mm^2
电动卷帘门电源线	2.50	控制线＞mm^2
消火栓控制按钮线	1.50	—

(2) 火灾自动报警系统的传输线，当采用绝缘电线时，应采取穿管（金属管、不燃/难燃型硬质、半硬质塑料管）、封闭式线槽进行保护。

(3) 消防联动控制、自动灭火控制、通信、应急照明、事故广播等线路，应穿金属管保护，最好暗敷在非燃烧体结构内，其保护层厚度不小于 3cm。当采用明敷时，则应对金属管采用防火保护措施。当采用具有非延燃性绝缘和护套的电缆时，可以不穿金属保护管，但应将其敷设在电缆竖井内。

(4) 不同电压、不同电流类别、不同系统的线路，不可共管或线槽的同一槽孔内敷设。横向敷设的报警系统传输线路，若采用穿管布线，则不同防火分区的线路不可共管敷设。

(5) 弱电线路的电缆与强电线路的电缆竖井分别设置，若因条件限制，必须合用一个电缆竖井时，则应将弱电线路和与强电线路分别布置在竖井两侧。

(6) 从线槽、接线盒等处引至火灾探测器的底座盒、控制设备的按线盒、扬声器箱等的线路，应穿金属软管保护。

(7) 向敷设在建筑物内的暗配管，管径不宜大于 25mm；水平或垂直敷设在天棚内或墙内的暗配管，管径不宜大于 40mm。

(8) 火灾探测器的传输线路，采用不同颜色的绝缘导线，接线端子应有标号。

(9) 配线中使用的非金属管材、线槽及其附件，均应采用不燃或非延燃性材料制成。

如表 11-5 所示为部分常用导线截面规格；如表 11-6 所示为电线管部分的穿线管道规格。

表 11-5 导线截面规格表

导线截面 (m^2)	聚氯乙烯电线 BV、BVR 外径 (mm)	聚氯乙烯电线 BV、BVR 面积 (mm^2)	导线截面 (mm^2)	聚氯乙烯电线 BV、BVR 外径 (mm)	聚氯乙烯电线 BV、BVR 面积 (mm^2)
1.0	2.8	6.2	4	4.2	14
1.5	3.1	7.6	6	5	26
2.5	3.7	10.8			

表 11-6　　电线管部分的穿线管道规格表

公称口径		管道规格（mm）		内孔面积（mm^2）					
（mm）	（in）	外径	壁厚	内径	100%	40%	35%	30%	20%
15	5/8	15.87	1.6	12.67	126	50	44	38	32
20	3/4	19.05	1.8	15.45	190	76	67	57	48
25	1	25.4	1.8	21.8	372	149	130	112	93
32	11/4	31.75	1.8	28.15	625	250	219	188	156
40	11/2	38.10	1.8	34.50	935	374	327	281	234
50	2	50.8	2.0	46.80	1725	690	604	518	431
70	21/2	63.5	2.5	58.5	2689	1076	941	807	672
80	3	76.5	3.2	69.5	3785	1514	1325	1136	946

11.6.2　火灾自动报警系统设备的安装要求

11.6.2.1　控制器类设备的安装要求

（1）火灾报警控制器、可燃气体报警控制器、区域显示器、消防联动控制器等控制器类设备（以下称控制器）在墙上安装时，其底边距地（楼）面高度宜为 1.3～1.5m，其靠近门轴的侧面距墙不应小于 0.5m，正面操作距离不应小于 1.2m；落地安装时，其底边宜高出地（楼）面 0.1～0.2m。

（2）控制器应安装牢固，不应倾斜；安装在轻质墙上时，应采取加固措施。

（3）引入控制器的电缆或导线，应符合下列要求：

1）配线应整齐，不宜交叉，并应固定牢靠。

2）电缆芯线和所配导线的端部，均应标明编号，并与图纸一致，字迹应清晰且不易褪色。

3）端子板的每个接线端，接线不得超过 2 根。

4）电缆芯和导线，应留有不小于 200mm 的余量。

5）导线应绑扎成束。

6）导线穿管、线槽后，应将管口、槽口封堵。

（4）控制器的主电源应有明显的永久性标志，并应直接与消防电源连接，严禁使用电源插头。控制器与其外接备用电源之间应直接连接。

（5）控制器的接地应牢固，并有明显的永久性标志。

11.6.2.2　火灾探测器安装要求

（1）点型感烟、感温式火灾探测器的安装，应符合下列要求：

1）探测器至墙壁、梁边的水平距离，不应小于 0.5m。

2）探测器周围水平距离 0.5m 内，不应有遮挡物。

3）探测器至空调送风口最近边的水平距离，不应小于 1.5m；至多孔送风顶棚孔口的水平距离，不应小于 0.5m。

4）在宽度小于 3m 的内走道顶棚上安装探测器时，宜居中安装。点型感温式火灾探测器的安装间距，不应超过 10m；点型感烟火灾探测器的安装间距，不应超过 15m。探测器至端墙的距离，不应大于安装间距的一半。

5）点型火灾探测器宜水平安装，当必须倾斜安装时，倾斜角不应大于 45°。

（2）线型红外光束感烟式火灾探测器的安装，应符合下列要求：

1）当探测区域的高度不大于 20m 时，光束轴线至顶棚的垂直距离宜为 0.3～1.0m；当探测区域的高度大于 20m 时，光束轴线距探测区域的地（楼）面高度不宜超过 20m。

2）发射器和接收器之间的探测区域长度不宜超过 100m。

3）相邻两组探测器的水平距离不应大于 14m。探测器至侧墙水平距离不应大于 7m，且不应小于 0.5m。

4）发射器和接收器之间的光路上应无遮挡物或干扰源。

5）发射器和接收器应安装牢固，并不应产生位移。

（3）缆式线型感温火灾探测器在电缆桥架、变压器等设备上安装时，宜采用接触式布置；在各种皮带输送装置上敷设时，宜敷设在装置的过热点附近。

（4）敷设在顶棚下方的线型差温火灾探测器，至顶棚距离宜为 0.1m，相邻探测器之间水平距离不宜大于 5m；探测器至墙壁距离宜为 1～1.5m。

（5）可燃气体探测器的安装应符合下列要求：

1）安装位置应根据探测气体密度确定。若其密度小于空气密度（如氢气、甲烷等），探测器应位于可能出现泄漏点的上方或探测气体的最高可能聚集点的上方；若其密度大于或等于空气密度，探测器应位于可能出现泄漏点的下方。

2）在探测器周围应适当留出更换和标定的空间。

3）在有防爆要求的场所，应按防爆要求施工。

4）线型可燃气体探测器在安装时，应使发射器和接收器的窗口避免日光直射，且在发射器与接收器之间不应有遮挡物，两组探测器之间的距离不应大于14m。

（6）通过管路采样的吸气式感烟火灾探测器的安装应符合下列要求：

1）采样管应固定牢固。

2）采样管（含支管）的长度和采样孔应符合产品说明书的要求。

3）非高灵敏度的吸气式感烟火灾探测器不宜安装在天棚高度大于16m的场所。

4）高灵敏度吸气式感烟火灾探测器在设为高灵敏度时可安装在天棚高度大于16m的场所，并保证至少有两个采样孔低于16m。

5）安装在大空间时，每个采样孔的保护面积应符合点型感烟火灾探测器的保护面积要求。

（7）点型火焰探测器和图像型火灾探测器的安装应符合下列要求：

1）安装位置应保证其视场角覆盖探测区域。

2）与保护目标之间不应有遮挡物。

3）安装在室外时应有防尘、防雨措施。

（8）探测器的底座应安装牢固，与导线连接必须可靠压接或焊接。当采用焊接时，不应使用带腐蚀性的助焊剂。

（9）探测器底座的连接导线，应留有不小于150mm的余量，且在其端部应有明显标志。

（10）探测器底座的穿线孔宜封堵，安装完毕的探测器底座应采取保护措施。

（11）探测器确认灯应朝向便于人员观察的主要入口方向。

（12）探测器在即将调试时方可安装，在调试前应妥善保管并应采取防尘、防潮、防腐蚀措施。

11.6.2.3 手动火灾报警按钮安装要求

（1）手动火灾报警按钮应安装在明显和便于操作的部位。当安装在墙上时，其底边距地（楼）面高度宜为1.3～1.5m。

（2）手动火灾报警按钮应安装牢固，不应倾斜。

（3）手动火灾报警按钮的连接导线，应留有不小于150mm的余量，且在其端部应有明显标志。

11.6.2.4 消防电气控制装置安装要求

（1）消防电气控制装置在安装前，应进行功能检查，不合格者严禁安装。

（2）消防电气控制装置外接导线的端部，应有明显的永久性标志。

（3）消防电气控制装置箱体内不同电压等级、不同电流类别的端子应分开布置，并有明显的永久性标志。

（4）消防电气控制装置应安装牢固，不应倾斜；安装在轻质墙上时，应采取加固措施。

11.6.2.5 模块安装要求

（1）模块宜在不同报警区域内集中安装在金属箱内。

（2）模块（或金属箱）应独立支撑或固定，安装牢固，并应采取防潮、防腐蚀等措施。

（3）模块的连接导线，应留有不小于150mm的余量，其端部应有明显标志。

（4）隐蔽安装时在安装处应有明显的部位显示和检修孔。

11.6.2.6 火灾应急广播扬声器和火灾警报装置安装要求

（1）火灾应急广播扬声器和火灾警报装置安装应牢固可靠，表面不应有破损。

（2）火灾光报警装置应安装在安全出口附近明显处，距地面1.8m以上。光报警器与消防应急疏散指示标志不宜在同一面墙上，安装在同一面墙上时，距离应大于1m。

（3）扬声器和火灾声警报装置宜在报警区域内均匀安装。

11.6.2.7 消防专用电话安装要求

（1）消防电话、电话插孔、带电话插孔的手动报警按钮宜安装在明显、便于操作的位置；当在墙面上安装时，其底边距地（楼）面高度宜为1.3～1.5m。

（2）消防电话和电话插孔应有明显的永久性标志。

11.6.2.8 消防设备应急电源安装要求

（1）消防设备应急电源的电池应安装在通风良好地方，在密封环境中使用时应通风。

（2）使用酸性电池时，不得安装在带有碱性物质场所；使用碱性电池时，不得安装在带酸性物质的场所。

（3）消防设备应急电源不应安装在靠近带有可燃气体的管道、仓库、操作间等场所。

（4）单相供电额定功率大于30kW、三相供电额定功率大于 120kW 的消防设备应安装独立的消防应急电源。

11.6.2.9　系统接地要求

(1) 交流供电和 36V 以上直流供电的消防用电设备的金属外壳应有接地保护，接地线应与电气保护接地干线 (N) 相连接。

(2) 接地装置施工完毕后，应按规定测量接地电阻，并作记录。

为了了解火灾自动报警系统施工安装的详细情况，在 11.6.3～11.6.19 中，参考、引用了海湾安全技术有限公司的技术资料。

11.6.3　点型紫外火焰探测器安装

点型紫外火焰探测器为感光型火灾探测器，它通过探测物质燃烧所产生的紫外线来探测火灾，适用于火灾发生时易产生明火的场所，对发生火灾时有强烈的火焰辐射或无阴燃阶段的火灾以及需要对火焰作出快速反应的场所均可采用点型紫外火焰探测器。

点型紫外火焰探测器有编码和非编码两种工作模式。适用于爆炸危险场所的 1 区、2 区，可根据现场环境来选用。点型紫外火焰探测器内置单片机，由单片机进行信号处理及与火灾报警控制器通信。传感部件选用技术先进的紫外光敏管，具有灵敏度高、性能可靠、抗粉尘污染、抗潮湿及抗腐蚀能力强等优点。

11.6.3.1　点型紫外火焰探测器探测视角

点型紫外火焰探测器探测视角如图11-35所示。

11.6.3.2　探测距离

点型紫外火焰探测器设有三个灵敏度级别，不同的灵敏度级别对应着不同的探测距离。对于放置于底面积为 33cm×33cm，高为 5cm 的容器中的 2000g 工业乙醇燃烧产生的火焰：Ⅰ级，25m；Ⅱ级，17m；Ⅲ级，12m 。

11.6.3.3　点型紫外火焰探测器结构特征

点型紫外火焰探测器外形结构如图 11-36 所示。

11.6.3.4　安装与布线

(1) 安装点型紫外火焰探测器之前，请切断回路的电源。

在下列情形的场所，不宜使用点型紫外火焰探测器探测器：可能发生无焰火灾；在火焰出现前有浓烟扩散；探测器的“视线”易被遮挡；探测器易受阳光直接或间接照射；现场有较强紫外线光源，如卤钨灯等。在正常情况下有明火、电焊作业以及 X 射线、弧光、火花等影响处。

(2) 安装方式。

点型紫外火焰探测器的安装方式有两种，一种是安装在墙壁上；另一种是安装在顶棚上。探测器附件备有卡箍和壁板，用于探测器的安装，安装示意图见图 11-37。壁板用三个 M6×60mm 的膨胀螺栓直接固

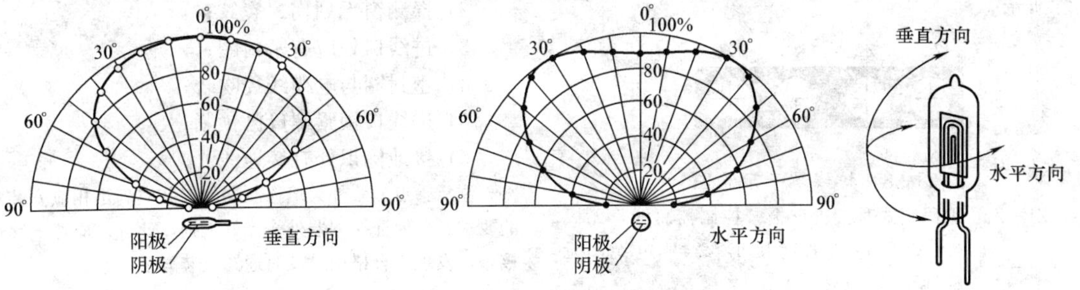

图 11-35　点型紫外火焰探测器探测视角

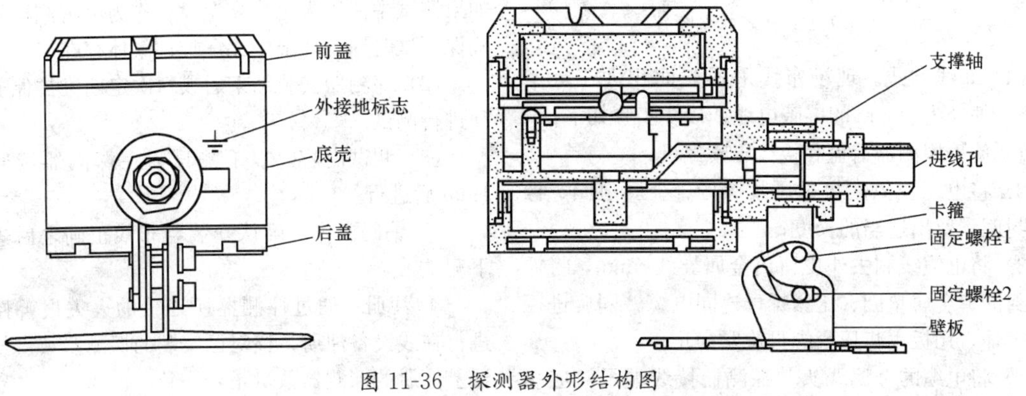

图 11-36　探测器外形结构图

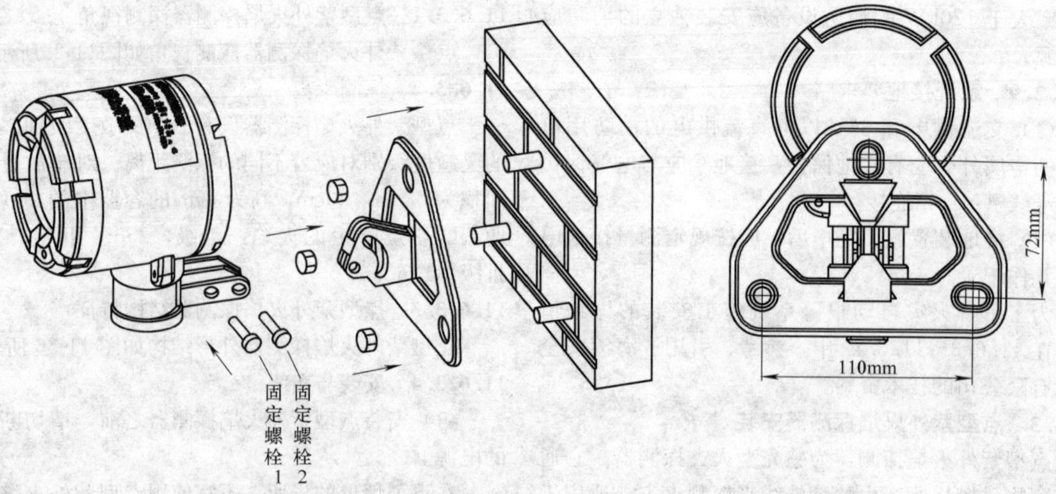

图 11-37　点型紫外火焰探测器安装示意图

定在墙壁或者顶棚上，卡箍用来连接探测器和壁板。通过调节探测器和卡箍，可以使探测器向上转动 18°，向下转动 50°，左右转动各 90°。安装时，先把卡箍套在探测器的支撑轴上，然后通过固定螺栓 1 将卡箍连接到壁板上，接好探测器连接线（接线方法见布线方式）。调节探测器和卡箍，使探测器正对被保护区域，然后拧紧固定螺栓 1 和固定螺栓 2，将探测器固定好。

（3）接线说明。探测器接线端子示意图如图 11-38所示。

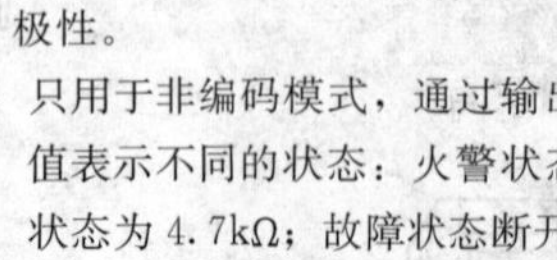

图 11-38　接线端子示意图

注：Z1、Z2：编码模式时接火灾报警控制器总线，无极性；非编码模式时接 DC 24V 电源，无极性。

K1、K2：只用于非编码模式，通过输出不同的电阻值表示不同的状态：火警状态短路；正常状态为 4.7kΩ；故障状态断开。

（4）布线方式。现场布线采用截面积大于等于 1mm²，外径为 ϕ8mm 的屏蔽电缆，接线步骤如下：

1）旋下探测器后盖和接线压紧螺母；

2）将电缆线依次穿过压紧螺母、金属垫圈、橡胶密封圈，留出适当的长度；

3）将电缆线剥去外皮留出金属导线 5mm，将橡胶密封圈、金属垫圈、压紧螺母连同电缆一同旋进探测器壳体，用扳手将压紧螺母旋紧为止；

4）将电缆的金属线头与探测器接线端子对应相接，将电缆的屏蔽接入探测器外壳内部保护地接线处；

5）将探测器后盖用工具旋紧，从探测器外壳保护地接线处将探测器外壳接入保护地；

6）检查探测器后盖、电缆压紧螺母是否已旋紧，确定旋紧后可进行控制器端的接线。

（5）安装接线检查。安装完成后需作如下检查：

1）外壳表面应无裂纹、孔洞，底壳、后盖连接牢固；

2）探测窗无划伤、裂纹；

3）进线口处应有密封圈；

4）密封圈与电缆线径吻合；

5）进线口锁紧螺母已锁紧；

6）接地标识处有接地线。

注意：点型紫外火焰探测器的安装应满足相应安装规范的要求，并保证探测器外壳完好无损，此外，应按上述逐项核查，发现不合格项应及时通知安装方及厂家。

11.6.3.5　测试

（1）请待全部探测器都安装完毕后再接通电源。如果测试中使用火源或高温设备作为报警测试源，应确保测试时周围环境中无爆炸性气体存在。

（2）探测器安装结束后或每次定期维护保养后必须进行测试。

（3）测试内容。以下测试需在探测器接通电源 1min 后进行。

1）编码模式。确认安装与布线正确之后进行以下测试：

① 注册：通过探测器所连接的火灾报警控制器进行在线设备注册，核对已安装的探测器数量与控制器上注册的探测器数量是否一致。

② 模拟火警：注册完成后，用点燃的打火机、蜡烛等紫外辐射光源接近探测器，探测器应报警，点亮火警指示灯，并将火警信息上传至控制器。

③ 复位：通过控制器发出通信命令使探测器复位，探测器恢复到正常工作状态。

2）非编码模式。确认安装与布线正确之后进行以下测试：

① 正常监视：火警指示灯闪亮，输出端子 K1、K2 之间阻值为 4.7kΩ。

② 模拟火警：用点燃的打火机、蜡烛等紫外辐射光源接近探测器，探测器应报警，点亮火警指示灯，输出端子 K1、K2 之间短路。

③ 模拟故障：断开 24V DC 电源，输出端子 K1、K2 之间断开。

④ 复位：将 24V DC 电源重新接通，探测器恢复到正常监视状态。

测试结束后，通知有关管理部门系统恢复正常。

11.6.4　室内火灾光警报器安装

室内火灾光警报器一般安装在巡视观察方便的地方，如会议室、餐厅、房间等门口上方，当房间内探测器报警时，警报器上的指示灯闪亮，使工作人员在不进入室内的情况下就可知道室内的探测器已触发报警。

（1）室内火灾光警报器结构。室内火灾光警报器结构示意如图 11-39 所示。

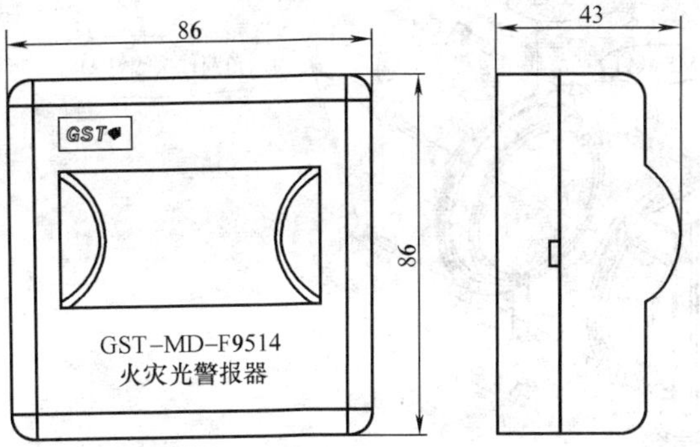

图 11-39　外形示意图

（2）室内火灾光警报器安装步骤。

1）安装设备之前，请切断回路的电源并确认全部底壳已安装牢靠且每一个底壳的连接线准确无误。

2）安装前应首先检查外壳是否完好无损，标识是否齐全。

3）底壳采用预埋安装方式，将底壳安装在 86 预埋盒上，安装方式如图 11-40 所示，安装孔距和警报器端子如图 11-41 所示。

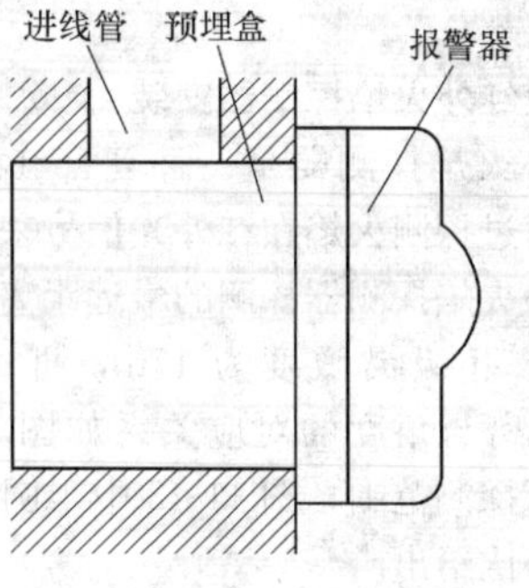

图 11-40　进线管预埋示意图

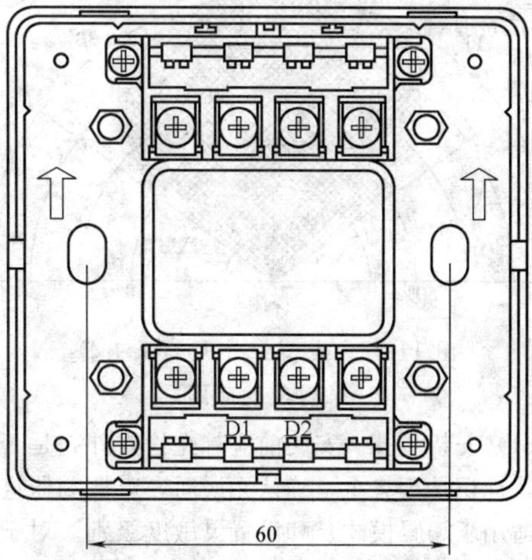

图 11-41　端子示意图

注　D1、D2 接电源输入，无极性，D1、D2 可选用截面积≥1.0mm² 双绞线；Z1、Z2：接控制器两总线，无极性。

布线要求：Z1、Z2 可选用截面积≥1.0mm² 双绞线。

（3）室内火灾光警报器测试。

1）待全部设备都安装完毕后再接通电源。

2）警报器安装结束后或在使用过程中至少每年都必须进行测试。

3）警报器在进行测试之前，应通知有关管理部门，系统将进行维护，会因此而临时停止工作。同时应切断将进行维护的区域或系统的逻辑控制功能，以免造成不必要的报警联动。

4）接线后启动警报器，使警报器上的红色高亮发光区闪亮。

5）测试结束后，复位报警信号，警报器上的红色高亮发光区应熄灭，并通知有关管理部门系统恢复正常。

在测试过程中不合格的警报器应检验其连接线是否正确，然后再进行测试，如仍不能通过测试，则应返回维修。

11.6.5 点型红外火焰探测器安装

点型红外火焰探测器是一种复合红外火焰探测器，它可以通过探测火焰在红外光信号来判断火灾。

点型红外火焰探测器探测的最远距离对应Ⅰ级灵敏度为25m，Ⅱ级灵敏度为17m，Ⅲ级灵敏度为12m。探测距离与角度的对应关系如图11-45所示，阴影部分为可探测范围，图11-42中半圆弧代表探测距离，按百分比给出。

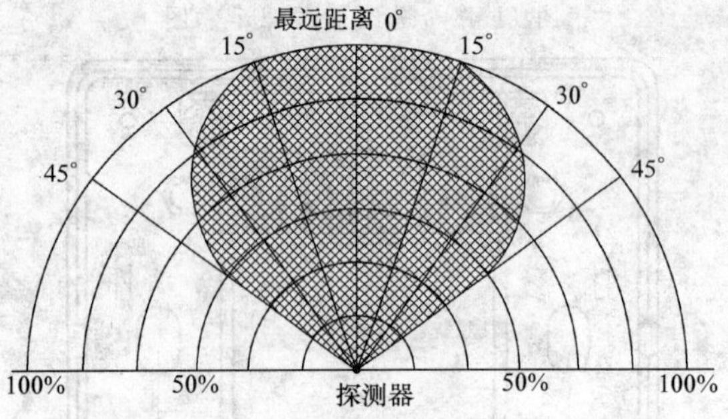

图11-42　点型红外火焰探测器探测角度范围

(1) 安装步骤。安装前应首先检查外壳是否完好无损，标识是否齐全，确认无误后，对探测器进行编码（适用于编码模式）和设置灵敏度级别。对于非编码模式时，探测器应再增加一个进线孔。然后按照如图11-43所示步骤进行安装。

1）第1步：安装调节架。先将调节架用4只M6膨胀螺栓固定在墙壁上，应固定牢靠，定位后将螺栓拧紧。

2）第2步：安装底壳。将探测器底壳部件上的护罩取下，保留连接螺钉、垫圈，然后将底壳的底板挂在调节架上，并用一个M5的螺钉固定。

3）第3步：连接电缆。

4）第4步：安装上盖。

5）第5步：调节调节架，使探测器正对被保护区域，定位后将调节架两侧的锁紧螺栓拧紧。

(2) 布线。

1）在爆炸危险场所，布线必须符合爆炸危险场所规定相应的要求。探测器连接电缆可选用铜芯屏蔽电缆或防爆软管，如选用防爆软管，防爆软管与探测器接头处螺纹应参考探测器锁紧螺母外螺纹尺寸。

2）将电缆芯剥去外皮留出金属导线5mm，依次将电缆穿过锁紧螺母、金属垫圈、密封橡胶套，进入探测器内部。

3）现场安装时，如果探测器采用编码模式工作，总线无极性连接探测器的接线端子Z1(D1)、Z2(D2)

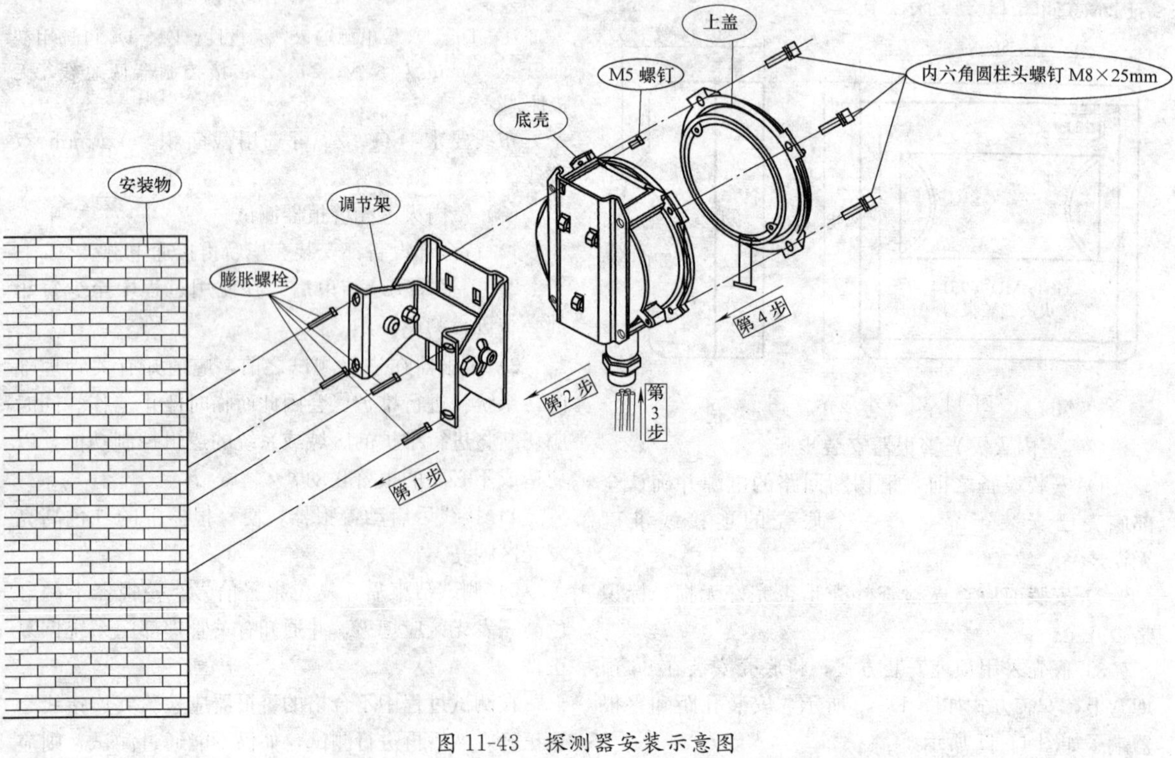

图11-43　探测器安装示意图

即可。接线端子示意图如图11-44所示。

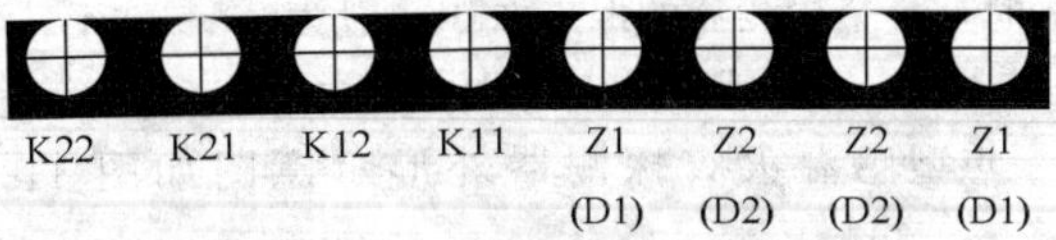

图11-44　接线端子示意图

如果探测器采用非编码模式工作，DC 24V电源线无极性连接探测器的接线端子Z1(D1)、Z2(D2)，接线端子K11、K12为火警无源输出触点，接线端子K21、K22为故障无源输出触点。

4）接线完成后，用工具将锁紧螺母拧紧。

（3）点型红外火焰探测器测试。

1）请待全部探测器都安装完毕后再接通电源，工作60s以后进行测试。

2）编码模式的探测器，接通电源工作后应能被控制器注册；处于监视状态时红色指示灯应周期性闪亮；探测器通电工作20min后，在其正前方距离1.5m左右点燃红外光源，探测器30s内应报警并点亮火警指示灯；控制器可以复位探测器使其恢复到正常监视状态。

编码模式的探测器，测试结束后，通过控制器发出通信命令使探测器复位，并通知有关管理部门系统恢复正常。

3）非编码模式的探测器，接通电源工作处于监视状态时红色指示灯应周期性闪亮；探测器通电工作20min后，在其正前方距离1.5m左右点燃红外光源，探测器30s内应传送出火警触点信号并点亮火警指示灯。

非编码模式的探测器，测试结束后，直接断电，并通知有关管理部门系统恢复正常。

11.6.6　火灾声光警报器安装

火灾声光警报器内嵌微处理器，通过微处理器实现与控制器通信、电源总线掉电检测、声光信号启动。当通过外控触点直接启动声光信号时，定时振荡电路控制蜂鸣器通断产生报警声，控制6只超高亮发光二极管发出闪亮的光信号。警报器接收到控制器的启动命令后，启动声光信号并通过控制订时振荡电路中的参数改变报警声通断及闪光的频率。适用于船舶场所。安装步骤如下：

（1）安装前应首先检查外壳是否完好无损，标识是否齐全。

（2）警报器采用明装方式，在普通高度空间下，以距顶棚0.2m处为宜，如图11-45所示。

当进线管预埋时，可将底壳安装在86H50型预埋盒上；当进线管明装时需配用厚底座，应将底壳侧面的敲落孔敲掉后与进线管相接。安装方式分别如图11-46与图11-45所示。当警报器配用薄底座时只能采用进线管预埋安装方式，安装方式如图11-47所示。

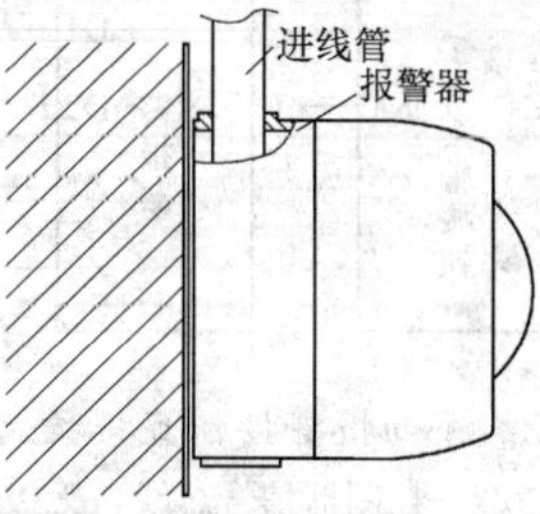

图11-45　进线管明装安装方式

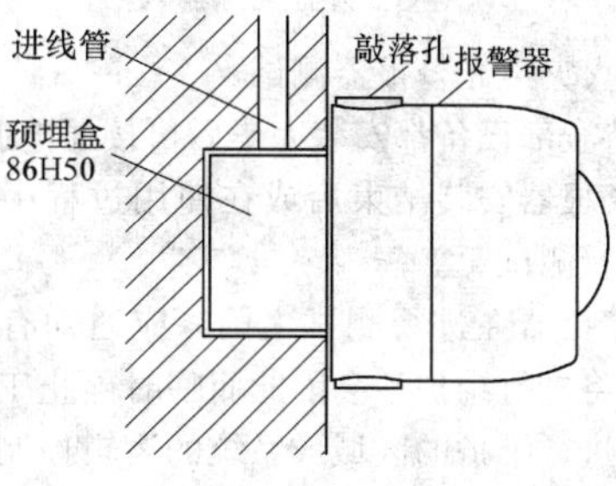

图11-46　进线管预埋安装方式

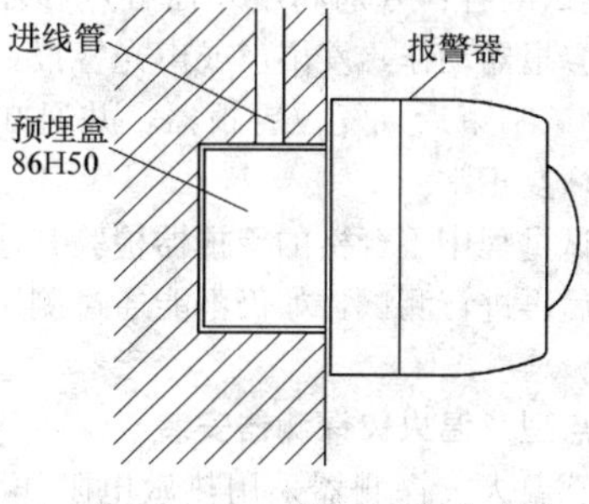

图11-47　进线管预埋安装方式（薄底座）

（3）底壳与警报器之间采用旋接式结构安装的，安装时只需摘下警报器，从底壳的进线孔中穿入电缆并接在相应的端子上，再将警报器旋到底壳上即可。

若警报器有防拆要求时，将警报器上盖的拱形敲落孔敲落，用ST2.9×6.5mm的自攻螺钉将其固定（此时，必须用专用工具才能拆开）。

（4）火灾声光警报器的手动报警按钮接线方式。火灾声光警报器警报器信号总线、电源总线的接线方式及利用手动报警按钮的无源动合辅助触点直接控制的示意图如图11-48所示。

注：信号总线Z1、Z2采用RVS双绞线，截面积≥1.0mm^2；电源线D1、D2及外控线S、G均采用BV线，截面积≥1.5mm^2。

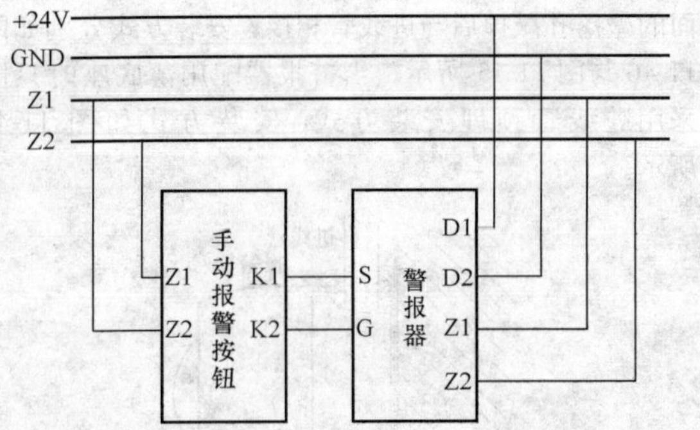

图 11-48　手动报警按钮直接控制示意图

Z1、Z2—控制器信号总线，无极性；

D1、D2—接 DC 24V 电源，无极性；

S、G—外控无源输入

(5) 火灾声光警报器测试。

1) 待全部设备都安装完毕后再接通电源。

2) 警报器安装结束后或在使用过程中至少每年都必须进行测试。

3) 警报器在进行测试之前，应通知有关管理部门，系统将进行维护，会因此而临时停止工作。同时应切断将进行维护的区域或系统的逻辑控制功能，以免造成不必要的报警联动。

4) 测试内容：分别利用外控触点和控制器启动警报器，警报器动作，发出声或声光警报。

5) 测试结束后，复位警报器，并通知有关管理部门系统恢复正常。

在测试过程中不合格的警报器检验其连接线是否正常，然后再进行测试，如仍不能通过测试，则应返回维修。

11.6.7　点型感温火灾探测器安装

点型感温火灾探测器采用热敏电阻作为传感器，传感器输出信号经过电压变换后输入到单片机，单片机利用智能算法进行信号处理。当单片机检测到火警信号后，向控制器发出火灾报警信息，并通过控制器点亮火警指示灯。探测角度≤45°，当空间高度小于 8m 时，一个探测器的保护面积一般为 20～30m²。

11.6.7.1　点型感温火灾探测器结构特征

点型感温火灾探测器外形示意图如图 11-49 所示。

11.6.7.2　安装和布线

(1) 安装探测器之前，请切断回路的电源并确认全部底座已安装牢靠。

1) 在探测器周围 0.5m 内，不应有遮挡物。

2) 探测器至空调送风孔边的水平距离不应小于 1.5m。

3) 探测器至墙壁、梁边的水平距离不应小于 0.5m。

4) 探测器宜水平安装，如必须倾斜安装时，倾斜角不应大于 45°。

5) 探测器底座应安装牢固，其导线连接必须可靠。

6) 在进行维护保养时，应小心以避免损坏探测器。

7) 在宽度小于 3m 的内走道顶棚上设置探测器时，宜居中布置，感温探测器的安装间距不应超过 10m。

8) 在可能产生阴燃火的场所，不宜选用感温探测器。

(2) 安装方法。点型感温火灾探测器安装示意图如图 11-50 所示。

将定位底座用两个自攻螺钉固定，然后将点型感温火灾探测器总线接在接线端子上。待定位底座安装牢固后，将探测器底部上的对位标识 A 对准定位底座 B 处，将探测器顺时针旋转到定位底座 C 处即可安装好探测器，如图 11-51、图 11-52 所示。

(3) 布线方式：探测器二总线宜选用截面积≥1.0mm² 的 RVS 双绞线，穿金属管或阻燃管

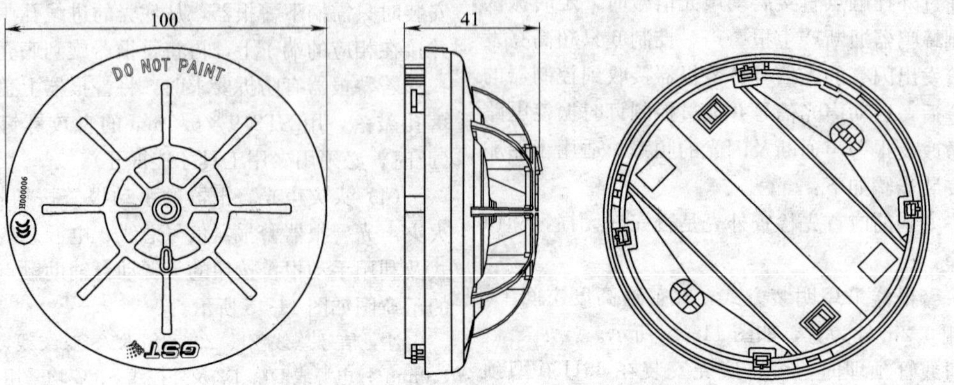

图 11-49　点型感温火灾探测器外形示意图

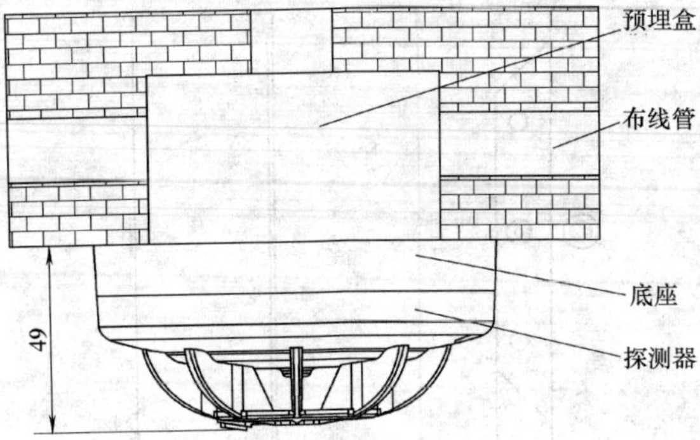

图 11-50　探测器安装示意图

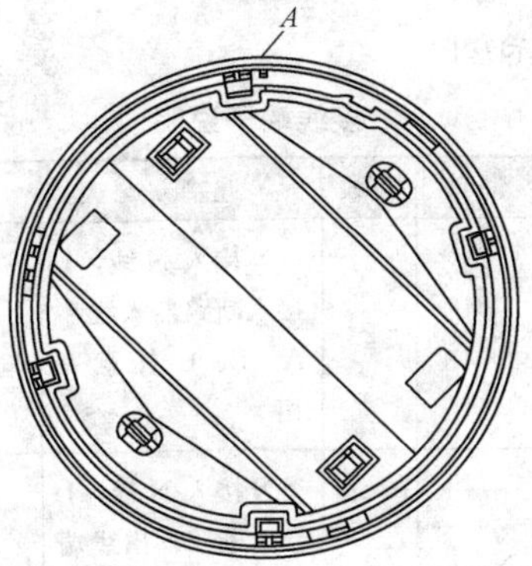

图 11-51　探测器的底部示意图

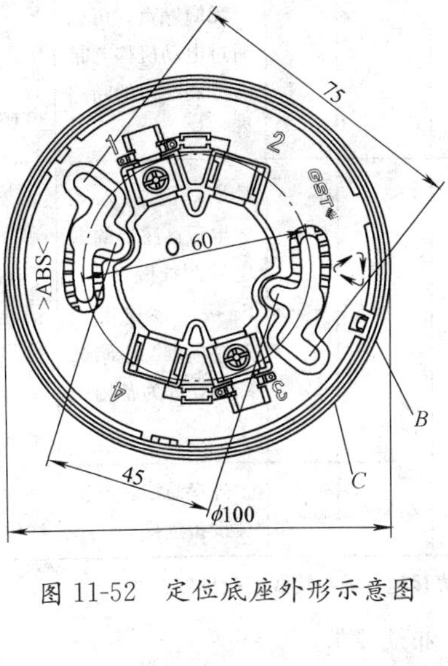

图 11-52　定位底座外形示意图

敷设。

11.6.7.3　测试

（1）待全部探测器都安装完毕后再接通电源。

（2）探测器安装结束后或每次定期维护保养后必须进行测试。

（3）测试内容。

1）注册。确认安装与布线正确之后，通过连接的控制器进行在线设备注册，核对已安装的探测器数量与控制器到注册的探测器数量是否一致。

2）模拟火警。注册测试后，任选一探测器，人为使它满足火警条件，验证探测器是否正常报火警。

测试结束后，通过控制器发出通信命令使探测器复位，并通知有关管理部门系统恢复正常。

11.6.8　剩余电流式电气火灾监控探测器安装

11.6.8.1　剩余电流式电气火灾监控探测器

剩余电流式电气火灾监控探测器使用双重供电方式和成熟的总线技术，工作稳定可靠。该探测器应用方式灵活，可以应用于总线式的漏电报警系统。剩余电流式电气火灾监控探测器通过信号采集电路网络准确采集零序电流互感器的输出电流值，并上传给电气火灾监控设备。当达到预先设定的剩余电流值时，信号处理模块有声光指示，同时将报警信息上传给电气火灾监控设备，并执行电气火灾监控设备下达的命令，执行触点的开启与闭合。探测器具备自检功能，能检测探测器的功能是否正常，如有故障能及时上传给电气火灾监控设备，有助于故障的定点排除。

剩余电流式电气火灾监控探测器由信号处理模块和零序电流互感器两部分组成，信号处理模块外形示意如图 11-53 所示，零序电流互感器外形示意如图 11-54 所示。

11.6.8.2　安装与布线

（1）安装。安装前应首先检查外壳是否完好无损，标识是否齐全。

1）第 1 步：在安装衬板上打孔。先将配电箱安装衬板按规格尺寸打 4 个 ϕ5 通孔（也可直接打 4 个 M 4 螺纹孔）。

2）第 2 步：安装信号处理模块。将信号处理模块安装孔对准衬板通孔，将螺钉组件 M4×12mm 穿入，在衬板背部用螺母拧紧（如果衬板上为螺纹孔，可直接用螺钉紧固）。

3）第 3 步：连接电缆。

零序电流互感器安装：

1）第 1 步：在安装衬板上打孔。先将配电箱安装衬板按规格尺寸打 4 个 ϕ6 通孔（也可直接打 4 个 M 5 螺纹孔）。

2）第 2 步：安装互感器。将互感器所带安装片插入互感器下方的方孔，对准衬板的 ϕ6 通孔，压紧安装片与衬板，将螺钉组件 M5×16mm 拧入，在衬板背部采用螺母拧紧（如果衬板上为螺纹孔，可直接

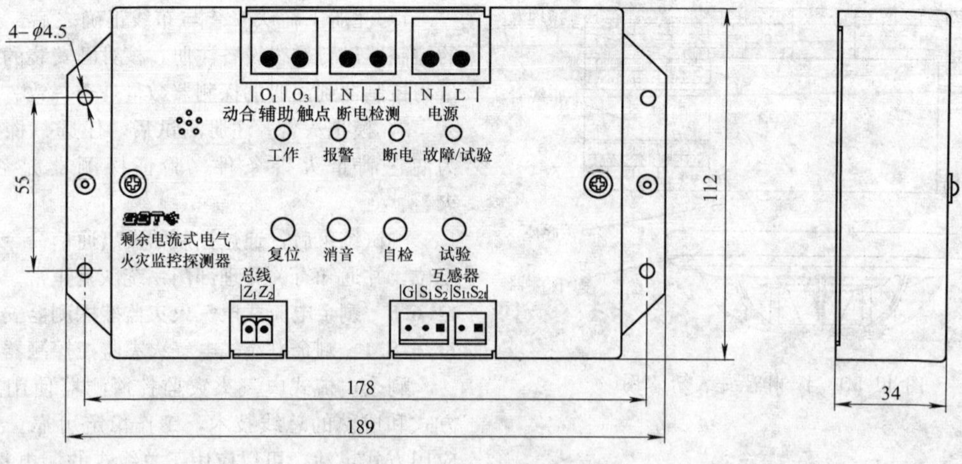

图 11-53 信号处理模块外形示意图

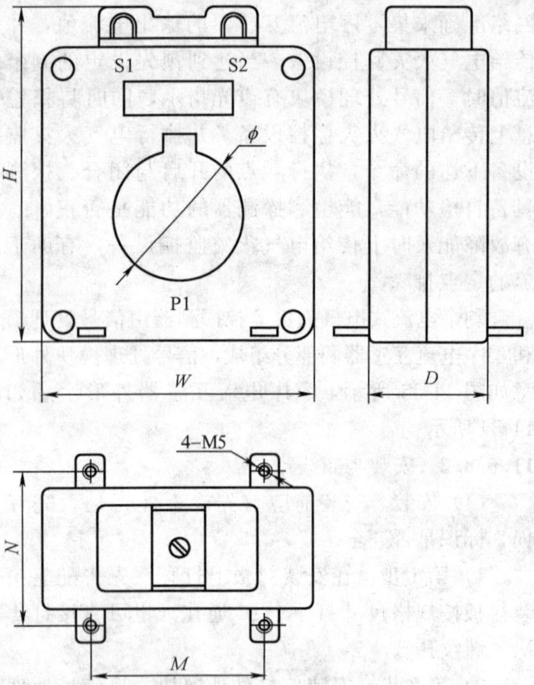

图 11-54 零序电流互感器外形示意图

用螺钉紧固）。

3）第 3 步：连接电缆。

注意：探测器的安装应满足相应安装规范的要求，并保证探测器外壳完好无损，遇到异常现象请及时通知安装方进行处理。严禁带电开盖进行现场维修。

（2）接线端子。接线端子如图 11-55 所示，具体接线端子说明如表 11-7 所示。

表 11-7　　接线端子说明

端子名称	说明	极数	连接方式	功能
电源	N、L	2	N 接入 N 线，L 接入断路器入线端 A、B、C 任意一相	供电电源输入端
断电检测	N、L	2	N 接入 N 线，L 接入断路器出线端 A、B、C 任意一相	检测断路器输出状态
动合辅助触点	O_1、O_2	2	无源触点，可以通过电动机构与带有分离端口的断路器连接	控制断路器的拉闸与合闸
零序电流互感器	G、S_1、S_2、S_{1t}、S_{2t}	5	S_1、S_2 接入零序电流互感器的漏电检测线圈，S_{1t}、S_{2t} 接入零序电流互感器的漏电测试线圈，G 为备用端子	输入测试信号，输出检测信号
总线	Z_1、Z_2	2	外接总线，与监控设备连接	通信，总线供电

注　外壳接地柱需与地线连接良好。

（3）布线要求。

1）电源、断电检测、动合辅助触点线：采用阻

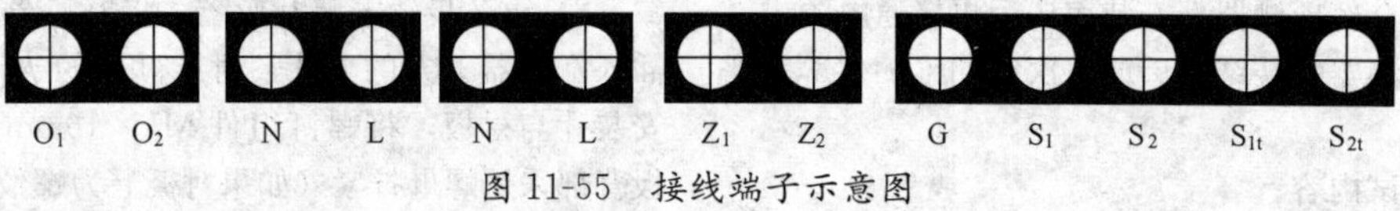

图 11-55 接线端子示意图

燃电缆，截面积大于 $0.5mm^2$。

2）总线：采用阻燃双绞线，截面积大于 $1.0mm^2$。

零序电流互感器：采用 4 芯阻燃屏蔽电缆，截面积大于 $0.5\ mm^2$，长度小于 2m。

11.6.9　点型光电感烟火灾探测器安装

点型光电感烟火灾探测器采用红外线散射原理探测火灾，在无烟状态下，只接收很弱的红外光，当有烟尘进入时，由于散射作用，使接收光信号增强，当烟尘达到一定浓度时，可输出报警信号。为减少干扰及降低功耗，发射电路采用脉冲方式工作，可提高发射管使用寿命。

安装点型探测器之前，请切断回路的电源并确认全部底座已安装牢靠。

点型光电感烟火灾探测器安装示意如图 11-56 所示。

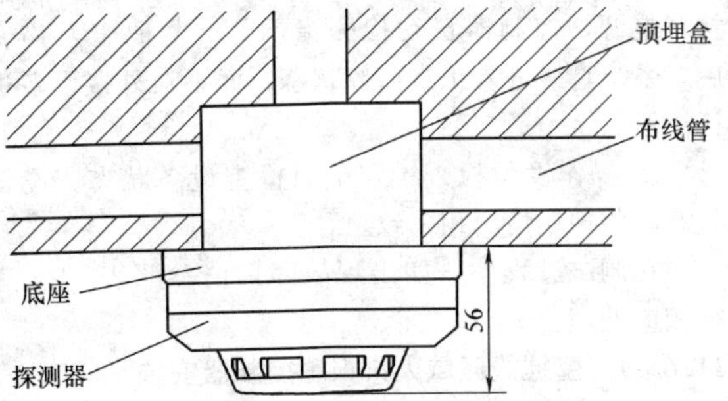

图 11-56　探测器安装示意图

探测器通用底座外形示意如图 11-57 所示。底座上有 4 个导体片，片上带接线端子，底座上不设定位卡，便于调整探测器报警确认灯的方向。布线管内的探测器总线分别接在任意对角的两个接线端子上（不分极性），另一对导体片用来辅助固定探测器。

待底座安装牢固后，将探测器底部对正底座顺时针旋转，即可将探测器安装在底座上。

探测器二总线宜选用截面积≥$1.0mm^2$ 的 RVS 双绞线，穿金属管或阻燃管敷设。

11.6.10　总线制火灾报警控制器安装

（1）总线制火灾报警控制器。总线制火灾报警控制器，适合于小型消防工程的使用。总线制火灾报警控制器采用壁挂式结构，体积小、功能强、可靠性高、配置灵活、安装使用方便。控制器容量为 16 点或 32 点。选择 16 点时，1～16 号为探测器类输入设备；选择 32 点时，1～32 号为探测器类输入设备。

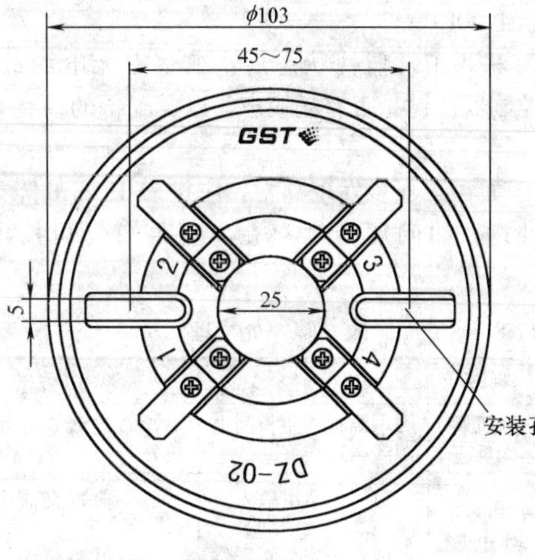

图 11-57　探测器通用底座外形示意图

探测器采用无极性 2 总线连接，最大布线长度为 1000m。

（2）总线制火灾报警控制器对外接线端子。总线制火灾报警控制器对外接线端子如图 11-58 所示。其中：Z1、Z2 为无极性信号二总线端子。+24V、GND 为 DC 24V 输出端子（最大输出电流 300mA）。FIRE1、FIRE2 为火灾报警输出端子（可设无源动合或动断，报警时动作。设置方法：主板上 XS1 有短路环而 XS2 无短路环时为无源动合；相反时为无源动断。本控制器默认无源动合）；FAULT1、FAULT2 为探测器故障输出端子（可设无源动合或动断，故障时动作。设置方法：主板上 XS6 有短路环而 XS3 无短路环时为无源动合；相反时为无源动断。本控制器默认无源动合）。

L、G、N 为交流 220V 输入端子及交流接地端子。

布线要求：①信号二总线 Z1、Z2 采用 RVS 双绞线，截面积≥$1.0mm^2$。②DC 24V 输出线采用 BV 线，截面积≥$2.5mm^2$。

（3）总线制火灾报警控制器的安装

1）开机检查。控制器进入现场后，应接通电源进行开机检查。检查内容包括：

① 观察控制器的指示灯和数码管的各段是否全部能点亮，喇叭是否能发出洪亮的三种有明显区别的警报声音。

② 注册过程中，显示的控制器配置（如打印机等设备）是否与实际相符：打印机在线，数码管显示 P. On，否则显示 P. OFF；通信板在线显示 L. On，否

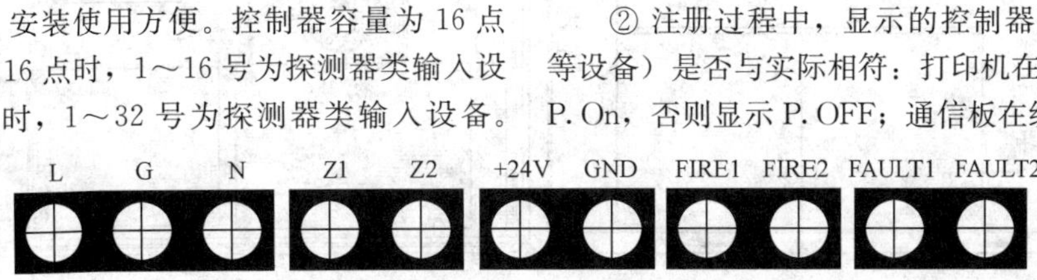

图 11-58　总线制火灾报警控制器对外接线端子

则显示 L. OFF。

③ 进入正常监视状态后，观察有无电源故障，操作控制器按键是否有嘀嘀声，以及配备的设备是否正常。

④ 如在某一步发现异常，应按表 11-8 故障处理进行处理，如问题继续存在，应通知公司技术服务部。

表 11-8　故障处理

序号	故障现象	原因	解决办法
1	开机后无反应	电源板与主板间电源线未连接好	检查连线，并重新接好
2	开机后报主电源故障	(1) 无主电输入。 (2) 交流熔断器烧坏	(1) 检查交流电输入。 (2) 更换交流熔断器
3	开机后报备电源故障	(1) 备电开关未打开。 (2) 备电欠电压或损坏	(1) 打开备电开关。 (2) 在交流供电情况下开机给备电充电 8h，若仍报故障需更换电池
4	打印机不打印	(1) 打印机连线接触不好。 (2) 打印机损坏	(1) 检查打印机连线。 (2) 更换打印机
5	开机不点名	(1) 总线滤波器坏。 (2) 自复熔丝熔断器损坏	(1) 更换总线滤波器。 (2) 更换熔断器
6	无声音输出	喇叭损坏	更换喇叭

2）外部设备检查。检查与本控制器相连的总线状况，探测器总线与地的绝缘电阻应大于 20MΩ，总线负载应大于 1kΩ。

3）接线。控制器及外部设备检查完毕后，如各项测试均符合要求，将外部设备与控制器进行正确的连接。

4）调试。当接线完成后，经过仔细检查无误便可以进行开机调试，调试可以参照以下步骤：

① 打开电源，控制器自动检测指示灯、数码管及声音，然后逐点注册外接设备，显示注册结果。注册设备点数应与现场实际情况相一致。注册完毕后，系统进入正常监控状态。

② 操作设备定义键，对探测器进行定义。操作探测器传警，控制器报警信息应与探测器类型相符。

③ 关掉电源，摘掉主板上 XS7 处的短路环，再打开电源，控制器自动检测指示灯、数码管及声音后，系统直接进入正常监控状态，而不对外接设备进行注册。

④ 操作设备检查键，全面检查设备状态，设备状态应与现场情况相一致。

在调试过程中，如出现故障，请参照表 11-8 进行相应处理。

11.6.11　壁挂式区域火灾报警控制器安装

11.6.11.1　壁挂式区域火灾报警控制器

(1) 壁挂式区域火灾报警控制器内部结构。壁挂式区域火灾报警控制器内部结构如图 11-59 所示。

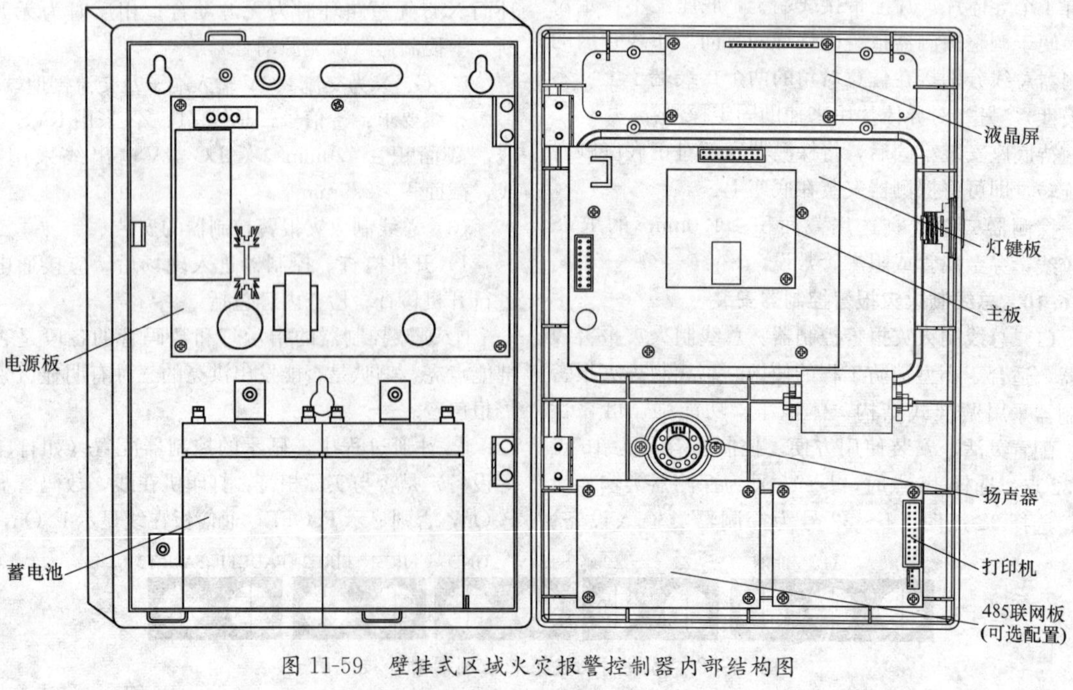

图 11-59　壁挂式区域火灾报警控制器内部结构图

（2）壁挂式区域火灾报警控制器面板。控制器面板由液晶屏、指示灯区、键盘区及打印机四部分组成，面板示意如图 11-60 所示。

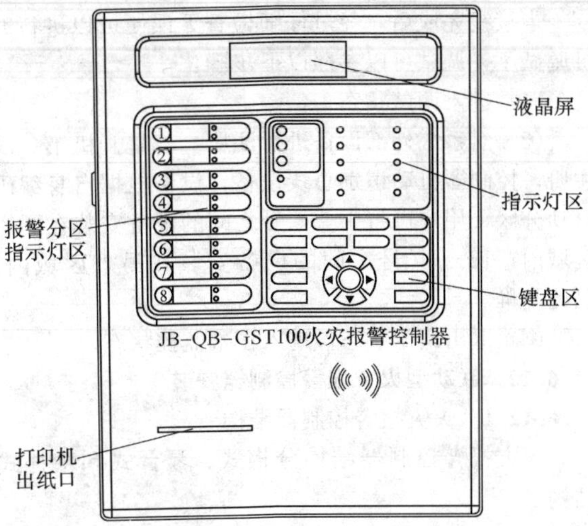

图 11-60　壁挂式区域火灾报警控制器面板

指示灯及按键说明：

1）报警分区指示灯：8 组，每组 2 个 LED。当该区域有火警信息时，红色指示灯常亮；该区域有故障信息则黄灯闪亮；该区域全部设备被屏蔽则黄灯常亮。

2）工作指示灯：绿色，开机正常运行时该灯点亮。

3）自检指示灯：黄色，系统处于自检状态时该灯点亮。

4）延时指示灯：红色，系统中有延时的设备时该灯点亮。

5）警报消音指示灯：黄色，外部讯响器处于消音状态时该灯点亮。

6）火警指示灯：红色，系统处于火警状态时该灯点亮。

7）预警指示灯：红色，系统处于预警状态时该灯点亮。

8）监管指示灯：红色，系统处于监管状态（盗警、可燃气体泄漏、探测器报警）时该灯点亮。

9）火警输出指示灯：火警输出有故障时黄灯闪烁；火警输出禁止时黄灯常亮；火警输出反馈时红灯常亮。

10）声光警报器屏蔽指示灯：黄色，声光警报器输出禁止时黄灯常亮。

11）声光警报器故障指示灯：黄色，声光警报器输出故障时黄灯常亮。

12）屏蔽指示灯：黄色，系统有被屏蔽设备时该灯点亮。

13）故障指示灯：黄色，控制器有故障时该指示灯点亮。

14）主电故障指示灯：黄色，系统主电源发生故障时该灯点亮。

15）备电故障指示灯：黄色，系统备用电源发生故障时该灯点亮。

16）系统故障指示灯：黄色，系统程序无法执行或存储器发生故障时该指示灯点亮。

（3）壁挂式区域火灾报警控制器对外接线端子。壁挂式区域火灾报警控制器外接端子如图 11-61 所示。

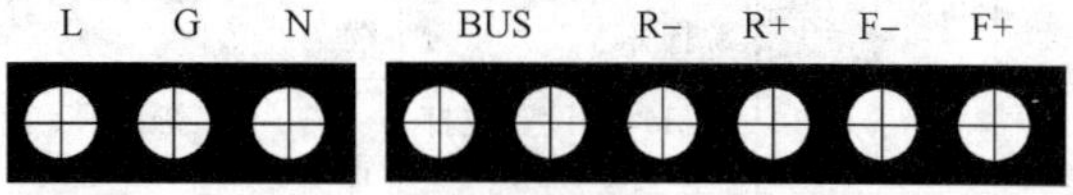

图 11-61　壁挂式区域火灾报警控制器

L、G、N—交流 220V 接线端子及机壳保护接地线端子；BUS—探测器总线（无极性）；

R+、R-—声光警报器输出端子；

F+、F-—火警输出端子

11.6.11.2　壁挂式区域火灾报警控制器安装

在安装以前，应首先对现场设备进行检查。

（1）开箱检查。检查控制器设备装箱单的内容是否与该工程配置相符。打开包装箱后，根据装箱单的内容对箱内的货物逐一检查，主要检查内容包括：安装使用说明书、熔断器、控制器钥匙等，核对无误后再对控制器外观进行必要的检查。

（2）控制器内部配置及连接状况检查。参照说明书的介绍对控制器的内部配置进行检查，同时检查一下各部件之间的连接关系并作必要的记录。

（3）开机检查。控制器进入现场后，应接通电源进行开机检查。检查内容包括：

1）控制器的液晶屏、指示灯显示是否正常；

2）接通电源自动检查部分是否全部显示通过；

3）观察控制器的指示灯是否全部能点亮，进行声音测试时喇叭发声是否正确；

4）进入正常监视后，观察有无电源故障，操作主键盘是否有嘀嘀声；

5）如在某一步发现异常，应按表 11-9 处理。

表 11-9　　故　障　处　理

序号	故障现象	原　因	解决方法
1	开机后无显示或显示不正常	（1）电源不正常。 （2）与液晶屏电缆连接不良	（1）检查 AC220V 电源。 （2）检查连接电缆

续表

序号	故障现象	原　因	解决方法
2	开机后显示主电源故障	（1）无 AC220V 电源。 （2）主电源熔断器烧断	（1）检查并接好电线。 （2）更换主电源熔断器（参数见标签）
3	开机后显示备电源故障	（1）线路连接不良。 （2）蓄电池亏电或损坏	（1）检查有关接插件。 （2）在交流供电的情况下开机 8h 以上，若仍不能消除故障则更换电池
4	不能正确注册外部设备	（1）外部设备未接好。 （2）外接设备电源损坏	（1）检查并接好。 （2）检查并更换电缆
5	不打印	（1）未设置成打印方式。 （2）打印机电缆连接不良。 （3）打印机坏	（1）重新进行设置。 （2）检查并连接好。 （3）换打印机
6	设备故障	（1）设备连线断开。 （2）该设备损坏	（1）检查连线。 （2）更换设备。
7	总线故障	总线短路	检查线路
8	时钟故障、存储故障、回路故障等	（1）环境干扰。 （2）相应部分老化	（1）检查接地是否良好。 （2）通知公司技术服务部

（4）壁挂式控制器安装要固定。

（5）连线。将墙内接线盒里引出的导线分别接在控制器端子上。

11.6.11.3　调试

当接线完成后，经过仔细检查无误便可以进行开机调试了，调试可以参照以下步骤：

（1）进入调试状态。

（2）对系统外部设备进行注册。若是开机第一次注册，控制器自动识别总线设备，设备根据自身编码自动分区，用户可将 1～15 号之间的设备安装在同一区域内，16～30 号之间的设备安装在另外区域内，以此类推。

（3）退出调试状态，进入正常监控状态。

11.6.12　联动型火灾报警控制器安装

11.6.12.1　火灾报警控制器结构

火灾报警控制器结构分柜式、琴台式和壁挂式结构。

火灾报警控制器的典型配置包括：控制器主机、智能手动消防启动盘，多线制控制盘。其中控制器主机包括：母板、主板、回路板、485 通信板、232 通信板等功能扩展板。

JB-QG-GST500/GST5000（以下简称 GST500/GST5000）火灾报警控制器集报警、联动于一体，可完成探测报警及消防设备的启/停控制。外观示意如图 11-62～图 11-64 所示。

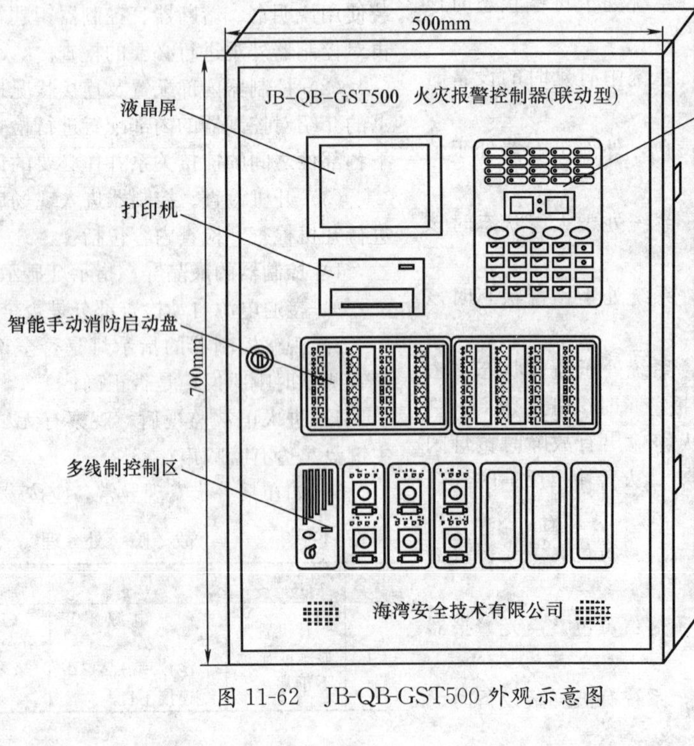

图 11-62　JB-QB-GST500 外观示意图

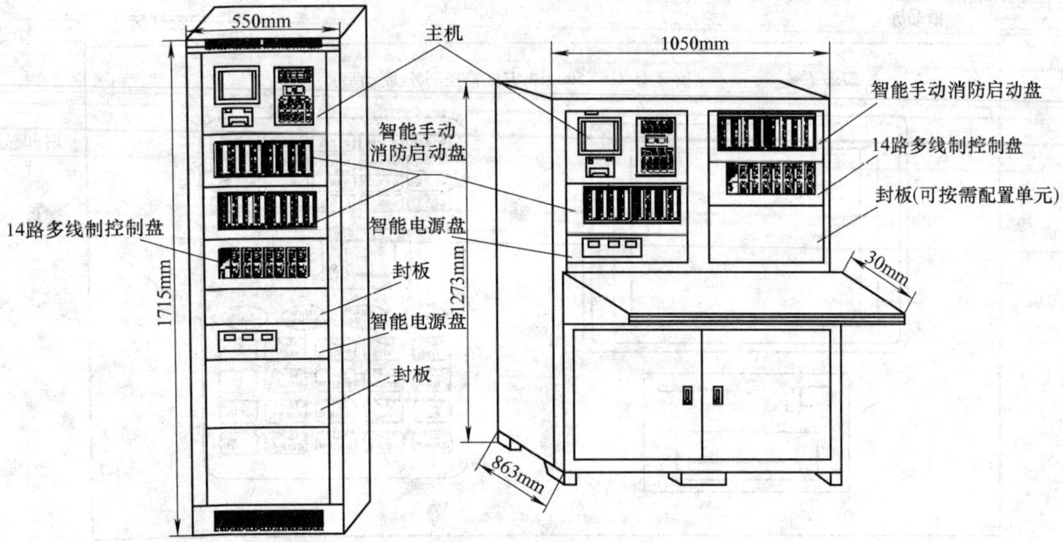

图 11-63　外观

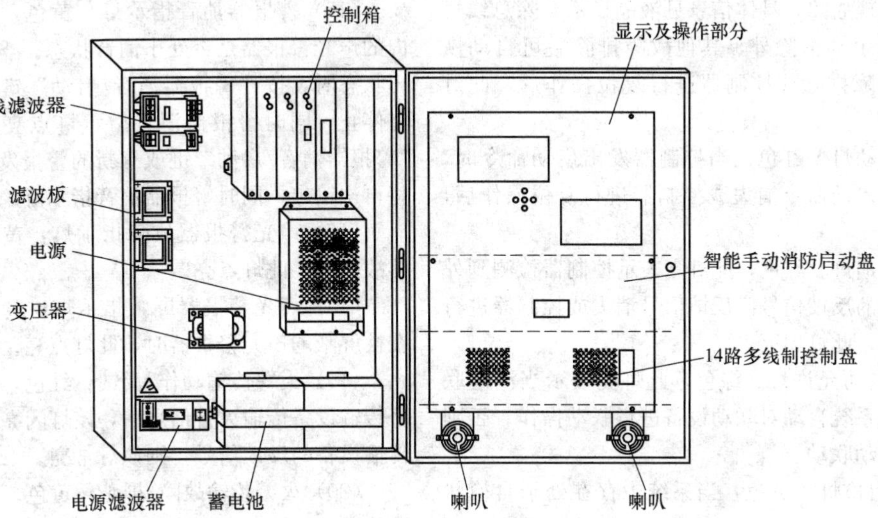

图 11-64　外观示意图

11.6.12.2　按键及面板

以柜式 JB-QG-GST5000 控制器的按键和面板为例说明。主控面板分液晶显示屏、指示灯区、时间显示、键盘及打印机五部分，如图 11-65 所示。

图 11-65 所示的指示灯及按键说明如下：

（1）火警灯。红色，此灯亮表示控制器检测到外接探测器处于火警状态，具体信息见液晶显示。控制器进行复位操作后，此灯熄灭。

（2）监管灯。红色，此灯亮表示控制器检测到了外部设备的监管报警信号，具体信息见液晶显示。控制器进行复位操作后，此灯熄灭。

（3）屏蔽灯。黄色，有设备处于被屏蔽状态时，此灯点亮，此时报警系统中被屏蔽设备的功能丧失，需要尽快恢复，并加强被屏蔽设备所处区域的人工检查。控制器没有屏蔽信息时此灯自动熄灭。

（4）系统故障灯。黄色，此灯亮，指示控制器处于不能正常使用的故障状态，以提示用户立即对控制器进行修复。

（5）主电工作灯。绿色，当控制器由主电源供电时，此灯点亮。

（6）备电工作灯。绿色，当控制器由备电供电时，此灯点亮。

（7）故障灯。黄色，此灯亮表示控制器检测到外部设备（探测器、模块或火灾显示盘）有故障，或控

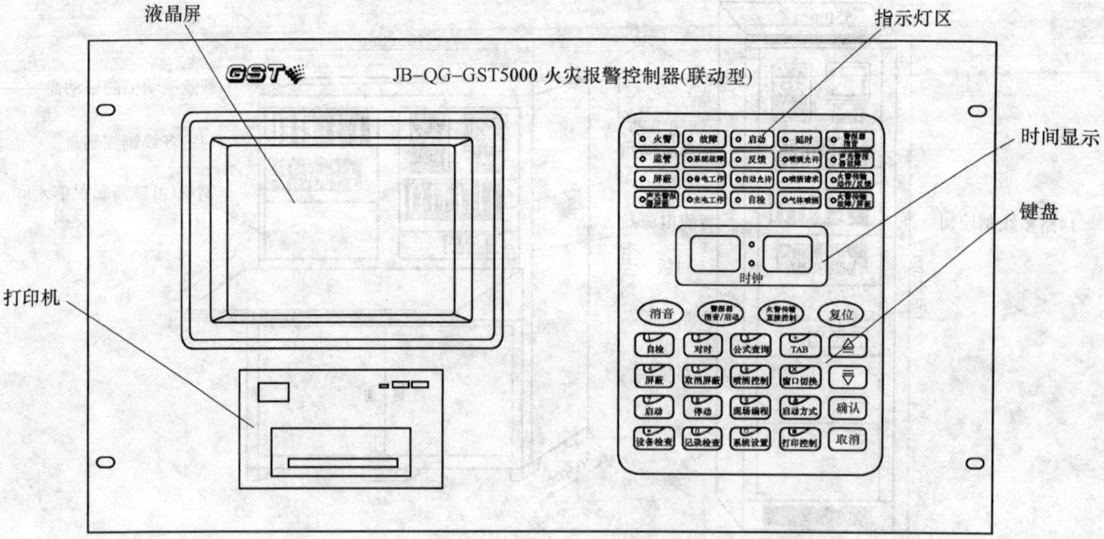

图 11-65　主控面板

制器本身出现故障，具体信息见液晶显示。除总线短路故障需要手动清除外，其他故障排除后可自动恢复，所有故障排除或控制器进行复位操作后，此灯熄灭。

(8) 启动灯。红色，当控制器发出启动命令时，此灯点亮。启动命令消失或控制器进行复位操作后，此灯熄灭。

(9) 反馈灯。红色，此灯亮表示控制器检测到外接被控设备的反馈信号。反馈信号消失或控制器进行复位操作后，此灯熄灭。

(10) 自动允许灯。绿色，此灯亮表示当满足联动条件后，系统自动对联动设备进行联动操作。否则不能进行自动联动。

(11) 自检灯。黄色，当系统中存在处于自检状态的设备时，此灯点亮；所有设备退出自检状态后此灯熄灭；设备的自检状态不受复位操作的影响。

(12) 延时灯：红色，此灯亮表示系统中存在延时启动的设备，具体信息见液晶显示。所有延时结束或控制器进行复位操作后，此灯熄灭。

(13) 喷洒允许灯：绿色，控制器允许发出气体灭火设备启动命令时，此灯亮。控制器禁止发出气体灭火启动命令时，此灯熄灭。

(14) 喷洒请求灯：红色，有启动气体灭火设备的延时信息存在或当控制器在喷洒禁止状态下有启动气体灭火设备的命令需要发出时，此灯亮。气体灭火设备启动命令发出后此灯熄灭。

(15) 气体喷洒灯：红色，气体灭火设备喷洒后，控制器收到气体灭火设备的反馈信息后此灯亮。

(16) 警报器消音指示灯：黄色，指示报警系统内的声光警报器是否处于消音状态。当警报器处于输出状态时，按“警报器消音/启动”键，警报器输出将停止，同时警报器消音指示灯点亮。如再次按下“警报器消音/启动”键或有新的警报发生时，警报器将再次输出，同时警报器消音指示灯熄灭。

(17) 声光警报器故障指示灯：黄色，声光警报器故障时，此灯点亮。

(18) 声光警报器屏蔽指示灯：黄色，系统中存在被屏蔽的声光警报器时，此灯点亮。

(19) 火警传输动作/反馈：红色，当控制器向火警传输设备传输火警信息后，该灯闪亮；若收到火警传输设备的反馈信号，则该灯常亮。

(20) 火警传输故障/屏蔽：黄色，当控制器和火警传输设备的连接线路故障或火警传输设备发生故障时，该灯闪亮，若控制器屏蔽了火警传输设备，则该灯保持常亮。

11.6.12.3　JB-QG-GST500/GST5000 控制器对外接线端子说明

柜式和琴台式 GST5000 控制器外接端子相同，以柜式 GST5000 控制器为例说明，端子示意如图 11-66所示。

11.6.12.4　安装

在安装以前，应首先对现场设备进行检查。

(1) 配置检查。检查控制设备装箱单的内容是否与该工程配置相符。打开包装箱后，根据装箱单的内容对箱内的货物逐一检查，主要检查内容包括：安装使用说明书、熔断器、备用螺钉、控制器钥匙等，核

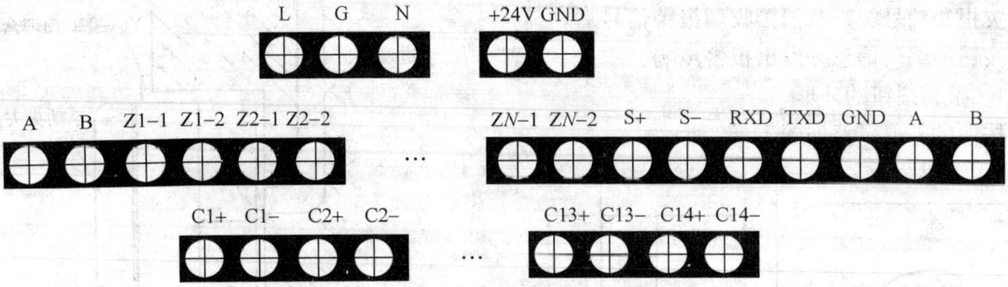

图 11-66　柜式 GST5000 控制器外接端子

L、G、N—交流 220V 接线端子及机柜保护接地线端子；+24V、GND—DC 24V、6A 供电电源输出端子；A、B (左侧)—连接火灾显示盘的通信总线端子；ZN-1、ZN-2(N=1～18)—探测器总线 (无极性)；S+、S-—火灾报警输出端子(报警时 24V 电源输出)；RXD、TXD、GND—连接彩色 CRT 系统的接线端子；A、B(右侧)—连接其他各类控制器的通信总线端子；C1+、C1-～C14+、C14-—控制盘输出端子(最多 14 路)

对无误后再对控制器外观进行必要的检查。

(2) 控制器内部配置及连接状况检查。对控制器的内部配置进行检查如回路板数量、手动消防启动盘配置、联动电源的情况等。同时检查一下各部件之间的连接关系并做必要的记录，如手动消防启动盘与回路板的连接关系、通信回路与主板或通信板的连接关系、回路板与各总线通道的连接关系等，以便在下面的安装调试中使用。

(3) 开机检查。控制器进入现场后，应接通电源进行开机检查。检查内容包括：

1) 控制器的液晶屏、数码管、指示灯显示是否正常。

2) 上电自动检查部分是否全部显示通过。

3) 观察控制器和手动消防启动盘的指示灯和数码管的各段是否全部能点亮，喇叭是否能发出洪亮的三种连续警报声音。

4) 注册结束后，显示的系统配置 (包括回路板数，手动消防启动盘数，多线制控制盘数等) 是否和实际相符。

5) 进入正常监视后，观察有无电源故障，操作主键盘、手动消防启动盘键盘是否有嘀嘀声，以及附加配备的设备是否正常。

(4) 外部设备检查。

1) 外接线状态检查。检查与本控制器相连的总线状况，测量不同回路总线间及总线与地之间的绝缘电阻，回路的负载状况。其中，绝缘电阻应大于 20MΩ，回路负载应大于 1kΩ。

2) 设备检查。利用调试装置检查回路设备状况，即设备数量、编码及工作状态是否符合设计要求，排除存在的故障，做好系统连接的准备。

11.6.12.5　接线和设置

主机及外部设备检查完毕后，如各项测试均符合要求，请按照安装使用说明书将外部设备与主机进行正确的连接和对多线制控制盘、手动消防启动盘等进行设置。每一步连接后都应再次进行测试并将结果填写到安装调试表中，以供调试和各种后续编程定义使用。

11.6.12.6　调试

当接线完成后，经过仔细检查无误便可以进行开机调试了，调试可以参照以下步骤：

(1) 查看总线设备的注册情况是否和表 11-10 中登记的情况一致，如发生丢失，应首先检查联动电源和各楼层总线隔离器，然后对个别设备检查，再次注册，观察是否注册完全。

(2) 查看火灾显示盘的注册情况是否和表 11-10 中登记的情况一致，如有问题，重点检查 A，B 通信线和 24V 电源线。

(3) 参照火灾显示盘和总线设备，同时对联动设备定义手动消防启动盘操作键，并做好手动消防启动盘和多线制控制盘的标签纸分别插入和粘贴在相应的位置。

(4) 进行探测器报警试验、火灾显示盘传警试验、多线制控制盘操作试验。

(5) 退出调试状态，进入正常监控。

(6) 全面检查设备定义，修改不适当的部分。

(7) 编辑联动公式，进行自动联动试验。

(8) 接入重要设备 (如气体灭火设备等)，并培训操作者正确的操作使用方法。

11.6.13　手动火灾报警按钮安装

手动火灾报警按钮安装在公共场所，当人工确认火灾发生后按下报警按钮上的有机玻璃片，可向控制器发出火灾报警信号，控制器接收到报警信号后，显示出报警按钮的编码信息并发出报警声响。

11.6.13.1　报警按钮的外形

报警按钮的外形示意如图 11-67 所示。

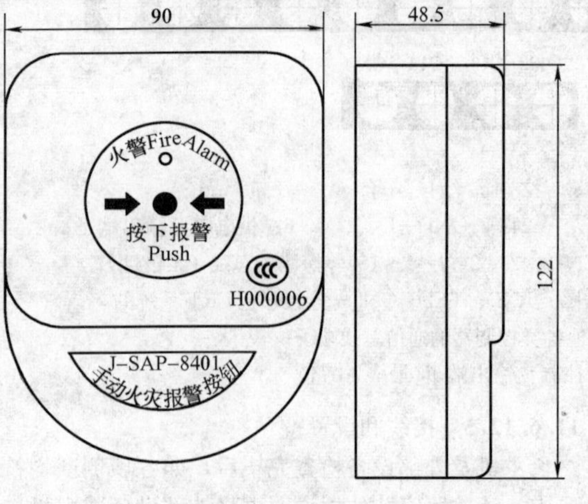

图 11-67　报警按钮外形示意图

11.6.13.2　安装与布线

(1) 安装设备之前，请切断回路的电源并确认全部底壳已安装牢靠且每一个底壳的连接线极性准确无误。

(2) 安装前应首先检查外壳是否完好无损，标识是否齐全。

(3) 安装时只需拔下报警按钮，从底壳的进线孔中穿入电缆并接在相应端子上，再插好报警按钮即可安装好报警按钮。报警按钮底壳安装采用明装和暗装两种方式，安装示意如图 11-68、图 11-69 所示。

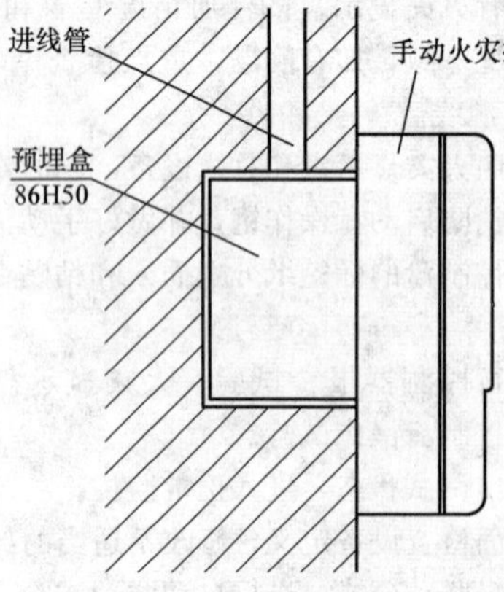

图 11-68　明装方式

(4) 报警按钮端子。报警按钮端子示意如图 11-72 所示。

布线要求：Z1、Z2 可选用截面积不小于 1.0mm² 的 RVS 双绞线。

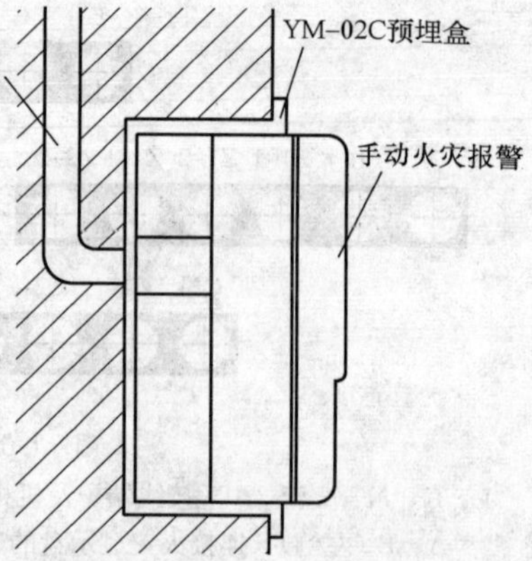

图 11-69　暗装方式

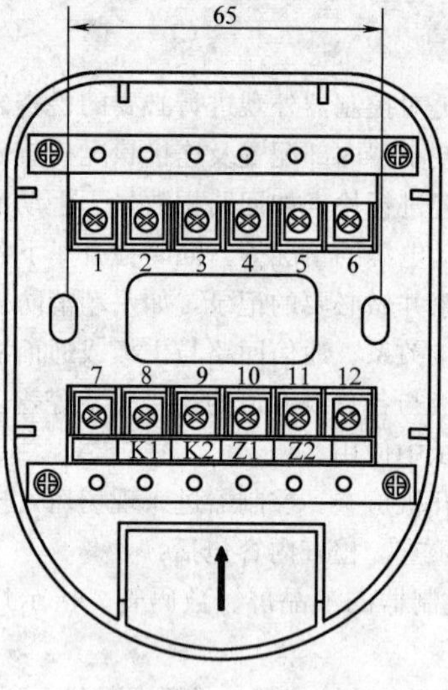

图 11-70　端子示意图

Z1、Z2—无极性信号二总线接线端子；
K1、K2—无源常开输出端子，当报警按钮按下时，输出触点闭合信号，可直接控制外部设备

11.6.14　总线接线箱安装

总线接线箱是用于系统总线、485 通信线、DC 24V 等 30V 以下的信号线或电源线户内户外转接的接口箱。总线接线箱内置防雷电路，可以有效地防止雷击所带来的浪涌冲击对设备造成的损害，适用于连接多个建筑物的消防系统中，总线接线箱仅限于安装在室内。

(1) 总线接线箱为壁挂安装方式，采用 4 个 M6×60mm 的膨胀螺栓固定到墙上，外形如图 11-71 所示。

(2) 总线接线箱内的端子排列如图 11-72 所示。

一个总线接线箱中放置有两个如图 11-72 所示端子的线路板，两个线路板完全相同，在使用时是独立

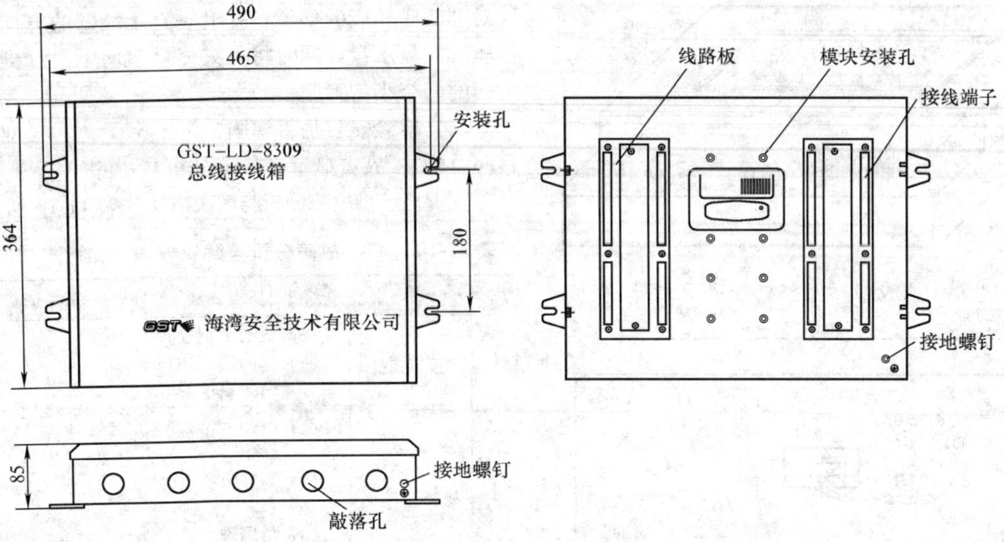

图 11-71　总线接线箱外形示意图

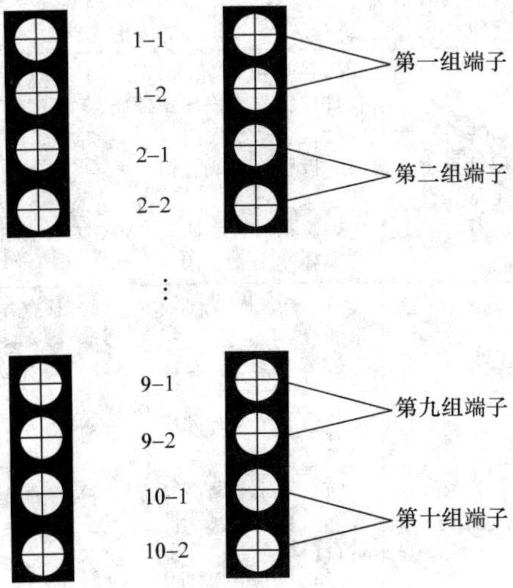

图 11-72　总线接线箱端子示意图

的。接线时，端子必须按组使用，同一组的两对端子不分输入和输出，若一侧作为输入端，则另一侧即为输出端。

总线接线箱在消防系统中的应用方法如图 11-73 所示。

其中，建筑物 A 为消防系统的控制室，当信号线或电源线引出建筑物 A 时，应通过总线接线箱，建筑物 B 为探测器等消防设备的保护区域，当信号线或总线引入建筑物 B 时，也应通过总线接线箱。

总线接线箱在使用时，应注意不能淋水，非专业人员不得随意将箱体打开，接线箱应每两年至少做一次开箱检查，检测线路板上的器件是否有损坏。总线

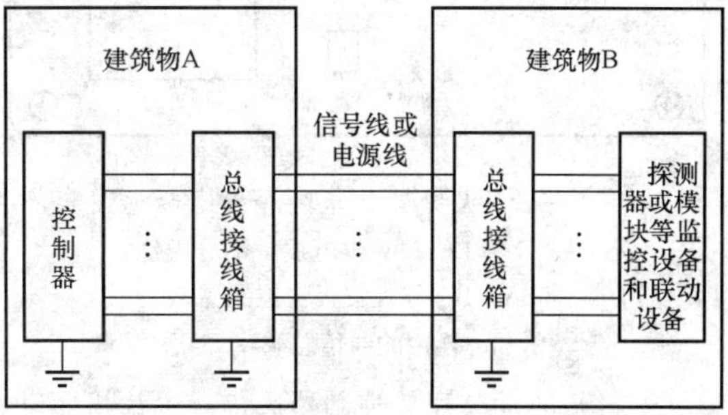

图 11-73　总线接线箱使用方法示意图

接线箱必须可靠接地，接地线应采用截面积不小于 $4mm^2$ 的铜导线，接地电阻应不大于 4Ω。

11.6.15　火灾显示盘安装

火灾显示盘是一种可用于楼层或独立防火区内的火灾报警显示装置。当建筑物内发生火灾后，消防控制中心的控制器产生报警，同时把报警信号传输到失火区域的火灾显示盘上，火灾显示盘将产生报警的探测器编号及相关信息显示出来并发出报警声响，以通知失火区域的人员。火灾显示盘通过 RS-485 总线与火灾报警控制器相连，每路 RS-485 总线最多可配接 64 台火灾显示盘。火灾显示盘只能显示火警信息，不能显示故障、动作等其他信息。

与火灾报警控制器间采用有极性二总线连接，另需两根 24V DC 电源供电线（不分极性）。

11.6.15.1　结构特征和工作原理

（1）火灾显示盘结构特征。火灾显示盘为壁挂式，整机外观示意如图 11-74 所示。

火灾显示盘对外接线示意如图 11-75 所示。

（2）工作原理。火灾显示盘采用 51 系列单片机，

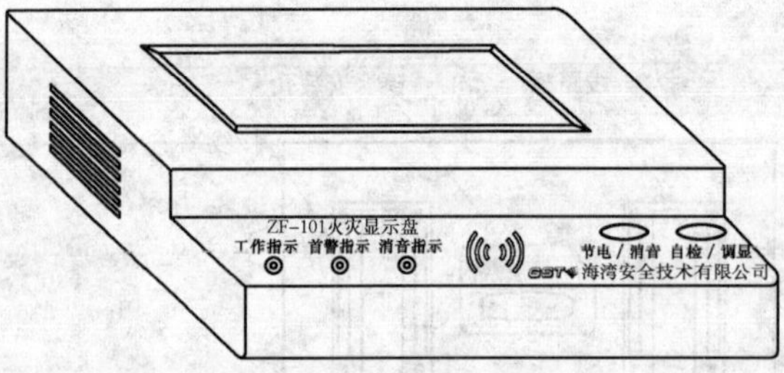

图 11-74　火灾显示盘整机外观示意图

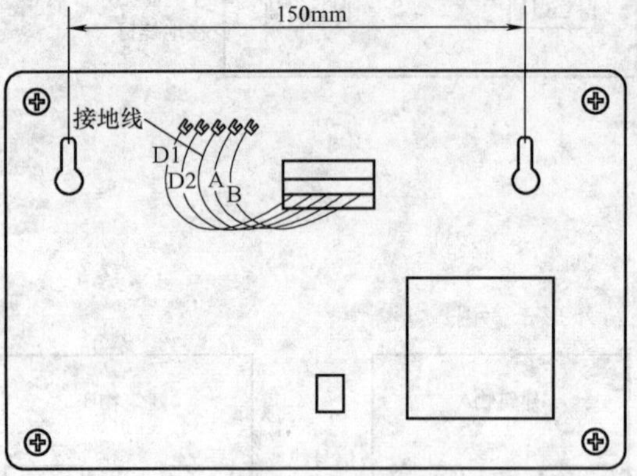

图 11-75　火灾显示盘对外接线示意图
D1、D2—DC 24V 供电线，不分极性；
A、B—与火灾报警控制器
连接的通信总线

通过 RS-485 驱动芯片与控制器通信。单片机驱动数码管显示相应信息，并驱动相应的声光指示。

11.6.15.2　火灾显示盘安装和连线

火灾显示盘分底座及显示盘两部分，采用壁挂式安装，外接线路可直接与显示盘的底座连接。

（1）固定底座。

1）在需安装火灾显示盘的墙壁上相应位置处打两个 $\phi8$ 的孔，要求两孔中心距离为 150mm。

2）在孔内塞入 $\phi8$ 的塑料胀管。

3）将底座置于墙上，用配套的木螺钉组合从底座的安装孔处穿出，固定在墙上孔内的塑料胀管内。

（2）连线。将墙内接线盒里引出的导线及火灾显示盘上的连线，分别按照拔插端子旁端子标签的标注接在拔插端子上。其中，成对的内、外端子（如内 A，外 A）在电气上连接的。端子上标“内”的接火灾显示盘上的对应端子；端子上标“外”的接接线盒内对应的连接线。D1、D2 电源线不分极性。

通信二总线 A、B 采用 RVVP $2\times1.0\text{mm}^2$ 屏蔽线，屏蔽层与底座上“外”端子相接，DC 24V 电源供电二总线采用 BV$2\times4.0\text{mm}^2$ 线。

（3）固定火灾显示盘。将火灾显示盘背面的三个孔对准底座相应的部位，并沿垂直于墙壁的方向用力按压火灾显示盘，同时将火灾显示盘向下滑动到底座上面的两个小钩弹起。

（4）检验安装是否牢固。

11.6.15.3　火灾显示盘故障分析与排除

火灾显示盘故障分析与解决方法如表 11-10 所示。

表 11-10　　故障分析与解决方法

序号	故障现象	判定故障方法	解决方法
1	开机前	在开机前必须检查线路有无问题，如短路、开路、错接等	
2	开机后无显示或显示不正常	（1）电源不正常。 （2）与显示板电缆连接不良。 （3）数码管坏。 （4）主 CPU 损坏	（1）检查 DC 24V 电源。 （2）检查连接电缆。 （3）更换数码管。 （4）更换主 CPU
3	开机后不起机	无主电 5V	检查 N8 及其周围电路
4	开机后数码管显示不正常	（1）集成电路 D1 管脚连锡或者损坏。 （2）驱动此数码管的三极管连锡或者损坏。 （3）数码管连锡或者损坏	（1）检查并更换。 （2）同（1）。 （3）检查并修复
5	控制器不能注册	（1）A、B 通信线未插好。 （2）电源线未插好。 （3）变压器二次侧线圈是否开焊。 （4）集成电路 N9、光耦及其附近元器件是否损坏。 （5）集成电路 D1 是否损坏	（1）检查并插好。 （2）同（1）。 （3）检查并焊好。 （4）检查并更换。 （5）同（4）
6	无声响	（1）查看集成电路 N10 及其附近元器件是否损坏。 （2）查看喇叭是否损坏。 （3）连线是否接好	（1）检查火灾显示盘的电源线及通信线。 （2）检查并更换。 （3）同（4）

11.6.16　气体灭火控制盘安装

11.6.16.1　气体灭火控制盘结构

气体灭火控制盘（简称为控制盘）气体灭火控制盘典型配置包括：主控制盘、手动消防启动盘、气体灭火控制盘。本控制盘集报警、联动于一体，通过总线、多线的控制不但能完成报警、一般消防设备的启/停控制等功能，并能实现对气体灭火等重要消防设备的控制。气体灭火控制盘的外观示意及内部结构如图 11-76、图 11-77 所示。

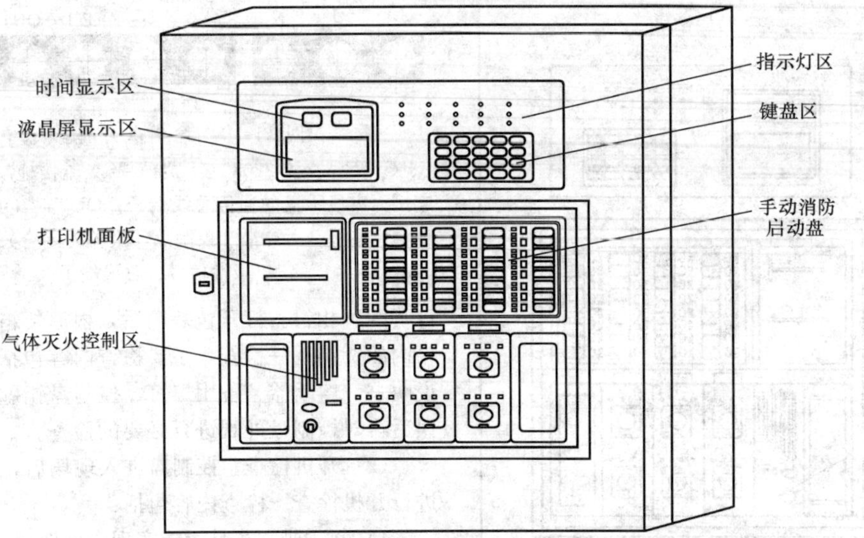

图 11-76　气体灭火控制盘的外观示意图

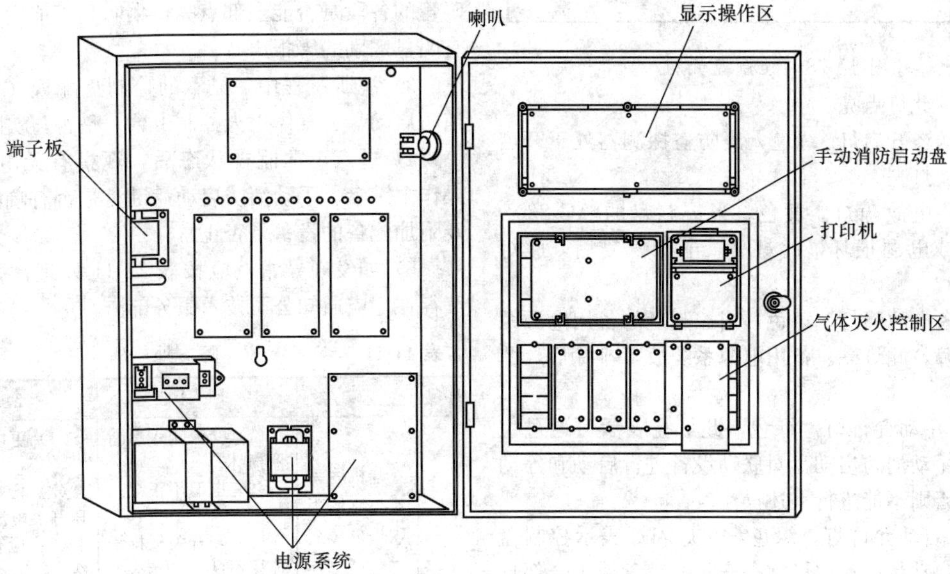

图 11-77　气体灭火控制盘的内部结构图

控制盘面板由显示操作区、总线制控制区、气体灭火控制区及打印机面板组成，其结构示意图如图 11-78 所示。

显示操作区面板主要由时间显示区、液晶屏显示区、指示灯区及键盘区组成。

指示灯说明如下：

(1) 报警灯。红色，此灯亮表示控制盘检测到外接探测器、手动报警按钮等处于火警状态。火警排除后，按“取消”键此灯熄灭。

(2) 故障灯。黄色，此灯亮表示控制盘检测到外部设备（探测器、模块或火灾显示盘）有故障或控制盘本身出现故障。故障排除后，按“取消”键此灯熄灭。

(3) 动作灯。红色，此灯亮表示控制盘检测到外接被控设备处于动作状态。所有动作设备停止运行后，此灯熄灭。

(4) 隔离灯。黄色，有隔离设备存在时此灯亮。

(5) 消音灯。红色，当控制盘发出报警音响时，按“消音”键消音指示灯点亮，喇叭终止发出警报。如再次按下“消音”键或有新的警报发生时，消音指示灯熄灭，再次发出警报声。

(6) 启动灯。红色，当控制盘发出启动外部设备

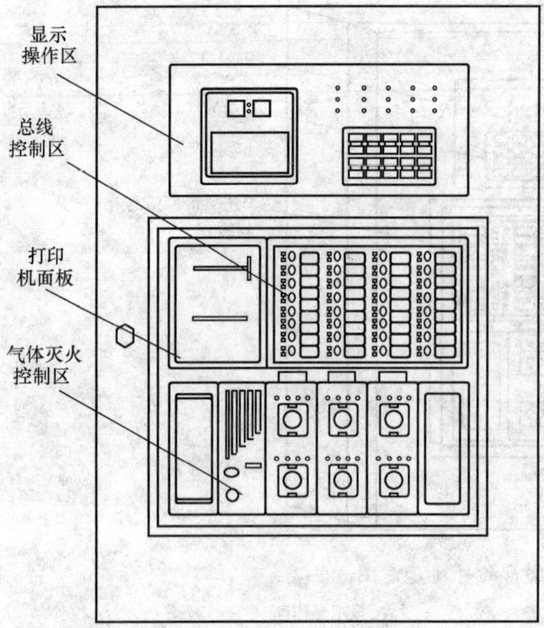

图 11-78　控制盘面板

的命令时，此灯点亮。

（7）防盗开启灯。绿色，当防盗探测器处于开启状态时，此灯亮。

（8）主电故障灯。黄色，当控制盘的 AC 220V 电源掉电或电源损坏，此灯亮。电源恢复后，此灯熄灭。

（9）备电故障灯。黄色，当控制盘的备用电源系统出现故障，此灯亮。备用电源系统故障排除后，此灯熄灭。

（10）手动允许灯。绿色，此灯亮表示可通过主控键盘或手动消防启动盘对联动设备进行启动和停动的操作，否则不能进行上述操作。

（11）自动允许灯。绿色，此灯闪烁表示控制盘处于部分自动状态；此灯常亮表示控制盘处于全部自动状态。

（12）气体喷洒灯。红色，气体灭火设备动作后此灯亮。

（13）喷洒允许灯。绿色，控制盘处于“喷洒允许”状态时，此灯亮。

（14）喷洒请求灯。红色，当启动气体灭火设备的联动条件满足时，此灯亮。

（15）工作灯。绿色，当控制盘由主电供电时，此灯常亮；由备电供电时，此灯闪亮。

11.6.16.2　控制盘对外接线端子

控制盘外接线端子说明如图 11-79 所示。

11.6.16.3　气体灭火控制盘安装

（1）开箱检查。检查控制盘装箱单的内容是否与

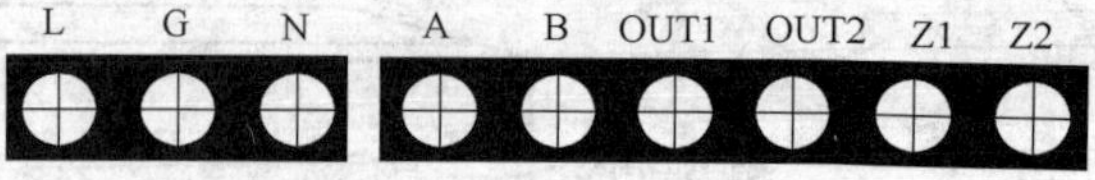

图 11-79　控制盘外接线端子

L、G、N—交流 220V 接线端子及交流接地端子；A、B—连接火灾显示盘的通信总线端子；OUT1、OUT2—火灾报警输出端子（无源常开控制点，报警时闭合）；Z1、Z2—无极性信号二总线端子

订货配置相符。打开包装箱后，根据装箱单的内容对箱内的货物逐一检查，主要检查内容包括：安装使用说明书、熔断器、备用螺钉、控制盘钥匙等，核对无误后再对控制盘外观进行必要的检查。

（2）开机检查。控制盘进入现场后，应接通电源进行开机检查。检查内容包括：

1）各注册方式是否能实现正确登录；

2）观察控制盘和手动消防启动盘的指示灯和数码管的各段是否能全部点亮，喇叭是否能发出洪亮的有明显区别的警报声音；

3）注册过程中，显示的控制盘配置（包括手动消防启动盘、气体灭火控制卡数）是否与实际相符。

4）进入正常监视状态后，观察有无电源故障，操作主键盘、手动消防启动盘键盘是否有嘀嘀声，以及附加配备的设备是否正常；

5）如发现异常，应按表 11-11 处理，如问题继续存在，应通知公司技术服务部。

表 11-11　　故　障　处　理

序号	故障现象	原　因	解决方法
1	开机后无显示或显示不正常	（1）交流输入熔断器损坏。 （2）电源不正常。 （3）与开关板排线连接不良	（1）更换熔断器。 （2）检查更换低压开关电源。 （3）检查连接排线
2	开机后显示主电故障	（1）无交流电。 （2）交流熔断器烧断	（1）检查并接好交流电线。 （2）更换交流熔断器（参数见标签）
3	开机后显示备电故障	（1）线路连接不良。 （2）蓄电池亏电或损坏	（1）打开电源盒检查有关接插件。 （2）在交流供电的情况下开机 8h 以上，若仍不能消除故障则更换电池
4	不能注册外接总线设备	总线连接错误或不良	检查总线
5	不能注册外接显示盘	通信线连接错误或不良	检查火灾显示盘的电源线及通信线

续表

序号	故障现象	原　因	解决方法
6	不打印	（1）未设置成打印方式。 （2）打印机电缆连接不良。 （3）打印机坏	（1）重新进行设置。 （2）检查并连接好。 （3）更换打印机
7	按手动键无反应	（1）手动消防启动盘电缆连接不良。 （2）手动盘板损坏	（1）检查并连接好，重新注册。 （2）更换线路板
8	设备故障	（1）设备连线断开。 （2）该设备损坏	（1）检查连线。 （2）更换设备
9	总线故障	总线短路	检查线路
10	时钟故障、存储故障等	（1）环境干扰。 （2）或相应部分老化	（1）检查接地是否良好。 （2）通知公司技术服务部
11	无自检	电源不正常；CPU不工作	检查主板 24V 电源是否正常；5V 输出是否正常（CPU 不工作时需更换 CPU）
12	区域控制板不注册	未进行地址编码	检查区域控制板号设置插针 X2；是否断路、短路；扁平线是否断路短路

（3）外部设备检查。

1）外接线状态检查。检查与本控制盘相连的总线状况，测量探测器总线与地、探测器总线与通信线、通信线与地之间的绝缘电阻，回路的负载状况。其中，绝缘电阻应大于 20MΩ，回路负载应大于 1kΩ。

2）设备检查。利用调试装置检查回路设备状况，即设备数量、编码及工作状态是否符合设计要求，排除存在的故障，做好系统连接的准备。

（4）接线和设置。主机及外部设备检查完毕后，如各项测试均符合要求，将外部设备与控制盘进行正确的连接和对手动消防启动盘、气体灭火控制卡等进行设置。连接线设置如下：

1）24V 无极性两总线≥1.0mm²，双绞线＜1.5km；

2）RS-485 总线或屏蔽线≥1.0mm²，双绞线＜2.0km；

3）RS-232 总线三芯屏蔽线＜15m。

每一步连接后都应再次进行测试并将结果填写到安装测试表中，以供调试和各种后续编程定义使用。

（5）控制盘内部接线。控制盘内部接线图如图 11-80 所示。

（6）控制卡按键护罩安装方法。将护罩的上、下两个脚分别对准面板的安装孔，如图 11-81 所示，将护罩的脚平行推入安装孔内，护罩安装完毕。

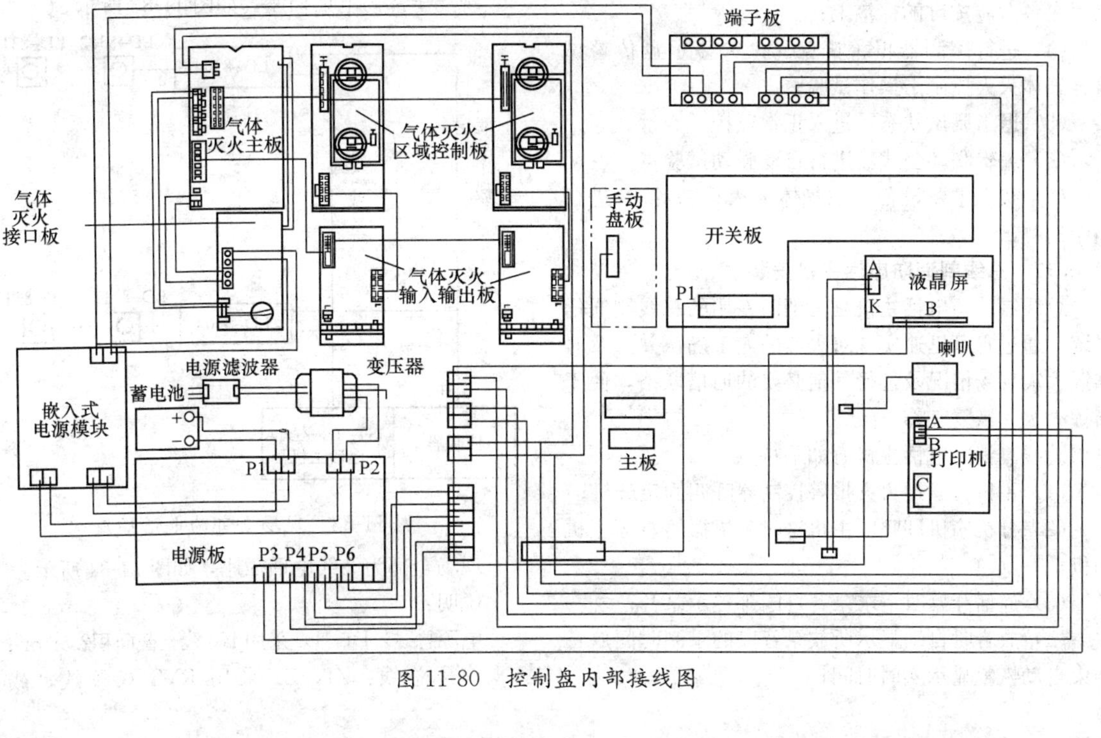

图 11-80　控制盘内部接线图

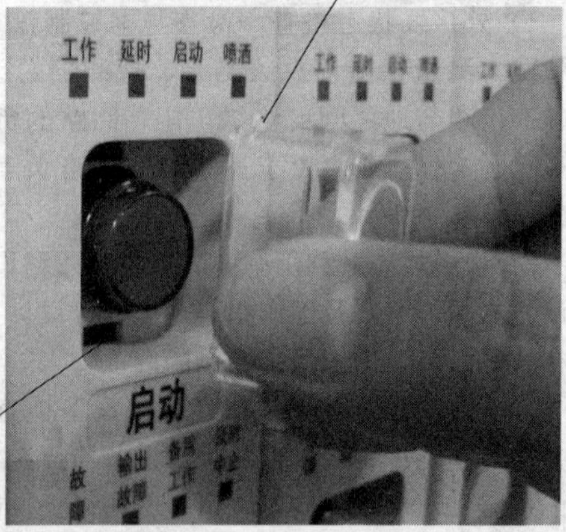

图 11-81　控制卡按键护罩安装方法

11.6.16.4　气体灭火控制盘调试

当接线完成后，经过仔细检查无误便可以进行开机调试了，调试可以参照以下步骤：

（1）查看总线设备的注册情况是否和相关调试表格中登记的情况一致，如发生大面积丢失，应首先检查联动电源和各楼层总线隔离器，然后对个别设备检查，随时按"自检"键可以观察修整后的注册情况；

（2）查看火灾显示盘的注册情况是否和气体灭火控制盘安装测试表中登记的情况一致，如有问题，重点检查 A、B 通信线和 DC 24V 电源线；

（3）定义联动设备对应的手动消防启动盘操作键，并将手动消防启动盘、气体灭火控制卡所控设备书写在各对应按键的标签上；

（4）进行探测器报警试验、火灾显示盘传警试验、气体灭火控制卡操作试验；

（5）退出调试状态，进入正常监控；

（6）编辑联动公式，进行自动联动试验；

（7）接入重要设备（如气体灭火设备等），进行相应的测试。

11.6.17　总线制消防电话主机安装

总线制消防电话主机是为消防专用的总线制通信系统，通过它可迅速实现对火灾的人工确认并可及时掌握火灾现场情况及进行其他必要的通信联络，便于指挥灭火和恢复工作。

总线制消防电话主机有如下特点。

（1）主机可通过火灾报警控制器呼叫固定分机；

（2）分机摘机即呼叫主机这时主机振铃直至主机摘机；

（3）通话开始时请求录音灯闪烁提示录音；

（4）放音时自动显示所放录音段的录制时间放音结束自动恢复显示实时时间；

（5）设有音频输出插孔供外部保存录音使用；

（6）有总线输出过电流保护用蜂鸣器和发光管指示输出过流并有消音功能；

（7）自动抹音功能录音段最长保存时间为 3 天超过保存时间的录音段将被自动抹去以备下次录音抹音期间录音指示灯常亮。

消防电话现场为固定式电话分机，每一部分机均需配置一个总线制编码消防电话专用模块。联动消防电话为 4 线，不联动消防电话为 2 线。系统连接示意如图 11-82 所示。

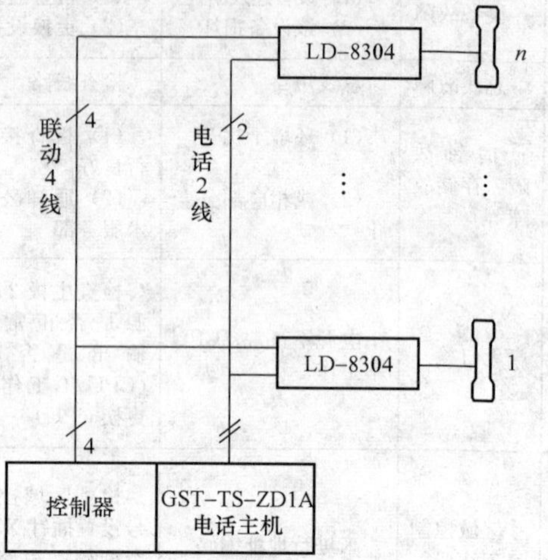

图 11-82　现场全部为固定式分机的系统连接示意图

现场全部为电话插座，如图 11-83 所示。

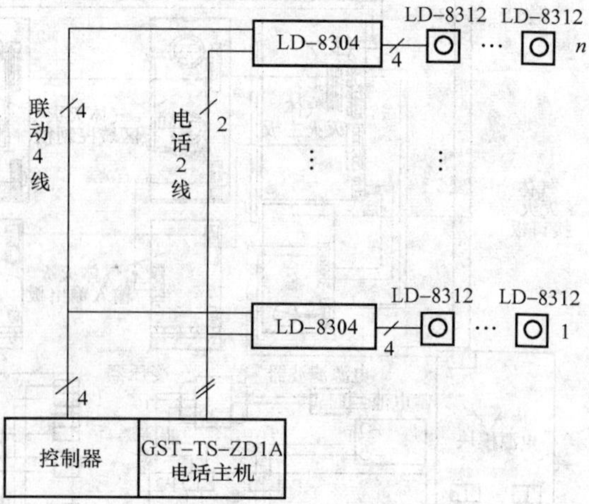

图 11-83　现场全部为电话插座

现场全部为 2 线电话插座，如图 11-84 所示。

说明：

电源总线：D1，D2 采用 BV 线，截面积 2.5mm²；

信号总线：Z1，Z2 采用 RVS 双绞线，截面

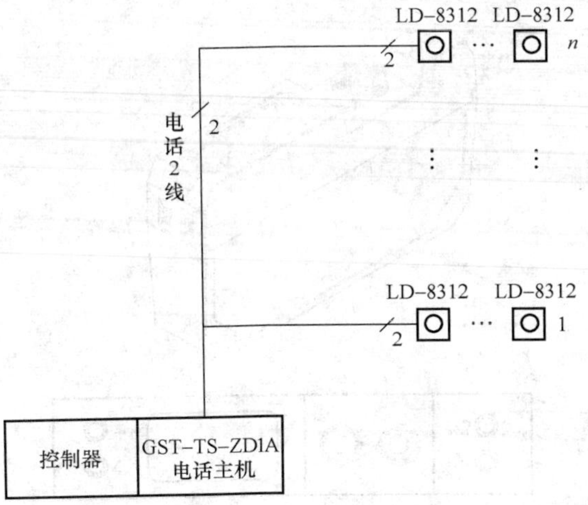

图 11-84　现场全部为 2 线电话插座

积 1.0mm²；

电话总线：L1，L2 或 TL1，TL2 采用 RVVP 屏蔽线，截面积 1.0mm²；

报警请求线：AL，G 采用 BV 线，截面积 1.0mm²。

11.6.18　输入/输出模块安装

输入/输出模块（以下简称模块），主要用于双动作消防联动设备的控制，同时可接收联动设备动作后的回答信号。例如可完成对二步降防火卷帘门、水泵、排烟风机等双动作设备的控制。用于防火卷帘门的位置控制时，既能控制其从上位到中位、从中位到下位，同时也能确认是处于上、中、下的哪一位。

模块内嵌微处理器，微处理器实现与火灾报警控制器通信、电源总线掉电检测、输出控制、输入信号逻辑状态判断、输入输出线故障检测、状态指示灯控制。模块占用两个编码地址，第二个地址号为第一个地址号加 1。每个地址可单独接收火灾报警控制器的启动命令，吸合对应输出继电器，并点亮对应的动作指示灯。每个地址对应一个输入，接收到设备传来的回答信号后，将反馈信息以相应的地址传到火灾报警控制器。

（1）输入/输出模块安装。

1）安装设备之前，请切断回路的电源并确认全部底壳已安装牢靠且每一个底壳的连接线准确无误。

2）模块输入端如果设置为“常开检线”状态输入，模块输入线末端（远离模块端）必须并联一个 4.7kΩ 的终端电阻；模块输入端如果设置为“常闭检线”状态输入模块输入线末端（远离模块端）必须串联一个 4.7kΩ 的终端电阻（具体接线方法见应用方法）。

3）模块为有源输出时，有源输出端应并联一个 4.7kΩ 的终端电阻，并串联一个 IN4007 二极管。

4）安装前应首先检查外壳是否完好无损，标识是否齐全。

5）模块采用明装方式，底壳与模块间采用插接式结构安装，安装时只需拔下模块，从底壳的进线孔中穿入电缆并接在相应的端子上，再插好模块即可安装好模块。

6）模块采用线管预埋安装，将底盒安装在 86H50 型预埋盒上，安装孔距为 60mm。

（2）模块端子。模块端子示意如图 11-85 所示。

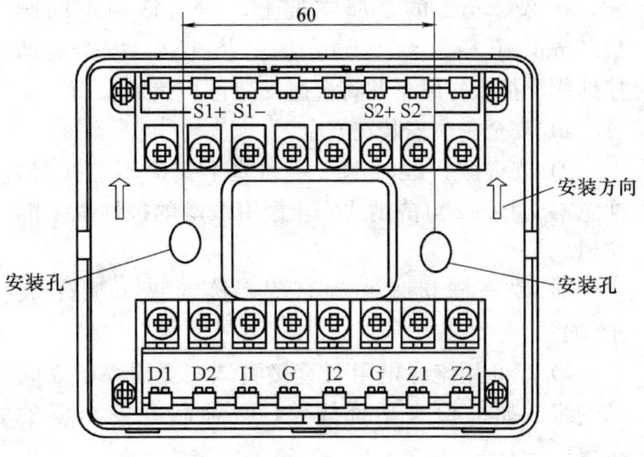

图 11-85　模块端子示意图

Z1、Z2—接火灾报警控制器两总线，无极性；D1、D2—DC 24V 电源，无极性；I1、G—第一路无源输入端；I2、G—第二路无源输入端；S1＋、S1－—第一路有源输出端子；S2＋、S2－—第二路有源输出端子

（3）布线要求。Z1、Z2 采用截面积≥1.0mm² 的 RVS 双绞线；DC 24V 电源线采用截面积≥1.5mm² 的 RV 线；I1、I2、G、S1＋、S1－、S2＋、S2－采用截面积≥1.0mm² 的 RV 线。

（4）测试。

1）模块在进行测试之前，应通知有关管理部门，并对控制器进行适当处理，防止出现不期望的报警联动。

2）在注册完成且监测状态下模块正常时，通过火灾报警控制器直接启动，或联动启动现场设备，现场设备动作正常、模块输出指示灯常亮，如现场设备有动作回答信号，模块能正确接收，模块输入指示灯常亮，并将回答信息传到火灾报警控制器；当火灾报警控制器撤消启动命令后，模块输出指示灯熄灭，当现场设备撤消动作后，模块输入指示灯熄灭，模块上报正常信息。如上述情况均正常，则说明模块工作正常。

测试结束后，通过火灾报警控制器复位模块，并通知有关管理部门系统恢复正常。

11.6.19　齐纳式安全栅安装

齐纳式安全栅通过限制进入到爆炸性环境的能量而起到安全保护作用。安全栅实际上是对能量的限制作用。在防爆系统中，由于安全栅特定功能的存在，所以不论发生任何故障都能保证输出的能量被限制在一个安全值（不会点燃规定的分级、分组爆炸性气体混合物）内，从而保证现场安全。

（1）齐纳式安全栅安装。安全栅采用金属支架安装，在宽 20mm 的金属支架上，横向钻两个间距 11.5mm、孔径为 $\phi4.5\ mm^2$ 的安装孔，将安全栅两接地螺栓插入拧紧，并将金属支架可靠接地。

1）安全栅应安装在安全区。

2）安全栅接线时本安测和非本安测不能接错，注意 GST-AS-200 齐纳式安全栅引线端的极性也不能接错。

3）安全栅接地必须可靠，接地极电阻不大于 4Ω。

4）禁止用绝缘电阻表直接测试安全栅端子之间的绝缘。如果检查系统线路，必须断开安全栅的接线。

5）非本安测接线电缆及连接设备的等效电容和电感分布参数应满足安全栅安全参数的要求。

6）安全栅的安装、使用和维护应遵守本说明书中规定。同时必须遵循 GB 3836.15—2000《爆炸性气体环境用电气设备 第 15 部分：危险场所电气安装（煤矿除外）》的有关条款。

（2）齐纳式安全栅接线。接线端子示意如图 11-86所示，齐纳式安全栅接线端子说明见表 11-12。

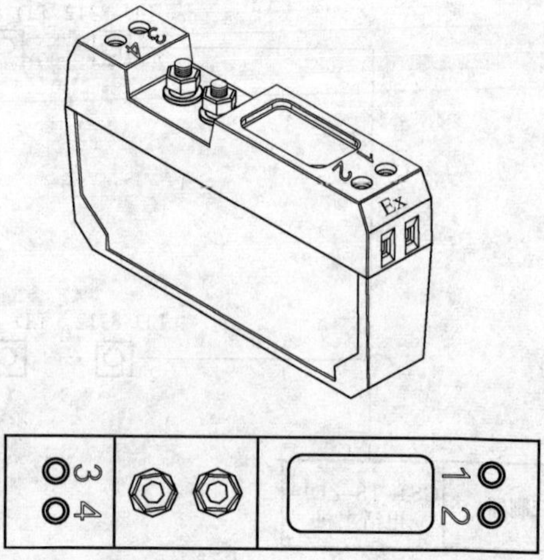

图 11-86　接线端子示意图

表 11-12　　齐纳式安全栅接线端子说明

端子号	端子说明	GST-AS-200	GST-AS-300
1	非本安侧端子	正极	无极性
2	非本安侧端子	负极（内部接地）	无极性
3	本安侧端子	正极	无极性
4	本安侧端子	负极（内接地）	无极性

11.6.20　系统接地

火灾自动报警系统是现代传感技术与计算机控制技术相结合的产物，而外部不可预见的干扰将对其产生重要的影响，造成设备损坏。系统接地是抑制干扰的最重要的措施，系统接地不良，轻则使该系统产生不明故障或火警，重则造成设备的永久损坏。

火灾自动报警系统和消防控制室的接地，一般都按规定设有保护接地和工作接地两种。火灾报警系统和消防设备的保护接地无特殊要求，应按照 GBJ 65—1983《工业与民用电力装置的接地设计规范》进行，即凡是在火灾自动报警系统中，引入有交流供电设备的金属外壳都要按规定，采用专用接零干线引入接地装置，作好保护接地。不准将系统接地与保护接地或电源中性线连接在一起，否则有可能造成系统中设备的永久损坏。

为保证火灾自动报警系统和消防设备正常工作，对系统的接地规定如下：

（1）火灾自动报警中系统应在消防控制室设置专用地板，接地装置的接地电阻值应符合下列要求。

1）当采用专用接地装置时，接地电阻值不应大于 4Ω；

2）当采用共用接地装置时，接地电阻值不应大于 1Ω。

（2）火灾报警系统应设专用接地干线，由消防控制室引至接地体。

（3）专用接地干线应采用铜芯绝缘导线，其芯线截面积不应小于 $25mm^2$，专用接地干线宜穿硬质型塑料管埋设至接地体。

（4）由消防控制室接地板引至各消防电子设备的专用接地线应选用铜芯塑料绝缘导线，其芯线截面积不应小于 $4mm^2$。

系统采用控制器端单点接地方式，施工中应将系统中控制器的接地点连接在同一点，由这一连接点接入屏蔽地线连接端。除此之外，该系统中的总线、通信线、广播线、对讲线等均不得与任何形式的地线或中性线连接，以防止设备的误动作。

地线制作方法如图 11-87 所示。将面积 $0.8m^2$、厚度大于 3mm 的紫铜板或角铁与截面积大于 $4mm^2$

的多股导线焊接牢固后埋于地下1.5m深处，作为系统地线。由消防控制室引至接地体的干线在通过墙壁时，应穿入钢管或其他坚固的保护管，确保接地装置的可靠性。

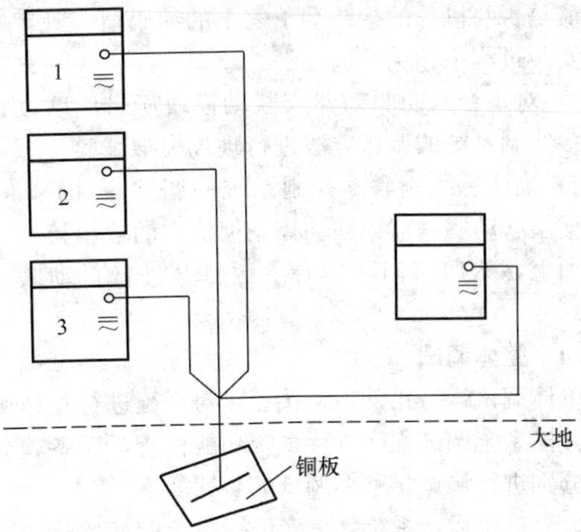

图11-87　地线制作方法

11.7　火灾自动报警及联动控制系统的调试

火灾自动报警及联动控制系统的调试，应在建筑内部装修和系统施工结束后进行。对系统的调试应从以下几方面进行测试：

11.7.1　火灾自动报警及联动控制系统调试的要求

（1）火灾自动报警系统的调试，应在系统施工结束后进行；

（2）火灾自动报警系统调试前应具备文件及调试必需的其他文件；

（3）调试单位在调试前应编制调试程序，并应按照调试程序工作；

（4）调试负责人必须由专业技术人员担任。

11.7.2　线路调试

对系统线路调试主要有外部检查和线路校验。外部检查的内容包括：按图纸检查各种配线，例如强电、弱电线是否到位，是否存在不同性质线缆共管的现象；各种火警设备接线是否正确，接线排列是否合理，按线端子处标牌编号是否齐全，工作接地和保护接地是否接线正确。线路校验的内容包括：将被接验回路中的各个部件装置与设备接线端子进行查对，例如使用万用表以导通法逐线查对传输线路敷设、接线是否正确；也可采用数字式多路查线仪检查，效果好速度快。检查探测回路线、通信线是否短路或开路，使用绝缘电阻表测试回路绝缘电阻，应对导线与导线、导线对地、导线对屏蔽层的绝缘电阻进行分别测试并记录，其绝缘电阻值不小于20mΩ。对于错线、开路、虚焊、短路、绝缘电阻小于20MΩ等应采取相应的处理措施。

11.7.3　单体调试

单体调试指的是各种部位装置与设备在安装前进行的一些基本性能试验。

11.7.3.1　对探测器的单体调试

在火灾自动报警与灭火控制系统中，对探测器的单体调试可以直接安排在报警控制器调试时进行。通常来说，对探测器的定量试验应该在生产厂家、消防电子产品检测中心、消防科研院所进行；而对探测器的定性试验应该在安装施工现场进行。对于使用数量较大的开关量探测器可利用专用的火灾探测器检查装置来检测；如果施工现场没有这类检测设备，可利用报警控制器来代替，让报警控制器接出一个回路开通，接上探测器底座，然后利用报警控制器的自检、报警功能，对探测器进行单体试验。

11.7.3.2　对报警控制器的单体调试

对报警控制器单体调试主要作以下的功能检查：

（1）火灾报警自检功能试验；

（2）消音、复位功能试验；

（3）故障报警功能试验；

（4）火灾优先功能试验；

（5）报警记忆功能试验；

（6）电源自动转换及备用电源的自动充电功能试验；

（7）备用电源的欠压、过压报警功能试验。

对报警控制器单体调试的实现步骤如下：

（1）在报警控制器单机开通前，进行空载运行，检测控制器是否在运输和安装过程中损坏。

（2）开机后将建立正常通信状态的探测点进行编码，并在平面图上作详细记录。对于与控制器未能建立正常通信状态的探测点要逐个检查，如果是管线问题则在排除线路故障后再开机测试，如果是探测器问题则更换探测器；对于与控制器已经建立正常通信状态的探测点的编码号要进行记录，并按图纸进行部位号的编码。常见部位号码写入ERROM的单元格式如图11-88所示。

（3）对于不能建立正常通信状态的报警点，需要测量24V DC工作电压是否到位，若无电压则是线路和问题，检查回路电流的正确性。若线路无问题，检查探头与底座接触是否良好。

11.7.3.3　对火灾探测器的单体调试

对火灾探测器的单体调试应采用专用检测仪逐个对探测器进行检测，检测方法如下：

（1）对于感烟探测器使用点型感烟探测器试验器

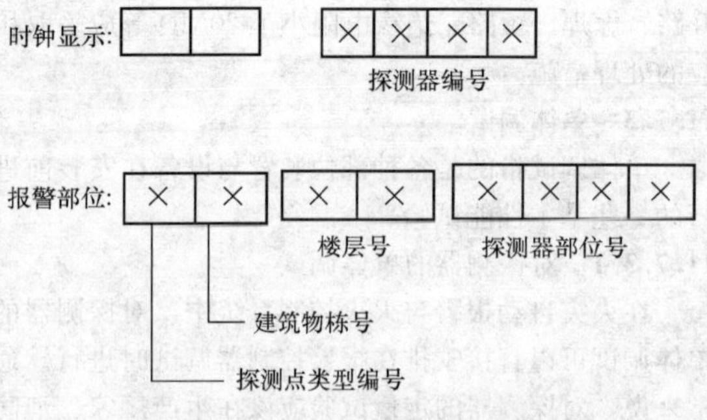

图 11-88 常见部位号的编码

进行测试，例如：GAY-03 便携式火灾探测器加烟试验器，检测高度 3～7m，以棒香为烟源，利用微型风泵，通过特殊的烟道，将烟压入出烟口喷出，以规定速度导入烟感探测器的感烟室，对其感烟功能进行测试。

(2) 对于感温探测器使用点型感温探测器试验器进行测试。例如：SA2090-B 型，当温源对准待测探测器，打开电源开关，温源升温，10s 内探测器确认灯亮，表示探测器工作正常，否则不正常。

(3) 带有灵敏度测试孔和磁性重点弹簧检查触点的火灾探测器，便于在现场测试和检查。例如：M02-04-00 磁铁对准探头的塑料罩，系统应该在 20s 内报警。

11.7.3.4 联动控制系统的调试

联动控制系统的调试分以下两类：多线制联动控制系统的调试；总线制联动控制系统的调试。

(1) 多线制联动控制系统的调试。多线制联动控制系统的调试可按以下步骤进行：

1) 在进行多线制联动控制系统的调试前，首先将控制中心输端子排上的熔丝取下，这样可以避免调试设备联动接口故障把控制中心内电源损坏，防止联动设备的误操作。

2) 检查多线制联动控制系统的管线是否齐全，导线所加标注是否清晰，是否与联动设备接线端子标注一致。

3) 多数联动控制信号为 DC 24V 电平，当联动设备中间继电器的线圈电压不是 DC 24V 时，需要使用直流/交流电平转换器进行转换。

4) 各联动设备进行模拟联动试验时，对所提供的联动接口加联动信号，观察设备是否动作，动作后回接触点是否闭合有效。

5) 确认多线制联动控制系统的调试通过后，将消防中心输出端子排上的熔丝加上，然后开机进行自动联动试验。

(2) 总线制联动控制系统的调试。总线制联动控制系统的调试可按以下步骤进行：

1) 检查联动控制器至各楼层联动驱动器的纵向电源及通信线是否短路，排除线路故障。

2) 检查各层联动驱动器、联动控制模块主板的编码值是否与设计的接线端子表上的编码值一致，防止在安装过程中相互颠倒。

3) 对每台联动驱动器或联动模块所带的联动设备按多线制系统的调试方法进行现场模拟试验。

4) 确认总线制联动控制系统的调试通过后，再将各楼层联动驱动器或联动控制模块内的输出接点保险丝加上，然后将消防中心电源打开进行自动联动试验。

11.7.4 整体调试

单体调试运行正常后，接着是对系统进行整体调试，并按系统调试程序进行系统功能检查，对各项分系统分别进行调试。整体调试的步骤如下：

(1) 首次运行系统，首先进行系统的初始化，即系统“大复位”。

(2) 设备系统画面，查询和修改系统的配置情况。系统默认检测的总线设备为：离子感烟式探测器，物理号和显示号相同，灵敏等级为 1，互锁号和模块位置隐含，显示地址空白。物理号表示总线设备所在的区号（前二位）和总线设备上的编码（后二位），它表示了总线设备在整个系统中的实际位置编号。显示号可用于编号联动公式，设置防火区和显示管理等用途，它的区号（前二位），编号（后二位）。

(3) 按照设计要求对实际连接的配置重新设置参数。首先设置总线设备的物理号，然后对这个总线设备规定其显示号、设备类型和表示设备所在位置的显示地址名称。

(4) 对于输出模块，还要指定模块在联动面板的显示位置，根据需要选择组态一种应用联动面板，按模块应用的类型划分，将一个模块放置适当的页面位置，这样便于操作。模块位置的数据从 0 开始，最大不超过 599。输出模块还可以选择互锁号以实现输出模块的互锁，即当打开一个模块时自动关闭另一个模块。例如：设计 0423 和 0425 输出模块互锁，当 0423 模块输入 0425 互锁号时，0425 模块自动设置 0423 为互锁号。

(5) 确定所有总线设备的显示号、类型、显示地址后，可以按“浏览”键对整个总线设备配置进行浏览检查。如果认为所有输入的数据准确无误，按“存盘”键保存全部数据；按“传送”键，可将系统配置的数据传送到 TBL 总线驱动器中。

(6) 进行系统“自检”，检查有效区域数和总线设备数是否与总线实际连接的一致。系统自检操作界面中，显示区显示系统检测00～59共60个回路的检测情况。按“开始检测”键，显示区以不同颜色显示检测结果。“初始状态”表示系统未“开始检测”时的状态；“正在检测”表示系统正在等待这个总线检测结果；“工作正常”表示系统完成这个总线的检测；“再检测区”表示这个总线的检测出现故障，需要重新检测。

（7）在检测报告区域显示有效区域号列表，总线设备的物理号列表。如果按“开始检测”，系统自检后弹出一个画框，显示有效区域号总数和总线设备总数。如果系统“自检”不一致，要进一步检查每个区域甚至每个总线设备的配置情况，将故障或重号总线设备查出来。如果是一致，“登记”键用于当系统自动检测完成后，确认系统检测结果与实际相符，然后进行登记处理，系统将一直保持所有登记过的总线设备，直到下一次“大复位”清除。“登记”后应退出系统，然后再重新启动系统，进入正常工作。

11.7.5　火灾报警控制器调试

（1）调试前应切断火灾报警控制器的所有外部控制连线，并将任一个总线回路的火灾探测器以及该总线回路上的手动火灾报警按钮等部件相连接后，接通电源。

（2）按GB 4717—2005《火灾报警控制器》的有关要求对控制器进行下列功能检查并记录，控制器应满足标准要求：

1）检查自检功能和操作级别。

2）使控制器与探测器之间的连线断路和短路，控制器应在100s内发出故障信号（短路时发出火灾报警信号除外）；在故障状态下，使任一非故障部位的探测器发出火灾报警信号，控制器应在1min内发出火灾报警信号，并应记录火灾报警时间；再使其他探测器发出火灾报警信号，检查控制器的再次报警功能。

3）检查消音和复位功能。

4）使控制器与备用电源之间的连线断路和短路，控制器应在100s内发出故障信号。

5）检查屏蔽功能。

6）使总线隔离器保护范围内的任一点短路，检查总线隔离器的隔离保护功能。

7）使任一总线回路上不少于10只的火灾探测器同时处于火灾报警状态，检查控制器的负载功能。

8）检查主备电源的自动转换功能，并在备电源工作状态下重复第7）项检查。

9）检查控制器特有的其他功能。

11.7.6　点型感烟、感温式火灾探测器调试

（1）采用专用的检测仪器或模拟火灾的方法，逐个检查每只火灾探测器的报警功能，探测器应能发出火灾报警信号。

（2）对于不可恢复的火灾探测器应采取模拟报警方法逐个检查其报警功能，探测器应能发出火灾报警信号。当有备品时，可抽样检查其报警功能。

11.7.7　线型感温式火灾探测器调试

（1）在不可恢复的探测器上模拟火警和故障，探测器应能分别发出火灾报警和故障信号。

（2）可恢复的探测器可采用专用检测仪器或模拟火灾的办法使其发出火灾报警信号，并在终端盒上模拟故障，探测器应能分别发出火灾报警和故障信号。

11.7.8　红外光束感烟火灾探测器调试

（1）调整探测器的光路调节装置，使探测器处于正常监视状态。

（2）用减光率为0.9dB的减光片遮挡光路，探测器不应发出火灾报警信号。

（3）用产品生产企业设定减光率（1.0～10.0dB）的减光片遮挡光路，探测器应发出火灾报警信号。

（4）用减光率为11.5dB的减光片遮挡光路，探测器应发出故障信号或火灾报警信号。

11.7.9　通过管路采样的吸气式火灾探测器调试

（1）在采样管最末端（最不利处）采样孔加入试验烟，探测器或其控制装置应在120s内发出火灾报警信号。

（2）根据产品说明书，改变探测器的采样管路气流，使探测器处于故障状态，探测器或其控制装置应在100s内发出故障信号。

11.7.10　点型火焰探测器和图像型火灾探测器调试

（1）采用专用检测仪器和模拟火灾的方法在探测器监视区域内最不利处检查探测器的报警功能，探测器应能正确响应。

（2）将探测器的光路全部遮挡，探测器应发出故障信号。

11.7.11　手动火灾报警按钮调试

（1）对可恢复的手动火灾报警按钮，施加适当的推力使报警按钮动作，报警按钮应发出火灾报警信号。

（2）对不可恢复的手动火灾报警按钮应采用模拟动作的方法使报警按钮发出火灾报警信号（当有备用启动零件时，可抽样进行动作试验），报警按钮应发出火灾报警信号。

11.7.12　消防联动控制器调试

（1）将消防联动控制器与火灾报警控制器、一个

回路的输入/输出模块及该回路模块控制的受控设备相连接，切断所有受控现场设备的控制连线，接通电源。

(2) 按 GB 16806—2006《消防联动控制系统》检查消防联动控制系统内各类用电设备的各项控制、接收反馈信号（可模拟现场设备启动信号）和显示功能。

(3) 使消防联动控制器分别处于自动工作和手动工作状态，检查其状态显示，并按 GB 16806—2006 进行下列功能检查并记录，控制器应满足标准要求：

1) 自检功能和操作级别；

2) 消防联动控制器与各模块之间的连线断路和短路时，消防联动控制器能在 100s 内发出故障信号；

3) 消防联动控制器与备用电源之间的连线断路和短路时，消防联动控制器应能在 100s 内发出故障信号；

4) 检查消音、复位功能；

5) 检查屏蔽功能；

6) 使总线隔离器保护范围内的任一点短路，检查总线隔离器的隔离保护功能；

7) 使至少 50 个输入/输出模块同时处于动作状态（模块总数少于 50 个时，使所有模块动作），检查消防联动控制器的最大负载功能；

8) 检查主、备电源的自动转换功能，并在备电源工作状态下重复第 7) 项检查。

(4) 接通所有启动后可以恢复的受控现场设备。

(5) 使消防联动控制器的工作状态处于自动状态，按 GB 16806—2006 和设计的联动逻辑关系进行下列功能检查并记录：

1) 按设计的联动逻辑关系，使相应的火灾探测器发出火灾报警信号，检查消防联动控制器接收火灾报警信号情况、发出联动信号情况、模块动作情况、受控设备的动作情况、受控现场设备动作情况、接收反馈信号（对于启动后不能恢复的受控现场设备，可模拟现场设备启动反馈信号）及各种显示情况；

2) 检查手动插入优先功能。

(6) 使消防联动控制器的工作状态处于手动状态，按 GB 16806 和设计的联动逻辑关系依次启动相应的受控设备，检查消防联动控制器发出联动信号情况、模块动作情况、受控设备的动作情况、受控现场设备动作情况、接收反馈信号（对于启动后不能恢复的受控现场设备，可模拟现场设备启动反馈信号）及各种显示情况。

(7) 对于直接用火灾探测器作为触发器件的自动灭火控制系统除符合本节有关规定外，尚应按 GB 50116—1998《火灾自动报警系统设计规范》规定进行功能检查。

11.7.13 区域显示器（火灾显示盘）调试

将区域显示器（火灾显示盘）与火灾报警控制器相连接，按 GB 17429—1998《火灾显示盘通用技术条件》的有关要求检查其下列功能并记录，控制器应满足标准要求：

(1) 区域显示器（火灾显示盘）能否在 3s 内正确接收和显示火灾报警控制器发出的火灾报警信号；

(2) 消音、复位功能；

(3) 操作级别；

(4) 对于非火灾报警控制器供电的区域显示器（火灾显示盘），应检查主、备电源的自动转换功能和故障报警功能。

11.7.14 可燃气体报警控制器调试

(1) 切断可燃气体报警控制器的所有外部控制连线，将任一回路与控制器相连接后，接通电源。

(2) 控制器应按 GB 16808—2008《可燃气体报警控制器》的有关要求进行下列功能试验，并应满足标准要求。

1) 自检功能和操作级别；

2) 控制器与探测器之间的连线断路和短路时，控制器应在 100s 内发出故障信号；

3) 在故障状态下，使任一非故障探测器发出报警信号，控制器应在 1min 内发出报警信号，并应记录报警时间；再使其他探测器发出报警信号，检查控制器的再次报警功能；

4) 消音和复位功能；

5) 控制器与备用电源之间的连线断路和短路时，控制器应在 100s 内发出故障信号；

6) 高限报警或低、高两段报警功能；

7) 报警设定值的显示功能；

8) 控制器最大负载功能，使至少 4 只可燃气体探测器同时处于报警状态（探测器总数少于 4 只时，使所有探测器均处于报警状态）；

9) 主、备电源的自动转换功能，并在备电工作状态下重复检查。

(3) 依次将其他回路与可燃气体报警控制器相连接重复上述检查。

11.7.15 可燃气体探测器调试

(1) 依次逐个将可燃气体探测器按产品生产企业提供的调试方法（如用电检模拟法或加入标准样气）使其正常动作，探测器应发出报警信号。

(2) 对探测器施加达到响应浓度值的可燃气体标准样气，探测器应在 30s 内响应。撤去可燃气体，探测器应在60s内恢复到正常监视状态。

（3）对于线型可燃气体探测器除符合本节规定外，尚应将发射器发出的光全部遮挡，探测器相应的控制装置应在100s内发出故障信号。

11.7.16　消防电话调试

（1）在消防控制室与所有消防电话、电话插孔之间互相呼叫与通话；总机应能显示每部分机或电话插孔的位置，呼叫铃声和通话语音应清晰。

（2）消防控制室的外线电话与另外一部外线电话模拟报警电话通话，语音应清晰。

（3）检查群呼、录音等功能，各项功能均应符合要求。

11.7.17　消防应急广播设备调试

（1）以手动方式在消防控制室对所有广播分区进行选区广播，对所有共用扬声器进行强行切换；应急广播应以最大功率输出。

（2）对扩音机和备用扩音机进行全负荷试验，应急广播的语音应清晰。

（3）对接入联动系统的消防应急广播设备系统，使其处于自动工作状态，然后按设计的逻辑关系，检查应急广播的工作情况，系统应按设计的逻辑广播。

（4）使任意一个喇叭断路，其他喇叭的工作状态不应受影响。

11.7.18　系统备用电源调试

（1）检查系统中各种控制装置使用的备用电源容量，电源容量应与设计容量相符。

（2）使各备用电源放电终止，再充电48h后断开设备主电源，备用电源至少应保证设备工作8h，且应满足相应的标准及设计要求。

11.7.19　消防设备应急电源调试

（1）切断应急电源应急输出时直接启动设备的连线，接通应急电源的主电源。

（2）按下述要求检查应急电源的控制功能和转换功能，并观察其输入电压、输出电压、输出电流、主电工作状态、应急工作状态、电池组及各单节电池电压的显示情况，做好记录，显示情况应与产品使用说明书规定相符，并满足要求。

1）手动启动应急电源输出，应急电源的主电和备用电源应不能同时输出，且应在5s内完成应急转换。

2）手动停止应急电源的输出，应急电源应恢复到启动前的工作状态。

3）断开应急电源的主电源，应急电源应能发出声提示信号，声信号应能手动消除；接通主电源，应急电源应恢复到主电源工作状态。

4）给具有联动自动控制功能的应急电源输入联动启动信号，应急电源应在5s内转入到应急工作状态，且主电源和备用电源应不能同时输出；输入联动停止信号，应急电源应恢复到主电工作状态。

5）具有手动和自动控制功能的应急电源处于自动控制状态，然后手动插入操作，应急电源应有手动插入优先功能，且应有自动控制状态和手动控制状态指示。

（3）断开应急电源的负载，按下述要求检查应急电源的保护功能，并做好记录。

1）使任一输出回路保护动作，其他回路输出电压应正常。

2）使配接三相交流负载输出的应急电源的三相负载回路中的任一相停止输出，应急电源应能自动停止该回路的其他两相输出，并应发出声、光故障信号。

3）使配接单相交流负载的交流三相输出应急电源输出的任一相停止输出，其他两相应能正常工作，并应发出声、光故障信号。

（4）将应急电源接上等效于满负载的模拟负载，使其处于应急工作状态，应急工作时间应大于设计应急工作时间的1.5倍，且不小于产品标称的应急工作时间。

检查数量：全数检查。

（5）使应急电源充电回路与电池之间、电池与电池之间连线断线，应急电源应在100s内发出声、光故障信号，声故障信号应能手动消除。

11.7.20　消防控制中心图形显示装置调试

（1）将消防控制中心图形显示装置与火灾报警控制器和消防联动控制器相连，接通电源。

（2）操作显示装置使其显示完整系统区域覆盖模拟图和各层平面图，图中应明确指示出报警区域、主要部位和各消防设备的名称和物理位置，显示界面应为中文界面。

（3）使火灾报警控制器和消防联动控制器分别发出火灾报警信号和联动控制信号，显示装置应在3s内接收，并准确显示相应信号的物理位置，并能优先显示火灾报警信号相对应的界面。

（4）使具有多个报警平面图的显示装置处于多报警平面显示状态，各报警平面应能自动和手动查询，并应有总数显示，且应能手动插入使其立即显示首火警相应的报警平面图。

（5）使显示装置显示故障或联动平面，输入火灾报警信号，显示装置应能立即转入火灾报警平面的显示。

11.7.21 气体灭火控制器调试

(1) 切断气体灭火控制器的所有外部控制连线，接通电源。

(2) 给气体灭火控制器输入设定的启动控制信号，控制器应有启动输出，并发出声、光启动信号。

(3) 输入启动设备启动的模拟反馈信号，控制器应在10s内接收并显示。

(4) 检查控制器的延时功能，延时时间应在0～30s内可调。

(5) 使控制器处于自动控制状态，再手动插入操作，手动插入操作应优先。

(6) 按设计控制逻辑操作控制器，检查是否满足设计的逻辑功能。

(7) 检查控制器向消防联动控制器发送的启动、反馈信号是否正确。

11.7.22 防火卷帘控制器和其他受控部件调试

(1) 防火卷帘门控制器应与消防联动控制器、火灾探测器、卷门机连接并通电，防火卷帘门控制器应处于正常监视状态。

(2) 手动操作防火卷帘门控制器的按钮，防火卷帘门控制器应能向消防联动控制器发出防火卷帘门启、闭和停止的反馈信号。

(3) 用于疏散通道的防火卷帘门控制器应具有两步关闭的功能，并应向消防联动控制器发出反馈信号。防火卷帘门控制器接收到首次火灾报警信号后，应能控制防火卷帘门自动关闭到中位处停止；接收到二次报警信号后，应能控制防火卷帘门继续关闭至全闭状态。

(4) 用于分隔防火分区的防火卷帘控制器在接收到防火分区内任一火灾报警信号后，应能控制防火卷帘门到全关闭状态，并应向消防联动控制器发出反馈信号。

(5) 对系统内其他受控部件的调试应按相应的产品标准进行，在无相应国家标准或行业标准时，宜按产品生产企业提供的调试方法分别进行。

11.7.23 火灾自动报警系统的系统性能调试

(1) 将所有经调试合格的各项设备、系统按设计连接组成完整的火灾自动报警系统，按GB 50116—1998《火灾自动报警系统设计规范》和设计的联动逻辑关系检查系统的各项功能。

(2) 火灾自动报警系统在连续运行120h无故障后，应填写调试记录表。

11.8 火灾自动报警及联动控制系统验收

火灾自动报警及联动控制系统的验收，应从以下几方面进行：

(1) 火灾自动报警系统验收要求。

(2) 验收前的准备。

(3) 火灾自动报警系统的设备验收。

(4) 火灾自动报警系统的验收。

11.8.1 火灾自动报警系统验收要求

(1) 火灾自动报警系统竣工后，建设单位应负责组织施工、设计、监理等单位进行验收。验收不合格不得投入使用。

(2) 应对系统中下列装置的安装位置、施工质量和功能等进行验收。

1) 火灾报警系统装置（包括各种火灾探测器、手动火灾报警按钮、火灾报警控制器和区域显示器等）。

2) 消防联动控制系统（含消防联动控制器、气体灭火控制器、消防电气控制装置、消防设备应急电源、消防应急广播设备、消防电话、传输设备、消防控制中心图形显示装置、模块、消防电动装置、消火栓按钮等设备）。

3) 自动灭火系统控制装置（包括自动喷水、气体、干粉、泡沫等固定灭火系统的控制装置）。

4) 消火栓系统的控制装置。

5) 通风空调、防烟排烟及电动防火阀等控制装置。

6) 电动防火门控制装置、防火卷帘门控制器。

7) 消防电梯和非消防电梯的回降控制装置。

8) 火灾警报装置。

9) 火灾应急照明和疏散指示控制装置。

10) 切断非消防电源的控制装置。

① 电动阀控制装置；

② 消防联网通信；

③ 系统内的其他消防控制装置。

(3) 按GB 50116—1998设计的各项系统功能进行验收。

(4) 系统中各装置的安装位置、施工质量和功能等的验收数量应满足以下要求：

1) 各类消防用电设备主、备电源的自动转换装置，应进行3次转换试验，每次试验均应正常。

2) 火灾报警控制器（含可燃气体报警控制器）和消防联动控制器应按实际安装数量全部进行功能检验。消防联动控制系统中其他各种用电设备、区域显示器应按下列要求进行功能检验：

① 实际安装数量在5台以下者，全部检验；

② 实际安装数量在6～10台者，抽验5台；

③ 实际安装数量超过10台者，按实际安装数量30%～50%的比例、但不少于5台抽验；

④ 各装置的安装位置、型号、数量、类别及安

装质量应符合设计要求。

3）火灾探测器（含可燃气体探测器）和手动火灾报警按钮，应按下列要求进行模拟火灾响应（可燃气体报警）和故障信号检验：

① 实际安装数量在100只以下者，抽验20只（每个回路都应抽验）；

② 实际安装数量超过100只，每个回路按实际安装数量10%～20%的比例进行抽验，但抽验总数应不少于20只；

③ 被检查的火灾探测器的类别、型号、适用场所、安装高度、保护半径、保护面积和探测器的间距等均应符合设计要求。

4）室内消火栓的功能验收应在出水压力符合现行国家有关建筑设计防火规范的条件下，抽验下列控制功能：

① 在消防控制室内操作启、停泵1～3次；

② 消火栓处操作启泵按钮，按5%～10%的比例抽验。

5）自动喷水灭火系统，应在符合GB 50084—2001《自动喷水灭火系统设计规范（附条文说明）》的条件下，抽验下列控制功能：

① 在消防控制室内操作启、停泵1～3次；

② 水流指示器、信号阀等按实际安装数量的30%～50%的比例进行抽验；

③ 压力开关、电动阀、电磁阀等按实际安装数量全部进行检验。

（5）气体、泡沫、干粉等灭火系统，应在符合国家现行有关系统设计规范的条件下按实际安装数量的20%～30%的比例抽验下列控制功能：

1）自动、手动启动和紧急切断试验1～3次；

2）与固定灭火设备联动控制的其他设备动作（包括关闭防火门窗、停止空调风机、关闭防火阀等）试验1～3次。

（6）电动防火门、防火卷帘门，5樘以下的应全部检验，超过5樘的应按实际安装数量的20%的比例，但不小于5樘，抽验联动控制功能。

（7）防烟排烟风机应全部检验，通风空调和防排烟设备的阀门，应按实际安装数量的10%～20%的比例，抽验联动功能，并应符合下列要求：

1）报警联动启动、消防控制室直接启停、现场手动启动联动防烟排烟风机1～3次；

2）报警联动停、消防控制室远程停通风空调送风1～3次；

3）报警联动开启、消防控制室开启、现场手动开启防排烟阀门1～3次。

（8）消防电梯应进行1～2次手动控制和联动控制功能检验，非消防电梯应进行1～2次联动返回首层功能检验，其控制功能、信号均应正常。

（9）火灾应急广播设备，应按实际安装数量的10%～20%的比例进行下列功能检验。

（10）消防专用电话的检验，应符合下列要求：

1）消防控制室与所设的对讲电话分机进行1～3次通话试验。

2）电话插孔按实际安装数量的10%～20%的比例进行通话试验。

3）消防控制室的外线电话与另一部外线电话模拟报警电话进行1～3次通话试验。

（11）火灾应急照明和疏散指示控制装置应进行1～3次使系统转入应急状态检验，系统中各消防应急照明灯具均应能转入应急状态。

11.8.2 验收前的准备

（1）系统验收时，施工单位应提供下列资料：

1）竣工验收申请报告、设计变更通知书、竣工图；

2）工程质量事故处理报告；

3）施工现场质量管理检查记录；

4）火灾自动报警系统施工过程质量管理检查记录；

5）火灾自动报警系统的检验报告、合格证及相关材料。

（2）火灾自动报警系统验收前，建设和使用单位应进行施工质量检查，同时确定安装设备的位置、型号、数量，抽样时应选择有代表性、作用不同、位置不同的设备。

11.8.3 火灾自动报警系统的设备验收

（1）火灾报警控制器的验收。

1）火灾报警控制器的安装应满足规范要求。检验方法：尺量、观察检查。

2）火灾报警控制器的规格、型号、容量、数量应符合设计要求。检验方法：对照图纸观察检查。

3）火灾报警控制器的功能验收应逐项检查，结果应符合GB 4717—2005《火灾报警控制器》和产品使用说明书的有关要求。

（2）点型火灾探测器的验收。

1）点型火灾探测器的安装应满足规范要求。检验方法：尺量、观察检查。

2）点型火灾探测器的规格、型号、数量应符合设计要求。检验方法：对照图纸观察检查。

3）点型火灾探测器的功能验收应逐项检查，结果应符合要求。

(3) 线型感温式火灾探测器的验收。

1) 线型感温式火灾探测器的安装应满足规范条要求。检验方法：尺量、观察检查。

2) 线型感温式火灾探测器的规格、型号、数量应符合设计要求。检验方法：对照图纸观察检查。

3) 线型感温式火灾探测器的功能验收应逐项检查，结果应符合要求。

(4) 红外光束感烟式火灾探测器的验收。

1) 红外光束感烟式火灾探测器的安装应满足规范要求。检验方法：尺量、观察检查。

2) 红外光束感烟式火灾探测器的规格、型号、数量应符合设计要求。检验方法：对照图纸观察检查。

3) 红外光束感烟式火灾探测器的功能验收应按规范的4.6.1～4.6.4条逐项检查，结果应符合要求。

(5) 通过管路采样的吸气式火灾探测器的验收。

1) 通过管路采样的吸气式火灾探测器的安装应满足规范要求。检验方法：尺量、观察检查。

2) 通过管路采样的吸气式火灾探测器的规格、型号、数量应符合设计要求。检验方法：对照图纸观察检查。

3) 采样孔加入试验烟，空气吸气式火灾探测器在120s内应发出火灾报警信号。检验方法：秒表测量，观察检查。

(6) 点型火焰探测器和图像型火灾探测器的验收。

1) 点型火焰探测器和图像型火灾探测器的安装应满足规范要求。检验方法：尺量、观察检查。

2) 点型火焰探测器和图像型火灾探测器的规格、型号、数量应符合设计要求。检验方法：对照图纸观察检查。

3) 在探测区域最不利处模拟火灾，探测器应能正确响应。检验方法：观察检查。

(7) 手动火灾报警按钮的验收。

1) 手动火灾报警按钮的安装应满足规范要求。检验方法：尺量、观察检查。

2) 手动火灾报警按钮的规格、型号、数量应符合设计要求。检验方法：对照图纸观察检查。

3) 施加适当推力或模拟动作时，手动火灾报警按钮应能发出火灾报警信号。检验方法：观察检查。

(8) 消防联动控制器的验收。

1) 消防联动控制器的安装应满足规范要求。检验方法：尺量、观察检查。

2) 消防联动控制器的规格、型号、数量应符合设计要求。检验方法：对照图纸观察检查。

3) 消防联动控制器的功能验收应逐项检查，结果应符合要求。

4) 消防联动控制器处于自动状态时，其功能应满足GB 50116—1998和设计的联动逻辑关系要求。检验方法：按设计的联动逻辑关系，使相应的火灾探测器发出火灾报警信号，检查消防联动控制器接收火灾报警信号情况、发出联动信号情况、模块动作情况、消防电气控制装置的动作情况、现场设备动作情况、接收反馈信号（对于启动后不能恢复的受控现场设备，可模拟现场设备启动反馈信号）及各种显示情况；检查手动插入优先功能。

5) 消防联动控制器处于手动状态时，其功能应满足GB 50116—1998和设计的联动逻辑关系要求。检验方法：使消防联动控制器的工作状态处于手动状态，按GB 16806—2006和设计的联动逻辑关系依次启动相应的受控设备，检查消防联动控制器发出联动信号情况、模块动作情况、消防电气控制装置的动作情况、现场设备动作情况、接收反馈信号（对于启动后不能恢复的受控现场设备，可模拟现场设备启动反馈信号）及各种显示情况。

(9) 消防电气控制装置的验收。

1) 消防电气控制装置的安装应满足规范要求。检验方法：尺量、观察检查。

2) 消防电气控制装置的规格、型号、数量应符合设计要求。检验方法：对照图纸观察检查。

3) 消防电气控制装置的控制、显示功能应满足GB 16806—2006《消防联动控制系统》的有关要求。检验方法：依据GB 16806的有关要求进行检查。

(10) 区域显示器（火灾显示盘）的验收。

1) 区域显示器（火灾显示盘）的安装应满足规范要求。检验方法：尺量、观察检查。

2) 区域显示器（火灾显示盘）的规格、型号、数量应符合设计要求。检验方法：对照图纸观察检查。

3) 区域显示器（火灾显示盘）的功能验收，结果应符合要求。

(11) 可燃气体报警控制器的验收。

1) 可燃气体报警控制器的安装应满足规范3.3条要求。检验方法：尺量、观察检查。

2) 可燃气体报警控制器的规格、型号、容量、数量应符合设计要求。检验方法：对照图纸观察检查。

3) 可燃气体报警控制器的功能验收应逐项检查，结果应符合要求。

(12) 可燃气体探测器的验收。

1）可燃气体探测器的安装应满足规范要求。检验方法：尺量、观察检查。

2）可燃气体探测器的规格、型号、数量应符合设计要求。检验方法：对照图纸观察检查。

3）可燃气体探测器的功能验收应逐项检查，结果应符合要求。

（13）消防电话的验收。

1）消防电话的安装应满足规范要求。检验方法：尺量、观察检查。

2）消防电话的规格、型号、数量应符合设计要求。检验方法：对照图纸观察检查。

3）消防电话的功能验收应逐项检查，结果应符合要求。

（14）消防应急广播设备的验收。

1）消防应急广播设备的安装应满足规范的要求。检验方法：尺量、观察检查。

2）消防应急广播设备的规格、型号、数量应符合设计要求。检验方法：对照图纸观察检查。

3）消防应急广播设备的功能验收应逐项检查，结果应符合要求。

（15）系统备用电源的验收。

1）系统备用电源的容量应满足相关标准和设计要求。检验方法：尺量、观察检查。

2）系统备用电源的工作时间应满足相关标准和设计要求。检验方法：充电48小时后，断开设备主电源，测量持续工作时间。

（16）消防设备应急电源的验收。

1）消防设备应急电源的安装应满足规范的要求。检验方法：尺量、观察检查。

2）消防设备应急电源的功能验收应逐项检查，结果应符合要求。

（17）消防控制中心图形显示装置的验收。

1）消防控制中心图形显示装置的规格、型号、数量应符合设计要求。检验方法：对照图纸观察检查。

2）消防控制中心图形显示装置的功能验收应逐项检查，结果应符合要求。

（18）气体灭火控制器的验收。

1）气体灭火控制器的安装应满足规范的要求。检验方法：尺量、观察检查。

2）气体灭火控制器的规格、型号、数量应符合设计要求。检验方法：对照图纸观察检查。

3）气体灭火控制器的功能验收应逐项检查，结果应符合要求。

（19）系统性能的要求应符合GB 50116—2007《火灾自动报警系统设计规范》和设计的联动逻辑关系要求。

检验方法依据GB 50116—2007和设计的联动逻辑关系进行检查。

（20）消火栓的控制功能验收。消火栓应符合GB 50116—2007和设计的有关要求。检查方法：在消防控制室内操作启、停泵1～3次。

（21）自动喷水灭火系统的控制功能验收应符合GB 50116—2007和设计的有关要求。

检查方法：在消防控制室内操作启、停泵1～3次。

（22）泡沫、干粉等灭火系统的控制功能验收应符合GB 50116—2007和设计的有关要求。

检查方法：自动、手动启动和紧急切断试验1～3次；与固定灭火设备联动控制的其他设备动作（包括关闭防火门窗、停止空调风机、关闭防火阀等）试验1～3次。

（23）电动防火门、防火卷帘、挡烟垂壁的功能验收应符合GB 50116—2007和设计的有关要求。

检查方法：依据GB 50116—2007和设计的有关要求进行检查。

（24）防烟排烟风机、防火阀和防排烟系统阀门的功能验收应符合GB 50116—2007和设计的有关要求。

检查方法：报警联动启动、消防控制室直接启停、现场手动启动防烟排烟风机1～3次；报警联动停、消防控制室直接停通风空调送风1～3次；报警联动开启、消防控制室开启、现场手动开启防排烟阀门1～3次。

（25）消防电梯的功能验收应符合GB 50116—1998和设计的有关要求。

检查方法：消防电梯应进行1～2次手动控制和联动控制功能检验，非消防电梯应进行1～2次联动返回首层功能检验。

（26）本节各项检验项目中，当有不合格时，应修复或更换，并进行复验。复验时，对有抽验比例要求的，应加倍检验。

（27）系统工程质量验收判定标准应符合下列要求：

1）系统内的任一控制器和火灾探测器无法发出报警信号，无法实现要求的联动功能，定为A类不合格。

2）系统内的设备及配件规格型号与设计不符、无国家相关证书和检验报告；验收前提供资料不符合要求定为B类不合格。

3）其余不合格项均为 C 类不合格。

4）系统验收合格判定应为：$A=0$ 且 $B\leqslant 2$ 且 $B+C\leqslant$ 检查项的 5%为合格，否则为不合格。

11.8.4 火灾自动报警系统的验收

火灾自动报警系统的验收可以分为以下三个阶段：

（1）隐蔽工程中间验收。隐蔽工程完毕后，施工部门请建设单位、施工质量员进行检查验收，并按国家规范填写隐蔽工程中间验收报告。

（2）工程竣工内部验收。一般工程竣工后，由施工部门组织施工负责人、设计人员、施工质量管理员共同按消防工程验收规范进行检查、试验、验收，并填写工程项目内部验收单。

内部验收时为了便于检查、试验和验收的操作，请按照"建设工程消防观感质量评定技术要求和质量评定表"和"火灾自动报警安装工程质量评定表"的内容进行验收。

火灾自动报警系统内部验收项目如表 11-13 所示。

表 11-13　火灾自动报警系统内部验收项目表

序号	项目名称	抽样比例及数量
1	布线	每层楼抽查一处
2	火灾探测	抽查 10%，不能少于 10 只
3	手动火灾报警按钮	抽查 10%，不能少于 10 只
4	区域报警控制器	抽查 50%，不能少于 5 只
5	区域报警显示器	抽查 50%，不能少于 5 只
6	报警阀	抽查 50%，不能少于 5 只
7	喷头	抽查 10%，不能少于 10 只
8	水流指示顺、末端试水装置	抽查 50%，不能少于 5 只
9	室内消火栓箱	抽查 20%，不能少于 10 只
10	消火栓按钮	抽查 20%，不能少于 10 只
11	灭火剂储存容器	抽查 20%，不能少于 10 只
12	防火卷帘、防火门	抽查 50%，不能少于 5 只
13	送风口	每防火分区抽查一处
14	排烟口	每防火分区抽查一处
15	防排烟风机	抽查 20%，不能少于 5 只
16	防火阀	抽查 20%，不能少于 5 只
17	火灾事故广播	每层楼抽查一处

续表

序号	项目名称	抽样比例及数量
18	电话插孔	抽查 20%，不能少于 10 只
19	火灾报警装置	抽查 20%，不能少于 5 只
20	非消防电源切断	抽查 50%，不能少于 5 只
21	应急照明、疏散指示	抽查 20%，不能少于 5 只

（3）工程正式验收。工程正式验收在建设单位的主持下，设计、施工单位参加，由消防监督部门进行。合格后由消防部门签发工程验收合格证。工程正式验收主要按以下步骤进行：

1）要三次切换消防设备的主电源和备用电源，应能正常使用。

2）火灾报警控制器的每项功能应重复试验 1～2 次，并符合 GB 4717—2005《火灾报警控制器》中的功能要求。

3）火灾报警探测器应进行模拟火灾响应试验和故障报警抽验：100 只以内，抽检 10 只，100 只以上按 5%～10%抽检，不能少于 10 只。

4）室内消火栓的功能验收应在出水压力符合设计要求下进行：自动或手动方式启动消防泵时，消防泵应在 5min 内投入正常运行；以备用电源切换时，消防泵应在 1.5min 内投入正常运行；控制水泵启停及转换运行 1～3 次；消火栓按钮启动泵按 5%～10%的比例抽检。

5）自动喷水灭火系统的验收要求：控制喷淋泵启停及转换运行 1～3 次；水流指示器、用阀关闭器及电阀按实际安装数的 10%～30%比例进行末端放水试验。

6）电动防火门、防火卷帘的验收，应按实际安装数的 10%～20%抽检其联动功能，功能及信号均应正常。

7）消防电梯的验收，应进行 1～2 次人工控制及自动控制功能检验，其控制功能及信号均应正常。

8）紧急广播与紧急电话的验收，紧急广播要按实际数量的 10%～20%进行抽验，包括共用喇叭的强切试验、选层广播试验、备用扩音机功能试验；紧急电话的验收包括消防对讲电话 1～3 次通话试验、电话插孔按实际安装数 5%～10%进行通话试验、与外线"119"台通话 1～3 次试验。

有线电视和卫星接收系统的设计与施工技术

第12章 chapter12

有线电视系统汇集了当代电子技术工程领域的新成果，包括电视、广播、微波、数字通信、自动控制、遥控和计算机技术。天上卫星传输、地面有线电视覆盖的星网系统成为广播电视的主要技术手段。

本章重点介绍的内容有：有线电视系统基础知识；卫星电视系统基础知识；有线电视和卫星电视系统的有关标准；有线电视系统工程设计；卫星电视系统工程设计；有线电视和卫星电视系统的施工；有线电视和卫星电视系统的测试检验验收。

12.1 有线电视系统基础知识

12.1.1 有线电视系统的特点

有线电视网可分为小型、中型和大型几种，其传送的用户数分别可以是几百户、数千户、甚至几十万户以上。中小型网通常采用电缆传输方式，而大型有线电视网在体制和结构上，已从电缆向光缆干线与电缆网络相结合的 HFC 形式过渡。其特点如下：

(1) 有线电视系统可以收视卫星上发送的我国以及国外 C 波段及 Ku 波段各电视频道的节目。

(2) 有线电视系统可以收视当地有线电视台发送的闭路电视。闭路电视可以播放影视片，也可以是自制的电视节目。

(3) 有线电视系统传送的距离远，传送的电视节目多，可以很好地满足广大用户看好电视的要求。当采用先进的邻频前端及数字压缩等新技术后，频道数目还要大为增加。

(4) 有线电视收视节目多，图像质量好。在有线电视系统中可以收视当地电视台开路发送的电视节目，它们包括 VHF 和 UHF 各个频道的节目。有线电视采用高质量信号源，保证信号源的高水平，因为用电缆或光缆传送，避免了开路发射的重影和空间杂波干扰等。

(5) 有线电视随着技术的不断发展，还可作进一步的发展，例如：电视频道数目可以不断加多，自办节目也可以不断增加，而且还可以发展双向传送功能，利用多媒体技术把图像、语言、数字、计算技术综合成一个整体进行信息交流。国外双向系统早已实用化，其功能如下。

1) 保安、家庭购物、电子付款、医疗。

2) 付费电视节目可放送最新电影，可以按月付费租用一个频道，也可以按租用次数付费，用户还能点播所需节目。付费用户装有解密器，未付费用户无法收看。

3) 用户可与计算中心联网，进出数据信号，实现计算机通信。

4) 交换电视节目。

5) 系统工作状态监视。

(6) 从模拟技术向数字技术发展。

(7) 从单向广播技术向双向发展广播技术。

12.1.2 有线电视系统的组成

12.1.2.1 信号源接收系统

信号源接收系统的信号来源通常包括以下几个方面：

(1) 卫星地面站接收到的各个卫星发送的卫星电视信号，有线电视台通常从卫星电视频道接收信号纳入系统，然后发送到各个电视用户。

(2) 通过电视台的电视塔发送的电视信号，这种信号称为“开路信号”。

(3) 有线电通过微波传送的电视信号源。多路微波分配系统电视信号的接收须经一个降频器将 2.5～2.69GHz 信号降至 UHF 频段之后，即可等同“开路信号”直接输入前端系统。

(4) 自办电视节目信号源。这种信号源可以是来自录像机输出的音/视频（A/V）信号；由采访者的摄像机输出的音/视频信号等。

12.1.2.2 前端系统

前端系统的设备是整套有线电视系统的核心。主要包括电视接收天线、频道放大器、频率变换器、自播节目设备、卫星电视接收设备、导频信号发生器、调制器、混合器以及连接线缆等部件。有线电视系统的前端主要作用是：

(1) 将天线接收的各频道电视信号分别调整到一定电平，然后经混合器混合后送入干线。

(2) 将电视信号变换成另一频道的信号，然后按这一频道信号进行处理。

(3) 将卫星电视接收设备输出的信号通过调制器变换成某一频道的电视信号送入混合器。

(4) 自办节目信号通过调制器变换成某一频道的电视信号而送入混合器。

(5) 若干线传输距离长，由于电缆对不同频道信号衰减不同等原因，故加入导频信号发生器，用以进行自动增益控制（AGC）和自动斜率控制。

12.1.2.3 干线信号传输系统

干线传输系统是把前端接收处理、混合后的电视信号传送到分配网络，这种传输线路分为传输干线和支线。干线可以用电缆、光缆和微波发送接收设备。支线用电缆和线路放大器为主。微波传输适用于地形特殊的地区、例如穿越河流或禁止挖掘路面埋设电缆的特殊状况以及远郊区域与分散的居民区。

12.1.2.4 用户分配网络

用户分配网络是有线电视系统的最后部分，主要包括放大器、分配器、分支器、用户终端以及电缆线路等，它的最终目的是向所有用户提供电平大致相等的优质电视信号。

从传输系统传来的电视信号通过干线和支线到达用户区，需用一个性能良好的分配网使各家用户的信号达到标准。分配网有大有小，可根据用户分布情况而定。

12.1.3 有线电视系统分类

有线电视系统按系统规模大小分类，可分为以下几类。

(1) A类：用户数10000户以上，传输距离1km以上。

(2) B类：用户数2000～10000户以上，传输距离500～1000m以上。

(3) C类：用户数300～2000户以上，传输距离500m以下。

(4) D类：用户数300户以下，单幢楼无干线系统。

有线电视系统按频道范围分类可分为：

(1) VHF频段共用天线电视系统，仅限于VHF频段1～12频道相间隔传输。

(2) 全频道共用天线电视系统，仅限于VHF、UHF频段内的电视信号传输。

(3) 300MHz内邻频传输系统，仅限于VHF频段内1～12频道邻频传输。

(4) 300MHz内增补频道间置传输系统，增补A、B两个波段。

(5) 860MHz邻频传输系统。

有线电视系统按传输方式分类可分为：

(1) 同轴电缆单向传输。

(2) 同轴电缆双向传输。

(3) 用光缆传输信号。

有线电视系统按传输网络结构分类可分为：

(1) 按树枝形结构布线，连接用户方便，较经济；

(2) 按星形结构布线，由中心向四方传输，有利于计算机控制。星形结构一般采用光纤传输，而且双向传输提供了更大的灵活性；

(3) 按树—星混合结构布线，既考虑了目前正在建设的电缆电视系统的需要，同时也为今后更新改建为光缆传输、双向传输、数据传输提供方便，今后若需改建，只要更换某一段干线就可以了。

12.1.4 有线电视频道的划分

电视广播信号以光速（3×10^8m/s）在空间传播，光速c与电视广播频率f、电视信号的波长λ的关系如下

$$\lambda=\frac{c}{f}$$

只要知道电视信号频率f，便可根据上式求出电视信号的波长λ。电视信号采用VHF（甚高频）和UHF（特高频），卫星电视信号的传输采用SHF（超高频）频段。每个发射台以某一频道的规定频率发射，所以在接收端也应与系统中所传输的频率范围相适应。

12.1.5 有线电视接收天线

12.1.5.1 电视接收天线的功能

电视接收天线是一种向空间辐射电磁波能量或从空间接收电磁波能量的装置。由电磁波理论知，导线载有高频交变电流时，就可以形成电磁波的辐射。辐射的能力与导线的形状和长度有关。当导线的长度增大到可与波长相比拟时，导线上的电流就大大增加，因而形成较强的辐射。

电视接收天线最常用的是八木天线。八木天线又称引向天线，它是由有源振子及其前后放置一定期定数量的无源振子组成的，如图12-1所示。

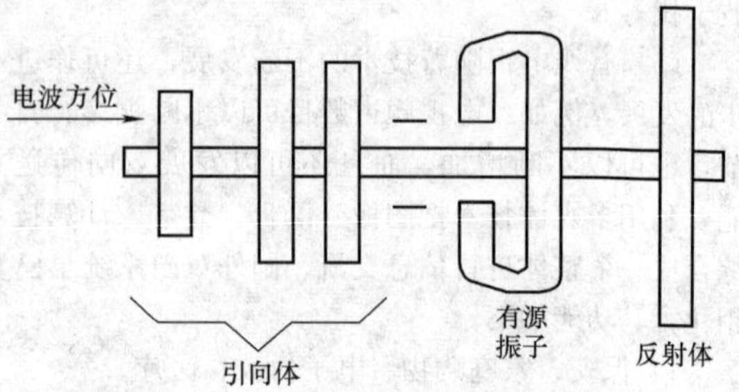

图12-1 八木天线

图12-1说明：

(1) 有源振子。有源振子就是能输出信号的谐振器，不输出信号的振子称为无源振子。八木天线的有源振子可以是半波对称振子，也可以是半波折合振子或复合振子。

(2) 引向体。引向体安装在有源振子的前面，引向体起着凸透镜的作用。增加引向体数目，能显著提高天线的增益，但会使接收天线的频带变窄，阻抗变低，所以要兼顾各方面的性能。

(3) 反射体。反射体安装在有源振子的后面，反射体起着凹面反光镜的作用。八木天线各振子一般采用直径为10～20mm的铜管或铝管制成。

电视接收天线是无线电波进入系统的大门，它将电视信号反馈给前端，然后进行处理和传输。电视信号传输质量的好坏，与接收天线有着很大的关系。归纳起来，电视接收天线的功能如下：

1) 将空间的电视信号转换为电路中传输的高频电流。即空间的电磁波在接收天线中感应电动势，通过馈线形成载有电视信号的高频电流，馈送给前端设备。

2) 增加接收电视信号的距离。电视广播的频段通常主要由空间波传播。电磁波的传播距离 D 为

$$D = 4.12(\sqrt{h_1} + \sqrt{h_2})$$

式中：h_1 为发射天线离地高度，m；h_2 为接收天线地面高度，m。

例如：$h_1=200$m，$h_2=10$m，可得 $D=71.3$km。

3) 提高接收电视信号的质量。例如：利用接收天线的方向性来避开建筑物等的反射波的干扰，防止屏幕上出现雪花或重影；利用提高天线增益的办法，来提高电视机的灵敏度，改善电视图像质量等。

12.1.5.2 电波传播特性

(1) 电波的极化匹配。无线电波在空间传播时，是有一定规律的，其电场和磁场方向始终保持垂直，并且向着二者都垂直的方向传播，一般用电场的方向来描述这个规律。把电场方向按一定规律变化的现象称为无线电波的极化。当无线电波的电场方向垂直于地面时，称之为垂直极化波；当无线电波的电场方向平行于地面时，称为水平极化波，如图12-2所示。

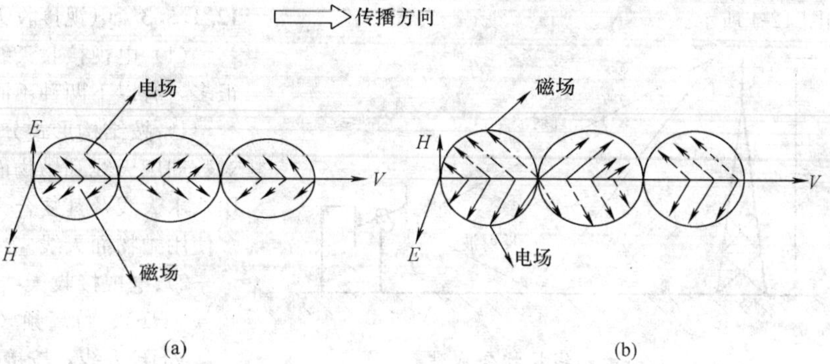

图12-2 无线电波的极化
(a) 垂直极化波；(b) 水平极化波

无线电波的极化是与发射天线的架设方向有关。当发射天线垂直架设时，发射的电磁波为垂直极化波；当发射天线水平架设时，发射的电磁波为水平极化波。对于电视广播，大多数电视台都采用水平极化波。

除了水平极化和垂直极化波外，还有一种用于卫星电视信号传输的圆极化波。圆极化波是指无线电波在传播过程中，电场短振幅不变，但其方向以等角速度旋转，短端点在垂直于传播方向的平面内描绘的轨迹是一个圆。圆极化波又分为右旋圆极化波和左旋圆极化波。图12-3是右旋圆极化波。

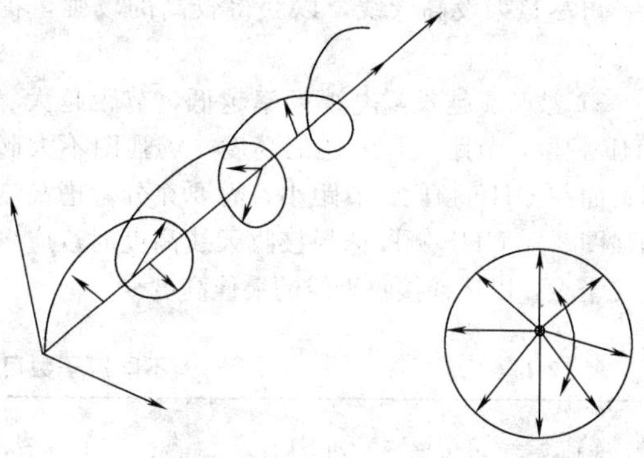

图12-3 右旋圆极化波

对于圆极化波的卫星电视信号，其接收天线也必须采用相应的圆极化天线，而且极化旋转方向一致，即左旋极化的电视信号应采用左旋接收天线，右旋极化的电视信号应采用右旋接收天线。

(2) 电场强度与天线高度。电视信号是以VHF和UHF频段发射的，它们是以直接波和大地反射波两种方式传播的。接收天线接收到的电视信号为直接波与地面反射波的合成波。当反射波与直射波的路程差等于一个波长或波长的整数倍时，反射波与直接波在接收点的相位相反，于是降低了接收点的电场强度；当反射波与直射波的路程差等于半个波长或半波长的奇数倍时，反射波与直射波在接收点的相位相同，于是提高了接收点的电场强度。天线接收合成波

如图 12-4 所示。

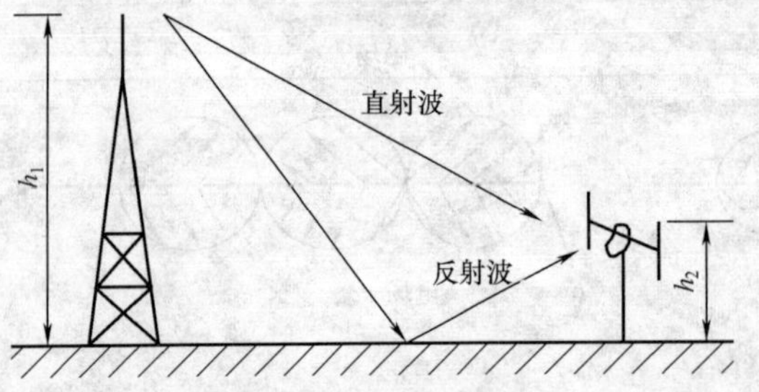

图 12-4　天线接收合成波

电场强度简称场强，是衡量空间某一点电磁场强弱的一个物理量。

场强与接收天线高度的关系有如下规律：

1）随着 h_2 的升高，场强值从小到大，从大到小反复地起伏变化。其节距可用下面公式来表示

$$P=\frac{\lambda d}{2h_1}$$

2）d 越小，离电视发射台越近，场强的起伏变化次数越多；距离越远，节距越大。这就是说，在距离发射台很近的地方，不要盲目地追求天线的高度。只有在远离发射台的地方，由于地面反射波较弱，可尽量架设高天线，以获得较高的场强，提高信噪比。

3）波长 λ 越长，电视频率越低，节距越大。在 VHF 频段，节距大，上述的高度—场强图不太起作用；而在 UHF 频段，节距小，需要充分考虑高度—场强图。在 UHF 频段选择接收天线高度时，应多测试几个点，以选择接收天线的最佳高度。

12.1.5.3　电视接收天线的分类及其性能

（1）电视接收天线的分类。电视接收天线的种类很多，有以下两种不同的分类方法：

1）按结构形式分类。分为八木天线、环形天线、对数周期天线和抛物面天线等。电视接收天线广泛采用八木天线及其复合天线，对于卫星电视接收天线则多使用抛物面天线。

2）电视接收天线按其接收频段可分为三类：高频（VHF）、特高频（UHF）和超高频（SHF）。

VHF 天线，按接收带宽可分为单频道、分频道和全频道三种。单频道接收天线又称专用频道天线，适合于中、近程距离接收，其增益高、方向性强、驻波比好，并且可以针对每一个频道选择场强电平高、传播电波方向好的地方来设置，故被普遍采用。

UHF 天线，由于频率很高，一般都做成宽频带天线。例如：分成 13～24 频道和 25～68 频道，两个频段的天线。UHF 接收天线目前多采用 20 单元或 50 单元的八木天线。

（2）电视接收天线的主要性能。电视接收天线的主要性能有以下 4 项：

1）增益。接收天线的增益是指在相同场强的条件下，天线所接到的信号功率与标准半波振子接收信号功率之比，并以分贝表示。增益表示了天线主轴方向的灵敏度。该项指标表征了接收天线截获电磁波能量的能力，在相同的接收条件下，增益越高，天线输出的电平也越高。例如：八木天线的振子数越多，则增益越高。不同振子数目的天线可达到的增益值如表 12-1 所示。

表 12-1　不同振子数目的天线可达到的增益值

种　类	反射体数	引向体数	振子总数	可达到的增益值	
				倍　数	分贝（dB）
对称振子	0	0	1	1.64	2.15
2 单元天线	1(0)	0(1)	2	2～2.8	3～4.5
3 单元天线	1	1	3	4～6.3	6～8
4 单元天线	1	2	4	5～10	7～10
5 单元天线	1	3	5	7.9～12.6	9～11
6 单元天线	1	4	6	10～15.9	10～12
7 单元天线	1	5	7	11.2～17.8	10.5～12.5
8 单元天线	1	6	8	12.6～20	11～13
9 单元天线	1	7	9	14.1～22.4	11.8～13.5
10 单元天线	1	8	10	15.9～25.1	12～14
双层 5 单元天线	1×2	3×2	5×2	15.9～25.1	12～14

2）半功率角。半功率角又称半功率波宽度，半功率角可以用来表示天线的方向性。天线的方向性表示接收不同方向传来的信号电波所具有的能力，通常用方向性图表，如图 12-5 所示。

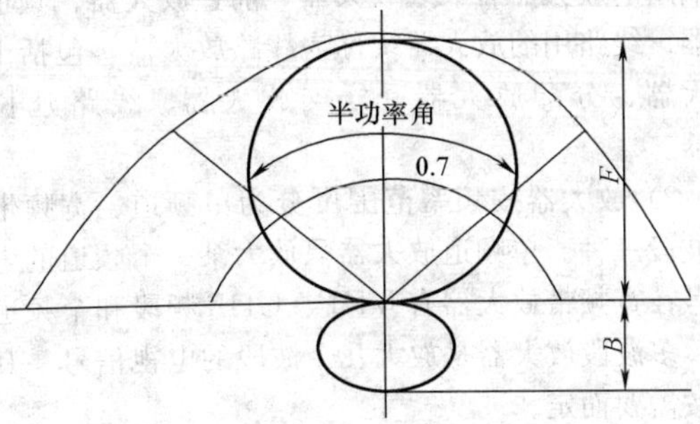

图 12-5　天线的方向性图

图 12-5 说明：

$$\frac{F}{B}=\text{前后比}$$

● 天线方向性图中两个半功率点之间的夹角等于 $\frac{1}{\sqrt{2}}=0.707$。半功率角越小，方向性越好。天线单元数越多，方向性也越强。

● 半功率角表征了接收天线对电磁波的方向性选择性。它对于具有反射波或同频干扰等非常重要，它能最大限度地排除无用信号，提高天线的选择性，保证良好的电视图像。

● 半功率角又分为水平方向和垂直方向，水平方向半功率比垂直方向角更具有意义，通常水平方向半功率角在 70°～22°之间。

3）前后比。前后比是指天线主瓣最大增益与天线后方最大副瓣增益之比，用分贝表示。该项指标表征天线抗拒来自反方向电磁波干扰的能力。一般前后比为 12～30dB。最大增益越高，则前后比越好，从而有利于抑制从后方来的干扰波，改善接收效果。

4）驻波比。驻波比表示天线中产生驻波时的最大电压与最小电压之比，它反映天线与负载的阻抗匹配程度。当天线射频信号向负载 100%传输时，驻波比=1，即阻抗匹配；当不匹配时驻波比>1，比值越大，传输效率越低。有关天线的特性要求见表 12-2。

表 12-2　电视天线的特性要求

种类		频道	增益 (dB)	驻波比	半功率角 (°)	前后比 (dB)
频带	振子数					
VHF 宽频段	3	1～5 6～12	2.5～5	2.0 以下	70 以下	9 以上
	5	1～5 6～12	3～7	2.0 以下	65 以下	10 以上
	8	6～12	4～8	2.0 以下	55 以下	12 以上
VHF 单频道专用	3	低频道	5 以上	2.0 以下	70 以下	9.5 以上
	5	低频道	6 以上	2.0 以下	65 以下	10.5 以上
	8	高频道	9.5 以上	2.0 以下	55 以下	15
UHF 低频道	20 以上	13～24	12 以上	2.0 以下	45 以下	15
UHF 低频道	20 以上	25～68	12 以上	2.0 以下	45 以下	15

影响天线效率的有以下主要因素：

● 天空噪声。天空噪声是由星体中的能量变换和某些大气层活动造成的大宽带辐射。这种噪声主要通过主瓣输入，与仰角的大小无关。

● 大地噪声。大地噪声是温暖的地面中激发造成的噪声。在高纬度的低仰角中，它对天线噪声的作用最大。

● 人为噪声。机器和设备发出的噪声也会增大天线噪声。例如汽车的打火系统、荧光灯的开和关。天空噪声和人为噪声比起噪声的主要成分大地噪声的作用更小。一般来说，在仰角低于 30°左右时，天线噪声温度会迅速增加。

12.1.6　电缆电视系统常用部件

系统常用部件包括混合器、放大器、频率变换器、电视调制器、分配器、分支器、避雷器、用户接线盒和同轴电缆。

12.1.6.1　混合器

混合器按电路结构可分为两类：一类是滤波器式，另一类是宽带传输线变压器式。滤波器式由若干个 LC 带通滤波器并联成，其带通滤波器的个数要与混合的频道数一致。这种混合器的优点是插入损耗小，抗干扰性能强。宽带变压器式的电路结构相当于分配器和定向耦合器反接运用。由于它是功率混合方式，对频率没有选择性，故克服了滤波器式混合器的缺点，不需调整就可以进行任意频道的混合，使用比较方便。宽带变压器式混合器的电路结构如图 12-6 所示。

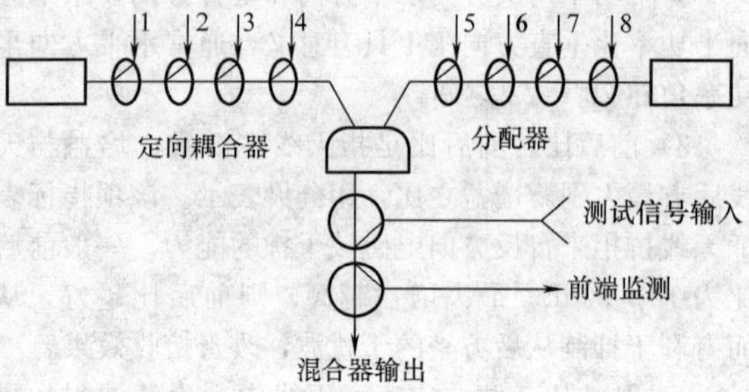

图 12-6　带宽变压器式混合器电路结构

混合器按输入信号的路数多少还可分为二混合器、三混合器。根据 GB 11318.2—1989（30MHz～GHz 声音和电视信号的电缆分配系统和部件性能参数要求）对混合器的性能规定见表 12-3。

表 12-3　　混合器主要性能参数

序号	项　目		性能参数			
			输入道路类型			
			频道（TV）	频段（FM）	段段（TV）	宽带变压器
1	输入损耗(dB)		≤4			不作规定
2	带内平坦度(dB)		±1	±2	±2(各频道内频响±1)	
3	带外衰减(dB)		≥20		不作规定	
4	相互隔离(dB)		不作规定		≥20	
5	反射损耗(dB)	VHF	≥10	≥10		
		UHF	≥7.6	—		

选用混合器时，要考虑以下几点：

(1) 考虑混合器输入端的频道（或频段）与其相连接的输入端所用的频道相对应，对于频道型混合器要求带内平坦度和带外衰减满足规定指标要求，而频段型混合器要求相互隔离达到规定要求。

(2) 小型系统不采用混合器，而直接采用多波段放大器。在中型、大型系统中要选用各种不同的混合器，例如：频道混合器、U/V 频段混合器、用于 UHF 频段的腔体滤波器组成的混合器。

(3) 混合器中的元件主要是电感和电容，故在使用时不要随意乱动。

12.1.6.2　放大器

(1) 放大器的分类。常见的放大器的分类方法如下：

1) 放大器按使用位置可分为前端和线路两类。前端用的放大器有天线放大器、前置放大器、频道放大器；线路用的放大器统称为线路放大器，包括干线放大器、分配放大器、分支放大器、线路延长放大器。

2) 放大器按频率范围可分为单频道、宽频带和多波段三种。单频道放大器只放大某一个频道的电视信号；宽频带放大器有 VHF、UHF 频段和全频道之分；多波段放大器是放大几个波段的电视信号，其波段按需要而定。

3) 放大器也可以按结构或输入输出电平高低来划分。按结构划分的放大器可与分支器装在同一机盒里的叫分支放大器，把放大器和分配器装在同一机盒里的叫分配放大器，把可以单独安装在室外的叫防水型放大镜。按输入、输出电平高低可以划分为低电平、中电平和高电平放大器。

(2) 放大器的技术指标。放大器包括以下技术指标：

1) 工作频带和频响。单频道放大器的工作频带为 8MHz，VHF 宽带放大器的工作频带为 45～295MHz，UHF 宽带放大器的工作频带为 470～960MHz。

放大器的频响包括带内平坦度和带外衰减。对频道放大器的带内平坦度为小于 ±1dB 带外衰减大于 20dB。对于宽带放大器，通常多指频道内的频响，即在每个电视频道的 8MHz 带宽内满足平坦度要求。对于多波段放大器更要注意其工作频带，这样才能使对应频段的信号分别进行放大。

2) 增益及其控制范围。宽带放大器的增益通常用最高频道的增益表示，为 20～40dB。增益控制是表示增益的变化范围，即最大增益到最小增益的调整范围。可分为自动增益控制和手动增益控制。

3) 最大输出电平和额定输出电平。最大输出电平是指放大器最高频道的信号输出电平。通常将最大输出电平减去 3dB 作为放大器的额定输出电平。如果用几个放大器串接使用，就不能工作在最大输出电平，而只能工作在额定输出电平。

4) 噪声系数。放大器的噪声是系统内部噪声的主要来源，放大器的噪声系数要尽可能低。在弱场强区，天线接收的信号比较弱，对放大器噪声系数的指标就要求更高。专用于弱信号放大器的天线放大器的噪声系数在 3dB 左右，宽带放大器的噪声系数在

10dB左右。

5）反射损耗。反射损耗表示放大器输入、输出阻抗匹配的好坏程度。放大器的输入、输出标称阻抗均为75Ω；放大器的电压驻波比通常在2以下，即反射损耗大于10dB。

（3）放大器的选用。

1）在弱场强区应选用噪声系数低的天线放大器；

2）在前端要用输出电平较高的频道放大器；

3）在传输线路中要有宽带放大器，例如：干线放大器和分配放大器等；

4）大型系统采用干线放大器，用来补偿同轴电缆对信号的衰耗；

5）中小型系统采用线路放大器，用来补偿分配分支的损耗，以满足用户区用户电视机输入电平的需要。

12.1.6.3　频率变换器

（1）频率变换器的作用。频率变换器的主要功能是进行电视频道信号的变换，频道变换器适用于以下场合：

1）避免信号损失。如果直接传送UHF频道的电视信号，则信号损失太大，所以常使用U/V变换器，将UHF频道的信号变成VHF频道的信号，再送入混合器和分配传输系统。这样，系统中的放大器、分配器、分支器等就只采用VHF频段，可以大大降低系统成本。

2）提高抗干扰能力。为了避免一个功率强的VHF电视频道的干扰，可以把收到的某个VHF频道信号转换为另一个VHF频道信号后，再送入系统的混合器中。

（2）频率变换器按变换的频段不同可分为U/V频率变换器、V/V频率变换器、V/U频率变换器和U/U频率变换器。按电路结构和工作方式的不同可分为一次变频式和二次变频式。

信号处理器是一种性能更高级的频率变换器，一般都采用以下二次变频方式：

1）将VHF和UHF频段某频道信号变换成一固定中频；

2）由一固定中频再变换到VHF频段的任一指定频道。

由于电频频率较射频频率低，容易调整控制及对信号进行各种处理，因此其频率稳定，干扰小，性能指标好。

1）信号处理器适用于大型复杂、多功能、邻频道传输系统，这种系统传输的图像质量高、干扰小，在频道配置组合上非常灵活。

2）频率变换器适用于中一小型系统，选用频率变换器要考虑信频及组合频率干扰问题，特别在传输频道较高的系统中更为突出，同时选用时应保证变换的频道与整个系统设计的统一。

12.1.6.4　电视调制器

电视调制器从调制方式来分，可分为直接高频调制和中频调制两类：

（1）直接高频调制适用于电气性能要求比较低的场合。例如一些简易调制器。

（2）中频调制适用于电气性能要求比较高的场合。中频调制方式是将视频和音频信号调制在图像中频38MHz、伴音中频31.5MHz上，然后再用上变频器，将中频变为VHF或UHF频段任一频道的电视信号。

12.1.6.5　分配器

分配器是一种分配电视信号、保持线路匹配的装置。分配器可分为二分配器、三分配器、四分配器、六分配器等。分配器的主要技术指标如下：

（1）分配损耗。分配损耗是将信号从输入端分配到输出端的传输损耗，也就是输入信号电平（dB）与转移到输出端信号电平（dB）之差。

例如：n分配器的每一路输出信号的功率是输入信号功率的$1/n$，分配损耗L_0与分配路数n的关系为

$$L_0 = 10\lg n$$

对于二分配器，分配损耗L_0为3.5～4dB；四分配器的分配损耗为7.5～8dB。

（2）相互隔离。分配器在某一输出端加入一信号电平（dB）与转移到另一输出端的信号电平（dB）之差称为相互隔离。相互隔离越大，表示分配器各输出端之间的相互影响越小。通常分配器的相互隔离在20dB以上。分配器的相互隔离如图12-7所示。

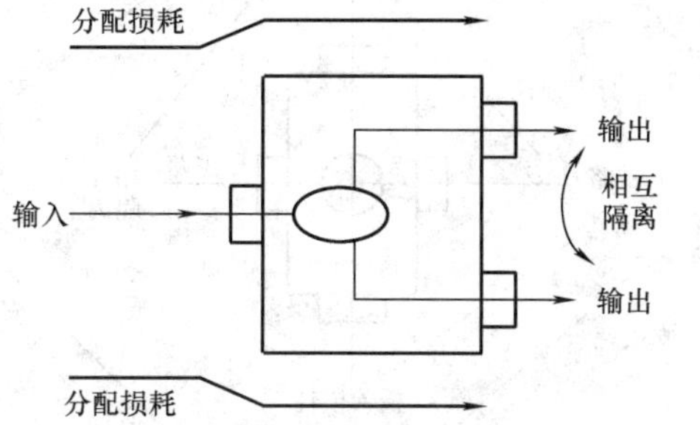

图12-7　分配器的相互隔离

（3）阻抗和反射损耗。分配器的输入和输出端与同轴电缆匹配，分配器的输入阻抗和输出阻抗为75Ω。

反射损耗是衡量各部件阻抗偏离 75Ω 标称阻抗大小的重要指标，反射损耗在规定的范围内才能保证阻抗匹配。分配器的主要技术指标如表 12-4 所示。

表 12-4　　分配器主要技术指标

序号	项　目		性能参数			
			二分配器	三分配器	四分配器	六分配器
1	分配损耗（dB）	VHF	≤3.7	≤5.8	≤7.5	≤10.5
		UHF	≤4	≤6.5	≤8	≤11
2	相互隔离（dB）	VHF	≥20			
		UHF	≥18			
3	反射损耗（dB）	VHF	≥16			
		UHF	≥10			

根据设计要求的不同，可以按以下方式选用不同类型的分配器：

1）强场强区要选用金属屏蔽盒结构的分配器，以避免高频直射波干扰造成重影；

2）在室外使用和直接供电使用时选用室外型、馈电型分配器；

3）在远距离大型系统中选用馈电型分配器。

12.1.6.6　分支器

（1）分支器的结构。分支器的结构是由一个主输入和一个主输出端以及若干个分支输出端构成，如图 12-8 所示。它的作用是从干线（或支线）上取出一小部分信号传送给电视机的部件，以较小的扦入损耗从传输干线或分配线上分出部分信号经衰减后送到各用户。

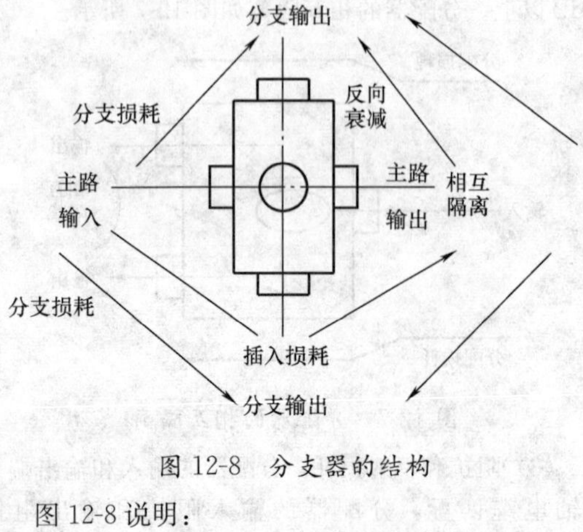

图 12-8　分支器的结构

图 12-8 说明：

1）主输入端加入信号时，主路和支路输出端才有信号输出；

2）主输出端加入反向信号（干扰信号），则应对支路输出不产生影响；

3）从各支路加入反向干扰信号，则应对主路输出不产生影响；

4）分支器的分支输出端的个数可分为一分支器、二分支器、四分支器。

（2）分支器的主要技术指标。

1）插入损耗和分支损耗。插入损耗和分支损耗有着密切的关系，当分支器插入损耗越小时，分支损耗越大，表示分支器输出从干线耦合的能量较少；当分支器插入损耗越大时，分支器损耗越小，表示分支器输出端从干线耦合的能量较多。

插入损耗和分支损耗的作用如下：

插入损耗是指从主输入端在到主输出端之间的信号传输损耗，也就是说主输入端信号电平与主输出端信号电平之差。它表示主路干线接入分支器后损失能量的多少，分支器插入损耗在 0.3～4dB 之间。

分支损耗是指信号在主输入端到分支输出端之间的损耗，也就是说主输入端信号电平与分支端输出电平之差。它表示支路从主路上耦合能量的多少，分支损耗越大说明支路从干线上耦合的能量越小，分支损耗在 7～3.5dB 之间。

2）反向隔离。反向隔离是指分支输出端与干线主输出端之间的损耗，分支输出端加入的信号电平与主输出端信号电平之差。差值越大，表示分支器抗干扰能力越强，反向隔离一般为 25～40dB 之间。

3）相互隔离。相互隔离表示分支器各分支输出端之间的损耗，即为某一分支输出端加入的信号电平与同一分支器其他分支输出端该信号电平之差。分支器相互隔离越大，各分支器输出端之间相互影响越小，相互隔离值大于 20dB。

4）阻抗和反射损耗。反射损耗表示阻抗匹配程度，反射损耗越大越好。分支器的输入、输出阻抗为 75Ω。

分支器的主要性能如表 12-5 所示。

（3）串接分支器。串接分支器是将分支器与用户终端示合成为统一体，具有分支器和系统输出口的功能。串接分支器的特点是在系统中设计比较灵活方便。串接电缆的损耗和分支器的插入损耗，不计算分支输出线的损耗。串接分支器适用于楼层低、横向距离较长的建筑。串接分支器可分为串接一分支器和串接二分支器。串接二分支器用于相邻近的用户终端。

表 12-5　　分支器主要性能指标

序号	项目		性能参数										
			二分支器						四分支器				
1	分支损耗(dB)	标称值	8	12	16	20	24	28	12	16	20	24	28
		允许偏差	±1.5										
2	插入损耗(dB)	VHF	<3.5	≤2	≤1.5	≤1	≤0.5	≤0.5	≤3.5	≤2	≤1.5	≤1	≤1
		UHF	≤4.5	≤3	≤2	≤1.5	≤1.5	1.5	≤4.5	≤3	≤2	≤2	≤2
3	反向隔离(dB)	VHF	≥18	≥22	≥26	≥30	≥34	≥38	≥22	≥26	≥30	≥34	≥38
		UHF	≥13	≥17	≥21	≥25	≥29	≥33	≥17	≥21	≥25	≥29	≥33
4	相互隔离(dB)	VHF	≥22										
		UHF	≥18										
5	反射隔离(dB)	VHF	≥16										
		UHF	≥10										

12.1.6.7　避雷器

避雷器一般以并联方式连接在线路的保护点上。正常状态下，避雷器为断开状态；雷击过电压时，避雷器为动作状态，雷击电流通过避雷器到大地。

避雷器分为两类：一类是供天线、天线放大器等高频部件感应雷击过电压起保护作用的高频型避雷器；另一类是供干线和用户线的电源，抑制感应雷击过电压而起保护作用的电源型避雷器。

避雷器的主要性能参数如表 12-6 所示。

表 12-6　　避雷器的主要性能参数表

序号	项目		单位	性能参数	
				天线避雷器	干线避雷器
1	插入损耗	VHF	dB	≤0.5	≤0.5
		UHF		≤1	≤1
2	反射损耗	VHF	dB	≥16	≥16
		UHF		≥12	≥12
3	耐冲击电压	1.2/50μs	kV	±15	不作规定
		10/700μs		不作规定	±5
4	耐冲击电源	8/20μs	kV	5，2.5，1.5	2.5，1.5

12.1.6.8　用户接线盒

用户接线盒是系统的输出口，也称为用户终端，它是电缆分配系统与用户电视机相连接不可少的部件。用户接线盒包括面板、接线盒、用户线和插头。

用户接线盒的面板有单孔和双孔，如图 12-9 所示。

明装输出口的面板一般采用塑料制成；暗装输出口的接线盒采用铁制做成。

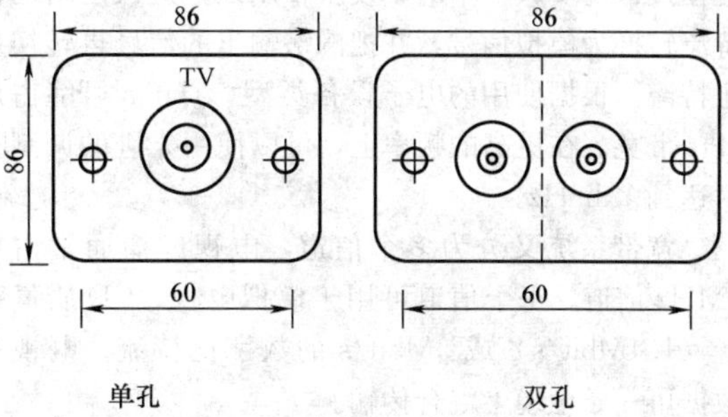

图 12-9　用户接线盒的面板

12.1.6.9　同轴电缆

基带同轴电缆。常见的传输介质是同轴电缆。它比双绞线的屏蔽性更好，因此在更高速度上可以传输得更远。有两种广泛使用的同轴电缆。一种是 50Ω 电缆，用于数字传输；另一种 75Ω 电缆，用于模拟传输。

同轴电缆以硬铜线为芯，外包一层绝缘材料。这层绝缘材料用密织的网状导体环绕，网外又覆盖一层保护性材料。剥开的同轴电缆如图 12-10 所示。

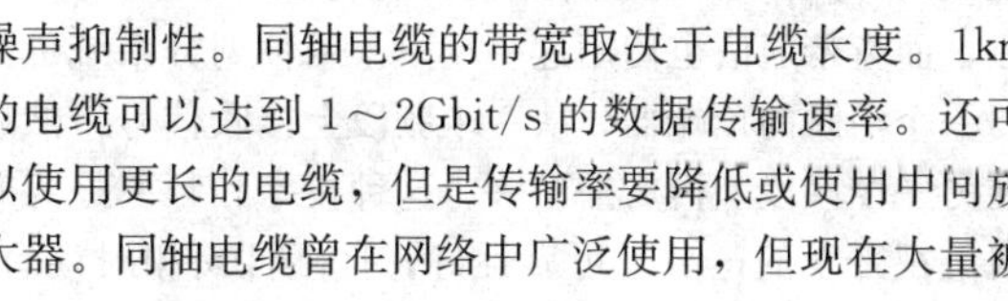

图 12-10　同轴电缆的组成

同轴电缆的这种结构，使它具有高带宽和极好的噪声抑制性。同轴电缆的带宽取决于电缆长度。1km 的电缆可以达到 1～2Gbit/s 的数据传输速率。还可以使用更长的电缆，但是传输率要降低或使用中间放大器。同轴电缆曾在网络中广泛使用，但现在大量被光纤所代替，以适应长距离通信。仅在美国，每天就会安装1000km的光纤（可把100km的10束光纤当作1000km计算）。Sprint公司已经全部使用光纤，而其他主要的传输载体公司很快也会达到这一目标。但是，同轴电缆仍在广泛地应用于有线电视和某些局域网。另一种同轴电缆系统使用有线电视电缆进行模拟信号传输。这种电缆被称为宽带（broadband）同轴电缆。“宽带”这个词来源于电话业，指比4kHz宽的频带。然而在计算机网络中，“宽带电缆”却指任何使用模拟信号进行传输的电缆网。

由于宽带网使用标准的有线电视技术，可使用的频带高达300MHz（常常到450MHz）；由于使用模拟信号，可以传输近100km，对信号的要求也没有像数字系统那样高。为了在模拟网上传输数字信号，需要在接口处安放一个电子设备，用以把进入网络的比特流转换为模拟信号，并把网络输出的信号再转换成比特流。根据使用的电子设备类型，1bit/s可能占用1Hz带宽。在更高的频率上，可以使用先进的调制技术达到多b/Hz。

宽带系统又分为多个信道，电视广播通常占用6MHz信道。每个信道可用于模拟电视、CD质量声音（1.4Mbit/s）或3Mbit/s的数字比特流。电视和数据可一条电缆上混合传输。

基带系统和宽带系统的一个主要区别是：宽带系统由于覆盖的范围广，因此，需要模拟放大器周期性地加强信号。这些放大器仅能单向传输信号，因此，如果计算机间有放大器，则报文分组就不能在计算机间逆向传输。为了解决这个问题，人们已经开发了两种类型的宽带系统：双缆系统和单缆系统。

双缆系统有两条并排铺设的完全相同的电缆。为了传输数据，电缆的一端接计算机电缆的另一端将连接设备，即顶端器（Head-end）。随后顶端器通过电缆再将信号往下传输。

另一种方案是在每根电缆上为内、外通信分配不同的频段。低频段用于计算机到顶端器的通信，顶端器将收到的信号移到高频段，向计算机广播。在子分段系统中，5～30MHz频段用于内向通信，40～300MHz频段用于外向通信。

在中分系统中，内向频段是5～116MHz，而外向频段为168～300MHz。这一选择是由历史的原因造成的。美国联邦通信委员会为电视广播分配了频段，而宽带通信也使用这一频段。两种划分系统都需要一个活跃的顶端器，从一个频段上接收信号，然后在另一个频段上再广播出去。这种技术和频率是为有线电视开发的，由于可靠性好，且硬件又相对便宜，已完全在计算机网络中采用。

宽带系统有很多种使用方式。在一对计算机间可以分配专用的永久信道；另一些计算机可以通过控制信道，申请建立一个临时信道，然后切换到申请到的信道频率；让所有的计算机共同一条或一组信道。

从技术上讲，宽带电缆在发送数字数据上比基带（即单一信道）电缆差，但它的优点是已被广泛安装。例如在芬兰，90%的家庭拥有有线电视连接；在美国有80%的家庭有电视电缆，而其中60%已经有电缆连接。由于电话公司和有线电视公司的激烈竞争，我们可以预期有线电视系统会作为MAN（城域网）来运行，并越来越多地提供电话和其他服务。有关用有线电视来组成计算机网络的更多信息。

12.1.7 双向有线电视

目前，国内大部分有线电视是单向广播有线电视，双向有线电视是有线电视未来发展的必然要求。

双向有线电视用户接入技术的共性为：广播电视业务可以通过同轴电缆传输，双向数据业务可以使用IP协议实现，均支持电视广播、宽带互联网接入、语音服务、视频点播、网络游戏等业务。

双向有线电视用户接入技术种类较多，基本上可分为：

（1）HFC网络用户接入技术。HFC网络用户接入技术是基于HFC网络的射频调制类用户接入技术，系统一般通过数字调制技术实现双向数据信号和有线电视广播信号的混合共缆传输，在用户端信号由相应的终端设备提取，从而提供基于有线电视同轴电缆的数据接入技术。大多数系统采用上、下行非对称信道的传输方式，采用QPSK或者QAM等数字调制技术。

（2）基于以太网协议的用户接入技术。基于以太网协议的用户接入技术是以以太网系列技术为基础的数据接入技术。该类技术的物理传输介质可以是普通的五类线，也可以是同轴电缆；数据传输可以使用基带传输技术也可以使用调制传输技术。

（3）其他用户接入技术。其他用户接入技术是在电话线上网、电力线缆上网、无线上网的基础上发展起来的数据接入技术，该类技术正逐步在有线电视同轴网络上应用。

12.1.8 数字电视

随着数字技术的快速发展和普及应用，目前广播影视正处在从模拟技术向数字技术全面转换的时期，各国政府正大力推进广播影视数字化；在国内，广播电视行业已完成从模拟技术向数字技术的转换，具备了提供音视频服务的能力，广播电视与通信、互联网等行业正处在转型过程中。作为数字电视系统，由

"转发电视节目子系统"、"电视实时编码播出子系统"、"视频服务播出子系统"、"数据业务节目播出子系统"、"有条件接收（CA）系统"组成。功能有：娱乐功能、学习功能、音频广播功能、信息服务功能、交互功能、上网功能、远程教育功能。

12.1.9　有线电视频道的划分

有线电视频道的选择，主要是根据信号源，即电视广播、调频广播、卫星接收微波传输、自办节目等现状，和自身发展与经济条件确定，我们国家电视信号采用 VHF（高频）、UHF（超高频）、卫星频道 SHF（特高频）、三个频段，（卫星频道 SHF 设有直接进入家庭使用的卫星频道是通过有线电视网传送的，它由地面站接收，调制后传输给有线台）。

12.2　卫星电视系统基础知识

12.2.1　卫星电视概述

卫星通信是指利用人造地球通信卫星做中继站转发或发射无线电信号，在两个或多个地球卫星地面站之间进行通信。

作为卫星通信有 3 种方式：宇宙站与地球站之间的通信；宇宙站之间的通信；通过宇宙站转发或发射而进行的地球站相互之间的通信。

目前所采用的卫星通信是属于第 3 种方式。卫星通信系统一般有 2 种类型，即：基带信号类型和多址方式类型。

作为卫星电视主要是接收卫星电视节目。目前，国内是经卫星地面接收亚太 1 号卫星、东二甲号、中星 5 号、亚卫 1 号、亚卫 2 号、东方红 3 号、亚太卫星 1 号、静止－14 号、国际通信卫星 5 号、日本广播卫星 3 号、美国星和日本星的节目。

12.2.2　卫星通信系统特点

这里所说的卫星通信系统（实际上是一个同步卫星通信系统）是一个广义的词，它分为通信卫星与广播卫星。通信卫星主要用于通信目的，在传送电话、传真的同时也能传送一路或若干路的电视广播信号。广播卫星则主要用于电视广播。它们除了在功能上不同外，通信卫星转发器的功率较小，一般只有几瓦至几十瓦。广播卫星转发器的功率较大，一般均在百瓦级左右。

卫星电视广播与其他电视广播相比有以下特点：

（1）覆盖面积大。由于卫星处于地于球赤道上空约 36000km，如果卫星上的转发天线的波束宽度为 17°，就能覆盖地球表面的 1/3，即使天线波束宽度只有 1°，也可覆盖一大片地区，特别对于疆域辽阔、多山、多湖泊、多岛屿等地方更为有利。利用地球静止卫星实现全球通信和广播如图 12-11 所示。

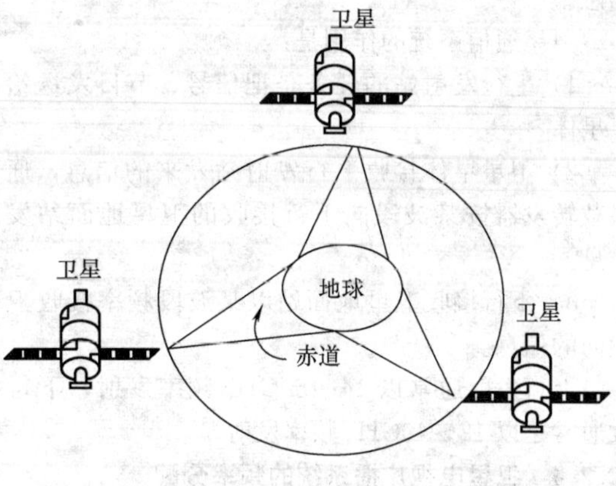

图 12-11　利用静止卫星转发电视的示意图

（2）图像质量高。由于卫星电视是直线视线接收，可避免像地面电视样的多路径效应产生的重影，而且由于工作频率高，一般的工业干扰、无线电干扰、汽车火花干扰均较小，因此图像质量高。

（3）电视频道多。目前，一个卫星电视接收站已能够接收上百套节目，随着环绕地球的通信卫星的增多，提供的电视频道可多达 600 路以上。将来，由于电视带宽压缩技术的采用，会增加更多的电视频道。

（4）经济效益高。通过卫星传送电视节目比用微波中继方法传送电视节目要经济得多。据报道，全美洲大陆只需一个卫星转发器就能将一路电视节目传送到任何一点，而每年的租金费用较低。

由于具有上述的特点，世界各国都非常重视卫星通信。

12.2.3　卫星通信系统结构和作用

卫星电视广播系统由上行发射站、卫星星体和下行接收站三大部分组成。

（1）上行发射站的主要任务是把电视中心的节目传送到广播电视卫星，同时接收卫星转发的广播电视信号，以监视节目质量。上行发射站可以是一个或多个，其中主发射站是固定的发射中心，其他发射站则可以是固定的或是移动的，移动的发射站一般用于现场实现转播。控制站一般与主发射站设置在一起，它的任务是使卫星在轨道上正常工作。

（2）卫星星体是卫星电视广播的核心，也是技术难度最大的一环。星体对地面应当是静止的，即要求它的公转能精确地与地球的自转保持相同，且保持正确的姿态。卫星的星载设备包括天线、太阳能电源、控制系统和转发器。转发器是电视广播的专用设备，它把上行信号经过频率变换及放大后，由定向天线向地面发射，以供地面接收卫星信号。

（3）下行接收站以某波段频率接收卫星发回的

信息。

卫星通信系统的作用是：

1）上行发射站的任务是把信号、节目发送给卫星星体。

2）卫星星体接收上行发射站发来的信息，通过星载转发器按某波段向下行接收的卫星地面站发送信息。

3）下行接收卫星地面站以某波段频率接收卫星发回的信息。

上行发射通常以 14～60GHz 频率发射，下行接收通常是以 12～40GHz 频率发射。

12.2.4　卫星电视广播系统的频率分配

电视节目由电视演播中心通过卫星地面发射站，用定向天线向太空中的卫星发射微波电视信号（上行频率 f_1），卫星中的转发器接收来自地面的电视信号，经过放大，变换等一系列处理，再用下行频率 f_2 向地面服务区转发电视信号；服务区内众多的地面卫星接收站便可接收到电视演播中心发出的电视节目。通常一个卫星上装有数十个转发器，每个转发器可以转发一套模拟电视节目。如果采用数字压缩技术，一个转发器就容纳多套电视节目。

为了更好地开展卫星电视广播，世界无线电行政大会于 1977 年对广播卫星业务可使用的频段分配作了规定，如表 12-7 所示。

表 12-7　　卫星广播用频段分配表

波段名称（GHz）	频率范围（GHz）	地区分配			备注
		欧洲、非洲、前苏联（1区）	南北美洲（2区）	亚洲、澳洲（3区）	
L(0.7)	0.62～0.72	✓	✓	✓	与主管部门协商
S(2.5)	2.5～2.69	✓	✓	✓	共同接收
Ku(12)	11.7～12.2			✓	广播卫星业务优先使用
	11.7～12.5	✓			广播卫星业务优先使用
	12.1～12.7		✓		广播卫星业务优先使用
	12.5～12.75			✓	共同接收
Ka(23)	22.5～23		✓	✓	与主管部门协商
Q(42)	40.5～42.5	✓	✓	✓	广播卫星业务用
V(85)	84～85	✓	✓	✓	广播卫星业务优先使用

根据 WARC 的规定，世界三个区域的划定为：

(1)第一区。包括欧洲、非洲、阿拉伯半岛、土耳其、前苏联欧洲部分及蒙古。

(2)第二区。南北美洲。

(3)第三区。亚洲（阿拉伯半岛、土耳其、前苏联亚洲部分及蒙古除外）和大洋洲。

目前世界各国卫星电视广播普遍采用 C 波段（3.7～4.2GHz）和 Ku 波段（11.7～12.75GHz）。由于 C 波段和地面通信业共用，为了避免卫星电视信号对地面通信业务的干扰，卫星发射到地面的功率通量密度要受到限制，为保证接收图像质量，通常需要采用较大口径的天线（1.8～3m），主要适用于集体用户接收（例如 CATV 系统）。Ku 波段的特点是频率高，频率范围宽，信道容量大，它是卫星广播的优选频段。卫星发射到地面的功率通量密度不受限制，加上信号波长短，同样口径天线的增益要比 C 波段高，从而采用较小口径天线（0.5～1.2m）就能获得满意的图像，因此更适宜于个体直接接收。C 波段通信卫星传输电视频率分配如表 12-8 所示。

表 12-8　　C 波段电视频道的划分　　(MHz)

频道	1	2	3	4	5	6
频率	3727.48	3746.66	3765.84	3785.04	3804.20	3823.38
频道	7	8	9	10	11	12
频率	3842.56	3861.74	3880.92	3900.10	3919.28	3938.46
频道	13	14	15	16	17	18
频率	3957.64	3976.82	3996.00	4015.18	4034.36	4053.54
频道	19	20	21	22	23	24
频率	4072.72	4091.90	4111.08	4130.26	4149.44	4168.62

根据 WARC 1979 年规定，QGHz 即 Ku 波段广播卫星主发射站上的上行频率，欧洲为 10.7～11.74GHz，其他地区为 14.5～14.8GHz，另外还规定 7.3～18.1GHz 为全世界通用。我国已将 12GHz 频段作为今后的卫星广播使用频率，Ku 波段电视频道分配如表 12-9 所示。

表 12-9　　Ku 波段电视频道的划分　　(MHz)

频道	1	2	3
频率	11727.48	11746.46	11765.84
频道	4	5	6
频率	11789.02	11804.20	11823.38
频道	7	8	9
频率	11842.56	11861.74	11880.92

续表

频道	10	11	12
频率	11900.10	11919.28	11938.46
频道	13	14	15
频率	11957.64	11976.82	11996.00
频道	16	17	18
频率	12015.18	12035.36	12053.54
频道	19	20	21
频率	12072.72	12091.90	12110.08
频道	22	23	24
频率	12130.26	12149.44	12186.62

卫星电视广播的一个频道带宽应有27MHz，而实际只有19.18MHz，因此相邻频道频带重叠，有效辐射区将会产生相邻频道干扰。为了防止这种干扰，采用了改变电波极化的方法，邻国之间采用不同的频道和不同的极化方式进行卫星电视广播。

12.2.5　卫星电视接收系统的组成和技术要求

12.2.5.1　接收系统的基本组成

卫星电视接收系统由接收天线、高频头、功分器和卫星接收机组成，如图12-12所示。

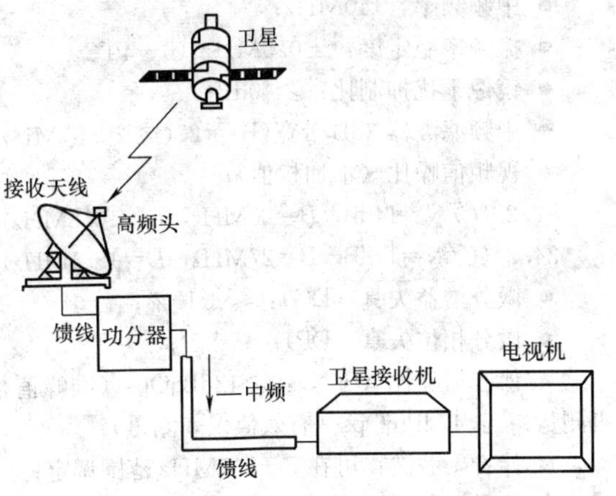

图12-12　卫星电视接收系统

图12-12说明：

(1) 接收天线与天线馈源相连的高频头，通常放置在室外，称为室外单元设备。卫星接收机一般放置在室内，与电视机相接，我们把它称为室内单元设备。室外单元设备与室内单元设备之间通过一根同轴电缆相连，将接收的信号由室外单元送给室内单元设备。

(2) 卫星电视接收，是由接收天线收集广播卫星转发的电磁波信号，并由馈源送给高频头；高频头将天线接收的射频信号 f_{RF} 经低噪声放大后，变频到固定为950～1450MHz或950～1750Hz频率的第一中信号 f_{1F1}；一中频信号由同轴电缆送给室内单元的接收机，接收机从宽带的一中频信号（$B=500$MHz或$B=800$MHz）中选出所需接收的某一固定的电视调频载波（带宽通常为27MHz），再变频至解调前的固定第二中频频率 f_{1F2}（通常为400MHz）上，由门限扩展解调器解调出复合基带信号，最后经视频处理和伴音解调电路输出图像和伴音信号。

(3) 卫星电视的接收按接收设备的形式分为家庭个体接收和集体用户接收两种方式。家庭个体接收方式比较简单，用户电视机与接收电视信号的制式相同，或者使用了多制式电视机，则不必加制式转换器；若用户电视机制式与接收电视节目制式不同，可在接收机解调出信号之后加上电视制式转换器进行收看。

(4) 集体用户接收方式是将接收机解调出来的图像和伴音信号；通过调制器进行VHF或UHF频段的再调制，然后经制式转换器再由混合器将多路节目送入CATV系统中去。这样在该系统内的用户不需增加任何设备就可以通过闭路系统的节目数量。由于集体接收方式的信号要经过再调制，以及中间传输环节才能送到用户电视机上，因此要求接收质量高，设备特别是接收天线要选用性能较好的。集体用户的接收方式如图12-13所示。

集体接收与个体接收在设备配置上的区别如下：

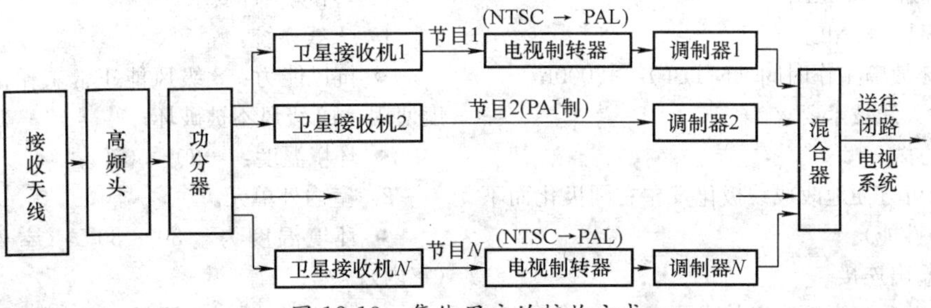

图12-13　集体用户的接收方式

（1）对卫星电视接收的载噪比 C/N 值要求不同。个体接收方式因传输电缆短，损耗小，只用一台卫星接收机，所以 C/N 值刚达到门限值即可用，最新卫星接收机采用锁相环门限扩展解调技术，门限电平已降为 6dB，故采用 1.5m 小天线，噪声温度为 25～28K 的高频头，接收效果很好。

集体接收方式因其用户有数十至上百户，且必须把信号传输到远处，故要求将信号放大、分配和混合等处理，使信号的信噪比减低，因此要求信号源的载噪比 C/N 值高，为此天线口径要采用 3m 以上，并选用 25K 的高频头。

（2）设备条件不同。集体接收方式在接收同一颗卫星上的信号时，一套节目配一台卫星接收机，调整好后不要轻易改变频道，以便用户的电视机固定预置频道，而且在接收不同卫星时要另外安装天线，几副天线能方便调准不同卫星。

个体接收机方式则用一副天线能方便调准不同卫星，对天线要求能电动驱动、电子跟踪，对馈源也要求极化可调，且室内要有电子控制调整极化器，使一副天线能达到最大效益。

12.2.5.2 卫星电视接收站的技术要求

（1）系统技术要求。

1）图像输出形式。

● 端口数≥3（包括一路复合基带输出）；

● 阻抗为 75Ω（不平衡）；

● 电平为 $1V_P$-$V_{P\text{-}P}$（正极性）。

2）伴音输出形式。

● 端口数≥2（至少一路平衡，一路不平衡）；

● 阻抗为 600Ω；

● 电平为＋6dBm。

3）连接电缆。

● 损耗≤15dB。

4）功率分配器。

● 连接端口 L16-50K（输入、输出）；

● 端口数为 2 或 4；

● 隔离度≥20dB；

● 插入损耗＜0.5dB；

● 回波损耗≥17dB。

5）平均无故障工作时间（MTBF）≥3000h。

（2）接收天线技术要求。

1）极化方式。

圆极化（可方便地改成线极化及左右圆极化而不影响天线系统性能）。

2）馈源输出连接。

（3）室外单元（高频头）技术要求。

1）连接方式。

● 输入端口为 FDM-40；

● 输出端口为 L16-50K。

2）供电方式。

● 电压为 DC 15±1V；

● 电流≤150MA。

3）平均无故障工作时间（MTBF）。

● 优等≥10^4h；

● 一等 7000h；

● 合格≥ 5000h。

（4）室内单元技术要求。

● 圆像基带：6MHz；

● 信号幅度：$1V_{P\text{-}P}$（正极性）；

● 亮度信号：$0.7V_{P\text{-}P}$；

● 同步信号：$0.3V_{P\text{-}P}$；

● 图像输出连接器：Q9 插座；

● 伴音输出连接器：C_K^S-3-1（ϕ6.35）型插座。

具体技术指标要求如下：

● 输入频率范围：970～1470MHz；

● 输入信号电平：单载波－60～30dBm，多载波－50～－20dBm；

● 静态门限值：≤8dB；

● 中频频率：140MHz；

● 振频率稳定度：±0.5MHz（0－40℃）；

● 镜像干扰抑制比：≥40dB；

● 中频滤波器 3dB 带宽(B)：27(或 20.5)MHz；

● 视频信噪比（不加权值）；

32.2（C/N=14dB，B=20MHz，D=16.8MHz）；

34.2（C/N=14dB，B=27MHz，D=18.1MHz）；

● 微分增益失真（DG）：≤±10%；

● 微分相位失真（DP）：≤±5°；

● 伴音信噪比（S/N）：≥42dBqOps（准峰值仪表测量）；≥47dBmOps（有效值仪表测量）；

● 伴音副载波：可在 5－8.5MHz 范围调定；

● 能量扩散消除比：≥40dB；

● 频道选择：在 500MHz 内选择 24 个频道。

（5）环境条件要求。

1）天线系统。

● 抗风能力：8 级风能正常工作，10 级风降精度使用，12 级风不被破坏；

● 环境温度：－30～50℃。

2）室内外单元。

● 环境温度为－30～50℃（室外），0～40℃（室内）；

● 供电电源：50Hz±2Hz 单相 220×（1±

10%)V。

12.2.6　卫星接收天线

12.2.6.1　卫星接收天线的组成

卫星接收天线的作用是将反射面内收集到的经卫星转发的电磁波聚集到馈源口，形成适合于波导传输的电磁波，然后送给高频头进行处理。卫星接收天线有反射面、馈源和大线支撑体三部分组成。

(1) 天线反射面。前馈抛物面天线只有一个反射面，后馈卡氏天线有一个主反射面和一个副反射面。抛物天线的反射面是一个旋转抛物面。卡氏天线的主反射面也是旋转抛物面，副反射面则是旋转双曲线。

天线反射面通常用铝材或钢材等金属材料制成抛物面的形状，也有用加入金属或碳质导电体的强化玻璃纤维板做成的抛物面。对于口径较大抛物面通常是用板料或网状料拼装而成，而口径较小的则是一次模压而成。它利用电磁波的反射特性，将从星体上向下发射的电磁波集中到抛物面的焦点上，从而使焦点处的功率束密度达到最大。不同口径天线的技术参数如表 12-10 所示。

表 12-10　　不同口径天线的技术参数

天线口径(m)	频率范围(GHz)	增益(dB)	驻波比	第一旁瓣(dB)	焦距(mm)	俯仰调整	方位调整	使用环境(℃)	抗风	质　量(kg)
1.8	3.7～4.2	35.5	1.2	−12	720	0°～90°	360°	−30～50	8 级工作正常 10 级包精度	80
2.4	3.72～4.2	37.8	1.2	−12	960	0°～90°	360°	−30～50		95
3	3.7～4.2	40	1.2	≤−12	1125	0°～90°	3600	−30～50		180
3.2	3.7～4.2	40.5	1.2	≤−12	1125	0°～90°	360°	−30～50		195
3.5	3.7～4.2	41.5	1.16	−12	前 1130 后 1185	0°～90°	360°	−30～50		250
4.5	3.7～4.2	43.5	1.16	−13	前 1800 后 1630	0°～90°	360°	−30～50		480
6	3.7～4.2	47	1.16	−13	前 2100 后 1906	0°～90°	360°	−30～50		1500
7.6	3.7−4.2	57	≤1.25	−14	后 2000	0°～90°	电动±80°	−30～50		2200

(2) 天线馈源。天线馈源的作用是将天线反射面收集聚焦的电磁波转换为适合于波导传输的某种单一模式的电磁波。由于馈源形如喇叭，又称为馈源喇叭。馈源喇叭本身具有辐射相位中心，当其相位中心与天线反射面焦点重合，方能使接收信号的功率全部转换到天线负载上去。

前馈式接收天线，主反射面为旋转对称的抛物面，馈源位于抛物面的焦点上，标准抛物面天线用前馈方式作点源馈电。由于馈源尺寸小，且抛物面天线顶点面授频带窄，驻波比大，一般为 1.1～1.2，不加屏蔽罩时，前后比约为 50dB。

后馈式结构。在后馈式天线上，馈源并不安装在抛面的焦点上。在抛物面焦点上安装的是凸形的反射体，称为副反射体。它使被抛物面反射收集到的电磁波在其焦点上被副反射体再次反射，而馈源安装在凸形副反射体的焦点上，也就是说在前馈式天线，电磁波经过一次反射就被馈源吸收。而后馈式天线，电磁波是经过两次反射才被馈源吸收，所以后馈式天线馈源所能得的信号能量密度更大。由于后馈方式的馈源喇叭尺寸大，天线的极化去耦性能好，频带宽，驻波比小，一般在 1.0～1.05，且前后比高，一般为 60～65dB。

(3) 天线支撑体。天线支撑体主要是用来固定天线的抛物面，并使抛物面轴线方位角和俯仰角符合设计要求，从而保证接收天线对准所接收的量体。

12.2.6.2　卫星接收天线的主要性能

在卫星电视接收系统中，天线是卫星电视信号的输入端口，它的作用是收集来自卫星转发的微弱信号并有效地馈给接收设备。因此卫星接收天线性能的优劣直接影响着接收系统的性能和接收电视信号的质量。卫星接收天线的主要电气性能包括：天线增益、频带宽度、方向性、机械强度、旋转、极化可调、效率、噪声温度、输入阻抗、辐射阻抗和天线风荷等。

卫星接收天线的主要性能如下：

(1) 天线增益。天线增益是描述天线定向性和效率的一个重要参数。天线在某一方向的增益定义为：

在某一方向某一位置产生相同电场强度的条件下，无耗理想点源天线的输入功率（Pino）与天线输入功率（Pin）的比值，称为该天线在该点方向的增益。天线增益在实际工程中的计算值为

$$G=\frac{\eta\times 4\pi S}{\lambda^2}=\eta\left(\frac{\pi}{\lambda}\right)^2 r^2$$

式中：S为天线口径面积，m^2；λ为工作波长，m；r为抛物面口径，m；η为天线效率。

天线的增益与天线的口面直径、工作波长和天线的效率有关，增大天线的口面直径可以有效地提高增益。天线增益与口径的关系。详见表12-10。

(2) 频带宽度。天线的频带宽度是指天线的增益、方向性系数、输入阻抗等电气特性满足规定要求时，向馈线输送的功率为中心频率处输出功率的1/2时所对应的两个频率之差。也称为天线的通频带。

C、Ku波段卫星广播电视有24个转发器具有500MHz带宽，为能收看到所有的节目，则要求天馈线系统也必须具有良好的500MHz的宽频带特性。

(3) 方向性。天线的方向性是描述天线在不同方向的不同特性。对于接收天线，它对来自空间不同方向、强度相同的电磁波相对接收的能力不同。不同形式的天线，其方向性也不相同。天线的方向性可用方向性图、方向系数或波瓣宽度（辐射宽度）来表示。由于天线在水平面和垂直面的方向性不同，因此，表示一副天线的方向性，必须有水平面和垂直面两个方向图。

(4) 机械强度。为保持规定的天线方向性，要求天线的机械结构必须具有足够的强度和精度。为此，需对结构性能提出如下要求：

1) 结构形式应能满足工作状态的要求，例如天线的工作方式是移动型的还是固定型的，跟踪方式是手动、自动的还是半自动的。

2) 天线结构应能满足不同使用环境的要求，其结构强度应保证在允许使用的环境下不破坏，结构变形应在允许的公差范围内。

3) 对一些使用条件比较恶劣的场合，为了提高天线的寿命，还希望天线能具有较高的使用频率，能抗风暴、抗腐蚀、耐热冷耐潮湿。

4) 在满足以上条件的情况下，应选用性能价格比较高、结构简单、轻便、安装调试方便的天线。

(5) 旋转。为使一个天线能根据需要接收来自多颗卫星的电视信号，在底座固定的情况下，天线的方位角和仰角应能在很宽的范围内旋转变化。在我国要求天线仰角应能在5°～70°范围内变化，天线方位角以正北为基准应尽量覆盖90°～270°范围。

(6) 极化可调。广播电视卫星下行转发器的发射信号可采用圆、水平、垂直极化方式，不同卫星采用不同的极化方式，有时同一卫星不同频道分别采用水平或垂直极化方式。因此，天线馈源系统的极化方式应方便易调，以提高天线的适应性能。

(7) 效率。无论是发射天线还是接收天线，都程度不同地存在着天线损耗。把天线的辐射功率ΣP与输入功率PI之比称为天线的效率。用η表示：$\eta=P\Sigma/PI$。天线的效率越高，说明天线本身的损耗越小。

(8) 噪声温度。天线的噪声可分为内部噪声和外部噪声，内部噪声指由反射面和馈源损耗引起的噪声，噪声的降低主要靠设计生产和安装调试中提高精度来实现。外部噪声指天线所处环境中进入天线的噪声。通常有大气层和天体所产生的噪声、地面的热辐射噪声等，这些噪声进入天线，提高了天线的等效噪声温度。在实际工程设计中，地面站的选址必须注意避开粗糙干燥地面，天线设计和选购中应注意，减小旁瓣，特别是尾瓣。

(9) 输入阻抗。天线的输入阻抗定义为天线两馈电点（即天线输入端）的高频电压与高频电流之比。不同天线的输入阻抗一般是不同的。一般来说，输入阻抗是由电阻和电抗组成的复阻抗。由于电抗中会储存一部分能量，使天线输出的电视信号功率减少。但当天线处于谐振状态时，输入阻抗为纯电阻。这就是电视接收天线（八木天线）的尺寸与接收电视频道有关的原因。八木天线中的有源振子，一般采用折合半波振子，振子的上下两导体长度为$\lambda/2$时，折合振子的输入阻抗是纯电阻。在设计、制作电视接收天线时，天线振子的长度比半波长要短，约为0.48λ。用馈线连接天线时，要选用馈线的特性阻抗与天线的输入阻抗相同，也称匹配，才能有效地传输天线上接收到的信号能量。

(10) 电压驻波比。当天线与馈线不匹配时，从接收天线向馈线传输能量中就有一部分被反射，在天线中形成驻波，这个驻波的最大电压与最小电压之比称为天线的电压驻波比，它决定于天线的输入阻抗与电缆特性阻抗的匹配程度。当天线输入阻抗严格等于电缆特性阻抗时，实现完全匹配，驻波比为1，从天线向电缆传输的信号能量最大。电压驻波比越大，阻抗越不匹配，天线向电缆传输的效率越低。天线的电压驻波比不仅同天线本身的性质有关，也同使用的电缆和阻抗匹配器的性质有关。天线系统匹配越好，电压驻波比越接近1。

(11) 风荷。天线的风荷是指天线可以承受风的力量。它与风速、风向、天线口径、天线类型有关。对天线风荷的要求是在较大风中，天线能保证其指向不变，可以使卫星接收系统正常工作。

12.2.6.3　卫星电视天线的避雷与接地

卫星电视接收站很多都与无线转播或共用天线系统结合在一起，这也就使卫星电视接收站多建在边远山区高地或大楼顶上。因此，接收站天线设备的避雷与接地是十分重要的问题。

(1) 如果卫星电视接收站抛物面天线与地面电视转播天线或共用接收天安装在一起，并在后者避雷有效保护半径内，则卫星电视天线可不安装避雷针；但天线底座接地性能好，应使接地电阻小于 4Ω；如在雷雨较多地区，卫星电视天线上需加装避雷针。

(2) 如果卫星电视天线在上述天线有效保护半径之外，或位于空旷平地上，则应在天线反射面上沿或副反射面顶端单独焊接长度约 2.5m、直径约 0.02m 的避雷针。

(3) 选择安装避雷针的位置应尽量远离人行道口，以免雷击电流产生跨步电压伤害人体。

(4) 不得将不会遭雷击的室内设备接地线与避雷系统接地线共用，以免反遭雷击，造成人身机器安全事故。

(5) 对电源系统和馈线入口处都应有避雷装置和良好的接地系统。

12.2.7　卫星电视接收设备与信号处理

12.2.7.1　高频头

高频头又称降频变频器。高频头的主要作用是将卫星天线接收到的射频信号转换成第一中频信号，频率为 970～1470MHz。通过同轴电缆传送到卫星接收机解调出节目。高频头主要由低噪声放大器、下变频器、中频放大器等组成。

高频头的种类从接收频率上分，可分为 C 波段和 Ku 波段高频头，前者体积大，后者体积小。从极化方式上分，可分为单极化和双极化高频头。

从结构上划分，双极化高频头为一体化高频头，单极化高频头为分体式（LNB），需另配馈源，现在也把高频头统称为 LNB。

按本振频率划分，又可分为单本振和双本振高频头。

每只高频头都有固定的本振频率，C 波段为 5150MHz。Ku 波段中根据频段的不同设置本振，在 10.7～11.7GHz 的低段上，一般都是 9.75GHz 的本振频率；在 11.7～12.2GHz 的频段上一般选用 10.75GHz 的本振，也有 10.600、10.678GHz 的本振；12.2～12.75GHz 的频段上一般选用 12.25GHz 或 11.3GHz 为本振，目前绝大多数 Ku 节目都使用这种本振频率。

高频头的工作原理如图 12-14 所示。

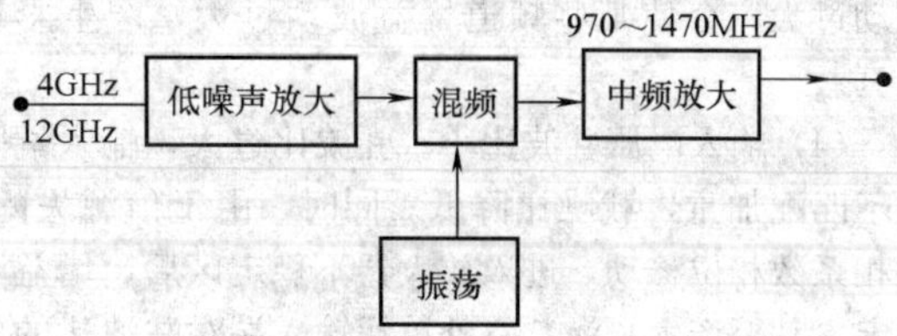

图 12-14　高频头工作原理图

高频头属于微波器件，由于室外环境条件恶劣，因此在结构上应采取良好的密封和防腐、防雷的处理措施。对高频头主要的技术参数如表 12-11 所示。

表 12-11　高频头主要技术参数表

项　目	技术参数	
	C 波段	Ku 波段
输入频率（GHz）	3.7～4.2	11.71～12.01
输入电平（dBmV）	−100～−55	
输入电压驻波比	2.5∶1	
镜频抑制比（dB）	4.5	40
输出频率（MHz）	970～1470	
输出电压驻波比	1.5∶1	
平坦度	1.0dBp-p/40MHz	
功率增益（dB）	65	60
噪声温度（°K）	25～35	50～67
本振频率（GHz）	5.15	10.678
频率（MHz）	±1.5	
环境工作温度（℃）	−40～50	
相对湿度（%）	100	

高频头的主要性能参数如下：

(1) 噪声温度。接收系统内部噪声温度愈低，则接收微弱信号的能力愈高，图像质量愈好。整机的噪声温度主要取决于前 1～2 级放大器的噪声温度。噪声温度低，为保证相同图像质量所需的天线口径可减小，天线造价下降。因此，降低高频头噪声是降低卫星电视接收站成本的重要方法。对于 C 波段，高频头的噪声温度为 35、30、28、25K。

(2) 功率增益。室外单元的主要任务是把输入的微弱信号放大到室内单元所需的输入电平。在设计室外单元增益时还应考虑带通滤波器、第一混频器和室外单元到室内单元间的高频同轴电缆的损耗。通常低噪声放大器功率增益可以达到 40～50dB，第一混频器损耗为−6～−10dB，第一中放增益为 20～25dB，高频电缆损耗为−8～−20dB，故室外单元总增益约为 55dB±4dB，通常应大于 45dB。

(3) 频带。Ku 波段和 C 波段的带宽约 500MHz，包含 24 个频道。因此，室外单元应保证 500MHz 带宽内的全部信号通过，且带内增益波动小于 3dB。任一个 36MHz 带宽的增益波动应小于 1dB。频谱特性波动过大，会使某些频道增益波动过大，产生彩色失真。

(4) 输入电压驻波比小。驻波比过大，输入端阻抗不匹配加重，载噪比降低。同时，由于信源失配，反相系数相位移动，进入放大器不稳定区后，增益不稳定，甚至产生自激。室外单元输入端对驻波比的较低要求为3.5～2.5，一般要求≤1.3，相当于回波损耗－5～－7dB。对于输出端，驻波比的一般要求为1.5～2.5，相当于回波损耗－7～－14dB。

(5) 多载波互调比小。宽带放大器若存在非线性失真，会产生许多谐波分量，并在各频段分量间产生交叉调制，从而使干扰噪声增加。通常，要求在两个－70dB的输入信号作用下互调比应小于－40dB。

(6) 本振频率稳定度高。室外单元的工作温度范围通常要求从－40～50℃。第一本振频率稳定度为10^{-4}量级。

(7) 镜像抑制比大。镜像频率与本振频率信号差额产生的中频信号进入中频放大器将使接收系统载噪比恶化，特别是在接收波道数多、工作频带宽时更为突出。通常，要求镜像干扰抑制比大于40dB。

12.2.7.2 卫星电视接收机

卫星电视接收机的主要功能是把卫星电视信号还原成为具有标准电视接口电平的图像和声音信号，为了满足一般电视机能直接收看，卫星电视接收机还设置有射频调制单元，将图像和声音信号调制成某一标准电视频道的射频电视信号供给电视机收看。

关于卫星电视接收机规定的输入信号频率（第一中频）范围为970～1470MHz，解调器门限值应≤8dB，视频带宽应达6MHz，我国为采用PAL—D电视制式（进口机多为NTSC制）。

12.2.7.3 卫星电视信号的处理

卫星电视系统内所传输的信号均是经过处理后GB 11318.2—1989《电视和声音信号的电缆分配系统设备与部件　第2部分：导频信号发生器通用规范》所规定的射频电视信号，而卫星电视接收机向外提供的是视、音频信号，因此必须加以处理成射频电视信号才能在系统内传输。通常根据系统的频道的频率配置情况和系统的规格不同采取直接调制或中频调制方式将其转换成标准的射频电视信号进入系统的前端。

通常一颗广播卫星的星体上有数个或数十个转发器，可以同时转发多套电视节目，系统通过功率分配器将送来的信号分成若干路，每路配接一个卫星接收机用来接收星体上某一个转发器转发的电视节目。功分器的输出端数越多，能同时收看卫星电视节目的套数也越多。

为了能使用户PAL/D制的电视接收机正常收看NTSC制和SECAM制的电视信号的节目，系统就要将卫星接收的非PAL/D制的电视信号先经过制式转换器转移换PAL/D制的电视信号，然后再进入系统的前端进行其他处理。

现在收看卫星节目和原来有所不同，不只是数字机一种，已经向多媒体方向发展，可分为：

(1) 免费数字机，也叫FTA，只能收免费节目；

(2) 计算机卡机，用计算机看卫视；

(3) 模块机，属于计算机卡机的一种，模块是外接的。

12.3 有线电视和卫星电视系统的有关标准

有线电视和卫星电视系统需要遵循的常见标准规范如下：

GB 50200—1994《有线电视系统工程技术规范》

GB 9025—1988《30MHz～1GHz声音和电视信号的电缆分配系统　机电配按值》

GBJ 120—1988《工业企业共用天线电视系统设计规范》

SJ 2708—1986《声音和电视信号电缆分配系统图形符号》

GY/T 106—1999《有线电视广播系统技术规范》

GY/T 141—1999《有线电视模拟电视信号加解扰系统入网技术要求和测量方法》

GYJ 41—1989《卫星广播电视地球站设计规范(附条文说明)》

GB/T 6510—1996《电视和声音信号的电缆分配系统》

GB 11318《电视和声音信号的电缆分配系统设备与部件》

GY/T 106—1999《有线电视广播系统技术规范》

GY/T 118—1995《有线电视与有线广播共缆传输系统技术要求》

广播电影电视部广发技字［1993］796文《关于有线电视现阶段网络技术体制意见》

GB/T 6510—1996《电视和声音信号的电缆分配系统》

GYJ 41—1989《卫星广播电视地球站设计规范(附条文说明)》

SJ 2708—1986《声音和电视信号电缆分配系统图形符号》

GY/T 106—1999《有线电视广播系统技术规范》

GB 7401—1987《彩色电视图像质量主观评价方法》

GYJ 44—1991《卫星广播电视地球站建设标准》

GB 50200—1994《有线电视系统工程技术规范》

GBJ 232—1982《电气装置安装工程施工及验收规范》

GBJ 42—1981《工业企业通信设计规范》

GBJ 79—1985《工业企业通信接地设计规范》

对数字传输网络须遵循以下标准：

广播电视数字传输技术体制——部科技司编制。

ITU-C. 703《数字系列接口的物理/电特性》

ITU-C. 707《同步数字系列比特速率》

ITU-C. 708《同步数字系列网络节点接口》

ITU-C. 709《同步复用结构》

ITU-C. 781《同步数字系列复用设备建议的结构》

ITU-C. 782《同步数字系列复用设备功能块的特性》

ITU-C. 784《同步数字系列管理》

ITU-C. 957《同步数字系列设备和系统的光接口》

ITU-C. 958《同步数字系列光数字线路系统》

ITU-X. 734《事件报告功能》

ITU-X. 735《逻辑控制功能》

ITU-X. 736《安全告警报告功能》

ITU-C. 803《建立在同步数字系列上的传输网络结构》

ITU-C. 822《同步数字系列的滑动要求》

ITU-C. 823《同步数字系列的抖动要求》

12.4　有线电视系统工程设计

12.4.1　有线电视系统设计步骤

12.4.1.1　有线电视系统设计要求

有线电视系统工程设计时，应注意以下几点：

(1) 了解用户的需求。用户需要建设有线电视系统，需要了解的：

1) 传输频道数，频率范围；

2) 传输节目；

3) 本地电视台的数量和频道；

4) 本地有线台提供的卫星电视节目；

5) 目前的使用需求和未来 3 年内的变化需求。

(2) 了解用户的地理环境和现有物理条件。

1) 向用户索要智能大楼或小区建筑物有关设计总平面图；

2) 了解建筑物内电力、照明、上下水管道、暖气管道、电话分布；

3) 了解建筑物周围是否有电磁波的反射和干扰源；

4) 传输信号的线缆是明装还是暗装；

5) 传输干线是架空还是挖沟埋线（今后大城市不允许有架空线）。

(3) 需要的有关标准。

GB 6510—1996《电视和声音信号的电缆分配系统》

GY/T 106—1999《有线电视广播系统技术规范》

GB 50200—1994《有线电视系统工程技术规范》

GBJ 42—1981《工业企业通信设计规范》

GBJ 79—1985《工业企业通信接地设计规范》

GB 5057—1984（2000）《建筑物防雷设计规范》

12.4.1.2　系统工程设计的有关要求

系统设计的一般要求如下。

1) 民用工程仅涉及 VHF（甚高频）、UHF（超高频）、传输方式。

2) 由于有线电视发展速度快、应给用户预留 15%～30%的频率，供地方台发展使用。

3) 根据用户需求确定使用频道。

4) 确定传输方式（架空还是挖沟埋线）。

5) 要采取措施避免现有的干扰源。

6) 选用的设备要符合国家标准并经过国家有关部门的认定，有生产批文。

7) 在同一系统中选用的主要部件、材料、性能、外观应一致。

8) 选用的设备、部件、线缆输入/输出标称阻抗应为 75Ω。

9) 系统设施工作的环境温度下列要求：

①寒冷地区室外工作的设施：－40～35℃；

②其他地区室外工作的设施：－10～55℃；

③室内工作的设施：－5～40℃。

12.4.1.3　用户对系统的要求

系统设计时要明确用户对系统的要求、系统的基本情况和系统所在的环境，主要有以下几个方面：

(1) 系统输出端口的总数及大致分布情况。

(2) 系统需传输的频道数、频率范围和传输节目的类别。其中应该了解当地电视台的数量及其占用的频道；是否要接收调频广播；是否要传送卫星节目，如要传送，则要明确接收哪几个卫星，每个卫星收看多少套节目；是否要播放录像，如要播放，则应确定同时播放几套等有关节目源原情况。

(3) 系统安装的方式是明装还是暗装，传输干线时架空还是地埋。

(4) 系统所处的环境是高层楼房还是低层楼房，

是单体楼还是楼群；系统范围有多大；各电视台在系统所处地点的场强分布情况，有条件的话最好能用场强仪实测一下，或者用电视机实地收看，通过对收到的图像质量等级来估算当地的场强。

(5) 了解系统楼宇的建筑情况，是否存在电磁波的反射，遮盖现象，是否有较强的电磁干扰存在等。

(6) 应向用户索取与系统建筑物有关的设计总平面图、上下水用暖气管道的分布图，以便合理安排系统电缆的走向。

(7) 载噪比（C/N）≥44dB。

(8) 交扰调制比（CM）≥47dB。

(9) 载波互调比（IM）≥58dB。

(10) 系统输出口电平 65dBμV±4dB。

12.4.1.4　系统总体方案的确定

在对上述方面的情况有所了解后，对系统的规模，有哪几种方案可考虑，就有了大致的轮廓。尽管系统组成的形式有多种多样，目的只有一个，就是保证系统的每一个用户输出端口能向用户提供一个符合 GB 50200—1994《有线电视系统工程技术规范》规定的信号。同时，还要考虑到施工、维修等方面的因素，使整个工程造价合理，最终是使系统有尽可能高的性能价格比。

系统的总体设计方案主要是依据"频率范围、用户电平、信号载噪比和交调指数"四项指标，来确定系统前端的类型和组成（含电视信号的接收和节目源信号的处理）；系统分配网络的类型和组成；传输干线的走向等具体问题。

12.4.2　有线电视系统设计的主要参数和指标要求

有线电视系统设计的主要目的，是为用户提供高质量的图像和声音。设计的主要参数和指标要求如下：

(1) 系统载噪比、交扰调制比和载波互调比的最小设计值应符合表 12-12 的规定。

表 12-12　系统载噪比、交扰调制比、载波互调比的最小设计值　(dB)

项　目	设 计 值
载噪比（C/T）	44
交扰调制比（CM）	47
载波互调比	58

(2) 该规范是以射频同轴电缆的传输分配系统为主要对象，也适用于采用光缆、微波（含多路微波）及其任意组合作为干线来传输信号的系统。系统输出口电平设计值宜符合下列要求：①非邻频系统可取 70±5dBuV；②采用邻频传输的系统可取 64±4dBuV。

(3) 系统输出口频道间的电平差的设计值不应大于表 12-13 的规定。

表 12-13　系统输出口频道间电平差　(dB)

频　道	频　率	系统输出口电平差
任意频道	超高频段	13
	甚高频段	10
	甚高频段中任意 60MHz 内	6
	超高频段中任意 100MHz 内	7
相邻频道	—	2

(4) 系统设备工作环境。

1) 网络及设备的安装施工必须符合国家有关规定。

2) 前端设备（指卫星接收机、制式转换器、调制器、混合器、光传输设备、监视器等）都应安装在机房内，并按有关工艺标准连通接地。

3) 传输系统的电缆敷设在规定的线槽内，允许在线槽附近的空余位置安装少量分支、分配器，并尽可能设置检修孔以方便维修。以上位置必须得到设计的确认。

光节点应安装在每个建筑单体中弱电间内的专用铁箱内，并按有关工艺标准接地。

根据设计图纸的安装位置安装用户终端盒。

所有电子、电气设备除特别标明外，供电电源一律为 220V，50Hz。系统工作环境如表 12-14 所示。

表 12-14　系统工作环境

参数 / 环境	温　度（℃）	湿　度
室外	−10～55	—
室内	0～40	—
机房内	5～30	60%～80%

所有有源设备均为不关电源，每天 24h 连续工作。处于公共场所的终端电视机由前端统一控制开/

关机。系统寿命应不低于 8 年。

（5）双向有线电视网络。双向有线电视网络网络建议在满足安全播出的要求的基础上，具备一定的系统冗余能力、必要的监控手段和应急处理手段。双向网设计、施工及验收建议按照 GY 5073—2005《有线电视网络工程施工及验收规范》、GY 5075—2005《城市有线广播电视网络设计规范（附条文说明）进行设计、施工及验收。

（6）系统各部分技术指标应符合设计规范，达到相关国家、行业标准要求。

12.4.3　有线电视系统的基本模式及主要指标分配

12.4.3.1　有线电视系统的基本模式

系统一般有以下四种基本模式：

（1）无干线系统模式。无干线系统模式规模很小，不需传输干线，由前端直接引至用户分配网络，如图 12-15 所示。

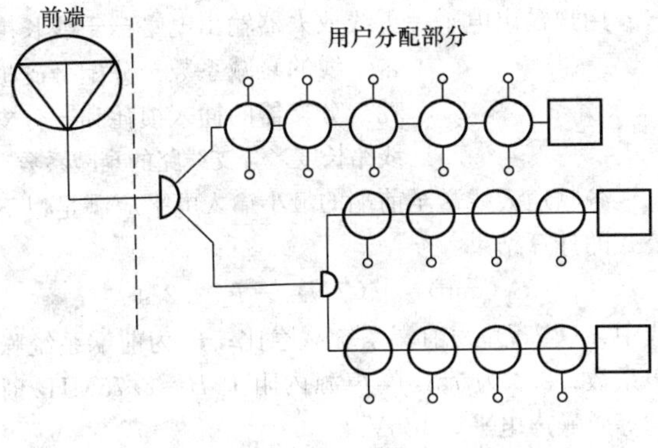

图 12-15　无干线系统模式

（2）独立前端系统模式。独立前端系统模式是典型的电缆传输分配系统，由前端、干线、支线及用户分配网组成。

（3）有中心前端系统模式。有中心前端系统模式规模较大，除具有本地前端外，还应在各分散的覆盖地域中心处设置中心前端；本地前端至各中心前端可用干线或超干线相连接，各中心前端再通过干线至支线和用户分配网络。

（4）有远地前端系统模式。有远地前端系统模式，其本地前端距信号源太远，应在信号源附近设置远地前端，经超干线将收到的信号送至本地前端。

12.4.3.2　各种系统模式主要指标分配

各种系统模式的前端、干线和分配部分的主要技术指标的分配系统数应符合下列规定：

（1）无干线系统指标分配系数应符合表 12-15 规定。

表 12-15　无干线系统指标分配系数

项　目	前　端	分配网络
载噪比	4/5	1/5
交扰调制比	1/5	4/5
载波互调比	1/5	4/5

（2）独立前端系统的指标分配系数，如表 12-16 的规定选取。

表 12-16　独立前端系统指标分配系数

项　目	前　端		干　线		分配网络	
	A<100dB	A≥100dB	A<100dB	A>100dB	A<100dB	A≥100dB
载噪比	7/10	5/10	2/10	4/10	1/10	1/10
交扰调制比	2/10	1/10	2/10	5/10	6/10	4/10
载波互调比	2/10	1/10	2/10	5/10	6/10	4/10

（3）中心前端和远地前端系统的指标分配系数，如表 12-17 的规定选取。

表 12-17　中心前端和远地前端系统指标分配系数

项　目	本地前端	远地前端中心前端	本地干线（超干线）	中心干线	分配网络
载噪比	2.5/10	2.5/10	2/10	2/10	1/10
交扰调制比	0.5/10	0.5/10	2.5/10	2.5/10	4/10
载波互调比	0.5/10	0.5/10	2.5/10	2.5/10	4/10

各项指标的分配系数与分贝（dB）值的关系可按下列公式进行计算。

1）载噪比

$$(C/N)_x = 44 - 10\lg a$$

式中：44 为系统载噪比设计值；a 为分配给某一部分（前端、干线或分配网络）载噪比的系数；$(C/N)_x$ 为分配给该部分载噪比的 dB 数。

2）交扰调制比

$$(C/M)_x = 47 - 20\lg b$$

式中：47 为系统交扰调制比的设计值；b 为分配给某一部分交扰调制比指标的系数；$(C/M)_x$ 为分配给该部分交扰调制比的 dB 数。

3）载波互制裁比

$$(I/M_2)_x = 58 - 10\lg C\text{(二阶)}$$

$$(I/M_3)_x = 58 - 20\lg C\text{(三阶)}$$

式中：58 为系统载波互调比的设计值；C 为分配给某

一部分载波互调比的系数；$(I/M_2)_x$ 为分配给该部分二阶载波互调比的 dB 数；$(I/M3)_x$ 为分配给该部分三阶载波互调比的 dB 数。

12.4.4 有线电视前端系统的设计

前端系统的设备是整套有线电视系统的心脏。由各种不同信号源接收的电视信号须经再处理为高品质、无干扰杂讯的电视节目，混合以后再馈入传输电缆。

前端设备用于主机房，是接在接收天线或其他信号源与电视传输分配系统之间的设备，它把天线接收的广播电视和微波中继电视信号或自办节目设备送来的电视信号进行必要的处理，然后再把全部信号经混合网络送到干线传输分配系统，此外，前端还包括多种特殊服务的设备，如系统监控，系统切换，系统电源控制，系统编辑等。前端系统要重点注意如下 4 点：

(1) 前端信号处理设备的输出具有标准的残留边带滤波特性，且邻频道抑制带外寄生输出产物抑制≥60dB，以防止频道之间的相互干扰。

(2) A/V 功率比必须在－14～－23dB 之间，具有一定的伴音图像载波功率，以防止伴音对电视图像的干扰。

(3) 载波频率稳定度为±10kHz。图像和伴音载波必须采用锁相技术，保证图像和伴载频的准确与稳定。

(4) 各频道的带内幅度变化不在于 2dB，相邻频道之间的电平相差小于 2dB 以防止高电平对低电平的干扰。

12.4.4.1 前端设备类型和信号传输方式

前端设备类型是多种多样的，但按信号传输方式来说，基本上可分为两大类，即全频道传输系统（包括隔频传输系统）的前端和邻频道传输系统的前端。

(1) 全频道传输系统。全频道传输系统的前端设备对于开路的 VHF 和 UHF 的信号，可以直接经过天线放大器（或频道放大器）、混合放大输出，也可经过“一次变换”式的变频器变换后进入混合器输出。这种方式对前端设备技术要求不高，全频道传输系统前端仅适合于传输距离近、频道数不多的小规模系统使用。

(2) 隔频道传输系统。隔频道传输系统的前端设备。这种传输系统与全频道传输系统相比，增加了传输距离，将传输频率限制在 300MHz（或 450MHz）以内；为了增加系统频道数，使用了非标准频道—增补频道。隔频传输方式可以采用“一次变换”式，也可采用“二次变换”。“二次变换”式的变频器有两个独立单元，首先将收一的信号变换为中频（U/I），称为下变频，然后再将中频变换到所需的频道上，第二次变换称为上变频，由于一次变换后的信号为固定中频，易于放大，处理等，因此二次变换式的质量指标高。

(3) 邻频道传输系统。邻频道传输系统的前端设备。邻频道传输系统与隔频道传输系统（或全频道传输）相比，最主要的差别在前端。邻频道传输的前端设备要求比较高，要求各频道具有独立性，相互之间不干扰且稳定性好。

邻频道传输系统必须经过“中频处理”即采用“二次变换”的方式。对于开路的 VHF 和 UHF 电视信号，首先经过下变频器变换到中频信号，经过中频处理器处理过的中频信号，再通过上变频器变换到 300、450MHz 或 550MHz 的传输频道上。

12.4.4.2 前端输入/输出电平的计算

(1) 前端输入电平的计算。

用户输出电平＝干线放大器输出电平－干线长度×干线的衰减系数－分配分支损耗－分支器的插入损耗和－分支线路长度×分支线路的衰减系数。

各频道天线送至前端的最小输入电平应满足以下公式的计算结果

$$S_h(\min) = (C/N)_h + F_h + 2.4$$

式中：$(C/N)_h$ 为前端系统载噪比；F_h 为前端系统噪声系数；2.4 为 75Ω 噪声源内阻上 $B=5.75$MHz 时的等效噪声电平，dBuV。

(2) 前端载噪比的计算。当前端具有多级放大器时，例如具有天放和宽放两级放大器，则合成的前端总噪声系数为

$$F_h = F_1 + \frac{F_2 - 1}{G_1}$$

式中：F_1 为第一级放大器的噪声系数；G_1 为第一级放大器的增益；F_2 为第二级放大器的噪声系数。

计算出前端噪声系数 F_h 后，就可以按照下式计算出前端系统载噪比

$$(C/M)_h = S_h \min - F_h - 2.4$$

(3) 宽带混合放大器最大输出电平的计算。宽带混合放大器的最大输出电平的计算公式如下

$$U_{omax} = U_0 - 7.5\lg(N-1) - \frac{1}{2}(CM)_h - 47$$

式中：U_0 为混合放大器每个频道输出电平设计值；N 为频道数；$(CM)_h$ 为分配给前端的交扰调制比，dB。

12.4.4.3 前端系统设计步骤

(1) 选择自办节目的频道调制器、变换器、频道

处理器等设备；

(2) 按照系统总体分配到前端的载噪比，计算天线最小输出电平，根据实际场强及天线最小输出电平，选择各频道天线；

(3) 按前端输出电平要求及各天线实际输出电平，确定天线放大器、频道放大器和混合放大器的增益，并按载噪比的要求确定各放大器的型号；

(4) 计算前端电平及载噪比，若不符合要求，改用其他型号放大器。

12.4.4.4 技术性能指标

这里重点讨论电气性能指标。

1) 系统频带宽度为 5～860MHz。

2) 系统频带分割。

● 频率分割 42MHz/54MHz。

● 下行频段 54～860MHz。

● 同轴电缆上行频段 5～42MHz。

● 光传输系统上行频段 5～200MHz。

3) 传输信号。

● 下行频段。

● 54～450MHz 传输 50 套北京有线台节目（根据北京市有线电视台规定，450MHz 以下必须为联网所用，不得挪为他用），其中 85～108MHz 频段传 FM 信号。

● 450～550MHz 传输 2 套电视节目（自办节目）。

● 550～750MHz 传输数字信号。

● 上行频段。

下行频段 5～42MHz 为网管系统及上行数字信号。

正向模拟电视信号传输至用户端的技术指标：

● 电平 63～75dBμV(54～860MHz)。

● 频道间电平差

任意频道间　≤5dB(54～750MHz)；
≤5dB(550～750MHz)；
FM 信号比电视信号低 8dB，数字信号比模拟电视信号低 10dB。

相邻频道间≤2dB。

伴音对图像－16～－20dB。

带内辐频特性≤2dB。

● 载噪比 C/N≥44dB。

● 复合三次差拍 CTB≤－55dB。

● 复合二次差拍 CSO≤－55dB。

● 邻频抑制≥60dB。

● 带外抑制≥60dB。

● 交流噪声≥48dB。

● 输出口相互隔离≥26dB。

● 特性阻抗 75Ω。

● 图像质量主观评价不低于四级。

上行通道指标：

● 频率范围 5～42MHz。

● 载噪比≥40dB。

● 载波干扰比≥30dB。

● 载波噪声调制≥48dB。

● 突发性干扰≤10μs/1kHz。

● 幅度波动≤0.5dB/MHz。

● 群延时 200ns/MHz。

● 信号电平总波动<3dB(季节昼夜)。

12.4.4.5 系统泄漏指标

系统泄漏指标如表 12-18 所示。

表 12-18　　系统泄漏指标

频率(MHz)	场强(μV/m)	泄漏点与天线距离(m)
<54	15	30
54～216	20	3
>216	15	30

12.4.4.6 播出控制系统设备技术指标

(1) 字幕机。字幕机设备技术指标如表 12-19 所示。

表 12-19　　字幕机设备技术指标

技术参数	Y	B-Y	R-Y
介入增益(dB)	－0.07	－0.12	－0.12
频率响应(dB)	＋0.05/－0.09	＋0.03/－0.04	0/－0.08
K 系数(%)	0.8	0.1	0.1
非线性失真(%)	0.1	0.2	0.2
差分时延(ns)	基准	2.2	2.2
信噪比(dB)	70.5	70.9	70.5

(2) 同步信号发生器。

1) 副载波输出。

● 频率：4.43361875MHz；

● 频率稳定性：因温度变化±1Hz；

● 幅度：2V±0.2V；

● 回波损耗：>33dB(4.43MHz)。

2) 色同步消隐脉冲输出。

● 相位：彩条输出的 2 度以内；

● 行消隐：<11.2ns。

3) 脉冲输出。

●幅度：2V±0.2V；

●阻抗：75Ω；

●回波损耗：30dB(5MHz)；

●上升时间：250ns±50ns。

4）彩条发生器。

●亮席幅度精度：±1%；

●频率响应：到50MHz±1%；

●色度对亮度增益：±1%；

●色度对亮度延迟：≤5ns；

● SCH相位：抖动<1ns，偏移<1ns，正常0′±5′；

●行消隐：12.05μs；

●输出阻抗：75Ω；

●回波损耗：≥36dB。

5）具有数字强制同步系统。强制同步系统输入。

●回波损耗：对5MHz≥40dB；

●色同步幅度：300±6dB；

●同步幅度：300±6dB；

●色同步锁定范围：4.43361875MHz±20Hz抖动；

●彩色锁定：≤0.4；

●黑色锁定：≤10ns。

强制同步系统定时范围

●行：超前或落后7μs；

●场：超前或落后1行。

(3) 切换台。

1）视频输入：8路以上复合视频信号，$1V_{p-p}$，75Ω或高阻（BNC）。

2）辅助输入：1路以上复合视频信号（不同步），$1.0V_{p-p}$，75Ω或高阻（BNC）。

3）色度键输入：R、G、B非复合视频信号$0.7V_{p-p}$，75Ω或高阻（BNC）。

4）外健输入：1路以上复合或非复合视频信号，$1/0.7V_{p-p}$，75Ω或高阻（BNC）。

5）DSK键输入（下游健）：1路以上复合视频信号，$1.0V_{p-p}$，75Ω或高阻（BNC）。

6）DSK视频输入：1路以上复合视频信号，$1.0V_{p-p}$，75Ω或高阻（BNC）。

7）B/W（黑/白）叠加输入：1路以上复合视频信号，$1.0V_{p-p}$，75Ω或高阻（BNC）。

8）节目输出：3路以上复合视频信号，$1.0V_{p-p}$，75Ω（BNC）。

9）预监输出：1路以上复合视频信号，$1.0V_{p-p}$，75Ω（BNC）。

10）频率响应：60Hz～5MHz±0.3dB。

11）音频输入：8路以上，－60/－40/＋4dB 5kΩ平衡。

12）音频输出：＋4dB 600Ω平衡。

13）频响：20－20kHz ＋0/－2dB。

14）失真：<1%（1kHz，额定输出）。

(4) 波形监视器。

1）信号输入指标。

●最大输入±$5V_{dc+ac}$峰值；

●环接隔离度>80dB；

●信道隔离度>50dB；

●回波损耗>40dB，50kHz到6MHz；

●输入阻抗高阻。

2）垂直偏移。

●偏移因子1V的1%以内；

●增益范围输入信号在0.8V和2V间可调整到1V显示；

●平坦度50kHz到6MHz2%以内；

●色度的正常带宽1MHz；

●对F_{sc}衰减>20dB。

3）瞬时特性。

●前冲<1%；

●过冲<2%；

●振铃<2%；

●倾斜<1%。

4）图像监视输出指标。

●频响50kHz～6MHz<3%；

●直流电平输出<0.5V；

●输出阻抗75Ω；

● DC<1%；

● DP<1Deg；

●回波损耗>30dB，50kHz～6MHz。

5）水平偏转系统。

●1行重复频率等于所加行频率，放大等于0.2μs/div；

●2行重复频率等于半个所加行频率，放大等于1μs/div；

●线性2%以内。

6）同步。

●内带同步的复合视频或消隐脉冲串，正常值的±6dB；

●外同步幅度143mV～4V。

(5) 矢量仪。

1）信号输入。

●最大输入±$5V_{dc+ac}$峰值；

●环接隔离度>80dB；

●信道隔离度>50dB；

● 回波损耗>40dB，50kHz～6MHz；

● 输入阻抗为高阻。

2）色度带度：

● 高－3dB点，F_{sc}＋500kHz，±100kHz；

● 低－3dB点，F_{sc}－500kHz，±100kHz。

3）矢量相位准确性为1.25以内，矢量增益准确性为2.5%以内，典型值；正交相位为0.5以内，典型值。

4）付载波再生器：

● 捕捉范围 F_{sc}±50Hz；

● 捕捉时间1s以内；

● 付载波频率改变时相位偏移2±50Hz；

● 色同步幅度改变时相位偏移≤2由正常值改变±6dB；

● 输出通道改变时相位偏移<0.5；

● 可变增益控制时相位偏移±1；

● 相位控制范围360°连续转动；

● 色同步抖动<0.5；

● 显示微分相位和增益±1和±1%；

● 中心箝位稳定度<0.4mm光点移动。

5）同步：

● 内带同步的复合视频或消隐脉冲串，正常值的±6dB；

● 外部基准复合视频或付载波视频。

（6）录像机（S-VHS/VHS）。

1）视频性能：

● 记录/重放为旋转双磁头螺旋扫描；

● 视频信号制式为全制式制彩色信号/全制式制Y/C信号；

● 信噪比>46dB；

● 水平分解力>400线（S-VHS），
>250线（VHS）；

● 基准视频输入 $1.0V_{p-p}$，75Ω；

● 带宽45～800MHz；

● 亮度25Hz～5.5MHz，＋0.5dB/－4.0dB；

● 色差25Hz～2.0MHz，＋0.5dB/－3.0dB；

● S/N；

● 亮度≥48dB；

● 色差≥53dB；

● K系数≤1.5%；

● Y/C差分延时≤20ns；

● DG≤3%；

● DP≤3Deg。

2）音频性能：

● 信噪比>42dB；

● 动态范围>87dB；

● 频率响应20～20000Hz（高保真）。

彩色电视机：

● 21in全制式；

● 水平分解为>350线。

12.4.4.7 前端设备技术指标

（1）调制器。

1）视频输入信号幅度 IV_{p-p}全电视信号，输入阻抗75Ω；

2）音频输入信号电平0dBm，输入阻抗600Ω；

3）调制度80±5%；

4）图像最大输出电平>60dBmV，输出阻抗75Ω，C/N>65dB；

5）输出电平可调、输出电平稳定度±0.5dB；

6）微分增益≤2%；

7）微分相位≤2°；

8）带外寄生输出抑制>60dB；

9）图像—伴音射频功率比：标称值18dB，调整范围14～22dB，伴音载频与图像载频间距6.5MHz±10kHz；

10）最大频偏±50kHz。

（2）RF混合器。

1）插入损耗<20dB；

2）带内平坦度±2（各频道内频响±1）；

3）隔离度≥30dB；

4）反射频耗≥16dB。

（3）供电。

（4）卖方应提供支持本系统机房设备工作30min的UPS电源一组。

12.4.4.8 传输分配系统设备技术指标

（1）正向光发射机。

● 带宽45～860MHz；

● 光波波长1310±20nm；

● 激光器型式分布反馈式（DFB）；

● 模块式结构，每一模块光功率>12mW；

● 光连接器APC；

● RF阻抗75Ω；

● RF输入反射衰减>14dB；

● 具有主输入、辅输入两个端口；

● 频率响应不平度±0.75dB；

● 频率响向斜率0—＋0.5dB；

● RF输入电平75±3dBμV；

● 在额定光路损耗下C/N≥－51dB，CTB≤－65B，CSO≤－62dB；

● 支持网管系统。

（2）正向光接收机。

●光波波长 1200～1600nm；

●结构光站型；

●输入光功率＋1～－5dBm；

●光接收机模块输出视频电平 87dBμV；

●工作频率 45～860MHz；

●光接收机模块输出视频斜率±1.0dB；

●射频不平度 1.5dB；

●阻抗 75Ω；

●射频放大器 4 个射频输出口；

●光站输出电平 50/550/860MHz，35/43/47dBmV；

●射频放大器模块　噪声系数　NF＜9dB，
复合三次差拍　CTB≤－72dB，
复合二次差拍　CSO≤－71dB；

●光站射频输入　复合三次差拍　CTB≤－72dB，
复合二次差拍　CSO≤－71dB；

●光连接器 APC。

（3）反向光发射模块。

●频率范围 5～200MHz；

●光波波光 1310±200nm；

●结构模块式；

●在传输 2 路视频信号或 10 路数字信号，光链路损耗为 12dB 时，经反向接收机后载噪比应大于 51dB；

●光连接器 APC。

（4）反向光接收机。

●频率范围 5～200MHz；

●光波波长 1200～1600nm；

●结构有双向反向接收机模块；

●射频输出信号带宽 5～200Mz，
电平＞80dBμV，
阻抗 75Ω，
频率不平度 2dB；

●最大光功率输入＋1dBm；

●光连接器 APC；

●支持网管系统。

（5）光缆。

●光纤为单模光纤；

●对光波的衰减 1310nm≤0.35dB，1550nm≤0.22dB；

●零色散波长 1300～1324nm；

●色散＜3.5Ps/m；

●模场直径（9～10）±10%nm；

●光缆管道敷设，采用钢带纵包层绞式光缆；

●抗拉强度：长期为 1000N，短期为 2000N；

●抗压强度：长期允许测压力为 1000N/10cm；短期允许测压力为 2000N/10cm；

●环境温度变化－40℃～60℃时，光缆附加衰减≤0.02dB/km；

●外护套绝缘，防水结构浸水 24h 后不小于 2KMΩ·km。

（6）同轴电缆与接头。

●垂直干线同轴电缆应采用外导体为无缝铝管的高性能干线电缆；

●各层水平支线同轴电缆应采用四重屏蔽的 SYWV-7或 SYWV-9 电缆；

●入户电缆采用四重屏蔽的 SYWV-5 或 SYWV-7 电缆，如表 12-20 所示；

表 12-20　　入　户　电　缆

规　　格		SYWV-5	SYWV-7
中心导体直径（mm）		1.02	1.63
衰减	50～300MHz	10.35	7.45
	300～550Mz	14.35	9.96
	550～1GHz	20.9	13.45

●电缆之间、电缆与器件的连接须紧密，不允许有断裂、外屏蔽层露在外面的现象；

●接头采用全屏蔽压接型，具有较高的防锈、防腐蚀性能。

（7）射频放大器。

射频放大器采用多射频输出端口（2～3 个）的高性能的双向放大器。

●频率分割 42/54MHz；

●传输信号频率范围，正向：54～860MHz，反向：5～42MHz；

●正向放大器：增益 30dB，
噪声系数 NF≤10dB，
复合三次差拍 CTB≤－66dB（输出 106dBμV），
复合二次差拍 CSO≤－63dB（输出 108dBμV）；

●反向放大器：增益 25dB，
复合三次差拍 CTB≤－66dB（输出 106dBμV），
复合二次差拍 CSO≤－63dB（输出 108dBμV）；

●阻抗 75Ω。

（8）无源器件。

●分支器、分配器、电源插入器、用户终端盒通频带为 1GHz；

●用户终端盒带有两个输出端口：FM，TV；

●用户终端盒必须有金属屏蔽层，屏蔽效率＞85dB；

●分支器、分配器、电源插入器屏蔽效率＞85dB。

（9）分支器、分配器、用户终端盒不用的输出口应终接匹配的终接器。

（10）单模光纤连接器技术指标：

●接头类型：APC；

●连接损耗≤0.25dB；

●反射损耗≥65dB。

（11）光纤适配器技术指标：

●接头类型 FC；

●连接损耗≤0.1dB。

（12）光分路技术指标：

●插入损耗≤0.5dB（1×8 分路时，不包括连接器）；

●分光比精确度误差≤1%；

●隔离度＞50dB。

（13）分支分配器技术指标。

1）分配器。分支分配器技术指标见表 12-21。

表 12-21　分支分配器技术指标

种类	型号	相互隔离（dB）		分配损耗（dB）	
		VHF	UHF	VHF	UHF
分配器	P204	≥19	≥20	≤3.7	≤4
	P306			≤5.8	≤6
	P408			≤7.5	≤8
	P610			≤10.5	≤11

2）分支器。分支器技术指标见表 12-22。

表 12-22　分支器技术指标

种类	型号	反射损耗（dB）		相互隔离（dB）		插入损耗（dB）		分支损耗（dB）		反向隔离（dB）	
		VHF	UHF	VHF	UHF	VHF	UHF	VHF	UHF	VHF	UHF
分支器	Z108	≥15	≥15	—	—	≤2	—	8±1.0	—	≥13	—
	C108										
	Z112					≤1.5	≤2	12±1.0	12±1.5	≥22	≥17
	C112										
	Z116					≤1	≤1.5	15±1.0	15±1.5	≥26	≥21
	C116										
	Z120					≤1.5	≤1	20±1.0	20±1.5	≥30	≥25
	C120										
	Z124					≤0.5	≤1	24±1.0	24±1.5	≥34	≥29
	C124										
	Z208			≥20	≥20	≤3.5	—	8±1.0	—	≥18	—
	Z212					≤2	≤3	12±1.0	12±1.5	≥22	≥17
	Z216					≤1.5	≤2	16±1.0	16±1.5	≥26	≥21
	Z220					≤1	≤1.5	20±1.0	20±1.5	≥30	≥25
	Z224					≤0.5	≤1	24±1.0	24±1.5	≥34	≥29
	Z412					≤0.5	≤1	28±1.0	28±1.5	≥38	≥33
	Z416					≤3.5	—	12±1.0	12±1.5	≥22	≥17
	Z420					≤2	≤3	16±1.0	16±1.5	≥26	≥21
	Z420					≤1.5	≤2	12±1.0	12±1.5	≥30	≥25
	Z424					≤1	≤1.5	24±1.0	24±1.5	≥34	≥29
	Z428					≤1	≤1.5	28±1.0	28±1.5	≥38	≥33

12.4.5 有线电视传输分配系统的设计

传输分配系统的作用是把前端输出的电视信号送至各个用户。在传输干线设计时，既要考虑对信号衰减进行补偿，又要对频率不同的信号其补偿程度要有所不同，频率高的信号要补偿得多些。

干线传输系统是把前端接收处理、混合后的电视信号、传输给用户分配系统的一系列传输设备，主要有各种类型的干线放大器和干线电缆。

它把来自前端的电视信号传送到分配网络，这种传输线路分为传输干线和支线。干线可以用电缆、光缆（AM）和微波三种传输方式，在干线上相应地使用干线放大器，光缆放大器和微波发送接收设备。支线以用电缆和线路放大器为主。

我国目前闭路电视的干线还是用电缆者为多，但在系统越搞越大，传输距离越来越长，传输频道，传输频道越来越多的情况下，电缆传送的视频音频信号衰减严重；干线超过 5Km 时，采用光缆传输与电缆传输的成本大体相当，甚至还便宜，故需朝着光缆或混合以上三种传送方式组成传送系统的方向发展。

从传输系统传来的电视信号通过干线和支线到达用户区，需用一个性能良好的分配网使各家用户的接收信号达到标准。分配网有大有小，因用户分布情况而定，在分配网中有分支放大器、分配器、分支器和用户终端。随着有线电视向邻频系统的迅速发展、频道增加，过去已安装的 VHF 或全频道共用天线分配网均需加以改造或更新。

12.4.5.1 传输干线的基本组成

传输干线的组成除了不可少的同轴电缆外，还包括干线放大器、均衡器和定向耦合器，如图 12-16 所示。

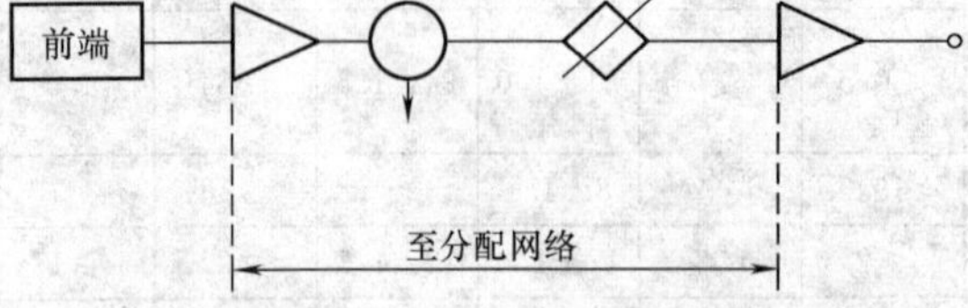

图 12-16 传输干线的基本组成图

图 12-16 说明：

（1）定向耦合器：定向耦合器的作用是从干线中提取一部分信号功率供给分配网络。通常定向耦合器应尽量选用插入损耗小的，而且尽可能安装在干线放大器的输出端，这样可以使定向耦合器有较高的输入电平。

（2）均衡器：均衡器的作用是用来弥补电缆的频率特性造成的衰减量的不平衡。通常当干线的长度超过 50m 时，就应考虑使用均衡器。安装位置应靠近干线放大器的输入端或传输干线的末端。

（3）两个干线放大器的间距除了取决于放大器的增益以外，还取决于传输干线所使用的电缆的衰减特性和被传输的信号的频率。

两个放大器的间距 S 可用下列公式计算

$$S=\frac{G}{L}\times 100$$

式中：S 为两个干线放大器的间距（m）；G 为干线放大器的实际增益（dB）；L 为电缆内传输信号每百米的衰减量（dB/100m）。

干线传输设计时，要考虑如下 5 点：

（1）当干线衰耗≤88dB 时，应采用斜率均衡和手动增益调整的放大器；

（2）当干线衰耗＞88dB 并小于 220dB 时，必须采用自动增益调节干线放大器；

（3）当干线衰耗＞220dB 时，必须采用自动电平调节干线放大器；

（4）干线衰减系数：低端为 3.38dB/100m；高端为 14.21dB/100m；

（5）分支线路衰减系数：低端为 5.25dB/100m；高端为 21.33dB/100m。

12.4.5.2 传输干线的三种工作方式

（1）全倾斜方式。全倾斜方式的特点是在干线放大器输入端的信号中，不管其频率高低，所有信号的电平值是一致的，而在干线放大器的输出端的信号中，频率高的信号的电平值高于频率低的信号的电平值。经过电缆 BC 段的传输，由于电缆的频率特性，即对频率高的信号的衰减量大于对频率低的信号的衰减量。如果适当加以调整就能使当信号到达 C 点时，使所有信号的电平值再次趋于一致，这样就弥补了信号在电缆 BC 段中传输时的衰减。

（2）平坦输出方式。平坦输出方式的特点和全倾斜方式相反。干线放大器输出的所有信号的电平值是一致的，而其输入端的信号电平是不一致的，频率高的信号的输入电平值要低于频率低的信号的输入电平值，经过电缆 BC 段的传输后，在到达下一个干线放大器的输入端口时，由于电缆对频率高的信号的衰减量大于对频率低的信号的衰减量，就造成了频率高的信号的电平值低于频率低的信号的电平值。

（3）半倾斜方式。半倾斜方式在干线放大器的输入信号中，频率低的信号的电平值略高于频率高的信号的电平值，而在其输出的信号中，频率低的信号的电平值略大于频率高的信号的电平值。经过 BC 段传输后，在到达下一个干线放大器的输入端口时，由于电缆衰减的不均匀性，又使频率高的信号的电平值略低于频率低的信号的电平值。

归纳起来，对于传输干线部分，其最低电平就是干线放大器的最低输入电平，最高电平就是干线放大器的最高输出电平。所以干线放大器的增益应等于或稍小于这两个电平之差。通常干线放大器的增益控制在 20～25dB 之间。

12.4.5.3 分配网络的方式

分配网络的是通过分配器、分支器和电缆给系统的每一个用户终端提供一个适当的信号电平，根据系统用户终端的具体分布情况来确定分配网络的组成方式。

（1）分配—分配方式。这种方式适用于以前端为中心，向四节扩散的结构形式。在使用这种分配网络时，每个端口不能空着不用，如暂时不用，则应接上 75Ω 的负载电阻，以保持整个分配网络处于匹配状态。这种网络通常最多采用三级，每一级视具体情况可以分别采用二、三、四分配器。分配—分配方式如图 12-17 所示。

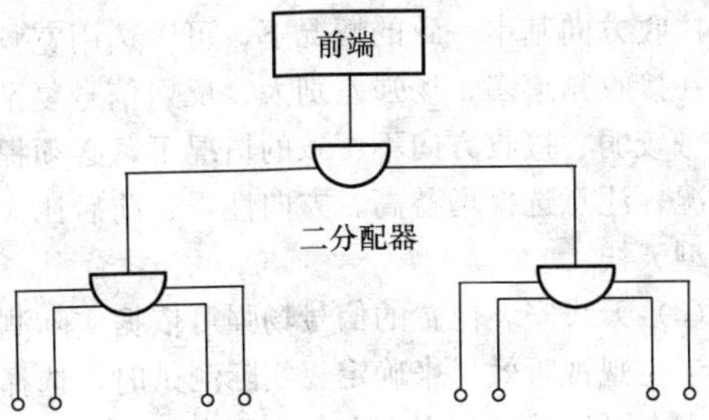

图 12-17　分配—分配方式

（2）分支—分支方式。这种方式适用于结构分散、干线较长的情况。为了使各分支器的输出电平尽可能接收，需要选用不同损耗的分支器，靠近前端的分支器插入损耗应小些，分支损耗大一些；靠近终端的分支器插损应大些，分支损耗小一些；为了使系统匹配，这种方式需在干线终端接入 75Ω 的匹配电阻。分支—分支方式如图 12-18 所示。

（3）分配—分支方式。这种方式使用最好广泛，最适用于高层建筑，用户数量多而且用户点的分布不规则以及允许横向布线的场合。先将前端输出的信号送入分配器均分为多路后，再给各分支实施分配。为使各用户端电平接近，应选用不同损耗的分支器。由于各干线终端接有 75Ω 匹配电阻，因而对每一条干线基本上可以保持匹配，不会出现完全空载的状态。分配—分支方式如图 12-19 所示。

（4）分支—分配方式。这种方式是在分支器的分支输出端再接分配器，适用于分段平面辐射形分配系统。为了使各用户端得到的信号电平一致，就要选用不同分支损耗值的分支器来满足。分支—分配方式如图 12-20 所示。

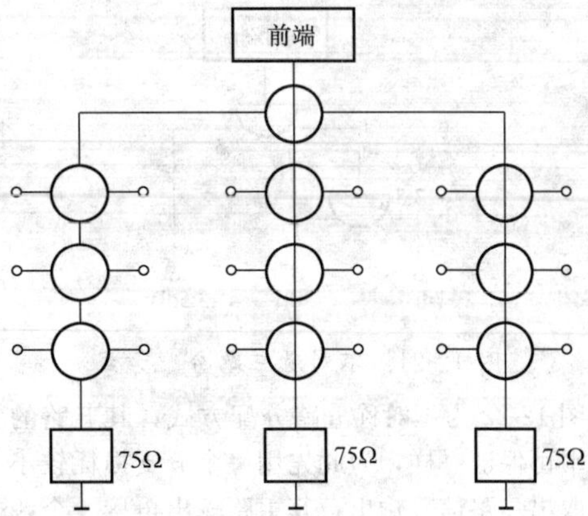

图 12-18　分支—分支方式

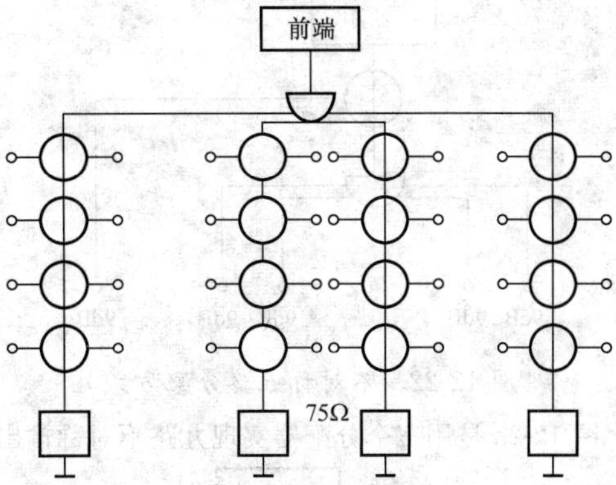

图 12-19　分配—分支方式

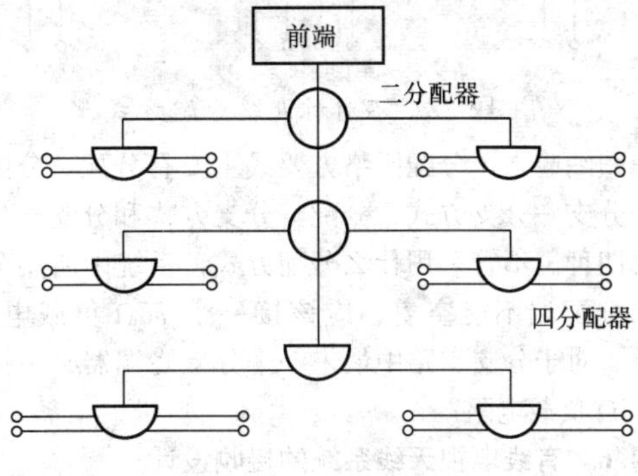

图 12-20　分支—分配方式

（5）不对称分配方式。图 12-21 为不对称三路分配方式，先用一个二分配器把一路信号分成两路，然后把其中一路再用二分配器均分成两路，这样共有三路输出，其中一路分配损耗为 3.5dB，可用于向远处传输，其余两路分配损耗为 7dB，可传向近处，以便充分利用信号能量。

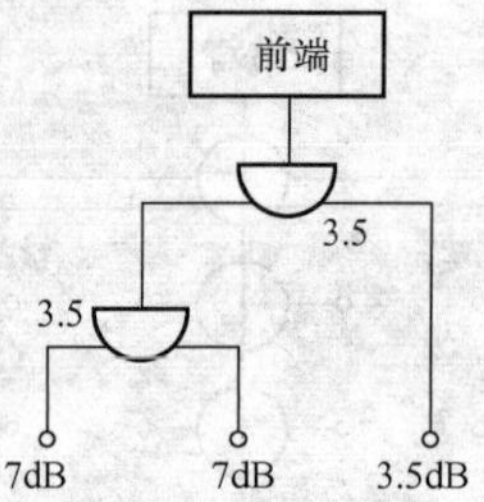

图 12-21　不对称三路分配方式

图 12-22 为不对称五路分配方式，其五路的输出端电平可保证一样，为此先用一个分支损耗较小的分支器取出一路信号输出，其主路输出再接一个四分配器，将一路信号分为五路，且各路的损耗均为 9dB。

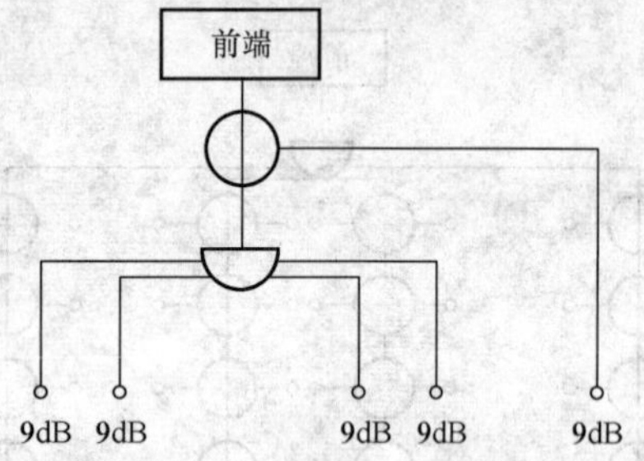

图 12-22　不对称五路分配方式

图 12-23 是用三个分配器实现九路不对称输出。

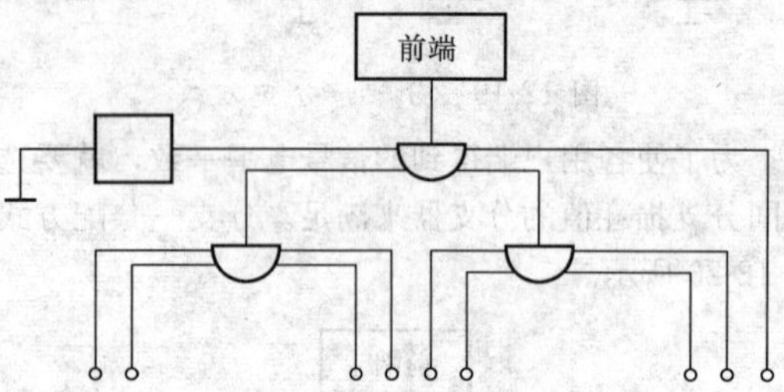

图 12-23　不对称九路分配方式

归纳起来，分配网络方要式主要有分配—分配方式、分支—分支方式、分配—分支方式和分支—分配方式四种。不管采用什么分配方式，系统中所用分配器的分配端不能空着，应该接一个 75Ω 负载电阻。另外，对于分支支路中最末一个分支终端器必须接一个 75Ω 负载电阻。

12.4.6　有线电视天线系统的接收设计

在有线电视系统中，接收天线的设计是重要的一个环节。主要考虑以下要求：

12.4.6.1　天线安装位置和信号场强要考虑的因素

(1) 天线安装的位置应选择位置较高处，一般选择高层建筑物的顶部；

(2) 天线接收电视台信号的方向上，应尽可能没有阻挡物和周围的高层物结构；

(3) 避免与交通繁华的公路，电气化铁路，高压电力线，工业干扰源相距太近；

(4) 结合现有图像效果，选择最优方向；

(5) 接收信号场强较弱或反射波较多的情况下，应考虑高增益天线。

12.4.6.2　天线与天线杆抗自然气候的考虑因素

(1) 抗风。基本风速为 30m/s，设计时应放宽 15%～20%。

(2) 抗冰冻。覆冰厚为 20mm。

(3) 检修载荷为 200kg。

(4) 具有防潮、防雷、抗盐雾、抗硫化物腐蚀、防雨水能力。

12.4.6.3　天线的安装要考虑的因素

(1) 天线在竖杆上调整时，能够上、下、左、右转动。固定方便可靠。

(2) 天线、竖杆、接线与支撑点安装方便牢固。

(3) 天线的安装要严格遵守该产品使用安装说明进行操作。

(4) 在接收频道少、场强相差不多、反射信号不强、接收方向基本一致的情况下，可以选用宽频带天线。在接收频道多、场强差别大、反射信号复杂、接收信号较弱、接收方向不一致的情况下，必须根据不同情况，注意选择增益高、方向性强、前后比大的适当类型天线。

(5) 天线安装位置的信号场强可依据实际测试结果参考主观视听效果来确定。实际测试时，选择不少于 3 个有可比性的测点。在每个测点上，测试所有频道的信号场强、频带内干扰场强和频带外干扰场强。

(6) 天线馈线应采用屏蔽性能良好的同轴电缆，长度不宜大于 20m。天线输出电平在 VHF 段小于 55dB，在 UHF 段小于 58dB 时，必须采取措施，如采用高增益天线和使用低噪声天线性放大器，以提高天线输出电平，确保系统的载噪比指标。

(7) 天线的馈电端、阻抗匹配器、高频连接器和安装在室外的天线放大器、避雷器等，必须有良好的防雨结构和可靠的防腐蚀措施。天线与天线竖杆应具有防腐蚀、抗盐酸、抗硫化物腐蚀的能力，所有金属结构件表面必须涂敷、镀锌等，腐蚀特别严重的地方宜采用不锈钢材料。

12.4.6.4　接收点场强的计算与测量

(1) 使用公式计算场强值。在直视距离内无障碍地区，可用以下的空间波场强公式计算

$$E=\frac{444\times 10^3\ \sqrt{GP}}{d}\sin\frac{2\pi h_1 h_2}{\lambda d\times 10^3}$$

式中：E 为接收场强值（μV/m）；P 为发射台馈送给

发射天线的功率（kW）；G为发射天线相对于半波振子天线的增益（倍数）；d为收发天线间的距离（km）；h_1为发射天线的绝对高度（m）；h_2为接收天线的绝对高度（m）；λ为该天线接收频道中心频率的波长（m）。

当满足$d \geqslant 18 \dfrac{h_1 h_2}{\lambda \times 10^3}$时，空间波场强公式

$$E = \frac{2.79 \times 10^3 \times h_1 h_2 \sqrt{GP}}{\lambda d^2}$$

当无线电波的传播距离小于10km，如果不考虑地面反射对电波的影响，则可用以下的自由空间辐射场强公式计算：

$$E = \frac{222 \times 10^3 \sqrt{GP}}{d}$$

由于空间波场强受地形、气候、障碍物等的影响，上述公式计算的场强值与实际出入较大，故只能作为估算，最好的办法还是实地测量。

（2）使用表格法估算场强值。使用表格估算场强值如表12-23所示。

表12-23　场强值的经验估算

接收天线与发射天线的距离（km）	发射天线高度 h_1=150m		发射天线高度 h_1=60m	
	2频道（dBμ）	8频道（dBμ）	2频道（dBμ）	8频道（dBμ）
5	100	107.5	90.5	100
10	90	100	82	90
15	82	90	73	80
20	76	85	67	76
30	68	76	60	67
40	61	69	51	60
50	55	62.5	45.5	51.5
70	47	51	37	40
160	33.5	34	25.5	23

（3）使用场强仪在接收点实测场强值。要想取得接收点的确切场强值，最好使用场强测试仪或电平表进行实地测量。通常在系统设计中，既可采用场强仪测量场强，也可用电平表测量天线的输出电平，可视具体情况而定。场强值大小的范围划分如表12-24所示。

表12-24　场强范围的划分

场强划分	VHF		UHF		SHF
	mV/m	dB	mV/m	dB	dBV/m
强场强	50	＞94	199	＞106	—
中场强	5	74	199～19	86～106	约−109
弱场强	0.5	54	19～1.99	66～86	约−114
微场强	0.1	＜40	＜1.99	＜66	约−120

12.4.6.5　天线和天线放大器的确定

（1）每接收一个电视频道信号，用一副相应频道的接收天线。如果有两个或两个以上电视广播信号源处于同一方位。具体要求是：在V段内通常适用单频道接收天线，系统要接收多少个V段节目就要设置多少伏天线，而在U段内采用频段天线，一般将U段分为13～24频道，25～36频道，37～48频道，49～68频道共四个频段的四种天线。若遇到所需接收的频道在同一频段内，而且发射天线又在同一方向上的两套节目时，则可合用一副天线，信号下来以后，通过分波器分成两路在分别经过各自的频道滤波器输出至前端。

（2）接收信号场强较弱，或反射波较多，以及干扰较大等情况下，使用普通天线不能保证前端对输入信号质量要求时，可改用高增益天线或加装低噪声天线放大器，或采用特殊型式的天线。在工程上通常采用由若干个多单元引向天线组成的天线阵来接收电视信号。一般采用等幅、同相、均匀天线阵，阵的排列方法有双层、双列和双层双列三种形式。表12-25列出了不同单元数的天线组成的天线阵的增益改善情况。

表12-25　天线阵增益

频段	单元数	单个天线	双层（列）天线阵（dB）	双层双列天线阵（dB）
VHF	5	9	11	13.5
VHF	6	9.5	11.5	14
VHF	7	10	12	14
VHF	8	10.5	12.5	15
VHF	12	11.5	13.5	16
UHF	14	11.5	13.5	16
UHF	22	11.5	13.5	16

12.4.6.6　接收天线安装设计要求

（1）采用拉线辅助固定竖杆的安装方式，拉线能位于接收信号的传输路径上；

（2）竖杆的基础和抛物面天线的安装接生产厂提供的资料和要求设计；

（3）天线放大器安装在竖杆上。天线至前端的馈线采用屏蔽性能优良的同轴电缆，其长度不大于20m，并不得靠近前端输出口和干线输出电缆；

（4）两副天线的水平或垂直间距不小于较长波长天线的工作波长的1/2，且最小间距大于1m；

（5）最低层天线与支承物顶面的间距不小于天线的工作波长。

12.4.7 双向有线电视工程的设计技术指标

双向有线电视工程的设计技术指标：下行模拟信号传输系统主要技术如表 12-26 所示。基带视频技术指标如表 12-27 所示。下行有线数字电视信号传输系统主要技术要求如表 12-28 所示。上行传输通道主要技术要求如表 12-29 所示。

表 12-26　　下行模拟信号传输系统主要技术

序号	项　目		电视广播	调频广播
1	系统输出口电平(dBμV)		60～80	40～47(单声道或立体声)
2	系统输出口频道间载波电平差	任意频道间(dB)	≤10	
			≤8(任意 60MHz 内)	
		相邻频道间(dB)	≤3	—
		伴音对图像(dB)	−17±3	—
3	频道内幅度/频道特性(dB)		任意频道幅度变化范围为±2(以载频加 1.5MHz 为基准)，在任何 0.5MHz 频率范围内，幅度变化不大于 0.5	任何频道内幅度变化不大于 2，在载频的 75kHz 频率范围内变化斜率 10kHz 不大于 0.2
4	载噪比(dB)		≥43(B=5.75MHz)	≥41(单声道)
				≥51(立体声)
5	载波互调比(dB)		≥57(对电视频道的单频干扰)	≥60(频道内单频干扰)
			≥54(电视频道内单频互调干扰)	
6	载波复合三次差拍比(dB)		≥54	—
7	交扰调制比(dB)		≥46+10lg(N−1)(式中 N 为电视频道数)	—
8	载波交流声比(dB)		≤3	—
9	载波复合二次差拍比(dB)		≥54	—
10	回波值(%)		≤7	—
11	频率稳定度	频道频率(kHz)	±25	±10(24h 内)
				±6(长时间内)
		图像/伴音频率间隔(kHz)	±5	—
12	系统输出口相互隔离度(dB)		≥30VHF	—
			≥22(其他)	—
13	特性阻抗(Ω)		75	75
14	相邻频道间隔		8MHz	≥400kHz
15	辐射与干扰	寄生辐射	待定	—
		电视中频干扰(dB)	<10*(相对于最低电视信号)	—
		抗干扰(dB)	待定	—
		其他干扰	按相应国家标准	—

* 在任何系统输出口，电视接收机中频范围内的任何信号电平建议应比最低的 VHF 电视信号电平低 10dB 以上，不高于最低的 UHF 电视信号电平。

表 12-27　　基带视频技术指标

序号	项　目	电视广播	调频广播
1	色度/亮度时延差（ns）	≤100	—
2	微分增益（%）	≤10	—
3	微分相位（度）	≤10	—

表 12-28　　下行有线数字电视信号传输系统主要技术要求

序号	项　目	数字电视（64QAM）	备注
1	C/N（dB）	≥28	—
2	MER（dB）	≥30	不加均衡
3	BER	<10E-6	RS 纠错前

表 12-29　上行传输通道主要技术要求

序号	项　目	技术指标	说　明
1	标称系统特性阻抗（Ω）	75	
2	上行通道频率范围（MHz）	5～65	基本性能
3	标称上行端口输入电平（dBuV）	100	此电平为设计标称值，并非设备实际工作电平
4	上行传输路由增益差（dB）	≤10	服务区内任意用户端口上行
5	上行通道频率响应（dB）	≤10	7.4～61.8MHz
		≤1.5	7.4～61.8MHz，任意3.2MHz 范围内
6	上行最大过载电平（dBuV）	≥112	三路载波输入，当二次或三次非线性产物为－40dBc 时测量
7	载波/汇集噪声比（dB）	≥20（Ra 波段）	电磁环境最恶劣的时间段测量，一般为18：00～12：00；注入上行载波电平为 100dBuV
		≥26（Rb、Rc 波段）	
8	上行通道传输延时（μs）	≤800	
9	回波值（%）	≤10	
10	上行通道群延时（μs）	≤300	任意 3.2MHz 范围内
11	信号交流声调制比（%）	≤7	
12	用户电视端口噪声抑制能力（dB）	≥40	
13	通道串扰抑制比（dB）	≥54	

12.4.8　有线电视系统供电的设计

（1）设置演播室的系统供电宜采用 50Hz、380/220V 电源，从总配电盘引入独立的供电回路。

（2）不设演播室的系统供电宜采用 50Hz、200V 单相交流电源，应从最近的照明配电盘引入独立的供电回路。

（3）演播室灯光与技术设备的供电，应分别设置供电回路，并采用相应的防干扰措施。

（4）前端机房和演播室的设备供电电压变化超过＋5%～－10%，应配置自动电压调整设备。

（5）采用电源插入器向线路放大器供电的方式。电源插入器宜设置在桥接放大器处。干线放大器供电应由前端机房供给，延长放大器与分配放大器应采用街区几种供电的方式。

（6）供给供电器市电的线路，如果与电缆同杆架设，所用线材要采用绝缘导线，可架在电缆上方距是缆 0.6m 以上。

（7）较大且重要的单位，应采取措施确保其前端机房和线路放大器的供电。

（8）向放大器供电的电源插入器输出电压波形应该是对称的，不应有任何直流成分输出。

（9）设置在天线附近的天线放大器若用单独的电源线馈电，电源线应单独穿金属管敷设，禁止架空明敷。

（10）前端机房的播出设备的供电和检修、照明、空调等设备的供电应分开设置，各自有独立的保安措施。接地装置不应共用。

12.4.9　有线电视部件与线路设计

有线电视系统所用部件应具有防止电磁波辐射和电磁波侵入的屏蔽性能，在室内安装的输出口面板应离地 30cm 以上或 1.5cm 以下。

在线路设计上要考虑的因素有：

（1）当用户数量、位置比较稳定时，线缆应考虑暗埋。

（2）干线线缆架空时，与其他线缆要保有一定距离，具体是：①与 1～10kV 电力线共杆时，间距不小于 2.5m；②1kV 及以下电力线共杆时，间距不小于 1.5m；③与广播线共杆时，间距不小于 1m；④与通信电线共杆时，间距不小于 0.6m。

（3）在布线支线槽（管）时，不能与电力线同线槽（管）、同出线盒、同连接箱安装。

（4）明线时应与电力线保持间隔不小于 30cm。

（5）分配放大器、分支、分配器如安装在室外时，要注意：①距地面距离不应小于 2m；②要有防雨措施；③要有防雷击破坏的措施。

12.4.10　有线电视系统防雷、接地的安全设计

第 2 章较为详细地介绍了防雷与接地的问题。有线电视系统除了按 GB 50057—1994（2000）《建筑物防雷设计规范》的规定外，还应考虑以下几点问题：

（1）系统的防雷设计应有防止直击雷、感应雷和雷电侵入波的措施。

（2）接收天线的竖杆上应装设避雷针，避雷针与天线间的最小水平距离应大于 3m。

(3) 独立的避雷针和接收天线的竖杆应具有可靠的接地，应符合规范要求。

(4) 架空线缆进入建筑物时：①要屏蔽接地；②在入户处应增设避雷器；③在电缆埋入地下引入时，应在入户端将电缆全屏外皮与接地装置相连。

(5) 当天线杆的高度超过50m，且高于附近建筑物，或处于航空线下面时，应设置高空障碍灯，并在杆或塔上涂有颜色标志。

12.5 卫星电视系统工程设计

12.5.1 卫星地面接收站的配置方式

卫星地面接收站的配置方式分为以下三种：个体接收系统（DTH）；公寓式集体接收系统；有线电视接收网（CATV）。

(1) 个体接收系统（DTH）。个体接收系统如图12-24所示。用户只要购买一面适当口径（例如1.5m）的固定式天线、馈源、高频头和卫星接收机，就可以接收某一卫星上的多套电视节目，如果选用双极性高频头（Dual Pol LNB）利用接收机中14/18V电压切换，便可任意接收该卫星的水平或垂直极化频道的电视节目。如果要进行多星接收，则应将固定天线机座改为电动极轴式的，这时需使用电动天线支座或电动天线驱动器，再配以具有记忆功能的天线控制器，便可构成多量自动接收系统。

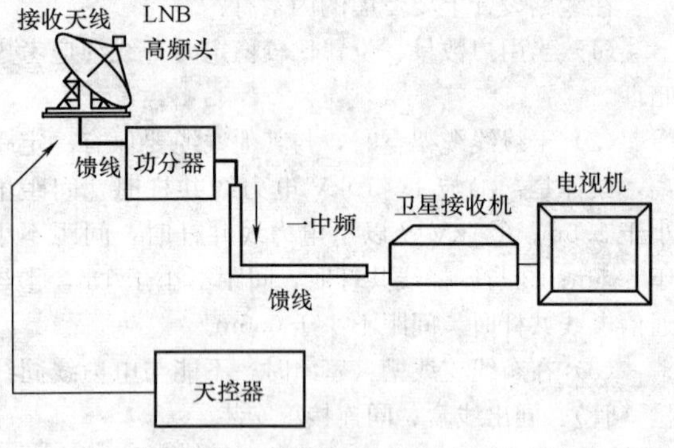

图 12-24 个体接收系统

(2) 公寓式集体接收系统。为了降低卫星地面接收站每个用户的费用，并节约每户单独使用天线所占用的空间，可在公寓楼顶架设一个或多个公用卫星天线及开路电视天线。高频头LNB输出的中频信号及开路电视信号，通过功率分配器或多路分配器再分配到各个用户中，每个用户仅需购买一台卫星接收机和电视机，利用接收机内14/18V电压切换开关和22kHz脉冲切换开关，便可收看各种卫星电视和开路电视节目，每个用户拥有自己的卫星接收机。

(3) 有线电视接收网（CATV）。为了提高收视质量，增加接收频道，可以建立一个适当规模的有线电视网（CATV）。CATV系统一般由前端、干线传输和用户分配三部分组成。

1）前端部分：前端部分包括电视接收天线、频道放大器、频率变换器、自播节目设备、卫星电视接收设备、导频信号发生器、调制器、混合器以及连接线缆等部件。前端信号的来源一般有三种：接收无线电视台的信号；卫星地面接收的信号；各种自办节目信号。

CATV系统的前端主要作用是：①将天线接收的各频道电视信号分别调整到一定电平，然后经混合器混合后送入干线；②将电视信号变换成另一频道的信号，然后接这一频道信号进行处理；③将卫星电视接收设备输出的信号通过调制器变换成某一频道的电视信号送入混合器；④自办节目信号通过调制器变换成某一频道的电视信号而送入混合器；⑤若干线传输距离长，由于电缆对不同频道信号衰减不同等原因，故加入导频信号发生器，用以进行自动增益控制和自动斜率控制；⑥对于接收无线电视频道的强信号，一般是在前端使用V/V频率变换器，将此频道的节目转换到另一频道上去，这样空中的强信号即使直接串入用户电视机也不会造成重影干扰。如果要转换UHF频段的电视信号，一般采用U/V频率变换器将它转换到VHF频段的某个空闲频道上，对于全频段的CATV系统，则不需要U/V变换器，可直接用UHF频道传送。

2）干线部分：干线传输系统是把前端接收处理、混合后的电视信号，传输给用户分配系统的一系列传输设备。在较大型的CATV系统中才有干线部分。例如：一个小区许多建筑物共用一个前端，自前至各建筑物的传输部分称为干线。干线距离较长，为了保证末端信号弹有足够高的电平，需加入干线放大镜器以补偿电缆的衰减。电缆对信号的衰减基本上与信号频率的平方根成正比，传输距离越远，差值就越大。除此之外，信号的衰减量还和温度有关，当温度升高时其衰减量约增加0.2%dB/℃。故有时需加入均衡器以补偿干线部分的频谱特性，保证干线末端的各频道信号电平基本相同。

3）用户分配部分：用户分配部分是CATV系统的最后部分，主要包括放大器、分配器、分支器、系统输出端以及电缆线路等，它的最终目的是向所有用户提供电平大致相等的优质电视信号。

为了对众多卫星进行快速自动定位，多星电视接收全自动极轴天线系列产品应运而生，整个接收系统的组成如图12-25所示。

卫星极轴套站是以地球自转轴平行为轴向，通过电动推杆或极轴转动支座的推动，以弧线运动扫描赤道上空定点的同步卫星而设计的转动接收装置，它由室外单元与室内单元组成，室以外单元包括高频头、抛物面天线、极轴座与支架、电动推杆或电动天线支座，室内单元包括卫星接收机、天控器与电视机。

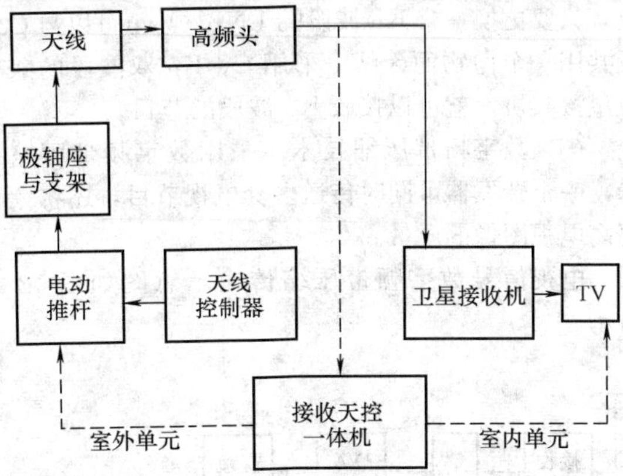

图 12-25　多星全自动电视接收系统图

12.5.2　卫星电视接收系统的设计

卫星转发器发射到地面的信号，要通过卫星地面接收站采用具有很强方向性的天线来收集信号能量，并通过低噪声微波放大器的放大、变换，然后输入卫星电视接收机，就可以收看到电视图像和声音。对卫星电视接收系统的设计应从以下几个方面进行。

(1) 卫星地面接收天线。卫星地面接收天线采用大口径的抛物面天线，它能够接收卫星转发器发射的信号。

卫星地面接收天线可以将天线各点的能量聚到一点上，如果这一点上安装一个馈源，则可提供足够的信号能量给高频头。天线口径愈大，收集到的信号能量愈多，电视画面就愈清晰。

通常用天线增益 *GR* 来表示收集能量的程度。例如天线口径为 1.8m，C 波段的天线增益 *GR*≈35dB；Kμ 波段的天线增益 *GR*≈44.5dB；天线口径为 3m 的天线，C 波段的天线增益 *GR*≈39.5B；Kμ 波段的天线增益 *GR*≈48.5dB。

天线增益 *GR* 愈大，天向性愈强，必须将天线波束对准卫星，稍有偏差，就会使信号大为减弱，甚至接收不到信号。必须将天线安装在一个稳定的机座上，这种机座应能调整天线的方位与仰角。调整方式可分为以下三种：

1) 用人工方式来调整天线的指向，优点是结构简单，价格低廉，但使用麻烦，指向精度低，无法满足使天线快速对准另一颗卫星的要求。

2) 用双轴跟踪天线方式，这种方式采用双轴分别调整天线的方位与仰角来跟踪卫星，并用天线控制器进行操作，具有自动跟踪性能，这种方式结构复杂，造价高，一般适用于要求精度很高的特大口径天线系统中。

3) 用单轴（极轴）跟踪天线方式，这种方式采用单轴控制，可以使天线波束指向沿卫星同步轨道变化。利用单轴跟踪技术可以简化天线的传动机构，降低天线驱动和控制器的费用，不仅对单星的跟踪调节很方便，而且在需要接收另一卫星电视节目时也很方便。

天线基座根据现场情况，建议安装于大楼顶层。

(2) 低噪声高频头（LNB）。通常将 LNB 与天线馈源装在一起，置于抛物面天线的焦点处可以减少信号能量的损失。LNB 的作用是将微波信号先进行放大、混频，变成第一中频（950～1750MHz），再通过一根高频电缆引到室内的卫星接收机，经接收机放大、变换处理，便可输出给电视机收看卫星电视节目。

从卫星转发器发射的信号十分微波，稍有噪声加入，便会使电视图像质量恶化。通常用噪声温度来衡量 LNB 本身的噪声性能，目前已研制出超低噪声的高迁移率晶体管（HEMT），采用 HEMT 管的 LNB 的噪声温度在 C 波段可低达 17～25K；Ku 波段的噪声系数为 0.7～1.0dB。卫星下传的信号在不同频道是分别以水平极化和垂直极化的电磁波传输的，为了有效接收两种不同极化方向的电磁波，馈源必须具有极化调整功能。

可调整线极化馈源和高频头的连接，利用电动机可控制极化振子的方向，以便接收不同的极化电磁波，这种可变极化馈源与高频头分离的结构是比较老式的。

目前研制出的双极性高频头，它是将馈源与高频头合二为一，做成一个整体，并利用接收机中的按钮便可控制其极化方向。由于它是一个整体，避免了几个部件联结调整的麻烦，降低了损耗，提高了性能。

(3) 卫星接收机。高频头 LNB 输出的第一中频信号经高频电缆接至室内的卫星接收机，通常高频头 LNB 具有 62dB 左右的增益，其输出电平较高，因此即使经过 20～30m 电缆衰减，至接收机的输入端仍有足够的电平，接收机输入电平通常为 －60～－30dB。为了接收不同的电视节目，在接收机中可以进行频道选择，为快速更换频道，接收机可记忆和存储 100 多个可编程频道，利用遥控器便可快捷选择欲收视的节目。对于 C 波段和 Kμ 波段的兼容机，则应有 C、Kμ 转换开关。

卫星电视的信号很弱，虽然直播电视卫星转发器的功率一般都在100W以上，但由于传播距离太远，致使到达地面的场强仅为10～100μV/m，而一般电视机的灵敏度为50μV/mVHF和300μV/mUHF，因此，为了正常收看卫星直播电视，须采用强方向性的天线和高灵敏度的数字接收机，可用来接收并解码所有DVB/MPG-2无加扰的数字卫星电视信号，对SCPC和MCPC及C波段或KU波段信号兼容。电视屏幕上的菜单可以帮助用户方便地设置卫星频率、极化方向、符号率和LNB频率等参数。

(4) Kμ波段的开发与利用。Kμ波段是国际电信联盟（ITU）国际无线电管理委员会划定的以卫星广播业务为主用的频段；其他业务不得干扰卫星广播，由于频率高，可资利用的频率范围宽，信道容量大，可容纳较多节目。而且在此频段中工业干扰和地面通信干扰较小，卫星发射到地面的功率通量密度不受限制，加上波长短，星上发射天线和地面接收站的天线都可以做得较小。卫星地面站天线尺寸的减小，可以大幅度降低天线成本，对解决我国广播电视的覆盖，特别是彻底解决边穷地区收看电视具有重大意义。

对卫星地面接收站来说，在C波段地面站的基础上，只要更换一个Kμ波段的LNB，甚至可以与C波段共用一个抛物面天线，采用C、Kμ双波段的兼容卫星接收机，就可以接收Kμ波段的节目。

(5) 数字频带压缩技术。采用数字频带压缩技术，一个转发器可同时传送多套电视节目，还将大大提高电视图像的质量。

电视信号数字频带压缩传输示意图如图12-26所示。

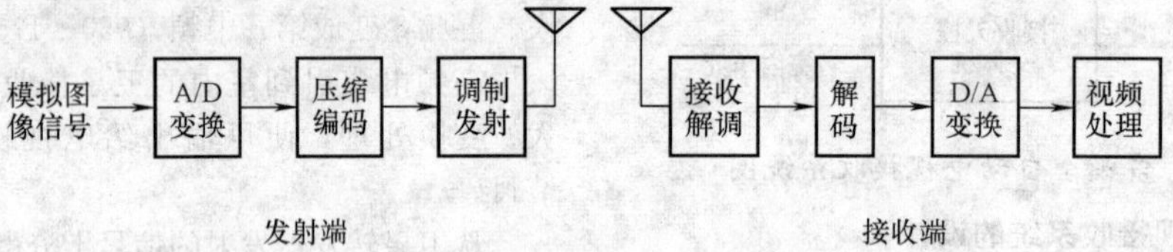

图12-26 电视信号数字频带压缩传输示意图

图12-26说明：

1) 首先把模拟图像信号进行抽样和量化，变成数字信号（A/D变换），然后采取压缩编码，去除信号中的冗余度，以一定的压缩比，将信号频带缩小，然后将它调制在载波上发射出去。

2) 接收端以相反的过程进行，在接收并解调为视频信号后，经解码和D/A变换等视频处理，就可以在电视上显示出原有图像。

12.6 有线电视和卫星电视系统的施工

有线电视和卫星电视系统工程的施工技术可分为7个部分，它们是：

(1) 有线电视系统工程施工的一般要求；

(2) 接收天线的安装；

(3) 前端机房的安装；

(4) 干线架设；

(5) 支线和用户线；

(6) 系统放大器、分配器、分支器、用户终端盒的安装；

(7) 防雷、接地及安全防护。

12.6.1 有线电视系统工程施工的一般要求

(1) 工程开工前的准备工作。有线电视系统工程经过调研，设计确定方案后，下一步就是工程实施。

工程实施的第一步就是开工前的准备工作：

1) 设计文件和施工图纸，经会审批准，向施工人员交底（熟悉有关图纸、了解工程特点、施工方案、工艺要求、施工质量、有关标准）。

2) 备料，工程施工过程中所需要的设备：材料必须在正式开工前就要备好，防止工程开工后出现停工待料的状态。

3) 施工单位和现场工程师要有施工资质证书和上岗证。

4) 向工程单位提交开工报告。

(2) 施工过程中要注意的事项。

1) 现场工程师要认真负责，及时处理施工过程中出现的各种情况，协调处理各方意见。

2) 如果现场施工碰到不可预见的问题，应及时向工程单位汇报，并提出解决问题办法供工程单位当场研究解决，以免影响工程进度。

3) 对工程单位计划不周到的问题，要及时妥善解决。

4) 对部分工序，隐蔽工程要旁站，随工验收，确保工程质量。

12.6.2 接收天线的安装

正确选择接收天线的架设位置，是使系统取得一定的信号电平及良好信噪比的关键。可以使用带图像的场强计进行信号场强测量及图像信号分析，以信号电平及接收图像信号质量最佳处为接收天线安装位置，并将天线方向固定在最高场强方向上，完成初安装、调试工作。具体选择天线安装位置时，要注意以下几点：

(1) 天线与发射台之间不要有高山、高楼等障碍物，以免造成绕射损失。

(2) 天线可架设在山顶或高大建筑物上，以提高天线的实际高度，也有利于避开干扰源。

(3) 要保证接收地点有足够的场强和良好的信噪比，要细致了解周围环境，避开干扰源。接收地点的场强应该大于 46dBμV，信噪比要大于 40dB。

(4) 尽量缩小馈线长度，避免拐弯，以减少信号损失。

(5) 天线位置应尽量选在系统的中心位置，以方便信号的传输。

独立杆塔接收天线的最佳绝对高度 h_j 为

$$h_j = \frac{\lambda d}{4h_1}$$

式中：λ 为天线接收频道中心频率的波长，m；d 为天线杆塔至电视发射塔间的距离，m；h_1 为电视发射塔的绝对高度，m。

选择好天线安装位置后，可以安装天线基座和竖杆。

接收天线安装时要注意如下几点：

(1) 接收天线应按设计要求组装，在预定位置，组织甲方人员收测和观看，确定天线的最佳位置、然后固定。要求做到：①要平直；②要牢固；③工程外观要整洁，美观。

(2) 竖杆拉线地锚必须与建筑物连接牢固，不得将拉线固定在屋面透气管、水管等构建上。安装时应使各根拉线受力平均。

(3) 天线馈电端必须与阻抗匹配器、馈线、天线放大器连接牢固，同时应有防雨水措施。

(4) 天线要有抗自然气象带来的如台风、旋风、结冰等问题的措施。

(5) 天线的拉线应采用 8 股或 8 股以上的钢丝绳，直径应大于等于 8mm。

(6) 天线的地锚应采用直径不小于 12mm 的圆钢，使受力点能够承受强台风破坏。

(7) 天线竖杆的基础要严格按照厂家提供的技术资料和安装要求进行。

(8) 射频电缆应穿钢管，并主张一管一缆，不得沿天线拉线下行。

(9) 电缆拐弯时，要保持线缆曲率半径的 15 倍以上，确保信号无损。

(10) 电缆原则上不要有接头，如有接头时，应加过线盒。

(11) 天线安装要按 4 步来操作：①天线竖杆；②横杆；③拉线；④底座（底锚）。

竖杆和横杆均可用来固定天线。横杆方向应向电视台方向。

(12) 竖杆在建筑物楼顶时，只能安装在电梯间或水箱的承重墙上，或土建已设计的位置上。

(13) 天线顶端高度应高于周围建筑物高度 15～40m 范围内。

(14) 天线横杆与竖杆连接是要用 U 形螺栓连接，或用槽型底托相连接。当用螺钉固定后，最好用油漆对螺钉四周刷一下。目的有两点：①防生锈；②巡检时，检查人员通过掉漆与否，判断螺钉是否松动。

(15) 天线避雷装置的安装，为了避免雷击，需要安装避雷装置。

接收天线的避雷措施有以下几种：

1) 安装独立的避雷针。在距天线 3m 以上的地方安装高出天线的独立避雷针，使天线在保护范围之内，一般保护区在 45°～60°的范围内，并且要求避雷针有良好的接地，接地电阻一般要小于 4Ω。

2) 天线竖杆顶部加长作避雷针。这是一种常用的避雷方法，它是将天线金属竖杆的顶部加长 2.5m 左右，使各频道天线均处于避雷针 45°～60°的保护区内。要保证天线竖杆通过引下线良好地接地，各振子的中点与横杆直接相连，横杆与竖杆相接。在高层框架式结构中，可以把引下线同轴电缆金属屏蔽外导体与建筑构件架、板中钢筋焊接或卡接，使整个建筑物成为一个接地良好的等电位体。

3) 天线竖杆、避雷针、天线振子的零电位，在电气上应可靠地连成一体，并与承载建筑物的防雷设施纳入同一系统实行共地连接。从竖杆至接地装置的引下线应至少用两根，从不同方位以最短的距离泄流引下，防雷系统引下线一般采用 25mm×4mm 的扁钢带或 ϕ8mm 的圆钢，采用对称两根引线接地，其接地电阻应小于 4Ω，当系统采用共同接地时，其接地电阻应不大于 1Ω。引下线与竖杆必须采用焊接，焊接长度一般为 100～200mm。

在进入前端的馈线和天线放大器电源线上安装避雷器，以防雷电引入室内。

(16) 安装天线。

1) 安装卫星天线的位置。

①正南偏东 30°、偏西 30°范围内应无遮挡物，无高压线，无电视及移动发射塔，无任何其他遮挡，无

放射源、腐蚀源，且不在风口处；

②在完全不影响房顶防水及房顶结构的情况下，也可以将天线立柱用膨胀螺钉直接固定在房顶上，但不能在隔热层、防水层上安装；

③若天线底座被制作在地面上，整个天线底座地下填埋深度不应少于 20cm、地面以上高度不应低于 1.5m，且牢固可靠；

④同时要注意避雷针要在卫星天线的北侧安装（可正北，也可北偏东或北偏西），二者的中心距离要控制在 2m 之内。不能在天线的前方。

2）安装天线。安装天线时，一般按厂家提供结构图安装。各厂家的天线结构都是大同小异基本相同。产品附带有一份说明书，在说明书中详细地标注了天线预埋件及预埋地脚螺栓的尺寸和各种要求。在说明书中还有一张表格，表格中列出了在不同风速下，天线各支撑点的最大拉力、压力及横向力。只需要向建筑结构工程师提供这份基础说明书就可以设计一个符合天线要求的地基。

卫星天线既可以安装在地面，也可以安装在建筑物的顶部，尤其是在城市中的建筑物，一般的多安装在屋顶。所以卫星天线的基础分为两种：地面基础和屋面基础。

①地面基础：地面基础一般是由混凝土构成，在上面应预留固定天线所需要的地脚螺栓。地基应能抵抗风荷所产生的倾覆力矩，要能够承受基础的压力，并具有一定的抗冻性。

②屋面基础：对于在已经建成的建筑屋顶上，设置天线基础是比较复杂的。不能直接固定在建筑屋顶上，一般按照天线各支撑点的几何尺寸设计一套钢筋混凝土梁或钢梁。天线架设在梁上，梁通过基墩将力传到柱子和墙上。基墩要设置钢筋，使它能够承受天线传过来的拉力或压力。

3）常规的安装步骤。

①固定卫星天线底座：将天线的底座安装在水泥基座上，要拧紧螺帽坚固脚架铁及焊接固定；

②装上方位托盘和仰角调节螺杆。依顺序将反射板的加强支架和反射板装在反射板托盘上，在反射板与反射板相连接时稍微固定即可暂不紧固，等全部装上后，调整板面平整再将全部螺钉坚固。这里提醒注意的是分瓣反射板有些厂家是无顺序的可随意拼装，但有些三瓣是有安装馈源支杆的安装点，这三瓣须三分安装在里面，否则馈源支架装上后不对称馈源与天线的反射焦点不能重合影响信号增益甚至收不到信号。整体成形的反射板装上托盘架后直接将反射板装在方位托架上即可。不要使反射面变形，也不能划伤反射面。

③底座和天线固定。将反射面和支架连接，并且一起安装在底座立柱上，并且要求上下左右调节自如可靠。

④装上馈源支架，馈源固定盘。馈源、高频头的安装与调整：把馈源和高频头和连接其矩形波导口必须对准、对齐、波导口内则要平整，两波导口之间加密封圈，拧紧螺钉防止渗水，将连接好的馈源高频头装在馈源固定盘上，对准抛物面天线中心位置集中焦点。

⑤天线极化匹配的调整。

⑥高频头的安装与调整。

⑦在底座膨胀螺钉上、在天线的所有螺钉连接处、丝杠等活动部件上均涂上防锈漆，以防锈蚀。

12.6.3 前端机房的安装

GB 50200—1994《有线电视系统工程技术规范》对前端机房安装有着具体的要求。结合要求的精神，叙述其安装要点。

（1）前端设备控制台安装。

前端设备控制台的安装要注意 4 点：

1）按机房平面设计图进行设备机架与控制台定位。

前端有放大器、滤波器、混合器、衰减器、分配器、电源等设备，这些设备与工程大小有关，小型工程前端设备不多，一般安装在前端箱内或机柜内。

2）机架和控制台到位后，均应进行垂直度调整，并从一端按顺序进行。几个机架并排在一起时，两机架空的缝隙不得大于 3mm。机架面板在同一平面上，并与基准线平行，前后偏差不应大于 3mm。对于相互有一定间隔面排成一列的设备，其面板前后偏差不应大于 5mm。

3）机架和控制台的安放应竖直平稳。

4）机架内机盘、部件和控制台的设备安装应牢固，固定用的螺钉、垫片、弹簧垫片均应按要求装上不得遗漏。

可见前端设备安装是严格的，施工时务需注意。

（2）机房室内电缆的布放要求。GB 50200—1994 对机房室内电缆的布放有以下要求：

1）当采用地槽时，电缆有机架底部引入，布放地槽的电缆应将电缆顺着所盘方向理直，按电缆的排列顺序放入槽内，顺直无扭绞，不得绑扎；当电缆进出槽口时，拐弯处应成捆绑扎，最小弯曲半径应是线缆直径的 10～15 倍。

2）当采用架槽时，电缆在槽架内布置可不绑扎，并宜留有出线口。电缆应由出线口从机架上方引入；

引入机架时，应成捆绑扎。在小平方向时可间隔 2～3m 扎一次，垂直方向时可间隔 1.5m 左右扎一次并固定在槽架上。

3）当采用电缆走道时，电缆应从机架上方引入。走道上布放的电缆，应在每个梯铁上进行绑扎。上下走道的电缆或电缆离开走到进入机架内时，应在距起弯点 10mm 处开始，每隔 100～200mm 绑一次。

4）当采用活动地板时，电缆应顺直无扭绞，不得使电缆盘结，在引入机架处应成捆绑扎。

5）电缆布线时两端应留有裕量。并作明显的永久性标志，在工程施工中通常采用油墨笔的方法做标记。

6）光缆的预留量是每端 8m 左右。

布线的有关技术可参见参考文献［32］。

（3）前端机房接地。

12.6.4　干线架设

干线架设一般有三种方式即架空线、挖沟埋线、走现有管道。随着城市市容的发展要求，今后在大城市、省会城市不主张线缆架空，影响市容。均挖沟埋线。在大城市、省会城市施工时，应征询市政管理部门的意见，再决定采用架空线方式。

（1）干线架设要求。GB 50200—1994《有线电视系统工程技术规范》对干线架设有着具体要求，具体是：

1）架设架空电缆时，应先将电缆吊线用夹板固定在电缆杆上，再用电缆挂钩把电缆卡挂在吊线上。挂钩的间距宜为 0.5～0.6m。根据气候条件，每一杆挡均应留出余地。

2）在新杆上布放和收紧吊线时，要防止电杆倾斜和倒杆；在已架有电信、电力线的杆路上加挂吊线时，要防止吊线上弹。

3）架设墙壁电缆应先在墙上装好墙担，把吊线放在墙担上收紧，用夹板固定，在用电缆挂钩将电缆卡挂在吊线上。墙壁电缆沿墙角转弯，应在墙角处设转角墙担。

4）电缆采用直埋方式，必须使用具有铠装的能直埋的电缆，其埋深不得小于 0.8m。紧靠电缆处要用细土覆盖 10cm，上压一层砖石保护。在寒冷的地区应埋在冻土层以下。

5）电缆采用穿管敷设时，应先清扫管孔，并在管孔内预设一根铁线，将电缆牵引网套绑扎在电缆头上，用铁线将电缆拉入到管道内。敷设较细的电缆可不用牵引网套，直接把铁线绑扎在敷设电缆上。

6）当架空电缆和墙壁电缆引入地下时，在距地面不小于 2.5m 的部分应采用钢管保护；钢管应埋入地下 0.3～0.5m。

7）布放电缆时，应按各盘电缆的长度根据设计图纸各段的长度选配。电缆需要接续时应严格按电缆生产厂提出的步骤和要求进行，不得随意接续。

（2）安装干线放大器应符合下列要求。

1）在架空电缆线路中，干线放大器应安装在距离电杆 1m 的地方，并固定在吊线上。

2）在墙壁电缆线路中，干线放大器应固定在墙壁上。吊线有足够的承受力，也可固定在吊线上。

3）在地下穿管或直埋电缆线路中干线放大器安装，应保证放大器不得被水浸泡，可将放大器安装在地面以上。

4）干线放大器输入、输出的电缆，均应留有余量；连接处应有防水措施。

（3）光缆的施工应符合下列要求。

1）光缆敷设前，应使用光时域反射计和光纤衰耗测试仪检查光纤有无断点，衰耗值应符合设计要求。

2）核对光缆的长度，根据施工图上给出的实际辐射长度来选配光缆。配盘时应使接头避开河沟、交通要道及其他障碍物处；架空光缆的接头与杆的距离不应大于 1m。

3）布放光缆时，光缆的牵引端头应作技术处理，并应采用具有自动控制牵引力性能的牵引机牵引；其牵引力应施加于加强芯上，并不得超过 150kg；牵引速度宜为 10m/min，一次牵引直线长度不宜超过 1km。布放光缆时，其弯曲半径不得小于光缆外径的 20 倍。

4）光缆的接续应由受过专门训练的人员来操作，接续时应采用光功率计或其他仪器进行监视，使接续损耗达到最小；接续后因安装光缆接头护套。

5）架空光缆敷设时端头应采用塑料胶包扎，接头的预留长度不宜小于 8m，并将余缆盘成圈后挂在杆的高处。架空光缆可不留余兜，但中间不应绷紧。地下光缆与上电杆必须用钢管穿管保护；引上杆后，架空的始端可留余兜。

6）管道光缆敷设时，无接头的光缆在直道上敷设应由人工逐个人孔牵引；预先做好接头的光缆，其接头部分不得在管道内穿行。

7）在桥上敷设光缆时，宜采用牵引机和中间人工辅助牵引。光缆在电缆槽内布放不宜过紧，在桥身伸缩接口处应作 3～5 个 S 弯；每处宜余留 0.5m。当穿越铁路桥面时，应外加金属管保护。光缆经过垂直走道时，应绑扎在支持物上。

12.6.5 支线与用户线的安装

支线与用户线的布设时，其基本思想与网络布线是一样的，这里就不再叙述，但按规范的要求，有如下5点，是要注意的：

(1) 支线宜采用架空电缆或墙壁电缆，架设方法应符合规范的规定。沿墙架设时，也可采用线卡卡挂在墙壁上，卡子间的距离不得超过0.8m，并不得以电缆本身的强度来支承电缆的重量和拉力。

(2) 采用自承式同轴电缆作支线或用户线时，电缆的受力应在自承线上；在电杆或墙担处将自承线与电缆连接的塑料部分切开一段距离，并自切开处的根部缠扎三层聚氯乙烯带，并应缩短自承线，用夹板夹住式电缆产生余兜。

(3) 采用自承式电缆做用户入线时，在其下线端处应用缠扎法把自承线终结做再下线钩、电杆或吊线上。

(4) 用户线进入房屋内可穿管暗敷，也可用卡子明敷在室内墙壁上，或布放在吊顶上，但均应做到牢固、安全、美观。

(5) 在室内墙壁上安装的系统输出口用户盒，应做到牢固、美观、接线牢靠；接收机至用户盒的连接线采用阻抗为75Ω，屏蔽系数高的同轴电缆，其长度不宜超过3m。

12.6.6 系统放大器、分配器、分支器、用户终端盒的安装

(1) 系统放大器的安装。

系统放大器为IC功率倍增电路，配有温度补偿，斜率控制，增益控制，双向传输等功能。放大器串接级数最多不超过三级。放大器的传输电平采用全倾斜方式，以减小交互调失真，因出入口电平较高，信噪比可得到保证。线路延长放大器安装在电缆信号衰减的最佳处，其增益控制在20dB，分配系统放大器控制在30dB，便于系统调整。

(2) 分配器、分支器的安装。

分配器、分支器采用高隔离度金属密封型。分配器分配损耗随分配数增加而加大，频率范围：5～862MHz及适合回输路径；二分配器之分配3.8～4.5dB；三分配器之分配损耗不大于4～8.1dB，相互隔离不应小于20dB应先用金属屏蔽盒的分配器及F—端子插销及插座，以避免高频直射波干扰产生重影。

分支器具有定向传输的特性，根据其于分配系统中所处的位置选择适当插信损耗和分支损耗的分支器使用户输出口的电平趋于均匀。分支器的相互隔离不应小于40dB（VHF）和35dB（UHF）。频率范围：5～862MHz及适合回输路径；分支器应用金属盒结构有F—端子插销及插座，以避免高频直射波干扰而产生重影。

分配器、分支器尽可能安装在建筑物内，但不论安装在室内、外，均应装入防护盒内，且符合电波泄漏标准。安装在户外时，距地面一般在2.5m左右。

(3) 用户终端盒的安装。按设计要求配置用户终端。按实际情况留出适当的用户终端余量，便于系统用户的扩容。用户终端盒的安装高度可取其下沿距地面30～150m。

12.6.7 防雷、接地及安全保护

防雷、接地的基本原理在第2章中作了介绍，这里仅对有线电视系统工程时需要遵守的7点规范作介绍。

GB 50200—1994《有线电视系统工程技术规范》对防雷接地的7条规范具体如下：

(1) 系统工程的防雷接地，必须按设计要求施工，新建工程接地装置的埋设宜与土建施工同时进行，对隐蔽部分应在覆盖前及时会同有关单位随工检查验收。

(2) 接闪器应与天线竖杆（独立避雷针则应与接闪器支持杆）同在地面组装。接闪器长度应按设计要求确定，并不应小于2.5m；直径不应小于20mm。接闪器与竖杆的连接宜采用焊接；焊接的搭接长度宜为圆钢直径的10倍。当采用法兰连接时，应另加横截面不小于48mm^{2}的镀锌圆钢电焊跨接。

(3) 避雷引下线宜采用25mm×4mm扁钢或直径为10mm圆钢。引下线与天线竖杆应采用电焊连接，其焊接长度应为扁钢宽度的3倍或圆钢直径的10倍。引下线与接地装置必须焊接牢固，所有焊接处均应涂防锈漆。

(4) 干线放大器的外壳和供电器的外壳均应就近接地。

(5) 架空电缆中供电器的市电输入端的相线和零线，对地均应接入适用于交流220V工作电压的压敏电阻。

(6) 重雷区架空引入线在建筑物外墙上终结后，应通过接地盒在户外将电缆的外屏蔽层接地。用户引入线户外连接经接地盒连至建筑物内分配器、分支器直至用户数出口。

(7) 在施工过程中，应测量所有接地装置的电阻值。当达不到设计要求时，应在接地极回填土中加入无腐蚀性的长效降阻剂。

12.7 有线电视和卫星电视系统的测试检验验收

12.7.1 有线电视系统的调试

12.7.1.1 系统调试步骤

GB 50200—1994对有线电视系统的调试有着具

体的要求，主要思想是：系统工程的各项设施安装完成后，对各部分工作状态进行调试，以使整个系统达到实际要求。具体表现为：

（1）前端部分的调试步骤。

1）检查前端设备所用的电源，是否符合设计要求。

2）在各频道天线馈线的输出端测量该频道的电平值，是否符合设计要求；如果不符，则要查明原因，给予解决。

3）在前端输出口测量各频道的输出电平，通过调节各专用放大器输入衰耗器，使输出口电平达到设计规定值。

（2）干线放大器、支线放大器输出电平调整步骤。

1）检查被测放大器的供电器所用电源，是否符合设计要求。

2）在每个干线放大器的输出端或输出电平测试点，测量其高、低频道的电平值，通过调整干线放大器内的损耗均衡器，使其输出电平达到设计要求。

3）分配器的调整按①、②两条进行。

（3）用户端测量步骤。

1）测量各用户端高、低频道的电平值，是否达到设计要求。

2）在一个区域内多数用户的电平值偏离要求时，应重新对分配放大器进行调整，使之达到设计要求。

3）在系统较大，用户数较多时，可只抽测10%～20%的用户。

调试过程中应当作好前端设备测试记录，干线放大器测试记录和用户端测试记录。

12.7.1.2　天线的调试

天线调试的最终目标是使系统用户获得清晰、稳定、色彩鲜艳，基本上觉察不出重影的四级图像。具体操作为：

（1）粗调。

1）天线调试要一个频道一个频道地进行。先将该频道的接收天线对准该频道电视台的发射天线，天线的输出端用电缆与场强仪输入端相连接，转动天线观察场强仪的电平指示值的变化。

2）将天线停留在电平指示值为最大时的方位上，若在调试过程中，场强仪的电平指示值始终低于57dBμV，检查接收天线又正常时，则应在附近另找一个接收信号的位置，或换一副增益高些的天线来代替。

3）将天线在最佳指向位置向左、右慢慢转动45°，这时，场强仪的电平指示值至少应下降3dB。若电平没有变化，说明天线连接有问题，应当立即检查并且排除故障。最后将天线固定在最大输出电平的指向上，加以适当固定。

（2）细调。在粗调结束后，断开天线与场强仪的连接，把通向前端的电缆与天线的输出端连接，然后用彩色电视机在前端观察每个频道的图像质量，在这一过程中要注意：

1）接收天线除接收由发射天线发来的直射波外，还接收到由周围建筑物反射的发射波，从而造成重影。

2）接收天线由于受到建筑物的阻挡，根本收不到直射波，收到的则是多方向的反射波。

3）接收天线与馈线的阻抗不匹配，造成信号在馈线内产生反射。

12.7.1.3　前端的调试

前端调试的任务就是将前端的输出信号的电平值调整到工程设计的设计值上，前端调试实质上是对各频道信号电平的调整。根据工程对前段输出信号电平的要求和放大器的增益就能确定输入放大器的最小电平值，考虑到滤波器、混合器的插入损耗就能算出需要天线提供的最小信号电平值。如果天线实际提供的信号电平值小于所需提供的电平值，则需将天线输出的信号经过天线放大器再送入前端。以满足前段对输入信号电平的要求。

在调试过程中，可用彩色电视机监视前端输出信号的图像质量。由于前端输出电平通常在100dBμV以上，所以不能直接把电视机的输入端与前端输出端相连，中间应增加30～40dB的衰减器。通过调节频道的衰减器，使各频道在主放大器的输入端插值等于或小于GB 11218.2—1989的规定值，以减少交调的产生。

前端中若有录像机、卫星电视接收机传输过来的信号，在调试前必须使它们处于正常的工作状态，观察它们的信号本身是否存在声、像干扰。对于多频道的信号更要检查是否有交调和互调干扰。

经过调试，前端的输出电平满足施工设计要求，用电视机观察各频道信号的图像质量均能达到四级，则可认为前端调试结束。

12.7.1.4　干线和分配网络的调试

（1）干线调试的重点是放大器输出的电平值的调整和均衡器的配接是否合适。通常在设计阶段只是对干线长度作一估计，所以实际上干线的长度肯定会有变化，所以必须根据实际情况重新选用均衡器和调整放大器的增益，使放大器的输出电平达到工程设计要求，各频道信号电平的差值应满足GB 11218.2—

1989 的要求。调试过程中除用场强仪测试每个放大器的输出端、每个频道的信号电平值外，还应通过彩色电视机收看各频道信号的图像质量和交调情况。

(2) 分配系统可在安装完毕后便进行粗调，但必须在线路放大器输入端接上一个信号源，通常可用电视信号发生器发送彩条，调节电视信号发生器的射频信号输出电平，使线路放大器的输出电平达到工程设计值，然后用场强仪测试每根分支电缆的最末端的用户终端盒输出的电平，观察其是否符合设计要求。

(3) 调试分配网络，在分配网络中出现问题最多的是电缆接头接触不良。有的将输入、输出端错接而造成分支端输出电平过低，有的是分支器的分支损耗稳合，达不到设计的要求。

(4) 前端调试完毕后，应使用前端输出的信号进行细调，首先调整线路放大器，使其输出电平达到设计要求。接着由前向后，沿分支电缆的走向逐点测试分配器、分支器和每个用户端的各频道信号的电平值，检查是否符合设计要求。

12.7.1.5 系统的统调

系统的统调是在对系统的天线、前端、传输干线和分配网络分别调试完毕的基础上进行的。主要工作有以下 3 点：

(1) 寻找重影产生的原因。

1) 直射波的串扰。由于场强太强，电波不是经天线、前端进入用户端，而是由电缆、分配器、分支器等部件直接进入电视机。所以反应在电视的屏幕上是左重影，解决的办法是采用金属外壳封装的分配器和分支器来替代原有的用塑料外壳封装的分配器，并且适当提高用户端的电平。

2) 系统内部的不匹配。系统内部不匹配造成用户端出现右重影。出现这种重影首先应检查各分配器、分支器和电缆的连接是否良好，特别是电缆的屏蔽线和分支器、分配器的地线接触是否良好，这对于地面频道信号来说尤为重要。

检查系统内所用分配器的分配端是否有空载，有则以 75Ω 负载电阻端接。各分支电缆最末一个分支器的主输出端应接端 75Ω 负载电阻。做到系统内部负载均衡。

(2) 交调。交调在前端输出的信号中不存在，而是在用户端出现的交调。其现象是在背景较暗的图像上仔细观看电视机屏幕上有一条灰色竖带，其亮度比图像的背景稍亮些且缓慢地向右、向左移动。如果有的话，就表明存在着交调现象。由于交调是因放大器的非线性造成的，解决的最好办法是降低放大器的输出电平或选用标称最大输出电平比原来的放大器大的放大器，具体降低哪一个放大器的输出电平或替换哪一个放大器则要视具体情况而定。

(3) 其他干扰。各种外来干扰会使图像的质量受到伤害，有时屏幕上出现网纹干扰，通常是有广播电台的高次谐波，汽车发动机的点火装置和热塑机等工业机电设备产生的火花引起的，在这种情况下通常采用屏蔽和避开干扰源的方法，减少干扰对系统的影响。

有时在电视机屏幕上出现 1～2 条水平方向的横道向上或向下缓慢移动，如果电视机是好的，那么有可能是系统内的有源部分的支流电源纹波过大。系统在调试结束之后，应试运行一段时间，如发生故障应及时查明原因和排除故障，做好维护工作。

12.7.2 卫星电视接收系统的调试

12.7.2.1 调试方法

卫星电视接收系统的调试方法可分为粗调和细调两大部分。

(1) 粗调。粗调就是通过转动天线支撑架上的圆盘和调整天线斜支撑架的角度，使天线的方位角和仰角大致符合计算出来的数值。并将紧固螺母稍为拧紧，使天线保持不动即可。

(2) 细调。天线的细调是在对信号进行接收的前提下实施。细调前首先要将一台卫星接收机，一台监视器与电缆、电源插板等连接好。其次将卫星电视接收机预调到要接收的卫星电视节目的频道上，接通电源后，监视器上应出现卫星电视节目的模糊图像。这时，微调天线的方位角和仰角，使图像质量达到最好，图像背景最干净。

细调还可以通过使用示波器观察图像信号的波形进行。将卫星接收机输出的图像信号用电缆送入示波器，调整天线的方位角和仰角，微调馈源的位置和角度，使图像信号的行同步信号幅度为最大值，且同步头上的噪波干扰最小为止。

12.7.2.2 极轴天线的校准

极轴天线的校准步骤如下：

(1) 校准立柱的垂直度。

(2) 天线口面与极轴面的校准。

1) 利用多功能罗盘测出磁南北极，再根据当地的磁偏角修正，找出正北方向，通过天线立柱画出南北线。

2) 松开立柱外套上的四个螺钉，将天线口面和极轴线调成直线并对准正南。

(3) 确定与调整极轴角。

1) 根据当地的纬度，查出极轴角近似等于纬度见表 12-30。

表12-30 极 轴 角

地区	纬度	极轴角	补偿角	正南仰角
北京	39.92	40.62	5.55	43.83
南京	32.07	32.66	4.59	52.75
广州	23.25	23.77	3.43	62.80

2）调整极轴角。

（4）调整仰角。

1）确定补偿角；

2）进行仰角的计算；

3）调整仰角。

（5）利用仪器对天线进行精调。

1）将仪器置于频谱档，按天控器按钮，使天线扫描，找到位于正南附近的卫星，这时在测试仪屏幕上可呈现该卫星水平（或垂直）极化方向上的所有频道信号的频谱线；左右微调天线，使谱线最长。

2）微调极轴角螺杆，使天线上下微动，找到信号最强处，这时谱线最长。

3）按动天控器，使天线向东大幅度摆动，找到东边另一颗卫星，并微调使信号最好。

4）微调极轴角螺杆，观察信号场强变化，如果在仰角抬高时，谱线最长，则说明支座方向偏东，应将支座向西微调；反之，则应向东微调。

5）将天线返回到正南那颗卫星，重复上述2）～4），经来回重复数次，逐步逼近，直至天线支座对准正南为止。

12.7.3 系统的验收

12.7.3.1 系统验收的一般规定

（1）系统工程竣工后，应由设计、施工单位向建设单位提出竣工报告，建设单位向系统主管部门申请验收。系统工程验收由系统主管部门、工程的设计、施工、建设单位的代表组成验收小组，按规范规定和竣工图纸进行验收。

（2）系统工程验收前，应由施工单位负责提供调试记录。系统工程验收测试必需的仪器、设备由主管单位负责解决，仪器应附有计量合格证。

（3）系统工程验收。系统工程验收包括以下内容：

1）系统图像质量的主观评价；

2）系统质量的客观测试；

3）系统工艺规范和施工质量的检查；

4）系统避雷、安全和接地设施的检查；

5）验收文件和图纸、资料的审核移交。

（4）系统规模的分类。系统规模按所容纳的输出口数分为4类：

1）A类：系统所容纳的输出口数10000以上；

2）B类：系统所容纳的输出口数2001～10000；

3）C类：系统所容纳的输出口数300～2000；

4）D类：系统所容纳的输出口数300以上。

（5）标准测点的规定。作为系统主观评价和客观测试用的测试点称为标准测试点。标准测试点的最小数量规定如下：

1）对于A类和B类系统，每1000个系统输出口中应有1～3个测试点，而且至少一个测试点是位于系统中主干线的最后一个分配放大器之后的。对于A类系统，其中系统设置上相同的测试点可限制在10个以内。

2）对于C类系统，至少应有二个测试点，其中一个或多个测试点应接近主干线或分配线的终点。对于D类系统，至少有一个具有代表性能测试点。

12.7.3.2 系统质量的主观评价

（1）图像质量的主观评价和标准。图像质量的主观评价采用五级损伤标准。图像和伴音质量损伤的主观评价项目如表12-31所示。五级损伤标准如表12-32所示。

表12-31 主观评价项目

项　目	损伤的主观评价现象
载噪比	噪波，即"雪花干扰"
交扰调制比	图像中移动的垂直或倾斜图案，即"串台"
载波互调比	图像中垂直、倾斜纹或水平条纹，即"网纹"
载波交流比	图像中上下移动的水平纹，即"滚道"
回波值	图像中沿水平方向分布在右边一条或多条轮廓线，即"重影"
色/亮度时延差	色、光信号没有对齐，即"彩色鬼影"
伴音和调频广播的声音	背景噪声，如丝丝声、哼声、蜂声和串音等

表12-32 五级损伤标准

图像质量损伤的主观评价	等　级
不觉察有损伤	5
可觉察，但不讨厌	4
有些讨厌	3
很讨厌	2
不能观看	1

（2）系统质量主观评价的方法和要求。

1）输入前端的射频信号源质量不得劣于4.5级。当信号源质量在4.5级以下时，可以采用标准信号发生器或高质量录像信号代替。

2）电视接收机应是彩色、全频道、符合国家标准的。

3）观看距离为荧光屏面高度的6倍，室内照度适中，光线柔和。

4）系统应处于正常工作状态。

5）视听人员既有专业人员，非专业人员，视听人员首先在前端对信号源进行主观评价，然后在标准测试点独立视听。

6）信号源质量符合设计要求时，主观评价项目中的各项目在每个频道的得分值均不低于五级损伤标准中所要求的4级标准，则系统质量的主观主评价为合格。

（3）系统质量的客观测试。

1）在不同类别系统的每一个标准测点上的客观必测项目如表12-33所示。

2）在主观评价，确认不合格的项目，可以增加表12-33规定以外的测试项目，并以客观测试结果为准。

3）系统质量的客观测试参数要求和测试方法要符合GB/T 6510—1996《电视和声音信号的电缆分配系统》的规定。

表12-33　　客观必测项目

项　目	类　别
图像和调频载波电平	A、B、C、D
载噪比	A、B、C
载波互调比	A、B、C
交扰调制比	A、B
载波交流声比	A、B
频道内频响	A
色/亮度时延差	A
微分增益	A
微分相位	A

12.7.3.3　系统工程的施工质量

（1）施工质量检查要点。施工质量检查要点如表12-34所示。

（2）系统工程的施工质量应取得验收组成员的认可，才可确定为合格。

（3）与土建工程同步施工的系统中隐蔽工程的施工质量可由建设单位、施工单位进行验收，验收记录作为施工质量验收的依据。

表12-34　　施工质量检查要点

检查项目		检　查　要　点
接收天线	天线	（1）振子排列、安装方向正确。 （2）各固定部位牢固。 （3）各间距合乎要求
接收天线	天线放大器	（1）牢固安装在竖杆上。 （2）防水措施有效
接收天线	馈线	（1）穿金属管保护安装。 （2）电缆与各部件的接收点正确、牢固、防水
接收天线	竖杆（架）及拉线	（1）强度够。 （2）拉线方向正确、拉力均匀
避雷针及接地		（1）避雷针安装高度合适。 （2）接地线合乎施工要求。 （3）各部位电气连接良好。 （4）接地电阻≤4Ω
前端		（1）设备及部件安装地点恰当。 （2）连接正确、美观、整齐。 （3）进、出电缆符合设计要求，有标记
传输设备		（1）按设计安装。 （2）各连接点正确、牢固、防水。 （3）空余端正确处理，外壳接地
用户设备		（1）布线整齐、美观、牢固。 （2）输出口用户盒安装位置正确、安装平整。 （3）用户接地盒、避雷器按要求安装
电缆及接插件		（1）电缆走向、布线和敷设合理、美观。 （2）电缆弯曲、扭转、盘接不过分。 （3）电缆离地面高度及与其他管线间距离要求合适。 （4）架设、敷设的安装物件选用合适。 （5）接插部件牢固、防水、防蚀
供电器、电源线		符合设计要求、施工要求

12.7.3.4　系统工程的验收

工程验收是施工方向业主移交的正式手续，也是业主对工程的认可。GB 50200—1994《有线电视系统工程技术规范》对验收的具体简述如下。

系统工程验收的内容如下。

1）基础资料：接收频道，自播频道与信号场强；系统输出口数量，干线传输距离；信号质量（干扰、反射、阻挡等）；系统调试记录。

2）系统图，包括：前端及接收天线；传输及分配网络系统；用户分配电平图。

3）布线图，包括：前端、传输、分配各部件和标准试点的位置；干线，支线路由图；天线位置及安装图；标准层平面图，管线位置，系统输出口位置；与土建工程时施工部分的施工记录。

4）客观测试记录。

5）施工质量与安全检查记录。

6）设备，器材明细表。

7）主观评价。

第13章 chapter13 视频会议系统的设计与施工技术

视频会议系统目前已在大的部委和单位得到广泛应用，也是从事弱电工程领域的技术人员必须关注的。

本章重点介绍的内容有：视频会议系统基础知识；视频会议系统的有关标准；视频会议系统工程设计；视频会议系统的施工；视频会议系统的测试检验验收。

13.1 视频会议系统基础知识

13.1.1 视频会议系统的现状

视频会议在许多国家引起了重视，并得到了发展。视频会议（早期称电视会议）在国外，如美国的VTEL、Picture Tel、英国的GPT、日本的Hitachi、NEC、KDD、以色列的RAD、法国的SAT等公司都不断有视频会议新产品问世，视频会议的业务也取得长足的发展。美国军方在1981～1985年在军用会议电视设备费用就达9亿多美元。在海湾战争后，仅美国军方的会议电视系统就发展到200多个，日本目前至少已有100多个会议电视室，为远程教育、远程医疗、金融服务提供了实现的手段。

目前，国内视频会议产品化的工作已经初具规模，其中深圳中兴通信公司（以下简称中兴通讯）1996年推出的ZXMVC3000型会议电视终端设备及MCU（多点控制单元）设备影响最大。1996年总产值达3千万元，1998年的总产值达到1亿元左右，占国内产品市场份额第一，深圳华为公司的ViewPoint视频会议系统设备在国内也有了一定的市场。

我国电视会议实验系统早就在国内出现，但真正实用的会议电视业务却是在1994年国家公众会议电视骨干网的开通以后才开始的。1994年9月6日，国务院首次利用国家会议电视骨干召开了全国电视会议，全国各省市有180多万人收看、收听会议的内容。党政机关和国务院各大部委也经常召开电视会议。与此同时，我国还成功地与德国、新加坡、马来西亚、韩国、法国、加拿大、美国、日本、芬兰、瑞士、澳大利亚、泰国等开通了电视会议。

近年来，包括北电、爱立信、阿尔卡特等在内的通信业巨头以及IBM、微软等IT巨头纷纷进入视讯行业，推出了多种统一通信解决方案。如基于IP和SIP通信解决方案，提供音频会议、数据会议和视频会议。ZXV10IPTVVOD整体解决方案、中兴通信多媒体远程教育系统解决方案、中兴通信行业视频会议系统解决方案、中兴通信政府应急指挥系统解决方案等。

13.1.2 视频会议系统组成和分类

13.1.2.1 视频会议系统组成

目前视频会议的传送网络都是利用现有的电信网络（如数字微波、数字光纤或卫星等数字通信信道）或计算机网络。例如，视频会议信号可以在PCM数字信道或DDN网中以E1速率（2.048Mbit/s）或更低的速率（如384Kbit/s）传输；可以在N-ISDN网上以64Kbit/s、128Kbit/s或P×64Kbit/s的速率传输；可以在计算机局域网中以分组方式传输。

视频会议系统主要由终端设备、传输信道（通信网）以及多点控制单元（MCU：Multipoint Control Unit）三部分组成如图13-1所示。

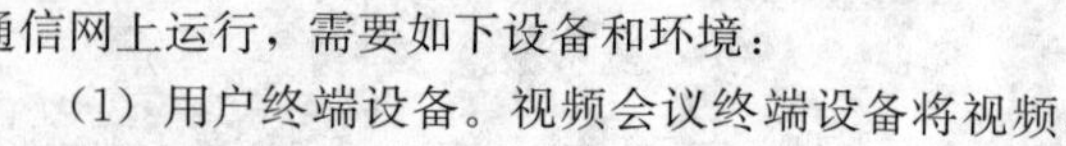

图13-1 电视会议系统的构成

其中，用户终端设备和MCU是视频会议系统所特有的部分，而通信网络则不是视频会议系统所特有的，它是已经存在的各类通信网，视频会议的设备在通信网上运行，需要如下设备和环境：

（1）用户终端设备。视频会议终端设备将视频、音频、数据、信令等各种数字信号分别进行处理后组合成一路复合的数字码流，再将它转变为与用户一网路接口兼容的，符合传输网络所规定的信道帧结构的信号格式在信道上传输。其中用户一网路接口是一种能够满足视频会议终端设备（或MCU）与传输信道接口要求的数字电路接口。

（2）通信线路网络。视频会议的传输介质可采用光缆、电缆、微波以及卫星等数字信道，或者其他类型的传输信道。在用户接入网的范围内，可以采用 HDSL、ADSL 等设备进行传输。视频会议业务可以在现有的多种通信网络中展开，如 SHD 数字通信网、DDN、ISDN、ATM 或帧中继网络以及在各种计算机网络中传输，如 LAN、WAN、Internet 等。无论是电信网还是计算机网，视频会议系统主要是利用它们来传送动态或静态图像信号、语音信号、数据信号以及系统控制信号。

（3）多点控制单元（MCU）。在目前的各种网络本身的通信控制机制中，还不能完全满足会议电视系统所要求的多点对多点通信控制功能。因此，除了终端设备、通信线路外，视频会议系统要进行多点视听信息传输与切换，还必须增设多点控制单元设备。MCU 根据一定准则处理视听信号，并将它们分配给应连接的信道。在某种意义上说 MCU 的作用就像电话网的交换机，但其功能和要求比电话交换机复杂，必须按用户的要求将所传输的信息传到对方设备上。

（4）传输和接口技术。视频会议要借助通信网络的通信线路进行信息传输，而现实的通信网络多种多样，有公共电话网（PSTN）、综合业务数字网（ISDN）、数字数据网（DDN），有各种专网，有 LAN（包括以太网，令牌环网，FDDI），还有各种无线通道。因此，视频会议系统必须根据不同信道、网络的传输特性来进行多种媒体数据的传输。视频会议终端或 MCU 必须将自己的复合码流转换成传输网络所能接受的数据帧格式、信号格式和互控协议，然后经过网络接口送到传输网络。

视频会议系统的用户—网络接口为用户终端设备或 MCU 设备进入通信网络提供方便，进入不同的通信网络必须采用不同的用户—网络接口。

1）公共电话网接口：在模拟公用电话网的话音通道里传输数字信息，必须使用符合 V 系列建议接口标准的调制解调器（Modem）。

2）ISDN 和 B-ISDN 用户网络接口：ISDN 用户通过一个标准的网络—用户接口用普通电话线连接上网。B-ISDN的用户—网络接口与 ISDN 的参考配置相同。

3）高速用户线接入：目前可采取高速数字用户线（High Digital Subscriber Line，HDSL）或不对称数字用户线（Asymmetric Digital Subscriber Line，ADSL）等技术。将来有可能利用光缆到用户的接入方法。

4）计算机网的接入：用户接入计算机网必须符合一定的网络协议。除了局域网，远程计算机联网是通过公用电信网络实现的，网络互连的协议主要为 TCP/IP 协议。计算机网络接入可分为有线网络接入和无线网络接入。其技术已经成熟。

（5）视频会议终端主要功能。视频会议终端属于用户数字通信设备，在视频会议系统中处在用户的视听、数据输入/输出设备和网络之间。如图 13-2 所示的视频会议终端 A，它的主要作用就是将 A 处会议点的实况图像信号、语音信号及用户的数据信号进行采集、压缩编码、多路复用后送到传输信道上去。同时把从信道接收到的电视会议信号进行多路分解、视音频解码，还原成对方会场的图像、语音及数据信号输出给用户的视听播放设备。与此同时，视频会议终端还将本点的会议控制信号（如建立通信、申请发言、申请主席控权等）送到 MCU，同时接收 MCU 送来的控制信号，执行 MCU 对本点的控制指令。构成如图 13-2 所示。

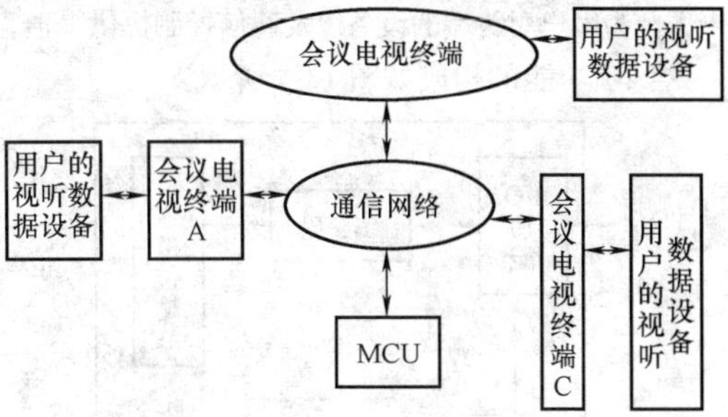

图 13-2　终端设备在系统中的位置

图 13-2 所示终端设备主要完成以下功能：

1）完成用户视频、音频和数据信号的输入与输出。一般输入到终端的视频、音频都是模拟信号。终端的 I/O 模块就要将它们进行数字化，变为数字视音频信号。例如将模拟视频信号首先变为 PCM 数字视频，进而再转换为 CIF 或 QCIF 的数字视频；将音频信号变为 PCM 数字音频信号。

由于最终送到用户声像设备的信号必须是模拟信号，因此，电视会议终端还要将经解码后得到的数字视频和音频信号重新转化为模拟信号输出，作为用户监视器和音响设备的输入。

2）对数字视频、音频信号进行压缩解码。视频信号的压缩编解码必须按照 H.261 建议进行，音频信号的编解码可以选用 G.711、G.722 或 G.728 标准。其中 G.711 标准的语音编解码能力是每个终端必须具备的，其他两种标准的编解码能力是可以选用的。选用是有条件的，必须在通信的双方或多方都具有此项能力，并通过控制和指示信号达成一致使用的情况下方可生效。

3）信道传输。它包括对数字视频的缓存、纠错编码，对各种媒体信号的多路复用/解复用，以及终端和信道接口等功能。缓存的作用是将编码后输出的不定速率的视频信号，经缓冲存储后变为固定速率的视频信号。再对这一视频信号进行 BCH（511，493）纠错编码，编码后送往多路复用电路。多路复用是将压缩编码后的音频、纠错后的视频、数据信号及控制信号合成为一路数字码流送往接口电路。按照不同信道传输码的要求，接口电路将复用电路送来的符合 H. 221 帧结构的信道码流进行信号及波形变换。如为了满足 E1 信道的传输要求，必须将终端输出的码流转变为符合 G. 703 标准的 HDB_3 码后送上信道进行传输。以上是信道传输中的发送功能，信道接收功能和发送部分相反，就不再细述。

4）系统控制功能。终端设备中的系统控制模块完成对 I/O 模块、编解码模块、信道传输模块的控制作用。控制模块还承担电视会议系统中端到端及端到网络信令的传送、为用户对终端的设备以及通信控制提供渠道。

这四项功能的构成如图 13-3 所示。

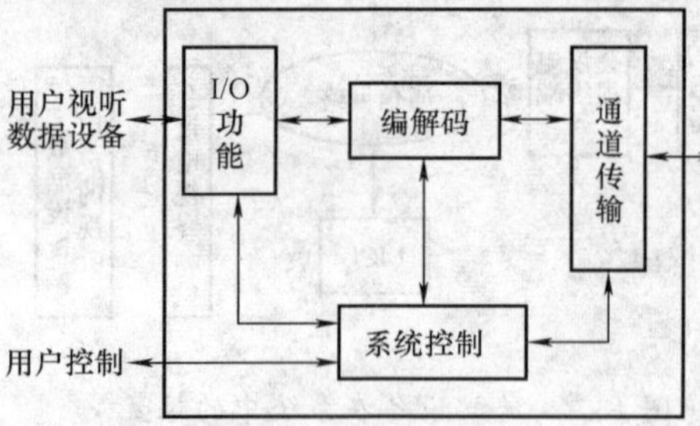

图 13-3　电视会议终端功能示意图

（6）视频会议室终端的组成。会议室的终端最简单的配置如图 13-4 所示。终端设备左边是用户 I/O 设备，包括摄像机、监视器、麦克风、扬声器及数据设备。核心是编解码，常常称终端设备为编解码器。

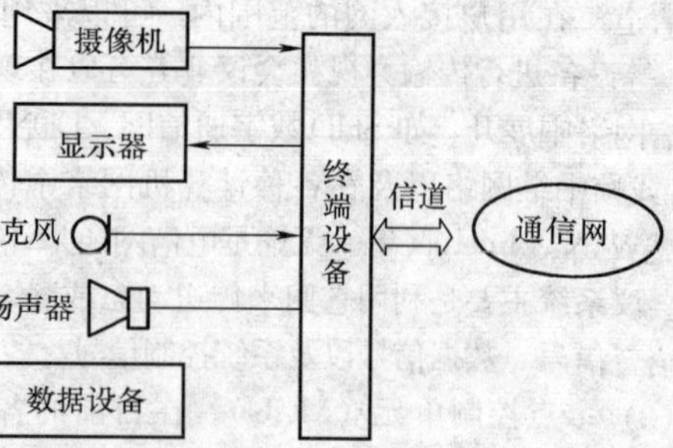

图 13-4　终端设备的基本配置

码编过程如图 13-5（a）所示，编码器的信源为来自摄像机的视频信号和来自麦克风的话音信号。PLA 制或 NTSC 制的模拟视频信号经过数字化（包括亮色分离）形成符合 CCIR601 标准的 Y/U/V 分量数字视频。三路分量数字视频进入 CIF 格式转换电路后，形成一路公共中间格式（CIF）数字视频送到 H. 261 视频编码环路进行压缩编码。再经接口电路形成标准的传输码形，送入信道传送。

来自麦克风的模拟语音信号经过低通滤波器后送往 A/D 单元形成数字语音信号。再对数字语音信号进行 G. 711、G. 722 或 G. 728 标准的压缩。经压缩后的语音信号在复用以前还要经过一定的时延，以保持语音和图像的时间上的一致性。

来自外部数据设备的数据，直接进入编码器。

解码器的工作过程与编码器基本相反如图 13-5（b）所示。

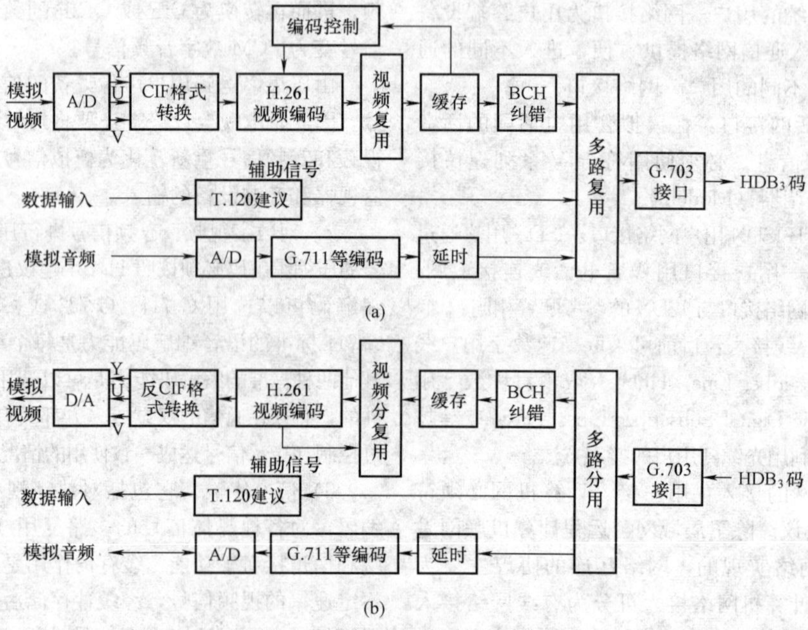

图 13-5　电视会议编解码器框图
（a）编码器；（b）解码器

13.1.2.2 视频会议系统分类

（1）视频会议系统按用户组成模式上分为点对点和群组视频会议系统（多点）两种。

（2）视频会议系统按技术实现方式上分为模拟（如利用闭路有线电视系统实现单向视频会议）和数字（通过软硬件计算机和通信技术实现）两种。

（3）视频会议系统按应用环境分为基于 Web 的视频会议系统、基于硬件的视频会议系统、基于软件的视频会议系统。

（4）视频会议系统按标准体系分为基于 H.323 标准的视频会议系统和基于 H.320 标准的视频会议系统。

1）点对点的视频会议系统。主要业务有：可视电话；桌面视频会议系统；会议室型视频会议系统。

点对点视频会议系统只涉及两个会议终端系统，其组网结构非常简单，不需要 MCU。

2）多点视频会议系统。多点视频会议系统允许三个或三个以上不同地点的参加者同时参与会议。多点视频会议系统一个关键技术是多点控制问题，多点控制单元（MCU）在通信网络上控制各个点的视频、音频、通用数据和控制信号的流向，使与会者可以接收到相应的视频、音频等信息，维持会议正常进行。

在多个会议场点进行多点会议时，必须设置一台或多台 MCU。多点会议组网结构比较复杂，根据 MCU 数目可分为两类：单 MCU 方式和多 MCU 方式。而多 MCU 方式一般又可分为两种：星型组网结构和树型组网结构。

在会议场点数目不多且地域分布比较集中时，可采用单 MCU 方式，由单个 MCU 连接的多点视频会议系统的会议控制模式常常是声控模式和发言者控制模式。

多 MCU 连接的星型组网结构，其中 VCT 是视频会议终端 Video Conference Terminal 的缩写。这种星型结构对会议终端系统要求较低，增加新会议场点时易扩展。由于该组网方式的会议场点数目较多，其会议控制模式宜采用主席控制模式。

多 MCU 连接的树型组网结构最适宜于部署在各会议场点地域上很分散的情况，可利用 ISDN、B-ISDN或长途数字传输网（DDN）等通信网络。这种树型结构覆盖的地域很广，也可以进行国际视频会议，不仅易于扩充，而且更易于管理。适于这种结构的会议控制模式是声控模式和主席控制模式。

3）硬件视频会议。硬件视频会议产品由视频终端、MCU（多点控制器）、网络平台通信系统、管理工具和配件等组成。基于硬件的视频会议系统投入较大，建设复杂，灵活性不够。

4）软件视频会议系统。软件视频会议系统产品大部分是按自己的体系结构基于 IP 网络开发的。这种软件系统按 C/S 或 C/W 模式，基本上由 Client 端、Server 端和网络传输三部分组成。其中部分软件产品中是按照 H.323 标准实现其部分模块，如网关、MCU、Gatekeeper 软件。

5）Web 视频会议。基于 Web 的视频会议系统是把视频会议技术与 Web 技术结合，用户只需会简单使用 IE，就可以与对方进行点对点和点对多点的沟通，这当然需要服务提供商的支持。基于 Web 的视频会议系采用视频中间件构建的视频服务器提供用户目录、认证和授权、视频流分发等服务，在 Web 应用服务和电子邮件系统中调用相应的视频控件，完成了信息发布、简历资料上传、网络面试预约、有效地实现了用户之间的交流，用户不需要安装任何额外的应用程序，使用起来十分方便。

6）H.320 标准的视频会议。H.320 是 ITU-T 较早期的视频会议标准，该标准完全建立在一系列视频会议系统专有的技术之上。我国早期建设的视频会议系统大多基于 H.320 标准。

7）H.323 标准的视频会议。而 H.323 标准完全建立在通用的、开放的计算机网络通信基础之上。H.323 标准是为了允许不同厂商的多媒体产品和应用能互操作，该标准涵盖了音频、视频和数据在 IP 网络上的通信，包括各种独立设备、个人计算机技术以及点对点和点对多点视频会议，该标准解决了视频会议中呼叫与会话控制、多媒体与带宽管理等问题。目前，H.323 标准的视频会议系统可以有ADSL、电信专线、卫星网络等多种选择。

13.1.3 视频会议系统的信号、音频输入和输出

（1）视频会议信号的输入。视频会议终端设备的视频信号，大部分来自摄像机。目前普遍使用的是 CCD 彩色摄像机，因它输出的是模拟彩色全电视信号，因此又叫做模拟摄像机。当然，这种模拟摄像机也是相对于最近出现于市场的一些数字摄像机而言的。尽管现在数字摄像机已开始进入市场，但它们的输出大部分是经过压缩的数字信号，且压缩的方式和电视会议不同，因而暂还不能直接作为电视会议的数字视频输入。

摄像机的质量也有高低之分，大体上分为专业级、业务级和家用级三等。对于大型的会议室型电视会议系统，可采用质量较好的专业组摄像机或业务级摄像机。要求摄像机的输出视频信号不失真，彩色逼真，同时信噪比要高，噪声要小，尤其是在光线暗的

情况下更是如此。如果摄像机输出的噪声较大，由于噪声并不如图像信号那样具有相关性。编码器对噪声来说是失效的，反而会无端地增加编码器的负担。对摄像机还要求它具有较高的光灵敏度，一般要求最低的照明度小于20lx，这样方可保证在普通光照下摄像机也能正常工作。

对于桌面型电视会议系统，一般选用家用级摄像机，也可选用置于计算机显示器顶上的袖珍摄像头。

在会议室系统中，一般设置多台摄像机。一台主摄像机安装在主显示器的顶部，用来拍摄会场的重要人物及内容。一台辅助摄像机安装在会议室的某一地方，用来拍摄会场的全景或其他需要传送的场面。因此，摄像场面分为全景及讲演人（特写）两种模式，这两种模式的选择可由本会场控制，也可由其他会场来控制。有条件的还可固定设置一台高精度的文件摄像机，并配置适当的光线，将文件、图表等放在摄像机下面，这样就能清晰地把所摄图像传送出去。如果在主会场以外还有分会场或其他现场，只要在分会场安装一台或多台摄像机，需要时也就可以把分会场的场景图像发送出去。

因为视频会议编解码器在某一时刻只传输一路图像，对来自多个摄像机的视频信号则要进行选择输入。有些电视会议编解码器具有两路视频信号输入，还有的具有四路视频信号输入，通过控制面板，用户可以自由选择某路视频信号的输入。除了摄像机输入以外，录像机、磁带机、光盘机等都要提供视频信号输入，但这些设备输出的必须是标准的复合视频信号或S-Video信号。

对于众多的视频信号，单靠编解码器的切换往往是不能胜任的，此时可增加一台多路视频选择器来解决这一问题。视频选择器实际上是一种多路模拟视频切换开关，可以对多个输入模拟视频进行适配，然后再进行切换，由用户控制信号来选择，将所需要的视频信号送入视频编解码器。

文件摄像机的输出的静止图像，为了获得较高的清晰度，可经JPEG标准压缩以后，在编解码器的数据通道中传输，此时要求对方也具有JPEG解码功能。当然，也可将此静止图像信号通过活动图像的视频口接入，作为场景图像经H.261编码后传输。用后一种方法来传输静止图像主要的好处是方便，但受活动图像编码标准H.261的CIF格式的限制，所传静止图像的质量显然较差，同时也切断了正常会议场景的传送，应尽量避免使用这种方式。

视频会议的编解码器可以接收PAL制或NTSC制模拟彩色视频信号，具体使用时可以针对不同的输入制式，通过控制面板进行相应的设置。视频信号可以是复合视频信号，要求幅度为$1V_{p-p}$，阻抗为75欧姆；也可以是S-Video信号，其中Y信号幅度为$1V_{p-p}$，色度C信号幅度为$0.3V_{p-p}$，阻抗皆为75欧姆。从理论上说，主摄像机最理想的位置是将摄像机放在监视屏幕中心，这样可以形成一种双方与会者自然对视的效果，而不会出现仰视、俯视或斜视的情况，当然这是办不到的。因此我们只能将主摄像机放在主监视器顶上，镜头正对着与会者。

（2）视频会议信号的输出。经过解码重建的数字图像信号，输出显示方式可分两种：单画面显示方式，一台监视器只显示会议的一个场面，即显示一个画面；多画面显示方式，该方式需要多台监视器。在多画面方式中，显示对方会议场景的监视器叫做主监视器。除了主监视器外，还有辅助监视器，如用来显示正在发送的本地会场图像的本地监视器，用来显示对方文件摄像机送来的静止图像的监视器等。

在会议室型的视频会议系统中，一般采用大屏幕专用彩色监视器，或者彩色电视机兼作监视器用。对于大型收看会场，可采用100in屏幕的投影电视，这样可容纳很多的观众。

对于桌面视频会议系统，图像的显示比较简单：打开计算机显示器上的窗口，就能收看到对方会场的活动图像，窗口尺寸和位置随意调整。还可以设置自监窗口，审视自己送出去的图像；设置静止图像显示窗口，专门用于观察对方送来的静止图像、文件等。所有这些窗口随时都可予以关闭。在这种情况下，解码器输出的Y/R-Y/B-Y数字视频信号，经过格式变换成为相应的R、G、B信号送到计算机的显示卡，通过计算机显示屏将图像显示出来。计算机显示窗口图像的控制能力，是由计算机所决定的，根据需要可在计算机中增加一块电视卡，将Y/U/V或R/G/B数字视频编码成和电视标准一致的NTSC或PAL制复合视频或S-Video输出，供另一台彩色监视器使用。

（3）视频会议的音频输入。在视频会议系统中，音频传输仍然占据最重要的地位。因此，即使没有图像或在图像信息发生故障时，只要能保持语音信息的畅通，通信就可以继续进行下去。视频会议中对语音的输入输出没有什么特殊的要求，只要符合一般数字通信中有关数字音频的规定就行了。

语音是通过麦克风输入的，麦克风将声音的机械振动转变为电信号，这就是模拟音频信号。麦克风有动圈式、电容式和驻极体等多种类型。从传声质量指标来看，动圈式麦克风最好，而电容式的指标居中间。由于视频会议传送的多为窄带语音信号，因此采用电容式麦克风就可以了。一般电容式麦克风的频响范围为100～13000Hz，灵敏度－50dB左右，输出阻抗为2kΩ左右。

在桌上型系统中，驻极体麦克风很合适，灵敏度高，价格低廉，但这是一种输出阻抗比较高的麦克风，使用时必须注意和输入电路和恰当匹配。

（4）视频会议的音频输出。经解码器输出的数字音频，由A/D变换、放大后，成为模拟音频信号，直接推动喇叭发出声音。但终端设备所输出的音频功率有限，如在会议室中，为了让更多人收听，必须进行音量放大，这可由外置音频功率放大器来完成。对于桌面会议系统，扬声器所需的音频功率较小，由终端设备直接驱动即可。

会议室型视频会议系统中，由于各种应用的要求不同以各种条件的限制，音视输入、输出设备的配置是比较复杂的，图13-6是一种最为常见的配置，应用中可根据实际情况进行合理的增减，其中阴影部分的设备是桌面系统所必备的，实际也是视频会议终端的最小配置。

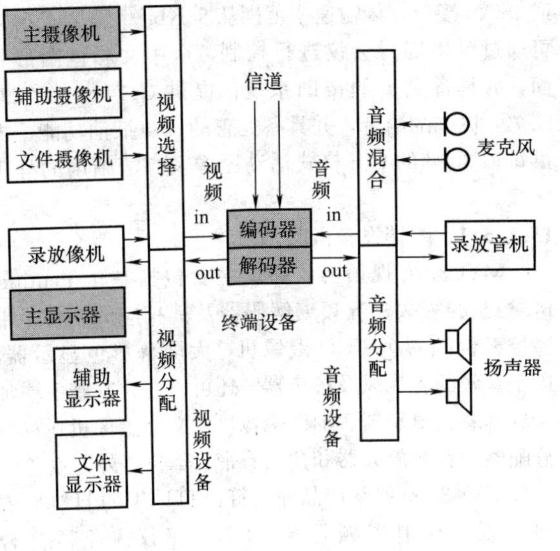

图13-6　会议室系统的视频、音频I/O

注　阴影部分为桌面系统所必备。

13.1.4　视频会议主要技术

13.1.4.1　视频编码

视频编码的主要任务就是将输入的数字视频信号经过压缩编码形成符合H.221标准的视频码流，主要经过以下几个处理过程。

（1）格式转换。编码器中的格式转换部分将输入的CCIR601标准的（4∶2∶2）方式的YUV（PAL或NTSC制）数字视频信号转换为CIF或QCIF格式的信号，供H.261编码器使用。

（2）视频编解码环路。CIF（或QCIF）信号，以块组（GOB）、宏块（MB）和块（B）的层次逐个进入视频编码环路。视频编码环路采用的是混合编码器。

（3）同步的建立。H.221帧结构建立的关键是8kHz定时的方法叫做帧同步的建立。接收端不断地检测所收到的复合数据码流中的SC信道里的内容，此时处在同步搜索状态。

（4）不同传输速率的时隙安排。H.320电视会议系统所定义了P×64Kbit/s的传输速率，原则上P为正整数，可以取1到30，不同的P值就形成各种不同的传输速率。在实际的码流传输中，不但有传输速率的不同，而且码流结构还分为单模方式和多模方式两种。

单模方式：在这种模式中只有一个包含FAS和BAS的公务信道，如单B、单H_0、单H_{11}/H_{12}或任何其他速率的单H模式。

多模方式：这种模式包含n个B或n个H_0，即n×B或n×H_0在它的帧结构中，每个B或H_0都包含一个FAS和BAS信道。在多模式中同时存在I信道（初始信道）和X信道（附加信道），I信道是指第一个B或H_0通路，其余的B或H_0信道叫做X信道。

13.1.4.2　视频会议的通信过程

（1）初始呼叫连接。初始呼叫连接的作用如同打电话前的拨号一样，用于为通信双方建立一条通信线路，或者用于线路出故障时的恢复。终端X和终端Y之间的初始呼叫有三种可能的方式。一种是利用终端提供的电话线路接口，以OU模式呼叫；另一种是利用通信网管系统进行初始呼叫；此外，还可以利用带外信道（如利用电话、传真等）进行人工呼叫。

（2）公共通信模式的建立。在初始呼叫建立以后，终端之间开始公共通信模式的建立。公共通信模式的建立阶段也叫能力交换序列A。在建立公共通信模式时，所有的会议电视终端都应工作在初始兼容模式上。

在约定某个终端为主动终端后，每个终端首先以64Kbit/s速率的OF模式或其他已知速率的定帧模式（或缺省模式）开始发送和接收BAS能力码，进行BAS终端能力交换。所谓“终端能力”，主要指它的音频能力，视频能力，数据能力，传输速率能力，加密与扩展比特率分配信号（BAS）能力等。所谓“能力交换”就是指每个终端将自己的“终端能力”通过本身的状态码发送出去，告知其他终端。终端的接上部分始终处于定帧搜索状态，当接收定帧后两端开始交换BAS能力集，随后由主动终端发送BAS命令集，以建立一个公共的初始通信模式，该模式主要包括传输速率、视频、音频、数据命令和参数。初始模式确认后双方一致切换到此公共模式，并在此模式上建立正确的连接，即按照公共模式建立同步，初始化终端内各单元。

(3) 动态模式切换或转移。动态模式切换过程也叫做模式切换序列 B。在上述的公共通信模式建立后，两个终端之间即可以开始正常的通信过程。在多点的情况下，主 MCU 将让与它相连的终端或从 MCU 逐个加入直到全部连完。在通信期间的任何时刻都允许终端的工作模式进行改变，即可进行动态模式切换或转移，此模式转换是利用比特率分配信号 (BAS) 指令完成。而且模式切换在两个传输方向上是相互独立进行的。变换的内容主要包括音频模式的改变，如音频的通断、速率的变化、编码标准的更改等；视频模式的改变，如视频的能断、速率的变化、编码标准的更改、纠错方式的选择、图像的冻结和释放等；数据模式的改变，如数据的能断、速率的改变、传输协议的更改等；ECS 的改变，如 ECS 的采用工不采用等；传输速率的改变，如从当前的传输速率切换到另一个传输速率；接收终端的改变，如在多点通信时，由会议 X 切换到会议 Y。在整个呼叫期间，所有接收端必须保持搜索状态，准备在各种状态下进行动态模式转换。

(4) 强制 O 模式。强制 O 模式是终端主动发送的一个 OU 模式，在呼叫期间的任意时刻都可被激活，以便重新建立连接确认和重新进行初始化过程。与此相对应，接收终端应在判断确已出现故障后自动转入到 OU 模式，以便接收发端的 OU 模式信号。当发生下列情况时，如发现超出终端能力的命令、命令有错、帧定位丢失、接收中断，终端将自动启动强制 O 模式。

(5) 呼叫转移。在多点会议中，有主叫、被叫和呼叫转移。主叫开始于一个主席终端或主 MCU，被叫是多点会议系统里的一个成员终端或从 MCU。呼叫转移包括主席转移、广播转移、发言者转移和数据令牌转移等。

(6) 会议的终结和拆线。在点对点通信中任何一方都可以“挂机”以结束会议，在多点会议中只有主 MCU 或主席终端有权结束会议。会议结束后，所有的终端和网络设备必须回到初始呼叫模式或缺省模式，以便下次通信的再建立。在通信期间，已连通呼叫的终端可随时中断与另一终端的互通，但为了再识别终端类型和重新建立所需要的工作模式，必须重新初始化。

13.1.5 视频会议终端设备

本节通过对一个典型的视频会议终端设备的简介，使读者对电视会议终端有一个更加具体的认识。

ZXMVC3000 视频会议系统是深圳中兴通信公司立足国情自主研制开发的视频会议系统，属于会议室型视频会议系统，主要用于组建各种公用或专用电视会议网，它支持 ITU-T 的 H.320 系列标准。这套视频会议设备在国内不省、市、地、县及单位团体的公网或专网上得到了广泛应用。例如在广西的地市级的公网上，在航天部、胜利油田、绍兴广电等专网上，都成功应用了 ZXMVC3000 视频会议系统。该视频会议系统是国内首家通过原邮电部电信传输研究所组织的入网功能测试，其质量达到九十年代中期国际先进水平，可与国外设备实现互通互控，而价格尚不及国外同类产品的三分之二，是目前唯一获得原邮电部入网证的国产视频会议系统。

MVC3000 型视频会议系统功能较强、配置齐全，适用于省、市级视频会议网的组建。MVC3000 的终端设备有单显示器和仅显示器两种配置，后者可同时观看远端、本地的活动及静止图像；提供 E1、V.35 或 ISDN 接口，传输速率范围从 64Kbit/s 至 2Mbit/s；可通过触摸屏对会议进行控制，全中文彩色图形界面，并具备完美的帮助系统；提供 G.711、G.722、G.728 标准的语音，并具备完善的回声抵消功能；提供每秒 30 帧的 CIF 格式活动图像及高清晰度的静止图像。

13.1.5.1 终端设备概况

MVC3000 视频会议终端主要包括基于 Pentium PC 控制的视频、音频编解码器及其相应的软件，带遥控云台的彩色 CCD 摄像机，大屏幕彩色显示器，用于音频的麦克风及扬声器。还可以在此基础上增加大屏幕彩色显示器、辅助摄像机、文件摄像机、视频分配器、音频放大器和盒式磁带录像机等外部设备。

MVC3000 终端产品完全符合 ITU-T 的 H.320 框架建议。其中视频符合 H.261 建议，音频符合 G.711/G.722/G.728 建议，数据复用符合 H.221 建议，通信控制及信令符合 H.242 和 H.230 建议，MCU 符合 H.243 和 H.231 建议，远端摄像机遥控符合 H.281 建议，E1 信道接口符合 G.703 建议，同时也支持 V.35 接口。

视频会议系统软件按结构化，模块化方式设计。包括呼叫模块、视频模块、音频模块、传输模块、接口模块、诊断模块等。

系统软件由高层软件和低层软件有机组合而成。高层软件运行环境为 Win95，用 VisualC＋＋编程；

底层软件与硬件紧密结合，对实时性要求很高，用TMS320c50汇编语言编程。高层软件和底层软件通过接口模块相联系，相互传送控制和指示信息。

在MVC3000终端设备中，采用TMS320c50作主处理器来实现H.1221、H.242、G.711、G.722、G.728建议等功能。MVC3000终端采用控制器或触摸屏的方式实现终端的人机接口功能。其人机接口有更为友善的中文环境、遥控器、语音提示和字幕提示，在非常直观的窗口环境和图标指示下使用十分方便。会议管理控制的界面也全部汉化，理解和操作都很方便，并有大量的帮助信息随机存储供用户随时调用。

在开会过程中，可对远地的摄像机进行控制，如镜头各个方位的移动、调焦及参数的预置。传输速率在64Kbit/s到1920Kbit/s之间可以调整。支持多个摄像输入的切换。实际安装证明，MVC3000终端产品和国外几个大公司的视频会议产品都能互连、互通及互控。

13.1.5.2 主要技术指标

MVC3000终端的主要技术指标如下：

(1) 支持ITU-T标准。

1) 视频：H.320，H.261，H.221，H.242，H.230，H.281；

2) 音频：G.711，G.722，G.728；

3) 数据：T.120。

(2) 视频特性。

1) 算法和分辨率（像素×行数）。

2) 活动图像：ITU-T标准H.261（P×64Kbit/s）。

3) 公共中间格式（CIF），352×288。

4) 1/4公共中间格式（QCIF），176×124。

5) 静止图像：JPEG或H.261标准。

6) 704×576或352×288。

7) 帧频：最大30帧/s。

8) 视频输入：摄像机、录像机等。

9) 制式：PAL或NTSC。

10) 电平：复合视频信号，$1V_{p-p}$。

11) 阻抗：75Ω不平衡，BNC接头。

12) 视频输出：彩色监视器等。

13) 制式：PAL或NTSC。

14) 电平：复合视频信号，$1V_{p-p}$。

15) 阻抗：75Ω不平衡，BNC接头。

(3) 音频特性。

1) 编码速率：G.711标准，3.4kHz带宽，56/64Kbit/s速率；G.722标准，7kHz带宽，48/56/64Kbit/s速率；G.728标准，3.4kHz带宽，16Kbit/s速率。

2) 工作方式：全双工、自适应回声抑制。

3) 唇音同步：自动，图像延迟语音小于40ms。

4) 音频输入：麦克风，200mV，1000Ω。

5) 音频输出：2000mV，低阻。

6) 音频插头：RCA插头。

(4) 数据特性。

1) 协议：支持LSD、HSD。

2) 数据率：56～1920Kbit/s。

3) 数据接口：V.24/V.11/RS-232C，9针D型接头。

4) 选项：T.120系列协议。

(5) 通信。

1) 传输接口：

- E1接口：64～2048Kbit/s，同轴电缆BNC。
- G703接口标准，V.35/RS-449平衡双流接口：56～1920Kbit/s，34针方形插针。

2) 速率：P×64Kbit/s，P=1，2，…，30，优先使用P=1，2，6，30。

3) 差错处理：BCH（511，493）纠错编码。

4) 信道波形：HDB_3（E1，2048Kbit/s）。

(6) 定时与同步。

1) 视频部分：锁定于视频信号的行频。

2) 传输编解码部分：内部时钟源提供或外时钟源提供或从数据流中提取。

(7) 电源。

1) 电压：220～250V AC，50～60Hz。

2) 功耗：100W（最大）。

(8) 物理特性。

1) 主机柜尺寸：740mm×755mm×1689mm（带机架）。

2) 重量：80kg。

3) 云台控制器：130mm×260mm×75mm。

(9) 工作环境。

1) 环境温度：10～40℃。

2) 相对湿度：10%～80%非凝结。

13.1.6 视频会议系统的网络组建技术

视频会议业务是一种多点之间的双向通信业务，它可以在现有的多种通信网络中展开，通过现有的各种数字信道建立视频会议终端之间的连接，构成视频会议网，用于在国内、国际不同电视制式之间召开的视频会议，传送多个用户的活动或静态图像信号、语音信号、数据信号以及系统控制信号。

将若干个视频会议终端通过现有的各种数字信道组成一个多点星形视频会议网，这是国际标准所推荐的一种基本方式。目前，国内大型视频会议系统的传输信道主要采用PCM数字线路，终端设备的码流以

PCM帧结构、2048Kbit/s速率与传输信道接续。这样的视频会议网可以是固定连接，也可以是在需要时连接而成。这种类型的电视会议系统信道速率较高，所获得的图像和语音的质量较好，网络和终端设备的连接方便，易于增加或减少会议点。对另一类台式的桌面系统而言，大多采用ISDN网络接口以2B+D的速率传输。这样的网络接口，很容易将电视会议业务引进办公室、甚至于家庭。为了获得较高质量的图像，在ISDN传输网中，也可以将多路2B+D复合在一起以充分利用信道带宽。不过在这种情况下用户必须添置一个对多路ISDN基本接口的复接和解复接设备。

视频会议信号借助数字信道进入通信网，它的通信方式就受到数字网功能的限制，如视频会议信号通过基本接口以2B+D方式进入ISDN网，其通信功能要受到ISDN网功能的限制，难以实现真正的多点之间的各种通信功能。限于目前通信网对多点通信功能的支持有限，多点间视频会议信号的切换，必须由专门用于多点视频会议切换的设备——多点控制单元来完成。由于视频会议信号的带宽比一般的语音通信宽，也可将MCU称之为宽带交换设备。

13.1.7 视频会议的网络拓扑结构

13.1.7.1 MCU的设置

为了实现多个终端之间两两互通，一般采用的方案是在每个两个终端之间都建立一条双向链路，即如图13-7所示的全连接网络。

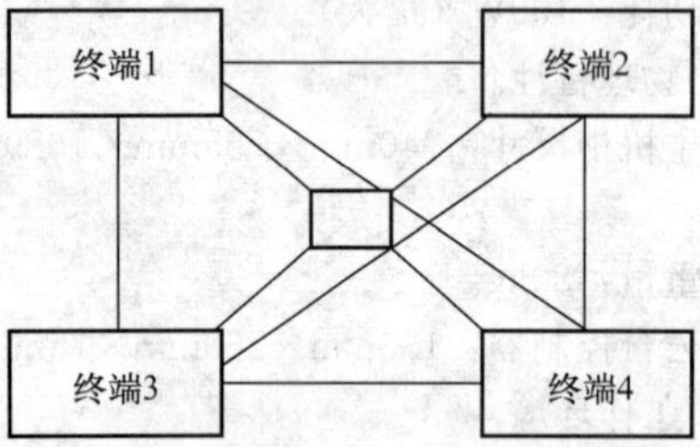

图13-7 全连接网络图

对于实现多点视频会议系统的信号汇接来说，由于话音信号可以进行叠加处理，因此其处理过程就是对多路语音信号的混合汇接；而对图像信号来说，多个图像的叠加是不允许发生的，也就是说一个传输信道只能传送一个图像源的内容，因此，其处理过程就是对多路图像信号的切换。这样，对于有 N 个会场的多点电视会议系统，如果要使各会场声能图像相互看到，就必须建立具有 $N(N-1)/2$ 条通路的全网络型的通信网。这种方式在终端数目增加时，其复杂度将会以终端数目的平方增长，要在这种网络中实行通信控制也有一定的难度。再说目前的视频会议网都是依附于现有的通信网络，网络中任意两点之间不一定具有直接通路。因而是一种难以付诸实现的组网方式。基于这样的考虑，在实际的视频会议网中都需设置一个或多个MCU，由其担任各个会议点之间的信息交换和汇接作用。

用MCU组成的视频会议系统的网络结构呈星状网，每个MCU可接若干个视频会议终端。由于每个MCU的端口数是有限的，一个MCU无法连接所有终端。为了增加网点的容量，可以通过级连MCU的方式来实现，但级连一般不多于2级。原则上说，这种级连方式可以无限扩展下去，但是由于MCU对视频会议信号的处理存在延迟，当级连层数大于3时，对整个会议的召开将产生严重的影响。ITU-T有关多点视频会议的标准只允许采用两层级连的组网模型，这样就可以满足传输延时，话音图像同步以及网络控制的要求。图13-8就是一个二星形视频会议网组成示意图，处在最上面一层的是主MCU，在它的下面一层的MCU2、MCU3和MCU4是和它相连接的从MCU，它们都受控于MCU1。根据需要，网络内的视频会议终端既可以连接在从MCU上，也可以连接在主MCU上。图13-8中的小圆圈代表电视会议终端，虽然图13-8中的终端是直接连接到MCU上的，但在实际中，它们往往是通过各种通信网络而连接到MCU上的。

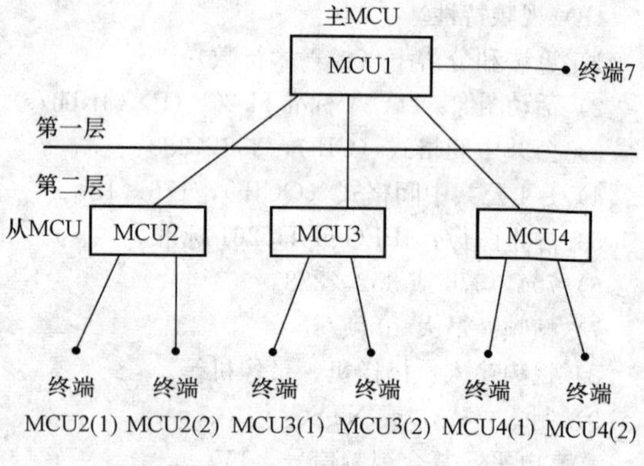

图13-8 星型结构的视频会议网模型

为了实现对每个终端的控制，必须给终端和MCU进行编号，主MCU号为1，从MCU号由主MCU分配，使用2以后的编号。各个终端的编号由与它直接连接的MCU来分配，号码为从1开始的整数。这样对每一个终端它的身份由一对号码<M>(T)唯一确定，M为MCU号，T为终端号。

ITU-T于1990年7月通过的H.320系列建议是有关会议电视系统的第一套建议，从总体上规定了会议电视以终端为主的系统框架。通常将符合H.320

建议的会议电视终端称为 H. 320 终端，H. 320 建议包括以下一系列建议：

H. 261 建议定义了 P×64Kbit/s 视频编解码器的实现。

H. 221 建议规定了 64-1920Kbit/s 信道复用的帧结构。

H. 230 建议是有关帧同步的控制和指示信号的具体内容。

H. 242 建议定义了两个终端之间建立通信的过程和协议。

H. 243 和 H. 231 建议是有关多点会议电视网中 MCU 的建议。

H. 233 建议是有关视听信息加密方面的内容。

H. 224 是有关利用数字信道进行单工实时控制的建议。

H. 280 建议是有关远端摄像机遥控方面的内容。

此外，还包括有关声音编码传输方面的 G 系列建议，如 G. 711，G. 722，G. 728 等，有关数据传输方面的 T. 120 系列建议，有关 ISDN 方面的 I 系列建议，如 I. 400 等。

13. 1. 7. 2 视频会议组网特点和网络接口

组建视频会议的网络系统，要注意以下两个问题。

(1) 网络性质。视频会议要借助于现存的各种通信网络进行传输。组建视频会议网有两种方法，一种是建立自己的专用视频会议通信网，另一种则是租用目前已有的通信网信道（如数字通信网、DDN 等）或拨号联网（如 ISDN、PSTN 等）。上述两种方式就其本质而言，都具有专网的性质，因为即使后者也没有利用网络的公共交换能力，而且视频会议终端也不能和网络上其他非视频会议终端任意互通。

(2) 网络接口。视频会议网络不是一种新型的通信网络，是一种新的通信业务。要具体完成视频会议业务功能，除了通信网以外，主要靠视频会议设备，如视频会议终端，多点控制器等。这些设备都要和通信网络相连，因此，视频会议设备和网络之间的接口就是一个很重要的技术问题。和不同的通信网络相连接，就要求它们应具有适合各种通信网络的网络接口。

视频会议终端设备和数字通信网络连接之处就叫做数字接口点，就是通常所称的网络接口。以在数字信道上单向传输的会议电视信号为例，数字接口所在位置的示意图如图 13-9 所示，图中的 A、B 两点就是网络接口点。其他网络和视频会议设备连接的数字接口点也可依此类推。

其实，从网络的角度来看，视频会议设备和网络

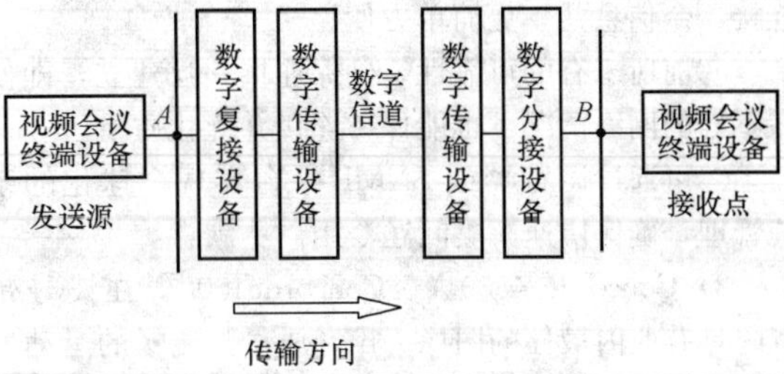

图 13-9 数字接口点示意图

的接口与其他通信设备并没有什么不同之处，只要具有标准的网络接口，就可以连接到该网络上，进行正常通信。目前，常用的网络接口有以下几种：

1）数字通信网、DDN 网的 T1/E1 接口，或ISDN 的基群接口，它们支持 P×64Kbit/s 速率，不同的基群速率分别是 2. 048Mbit/s 和 1. 544Mbit/s，接口要求可以按 G. 703 标准设置，也可以按 V. 35 标准设置。

2）ISDN 的 BRI（128Kbit/s）、2BR（256Kbit/s）、3BRI（384Kbit/s）以及 N×64Kbit/s 等速率的用户—网络接口。

3）ATM 网络的用户—网络接口（UNI），TMS1（155. 2Mbit/s）速率。

4）IP 计算机网络接口，如 LAN 的以太网接口；

5）卫星线路。

在解决网络性质和网络接口后，视频会议系统派生出集团视频会议系统、桌面视频会议系统、便携式视频会议系统。它们的特点为：

(1) 集团视频会议系统。

以美国全视通（Picture Tel）公司的产品为例被分为三个系列（Picture Tel900、Concorde4500、Venue2000TM。它们各自的性能如下。

1）Picture Tel 900。Picture Tel 900 是 PictureTel 与 Intel 公司合作开发的新一代会议电视系列。将 PictureTel 优秀的音、视频和协作处理以能力以及为今天众多计算机产品采用的 Intel 开放的、基于标准的技术相结合，提供最佳的协作体验、可靠性和方便性。

①支持 ITU H. 320 和 H. 323 国际标准。

②采用 People＋Content™（人与内空）技术，对人与内容进行分别处理，自动针对人或内容提供最高的帧速率（可达 30fps，全运动）和最高分辨率（高达 1024×768XGA）。

③采用 Siren™12 技术，提供 12Hz 低延迟高保真音频，是当前任何其他视频会议系统音频保真度的两倍。

④使用者可通过熟悉的 PC 用户界面获得更多种协作工具，创造成更有效的视频会议。

⑤ImageShare™提供与多个外围设备的简单桌面

连接，令信息共享更简单方便。

⑥前所未有的可靠性，确保连接一旦建立，即使在不好的网络情况下也能保持连接并优化质量。

⑦可通过浏览器或 SNMP 平台实现全球化的系统管理，确保快速解决问题令用户更满意。

2）Concorde 4500^{TM}。Concorde4500^{TM}在拨号带宽内具有业内最佳的图像、声音质量，流畅的运动处理。可以满足远程医疗、远程教育等对质量有极高要求的应用。

①最高速率 768Kbit/s，支持 30 帧/s。

②H. 261，H. 263 视频；G. 711、G. 722、G. 728 音频。

③ Picture Tel 专利 SG4 视频算法，以及 PT716plus 宽带音频算法和 Picture Tel Virtuoso^{TM}音频系统，提供优于标准的图像声音质量。

④T. 120 连接，支持 Microsoft Net Meeting。

⑤通过 Picture Tel210 支持 H. 323/IP。

⑥红外线遥控、Lime LightTM 动态语音定位技术、多个摄像机位置预置、远端摄像机遥控，令会议电视的建立和使用更加方便自如。

⑦远程诊断功能。

⑧电话接入：可通过普通电话将话音信号接入会议电视。

⑨支持 H. 331 广播标准。

3）Venue 2000^{YM}。Venue2000^{YM}在用户可以承担的价格上提供了全功能、符合标准的电视会议系统，而且能够升级到更复杂的配置。

①H. 320plus 传送优于工业标准的图像，支持每秒 30 帧图像。

②Virtuoso 音频系统，PowerMic 和 BOSE 扬声器，提供自然的声音。

③支持多种高速和低速网络，最高速率 2Mbit/s。

④通过 PictureTel 210 支持 H. 323/IP。

⑤无线遥控键盘，按键界面及屏幕菜单，远端摄像机遥控，本端及远端摄像机预设。

⑥支持 T. 20 多点数据会议；H. 243 浏览及主席控制，H. 281 远摄像机控制。

⑦详细的在线帮助。

⑧远程诊断。

(2) 桌面电视会议系统。

Picture Tel 550 是 Windows NT 和 Windows 98 桌面系统上的单板解决方案，只需要一个 PCL 槽。可以提供 H. 320 及 H. 323 标准的每秒 30 帧图像，以及通过 Microsoft Net Meeting 的 T. 120 数据共享。

- 低价位、高稳定性的 ISDN 及企业网桌面视频会议系统。
- 完全符合 H. 320、H. 323、T. 120 标准。
- 集成了 Microsoft Net Meeting。
- 具有 ISDN S/T 接口。
- 内置 ISDN 分析软件。
- 图像质量可达 30fps。
- 支持 MCU。
- 终端用户诊断和自我诊断能力易于排除故障。

(3) 便携式视频会议系统。

Picture Tel 760 是第二代便携式视频会议系统。总重量不足 5kg，方便安装和使用，只需接上 ISDN 线和普通电视监视器，就可以召开视频会议。

1）H. 263 高质量视频。

2）PT716 高质量音频。

3）支持 H. 323 标准系统。

4）基于 Web 浏览器的远程管理。

5）自动摄像机定位和远端摄像机控制。

6）IDEC Ⅱ全双工回声消除。

7）可通过拨号服务器方便的实现软件更新和升级。

8）通过标准的 Web 浏览器实现全面系统管理。

13.1.8 视频会议组网主要技术路线

目前，国内视频会议组网主要表现在五个方面：①中央到省会的视频会议网；②省会到地市（县）的视频会议网；③县到乡的视频会议网；④网间互通视频会议网；⑤利用局域网内视频会议网。

①～④组建的视频会议网，是通过 DDN、ISDN 等线路作为通信媒体的，⑤是利用本地局域网作为通信介质的。

(1) DDN 组建视频会议的技术路线。DDN 称为数字网，它可以提供 P×64Kbit/s 的传输速率（P 介于 1～30 之间），是当前灵活、经济的方法，采用 384Kbit/s 就可以得到较为满意的图像质量。其方案模型如图 13-10 和图 13-11 所示。

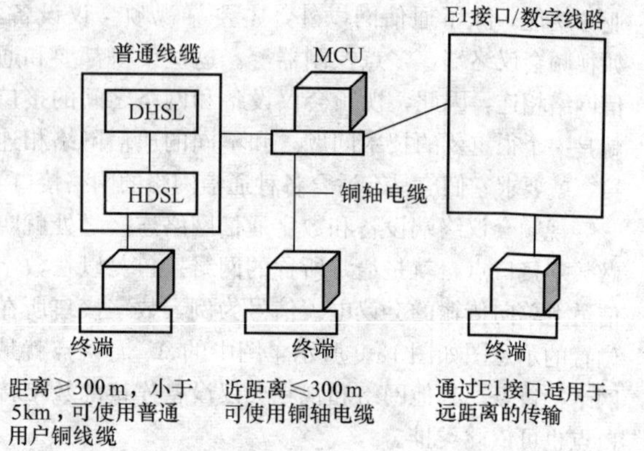

图 13-10 利用数字线路组网方案模型 1

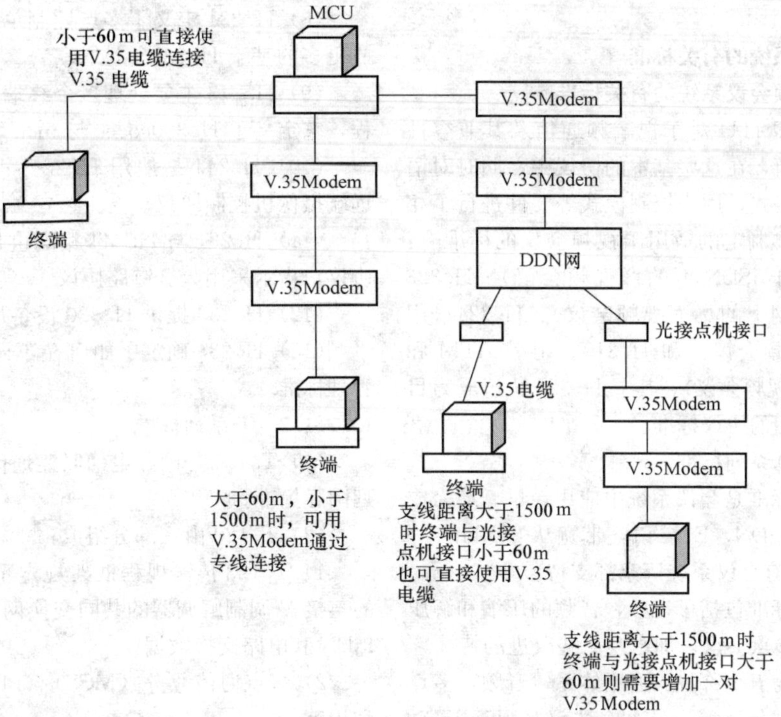

图 13-11　利用数字数据线路组网方案模型 2

（2）ISDN 组建视频会议的技术路线。利用 ISDN 作为视频会议的传输媒体，它具有可移动性、组网灵活方便，适用桌面型会议。

视频会议终端是通过一个或多个（基本速率接口）与 ISDN 交换机相连，ISDN 通过 PRI（基群速率接口）或 V5、E1 接口和 MCU 互边，组成基于 ISDN 的多点视频会议网。

对于桌面视频会议系统，通常采用一个 BRI 接口就可以了，可以取得 10－20 帧 QCIF/CIF 的图像质量。还可以将 2 个或 2 个以上的 BRI 捆绑使用，传输速率可达 384Kbit/s 或更高，活动图像的帧频可达 30 帧/秒，基本上能够得到比较满意的图像效果。可满足用户 128 到 512Kbit 的速率需要。图 13-12 中将两路 BRI 反向复接起来，为用户提供 256Kbit/s 的信道速率，也可使更多 BRI 联合使用。

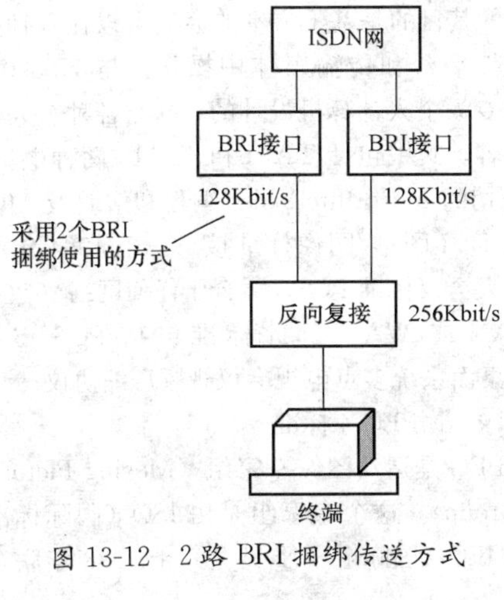

图 13-12　2 路 BRI 捆绑传送方式

ISDN 视频会议系统用于企业、单位的组网，传输速率一般选择小于 384Kbit/s。利用 ISDN 组网方案槽型如图 13-13 所示。

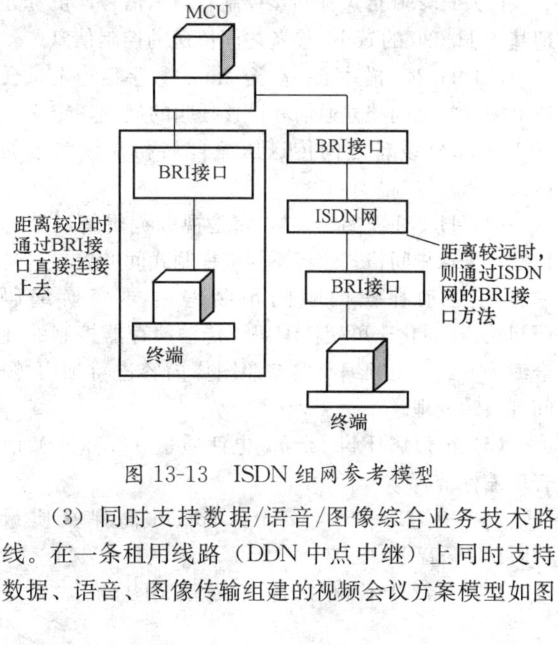

图 13-13　ISDN 组网参考模型

（3）同时支持数据/语音/图像综合业务技术路线。在一条租用线路（DDN 中点中继）上同时支持数据、语音、图像传输组建的视频会议方案模型如图

13-12 所示。

13.2 视频会议系统的有关标准

13.2.1 国际视频会议系统的有关标准

国际电信联盟 ITU 对于视音频通信及其兼容性的技术进行了规范，在这些基本的协议中，同时对语音、视频的编码格式，用户控制模式等要件进行了相关的规定。ITU-T 制定的适用于视频会议的标准有：H.320 协议（用于 ISDN 上的群视频会议）、H.323 协议（用于局域网上的桌面视频会议）、H.324（用于电话网上的视频会议）和 H.310（用于 ATM 和 B-ISDN网络上的视频会议）。其中 H.323 协议成为目前应用最广最通用的协议标准。

13.2.1.1 H.320 系列标准

H.320 系列标准是会议系统中应用最早，最为成熟的协议，支持 ISDN，E1，T1，带宽从 64Kbit/s～2Mbit/s，几乎所有会议系统厂家都支持。

H.320 系列标准包括了视频，音频的压缩和解压缩，静止图像，多点会议，加密及一些改进的特性。

H.320 可分为五个部分：通用体系，音频，多点会议，加密，数据传送等。H.320 协议（用于 ISDN 上的群视频会议）。

H.320 系列标准是会议系统中应用最早，最为成熟的协议，支持 isdn，e1，t1，带宽从 64Kbit/s 到 2Mbit/s，几乎所有的会议系统厂家都支持。甚至许多 LAN 会议系统的产品也支持 H.320。

H.320 系列标准目前包括的标准如下：

（1）H.221 定义了视听服务中 64～1290K 信道的帧结构，后又增加了多点会议及加密内容。

（2）H.230 传递帧同步控制和指示信号，负责处理基于 H.320 的 codec 设备之间传送的控制信息。

（3）H.242 描述了在高至 2m 的数字信道上，会议电视终端之间建立通信和设置呼叫的规程，定义了基于 H.320 设备之间传送压缩食品和音频信号的协议。

（4）H.261 又称 px64，它是视频编辑解码器的标准，采取中间格式兼容不同电视制式间的差异，是一种有运动补偿的帧间预测编码＋变换编码（zddct）＋量化＋可变长编码＋传输缓存器控制的混合编码方式。视频编码器按照图像内容进行帧内/帧间判决和处理。

（5）g.71164Kbit/s pcm 电话质量（3.5kHz）语音压缩标准。

（6）g.72248/56/64Kbit/s adpcm 高保真质量（7kHz）语音压缩标准。

（7）g.72816Kbit/s ld-celp 语音压缩标准。

（8）H.231 定义了多点控制单元及如何连接 3 个或更多的基于 H.320codec 设备。

（9）H.243 主要处理多个终端之间建立通信的过程，它定义了 H.320codec 与 mcu 之间控制过程。

（10）H.244 是使用 H.221lsd/Hsd/mcp 信道的远端摄像机控制协议。

（11）H.281 与 H.244 相同也是远端摄像机控制协议，指示采用数据链路协议。

（12）H.233 提供 H.320 设备加密标准。

（13）H.234 确定了如何在不同点之间传送密钥管理标准。

13.2.1.2 T 系列标准

（1）T.120 是国际电信联盟通信标准部开发的系列国际标准。

（2）T.120 由三部分组成：

1）T.123 传输规程框架规定了不同的网络之间的连接 V 调制解调器的共同交换网 X.25 数据交换网 ISDN 和电路交换数据。

2）多点通信业务（MCS）T.122 和 T.125 定义和规范。

3）T.124 普通会议控制（GCC）建立终止会议、会议协商能力、通用会议的管理（参加会议计算、主持人控制功能）GCC 也装备了安全机制（口令编码保护，限制未被邀请的人参加会议。）

T.127 为用户提供同时初始化多点文件转移能力。

T.126 它允许用户在多点文件会议中查阅图像，对它进行注释、共享应用程序和交换传真图像。

13.2.1.3 PCS 标准

Intel 公司与 150 个计算机和通信公司成立了一个个人会议工作小组（PCWG），于 1994 年制定了一个个人会议标准：PCS（Personal Conferencing Specification）。其目的是基于文本的会议可以在各种操作系统、硬件平台和传输媒体中操作。与 H.320 不同，PCS 是专为个人计算机设计的，并与各种个人计算机标准兼容，其中包括 TAPI 和 TSAPI 两种电话 API，Intel 公司的 Indeo-IntelVideo 编程和解码及 Microsoft 公司的 DVI 图形/图像标准接口。于 1994 年制定了一个个人会议标准 PCS，适合于任何网络（数字、模拟、LAN 或 WAN）。此标准包括 PCS'S T120、ITU-T桌面系统多点电视会议视频压缩协议。

13.2.1.4 MPEG-4 标准

MPEG 是运动图像专家组（Moving Pictures Experts Group）。这个专家组是由 ISO（国际标准化组织）与 IEC（国际电子委员会）于 1988 年联合成立的，致力于运动图像及其伴音编码的标准化工作。

和其他标准相比，MPEG-4 的图像质量更好，特别适合在低带宽等条件下传输视频，并能保持图像的质量。基于软件的视频会议系统，基本上都是采用这一技术标准。

13.2.1.5 H.264 标准

H.264 标准结合了 H.323 协议中的 H.263 协议和 MPEG-4 协议，解决了目前基于软件视频会议 MPEG-4 标准无法与 H.323 协议的终端兼容问题，这使之成为目前最好的视频压缩协议。

13.2.1.6 H.323 标准

H.323 是为在局域网、广域网上运行多媒体系统而设计的。它描述了将实时的语音、图像数据传输到 pc 机和视频电话中所需要提供的设备和服务。H.323 提供多层次的多媒体通信，包括局域网上声音、视频以及数据通信，可以建立点播型、交互式多媒体会议，在共享数据的同时，用户可互相听到和看到对方。H.323 是一个伞式标准，它参考了其他 ITU-T 标准，提供了系统和组件描述，呼叫模型描述以及呼叫信号处理。

H.323 系列包括：

(1) 视频。H.261：px64Kbit/s 下音频视频业务的视频编码解码器；H.263：低速率通信的视频编码解码器。

(2) 音频。g.711，g.722，g.728 同上；g.723：5.3Kbit/s 和 6.3Kbit/s 多媒体通信的双速率语音编码，将改名 g.723.1。

13.2.2 视频会议系统工程施工常用的国内标准规范

DB11/T 384.1～6《图像信息管理系统技术规范》

SJ/T 10796—2001《防静电活动地板通用规范》

GB 50174—2008《电子信息系统机房设计规范》

GB 50169—2006《电气装置安装工程接地装置施工及验收规范》

GBJ 115—1987《工业电视系统工程设计规范》

GBJ 232—1982《电气装置安装工程施工及验收规范》

GB 50198—1994《民用闭路监视电视系统工程技术规范》

JGJ 16—2008《民用建筑电气设计规范》

GB 7401—1987《彩色电视图像质量主观评价方法》

WH 0301—1993《歌舞厅扩声系统的声学特性指标与测量方法》

GYJ 25—1986《厅堂扩声系统声学特性指标》

GB 4959—1995《厅堂扩声特性测量方法》

GBJ 76—1984《厅堂混响时间测量规范》

GB/T 14476—1993《客观评价厅堂语言可懂度的 RASTI 法》

GB/T 50314—2006《智能建筑设计标准》

GB 50311—2000《综合布线工程设计规范》

GB 50312—2007《综合布线系统工程验收规范》

GB/T 4026—2004《人机界面标志标识的基本方法和安全规则——设备端子和特定导体终端标识及字母数字系统的应用通则》

GB 50254—1996《电气装置安装工程低压电器施工及验收规范》

GB/T 15381—1994《会议系统电及音频的性能要求》

GB/T 14197—1993《声系统设备互连的优选配接值》

GB/T 14947—1994《声系统设备互连用连接器的应用》

GA/T 75—1994《安全防范工程程序与要求》

13.3 视频会议系统工程设计

13.3.1 视频会议系统设计原则

会议系统主要有：会议讨论系统、同声传译系统和会议表决系统。在确定使用哪种系统时，要作以下的考虑：

(1) 根据国家厅堂扩声系统设计的声学特性指标标准，在空场稳态准峰值状态下的最大声压级。

1) 语言扩声系统一级标准要≥90dB；

2) 语言和音乐扩声系统一级标准要达≥95dB；

3) 声场不均匀度要做到 1.0kHz 和 4.0kHz 时测量≤8dB；

4) 传声增益在 0.125～4.0kHz 的平均值要≥－8dB；

5) 所有的设备都受到控制，所以能够实现客户所要求的对各个设备都进行控制；

6) 对灯光、影音系统进行预设及调整。

(2) 需要考虑建筑物的特点和使用目的，例如：国际会展厅、宾馆、会议室、大学教室。并根据用户方的要求来确定使用哪些系统。

1) 需要考虑会场大小，例如：大会场、中会场、小会场。

2) 需要考虑会议的形式，例如：讲演形式、会议形式。

3) 需要考虑会议设备采用何种安装方式，例如：固定式、半固定式、全移动式。

(3) 会议室不宜设采暖散热器。如设散热器必须采取严格防止管道固体传声的措施。

(4) 会议室的风管及其他管道的保温和消声材料，应选用非燃烧材料或难燃烧材料。冷表面需隔气保温处理。

(5) 空调设施应设消声装置。

1) 会议室内空调应维持一定的正压。室内与室外的静压差不应小于4.9Pa；

2) 空调系统的新风量应取下列三项中的最大值；

3) 室内总送风量的5%；

4) 按室内人员每人20m³/h；

5) 维持室内正压所需风量。

(6) 会议室空调送风系统，应设初效、中效两级空气过滤器，中效空气过滤器计数效率应大于80%，末级过滤装置宜设在正压端或送风口。

(7) 空调和制冷设备宜选用高效、低噪声、低振动的设备。空调制冷设备的制冷能力，应有15%～20%的裕量。主会议室空调设施应有备用装置。

13.3.2　会议场地、会议室设计

对会议场地、会议室设计需要考虑以下方面内容：位置和面积、会议室的建筑、通道及出入口、防火及疏散、室内装饰、会场布置。

13.3.2.1　视频会议场地、会议室的位置和面积

(1) 会议室的位置。

1) 会议室宜设置于多层建筑或高层建筑的底层。

2) 会议室的位置选择应符合以下要求：①电源稳定可靠，交通便利，通信网络完备，自然环境安静整洁；②远离粉尘、油烟、易燃易爆物品的工厂；③避开强电磁场干扰，无法避开强电磁场干扰或为保障主播教室和收视教室的正常工作，必须采取有效的电磁屏蔽。

(2) 会议室的面积。

1) 主会议室的面积大小A，应按容纳与会人数(P)来安排。每人平均占用5m²面积计算

$$A=5\times P\text{m}^2$$

2) 主持人的座席不宜紧贴底墙。

3) 主会议室应在紧邻该室的一侧或该室的底端安排一间面积不小于8～12m²的控制室，用于开会时导播人员执行播控的场所。控制室与主会议室之间应设置隔音观察玻璃窗。

4) 改建或扩建的主会议室因受原建筑制约安排控制室有困难时，可在主会议室摄像机盲区范围内合适的地方设置导播席。

13.3.2.2　会议室的建筑

会议室的建筑应符合下列要求：

(1) 会议室的建筑平面和空间布局应符合一般会议室的设计和建设规范，主体结构宜采用大开间大跨度的柱网，内墙宜具有一定的可变性。

(2) 会议室的净高，一般不应低于3m。

(3) 会议室围护结构的构造和材料应满足保温、隔热、隔声、防火等要求。

(4) 会议室的门窗应符合一般会议室的设计和建设规范。

(5) 会议室的楼板荷载应按800～1000g/m²设计。

(6) 会议室主体结构应具有耐久、抗震、防火等要求。

(7) 会议室各类管线宜暗敷。

(8) 室内顶棚上安装的照明灯具、空调风口、火警探头及喷淋装置等应协调布置，并应满足各专业的技术要求。

(9) 会议室围护结构的构造和材料应满足保温、隔热、隔声、防火等要求。

(10) 会议室应远离噪声源。当不能避免时，应采取消声和隔声措施。

(11) 会议室不宜设置高噪声的空调设备。当必须设置时，应采取有效的隔声措施。会议室的空调设施应根据工作和学习的人居环境以及设备对空调的要求，并结合主会议室、分会议室环境对室内温湿度、风速、防尘、消声等要求和建筑条件进行综合考虑。

13.3.2.3　通道及出入口

(1) 会议室宜设单独的出入口。

(2) 主建筑出入口至会议室应设通道，通道净宽不应小于1.5m。

(3) 新建的会议室宜设休息室和相应的卫生设施。

13.3.2.4　防火及疏散

(1) 会议室的耐火等级应符合GB 50045—1995《高层民用建筑设计防火规范》、GB 50016—2006《建筑设计防火规范》及相关的公用建筑和会议室设计建设的规范要求。

(2) 会议室当与其他建筑物合建时，应单独设防火分区。

(3) 会议室的安全出口，不应少于两个，并应设于会议室的两端。门应向疏散方向开启，走廊、楼梯间应畅通并有明显的疏散标志。

(4) 会议室的装饰材料应选用非燃烧材料或难燃烧材料。

13.3.2.5　室内装饰

会议室室内装饰应选用气密性好、不起尘、易清洁，在温、湿度变化作用下变形小的材料，并应符合下列要求：

（1）墙壁和顶棚表面应平整，并应避免眩光。如为抹灰时应符合高级抹灰的要求。

（2）主会议室宜装修木质地板并铺设地毯，减少室内声反射，以满足主会议室拾声的技术要求。

（3）会议室均应选用不起尘的吸声材料吊顶。吊顶以上空间可用作敷设管线。

（4）主会议室的内门、观察玻璃窗、管线穿墙等的接缝处，均应采取密封措施。

（5）会议室室内色调应淡雅柔和。

（6）会议室应采用双层金属密闭窗，并应避免阳光直射。

（7）会议室的门窗应采取隔声措施，以满足会议室对隔声的技术要求。

13.3.2.6　会场布置

会场的大小有多种，但会场布置一般分为剧院型、教室型、圆桌型、会议型四种类型。不同类型的会场布置，获得的会议气氛也不同。

（1）剧院型。剧院型会场不适合以交流或是互动为主的会议，以主持者演讲为主，与会者聆听，主持者向与会者提供演讲稿，与会者以聆听、记录。剧院型会场座位的摆放如图 13-14 所示。

图 13-14　剧院型会场座位的摆放图

（2）教室型。教室型的会场布置，适用于普通规模的会议。教室型会场布置座位摆放如图 13-15 所示。

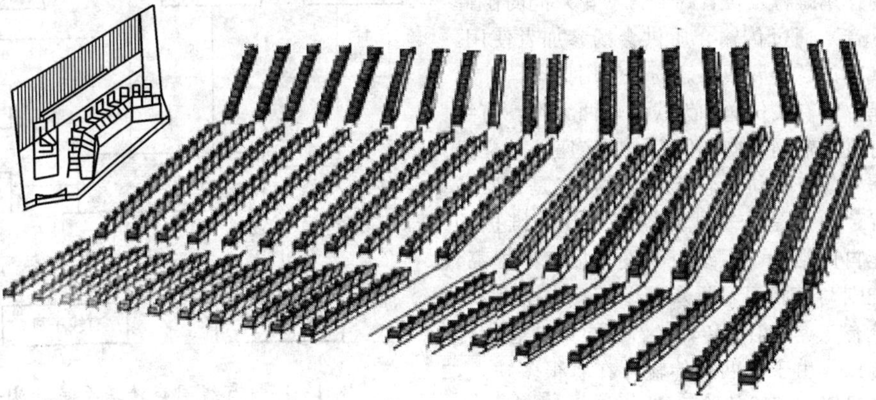

图 13-15　教室型会场布置座位摆放图

（3）圆桌型。圆桌型会议内容以小组讨论为主，会场布置座位摆放如图 13-16 所示。

图 13-16　圆桌型会场布置座位摆放图

（4）会议型。会议型一般采用 U 型会议桌，会场布置座位摆放如图 13-17 所示。

会议型设备如下：

1）主席发言机。会议主席有优先权，可以管理和控制会议进程。会议主席的话筒可随时通过自己控制面板上的开关键打开和关闭，不受其他发言代表的影响。此外主席机可通过主席优先面板上的优先键关闭所有正在发言代表的话筒，具有优先发言权、控制发言权、系统设置权；每个系统设置一个主席机。

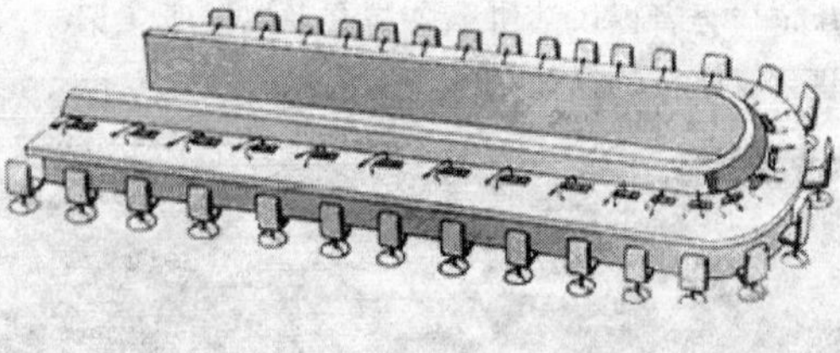

图 13-17　会议型会场布置座位摆放图

2）副主席发言机。具有优先发言权、控制发言权；每个系统设置一个副主席机。

3）代表发言机。代表席如需要发言，先按代表机上的请求发言键，如此时无其他人发言，控制面板的指示灯变为红色，话筒上的光管也变为红色；如此时有其他代表发言，控制面板上的指示灯变为闪动的绿色，中央控制器会根据现有请求进行排队，在其余代表先发言完毕后，申请发言代表即可发言，此时控制面盘上的指示灯及话筒上的指示光管均为红色。

4）会议主机。接收主席机的指令，对代表机进行控制。

13.3.3　视频会议系统同声传译的设计

同声传译系统是用于不同国家语言不同民族语言的会场。它的作用是将发言者的语言（音）同时翻译成各种语言（音）通过传输介质供会场参加者使用。在高档饭店、宾馆、会展中心等场合使用。

同声传译分为有线传送和无线传输两大类。有线传输是通过有线传输网络向各代表的固定座位处提供不同语种的信号。有线同声翻译系统的优点是音质清晰，没有干扰，缺点是传输线路网络复杂，维护困难，听众不能自由活动，系统收听设备损坏率提高。无线传输系统则与其相反，听众可以随意自由活动。无线传输系统有三类：射频传输、音频电磁波感应传输和红外线传输。由于前两种传输存在着很多缺点，因此近年来都采用红外线传输系统。

同声传译系统一般采用用 1＋X 系统，即 1 个发言者语言传送通道、X 个翻译语种传送通道组成的系统。其结构如图 13-18 所示。

13.3.3.1　有线同声传译系统的工程设计

有线同声传译系统是通过有线传输介质向各位与会者的固定席位提供不同语言（音）的信号。其结构如图 13-19 所示。

（1）主要设备。从图 13-19 中可以看出，有线同声传译系统的主要设备有：

1）主席位（发言者）。话筒、主席台、主席机。

2）译员室。译员话筒、译员座位、译员室（要求隔音效果要好）、译员机。

3）主控制器。同声传译主机控制单元。

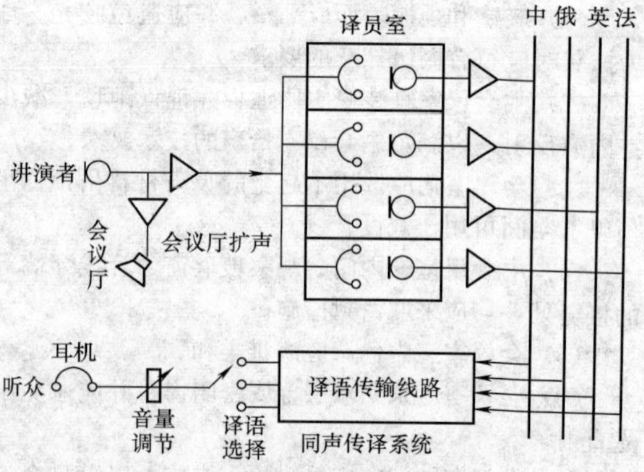

图 13-18　同声传译系统翻译语种传送通道组成结构图

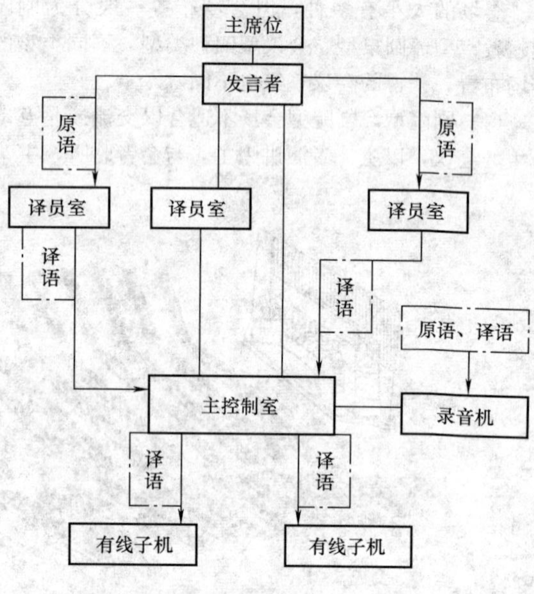

图 13-19　有线同声传译系统结构示意图

4）传输线缆。细同轴电缆。

5）有线子机。代表机

（2）产品选择。有线同声传译系统所使用的产品，在国内市场上有多家公司可供货。

当你选择产品时，首先向对方所要产品技术白皮书，技术特性指标。一般系统的构成图。根据这些技术资料，进行综合比较，选择你所合适的性能/价格比。

（3）工程设计中注意的要点。

1）主席台要美观、大方、庄重。

2）译员室。译员室设计时，要求见本章 13.3.4 节。译员室位置应设置在会议厅或舞台、主席台两侧之一，这样译员能够看到主席台发言席位和部分听众，使译员看清发言人的口型、节奏变化、手势、传翻译得更生动、形象。传输介质建议用细同轴电缆。

13.3.3.2　无线同声传译系统

无线同声传译系统是无线信道将语言传送给与会者的。系统结构类似于有线同声传译系统，只需在主控制器外端增加一台发射机。发射机有三类。射频、传输、音频传输和红外线传输。现在许多高档的会议场所的同声传译系统也主张使用无线同声传译系统。

无线同声传译系统的工程设计时，考虑的主要设备有：

(1) 主席位：话筒、主席台、主席机；

(2) 译员室：译员室、译员话筒、译员机；

(3) 主控制台：同声传输主机控制单元；

(4) 无线发送机；

(5) 无线接收机。

工程施工比有线同声传输系统容易多了。但在施工时要注意如下3点：红外辐射波长900nm。无线同声传译系统工作时，不应使用荧光灯。避免产生干扰形成的背景噪声。严格遵守无线发射机安装的有关技术要求进行。

如有不清楚的地方，与有关商家或供货商索要技术白皮书、操作、安装、使用说明书和有关技术资料。

读者需要了解更详细的资料请与北京森泰电子公司联系。

13.3.4　译员室的设计

(1) 译员室的设计要求。同声翻译应该设置专用译员室，设计时应符合下列要求：

1) 国际ISO 2603标准译员室内能并排容纳2～3人，为减少房间声共振，房间三边的尺寸不宜相同。

2) 译员室位置应设置在会议厅舞台两侧之一，译员可以从观察窗清楚地看到主席台和观众区的主要部分，以便译员能看清发言人的口型和节奏变化以及发言者使用投影设备显示的内容。

3) 译员室应作隔声和消声（空调管道的噪声）处理。观察窗应采用中间有空气层的双层玻璃隔声窗和隔声门。室内的噪声应不大于NR20。

4) 译员室内应设有空调，有条件时，室内和走廊铺上地毯。

5) 译员室与机房间应设有译员工作指示灯和对外联络的信号设施。

6) 多个译员室应并排设置，相互之间设有玻璃透明窗，以便相互联络。

衡量一套会议同声传译系统性能的标准则是，要具有超强的语音拾取能力、高保真的语音拾音效果、优秀的同步传输功能、清晰的语言无线接收回放性能、小巧的外观、简洁方便的操作界面。

(2) 译员间装修基本要求。译员间装修基本要求如表13-1所示。

表13-1　　译员间装修基本要求

房间位置	房间的位置要保证译员能够看到会场的大部分情况，各语种的译员室最好相互独立
房间面积	单个译员间的面积要求符合ISO 2603；用户亦可结合各自的现场实际情况作出适当修正
地面承重	≥250kg/m²
灯光照明	使用非高频式白炽筒灯并确保≥300lx的均匀照度。若受装潢条件的限制，必须使用高频式电光源或调光装置时，则一定要将电子线路的全部部件完全且合格地屏蔽后再将屏蔽体可靠地连接至工作接地线。若有调光装置时，则应在100～1000lx范围内连续且独立可调
环境噪声	等效连续计权噪声声压级≤35dB（A），并在装修的全表面（墙、门、隔断面、桌面、地面等）粘贴具有抗静电性质的丝质厚绒面材质的（地毯、毛毯等）并具有强吸声系数的多孔/柔性材料，以尽量降低本底噪声
工作地面	铺设防静电地毯，并用铜质编织式接地网带沟通后再与独立接地线（安全接地）可靠地连接
工作台面	应坚固结实、稳定、水平布置。标高730±10mm，宽度为600～800mm（视有无监视器而定），长度应符合ISO 2603。桌面预留ϕ52带防护圈空孔一个，以便每个译员机和监视器电缆的连接沟通
温湿度	温度在18～26℃范围内且每单元可独立调节。相对湿度控制在45%～65%之间。空调风速应≤0.2m/s且可独立调节，出风口应作消声处理且空调风向不能直接吹向译员
观察窗	观察窗的下沿与译员的工作桌面齐平，玻璃需使用单向、不反光、色度均匀且厚度应在9mm以上的平板钢化玻璃或中空玻璃，其宽度的隔断应与译员间的各单元隔断相重合
建筑结构	各译员间除人员出入口为可活动外，其余应是全三维结构为固定全封闭式，人员出入口处应设置隔音门。两个译员间之间的隔断上预留超过桌面宽度尺寸≥300mm的隔音玻璃一幅（高度≥1000mm），以便相邻译员之间的视线沟通与相互联络

ISO 2603 标准译员室的大小规格如图 13-20 所示。译员室内能并排容纳 2～3 人，为减少房间声共振，房间三边的尺寸不宜相同。

13.3.5　会议表决系统的设计

会议表决系统是一个表决终端与网络连接的控制数据处理系统，每个表决终端至少设有三种可能选择的按钮：同意、反对、弃权。中心控制台供主席或工作人员来选择和开动表决程序。在表决结束时，最后的累计结果将清楚地显示给主席、工作人员和代表。

会议表决系统工作时预先确定的表决时间，时间终止时显示表决的最后结果。预先确定的表决时间可以把时间限定在 90、120、180s 等。

会议表决系统一般分为无线表决系统和有线表决系统两大类。有线表决系统如图 13-21 所示。

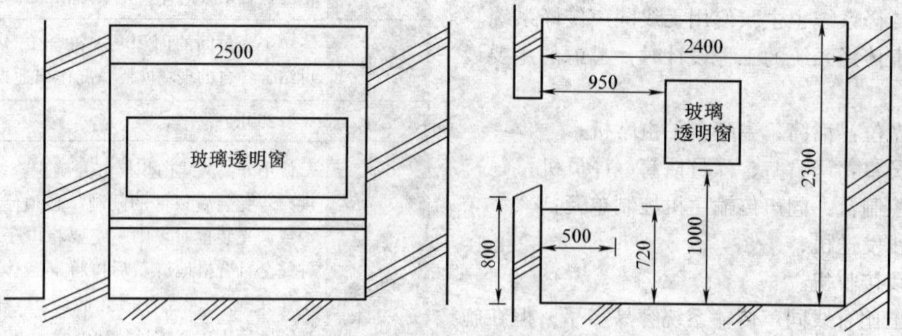

图 13-20　译员室规格（单位：mm）

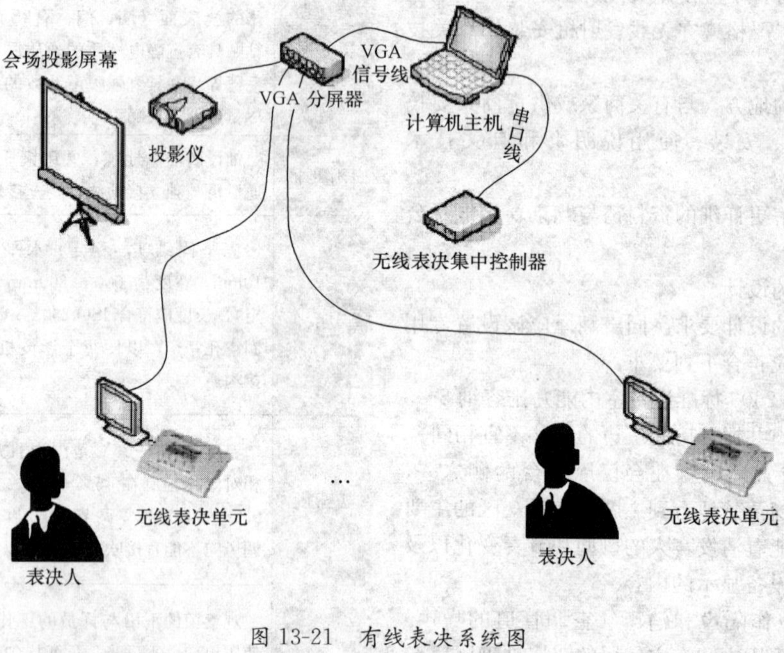

图 13-21　有线表决系统图

13.3.6　一个简单的视频会议研讨系统方案

（1）某视频会议研讨系统的需求。根据某单位的要求，视频会议研讨系统需求如下：“会议研讨设备包括中央控制器、主席席位、听众席位。它供某单位内部在网上研讨开会使用。视频会议系统建议设一个主席位，其他为听众席，在情况需要时通过软件转换，提供听众席的发言机会。由会议研讨设备组成的视频会议系统应具有在 LAN 上组播电视会议的基本功能。同时考虑与有关领导部门、单位、远程的下属单位电视会议。”

（2）产品要求。

1）某单位视频会议系统采用基于内部局域网 LAN 的 IP 多媒体视频会议系统。

2）运行方式考虑为点到点方式，可扩充为交互式多点方式。

3）采用 VCON 产品，基本配置定为 5 个会议场，产品型号采用 VIGO 专业型产品。

4）遵循 H.323 及 T.120 标准。

5）要求安装和操作要简单、方便、灵活；质量可靠，具有极高的性价比。

该系统构成图如图 13-22 所示。

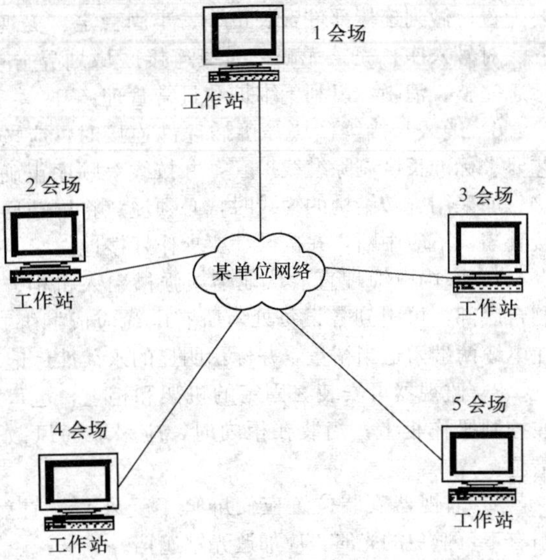

图 13-22　VIGO 专业型 5 点视频会议系统原理图

视频会议系统在计算机网络中应用较多，布线系统兼用计算机网络布线系统，这里就不再叙述了，读者可参阅本书第 14 章综合布线系统的设计与施工技术。

13.4　视频会议系统的施工

视频会议系统的施工主要是布线和设备安装。布线施工请参见本书第 14 章。这里重点介绍安装。

13.4.1　视频会议系统的网络带宽

视频会议系统的网络带宽是重点之一，在视频会议中起着重要作用的部分。网络带宽例如高速网在 SONET（同步光缆）光纤传输系统上相关的主要开销有：约 3%开销用于 SONET；约 9.5%额外开销。

许多人把 ISDN 系统的基本速率看作是64Kbit/s，ISDN64Kbit/s 系统的实际速率实际要比 64Kbit/s 这个值小一些。带宽值小，视频会议系统的视频效果会有一些问题：

（1）视频会议过程中，图像停顿并出现大量马赛克现象，但音频质量却基本可以保证流畅；

（2）通过监控视频会议 MCU 和视频终端，在通信过程中存在视频包有大量的丢失；

（3）随着视频会议的召开，视频会议的通信速率会自动下降，从 768Kbit/s 一直降到几十 Kbit/s；

（4）有些视频会议终端只能接收呼叫，但不能主动发起呼叫；

（5）视频不流畅，画面静止。

要重点注意网络带宽。

13.4.2　视频会议插件安装

（1）视频服务器端安装。

1）安装视频会议的服务器，确保视频服务器地址是动态域名或公网固定 IP 地址；

2）安装好视频会议服务器后，打开视频会议管理器，在自动增加的会议权限中添加用户，这些用户是需要同步到视频服务器中的用户数据；

3）接着打开视频会议服务器，单击新增服务器→简单配置向导→输入视频服务器地址，确定；

4）按照默认设置，依次启动服务器：中心服务器、文档、登录、会议、转发服务器。

（2）客户端安装网络视频通信软件。

1）安装客户端网络视频通信软件；

2）网络视频通信软件安装到最后时，客户端需要指向视频服务器（将服务器地址修改成指定的视频会议服务器地址），进行视频服务器端 IP 地址指向修改；

3）自动登录会议系统，进行网络视频会议。

13.4.3　视频会议系统的设备安装

视频会议系统的设备安装要注意如下内容：

（1）会议室布局。会议室对摄像背景（被摄人物背后的墙）不宜挂有山水画等景物；从观看效果来看，监视器的布局宜放置在相对于与会者中心的位置，距地高度大约 1m，人与监视器的距离大约为屏幕的 6 倍高度。对小型会议室（约 10 人）只需采用 29～34in 的监视器即可，或者大会议室中的某一局部区采用；大型会议室应以投影电视机为主，都采用背投式，可在 60～100in 之间酌情选择，以 100in 为例，其尺寸为：宽 2150mm、高 2880mm、深 200mm，最好置于会议室最前面正对人的地方。

（2）摄像机安装。摄像机是一种视频输入设备，也是最主要的设备。

1）避免阳光、灯光直射到镜头上，这会导致刺眼的强对比情况；

2）光线弱时建议采用辅助灯光（使用辅助灯光，建议使用日光型灯光。禁止使用彩灯，避免使用频闪光源）；

3）避免从顶部或窗外来的顶光、侧光直接照射，此种照射会直接导致阴影（建议使用间接光源或从平整的墙体反射的较为柔和的光线）。

（3）麦克风的安装。麦克风的安装很简单，只需要将麦克风插头插入主机后背声卡上的 MicIn 端口（通常为粉红色）即可完成安装。

（4）红外发射机辐射器的安装。典型红外系统由红外发射机，辐射器，红外个人接收机组成。

1）红外发射机：为每个语种通道产生一个载波；

2）红外辐射器：用于向整个会场分布红外线信号。安装辐射器时可以将它们嵌入墙面或天花板。正确调整辐射器的安装位置，可达到最佳会场红外线信号覆盖；

3）红外接收机：最多可接收16个语种通道，具有高速换挡的通道选择功能，LED显示以及语音放大等功能。

（5）MCU和视频会议终端的配置参数。视频会议系统中MCU和视频会议终端的配置参数，要配置正确。

（6）其他施工安装。

1）机架、设备的排列位置和设备朝向都应按设计安装，并符合实际测定后的机房平面布置图的要求。

2）机架、设备安装完工后，其水平度和垂直度都应符合厂家规定，若无规定时，其前后左右的垂直度偏差均不应大于3mm。要求机架和设备安装牢固可靠，如有抗震要求时，必须按抗震标准要求加固。各种螺钉必须拧紧，无松动、缺少和损坏，机架没有晃动现象。

3）为便于施工和维护，机架和设备前应预留1.5m的过道，其背面距墙面应大于0.8m。相邻机架和设备应互相靠近，机面排列平齐。

4）机架设备、金属钢管和槽道的接地装置应符合设计施工及验收标准规定，要求有良好的电气连接，所有与地线连接处应使用接地垫圈，垫圈尖角应对向铁件，刺破其涂层，必须一次装好，不得将已装过的垫圈取下重复使用。

5）接续模块等接续或插接部件的型号、规格和数量，都必须与机架和设备配套使用，并根据用户需要配置，做到连接部件安装正确、牢固稳定、美观整齐、对号入座、完整无缺；缆线连接区域划界分明，标志完整、清晰，以利于维护和日常管理。

6）缆线与接续模块等接插部件连接时，应按工艺要求标准长度剥除缆线护套，并按线对顺序正确连接。如采用屏蔽结构的缆线时，必须注意将屏蔽层连接妥当，不应中断，并按设计要求作好接地。

7）室内电缆理直后从地槽或强槽引入机柜、控制台底部，再引到各设备处。所有电缆应成捆绑扎，在电缆两端留适当裕量，并标示明显的永久性标记。

8）监视器可安装在固定的机架和柜上，也可装在控制操作柜上，当装在柜内时，应采取通风散热措施。

9）监视器安装位置应使屏幕不受外来光直射，当有不可避免的光时，应加遮光罩遮挡。

10）根据设备的大小，正确选用固定螺钉或膨胀螺钉。

11）固定螺钉需拧紧，不应产生松动现象。

12）Q9头制作平整牢固，与BNC头接触必须正确有效。

13）接线头必须进行焊锡处理，保证接线端接触良好，不易氧化。

13.5 视频会议系统的测试检验验收

13.5.1 视频会议系统的测试

视频会议系统测试的内容如表13-2所示。

表13-2　视频会议系统测试表

<table>
<tr><td>会场名称</td><td colspan="5"></td></tr>
<tr><td>测试时间</td><td colspan="5"></td></tr>
<tr><td rowspan="2">测试人员</td><td>姓名</td><td></td><td>联系电话</td><td colspan="2"></td></tr>
<tr><td>手机</td><td></td><td>邮箱地址</td><td colspan="2"></td></tr>
<tr><td>测试环境描述</td><td colspan="5">本系统共包括　个节点会场，除中心主会场采用专网接入，其余分会场均采用ADSL接入，为保证会议效果，现将会议速率设置为128Kbit/s，视频编解码协议采用H.263，音频编解码协议采用G.711u</td></tr>
<tr><td>项　目</td><td colspan="3">测　试　内　容</td><td>测试结果</td><td>备　注</td></tr>
<tr><td rowspan="3">视频及
各项功能</td><td rowspan="3">本地视频图像质量</td><td colspan="2">图像清晰</td><td>□是
□否</td><td rowspan="3"></td></tr>
<tr><td colspan="2">几乎没有马赛克</td><td>□是
□否</td></tr>
<tr><td colspan="2">画面连续、无抖动</td><td>□是
□否</td></tr>
</table>

续表

项目	测试内容		测试结果	备注
视频及各项功能	远端视频图像质量	静止图像清晰	□是 □否	
		运动图像不太清晰、画面不太连续	□是 □否	
		动作幅度过大时，偶有马赛克出现	□是 □否	
音频及各项功能	接收远端声音质量	声音清晰、无杂音	□是 □否	
		没有断续，感觉良好	□是 □否	
	接收远端声音唇音同步	唇音基本上能保持同步	□是 □否	

13.5.2 视频会议系统调试

视频会议系统调试的内容如表13-3所示。

表13-3 视频会议系统调试情况记录表

会议名称：

调试时间： 年 月 日 时 分至
年 月 日 时 分

调试内容	调试结果		
网络线路效果	○通	○丢包严重	○不通
音响系统是否正常	○是	○否	—
远端会场声音是否清晰	○是	○否	—
远端会场收听声音是否清晰	○是	○否	—
图像效果	○良好	○可以	○差
摄像机控制	○良好	○可以	○差
视频信号切换	○良好	○可以	○差

其他（故障描述、解决方法等）：

调试人：

会议管理员：

13.5.3 视频会议系统的测试和检验验收

视频会议系统的验收要注意如下内容：

(1) 做好竣工准备工作，按规定准备技术资料，要求数据准确、种类齐全、文字精练。

(2) 提交的工程技术文档种类是否完整、齐备，工程资料所列的内容是否完整、齐备，并把工程技术等文档移交给甲方：用户需求说明书；需求变更说明；工程设计总体方案；详细设计说明书；用户手册；操作手册；工程测试报告；工程验收申请。

(3) 制订验收方案，提交验收规划。验收必须根据有关规范和规定进行，不得擅自修改、伪造和事后补做验收记录。

(4) 参与工程预验收。

1) 工程预验收组由甲方、监理方、集成商组成；

2) 工程预验收的依据有上级主管部门的有关工程竣工的文件和规定、用户需求书、工程设计和实施文件、工程合同、工程验收标准和规范和工程统计资料等；

3) 制订预验收计划和实施方案；

4) 共同完成验收并签署预验收报告；

5) 工程验收组由行业的专家组成；

6) 提交验收测试大纲。

(5) 验收标准。

1) 在系统正常工作的条件下图像质量不低于表13-4的第5级标准；

表13-4 图像质量标准

图像等级	图像损伤的主观评价
5	不察觉
4	可察觉，但可令人接受
3	有明显察觉，令人较难接受
2	较严重，令人难以接受
1	极严重，不能观看

2) 系统支持的主要标准、协议见表13-5。

表13-5 系统支持的主要标准、协议

视频会议	协议	RTP，H.323	第三层	数据协议	IP，IPX
	接口标准	V.35，G.703，RS232		路由协议	RIP，OSPF，BGP4，EIGRP
	信息格式	MPEG1/2，H.263		组播协议	IGMP，DVMRP，PIM

第14章 chapter14 综合布线系统的设计与施工技术

随着 Internet 网络和信息高速公路的发展，各国的政府机关、大的集团公司也都在针对自己的楼宇特点，进行综合布线，以适应新的需要。搞智能化大厦、智能化小区已成为新世纪的开发热点。综合布线系统（Premises Distribution System）全称“建筑与建筑群综合布线系统”，亦称结构化布线系统（SCS）。它是随着现代化通信需求的不断发展、对布线系统的要求越来越高的情况下推出的从整体角度来考虑的一种标准布线系统。

综合布线系统是弱电系统的核心工程，由许多部件组成的，主要有传输介质、线路管理硬件、连接器、插座、插头、适配器、传输电子线路、电气保护设施等，并由这些部件来构造各种子系统。适用场合如商务贸易中心、银行、保险公司、宾馆饭店、股票证券市场、商城大厦、政府机关、群众团体、公司办公大厦、航空港、火车站、长途汽车客运枢纽站、港区、城市公共交通指挥中心、出租车调度中心、邮政枢纽楼、广播电台、电视台、新闻通讯社、医院、急救中心、气象中心、科研机构、高等院校等。

综合布线系统标准主要有：美国标准 ANSI/EIA/TIA 568、国际标准化组织/国际电工委员会标准 ISO/IEC 11801：1995、我国国家标准。上述标准有明显的差别，如从综合布线系统的组成来看，美国标准把综合布线系统划分为建筑群子系统、垂直干线子系统、水平干线子系统、设备间子系统、管理间子系统和工作区子系统 6 个独立的子系统。国际标准则将其划分为建筑群主干布线子系统、建筑物主干布线子系统和水平布线子系统 3 部分。GB 50311—2007 将其划分为工作区子系统、配线子系统、干线子系统、建筑群子系统、设备间、进线间、电信间、管理 8 个部分。

自 2007 年 10 月 1 日起实施 GB 50311—2007《综合布线系统工程设计规范》，原 GB/T 50311—2000《建筑与建筑群综合布线系统工程设计规范》同时废止，为了方便工程设计、施工安装，本章在 GB 50311—2007《综合布线系统工程设计规范》标准的基础上编写综合布线系统的设计与施工技术。

本章重点介绍的内容有：综合布线系统的基础知识；综合布线系统的有关标准；综合布线系统的设计；综合布线系统的施工；综合布线系统的测试检验验收。

14.1 综合布线系统基础知识

14.1.1 综合布线系统概述

在信息社会中，一个现代化的大楼内，除了具有电话、传真、空调、消防、动力电线、照明电线外，计算机网络线路也是不可缺少的。布线系统的对象是建筑物或楼宇内的传输网络，以使话音和数据通信设备、交换设备和其他信息管理系统彼此相连，并使这些设备与外部通信网络连接。它包含着建筑物内部和外部线路（网络线路、电话局线路）间的民用电缆及相关的设备连接措施。

布线系统是由许多部件组成的，主要有传输介质、线路管理硬件、连接器、插座、插头、适配器、传输电子线路、电气保护设施等，并由这些部件来构造各种子系统。理想的布线系统表现为：支持语音应用、数据传输、影像影视，而且最终能支持综合型的应用。

综合布线系统应该说是跨学科跨行业的系统工程，包括：楼宇自动化系统（BA）；通信自动化系统（CA）；办公室自动化系统（OA）；计算机网络系统（CN）。

（1）综合布线系统特性。

1）可靠、实用性。布线系统要能够充分适应现代和未来技术发展，实现话音、高速数据通信、高显像度图片传输，支持各种网络设备、通信协议和包括管理信息系统、商务处理活动、多媒体系统在内的广泛应用。布线系统还要能够支持其他一些非数据的通信应用，如电话系统等。

2）先进性。布线系统作为整个建筑的基础设施，要采用先进的科学技术，要着眼于未来，保证系统具有一定的超前性，使布线系统能够支持未来的网络技术和应用。

3）灵活性。布线系统对其服务的设备有一定的独立性，能够满足多种应用的要求，每个信息点可以连接不同的设备，如数据终端、模拟或数字式电话机、程控电话或分机、个人计算机、工作站、打印机、多媒体计算机和主机等。布线系统要可以连接成包括星型、环型、总线型等各种不同的逻辑结构。

4）模块化。布线系统中除去固定于建筑物内的水平线缆外，其余所有的设备都应当是可任意更换插拔的标准组件，以方便使用、管理和扩充。

5）扩充性。布线系统应当是可扩充的，以便在系统需要发展时，可以有充分的余地将设备扩展进去。

6）标准化。布线系统要采用和支持各种相关技术的国际标准、国家标准及行业标准，这样可以使得作为基础设施的布线系统不仅能支持现在的各种应用，还能适应未来的技术发展。

（2）综合布线系统分类。作为布线系统，目前被划分为 8 个部分（8 个，1 个技术管理部分）：

1）工作区子系统；

2）配线子系统［国外也称配线（水平）子系统、水平干线子系统］；

3）干线子系统［国外也称干线（垂直）子系统、垂直干线子系统］；

4）建筑群子系统［国外也称楼宇（建筑群）子系统］；

5）设备间（国外也称设备间子系统）；

6）电信间（电信间子系统）；

7）进线间（进线间子系统）；

8）技术管理。

大楼的综合布线系统是将各种不同组成部分构成一个有机的整体，而不是像传统的布线那样自成体系，互不相干。综合布线系统结构如图 14-1 所示。图 14-1（a）是国家标准的系统结构图，图 14-1（b）是国家标准的系统结构图与国外的系统结构图对照。

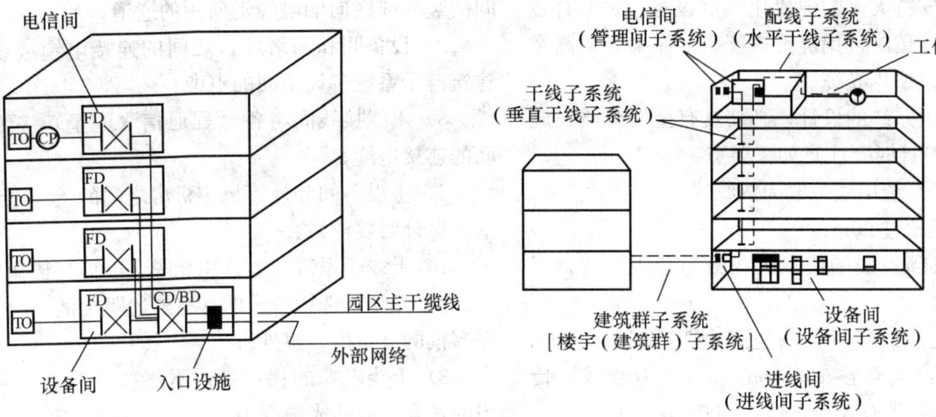

(a)　　(b)

图 14-1　综合布线系统结构

（a）国家标准的系统结构图；（b）国家标准的系统结构图与国外的系统结构图对照

（3）工作区子系统（CP consolidation point）。工作区子系统（Work Area Subsystem）又称为服务区子系统，它是由 RJ45 跳线、信息插座模块（TO telecommunications outlet）与所连接的终端设备（TE Terminal equipment）组成。信息插座有墙上型、地面型等多种。

在进行设备连接时，可能需要某种传输电子装置，但这种装置并不是工作区子系统的一部分。例如，调制解调器，它能为终端与其他设备之间的兼容性传输距离的延长提供所需的转换信号，但不能说是工作区子系统的一部分。

工作区子系统中所使用的连接器必须具备有国际ISDN标准的8位接口，这种接口能接受楼宇自动化系统所有低压信号以及高速数据网络信息和数码声频信号。工作区子系统设计时要注意如下要点：

1）从RJ45的插座到设备间的连线用双绞线，一般不要超过5m；

2）RJ45的插座须安装在墙壁上或不易碰到的地方，插座距离地面30cm以上；

3）插座和插头（与双绞线）不要接错线头。

（4）配线子系统。配线子系统（水平干线子系统）应由工作区的信息插座模块、信息插座模块至电信间配线设备（FD）的配线电缆和光缆、电信间的配线设备及设备缆线和跳线等组成。

配线子系统又称为水平干线子系统、水平子系统（Horizontal Subsystem）。配线子系统是整个布线系统的一部分，它是从工作区的信息插座开始到电信间的配线设备及设备缆线和跳线。结构一般为星型结构，它与干线子系统的区别在于：配线子系统总是在一个楼层上，仅仅是信息插座与电信间连接。在综合布线系统中，配线子系统由4对UTP（非屏蔽双绞线）组成，能支持大多数现代化通信设备。如果有磁场干扰或信息保留时可用屏蔽双绞线。如果需要高宽带应用时，可以采用光缆。

对于配线子系统的设计，必须具有全面介质设施方面的知识。设计时要注意如下要点：

1）配线子系统用线一般为双绞线；

2）长度不超过90m；

3）用线必须走线槽或在天花板吊顶内布线，尽量不走地面线槽；

4）用3类双绞线可传输速率为16Mbit/s，用5类、5e类双绞线可传输100Mbit/s，6类双绞线可传输250Mbit/s，7类双绞线可传输600Mbit/s；

5）确定介质布线方法和线缆的走向；

6）确定距服务接线间距离最近的I/O位置；

7）确定距服务接线间距离最远的I/O位置；

8）计算水平区所需线缆长度。

（5）电信间。电信间（也可称为管理间子系统）电信间由交连、互连和I/O组成。管理间为连接其他子系统提供手段，它是连接干线子系统和配线子系统系统的子系统，其主要设备是配线架、HUB、交换机和机柜、电源。

电信间设计时要注意的如下要点：

1）配线架的配线对数可由管理的信息点数决定；

2）利用配线架的跳线功能，可使布线系统实现灵活、多功能的能力；

3）电信间和干线子系统使用光缆连接是由光配线盒组成；

4）电信间应有足够的空间放置配线架和网络设备（HUB、交换机等）；

5）有交换机的地方要配有专用稳压电源；

6）保持一定的温度和湿度，保养好设备。

（6）干线子系统。干线（Riser Backbone Subsystem）子系统也称骨干（Riser Backbone）子系统，它是整个建筑物综合布线系统的一部分。它提供建筑物的干线电缆，干线子系统应由设备间至电信间的干线电缆和光缆，安装在设备间的建筑物配线设备（BD）及设备缆线和跳线组成。负责连接电信间到设备间的子系统，一般使用光缆或选用非屏蔽双绞线。

干线提供了建筑物干线电缆的路由。通常是在电信间、设备间两个单元之间，该子系统由所有的布线电缆组成，或导线和光缆以及将此光缆连到其他地方的相关支撑硬件组合而成。

干线子系统还包括：

1）干线或远程通信（卫星）接线间、设备间之间的竖向或横向的电缆走向用的通道；

2）设备间和网络接口之间的连接电缆或设备与建筑群子系统各设施间的电缆；

3）干线接线间与各远程通信（卫星）接线间之间的连接电缆；

4）主设备间和计算机主机房之间的干线电缆。

设计时要注意：

1）干线子系统一般选用光缆，以提高传输速率；

2）光缆可选用单模的（室外远距离的），也可以是多模的（室内、室外）；

3）干线电缆的拐弯处，不要直角拐弯，应有相当的弧度，以防光缆受损。

（7）建筑群子系统。建筑群子系统应由连接多个建筑物之间的主干电缆和光缆建筑群配线设备（CD）及设备缆线和跳线组成。

建筑群子系统也可称楼宇（建筑群）子系统、校园（Campus Backbone SUB System）子系统。它是将一个建筑物中的电缆延伸到另一个建筑物，通常是由光缆和相应设备组成，建筑群子系统是综合布线系统的一部分，它支持楼宇之间通信。其中包括导线电缆、光缆以及防止电缆上的脉冲电压进入建筑物的电气保护装置。

在建筑群子系统中，会遇到室外敷设电缆问题，一般有三种情况：架空电缆、直埋电缆、地下管道电缆，或者是这三种的任何组合，具体情况应根据现场的环境来决定。设计时要注意：

1）建筑群子系统一般选用光缆，以提高传输速率；

2）光缆可选用单模的（室外远距离的），也可以是多模的；

3）建筑群干线电缆的拐弯处，不要直角拐弯，应有相当的弧度，以防光缆受损；

4）建筑群干线电缆要防遭破坏（如埋在路面下，挖路、修路对电缆造成危害），架空电缆要防止雷击；

5）防雷电的设施。

（8）设备间。设备间是在每幢建筑物的适当地点进行网络管理和信息交换的场地。对于综合布线系统工程设计，设备间主要安装建筑物配线设备。电话交换机、计算机主机设备及入口设施也可与配线设备安装在一起。

设备间也称设备间子系统、设备（Equipment Subsystem）子系统。设备间由电缆、连接器和相关设备组成。它把各种公共系统设备的多种不同设备互连起来，其中包括邮电部门的光缆、同轴电缆、程控交换机等。设计时注意要点为：

1）设备间要有足够的空间保障设备的存放；

2）设备间要有良好的工作环境（温度湿度）；

3）设备间的建设标准应按机房建设标准设计。

（9）进线间。进线间也可称进线间子系统。进线间是建筑物外部通信和信息管线的入口部位，并可作为入口设施和建筑群配线设备的安装场地。

（10）管理。管理应对工作区、电信间、设备间、进线间的配线设备、缆线、信息插座模块等设施按一定的模式进行标识和记录。综合布线系统应有良好的标记系统，如建筑物名称、建筑物位置、区号、起始点和功能等标志。综合布线系统使用了三种标记：电缆标记、场标记和插入标记。其中插入标记最常用。这些标记通常是硬纸片或其他方式，由安装人员在需要时取下来使用。

交接间及二级交接间的本线设备宜采用色标区别各类用途的配线区。

14.1.2 综合布线系统等级

对于建筑物的综合布线系统，一般定为三种不同的布线系统等级。它们是：基本型综合布线系统、增强型综合布线系统、综合型综合布线系统。

14.1.2.1 基本型综合布线系统

基本型综合布线系统方案，是一个经济的、有效的布线方案。它支持语音或综合型语音/数据产品，并能够全面过渡到数据的异步传输或综合型布线系统。它的基本配置：

（1）每一个工作区为 8～10m^2。

（2）每一个工作区有一个信息插座。

（3）每一个工作区有一个语音插座。

（4）采用夹接式交接硬件。

（5）每一个工作区有一条水平布线 4 对 UTP 系统。

它的特性为：

（1）能够支持所有语音和数据传输应用。

（2）便于维护人员维护、管理。

（3）能够支持众多厂家的产品设备和特殊信息的传输。

14.1.2.2 增强型综合布线系统

增强型综合布线系统不仅支持语音和数据的应用，还支持图像、影像、影视、视频会议等。

具有为增加功能提供发展的余地，并能够利用接线板进行管理，它的基本配置：

（1）每一个工作区为 8～10m^2。

（2）有一个信息插座。

（3）有一个语音插座。

（4）采用夹接式交接硬件。

（5）每一个工作区有 2 条水平布线 4 对 UTP 系统；提供语音和高速数据传输。

它的特点为：

（1）每个工作区有 2 个信息插座，灵活方便、功能齐全。

（2）任何一个插座都可以提供语音和高速数据传输。

（3）便于管理与维护。

（4）能够为众多厂商提供服务环境的布线方案。

14.1.2.3 综合型综合布线系统

综合型布线系统是将双绞线和光缆纳入建筑物布线的系统。它的基本配置：

（1）每一个工作区为 8～10m^2。

（2）在建筑、建筑群的干线或配线子系统（水平布线子系统）中配置 62.5μm 的光缆。

（3）在每个工作区的电缆内配有 2 条以上的 4 对双绞线。

它的特点为：

（1）每个工作区有 2 个以上的信息插座，不仅灵活方便而且功能齐全。

（2）任何一个信息插座都可供语音和高速数据传输。

14.1.3 综合布线系统的优点

综合布线的主要优点为：

（1）结构清晰，便于管理维护。传统的布线方法是，各种不同的设施的布线分别进行设计和施工，如电话系统、消防、安全报警系统、能源管理系统等都是独立进行的。一个自动化程度较高的大楼内，各种线路如麻，拉线时又免不了在墙上打洞，在室外挖沟，造成一种"填填挖挖挖挖填，修修补补补补修"的难堪局面，而且还造成难以管理，布线成本高、功能不足和不适应形势发展的需要。综合布线就是针对这些缺点而采取的标准化的统一材料、统一设计、统一布线、统一安装施工，做到结构清晰，便于集中管理和维护。

（2）材料统一先进，适应今后的发展需要。综合布线系统采用了先进的材料，如五类非屏蔽双绞线，传输的速率在 100Mbit/s 以上，完全能够满足未来5～10 年的发展需要。

（3）灵活性强，适应各种不同的需求，综合布线系统使用起来非常灵活。一个标准的插座，既可接入电话，又可以用来连接计算机终端，实现语音/数据点互换。也适应各种不同拓扑结构的局域网。

（4）便于扩充，节约费用又提高了系统的可靠性。综合布线系统采用的冗余布线和星型结构的布线方式，既提高了设备的工作能力又便于用户扩充。虽然传统布线所用线材比综合布线的线材要便宜，但在统一布线的情况下，统一安排线路走向，统一施工，这样可减少用料和施工费用，也减少使用大楼的空间，而且使用的线材是一个较高质量的材料。

14.1.4 综合布线系统的布线的构成

综合布线系统的布线构成可分为基本构成、布线子系统和布线系统入口设施构成。

布线基本构成如图 14-2 所示。

布线子系统构成如图 14-3 所示。

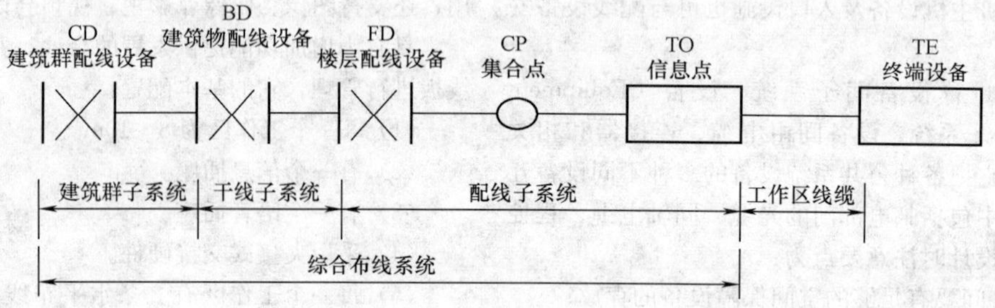

图 14-2 综合布线系统布线基本构成图

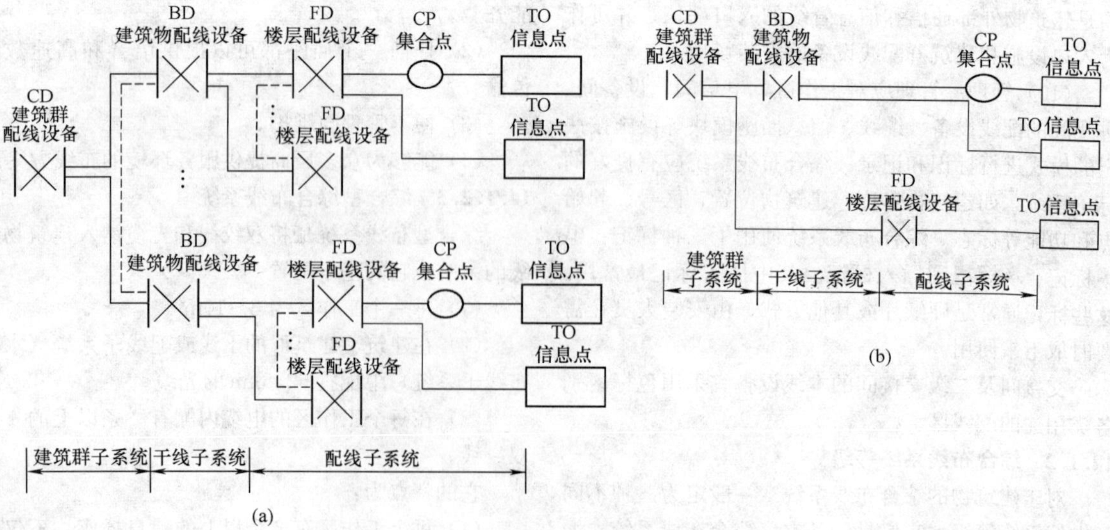

图 14-3 布线子系统构成图

综合布线系统入口设施及引入缆线构成如图14-4所示。

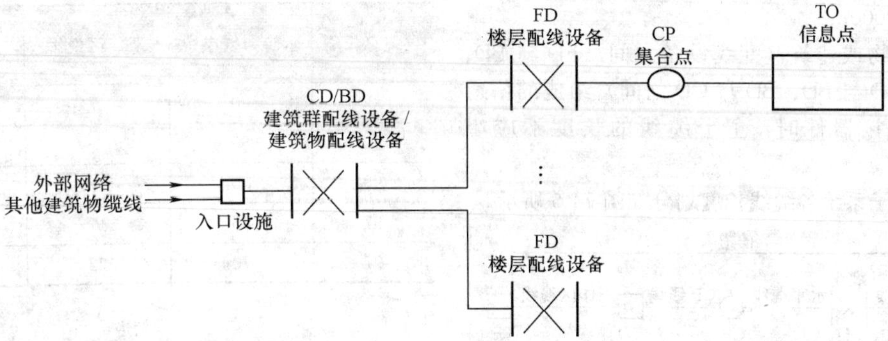

图 14-4　综合布线系统入口设施及引入缆线构成图

注：图 14-2、图 14-3 中的虚线表示 BD 与 BD 之间，FD 与 FD 之间可以设置主干缆线。建筑物 FD 可以经过主干缆线直接连至 CD，TO 也可以经过水平缆线直接连至 BD。

图 14-4 所示对设置了设备间的建筑物，设备间所在楼层的 FD 可以和设备中的 BD/CD 及入口设施安装在同一场地。

14.1.5　综合布线系统线缆系统的分级与类别

（1）综合布线系统铜线缆的分级。综合布线系统铜线缆的分 A，B，C，D，E，F7 级，如表 14-1 所示。

3 类、5/5e 类（超 5 类）、6 类、7 类布线系统应能支持向下兼容的应用。

（2）综合布线系统光纤线缆的分级。综合布线系统中的光纤信道分为光纤 A 级 300m（OF-300）、B 级光纤 500m（OF-500）和 C 级光纤 2000m（OF-2000）三个等级。各等级光纤信道应支持的应用长度不应小于 300、500m 及 2000m。多模光纤：62.5、50μm；单模光纤：9、10μm。

表 14-1　综合布线系统线缆的 7 级表

系统分级	支持带宽（Hz）	支持应用器件	
		电缆	连接硬件
A	100k	—	—
B	1M	—	—
C	16M	3 类	3 类
D	100M	5/5e 类	5/5e 类
E	250M	6 类	6 类
F	600M	7 类	7 类

（3）布线系统等级与类别的选用。综合布线系统工程应综合考虑建筑物的功能、应用网络、业务的需求、性能价格、现场安装条件等因素，选用布线系统等级与类别如表 14-2 所示。

表 14-2　布线系统等级与类别的选用

业务种类	配线子系统		干线子系统		建筑群子系统	
	等级	类别	等级	类别	等级	类别
语音	D/E	5e/6	C	3 类大对数线	C	3 类室外大对数线
数据	D/E/F	5e/6/7	D/E/F	5e/6/7		
	光纤	电缆	光纤	62.5、50μm 多模光纤或 9、10μm 单模光纤	光纤	62.5、50μm 多模光纤或 9、10μm 单模光纤
其他应用	其他应用指数字监控摄像头、楼宇自控现场控制器（DDC）、门禁系统等采用网络端口传送数字信息时的应用。可采用 5e/6 类 4 对对绞电缆和 62.5μm、50μm 多模光纤 9μm、10μm 单模光纤					

综合布线系统应采用标称波长为 850nm 和 1300nm 的多模光纤及标称波长为 1310nm 和 1550nm 的单模光纤。

14.1.6　缆线长度划分

综合布线系统缆线长度划分的一般要求。

1）综合布线系统缆线长度划分水平缆线与建筑

物主干缆线及建筑群主干缆线之和所构成信道的总长度不应大于 2000m。

2）建筑物或建筑群配线设备之间（FD 与 BD、FD 与 CD、BD 与 BD、BD 与 CD 之间）组成的信道出现 4 个连接器件时，主干缆线的长度不应小于 15m。

3）配线子系统各缆线长度划分如图 14-5 所示。

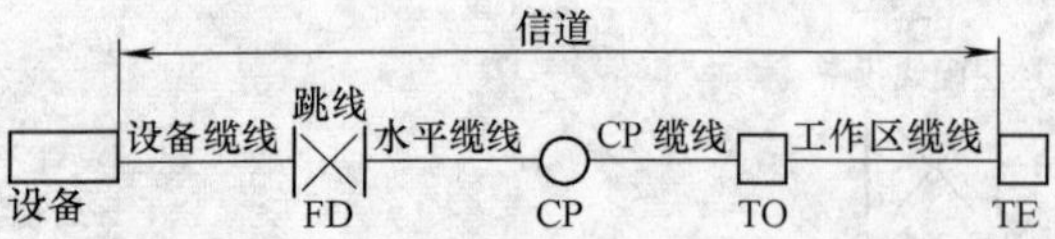

图 14-5　配线子系统各缆线长度划分图

4）配线子系统各缆线长度应符合的要求。

● 配线子系统信道的最大长度不应大于 100m；

● 工作区设备缆线、电信间配线设备的跳线和设备缆线之和不应大于 10m，当大于 10m 时，水平缆线长度（90m）应适当减少；

● 楼层配线设备（FD）跳线、设备缆线及工作区设备缆线各自的长度不应大于 5m。

5）配线子系统各段缆线长度限值可按表 14-3 选用。

14.1.7　综合布线系统的信道

（1）综合布线系统铜线缆的信道。综合布线系统铜线缆的信道最长为 100m。水平缆线最长为 90m、跳线最长为 10m 组成。布线连接方式分为信道和永久链路。信道和永久链路划分如图 14-6 所示。

（2）光纤信道和连接。光纤信道和连接应符合以下要求：

表 14-3　各段缆线长度限值　(m)

电缆总长度	水平布线电缆	工作区电缆	电信间跳线和设备电缆
100	90	5	5
99	85	9	5
98	80	13	5
97	25	17	5
97	70	22	5

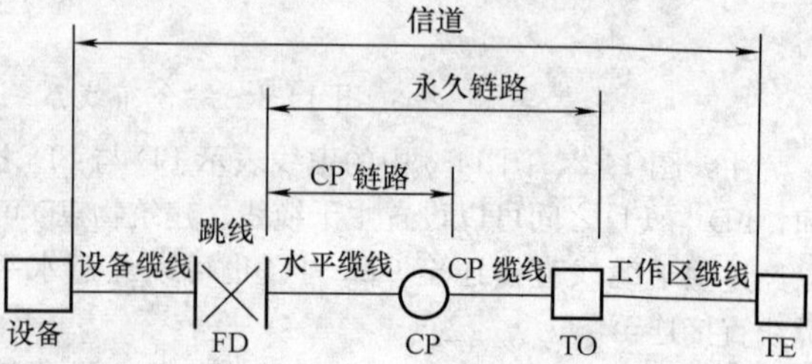

图 14-6　综合布线系统铜线缆的信道和永久链路划分图

1）水平光缆和主干光缆至楼层电信间的光纤配线设备应经光纤跳线连接，光纤跳线连接如图 14-7 所示。

2）水平光缆和主干光缆应在楼层电信间端接。光缆在电信间端接如图 14-8 所示。

3）水平光缆经过电信间直接连接大楼设备间。水平光缆直接连接设备间端接如图 14-9 所示。

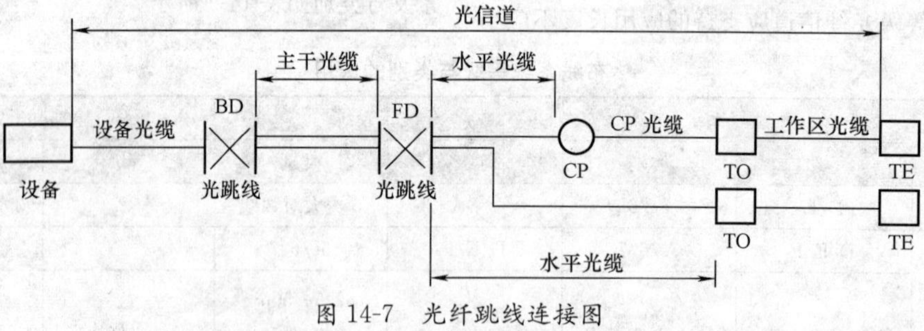

图 14-7　光纤跳线连接图

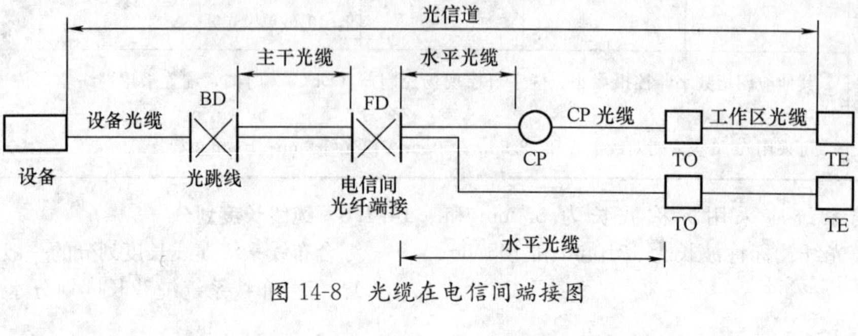

图 14-8　光缆在电信间端接图

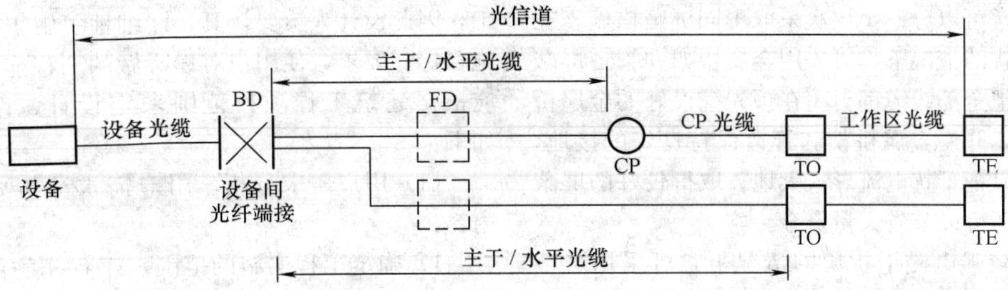

图 14-9 水平光缆直接连接设备间端接图

14.1.8 屏蔽布线系统

14.1.8.1 屏蔽的目的

屏蔽系统是为了保证在有电磁干扰环境下系统的传输性能，这里的抗干扰性应包括两个方面，即抵御外来电磁干扰的能力以及系统本身向外辐射电磁干扰的能力。对于后者而言，欧洲通过了电磁兼容性测试标准 EMC 规范，而对于前者，目前还没有定量的标准规定在外部电磁场强达到多少 V/M 的情况下应该采用屏蔽。虽然从理论上讲，在线缆和连接件外表包上一层金属材料屏蔽层，可以有效地滤除不必要的电磁波（这也是目前绝大多数屏蔽系统采用的方法）。

应视具体情况来确定建设屏蔽的还是非屏蔽的布线系统。对于公安、银行等保密性强的单位可建设屏蔽的局域网，因为有以下因素的影响：

（1）干扰。电缆和设备通常会干扰其他的部件；或者被其他干扰源所影响，从而破坏数据的传输。严重时，干扰甚至会导致整个系统完全瘫痪。根据 PREN 50174 规定，一些干扰源列举如下：

1）功率分配；

2）荧光灯照明；

3）无线电传送设备（无线电话、无线电台、电视）；

4）UTP 对 UTP 电缆；

5）办公设备（复印机、打印机、计算机、碎纸机）；

6）雷达；

7）工业机器（发动机等）。

线缆绞合只能保护电缆不被磁场干扰，但不能使其不被电场干扰。然而，许多干扰源发射的是电场或电磁场（辐射场），因此，只有屏蔽才能使网络免受所有干扰源影响。

（2）窃听。

1）潜在的窃听者、骗子和程序狂在不断增加。他们可以拦截 UTP 线缆上传输的信息，从而引起严重的破坏和损失。使用了屏蔽线缆及元件的屏蔽网络则可以明显地降低周围环境中的电磁能发射水平。

2）如果没有物理连接，而只将 UTP 线缆当作传送天线时，UTP 线缆是很容易被拦截的。屏蔽双绞线（STP）则由于它较低的散射而很难被拦截。在大多数不被保护状态下，窃听者只需要一部雷达接收器、电子信号发生器和一台便携式计算机，在几百米距离内，就可以进行数据拦截。

14.1.8.2 屏蔽原理

单独的绞合线对或 4 线对组可以有一个金属屏蔽层。不同的线对或 4 线对组可以在金属屏蔽后置于一起。屏蔽旨在增加与电磁化外界的间距。就屏蔽本身而言，它可将线对或 4 线对组自身之间的串扰减少到最低程度。这些将根据集肤反应由反射和吸收完成。

（1）反射：金属屏蔽能够有效地反射来自内外界的大量入射场。

（2）当干扰源产生的交变信号的强度从 200V 逐渐提高到 3500V 时，SFTP 5 类系统中传输的数据信号均未发生任何错误。而在 5 类 UTP 系统中，情况就没有这么好了：当电压升高到 200V 时，UTP 系统就开始产生数据错误和丢失。在实际应用中线缆经常会与强电线缆铺设得很近，强电线路中的 220V 交流电便成为影响布线系统性能的重要的干扰源。

（3）综合布线区域内存在的电磁干扰场强高于 3V/m 时，宜采用屏蔽布线系统进行防护。

（4）用户对电磁兼容性有较高的要求（电磁干扰和防信息泄露）时，或网络安全保密的需要，宜采用屏蔽布线系统。

（5）采用非屏蔽布线系统无法满足安装现场条件对缆线的间距要求时，宜采用屏蔽布线系统。

（6）屏蔽布线系统采用的电缆、连接器件、跳线、设备电缆都应是屏蔽的，并应保持屏蔽层的连续性。

综上所述，当网络布线环境处在强电磁场附近时（例如发电厂、变电站等），布线系统可采用屏蔽系统，以保证网络信息的正常传输。根据环境电磁干扰的强弱，通常可以分三个层次采取不同屏蔽措施。在一般电磁干扰的情况下，可采用金属桥架和管道屏蔽的办法，即把全部线缆都封闭在预先铺设好的金属桥架和管道中，并使金属桥架和管道保持良好的接地，这样同样可以把干扰电流导入大地，取得较好的屏蔽效果，而且还可以节省大量资金。

在存在较强电磁干扰源的情况下，可采用屏蔽双绞线和屏蔽连接件的屏蔽系统，再辅助以金属桥架和管道，一般也可取得较好的屏蔽效果。在有极强电磁干扰的情况下，可以采用光缆布线。采用光缆布线成本较高，但屏蔽效果最好，而且可以得到极高的带宽和传输速率，采用光缆布线的网络在20年内可保证其具有先进性，网络不会因布线系统落后而淘汰。

14.2 综合布线系统的有关标准

GB 50311—2007《综合布线系统工程设计规范》

GB 50312—2007《综合布线系统工程验收规范》

GB/T 15972《光纤试验方法规范》

GBJ 79—1985《工业企业通信接地设计规范》

ISO/IEC 11801：1995《信息技术——用户大楼综合布线》

ANSI/TIA/EIA-586-A：1995《商用楼通信布线标准》

ANSI/TIA/EIA-586-A-1：1997《对100Ω布线传输延迟及延迟偏离技术要求》

ANSI/TIA/EIA-586-A-2：1998《商用楼通信布线标准补充文件》

ANSI/TIA/EIA-586-A-3：1998《捆绑和混合线缆的技术要求》

ANSI/TIA/EIA-586-A-4：1999《非屏蔽双绞布线系统的模块化快接跳线近端串扰测量方法和要求》

ANSI/TIA/EIA-586-A-5：1999《对100Ω超五楼布线传输补充指南》

ANSI/TIA/EIA-589-A：1998《商用楼通信路由和空间标准》

ANSI/TIA/EIA-606：1993《商用楼通信设施管理标准》

ANSI/TIA/EIA-607：1994《商用楼通信接地和汇联要求》

ANSI/TIA/EIA TSB-67：1995《非屏蔽双绞线电缆布线系统现场测试传输性能规范》

14.3 综合布线系统的设计

14.3.1 综合布线系统设计的步骤

一个实施的综合布线系统工程，用户单位总是要有自己的使用目的和需求，但用户单位不设计、不施工，因此设计人员要认真、详细地了解工程项目的实施目标、要求，使用户对你所做的工程能理解。设计应根据建筑工程项目范围来定设计，设计的步骤如下：

（1）用户需求分析。用户需求分析要注意如下内容：

1）确定工程实施的范围。工程实施的范围主要是：确定实施综合布线工程的建筑物的数量；各建筑物的各类信息点数量及分布情况；各建筑物配线间和设备间的位置；整个建筑群的中心机房的位置。

2）确定系统的类型。确定本工程是否包括计算机网络通信、电话语音通信、有线电视系统、闭路视频监控等系统，并要求统计各类系统信息点的分布及数量。

3）确定系统各类信息点接入要求。对于各类系统的信息点接入要求主要掌握以下内容：信息点接入设备类型；未来预计需要扩展的设备数量；信息点接入的服务要求。

（2）了解地理布局。查看现场，了解建筑物布局。工程设计人员必须到各建筑物的现场考察，详细了解以下内容：用户信息点数量和安装的位置；用户的最大距离；在同一楼内，用户之间的从属关系；楼与楼之间布线走向，楼层内布线走向；建筑物预埋的管槽分布情况；建筑物垂直干线布线的走向；水平干线布线的走向；有什么特殊要求或限制；管理供电问题与解决方式；与外部互连的需求；设备间所在位置；管理所在位置；对工程施工的材料要有所要求。

（3）尽可能全面地获取工程相关的建筑资料。

（4）系统结构设计。系统结构设计要重点注意以下内容：

1）工作区配置设计。在综合布线系统中，一个独立的需要安装终端设备的区域称为一个工作区，工作区是由终端设备、与水平子系统相连的信息插座以及连接终端设备的软跳线构成。工作区配置设计应注意如下内容：

①工作区适配器的选用规定。

- 设备的连接插座应与连接电缆的插头匹配，不同的插座与插头之间应加装适配器。
- 在连接使用信号的数模转换，光、电转换，数据传输速率转换等相应的装置时，采用适配器。
- 对于网络规程的兼容，采用协议转换适配器。
- 各种不同的终端设备或适配器均安装在工作区的适当位置，并应考虑现场的电源与接地。

②每个工作区的服务面积，应按不同的应用功能确定。

2）配线子系统配置设计。配线子系统配置设计应注意如下内容：

①根据工程提出的近期和远期终端设备的设置要求，用户性质、网络构成及实际需要确定建筑物各层需要安装信息插座模块的数量及其位置，配线应留有扩展余地。

②配线子系统缆线应采用非屏蔽或屏蔽4对对绞电缆，在需要时也可采用室内多模或单模光缆。

③电信间与电话交换配线及计算机网络设备之间的连接方式要求。

● 电话交换配线的连接方式应符合电话交换配线的要求。

● 计算机网络设备连接方式应符合电话交换配线的要求。

④每一个工作区信息插座模块（电、光）数量不宜少于2个，并满足各种业务的需求。

⑤底盒数量应以插座盒面板设置的开口数确定，每一个底盒支持安装的信息点数量不宜大于2个。

⑥光纤信息插座模块安装的底盒大小应充分考虑到水平光缆（2芯或4芯）终接处的光缆盘留空间和满足光缆对弯曲半径的要求。

⑦工作区的信息插座模块应支持不同的终端设备接入，每一个8位模块通用插座应连接一根4对对绞电缆；对每一个双工或2个单工光纤连接器件及适配器连接一根2芯光缆。

⑧从电信间至每一个工作区水平光缆宜按2芯光缆配置。

光纤至工作区域满足用户群或大客户使用时，光纤芯数至少应有2芯备份，按4芯水平光缆配置。

⑨连接至电信间的每一根水平电缆/光缆应终接于相应的配线模块，配线模块与缆线容量相适应。

⑩电信间FD主干侧各类配线模块应按电话交换机、计算机网络的构成及主干电缆/光缆的所需容量要求及模块类型和规格的选用进行配置。

⑪电信间FD采用的设备缆线和各类跳线宜按计算机网络设备的使用端口容量和电话交换机的实装容量、业务的实际需求或信息点总数的比例进行配置，比例范围为25%～50%。

3）干线子系统配置设计。干线子系统配置设计应注意如下内容：

①干线子系统所需要的电缆总对数和光纤总芯数，应满足工程的实际需求，并留有适当的备份容量。主干缆线宜设置电缆与光缆，并互相作为备份路由。

②干线子系统主干缆线应选择较短的安全的路由。主干电缆宜采用点对点终接，也可采用分支递减终接。

③如果电话交换机和计算机主机设置在建筑物内不同的设备间，宜采用不同的主干缆线来分别满足语音和数据的需要。

④在同一层若干电信间之间宜设置干线路由。

⑤主干电缆和光缆所需的容量要求及配置应符合以下规定：

● 对语音业务，大对数主干电缆的对数应按每一个电话8位模块通用插座配置1对线，并在总需求线对的基础上至少预留约10%的备用线对。

● 对于数据业务应以集线器（HUB）或交换机（SW）群（按4个HUB或SW组成1群）；或以每个HUB或SW设备设置1个主干端口配置。每1群网络设备或每4个网络设备宜考虑1个备份端口。主干端口为电端IC1时，应按4对线容量，为光端口时则按2芯光纤容量配置。

● 当工作区至电信间的水平光缆延伸至设备间的光配线设备（BD/CD）时，主干光缆的容量应包括所延伸的水平光缆光纤的容量在内。

● 建筑物与建筑群配线设备处各类设备缆线和跳线的配备按计算机网络设备的使用端口容量和电话交换机的实装容量、业务的实际需求或信息点总数的比例进行配置，比例范围为25%～50%。

4）建筑群子系统配置设计。建筑群子系统配置设计应注意如下内容：

①CD宜安装在进线间或设备间，并可与入口设施或BD合用场地。

②CD配线设备内、外侧的容量应与建筑物内连接BD配线设备的建筑群主干缆线容量及建筑物外部引入的建筑群主干缆线容量相一致。

5）设备间配置设计。设备间配置设计应注意如下内容：

①在设备间内安装的BD配线设备干线侧容量应与主干缆线的容量相一致。设备侧的容量应与设备端口容量相一致或与干线侧配线设备容量相同。

②BD配线设备与电话交换机及计算机网络设备的连接方式应符合电信间与电话交换配线及计算机网络设备之间的连接方式要求。

6）进线间配置设计。进线间配置设计应注意如下内容：

①建筑群主干电缆和光缆、公用网和专用网电缆、光缆及天线馈线等室外缆线进入建筑物时，应

在进线间成端转换成室内电缆、光缆，并在缆线的终端处可由多家电信业务经营者设置入口设施，入口设施中的配线设备应按引入的电、光缆容量配置。

②电信业务经营者在进线间设置安装的入口配线设备应与BD或CD之间敷设相应的连接电缆、光缆，实现路由互通。缆线类型与容量应与配线设备相一致。

③接入业务及多家电信业务经营者缆线接入的需求，并应留有2～4孔的余量。

7）电信间配置设计。电信间配置设计应注意如下内容：

①电信间的数量应按所服务的楼层范围及工作区面积来确定。如果该层信息点数量不大于400个，水平缆线长度在90m范围以内，宜设置一个电信间；当超出这一范围时宜设两个或多个电信间；每层的信息点数量数较少，且水平缆线长度不大于90m的情况下，宜几个楼层合设一个电信间。

②电信间应与强电间分开设置，电信间内或其紧邻处应设置缆线竖井。

③电信间的使用面积不应小于$5m^2$，也可根据工程中配线设备和网络设备的容量进行调整。

④电信间的设备安装和电源要求，应符合本规范的规定。

⑤电信间应采用外开丙级防火门，门宽大于0.7m。电信间内温度应为10～35℃，相对湿度宜为20%～80%。如果安装信息网络设备时，应符合相应的设计要求。

8）技术管理。技术管理应注意如下内容：

①对设备间、电信间、进线间和工作区的配线设备、缆线、信息点等设施应按一定的模式进行标识和记录，并符合下列规定：

●综合布线系统工程宜采用计算机进行文档记录与保存，简单且规模较小的综合布线系统工程可按图纸资料等纸质文档进行管理，并做到记录准确、及时更新、便于查阅；文档资料应实现汉化。

●综合布线的每一电缆、光缆、配线设备、端接点、接地装置、敷设管线等组成部分均应给定唯一的标识符，并设置标签。标识符应采用相同数量的字母和数字等标明。

●电缆和光缆的两端均应标明相同的标识符。

●设备间、电信间、进线间的配线设备宜采用统一的色标区别各类业务与用途的配线区。

②所有标签应保持清晰、完整，并满足使用环境要求。

③对于规模较大的布线系统工程，为提高布线工程维护水平与网络安全，宜采用电子配线设备对信息点或配线设备进行管理，以显示与记录配线设备的连接、使用及变更状况。

④综合布线系统相关设施的工作状态信息应包括：设备和缆线的用途、使用部门、组成局域网的拓扑结构、传输信息速率、终端设备配置状况、占用器件编号、色标、链路与信道的功能和各项主要指标参数及完好状况、故障记录等，还应包括设备位置和缆线走向等内容。

14.3.2　综合布线系统设计的系统指标

综合布线系统设计的系统指标包括如下13大点内容：

（1）综合布线系统产品技术指标要考虑机械性能指标（如缆线结构、直径、材料、承受拉力、弯曲半径等）。

（2）相应等级的布线系统信道和永久链路、CP链路的具体指标项目，应包括下列内容：

1）3类、5类布线系统应考虑指标项目为衰减、近端串音（NEXT）。

2）5e类、6类、7类布线系统，应考虑指标项目为插入损耗（IL）、近端串音、衰减串音比（ACR）、等电平远端串音（ELFEXT）、近端串音功率和（PS NEXT）、衰减串音比功率和（PS ACR）、等电平远端串音功率和（PS ELEFXT）、回波损耗（RL）、时延、时延偏差等。

3）屏蔽的布线系统还应考虑非平衡衰减、传输阻抗、耦合衰减及屏蔽衰减。

（3）综合布线系统工程设计中，信道要重点注意12项指标值，12项指标值内容如下：

1）回波损耗（RL）。布线系统信道的最小回波损耗值应符合表14-4的要求。

表14-4　信道回波损耗值

频率（MHz）	最小回波损耗（dB）			
	C级	D级	E级	F级
1	15.0	17.0	19.0	19.0
16	15.0	17.0	18.0	18.0
100	—	10.0	12.0	12.0
250	—	—	8.0	8.0
600	—	—	—	8.0

2）信道的插入损耗（IL）值应符合表14-5的规定。

表 14-5 信道插入损耗值

频率 (MHz)	最大插入损耗（dB）					
	A 级	B 级	C 级	D 级	E 级	F 级
0.1	16.0	5.5	—	—	—	—
1	—	5.8	4.2	4.0	4.0	4.0
16	—	—	14.4	9.1	8.3	8.1
100	—	—	—	24.0	21.7	20.8
250	—	—	—	—	35.9	33.8
600	—	—	—	—	—	54.6

3）近端串音（NEXT）。线对与线对之间的近端串音（NEXT）值应符合表 14-6 的规定。

表 14-6 信道近端串音值

频率 (MHz)	最小近端串音（dB）					
	A 级	B 级	C 级	D 级	E 级	F 级
0.1	27.0	40.0	—	—	—	—
1	—	25.0	39.1	60.0	65.0	65.0
16	—	—	19.4	43.6	53.2	65.0
100	—	—	—	30.1	39.9	62.9
250	—	—	—	—	33.1	56.9
600	—	—	—	—	—	51.2

4）近端串音功率和（PS NEXT）只应用于布线系统的 D、E、F 级。D、E、F 级布线系统信道的 PS NEXT 值应符合表 14-7 的规定。

表 14-7 信道近端串音功率和值

频率 (MHz)	最小近端串音功率和（dB）		
	D 级	E 级	F 级
1	57.0	62.0	62.0
16	40.6	50.6	62.0
100	27.1	37.1	59.9
250	—	30.2	53.9
600	—	—	48.2

5）衰减串音比（ACR）。线对与线对之间的衰减串音比（ACR）只应用于布线系统的 D、E、F 级。D、E、F 级布线系统信道的 ACR 值应符合表 14-8 的规定。

表 14-8 信道衰减串音比值

频率 (MHz)	最小衰减串音比（dB）		
	D 级	E 级	F 级
1	56.0	61.0	61.0
16	34.5	44.9	56.9
100	6.1	18.2	42.1
250	—	−2.8	23.1
600	—	—	−3.4

6）ACR 功率和（PS ACR）只应用于布线系统的 D、E、F 级。D、E、F 级布线系统信道的 ACR 功率和（PS ACR）值应符合表 14-9 规定。

表 14-9 信道 ACR 功率和值

频率 (MHz)	最小 ACR 功率和（dB）		
	D 级	E 级	F 级
1	53.0	58.0	58.0
16	31.5	42.3	53.9
100	3.1	15.4	39.1
250	—	−5.8	20.1
600	—	—	−6.4

7）等电平远端串音（ELFEXT）。线对与线对之间等电平远端串音（ELFEXT）只应用于布线系统的 D、E、F 级。D、E、F 级等电平远端串音（ELFEXT）数值应符合表 14-10 的规定。

表 14-10 信道等电平远端串音值

频率 (MHz)	最小等电平远端串音（dB）		
	D 级	E 级	F 级
1	57.4	63.3	65.0
16	33.3	39.2	57.5
100	17.4	23.3	44.4
250	—	15.3	37.8
600	—	—	31.3

8）永久链路的最小 PS ELFEXT 值只应用于布线系统的 D、E、F 级。D、E、F 级最小 PS ELFEXT 值应符合表 14-11 的规定。

表 14-11 永久链路的最小 PS ELFEXT 值

频率 (MHz)	最小等电平远端串音（dB）		
	D 级	E 级	F 级
1	55.6	61.2	62.0
16	31.5	37.2	56.3
100	15.6	21.2	43.0
250	—	13.2	36.2
600	—	—	29.6

9）直流环路电阻（d.c.）应符合表 14-12 的规定。

表 14-12 信道直流环路电阻 (Ω)

最大直流环路电阻					
A 级	B 级	C 级	D 级	E 级	F 级
560	170	40	25	25	25

10）传播时延。布线系统信道的传播时延应符合表 14-13 的规定。

表 14-13　信道传播时延

频率（MHz）	最大传播时延（μs）					
	A级	B级	C级	D级	E级	F级
0.1	20.000	5.000	—	—	—	—
1	—	5.000	0.580	0.580	0.580	0.580
16	—	—	0.553	0.553	0.553	0.553
100	—	—	—	0.548	0.548	0.548
250	—	—	—	—	0.546	0.546
600	—	—	—	—	—	0.545

11）传播时延偏差应符合表 14-14 的规定。

表 14-14　信道传播时延偏差

等级	频　率（MHz）	最大时延偏差（μs）
A	f=0.1	—
B	0.1≤f≤1	—
C	1≤f≤16	0.050①
D	1≤f≤100	0.050①
E	14≤f≤250	0.050①
F	14≤f<600	0.030②

① 0.050 为 0.045+4×0.00125 计算结果。

② 0.030 为 0.025+4×0.00125 计算结果。

12）最大不平衡衰减应符合表 14-15 的规定。

表 14-15　信道非平衡衰减

等级	频　率（MHz）	最大不平衡衰减（dB）
A	f−0.1	30
B	f−0.1 和 1	在 0.1MHz 时为 45；1MHz 时为 20
C	1≤f<16	30～5lg(f) f. f. S.
D	1≤f≤100	40～10lg(f) f. f. S.
E	1≤f≤250	40～10lg(f) f. f. S.
F	1≤f≤600	40～10lg(f) f. f. S.

（4）对于信道的电缆导体的指标要求规定。对于信道的电缆导体的指标要求应符合以下规定：

1）在信道每一线对中两个导体之间的不平衡直流电阻对各等级布线系统不应超过 3%。

2）在各种温度条件下，布线系统 D、E、F 级信道线对每一导体最小的传送直流电流应为 0.175A。

3）在各种温度条件下，布线系统 D、E、F 级信道的任何导体之间应支持 72V 直流工作电压，每一线对的输入功率应为 10W。

（5）永久链路的各项指标的规定。永久链路要重点注意 11 项指标值，如下：

1）永久链路的最小回波损耗值应符合表 14-16 的规定。

表 14-16　永久链路最小回波损耗值

频率（MHz）	最小回波损耗（dB）			
	C级	D级	E级	F级
1	15.0	19.0	21.0	21.0
16	15.0	19.0	20.0	20.0
100	—	12.0	14.0	14.0
250	—	—	10.0	10.0
600	—	—	—	10.0

2）永久链路的最大插入损耗值应符合表 14-17 的规定。

表 14-17　永久链路最大插入损耗值

频率（MHz）	最大插入损耗（dB）					
	A级	B级	C级	D级	E级	F级
0.1	16.0	5.5	—	—	—	—
1	—	5.8	4.0	4.0	4.0	4.0
16	—	—	12.2	7.7	7.1	6.9
100	—	—	—	20.4	18.5	17.7
250	—	—	—	—	30.7	28.8
600	—	—	—	—	—	46.6

3）永久链路的最小近端串音值应符合表 14-18 的规定。

表 14-18　永久链路最小近端串音值

频率（MHz）	最小 NEXT（dB）					
	A级	B级	C级	D级	E级	F级
0.1	27.0	40.0	—	—	—	—
1	—	25.0	40.1	60.0	65.0	65.0
16	—	—	21.1	45.2	54.6	65.0
100	—	—	—	32.3	41.8	65.0
250	—	—	—	—	35.3	60.4
600	—	—	—	—	—	54.7

4）最小近端串音功率和值应符合表 14-19 的规定。

表 14-19　永久链路最小近端串音功率和值

频率（MHz）	最小 PS NEXT（dB）		
	D级	E级	F级
1	57.0	62.0	62.0
16	42.2	52.2	62.0
100	29.3	39.3	62.0
250	—	32.7	57.4
600	—	—	51.7

5）永久链路的最小 ACR 值应符合表 14-20 的规定。

表 14-20　永久链路最小 ACR 值

频率（MHz）	最小 ACR（dB）		
	D级	E级	F级
1	56.0	61.0	61.0
16	37.5	47.5	58.1
100	11.9	23.3	47.3
250	—	4.7	31.6
600	—	—	8.1

6）永久链路的最小 PS ACR 值应符合表 14-21 的规定。

表 14-21　永久链路最小 PS ACR 值

频率（MHz）	最小 PS ACR（dB）		
	D级	E级	F级
1	53.0	58.0	58.0
16	34.5	45.1	55.1
100	8.9	20.8	44.3
250	—	2.0	28.6
600	—	—	5.1

7）永久链路的最小等电平远端串音值应符合表 14-22 的规定。

表 14-22　永久链路最小等电平远端串音值

频率（MHz）	最小 ELFEXT（dB）		
	D级	E级	F级
1	58.6	64.2	65.0
16	34.5	40.1	59.3
100	18.6	24.2	46.0
250	—	16.2	39.2
600	—	—	32.6

8）永久链路的最小 PS ELFEXT 值应符合表 14-23规定。

表 14-23　永久链路最小 PS ELFEXT 值

频率（MHz）	最小 PS ELFEXT（dB）		
	D级	E级	F级
1	55.6	61.2	62.0
16	31.5	37.1	56.3
100	15.6	21.2	43.0
250	—	13.2	36.2
600	—	—	29.6

9）永久链路的最大直流环路电阻应符合表 14-24 的规定。

表 14-24　永久链路最大直流环路电阻　（Ω）

等级	A级	B级	C级	D级	E级	F级
电阻值	530	140	34	21	21	21

10）永久链路的最大传播时延应符合表 14-25 的规定。

表 14-25　永久链路最大传播时延值

频率（MHz）	最大传播时延（μs）					
	A级	B级	C级	D级	E级	F级
0.1	19.400	4.400	—	—	—	—
1	—	4.400	0.521	0.521	0.521	0.521
16	—	—	0.496	0.496	0.496	0.496
100	—	—	—	0.491	0.491	0.491
250	—	—	—	—	0.490	0.490
600	—	—	—	—	—	0.489

11）永久链路的最大传播时延偏差应符合表 14-26 的规定。

表 14-26　永久链路传播时延偏差

等级	频率（MHz）	最大时延偏差（μs）
A	$f=0.1$	—
B	$0.1\leqslant f\leqslant 1$	—
C	$1\leqslant f\leqslant 16$	0.044①
D	$1\leqslant f\leqslant 100$	0.044①
E	$1\leqslant f\leqslant 250$	0.044①
F	$1\leqslant f\leqslant 600$	0.026②

① 0.044 为 $0.9\times 0.045+3\times 0.00125$ 计算结果。

② 0.026 为 $0.9\times 0.025+3\times 0.00125$ 计算结果。

（6）光纤信道衰减值。各等级的光纤信道衰减值应符合表 14-27 的规定。

表 14-27　　信道衰减值　　(dB)

信道	多模		单模	
	805nm	1300nm	1310nm	1550nm
OF-300	2.55	1.95	1.80	1.80
OF-500	3.25	2.25	2.00	2.00
OF-2000	8.50	4.50	3.50	3.50

(7) 光缆波长每公里最大衰减值。光缆标称的波长，每公里的最大衰减值应符合表 14-28 的规定。

表 14-28　　最大光缆衰减值　　(dB/km)

项目	OM1，OM2 及 OM3 多模		OS1 单模	
波长	850nm	1300nm	1310nm	1550nm
衰减	3.5	1.5	1.0	1.0

(8) 多模光纤的最小模式带宽。多模光纤的最小模式带宽应符合表 14-29 的规定。

表 14-29　　多模光纤模式带宽

光纤类型	光纤直径 (μm)	最小模式带宽（MHz·km）		
		过量发射带宽		有效光发射带宽
		波　长		
		850nm	1300nm	850nm
OM1	50 或 62.5	200	500	—
OM2	50 或 62.5	500	500	—
OM3	50	1500	500	2000

(9) 综合布线系统光缆波长窗口的各项参数，应符合表 14-30 的规定。

表 14-30　　光缆波长窗口参数　　(nm)

光纤模式	下限	上限	基准试验波长	谱线最大宽度 FWHM
多模 850	790	910	850	50
多模 1300	685	1330	1300	150
单模 1310	688	1339	1310	10
单模 1550	1525	1575	1550	10

注　1. 多模光纤：芯线标称直径为 62.5/125μm 或 50/125μm；并应符合 GB/T 12357.1～4《通信用多模光纤》规定的 A1b 或 A1a 光纤；850nm 波长时最大衰减为 3.5dB/km (20℃)；最小模式带宽为 200MHzkm (20℃)；1300nm 波长时最大衰减为 1dB/km (20℃)；最小模式带宽为 500MHzkm (20℃)。
2. 单模光纤：芯线应符合 GB/T 9771.1～6《通信用单模光纤》标准的 B1.1 类光纤；1310nm 和 1550nm 波长时最大衰减为 1dB/km；截止波长应小于 680nm。1310nm 时色散应≤6PS/（km·nm）；1550nm 时色散应≤20PS/（km·nm）。
3. 光纤连接硬件：最大衰减 0.5dB；最小回波损耗：多模 20dB，单模 26dB。

(10) 综合布线系统的光缆布线链路，在规定各项参数的条件下的衰减限值，应符合表 14-31 的规定。

表 14-31　　光缆布线链路的最大衰减限值

光缆应用类别	链路长度 (m)	多模衰减值 (dB)		单模衰减值 (dB)	
		850 (nm)	1300 (nm)	1310 (nm)	1550 (nm)
配线（水平）子系统	100	2.5	2.2	2.2	2.2
干线（垂直）子系统	500	3.9	2.6	2.7	2.7
建筑群子系统	1500	7.4	3.6	3.6	3.6

(11) 综合布线系统多模光纤链路的最小光学模式带宽，应符合表 14-32 的规定。

表 14-32　　多模光缆布线链路的最小模式带宽

标称波长（nm）	最小模式带宽（MHz）
850	100
1300	250

(12) 综合布线系统光缆布线链路任一接口的光回波损耗限值，应符合表 14-33 的规定。

表 14-33　　最小的光回波损耗限值

光纤模式（nm）	最小的光回波损耗限值（dB）
多模 850	20
多模 1300	20
单模 1310	26
单模 1550	26

(13) 综合布线系统的缆线与设备之间的相互连接应注意阻抗匹配和平衡与不平衡的转换适配。特性阻抗应符合 100Ω 标准，在频率大于 1MHz 偏差值应为±15Ω。

14.3.3　工作区子系统设计

14.3.3.1　一个独立需要设置终端设备的区域宜划分为一个工作区，工作区子系统应由配线（水平）布线系统的信息插座延伸到工作站终端设备处的连接电缆及适配器组成，工作区主要的设备有信息插座、软跳线。信息插座由底盒、模块、面板组成。一个工作区的服务面积可按 8～10m² 估算，每个工作区设置电话机或计算机终端设备，或按用户要求设置。工作区应安装足够的信息插座，以满足计算机、电话机、传真机、电视机等终端设备的安装使用。

工作区子系统包括办公室、写字间、作业间、技术室等需用电话、计算机终端、电视机等设施的区域和相应设备的统称。

14.3.3.2　工作区适配器的选用宜符合下列要求

（1）在设备连接器处采用不同信息插座的连接器时，可以用专用电缆或适配器。

（2）当在单一信息插座上开通 ISDN 业务时，宜用网络终端适配器。

（3）在配线（水平）子系统中选用的电缆类别（介质）不同于设备所需的电缆类别（介质）时，宜采用适配器。

（4）在连接使用不同信号的数模转换或数据速率转换等相应的装置时，宜采用适配器。

（5）对于网络规程的兼容性，可用配合适配器。

（6）根据工作区内不同的电信终端设备可配备相应的终端适配器。

14.3.3.3　工作区设计要点

工作区设计要考虑以下几点：

（1）工作区内信息插座要与建筑物内装修相匹配，工作区内线槽要布得合理、美观。

（2）工作区的信息插座分为暗埋式和明装式两种方式，暗埋方式的插座底盒嵌入墙面，明装方式的插座底盒直接在墙面上安装。用户可根据实际需要选用不同的安装方式以满足不同的需要。通常情况下，新建建筑物采用暗埋方式安装信息插座；已有的建筑物增设综合布线系统则采用明装方式安装信息插座。安装信息插座时应符合以下安装要求。

1）安装在地面上的信息插座应采用防水和抗压的接线盒；

2）安装在墙面或柱子上的信息插座底部离地面的高度宜为 30cm 以上；

3）每 1 个工作区至少应配置 1 个 220V 交流电源插座；

4）工作区的电源插座应选用带保护接地的单相电源插座，保护接地与零线应严格分开；

5）信息插座附近有电源插座的，信息插座应距离电源插座 30cm 以上。

（3）信息插座要设计在距离地面 30cm 以上。

（4）信息插座与计算机设备的距离保持在 5m 范围内。

（5）购买的网卡类型接口要与线缆类型接口保持一致。

（6）所有工作区所需的信息模块、信息插座、面板的数量。

（7）RJ45 所需的数量。RJ45 头的需求量一般用下述方式计算

$$m = n \times 4 + n \times 4 \times 15\%$$

式中：m 为 RJ45 的总需求量；n 为信息点的总量；$n \times 4 \times 15\%$ 为留有的富余量。

信息模块的需求量一般为

$$m = n + n \times 3\%$$

式中：m 为信息模块的总需求量；n 为信息点的总量；$n \times 3\%$ 为富余量。

14.3.4　配线（水平）子系统设计

配线（水平）子系统是综合布线系统的一部分，从工作区的信息插座延伸到楼层配线间管理子系统。配线（水平）子系统由与工作区信息插座相连的水平布线电缆或光缆等组成，配线（水平）子系统线缆沿楼层平面的地板或房间吊顶布线。

14.3.4.1　配线子系统设计要求

（1）配线子系统宜由工作区用的信息插座，每层配线设备至信息插座的配线电缆、楼层配线设备和跳线等组成。配线子系统用于每层配线（水平）电缆的统称。

（2）配线子系统应根据下列要求进行设计：

1）根据工程提出近期和远期的终端设备要求；

2）每层需要安装的信息插座数量及其位置；

3）终端将来可能产生移动、修改和重新安排的详细情况；

4）一次性建设与分期建设的方案比较。

（3）配线子系统宜采用 4 对对绞电缆。配线子系统在有高速率应用的场合，宜采用光缆。配线子系统根据整个综合布线系统的要求，应在二级交接间、交接间或设备间的配线设备上进行连接，以构成电话、数据、电视系统并进行管理。

（4）配线系统宜选用普通型铜芯对绞电缆。

（5）综合布线系统的信息插座宜按下列原则选用：

1）单个连接的 8 芯插座宜用于基本型系统；

2）双个连接的 8 芯插座宜用于增强型系统。

一个给定的综合布线系统设计可采用多种类型的信息插座。

（6）配线子系统电缆长度应为 90m 以内。

（7）信息插座应在内部做固定线连接。

（8）配线子系统缆线宜采用在吊顶、墙体内穿管或设置金属密封线槽及开放式（电缆桥架，吊挂环等）敷设，当缆线在地面布放时，应根据环境条件选用地板下线槽、网络地板、高架（活动）地板布线等安装方式。

（9）缆线应远离高温和电磁干扰的场地。

（10）管线的弯曲半径应符合表 14-34 的要求。

表 14-34　管线敷设弯曲半径

缆线类型	弯曲半径（mm）/倍
2 芯或 4 芯水平光缆	>25mm
其他芯数和主干光缆	不小于光缆外径的 10 倍
4 对非屏蔽电缆	不小于电缆外径的 4 倍
4 对屏蔽电缆	不小于电缆外径的 8 倍
大对数主干电缆	不小于电缆外径的 10 倍
室外光缆、电缆	不小于缆线外径的 10 倍

注　当缆线采用电缆桥架布放时，桥架内侧的弯曲半径不应小于 300mm。

（11）缆线布放在管与线槽内的管径与截面利用率，应根据不同类型的缆线做不同的选择。管内穿放大对数电缆或 4 芯以上光缆时，直线管路的管径利用率应为 50%～60%，弯管路的管径利用率应为 40%～50%。管内穿放 4 对对绞电缆或 4 芯光缆时，截面利用率应为 25%～30%。布放缆线在线槽内的截面利用率应为 30%～50%。

14.3.4.2　配线子系统设计概述

配线子系统设计涉及配线子系统设计的传输介质和部件集成，主要有 7 点：

（1）确定线路走向；

（2）确定线缆、槽、管的数量和类型；

（3）确定电缆的类型和长度；

（4）订购电缆和线槽；

（5）如果打吊杆走线槽，则需要用多少根吊杆；

（6）如果不用吊杆走线槽，则需要用多少根托架；

（7）语音点、数据点互换时，应考虑语音点的水平干线线缆同数据点线缆类型。

确定线路走向一般要由用户、设计人员、施工人员到现场根据建筑物的物理位置和施工难易度来确立。

信息插座的数量和类型、电缆的类型和长度一般在总体设计时便已确立，但考虑到产品质量和施工人员的误操作等因素，在订购时要留有余地。订购电缆时，必须考虑：确定介质布线方法和电缆走向；确认到管理间的接线距离；留有端接容差。

电缆的计算公式有 3 种，现将 3 种方法提供给读者参考：

$$订货总量（总长度\ m）=所需总长+所需总长\times10\%+n\times6$$

式中：所需总长指 n 条布线电缆所需的理论长度；所需总长×10%为备用部分；$n\times6$ 为端接容差。

$$整幢楼的用线量=\sum NC$$

式中：N 为楼层数；C 为每层楼用线量；$C=[0.55\times(L+S)+6]\times n$；$L$ 为本楼层离水平间最远的信息点距离；S 为本楼层离水平间最近的信息点距离；n 为本楼层的信息插座总数；0.55 为备用系数；6 为端接容差。

$$总长度=A+B/2\times n\times1.2$$

式中：A 为最短信息点长度；B 为最长信息点长度；n 为楼内需要安装的信息点数；1.2 为余量参数（富余量）。

设计人员可用这 3 种算法之一来确定所需线缆长度。

在水平布线通道内，关于电信电缆与分支电源电缆要说明以下几点：

（1）屏蔽的电源导体（电缆）与电信电缆并线时不需要分隔；

（2）可以用电源管道障碍（金属或非金属）来分隔电信电缆与电源电缆；

（3）对非屏蔽的电源电缆，最小的距离为 10cm；

（4）在工作站的信息口或间隔点，电信电缆与电源电缆的距离最小应为 6cm。

水平间设计的最后一点是确定水平间与干线接合配线管理设备。

打吊杆走线槽时，一般是间距 1m 左右一对吊杆。吊杆的总量应为水平干线的长度（m）×2（根）。

使用托架走线槽时，一般是 1～1.5m 安装一个托架，托架的需求量应根据水平干线的实际长度去计算。

托架应根据线槽走向的实际情况来选定。一般有 2 种情况：

（1）水平线槽不贴墙，则需要订购托架；

（2）水平线贴墙走，则可购买角钢的自做托架。

14.3.4.3　配线子系统布线方案

配线子系统布线，是将电缆线从管理间子系统的配线间接到每一楼层的工作区的信息输入/输出（I/O）插座上。设计者要根据建筑物的结构特点，从路由（线）最短、造价最低、施工方便、布线规范等几个方面考虑。但由于建筑物中的管线比较多，往往要遇到一些矛盾，所以，设计水平子系统时必须折中考虑，优选最佳的水平布线方案。一般可采用 3 种类型：直接埋管式；先走吊顶内线槽，再走支管到信息出口的方式；适合大开间及后打隔断的地面线槽方式。其余都是这 3 种方式的改良型和综合型。现对上述方式进行讨论。

（1）直接埋管线槽方式。直接埋管布线方式是由一系列密封在现浇混凝土里的金属布线管道或金属馈线走线槽组成。这些金属管道或金属线槽从水平间向信息插座的位置辐射。根据通信和电源布线的要求、地板厚度和占用的地板空间等条件，直接埋管布线方式可能要采用厚壁镀锌管或薄型电线管。这种方式在老式的设计中非常普遍。

现代楼宇不仅有较多的电话语音点和计算机数据点，而且语音点与数据点可能还要求互换，以增加综合布线系统使用的灵活性。因此综合布线的水平线缆比较粗，如 3 类 4 对非屏蔽双绞线外径 1.7mm，截面积 $17.34mm^2$，5 类 4 对非屏蔽双绞线外径 5.6mm，截面积 $24.65mm^2$，对于目前使用较多的 SC 镀锌钢管及阻燃高强度 PVC 管，建议容量为 60%。

对于新建的办公楼宇，要求面积为 $8\sim10m^2$ 便拥有一对语音、数据点，要求稍差的是 $10\sim12m^2$ 便拥有一对语音、数据点。设计布线时，要充分考虑到这一点。

(2) 先走线槽再走支管方式。线槽由金属或阻燃高强度 PVC 材料制成，有单件扣合方式和合式两种类型。

线槽通常悬挂在天花板上方的区域，用在大型建筑物或布线系统比较复杂而需要有额外支持物的场合。用横梁式线槽将电缆引向所要布线的区域。由弱电井出来的缆线先走吊顶内的线槽，到各房间后，经分支线槽从横梁式电缆管道分叉后将电缆穿过一段支管引向墙柱或墙壁，贴墙而下到本层的信息出口（或贴墙而上，在上一层楼板钻一个孔，将电缆引到上一层的信息出口）；最后端接在用户的插座上。

在设计、安装线槽时应多方考虑，尽量将线槽放在走廊的吊顶内，并且去各房间的支管应适当集中至检修孔附近，便于维护。如果是新楼宇，应赶在走廊吊顶前施工，这样不仅减少布线工时，还利于已穿线缆的保护，不影响房内装修；一般走廊处于中间位置，布线的平均距离最短，节约线缆费用，提高综合布线系统的性能（线越短传输的质量越高），尽量避免线槽进入房间，否则不仅费钱，而且影响房间装修，不利于以后的维护。

弱电线槽能走综合布线系统、公用天线系统、闭路电视系统（24V 以内）及楼宇自控系统信号线等弱电线缆。这可降低工程造价。同时由于支管经房间内吊顶贴墙而下至信息出口，在吊顶与其他的系统管线交叉施工，减少了工程协调量。

(3) 地面线槽方式。地面线槽方式就是弱电井出来的线走地面线槽到地面出线盒或由分线盒出来的支管到墙上的信息出口。由于地面出线盒或分线盒或柱体直接走地面垫层，因此这种方式适用于大开间或需要打隔断的场合。

地面线槽方式就是将长方形的线槽打在地面垫层中，每隔 4～8m 拉一个过线盒或出线盒（在支路上出线盒起分线盒的作用），直到信息出口的出线盒。线槽有两种规格：70 型外形尺寸 70mm×25mm，有效截面 1470，占空比取 30%，可穿 24 根水平线（3、5 类混用）；50 型外形尺寸 50mm×25mm，有效截面积 960，可穿插 15 根水平线。分线盒与过线盒均有两槽或三槽分线盒拼接。

地面线槽方式有如下优点：

1）用地面线槽方式，信息出口离弱电井的距离不限。地面线槽每 4～8m 接一个分线盒或出线盒，布线时拉线非常容易，因此距离不限。

强、弱电可以同路由。强、弱电可以走同路由相邻的地面线槽，而且可接到同一线盒内的各自插座。当然地面线槽必须接地屏蔽，产品质量也要过关。

2）适用于大开间或需打隔断的场合。如交易大厅面积大，计算机离墙较远，用较长的线接墙上的网络出口及电源插座，显然是不合适的。这时在地面线槽的附近留一个出线盒，联网及取电都解决了。又如一个楼层要出售，需视办公家具确定房间的大小与位置来打隔断，这时离办公家具搬入和住入的时间已经比较近了，为了不影响工期，使用地面线槽方式是最好的方法。

3）地面线槽方式可以提高商业楼宇的档次。大开间办公是现代流行的管理模式，只有高档楼宇才能提供这种无杂乱无序线缆的大开间办公室。

地面线槽方式的缺点也是明显的，主要体现在如下几个方面：

1）地面线槽做在地面垫层中，需要至少 6.5cm 以上的垫层厚度，这对于尽量减少挡板及垫层厚度是不利的。

2）地面线槽由于做在地面垫层中，如果楼板较薄，有可能在装潢吊顶过程中被吊杆打中，影响使用。

3）不适合楼层中信息点特别多的场合。如果一个楼层中有 500 个信息点，按 70 号线槽穿 25 根线算，需 20 根 70 号线槽，线槽之间有一定空隙，每根线槽大约占 100mm 宽度，20 根线槽就要占 2.0m 的宽度，除门可走 6～10 根线槽外，还需开 1.0～1.4m 的洞，但弱电井的墙一般是承重墙，开这样大的洞是不允许的。另外地面线槽多了，被吊杆打中的机会相应增大。因此建议超过 300 个信息点，应同时用地面线槽与吊顶内线槽两种方式，以减轻地面线槽的压力。

4）不适合石质地面。地面出线盒宛如大理石地面长出了几只不合时宜的眼睛，地面线槽的路径应避免经过石质地面或不在其上放出线盒与分线盒。

5）造价昂贵。如地面出线盒为了美观，盒盖是铜的，一个出线槽盒的售价为300～400元。这是墙上出线盒所不能比拟的。总体而言，地面线槽方式的造价是吊顶内线槽方式的3～5倍。目前地面线槽方式大多数用在资金充裕的金融业楼宇中。

在选型与设计中还应注意以下几点：

1）选型时，应选择那些在有工程经验的厂家，其产品要通过国家电气屏蔽检验，避免强、弱电同路对数据产生影响；铺设地面线槽时，厂家应派技术人员现场指导，避免打上垫层后再发现问题而影响工期。

2）应尽量根据甲方提供的办公家具布置图进行设计，避免地面线槽出口被办公家具挡住，无办公家具图时，地面线槽应均匀地布放在地面出口；对有防静电地板的房间，只需布放一个分线盒即可，出线走铺设静电地板下。

3）地面线槽的主干部分尽量打在走廊的垫层中。楼层信息点较多，应同时采用地面管道与吊顶内线槽两种相结合的方式。

14.3.5 干线（垂直干线）子系统设计

14.3.5.1 干线子系统设计要求

（1）干线子系统应由设备间的配线设备和跳线以及设备间至各楼层配线间的连接电缆组成。干线子系统用于楼层之间垂直干线电缆的统称。

（2）在确定干线子系统所需要的电缆总对数之间，必须确定电缆中话音和数据信号的共享原则。对于基本型每个工作区可选定2对；对于增强每个工作区可选定3对对绞线。对于综合型每个工作区可在基本型或增强型的基础上增设光缆系统。

（3）应选择干线电缆最短，最安全和最经济的路由。宜选择带门的封闭型通道敷设干线电缆。建筑物有两大类型的通道，封闭型和开放型。封闭型通道是指一连串上下对齐的交接间，每层楼都有一间，利用电缆竖井、电缆孔、管道电缆、电缆桥架等穿过这些房间的地板层。每个交接间通常还有一些便于固定电缆的设施和消防装置。开放型通道是指从建筑物的地下室到楼顶的一个开放空间、中间没有任何楼板隔开，例如：通风通道或电梯通道，不能敷设干线子系统电缆。

（4）干线电缆可采用点对点端接，也可采用分支递减端接以及电缆直接连接方法。点对点端接是最简单、最直接的接合方法，干线子系统每根干线电缆直接延伸到指定的楼层和交接间。

分支递减端接是用1根大容量干线电缆足以支持若干个交接间或若干楼层的通信容量，经过电缆接头保护箱分出若干根小电缆，它们分别延伸到每个交接间或每个楼层，并端接于目的地的连接硬件。

而电缆直接连接方法是特殊情况使用的技术。一种情况是一个楼层的所有水平端接都集中在干线交接间，另一种情况是二级交接间太小，在干线交接间完成端接。

（5）如果设备间与计算机机房处于不同的地点，而且需要的把话音电缆连至设备间，把数据电缆连至计算机房，则宜在设计中选取不同的干线电缆或干线电缆的不同部分来分别满足不同路由话音和数据的需要。当需要时，也可采用光缆系统予以满足。

（6）确定干线线缆类型及线对。干线线缆主要有铜缆和光缆两种类型，具体选择要根据布线环境的限制和用户对综合布线系统设计等级的考虑。计算机网络系统的主干线缆可以选用4对双绞线电缆或光缆，电话语音系统的主干电缆可以选用3类大对数双绞线电缆，有线电视系统的主干电缆一般采用75Ω同轴电缆。主干电缆的线对要根据水平布线线缆对数以及应用系统类型来确定。

（7）干线线缆的交接。为了便于综合布线的路由管理，干线电缆、干线光缆布线的交接不应多于两次。从楼层配线架到建筑群配线架之间只应通过一个配线架，即建筑物配线架（在设备间、电信间内）。当综合布线只用一级干线布线进行配线时，放置干线配线架的二级交接间可以并入楼层配线间。

（8）干线线缆的端接。干线电缆可采用点对点端接，也可采用分支递减端接以及电缆直接连接。点对点端接是最简单、最直接的接合方法。干线子系统每根干线电缆直接延伸到指定的楼层配线间或二级交接间。分支递减端接是用一根足以支持若干个楼层配线间或若干个二级交接间的通信容量的大容量干线电缆，经过电缆接头保护箱分出若干根小电缆，再分别延伸到每个二级交接间或每个楼层配线间，最后端接到目的地的连接硬件上。

14.3.5.2 干线子系统设计

干线子系统的任务是通过建筑物内部的传输电缆，把各个服务接线间的信号传送到设备间，直到传送到最终接口，再通往外部网络。它必须满足当前的需要，又要适应今后的发展。干线子系统包括：

（1）供各条干线接线间之间的电缆走线用的竖向或横向通道。

（2）主设备间与计算机中心间的电缆。

设计时要考虑以下几点：确定每层楼的干线要求；确定整座楼的干线要求；确定从楼层到设备间的干线电缆路由；确定干线接线间的接合方法；选定干线电缆的长度；确定铺设附加横向电缆时的支撑结构。

在铺设电缆时，对不同的介质电缆要区别对待。

（3）光纤电缆。

1）光纤电缆铺设时不应该绞结；

2）光纤电缆在室内布线时要走线槽；

3）光纤电缆在地下管道中穿过时要用 PVC 管；

4）光纤电缆需要拐弯时，其曲率半径不能小于 30cm；

5）光纤电缆的室外裸露部分要加铁管保护，铁管要固定牢固；

6）光纤电缆不要拉得太紧或太松，并要有一定的膨胀收缩余量；

7）光纤电缆埋地时，要加铁管保护。

（4）同轴粗电缆。

1）同轴粗电缆铺设时不应扭曲，要保持自然平直；

2）粗缆在拐弯时，其弯角曲率半径不应小于 3cm；

3）粗缆接头安装要牢靠；

4）粗缆布线时必须走线槽；

5）粗缆的两端必须加终接器，其中一端应接地；

6）粗缆上连接的用户间隔必须在 2.5m 以上；

7）粗缆室外部分的安装与光纤电缆室外部分安装相同。

（5）双绞线。

1）双绞线铺设时线要平直，走线槽，不要扭曲；

2）双绞线的两端点要标号；

3）双绞线的室外部要加套管，严禁搭接在树干上；

4）双绞线不要拐硬弯。

（6）同轴细缆。同轴细缆的铺设与同轴粗缆有以下几点不同：

1）细缆弯曲半径不应小于 20cm；

2）细缆上各站点距离不小于 0.5m；

3）一般细缆长度为 183m，粗缆长度为 500m。

14.3.5.3　干线子系统的结构

干线子系统的结构是一个星型结构，如图 14-10 所示。

干线子系统负责把各个电信间的干线连接到设备间。

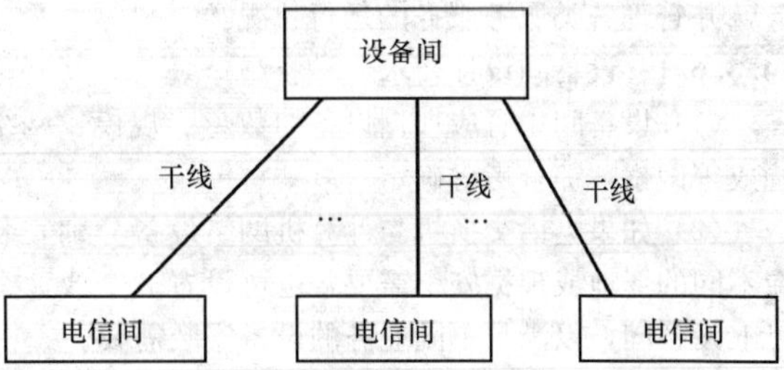

图 14-10　干线子系统的结构

14.3.5.4　干线子系统设计方法

确定从管理间到设备间的干线路由，应选择干线段最短、最安全和最经济的路由，在大楼内通常有如下两种方法：

（1）电缆孔方法：干线通道中所用的电缆孔是很短的管道，通常用直径为 10cm 的钢性金属管做成。它们嵌在混凝土地板中，这是在浇注混凝土地板时嵌入的，比地板表面高出 2.5～10cm。电缆往往捆在钢绳上，而钢绳又固定到墙上已铆好的金属条上。当配线间上下都对齐时，一般采用电缆孔方法。

（2）电缆井方法：电缆井方法常用于干线通道，也是常说的竖井。电缆井是指在每层楼板上开出一些方孔，使电缆可以穿过这些电缆并从某层楼伸到相邻的楼层。电缆井的大小依所用电缆的数量而定。与电缆孔方法一样，电缆也是捆在或箍在支撑用的钢绳上，钢绳靠墙上金属条或地板三脚架固定住。离电缆井很近的墙上立式金属架可以支撑很多电缆。电缆井的选择性非常灵活，可以让粗细不同的各种电缆以任何组合方式通过。电缆井方法虽然比电缆孔方法灵活，但在原有建筑物中开电缆井安装电缆造价较高，它的另一个缺点是使用的电缆井很难防火。如果在安装过程中没有采取措施去防止损坏楼板支撑件，则楼板的结构完整性将受到破坏。

在多层楼房中，经常需要使用干线电缆的横向通道才能从设备间连接到干线通道，以及在各个楼层上从二级交接间连接到任何一个配线间。请记住，横向走线需要寻找一个易于安装的方便通道，因而两个端点之间很少是一条直线。在水平干线、垂直干线子系统布线时，应考虑数据线、语音线以及其他弱电系统共槽问题。

14.3.6　设备间子系统设计

设备间是建筑物综合布线系统的线路汇聚中心，各房间内信息插座经水平线缆连接，再经干线线缆最终汇聚连接至设备间。设备间还安装了各应用系统相关的管理设备，为建筑物各信息点用户提供各类服务，并管理各类服务服务的运行状况。

14.3.6.1 设备间设计要求

(1) 设备间位置应根据设备的数量、规模、网络构成等因素，综合考虑确定。

(2) 如果电话交换机与计算机网络设备分别安装在不同的场地或根据安全需要，也可设置2个或2个以上设备间，以满足不同业务的设备安装需要。

(3) 建筑物综合布线系统与外部配线网连接时，应遵循相应的接口标准要求。

(4) 设备间的设计应符合下列规定：

1) 设备间宜处于干线子系统的中间位置，并考虑主干缆线的传输距离与数量；

2) 设备间宜尽可能靠近建筑物线缆竖井位置，有利于主干缆线的引入；

3) 设备间的位置宜便于设备接地；

4) 设备间应尽量远离高低压变配电、电机、X射线、无线电发射等有干扰源存在的场地；

5) 设备间室温度应为18～25℃，相对湿度应为20%～80%，并应有良好的通风；

6) 设备间内应有足够的设备安装空间，其使用面积不应小于10m²，该面积不包括程控用户交换机、计算机网络设备等设施所需的面积在内；

7) 设备间梁下净高不应小于2.5m，采用外开双扇门，门宽不应小于1.5m。

(5) 设备间应防止有害气体（如氯、碳水化合物、硫化氢、氮氧化物、二氧化碳等）侵入，并应有良好的防尘措施，尘埃含量限值宜符合表14-35的规定。

表14-35 尘埃限值

尘埃颗粒的最大直径（μm）	0.5	1	3	5
灰尘颗粒的最大浓度（粒子数/m³）	1.4×107	7×105	2.4×105	1.3×105

注 灰尘粒子应是不导电的，非铁磁性和非腐蚀性的。

(6) 在地震区的区域内，设备安装应按规定进行抗震加固。

(7) 设备安装宜符合下列规定：

1) 机架或机柜前面的净空不应小于800mm，后面的净空不应小于600mm；

2) 壁挂式配线设备底部离地面的高度不宜小于300mm。

(8) 设备间应提供不少于两个220V带保护接地的单相电源插座，但不作为设备供电电源。

(9) 设备间如果安装电信设备或其他信息网络设备时，设备供电应符合相应的设计要求。

14.3.6.2 设备间子系统设计要点

(1) 设备间子结构的考虑。设备间子系统是一个公用设备存放的场所，也是设备日常管理的地方，有服务器、交换机、路由器、稳压电源等设备。在高层建筑内，设备间可设置在2、3层。在设计设备间时应注意：

1) 设备间应设在位于干线综合体的中间位置。

2) 应尽可能靠近建筑物电缆引入区和网络接口。

3) 设备间应在服务电梯附近，便于装运笨重设备。

4) 设备间内要注意：①室内无尘土，通风良好，要有较好的照明亮度；②要安装符合机房规范的消防系统；③使用防火门，墙壁使用阻燃漆；④提供合适的门锁，至少要有一个安全通道。

5) 防止可能的水害（如暴雨成灾、自来水管爆裂等）带来的灾害。

6) 防止易燃易爆物的接近和电磁场的干扰。

7) 设备间空间（从地面到天花板）应保持2.5m高度的无障碍空间，门高为2.1m，宽为1.5m，地板承重压力不能低于500kg/m²。

因此，设备间设计时，必把握下述要素：最低高度；房间大小；照明设施；地板负重；电气插座；配电中心；管道位置；楼内气温控制；门的大小、方向与位置；端接空间；接地要求；备用电源；保护设施；消防设施。防雷电，设备间不宜放置在楼宇的四个边角上。

(2) 设备间使用面积。设备间的主要设备有数字程控交换机、计算机等，对于它的使用面积，必须有一个通盘的考虑。目前，对设备间的使用面积有两种方法来确定。

1) 方法一

$$面积\ S = K\Sigma S_i$$

式中：S为设备间使用的总面积，m²；K为系数，每一个设备预占的面积，一般K选择5、6或7这三个数的之一（根据设备大小来选择）；Σ为求和；S_i为代表设备件；i为变量$i=1, 2, \cdots, n$，n代表设备间内共有设备总数。

2) 方法二

$$面积\ S = KA$$

式中：S为设备间使用的总面积，m²；K为系数，同方法一；A为设备间所有设备的总数。

(3) 设备间子系统设计的环境考虑。设备间子系统设计时要对环境问题进行认真考虑。

1) 温度和湿度。网络设备间对温度和湿度是有要求的，一般将温度和湿度分为A、B、C三级，设备间可按某一级执行，也可按某级综合执行。具体指标见表 14-36。

表 14-36　设备间温度和湿度指标

指标＼级别 项目	A 级		B 级	C 级
	夏季	冬季		
温度（℃） 相对湿度（%）	22±4 40～65	18±4 35～70	12～30 30～80	8～35
温度变化率（℃/h）	<5 要不凝露		>0.5 要不凝露	<15 要不凝露

2）尘埃。设备对设备间内的尘埃量是有要求的。一般可分为 A、B 二级。具体指标见表 14-37。

表 14-37　尘埃量度表

指标＼级别 项目	A 级	B 级
粒度（℃） 个数（粒/dm^3）	>0.5 <10000	>0.5 <18000

注　A 级相当于 30 万粒/ft^3，B 级相当于 50 万粒/ft^3。

设备间的温度、湿度和尘埃对微电子设备的正常运行及使用寿命都有很大的影响，过高的室温会使元件失效率急剧增加，使用寿命下降；过低的室温又会使磁介等发脆，容易断裂。温度的波动会产生"电噪声"，使微电子设备不能正常运行。相对湿度过低，容易产生静电，对微电子设备造成干扰；相对湿度过高会使微电子设备内部焊点和插座的接触电阻增大。尘埃或纤维性颗粒积聚，微生物的作用还会使导线被腐蚀断掉。所以在设计设备间时，除了按 GB/T 2887—2000《电子计算机场地通用规范》执行外，还应根据具体情况选择合适的空调系统。

3）热量。热量主要由如下几个方面所产生的：①设备发热量；②设备间外围结构发热量；③室内工作人员发热量；④照明灯具发热量；⑤室外补充新鲜空气带入的热量。

计算出上列总发热量再乘以系数 1.1，就可以作为空调负荷，据此选择空调设备。

4）照明。设备间内在距地面 0.8m 处，照度不应低于 200lx。还应设事故照明，在距地面 0.8m 处，照度不应低于 5lx。

5）噪声。设备间的噪声应小于 70dB。如果长时间在 70～80dB 噪声的环境下工作，不但影响人的身心健康和工作效率，还可能造成人为的噪声事故。

6）电磁场干扰。设备间无线电干扰场强，在频率为 0.15～1000MHz 范围内不大于 120dB。设备间内磁场干扰场强不大于 800A/m（相当于 10Ω）。

7）供电。设备间供电电源应满足下列要求：频率为 50Hz；电压为 380V/220V；相数为三相五线制或三相四线制/单相三线制。

依据设备的性能允许以上参数的变动范围，见表 14-38。

表 14-38　设备的性能允许电源变动范围

指标＼级别 项目	A 级	B 级	C 级
电压变动（%）	−5～+5	−10～+7	−15～+10
频率变化（Hz）	−0.2～+0.2	−0.5～+0.5	−1～+1
波形失真率（%）	<±5	<±5	<±10

设备间内供电容量：将设备间内存放的每台设备用电量的标称值相加后，再乘以系数。从电源室（房）到设备间使用的电缆，除应符合 GBJ 232—1982《电气装置安装工程施工及验收规范》中配线工程规定外，载流量应减少 50%。设备间内设备用的配电柜应设置在设备间内，并应采取防触电措施。

设备间内的各种电力电缆应为耐燃铜芯屏蔽的电缆。各电力缆如空调设备、电源设备等，供电电缆不得与双绞线走向平行。交叉时，应尽量以接近于垂直的角度交叉，并采取防延燃措施。各设备应选用铜芯电缆，严禁铜、铝混用。

8）安全。设备间的安全可分为三个基本类别：①对设备间的安全有严格的要求，有完善的设备间安全措施；②对设备间的安全有较严格的要求，有较完善的设备间安全措施；③对设备间有基本的要求，有基本的设备间安全措施。

设备间的安全要求详见表 14-39。

表 14-39　设备间的安全要求

<table>
<tr><th>指标＼级别
项目</th><th>C 级</th><th>B 级</th><th>A 级</th></tr>
<tr><td>场地选择</td><td>无要求</td><td rowspan="11">有要求或增加要求</td><td rowspan="2">有要求或增加要求</td></tr>
<tr><td>防火</td><td>有要求或增加要求</td></tr>
<tr><td>内部装修</td><td>无要求</td><td rowspan="9">要求</td></tr>
<tr><td>供配电系统</td><td rowspan="3">有要求或增加要求</td></tr>
<tr><td>空调系统</td></tr>
<tr><td>火灾报警及消防设施</td></tr>
<tr><td>防水</td><td rowspan="5">无要求</td></tr>
<tr><td>防静电</td></tr>
<tr><td>防雷电</td></tr>
<tr><td>防鼠害</td></tr>
<tr><td>电磁波的防护</td></tr>
</table>

根据设备间的要求，设备间安全可按其一类执行，也可按某些类综合执行。

9）建筑物防火与内部装修。

①A类，其建筑物的耐火等级必须符合GB 50045—1995《高层民用建筑设计防火规范》中规定的一级耐火等级。

②B类，其建筑物的耐火等级必须符合GB 50045—1995《高层民用建筑设计防火规范》中规定的二级耐火等级。

③与A、B类安全设备间相关的工作房间及辅助房间，其建筑物的耐火等级不应低于GB 50016—2006《建筑设计防火规范》中规定的二级耐火等级。

④C类，其建筑物的耐火等级应符合GB 50016—2006中规定的二级耐火等级。

⑤与C类设备间相关的其余基本工作房间及辅助房间，其建筑物的耐火等级不应低于TJ16—1974中规定的三级耐火等级。

⑥内部装修：根据A、B、C三类等级要求，设备间进行装修时，装饰材料应符合TH 16—1974中规定的难燃材料或非燃材料，应能防潮、吸噪、不起尘、抗静电等。

10）地面。为了方便表面敷设电缆线和电源线，设备间地面最好采用抗静电活动地板，其系统电阻应在1～10Ω之间。具体要求应符合GR 6650—1986《计算机房用地板技术条件》标准。

带有走线口的活动地板称为异形地板。其走线应做到光滑，防止损伤电线、电缆。设备间地面所需异形地板的块数可根据设备间所需引线的数量来确定。

设备间地面切忌铺地毯。其原因：一是容易产生静电；二是容易积灰。

放置活动地板的设备间的建筑地面应平整、光洁、防潮、防尘。

11）墙面。墙面应选择不易产生尘埃，也不易吸附尘埃的材料。目前大多数是在平滑的墙壁涂阻燃漆，或在平滑的墙壁覆盖耐火的胶合板。

12）顶棚。为了吸噪及布置照明灯具，设备顶棚一般有建筑物梁下加一层吊顶。吊顶材料应满足防火要求。目前，我国大多数采用铝合金或轻钢作龙骨，安装吸声铝合金板、难燃铝塑板、喷塑石英板等。

13）隔断。根据设备间放置的设备及工作需要，可用玻璃将设备间隔成若干个房间。隔断可以选用防火的铝合金或轻钢作龙骨，安装10mm厚玻璃。或从地板面至1.2m安装难燃双塑板，1.2m以上安装10mm厚玻璃。

14）火灾报警及灭火设施。A、B类设备间应设置火灾报警装置。在机房内、基本工作房间、活动地板下、吊顶地板下、吊顶上方、主要空调管道中及易燃物附近部位应设置烟感和温感探测器。

①A类设备间内设置卤代烷1211、1301自动灭火系统，并备有手提式卤代烷1211、1301灭火器。

②B类设备间在条件许可的情况下，应设置卤代烷1211、1301自动消防系统，并备有卤代烷1211、1301灭火器。

C类设备间应备置手提式卤代烷1211或1301灭火器。

③A、B、C类设备间除纸介质等易燃物质外，禁止使用水、干粉或泡沫等易产生二次破坏的灭火剂。

14.3.7 技术管理

14.3.7.1 GB 50311—2007《综合布线系统工程设计规范》对技术管理规定

对设备间、电信间、进线间和工作区的配线设备、缆线、信息点等设施应按一定的模式进行标识和记录，并应符合下列规定：

（1）综合布线系统工程的技术管理涉及综合布线系统的工作区、电信间、设备间、进线间、入口设施、缆线管道与传输介质、配线连接器件及接地等各方面，根据布线系统的复杂程度分为以下4级：

1）一级管理：针对单一电信间或设备间的系统；

2）二级管理：针对同一建筑物内多个电信间或设备间的系统；

3）三级管理：针对同一建筑群内多栋建筑物的系统，包括建筑物内部及外部系统。

4）四级管理：针对多个建筑群的系统。

（2）管理系统的设计应使系统可在无须改变已有标识符和标签的情况下升级和扩充。

（3）综合布线系统工程宜采用计算机进行文档记录与保存，简单且规模较小的综合布线系统工程可按图纸资料等纸质文档进行管理，并做到记录准确、及时更新、便于查阅；文档资料应实现汉化。

（4）综合布线的每一电缆、光缆、配线设备、端接点、接地装置、敷设管线等组成部分均应给定唯一的标识符，并设置标签。标识符应采用相同数量的字母和数字等标明。

（5）电缆和光缆的两端均应标明相同的标识符。

（6）设备间、电信间、进线间的配线设备宜采用统一的色标区别各类业务与用途的配线区。

（7）所有标签应保持清晰、完整，并满足使用环境要求。

（8）对于规模较大的布线系统工程，为提高布线工程维护水平与网络安全，宜采用电子配线设备对信息点或配线设备进行管理，以显示与记录配线设备的连接、使用及变更状况。

（9）综合布线系统相关设施的工作状态信息应包括：设备和缆线的用途、使用部门、组成局域网的拓扑结构、传输信息速率、终端设备配置状况、占用器件编号、色标、链路与信道的功能和各项主要指标参数及完好状况、故障记录等，还应包括设备位置和缆线走向等内容。

14.3.7.2　综合布线系统的标识

在综合布线系统设计规范中强调了管理。要求对设备间、管理间和工作区的配线设备、线缆、信息插座等设施，按照一定的模式进行标识和记录。电缆和光缆的两端应采用不易脱落和磨损的不干胶条标明相同的编号。TIA/EIA-606 标准对布线系统各个组成部分的标识管理做了具体的要求。综合布线系统使用三种标识：电缆标识、场标识和插入标识。

（1）电缆标识。电缆标识主要用来标明电缆来源和去处，在电缆连接设备前电缆的起始端和终端都应做好电缆标识。电缆标识由背面为不干胶的白色材料制成，可以直接贴到各种电缆表面上．其规格尺寸和形状根据需要而定。

（2）场标识。场标识又称为区域标识，一般用于设备间、配线间和二级交接间的管理器件之上，以区别管理器件连接线缆的区域范围。它也是由背面为不干胶的材料制成，可贴在设备醒目的平整表面上。

（3）插入标识。插入标识一般管理器件上，如 110 配线架、BIX 安装架等。插入标识是硬纸片，可以插在 1.27cm×20.32cm 的透明塑料夹里，这些塑料夹可安装在两个 110 接线块或两根 BIX 条之间。每个插入标识都用色标来指明所连接电缆的源发地，这些电缆端接于设备间和配线间的管理场。对于插入标识的色标。

（4）不同颜色的配线设备之间应采用相应的跳线进行连接，色标的规定及应用场合宜符合下列要求：

1）橙色，用于分界点，连接入口设施与外部网络的配续设备；

2）绿色，用于建筑物分界点，连接入口设施与建筑群的配线设备；

3）紫色，用于与信息通信设施 PBX、计算机网络、传输等设备）连接的配线设备；

4）白色，用于连接建筑物内主干缆线的配线设备（一级主干）；

5）灰色，用于连接建筑物内主干缆线的配线设备（二级主干）；

6）棕色，用于连接建筑群主干缆线的配线设备；

7）蓝色，用于连接水平缆线的配线设备；

8）黄色，用于报警、安全等其他线路；

9）红色，预留备用。

综合布线系统使用的区分不同服务的标识的色标见表 14-40。

表 14-40　　综合布线系统标识的色标

色别	设备间	配线间	二级交接间
蓝	设备间至工作区或用户终端线路	连接配线间与工作区的线路	自交换间连接工作区线路
橙	网络接口、多路复用器引来的线路	来自配线间多路复用器的输出线路	来自配线间多路复用器的输出线路
绿	来自电信局的输入中继线或网络接口的设备侧	—	—
黄	交换机的用户引出线或辅助装置的连接线路	—	—
灰	—	至二级交接间的连接电缆	来自配线间的连接电缆端接
紫	来自系统公用设备（如程控交换机或网络设备）连接线路	来自系统公用设备（如程控交换机或网络设备）连接线路	来自系统公用设备（如程控交换机或网络设备）连接线路
白	干线电缆和建筑群间连接电缆	来自设备间干线电缆的端接点	来自设备间干线电缆的点到点端接
红	预留备用		

通过不同色标可以很好地区别各个区域的电缆，方便管理子系统的线路管理工作。

14.3.7.3　综合布线系统的标识管理

（1）综合布线系统应在需要管理的各个部位设置标签，分配由不同长度的编码和数字组成的标识符，以表示相关的管理信息。

1）标识符可由数字、英文字母、汉语拼音或其他字符组成，布线系统内各同类型的器件与缆线的标识符应具有同样特征（相同数量的字母和数字等）。

2）标签的选用应符合以下要求：

①选用粘贴型标签时，缆线应采用环套型标签，标签在缆线上至少应缠绕一圈或一圈半，配线设备和其他设施应采用扁平型标签；

②标签衬底应耐用，可适应各种恶劣环境；不可将民用标签应用于综合布线工程；插入型标签应设置在明显位置、固定牢固。

（2）综合布线系统的管理使用色标来区分配线设备的性质，标识按性质排列的接线模块，标明端接区域、物理位置、编号、容量、规格等，以便维护人员在现场一目了然地加以识别。

布线系统中有五个部分需要标识：线缆（电信介质）、通道（走线槽/管）、空间（设备间）、端接硬件（电信介质终端）和接地。五者的标识相互联系，互为补充，而每种标识的方法及使用的材料又各有各的特点。像线缆的标识，要求在线缆的两端都进行标识，严格的话，每隔一段距离都要进行标识，而且要在维修口、接合处、牵引盒处的电缆位置进行标识。空间的标识和接地的标识要求清晰、醒目，让人一眼就能注意到。配线架和面板的标识除应清晰、简洁易懂外，还要美观。从材料上和应用的角度讲，线缆的标识，尤其是跳线的标识要求使用带有透明保护膜（带白色打印区域和透明尾部）的耐磨损、抗拉的标签材料，像乙烯基这种适合于包裹和伸展性的材料最好。这样的话，线缆的弯曲变形以及经常的磨损才不会使标签脱落和字迹模糊不清。另外，套管和热缩套管也是线缆标签的很好选择。面板和配线架的标签要使用连续的标签，材料以聚酯的为好，可以满足外露的要求。

管理标识的编制、使用应按下列原则进行：

（1）规模较大的综合布线系统应采用计算机进行标识管理，简单的综合布线系统应按图纸资料进行管理，并应做到记录准确、及时更新、便于查阅。

（2）系统中所使用的区分不同服务的色标应保持一致，对于不同性能缆线级别所连接的配线设备，可用加强颜色或适当的标记加以区分。

（3）综合布线系统的每条电缆、光缆、配线设备、端接点、安装通道和安装空间均应给定唯一的标志。标志中可包括名称、颜色、编号、字符串或其他组合。

（4）记录信息包括所需信息和任选信息，各部位相互间接口信息应统一。

1）管线记录包括管道的标识符、类型、填充率、接地等内容；

2）缆线记录包括缆线标识符、缆线类型、连接状态、线对连接位置、缆线占用管道类型、缆线长度、接地等内容；

3）连接器件及连接位置记录包括相应标识符、安装场地、连接器件类型、连接器件位置、连接方式、接地等内容；

4）接地记录包括接地体与接地导线标识符、接地电阻值、接地导线类型、接地体安装位置、接地体与接地导线连接状态、导线长度、接地体测量日期等内容。

（5）配线设备、线缆、信息插座等硬件均应设置不易脱落和磨损的标识，并应有详细的书面记录和图纸资料。

（6）设备间、电信间的配线设备宜采用统一的色标区别各类用途的配线区；

（7）由于各厂家的配线规格不同，所留标识的宽度也不同，标所以选择标签时，宽度和高度都要多加注意；

（8）在做标识管理时要注意，电缆和光缆的两端均应标明相同的编号。

（9）报告可由一组记录或多组连续信息组成，以不同格式介绍记录中的信息。报告应包括相应记录、补充信息和其他信息等内容。

（10）综合布线系统工程竣工图纸应包括说明及设计系统图、反映各部分设备安装情况的施工图。竣工图纸应表示以下内容：

1）安装场地和布线管道的位置、尺寸、标识符等；

2）设备间、电信间、进线间等安装场地的平面图或剖面图及信息插座模块安装位置；

3）缆线布放路径、弯曲半径、孔洞、连接方法及尺寸等。

14.3.8　建筑群子系统设计

建筑群子系统也称楼宇管理子系统。一个企业或某政府机关可能分散在几幢相邻建筑物或不相邻建筑物内办公。但彼此之间的语音、数据、图像和监控等系统可用传输介质和各种支持设备（硬件）连接在一起。连接各建筑物之间的传输介质和各种支持设备（硬件）组成一个建筑群综合布线系统。连接各建筑物之间的缆线组成建筑群子系统。

14.3.8.1　建筑群子系统设计要求

（1）建筑群子系统由两个及以上建筑物的电话、数据、电视系统组成一个建筑群综合布线系统，其连接各建筑物之间的缆线和配线设备（CD），组成建筑群子系统。

（2）建筑群子系统宜采用地下管道敷设方式。管道内敷设的铜缆或光缆应遵循电话管道和人孔的各项设计规定。此外安装时至少应予留1～2个备用管孔，以供扩充之用。

（3）建筑群子系统采用直埋沟内敷设时，如果在同一沟内埋入了其他的图像、监控电缆，应设立明显的共用标志。

（4）电话局来的电缆应进入一个阻燃接头箱，再接至保护装置。

14.3.8.2　建筑群子系统的设计步骤

建筑群子系统布线设计步骤如下：

(1) 确定敷设现场的特点。

1) 确定整个工地的大小；

2) 确定工地的地界；

3) 确定共有多少座建筑物。

(2) 确定电缆系统的一般参数。

1) 确认起点位置；

2) 确认端接点位置；

3) 确认涉及的建筑物和每座建筑物的层数；

4) 确定每个端接点所需的双绞线对数；

5) 确定有多个端接点的每座建筑物所需的线缆总对数。

(3) 确定建筑物的电缆入口。

1) 对于现有建筑物，要确定各个入口管道的位置；每座建筑物有多少入口管道可供使用；入口管道数目是否满足系统的需要；

2) 如果入口管道不够用，则要确定在移走或重新布置某些电缆时是否能腾出某些入口管道；在不够用的情况下应另装多少入口管道；

3) 如果建筑物尚未建起来，则要根据选定的电缆路由完全电缆系统设计，并标出入口管道的位置；选定入口管理的规格、长度和材料；在建筑物施工过程中安装好入口管道。

(4) 确定明显障碍物的位置。

1) 确定土壤类型：砂质土、黏土、砾土等。

2) 确定电缆的布线方法。

3) 确定地下公用设施的位置。

4) 查清拟定的电缆路由中沿线各个障碍物位置或地理条件：铺路区；桥梁；铁路；树林；池塘；河流；山丘；砾石土；截留井；人孔（人字形孔道）；其他。

5) 确定对管道的要求。

(5) 确定主电缆路由和备用电缆路由。

1) 对于每一种待定的路由，确定可能的电缆结构；

2) 所有建筑物共用一根电缆；

3) 对所有建筑物进行分组，每组单独分配一根电缆；

4) 每座建筑物单用一根电缆；

5) 查清在电缆路由中哪些地方需要获准后才能通过；

6) 比较每个路由的优缺点，从而选定最佳路由方案。

(6) 选择所需电缆类型和规格。

1) 确定电缆长度；

2) 画出最终的结构图；

3) 画出所选定路由的位置和挖沟详图，包括公用道路图或任何需要经审批才能动用的地区草图；

4) 确定入口管道的规格；

5) 选择每种设计方案所需的专用电缆；

6) 参考有关电缆部分，线号、双绞线对数和长度应符合有关要求；

7) 应保证电缆可进入口管道；

8) 如果需用管道，应选择其规格和材料；

9) 如果需用钢管，应选择其规格、长度和类型。

(7) 确定每种选择方案所需的劳务成本。

1) 确定布线时间：包括迁移或改变道路、草坪、树木等所花的时间；如果使用管道区，应包括敷设管道和穿电缆的时间；确定电缆接合时间；确定其他时间，例如拿掉旧电缆、避开障碍物所需的时间；

2) 计算总时间，即 1) 中的三项之和；

3) 计算每种设计方案的成本；

4) 总时间乘以当地的工时费。

(8) 确定每种选择方案的材料成本。

1) 确定电缆成本，包括：确定每英尺（米）的成本；参考有关布线材料价格表；针对每根电缆查清每 100 英尺的成本；将每米（英尺）的成本乘以米（英尺）数；

2) 确定所有支持结构的成本，包括：查清并列出所有的支持结构；根据价格表查明每项用品的单价；将单价乘以所需的数量；

3) 确定所有支撑硬件的成本。对于所有的支撑硬件，重复确定所有支持结构的成本项所列的三个步骤。

(9) 选择最经济、最实用的设计方案：把每种选择方案的劳务费成本加在一起，得到每种方案的总成本；比较各种方案的总成本，选择成本较低者；确定该比较经济的方案是否有重大缺点，以致抵消了经济上的优点。如果发生这种情况，应取消此方案，考虑经济性较好的设计方案。

注：如果牵涉到干线电缆，应把有关的成本和设计规范也列进来。

14.3.8.3　光缆传输系统

(1) 当综合布线系统需要一个建筑群之间的长距离线路传输，建筑内线路将电话、计算机、集线器、专用交换机和其他信息系统组成高速率网络，或者外界与其他网络特别与电力电缆网络一起敷设电抗电磁干扰要求时宜采用光缆数字复用设备，作为传输媒介。光缆传输系统应能满足建筑与建筑群环境对电话、数据、计算机、电视等综合传输要求，当用于计算机局域网络时，宜采用多模光缆；作为公用电话或数据网的一部分作为采用单模光缆。

光缆传输系统可以提供更高的速率，传输更多的信息量，适合大规模的综合布线系统使用。目前已能提供实用的光缆传输设备、器件及光缆。

综合布线系统，综合话音、数据、会议电视、监视电视等多种信息系统，使用光缆可增长传输距离，因此综合布线系统是光缆和铜缆组成的集成分布网路系统。光缆传输系统可组成抗电磁干扰的网路。

一般多模光缆适用于短距离的计算机局域网络，如果用于公用电话网或数据网时，由于，长距离传输光缆都采用单模光纤，为了连接方便，综合布线的光缆系统应与公用电话网或数据网采用相适应规格的光缆系统为好。

(2) 综合布线系统的交接硬件采用光缆部件时，设备间可作为光缆主交接场的设置地点。干线光缆从这个集中的端接和进出口点出发延伸到其他楼层，在各楼层经过光缆及连接装置沿水平方向分布光缆。

(3) 光缆传输系统应使用标准单元光缆连接器，连接器可端接于光缆交接单元，陶瓷头的连接应保证每个连接点的衰减不大于 0.4dB。塑料头的连接器每个连接点的衰减不大于 0.5dB。

对于陶瓷头的STII连接器，每 1000 次重新连接所引起的衰减变化量小于 0.2dB。对于塑料头的 STII 连接器，每 200 次重新连接所引起的衰减变化量小于 0.2dB。

无论是那种型号的 STII 连接器，安装一个连接器所需的平均时间约为 16min。但同时安装 12 个 STII 连接器，则每个连接器的平均安装时间为 6min。

(4) 综合布线系统宜采用光纤直径 62.5μm 光纤包层直径 125μm 的缓变增强型多模光缆，标称波长为 850nm 或 1300nm；也可采用标称波长为 1310nm 或 1550nm 的单模光缆。

建筑物内综合布线一般用多模光缆。单模光缆一般用于长距离传输。

(5) 光缆数字传输系统的数字系列比特率、数字接口特性，应符合下列规定：

1) PDH 数字系列比特率等级应符合 GB 4110—1983《脉冲编码调制通信系统系列》的规定，见表 14-41。

表 14-41　　系列比特率

数字系列等级	基群	二次群	三次群	四次群
标称比特率（Kbit/s）	2048	8448	34368	139264

2) 数字接口的比特率偏差、脉冲波形特性、码型、输入口与输出规范等，应符合 GB 7611—1987《脉冲编码调制通信系统网络数字接口参数》的规定。

(6) 光缆传输系统宜采用松套式或骨架式光纤束合光缆，也可采用带状光纤光缆。

(7) 光缆传输系统中标准光缆连接装置硬件交接设备，除应支持连接器外，还应直接支持束合光缆和跨接线光缆。

(8) 各种光缆的接续应采用通用光缆盒，为束合光缆、带状光缆或跨接线光缆的接合处提供可靠的连接和保护外壳。通用光缆盒提供的光缆入口应能同时容纳多根建筑物光缆。

光缆有铠装、普通和填充等类型。

当带状光缆与带状光缆互连时，就必须使用陈列接合连接器。如果一根带状光缆中的光缆要与一根室内非带状光缆互连，应使用增强型转换接合连接器。

(9) 光缆布线网路可以安装于一建筑物或建筑群环境中，而且可以支持在最初设计阶段没有明确的各种宽带通信服务。这样的布线系统可以用作独立的局域网（LAN）或会议电视、监视电视等局部图像传输网，也可连接到公用电话网。

14.3.8.4　建筑群子系统中四种电缆布线设计方案

在建筑群子系统中电缆布线有四种设计方案：

(1) 架空电缆布线。架空安装方法通常只用于具有现有的电线杆，电缆的走法不是主要考虑内容的场合下，从电线杆至建筑物的架空进线距离不超过 30m 为宜。建筑物的电缆入口可以是穿墙的电缆孔或管道。入口管道的最小口径为 50mm。建议另设一根同样口径的备用管道，如果架空线的净空有问题，可以使用天线杆型的入口。该天线的支架一般不应高于屋顶 1200mm。如果再高，就应使用拉绳固定。此外，天线型入口杆高出屋顶的净空间应有 2400mm，该高度正好使工人可摸到电缆。

通信电缆与电力电缆之间的距离必须符合我国室外架空线缆的有关标准。

架空电缆通常穿入建筑物外墙上的 U 形钢保护套，然后向下（或向上）延伸，从电缆孔进入建筑物内部，如图 14-11 所示，电缆入口的孔径一般为 50mm，建筑物到最近处的电线杆通常相距应小于 30m。

(2) 挖沟直埋电缆布线。挖沟直埋布线法优于架空布线法，影响选择此法的主要因素如下：初始价格；维护费；服务可靠；安全性；外观。

切不要把任何一个直埋施工结构的设计或方法看做是提供直埋布线的最好方法或唯一方法。在选择某

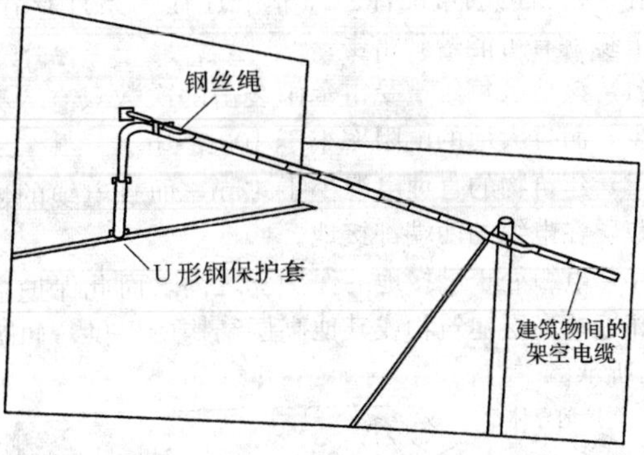

图 14-11　架空布线法

个设计或几种设计的组合时，重要的是采取灵活的、思路开阔的方法，这种方法既要适用，又要经济，还能可靠地提供服务。挖沟直埋布线法根据选定的布线路由在地面上挖沟，然后将线缆直接埋在沟内。直埋布线的电缆除了穿过基础墙的那部分电缆有管保护外，电缆的其余部分直埋于地下有管保护，如图 14-12 所示。

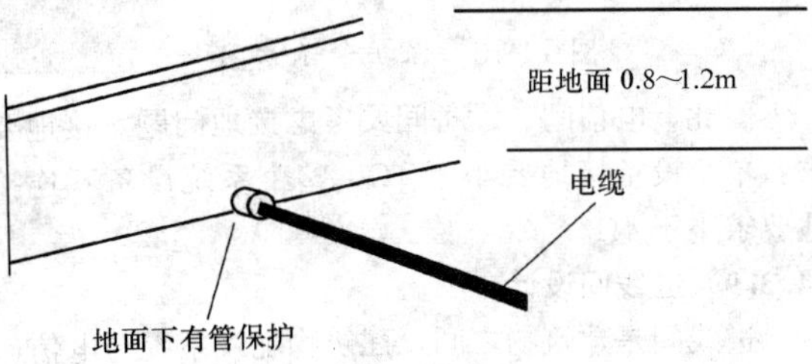

图 14-12　地下有管保护

直埋电缆通常应埋在距地面 0.8～1.2m 以下的地方，或按照当地城管等部门的有关法规去施工。如果在同一土沟内埋入了通信电缆和电力电缆，应设立明显的共用标志。

直埋布线的选取地址和布局实际上是针对每项作业对象专门设计的，而且必须对各种方案进行工程研究后再作出决定。工程的可行性决定了何者为最实际的方案。

在选择直埋布线路时，主要的物理因素如下：

1）土质和地下状况；

2）天然障碍物，如树林、石头以及不利的地形；

3）其他公用设施（如下水道、水、气、电）的位置；

4）现有或未来的障碍，如游泳池、表土存储场或修路；

5）按照当地城管等部门的有关法规去施工；

6）如果在同一土沟内埋入了通信电缆和电力电缆，应设立明显的共用标志。

由于发展趋势是让各种设施不在人的视野里，所以，话音电缆和电力电缆埋在一起将日趋普遍，这样的共用结构要求有关部门从筹划阶段直到施工完毕，以致未来的维护工作中密切合作。这种协作会增加一些成本。但是，这种共用结构也日益需要用户的合作。PDS 为改善所有公用部门的合作而提供的建筑性方法将有助于使这种结构既吸引人，又很经济。

有关直埋电缆所需的各种许可证书应妥善保存，以便在施工过程中可立即取用。

需要申请许可证书的事项如下：①挖开街道路面；②关闭通行道路；③把材料堆放在街道上；④使用炸药；⑤在街道和铁路下面推进钢管；⑥电缆穿越河流。

综合布线光缆与其他管线之间的间距如表 14-42 所示。

表 14-42　综合布线光缆与其他管线之间的间距表

接近的管线类型	与管线水平布设时的最小间距（mm）	与管线交叉布设时的最小间距（mm）
保护地线	50	20
市话管道边线	75	25
给排水管	150	20
煤气管	300	20
避雷引下线	1000	300
天然气管道	10000	500
热力管道	1000	500

（3）管道系统电缆布线。管道系统的设计方法就是把直埋电缆设计原则与管道设计步骤结合在一起。当考虑建筑群道道系统时，还要考虑接合井。

在建筑群管道系统中，接合井的平均间距约 180m，或者在主结合点处设置接合井。接合井可以是预制的，也可以是现场浇筑的。应在结构方案中标明使用哪一种接合井。

预制接合井是较佳的选择。现场浇筑的接合井只在下述几种情况下才允许使用：

1）该处的接合井需要重建；

2）该处需要使用特殊的结构或设计方案；

3）该处的地下或头顶空间有障碍物，因而无法使用预制接合井；

4）作业地点的条件（例如沼泽地或土壤不稳固等）不适于安装预制人孔。

（4）隧道内电缆布线。在建筑物之间通常有地下通道，大多是供暖供水的，利用这些通道来敷设电缆不仅成本低，而且可利用原有的安全设施，如考虑到暖气泄漏等条件。电缆安装时应与供气、供水、供暖的管道保持一定的距离，安装在尽可能高的地方，可根据民用建筑设施的有关条例进行施工。

管道系统电缆布线、直埋、架空、隧道四种建筑群布线方法，它们的优缺点如表 14-43 所示。

表 14-43　　四种建筑群布线方法的优缺点

方法	优　点	缺　点
管道内	提供最佳的机构保护 任何时候都可敷设电缆 电缆的敷设、扩充和加固都很容易 保持建筑物的外角貌	挖沟、开管道和人孔的成本很高
直埋	提供某种程度的机构保护 保持建筑物的外貌	挖沟成本高，难以安排电缆的敷设位置，难以更换和加固
架空	如果本来就有电线杆，则成本最低	没有提供任何机械保护，灵活性差、安全性差，影响建筑物美观
隧道	保持建筑物的外貌如果本来就有隧道，则成本最低、安全	热量或漏泄的热水可能会损坏电缆可能被水淹没

设计师在设计时，不但自己要有一个清醒的认识，还要把这些情况向用户方说明。

14.3.8.5 电缆线的保护

当电缆从一建筑物到另一建筑物时，要考虑易受到雷击、电源碰地、电源感应电压或地电压上升等因素，必须用保护器去保护这些线对。如果电气保护设备位于建筑物内部（不是对电信公用设施实行专门控制的建筑物），那么所有保护设备及其安装装置都必须有 UL 安全标记。

有些方法可以确定电缆是否容易受到雷击或电源的损坏，也知道有哪些保护器可以防止建筑物、设备和连线因火灾和雷击而遭到毁坏。

当发生下列任何情况时，线路就被暴露在危险的境地：

（1）雷击所引起的干扰。

（2）工作电压超过 300V 以上而引起的电源故障。

（3）地电压工升到 300V 以上而引起的电源故障。

（4）60Hz 感应电压值超过 300V。

如果出现上述所列的情况时就都应对其进行保护。

确定被雷击的可能性。除非下述任一条件存在，否则电缆就有可能遭到雷击：

（1）该地区每年遭受雷暴雨袭击的次数只有 5 天或更少，而且大地的电阻率小于 100Ω·m。

（2）建筑物的直埋电缆小于 42m，而且电缆的连续屏蔽层在电缆的两端都接地。

（3）电缆处于已接地的保护伞之内，而此保护伞是由邻近的高层建筑物或其他高层结构所提供，如图 14-13 所示。

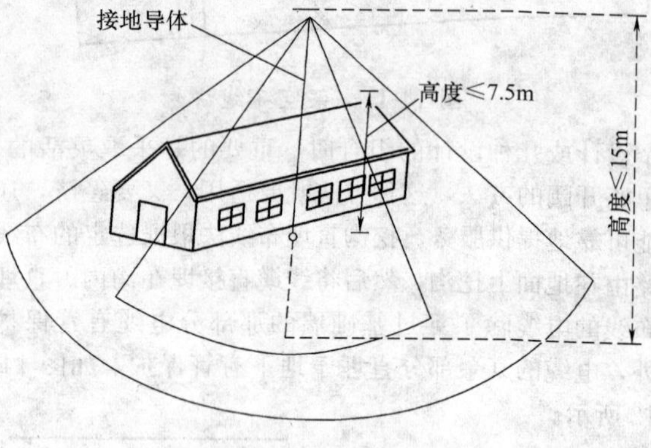

图 14-13　保护伞示意图

因此，电信间、设备间要考虑接地问题。接地要求：单个设备接地要小于 1Ω，整个系统设备互连接地要求小于 4Ω。

14.3.9　进线间设计

进线间是建筑物之间，建筑物配线系统与电信运营商和其他信息业务服务商的配线网络互连互通及交接的场所，也是大楼外部通信和信息管线的入口部位；并可作为入口设施和建筑群配线设备的安装场地。进线间设计要注意如下内容：

（1）建筑群主干电缆、光缆，公用网和专用网电缆、光缆及天线馈线等室外缆线进入建筑物进线间时，应在进线间成端转换成室内电缆、光缆，在缆线的终端处应设置入口设施，并在外线侧配置必要的防雷电保护装置。入口设施中的配线设备应按引入的电、光缆容量配置。

（2）进线间应设置管道入口。

（3）进线间应满足缆线的敷设路由、成端位置及数量、光缆的盘长空间和缆线的弯曲半径、充气维护设备、配线设备安装所需要的场地空间和面积。

（4）进线间的大小应按进线间的进局管道最终容量及入口设施的最终容量设计，同时应考虑满足多家电信业务经营者安装入口设施等设备的面积。

（5）进线间宜靠近外墙和在地下设置，以便于缆线引入。进线间设计应符合下列规定：

1）进线间应防止渗水，宜设有抽排水装置；

2）进线间应与布线系统垂直竖井沟通；

3）进线间应采用相应防火级别的防火门，门向外开，宽度不小于1000mm；

4）进线间应设置防有害气体措施和通风装置，排风量按每小时不小于5次容积计算。

（6）与进线间无关的管道不宜通过。

（7）进线间入口管道口所有布放缆线和空闲的管孔应采取防火材料封堵，做好防水处理。

（8）进线间如安装配线设备和信息通信设施时，应符合设备安装设计的要求。

14.3.10　光缆传输系统

（1）当综合布线系统需要一个建筑群之间的长距离线路传输，建筑内线路将电话、计算机、集线器、专用交换机和其他信息系统组成高速率网络，或者外界与其他网络特别与电力电缆网络一起敷设电抗电磁干扰要求时宜采用光缆数字复用设备，作为传输媒介。光缆传输系统应能满足建筑与建筑群环境对电话、数据、计算机、电视等综合传输要求，当用于计算机局域网络时，宜采用多模光缆；作为公用电话或数据网的一部分作为采用单模光缆。

光缆传输系统可以提供更高的速率，传输更多的信息量，适合大规模的综合布线系统使用。目前已能提供实用的光缆传输设备、器件及光缆。

综合布线系统，综合话音、数据、会议电视、监视电视等多种信息系统，使用光缆可增长传输距离，因此综合布线系统是光缆和铜缆组成的集成分布网络系统。光缆传输系统可组成抗电磁干扰的网路。

一般多模光缆适用于短距离的计算机局域网络，如果用于公用电话网或数据网时，由于，长距离传输光缆都采用单模光纤，为了连接方便，综合布线的光缆系统应与公用电话网或数据网采用相适应规格的光缆系统为好。

（2）综合布线系统的交接硬件采用光缆部件时，设备间可作为光缆主交接场的设置地点。干线光缆从这个集中的端接和进出口点出发延伸到其他楼层，在各楼层经过光缆及连接装置沿水平方向分布光缆。

（3）光缆传输系统应使用标准单元光缆连接器，连接器可端接于光缆交接单元，陶瓷头的连接应保证每个连接点的衰减不大于0.4dB。塑料头的连接器每个连接点的衰减不大于0.5dB。

对于陶瓷头的STII连接器，每1000次重新连接所引起的衰减变化量小于0.2dB。对于塑料头的STII连接器，每200次重新连接所引起的衰减变化量小于0.2dB。

无论是那种型号的STII连接器，安装一个连接器所需的平均时间约为16min。但同时安装12个STII连接器，则每个连接器的平均安装时间为6min。

（4）综合布线系统宜采用光纤直径62.5μm光纤包层直径125μm的缓变增强型多模光缆，标称波长为850nm或1300nm；也可采用标称波长为1310nm或1550nm的单模光缆。

建筑物内综合布线一般用多模光缆。单模光缆一般用于长距离传输。

（5）光缆数字传输系统的数字系列比特率、数字接口特性，应符合下列规定：

1）PDH数字系列比特率等级应符合GB 4110—1983《脉冲编码调制通信系统系列》的规定，如表14-42所示。

2）数字接口的比特率偏差、脉冲波形特性、码型、输入口与输出规范等，应符合GB/T 7611—2001《数字网系列比特率电接口特性》的规定。

（6）光缆传输系统宜采用松套式或骨架式光纤束合光缆，也可采用带状光纤光缆。

（7）光缆传输系统中标准光缆连接装置硬件交接设备，除应支持连接器外，还应直接支持束合光缆和跨接线光缆。

（8）各种光缆的接续应采用通用光缆盒，为束合光缆、带状光缆或跨接线光缆的接合处提供可靠的连接和保护外壳。通用光缆盒提供的光缆入口应能同时容纳多根建筑物光缆。

光缆和铜缆一样也有铠装、普通和填充等类型。

当带状光缆与带状光缆互连时，就必须使用陈列接合连接器。如果一根带状光缆中的光缆要与一根室内非带状光缆互连，应使用增强型转换接合连接器。

（9）光缆布线网路可以安装于一建筑物或建筑群环境中，而且可以支持在最初设计阶段没有明确的各种宽带通信服务。这样的布线系统可以用作独立的局域网（LAN）或会议电视、监视电视等局部图像传输网，也可连接到公用电话网。

14.3.11　电信间设计

楼层电信间是提供配线线缆（水平线缆）和主干线缆相连的场所。楼层电信间最理想的位置是位于楼层平面的中心，这样更容易保证所有的水平线缆不超过规定的最大长度90m。如果楼层平面面积较大，水平线缆的长度超出最大限值（90m），就应该考虑设置两个或更多个电信间。

通常情况下，电信间面积不应小于5m²，如覆盖的信息插座超过 200 个或安装的设备较多时，应适当增加房间面积。如果电信间兼作设备间时，其面积不应小于 10m²。电信间的设备安装要求与设备间相同。

14.3.11.1 电信间子系统设备部件

现在，许多大楼在综合布线时都考虑在每一楼层都设立一个电信间，用来管理该层的信息点，摒弃了以往几层共享一个电信间的做法，这也是布线的发展趋势。

作为电信间一般有以下设备：机柜；集线器；信息点集线面板；语音点 S110 集线面板；集线器的整压电源线。

作为电信间应根据管理的信息实际状况，安排使用房间的大小，如果说，信息点多，就应该考虑一个房间来放置，如果信息点少，就没有必要单独设立一个管理间可选用墙上型机柜来处理该子系统。

14.3.11.2 电信间的交连硬件部件

在电信间中，信息点的线缆是通过信息集线面板进行管理的，而语音点的线缆是通过 110 交连硬件进行管理。

信息点的集线器有 12 口、24 口、48 口等，信息点的多少配备集线器，比较容易实现。

110 型交连硬件有：

1）100 型或 300 对线的接线块，配有或不配有安装脚；

2）3、4 或 5 对线的 110C 连接块；

3）188B1 或 188B2 底板；

4）188A 定位器；

5）188UT1-50 标记带（空白带）；

6）色标不干胶线路标志；

7）XLBET 框架；

8）交连跨接线。

14.3.11.3 电信间交连的几种形式

在不同类型的建筑物中电信间常采用单点管理单交连、单点管理双交接和双点管理双交接三种方式。

(1) 单点管理单交连。这种方式使用的场合较少，它的结构图如图 14-14 所示。

单点管理单交连属于集中管理型，通常线路只在设备间进行跳线管理，其余地方不再进行跳线管理，线缆从设备间的线路管理区引出，直接连到工作区，或直接连至第二个接线交接区。

(2) 单点管理双交接。单点管理双交接的结构图如图 14-15 所示。

(3) 双点管理双交接。双点管理双交接的结构图如图 14-16 所示。

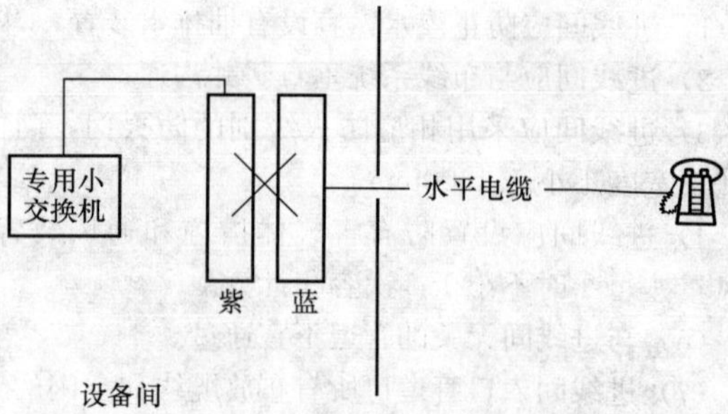

图 14-14 单点管理单交连

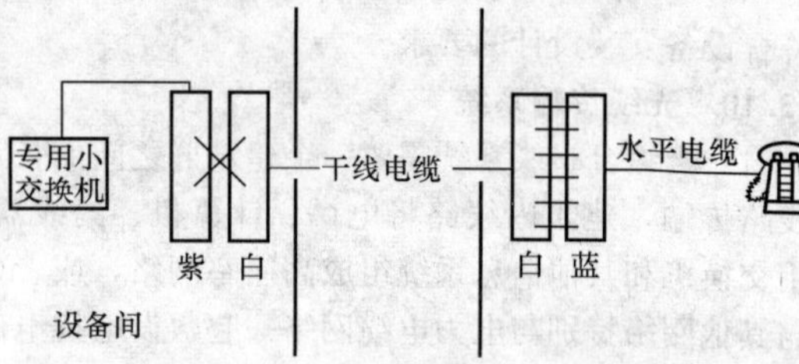

图 14-15 单点管理双交接

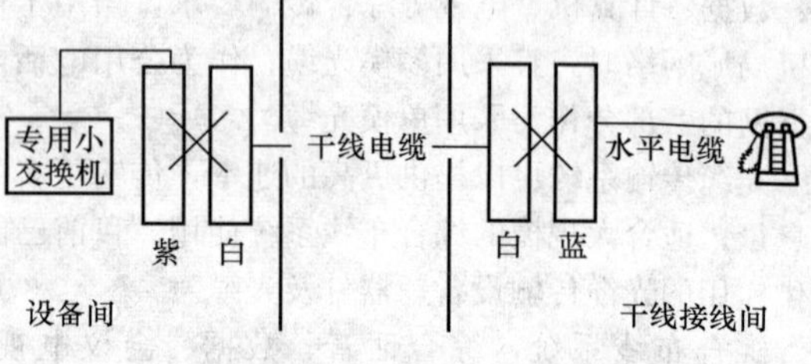

图 14-16 双点管理交接

一般在管理规模比较大，而且复杂又有二级交接间的场合，采用双点管理双交接方案。如果建筑物的综合布线规模比较大，而且结构也较复杂，还可以采用双点管理 3 交接，甚至采用双点管理 4 交接方式。

14.3.11.4 电信间的设计步骤

设计电信间子系统时，一般采用下述步骤：

(1) 确认线路模块化系数是 2 对线还是 3 对线。每个线路模块当做一条线路处理，线路模块化系数视具体系统而定。例如，SYSTEM85 的线路模块化系数是 3 对线。

(2) 确定话音和数据线路要端接的电缆对总数，并分配好话音或数据数线路所需的墙场或终端条带。

(3) 决定采用何种 110 交连硬件：

1）如果线对总数超过 6000（即 2000 条线路），则使用 11A 交连硬件；

2）如果线对总数少于 6000，则可使用 110A 或 110P 交连硬件；

3）110A 交连硬件点用较少的墙空间或框架空间，但需要一名技术人员负责线路管理；

4）决定每个接线块可供使用的线对总数，主布线交连硬件的白场接线数目取决于三个因素：硬件类型，每个接线块可供使用的线对总数和需要端接的线对总数；

5）由于每个接线块端接行的第25对线通常不用，故一个接线块极少能容纳全部线对；

6）决定白场的接线块数目，为此，首先把每种应用（话音或数据）所需的输入线对总数除以每个接线块的可用线对总数，然后取更高的整数作为白场接线块数目；

7）选择和确定交连硬件的规模——中继线/辅助场；

8）确定设备间交连硬件的位置；

9）绘制整个布线系统即所有子系统的详细施工图。

（4）电信间的信息点连接是非常重要的工作，它的连接要尽可能简单，主要工作是跳线。

14.3.12　电源、防护和接地设计

14.3.12.1　电源

（1）设备间内安放计算机主机时，应按照计算机主机电源要求进行工程设计。

（2）设备间内安放程序控用户交换机时应按照CECS 09—1989《工业企业程控用户交换机工程设计规范》进行工程设计。

（3）设备间、电信间应用可靠的交流220V、50Hz电源供电。

设备间应有可靠交流电源供电，不要用邻近的照明开关来控制这些电源插座，减少偶然断电事故发生。

14.3.12.2　电气防护和接地

（1）综合布线网络在遇有下列情况时，应采取防护措施。

1）在大楼内部存在下列的干扰源：配电箱和配电网产生的高频干扰；大功率电动机电火花产生的谐波干扰；荧光灯管，电子启动器；开关电源；电话网的振铃电流；信息处理设备产生的周期性脉冲。并且不能保持安全间隔时要采取防护措施。

2）在大楼外部存在下列的干扰源：雷达；无线电发射设备；移动电话基站；高压电线；电气化铁路；雷击区。而且处于较高电磁场强度的环境时要采取防护措施。

3）周围环境的干扰信号场强或综合布线系统的噪声电平超过下列规定时：对于计算机局域网，引入10kHz至600MHz以下的干扰信号，其场强为1V/m；600MHz至2.8GHz的干扰信号，其场强为5V/m。对于电信终端设备，通过信号，直流或交流等引入线，引入RF0.15MHz至80MHz的干扰信号，其场强度为3V，（幅度调制80%，1kHz）。具有模拟/数字终端接口的终端设备，提供电话服务时，噪声信号电平应符合表14-44的规定。

表14-44　噪声信号电平限值表

频率范围（MHz）	噪声信号限值（dBm）
0.15～30	−40
30～890	−20①
890～915	−40
915～1000	−20①

① 噪声电平超过−40dBm的带宽总和应小于200MHz。

当终端设备提供声学接口服务时，噪声信号电平应符合表14-45的规定。

表14-45　噪声信号电平限值表

频率范围（MHz）	噪声信号限值（dBm）
0.15～30	基准电平
30～890	基准电平＋20dB①
890～915	基准电平
915～1000	基准电平＋20dB②

① A噪声电平超过基准电平的带宽总和应小于200MHz。
② 基准电平：1kHz—40dBmo的正弦信号。

4）ISDN的初级接入设备的附加要求，在10s测试周期内，帧行丢失的数目应小于10个。

5）背景噪声最少应比基准电平小−20dB。

（2）综合布线系统的发射干线干扰波的电场强度符合表14-46的规定。

表14-46　发射干扰波电场强度限值表

频率范围 / 测量距离	A类设备30m	B类设备10m
30MHz～230MHz	30dBμV/m	30dBμV/m
＞230MHz～1GHz	37dBμV/m	37dBμV/m

注　1. A类设备：第三产业；B类设备：住宅。
2. 较低的限值适用于降低频率的情况。

综合布线系统是否需要采取防护措施的因素比较复杂，其中危害最大的莫过于防电磁干扰的电磁辐射。电磁干扰将影响综合布线系统能否正常工作；电磁辐射则涉及综合布线系统在正常运行情况下信息不被无关人员窃取的安全问题，或者造成电磁污染。在进行综合布线系统工程设计时，必须根据建设单位的要求，进行周密的安排与考虑，选用合适的防护措施。

根据综合布线的不同使用场合，应采取不同的防护措施要求，规范中列举了各种类型的干扰源，提示设计时应加以注意，现将防护要点说明如下：

抗电磁干扰。对于计算机局域网，600MHz 以下的干扰信号，对计算机网络信号的影响较大，属于同频干扰的范畴，600MHz 及以上则属于杂音干扰，相对而言，影响要小一些，因此，前者规定干扰信号场强限值为 1V/m；后者规定为 5V/m。

对于电信终端设备，通过信号，直流或交流等引入线，引入 RF0.15MHz 至 80MHz 的干扰信号强度为 3V，调制度为 80%的 1kMHz 正弦波干扰时，电信终端设备的性能将不受影响。例如：上海贝尔电话设备制造有限公司生产的 S12 数字程控交换系统能满足上述要求。

对于具有模拟或数字终端接口的终端设备，提供电话服务时，噪声信号电平的限值规定为比相对于电话接续过程中信号电平低—40dBm，而且限定噪声电平超过 40dBm 的带宽总和应小于 200MHz；提供声学接口服务时（例如：话筒），噪声信号电平的限值规定为：基准电平（定义为：1kHz—40dBm 的正弦信号）或基准电平加 20dBm，同样，限定噪声电平超过基准电平的带宽总和应小于200MHz。

对于 ISDN 的初级接入设备，规范规定增加附加要求，在 10s 测试周期内，帧行丢失的数目应少于 10 个。

一般来说，背景噪声最小应比基准电平小—12dB。

电磁干扰标准主要参考 EN5024 信息技术设备的抗干扰标准，同时还参考了 IEC 801—2～4 和 EN 50082—X 等相关国际标准中的有关部分，现将标准附在下面，供参考。

IEC 801—2ESD 抗静电放电干扰标准；IEC 801—3 抗辐射干扰标准；IEC 801—4EFT 抗无线电脉冲干扰标准。

抗干扰标准见表 14-47～表 14-49。

表 14-47　　抗干扰标准

干扰类别 / 干扰标准 / 标准类别	静电放电（ESD）		辐射场强	快速瞬变的无线电脉冲（EFT）	
	空气	接触点		供电线装置	信号线
低水平 EM 环境	2kV	2kV	1V/m	0.5kV	0.25kV
中等 EM 环境	4kV	4kV	3V/m	1kV	0.5kV
恶劣 EM 环境	8kV	6kV	10V/m	2kV	1kV
极其恶劣 EM 环境	15kV	8kV	待定	4kV	2kV
特定 EM 环境	待定	待定	待定	待定	待定
衰减环境	B类	B类	A类	B类	B类

注　1. A类　一批设备连续运转，不允许低于制造业特定的性能降低或功能损失。
2. B类　在测试期间允许性能降低或功能损失，但在测试之后，不允许低于制造业特有的规定。
3. 辐射场强的频率范围 27～500MHz。
4. 辐射场强中：低水平 EM 环境指无线电/电视发射机>1km。中等 EM 环境指手提式无线电收发机，1M 范围以内。恶劣 EM 环境指临近的高功率无线电收发机。

表 14-48　　居住区/商业区抗干扰标准

干扰类别 / 干扰标准 / 标准类别	静电放电（ESD）		辐射场强	快速瞬变的无线电脉冲（EFT）	
	空气	接触点		供电线装置	信号线
恶劣 EM 环境	8kV	6kV	3V/m	1kV	0.5kV
衰减环境	B类	B类	A类	B类	B类

注　1. A类　一批设备连续运转，不允许低于制造业特定的性能降低或功能损失。
2. B类　在测试期间允许性能降低或功能损失，但在测试之后，不允许低于制造业特有的规定。
3. 辐射场强的频率范围 27～500MHz。

表 14-49　　工业区抗干扰标准

干扰类别 / 干扰标准 / 标准类别	静电放电（ESD）		辐射场强	快速瞬变的无线电脉冲（EFT）	
	空气	接触点		供电线装置	信号线
恶劣 EM 环境	8kV	4kV	10V/m	2kV	1kV
衰减环境	B类	B类	A类	B类	B类

注　1. A类、B类的解释同表 14-49 的注。
2. 辐射场强的频率范围 27～500MHz。

（3）防电磁辐射。综合布线系统用于高速率传输的情况下，由于对绞电缆的平衡度公差等硬件原因，也可能造成传输信号向空间辐射。在同一大厦内，很可能存在不同的单位或部门，相互之间不希望窃取对方的信息或造成对方网络系统工作的不稳定。因此，在设计时应根据用户要求，除了考虑抗电磁干扰外，还应该考虑防电磁辐射的要求，这是一个问题的两个方面，采取屏蔽措施后，两者都能得以解决。然而，只要用户提出抗干扰或防辐射的任何一种要求，都应采取措施。

发射干扰波电场强度的限值标准的制定，主要参考 EN55022 和 CISPR22《信息技术设备无线电干扰特征的限值和测量方法》中有关无线电干扰电场强度的限值。核标准规定分 A、B 两类。

引用 EN55022 或 CISPR22 中上述标准，应注意下列几点：

1）如果由于高的环境噪声电平或其他理由不能在 30m 的情况下进行场强测量，可以在封闭距离内进行例如 10m 的测量。

2）因为发生干扰的情况而要求额外的规定条款，可以协商解决。

3）A 类信息技术设备只满足 A 类干扰限值，不满足 B 类干扰限值。某些国家 A 类设备可以申请有限制地销售和采用（保护距离 30m）。

4）B 类信息技术设备满足 B 类干扰限值，此类设备将不申请限制销售，也不限制采用（保护距离 10m）。

5）通用的测量条件：噪声电平最低限度应低于 6dB 特定限值。信号源加上环境条件的环境噪声电平最低限度应低于 6dB。环境噪声电平最低限度应低于 4.86dB 特定的限值。

（4）综合布线系统与其他干扰源的间距应符合表 14-50 的要求：

表 14-50　与其他干扰源的间距表

其他干扰源	与综合布线接近状况	最小间距（cm）
380V 以下电力电缆＜2kVA	与缆线平行敷设	13
	有一方在接地的线槽中	7
	双方都在接地的线槽中	①
380V 以下电力电缆 2～5kVA	与缆线平行敷设	30
	有一方在接地的线槽中	15
	双方都在接地的线槽中	8
380V 以下电力电缆＞5kVA	与缆线平行敷设	60
	有一方在接地的线槽中	30
	双方都在接地的线槽中	15
荧光灯、氩灯、电子启动器或交感性设备	与缆线接近	15～30
无线电发射设备（如天线、传输线、发射机……） 雷达设备 其他工业设备（开关电源、电磁感应炉、绝缘测试仪……）	与缆线接近（当通过空间电磁场耦合强度较大时，应按规范的规定办理）	≥150
配电箱	与配线设备接近	≥100
电梯、变电室	尽量远离	≥200

注　1. 电话用户存在振铃电流时，不能与计算机网络在同根对弱电缆中一起运用。

2. 综合布线系统与其他干扰源的间距要求。

①双方都在接地的线槽中，且平等长度≤10m 时，最小间距可以是 1cm。

1）综合布线系统应根据环境条件选用相应的缆线和配线设备，各种缆线和配线设备的抗干扰能力，屏蔽后的综合布线系统平均可减少噪声 20dB。

2）当周围环境的干扰场强度很高，采用屏蔽系统已无法满足各项标准的规定时，应采用光缆系统。

3）当用户对系统有保密要求，不允许信号往外发射时，或系统发射指标不能满足标准规定时，应采用屏蔽缆线和屏蔽配线设备，或光缆系统。

综合布线系统选择缆线和配线设备，应根据用户要求，并结合建筑物的环境善状况进行考虑，其选用原则说明如下：

①当建筑物还在建设或虽已建成但尚未投入运行时，要确定综合布线系统的选型时，应测定建筑物周围环境的干扰场强度及频率范围；与其他干扰源之间的距离能否符合规范要求应进行摸低；综合布线系统采用何种类别也应有所预测。根据这些情况，用规范中规定的各项指标要求进行衡量，选择合适的硬件和采取相应的措施。

②当现场条件许可，或进行改建的工程，有条件测量综合布线系统的噪声信号电平时，可采用规范中规定的噪声信号电平限值来衡量，选择合适的硬件和采取相应的措施。

③各种缆线和配线设备的抗干扰能力可参考下列数值：

UTP 电缆（无屏蔽层）　40dB

FTP 电缆（纵包铝箔）　85dB

SFTP 电缆（纵包铝箔，加铜编织网）　90dB

STP 电缆（每对芯线和电缆绕包铝箔，加铜编织网）　98dB

配线设备插入后恶化　≤30 dB

④在选择缆线和连接硬件时，确定某一类别后，应保证其一致性。例如，选择 5 类，则缆线和连接硬件都应是 5 类；选择屏蔽，则缆线和连接硬件都就是屏蔽的，且应作良好的接地系统。

⑤在选择综合布线系统时，应根据用户对近期和无期的实际需要进行考虑，不宜一刀切。应根据不同的通信业务要求，综合考虑，在满足近期用户要求的前提下，适当考虑远期用户的要求，有较好的通用性和灵活性，尽量避免建成后较短时间又要进行改扩建，造成不必要的浪费；如果满足时间过长，又将造成初次投资增加，也不一定经济合理。一般来说，水平配线扩建难，应以远期需要为主，垂直干线易扩建，应以近期需要为主，适当满足远期的需要。

4）墙上敷设的综合布线缆线及管线与其他管线的间距应符合表14-51的规定。

表14-51　综合布线缆线及管线与其他管线的间距　(mm)

其他管线	平行净距	垂直交叉净距
避雷引下线	1000	300
保护地线	50	20
给水管	150	20
压缩空气管	150	20
热力管（不包封）	500	500
热力管（包封）	300	300
煤气管	300	20

5）当综合布线区域内存在的电磁干扰场强低于3V/m时，宜采用非屏蔽电缆和非屏蔽配线设备。

6）当综合布线区域内存在的电磁干扰场强高于3V/m时，或用户对电磁兼容性有较高要求时，可采用屏蔽布线系统和光缆布线系统。

7）当综合布线路由上存在干扰源，且不能满足最小净距要求时，宜采用金属管线进行屏蔽，或采用屏蔽布线系统及光缆布线系统。

8）综合布线系统采用屏蔽措施时，应有良好的接地系统，并应符合下列规定：

①保护地线的接地电阻值，单独设置接地体时，不应大于1Ω；采用联合接地体时，不应大于4Ω；

②综合布线系统的所有屏蔽层应保持连续性，并应注意保证导线相对位置不变。

③屏蔽层的配线设备（FD或BD）端应接地，用户（终端设备）端视具体情况宜接地，两端的接地应尽量连接同一接地体。若接地系统中存在两个不同的接地体时，其接地电位差不应大于1Vr.m.s。

9）每一楼层的配线柜都应单独布线至接地体，接地导线的选择应符合表14-52的规定：

表14-52　接地导线选择表

名　称	接地距离≤30m	接地距离≤100m
接入自动交换机的工作站数量(个)	≤50	>50，≤300
专线的数量(条)	≤15	>15，≤80
信息插座的数量(个)	≤75	>75，≤450
工作区的面积(m^2)	≤750	>750，≤4500
配线室或电脑室的面积(m^2)	10	15
选用绝缘铜导线的截面(mm^2)	6～16	16～50

10）信息插座的接地可利用电缆屏蔽层连至每层的配线柜上。工作站的外壳接地应单独布线连接至接地体，一个办公室的几个工作站可合用同一条接地导线，应选用截面不小于2.5mm^2的绝缘铜导线。

11）综合布线的电缆采用金属槽道或钢管敷设时，槽道或钢管应保持连续的电气连接，并在两端应有良好的接地。

综合布线系统采用屏蔽措施时，应有良好的接地系统，且每一楼层的配线柜都应采用适当截面的导线单独布线至接地体，接地电阻应符合规定，屏蔽层应连续且宜两端接地，若存在两个接地体，其接地电位差不应大于1Vr.m.s.（有效值）。这是屏蔽系统的综合性要求，每一环节都有其特定的作用，不可忽视，否则将降低屏蔽效果，严重者将造成恶果。

国外曾对非屏蔽对绞线（UTP）与金属箔对绞线（FTP）的屏蔽效果作过比较。以相同的干扰线路和被测对绞线长度，调整不同的平行间距和不同的接地方式，以误码率的百分比进行比较结果，如表14-53所示，供参考。

表14-53　屏蔽效果比较表

对绞线型号	平行间距和接地方式	误码率%
UTP	0间距	37
FTP	0间距不接地	32
FTP	0间距发送端接地	30
UTP	20cm间距	6
UTP	50cm间距	6
UTP	100cm间距	1
FTP	0间距排流线两端接地	1
FTP	0间距排流线屏蔽层两端接地	0

上述结果，足以说明屏蔽效果与接地系统有着密

切相关的联系，应予以重视接地系统的每一环节。

12）干线电缆的位置应接近垂直的地导体（例如建筑物的钢结构）并尽可能位于建筑物的网络中心部分。在建筑物的中心部分的附近雷电的电流最小，而且干线电缆与垂直地导体之间的互感作用可最大限度地减小通信线对上感应生成的电势。应避免把干线安排在外墙，特别是墙角。在这些地方，雷电的电流最大。

13）当电缆从建筑物外面进入建筑物内部容易受到雷击、电源碰地、电源感应电势或地电势上浮等外界影响时，必须采用保护器。

14）在下述的任何一种情况下，线路均属于处在危险环境之中，均应对其进行过电压过电流保护。

①雷击引起的危险影响；

②工作电压超过 250V 的电源线路碰地；

③电缆完全处于已经接地的邻近高层建筑物或其他高构筑物所提供的保护伞之内，且电缆有良好的接地系统；

④交流 50Hz 感应电压超过 250V；

满足下列任何条件的一个，可认为遭雷击的危险影响可以忽略不计；

⑤地电势上升到 250V 以上而引起的电源故障；

⑥该地区年雷暴日不大于五天，而且土壤电阻系统数小于 100Ω·m；

⑦建筑物之间的直埋电缆短于 42m，而且电缆的连续屏蔽层在电缆两端处均接地。

15）综合布线系统的过压保护宜选用气体放电管保护器。气体放电管保护器的陶瓷外壳内密封有两个电极，其间有放电间隙，并充有惰性气体。当两个电极之间的电位差超过 250V 交流电源或 700V 雷电浪涌电压时，气体放电管开始出现电弧，为导体和地电极之间提供一条导电通路。固态保护器适合较低的击穿电压（60～90V）而且其电路不可有振铃电压，它对数据或特殊线路提供了最佳的保护。

16）过电流保护宜选用能够自复的保护器。电缆的导线上可能出现这样或那样的电压，如果连接设备为其提供了对地的低阻通路，它就不足以使过电压保护器动作。而产生的电流可能会损坏设备或着火。例如：220V 电力线可能不足以使过压保护器放电，有可能产生大电流进入设备，因此，必须同时采用过电流保护。为了方便维护，规定采用能自复的过流保护器，目前有热敏电阻和雪崩二极管可供选用，但价贵，故也可选用热线圈或熔断器。这两种保护器具有相同的电特性，但工作原理不同，热线圈在动作时将导体接地。而熔断器在动轮船时将导体断开。

17）在易燃的区域或大楼竖井内布放的光缆或铜缆必须有阻燃护套；当这些缆线被布放在不可燃管道里，或者每层楼都采用了隔火措施时，则可以没有阻燃护套。

18）综合布线系统有源设备的正极或外壳，电缆屏蔽层及连通接地线均应接地，宜采用联合接地方式，如同层有避雷带及均压网（高于 30 m 时每层都设置）时应与此相接，使整个大楼的接地系统组成一个笼式均压体。

联合接地方式有下列主要优点：

①当大楼遭受雷击时，楼层内各点电位分布比较均匀，工作人员和设备的安全将得到较好的保障。同时，大楼框架式结构对中波电磁场能提供 10～40dB 的屏蔽效果；

②它容易获得比较小的接地电阻值；

③它可以节省金属材料、占地少。

14.3.13　环境保护设计

（1）在易燃的区域和大楼竖井内布放电缆或光缆，宜采用防火和防毒的电缆；相邻的设备间应采用阻燃型配线设备。对于穿钢管的电缆或光缆可采用普通外套护套。

关于防火和防毒电缆的推广应用，考虑到工程造价的原因没有大面积抗议，只是限定在易燃区域和大楼竖井内采用，配线设备也应采用阻燃型。如果将来防火和防毒电缆价格下降，适当扩大些使用面也未必不可以，万一着火，这种电缆减少散发有害气体，对于疏散人流会起到好的作用。

目前市场有以下几种类型的产品可供选择：

1）LSHF—FR 低烟无卤阻燃型，不易燃烧，释放 CO 少，低烟，不释放卤素，危害性少。

2）LSOH 低烟无卤型，有一定的阻燃能力，过后会燃烧，释放 CO，但不释放卤素。

3）LSDC 低烟非燃型，不易燃烧，释放 CO 少，低烟，但释放少量有害气体。

4）LSLC 低烟阻燃型，稍差于 LSNC 型，情况与 LSNC 类同。

（2）利用综合布线系统组成的网络，应防止由射频产生的电磁污染，影响周围其他网络的正常运行。随着信息时代的高速发展，各种高频率的通信设施不断出现，相互之间的电磁辐射和电磁干扰影响也日趋严重，在国外，已把电磁影响看做一种环境污染，成立专门的机构对电信和电子产品进行管理，制定电磁辐射限值标准，加以控制。

对于综合布线系统工程而言，也有类似的情况，当应用于计算机网络时，传输频率越来越高，如果不加以限制电磁辐射的强度，将会造成相互的影响。因此，规范规定：利用综合布线系统组成的网络，应防止由射频频率产生的电磁污染，影响周围其他网络的正常运行。

14.4 综合布线系统的施工

14.4.1 网络工程布线施工技术要点

14.4.1.1 布线工程开工前的准备工作

工程实施的第一步就是开工前的准备工作，要求做到以下几点：

(1) 设计综合布线实际施工图。确定布线的走向位置。供施工人员、督导人员和主管人员使用。

(2) 备料。工程施工过程需要许多施工材料，这些材料有的必须在开工前就备好料，有的可以在开工过程中备料。主要有以下几种：

1) 光缆、双绞线、插座、信息模块、服务器、稳压电源、集线器、交换机、路由器等落实购货厂商，并确定提货日期；

2) 不同规格的塑料槽板、PVC 防火管、蛇皮管、自攻螺钉等布线用料就位；

3) 如果集线器是集中供电，则准备好导线、铁管和制订好电器设备安全措施（供电线路必须按民用建筑标准规范进行）；

4) 制订施工进度表（要留有适当的余地，施工过程中意想不到的事情，随时可能发生，并要求立即协调）。

(3) 向工程单位提交开工报告。

14.4.1.2 施工过程中要注意的事项

(1) 施工现场督导人员要认真负责，及时处理施工进程中出现的各种情况，协调处理各方意见。

(2) 如果现场施工碰到不可预见的问题，应及时向工程单位汇报，并提出解决办法供工程单位当场研究解决，以免影响进度。

(3) 对工程单位计划不周的问题，要及时妥善解决。

(4) 对工程单位新增加的点要及时在施工图中反映出来。

(5) 对部分场地或工段要及时进行阶段检查验收，确保工程质量。

(6) 制订工程进度表。

在制订工程进度表时，要留有余地，还要考虑其他工程施工时可能对本工程带来的影响，避免出现不能按时完工的问题。

因此，工作间施工表、建议使用督导指派任务表，见表 14-54、表 14-55。督导人员对工程的监督管理则依据表 14-54 进行。

表 14-54 工作间施工表

楼号	楼层	房号	联系人	电话	备注	施工/测试日期
		1				
		2				
		⋮				

此表一式 4 份，领导、施工、测试、项目负责人各一份。

表 14-55 督导指派任务表

施工名称	质量与要求	施工人员	难度	验收人	完工日期	是否返工处理
1						
2						
⋮						

(7) 布线施工要求。

1) 所有的电缆从信息口到信息点是一条完整的电缆，中间不能有接头；

2) 每条电缆的长度要尽量缩短，以提高信号的质量；

3) 严格控制每段线路的长度，不能突破设计的长度；

4) 注意和供电、供水、供暖、排水的管线分离，用以保护网线的安全；

5) 敷设的位置要安全、隐蔽、美观，要方便使用和日后的维修。

14.4.2 线槽铺设技术

综合布线工程在布线路由确定以后，首先考虑是线槽铺设，线槽从使用材料上看：分为金属槽、管、塑料（PVC）管。

从布槽范围看：分为工作间线槽、水平干线线槽，垂直干线线槽。用什么样的材料，则根据用户的需求、投资来确定。

(1) 金属管的铺设。

1) 金属管的加工要求。综合布线工程使用的金属管应符合设计文件的规定，表面不应有穿孔、裂缝和明显的凹凸不平，内壁应光滑，不允许有锈蚀。在易受机械损伤的地方和在受力较大处直埋时，应采用足够强度的管材。

金属管的加工应符合下列要求：

①为了防止在穿电缆时划伤电缆，管口应无毛刺和尖锐棱角；

②为了减小直埋管在沉陷时管口处对电缆的剪切力，金属管口宜做成喇叭形；

③金属管在弯制后，不应有裂缝和明显的凹瘪现象。弯曲程度过大，将减小金属管的有效管径，造成穿设电缆困难；

④金属管的弯曲半径不应小于所穿入电缆的最小允许弯曲半径；

⑤镀锌管锌层剥落处应涂防腐漆，可增加使用寿命。

2）金属管切割套丝。在配管时，应根据实际需要长度，对管子进行切割。管子的切割可使用钢锯、管子切割刀或电动机切管机，严禁用气割；

管子和管子连接，管子和接线盒、配线箱的连接，都需要在管子端部进行套丝。焊接钢管套丝，可用管子绞板（俗称代丝）或电动套丝机。硬塑料管套丝，可用圆丝板。套丝时，先将管子在管子压力上固定压紧，然后再套丝。若利用电动套丝机，可提高工效。套完丝后，应随时清扫管口，将管口端面和内壁的毛刺用锉刀锉光，使管口保持光滑，以免割破线缆绝缘护套。

3）金属管弯曲。在铺设金属管时应尽量减少弯头。每根金属管的弯头不应超过 3 个，直角弯头不应超过 2 个，并不应有“S”、“Z”弯出现。弯头过多，将造成穿电缆困难。对于较大截面的电缆不允许有弯头。当实际施工中不能满足要求时，可采用内径较大的管子或在适当部位设置拉线盒，以利线缆的穿设。

金属管的弯曲一般都用弯管器进行。先将管子需要弯曲部位的前段放在弯管器内，焊缝放在弯曲方向背面或侧面，以防管子弯扁，然后用脚踩住管子，手扳弯管器进行弯曲，并逐步移动弯管器，使可得到所需要的弯度，弯曲半径应符合下列要求：

①明配时，一般不小于管外径的 6 倍；只有一个弯时，可不小于管外径的 4 倍；整排钢管在转弯处，宜弯成同心圆的弯儿。

②暗配时，不应小于管外径的 6 倍，铺设于地下或混凝土楼板内时，不应小于管外径的 10 倍。

为了穿线方便，水平铺设的金属管路超过下列长度并弯曲过多时，中间应增设拉线盒或接线盒，否则应选择大一级的管径。

4）金属管的接连应符合下列要求。金属管连接应牢固，密封应良好，两管口应对准。套接的短套管或带螺纹的管接头的长度不应小于金属管外径的 2.2 倍。金属管的连接采用短套接时，施工简单方便；采用管接头螺纹连接则较为美观，保证金属管连接后的强度。无论采用哪一种方式均应保证牢固、密封。

金属管进入信息插座的接线盒后，暗埋管可用焊接固定，管口进入盒的露出长度应小于 5mm。明设管应用锁紧螺母或管帽固定，露出锁紧螺母的丝扣为 2～4 扣。

引至配线间的金属管管口位置，应便于与线缆连接。并列铺设的金属管管口应排列有序，便于识别。

5）金属管铺设。

①金属管的暗设应符合下列要求。

● 预埋在墙体中间的金属管内径不宜超过 50mm，楼板中的管径宜为 15～25mm，直线布管 30m 处设置暗线盒。

● 铺设在混凝土、水泥里的金属管，其地基应坚实、平整、不应有沉陷，以保证铺设后的线缆安全运行。

● 金属管连接时，管孔应对准，接缝应严密，不得有水和泥浆渗入。管孔对准无错位，以免影响管路的有效管理，保证铺设线缆时穿设顺利。

● 金属管道应有不小于 0.1%的排水坡度。

● 建筑群之间金属管的埋没深度不应小于 0.8m；在人行道下面铺设时，不应小于 0.5m。

● 金属管内应安置牵引线或拉线。

● 金属管的两端应有标记，表示建筑物、楼层、房间和长度。

②金属管明铺时应符合下列要求。金属管应用卡子固定。这种固定方式较为美观，且在需要拆卸时方便拆卸。金属的支持点间距，有要求时应按照规定设计。无设计要求时不应超过 3m。在距接线盒 0.3m 处，用管卡将管子固定。在弯头的地方，弯头两边也应用管卡固定。

③光缆与电缆同管铺设时，应在暗管内预置塑料子管。将光缆铺设在子管内，使光缆和电缆分开布放。子管的内径应为光缆外径的 2.5 倍。

6）预埋金属线槽保护要求。

①在建筑物中预埋线槽，宜按单层设置，每一路由进出同一过路盒的预埋线槽均不应超过 3 根，线槽截面高度不宜超过 25mm，总宽度不宜超过 300mm。线槽路由中若包括过线盒和出线盒，截面高度宜在 70～100mm 范围内。

②线槽直埋长度超过 30m 或在线槽路由交叉、转弯时，宜设置过线盒，以便于布放缆线和维修。

③过线盒盖能开启，并与地面齐平，盒盖处应具有防灰与防水功能。

④过线盒和接线盒盒盖应能抗压。

⑤从金属线槽至信息插座模块接线盒间或金属线槽与金属钢管之间相连接时的缆线宜采用金属软管敷设。

7）预埋暗管保护要求。

①预埋在墙体中间暗管的最大管外径不宜超过50mm，楼板中暗管的最大管外径不宜超过25mm，室外管道进入建筑物的最大管外径不宜超过100mm。

②直线布管每30m处应设置过线盒装置。

③暗管的转弯角度应大于90°，在路径上每根暗管的转弯角不得多于2个，并不应有S弯出现，有转弯的管段长度超过20m时，应设置管线过线盒装置；有2个弯时，不超过15m应设置过线盒。

④暗管管口应光滑，并加有护口保护，管口伸出部位宜为25～50mm。

⑤至楼层电信间暗管的管口应排列有序，便于识别与布放缆线。

⑥暗管内应安置牵引线或拉线。

⑦金属管明敷时，在距接线盒300mm处，弯头处的两端，每隔3m处应采用管卡固定。

⑧管路转弯的曲半径不应小于所穿入缆线的最小允许弯曲半径，并且不应小于该管外径的6倍，如暗管外径大于50mm时，不应小于10倍。

(2) 金属线槽的铺设。金属桥架多由厚度为0.4～1.5mm的钢板制成。与传统桥架相比，具有结构轻、强度高、外形美观、无需焊接、不易变形、连接款式新颖、安装方便等特点，它是铺设线缆的理想配套装置。

金属桥架分为槽式和梯式2类。槽式桥架是指由整块钢板弯制成的槽形部件；梯式桥架是指由侧边与若干个横档组成的梯形部件。桥架附件是用于直线段之间，直线段与弯通之间连接所必需的连接固定或补充直线段、弯通功能部件。支、吊架是指直接支承桥架的部件。它包括托臂、立柱、立柱底座、吊架以及其他固定用支架。

为了防止金属桥架腐蚀，其表面可采用电镀锌、烤漆、喷涂粉末、热浸镀锌、镀镍锌合金纯化处理或采用不锈钢板。我们可以根据工程环境、重要性和耐久性，选择适宜的防腐处理方式。一般腐蚀较轻的环境可采用镀锌冷轧钢板桥架；腐蚀较强的环境可采用镀镍锌合金纯化处理桥架，也可采用不锈钢桥架。综合布线中所用线缆的性能，对环境有一定的要求。为此，我们在工程中常选用有盖无孔型槽式桥架（简称金属线槽）。

1）金属线槽安装要求。安装金属线槽应在土建工程基本结束以后，与其他管道（如风管、给排水管）同步进行，也可比其他管道稍迟一段时间安装。但尽量避免在装饰工程结束以后进行安装，造成铺设线缆的困难。安装金属线槽应符合下列要求：

①金属线槽安装位置应符合施工图规定，左右偏差视环境而定，最大不超过50mm。

②金属线槽水平度每米偏差不应超过2mm。

③垂直金属线槽应与地面保持垂直，并无倾斜现象，垂直度偏差不应超过3mm。

④金属线槽节与节间接处应平滑、无毛刺，用接头连接板拼接，螺钉应拧紧。两线槽拼接处水平偏差不应超过2mm。

⑤当直线段桥架超过30m或跨越建筑物时，应有伸缩缝。其连接宜采用伸缩连接板。

⑥线槽转弯半径不应小于其槽内的线缆最小允许弯曲半径的最大者。

⑦盖板应紧固。并且要错位盖槽板。

⑧支吊架应保持垂直、整齐牢固、无歪斜现象。

为了防止电磁干扰，宜用辫式铜带把线槽连接到其经过的设备间，或楼层配线间的接地装置上，并保持良好的电气连接。

2）缆线桥架和线槽保护要求。

①缆线桥架底部应高于地面2.2m及以上，顶部距建筑物楼板不宜小于300mm，与梁及其他障碍物交叉处间的距离不宜小于50mm。

②缆线桥架水平敷设时，支撑间距宜为1.5～3m。垂直敷设时固定在建筑物结构体上的间距宜小于2m，距地1.8m以下部分应加金属盖板保护，或采用金属走线柜包封，门应可开启。

③直线段缆线桥架每超过15～30m或跨越建筑物变形缝时，应设置伸缩补偿装置。

④金属线槽敷设时，在下列情况下应设置支架或吊架：线槽接头处；每间距3m处；离开线槽两端出口0.5m处；转弯处。

⑤塑料线槽槽底固定点间距宜为1m。

⑥缆线桥架和缆线线槽转弯半径不应小于槽内线缆的最小允许弯曲半径，线槽直角弯处最小弯曲半径不应小于槽内最粗缆线外径的10倍。

⑦桥架和线槽穿过防火墙体或楼板时，缆线布放完成后应采取防火封堵措施。

⑧管线敷设弯曲半径。管线敷设弯曲半径如表14-56所示。

3）水平子系统线缆铺设支撑保护要求。

①预埋金属线槽（金属管）支撑保护要求。

表 14-56 管线敷设弯曲半径

缆线类型	弯曲半径（mm）/倍
2 芯或 4 芯水平光缆	>25mm
其他芯数和主干光缆	不小于光缆外径的 10 倍
4 对非屏蔽电缆	不小于电缆外径的 4 倍
4 对屏蔽电缆	不小于电缆外径的 8 倍
大对数主干电缆	不小于电缆外径的 10 倍
室外光缆、电缆	不小于缆线外径的 10 倍

● 在建筑物中预埋线槽（金属管）可为不同的尺寸，按一层或两层设备，应至少预埋两根以上，线槽截面高度不宜超过 25mm。

● 线槽直埋长度超过 15m 或在线槽路由交叉、转变时宜设置拉线盒，以便布放线缆和维护。

● 接线盒盖应能开启，并与地面齐平，盒盖处应采取防水措施。

● 线槽宜采用金属引入分线盒内。

② 设置线槽支撑保护要求：

● 水平铺设时，支撑间距一般为 1.5～2m，垂直铺设时固定在建筑物构体上的间距宜小于 2m。

● 金属线槽铺设时，在下列情况下设置支架或吊架。

——线槽接头处；

——间距 1.5～2m；

——离开线槽两端口 0.50m 处；

——转弯处。

● 塑料线槽底固定点间距一般为 1m。

③在活动地板下铺设线缆时，活动地板内净空不应小于 150mm。如果活动地板内作为通风系统的风道使用时，地板内净高不应小于 300mm。

④采用公用立柱作为吊顶支撑柱时，可在立柱中布放线缆。立柱支撑点宜避开沟槽和线槽位置，支撑应牢固。

⑤在工作区的信息点位置和线缆铺设方式未定的情况下，或在工作区采用地毯下布放线缆时，在工作区宜设置交接箱，每个交接箱的服务面积约为 $80cm^2$。

⑥不同种类的线缆布放在金属线槽内，应同槽分开（用金属板隔开）布放。

⑦采用格形楼板和沟槽相结合时，铺设线缆支槽保护要求：

● 沟槽和格形线槽必须沟通。

● 沟槽盖板可开启，并与地面齐平，盖板和信息插座出口处应采取防水措施。

● 沟槽的宽度宜小于 600mm。

4）干线子系统的线缆铺设支撑保护要求。

①线缆不得布放在电梯或管道竖井中。

②干线通道间应沟通。

③弱电间中线缆穿过每层楼板孔洞宜为方形或圆形。长方形孔尺寸不宜小于 300mm×100mm，圆形孔洞处应至少安装三根圆形钢管，管径不宜小于 100mm。

④建筑群干线子系统线缆铺设支撑保护应符合设计要求。

5）槽管大小选择的计算方法。根据工程施工的体会，对槽、管的选择可采用以下简易方式：

①根据管径计算方式

$$n = D/d - (D/d \times 40\%)$$

式中：D 为管径；d 为线径；$D/d \times 40\%$ 为线缆之间浪费的空间。

②根据面积计算方式

$$n = A/a - (A/a \times 40\%)$$

式中：A 为管径；a 为线径；$A/a \times 40\%$ 为线缆之间浪费的空间。

③根据槽（管）截面积计算方式

$$n = \frac{\text{槽(管)截面积}}{\text{线缆截面积}} \times 70\% \times (40\% \sim 50\%)$$

式中：n 表示用户所要安装的多少条线（已知数）；槽（管）截面积表示要选择的槽管截面积（未知数）；线缆截面积表示选用的线缆面积（已知数）；70% 表示布线标准规定允许的空间；40%～50% 表示线缆之间浪费的空间。

上述算法是作者在施工过程中的总结，供读者参考。

6）管道敷设线缆。在管道中敷设线缆时，有三种情况：①“小孔到小孔”；②“在小孔间的直线敷设”；③“沿着拐弯处敷设”。

可用人和机器来敷设线缆，到底采用哪种方法依赖于下述因素：①管道中有没有其他线缆；②管道中有多少拐弯；③线缆有多粗和多重。

由于上述因素，很难确切地说是用人力还是用机器来牵引线缆，只能依照具体情况来解决。

7）地板缆线敷设保护要求。

①线槽盖板应可开启；

②主线槽的宽度宜在 200～400mm，支线槽宽度不宜小于 70mm；

③可开启的线槽盖板与明装插座底盒间应采用金属软管连接；

④地板块与线槽盖板应抗压、抗冲击和阻燃；

⑤当网络地板具有防静电功能时，地板整体应接地；

⑥网络地板板块间的金属线槽段与段之间应保持良好导通并接地；

⑦在架空活动地板下敷设缆线时，地板内净空应为150～300mm，若空调采用下送风方式则地板内净高应为300～500mm；

8）吊顶支撑柱中电力线和综合布线缆线合一布放时，中间应有金属板隔开，间距应符合设计要求；

9）当综合布线缆线与大楼弱电系统缆线采用同一线槽或桥架敷设时，子系统之间应采用金属板隔开，间距应符合设计要求；

10）干线子系统缆线敷设保护要求。

①缆线不得布放在电梯或供水、供气、供暖管道竖井中，缆线不应布放在强电竖井中；

②电信间、设备间、进线间之间干线通道应沟通。

(3) 塑料槽的铺设。塑料槽的规格有多种，在这里就不再赘述。塑料槽的铺设从理性上讲类似金属槽，但操作上还有所不同。具体表现为4种方式：

1）在天花板吊顶打吊杆或托式桥架。

2）在天花板吊顶外采用托架桥架铺设。

3）在天花板吊顶外采用托架加配定槽铺设。

4）在天花板吊顶使用“J”形钩铺设。

使用“J”形钩铺设是在天花板吊顶内水平布线最常用的方法。具体施工步骤如下：

①确定布线路由；

②沿着所设计的路由，打开天花板，用双手推开每块镶板。多条线很重，为了减轻压在吊顶上的重量，可使用“J”形钩、吊索及其他支撑物，来支撑线缆；

③在离管理间最远的一端开始，拉到管理间。

采用托架时，一般：在石膏板（空心砖）墙壁1m左右安装一个托架；在砖混结构墙壁1.5m左右安装一个托架。

不用托架时，采用固定槽的方法把槽固定，根据槽的大小建议：

①25mm×20mm～25mm×30mm规格的槽，一个固定点应有2～3个固定螺钉，呈梯形状排列。

●在石膏板（空心砖）墙壁固定点应每隔0.5m左右（槽底应刷乳胶）。

●在砖混结构墙壁固定点应每隔1m左右。

②25×30以上的规格槽，一个固定点应有3～4固定螺钉，呈梯形状，使槽受力点分散分布。

●在石膏板（空心砖）墙壁固定点应每隔0.3m左右（槽底应刷乳胶）。

●在砖混结构墙壁固定点应每隔1m左右。

③除了固定点外应每隔1m左右，钻2个孔，用双绞线穿入，待布线结束后，把所布的双绞线捆扎起来。

④水平干线、垂直干线布槽的方法是一样的，差别在一个是横布槽一个是竖布槽。

⑤在水平干线与工作区交接处，不易施工时，可采用金属软管（蛇皮管）或塑料软管连接。

⑥对水平干线槽与竖井通道槽交接处时要安放一个塑料的套状保护物，以防止不光滑的槽边缘擦破线缆的外皮。

⑦在工作区槽、水平干线槽转弯处，保持美观，不宜用PVC槽配套的附件阳角、阴角、直转角、平三通、左三通、右三通、连接头、终端头等。

在墙壁上布线槽一般遵循下列步骤：

●确定布线路由；

●沿着路由方向放线（讲究直线美观）；

●线槽要安装固定螺钉；

●布线（布线时线槽容量为70%）。

在工作区槽、水平干线槽布槽施工结束时的注意事项如下：

●清理现场，保持现场清洁、美观；

●盖塑料槽盖。盖槽盖应错位盖；

●对墙洞、竖井等交接处要进行修补；

●对工作区槽、水平干线槽与墙有缝隙时要用粉腻子粉补平。

14.4.3 布线技术

14.4.3.1 布线线缆

建筑物布线常用以下6种线缆：

(1) 4对双绞线电缆（UTP或STP）；

(2) 2对双绞线电缆；

(3) 100Ω大对数对绞电缆（UTF或STP）；

(4) 62.5/125μm多模光缆；

(5) 9/125μm、10/125μm单模光缆；

(6) 75Ω有线电视同轴电缆。

14.4.3.2 布线缆线间的最小净距要求

(1) 电源线、综合布线系统的要求。电源线、综合布线系统缆线应分隔布放，并应符合表14-57的要求。

(2) 综合布线与配电箱、变电室、电梯机房、空调机房之间最小净距要求。综合布线与配电箱、变电室、电梯机房、空调机房之间最小净距宜符合表14-58的要求。

表 14-57　对绞电缆与电力电缆最小净距

干扰源类别	线缆与干扰源接近的情况	间距（mm）
小于 2kVA 的 380V 电力线缆	与电缆平行敷设	130
	其中一方安装在已接地的金属线槽或管道	70
	双方均安装在已接地的金属线槽或管道	10
2～5kVA 的 380V 电力线缆	与电缆平行敷设	300
	其中一方安装在已接地的金属线槽或管道	150
	双方均安装在已接地的金属线槽或管道	80
大于 5kVA 的 380V 电力线缆	与电缆平行敷设	600
	其中一方安装在已接地的金属线槽或管道	300
	双方均安装在已接地的金属线槽或管道	150
荧光灯等带电感设备	接近电缆线	150～300
配电箱	接近配电箱	1000
电梯、变压器	远离布设	2000

表 14-58　综合布线与配电箱、变电室、电梯机房、空调机房之间最小净距表

名　称	最小净距（m）
配电箱	1
电梯机房	2
变电室	2
空调机房	2

（3）建筑物内电、光缆暗管敷设与其他管线最小净距。建筑物内电、光缆暗管敷设与其他管线最小净距表 14-59 的要求。

表 14-59　综合布线缆线及管线与其他管线的间距

管线种类	平行净距（mm）	垂直交叉净距（mm）
避雷引下线	1000	300
保护地线	50	20
热力管（不包封）	500	500
热力管（包封）	300	300
给水管	150	20
煤气管	300	20
市话管道边线	75	25
压缩空气管	150	20

14.4.3.3　暗道布线

暗道布线是在浇筑混凝土时已把管道预埋好地板管道，管道内有牵引电缆线的钢丝或铁丝，安装人员只需索取管道图纸来了解地板的布线管道系统，确定“路径在何处”，就可以作出施工方案了。

对于老的建筑物或没有预埋管道的新的建筑物，要向业主索取建筑物的图纸，并到要布线的建筑物现场，查清建筑物内电、水、气管路的布局和走向，然后，详细绘制布线图纸，确定布线施工方案。

对于没有预埋管道的新建筑物，施工可以与建筑物装修同步进行，这样既便于布线，又不影响建筑物的美观。

管道一般从配线间埋到信息插座安装孔。安装人员只要将 4 对线电缆线固定在信息插座的拉线端，从管道的另一端牵引拉线就可将缆线达到配线间。

14.4.3.4　线缆牵引技术

用一条拉线（通常是一条绳）或一条软钢丝绳将线缆牵引穿过墙壁管路、天花板和地板管路。所用的方法取决于要完成作业的类型、线缆的质量、布线路由的难度（例如：在具有硬转弯的管道布线要比在直管道中布线难），还与管道中要穿过的线缆的数目有关，在已有线缆的拥挤的管道中穿线要比空管道难。

不管在哪种场合都应遵循一条规则：使拉线与线缆的连接点应尽量平滑，所以要采用电工胶带紧紧地缠绕在连接点外面，以保证平滑和牢固。

标准的“4 对”线缆很轻，通常不要求做更多的准备，只要将它们用电工带子与拉绳捆扎在一起就行了。

如果牵引多条“4 对”线穿过一条路由，可用下列方法：

（1）将多条线缆聚集成一束，并使它们的末端对齐。

（2）用电工带或胶布紧绕在线缆束外面，在末端外绕 50～100mm 长距离就行了。

（3）将拉绳穿过电工带缠好的线缆，并打好结。

（4）将拉绳穿过此环，并打结，然后将电工带缠到连接点周围，要缠得结实和不滑。

14.4.3.5　建筑物主干线电缆连接技术

主干缆是建筑物的主要线缆，它为从设备间到每层楼上的管理间之间传输信号提供通路。在新的建筑物中，通常有竖井通道。

在竖井中铺设主干缆，一般有两种方式：向下垂放电缆；向上牵引电缆。

相比较而言，向下垂放比向上牵引容易。

（1）向下垂放线缆。向下垂放线缆的一般步骤

如下：

1）首先把线缆卷轴放到最顶层；

2）在离房子的开口处（孔洞处）3～4m处安装线缆卷轴，并从卷轴顶部馈线；

3）在线缆卷轴处安排所需的布线施工人员（数目视卷轴尺寸及线缆质量而定），每层上要有一个工人以便引寻下垂的线缆；

4）开始旋转卷轴，将线缆从卷轴上拉出；

5）将拉出的线缆引导进竖井中的孔洞。在此之前先在孔洞中安放一个塑料的套状保护物，以防止孔洞不光滑的边缘擦破线缆的外皮；

6）慢慢地从卷轴上放缆并进入孔洞向下垂放，请不要快速地放缆；

7）继续放线，直到下一层布线工人员能将线缆引到下一个孔洞；

8）按前面的步骤，继续慢慢地放线，并将线缆引入各层的孔洞。

如果要经由一个大孔铺设垂直主干线缆，就无法使用一个塑料保护套了，这时最好使用一个滑车轮，通过它来下垂布线，为此需求做如下操作：

1）在孔的中心处装上一个滑车轮；

2）将缆拉出绕在滑车轮上；

3）按前面所介绍的方法牵引缆穿过每层的孔，当线缆到达目的地时，把每层上的线缆绕成卷放在架子上固定起来，等待以后的端接。

在布线时，若线缆要越过弯曲半径小于允许的值（双绞线弯曲半径为8～10倍于线缆的直径，光缆为20～30倍于线缆的直径），可以将线缆放在滑车轮上，解决线缆的弯曲问题。

（2）向上牵引线缆。向上牵引线缆可用电动牵引绞车。

1）按照线缆的质量，选定绞车型号，并按绞车制造厂家的说明书进行操作。先往绞车中穿一条绳子；

2）启动绞车，并往下垂放一条拉绳（确认此拉绳的强度能保护牵引线缆），拉绳向下垂放直到安放线缆的底层；

3）如果缆上有一个拉眼，则将绳子连接到此拉眼上；

4）启动绞车，慢慢地将线缆通过各层的孔向上牵引；

5）缆的末端到达顶层时，停止绞车；

6）在地板孔边沿上用夹具将线缆固定；

7）当所有连接制作好之后，从绞车上释放线缆的末端。

14.4.3.6 建筑群电缆连接技术

在建筑群中铺设线缆，一般采用3种方法，即直埋电缆布线、地下管道铺设和架空铺设。

（1）管道内铺设线缆。在管道中铺设线缆时，有4种情况：

1）“小孔到小孔”；

2）“在小孔间的直线铺设”；

3）“沿着拐弯处铺设”；

4）线缆用PVC阻燃管。

可用人和机器来铺设线缆，到底采用哪种方法依赖于下述因素：

1）管道中有没有其他线缆；

2）管道中有多少拐弯；

3）线缆有多粗和多重。由于上述因素，很难确切地说是用人力还是用机器来牵引线缆，只能依照具体情况来解决。

（2）架空铺设线缆。架空线缆铺设时，一般步骤如下：

1）电杆以30～50m的间隔距离为宜；

2）根据线缆的质量选择钢丝绳，一般选8芯钢丝绳；

3）先接好钢丝绳；

4）每隔0.5m架一挂钩；

5）架设光缆；

6）净空高度≥4.5m。

架空敷设时，同共杆架设的电力线（1kV以下）的间距不应小于1.5m，同广播线的间距不应小于1m，同通信线的间距不应小于0.6m。在电缆端作好标志和编号。

14.4.3.7 直埋电缆布线

（1）挖开路面。

（2）拐弯设人井。

（3）埋钢管。

（4）穿电缆。

14.4.3.8 双绞线布线技术

（1）双绞线布线要求。

1）缆线的布放应自然平直，不得产生扭绞、打圈、接头等现象，不应受外力的挤压和损伤。

2）缆线两端应贴有标签，应标明编号，标签书写应清晰、端正和正确。标签应选用不易损坏的材料。

3）缆线应有余量以适应终接、检测和变更。对绞电缆预留长度：在工作区宜为3～6cm，电信间宜为0.5～2m，设备间宜为3～5m；光缆布放路由宜盘留，预留长度宜为3～5m，有特殊要求的应按设计要求预留长度。

4）缆线的弯曲半径应符合下列规定：非屏蔽4对对绞电缆的弯曲半径应至少为电缆外径的4倍。屏蔽4对对绞电缆的弯曲半径应至少为电缆外径的8倍。主干对绞电缆的弯曲半径应至少为电缆外径的10倍。

（2）布线方法。双绞线布线，目前从布线方法上看有3种：

1）从管理局向工作区布线（从一层中信息点较少的情况下）；

2）从中间向两端布线（中间有隔断情况下）；

3）从工作区向管理间布线（信息点多的情况下）。

双绞线布线时要注意：

1）要对线缆端记号；

2）要注意节约用线；

3）布线的线缆不能有扭结，要平放。

14.4.3.9　光缆布线技术

（1）光缆布线要求。

1）敷设光缆前，应检查光纤有无断点、压痕等损伤。

2）根据施工图纸选配光缆长度，配盘时应使接头避开河沟、交通要道和其他障碍物。

3）光缆的弯曲半径不应小于光缆外径的20倍，光缆可用牵引机牵引，端头应作好技术处理，牵引力应加于加强芯上，牵引力大小不应超过150kg，牵引速度宜为10m/min；一次牵引长度不宜超过1km。

4）光缆接头的预留长度不应小于8m。

5）光缆敷设一段后，应检查光缆有无损伤，并对光缆敷设损耗进行抽测，确认无损伤时，再进行接续。

6）光缆接续应由受过专门训练的人员操作，接续时应用光功率计或其他仪器进行监视，使接续损耗最小。接续后应做接续保护，并安装好光缆接头护套。

7）光缆端头应用塑料胶带包扎，盘成圈置于光缆预留盒中，预留盒应固定在电杆上。地下光缆引上电杆，必须穿入金属管。

8）光缆敷设完毕时，需测量通道的总损耗，并用光时域反射计观察光纤通道全程波导衰减特性曲线。

9）光缆的接续点和终端应作永久性标志。

10）2芯或4芯水平光缆的弯曲半径应大于25mm；其他芯数的水平光缆、主干光缆和室外光缆的弯曲半径应至少为光缆外径的10倍。

（2）光缆布线方法。在新建的建筑物中，通常有一竖井，沿着竖井方向通过各楼层敷设光缆，只要提供防火措施。在许多老式建筑中，可能有大槽孔的竖井。通常在这些竖井内装有管道，以供敷设气、水、电、空调等线缆。若利用这样的竖井来敷设光缆时，光缆必须加以保护。也可将光缆固定在墙角上。

在竖井中敷设光缆有两种方法：向下垂放光缆；向上牵引光缆。

通常向下垂放比向上牵引容易些。但如果将光缆卷轴机搬到高层上去很困难，则只能由下向上牵引。

向下垂放光缆方法如下：

● 在离建筑层槽孔1～1.5m处安放光缆卷轴（光缆通常是绕在线缆卷轴上，而不是放在纸板箱中），以使在卷筒转动时能控制光缆，要将光缆卷轴置于平台上以便保持在所有时间内都是垂直的，放置卷轴时要使光缆的末端在其顶部，然后从卷轴顶部牵引光缆。

● 使光缆卷轴开始转动，光它转动时，将光缆从其顶部牵出。牵引光缆时要保证不超过最小弯曲半径和最大张力的规定。

● 引导光缆进入槽孔中去，如果是一个小孔，则首先要安装一个塑料导向板，以防止光缆与混凝土边侧产生摩擦导致光缆的损坏。

如果通过大的开孔下放光缆，则在孔的中心上安装一个滑车轮，然后把光缆拉出交绕到车轮上去。

1）慢慢地从光缆卷轴上牵引光缆，直到下面一层楼上的人能将光缆引入到下一个槽孔中去为止。

2）每隔2m左右打一线夹。

（3）吹光纤布线技术。目前有一种新光纤布线方法就是吹光纤技术，吹光纤技术布线的思想是：

用一个空的塑料管（即微管）建造一个低成本的网络布线结构，当需要时，将光纤吹入微管，这样减少资金投入，同时也减少了对数据网络的干扰。

每根微管内可吹入8芯光纤。如果光纤被损坏或已过时，可以简单地将其吹出，并用新的光纤代替。当光纤吹入微管后，再与已端接好的尾纤融接，然后放入专门设计的地面出口盒或配线架上的端接盒。

这项技术将光纤与楼宇内的微管分为两部分，当塑料微管安装好以后，只要压缩空气，就能够将高性能的光纤吹入所造管道，能够做到随用随做。

目前这项技术已投入应用，如英国的泰晤谷公司、中国的新华社、曼彻斯特机场、美国的哈里斯初曼（Harrys Truman）号核动力航空母舰的光纤布线都是采用这种技术。对于这种技术怎样评价？目前说法不一，有待用户的认可。

14.4.3.10 布线标记

布线时要作标记。作标记的方法有 4 种：用打号机打号；用塑料的字号套号；用标签号；用油墨笔记号。建议用油墨笔记号。

信息点的编号原则：根据设计方案楼层 FD 的划分，对其进行划分。信息点的地址码如图 14-17 所示。

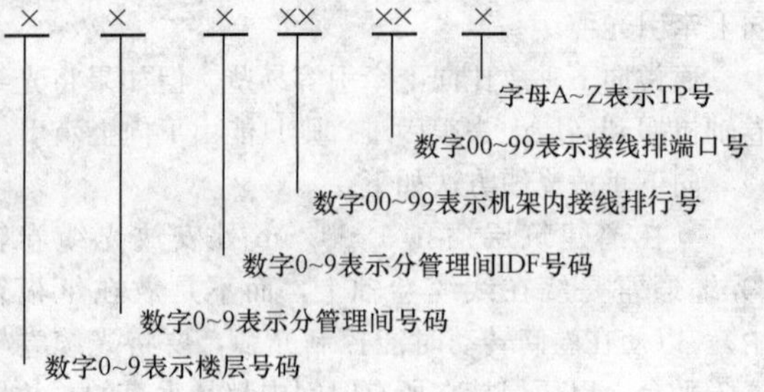

图 14-17 信息点的地址码

14.4.4 缆线终接技术

14.4.4.1 缆线终接要求

缆线终接应符合下列要求：

(1) 缆线在终接前，必须核对缆线标识内容是否正确。

(2) 缆线中间不应有接头。

(3) 缆线终接处必须牢固、接触良好。

(4) 对绞电缆与连接器件连接应认准线号、线位色标，不得颠倒和错接。

14.4.4.2 对绞电缆终接应要求

(1) 用户信息插座的安装。安装信息插座做到一样高、平、牢固。

(2) 对绞电缆终接。对绞电缆终接应符合下列要求：

1) 终接时，每对对绞线应保持扭绞状态，扭绞松开长度：

①3 类电缆不应大于 75mm；

②5 类电缆不应大于 13mm；

③6 类电缆应尽量保持扭绞状态，减小扭绞松开长度。

对绞电缆终接时一般有 2 种方式：用打线工具压接；不要打线工具直接压接。

根据工程中的经验体会，一般采用打线工具进行对绞电缆终接。

对绞电缆终接时应注意的要点：

①双绞线是成对相互拧在一处的，按一定距离拧起的导线可提高抗干扰的能力，减小信号的串扰，压接时一对一对拧开放入与信息模块相对的端口上。

②在双绞线压处不能拧、撕开，并防止有断线的伤痕。

③使用压线工具压接时，要压实，不能有松动的地方。

④双绞线开绞不能超过要求。

2) 对绞线与 8 位模块式通用插座相连时，必须按色标和线对顺序进行卡接。8 位模块式通用插座（信息模块）相连时分 EIA/TIA568A 和 EIA/TIA568B 两种方式，EIA/TIA568A 信息模块的物理线路分布如图 14-18 所示。

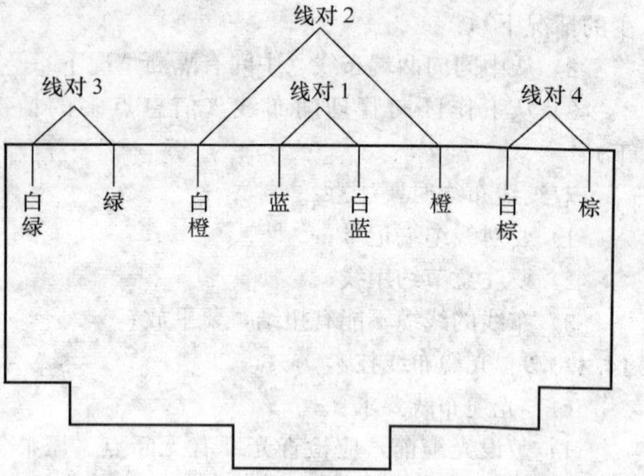

图 14-18 EIA/TIA568A 物理线路接线方式

EIA/TIA 568B 信息模块的物理线路分布如图 14-19 所示。

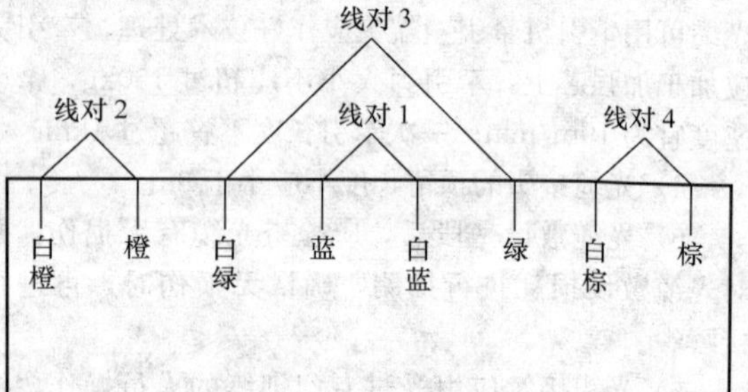

图 14-19 EIA/TIA568B 物理线路接线方式

无论是采用 568A 还是采用 568B，均在一个模块中实现，但它们的线对分布不一样，减少了产生的串扰对。在一个系统中只能选择一种，即要么是 568A，要么是 568B，不可混用。

568A 第 2 对线（568B 第 3 对线）把 3 和 6 颠倒，可改变导线中信号流通的方向排列，使相邻的线路变成同方向的信号，减少串扰对，如图 14-20 所示。

3) 7 类布线系统采用非 RJ45 方式终接时，连接

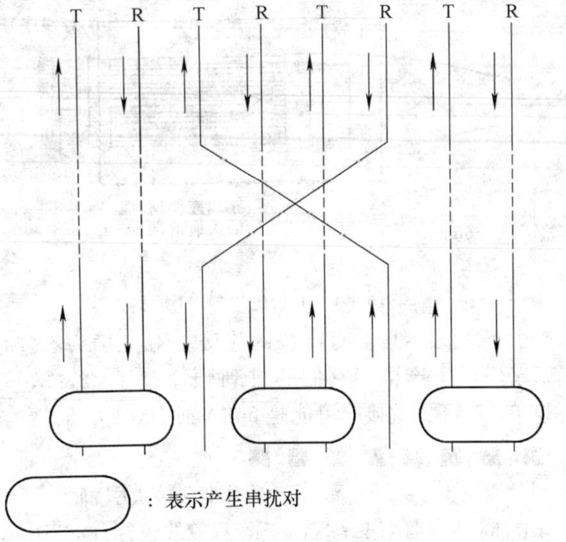

图 14-20 568 接线排列串扰对

图应符合相关标准规定。

4）屏蔽对绞电缆的屏蔽层与连接器件终接处：

①屏蔽罩应通过紧固器件可靠接触；

②缆线屏蔽层应与连接器件屏蔽罩 360°圆周接触；

③接触长度不宜小于 10mm；

④屏蔽层不应用于受力的场合；

⑤屏蔽线缆的外径较非屏蔽线缆粗，硬度加大，这对安装时的管槽预留尺寸、线缆弯曲半径会有影响；

⑥考虑采用单口、双口面板安装形式，底盒里屏蔽模块多了，会影响到实际性能。

5）对不同的屏蔽对绞线或屏蔽电缆，屏蔽层应采用不同的端接方法。应对编织层或金属箔与汇流导线进行有效的端接。

6）每个 2 口 86 面板底盒宜终接 2 条对绞电缆或 1 根 2 芯/4 芯光缆，不宜兼做过路盒使用。

14.4.4.3 光缆终接

（1）光缆终接与接续方式。光缆终接与接续应采用下列方式：

1）光纤与连接器件连接可采用尾纤熔接、现场研磨和机械连接方式；

2）光纤与光纤接续可采用熔接和光连接子（机械）连接方式。

（2）光缆芯线终接应符合下列要求：

1）采用光纤连接盘对光纤进行连接、保护，在连接盘中光纤的弯曲半径应符合安装工艺要求。

2）光纤熔接处应加以保护和固定。

3）光纤连接盘面板应有标志。

4）光纤连接损耗值应符合表 14-60 的规定。

表 14-60　　光纤连接损耗值　　(dB)

连接类别	多模		单模	
	平均值	最大值	平均值	最大值
熔接	0.15	0.3	0.15	0.3
机械连接	—	0.3	—	0.3

14.4.4.4 各类跳线的终接

（1）各类跳线的终接规定。各类跳线的终接应符合下列规定：

1）各类跳线缆线和连接器件间接触应良好，接线无误，标志齐全。

2）跳线选用类型应符合系统设计要求。

3）各类跳线长度应符合设计要求。

（2）连接 RJ45 时要注意的事项。RJ45 的连接也分为 568A 与 568B 两种方式，不论采用哪种方式必须与信息模块采用的方式相同。

对于 RJ45 插头与双绞线的连接，需要了解以下事宜。以 568A 为例简述。

1）首先将双绞线电缆套管，自端头剥去大于 20mm，露出 4 对线。如图 14-21 所示。

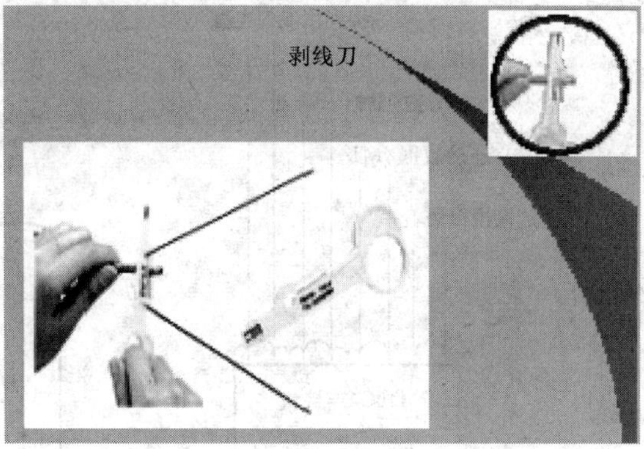

图 14-21 剥线

2）定位电缆线以它们的顺序号是（1、2），（3、6），（4、5），（7、8）排列如图 14-22 所示。为防止插头弯曲时对套管内的线对造成损伤，导线应并排排列至套管内至少 8mm 形成一个平整部分，平整部分之后的交叉部分呈椭圆形状态。

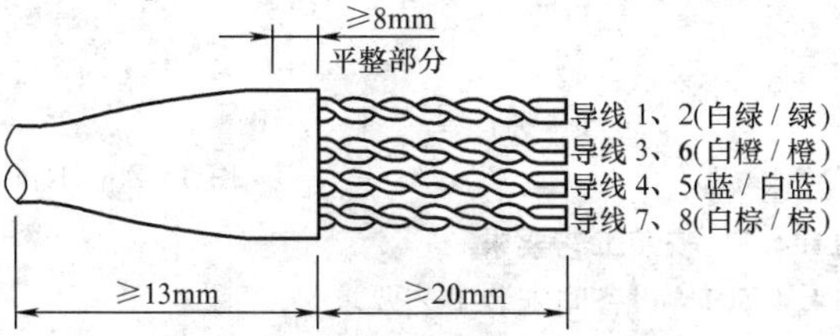

图 14-22 RJ45 连接剥线示意图

3）为绝缘导线解扭，使其按正确的顺序平行排列，导线 6 是跨过导线 4 和 5 在套管里不应有未扭绞的导线。

4）导线经修整后（导线端面应平整，避免毛刺影响性能）距套管的长度 14mm，从线头（见图 14-23）开始，至少 10mm±1mm 之内导线之间不应有交叉，导线 6 应在距套管 4mm 之内跨过导线 4 和 5。

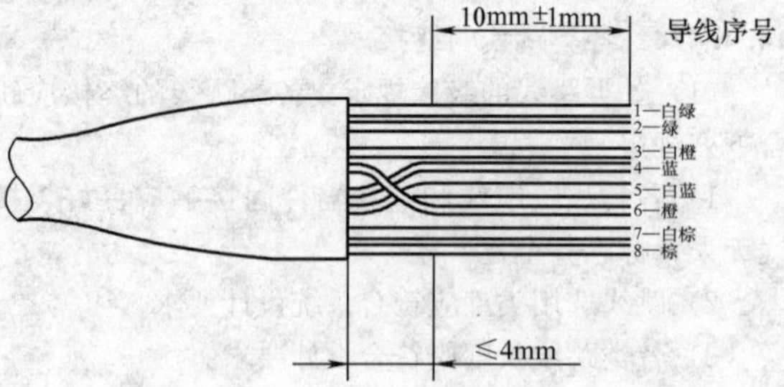

图 14-23　双绞线排列方式和必要的长度

5）将导线插入 RJ45 头，导线在 RJ45 头部能够见到铜芯，套管内的平坦部分应从插塞后端延伸直至初张力消除（见图 14-24），套管伸出插塞后端至少 6mm。

6）用压线工具压实 RJ45。

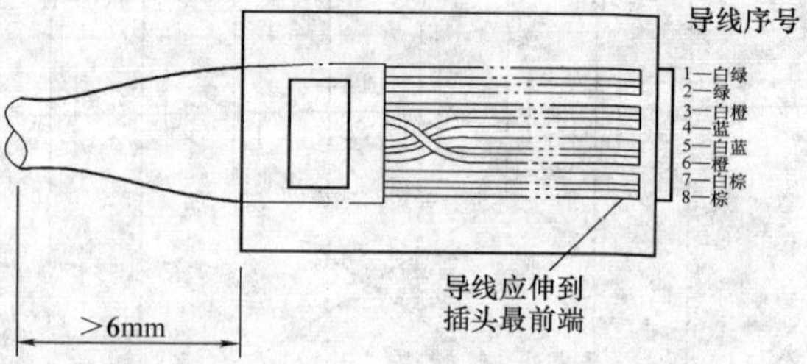

图 14-24　RJ45 压线的要求

（3）双绞线与 RJ45 头的连接。RJ45 插头不管是哪家公司生产的，它们的排列顺序是 1，2，3，4，5，6，7，8。端接时可能是 568A 或 568B。

■	■	■	■	■	■	■	■	
1	2	3	4	5	6	7	8	RJ45 接头引脚
白橘	橘	白绿	蓝	白蓝	绿	白棕	棕	双绞线色标（568B）

将双绞线与 RJ45 连接时应注意的要点如下：

1）按双绞线色标顺序排列，不要有差错；

2）与 RJ45 接头点斩实；

3）用压力钳压实。

RJ45 与信息模块的关系如图 14-25 所示。

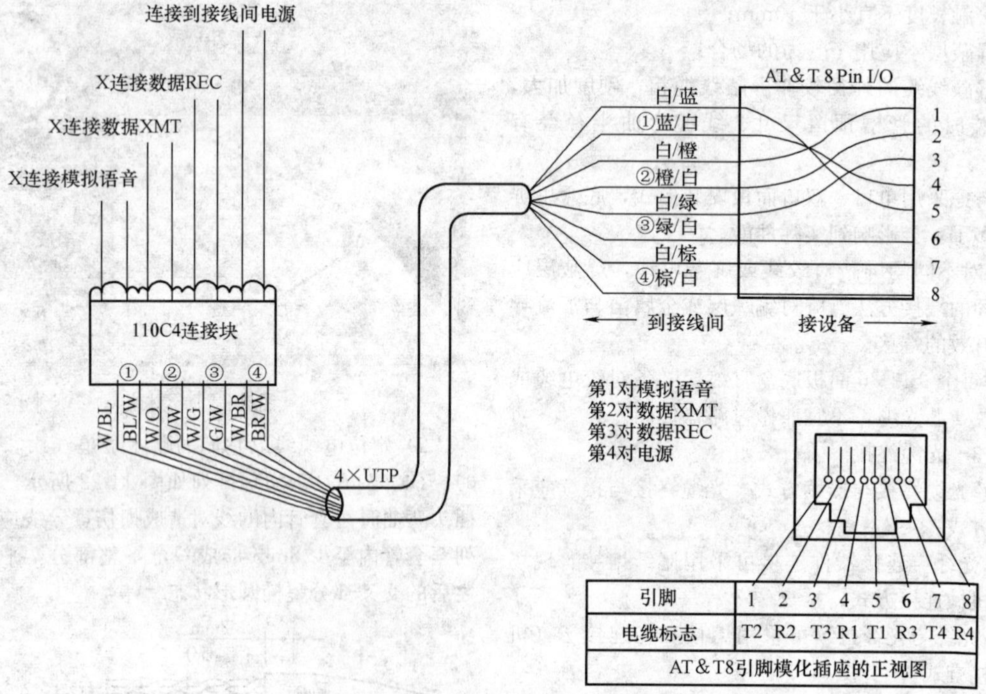

图 14-25　RJ45 与信息模块的关系

14.4.5　安装工艺要求

14.4.5.1　设备间安装工艺要求

（1）设备间的设计应符合下列规定。

1）设备间应处于干线综合体的最佳网络中间位置；

2）设备间应尽可能靠近建筑物电缆引入区和网络

接口。电缆引入区和网络接口的相互间隔宜≤15m；

3）设备间应尽量远离高低压变配电、电机、X 射线、无线电发射等有干扰源存在的场地；

4）设备间的位置应便于接地装置的安装；

5）设备间室温应保持在 10～27℃之间，相对湿度应保持 60%～80%。

这里未分长期温、湿度工作条件与短期温、湿度工作条件。长期工作条件的温、湿度是在地板上 2m 和设备前方 0.4m 处测量的数值；短期工作定为连续不超过 48h 和每年积累不超过 15 天，也可按生产厂家的标准要求。短期工作条件可低于条文规定数值。

1）设备间应安装符合法规要求的消防系统，应使用防火防盗门，至少能耐火 1h 的防火墙；

2）地震区的区域内，设备安装应按规定进行抗震加固。

（2）设备安装。设备安装应符合下列规定：

1）机架或机柜前面的净空不应小于 800mm，后面的净空不应小于 600mm。

2）壁挂式配线设备底部离地面的高度不宜小于 300mm。

3）设备间应提供不少于两个 220V 带保护接地的单相电源插座，但不作为设备供电电源。

4）设备间如果安装电信设备或其他信息网络设备时，设备供电应符合相应的设计要求。

5）设备间内所有设备应有足够的安装空间，其中包括：程控数字用户电话交换机，计算机主机，整个建筑物用的交接设备等。

设备间内安装计算机主机，其安装工艺要求应按照计算机主机的安装工艺要求进行设计。设备间安装程控用户交换机，其安装工艺要求应按照程控用户电话交换机的安装工艺进行设计。

（3）设备间的室内装修、空调设备系统和电气照明等安装应在装机前进行。设备间的装修应满足工艺要求，经济适用。容量较大的机房可以结合空调下送风、架间走缆和防静电等要求，设置活动地板。

设备间的地面面层材料应能防静电。

（4）设备间应防止有害气体（如 SO_2、H_2O、NH_3、NO_2 等）侵入，并应有良好的防尘措施，允许尘埃含量限值可参见表 14-61 的规定。

表 14-61　　允许尘埃限值表

灰尘颗粒的最大直径（μm）	0.5	1	3	5
灰尘颗粒的最大浓度（粒子数/m^3）	1.4×10^7	7×10^5	2.4×10^5	1.3×10^5

注　灰尘粒子应是不导电的，非铁磁性和非腐蚀性的。

（5）至少应为设备间提供离地板 2.55m 高度的空间，门的高度应大于 2.1m，门宽应大于 90cm，地板的等效均布活荷载应大于 $5kN/m^2$。凡是安装综合布线硬件的地方，墙壁和天棚应涂阻燃漆。

（6）设备间的一般照明，最低照明度标准应为 150lx，规定照度的被照面，水平面照度指距地面 0.8m 处，垂直面照度指距地面 1.4m 处的规定。

14.4.5.2　交接间

（1）确定干线通道和交接间的数目，应从所服务的可用楼层空间来考虑。如果在给定楼层所要服务的信息插座都在 75m 范围以内，宜采用单干线接线系统。凡超出这一范围的，可采用双通道或多个通道的干线系统，也可采用经过分支电缆与干线交接间相连接的二级交接间。

（2）干线交接间兼作设备间时，其面积不应小于 $10m^2$。干线交接间的面积为 $1.8m^2$ 时（1.2m×1.5m）可容纳端接 200 个工作区所需的连接硬件和其他设备。如果端接的工作区超过 200 个，则在该楼层增加 1 个或多个二级交接间，其设置要求宜符合表 14-62 的规定，或可根据设计需要确定。

表 14-62　　交接间的设置表

工作区数量（个）	交接间数量和大小（个，m^2）	二级交接间数量和大小（个，m^2）
≤200	1，≥1.2×1.5	0
201～400	1，≥1.2×2.1	1，≥1.2×1.5
401～600	1，≥1.2×2.7	1，≥1.2×1.5
>600	2，≥1.2×1.7	①

①　任何一个交接间最多可以支持两个二级交接间。

14.4.5.3　工作区

（1）工作区信息插座的安装应符合下列规定：

1）安装在地面上的接线盒应防水和抗压。

2）安装在墙面或柱子上的信息插座底盒、多用户信息插座盒及集合点配线箱体的底部离地面的高度宜为 300mm。

（2）工作区的电源应符合下列规定：

1）每 1 个工作区至少应配置 1 个 220V 交流电源插座。

2）工作区的电源插座应选用带保护接地的单相电源插座，保护接地与零线应严格分开。

14.4.5.4　电信间

（1）电信间的数量应按所服务的楼层范围及工作区面积来确定。如果该层信息点数量不大于 400 个，水平缆线长度在 90m 范围以内，宜设置一个电信间；当超出这一范围时宜设两个或多个电信间；每层的信息点数量数较少，且水平缆线长度不大于 90m 的情况下，宜几个楼层合设一个电信间。

(2) 电信间应与强电间分开设置，电信间内或其紧邻处应设置缆线竖井。

(3) 电信间的使用面积不应小于 $5m^2$，也可根据工程中配线设备和网络设备的容量进行调整。

(4) 电信间的设备安装和电源要求，应符合本规范的规定。

(5) 电信间应采用外开丙级防火门，门宽大于 0.7m。电信间内温度应为 10～35℃，相对湿度宜为 20%～80%。如果安装信息网络设备时，应符合相应的设计要求。

14.4.5.5 进线间

(1) 进线间应设置管道入口。

(2) 进线间应满足缆线的敷设路由、成端位置及数量、光缆的盘长空间和缆线的弯曲半径、充气维护设备、配线设备安装所需要的场地空间和面积。

(3) 进线间的大小应按进线间的进局管道最终容量及入口设施的最终容量设计。同时应考虑满足多家电信业务经营者安装入口设施等设备的面积。

(4) 进线间宜靠近外墙和在地下设置，以便于缆线引入。进线间设计应符合下列规定：

1) 进线间应防止渗水，应设有抽排水装置。

2) 进线间应与布线系统垂直竖井沟通。

3) 进线间应采用相应防火级别的防火门，门向外开，宽度不小于 1000mm。

4) 进线间应设置防有害气体措施和通风装置，排风量按每小时不小于 5 次容积计算。

(5) 与进线间无关的管道不宜通过。

(6) 进线间入口管道口所有布放缆线和空闲的管孔应采取防火材料封堵，做好防水处理。

(7) 进线间如安装配线设备和信息通信设施时，应符合设备安装设计的要求。

注：当缆线采用电缆桥架布放时，桥架内侧的弯曲半径不应小于 300mm。

(8) 缆线布放在管与线槽内的管径与截面利用率，应根据不同类型的缆线做不同的选择。管内穿放大对数电缆或 4 芯以上光缆时，直线管路的管径利用率应为40%～60%，弯管路的管径利用率应为40%～50%。管内穿放 4 对对绞电缆或 4 芯光缆时，截面利用率应为 25%～30%。布放缆线在线槽内的截面利用率应为 30%～50%。

(9) 配线子系统电缆在地板下安装方式，应根据环境条件选用地板下桥架布线法，蜂窝状地板布线法，高架（活动）地板布线法，地板下管道布线法等四种安装方式。

(10) 配线子系统电缆宜穿钢管或沿金属电缆桥架敷设，并应选择最短捷的路径。此条规定为适应防电磁干扰要求编写。

(11) 干线子系统垂直通道有电缆孔、管道、电缆竖井三种方式可供选择，宜采用电缆孔方式。水平通道可选择管道方式或电缆桥架方式。

干线子系统垂直通道有下列三种可供选择：

1) 电缆孔方式通常用一根或数根直径 10cm 的金属管预埋在地板内，金属管高出地坪 2.5cm～5cm，也可直接在地板上预留一个大小适当的长方形孔洞；

2) 管道方式（包括管或暗管敷设）；

3) 电缆竖井方式：在原有建筑物中开电缆井很费钱，且很难防火，如果在安装过程中没有采取措施去防止损坏楼板支撑件，则楼板的结构完整性将受到破坏。

(12) 一根管子应穿设一条综合布线电缆。管内穿放大对数电缆时，直线管路的管径利用率应为 50%～60%，弯管路的管径利用率应为 40%～50%。管内穿放 4 对对绞电缆时，截面利用率应为 25%～30%。4 对对绞电缆不作为电缆处理，条文规定按截面利用率计算管子的尺寸。

(13) 允许综合布线电缆、电缆电视电缆，火灾报警电缆，监控系统电缆合用金属电缆桥架，但与电缆电视电缆宜用金属隔板分开。金属隔板分开是为防电磁干扰要求。

(14) 建筑物内暗配线一般可采用塑料管或金属配线材料。

14.5 综合布线系统的测试检验验收

为了提高布线工程的施工质量，确保系统的正常运行，布线工程的施工必须严格执行有关的标准、规范的规定。

14.5.1 综合布线工程电气测试要求

(1) 综合布线工程电气测试包括电缆系统电气性能测试及光纤系统性能测试。

(2) 电缆系统电气性能测试项目应根据布线信道或链路的设计等级和布线系统的类别要求制定。

(3) 各项测试结果应有详细记录，作为竣工资料的一部分。

(4) 对绞电缆和光纤布线系统的现场测试仪要求。

1) 应能测试信道与链路的性能指标；

2) 应具有针对不同布线系统等级的相应精度，应考虑测试仪的功能、电源、使用方法等因素；

3) 测试仪精度应定期检测，每次现场测试前仪表厂家应出示测试仪的精度有效期限证明。

（5）电缆布线系统测试。

1）3 类和 5 类布线系统按照基本链路和信道进行测试；

2）5e 类和 6 类布线系统按照永久链路和信道进行测试。

永久链路连接适用于测试固定链路（水平电缆及相关连接器件）性能。信道连接在永久链路连接模型的基础上，包括工作区和电信间的设备电缆和跳线在内的整体信道性能。

14.5.2　TSB-67 测试的主要内容

（1）接线图（Wire Map）。这一测试是确认链路的连接。这不仅是一个简单的逻辑连接测试，而是要确认链路一端的每一个针与另一端相应的针连接，而不是连在任何其他导体或屏幕上。此外，Wire Map 测试要确认链路缆线的线对正确，而且不能产生任何串绕（Split Paires）。保持线对正确铰接是非常重要的测试项目。

（2）链路长度。每一个链路长度都应记录在管理系统中（参见 TIA/EIA 606 标准）。链路的长度可以用电子长度测量来估算，电子长度测量是基于链路的传输延迟和电缆的 NVP（额定传播速率 Nominal Velocity of Propagation）值而实现的。NVP 表示电信号在电缆中传输速度与光在真空中传输速度之比值。当测量了一个信号在链路往返一次的时间后，就得知电缆的 NVP 值，从而计算出链路的电子长度。这里要进一步说明，处理 NVP 的不确定性时，实际上至少有 10%的误差。为了正确解决这一问题，必须以一已知长度的典型电缆来校验 NVP 值。Basic Link 的最大长度是 90m，外加 4m 的测试仪专用电缆区 94m，Channel 的最长度是 100m。

计入电缆厂商所规定的 NVP 值的最大误差和长度测量的 TDR（时域反射 Time Domain Reflectometry）技术的误差，测量长度的误差极限如下

Channel 100m＋15%×100m＝115m

Basic Link 94m＋15%×94m＝108.1m

如果长度超过指标，则信号损耗较大。

对线缆长度的测量方法有两种规格：Basic Link 和 Channel。Channel 也称为 User Link。

NVP 的计算公式如下

$$NVP=(2\times L)/(T\times c)$$

式中：L 为电缆长度；T 为信号传送与接收之间的时间差；c 为真空状态下的光速（300000000m/s）。

一般 UTP 的 *NVP* 值为 72%，但不同厂家的产品会稍有差别。

（3）衰减。衰减是一个的信号损失度量，是指信号在一定长度的线缆中的损耗。衰减与线缆的长度有关，随着长度增加，信号衰减也随之增加，衰减也是用“dB”作为单位，同时，衰减随频率而变化，所以应测量应用范围内全部频率上的衰减。比如，测量 5 类线缆的 Channel 的衰减，要从 1～100MHz 以最大步长为 1MHz 来进行。对于 3 类线缆测试频率范围是 1～16MHz，4 类线缆频率测试范围是1～20MHz。

TSB-67 定义了一个链路衰减的公式。TSB 67 还附加了一个 Basic Link 和 Channel 的衰减允许值表。该表定义了在 20℃时的允许值。随着温度的增加衰减也增加：对于 3 类线缆每增加 1℃，衰减增加 1.5%，对于 4 类和 5 类线缆每增加 1℃，衰减增加 0.4%，当电缆安装在金属管道内时链路的衰减增加 2%～3%。

现场测试设备应测量出安装的每一对线的衰减最严重情况，并且通过将衰减最大值与衰减允许值比较后，给出合格（Pass）或不合格（Fail）的结论。

1）如果合格，则给出处于可用频宽内（5 类缆是 1～100MHz）的最大衰减值。

2）如果不合格，则给出不合格时的衰减值、测试允许值及所在点的频率。早期的 TSB-67 版本所列的是最差情况的百分比限值。

如果测量结果接近测试极限，测试仪不能确定是 Pass 或是 Fail，则此结果用 Pass 表示，若结果处于测试极限的错误侧，则只记上 Fail。

Pass/Fail 的测试极限是按链路的最大允许长度（Channel 是 100m，Basic Link 是 94m）设定的，而不是按长度分摊。然而，若测量出的值大于链路实际长度的预定极限，则报告中前者往往带有星号，以作为对用户的警告。请注意：分摊极限与被测量长度有关，由于 *NVP* 的不确定性，所以是很不精确的。

衰减步长一般最大为 1MHz。

（4）近端串扰 NEXT 损耗（Near-End Crosstalk Loss）。NEXT 损耗是测量一条 UTP 链路中从一对线到另一对线的信号耦合，是对性能评估的最主要的标准，是传送信号与接收同时进行的时候产生干扰的信号。对于 UTP 链路这是一个关键的性能指标，也是最难精确测量的一个指标，尤其是随着信号频率的增加其测量难度就更大。TSB-67 中定义对于 5 类线缆链路必须在 1～100MHz 的频宽内测试。同衰减测试一样，3 类链路是 1～16MHz，4 类是1～20MHz。

NEXT 测量的最大频率步长见表 14-63。

表 14-63　NEXT 测量的最大频率步长

频率（MHz）	最大步长（kHz）
1～31.15	150
31.25～100	250

在一条 UTP 的链路上，NEXT 损耗的测试需要在每一对线之间进行。也就是说对于典型的四对 UTP 来说要有 6 对线关系的组合，即测试 6 次。

串扰分近端串扰和远端串扰（FEXT），测试仪主要是测量 NEXT，由于线路损耗，FEXT 的量值影响较小。

NEXT 并不表示在近端点所产生的串扰值，它只是表示在所端点所测量的串扰数值。该量值会随电缆长度的增长而衰减而变小。同时发送端的信号也衰减，对其他线对的串扰也相对变小。实验证明，只有在 40m 内测得的 NEXT 是较真实的，如果另一端是远于 40m 的信息插座，它会产生一定程度的串扰，但测试器可能没法测试到该串扰值。基于这个理由，对 NEXT 最好在两个端点都要进行测量。现在的测试仪都能在一端同时进行两端的 NEXT 的测量。

NEXT 测试的参照表见表 14-64 和表 14-65。

表 14-64　20℃时各类线缆在各频率下的衰减极限

频率（MHz）	20℃时最大衰减									
	信道（100m）					链路（90m）				
	3 类	4 类	5 类	5e	6 类	3 类	4 类	5 类	5e	6 类
1	4.2	2.6	2.5	2.5	2.1	3.2	2.2	2.1	2.1	1.9
4	7.3	4.8	4.5	4.5	4.0	6.1	4.3	4.0	4.0	3.5
8	10.2	6.7	6.3	6.3	5.7	8.8	6	5.7	5.7	5.0
10	11.5	7.5	7.0	7.0	6.3	10	6.8	6.3	6.3	5.6
16	14.9	9.9	9.2	9.2	8.0	13.2	8.8	8.2	8.2	7.1
20	—	11	10.3	0.3	9.0	—	9.9	9.2	9.2	7.9
22	—	—	11.4	11.4	10.1	—	—	10.3	10.3	8.9
31.25	—	—	12.8	12.8	11.4	—	—	11.5	11.5	10.0
62.5	—	—	18.5	18.5	16.5	—	—	16.7	16.7	14.4
100	—	—	24.0	24.0	21.3	—	—	21.6	21.6	18.5
200	—	—	—		31.5	—	—	—	—	27.1
250	—	—	—	—	36.0	—	—	—	—	30.7

表 14-65　特定频率下的 NEXT 测试极限

频率（MHz）	20℃时最小 NEXT									
	信道（100m）					链路（90m）				
	3 类	4 类	5 类	5e	6 类	3 类	4 类	5 类	5e	6 类
1	39.1	53.3	60.0	60.0	65.0	40.1	54.7	60.0	60.0	65.0
4	29.3	43.3	50.6	53.6	63	30.7	45.1	51.8	54.8	64.1
8	24.3	38.2	45.6	48.6	58.2	25.9	40.2	47.1	50.0	59.4
10	22.7	36.6	44.0	47.0	56.6	24.3	38.6	45.5	48.5	57.8
16	19.3	33.1	40.6	43.6	53.2	21.0	35.3	42.3	45.2	54.6
20	—	31.4	39.0	42.0	51.6	—	33.7	40.7	43.7	53.1
25.0	—	—	37.4	40.4	52.0	—	—	39.1	42.1	51.5
31.25	—	—	35.7	38.7	48.4	—	—	37.6	40.6	50.0
62.5	—	—	30.6	33.6	43.4	—	—	32.7	35.7	45.1
100.0	—	—	27.1	30.1	39.8	—	—	29.3	32.3	41.8
200	—	—	—	—	34.8	—	—	—	—	36.9
250	—	—	—	—	33.1	—	—	—	—	35.3

上面所述是测试的主要内容，但某些型号的测试仪还给直流环路电阻、特性阻抗、衰减串扰比。

（1）直流环路电阻。直流环路电阻会消耗一部分信号能量并转变成热量，它是指一对电线电阻的和，ISO11801 规定不得大于 19.2Ω。每对间的差异不能太大（小于 0.1Ω），否则表示接触不良，必须检查连接点。

（2）特性阻抗。与环路直流电阻不同，特性阻抗包括电阻及频率 1～100MHz 间的电感抗及电容抗，它与一对电线之间的距离及绝缘体的电气特性有关。各种电缆有不同的特性阻抗，对双绞电缆而言，则有 100Ω、120Ω 及 150Ω 几种。

上述内容一般用于测试用类、4 类、5 类线的重要参数。

14.5.3　超 5 类、6 类线测试有关标准

对于超 5 类、六类线的测试标准。国际标准化组织订于 2000 年公布。

作为超 5 类线，六类线的测试参数主要有以下内容：

（1）接线图。该步骤检查电缆的接线方式是否符合规范。错误的接线方式有开路（或称断路）、短路、反向、交错、分岔线对及其他错误。

（2）连线长度。局域网拓扑对连线的长度有一定的规定，因为如果长度超过了规定的指标，信号的衰减就会很大。连线长度的测量是依照 TDR（时间域反射测量学）原理来进行的，但测试仪所设定的 NVP（额定传播速率）值会影响所测长度的精确度，因此在测量连线长度之前，应该用不短于 15m 的电缆样本做一次 NVP 校验。

（3）衰减量。信号在电缆上传输时，其强度会随传播距离的增加而逐渐变小。衰减量与长度及频率有着直接关系。

（4）近端串扰（NEXT）。当信号在一个线对上传输时，会同时将一小部分信号感应到其他线对上，这种信号感应就是串扰。串扰分为 NEXT（近端串扰）与 FEXT（远端串扰），但 TSB-67 只要求进行 NEXT 的测量。NEXT 串扰信号并不仅仅在近端点才会产生，但是在近端点所测量的串扰信号会随着信号的衰减而变小，从而在远端处对其他线对的串扰也会相应变小。实验证明在 40m 内所测量到的 NEXT 值是比较准确的，而超过 40m 处链路中产生的串扰信号可能就无法测量到，因此，TSB-67 规范要求在链路两端都要进行对 NEXT 值的测量。

（5）信噪比 SRL（Structural Return Loss）。SRL 是衡量线缆阻抗一致性的标准，阻抗的变化引起反射（Return Refcection）、噪声（uoise）的形线是由于一部分信号的能量被反射到发送端，SRL 是测量能量的变化的标准，由于线缆结构变化而导致阻抗变化，使得信号的能量发生变化，TIA/EIA568A 要求在 100MHz 下 SRL 为 16dB。

（6）等效式远端串扰。等效远端串扰（ELFEXT Equal Level Fext）远端串扰与衰减的差值以 dB 为单位。是信噪比的另一种表示方式，即两个以上的信号朝同一方向传输时的情况。

（7）综合远端串扰（Power Sum ELFEXT）。

（8）回波损耗（Returm loss）。

回波损耗是关心某一频率范围内反射信号的功率，与特性阻抗有关，具体表现为：

1）电缆制造过程中的结构变化；

2）连接器；

3）安装。

这三种因素是影响回波损耗数值的主要因素。

（9）特性阻抗（Characteristie Impedance）。特性阻抗是线缆对通过的信号的阻碍能力。它是受直流电阻，电容和电感的影响，要求在整条电缆中必须保持是一个常数。

（10）衰减串扰比 ACR。（Attenuation-to-crosstalk Ratio）。ACR 是同一频率下近端串扰 NEXT 和衰减的差值，用公式可表示为

ACR＝衰减的信号—近端串扰的噪声

它不属于 TIA/ETA-568A 标准的内容，但它对于表示信号和噪声串扰之间的关系有着重要的价值。实际上，ACR 是系统 SNR（信噪比）衡量的唯一衡量标准是决定网络正常运行的一个因素，ACR 包括衰减和串扰，它还是系统性能的标志。

ACR 有些什么要求呢？国际标准 ISO/IEC11801 规定在 100MHz 下，ACR 为 4dB，T568A 对于连接的 ACR 要求是在 100MHz 下，为 7.7dB。在信道上 ACR 值越大，SNR 越好，从而对于减少误码率（BER）也是有好处的。SNR 越低，BER 就越高，使网络由于错误而重新传输，大大降低了网络的性能。

表 14-66 列出了六类布线系统的 100m 信道的参数极限值。

表 14-66　　六类系统性能参数极限值

频率（MHz）	衰减（dB）	NEXT（dB）	PS NEXT（dB）	ELFEXT（dB）	PS NEXT（dB）	回波损耗（dB）	ACR（dB）	PS ACR（dB）
1.0	2.2	72.7	70.3	63.2	60.2	19.0	70.5	68.1
4.0	4.1	63.0	60.5	51.2	48.2	19.0	58.9	56.5
10.0	6.4	56.6	54.0	43.2	40.2	19.0	50.1	47.5
16.0	8.2	53.2	50.6	39.1	36.1	19.0	45.0	42.4
20.0	9.2	51.6	49.0	37.2	34.2	19.0	42.4	39.8
31.25	8.6	48.4	45.7	33.3	30.3	17.1	367.8	34.1
62.5	16.8	43.4	40.6	27.3	24.3	14.1	26.6	23.8
100.0	21.6	39.9	37.1	23.2	20.2	12.0	18.3	15.4
125.0	24.5	38.3	35.4	21.3	18.3	8.0	13.8	10.9
155.52	27.6	36.7	33.8	19.4	16.4	10.1	9.0	6.1
175.0	29.5	35.8	32.9	18.4	15.4	9.6	6.3	3.4
200.0	31.7	34.8	31.9	17.2	14.2	9.0	3.1	0.2
250.0	35.9	33.1	30.2	15.3	12.3	8.0	1.0	0.1

14.5.4 国家标准制定的电气性能主要测试内容

(1) 电气性能主要测试内容：连接图；长度；衰减；近端串音；近端串音功率和；衰减串音比；衰减串音比功率和；等电平远端串音；等电平远端串音功率和；回波损耗；传播时延；传播时延偏差；插入损耗；直流环路电阻；设计中特殊规定的测试内容；屏蔽层的导通。

(2) 接线图的测试。接线图主要测试水平电缆终接在工作区或电信间配线设备的 8 位模块式通用插座的安装连接正确或错误。正确的线对组合为：1/2、3/6、4/5、7/8；分为非屏蔽和屏蔽两类，对于非 RJ45 的连接方式按相关规定要求列出结果。

(3) 布线链路及信道缆线长度应在测试连接图所要求的极限长度范围之内。

(4) 3 类和 5 类水平链路及信道测试项目及性能指标应符合表 14-67 和表 14-68 的要求（测试条件为环境温度 20℃）。

表 14-67　　3 类水平链路及信道性能指标

频率(MHz)	基本链路性能指标		信道性能指标	
	近端串音(dB)	衰减(dB)	近端串音(dB)	衰减(dB)
1.00	40.1	3.2	39.1	4.2
4.00	30.7	6.1	29.3	7.3
8.00	25.9	8.8	24.3	10.2
10.00	24.3	10.0	22.7	11.5
16.00	21.0	13.2	19.3	14.9
长度(m)	94	100	—	—

表 14-68　　5 类水平链路及信道性能指标

频率(MHz)	基本链路性能指标		信道性能指标	
	近端串音(dB)	衰减(dB)	近端串音(dB)	衰减(dB)
1.00	60.0	2.1	60.0	2.5
4.00	51.8	4.0	50.6	4.5
8.00	47.1	5.7	45.6	6.3
10.00	45.5	6.3	44.0	7.0
16.00	42.3	8.2	40.6	9.2
20.00	40.7	9.2	39.0	10.3
25.00	39.1	10.3	37.4	11.4
31.25	37.6	11.5	35.7	12.8
62.50	32.7	16.7	30.6	18.5
100.00	29.3	21.6	27.1	24.0
长度(m)	94	100	—	—

注　基本链路长度为 94m，包括 90m 水平缆线及 4m 测试仪表的测试电缆长度，在基本链路中不包括 CP 点。

(5) 5e 类、6 类和 7 类信道测试项目。

1) 回波损耗（RL）：只在布线系统中的 C、D、E、F 级采用，信道的每一线对和布线的两端均应符合回波损耗值的要求；

2) 插入损耗（IL）：布线系统信道每一线对的插入损耗值均应符合插入的要求；

3) 近端串音（NEXT）：在布线系统信道的两端，线对与线对之间的近端串音值。均应符合近端串音的要求；

4) 近端串音功率和（PS NEXT）：只应用于布线系统的 D、E、F 级，信道的每一线对和布线的两端均应符合 PS NEXT 值要求；

5) 线对与线对之间的衰减串音比（ACR）：只应用于布线系统的 D、E、F 级，信道的每一线对和布线的两端均应符合 ACR 值要求；

6) ACR 功率和（PS ACR）：为近端串音功率和与插入损耗之间的差值，信道的每一线对和布线的两端均应符合要求；

7) 线对与线对之间等电平远端串音（ELFEXT）：为远端串音与插入损耗之间的差值，只应用于布线系统的 D、E、F 级；

8) 等电平远端串音功率和（PS ELFEXT）：布线系统信道每一线对的 PS ELFEXT 数值应符合规定；

9) 直流（D.C.）环路电阻：布线系统信道每一线对的直流环路电阻应符合表 B.0.4-15 的规定；

10) 传播时延：布线系统信道每一线对的传播时延应符合规定；

11) 传播时延偏差：布线系统信道所有线对间的传播时延偏差应符合规定。

(6) 5e 类、6 类和 7 类永久链路或 CP 链路测试项目及性能指标应符合以下要求：

1) 回波损耗（RL）：布线系统永久链路或 CP 链路每一线对和布线两端的回波损耗值应符合规定；

2) 插入损耗（IL）：布线系统永久链路或 CP 链路每一线对的插入损耗值应符合规定；

3) 近端串音（NExT）：布线系统永久链路或 CP 链路每一线对和布线两端的近端串音值应符合规定；

4) 近端串音功率和（PS NEXT）：只应用于布线系统的 D、E、F 级，布线系统永久链路或 CP 链路每一线对和布线两端的近端串音功率和值应符合规定；

5) 线对与线对之间的衰减串音比（ACR）：只应用于布线系统的 D、E、F 级，布线系统永久链路或 CP 链路每一线对和布线两端的 ACR 值；

6) ACR 功率和（PS ACR）：布线系统永久链路或 CP 链路每一线对和布线两端的 PS ACR 值；

7）线对与线对之间等电平远端串音（ELFEXT）：只应用于布线系统的D、E、F级。布线系统永久链路或CP链路每一线对的等电平远端串音值应符合规定；

8）等电平远端串音功率和（PS ELFEXT）：布线系统永久链路或CP链路每一线对的PS ELFEXT值应符合规定；

9）直流（DC）环路电阻：布线系统永久链路或CP链路每一线对的直流环路电阻应符合规定；

10）传播时延：布线系统永久链路或CP链路每一线对的传播时延应符合规定；

11）传播时延偏差：布线系统永久链路或CP链路所有线对间的传播时延偏差应符合规定。

（7）光纤测试内容。光纤测试主要内容：衰减和长度。测试前应对所有的光连接器件进行清洗，并将测试接收器校准至零位。测试应包括以下内容：

1）在施工前进行器材检验时，一般检查光纤的连通性，必要时宜采用光纤损耗测试仪（稳定光源和光功率计组合）对光纤链路的插入损耗和光纤长度进行测试；

2）对光纤链路（包括光纤、连接器件和熔接点）的衰减进行测试，同时测试光跳线的衰减值可作为设备连接光缆的衰减参考值，整个光纤信道的衰减值应符合设计要求；

3）布线系统所采用光纤的性能指标及光纤信道指标应符合设计要求。不同类型的光缆在标称的波长，每公里的最大衰减值应符合表14-69的规定。

表14-69　光缆衰减

最大光缆衰减（dB/km）				
项目	OM1，OM2，OM3多模		OS1单模	
波长	850nm	1300nm	1310nm	1550nm
衰减	3.5	1.5	1.0	1.0

4）光缆布线信道在规定的传输窗口测量出的最大光衰减（介入损耗）应不超过表14-70的规定，该指标已包括接头与连接插座的衰减在内。

表14-70　光缆信道衰减范围

级别	最大信道衰减（dB）			
	单模		多模	
	1310nm	1550nm	850nm	1300nm
OF-300	1.80	1.80	2.55	1.95
OF-500	2.00	2.00	3.25	2.25
OF-2000	3.50	3.50	8.50	4.50

注　每个连接处的衰减值最大为1.5dB。

（8）光纤链路的插入损耗极限值计算公式

光纤链路的插入损耗极限值可用以下公式计算：

- 光纤链路损耗＝光纤损耗＋连接器件损耗＋光纤连接点损耗
- 光纤损耗＝光纤损耗系数（dB/km）×光纤长度（km）
- 连接器件损耗＝连接器件损耗/个×连接器件个数
- 光纤连接点损耗＝光纤连接点损耗/个×光纤连接点个数

（9）光纤链路损耗参考值

光纤链路损耗参考值如表14-71所示。

表14-71　光纤链路损耗参考值

种　类	工作波长（nm）	衰减系数（dB/km）
多模光纤	850	3.5
多模光纤	1300	1.5
单模室外光纤	1310	0.5
单模室外光纤	1550	0.5
单模室内光纤	1310	1.0
单模室内光纤	1550	1.0
连接器件衰减	0.75dB	
光纤连接点衰减	0.3dB	

14.5.5　故障诊断

根据统计，大约72%的网络故障发生在OSI七层协议的下三层。据有关资料统计，网络发生故障具体分布为：①应用层3%；②表示层7%；③会话层8%；④传输层10%；⑤网络层12%；⑥数据链路层25%；⑦物理层35%。

引起故障的原因包括电缆问题、网卡问题、集线器问题、服务器以及路由器等。另外3%左右的故障发生在应用层，应用层的故障主要是设置问题。网络故障造成的损失是相当大的，有些用户，例如银行、证券、交通管理、民航等等，对网络健康运行的要求相当严格，当面对网络故障时，用户要求尽快找出问题所在。一些用户希望使用网管软件或网络协议分析仪解决故障，但事与愿违。这是因为，这些工具需要使用人员对网络协议有较深入的了解，仪器的使用难度大，需要设置协议过滤和进行解码分析等。此外，这些工具使用一般网卡，对某些故障不能不做出反应。Fluke公司的网络测试仪采用专门设计的网卡，具有很多专用测试步骤，不需编程解码，一般技术人员可迅速利用该仪器解决网络问题，并且其仪器为电池供电，用户可以携带到任何地方使用。网络测试仪还有电缆测试的选件，网络的常见故障都可用该仪器迅速诊断。

14.5.6　设备材料进场检验

工程所用缆线器材型式、规格、数量、质量在施工前应进行检查，无出厂检验证明材料或与设计不符者不得在工程中使用。经检验的器材应做好记录，对不合格的器件应进行处理。

14.5.7　综合布线工程验收

综合布线工程验收，是分两部分进行的，第一部分是物理验收；第二部分是文档验收。

物理验收分环境检查、器材验收和设备安装检验。

14.5.7.1　物理验收

物理验收分环境检查、器材验收和设备安装检验。

(1) 环境检查。

1) 应对工作区、电信间、设备间的检查应包括下列内容区的建筑和环境条件进行检查，检查内容如下：

①电信间、设备间、工作区土建工程已全部竣工。房屋地面平整、光洁，门的高度和宽度应不妨碍设备和器材的搬运，门锁和钥匙齐全；

②房屋预埋地槽、暗管及孔洞和竖井的位置、数量、尺寸均应符合设计要求；

③铺设活动地板的场所，活动地板防静电措施的接地应符合设计要求；

④电信间、设备间应提供220V单相带地电源插座；

⑤电信间、设备间应提供可靠的接地装置，设置接地体时，检查接地电阻值及接地装置应符合设计要求；

⑥电信间、设备间的面积、通风及环境温、湿度应符合设计要求。

2) 建筑物进线间及入口设施的检查应包括下列内容：

①引入管道与其他设施如电气、水、煤气、下水道等的位置间距应符合设计要求；

②引入缆线采用的敷设方法应符合设计要求；

③管线入口部位的处理应符合设计要求，并应检查采取排水及防止气、水、虫等进入的措施；

④进线间的位置、面积、高度、照明、电源、接地、防火、防水等应符合设计要求。

3) 有关设施的安装方式应符合设计文件规定的抗震要求。

(2) 器材验收。

1) 器材验收一般要求。

①工程所用缆线器材型式、规格、数量、质量在施工前应进行检查，无出厂检验证明材料或与设计不符者不得在工程中使用；

②经检验的器材应做好记录，对不合格的器件应单独存放，以备核查与处理；

③工程中使用的缆线、器材应与订货合同或封存的产品在规格、型号、等级上相符；

④备品、备件及各类资料应齐全。

2) 器材、管材与铁件的验收要求。

①各种器材的材质、规格、型号应符合设计文件的规定，表面应光滑、平整、不得变形、断裂。预埋金属线槽、过线盒、接线盒及桥架表面涂覆或镀层均匀、完整，不得变形、损坏；

②管材采用钢管、硬质聚氯乙烯管时，其管身应光滑、无伤痕，管孔无变形，孔径、壁厚应符合设计要求；

③管道采用水泥管块时，应接通信管道工程施工及验收中相关规定进行检验；

④各种铁件的材质、规格均应符合质量标准，不得有歪斜、扭曲、飞刺、断裂或破损；

⑤铁件的表面处理和镀层应均匀、完整，表面光法，无脱落、气泡等缺陷；

⑥工程所用缆线和器材的品牌、型号、规格、数量、质量应在施工前进行检查，应符合设计要求并具备相应的质量文件或证书，出厂检验证明材料、质量文件或与设计不符者不得在工程中使用；

⑦进口设备和材料应具有产地证明和商检证明；

⑧经检验的器材应做好记录，对不合格的器件应单独存放，以备核查与处理；

⑨工程中使用的缆线、器材应与订货合同或封存的产品在规格、型号、等级上相符；

⑩备品、备件及各类文件资料应齐全。

3) 配套型材、管材与铁件的检查应符合下列要求：

①各种型材的材质、规格、型号应符合设计文件的规定，表面应光滑、平整，不得变形、断裂。预埋金属；

②线槽、过线盒、接线盒及桥架等表面涂覆或镀层应均匀、完整，不得变形、损坏；

③室内管材采用金属管或塑料管时，其管身应光滑、无伤痕，管孔无变形，孔径、壁厚应符合设计要求；

④金属管槽应根据工程环境要求做镀锌或其他防腐处理。塑料管槽必须采用阻燃管槽，外壁应具有阻燃标记；

⑤室外管道应按通信管道工程验收的相关规定进行检验；

⑥各种铁件的材质、规格均应符合相应质量标准，不得有歪斜、扭曲、飞刺、断裂或破损；

⑦铁件的表面处理和镀层应均匀、完整，表面光洁，无脱落、气泡等缺陷。

4）缆线的验收要求。

①工程使用的对绞电缆和光缆型式、规格应符合设计的规定和合同要求；

②电缆所附标志、标签内容应齐全、清晰；

③电缆外护套需完整无损，电缆应附有出厂质量检验合格证。如用户要求，应附有本批量电缆的技术指标；

④光缆开盘后应先检查光缆外表有无损伤，光缆端头封装是否良好。

5）光缆的验收要求。综合布线系统工程采用光缆时，应检查光缆合格证及检验测试数据，在必要时，可测试光纤衰减和光纤长度，测试要求如下：

①衰减测试：宜采用光纤测试仪进行测试。测试结果如超出标准或与出厂测试数值相差太大，应用光功率计测试，并加以比较，断定是测试误差还是光纤本身衰减过大；

②长度测试：要求对每根光纤进行测试，测试结果应一致，如果在同一盘光缆中，光纤长度差异较大，则应从另一端进行测试或做通光检查以判定是否有断纤现象存在。

6）光纤接插软线（光跳线）检验应符合下列规定：

①光纤接插软线，两端的活动连接器（活接头）端面应装配有合适的保护盖帽；

②每根光纤接插软线中光纤的类型应有明显的标记，选用应符合设计要求。

7）接插件的验收。

①配线模块和信息插座及其他接插件的部件应完整，检查塑料材质是否满足设计要求；

②保安单元过压、过流保护各项指标应符合有关规定；

③光纤插座的连接器使用型式和数量、位置应与设计相符。

8）配线设备的验收。

①光、电缆交接设备的型式、规格应符合设计要求；

②光、电缆交接设备的编排及标志名称与设计相符。各类标志名称应统一，标志位置应正确、清晰。

9）对绞电缆电气性能、机械特性、光缆传输性能及接插件的具体技术指标和要求，应符合设计要求。

（3）设备安装验收。

1）机柜、机架安装验收要求。

①机柜、机架安装完毕后，垂直偏差应不大于3mm。机柜、机架安装位置应符合设计要求；

②机柜、机架上的各种零件不得脱落和碰坏，漆面如有脱落应予以补漆，各种标志应完整、清晰；

③机柜、机架的安装应牢固，如有抗震要求时，应按施工图的抗震设计进行加固。

2）各类配线部件安装验收要求。

①各部件应完整，安装就位，标志齐全；

②安装螺钉必须拧紧，面板应保持在一个平面上。

3）8位模块式通用插座安装验收要求。

①安装在活动地板或地面上，应固定在接线盒内，插座面板采用直立和水平等形式。接线盒盖可开启，并应具有防水、防尘、抗压功能。接线盒盖面应与地面平齐；

②8位模块式通用插座、多用户信息插座或集合点配线模块，安装位置应符合设计要求；

③8位模块式通用插座底座盒的固定方法按施工现场条件而定，宜采用预置扩张螺钉固定等方式；

④固定螺钉需拧紧，不应产生松动现象；

⑤各种插座面板应有标识，以颜色、图形、文字表示所接终端设备类型。

4）电缆桥架及线槽安装验收要求。

①桥架及线槽的安装位置应符合施工图规定，左右偏差不应超过50mm；

②桥架及线槽水平度每米偏差不应超过2mm；

③垂直桥架及线槽应与地面保持垂直，并无倾斜现象，垂直度偏差不应超过3mm；

④线槽截断处及两线槽拼接处应平滑、无毛刺；

⑤吊架和支架安装应保持垂直，整齐牢固，无歪斜现象；

⑥金属桥架及线槽节与节间应接触良好，安装牢固。

5）安装机柜、机架、配线设备屏蔽层及金属钢管、线槽使用的接地体应符合设计要求，就近接地，并应保持良好的电气连接。

（4）综合布线系统工程检验项目和内容。综合布线系统工程检验项目和内容见表14-72所示。

表 14-72　　综合布线系统工程检验项目及内容

阶段	验收项目	验收内容	验收方式
1. 施工前检查	环境要求	(1) 土建施工情况：地面、墙面、门、电源插座及接地装置。 (2) 土建工艺：机房面积、预留孔洞。 (3) 施工电源。 (4) 地板铺设。 (5) 建筑物入口设施检查	施工前检查
	设备材料检验	(1) 外观检查。 (2) 型式、规格、数量。 (3) 电缆电气性能测试。 (4) 光纤特性测试。 (5) 测试仪表和工具的检验	施工前检查
	安全、防火要求	(1) 消防器材。 (2) 危险物的堆放。 (3) 预留孔洞防火措施	施工前检查
2. 设备安装	电信间、设备间、设备机柜、机架	(1) 规格、外观。 (2) 安装垂直、水平度。 (3) 油漆不得脱落，标志完整齐全。 (4) 各种螺钉必须紧固。 (5) 抗震加固措施。 (6) 接地措施	随工检验
	配线部件及8位模块式通用插座	(1) 规格、位置、质量。 (2) 各种螺钉必须拧紧。 (3) 标志齐全。 (4) 安装符合工艺要求。 (5) 屏蔽层可靠连接	随工检验
3. 电、光缆布放（楼内）	电缆桥架及线槽布放	(1) 安装位置正确。 (2) 安装符合工艺要求。 (3) 符合布放缆线工艺要求。 (4) 接地	随工检验
	缆线暗敷（包括暗管、线槽、地板等方式）	(1) 缆线规格、路由、位置。 (2) 符合布放线缆工艺要求。 (3) 接地	随工检验
4. 电、光缆布放（楼间）	架空缆线	(1) 吊线规格、架设位置、装设规格。 (2) 吊线垂度。 (3) 缆线规格。 (4) 卡、挂间隔。 (5) 缆线的引入符合工艺要求	随工检验
	管道缆线	(1) 使用管孔孔位。 (2) 缆线规格。 (3) 缆线走向。 (4) 缆线的防护设施的设置质量	隐蔽工程签证
	埋式缆线	(1) 缆线规格。 (2) 敷设位置、深度。 (3) 缆线的防护设施的设置质量。 (4) 回土夯实质量	隐蔽工程签证
	隧道缆线	(1) 缆线规格。 (2) 安装位置、路由。 (3) 土建设计符合工艺要求	隐蔽工程签证
	其他	(1) 通信线路与其他设施的间距。 (2) 进线室安装、施工质量	随工检验或隐蔽工程签证
5. 缆线终接	8位模块式通用插座	符合工艺要求	随工检验
	配线部件	符合工艺要求	
	光纤插座	符合工艺要求	
	各类跳线	符合工艺要求	
6. 系统测试	工程电气性能测试	(1) 连接图。 (2) 长度。 (3) 衰减。 (4) 近端串音。 (5) 近端串音功率和。 (6) 衰减串音比。 (7) 衰减串音比功率和。 (8) 等电平远端串音。 (9) 等电平远端串音功率和。 (10) 回波损耗。 (11) 传播时延。 (12) 传播时延偏差。 (13) 插入损耗。 (14) 直流环路电阻。 (15) 设计中特殊规定的测试内容。 (16) 屏蔽层的导通	竣工检验
	光纤特性测试	(1) 衰减。 (2) 长度	竣工检验
7. 管理系统	管理系统级别标识符与标签设置记录和报告	(1) 专用标识符类型及组成。 (2) 标签设置。 (3) 标签材质及色标。 (4) 记录信息。 (5) 报告。 (6) 工程图纸	竣工检验
8. 工程总验收	竣工技术文件	清点、交接技术文件	竣工检验
	工程验收评价	考核工程质量，确定验收结果	

14.5.7.2　文档验收

文档验收主要是检查乙方是否按协议或合同规定的要求，交付所需要的文档。

(1) 记录应包括管道、缆线、连接器件及连接位置、接地等内容，各部分记录中应包括相应的标识符、类型、状态、位置等信息。

（2）报告应包括管道、安装场地、缆线、接地系统等内容，各部分报告中应包括相应的记录。

（3）图纸。

14.5.8　现场验收

甲方、乙方共同组成一个验收小组，对已竣工的工程进行验收。作为网络综合布线系统，在物理上主要验收的点是：

（1）工作区子系统验收。对于众多的工作区不可能逐一验收，而是由甲方抽样挑选工作间。

验收的重点：

1）线槽走向、布线是否美观大方，符合规范。

2）信息座是否按规范进行安装。

3）信息座安装是否做到一样高、平、牢固。

4）信息面板是否都固定牢靠。

（2）水平干线子系统验收。水平干线验收主要验收点有：

1）槽安装是否符合规范。

2）槽与槽，槽与槽盖是否接合良好。

3）托架、吊杆是否安装牢靠。

4）水平干线与垂直干线、工作区交接处是否出现裸线？有没有按规范去做。

5）水平干线槽内的线缆有没有固定。

（3）垂直干线子系统验收。垂直干线子系统的验收除了类似于水平干线子系统的验收内容外，要检查楼层与楼层之间的洞口是否封闭，以防火灾出现时，成为一个隐患点。线缆是否按间隔要求固定？拐弯线缆是否留有弧度？

（4）管理间、设备间子系统验收，主要检查设备安装是否规范整洁。

验收不一定要等工程结束时才进行，往往有的内容是随时验收的，网络布线系统的物理验收归纳如下：

14.5.8.1　施工过程中甲方需要检查的事项

（1）环境要求。

1）地面、墙面、天花板内、电源插座、信息模块座、接地装置等要素的设计与要求。

2）设备间、管理间的设计。

3）竖井、线槽、打洞位置的要求。

4）施工队伍以及施工设备。

5）活动地板的铺设。

（2）施工材料的检查。

1）双绞线、光缆是否按方案规定的要求购买。

2）塑料槽管、金属槽是否按方案规定的要求购买。

3）机房设备如机柜、集线器、接线面板是否按方案规定的要求购买。

4）信息模块、座、盖是否按方案规定的要求购买。

（3）安全、防火要求。

1）器材是否靠近火源。

2）器材堆放是否安全防盗。

3）发生火情时能否及时提供消防设施。

14.5.8.2　检查设备安装

（1）机柜与配线面板的安装。

1）在机柜安装时要检查机柜安装的位置是否正确；规定、型号、外观是否符合要求。

2）跳线制作是否规范，配线面板的接线是否美观整洁。

（2）信息模块的安装。

1）信息插座安装的位置是否规范。

2）信息插座、盖安装是否平、直、正。

3）信息插座、盖是否用螺钉拧紧。

4）标志是否齐全。

14.5.8.3　双绞线电缆和光缆安装

（1）桥架和线槽安装。

1）位置是否正确。

2）安装是否符合要求。

3）接地是否正确。

（2）线缆布放。

1）线缆规格、路由是否正确。

2）对线缆的标号是否正确。

3）线缆拐弯处是否符合规范。

4）竖井的线槽、线固定是否牢靠。

5）是否存在裸线。

6）竖井层与楼层之间是否采取了防火措施。

14.5.8.4　室外光缆的布线

（1）架空布线。

1）架设竖杆位置是否正确。

2）吊线规格、垂度、高度是否符合要求。

3）卡挂钩的间隔是否符合要求。

（2）管道布线。

1）使用管孔、管孔位置是否合适。

2）线缆规格。

3）线缆走向路由。

4）防护设施。

（3）挖沟布线（直埋）。

1）光缆规格。

2）铺设位置、深度。

3）是否加了防护铁管。

4）回填土复原是否夯实。

（4）隧道线缆布线。

1）线缆规格。

2）安装位置、路由。

3）设计是否符合规范。

14.5.8.5 线缆终端安装

（1）信息插座安装是否符合规范。

（2）配线架压线是否符合规范。

（3）光纤头制作是否符合要求。

（4）光纤插座是否符合规范。

（5）各类路线是否符合规范。

上述5点均应在施工过程中由甲方和督导人员随工检查。发现不合格的地方，做到随时返工，如果完工后再检查，出现问题就不好处理了。

14.5.9 系统测试验收

系统测试验收就是由甲方组织的专家组，对信息点进行有选择的测试，检验测试结果。

对于测试的内容主要有：

（1）电缆的性能测试。

1）5类线要求：接线图、长度、衰减、近端串扰要符合规范。

2）超5类线要求：接线图、长度、衰减、近端串扰、时延、时延差要符合规范。

3）6类线要求：接线图、长度、衰减、近端串扰、时延、时延差、综合近端串扰、回波损耗、等效远端串扰、综合远端串扰要符合规范。

（2）光纤的性能测试。

1）类型（单模/多模、根数等）是否正确。

2）衰减。

3）反射。

（3）系统接地要求。系统接地要求小于4Ω。

计算机网络系统的设计与施工技术

第15章 chapter15

计算机网络经过第一代、第二代和第三代的发展，表现出其巨大的使用价值和良好的应用前景。20 世纪 90 年代以来，微电子技术、大规模集成电路技术、光通信技术和计算机技术的不断发展，为网络技术的发展提供了有力的支持，而网络应用正迅速朝着高速化、实时化、智能化、集成化和多媒体化的方向不断深入，对计算机网络提出了挑战，新一代网络的出现已成必然趋势。

现在的网络已经是 Internet 时代，网上的各种应用，如虚拟大学、虚拟社区、电子商务、电子政务、VOD 系统等，对人们的生活已经产生了重要的影响，在我国的各行业中已成为不可或缺的工作平台。

本章重点介绍的内容有：计算机网络概述；以太网技术；计算机局域网络系统设计；计算机网络系统设备选型；计算机网络系统施工；计算机网络系统验收。

15.1 计算机网络概述

15.1.1 网络的定义

计算机网络是计算机技术与通信技术相结合的产物，它是由分布在不同地理位置上具有独立功能的多台计算机终端及其附属设备用通信设备和通信线路连接起来的。在网络软件的支持下，这种系统使得在一个地点的计算机用户能够使用另一个地点的计算机或计算机设备所提供的数据处理功能与服务，从而实现共享计算机系统资源及相互通信。

15.1.2 计算机网络体系结构

计算机网络系统是非常复杂的，计算机之间的相互通信涉及许多复杂的技术问题。在网络中，相互通信的计算机必须高度协调工作，而这种协调工作是相当复杂的。为了降低网络设计的复杂性，对网络提出了层次，将复杂的问题分层设计，国际标准化组织(ISO) 于 1977 年设立了专门的机构来解决上述问题，并于 1984 年公布了名为开放式系统互连参考模型(Open System Interconnection/Reference Model，OSI/RM)的网络体系结构，进一步推动了计算机网络的发展。

OSI 是一个开放的体系结构，将网络分为 7 层，分别是物理层、数据链路层、网络层、传输层、会话层、表示层、应用层，只有同层之间才能进行通信，如图 15-1 所示。OSI 参考模型的出现，开辟了第三代计算机网络的新纪元。

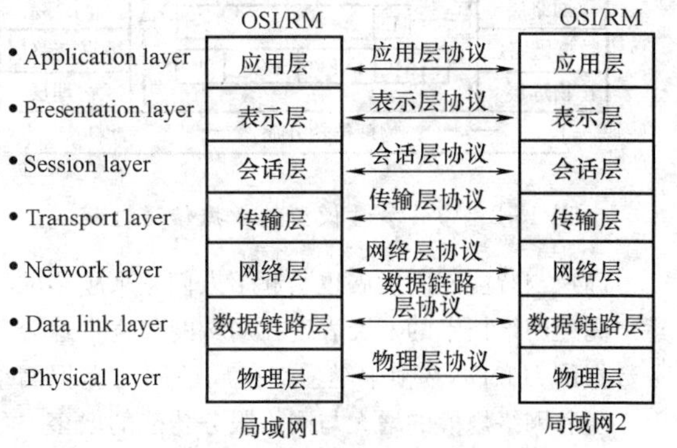

图 15-1 OSI 参考模型

OSI 各层在结点间进行通信时，分别负责网络通信中的部分特定工作，但只有物理层能进行实际信号的传输，其余各层只能说是逻辑上的虚拟对应传输，其通信需调用下层功能来实现。由于只有物理层是实际传输的信道，因此各层除了自己相对应层级的工作外，也必须负责上下层间的联系，这些层与层间的工作关系称为接口。

OSI 各层与常见的网络设备的对应关系见表 15-1。

表 15-1 OSI 各层与常见网络设备的对应关系

层　级	常见网络设备与协议
会话层、表示层、应用层	Telnet、FTP、WWW、网关、防火墙
传输层	TCP、UDP

续表

层　级	常见网络设备与协议
网络层	IP、路由器
数据链路层	网卡、网桥、交换机
物理层	电缆、光缆、无线电、连接头、集线器、中继器

OSI 参考模型在数据传送过程中，各层会在数据前端进行通信标头（Header）包装与拆装工作，并在数据链路层执行数据信号标尾（Trailer）的拆组装工作，标头标尾内包含各层在网络传输工作上的重要信息，以便各层协议可以根据相关信息进行各种必要处理。OSI 参考模型的数据传送过程如图 15-2 所示。

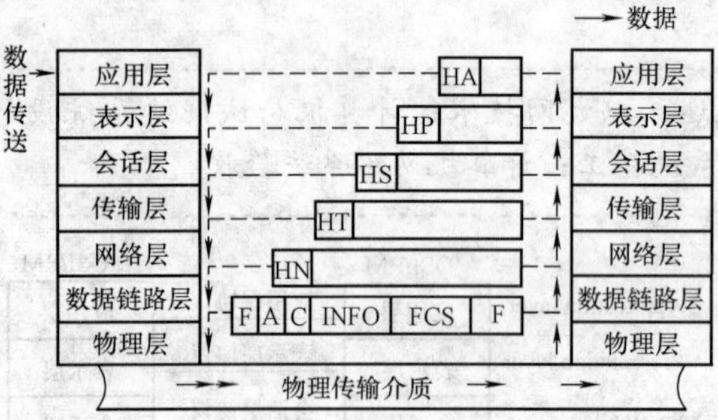

图 15-2　OSI 参考模型的数据传送过程

高速与智能网的发展也引起了人们越来越多的注意。高速网络技术的发展表现在局域网和宽带综合业务数据网 B-ISDN、帧中继、交换局域网与虚拟网络上。随着网络规模的增大与网络服务功能的增多，各国正在开展智能网络（Intelligent Network，IN）的研究。

15.1.3　网络传输和传输速率等级

网络在宽带传输中分宽带基带传输，基带传输和宽带传输的区别见表 15-2。

表 15-2　　比较基带传输和宽带传输

基带传输	宽带传输
传输数字信号	传输模拟信号（需用调制解调器）
占用整个频段	可采用频分复用（FDM）
双向传输	单向传输
总线型结构	总线型或树形结构
几千米范围	几十千米范围

传输速率等级见表 15-3。

表 15-3　　传输速率等级

OC 等级	ITU-T 等级	线路速率(bit/s)	标记(M)
OC1		51.84M	
OC-3	STM-1	155.520M	155M
OC-12	STM-4	622.08M	622M
OC-24		1244.16M	
OC-48STM-16	2488.32	2.5G	
OC-192	STM-64	9953.28M	10.0G

15.1.4　网络类型

计算机网络的分类方法很多，例如有按拓扑结构分类的；有按网络规模大小、距离远近分类的；有按服务对象分类的等。无论用哪种方法分类，对网络本身是没有什么意义，只是反映人们的不同说法而已。在日常工作中，人们经常提到的网络类型有局域网、城域网、广域网、无线网和互联网。

15.1.4.1　局域网

局域网（Local Area Network，LAN）是计算机通信的一种形式，也称局部网。它是由一组相互连接的具有通信能力的个人计算机组成的，一般用于在有限距离内的计算机之间进行数据和信息传递。有限距离传递通常是指在 10km 范围内的大楼或紧邻的大楼之间的计算机信息传递。

局域网内最基本的物理形式是采用某种类型的导线或电缆，把两台或多台计算机连接起来，以形成这些计算机之间的数据传输通路。从通信角度来看，局域网实际上是一种通信计算机系统，它具有以下两个特点：

（1）局域网仅仅工作在有限的地理区域内，一般是几千米到 10km 的范围内。

（2）局域网与使用调制解调器进行通信的远程网相比，它的信息传输速度要高得多。局域网的数据传输率一般为 10Mbit/s，高速的局域网可达 100Mbit/s 或更高。而通过调制解调器传送数据的远程网，传输速度通常为 600bit/s～56Kbit/s。

15.1.4.2　城域网

城域网（Metropolitan Area Network，MAN）比局域网要大一些，它的大小通常是覆盖一个地区或一个城市，地理范围从几十千米到上百千米，又称为城市网。它对硬件软件的要求比局域网高，这样才能有效地覆盖更大的地域范围，不论网点设在何处，都能保证信息共享。

把城域网作为单独一种网络类型的直接原因是它有一个国际标准，这个标准就是分布式队列双总线（Distributed Queue Dual Bus，DQDB），编号为 IEEE

802.6。城域网与其他类型的网络相比，极大地简化了设计。

15.1.4.3 广域网

广域网（Wide Area Network，WAN）是一个非常大的网络，它可以把众多的城域网、局域网连接起来，甚至可以把全球的城域网、局域网连接起来。在广域网功能和作用的影响下，又派生出企业网和全球网。企业网是指大型企业内部的网络，涉及特大型企业或跨地区跨国界的组织，如跨国公司、银行等部门。

15.1.4.4 无线网

无线网是当前国内外研究与应用的热点之一，无线网的特点是使用户可以在任何时间、任何地点都可以接入计算机网络，这种特性使得无线网具有强大的应用前景。

无线通信是利用电磁波或光波来传输信息的，它不用铺设电缆线就可把网络连接起来。无线通信包括两个独特的网络——移动网络与无线 LAN。利用无线 LAN，计算机可以通过发射机和接收机连接起来；利用移动网络，计算机可以通过蜂窝式通信系统连接起来，该通信系统由无线通信部门提供。

无线网有许多用处，较常见的一种是移动式办公室。无线网用户通过笔记本电脑（Notebook Computer）和个人数字助理（Personal Digital Assistant，PDA）来接听电话、发送传真和电子邮件、阅读远程文件以及登录到远程计算机。

无线网的实现形式有多种，一种形式是在校园内安装无线通信系统，以便于学生在任何地方查阅图书馆资料，它是由两台计算机之间直接通过无线 LAN 以数字形式进行通信；另一种形式是使用传统的模拟调制解调器通过蜂窝电话进行通信。比较先进的无线 LAN 提供蜂窝式数字分组数据（Cellular Digital Packet Data，CDPD）业务。

无线网的发展主要依赖于无线通信技术的支持，目前无线网的产品包括：个人通信系统（Personal Communication System，PCS）、电话、无线数据终端、便携式可视电话和个人数字助理等。无线通信系统包括：低功率的无绳电话系统、模拟蜂窝系统、数字蜂窝系统、卫星系统、无线 LAN 系统和无线 WAN 系统等。

15.1.4.5 互联网

目前有许多种类型的网络，不同的网络类型使用不同的硬件和软件。当连接到不同网络的用户需要相互通信时，就需要将这些互不兼容的网络通过网关（Gateway）连接起来，并由网关完成相应的转换功能。由多个不同网络相互连接构成的集合称为互联网。

常见的互联网是通过 WAN 连接起来的 LAN 集合。通信子网、网络和互联网（Internet）这 3 个概念经常容易发生混淆。通信子网作为广域网的一个重要组成部分，通常由路由器和通信线路组成。例如电话系统由电话交换设备组成，设备之间由高速线路连接，而连接到家庭和商业部门则使用低速线路，这些线路和设备构成电话系统的通信子网。互联网是指不同网络的相互连接。例如局域网和广域网的相互连接，局域网之间的相互连接。Internet 是指特定的世界范围的互联网，从 Internet 结构的角度看，它是一个使用路由器将分布在世界各地的、数以万计的规模不一的计算机网络互联起来的网际网。Internet 是全球性的、最具影响力的计算机网络，也是世界范围的信息资源宝库。如果用户能将自己的计算机连入Internet，就可以在这个信息资源库中漫游。

15.1.5 网络功能

计算机网络的功能主要表现在以下几个方面。

15.1.5.1 数据通信

现代社会信息量激增，信息交换也日益增多，每年有几万吨信件要传递。利用计算机网络传输信件是一种全新的电子传递方式。电子邮件比现有的通信工具具备更多的优点。它不像电话需要通话者同时在场，也不像广播系统只是单方向传递信息，在速度上比传统邮件快得多。另外，电子邮件还可以携带声音、图像和视频，实现多媒体通信。如果计算机网络覆盖的地域足够大，则可使各种信息通过电子邮件在全国乃至全球范围内快速传递和处理（如 Internet 上的电子邮件系统）。

除电子邮件以外，计算机网络给科学家和工程师们提供了一个网络环境，在此基础上可以建立一种新型的合作方式——计算机支持的协同工作（Computer Supported Cooperative Work，CSCW），它消除了地理位置上的距离限制。

15.1.5.2 资源共享

在计算机网络中，有许多昂贵的资源，例如大型数据库、巨型计算机等，并非为每一用户所拥有，所以必须实行资源共享。资源共享包括硬件资源的共享，如打印机、大容量磁盘等；也包括软件资源的共享，如程序、数据等。资源共享的结果是避免重复投资和劳动，从而提高了资源利用率，使系统的整体性能价格比得到改善。

15.1.5.3 增加可靠性

在一个系统内，单个部件或计算机的暂时失效必须通过替换资源的办法来维持系统的继续运行。但在计算机网络中，每种资源（尤其是程序和数据）可以存放在多个地点，而用户可以通过多种途径来访问网内的某个资源，从而避免了单点失效对用户产生的影响。

15.1.5.4 提高系统处理能力

单机的处理能力是有限的，由于种种原因（例如时差），计算机之间的忙闲程度也是不均匀的。从理论上讲，同一个网络系统的多台计算机可通过协同操作和并行处理来提高整个系统的处理能力，并使各计算机负载均衡。

由于计算机网络具备上述功能，因此可以得到广泛的应用。银行部门利用计算机网络进行业务处理时，可使用户在异地实现通存通兑，还可以利用地理位置的差异加快资金的流转速度。例如，地处美国的银行晚上停止营业后将资金通过网络转借给新加坡的银行，而此刻新加坡正是白天，新加坡银行就可在白天利用这些资金，到晚上再归还给美国的银行，从而提高了资金的利用率。

15.1.6 网络的基本要素

作为一个计算机网络，必须具备下列三个要素：

（1）至少有两台具有独立操作系统的计算机且相互间有共享资源的需求。

（2）两台（或多台）计算机之间要有通信手段将其互联。

（3）两台（或多台）计算机之间要有相互通信的规则。

除了上述三要素之外，计算机网络也是由各种互联起来的网络单元（Network Element）组成的，而网络单元是网络中各种数据处理设备、数据通信控制设备和数据终端设备。随着计算机技术和网络技术的发展，网络单元日趋多样化，而且功能更强、更复杂，网络单元的类型也会更多。

15.1.7 计算机网络系统的组成

计算机网络系统是由网络硬件系统和网络软件系统组成的。

15.1.7.1 网络硬件系统

网络硬件是计算机网络系统的物质基础。常见的网络硬件如下。

（1）服务器。服务器的主要功能是为网络工作站上的用户提供共享资源、管理网络文件系统、提供网络打印服务、处理网络通信、响应工作站上的网络请求等。常用的网络服务器有文件服务器、通信服务器、计算服务器和打印服务器等。一个计算机网络系统至少要有一台服务器，也可有多台。通常用小型计算机、专用PC服务器或高档计算机作为网络的服务器。

（2）网络工作站。网络工作站的功能是向各种服务器发出服务请求，从网络上接收传送给用户的数据。网络工作站是通过网络接口卡连接到网络中的计算机上。

（3）网络接口卡。网络接口卡简称网卡，又称为网络接口适配器，是计算机与通信介质的接口，是构成网络的基本部件。

网卡的主要功能是实现网络数据格式与计算机数据格式的转换、网络数据的接收与发送等。

（4）线路控制器。线路控制器是主计算机或终端设备与线路上调制解调器的接口设备。

（5）通信控制器。通信控制器是用来对数据信息各个阶段进行控制的设备。

（6）通信控制处理机。通信控制处理机是数据交换的开关，负责通信处理工作。

15.1.7.2 网络软件系统

在网络系统中，网络上的每个用户，都可使用系统中的各种资源。但系统必须对用户进行控制，否则，就会造成系统混乱、信息数据的破坏和丢失。为了协调系统资源，系统需要通过软件工具对网络资源进行全面的管理、调度和分配，并采取一系列的安全保密措施，防止用户不合理的对数据和信息的访问，以防数据和信息的破坏与丢失。网络软件是实现网络功能不可缺少的软件环境。

15.1.7.3 网络操作系统

网络操作系统是用以实现系统资源共享、管理用户对不同资源访问的系统软件，网络操作系统最主要的网络软件。

（1）网络协议软件。网络协议软件是通过协议程序实现网络协议功能。连入网络的计算机依靠网络协议实现互相通信，而网络协议是靠具体的网络协议软件的运行支持才能工作。凡是连入计算机网络的服务器和工作站上都运行着相应的网络协议软件，如IPX、TCP/IP。

（2）网络管理软件。网络管理软件是用来对网络资源进行管理和对网络进行维护的软件。

（3）网络通信软件。网络通信软件的作用是实现网络工作站之间的通信。

（4）网络应用软件。网络应用软件是为网络用户提供服务并为网络用户解决实际问题的软件。

15.1.8 计算机网络的参考模型

计算机网络的参考模型如图15-3所示。

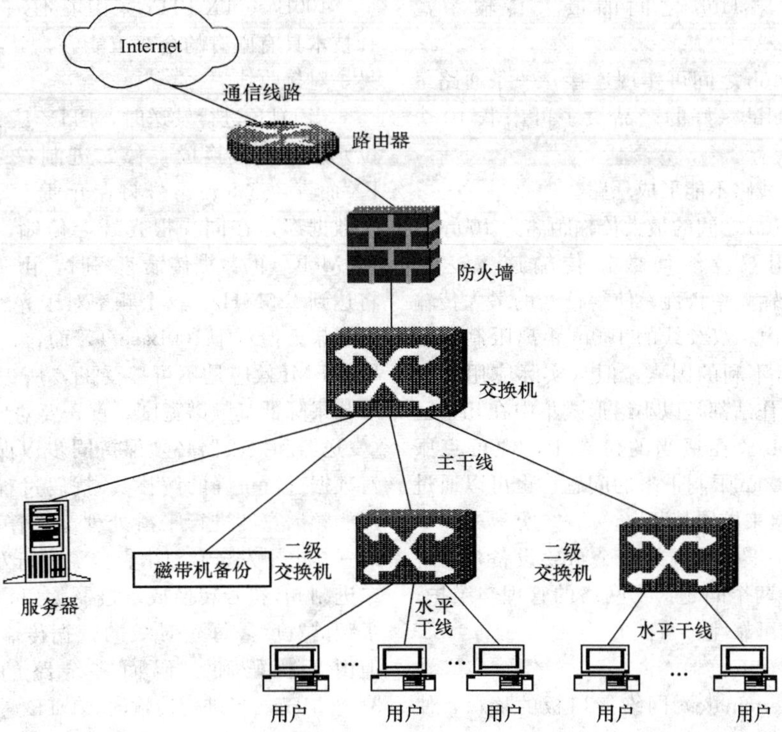

图 15-3 计算机网络的参考模型

15.2 以太网技术

15.2.1 以太网

以太网属于计算机局域网中的一种体系结构，它的关键技术是使用共享的公共传输信道。以太网是 1973 年 Xerox 公司发明的基带局域网标准，它采用带冲突检测的载波监听多路访问协议（CSMA/CD）。现在，以太网一词泛指所有采用 CSMA/CD 协议的局域网。由于以太网灵活性高且易于理解和实现，已成为最基本的网络技术。以太网发展至今可分为以下几个阶段：

(1) 1973 年，Xerox 公司提出以太网技术并实现，最初以太网的速率为 2.94Mbit/s。

(2) 1980 年，在 Xerox、Digital、3Com 的共同努力下，推出了 10Mbit/s 以太网标准。

(3) 1995 年，IEEE 正式通过了 802.3u 快速（100Mbit/s）以太网标准。

(4) 1998 年，IEEE 802.3z 千兆位以太网标准正式发布。

(5) 2002 年 7 月 18 日，IEEE 通过了 802.3ae，万兆（10Gbit/s）以太网。

(6) 2007 年 12 月 11 日，国际电气电子工程师学会（IEEE）802.3 高速研究组（HSSG）已经投票决定制订下一代万兆（100Gbit/s）以太网开发的标准。

15.2.2 10M 以太网（10Base-T）

1990 年 9 月，IEEE 发表了以太网 10Base-T 标准，它与传统的同轴电缆以太网不同，10Base-T 网络拓扑结构采用总线和星形相结合的结构，这种设计方法使局域网的连接线变得同电话网络的连接线相同。其结构同电话网络系统类似，所有的工作站都接到一个连线单元上，通常称为集线器（Hub），这种网络被称为双绞线以太网，其结构如图 15-4 所示。

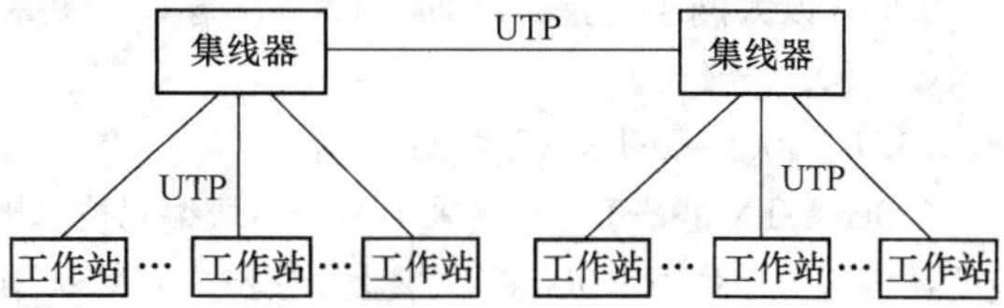

图 15-4 10Base-T 以太网结构

这种结构促进了局域网故障检测和碰撞控制效率的提高，只需简易的传输介质——双绞线，就从根本上改变了一般局域网布线难以维护的缺点，而且不降低数据的传输速率。10Base-T 以太网的规则如下：

(1) 各工作站均通过 Hub 连入网络中。

(2) 传输介质采用非屏蔽双绞线。

(3) 双绞线与网络接口板及 Hub 之间采用 RJ45 标准接口。

（4）工作站与 Hub 之间的最大传输距离为 100m。

（5）Hub 与 Hub 之间可实现连接，一条通路最多可以串联 4 个 Hub（好的产品最多可串联 10 个 Hub）。

（6）任何一条线路不能形成环路。

（7）Hub 与 Hub 之间的最大传输距离为 100m。

10Base-T 使用双绞线使数据传输速率达到 10Mbit/s，由于传输频率特性，使得信号的最大传输距离限制在 100m 内。双绞线的 100m 距离限制看起来似乎是一个非常不利的因素，但从实际应用中发现，多数的用户工作站都是以小组形式集中在几个区域内，只要将 Hub 放在适当的位置上，便可克服 Hub 到工作站的 100m 限制带来的问题，也可以通过 Hub 与 Hub 的连接来扩展其距离。

Hub 是 10Base-T 局域网的一个重要设备，它解决了以太网存在的两个问题：①网络的管理与维护；②网络的稳定性与可靠性。

它的主要功能如下：

（1）终止（Terminate）网络接口板的接口，使工作站与网络之间形成点对点的形式。

（2）当某一接口传输信号时，Hub 将接收、再生和广播信号到其他每一接口。

（3）自动检测碰撞的产生。每当碰撞发生时，将立即发出阻塞（Jam）信号，通知其他工作站。

（4）自动隔离发生故障的工作站。

10Base-T 以太网出现后，很快得到了广泛的认可和应用，这是由于它在安装、管理、性能和成本等诸方面都有其优越性。

15.2.3 100M 以太网

100M 以太网主要是 100Base-TX（5 类 UTP）和 100Base-FX（光纤）。

15.2.3.1 100Base-TX（5 类 UTP）

100Base-TX 是基于一整套采用 4B/5B 块编码技术规范的，该规范在公用 100Base-T 物理编码子层（PCS）和物理介质接入（PMA）子层中被指定，并在 10Base-T 标准的第 24 子句中被定义。100Base-T 定义了公用 PSC 和 PMA 功能，它们位于 100Base-TX 和 100Base-FX 与物理介质相关（PMD）的子层之上。

100Base-TX 实质上将 100Mbit/s802.3 以太网 MAC 的最优品质和用于 TP-PMD（双绞线 PMD），经常被称为 CDDI 的 ANSI/PHY 的最优品质结合起来，这样就可以继续使用现存的物理信号技术标准。

100Base-TX 工作于 2 对 Cat5 电缆之上，其 DTE 到中继器的距离限制在 100m 之内。

100Base-TX PHY 采用了 4B/5B 块编码技术。这种技术具有固有的全双工能力，并有专用的发送线和另一对接收线。

当 DTE 进行发送时，PHY 从 MII 处接收一个半位元组将它转换成 5 位二进制符号。对于 100Base-FX 而言，这 5 位符号将在介质上串行传输。由于所有数据都是在同一根光纤上传输，所以当达到最大 100Mbit/s 的数据传输速率时，由于码形转换的频率将达到 125MHz。这个频率对于光纤而言不会造成什么后果，但对于 100Base-TX 而言，在 UTP 上带来的 RFI/EMI 效应是不可接受的，所以还必须采用其他步骤来降低其频谱宽度。首先要对发送编码进行扰码（发送器和接收器必须保持同步以保证在接收端可以对数据进行正确的解扰）。扰码过程有助于对发送波形的频谱宽度进行平滑处理。接着再采用 MLT-3 编码（多电平发送）对串行位流进行发送。这个过程将二进制 5B 符号转换成三进制编码，从而进一步减低了频谱宽度。每一对线的数据传输速率是 10Mbit/s，但由于扰码和编码而将线路的频率降低到了 31.25MHz。当进行传输时，DTE 通过检测来自于中继器的接收线的数据符号来发现冲突，如图 15-5 所示为 100Base-TX 的典型拓扑结构。

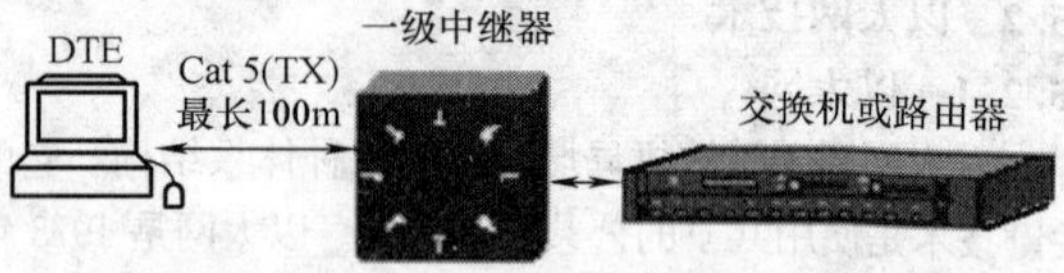

图 15-5 100Base-TX 的典型拓扑结构

15.2.3.2 100Base-FX（光纤）

100Base-FX 工作于两根独立的（多模）光纤之上，其 DTE 到中继器的距离在 UTP 的 100m 限制之上，这取决于拓扑结构。和 100Base-TX 相类似，100Base-FX 是基于一个公共 PCS 和 PMA 集合的，该集合被定义为 100Base-X，如图 15-6 所示为一个采用 100Base-FX 的典型拓扑结构。

由于光纤、光/电缆转换器和接头都比相应的铜介质部件要贵，且安装更加困难，所以光纤一般只是在需要的时候才会用到，典型的是在长距离、高带宽或对安全敏感的环境中应用。由于这些原因，光纤链路通常被用于连接相距较远的局域网。

15.2.4 1000M 以太网

15.2.4.1 1000M 以太网标准

自 20 世纪 90 年代以来，人们就开始研究千兆位以太网技术。1995 年 11 月，IEEE 802.3 委员会成立了高速研究组，专门研究和制订千兆位以太网标准。

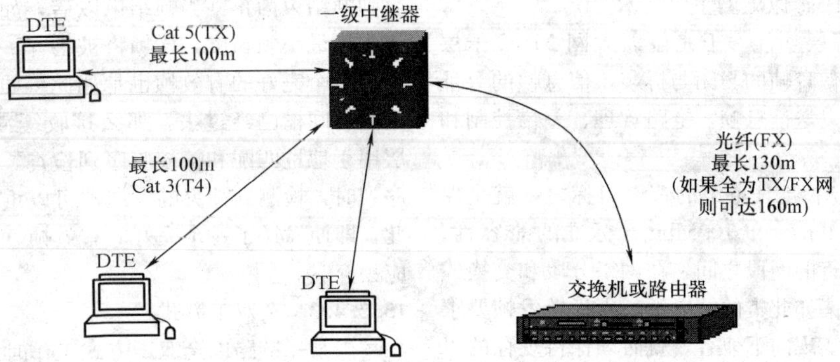

图 15-6　100Base-FX/TX/T4 混合拓扑结构

1996 年 3 月，IEEE 802.3 委员会成立了 IEEE 802.3z 工作组，专门制订基于光纤的千兆位以太网标准。千兆位以太网标准的结构如图 15-7 所示。

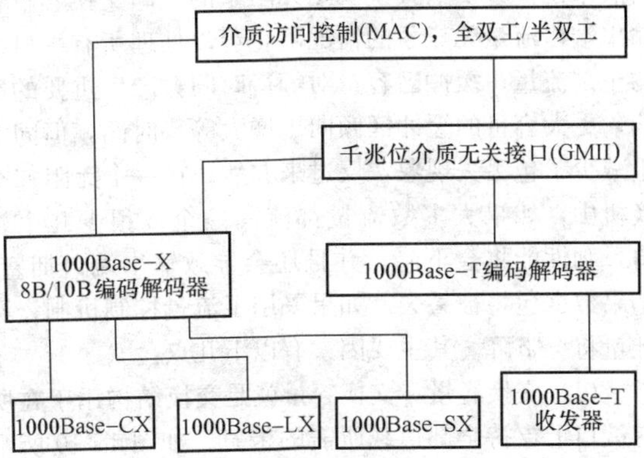

图 15-7　千兆位以太网标准的结构

其所涉及的相关标准说明如下：

(1) 1000Base-SX 标准。1000Base-SX 标准采用直径为 62.5μm 和 50μm 的多模光纤，工作波长为 850nm，传输距离为 275m 和 525m，数据编码方法为 8B/10B，适合作为大楼网络系统的主干，如图 15-8 所示。

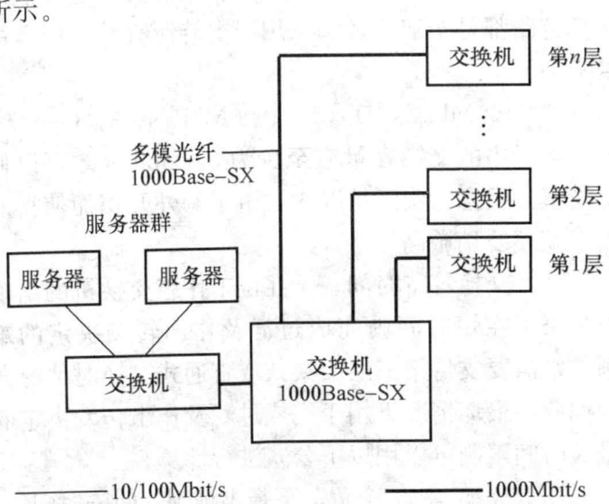

图 15-8　1000Base-SX 作为大楼网络系统的主干

(2) 1000Base-LX 标准。1000Base-LX 标准允许使用单模光纤和多模光纤，具体要求如下：

1) 多模光纤。1000Base-LX 可采用直径为 50μm 和 62.5μm 的多模光纤，工作波长为 850nm，传输距离为 550m，数据编码方法为 8B/10B，适合作为大楼网络系统的主干。

2) 单模光纤。1000Base-LX 标准可采用直径为 9μm 的单模光纤，工作波长为 1310nm 或 1550nm，数据编码采用 8B/10B，适合校园或城域主干网，如图 15-9 所示。

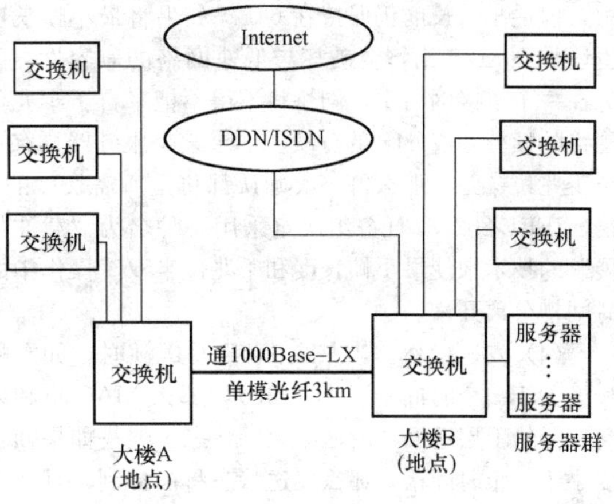

图 15-9　1000Base-LX（单模光纤）作为校园网主干

(3) 1000Base-CX 标准。1000Base-CX 标准采用 150Ω 平衡屏蔽双绞线（STP），传输距离为 25m，传输速率为 1.25Gbit/s，数据编码采用 8B/10B，适用于集群网络设备的互联，例如机房内连接网络服务器，服务交易大厅、期货交易大厅等场合。

(4) 1000Base-T 标准。1000Base-T 采用 4 对 5 类 UTP 双绞线，传输距离为 100m，传输速率为 1Gbit/s，适用于已铺设 5 类 UTP 电缆的大楼主干网络。

15.2.4.2 1000Base 以太网主要技术

(1) MAC 子层功能。千兆位以太网 MAC 子层的主要功能有：信息帧的封闭与拆装，信息帧的寻址和识别，接收和发送信息帧，链路管理、差错控制和维护。

IEEE 802.3z 标准任务组的首要目标之一就是保持与现存的 10Mbit/s 和 100Mbit/s 标准的兼容性。在以不同速度运行的网段之间，在网络分段和交换式网络之间，以及诸如此类的情况下，由于转发帧要求无缝操作，为了实现向下兼容，就必须保持现存的以太网帧格式，最小及最大帧长度，以及截断二进制指数后退算法（Binary Exponential Backoff，BEB）不变。但是在半双工千兆位以太网中，由于较大的传播延迟，对带冲突检测的载波侦听多路访问（CSMA/CD）的介质访问控制（MAC）协议要作一些改动。

(2) 帧结构。千兆位以太网采用与以太网相同的帧结构，最小帧为 64B，最大帧为 1518B。

(3) 载波扩展。将共享式千兆位网络中的时间槽增加到 512B 是开发一个可用 CSMA/CD 的第一步。但简单地增加时间槽长度将不会带来实质性的影响。因为后退延迟是时间槽的整数倍，当每个 DTE 的后退延迟变长之后，其他的 DTE 将被允许进行发送尝试，但最小帧长度仍保持在 64B。如果将最小帧长度也增加到 512B 则将会破坏与低速网络的兼容性，因为在一个桥接网络中，网桥将不得不把来自于千兆位网络的帧分解成 64B 的分块。如果某个服务器具有一个千兆位链路，那么每一次确认都将是所需长度的 8 倍。IEEE 802.3z 任务组决定采用一种名为“载波扩展”的技术来使最小帧长度和千兆位半双工操作中的时间槽分离开来。

(4) 发送操作。当某个 DTE 发送帧时，如果帧长度大于一个时间槽（即 512B），那么 MAC 将和以前一样给上层返回“发送结束”状态。但是如果帧长度小于一个时间槽，那么发送状态将被抑制，且物理层将发送一个特殊“扩展载波”符号序列，直到时间槽结束为止。这些特殊符号将在对帧进行定界的帧校验序列（FCS）之后被发送，但特殊符号将不会被认为是帧的一部分，且在接收器中将会以特殊方式处理。如果在帧发送过程中发生了冲突，即在数据发送或是扩展载波符号发送过程中发生冲突，那么发送器将放弃发送，并像通常那样发送一个 32 位的拥塞序列。

(5) 接收操作。每一个接收器在检测到前导序列之后都将和发送器相同步，然后将除去帧起始定界符（SFD）。接收器缓冲区将存储收到的非扩展位数据，直到帧结束为止。当帧结束以后，如果接收到的数据位小于最小帧长度，该帧将被丢弃，即使接收缓冲区中是一个完好的有效帧也是如此。如果接收帧是有效的且时间槽已经过去，那么接收缓冲区将被交 MAC 层用于地址匹配和帧校验序列检查。在发送扩展载波序列时，检测到冲突的发送器可以重新发送该帧。因此，即使发送了一个完好的有效帧，为了避免重复也应丢弃它。

15.2.4.3 全双工方式

当某一链路以全双工方式工作时，数据发送和接收可以同时进行。从理论上讲，吞吐量增加了一倍，但是应用中有可能无法利用全双工的全部优点。在一个交换式网络中，网络性能取决于多种因素，如所有端口的交换能力、缓冲区容量以及流量控制机制等。一般来说，大多数交换机是无阻塞的，即交换容量在输出端口流量无竞争的情况下，可以处理所有端口上的全部流量。缓冲区容量对等待时间会产生重要的影响，更大容量的缓冲区倾向于增大等待时间，但同时也减少了包丢失现象，反过来亦然。在一个无阻塞交换机中，如果大多数流量都流向一个或很少几个端口，则性能将会下降，并且还会导致输出端口拥塞，结果数据包将被丢失。如果采用了流量控制机制，吞吐量将会下降。其主要因素有以下几点：

(1) 交换容量。交换容量就是交换结构用于在所有端口上支持全部负载所需的带宽。如图 15-10 所示为一个具有 8 个下行链路（100Mbit/s 端口）和 1 个上行链路（1000Mbit/s 端口）的工作组交换机（100/1000Mbit/s 交换机）。上行链路通常情况下被连到一台服务器或是主干交换机。下行链路可能是一个 DTE，或者 100Mbit/s 共享网段，或者是来自于另一个 10/100Mbit/s 工作组交换机的上行链路。这些链路可以是全双工、半双工或两者的混合。这里假定全部链路都是全双工，那么用于支持所有端口所需的带宽为

$$8\times2\times100\text{Mbit/s}+1\times2\times1000\text{Mbit/s}=3.6\text{Gbit/s}$$

例子中的交换容量应至少为 3.6Gbit/s 才可以使交换机无阻塞。实际情况中，由于额外开销而使得所需带宽还要稍微高一些。

(2) 交换等待时间。千兆位工作组交换机的出现也带来了在短时间内完成过滤及作出转发决定的难题。在需要支持第三层交换式或直通式交换时情况尤为如此。最坏情况下用于完成过滤及作出转发决定的最大时间限制可以用以下公式进行计算

$$\text{转发决定时间}=\frac{\text{全负荷下最小帧到达间隔时间}}{\sum\text{端口速度}}$$

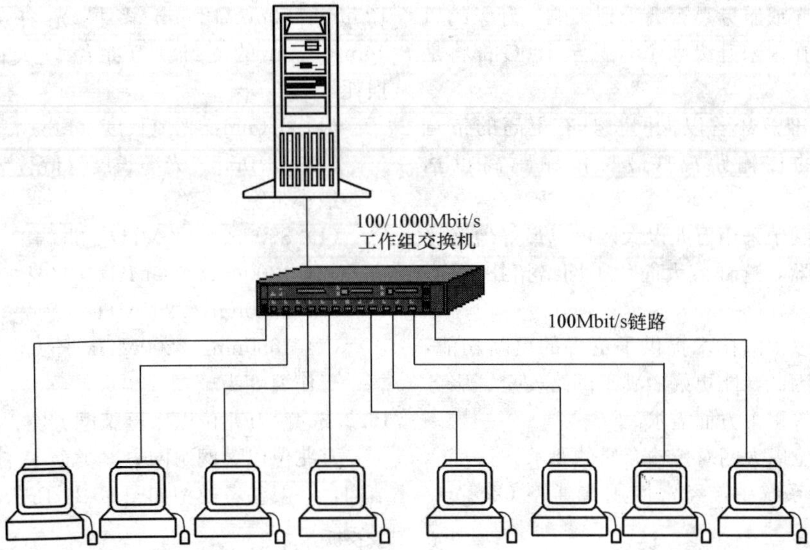

图 15-10　带有 8 个 100Mbit/s 下行链路和 1 个 1000Mbit/s 上行链路的工作组交换机

帧间的到达间隔时间是指背靠背发送方式下两个帧的起始时间间隔。当发送最小帧（64B）时，它达到最短。因此在 100Mbit/s 速度下，两个背靠背 64B 帧之间的到达间隔时间是(64＋12＋8)×0.08μs 或 6.72μs。如果 100Mbit/s 端口是 28 个，那么，转发决定时间＝6.72/28＝0.24μs 或 240ns。为了以线速交换网络帧，就必须在 240ns 内作出转发决定，这意味着必须有效地存储并读取转发地址表。

（3）流量控制。当流量超过了网络的最大传输能力时，网络吞吐量将会下降。例如在一个交换机中，如果流量是突发性的且都流向一个端口，那么缓冲区将溢出，并将导致吞吐量下降和数据包丢失。流量控制就是一种被交换机或被拥塞实体用于限制网络访问的技术，它通过对缓冲区设置上限、修改发送速率或将发送源关闭一段预定的时间来实现。用于触发流量控制过程的参数可以根据流量情况来静态或动态调整。

数据包丢失对吞吐量性能具有负面效应，对于那些使用像 TCP/IP 这样的访问方法的应用而言尤其如此。在 TCP/IP 中，如果一个数据包丢失了，发送方的 TCP/IP 软件最终会发现数据包没有被送到，并将重发这些帧。即使帧丢失率很小，这也将导致吞吐量下降。因此与其将数据包丢失，还不如通过流量控制来推迟它的发送。

千兆位以太网工作于半双工方式时，采用CSMA/CD 协议，适用于共享介质连接方式。

15.2.5　10000M 以太网

15.2.5.1　万兆位以太网应用环境与解决的问题

万兆位以太网组网主要在语音、数据应用领域得到应用，应用的行业有 CRM（客户关系管理系统）、ERP（企业资源管理系统）、SCM（供应链管理系统）、视频会议、远程教学、多媒体应用和城域网的主干线。万兆位以太网组网时，首先要考虑的因素是，链路是通过光纤实现的，考虑网络升级的同时，也必须要考虑设备更新的问题。

万兆位以太网能够解决的问题包括以下几个。

（1）消除企业网络骨干的瓶颈现象。

（2）在校园网或数据中心创建高速虚拟网。

（3）支持长距离的高带宽以太网连接。

（4）将语音、数据和图像应用提升到更高的性能水平。

（5）拓展宽带应用。

（6）在高峰拥挤阶段也可以保持网络的高性能。

（7）经济地将企业局域网与城域网、广域网相连。

在具体实施时，万兆位以太网主要表现在主干部分。

15.2.5.2　万兆位以太网的技术特色

（1）万兆位以太网其技术特色首先表现在物理层面上。万兆位以太网是一种只采用全双工与光纤的技术，其物理层（PHY）和 OSI 模型的第一层（物理层）一致，它负责建立传输介质（光纤或铜线）和 MAC 层的连接，MAC 层相当于 OSI 模型的第二层（数据链路层）。

（2）万兆位以太网技术基本承袭了以太网、快速以太网及千兆位以太网技术，因此在用户普及率、使用方便性、网络互操作性及简易性上皆占有极大的引进优势。在升级到万兆位以太网解决方案时，用户不必担心既有的程序或服务是否会受到影响，升级的风险非常低，同时在未来升级到40G甚至100G都将是很明显的优势。

(3) 万兆标准意味着以太网将具有更高的带宽(10G) 和更远的传输距离(最长传输距离可达40km)。

(4) 在企业网中采用万兆以太网可以最好地连接企业网骨干路由器，这样大大简化了网络拓扑结构，提高网络性能。

(5) 万兆位以太网技术提供了更多的更新功能，大大提升QoS。因此，能更好的满足网络安全、服务质量、链路保护等多个方面需求。

15.2.5.3 万兆位以太网对传输介质的要求

在综合布线系统中，经常使用普通型62.5μm/125μm、50μm/125μm 多模光纤和 10μm/125μm、9μm/125μm的光纤。万兆位以太网要求光纤最大损耗：

(1) 850nm：光缆长度(km) ×3.4dB/km。

(2) 1310nm：光缆长度(km) ×0.5dB/km。

最小带宽：

(1) 850nm：500MHz (兆赫千米过度充填)。

(2) 1300nm：500MHz (兆赫千米过度充填)。

(3) 1310nm：2200MHz (激光)。

(4) 1550nm：2200MHz (激光)。

工作温度为−40～70℃。

15.2.5.4 万兆位以太网组网方案

万兆位以太网组网方案类似于千兆位以太网方案结构，一般参考模型如图15-11所示。

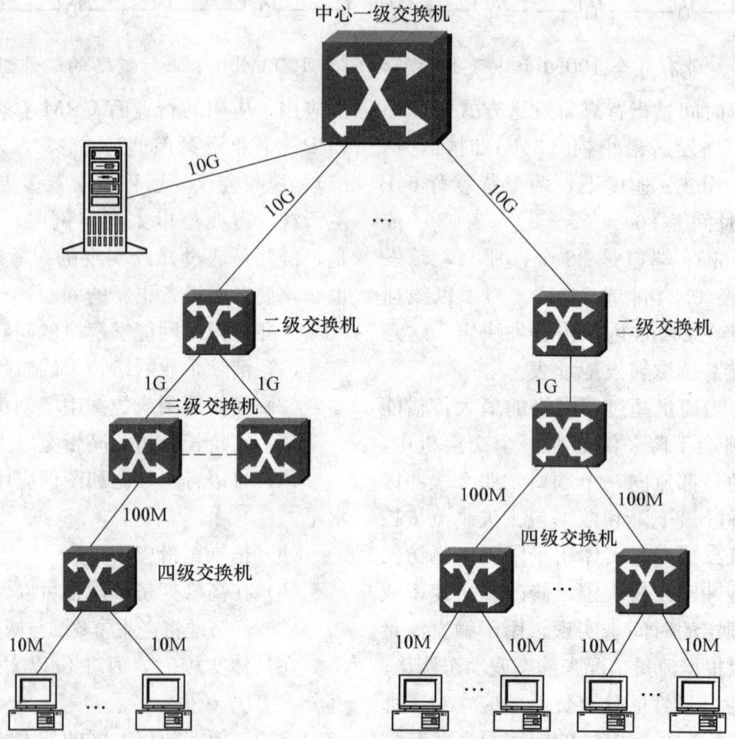

图15-11 万兆位以太网组网方案

中心一级交换机带有多个10G背板，每个背板分别与二级交换机相连接。二级交换机、三级交换机、四级交换机应根据用户的需求来决定，一般会有以下几种情况。

(1) 如果用户是千兆到桌面，那么二级交换机是一个10G口，多个1G口。

(2) 如果用户是100M到桌面，那么二级交换机是一个10G口，多个1G口，1G口与二、三级交换机相连，三级交换机便是一个G口，多个百兆口。

(3) 如果用户是10M，或10/100M自适应到桌面，那么二级交换机是一个10G口，多个1G口，1G口与三级交换机相连，三级交换机的百兆口与四级交换机（一个百兆口，多个10M口）相连。

(4) 具有四级交换机相连的用户，仅享有10Mbit/s带宽。

组建万兆位以太网方案，不同厂家的产品应有不同的配置，图 15-11 仅是一个基本参考模型。

15.2.5.5　万兆位以太网交换机最大传输距离

作为数据服务中心，接入服务商要在市场竞争中得到更多的客户，就必须向用户提供更高的带宽，适应更高、更快、更先进的发展方向。

万兆位以太网交换机物理层接口是：10000Base-R（使用光纤），10000Base-W（使用光纤），10000Base-X（使用 5 类 UTP）。

万兆位以太网交换机所提供的物理层可以支持光纤传输介质，5 类 UTP 传输介质。其连接距离如表 15-4 所示。

表 15-4　万兆位以太网交换机最大传输距离

标准	光纤类型	光纤直径(μm)	最大传输距离(m)
10000Base-R	多模(850nm)	62.5	65
10000Base-R	多模(1300nm)	62.5	300
10000Base-R	单模(1310nm)	10	10000
10000Base-R	单模(1550nm)	10	40000
10000Base-W	多模(850nm)	62.5	65
10000Base-W	多模(1300nm)	62.5	300
10000Base-W	单模(1310nm)	10	10000
10000Base-W	单模(1550nm)	10	40000
10000Base-X	5 类 UTP	—	100

15.3　计算机局域网络系统设计

15.3.1　计算机局域网络系统组成

一个计算机局域网络系统是由多个子系统组成的，如图 15-12 所示。

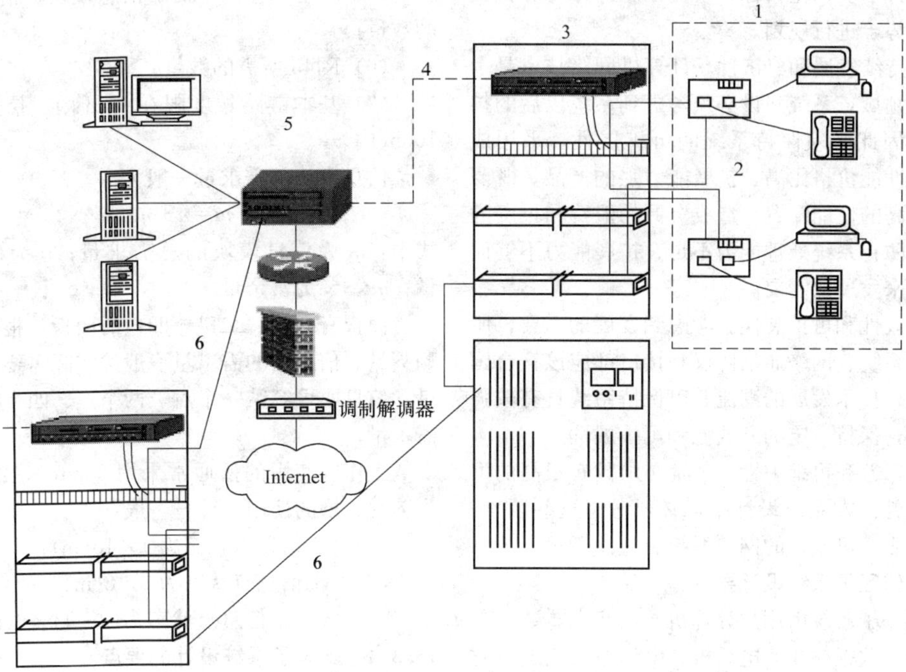

图 15-12　一个计算机局域网络系统组成图

1—一个独立的工作区；2—配线子系统；3—电信间子系统；4—干线子系统；5—设备间子系统，设备间子系统是一个公用设备存放的场所，也是设备日常管理的地方，有服务器、交换机、路由器、稳压电源等设备；6—建筑群子系统，建筑群子系统也称楼宇管理子系统

计算机局域网络系统根据图 15-12 设计。

15.3.2　计算机局域网络系统设计

15.3.2.1　计算机局域网络系统总体需求

计算机网络系统的设计应遵照的原则：①四高：高带宽、高可靠、高性能、高安全性；②三易：易管理、易扩充、易使用；③两支持：支持虚拟局域网、支持多媒体应用的原则。

对于计算机网络系统，良好的层次设计为网络的可靠性、网络性能和网络的可扩展性都提供了良好的保障。

目前，网络面临的是不断增长的对性能和可扩充性的需要。除此之外，网络还必须保证提供一些关键特性，例如高可用性、可管理性和灵活性等。

但是基本的设计原则和在第二层、第三层的交换能力并没有明显改变。主要变化产生在网络设备和技术的选择范围更大，可以支持更多的网络应用，并且能够提升扩充性及可用性。新增加的功能特性应包括QoS、多层服务、主干带宽的提升、增加千兆端口的密度、更强的交换能力等。

15.3.2.2 计算机网络系统设计原则

网络系统必须严格遵守各种相关的技术原则，遵循各种相关的技术标准和规范。在设计评审时，注意网络系统必须符合下面的原则。

(1) 先进性和实用性。计算机技术发展日新月异，设备更新淘汰的周期越来越短。为了确保系统具有较长的生命周期，保护投资，在系统软硬件配置上，综合考虑了实用化目标、投资以及国际计算机技术发展的趋势，进行规划。

(2) 可持续发展和经济性。计算机网络技术是个发展很快的领域，系统建设必须考虑到系统以后的扩充和变化，因此必须保持系统的可扩展性。采用成熟、稳定、性能价格比高、扩展能力强的产品，既要避免采用过高的性能配置，造成资源的浪费和投资的紧张，又要防止系统处理能力不足、扩展能力不够而无法适应未来发展的需要。

(3) 开放性和可扩展性。考虑到发展的需要，所使用的操作系统、网络通信协议和接口都应该符合国际标准，符合技术发展的潮流，以保持系统具有较强的互联能力，保持一定的开放性和可扩展性。

(4) 可靠性和可维护性。系统必须具有很高的可靠性和安全性。在系统设计中，必须考虑这些因素，建立一个可靠、可维护的网络系统。

15.3.3 工作区子系统设计要点

作为工作子系统由用户计算机、语音点、数据点的信息插座、数据跳线、电话机、电话跳线组成，它包括信息插座、信息模块、网卡和连接所需要的跳线电话机、电话跳线，如图15-12的1所示。

图15-12中的1是一个独立的工作区，通常拥有一台计算机和一部电话机，设计的等级分为基本型、增强型、综合型。目前绝大部分新建工程是采用增强型设计等级，为语音点和数据点互换奠定基础。

这里需要指出的是一个语音点可端接的电话机数，应视用户采用什么样的线路而定。如果是二线制电话，可端接四部电话；如果是四线制电话只能端接二部；如果是六线、八线制只能端接一部，应根据用户的实际情况来决定。

工作区子系统由终端设备连接到信息插座的跳线组成。它包括信息插座、信息模块、网卡和连接所需的跳线，并在终端设备和输入/输出（I/O）之间搭接，相当于电话配线系统中连接话机的用户线及话机终端部分。终端设备可以是电话、计算机和数据终端，也可以是仪器仪表、传感器的探测器。

工作区可支持电话机、数据终端、微型计算机、电视机、监视及控制等终端设备的设置和安装。

工作区子系统设计的要点如下：

(1) 工作区内线槽要布得合理、美观；

(2) 信息座要设计在距离地面30cm以上；

(3) 信息座与计算机设备的距离保持在5m范围内；

(4) 购买的网卡类型接口要与线缆类型接口保持一致；

(5) 所有工作区所需的信息模块、信息座、面板的数量；

(6) RJ45所需的数量；

(7) 基本链路长度限在90m内，信道长度限在100m内。

信息模块的需求量一般为

$$m=n+n\times3\%$$

式中：m为信息模块的总需求量；n为信息点的总量；$n\times3\%$为富余量。

面板有一口、二口，四口的面板，根据需求决定购买量。信息度的需求量一般按实际需要计算其需求量，信息座可容纳一个点、两个点、四个点依照统计需求量。

工作区使用的槽通常采用25mm×12.5mm的较为美观，槽的使用量计算一般：

(1) 1个信息点状态为1×10(m)；

(2) 2个信息点状态为2×8(m)；

(3) 3～4个信息点状态为(3～4)×6(m)。

15.3.4 配线子系统设计的要点

图15-12中的2是水平干线子系统。配线子系统的设计涉及水平子系统的传输介质和部件集成，主要监理要点包括：确定线路走向；确定线缆、槽、管的数量和类型；确定电缆的类型和长度；订购电缆和线槽；如果打吊杆走线槽，则需要用多少根吊杆；如果不用吊杆走线槽，则需要用多少根托架。

确定线路走向一般要由用户、设计人员、施工人员到现场根据建筑物的物理位置和施工难易度来确立。

信息插座的数量和类型、电缆的类型和长度一般在总体设计时便已确立，但考虑到产品质量和施工人员的误操作等因素，在订购时要留有余地。

订购电缆时，必须考虑：确定介质布线方法和电缆走向；确认到管理间的接线距离；留有端接容差。

电缆的计算公式有三种，现将三种方法提供给读者参考。

$$\text{订货总量(总长度 } m\text{)} = \text{所需总长} + \text{所需总长} \times 10\% + n \times 6 \quad (15\text{-}1)$$

式中：所需总长为 n 条布线电缆所需的理论长度；所需总长×10%为备用部分；$n\times 6$ 为端接容差。

$$\left.\begin{aligned} &\text{整幢楼的用线量} = \sum NC(\text{m}) \\ &C = [0.55 \times (L + S) + 6] \times n(\text{m}) \end{aligned}\right\} \quad (15\text{-}2)$$

式中：N 为楼层数；C 为每层楼用线量；L 为本楼层离水平间最远的信息点距离；S 为本楼层离水平间最近的信息点距离；n 为本楼层的信息插座总数；0.55 为备用系数；6 为端接容差。

$$\text{总长度} = A + B/2 \times N \times 3.3 \times 1.2 \quad (15\text{-}3)$$

式中：A 为最短信息点长度；B 为最长信息点长度；N 为楼内需要安装的信息点数；3.3 为系数 3.3，将米换成英尺；1.2 为余量参数（富余量）。

$$\text{用线箱数} = \text{总长度}/305 + 1$$

双绞线一般以箱为单位订购，每箱双绞线长度为305m。设计人员可用这三种算法之一来确定所需线缆长度。

在配线布线通道内，关于电信电缆与分支电源电缆要说明以下几点：

(1) 屏蔽的电缆与电信电缆并线时不需要分隔。

(2) 可用电源管道障碍（金属或非金属）来分隔电信电缆与电源电缆。

(3) 对非屏蔽电缆的与电源电缆，最小的距离为10cm。

(4) 在工作站的信息口或间隔点，电信电缆与电源电缆的距离最小应为6cm。

(5) 打吊杆走线槽时吊杆需求量计算：打吊杆走线槽时，一般是间距1m左右一对吊杆。吊杆的总量应为水平干线的长度（m）×2（根）。

(6) 托架需求量计算：使用托架走线槽时，一般是1～1.5m安装一个托架，托架的需求量应根据水平干线的实际长度去计算。

托架应根据线槽走向的实际情况来选定。一般有两种情况：①水平线槽不贴墙，则需要订购托架；②水平线贴墙走，则可购买角钢的自做托架。

水平布线，是将电缆线从管理间子系统的配线间接到每一楼层的工作区的信息输入/输出（I/O）插座上。设计者要根据建筑物的结构特点，从路由（线）最短、造价最低、施工方便、布线规范等几个方面考虑。但由于建筑物中的管线比较多，往往要遇到一些矛盾，所以，设计水平子系统时必须折中考虑，优选最佳的水平布线方案。一般可采用三种类型：①直接埋管式；②先走吊顶内线槽，再走支管到信息出口的方式；③适合大开间及后打隔断的地面线槽方式。其余都是这三种方式的改良型和综合型。

15.3.5 电信间子系统设计的要点

图15-12中的3是电信间子系统。现在，许多大楼在综合布线时都考虑在每一楼层都设立一个电信间，用来管理该层的信息点，摒弃了以往几层共享一个电信间子系统的做法，这也是布线的发展趋势。

作为电信间一般包括以下设备：机柜；集线器或交换机；信息点集线面板；语音点S110集线面板；集线器、交换机的稳压电源线。

作为电信间子系统，应根据管理信息点实际状况，安排使用房间的大小和机柜的大小。如果说，信息点多，就应该考虑一个房间来放置，如果信息点少，就没有必要单独设立一个管理间可选用墙上型机柜来处理该子系统。

15.3.6 干线子系统设计的要点

图15-12中的4是干线子系统。干线子系统的任务是通过建筑物内部的竖井或管道放置传输电缆，把各个服务接线间的信号传送到设备间，直到传送到最终接口，再通往外部网络。它必须满足当前的需要，又要适应今后的发展。干线子系统包括：

(1) 供各条干线接线间之间的电缆走线用的竖向或横向通道。

(2) 主设备间与计算机中心间的电缆。设计评审时考虑：①确定每层楼的干线要求；②确定整座楼的干线要求。

(3) 确定从楼层到设备间的干线电缆路由。

(4) 确定干线接线间的接合方法。

(5) 选定干线电缆的长度。

(6) 确定敷设附加横向电缆时的支撑结构。在敷设电缆时，对不同的介质电缆要区别对待。

1) 光纤电缆。光纤电缆敷设时不应该绞结；光纤电缆在室内布线时要走线槽；光纤电缆在地下管道中穿过时要PVC管或铁管；光纤电缆需要拐弯时，其曲率半径不能小于30cm；光纤电缆的室外裸露部分要加铁管保护，铁管要固定牢固；光纤电缆不要拉得太紧或太松，并要有一定的膨胀收缩余量；光纤电缆埋地时，要加铁管保护；光缆两端要有标记。

2) 同轴粗电缆。同轴粗电缆敷设时不应扭曲，要保持自然平直；粗缆在拐弯时，其弯角曲率半径不应小于30cm；粗缆接头安装要牢靠；粗缆布线时必须走线槽；粗缆的两端必须加终接器，其中一端应接地；粗缆上连接的用户间隔必须在2.5m以上；粗缆室外部分的安装与光纤电缆室外部分安装相同。

3）双绞线。双绞线敷设时线要平直，走线槽，双绞线的两端点要标号；双绞线的室外部要加套管并考虑防雷电措施，严禁搭接在树干上；双绞线不要拐硬弯。

4）同轴细缆。同轴细缆的敷设与同轴粗缆有以下几点不同：细缆弯曲半径不应小于20cm；细缆上各站点距离不小于0.5m；一般细缆长度为183m，粗缆为500m。

确定从管理间到设备间的干线路由，应选择干线段最短、最安全和最经济的路由，在大楼内通常有如下两种方法：

（1）电缆孔方法。干线通道中所用的电缆孔是很短的管道，通常用直径为10cm的钢性金属管做成。它们嵌在混凝土地板中，这是在浇注混凝土地板时嵌入的，比地板表面高出2.5～10cm。电缆往往捆在钢绳上，而钢绳又固定到墙上已铆好的金属条上。当配线间上下都对齐时，一般采用电缆孔方法。

（2）电缆井方法。电缆井方法常用于干线通道。电缆井是指在每层楼板上开出一些方孔，使电缆可以穿过这些电缆并从某层楼伸到相邻的楼层。电缆井的大小依所用电缆的数量而定。与电缆孔方法一样，电缆也是捆在或箍在支撑用的钢绳上，钢绳靠墙上金属条或地板三脚架固定住。离电缆井很近的墙上立式金属架可以支撑很多电缆。电缆井的选择性非常灵活，可以让粗细不同的各种电缆以任何组合方式通过。电缆井方法虽然比电缆孔方法灵活，但在原有建筑物中开电缆井安装电缆造价较高，它的另一个缺点是使用的电缆井很难防火。如果在安装过程中没有采取措施去防止损坏楼板支撑件，则楼板的结构完整性将受到破坏。

在多层楼房中，经常需要使用干线电缆的横向通道才能从设备间连接到干线通道，以及在各个楼层上从二级交接间连接到任何一个配线间。请记住，横向走线需要寻找一个易于安装的方便通道，因而两个端点之间很少是一条直线。

15.3.7 设备间子系统设计的要点

图15-12中的5是设备间子系统。设备间子系统是一个公用设备存放的场所，也是设备日常管理的地方，有服务器、交换机、路由器、稳压电源等设备。设备间设计评审要点包括：

（1）设备间应设在位于干线综合体的中间位置。

（2）应尽可能靠近建筑物电缆引入区和网络接口。

（3）设备间应在服务电梯附近，便于装运笨重设备。

（4）设备间内要注意：室内无尘土，通风良好，要有较好的照明亮度；要安装符合机房规范的消防系统；使用防火门，墙壁使用阻燃漆；提供合适的门锁，至少要有一个安全通道。

（5）防止可能的水害（如暴雨成灾、自来水管爆裂等）带来的灾害。

（6）防止易燃易爆物的接近和电磁场的干扰。

（7）设备间空间（从地面到天花板）应保持2.55m高度的无障碍空间，门高为2.1m，宽为90m，地板承重压力不能低于500kg/m²。

（8）温度和湿度要求。一般将温度和湿度分为A、B、C三级，设备间可按某一级执行，也可按某级综合执行。

（9）照明要求。设备间内在距地面0.8m处，照度不应低于200lx。还应设事故照明，在距地面0.8m处，照度不应低于5lx。

（10）噪声控制要求。设备间的噪声应小于70dB。如果长时间在70～80dB噪声的环境下工作，不但影响人的身心健康和工作效率，还可能造成人为的噪声事故。

（11）电磁场干扰。设备间无线电干扰场强，在频率为0.15～1000MHz范围内不大于120dB。设备间内磁场干扰场强不大于800A/m（相当于10Ω）。

（12）供电。设备间供电电源应满足下列要求：频率为50Hz；电压为380V/220V；相数为三相五线制或三相四线制/单相三线制。

（13）安全要求。设备间的安全可分为三个基本类别：对设备间的安全有严格的要求，有完善的设备间安全措施；对设备间的安全有较严格的要求，有较完善的设备间安全措施；对设备间有基本的要求，有基本的设备间安全措施。

（14）建筑物防火与内部装修。

1）A类，其建筑物的耐火等级必须符合GB 50045—1995《高层建筑设计防火规范》中规定的一级耐火等级。

2）B类，其建筑物的耐火等级必须符合GB 50045—1995《高层民用建筑设计防火规范》中规定的二级耐火等级。

3）与A、B类安全设备间相关的工作房间及辅助房间，其建筑物的耐火等级不应低于GB 50016—2006《建筑设计防火规范》中规定的二级耐火等级。

4）C类，其建筑物的耐火等级应符合GB

50016—2006 中规定的二级耐火等级。

5）与C类设备间相关的其余基本工作房间及辅助房间，其建筑物的耐火等级不应低于 GB 50016—2006 中规定的三级耐火等级。

6）内部装修：根据 A、B、C 三类等级要求，设备间进行装修时，装饰材料应符合 GB 50016—2006 中规定的难燃材料或非燃材料，应能防潮、吸噪、不起尘、抗静电等。

（15）地面。

1）为了方便表面敷设电缆线和电源线，设备间地面最好采用抗静电活动地板，其系统电阻应在 1～10Ω 之间。具体要求应符合 SJ/T 10796—1996《计算机房用活动地板技术条件》标准。

2）带有走线口的活动地板称为异形地板。其走线应做到光滑，防止损伤电线、电缆。设备间地面所需异形地板的块数可根据设备间所需引线的数量来确定。

3）设备间地面切忌铺地毯。其原因：一是容易产生静电；二是容易积灰。

4）放置活动地板的设备间的建筑地面应平整、光洁、防潮、防尘。

（16）墙面。墙面应选择不易产生尘埃，也不易吸附尘埃的材料。目前大多数是在平滑的墙壁涂阻燃漆，或在平滑的墙壁覆盖耐火的胶合板。

（17）顶棚。为了吸噪及布置照明灯具，设备顶棚一般有建筑物梁下加一层吊顶。吊顶材料应满足防火要求。目前，我国大多数采用铝合金或轻钢作龙骨，安装吸声铝合金板、难燃铝塑板、喷塑石英板等。

（18）隔断。根据设备间放置的设备及工作需要，可用玻璃将设备间隔成若干个房间。隔断可以选用防火的铝合金或轻钢作龙骨，安装 10mm 厚玻璃。或从地板面至 1.2m 安装难燃双塑板，1.2m 以上安装 10mm 厚玻璃。

（19）火灾报警及灭火设施。

1）A、B类设备间应设置火灾报警装置。在机房内、基本工作房间、活动地板下、吊顶地板下、吊顶上方、主要空调管道中及易燃物附近部位应设置烟感和温感探测器。

2）A类设备间内设置卤代烷 1211、1301 自动灭火系统，并备有手提式卤代烷 1211、1301 灭火器。

3）B类设备间在条件许可的情况下，应设置卤代烷 1211、1301 自动消防系统，并备有卤代烷 1211、1301 灭火器。

4）C类设备间应备置手提式卤代烷 1211 或 1301 灭火器。

5）A、B、C类设备间除纸介质等易燃物质外，禁止使用水、干粉或泡沫等易产生二次破坏的灭火剂。

15.3.8　建筑群子系统设计的要点

图 15-12 中的 6 是建筑群子系统。建筑群子系统也称楼宇管理子系统。一个企业或某政府机关可能分散在几幢相邻建筑物或不相邻建筑物内办公。但彼此之间的语音、数据、图像和监控等系统可用传输介质和各种支持设备（硬件）连接在一起。连接各建筑物之间的传输介质和各种支持设备（硬件）组成一个建筑群综合布线系统。连接各建筑物之间的缆线组成建筑群子系统。建筑群子系统设计要点如下。

（1）确定敷设现场的特点。确定敷设现场的特点为：①确定整个工地的大小；②确定工地的地界；③确定共有多少座建筑物。

（2）确定电缆系统的一般参数。确定电流系统的一般参数有：①确认起点位置；②确认端接点位置；③确认涉及的建筑物和每座建筑物的层数；④确定每个端接点所需的双绞线对数；⑤确定有多个端接点的每座建筑物所需的线缆总对数。

（3）确定建筑物的电缆入口。确定建筑物的电缆入口应注意要点有：①对于现有建筑物，要确定各个入口管道的位置；每座建筑物有多少入口管道可供使用；入口管道数目是否满足系统的需要；②如果入口管道不够用，则要确定在移走或重新布置某些电缆时是否能腾出某些入口管道；在不够用的情况下应另装多少入口管道；③如果建筑物尚未建起来，则要根据选定的电缆路由完全电缆系统设计，并标出入口管道的位置；选定入口管理的规格、长度和材料；在建筑物施工过程中安装好入口管道。

（4）确定明显障碍物的位置。①确定土壤类型，砂质土、黏土、砾土等。②确定电缆的布线方法。③确定地下公用设施的位置。④查清拟定的电缆路由中沿线各个障碍物位置或地理条件：铺路区；桥梁；铁路；树林；池塘；河流；山丘；砾石土；截留井；人孔（人字形孔道）；其他。⑤确定对管道的要求。

（5）确定主电缆路由和备用电缆路由。①对于每一种待定的路由，确定可能的电缆结构；②所有建筑物共用一根电缆；③对所有建筑物进行分组，每组单独分配一根电缆；④每座建筑物单用一根电缆；⑤查清在电缆路由中哪些地方需要获准后才能通过；⑥比较每个路由的优缺点，从而选定最佳路由方案。

（6）选择所需电缆类型和规格。①确定电缆长度；②画出最终的结构图；③画出所选定路由的位置和挖沟详图，包括公用道路图或任何需要经审批才能动用的地区草图；④确定入口管道的规格；⑤选择每种设计方案所需的专用电缆；⑥参考有关电缆部分，线号、双绞线对数和长度应符合有关要求；⑦应保证电缆可进入口管道；⑧如果需用管道，应选择其规格和材料；⑨如果需用钢管，应选择其规格、长度和类型。

（7）确定每种选择方案所需的劳务成本。①确定布线时间：包括迁移或改变道路、草坪、树木等所花的时间；如果使用管道区，应包括敷设管道和穿电缆的时间；确定电缆接合时间；确定其他时间，例如拿掉旧电缆、避开障碍物所需的时间。②计算总时间（上述前3项）。③计算每种设计方案的成本。④总时间乘以当地的工时费。

（8）确定每种选择方案的材料成本。①确定电缆成本。②确定每英尺（米）的成本：参考有关布线材料价格表；针对每根电缆查清每100英尺的成本；将每米（英尺）的成本乘以米（英尺）数。③确定所有支持结构的成本：查清并列出所有的支持结构；根据价格表查明每项用品的单价；将单价乘以所需的数量。④确定所有支撑硬件的成本，对于所有的支撑硬件，重复确定所有支持结构的成本项所列的三个步骤。

（9）选择最经济、最实用的设计方案。①把每种选择方案的劳务费成本加在一起，得到每种方案的总成本；②比较各种方案的总成本，选择成本较低者；③确定该比较经济的方案是否有重大缺点，以致抵消了经济上的优点。如果发生这种情况，应取消此方案，考虑经济性较好的设计方案。注意如果涉及干线电缆，应把有关的成本和设计规范也列进来。

15.4 计算机网络系统设备选型

15.4.1 交换机选型要点

15.4.1.1 千兆交换机选型要点

选择千兆交换机，原则上要考虑四点：

（1）适用性与先进性相结合。千兆交换机价格较高，但不同的品牌的产品差异极大，功能也不一样，因此选择时不能只看品牌或追求高价，也不能只看价钱低的，应该根据应用的实际情况，选择性能价格比高，既能满足目前需要又能适应未来几年网络发展的交换机，以求避免重复投资或超前投资。

（2）选择市场主流产品的原则。选择千兆交换机时，应选择在国内市场上有相当的份额的产品，并且该产品具有高性能、高可靠性、高安全性、可扩展性、可维护性。

（3）安全可靠的原则。交换机的安全决定了网络系统的安全，选择交换机时这一点是非常重要的，交换机的安全主要表现在VLAN的划分、交换机的过滤技术。

（4）产品与服务相结合的原则。选择交换机时，既要看产品的品牌又要看生产厂商和销售商品否有强大的技术支持、良好的售后服务，否则买回的交换机出现故障既没有技术支持又没有产品服务，使企业蒙受损失。

15.4.1.2 交换机验货时需要注意的事项

选择交换机时一般注意以下方面的问题：

（1）在外形尺寸选择方面。如果企业的网络比较大，工程要求网络设备集中管理，那么，19in宽的机架式交换机最适合。如果企业对设备外形没有特殊需求，那么，可以选择合适的桌面型交换机产品，因为桌面交换机具有更高的性能价格比。

（2）在交换机的类型选择方面。按照目前的网络类型，网络交换机可以分为以太网交换机、令牌交换机、ATM交换机、FDDI交换机等。以太网交换目前是局域网交换机的主流设备，几乎成为局域网的标准交换设备。正因如此，一般提到局域网交换机均指以太网交换机，以前的以太网交换机通常指的是10Mbit/s以太网，而现在不仅有100Mbit/s的以太网交换机，还有千兆交换机甚至万兆交换机。

（3）如果企业的布线系统必须选用光纤，则在交换机产品选择上有以下三种方案：选择光纤接口的交换；加装光模块；加装光纤与双绞线的转发器。

（4）如果企业强调多媒体的解决方案，则现在越来越多的100Mbit/s交换到桌面的方案是实现VOD的理想方案。在这种情况下，企业选购交换机时应注意以下几个参数：

1）板带宽。当然是越宽越好，它将为企业的交换机在高负荷下提供高速交换。

2）端口速率。即每个端口每秒能够收发的数据包数量，其理论值为148800bit/s。

交换机的交换速率是决定网络传输性能的重要因素。虽然目前的交换机产品市场上，百兆交换机仍占据着主流地位，但千兆交换机市场正在迅速崛起。因此，用户在选购交换机产品时，尽量选择具备千兆端口或能够升级的产品，以适应未来网络升级的需要。

3）包转发率。即交换机每秒转发的数据包的数量，理论极值为端口数148800bit/s。

4）延时。交换机延时是指交换机从接收数据包到开始向目的端口复制数据包之间的时间间隔。

5）管理功能。交换机的管理功能是指交换机如何控制用户访问交换机，以及用户对交换机的可视程度，非管理型交换机易于配置并且只能使用 ASIC 解决方案。由于这类交换机不配备处理器，因而售价相对低廉，但这类交换机配置灵活性不高，不能满足有特定要求的用户。配备有处理器的管理型交换机具备包括远程管理、安全管理在内的多种控制与管理功能，因此配置灵活，能够适合多种不同的网络环境需求。用户在选购时可以根据自己实际需求选择可管理型或非管理型产品。

6）端口数。固定端口交换机的端口数量一般有 5、8、12、16、24、32 及 48 端口等几种，就目前市场的销售情况来看，在交换机产品市场上，24 端口的产品销售最为看好。这是由于对于不足百人的小型企业或校园网络环境而言，24 端口交换机既可作为工作组交换机，也可和为企业骨干交换机使用；同时，就实际应用方面，24 端口交换机与 8 端口和 16 端口产品相比有更多的扩展空间，能够更好地满足用户未来网络扩展的需要。因此，用户在选择交换机产品时，如无明确的端口要求，应以选择 24 端口交换机为宜。

7）可扩展性。交换机的可扩展性直接决定着网络内各信息点传输速率的升级能力。因此，可扩展性也是用户在选择交换机产品时需要考虑的一个重要方面。

8）堆叠能力。可堆叠交换机具有可迅速部署、良好的性价比、可伸缩性以及易于管理等优点，目前得到了广泛的应用。更详细观察交换机，可按下列因素进行：①机框。总槽位数、可用槽位数、重量（满配置）、设备物理尺寸、（宽×深×高）、相对湿度、运行温度。②体系结构。③交换方式。线卡与线卡之间；同一线卡内端口；与端口之间。④性能指标。所支持的 L3 路由协议；所支持的组播协议；所支持的 VLAN 数；所支持的 ACL 数；所支持的 RIP 路由数；所支持的 OSPF 路由数；所支持的 MAC 地址数；DVMRP 路由数量；静态路由；路由 ARP 数量；IPX 转发数量；IP Cache 数量；4 层 QoS 会话数；能支持的最大 GE 端口数；是否支持链路捆绑；链路捆绑 Trunk 数量；是否支持线速 NAT 功能。⑤性能指标。背板交换原理；包转发能力；包转发时延；支持 QoS 的队列数；是否支持基于端口的流速率控制；机箱平均无故障时间（MTBF）；管理模块平均无故障时间（MTBF）；电源平均无故障时间（MTBF）；平均故障恢复时间（MTTR）；系统可用度。⑥可靠性。⑦公用部件冗余。主控模块数；电源模块数；所支持的冗余路由协议。⑧网络管理。网络管理软件名称；网管协议；用户界面；Web 支持；MIB 接口提供。⑨GE 端口相应的传输距离。SX；LX；LH。

15.4.2　防火墙选型要点

为了适应不同客户的需求，防火墙也衍生了各种特定的产品，对于用户来说，就需要因地制宜选择适合本单位所需要的产品。可以从下述几个方面要素进行防火墙选型：宏观因素；基本原则；管理因素；功能因素；性能因素；抗攻击能力因素；考虑百兆千兆防火墙的因素。

防火墙价格从几千元到几十万元不等，部署位置从服务器、网关到客户端，所面对的企业应用环境千差万别。在众多的防火墙中，根据不同用户的需求特点确定适合的产品。

15.4.2.1　电信级用户

表 15-5 所示为电信级用户对防火墙产品的要求。

（1）性能需求。主要是对吞吐量的要求。

（2）反拒绝服务攻击能力的需求；

（3）远程维护能力的需求；

（4）与其他安全产品互操作能力的需求；

（5）负载分担能力的需求；

（6）高可靠性的需求；

（7）内网安全性需求。

表 15-5　　电信级用户产品要求

项　目	要　求
面向用户对象	一般为大的 ISP、ICP、IDC
主要特点	内部网络有大量的服务器，高带宽，网络流量大，网络访问主要从外部客户端发起
能够承受的费用	能够承受高额的实施费用，以及后继的维护费用
相应的技术能力	高，有能力维护防火墙的运行

15.4.2.2　企业级用户

如表 15-6 所示，企业级用户对防火墙产品要求是：内网安全性需求；细度访问控制能力需求；VPN 需求；统计、计费功能需求；带宽管理能力需求。

表 15-6　　企业级用户对防火墙产品要求

项　目	要　求
面向用户对象	上网企业、政府机构、TSP 内部网络
主要特点	相对低带宽，网络访问主要从内部客户端向外部发起，内网一般包含关键性企业内部数据
能够承受的费用	能够承受的实施适中的费用，以及后继的维护费用
相应的技术能力	中

（1）大企业根据部署位置选择防火墙。

大型企业应该选择一套可管理的防火墙体系，将防火墙分别部署到网络的服务器、网关和客户端上。每一个位置对防火墙的性能指标要求都不一样。在服务器端部署防火墙，可限定内网的随意访问，防止来自内部的攻击。由于经常有大量的访问，对防火墙的安全性能提出了较高的要求。在网关级，防火墙往往成为整个网络的效率瓶颈，如果选择不好，有可能影响整个网络的效率，因此，必须选择一款并发连接数高的高性能防火墙。在客户端，可由防火墙管理系统进行统一管理。

（2）中小企业根据网络规模选择防火墙。

中小企业一般在网关级配置防火墙，可选择百兆或千兆的性能。具体可根据自身应用的规模和数据流量来定，避免出现“小马拉大车”的情况，即在数据流量大时选择了百兆性能，使防火墙成了网络性能的瓶颈。也要避免“大马拉小车”，即在百兆的线路上安装千兆防火墙，造成浪费。

如表15-7所示，中小企业对防火墙产品的要求是：内网安全性需求；VPN需求；网络地址翻译。

表15-7　中小企业对防火墙产品的要求

项　目	要　求
面向用户	小于50个结点的网络用户
主要特点	相对低带宽，网络访问主要从内部客户端向外部发起内网一般包含关键企业内部数据
能够承受	低
相应的技术能力	低

15.4.2.3　个人单机级用户

如表15-8所示，此类用户对防火墙产品的主要需求是：保护本机不被非授权用户访问；防止本机非授权向外传送信息；每一次的连接都可以向用户作出警告。

表15-8　个人单机级用户对防火墙产品的要求

项　目	要　求
面向用户对象	移动办公的笔记本计算机的用户，拨号上网的用户
主要特点	直接连接Internet，只是需要保护本机
能够承受的费用	低，或者免费
相应的技术能力	低

15.4.3　路由器选型要点

在一般的网络工程中，路由器选型时应考虑以下3点：

15.4.3.1　路由器的基本功能

网络要实现端到端的通信连接，路由器不仅需要在网络中传输数据（路由选择和推进数据），而且需要和用户直接进行交互协同完成相应网络层的操作。

网络层提供的服务可以是面向连接也可以是面向非连接的，在计算机网络中一般采用的是面向非连接工作方式，而在电信网络中则一般采用面向连接工作方式。两者在控制和信息传输的简单性、服务效率以及保证通信过程服务质量等方面具有各自的特点，在综合网络中，必定会采用综合两种优点的连接方式。作为计算机网络的网络层中继设备的路由器一般采用面向非连接工作方式，执行的协议如IP、IPX（Novell公司网络操作协议）和CLNP（OSI网络层协议）。考虑到电信网络和计算机网络融合趋势，也可将电信网络的网络层的设备看做路由器的一种形式，那么在分组交换网络中的数字信道设备（Digital Channel Equipment，DCE）可以看做是特殊的面向连接的路由器。路由器的基本功能应考虑如下几点：

15.4.3.2　路由选择技术和协议

路由选择技术和协议有：广域连接能力；端到端的数据传输；中间系统间的协议。

15.4.3.3　路由器种类的选择

路由器一般有4种路由器，它们是：基本路由器；模块化路由器；单协议路由器；多协议路由器。

选择哪一种路由器，应根据应用需求来决定。

15.4.3.4　路由器在网络互连中的应用

路由器可以将不同LAN（如令牌环和CSMA/CD网络）通过各种WAN进行连接，可提供抗故障能力和无阻塞的网络互连，并支持用户的有限接入以保证网络的安全性。虽然其他网络中设备也可能提供许多类似的功能，但只有路由器可以更自然更有效地实现这些机制。具体表现为：混合网络互连；高连通性；访问控制。

用户应根据业务发展的需要决定使用路由器。

15.4.4　工作站选型要点

网络工作站通常是计算机网络的用户终端设备，一般指PC机，主要完成数据传输、信息浏览和桌面数据处理等功能。在客户/服务器网络中，网络工作站称为客户机。工作站选型时考虑以下几个方面。

15.4.4.1　工作站的主要体系结构

工作站的主要体系结构主要有：

（1）工业标准体系结构（ISA），是一个16位的系统。

（2）扩展工业标准体系结构（EISA），是一个32

位的系统。

（3）微通道体系结构（MCA），这是IBM专有的32位系统。

（4）64位的系统。

15.4.4.2　工作站的性能

影响工作站性能的因素很多，如基本部件的设计和装配方法（也就是说集成）。一般对工作站的性能考虑的重点有：

（1）总线类型。总线类型决定数据在工作站内传送的速度的上限，包括总线速度、处理器速度。总线类型很重要，一般分为高速总线、低速总线。

（2）速度。速度是衡量工作站性能的重要指标，速度在早期的产品表现为80186、80286、80386、80486；后来Intel推出了奔腾（Pentium）相等于80586，目前市场上出现了奔腾Ⅱ、奔腾Ⅲ、奔腾Ⅳ、安腾等。

（3）存储器。存储器芯片按它的访问速度来划分，70nsRAM芯片的读写要比90ns的芯片快得多。

15.4.4.3　海量存储

目前，工作站的外存储器（硬盘）向海量方向发展，硬盘有10、20、40GB等。

15.4.4.4　质量

工作站的质量只有通过长时间测试才能知道，是不是高质量的产品，主要表现为：物理设计和结构是否可靠；容错性能；各部件是否匹配良好；散热；故障率等。

工作站一般被分为标准桌面系统、有盘系统、无盘系统。用户根据需求来决定其产品。

15.4.5　服务器选型要点

服务器是一台被网络工作站访问的计算机系统，通常是一个高性能计算机，是网络的核心设备，服务器按计算机的性能可分为：大型机服务器；小型机服务器；工作站服务器。

如果按所提供的服务可分为文件服务器、打印服务器、数据库服务器、Web服务器、电子邮件服务器、代理服务器、应用服务器等。

15.4.5.1　服务器的指令集

服务器的指令集一般有（Reduce Instruction Set Computer，RISC）精简指令集计算机和复杂指令计算机（Complex Instruction Set Computer，CISC）。

RISC处理器可用的指令数量比CISC少得多，因此，RISC的效率较CISC高。

15.4.5.2　服务器选择原则

服务器选用监理的考虑要素主要有：系统的开放性；系统的延续性；系统的可扩展性；系统的互连性能；系统的稳定性；应用软件的支持；系统的性能/价格比；系统的安全性等。

15.4.5.3　服务器的系统结构

目前，市场上主要流行的服务器的系统结构一般有：

（1）IA（Intel Architecture）系统结构，该结构是以32位或64位处理器的系统总线为基础。

（2）刀片式（Blade Server）系统结构，该结构对硬盘的要求不高，以高密度、易管理、低功耗、灵活配置等为特点，是为群集计算服务的。

（3）机架式。机架式服务器是采用标准19in、能够放置在机械结构内的产品。

（4）机箱式。机箱式服务器是指通常独立放置在桌面或地面上使用的产品，外形、规格没有统一的标准。

15.4.5.4　服务器的级别

（1）入门级。入门级服务器通常只有一个CPU、配置64～128MB，适用于小范围内完成数据处理、Internet接入等需求，可满足10～50个用户需求。

（2）工作组级。工作组级服务器一般有1～2个CPU，具备小型服务器所具备的各种特性，适用于中小企业、中小学、大企业的分支机构，可满足50～100个用户需求。

（3）部门级。部门级服务器一般有2～4个CPU，具有较高的可靠性、可用性、可扩展性和可管理性、适用于各种小型数据库，Internet服务、Web服务等，可满足100～200个用户需求。

（4）企业级。企业级服务器一般有4～8个CPU，系统性能、系统连续运行时间都比较好。服务功能齐全、适用于大型企业的应用，可满足众多用户的需求。

15.4.5.5　数字视频服务器

数字视频服务器能够以企业Internet为网络平台，完成对本地或远程的受控站点的数字图像传输。数字视频服务器一般采用下面的结构：在远端监控现场，有若干个摄像机、各种检测、报警探头与数据设备，通过各自的传输线路，汇接到多媒体监控终端上，多媒体监控终端可以是一台PC机，也可以是专用的工业机箱组成多媒体监控终端。除了处理各种信息和完成本地所要求的各种功能外，系统利用视频压缩卡和通信接口卡，通过通信网络，将这些信息传到一个或多个客户终端。特别是最后一个功能，是数字视频服务器重点要解决的问题。

（1）主要功能。

1）预览功能：可同时实现1、2×2、3×3、4×4

路实时视频图像预览。

2）远程控制功能：通过网络端口控制万向云台，全方位进行图像监控。

3）网络功能：在网络上传输视频流，进行远程监控。

（2）主要性能指标。

1）视频输入：1～16 路 Video。

2）视频制式：PAL、NTST。

3）图像分辨式：352×288 像素，768×576 像素。

4）每路图像帧数：25f/s。

5）最大显示和压缩帧数：400f/s。

6）预览功能：可实现 1、4、9、16 路实时预览。

7）颜色设置：可动态调整录像和预览颜色。

8）操作系统：Windows 2000。

9）画面分割：可同时显示 1、2×2、3×3、4×4 路视频图像。

10）电源：AC 230(1±10%)V。

11）外形尺寸：标准上架式 2U 机箱。

服务器通过远程摄像头采集视频图像，经过编码之后在网络上传输，客户端通过客户端软件接收到视频图像。一般情况下，客户端需要安装一个客户端软件才能够接收到视频图像；也可以采用服务器/浏览器模式，即将客户端软件做成控件，嵌入到网页中，这样，就减少了客户端安装软件的麻烦。

15.4.6 服务器操作系统选型要点

作为服务器软件的基础，操作系统常常被人们所忽略。但是随着企业业务变得越来越复杂，选择合适的操作系统也就显得越来越重要。现在的操作系统在商务活动的组织和实施过程中发挥着支配作用。

（1）Windows 操作系统。在 Windows 操作系统出现以后，由于它能支持众多的商业应用软件，所以对许多用户来说已经成为一个标准。Windows 操作系统通过将图形界面融入操作系统本身，标志着企业操作系统走进新时代，因为它大大缩小了服务器同客户端之间的差别。

当前，操作系统中最热门的趋势之一便是“兼容并存”，即将多种操作系统集成在一个平台之上。

（2）UNIX 操作系统。有了 Linux 的竞争，UNIX 厂商更致力于提高商用 UNIX 开发的速度和 UNIX 的功能与性能。集中计算的趋势使许多大企业都转向拥有数十个或数百个处理器的单一 UNIX 服务器，在这一点上 Windows 是无法与其竞争的。

15.5 计算机网络系统施工

为了提高工程的施工质量，确保系统的正常运行，工程的施工必须严格执行国家有关的标准、规范的规定。要在监理机构的指导下，请有经验、有施工资质的专业施工队伍施工，确保工程质量。

15.5.1 工程施工的具体要求

工程施工时，对施工人员和工程施工都有要求，要求的要点如下，依据这些要求进行施工阶段的监理工作。

15.5.1.1 施工人员要求

作为工程施工人员应符合下列条件：遵守国家法律，无犯罪历史；严守工程保密制度；接受施工主管部门的管理，遵守各项规章制度；带班班长及主要施工人员必须持有施工资格证书，或具备相应专业知识及技能，并有三年以上施工经验。

15.5.1.2 工程施工要求

（1）在施工开始前的准备工作。工程经过调研、设计、确定方案、招标后，下一步就是工程的实施，而工程实施的第一步就是开工前的准备工作，要求做到以下几点：

1）设计实际施工图。供施工人员、督导人员和主管人员使用。

2）备料。工程施工过程需要许多施工材料，这些材料有的必须在开工前就备好料，有的可以在开工过程中备料。主要有以下几种：光缆、双绞线、插座、信息模块、服务器、稳压电源、集线器、交换机、路由器等落实购货厂商，并确定提货日期；不同规格的塑料槽板、PVC 防火管、蛇皮管、自攻螺钉等布线用料就位；如果集线器是集中供电，则准备好导线、铁管和制订好电器设计安全措施（供电线路必须按民用建筑标准规范进行）；制订施工进度表（要留有适当的余地，施工过程中意想不到的事件，随时可能发生，并要求立即协调）。

3）向工程单位提交开工报告。

（2）施工过程中要注意的事项。

1）施工现场督导人员要认真负责，及时处理施工进程中出现的各种情况，协调处理各方意见。

2）如果现场施工碰到不可预见的问题，应及时向工程单位汇报，并提出解决办法供工程单位当场研究解决，以免影响工程进度。

3）对工程单位计划不周的问题，要及时妥善解决。

4）对工程单位新增加的点要及时在施工图中反映出来。

5）对部分场地或工段要及时进行阶段检查验收、确保工程质量。

6）制订工程进度表。

在制订工程进度表时，要留有余地，还要考虑其他工程施工时可能对本工程带来的影响，避免出现不能按时完工、交工的问题。

需进行审批，审批文件（通知单等）需经双方授权人签字后方可实施。

15.5.2 工程施工方案的评审

为了使施工单位熟悉设计图纸，了解工程项目特点、设计意图、关键工程部分的质量要求、施工中应注意的问题，同时也是为了发现和及时纠正图纸中存在的差错，在工程项目施工之前，监理工程师应组织设计单位和施工单位进行设计交底和图纸会审。通常首先由设计单位介绍工程项目的设计意图、结构特点、技术措施、施工要求和施工中应注意的有关问题，以及设计图纸的情况，然后由施工单位提出图纸中存在的问题、需要解决的难题对设计单位的要求，通过三方讨论的协商解决存在的问题，并将会审的内容、涉及的问题及意见写出会议纪要交给设计单位，由设计单位对纪要中提出的问题用书面形式进行解释、澄清或修改设计，并履行设计变更签证手续。对于较大的问题，则由监理单位牵头，组织建设单位、设计单位和施工单位共同研究、协商解决。

15.5.2.1 设计交底的内容

（1）工程项目的自然条件和环境。如地形、地貌、水文、气象、工程地质、水文地质、社会经济等情况。

（2）设计依据。主要包括合同文件、初步设计，所采用的设计规范及标准、主管部门和其他有关部门（如规划、环保、交通、农业、防汛、渔业、电力、旅游等部门）的要求、设计单位和市场供应的建筑材料和设备等情况。

（3）设计意图。主要包括设计思想、设计方案评选情况，工程等级、工程的平观面置组成、结构型式的选择、基础处理方案、生产设备及其型式的选择、设备的安装和调试要求、施工进度及工期的安排等。

（4）各专业设计的特点及其相互配合的要求。

（5）施工中应注意的问题。如对建筑材料的要求、基础处理的要求、结构施工的要求应注意的问题，工程中所采用的新材料、新结构、新技术、新工艺对施工的要求，施工中应采用的技术保证措施等。

（6）重大的设计技术方案、特殊的爆破、特殊部位或重要部位的混凝土浇筑、重型或大件设备及构件的运输吊装、新建工程与原有工程的连接等的要求和注意事项。

（7）重大的技术革新内容和科学研究项目。

（8）主要的质量标准和工艺质量要求。

（9）其他应注意事项。

15.5.2.2 图纸审查的内容

（1）设计是否满足规定要求，如防灾抗灾，安全防火、卫生、环保等要求。

（2）设计图纸是否齐全完整，是否符合规定要求，能否满足施工需要。

（3）设计中的重大技术方案是否与施工现场条件相符，各专业设计之间的配合是否协调。

（4）工程中所采用的各种材料的供应有无保证，能否采用替代材料。

（5）工程中所采用的新材料、新技术、新工艺、新设备在施工中有无问题，能否保证质量。

（6）设计图纸中有无差错、遗漏和相互间存在矛盾的问题，如各专业图纸之间、各专业图纸与总图之间、图与表之间在结构尺寸、高程等方面，以及在材料的规格、型号、质量、数量、尺寸等方面是否一致，是否存在错、漏、缺。

（7）各专业图纸之间在预留孔洞、预埋件等方面的尺寸、位置、规格、高程、数量上是否一致。

（8）设计选项、选材、结构等是否合理，是否便于施工和保证工程质量、图纸与设备和材料的技术要求是否一致。

（9）地质资料是否齐全，设计地震烈度是否符合录地实际要求和有关规定。

（10）地基处理是否全面合理，符合要求，是否便于施工。

（11）施工安全是否有保证，能否满足生产安全与经济运行的要求。

（12）设计和图纸中所涉及的各种标准、图册、规范、规程等，施工单位是否具备。

15.5.3 工程施工阶段要点

工程施工时，主要工作是：质量控制、质量检验。

15.5.3.1 质量控制

质量控制应从下述5点表现出来。

（1）工程项目施工阶段的质量控制过程。具体地说，就是按生产程序、影响因素、施工阶段进行的。

（2）工程项目施工阶段的质量控制。

（3）施工阶段的质量控制系统。

（4）施工阶段质量控制的方法和手段。

（5）施工过程（工序）的质量控制。

15.5.3.2 质量检验

质量检验就是讨论工程材料的质量、生产设备的质量、施工机械的质量，现重点讨论施工质量。施工质量的好坏是一个工程成败的关键因素，不同类型的工程、国家、行业有相应的质量检验标准，应严格地遵守。

15.5.4　工程布线要点

(1) 网络布线应符合 GB 50311—2007《综合布线系统工程设计规范》的要求。

(2) 工作区到管理间，基本链路长度应小于等于 90m。信道链路长度应小于等于 100m。

(3) 端接方式在一个系统中能使用 568A 或 568B 中的一种。

(4) 线缆拐弯时的曲率半径应符合标准要求。

(5) 不允许裸线出楼（层）。

(6) 线缆两端应有标记。

(7) 挖沟埋线时应穿铁管。

(8) 光缆改变光线方向时，应设“人井”。

(9) 架空走线时，要征得市容管理部门的同意。

(10) 架空光缆拐弯时的曲率半径要符合标准的要求。

15.5.5　安装工程设备要点

(1) 设备安装要符合规范要求。

(2) 需要通过 UPS 供电的地方，应具备 UPS 电源。

(3) 设备间要有防静电措施。

(4) 交换机、路由器、防火墙、服务器、调制解调器等设备放置要平稳、安全。

15.6　计算机网络系统验收

15.6.1　工程验收的前提条件

工程验收必须要符合下列要求：

(1) 所有建设项目按批准设计方案要求全部建成，并满足使用要求。

(2) 各个分项工程全部初验合格。

(3) 各种技术文档、验收资料准备齐全。

(4) 施工现场清理完毕。

(5) 各种设备经接通电源试运行，情况正常。

(6) 用户经试用、无意见。

15.6.2　工程验收方案的审核与实施

在工程完工时，甲方、乙方、监理方三方共同确定验收方案，作为监理方这时的主要工作是：确认工程验收基本条件；建议甲方、乙方共同推荐验收人员，组成试验组；确认工程验收时应达到的标准和要求；确认验收程序。

15.6.2.1　确认工程验收基本条件的主要事项

(1) 是否完成建设工程设计和合同约定的各项内容。

(2) 是否有完整的技术档案和施工管理资料。

(3) 是否有工程中使用的主要设备、材料的进场和检验报告。

(4) 是否有各单项工程的设计、施工、工程监理等单位分别签署的质量合格文件。

(5) 是否有工程施工单位签署的工程保修单和培训的承诺书。

15.6.2.2　建议甲方、乙方共同推荐验收人员，组成验收组

工程验收组的成员，原则上不使用监理方、施工方的人员，避免出现“谁监理谁验收、谁施工谁验收”的状况。考虑的验收组成员应对监理方、施工方保密。但监理方可作为甲方的邀请代表。理论上是由上级主管部门确定验收单位和人选。

15.6.2.3　确认工程验收时应达到的标准和要求

工程施工方应向监理方提供验收的国家标准、地方标准的有文或名称。甲方、监理方向验收组提供验收标准文本，并根据本工程的特点提出具体的要求。

15.6.2.4　确认验收程序

验收程序主要有：验收准备工作、初步验收、正式验收、验收资料的保存。

(1) 验收准备工作。工程验收的准备阶段应做如下工作：组织人力绘制竣工图纸、整理资料。协同设计单位提供设计技术资料（可行性报告、立项报告、立项批复报告、设计任务书、初频设计、技术设计、工程概预等）。组织人员编制竣工决算，起草工程验收报告的各种文件和表格。

(2) 初步验收。初步验收是施工方自验的基础上，由建设单位、施工单位、监理单位组成初验小组，对工程各项工作进行全面检查、合格后提出申请正式验收。

(3) 正式验收。上级主管部门或负责验收的单位收到竣工验收申请和竣工验收报告后，经过审查、确认符合竣工验收条件和标准，即可组织正式验收。

正式验收的一般程序有 8 点：听取施工单位报告工程项目建设情况，自验情况及竣工情况；听取监理方报告工程监理内容和监理情况，以及对工程竣工的意见；组织验收小组全体人员进行现场检查；验收小组对关键问题进行抽样复核（如测试报告）和审查资料；验收小组对工程进行全面评价并给出鉴定；进行工程质量等级评定；办理验收资料的移交手续；办理工程移交手续。

(4) 验收资料和保存。验收资料应作为工程项目的楼案在工程验收结束后移交给甲方，作为今后扩建、维修的依据，也作为复查的依据，保存的资料要全面、完整、由专门的机构保存。

15.6.3 工程验收的组织

15.6.3.1 工程验收组构成

一般由甲方牵头，上级主管部门主持，验收单位或小组独立工作，监理单位、施工单位、甲方配合验收小组工作。

15.6.3.2 工程验收组的分工

工程验收组对工程验收时，对其成员应有明确的分工。

一般按分项工程成立测试（复核）小组、资料文审查小组、工程质量鉴定小组。

(1) 测试（复核）小组的工作。测试（复核）小组是根据提交的验收测试报告，提交的数据，通过仪器设备，对关键点进行复测，验证其数据的正确性。

所要复测的内容，应根据分项工程的具体情况和有关标准、规范的验收要求进行。

(2) 资料审查小组的主要工作。资料审查小组应根据合同要求乙方所提供的有关技术资料进行审查，资料要齐全，审查的资料大致分为：

1) 基础资料。招标书；投标书；有关合同；有关批更；系统设计说明书；系统功能说明书；系统结构图。

2) 工程竣工资料。工程开工报告；工程施工报告；工程质量测试报告；工程检查报告；测试报告；材料清单；施工质量与安全检查记录；工程竣工图纸；操作使用说明书；其他。

3) 工程质量鉴定小组。工程质量鉴定小组应根据具体的工程分别要做以下工作：听取甲方、乙方、监理方对工程建设介绍；组织现场、复查验收；听取验收测试小组的工作汇报、资料审查小组的工作汇报，用户试用的汇报；起草工程验收的评语。

第16章 chapter16 楼宇设备控制系统的设计与施工技术

目前在智能建筑中流行的各类各品牌的楼宇设备控制系统都是比较先进，利用系统集成方法将智能型计算机技术、通信技术、信息技术与建筑技术有机地结合起来，可以对各种设备的自动监控信息进行分析、正确判断和处理，达到对楼宇设备空调、供热、给排水等众多设备进行实时测量、监视和全面监控，实现最优化的管理，从而提高系统运行的安全可靠性，节省人力、物力和能源，降低设备运行费用，随时掌握设备状态及运行时间、能量的消耗及变化等。如何把这些设备的先进性、科学性、经济性很好地发挥出来，关键是在于楼宇设备控制系统的安装与调试。

本章重点介绍的内容有：楼宇设备控制系统基础知识；楼宇设备控制系统的基本功能；楼宇设备控制系统的设计；通风与空调工程施工技术要求；楼宇布线和设备安装施工；BA系统监控设备现场调试方案；系统调试；楼宇设备自控系统工程验收。

16.1 楼宇设备控制系统基础知识

16.1.1 楼宇设备控制系统概述

楼宇设备控制系统是以一台计算机为中心，由符合工业标准的网络，对分布于监控现场区域智能分站（即DDC）进行连接，通过特定的末端设备，实现对楼宇机电设备集中监控和管理的专业楼宇自动化控制系统。它是基于现代控制论中分布式控制理论而设计的集散型系统，是具有集中操作，管理和分散控制功能的综合监控系统。系统的目标是对建筑物内大多数机电设备采用现代计算机技术进行全面有效的监控和管理，确保建筑物内所有设备处于高效、节能、合理的运行状态。

以计算机为中心的整个网络共分三级，上层一级为一台计算机工作站，中层一级为若干台区域智能分站（即DDC），下面一级为若干末端设备，包括各种湿度、温度、压力、流量、水位、电压、电流、功率、功率因数等传感器和变送器及阀门、风门、湿度、调节阀等多种执行器件。

楼宇设备自控系统对建筑物大多数机电设备进行全面有效的监控和管理，如对空调系统、冷冻机组、变配电高低压回路、给排水回路、各种水泵、照明回路等等的状态监测和启停控制，对变配电高低压回路，电梯系统的状态监测和故障报警。

16.1.2 楼宇设备控制系统主要部件

楼宇设备控制系统负责完成大厦中的空调制冷系统、变配电系统、照明系统、供热系统等的计算机监控管理。

楼宇设备控制系统通过计算机对各子系统进行监测、控制、记录，实现分散节能控制和集中科学管理，以达到为大厦中的用户提供良好的工作环境，为大厦的管理者提供方便的管理手段，为大厦的经营者减少能耗并降低管理成本，为物业管理现代化提供物质基础的目的。下面我们介绍楼宇设备控制系统的主要控制部件。

（1）主控制器。主控制器是整个系统中的现场控制器（DDC）的协调者，其作用是实现全面的信息共享，完成现场控制器与中央监控管理中心之间的信息传递、数据存储、现场或远端报警等功能。主控制器含有CPU、存储器、I/O接口、通过网络接口连接在一级网络上。

（2）现场控制器。现场控制器（即直接数字控制器DDC）：现场控制器用于控制现场设备，与安装在设备上的传感器件和执行机构相连，每个现场控制器都包含有CPU、存储器、I/O接口。分设在现场，尽量靠近被监控点，通过网络接口连接在二级网络上。

（3）传感器。传感器装在各监控点的传感器，包括各种敏感元件、端点和限位开关，接收并传送信号。

（4）执行机构。接收控制信号并调节被监控设备。

(5) 各种软件。包括基本软件和应用软件，支持系统完成本身运行和外部控制所需要的各种功能。

16.1.3　空调控制系统

空调控制系统的监控要求如下：空调系统的温度控制；空调系统的湿度控制；新风、回风、排风的控制；制冷器的防冻监控；过滤器的状态监测；风机的状态及故障报警。

16.1.4　冷冻站控制系统

冷冻站控制系统包括对冷冻水泵、冷却塔风机的自动控制，以及冷水机组台数的节能控制和冷冻水系统的压差控制；还包括中央管理站对冷冻站的控制。因此需解决如下问题：冷却塔风机运动状态监测、控制和故障报警；冷却水泵运行状态监测、控制和故障报警；冷水机组冷却水、进水温度监测及控制；冷水机组冷却水出水温度、流量监测及控制；分水器、集水器压差监测及控制；冷水机组运行状态监测、控制和故障报警。

16.1.5　给排水监控系统

对大厦生活用水、消防用水、污水、冷冻水箱等给排水装置进行监测和启停控制，其中包括压力测量点、液位测量点以及开关量控制点。要求显示各监测点的参数、设备运行状态和非正常运行状态的故障报警，并控制相关设备的启停。

16.1.6　变配电监控系统

变配电监控系统包括低压配电系统。要求对计算机不间断UPS电源系统、冷冻站配电、变压器、高压系统和高压二次线中的各个点进行监测控制，主要包括电流量、电压量、有功电度、无功电度、功率因数、温度等量的测量和开关量的控制。要求实时监测和计量供电系统的运行参数，显示主接线图、交直流系统和UPS系统运行图及运行参数，对系统各开关变位和故障变位进行正确区分，对参数超限报警，对事故、故障进行顺序记录，可查询事故原因并显示、制表和打印，可绘制负荷曲线并显示、打印运行报表。

16.1.7　热力站监控系统

由中央监控系统监测热交换器的热水出水温度，热水流量和控制热水泵的启停。

16.1.8　中央管理计算机功能

智能大厦中的中央管理计算机有以下功能：监控功能、显示功能、操作功能、控制功能、数据管理功能、安全保障管理功能、记录功能、自诊断功能、内部互通电话及与其他系统之间的通信功能。

16.1.8.1　监控功能

监控功能包括：

(1) 状况监控：对数字和模拟管理点的状况进行监控；

(2) 警报发生监控：自动执行警报发生信息显示和强制画面显示，并可设定每一警报级别的警报铃声；

(3) 启动/停止失败监控：在输入命令后，与输出状况不一致，则被视为启动/停止失败而发出警报；

(4) 计测值上下限监控：对计测值进行上下限设定，大于该定值时，执行警报判断操作；

(5) 计测值偏差监控：对计测值进行偏差设定，大于该设定值时，执行警报判断操作；

(6) 连续运动时间监控：当连续运转时间大于设定值，则发出警报；

(7) 运转时间累计：对机器运转状况累计时间，作为维修和检查的指南；

(8) 启动/停止次数累计：累计机器的启动/停止次数，作为维修和检查的指南；

(9) 监视器使用范围：可分别指定监视器、打印机、警报铃等的使用范围。

16.1.8.2　显示功能

(1) 监视器系统图显示：显示出机器的实际运转状况以及各种数据；

(2) 动画显示：运转状况图颜色随数据值变化而发生变化；

(3) 多窗口显示：监视器可以显示出多种一览表，以及数幅控制画面；

(4) 画面移动显示：图表无法一次显示在画面上时，可以利用棒移动画面；

(5) 趋势图、直方图显示：以最大48h间隔的时间数列方式，每隔1min将计测值，每隔30min或1h将累计值分别显示在趋势图、直方图、累计图、组合图上；

(6) 日历显示：显示年月日、星期、时间；

(7) 警报一览表显示：以一览表方式显示出系统中所发生的警报，还可以利用警报级别和管理点名称进行检索操作；

(8) 维修登录一览表显示：以一览表方式显示出维修登录管理点，也可以利用管理点号码和管理点名称进行检索操作；

(9) 程序一览表显示：根据每一程序的类型，以一览表方式显示出日历、时间程序、连动程序、趋势图、直方图等各种程序的名称；

(10) 预约画面显示：可以进行预约画面设定、显示。预约画面共有20幅，并且可以任意执行登录变更操作；

（11）直接选择显示：可以跳过显示中的画面直接显示所需的画图；

（12）警报指示显示：在警报发生时，可以制作完成显示有处理程序以及紧急联络地址的画面。

16.1.8.3 操作功能

（1）手动个别启动/停止：可从系统图画面中调出单管理点画面，以便用手动执行机器的启动/停止操作；

（2）远程设定值变更：可从系统图画面中调出单管理点画面，以便在该画面中更改远程设定值；

（3）程序设定值变更：可以更改时间、标准值、控制参数、登录管理点的程序设定值；

（4）许可/禁止指定：以管理点和程序为单位，可以暂停控制操作的执行；

（5）维修登录/解除：以管理点为单位，可以暂停控制操作和警报判断的执行；

（6）鼠标操作：利用鼠标可以选择画面和进行操作；

（7）密码指定：每执行一项操作时，可以指定操作许可级别/操作设备范围。

16.1.8.4 控制功能

（1）日历功能：使用自动判断闰年、大月、小月的万用日历；

（2）时间程序：将动力机器登录于时间程序中，可自动驱动该机器的定时开/关运作；

（3）连动程序：以管理点的状况变化、警报发生等为指定条件，预先指定好对象动力时，可驱动该对象动力的运作；

（4）火灾意外事故程序：发生火灾时，停止空调器等相关机器的运作；

（5）停电处理：在商业用电断电时，一般控制功能被中止，只有火灾意外事故程序和手动操作可以执行输出操作；

（6）自备发电时的强制驱动控制：在商业用电停电，并且进行自备发电的场合，会自动驱动记录机器的工作参数；

（7）恢复供电程序：恢复供电后，将自家发电切换为商业用电时，遵照自动或手动的恢复供电指令操作，并依照自家发电时的强制驱动控制让运转机器停止运作；

（8）室外空气引入控制：使用室外空气当作冷房循环使用时，控制系统将有效地控制引入室外空气；

（9）远程设定值的时间控制：在一年后的预先设定好的指定月日，对该时间设定值的自动变更进行管理；

（10）简易运算控制：可执行加减乘除，以及AND/OR等理论运算的设定。

16.1.8.5 数据管理辅助功能

（1）趋势数据的再显示功能：以1个月为单位，按时将趋势，直方图显示、高速趋势图显示、日报、月报、年报显示、警报记录、操作/状况变化记录等所搜集、累积的数据存储于磁盘中；

（2）用户数据处理辅助功能：可将指定计测值、累计值、趋势数据等输出于各种记忆媒体中，可在常用的计算软件中使用这些累积数据；

（3）警报记录：将长期累积而得的警报发生和复位等数据，以图表方式显示、打印出来；

（4）操作/状况变化记录：将长期累积而得的启动/停止操作等的操作员操作指令和机器的状况变化等数据，以图表方式显示、打印出来。

16.1.8.6 安全保障管理功能

（1）机器登记簿/记录履历管理；

（2）运转实绩管理；

（3）安全保障时间表管理。

16.1.8.7 记录功能

（1）信息打印机：负责打印警报记录、正常复位记录、启动/停止失败记录、计测值上下限警报记录、日报变化记录、停电/恢复供电记录、火灾时间记录、操作记录、状况变化记录；

（2）报表打印机：负责打印每日、每月、每年的日报、月报和年报；

（3）硬拷贝彩色打印机：对显示器上画面进行拷贝记录，并且可在拷贝时转移画面。

16.1.8.8 自诊断功能

（1）传送系统故障监控：在远程装置传送异常时，实施警报显示；

（2）系统异常状况自行监控：不断监控系统中的各种模块状况，通信状况，以便在发生异常状况时打印信息。

16.1.8.9 内部互通电话及与其他系统通信功能

（1）通话功能：利用鼠标选择远程子机电话，以便进行呼叫和互相通话；

（2）音频监控功能：利用鼠标选择远程子机电话，以便监控附近的声音；

（3）与其他系统之间的通信功能：通过安全保障系统、电源监控系统、冷却装置和内部互通电话进行通信。

16.2 楼宇设备控制系统的基本功能

楼宇设备控制系统的基本功能如下：数据采集；各种设备启/停控制与监视；设备运行状况图像显示；

各种参数的实时控制和监视；备启/停控制与监视；设备运行状况图像显示；各种参数的实时控制和监视；参数与设备非正常状态报警；动力设备节能控制及最优控制；能量和能源管理及报表打印；事故报警报告及设备维修事故报告打印输出。

16.3　楼宇设备控制系统的设计

楼宇自控系统通常包括空调系统、给排水系统、供配电系统等子系统。一个成功楼宇设备控制系统必须具有两个要素：系统应用稳定可靠，发生故障概率降到最低可能限度。系统能提供精确的、量化的控制模式，为大楼能源控制提供可靠保证。这就要求楼宇设备控制系统整个控制过程尽可能精确。

楼宇设备控制系统是建筑设计的一部分，并与建筑设计同时进行的。在工程设计中，要根据业主的投资额和使用要求，确定楼宇设备控制系统的控制范围、控制点数及整个系统的构成。做好与土建施工有关部分的管线预留和预埋。我们把设计院完成的设计内容称为总体设计。主要内容包括：总体设计、方案初步设计、方案设计、方案施工图设计。

16.3.1　楼宇设备控制系统设计的依据

建设部［1997］290号文件《建筑智能化系统工程设计管理暂行规定》

JGJ 16—2008《民用建筑电气设计规范》

GB/T 50314—2006《智能建筑设计标准》

GB 50019—2003《采暖通风与空气调节设计规范》

GBJ 232—1982《电气装置工程施工验收规范》

GB 50045—1995《高层民用建筑设计防火规范》

GBJ 79—1985《工业企业通信接地设计规范》

16.3.2　楼宇设备控制系统总体设计的要点

16.3.2.1　确定建筑物功能需求

确定建筑物的功能，了解业主的需求：

（1）与土建专业共同确定中央控制式的位置、面积，确定竖井数量、位置、面积、布线方式等，以使建筑设计满足智能化系统运行的要求，与智能化系统设计形成和谐的统一整体，并为智能化系统留有可扩充余地。

（2）了解机电专业对控制系统的要求，确定楼宇设备控制系统监控范围，探讨控制方案，确定控制功能和网络结构。

（3）画出大楼楼宇设备控制系统控制网络图。

（4）完成配电设备二次回路设计和各种仪表的选择、调节阀计算，确定楼宇设备控制系统现场传感器的规格、尺寸和安装方式。

（5）画出各子系统的控制系统图及各层管线敷设平面图。

（6）气候情况。为了建设一个完善的、成功的建筑设备监控系统，方案还考虑气候情况：

1）温度。年平均气温、极端最低气温、极端最高气温、冬季采暖计算温度。

2）雨量。年降雨量。

3）平均风速。冬季：m/s，夏季：m/s。

4）相对湿度。最热月份平均湿度、最冷月份平均湿度。

（7）列出楼宇设备控制系统设备、材料表，写出设计、施工要点，各专业图纸会签。

（8）系统选型。楼宇设备控制系统是涉及计算机技术、控制技术、通信技术等多种高新技术的复杂系统，如何根据大厦的功能要求从众多的产品中选择合适的产品是十分重要的，需要综合技术、经济各项指标进行全面客观的比较分析和实地考察，才能确定。通常可以从以下几个方面进行考虑：可靠性高；技术先进；互操作性好；符合主流标准；满足实用要求；便于维修；生命周期成本低；厂家实力与售后服务。

16.3.2.2　楼宇设备控制系统设计把握要点

在楼宇设备控制系统设计时，总体上应该把握以下几个要点：

（1）大厦内各类设备的监视、控制、测量，做到运行安全、可靠、节省能源、节省人力。

（2）大厦设备监控系统的网络结构模式采用集散式控制的方式，由管理层网络与监控层网络组成，实现对设备运行状态的监视和控制。

（3）建筑设备监控系统应实时采集，记录设备运行的有关数据，并进行分析处理。

（4）业主对室内环境舒适度的强调，要求楼宇设备管理系统对空调通风系统高精度地控制和调节，从而能提供最舒适的温度、湿度，满足使用需要。

（5）业主或管理公司对设备的运行成本、管理成本和管理效率十分重视，楼宇设备管理系统自动高效地控制设备能耗，完全能够降低运行成本和设备管理成本，提高管理效率。

（6）楼宇自控系统特有的计算功能和调节控制功能，使系统能够根据室外环境状况和用户的要求，对楼内设备进行控制，调节冷、热等能源的消耗量，可以有效减少水、电和冷热能源的浪费，同时充分满足人体对室内环境舒适度的要求。对于业主来讲，使用楼宇自控系统所带来的能耗降低的效果是十分明显的，从而节省的成本也相当可观。

（7）对于电信大厦内所使用的各类机电设备，楼宇设备管理系统能够自动地在设备的运行管理中处理好设备的均负荷工作，同时减少设备损耗率，延长设备使用寿命。

(8) 系统和产品的性能以及系统安装、调试和施工管理中的问题，也是业主非常关注的。采用了简单清晰的系统网络结构，并选用模块化程度很高的控制器，是满足业主要求的良好保证。

(9) 画出变配电系统的控制原理图。DI 无极性数字量输入；DO 无极性数字量输出；AI 模拟量输入；AO 模拟量输出。

一类建筑设备自成体系，并有自己的控制中心。为了实现楼宇设备控制系统监控中心的集中监控功能，此类系统应与楼宇设备控制系统实现信息交互，即建立信息传递路径、实现信息的相互传递。为达到这一目的，不仅需要在中央站和各独立系统上备有硬件接口 RS-232、RS-485 等，而且应该有相同网络协议来支持。对独立系统实现集中监控的方案如图 16-1 所示。

16.3.2.3 分站设置的要点

(1) 分站监控区的设置。

1) 对集中布置的大型设备应规划在一个分站内监控。这些设备包括冷冻机组、集中空调箱、柴油机组。

2) 对集中布置的设备群应划分在一个分站内监控。这些设备群包括低压配电室、大空间的照明回路等。

(2) 站至监控点最大距离的确定。每个分站至监控空点的最大距离应根据所用传输介质和选定的波特率按产品规定的性能参数确定，并不得超过。即分站

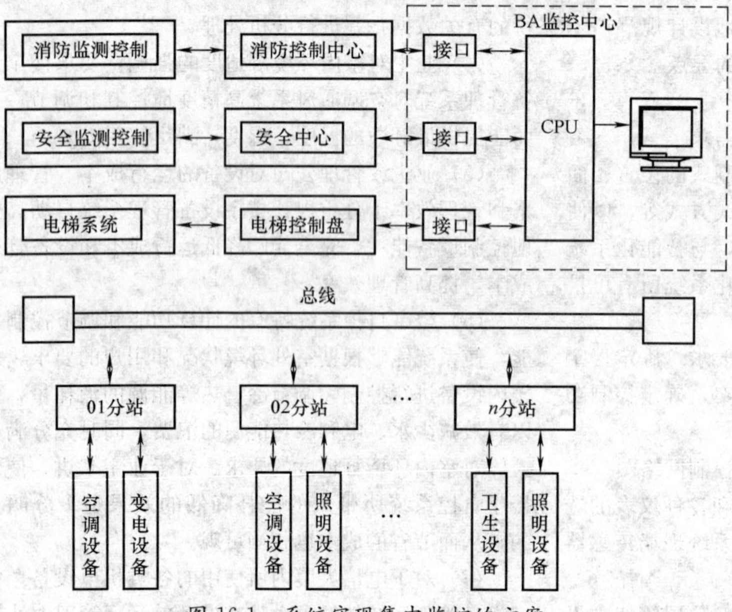

图 16-1　系统实现集中监控的方案

作为现场级控制设备，按就地就近的原则配置在现场，可以不受楼层的限制。

(3) 分站 I/O 点的数量与分站的形式。每个分站的 I/O 点的形式，可以基本上区分为开入（DI）、开出（DO）、模入（AZ）、模出（AO）四种形式。设计者要从设备的监控点数出发，选定类型和 I/O 点的数量。

归纳起来，应该监控以下几点：

1) 分站的控制范围避免过大，应设置在受控设备附近。

2) 在 I/O 点的使用上，分站的点的另一种“点型”是“累加点”，这种通常都配置较少，只要能在监控方案上没有疏漏，可以不考虑预留问题。

3) 分站的选型是依据单体机组的控制方案选型而定。当分站的形式与数量确定之后，剩下来的工作便是组成网络，有经验的设计者常常根据建筑结构和设备布置情况先确定几个总线或子环及其路径，再按分站既靠近现场设备又尽量接近网络的原则去选定分站的位置，然后确定 I/O 点的数量。

16.3.2.4 监控中心设计的要点

(1) 监控中心工作室组态应根据系统规模大小来确定。中型以上系统除中央控制室外还附设若干专用室，可附设的专用室有：电源（UPS）室、软硬件开发室、信息媒体保管室等。

监控中心宜设在主楼底层，应保证：

1) 周围环境相对安静，中央控制室是环境噪声声级最低的场所；

2) 无有害气体或蒸汽以及烟尘侵入；

3) 远离变电所、是梯房、水泵房等易产电磁辐射干扰的场所；

4) 远离易燃、易爆场所、无虫害、鼠害；

5) 环境参数满足产品要求，或按下列数值选择监控中心的位置：振幅小于 0.1mm；频率小于 25Hz；磁场强度小于 800A/m。

(2) 监控中心设置集中空调系统。

(3) 中央控制室宜设铝合金骨架架空的活动地板，高度不低于 0.2m；各类导线敷设在地板下线槽内。

(4) 不间断电源设备按规模设专用室时，面积不小于 $4m^2$；放置

蓄电池的专用电源室设排风装置，与中央控制室不得相通。

(5) 规模较大系统且有多台监视设备布置于中央控制室时，监控设备应单排直列布置；屏前净空按操作台前沿计算不得小于1.5m，屏后净空不得小于1m。

(6) 中央控制室宜采用天棚暗装室内照明，室内最低平均照度宜取200lx，必要时可采用壁灯作辅助照明。

(7) 监控中心应根据系统规模大小设置灭火装置，禁止采用水喷淋装置。

(8) 规模较大的系统，在中央控制室设直通室外的安全出口。

16.3.3　方案初步设计

初步设计阶段包括以下内容：设计说明书、系统图、平面图、主要设备材料表、图纸目录。

(1) 设计说明书。

1) 建筑概况：说明建筑类别、性质、面积、层数、高度及智能化设计标准等级等；

2) 相关专业提供给本专业的工程设计资料；

3) 建设方提供的有关职能部门认定的工程设计资料；

4) 工程采用的主要标准及法规；

5) 设计范围：在电气或弱电设计说明中阐述的设计内容包括楼宇自控系统；

6) 楼宇自控系统控制室的位置、面积、独立设置或与哪些系统合用，监控总点数，包括数字输入、数字输出、模拟输入、模拟输出各为多少，系统的组成；

7) 各子系统的要求和联动控制功能；

8) 当完成智能化系统集成功能时需说明集成子系统及其要求；

9) 主要产品的选型；设计中所使用的符号、图例、标注的含义；

10) 接地要求及导线敷设方式；

11) 在初步设计审批时需解决或确定的主要问题。

(2) 系统图。应划出系统通信的干线图、控制室大体位置，设备DDC大体位置，数量应在干线图中大体标出，只标出线路连接路径，不做线路选型。

(3) 平面图。包括控制室平面布置图和个分站DDC平面布置，只画出设备平面分布，不做线路连接。

(4) 主要设备材料表。包括主要设备的图例、名称、型号规格、技术参数、单位、数量、安装做法等。

(5) 图纸目录。

16.3.4　方案设计

方案设计阶段包括以下内容：方案设计由中标公司配合设计院进行二次设计。

首先，要按产品性能、特点完善设计院的一次设计，核对控制点数表，确定各种设备的规格、型号，绘制二次设计施工图纸。包括详细的分系统图、接线图以及联动关系软件功能说明、系统的操作及维护手册。所选择的设备要有开放的标准，自控系统要对楼内全部机电设备进行控制，这些设备和系统的数据通信必须按同一标准协议，它由一系列与软件及硬件相关的通信协议组成，规定了计算机控制器之间所有对话方式。在实际工程中，多数设备和子系统愈来愈多，愈来愈复杂，不同厂商提供的不同产品和系统，其通信协议不同，互联很困难。承包商一般采用开发网关方式，完成不同系统的互联。系统之间要完成协议转接，一定要开发网关的硬件及软件实现互联。承包公司二次设计完成后，供施工、设备安装、调试等环节使用。最后，通过权威或法定的测试后，该系统进行试运行。

16.3.4.1　设计范围

在电气或弱电总说明中阐述建筑物智能化设计标准等级、设计范围。例如：

(1) 对空调系统设备的运行状况进行监理、控制、测量和记录。

(2) 对供配电系统、变配电设备进行监视、控制、测量和记录。

(3) 对给排水系统设备的运行监视、控制、测量和记录。

(4) 对电梯及自动扶梯的运行监视、控制、测量和记录。

(5) 对公共安全防范系统进行必要的监测。

(6) 对火灾自动报警系统进行必要的监测。

(7) 对停车场管理系统进行监测。

16.3.4.2　工程需求分析

(1) 研究建筑物的使用功能，了解业主的具体需求以及期望达的目标。

(2) 确定建筑物内实施自动化控制及管理的各功能子系统。

(3) 根据各功能子系统所包含的设备，制作出需纳入楼宇自控系统实施监控管理的被控设备一览表。

16.3.4.3　确定系统的控制方案

(1) 对于需进行自动化控制的功能子系统，给出详细的控制功能说明，并说明每一系统的控制方案及达到的控制目的，以指导工程设备的安装、调度及工程验收。

(2) 根据系统大致规模及今后的发展，确定监控中心位置和使用面积；并预留接口，与智能化系统设计形成和谐的统一整体。

16.3.4.4 确定系统监控点

在确定被控设备的数量及相应的控制方案后，确定每一被控设备的监控点数及监控点数及监控点的性质，核定对指定监控点实施监控的技术可行性，绘制监控点一览表。

16.3.4.5 系统及设备选型

(1) 系统选型应综合技术、经济各项指标，进行全面、客观的分析比较并实地考查，选取合适的产品。

(2) 设备选型结合各设备工种平面图，进行监控点划分（监控点应留有20%的余量）；根据该监控范围，确定系统网络结构和系统软件。

(3) 根据各设备的控制要求，选用相应的传感器、阀门及执行机构，并配出满足要求的楼宇控制器。

16.3.4.6 绘制楼宇设备控制系统总控制网络图

根据选定的系统结构和现场楼宇设备的具体布置，画出楼宇设备控制系统总控制网络图。

(1) 画出各子系统被控设备的控制原理图。

(2) 绘制整个楼宇自控系统信息工期平面图。

(3) 监控中心设计及平面布置。

(4) 提供设计施工说明、列出材料表。

16.3.4.7 变配电监控系统的设计

变配电监控系统是大楼的心脏，是大厦的动力系统。如果没有变配电系统，所有的机电设备都将无法工作。因此，变配电系统是大厦的最主要部分。变配电监控系统除了确保大厦的动力系统正常的运行外，还可以大大提高其工作效率，节省能源消耗。另外，许多建筑都配备了相应的应急电源，如柴油发电机组，当工作电源没电后，备用柴油发电机组自动启动，投入运行，确保负载的正常供电。变配电监控系统主要设置功能如下：

(1) 检测运行参数，如电压、电流、功率、变压器温度等，为正常运行时的计量管理、事故发生时的故障原因分析提供数据；

(2) 监视电气设备运行状态，如高、低压进线断路器等各种类型开关当前分、合状态，是否正常运行，如发现故障，自动报警；

(3) 对建筑物内所有设备的用电量进行记录与统计，包括动力用电和照明用电，对高峰负荷、日用电量、平均用电量等指标进行分析和管理；

(4) 对各种电气设备的检修、保养、维护进行管理。

16.3.4.8 楼宇自控系统设计中应注意的问题

(1) 管理范围的确定。对建筑物内各类设备的监视、控制、测量，应做到运行安全、可靠，节省能源和人力。管理范围要结合开发商或业主的投资来确定，还要考虑当地管理机构的具体要求。如：有的地方供电局要求，变配电系统可以纳入楼宇设备控制系统系统。楼宇设备控制系统系统可以集中显示、记录、测量、报警，不可以控制系统中断路器的合闸、跳闸；同时要求消防报警系统、连动系统必须独立，在楼宇设备控制系统系统中可以显示、记录，不可以显示、记录的控制等。

(2) 控制器I/O点数的确定及其接口技术处理。确定控制点要参考GB/T 50314—2006《智能建筑设计标准》楼宇设备控制系统系统甲级、乙级、丙级设计标准。要与专业设备工程师配合，参考该专业图纸和设计要求，共同研究确定控制点，编制监控点表。

通常建筑设备监控系统的规模大小是用“点数”来衡量的，400点以下为小型系统，400～700点为中型系统，大于700点为大型系统。点数的多少不仅体现了系统的规模大小，而且直接关系到系统的投资与造价。在设计阶段，首先的工作应该是系统点数的确定。系统的点数又是基于整个系统设备数量和每台设备的监控、控制及测量功能的多少来确定，设计人员在确定时，必须与相关专业如空调、水道、强电等设计人员密切配合，根据功能，以便准确地确定整个建筑设备监控系统的总点数。

在建筑设备监控系统工程设计中，由于专业分工和专业交叉等问题，确定点数及如何处理点的外部连接接口经常协调不好，造成系统设计不合理，工程实施起来困难。作为系统的设计人员应与其他专业设计人员协调，并且了解其他专业设备如空调、给排水、电气等基本工作原理及其工艺要求。

(3) 中央操作站和通信网络的正确配置。只有中央操作站和通信网络配置正确，才能实现对建筑物内设备运行集中监控与管理的基本服务功能。中央操作站的设备配置时要考虑到系统的规模和投资的条件，不要贪大求全，应实用满足系统需要。在电气设计规范中对中央操作站和通信网络的配置原则，提出如下要求：

1) 满足集中监控的需要。

2) 所选的网络结构与监控系统相适应。

3) 实现危险分散尽量减少故障的波及面，特别是中、大型系统，采用分布式系统。

4）减少初投资。

5）系统必须易于实现扩展。

（4）影响系统精确控制的几个因素。有几个因素直接影响到楼宇设备控制系统系统精确控制程度：

1）系统前端所测信号准确尤其是模拟信号必须尽可能准确。保证系统前端信号准确：采取合理配置前端传感器数量；探测点数设置过少，则无法取得精确的前端信号；前端传感器数量过多的话易造成信号之间耦合，也使系统成本增大；正确选择传感器的安装位置。

2）系统控制环节少、能提供丰富的控制积算软件。目前各楼宇设备控制系统厂商提供 DDC 采用的是数字输出信号去直接控制电动水阀阀门的开度，而无须中间调节器，DDC 内含有积算控制程序有：比例（P）算法、比例积分（PI）算法、比例积分微分（PID）算法。

3）保证阀门的“零”开度。各类电动水阀是楼宇设备控制系统主要执行机构，在空调运行控制过程中阀门开度是楼宇设备控制系统主要调节内容。其中，保证阀门“零”开度是楼宇设备控制系统控制精度重要保证。换句话说，选择正确流量特性和合适口径的电动水阀是楼宇设备控制系统成功的重要保证。电动水阀的口径决定了阀门的调节精度。水阀口径选择大，不仅增大业主投资成本，而且使阀门基本行程单位变大导致阀门调节精度降低，达不到节能目的；水阀口径选择过小，往往会出现即使水阀全部打开系统也难以达到设定温度值，无法实现控制目标。如何计算选择电动水阀口径？工程上常用的是通过计算电动阀门的流量系数值来推导电动水阀口径，因为流量系数和水阀口径是成对应关系的，换句话说，流量系数确定了，水阀口径大小也就确定了。

（5）系统的可靠性。楼宇设备控制系统在应用中稳定可靠，发生故障概率降到最低可能限度。

（6）系统的可扩展性。随着系统应用及技术的发展，楼宇设备控制系统要为未来的发展留出可扩展的空间。

（7）系统的互操作性。系统能提供精确的、量化的控制模式，为大楼能源控制提供可靠保证。任一业主为大楼安装楼宇设备控制系统直接动因就是能实现大楼能源消耗大幅度降低以达到节省大楼营运成本的目的。这就要求楼宇设备控制系统整个控制过程尽可能精确。

（8）系统的可监控性。楼宇设备控制系统的执行机构分散在各个楼层的不同位置，为使系统及操作人员能够监控到自动控制指令是否正常，应考虑一套独立的反馈传感器。

（9）系统的联动性。

16.3.5　方案施工图设计

16.3.5.1　施工图设计

设计文件包括图纸目录、施工设计说明、系统图、平面图、主要设备表。

（1）图纸目录。先列出新绘制的图纸，后列重复使用图。

（2）施工设计说明。

1）设计依据。可按初步设计中的设计依据进行说明。

2）设计范围。在电气或弱电设计说明中阐述的设计内容包括楼宇自控系统。

3）当完成智能化系统集成功能时需说明集成子系统及其要求。

4）主要产品的选型。设计中所使用的符号、图例、标注的含义；接地要求及导线敷设方式。

5）系统的施工要求和注意事项（包括布线、设备安装等）；设备订货要求；工程选用标准图集编号、页号。

（3）系统图。

1）楼宇设备控制系统干线图，绘到 DDC 站止，包括主控主要设备与 DDC 站的连接，线路与敷设方式，每个 DDC 要有清晰的编号与监控点表一一对应，线缆、设备的数量、路由，主要设备与设备间的连接应清晰画出，设备材料的图例、型号、数量应与平面图材料表一致，设备位置应与实际位置大体一致。

2）监控点表：说明详细的设备和 DDC 的分布位置、监控对象、实现的功能、监控点分类、点数统计及 DDC 的点数占用率等，各监控点、DDC 与干线系统图应严格一致。

（4）平面图。平面图包括控制室平面布置图、接地平面图，DDC 平面布置图、干线及设备机房外线路平面图。

（5）主要设备材料表。包括主要设备的图例、名称、型号规格、技术参数、单位、数量、安装做法等。

16.3.5.2　施工线路平面图

施工线路平面图（略）。

16.4　通风与空调工程施工技术

16.4.1　通风与空调工程施工技术要求

通风与空调工程施工技术要求，一般应要注意如下 11 点：

（1）空调工程施工质量除应符合规范的规定外，还应按照被批准的设计图纸、合同约定的内容和相关技术标准的规定进行。

（2）在建筑项目施工中，通风与空调工程实际的情况差异很大，对工程施工管理和技术管理的要求都会有所不同，不可能处于同一个水平层次。

（3）通风与空调工程所使用的主要原材料、产成品、半成品和设备的质量，在进入施工现场后，必须对其进行实物到货验收。验收一般应由供货商、监理、施工单位的代表共同参加。验收必须得到监理工程师的认可，并形成文件。

（4）在通风与空调工程施工过程中，由施工人员发现工程施工图纸实施中的问题和部分差错，要按正规的手续，反映情况和及时更正，并将文件归档。

（5）通风与空调工程作为建筑工程的分部工程施工时，要划分为子分部与分项工程。子分部与分项工程划分应按表 16-1 的规定执行。

表 16-1　　通风与空调分部工程的子分部划分

子分部工程	分　项　工　程	
送、排风系统	风管与配件制作 部件制作 风管系统安装 风管与设备防腐 风机安装 系统测试	通风设备安装，消声设备制作与安装
防、排烟系统		排烟风口、常闭正压风口与设备安装
除尘系统		除尘器与排污设备安装
空调系统		空调设备安装，消声设备制作与安装，风管与设备绝热
净化空调系统		空调设备安装，消声设备制作与安装，风管与设备绝热，高效过滤器安装，净化设备安装
制冷系统	制冷机组安装，制冷剂管道及配件安装，制冷附属设备安装，管道及设备的防腐与绝热，系统调试	
空调水系统	冷热水管道系统安装，冷却水管道系统安装，冷凝水管道系统安装，阀门及部件安装，冷却塔安装，水泵及附属设备安装，管道与设备的防腐与绝热，系统调试	

（6）通风与空调工程的施工应按规定的程序进行，并与土建及其他专业工种互相配合；与通风和空调系统有关的土建工程施工完毕后，应由建设或总承包、监理、设计及施工单位共同会检。会检的组织宜由建设、监理或总承包单位负责。

（7）通风与空调工程分项工程施工质量的验收，应按规范对应的分项如风管制作、风管的严密性、清洁度、加工的连接质量等规定执行。子分部中的各个分项，可根据施工工程的实际情况一次验收或数次验收。

（8）通风与空调工程系统中的风管或管道，被安装于封闭的部位或埋设于结构内或直接埋地时，均属于隐蔽工程。在结构做永久性封闭前，必须对该部分将被隐蔽的风管或管道工程施工质量进行验收，且必须得到现场监理人员认可的合格签证，否则不得进行封闭作业。

（9）通风与空调工程中从事管道焊接施工的焊工，必须具备操作资格证书和相应类别管道焊接的考核合格证书。

（10）通风与空调工程竣工的系统调试，应在建设和监理单位的共同参与下进行，施工企业应具有专业检测人员和符合有关标准规定的测试仪器。

（11）通风与空调工程施工质量的保修期限，自竣工验收合格日起计算为二个采暖期、供冷期。在保修期内发生施工质量问题的，施工企业应履行保修职责，责任方承担相应的经济责任。

16.4.2　通风与空调施工的一般规定

通风与空调施工时一般规定有如下 4 点：

（1）对通风与空调施工，要按材料、系统类别、使用场所和风管的类别进行施工，要注意是高压系统、中压系统，还是低压系统，还要注意按风管属于哪个子分部进行施工。

（2）通风管以外径或外边长为准，风道以内径或内边长为准，对于矩形风管的口径尺寸，通风管道的规格如表 16-2、表 16-3 所示。

表 16-2　　圆形风管规格　　(mm)

风管直径 D			
基本系列	辅助系列	基本系列	辅助系列
100	80	250	240
	90	280	260
120	110	320	300
140	130	360	340
160	150	400	380
180	170	450	420
200	190	500	480
220	210	560	530
630	600	1250	1180
700	670	1400	1320
800	750	1600	1500
900	850	1800	1700
1000	950	2000	1900
1120	1060	—	—

表 16-3　　矩形风管规格　　(mm)

基本系列	基本系列	基本系列	基本系列	基本系列
160	400	1000	2500	—
200	500	1250	3000	—
250	630	1600	3500	—

(3) 风管系统按其工作压力划分为低压系统、中压系统和高压系统，三个类别划分如表 16-4 所示。

表 16-4　风管系统工作压力的三个类别

系统类别	系统工作压力 p (Pa)	密封要求
低压系统	$p\leqslant500$	接缝和接管连接处严密
中压系统	$500<p\leqslant1500$	接缝和接管连接处增加密封措施
高压系统	$p>1500$	所有的拼接缝和接管连接处，均应采取密封措施

(4) 风管的密封，应以板材连接的密封为主，可采用密封胶嵌缝密封。密封胶性能要符合使用环境的要求，密封面宜设在风管的正压侧。

16.4.3　通风与空调风管施工要求

通风与空调风管施工要注意如下操作：

(1) 金属风管的材料品种、规格、性能与厚度等应符合设计要求。钢板或镀锌钢板的厚度不得小于表 16-5 的要求；铝板的厚度不得小于表 16-6 的要求，中、低压系统铝板风管板材厚度（mm）不得小于表 16-7 的要求。

表 16-5　　钢板风管板材厚度（mm）要求

类别 风管直径 D 或长边尺寸 b	圆形风管	矩形风管		除尘系统风管
		中、低压系统	高压系统	
$D(b)\leqslant320$	0.5	0.5	0.75	1.5
$320<D(b)\leqslant450$	0.6	0.6	0.75	1.5
$450<D(b)\leqslant630$	0.75	0.6	0.75	2.0
$630<D(b)\leqslant1000$	0.75	0.75	1.0	2.0
$1000<D(b)\leqslant1250$	1.0	1.0	1.0	2.0
$1250<D(b)\leqslant2000$	1.2	1.0	1.2	按设计
$2000<D(b)\leqslant4000$	按设计	1.2	按设计	

注　1. 螺旋风管的钢板厚度可适当减小 10%～15%。
2. 排烟系统风管钢板厚度可按高压系统。
3. 特殊除尘系统风管钢板厚度应符合设计要求。
4. 不适用于地下人防与防火隔墙的预埋管。

表 16-6　　高、中、低压系统不锈钢板风管板材厚度（mm）要求

风管直径或长边尺寸 b	不锈钢板厚度
$b\leqslant500$	0.5
$500<b\leqslant1120$	0.75
$1120<b\leqslant2000$	1.0
$2000<b\leqslant4000$	1.2

表 16-7　　中、低压系统铝板风管板材厚度（mm）要求

风管直径或长边尺寸 b	铝板厚度
$b\leqslant320$	1.0
$320<b\leqslant630$	1.5
$630<b\leqslant2000$	2.0
$2000<b\leqslant4000$	按设计

(2) 防火风管的本体、框架与固定材料、密封垫料必须为不燃材料，其耐火等级应符合设计的要求。

(3) 复合材料风管的覆面材料必须为不燃材料，内部的绝热材料应为不燃或难燃 B1 级，且对人体无害的材料。

(4) 复合材料风管的板材，一般由两种或两种以上不同性能的材料所组成，它具有重量轻、导热系数小、施工操作方便等特点。为了保障在工程中风管使用的安全防火性能，规范规定其内部的绝热材料必须为不燃或难燃 B1 级，且是对人体无害的材料。

(5) 风管必须通过工艺性的检测或验证。风管必须通过工艺性的检测或验证，其强度要满足如下 5 点：

1) 风管的强度应能满足在 1.5 倍工作压力下接缝处无开裂。

2) 矩形风管的允许漏风量应符合以下规定：低压系统风管，$Q_L\leqslant0.1056P^{0.65}$；中压系统风管，$Q_M\leqslant0.0352P^{0.65}$；高压系统风管，$Q_H\leqslant0.0117P^{0.65}$。

3) 低压、中压圆形金属风管、复合材料风管以及采用非法兰形式的非金属风管的允许漏风量，应为矩形风管规定值的 50%。

4) 砖、混凝土风道的允许漏风量不应大于矩形低压系统风管规定值的 1.5 倍。

5) 排烟、除尘、低温送风系统按中压系统风管的规定，1～5 级净化空调系统按高压系统风管的规定。

(6) 金属风管的连接。金属风管的连接要满足如下 4 点：

1) 风管板材拼接的咬口缝应错开，不得有十字

型拼接缝。

2）中、低压系统风管法兰的螺栓及铆钉孔的孔距不得大于150mm。

3）高压系统风管不得大于100mm。

4）矩形风管法兰的四角部应设有螺孔。

（7）非金属（硬聚氯乙烯、有机、无机玻璃钢）风管的连接。非金属（硬聚氯乙烯、有机、无机玻璃钢）风管的连接要满足如下3点：

1）螺栓孔的间距不得大于120mm。

2）矩形风管法兰的四角处应设有螺孔。

3）采用套管连接时，套管厚度不得小于风管板材厚度。

（8）复合材料风管采用法兰连接时，法兰与风管板材的连接应可靠，其绝热层不得外露，不得采用降低板材强度和绝热性能的连接方法。

（9）砖、混凝土风道的变形缝，应符合设计要求，不应渗水和漏风。

（10）金属风管的加固。金属风管的加固要满足如下3点：

1）圆形风管（不包括螺旋风管）直径大于等于80mm，且其管段长度大于1250mm或总表面积大于$4m^2$均应采取加固措施。

2）矩形风管边长大于630mm、保温风管边长大于800mm，管段长度大于1250mm或低压风管单边平面积大于$1.2m^2$、中、高压风管大于$1.0m^2$，均应采取加固措施。

3）非规则椭圆风管的加固，应参照矩形风管执行。

（11）非金属风管的加固。非金属风管的加固，除应符合金属风管的加固的要求外还要满足如下2点：

1）硬聚氯乙烯风管的直径或边长大于500mm时，其风管与法兰的连接处应设加强板，且间距不得大于450mm。

2）有机及无机玻璃钢风管的加固，应为本体材料或防腐性能相同的材料，并与风管成一整体。

（12）矩形风管弯管的制作，一般应采用曲率半径为一个平面边长的内外同心弧形弯管。当采用其他形式的弯管，平面边长大于500mm时，必须设置弯管导流片。

（13）净化空调系统风管。净化空调系统风管还要满足如下6点：

1）矩形风管边长小于或等于900mm时，底面板不应有拼接缝；大于900mm时，不应有横向拼接缝。

2）风管所用的螺栓、螺母、垫圈和铆钉均应采用与管材性能相匹配、不会产生电化学腐蚀的材料，或采取镀锌或其他防腐措施，并不得采用抽芯铆钉。

3）不应在风管内设加固框及加固筋，风管无法兰连接不得使用S形插条、直角形插条及立联合角形插条等形式。

4）空气洁净等级为1～5级的净化空调系统风管不得采用按扣式咬口。

5）风管的清洗不得用对人体和材质有危害的清洁剂。

6）镀锌钢板风管不得有镀锌层严重损坏的现象，如表层大面积白花、锌层粉化等。

（14）金属风管的制作。

金属风管的制作要满足如下4点：

1）圆形弯管的曲率半径（以中心线计）和最少分节数量应符合表16-8的规定。圆形弯管的弯曲角度及圆形三通、四通支管与总管夹角的制作偏差不应大于3°。

表16-8　圆形弯管曲率半径和最少节数

弯管直径 D(mm)	曲率半径 R	弯管角度和最少节数							
		90°		60°		45°		30°	
		中节	端节	中节	端节	中节	端节	中节	端节
80～220	≥1.5D	2	2	1	2	1	2	—	2
220～450	(1～1.5)D	3	2	2	2	1	2	—	2
450～800	(1～1.5)D	4	2	2	2	1	2	1	2
800～1400	D	5	2	3	2	2	2	1	2
1400～2000	D	8	2	5	2	3	2	2	2

2）风管与配件。风管与配件的咬口缝应紧密、宽度应一致；折角应平直，圆弧应均匀；两端面平行；风管无明显扭曲与翘角；表面应平整，凹凸不大于10mm。

3）风管外径或外边长的允许偏差。小于或等于300mm时，为2mm；大于300mm时，为3mm；管口平面度的允许偏差为2mm；矩形风管两条对角线长度之差不应大于3mm；圆形法兰任意正交两直径之差不应大于2mm。

4）焊接风管的焊缝应平整，不应有裂缝、凸瘤、穿透的夹渣、气孔及其他缺陷等，焊接后板材的变形应矫正，并将焊渣及飞溅物清除干净。

（15）金属法兰连接风管的制作。金属法兰连接风管的制作要满足如下4点：

1）风管法兰的焊缝。风管法兰的焊缝应熔合良好、饱满，无假焊和孔洞；法兰平面度的允许偏差为2mm，同一批量加工的相同规格法兰的螺孔排列应一致，并具有互换性。

2）风管与法兰采用铆接。风管与法兰采用铆接连接时，铆接应牢固、不应有脱铆和漏铆现象；翻边应平整、紧贴法兰，其宽度应一致，且不应小于 6mm；咬缝与四角处不应有开裂与孔洞。

3）风管与法兰焊接。风管与法兰采用焊接连接时：风管端面不得高于法兰接口平面；除尘系统的风管，宜采用内侧满焊、外侧间断焊形式；风管端面距法兰接口平面不应小于 5mm；风管与法兰采用点焊固定连接时，焊点应融合良好，间距不应大于 100mm；法兰与风管应紧贴，不应有穿透的缝隙或孔洞。

4）当不锈钢板或铝板风管的法兰采用碳素钢时，应根据设计要求做防腐处理；铆钉应采用与风管材质相同或不产生电化学腐蚀的材料。

(16) 无法兰连接风管的制作。无法兰连接风管的制作要满足如下 4 点：

1）无法兰连接风管的接口及连接件，应符合表 16-9 和表 16-10 的要求，圆形风管的芯管连接应符合表 16-11 的要求。

2）薄钢板法兰矩形风管的附件，其尺寸应准确，开头应规则，接口处应严密：薄钢板法兰的折边（或法兰条）应平直，弯曲度不应大于 5/1000；弹性插条或弹簧夹应与薄钢板法兰相匹配；角件与风管薄钢板法兰四角接口的固定应稳固、紧贴，端面应平整、相连处不应有缝隙大于 2mm 的连续穿透缝。

3）采用“C”、“S”形插条连接的矩形风管：其边长不应大于 630mm；插条与风管加工插口的宽度应匹配一致，其允许偏差为 2mm；连接应平整、严密，插条两端压倒长度不应小于 20mm。

4）采用立咬口、包边立咬口连接的矩形风管，其立筋的高度应大于或等于同规格风管的角钢法兰宽度。同一规格风管的立咬口、包边立咬口的高度应一致，折角应倾角、直线度允许偏差为 5/1000；咬口连接铆钉的间距不应大于 150mm，间隔应均匀；立咬口四角连接处的铆固，应紧密、无孔洞。

表 16-9　圆形风管无法兰连接形式

无法兰连接形式	附件板厚（mm）	接口要求	使用范围
承插连接		插入深度≥30mm，有密封要求	低压风管直径＜700mm
带加强筋承插		插入深度≥20mm，有密封要求	中、低压风管
加固承插		插入深度≥20mm，有密封要求	中、低压风管
芯管连接	≥管板厚	插入深度≥20mm，有密封要求	中、低压风管
立筋抱箍连接	≥管板厚	翻边与楞筋匹配一致，紧固严密	中、低压风管
抱箍连接	≥管板厚	对口尽量靠近不重叠，抱箍应居中	中、低压风管宽度≥100mm

表 16-10　矩形风管无法兰连接形式

无法兰连接形式	附件板厚（mm）	使用范围
“S”形插条	≥0.7	低压风管单独使用连接处必须有固定措施
“C”形插条	≥0.7	中、低压风管
立插条	≥0.7	中、低压风管
立咬口	≥0.7	中、低压风管
包边立咬口	≥0.7	中、低压风管
薄钢板法兰插条	≥1.0	中、低压风管
薄钢板法兰弹簧夹	≥1.0	中、低压风管
直角形平插条	≥0.7	低压风管
立联合角形插条	≥0.8	低压风管

注　薄钢板法兰风管也可采用铆接法兰条连接的方法。

表 16-11　圆形风管的芯管连接

风管直径 D（mm）	芯管长度 l（mm）	自攻螺钉或抽芯铆钉数量（个）	外径允许偏差（mm）	
			圆管	芯管
120	120	3×2	−1～0	−3～−4
300	160	4×2		
400	200	4×2	−2～0	−4～−5
700	200	6×2		
900	200	8×2		
1000	200	8×2		

(17) 风管加固。风管加固要注意如下 6 点：

1）风管加固可采用楞筋、立筋、角钢（内、外加固）、扁钢、加固筋和管内支撑等形式。

2）楞筋或楞线的加固，排列应规则，间隔应均匀，板面不应有明显的变形。

3）角钢、加固筋的加固，应排列整齐、均匀对称，其高度应小于或等于风管的法兰宽度。

4）角钢、加固筋与风管的铆接应牢固、间隔应均匀，不应大于220mm，两相交处应连接成一体。

5）管内支撑与风管的固定应牢固，各支撑点之间或与风管的边沿或法兰的间距应均匀，不应大于950mm。

6）中压和高压系统风管的管段，其长度大于1250mm时，还应有加固框补强，高压系统金属风管的单咬口缝，还应有防止咬口缝胀裂的加固或补强措施。

（18）硬聚氯乙烯风管。硬聚氯乙烯风管除应执行风管要求外，还要注意如下4点：

1）风管的两端面平行，无明显扭曲，外径或外边长的允许偏差为2mm。

2）表面平整、圆弧均匀，凹凸不应大于5mm。

3）焊缝的坡口形式和角度应符合表16-12的要求。

表16-12　焊缝形式及坡口要求

焊缝形式	焊缝名称	焊缝高度（mm）	板材厚度（mm）	焊缝坡口张角α（°）
对接焊缝	V形单面焊	2～3	3～5	70～90
	V形双面焊	2～3	5～8	70～90
	X形双面焊	2～3	≥8	70～90
搭接焊缝	搭接焊	≥最小板厚	3～10	—
填角焊缝	填角焊无坡角	≥最小板厚	6～18	—
		≥最小板厚	≥3	—
对角焊缝	V形对角焊	≥最小板厚	3～5	70～90
	V形对角焊	≥最小板厚	5～8	70～90
	V形对角焊	≥最小板厚	6～15	70～90

4）焊缝应饱满，焊条排列应整齐，无焦黄、断裂现象。

（19）有机玻璃钢风管。有机玻璃钢风管除应执行风管要求外，还要注意如下4点：

1）有机玻璃钢风管不应有明显扭曲、内表面应平整光滑，外表面应整齐美观，厚度应均匀，且边缘无毛刺，并无气泡及分层现象。

2）有机玻璃钢风管的外径或外边长尺寸的允许偏差为3mm，圆形风管的任意正交两直径之差不应大于5mm；矩形风管的两对角线之差不应大于5mm。

3）法兰应与风管成一整体，并应有过渡圆弧，并与风管轴线成直角，管口平面度的允许偏差为3mm；螺孔的排列应均匀，至管壁的距离应一致，允许偏差为2mm。

4）矩形风管的边长大于900mm，且管段长度大于1250mm时，应加固。加固筋的分布应均匀、整齐。

（20）无机玻璃钢风管。无机玻璃钢风管除应执行风管要求外，还要注意如下3点：

1）风管的表面应光洁、无裂纹、无明显泛霜和分层现象。

2）风管的外形尺寸的允许偏差应符合表16-13的要求。

3）风管法兰的规定与有机玻璃钢法兰相同。

表16-13　无机玻璃钢风管外形尺寸要求　（mm）

直径或大边长	矩形风管外表平面度	矩形风管管口对角线之差	法兰平面度	圆形风管两直径之差
≤300	≤3	≤3	≤2	≤3
301～500	≤3	≤4	≤2	≤3
501～1000	≤4	≤5	≤2	≤4
1001～1500	≤4	≤6	≤3	≤5
1501～2000	≤5	≤7	≤3	≤5
＞2000	≤6	≤8	≤3	≤5

（21）砖、混凝土风道内表面水泥砂浆应抹平整、无裂缝，不渗水。

（22）双面铝箔绝热板风管。双面铝箔绝热板风管除应执行双面铝箔绝热板风管要求外，还要注意如下4点：

1）板材拼接宜采用专用的连接构件，连接后板面平面度的允许偏差为5mm。

2）风管的折角应平直，拼缝黏结应牢固、平整，风管的黏结材料宜为难燃材料。

3）风管采用法兰连接时，其连接应牢固，法兰平面度的允许偏差为2mm。

4）风管的加固，应根据系统工作压力及产品技术标准的要求执行。

（23）铝箔玻璃纤维板风管。铝箔玻璃纤维板风管除应执行风管要求外，还要注意如下 4 点：

1）风管的离心玻璃纤维板材应干燥、平整；板外表面的铝箔隔气保护层应与内芯玻璃纤维材料黏合牢固；内表面应有防纤维脱落的保护层，并应对人体无危害。

2）当风管连接采用插入接口形式时，接缝处的黏结应严密、牢固，外表面铝箔胶带密封的每一边粘贴宽度不应小于 25mm，并应有辅助的连接固定措施。

当风管的连接采用法兰形式时，法兰与风管的连接应牢固，并应能防止板材纤维逸出和冷桥。

3）风管表面应平整、两端面平行，无明显凹穴、变形、起泡、铝箔无破损等。

4）风管的加固，应根据系统工作压力及产品技术标准的规定执行。

（24）净化空调系统风管。净化空调系统风管要满足如下 4 点：

1）现场应保持清洁，存放时应避免积尘和受潮。风管的咬口缝、折边和铆接等处有损坏时，应作防腐处理。

2）风管法兰铆钉孔的间距，当系统洁净度的等级为 1～5 级时，不应大于 65mm；为 6～9 级时，不应大于 100mm。

3）静压箱本体、箱内固定高效过滤器的框架及固定件应做镀锌、镀镍等防腐处理。

4）制作完成的风管，应进行第二次清洗，经检查达到清洁要求后应及时封口。

16.4.4 风管部件与消声器制作要求

风管部件与消声器制作技术要求，一般应要注意如下 21 点。

（1）手动单叶片或多叶片调节风阀的手轮或扳手，应以顺时针方向转动为关闭，其调节范围及开启角度指示应与叶片开启角度相一致，用于除尘系统间歇工作点的风阀，关闭时应能密封。

（2）电动、气动调节风阀的驱动装置，动作应可靠，在最大工作压力下工作正常。

（3）防火阀和排烟阀（排烟口）必须符合有关消防产品标准的规定，并具有相应的产品合格证明文件。

（4）防爆风阀的制作材料必须符合设计规定，不得自行替换。

（5）净化空调系统的风阀，其活动件、固定件以及坚固件均应采取镀锌或作其他防腐处理（如喷塑或烤漆）；阀体与外界相通的缝隙处，应有可靠的密封措施。

（6）工作压力大于 1000Pa 的调节风阀，生产厂应提供（在 1.5 倍工作压力下能自由开关）强度测试合格的证书（或试验报告）。

（7）防排烟系统柔性短管的制作材料必须为不燃材料。

（8）消声弯管的平面边长大于 800mm 时，应加设吸声导流片；消声器内直接迎风面的布质覆面层应有保护措施；净化空调系统消声器内的覆面应为不易产尘的材料。

（9）手动单叶片或多叶片调节风阀。手动单叶片或多叶片调节风阀要满足如下 3 点要求：

1）结构应牢固，启闭应灵活，法兰应与相应材质风管的相一致。

2）叶片的搭接应贴合一致，与阀体缝隙应小于 2mm。

3）截面积大于 $1.2m^2$ 的风阀应实施分组调节。

（10）止回风阀。止回风阀要满足如下 4 点要求：

1）启闭灵活，关闭时应严密。

2）阀叶的转轴、铰链应采用不易锈蚀的材料制作，保证转动灵活、耐用。

3）阀片的强度应保证在最大负荷压力下不弯曲变形。

4）水平安装的止回风阀应有可靠的平衡调节机构。

（11）插板风阀。插板风阀要满足如下 3 点要求：

1）壳体应严密，内壁应作防腐处理。

2）插板应平整，启闭灵活，并有可靠的定位固定装置。

3）斜插板风阀的上下接管应成一直线。

（12）三通调节风阀。三通调节风阀要满足如下 3 点要求：

1）拉杆或手柄的转轴与风管的结合处应严密。

2）拉杆可在任意位置上固定，手柄开关应标明调节的角度。

3）阀板调节方便，并不与风管相碰擦。

（13）风量平衡阀应符合产品技术文件的要求。

（14）风罩的制作。风罩的制作要满足如下 3 点要求：

1）尺寸正确、连接牢固、开头规则、表面平整光滑，其外壳不应有尖锐边角。

2）槽边侧吸罩、条缝抽风罩尺寸应正确，转角处弧度均匀、形状规则，吸入口平整，罩口加强板分隔间距应一致。

3）厨房锅灶排烟罩应采用不易锈蚀材料制作，其下部集水槽应严密不漏水，并坡向排放口，罩内油烟过滤器应便于拆卸和清洗。

(15) 风帽的制作。风帽的制作要满足如下5点要求:

1) 尺寸应正确，结构牢靠，风帽接管尺寸的允许偏差同风管的规定一致。

2) 伞形风帽伞盖的边缘应有加固措施，支撑高度尺寸应一致。

3) 锥形风帽内外锥体的中心应同心，锥体组合的连接缝应顺水，下部排水应畅通。

4) 筒形风帽的形状应规则、外筒体的上下沿口应加固，其不圆度不应大于直径的2%，伞盖边缘与外筒体的距离应一致，挡风圈的位置应正确。

5) 三叉形风帽三个支管的夹角应一致，与主管的连接应严密。主管与支管的锥度应为3°~4°。

(16) 矩形弯管导流叶片的迎风侧边缘应圆滑，固定应牢固。导流片的弧度应与弯管的角度相一致。导流片的分布应符合设计规定。当导流叶片的长度超过1250mm时，应有加强措施。

(17) 柔性短管。柔性短管要满足如下4点要求:

1) 应选用防腐、防潮、不透气、不易霉变的柔性材料。用于空调系统的应采取防止结露的措施；用于净化空调系统的还应是内壁光滑、不易产生尘埃的材料。

2) 柔性短管的长度，一般宜为150~300mm，其连接处应严密、牢固可靠。

3) 柔性短管不宜作为找正、找平的异径连接管。

4) 设于结构变形缝的柔性短管，其长度宜为变形缝的宽度加100mm及以上。

(18) 消声器制作。消声器的制作要满足如下4点要求:

1) 所选用的材料，应符合设计的规定，如防火、防腐、防潮和卫生性能等要求。

2) 外壳应牢固、严密，其漏风量应符合规范的要求。

3) 充填的消声材料，应按规定的密度均匀铺设，并应有防止下沉的措施。消声材料的覆面层不得破损，搭接应顺气流，且应拉紧，界面无毛边。

4) 隔板与壁板结合处应紧贴、严密；穿孔板应平整、无毛刺，其孔径和穿孔率应符合设计要求。

(19) 检查门应平整、启闭灵活、关闭严密，其与风管或空气处理室外的连接处应采取密封措施，无明显渗漏。净化空调系统风管检查门的密封垫料，宜采用民型密封胶带或软橡胶条制作。

(20) 风口的验收，规格以颈部外径与外边长为准，其尺寸要求符合要求。

(21) 风口的外表装饰面应平整、叶片或扩散环的分布应匀称、颜色应一致、无明显的划伤和压痕；调节装置转动应灵活、可靠，定位后应无明显自由松动。

16.4.5 风管系统安装要求

风管系统安装施工要注意如下21点操作。

(1) 在风管穿过需要封闭的防火、防爆的墙体或楼板时，应设预埋管或防护套管，其钢板厚度不应小于1.6mm。风管与防护套管之间，应用不燃且对人体无危害的柔性材料封堵。

(2) 风管安装。风管安装必须要满足如下3点要求:

1) 风管内严禁其他管线穿越。

2) 输送含有易燃、易爆气体或安装在易燃、易爆环境的风管系统应有良好的接地，通过生活区或其他辅助生产房间时必须严密，并不得设置接口。

3) 室外立管的固定拉索严禁拉在避雷针或避雷网上。

(3) 输送空气温度高于80℃的风管，应按设计规定采取防护措施。

(4) 风管部件安装。风管部件安装必须要满足如下3点要求:

1) 各类风管部件及操作机构的安装，应能保证其正常的使用功能，并便于操作。

2) 斜插板风阀的安装，阀板必须为向上拉启，水平安装时，阀板还应为顺气流方向插入。

3) 止回风阀、自动排气活门的安装方向应正确。

(5) 防火阀、排烟阀（口）的安装方向、位置应正确。防火分区隔墙两侧的防火阀，距墙表面不应大于200mm。

(6) 净化空调系统风管安装。净化空调系统风管的安装要满足如下3点要求:

1) 风管、静压箱及其他部件，必须擦拭干净，做到无油污和浮尘，当施工停顿或完毕时，端口应封好。

2) 法兰垫料应为不产尘、不易老化和具有一定强度和弹性的材料，厚度为5~8mm，不得采用乳胶海绵；法兰垫片应尽量减少拼接，并不允许直缝对接连接，严禁在垫料表面涂涂料。

3) 风管与洁净室吊顶、隔墙等围护结构的接缝处应严密。

(7) 集中式真空吸尘系统安装。集中式真空吸尘系统的安装要满足如下3点要求:

1) 真空吸尘系统弯管的曲率半径不应小于4倍管径，弯管的内壁面应光滑，不得采用褶皱弯管。

2）真空吸尘系统三通的夹角不得大于45°。

3）四通制作应采用两个斜三通的做法。

（8）风管系统的严密性检验。风管系统安装完毕后，应进行严密性检验，要满足如下3点要求：

1）低压系统风管的严密性检验应采用抽检，抽检率为5%，且不得少于1个系统。在加工工艺得到保证的前提下，采用漏光法检测。检测不合格时，应按规定的抽检率做漏风量测试。

2）中压系统风管的严密性检验，应在漏光法检测合格后，对系统漏风量测试进行抽检，抽检率为20%，且不得少于1个系统。

3）高压系统风管的严密性检验，为全数进行漏风量测试。

系统风管严密性检验的被抽检系统，应全数合格，则视为通过；如有不合格时，则应再加倍抽检，直至全数合格。

（9）手动密闭阀安装，阀门上标志的箭头方向必须与受冲击波方向一致。

（10）风管的安装。风管的安装要满足如下8点要求：

1）风管安装前，应清除内、外杂物，并做好清洁和保护工作。

2）风管安装的位置、标高、走向，应符合设计要求。现场风管接口的配置，不得缩小其有效截面。

3）连接法兰的螺栓应均匀拧紧，其螺母宜在同一侧。

4）风管接口的连接应严密、牢固。风管法兰的垫片材质应符合系统功能的要求，厚度不应小于3mm。垫片不应凸入管内，亦不宜突出法兰外。

5）柔性短管的安装，应松紧适度，无明显扭曲。

6）可伸缩性金属或非金属软风管的长度不宜超过2m，并不应有死弯或塌凹。

7）风管与砖、混凝土风道的连接接口，应顺着气流方向插入，并应采取密封措施。风管穿出屋面处应设有防雨装置。

8）不锈钢板、铝板风管与碳素钢支架的接触处，应有隔绝或防腐绝缘措施。

（11）无法兰连接风管安装。无法兰连接风管的安装要满足如下4点要求：

1）风管的连接处，应完整无缺损、表面应平整，无明显扭曲。

2）承插式风管的四周缝隙应一致，无明显的弯曲或褶皱；内涂的密封胶应完整，外粘的密封胶带，应粘贴牢固、完整无缺损。

3）薄钢板法兰形式风管的连接，弹性插条、弹簧夹或紧固螺栓的间隔不应大于150mm，且分布均匀，无松动现象。

4）插条连接的矩形风管，连接后的板面应平整、无明显弯曲。

（12）风管连接。风管的连接应平直、不扭曲，要注意如下要求：

1）明装风管水平安装，水平度的允许偏差为3/1000，总偏差不应大于20mm。

2）明装风管垂直安装，垂直度的允许偏差为2/1000，总偏差不应大于20mm。

3）暗装风管的位置，应正确、无明显偏差。

4）除尘系统的风管，宜垂直或倾斜敷设，与水平夹角宜大于或等于45°，小坡度和水平管应尽量短。

5）对含有凝结水或其他液体的风管，坡度应符合设计要求，并在最低处设排液装置。

（13）风管支、吊架的安装。风管支、吊架的安装要满足如下7点要求：

1）风管水平安装，直径或长边尺寸小于等于400mm，间距不应大于4m；大于400mm，不应大于3m。螺旋风管的支、吊架间距可分别延长至5m和3.75m；对于薄钢板法兰的风管，其支、吊架间距不应大于3m。

2）风管垂直安装，间距不应大于4m，单根直管至少应有2个固定点。

3）风管支、吊架宜按国标图集与规范选用强度和刚度相适应的形式和规格。对于直径或边长大于2500mm的超宽、超重等特殊风管的支、吊架应按设计规定。

4）支、吊架不宜设置在风口、阀门、检查门及自控机构处，离风口或插接管的距离不宜小于200mm。

5）当水平悬吊的主、干风管长度超过20m时，应设置防止摆动的固定点，每个系统不应少于1个。

6）吊架的螺孔应采用机械加工。吊杆应平直，螺纹完整、光洁。安装后各副支、吊架的受力应均匀，无明显变形。

风管或空调设备使用的可调隔振支、吊架的拉伸或压缩量应按设计的要求进行调整。

7）抱箍支架，折角应平直，抱箍应紧贴并箍紧风管。安装在支架上的圆形风管应设托座和抱箍，其圆弧应均匀，且与风管外径相一致。

（14）非金属风管安装。非金属风管的安装要满足如下4点要求：

1）风管连接两法兰端面应平行、严密，法兰螺栓两侧应加镀锌垫圈。

2）应适当增加支、吊架与水平风管的接触面积。

3）硬聚氯乙烯风管的直段连续长度大于20m，应按设计要求设置伸缩节；支管的重量不得由干管来承受，必须自行设置支、吊架。

4）风管垂直安装，支架间距不应大于3m。

（15）复合材料风管的安装。复合材料风管的安装要满足如下3点要求：

1）复合材料风管的连接处，接缝应牢固，无孔洞和开裂。当采用插接连接时，接口应匹配、无松动，端口缝隙不应大于5mm。

2）采用法兰连接时，应有防冷桥的措施。

3）支、吊架的安装宜按产品标准的规定执行。

（16）集中式真空吸尘系统的安装。集中式真空吸尘系统的安装要满足如下2点要求：

1）吸尘管道的坡度宜为5/1000，并坡向立管或吸尘点。

2）吸尘嘴与管道的连接，应牢固、严密。

（17）各类风阀应安装在便于操作及检修的部位，安装后的手动或电动操作装置应灵活、可靠，阀板关闭应保持严密。防火阀直径或长边尺寸大于等于630mm时，宜设独立支、吊架。排烟阀（排烟口）及手控装置（包括预埋套管）的位置应符合设计要求。预埋套管不得有死弯及瘪陷。除尘系统吸入管段的调节阀，宜安装在垂直管段上。

（18）风帽安装必须牢固，连接风管与屋面或墙面的交接处不应渗水。

（19）排、吸风罩的安装位置应正确，排列整齐，牢固可靠。

（20）风口与风管的连接应严密、牢固，与装饰面相紧贴，注意：

1）表面平整、不变形，调节灵活、可靠；

2）条形风口的安装，接缝处应衔接自然，无明显缝隙；

3）同一厅室、房间内的相同风口的安装高度应一致，排列应整齐；

4）明装无吊顶的风口，安装位置和标高偏差不应大于10mm；

5）风口水平安装，水平度的偏差不应大于3/1000；

6）风口垂直安装，垂直度的偏差不应大于2/1000。

（21）净化空调系统风口安装。净化空调系统风口安装要满足如下2点要求：

1）风口安装前应清扫干净，其边框与建筑顶棚或墙面间的接缝处应加设密封垫料或密封胶，不应漏风；

2）带高效过滤器的送风口，应采用可分别调节高度的吊杆。

16.4.6　通风与空调设备安装要求

通风与空调设备安装施工要注意如下34点操作。

（1）通风与空调设备应有装箱清单、设备说明书、产品质量合格证书和产品性能检测报告等随机文件，进口设备还应具有商检合格的证明文件。

（2）设备安装前，应进行开箱检查，并形成验收文字记录。参加人员为建设、监理、施工和厂商等方单位的代表。

（3）设备就位前应对其基础进行验收，合格后方能安装。

（4）设备的搬运和吊装必须符合产品说明书的有关规定，并应做好设备的保护工作，防止因搬运或吊装而造成设备损伤。

（5）通风机安装要求。通风机安装要满足如下3点要求：

1）型号、规格应符合设计规定，其出口方向应正确。

2）叶轮旋转应平稳，停转后不应每次停留在同一位置上。

3）固定通风机的地脚螺栓应拧紧，并有防松动措施。

（6）通风机传动装置的外露部位以及直通大气的进、出口，必须装设防护罩（网）或采取其他安全设施。

（7）空调机组的安装要求。空调机组的安装要满足如下2点要求：

1）型号、规格、方向和技术参数应符合设计要求。

2）现场组装的组合式空气调节机组应做漏风量的检测，其漏风量必须符合现行国家标准GB/T 14294—2008《组合式空调机组》的规定。

（8）除尘器的安装要求。除尘器的安装要满足如下3点要求：

1）型号、规格、进出口方向必须符合设计要求。

2）现场组装的除尘器壳体应做漏风量检测，在设计工作压力下允许漏风率为5%，其中离心式除尘器为3%。

3）布袋除尘器、电除尘器的壳体及辅助设备接地应可靠。

（9）高效过滤器应在洁净室及净化空调系统进行全面清扫和系统连续试车12h以上后，在现场拆开包装并进行安装。安装前需进行外观检查和仪器检漏。

目测不得有变形、脱落、断裂等破损现象；仪器抽检检漏应符合产品质量文件的规定。合格后立即安装，其方向必须正确，安装后的高效过滤器四周及接口，应严密不漏；在调试前应进行扫描检漏。

（10）净化空调设备的安装要求。净化空调设备的安装要满足如下 2 点要求：

1）净化空调设备与洁净室围护结构相连的接缝必须密封。

2）风机过滤器单元（FFU 与 FMU 空气净化装置）应在清洁的现场进行外观检查，目测不得有变形、锈蚀、漆膜脱落、拼接板破损等现象；在系统试运转时，必须在进风口处加装临时中效过滤器作为保护。

（11）静电空气过滤器金属外壳接地必须良好。

（12）电加热器的安装要求。电加热器的安装要满足如下 3 点要求：

1）电加热器与钢构架间的绝热层必须为不燃材料；接线柱外露的应加设安全防护罩。

2）电加热器的金属外壳接地必须良好。

3）连接电加热器的风管的法兰垫片，应采用耐热不燃材料。

（13）干蒸汽加湿器的安装，蒸汽喷管不应朝下。

（14）过滤吸收器的安装方向必须正确，并应设独立支架，与室外的连接管段不得泄漏。

（15）通风机的安装要求。通风机的安装要满足如下 4 点要求：

1）通风机的安装，叶轮转子与机壳的组装位置应正确；叶轮进风口插入风机机壳进风口或密封圈的深度，应符合设备技术文件的规定，或为叶轮外径值的 1/100。

2）现场组装的轴流风机叶片安装角度应一致，达到在同一平面内运转，叶轮与筒体之间的间隙应均匀，水平度允许偏差为 1/1000。

3）安装隔振器的地面应平整，各组隔振器承受荷载的压缩量应均匀，高度误差应小于 2mm。

4）安装风机的隔振钢支、吊架，其结构形式和外形尺寸应符合设计或设备技术文件的规定；焊接应牢固，焊缝应饱满、均匀。

（16）组合式空调机级及柜式空调机组的安装要求。组合式空调机级及柜式空调机组的安装要满足如下 4 点要求：

1）组合式空调机组各功能段的组装，应符合设计规定的顺序和要求；各功能段之间的连接应严密，整体应平直。

2）机组与供回水管的连接应正确，机组下部冷凝水排放管的水封高度应符合设计要求。

3）机组应清扫干净，箱体内应无杂物、垃圾和积尘。

4）机组内空气过滤器（网）和空气热交换器翅片应清洁、完好。

（17）空气处理器的安装要求。空气处理器的安装要满足如下 5 点要求：

1）金属空气处理器壁板及各段的组装位置应正确，表面平整，连接严密、牢固。

2）喷水段的本体及其检查门不得漏水，喷水管和喷嘴的排列、规格应符合设计的规定。

3）表面式换热器的散热面应保持清洁、完好。当用于冷却空气时，在下部应设有排水装置，冷凝水的引流管或槽应畅通，冷凝水不外溢。

4）表面式换热器与围护结构间的缝隙，以及表面式热交换器之间的缝隙，应封堵严密。

5）换热器与系统供回水管的连接应正确，且严密不漏。

（18）单元式空调机组的安装要求。单元式空调机组的安装要满足如下 3 点要求：

1）分体式空调机组的室外机和风冷整体式空调机组的安装，固定应牢固、可靠；除应满足冷却风循环空间的要求外，还应符合环境卫生保护有关法规的规定。

2）分体式空调机组的室内机的位置应正确、并保持水平，冷凝水排放应畅通。管道穿墙处必须密封，不得有雨水渗入。

3）整体式空调机组管道的连接应严密、无渗漏，四周应留有相应的维修空间。

（19）除尘设备的安装要求。除尘设备的安装要满足如下 3 点要求：

1）除尘器的安装位置应正确、牢固平稳，允许误差应符合表 16-14 的要求。

表 16-14　　除尘器安装允许偏差和检验方法

项次	项　目		允许偏差（mm）	检验方法
1	平面位移		≤10	用经纬仪或拉线、尺量检查
2	标高		±10	用水准仪、直尺、拉线和尺量检查
3	垂直度	每米	≤2	吊线和尺量检查
		总偏差	≤10	

2）除尘器的活动或转动部件的动作应灵活、可

靠，并应符合设计要求。

3）除尘器的排灰阀、卸料阀、排泥阀的安装应严密，并便于操作与维护修理。

（20）现场组装的静电除尘器的安装要求。现场组装的静电除尘器的安装要满足如下3点要求：

1）阳极板组合后的阳极排平面度允许偏差为5mm，其对角线允许偏差为10mm。

2）阴极小框架组合后主平面的平面度允许偏差为5mm，其对角线允许偏差为10mm。

3）阴极大框架的整体平面度允许偏差为15mm，整体对角线允许偏差为10mm。

4）阳极板高度小于或等于7m的电除尘器，阴、阳极间距允许偏差为5mm。阳极板高度大于7m的电除尘器，阴、阳极间距允许偏差为10mm。

5）振打锤装置的固定，应可靠；振打锤的转动，应灵活。锤头方向应正确；振打锤头与振打砧之间应保持良好的线接触状态，接触长度应大于锤头厚度的0.7倍。

（21）现场组装布袋除尘器的安装要求。现场组装布袋除尘器的安装要满足如下4点要求：

1）外壳应严密、不漏，布袋接口应牢固。

2）分室反吹袋式除尘器的滤袋安装，必须平直。每条滤袋的拉紧力应保持在25～35N/m；与滤袋连接接触的短管和袋帽，应无毛刺。

3）机械回转扁袋袋式除尘器的旋臂，转动应灵活可靠，净气室上部的顶盖，应密封不漏气，旋转应灵活，无卡阻现象。

4）脉冲袋式除尘器的喷吹孔，应对准文氏管的中心，同心度允许偏差为2mm。

（22）洁净室空气净化设备的安装要求。洁净室空气净化设备的安装要满足如下3点要求：

1）带有通风机的气闸室、吹淋室与地面间应有隔振垫。

2）机械式余压阀的安装，阀体、阀板的转轴均应水平，允许偏差为2/1000。余压阀的安装位置应在室内气流的下风侧，并不应在工作面高度范围内。

3）传递窗的安装，应牢固、垂直，与墙体的连接处应密封。

（23）装配式洁净室的安装要求。装配式洁净室的安装要满足如下4点要求：

1）洁净室的顶板和壁板（包括夹芯材料）应为不燃材料。

2）洁净室的地面应干燥、平整，平整度允许偏差为1/1000。

3）壁板的构配件和辅助材料的开箱，应在清洁的室内进行，安装前应严格检查其规格和质量。壁板应垂直安装，底部宜采用圆弧或钝角交接；安装后的壁板之间、壁板与顶板间的拼缝，应平整严密，墙板的垂直允许偏差为2/1000，顶板水平度的允许偏差与每个单间的几何尺寸的允许偏差均为2/1000。

4）洁净室吊顶在受荷载后应保持平直，压条全部紧贴。洁净室壁板若为上、下槽形板时，其接头应平整、严密；组装完毕的洁净室所有拼接缝，包括与建筑的接缝，均应采取密封措施，做到不脱落，密封良好。

（24）洁净层流罩的安装要求。洁净层流罩的安装要满足如下3点要求：

1）应设独立的吊杆，并有防晃动的固定措施。

2）层流罩安装的水平度允许偏差为1/1000，高度的允许偏差为±1mm。

3）层流罩安装在吊顶上，其四周与顶板之间应设有密封及隔振措施。

（25）风机过滤器单元的安装要求。风机过滤器单元的安装要满足如下2点要求：

1）风机过滤器单元的高效过滤器安装前应检漏，合格后进行安装，方向必须正确；安装后的FFU或FMU机组应便于检修。

2）安装后的FFU风机过滤器单元，应保持整体平整，与吊顶衔接良好。风机箱与过滤器之间的连接，过滤器单元与吊顶框架间应有可靠的密封措施。

（26）高效过滤器的安装要求。高效过滤器的安装要满足如下2点要求：

1）高效过滤器采用机械密封时，须采用密封垫料，其厚度为6～8mm，并定位贴在过滤器边框上，安装后热料的压缩应均匀，压缩率为25%～50%。

2）采用液槽密封时，槽架安装应水平，不得有渗漏现象，槽内无污物和水分，槽内密封液高度宜为2/3槽深。密封液的熔点宜高于50℃。

（27）消声器的安装要求。消声器的安装要满足如下4点要求：

1）消声器安装前应保持干净，做到无油污和浮尘。

2）消声器安装的位置、方向应正确，与风管的连接应严密，不得有损坏与受潮。两组同类型消声器不宜直接串联。

3）现场安装的组合式消声器，消声组件的排列、方向和位置应符合设计要求。单个消声器组件的固定应牢固。

4）消声器、消声弯管均应设独立支、吊架。

（28）空气过滤器的安装要求。空气过滤器的安装要满足如下3点要求：

1）安装平整、牢固，方向正确。过滤器与框架、框架与围护结构之间应严密无穿透缝。

2）框架式或粗效、中效袋式空气过滤器的安装，过滤器四周与框架应均匀压紧，无可见缝隙，并应便于拆卸和更换滤料。

3）卷绕式过滤器的安装，框架应平整、展开的滤料，应松紧适度、上下筒体应平行。

（29）风机盘管机组的安装要求。风机盘管机组的安装要满足如下3点要求：

1）机组安装前宜进行单机三速试运转及水压检漏试验。试验压力为系统工作压力的1.5倍，试验观察时间为2min，不渗漏为合格。

2）机组应设独立支、吊架，安装的位置、高度及坡度应正确、固定牢固。

3）机组与风管、回风箱或风口的连接，应严密、可靠。

（30）转轮式换热器安装的位置、转轮旋转方向及接管应正确运转应平稳。

（31）转轮去湿机安装应牢固，转轮及传动部件应灵活、可靠，方向正确；处理空气与再生空气接管应正确；排风水平管须保持一定的坡度，并坡向排出方向。

（32）蒸汽加湿器的安装应设置独立支架，并固定牢固；接管尺寸正确、无渗漏。

（33）空气风幕机的安装，位置方向应正确、牢固可靠，纵向垂直度与横向水平度的偏差均不应大于2/1000。

（34）变风量末端装置的安装，应设单独支、吊架，与风管连接前宜作动作试验。

16.4.7 空调制冷系统安装要求

空调制冷系统安装施工要注意如下操作。

（1）空调工程制冷系统的工作范围，定为工作压力不高于2.5MPa，工作温度在－20～150℃的整体式、组装式及单元式制冷设备、制冷附属设备、其他配套设备和管路系统的安装工程。不包括空气分离、速冻、深冷等的制冷设备及系统。

（2）制冷设备、制冷附属设备、管道、管件及阀门的型号、规格、性能及技术参数等必须符合设计要求。设备机组的外表应无损伤、密封应良好，随机文件和配件应齐全。

（3）与制冷机组配套的蒸汽、燃油、燃气供应系统和蓄冷系统的安装，还应符合设计文件、有关消防规范与产品技术文件的规定。

（4）空调用制冷设备的搬运和吊装，应符合产品技术文件和规范的规定。

（5）制冷机组本体的安装、试验，试运转及验收还应符合现行国家标准GB 50274—1998《制冷设备、空气分离设备安装工程施工及验收规范》有关条文的规定。

（6）制冷设备与制冷附属设备的安装要求。制冷设备与制冷附属设备的安装要满足如下3点要求：

1）制冷设备、制冷附属设备的型号、规格和技术参数必须符合设计要求，并具有产品合格证书、产品性能检验报告。

2）设备的混凝土基础必须进行质量交接验收，合格后方可安装。

3）设备安装的位置、标高和管口方向必须符合设计要求：用地脚螺栓固定的制冷设备或制冷附属设备，其垫铁的放置位置应正确、接触紧密；螺栓必须拧紧，并有防松动措施。

（7）直接膨胀表面式冷却器的外表应保持清洁、完整，空气与制冷剂应呈逆向流动；表面式冷却器与外壳四周的缝隙堵严，冷凝水排放应畅通。

（8）燃油系统的设备管道，以及储油罐以及日用油箱的安装，位置和连接方法应符合设计与消防要求。燃气系统设备的安装应符合设计和消防要求。调压装置、过滤器的安装和调节应符合设备技术文件的规定，且应可靠接地。

（9）制冷设备的各项严密性实验和试运行的技术数据，均应符合设备技术文件的规定。对组装式的制冷机组和现场充注制冷剂的机组，必须进行吹污、气密性实验、真空实验和充注制冷剂检漏实验，其相应的技术数据必须符合产品技术文件和有关现行国家标准、规范的规定。

（10）制冷设备各项严密性试验和试运行的过程，是对设备本体质量与安装质量验收的依据，必须引起重视。

（11）制冷系统管道、管件和阀门的安装要求。制冷系统管道、管件和阀门的安装要满足如下5点要求：

1）制冷系统的管道、管件和阀门的型号、材质及工作压力等必须符合设计要求，并应具有出厂合格证、质量证明书。

2）法兰、螺纹等处的密封材料应与管内的介质性能相适应。

3）制冷剂液体管不得向上装成“Ω”形。气体管道不得向下装成“U”形（特殊回油管除外）；液体支管引出时，必须从干管底部或侧面接出；气体支管引出时，必须从干管顶部或侧面接出；有两根以上的支管从干管引出时，连接部位应错开，间距不应小于2倍支管直径，且不小于200mm。

4）制冷机与附属设备之间制冷剂的管道的连接，其坡度与坡向应符合设计及设备技术。

5）制冷系统投入运行前，应对安全阀进行调试校核，其开启和回座压力应符合设备技术文件的要求。

（12）燃油管道系统必须设置可靠得防静电接地装置，其管道法兰应采用镀锌螺栓连接或在法兰处用铜导线进行跨接，且接合良好。

（13）燃气系统管道与机组的连接不得使用非金属软管。燃气管道得吹扫和压力实验应为压缩空气或氮气，严禁用水。当燃气供气管道压力大于0.005MPa时，焊缝得无损检测得执行标准应按设计规定。当设计无规定，且采用超声波探伤时，应全数检测，以质量不低于Ⅱ级为合格。

（14）氨制冷剂系统管道、附件、阀门及填料不得采用铜或铜合金材料（磷青铜除外），管内不得镀锌。氨系统的管道焊缝应进行射线照相检验，抽检率为10%，以质量不低于Ⅲ级为合格。在不易进行射线照相检验操作的场合，可用超声波检验代替，以不低于Ⅱ级为合格。

（15）输送乙二醇溶液得管道系统，不得使用内镀锌管道及配件。

（16）制冷管道系统应进行强度、气密性试验及真空试验，且必须合格。

（17）制冷机组与制冷附属设备的安装要求。制冷机组与制冷附属设备的安装要满足如下6点要求：

1）制冷设备及制冷附属设备安装位置、标高的允许偏差，要符合表16-15的要求。

表16-15　制冷设备与制冷附属设备安装允许偏差和检验方法

项次	项目	允许偏差（mm）	检验方法
1	平面位移	10	经纬仪或拉线和尺量检查
2	标高	±10	水准仪或经纬仪、拉线和尺量检查

2）整体安装的制冷机组，其机身纵、横向水平度的允许偏差为1/1000，并应符合设备技术文件的规定。

3）制冷附属设备安装的水平度或垂直度允许偏差为1/1000，并应符合设备技术文件的规定。

4）采用隔振措施的制冷设备或制冷附属设备，其隔振器安装位置应正确；各个隔振器的压缩量，应均匀一致，偏差不应大于2mm。

5）设置弹簧隔振的制冷机组，应设有防止机组运行时水平位移的定位装置。

6）模块式冷水机组单元多台并联组合时，接口应牢固，且严密不漏。连接后机组的外表，应平整、完好，无明显的扭曲。

（18）燃油系统油泵和蓄冷系统载冷剂泵的安装，纵、横向水平度允许偏差为1/1000，联轴器两轴芯轴向倾斜允许偏差为0.2/1000，径向位移为0.05mm。

（19）制冷系统管道、管件的安装要求。制冷系统管道、管件的安装要满足如下6点要求：

1）管道、管件的内外壁应清洁、干燥；铜管管道支吊架的型式、位置、间距及管道安装标高应符合设计要求，连接制冷机的吸、排气管道应设单独支架；管径小于等于20mm的铜管道，在阀门外应设置支架；管道上下平行敷设时，吸气管应在下方。

2）制冷剂管道弯管的弯曲半径不应小于3.5D（管道直径），其最大外径与最小外径之差不应大于0.08D，且不应使用焊接弯管及皱褶弯管。

3）制冷剂管道分支管应按介质流向弯成90℃弧度与主管连接，不宜使用弯曲半径小于1.5D的压制弯管。

4）铜管切口应平整、不得有毛刺、凹凸等缺陷，切口允许倾斜偏差为管径的1%，管口翻边后应保持同心，不得有开裂及皱褶，并应有良好的密封面。

5）采用承插钎焊焊接连接的铜管，其插接深度应符合表16-16的要求，承插的扩口方向应迎介质流向。当采用套接钎焊焊接连接时，其插接深度应不小于承插连接的规定。

采用对接焊缝组对管道的内壁应齐平，错边量不大于0.1倍壁厚，且不大于1mm。

表16-16　承插式焊接的铜管承口的扩口深度要求表　（mm）

铜管规格	DN15	DN20	DN25	DN32	DN40	DN50	DN65
承插口的扩口深度	9～12	12～15	15～18	17～20	21～24	24～26	26～30

6）管道穿越墙体或楼板时，管道的支吊架和钢管的焊接要满足有关规定。

（20）制冷系统阀门安装要求。制冷系统阀门的安装要满足如下5点要求：

1）制冷剂阀门安装前应进行强度和严密性试验。强度试验压力为阀门公称压力的 1.5 倍时，不得少于 5min；严密性试验压力为阀门公称压力的 1.1 倍，持续时间 30s 不漏为合格。合格后应保持阀体内干燥。如阀门进、出口封闭破损或阀体锈蚀的还应保持解体清洁。

2）位置、方向和高度应符合设计要求。

3）水平管道上的阀门的手柄不应朝下；垂直管道上的阀门手柄应朝向便于操作的地方。

4）自控阀门安装的位置应符合设计要求。电磁阀、调节阀、热力膨胀阀、升降式止回阀等的阀头均应向上；热力膨胀阀的安装位置应高于感温包，感温包应装在蒸发器末端的回气管上，与管道接触良好，绑扎紧密。

5）安全阀应垂直安装在便于检修的位置，其排气管的出口应朝向安全地带，排液管应装在泻水管上。

(21) 制冷系统的吹扫排污应采用压力为 0.6MPa 的干燥压缩空气或氮气，以浅色布检查 5min，无污物为合格。系统吹扫干净后，应将系统中阀门的阀芯拆下清洗干净。

16.4.8　空调水系统管道与设备安装要求

空调水系统管道与设备安装施工要注意如下 22 点操作。

(1) 镀锌钢管应采用螺纹连接。当管径大于 DN100 时，可采用卡箍式、法兰或焊接连接，但应对焊缝及热影响区的表面进行防腐处理。

(2) 空调工程水系统的设备与附属设备、管道、管配件及阀门的型号、规格、材质及连接形式应符合设计规定。

(3) 空调水系统管道安装要求。空调水系统管道安装要满足如下 5 点要求：

1）隐蔽管道必须按规范第 3.0.11 条的规定执行。

2）焊接钢管、镀锌钢管不得采用热煨弯。

3）管道与设备的连接，应在设备安装完毕后进行，与水泵、制冷机组得接管必须为柔性接口。柔性短管不得强行对口连接，与其连接得管道应设置独立支架。

4）冷热水及冷却水系统应在系统冲洗、排污合格（目测：以排出口得水色和透明度与入水口对比相近，无可见杂物），再循环试运行 2h 以上，且水质正常后才能与制冷机组、空调设备相贯通。

5）固定在建筑结构上的管道支、吊架，不得影响结构的安全。管道穿越墙体或楼板处应设钢制套管，管道接口不得置于套管内，钢制套管应与墙体饰面或楼板底部平齐，上部应高出楼层地面 20～50mm，并不得将套管作为管道支撑。保温管道与套管四周间隙应使用不燃绝热材料填塞紧密。

(4) 管道系统安装完毕，外观检查合格后，应按设计要求进行水压试验。当设计无规定时，要满足如下 6 点要求：

1）冷热水、冷却水系统的试验压力，当工作压力小于等于 1.0MPa 时，为 1.5 倍工作压力，但最低部小于 0.6MPa；当工作压力大于 1.0MPa，为工作压力加 0.5MPa。

2）对于大型或高层建筑垂直位差较大的冷（热）媒水、冷却水管道系统宜采用分区、分层试压和系统试压相结合的方法。一般建筑可采用系统试压方法。

3）分区、分层试压。对相对独立的局部区域的管道进行试压。在试验压力下，稳压 10min，压力不得下降，再将系统压力降至工作压力，在 60min 内压力不得下降、外观检查无渗漏为合格。

4）系统试压。在各分区管道与系统主、干管全部连通后，对整个系统的管道进行系统的试压。试验压力以最低点的压力为准，但最低点的压力不得超过管道与组成件的承受压力。压力试验升至试验压力后，稳压 10min，压力下降不得大于 0.02MPa，再将系统压力降至工作压力，外观检查无渗漏为合格。

5）各类耐压塑料管的强度试验压力为 1.5 倍工作压力，严密性工作压力为 1.15 倍的设计工作压力。

6）凝结水系统采用充水试验，应以不渗漏为合格。

(5) 阀门的安装要求。阀门的安装要满足如下 3 点要求：

1）阀门的安装位置、高度、进出口方向必须符合设计要求，连接应牢固紧密。

2）安装在保温管道上的各类手动阀门，手柄均不得向下。

3）阀门安装前必须进行外观检查，阀门的铭牌应符合现行国家标准 GB 12220—1989《通用阀门标志》的规定。对于工作压力大于 1.0MPa 及其在主干管上起到切断作用的阀门，应进行强度和严密性试验，合格后方准使用。其他阀门可不单独进行试验，待在系统试压中检验。

(6) 补偿器的补偿量和安装位置必须符合设计及产品技术文件的要求，并应根据设计计算的补偿量进行预拉伸或预压缩。

设有补偿器（膨胀节）的管道应设置固定支架，其结构形式和固定位置应符合设计要求，并应在补偿器的预拉伸（或预压缩）前固定；导向支架的设置应符合所安装产品技术文件的要求。

（7）冷却塔的型号、规格、技术参数必须符合设计要求。对含有易燃材料冷却塔的安装，必须严格执行防火安全的规定。

（8）水泵的规格、型号、技术参数应符合设计要求和产品性能指标。水泵正常连续试运行的时间，不应少于2h。

（9）水箱、集水缸、分水缸、储冷罐的满水试验或水压试验必须符合设计要求。储冷罐内壁防腐涂层的材质、涂抹质量、厚度必须符合设计或产品技术文件要求，储冷罐与底座必须进行绝热处理。

（10）当空调水系统的管道，采用建筑用硬聚氯乙烯（PVC-U）、聚丙烯（PP-R）、聚丁烯（PB）与交联聚乙烯（PEX）等有机材料管道时，其连接方法应符合设计和产品技术要求的规定。

（11）金属管道的焊接要求。金属管道的焊接要满足如下3点要求：

1）管道焊接材料的品种、规格、性能应符合设计要求。管道对接焊口的组对和坡口形式等应符合表16-17的要求。

2）对口的平直度为1/100，全长不大于10mm。管道的固定焊口应远离设备，且不宜与设备接口中心线相重合。管道对接焊缝与支、吊架的距离应大于50mm。

表16-17　管道焊接坡口形式和尺寸要求

项次	厚度T (mm)	坡口名称	坡口形式	坡口尺寸			备注
				间隙C (mm)	钝边P (mm)	坡口角度	
1	1～3	I型坡口		0～1.5	—	—	内壁错过量：0.1～0.2mm；外壁0.3mm
	3～6			1～2.5			
2	6～9	V型坡口		0～2.0	0～2	65～75	
	9～26			0～3.0	0～3	55～65	
3	2～30	T型坡口		0～2.0	—	—	

3）管道焊缝表面应清理干净，并进行外观质量的检查。焊缝外观质量不得低于GB 50236《现场设备、工业管道焊接工程施工及验收规范》。

（12）螺纹连接的管道，螺纹应清洁、规整，断丝或缺丝不大于螺纹全扣数的10%；连接牢固；接口处根部外露螺纹为2～3扣，无外露填料；镀锌管道的镀锌层应注意保护，对局部的破损处，应做防腐处理。

（13）法兰连接的管道，法兰面应与管道中心线垂直，并同心。法兰对接应平行，其偏差不应大于其外径的1.5/1000，且不得大于2mm；连接螺栓长度应一致、螺母在同侧、均匀拧紧。螺栓紧固后不应低于螺母平面。法兰的衬垫规格、品种与厚度应符合设计的要求。

（14）钢制管道的安装要求。钢制管道的安装要满足如下5点要求：

1）管道和管件在安装前，应将其内、外壁的污物和锈蚀清除干净。当管道安装间断时，应及时封闭敞开的管口。

2）管道弯制弯管的弯曲半径，热弯不应小于管道外径的3.5倍、冷弯不应小于4倍，焊接弯管不应小于1.5倍；冲压弯管不应小于1倍。弯管的最大外径与最小外径的差不应大于管道外径的8/100，管壁减薄率不应大于15%。

3）冷凝水排水管坡度，应符合设计文件的规定。当设计无规定时，其坡度宜大于或等于8‰；软管连接的长度，不宜大于150mm。

4）冷热水管道与支、吊架之间，应有绝热衬垫（承压强度能满足管道重量的不燃、难燃硬质绝热材料或经防腐处理的木衬垫），其厚度不应小于绝热层厚度，宽度应大于支、吊架支承面的宽度。衬垫的表面应平整、衬垫接合面的空隙应填实。

5）管道安装的坐标、标高和纵、横向的弯曲度应符合设计规定。在吊顶内等暗装管道的位置应正确，无明显偏差。

（15）钢塑复合管道的安装，当系统工作压力不大于1.0MPa时，可采用涂（衬）塑焊接钢管螺纹连接，与管道配件的连接深度和扭矩应符合表16-18的规定；当系统工作压力为1.0～2.5MPa时，可采用涂（衬）塑无缝钢管法兰连接或沟槽式连接，管道配件均为无缝钢管涂（衬）塑管件。

沟槽式连接的管道，其沟槽与橡胶密封圈和卡箍套必须为配套合格产品；支、吊架的间矩应符合表16-19的规定。

表16-18　钢塑复合管螺纹连接深度及紧固扭矩

公称直径(mm)		15	20	25	32	40	50	65	80	100
螺纹连接	深度(mm)	11	13	15	17	18	20	23	27	33
	牙数	6.0	6.5	7.0	7.5	8.0	9.0	10.0	11.5	13.5
扭矩(N·m)		40	60	100	120	150	200	250	300	400

表 16-19　沟槽式连接管道的沟槽及支、吊架的间距

公称直径（mm）	沟槽深度（mm）	允许偏差（mm）	支、吊架的间距（mm）	端面垂直度允许偏差（mm）
65～100	2.20	0～+0.3	3.5	1.0
125～150	2.20	0～+0.3	4.2	
200	2.50	0～+0.3	4.2	1.5
225～250	2.50	0～+0.3	5.0	
300	3.0	0～+0.5	5.0	

注　1. 连接管端面应平整光滑、无毛刺；沟槽过深，应作为废品，不得使用。

2. 支、吊架不得支承在连接头上，水平管的任意两个连接头之间必须有支、吊架。

（16）风机盘管机组及其他空调设备与管道的连接，宜采用弹性接管或软接管（金属或非金属软管），其耐压值应大于等于 1.5 倍的工作压力。软管的连接应牢固、不应有强扭和瘪管。

（17）金属管道的支、吊架的型式、位置、间距、标高应符合设计或有关技术标准的要求。设计无规定时，要满足如下 6 点要求：

1）支、吊架的安装应平整牢固，与管道接触紧密。管道与设备连接处，应设独立支、吊架。

2）冷（热）媒水、冷却水系统管道机房内总、干管的支、吊架，应采用承重防晃管架；与设备连接的管道管架宜有减振措施。当水平支管的管架采用单杆吊架时，应在管道起始点、阀门、三通、弯头及长度每隔 15m 设置承重防晃支、吊架。

3）无热位移的管道吊架，其吊杆应垂直安装；有热位移的，其吊杆应向热膨胀（或冷收缩）的反方向偏移安装，偏移量按计算确定。

4）滑动支架的滑动面应清洁、平整，其安装位置应从支承面中心向位移反方向偏移 1/2 位移值或符合设计文件规定。

5）竖井内的立管，每隔 2～3 层应设导向支架。在建筑结构负重允许的情况下，水平安装管道支、吊架的间距应符合表 16-20 的规定。

表 16-20　钢管道支、吊架的最大间距

公称直径（mm）		15	20	25	32	40	50	70	80	100	125	150	200	250	300
支架的最大间距（m）	L_1	1.5	2.0	2.5	2.5	3.0	3.5	4.0	5.0	5.0	5.5	6.5	7.5	8.5	9.5
	L_2	2.5	3.0	3.5	4.0	4.5	5.0	6.0	6.5	6.5	7.5	7.5	9.0	9.5	10.5
	对大于 300（mm）的管道可参考 300（mm）管道														

注　1. 适用于工作压力不大于 2.0MPa，不保温或保温材料密度不大于 200kg/m^3 的管道系统。

2. L_1 用于保温管道，L_2 用于不保温管道。

6）管道支、吊架的焊接应由合格持证焊工施焊，并不得有漏焊、欠焊或焊接裂纹等缺陷。支架与管道焊接时，管道侧的咬边量，应小于 0.1 管壁厚。

（18）采用建筑用硬聚氯乙烯（PVC-U）、聚丙烯（PP-R）与交联聚乙烯（PEX）等管道时，管道与金属支、吊架之间应有隔绝措施，不可直接接触。当为热水管道时，还应加宽其接触的面积。支、吊架的间距应符合设计和产品技术要求的规定。

（19）阀门、集气罐、自动排气装置、除污器（水过滤器）等管道部件的安装应符合设计要求，要满足如下 4 点要求：

1）阀门安装的位置、进出口方向应正确，并便于操作；接连应牢固紧密，启闭灵活；成排阀门的排列应整齐美观，在同一平面上的允许偏差为 3mm。

2）电动、气动等自控阀门在安装前应进行单体的调试，包括开启、关闭等动作试验。

3）冷冻水和冷却水的除污器（水过滤器）应安装在进机组前的管道上，方向正确且便于清污；与管道连接牢固、严密，其安装位置应便于滤网的拆装和清洗。过滤器滤网的材质、规格和包扎方法应符合设计要求。

4）闭式系统管路应在系统最高处及所有可能积聚空气的高点设置排气阀，在管路最低点应设置排水管及排水阀。

（20）冷却塔安装要求。冷却塔安装要满足如下 4 点要求：

1）基础标高应符合设计的规定，允许误差为 ±20mm。冷却塔地脚螺栓与预埋件的连接或固定应牢固，各连接部件应采用热镀锌或不锈钢螺栓，其紧固力应一致、均匀。

2）冷却塔安装应水平，单台冷却塔安装水平度和垂直度允许偏差均为 2/1000。同一冷却水系统的多台冷却塔安装时，各台冷却塔的水面高度应一致，高差不应大于 30mm。

3）冷却塔的出水口及喷嘴的方向和位置应正确，积水盘应严密无渗漏；分水器布水均匀。带转动布水器的冷却塔，其转动部分应灵活，喷水出口按设计或产品要求，方向应一致。

4）冷却塔风机叶片端部与塔体四周的径向间隙应均匀。对于可高速角度的叶片，角度应一致。

（21）水泵及附属设备的安装要求。水泵及附属设备的安装要满足如下 4 点要求：

1）水泵的平面位置和标高允许偏差为 ±10mm，安装的地脚螺栓应垂直、拧紧，且与设备底座接触紧密。

2）垫铁组放置位置正确、平稳，接触紧密，每组不超过3块。

3）整体安装的泵，纵向水平偏差不应大于0.1/1000，横向水平偏差不应大于0.20/1000；解体安装的泵纵、横向安装水平偏差均不应大于0.05/1000；水泵与电机采用联轴器连接时，联轴器两轴芯的允许偏差，轴向倾斜不应大于0.2/1000，径向位移不应大于0.05mm；小型整体安装的管道水泵不应有明显偏斜。

4）减震器与水泵基础连接牢固、平稳、接触紧密。

（22）水箱、集水器、分水器、储冷罐等设备的安装，支架或底座的尺寸、位置符合设计要求。设备与支架或底座接触紧密，安装平正、牢固。平面位置允许偏差为15mm，标高允许偏差为±5mm，垂直度允许偏差为1/1000。膨胀水箱安装的位置及接管的连接，应符合设计文件的要求。

16.4.9　防腐与绝热施工要求

防腐与绝热施工要注意如下23点操作。

（1）风管与部件及空调设备绝热工程施工应在风管系统严密性检验合格后进行。

（2）空调工程的制冷系统管道，包括制冷剂和空调水系统绝热工程的施工，应在管路系统强度与严密性检验合格和防腐处理结束后进行。

（3）普通薄钢板在制作风管前，宜预涂防锈漆一遍。

（4）支、吊架的防腐处理应与风管或管道相一致，其明装部分必须涂面漆。

（5）油漆施工时，应采取防火、防冻、防雨等措施，并不应在低温或潮湿环境下作业。明装部分的最后一遍色漆，宜在安装完毕后进行。

（6）风管和管道的绝热，应采用不燃或难燃材料，其材质、密度、规格与厚度应符合设计要求。如采用难燃材料时，应对其难燃性进行检查，合格后方可使用。

（7）防腐涂料和油漆，必须是在有效保质期限内的合格产品。

（8）在下列场合必须使用不燃绝热材料：

1）电加热器前后800mm的风管和绝热层。

2）穿越防火隔墙两侧2m范围内风管、管道和绝热层。

（9）输送介质温度低于周围空气露点温度的管道，当采用非闭孔性绝热材料时，隔汽层（防潮层）必须完整，且封闭良好。

（10）位于洁净室内的风管及管道的绝热，不应采用易产尘的材料（如玻璃纤维、短纤维矿棉等）。

（11）喷、涂油漆的漆膜，应均匀、无堆积、皱纹、气泡、掺杂、混色与漏涂等缺陷。

（12）各类空调设备、部件的油漆喷、涂，不得遮盖铭牌标志和影响部件的功能使用。

（13）风管系统部件的绝热，不得影响其操作功能。

（14）绝热材料层应密实，无裂缝、空隙等缺陷。表面应平整，应采用卷材或板材时，允许偏差为5mm；采用涂抹或其他方式时，允许偏差为10mm。防潮层（包括绝热层的端部）应完整，且封闭良好；其搭连缝应顺水。

（15）风管绝热层采用黏结方法固定要求。风管绝热层采用黏结方法固定时，施工要满足如下4点要求：

1）黏结剂的性能应符合使用温度和环境卫生的要求，并与绝热材料相匹配。

2）黏结材料宜均匀地涂在风管、部件或设备的外表面上，绝热材料与风管、部件及设备表面应紧密贴合，无空隙。

3）绝热层纵、横向的连缝，应错开。

4）绝热层粘贴后，如进行包扎或捆扎，包扎的搭连处应均匀、贴紧；捆扎的应松紧适度，不得损坏绝热层。

（16）风管绝热层采用保温钉连接固定要求。风管绝热层采用保温钉连接固定时，要满足如下4点要求：

1）保温钉与风管、部件及设备表面的连接，可采用黏结或焊接，结合应牢固，不得脱落；焊接后应保持风管的平整，并不应影响镀锌钢板的防腐性能。

2）矩形风管或设备保温钉的分布应均匀，其数量底面每平方米不应少于16个，侧面不应少于10个，顶面不应少于8个。首行保温钉至保温材料边沿的距离应小于120mm。

3）风管法兰部位的绝热层的厚度，不应低于风管绝热层的0.8倍。

4）有防潮隔汽层绝热材料的拼缝处，应用黏胶带封严。黏胶带的宽度不应小于50mm。黏胶带应牢固地粘贴在防潮面层上，不得有胀裂和脱落。

（17）绝热涂料作绝热层时，应分层涂抹，厚度均匀，不得有气泡和漏涂等缺陷，表面固化层应光滑，牢固无缝隙。

（18）当采用玻璃纤维布作绝热保护层时，搭接的宽度应均匀，宜为30～50mm，且松紧适度。

（19）管道阀门、过滤器及法兰部位的绝热结构应能单独拆卸。

(20) 管道绝热层的施工要求。管道绝热层的施工要满足如下4点要求：

1) 绝热产品的材质和规格，应符合设计要求，管壳的粘贴应牢固、铺设应平整；绑扎应紧密，无滑动、松弛与断裂现象。

2) 硬质或半硬质绝热管壳的拼接缝隙，保温时不应大于5mm、保冷时不应大于2mm，并用黏结材料勾缝填满；纵缝应错开，外层的水平接缝应设在侧下方。当绝热层的厚度大于100mm时，应分层铺设，层间应压缝。

3) 硬质或半硬质绝热管壳应用金属丝或难腐织带捆扎，其间距为300～350mm，且每节至少捆扎2道。

4) 松散或软质绝热材料应按规定的密度压缩其体积，疏密应均匀。毡类材料在管道上包扎时，搭接处不应有空隙。

(21) 管道防潮层的施工要求。管道防潮层的施工要满足如下3点要求：

1) 防潮层应紧密粘贴在绝热层上，封闭良好，不得有虚粘、气泡、褶皱、裂缝等缺陷。

2) 立管的防潮层，应由管道的低端向高端敷设，环向搭接的缝口应朝向低端；纵向的搭接缝应位于管道的侧面，并顺水。

3) 卷材防潮层采用螺旋形缠绕的方式施工时，卷材的搭接宽度宜为30～50mm。

(22) 金属保护壳的施工要求。金属保护壳的施工要满足如下2点要求：

1) 应紧贴绝热层，不得有脱壳、褶皱、强行接口等现象。接口的搭接应顺水，并有凸筋加强，搭接尺寸为20～25mm。采用自攻螺钉固定时，螺钉间距应匀称，并不得刺破防潮层。

2) 户外金属保护壳的纵、横向接缝，应顺水；其纵向接缝应位于管道的侧面。金属保护壳与外墙面或屋顶的交接处应加设泛水。

(23) 冷热源机房内制冷系统管道的外表面，应做色标。

16.5 楼宇布线和设备安装施工

16.5.1 楼宇设备控制系统的布线施工

楼宇设备控制系统的布线施工是相当重要的，各种电缆和控制线插头装设应遵照生产厂的要求实施，并做到接触良好、牢固、美观。布线施工请参见本书第14章综合布线系统的设计与施工技术的综合布线系统的施工。

16.5.2 中央控制及网络通信设备柜的安装

中央控制及网络通信设备柜的安装要注意如下6点：

(1) 应垂直、平正、牢固。

(2) 垂直度允许偏差为±1.5mm。

(3) 水平方向的倾斜度允许偏差为±1mm。

(4) 相邻设备顶部高度允许偏差为±2mm。

(5) 相邻设备接缝处平面度允许偏差为±1mm。

(6) 相邻设备接缝的间隙，不大于±2mm。

16.5.3 温度传感器的安装

温度传感器分室内温度传感器、室外温度传感器、水管型温度传感器、风管型传感器。

温度传感器根据测点处可能出现温度范围的1.2～1.5倍来选择传感器的测量范围，传感器的测量精度除了必须高于工艺要求的控制和测量精度外，还应和二次仪表的精度相匹配。温度传感器可选用RVV、RVVP2×1.0或RVVP3×1.0线缆接至现场DDC。

16.5.3.1 室内温度传感器安装

(1) 应远离室内冷热源，应避开蒸汽放空口及出风口处。

(2) 远离门窗等直接通风的位置，如无法避免则与之距离不应小于2m。

(3) 应远离受其他辐射热影响的位置和远离有高振动或电磁场干扰的区域。

(4) 不宜安装在管道焊缝及其边缘上开孔焊接。

(5) 不应安装在阳光直射，受其他辐射热影响的位置和远离有高振动或电磁场干扰的区域。

(6) 安装的位置不能破坏建筑物外观及室内装饰布局的完整性。

(7) 并列安装的温、湿传感器距地面高度应一致，高度允许偏差为±1mm，同一区域内安装的温、湿度传感器高度允许偏差为±5mm。

16.5.3.2 室外温度传感器的安装

(1) 室外温度传感器应有防风雨防护罩。

(2) 室外温度传感器不应安装在阳光直射和环境潮湿的位置。

(3) 室外温度传感器不应安装在受其他辐射热影响的位置和有高振动或电磁场干扰的区域。

(4) 应尽可能远离窗、过道、门和出风口的位置；如无法避开则与之距离不应小于2m。

(5) 并列安装的传感器，距地高度应一致，高度差不应大于1mm，同一区域内高度差不应大于5mm。

(6) 安装的位置不能破坏建筑物外观及室内装饰布局的完整性。

16.5.3.3 水管型温度传感器的安装

(1) 水管型温度传感器的开孔与焊接工作，必须在工艺管道的防腐、衬里、吹扫和压力试验前进行。

(2) 水管型温度传感器的感温段大于管道口径的1/2时可安装在管道顶部，如感温段小于管道口径的1/2时可安装在管道的侧面或底部。

(3) 水管型温度传感器的安装位置应在水流温度变化灵敏和具有代表性的地方，不宜选在阀门等阻力部件的附近、水流束呈死角处以及振动较大的地方。

(4) 水管型温度传感器探针须置于套管内，安装套管时可水平安装，亦可底部垂直向下安装，或可将套管斜对水流方向倾斜式安装，且避免套管接触管道内壁，为测量精确，套管内壁为热复合材质并带有弹簧接口以保证探针和套管紧密接触。

(5) 水管型温度传感器不宜安装在管道焊缝及其边缘上开孔焊接。

(6) 水管型温度传感器安装应在工艺管道安装同时进行。

16.5.3.4 风管型温度传感器安装

(1) 风管型温度传感器安装应避开蒸汽放空口及出风口处。

(2) 风管温度传感器安装应在风管保温完成后进行。

(3) 风管型温度传感器应安装在风管的直管段，如不能安装在直管段，则应避开风管内通死角的位置安装。

(4) 风管型温传感器应安装在便于调试、维修的地方。

(5) 风管型温传感器应安装在风管保温层完成之后。

16.5.4 湿度传感器的安装

在空调制冷自控系统中所用到的湿度传感器都是相对湿度传感器。采用多孔材料的湿敏元件由于吸湿快而脱湿慢，故选择湿度传感器位置时，尽量将传感器置于气流速度较大的地方。如测量室内相对湿度时，一般将湿度传感器安装在回风道内；测量室外空气相对湿度时，一般将湿度传感器安装在新风道内。按安装位置可分为风管型、室外型及室内型。安装要求与温度传感器类似。

湿度传感器的测量精度除了必须高于工艺要求的控制和测量精度外，还应和二次仪表的精度相匹配。湿度传感器可选用RVV、RVVP2×1.0或RVVP3×1.0线缆接至现场DDC。温湿度传感器：由温度传感器和湿度传感器组合而成。2×RVV或2×RVVP3×1.0线缆接至现场DDC。

16.5.4.1 室内湿度传感器安装

(1) 不应安装在阳光直射，受其他辐射热影响的位置和远离有高振动或电磁场干扰的区域。

(2) 应远离室内冷热源，应避开蒸汽放空口及出风口处。

(3) 室内湿度传感器的安装位置宜远离墙面出风口，如无法避开，则间距不应小于2m。

(4) 不宜安装在管道焊缝及其边缘上开孔焊接。

(5) 安装的位置不能破坏建筑物外观及室内装饰布局的完整性。

(6) 并列安装的温、湿传感器距地面高度应一致，高度允许偏差为±1mm，同一区域内安装的温、湿度传感器高度允许偏差为±5mm。

(7) 检查传感器到DDC之间的连接线的规格（线径截面）是否符合设计要求，对于镍传感器的接线总电阻应小于3Ω，1kΩ铂传感器的接线总电阻应小于1Ω。

16.5.4.2 室外湿度传感器的安装

(1) 室外湿度传感器应有防风雨防护罩。

(2) 室外湿度传感器不应安装在阳光直射和环境潮湿的位置。

(3) 室外湿度传感器不应安装在受其他辐射热影响的位置和有高振动或电磁场干扰的区域。

(4) 应尽可能远离窗、过道、门和出风口的位置；如无法避开则与之距离不应小于2m。

(5) 并列安装的传感器，距地高度应一致，高度差不应大于1mm，同一区域内高度差不应大于5mm。

(6) 安装的位置不能破坏建筑物外观及室内装饰布局的完整性。

(7) 并列安装的温、湿传感器距地面高度应一致，高度允许偏差为±1mm，同一区域内安装的温、湿度传感器高度允许偏差为±5mm。

(8) 墙面安装附近有其他开关传感器时，距地高度应与之一致，其高度允许偏差为±5mm，传感器外形尺寸与其他开关不一样时，以底边高度为准。

(9) 检查传感器到DDC之间的连接线的规格（线径截面）是否符合设计要求，对于镍传感器的接线总电阻应小于3Ω，1kΩ铂传感器的接线总电阻应小于1Ω。

16.5.4.3 风管型湿度传感器安装

(1) 风管型湿度传感器安装应避开蒸汽放空口及出风口处。

(2) 风管湿度传感器安装应在风管保温完成后进行。

（3）风管型湿度传感器应安装在风管的直管段，如不能安装在直管段，则应避开风管内通死角的位置安装。

（4）风管型湿度传感器应安装在便于调试、维修的地方。

（5）风管型湿度传感器应安装在风管保温层完成之后。

16.5.5　压差开关的安装

压差开关（压差传感器）分水管型压差开关和风压压差开关。压差开关可选用 RVV、RVVP2×1.0 或 RVVP3×1.0 线缆接至现场 DDC。

16.5.5.1　水管型压差开关的安装

（1）水管型压差开关的取压段大于管道口径的 2/3 时可安装在管道的顶部，如取压段小于管道口径的 2/3 时应安装在管道的侧面或底部。

（2）水管型压差开关的安装位置应选在水流束稳定的地方，不宜选在阀门等阻力部件的附近和水流流束呈死角处以及振动较大的地方。

（3）不宜安装在管道焊缝及其边缘上，开孔及焊接处。

（4）水管型压差开关应安装在温、湿度传感器的上游侧。

16.5.5.2　风压压差开关安装

（1）压差开关（压差传感器）的安装应在风管保温完成后进行。

（2）压差开关应在风管的直管段，如不能安装在直管段，则应避开风管内通风死角和蒸汽放空口的位置。

（3）压差开关的安装应在工艺管道预制和安装的同时进行，开孔与焊接工作必须在工艺管道的防腐、衬里吹扫和压力试验前进行。

（4）压差开关不宜安装在管道焊缝及其边缘上，开孔及焊接处。

（5）压差开关的直压段大于管道口径的三分之二时可安装在管道顶部，小于管道口径三分之二时可安装在侧面或底部和水流流束稳定的位置，不宜选在阀门等阻力部件的附近、水流流束死角和振动较大的位置。

（6）安装压差开关时，宜将薄膜处于垂直于平面的位置。

（7）风压压差开关安装离地高度不应小于 0.5m。

（8）风压压差开关的安装应在风管保温层完成之后。

（9）风压压差开关应安装在便于调试、维修的地方。

（10）风压压差开关不应影响空调器本体的密封性。

（11）风压压差开关的线路应通过软管与压差开关连接。

（12）风压压差开关应避开蒸汽放空口。

（13）空气压差开关内的薄膜应处于垂直平面位置。

（14）检查传感器到 DDC 之间的连接线的规格（线径截面）是否符合设计要求。

16.5.6　压力传感器的安装

压力传感器正确的安装很重要，通常压力传感器的损坏都是由于其安装位置不恰当而引起的。如果将传感器强行安装在过小的孔或形状不规则的孔中，就有可能造成传感器的震动膜受到冲击而损坏。安装压力传感器要注意：

（1）检查安装孔的尺寸。如果安装孔的尺寸不合适，传感器在安装过程中，其螺纹部分就很容易受到磨损。这不仅会影响设备的密封性能，而且使传感器不能充分发挥作用，甚至还可能产生安全隐患。

（2）防止压力过载。传感器测压范围的过载设计最高能够达到 50%（超出最大量程的比率），从设备运行的安全角度考虑最好选择被测压力处于量程范围之内的传感器。在通常情况下传感器的最佳量程应该是被测压力的 2 倍，即使在极高的压力下运行，也能避免传感器受到损坏。

压力传感器分风管型压力传感器、水管型压力传感器、蒸汽型压力压力传感器、高压水管压力传感器。

压力传感器可选用 RVV、RVVP2×1.0 或 RVVP3×1.0 线缆接至现场 DDC。

16.5.6.1　风管型压力传感器安装

（1）不应安装在阳光直射，受其他辐射热影响的位置和远离有高振动或电磁场干扰的区域。

（2）应远离室内冷热源，应避开蒸汽放空口及出风口处。

（3）不宜安装在管道焊缝及其边缘上开孔焊接。

（4）安装的位置不能破坏建筑物外观及室内装饰布局的完整性。

（5）风管压力传感器安装应在风管保温完成后进行。

（6）风管型压力传感器应安装在气流流束稳定和管道的上半部位置。

（7）风管型压力传感器应安装在风管的直管段，如不能安装在直管段，则应避开风管内通风死角的位置。

(8) 风管型压力传感器应安装在温、湿度传感器的上游侧。

(9) 风管型压力传感器应安装在送风口。

(10) 墙面安装附近有其他开关传感器时，距地高度应与之一致，其高度允许偏差为±5mm，传感器外形尺寸与其他开关不一样时，以底边高度为准。

(11) 检查传感器到DDC之间的连接线的规格(线径截面)是否符合设计要求，对于镍传感器的接线总电阻应小于3Ω，1kΩ铂传感器的接线总电阻应小于1Ω。

16.5.6.2 水管型压力传感器安装

(1) 水管型压力传感器应安装在温、湿度传感器的上游侧。

(2) 水管型压力传感器的安装应在工艺管道安装同时进行。

(3) 水管型压力传感器不宜安装在管道焊缝及其边缘上开孔焊接。

(4) 水管型压力传感器，必须在工艺管道的防腐、衬里、吹扫和压力试验前进行。

(5) 水管型压力与压差传感器的取压段大于管道口径的2/3时可安装在管道顶部，如取压段小于管道口径的2/3时应安装在管道的侧面或底部。

(6) 水管型压力与压差传感器的安装位置应选在水流流束稳定的地方，不宜选在阀门等阻力部件的附近和水流束呈死角处以及振动较大的地方。

(7) 墙面安装附近有其他开关传感器时，距地高度应与之一致，其高度允许偏差为±5mm，传感器外形尺寸与其他开关不一样时，以底边高度为准。

(8) 检查传感器到DDC之间的连接线的规格(线径截面)是否符合设计要求，对于镍传感器的接线总电阻应小于3Ω，1kΩ铂传感器的接线总电阻应小于1Ω。

16.5.6.3 蒸汽型压力传感器安装

(1) 蒸汽压力传感器应安装在温湿度传感器的上游侧。

(2) 蒸汽压力传感器不宜安装在管道焊缝及其边缘上开孔焊接。

(3) 蒸汽压力传感器的安装应在工艺管道安装同时进行。

(4) 蒸汽压力传感器应安装在管道顶部或下半部与工艺管道水平中心线成45°夹角的范围内。

(5) 蒸汽型压力传感器的直压段大于管道口径的三分之二时可安装在管道顶部，小于管道口径三分之二时可安装在侧面或底部和水流流束稳定的位置。

(6) 蒸汽压力传感器的安装位置应选在蒸汽压力稳定的地方，不宜选在阀门等阻力部件的附近和蒸汽流动呈死角处以及振动较大的地方。

(7) 蒸汽压力传感器的开孔与焊接工作，必须在工艺管道的防腐、衬里、吹扫和压力试验前进行。

(8) 并列安装的温、湿度传感器距地面高度应一致，高度允许偏差为±1mm，同一区域内安装的温、湿度传感器高度允许偏差为±5mm，传感器外形尺寸与其他开关不一样时，以底边高度为准。

(9) 安装的位置不能破坏建筑物外观及室内装饰布局的完整性。

(10) 检查传感器到DDC之间的连接线的规格(线径截面)是否符合设计要求。

16.5.6.4 高压水管压力传感器安装

(1) 高压水管压力传感器应装在进水管侧，低压水管压力传感器应装在回水管侧。

(2) 高压风管其压力传感器应装在送风口，低压风管其压力传感器应装在回风口。

(3) 不宜安装在管道焊缝及其边缘上开孔焊接。

(4) 安装的位置不能破坏建筑物外观及室内装饰布局的完整性。

(5) 检查传感器到DDC之间的连接线的规格(线径截面)是否符合设计要求。

16.5.7 水流开关的安装

水流开关安装示意图如图16-2所示。

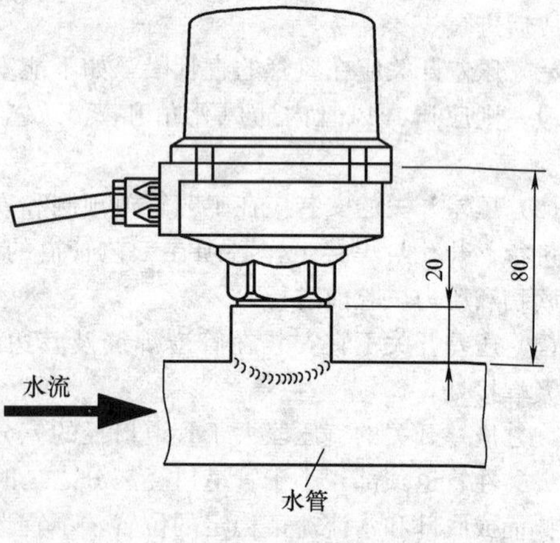

图16-2 水流开关安装示意图(mm)

水流开关垂直安装于水平的管道上，要遵循水流开关保护盖及阀体上标注的水流方向。水流开关上标识的箭头方向应与水流方向一致。水流开关可选用RVV、RVVP2×1.0或RVVP3×1.0线缆接至现场DDC。

水流开关的安装要求如下：

(1) 水流开关上标识的箭头方向应与水流方向一致。

（2）水流开关应安装在水平管段上，不应安装在垂直管段上。

（3）水流开关不宜安装在管道焊缝及其边缘上开孔焊接。

（4）水流开关的安装应在工艺管道预制、安装同时进行。

（5）水流开关的开孔与焊接工作，必须在工艺管道的防腐、衬里、吹扫和压力试验前进行。

（6）水流开关不应安装在垂直管上。

（7）水流开关应安装在便于调试、维修的地方。

16.5.8 水管流量传感器的安装

水管流量传感器分电磁流量传感器和涡轮式流量传感器。水管流量传感器的取样段大于管道口径的1/2时可安装在管道顶部，如取样段小于管道口径的1/2时应安装在管道的侧面或底部。水管流量传感器的安装位置应选在水流流束稳定的地方，不宜选在阀门等阻力部件的附近和水流束呈死角处以及振动较大的地方。水管流量传感器应安装在直管段上，距弯头距离应不小于6倍的管道内径。信号的传输线宜采用有屏蔽和绝缘保护层的电缆，宜在DDC侧一点接地。水管流量传感器可选用RVV或RVVP3×1.0线缆接至现场DDC。

16.5.8.1 电磁流量传感器（计）的安装

（1）电磁流量传感器应安装在避免有较强的交直流磁场或有剧烈振动的场所。

（2）流量传感器被测介质及工艺管道三者之间应该连成等电位，并应接地。

（3）电磁流量传感器应在流量调节阀的上游，流量计的上游应有直管段，长度L为$10D$（D—管径），下游段应有4～5倍管径的直管段。

（4）电磁流量传感器水平安装时必须使电极处在水平方向，以保证测量精度。

（5）检查传感器到DDC之间的连接线的规格（线径截面）是否符合设计要求。

16.5.8.2 涡轮式流量传感器的安装

（1）涡轮式流量传感器安装时要水平，流体的流动方向必须与传感器壳体上所示的流向标志一致。如果没有标志，可按下列方向判断方向：

1）流体的进口端导流器比较尖，中间有圆孔。

2）流体的出口端导流器不尖，中间没有圆孔。

（2）当可能产生逆流时，流量变送器后面装止阀，流量变送器应装在测压点上游并距测压点3.5～5.5倍管径的位置，测温应设置在下游侧，距流量传感器6～8倍管径的位置。

（3）流量传感器需要装在一定长度的直管上，以确保管道内流速平稳。流量传感器上游应留有10倍管径的直管，下游有5倍管径长度的直管。若传感器前后的管道中安装有阀门，管道缩径、弯管等影响流量平稳的设备，则直管段的长度还需相应增加。流量传感器信号的传输线宜采用屏蔽和带有绝缘护套的电缆。

（4）检查传感器到DDC之间的连接线的规格（线径截面）是否符合设计要求。

16.5.9 电量传感器的安装

（1）按设计和产品说明书的要求，检查各种电量传感器的输入与输出信号是否相符。

（2）检查电量传感器的接线是否符合设计和产品说明书的接线要求。

（3）严防电压传感器输入端短路和电流传感器输入端开路。

（4）电量传感器裸导体相互之间或者与其他裸导体之间的距离不应小于4mm，当无法满足时，相互间必须绝缘。

16.5.10 空气质量传感器的安装

（1）空气质量传感器应安装在回风通道内。

（2）空气质量传感器应安装在风管的直管段，如不能安装在直管段，则应避开风管内通风死角的位置。

（3）探测气体比重轻的空气质量传感器应安装在风管或房间的上部，探测气体比重重的空气质量传感器应安装在风管或房间的下部。

（4）可选用RVV、RVVP2×1.0或RVVP3×1.0线缆接至现场DDC。

16.5.11 风机的安装

风机安装分离心通风机、离心鼓风机、离心压缩机、轴流通风机、罗茨式鼓风机和叶氏式鼓风机的安装。

16.5.11.1 风机安装的一般要求

（1）风机安装的基础、清单和防震装置应符合有关设计的要求。

（2）风机的开箱检查应符合下列要求：

1）根据设备装箱清单，核对叶轮、机壳和其他部位的主要安装尺寸是否与设计相符。

2）叶轮旋转方向应符合设备技术文件的规定。

3）进、排气口应有盖板严密遮盖，防止尘土和杂物进入。

4）检查风机外露部分各加工面的防锈情况，和转子是否发生明显的变形或严重锈蚀、碰伤等，如有上述情况应会同有关单位研究处理。

（3）风机的搬运和吊装应符合下列要求：

1）整体安装的风机，搬运和吊装时的绳索，不得捆缚在转子和机壳或轴承盖的吊环上。

2）现场组装的风机，绳索的捆缚不得损伤机件表面和转子与齿轮轴两端中心孔、轴瓦的推力面和推力盘的端面机壳水平中分面的连接螺栓孔、转子轴颈和轴封处均不应作为捆缚部位。

3）输送特殊介质的风机转子和机壳内涂有保护层，应严加保护，不得损伤。

（4）风机的润滑、油冷却和密封系统的管路处应清洗干净和畅通。

（5）风机的进气管、排气管、阀件调节装置和气体加热成冷却装置油路系统管路等均应有单独的支撑并与基础或其他建筑物连接牢固；各管路与风机连接时法兰面应对中贴平，不应硬拉和别劲，风机机壳不应承受其他机件的重量，防止机壳变形。

（6）风机附属的自控设备的观测仪器、仪表的安装，应按设备技术文件的规定执行。

（7）风机连接的管路需要切割或焊接时，不应使机壳发生变形，一般宜在管路与机壳脱开后进行。

（8）风机的传动装置外露部分有护罩；风机的进气口或进气管路直通大气时应加装保护网或其他安全设施。

16.5.11.2 离心通风机的安装

（1）离心通风机的拆卸、清洗和装配应符合下列要求：

1）将机壳和轴承箱拆开并将转子卸下清洗，但电动机直联传动的风机可不拆卸清洗。

2）轴承的冷却水管路应畅通并应对整个系统进行试压，试验压力如设备技术文件无规定时，一般不应低于 $4kg/cm^3$。

3）清洗和检查调节机构，其转动应灵活。

（2）整体机组的安装，应直接放置在基础上用成对斜垫铁找平。

（3）现场组装的机组，底座上的切削加工面应妥善保护，不应有锈蚀或操作，底座放置在基础上时，应用成对斜垫铁找平。

（4）轴承座与底座应紧密接合，纵向不水平度不应超过 0.2/1000，用水平仪在主轴上测量，横向不水平度不应超过 0.3/1000，用水平仪在轴承座的水平中分面上测量。

（5）机壳组装时，应以转子轴心线为基准找正机壳的位置并将叶轮进气口与机壳进气口间的轴向和径向间隙高速至设备技术文件规定的范围内，同时检查地脚螺栓是否紧固。

（6）离心通风机找正时，风机轴与电动机轴的不同轴度：径向定位移不应超过 0.05mm，倾斜不应超过 0.2/1000。

16.5.11.3 轴流通风机的安装

（1）轴流通风机的拆卸、清洗和装配应符合下列要求。

1）应检查叶片根部是否损伤，紧固螺母是否松动。

2）立式机组应清洗变速箱、齿轮组或蜗轮蜗杆。

（2）整体机组的安装应直接放置在基础上，用成对斜垫铁找平。

（3）现场组装的机组，组装时应符合下列要求：

1）水平部分机组应将主体风筒上部和转子拆下，并将主体风筒下部、轴承座和底座等在基础上组装后，用成对斜垫铁找平。

2）垂直部分机组应将进气室安放在基础上，用成对斜垫铁找平，再安装轴承座，且轴承座与底平面应均匀接触，两轴承孔对公共轴线的不同轴度不应超过 0.05mm。

3）立式机组的不水平度不应超过 0.2/1000，用水平仪在轮毂上测量，传动轴与电动机轴的不同轴度，径向位移不应超过 0.2/1000。

（4）叶片校正时，应按设备技术文件的规定校正各叶片的角度，并锁紧固定叶片的螺母。

（5）叶轮与主体风筒（或机壳）间的间隙应均匀分布并符合设备技术文件的规定，其对应两侧的半径间隙之差如无规定时可按表 16-21 的规定执行。

表 16-21　叶轮与主体风筒间的对应两侧半径间隙之差　（mm）

叶轮直径	≤600	>600～1200	>1200～2000	>2000～3000	>3000～5000	>5000～8000	>8000
对应两侧半径间隙之差不应超过的值	±0.5	±1	±1.5	±2	±3.5	±5	±6.5

（6）主体风筒上部接缝或进气室与机壳、静子之间的连接法兰以及前后风筒和扩压器的连接法兰均应对中贴平，接合严密。前、后风箱和扩压器等应与基础连接牢固，其重量不得加在主体风筒（或进气室）上，防止机体变形。

16.5.11.4 罗茨式和叶氏式鼓风机的安装

（1）罗茨式和叶氏式鼓风机的清洗、拆卸和装配应符合下列要求：

1）清洗齿轮箱及其齿轮。

2）检查转子和机壳内部。

3）清洗润滑系统使其畅通、清洁。

（2）转子与转子间（包括正、反两个方面）、转子与机壳间、转子与墙板间的间隙均应符合设备技术文件的规定。

（3）风机应用成对斜垫铁找平，轴的纵向不水平度不应超过 0.2/1000。

16.5.11.5　离心鼓风机和压缩机的安装

（1）离心鼓风机和压缩机的清洗、拆卸和装配应符合下列要求：

1）各机件和附属设备均庆清洗干净，其接合面防锈油脂除去后，应涂以润滑层加以保护（特殊要求者例外）。

2）机壳垂直中分面不应拆卸清洗（筒型结构的机器按设备技术文件的规定执行），扩压器、回流器和轴承箱等清洗时可不拆卸。

3）润滑系统、密封系统中的油泵、过滤器、油冷却器和安全阀等应拆卸清洗，除油冷却器外其斜均可不单独试压。

4）气体调节装置和气体冷却系统应拆洗干扰，其受压疗分一般可进行试压；如有特殊要求者，应按设备技术文件的规定进行严密性试验。

（2）离心鼓风机和压缩机找平时，应符合下列要求：

1）直联机组找平时，纵向用水平仪在轴上测量，不水平度不应超过 0.03/1000；横向用水平仪在机壳中分面上测量，不水平度不应超过 0.1/1000。

2）有增速器的机组找平时，纵向用水平仪在轴颈上测量，不水平度不应超过 0.02/1000；横向用水平仪在下机壳的水平中分面上测量，不水平度不应超过 0.1/1000；整个机组的找正一般均以增速器为基准进行。

（3）底座或整体机组安装时应符合下列要求：

1）按机组的大小选用成对斜垫铁，对转速超过 3000r/min 的机组，各块垫铁之间、垫铁与基础、底座之间的接触面积均不应小于接合面的 70%，局部间隙不应大于 0.05mm。

2）每组垫铁选配后应成组放好，并作出标记防止错乱。

3）底座如为数块组成者，应按设备技术文件的规定核对机壳和轴承座等地脚螺栓的位置是否相符。

（4）轴承座和下机壳装在底座上时，应符合下列要求：

1）轴承座与下机壳为整体的机组，应将机体的下半部装在底座上，同时以轴承孔为基准，找平（有增速器的机组一般以增速器为基准进行上述工作）。

2）轴承座与下机壳不是一体的机组，轴承座应先装在底座上，同时以轴承孔为基准找平，校正下机壳与主轴轴心线的不同轴度（有增速器的机组，一般以增速器为基准进行上述工作）。

（5）增速器底面与底座应紧密贴合，未拧紧螺栓前用塞尺检查其局部间隙不应大于 0.04mm。

（6）电动机、汽轮机、燃气轮机与增速器、鼓风机、压缩机连接时，共不同轴度应符合设备技术文件的规定。

16.5.12　风阀控制器安装

（1）风阀控制器上的开闭箭头的指向应与风门开闭方向一致。

（2）风阀控制器与风阀门轴的连接应固定牢固。

（3）风阀的机械机构开闭应灵活，无松动或卡涩现象。

（4）风阀控制器安装后，风阀控制器的开闭指示位应与风阀实际状况一致，风阀控制器宜面向便于观察的位置。

（5）风阀控制器应与风阀门轴垂直安装，垂直角度不小于 85°。

（6）风阀控制器安装前应按安装使用说明书的规定检查线圈、阀体间的绝缘电阻、供电电压、控制输入等应符合设计和产品说明书的要求。

（7）风阀控制器在安装前宜进行模拟动作。

（8）风阀控制器的输出力矩必须与风阀所需的力矩相匹配并符合设计要求。

（9）当风阀控制器不能直接与风门挡板轴相连接时，则可通过附件与挡板轴相连时，其附件装置必须保证风阀控制器旋转角度的调整范围。

（10）可选用 RVV 或 RVVP3×1.0 线缆接至现场 DDC。

16.5.13　电动调节阀的安装

（1）电动阀阀体上箭头的指向应与水流方向一致。

（2）与空气处理机、新风机等设备相连的电动阀一般应装有旁通管路。

（3）电动阀的口径与管道通径不一致时，应采用渐缩管件，同时电动阀口径一般不应低于管道口径两个档次，并应经计算确定满足设计要求。

（4）电动阀执行机构应固定牢固，阀门整体应处于便于操作的位置，手动操动机构面向外操作。

（5）电动阀应垂直安装于水平管道上，尤其对大口径电动阀不能有倾斜。

（6）有阀位指示装置的电动阀，阀位指示装置应面向便于观察的位置。

(7) 安装于室外的电动阀应有适当的防晒、防雨措施。

(8) 电动阀在安装前宜进行模拟动作和试压试验。

(9) 电动阀一般安装在回水管上。

(10) 电动阀在管冲洗前，应完全打开，清除污物。

(11) 检查电动阀门的驱动器，其行程、压力和最大关闭力（关阀的压力）必须满足设计和产品说明书的要求。

(12) 检查电动调节阀的、型号、材质必须符合设计要求，其阀体强度、阀芯泄漏试验必须满足产品说明书有关规定。

(13) 电动调节阀安装时，应避免给调节阀带来附加压力，当调节阀安装在管道较长的地方时，其阀体部分应安装支架和采取避振措施。

(14) 检查电动调节输入电压、输出信号和接线方式，应符合产品说明书和设计的要求。

(15) 可选用 RVV 或 RVVP3×1.0 线缆接至现场 DDC。

16.5.14　电磁阀的安装

(1) 电磁阀阀体上箭头的指向应与水流方向一致。

(2) 与空气处理机和新风机等设备相连的电磁阀一般应装有旁通管路。

(3) 电磁阀的口径与管道通径不一致时，应采用渐缩管件，同时电磁阀口径一般不应低于管道口径两个档次，并应经计算确定满足设计要求。

(4) 执行机构应固定牢固，操作手柄应处于便于操作的位置。

(5) 执行机构的机械传动应灵活，无松动或卡涩现象。

(6) 有阀位指示装置的电动阀，阀位指示装置应面向便于观察的位置。

(7) 电磁阀安装前应按安装使用说明书的规定检查线圈与阀体间的绝缘电阻。

(8) 如条件许可，电磁阀在安装前宜进行模拟动作和试压试验。

(9) 电磁阀一般安装在回水管口。

(10) 电磁阀在管道冲洗前，应完全打开。

(11) 可选用 RVV 或 RVVP3×1.0 线缆接至现场 DDC。

16.5.15　送风口、回风口布置要求

(1) 根据工艺要求和现场的条件等，确定送回风的形式、气流组织形式以及风口形式。

(2) 再根据风量来确定风口的外形尺寸。

(3) 一般可采用百叶风口或条缝型风口等侧送，有条件时，侧送气流宜贴附。

(4) 当有吊顶可利用时，应根据房间高度以及使用场所对气流的要求，分别采用圆型、方型和条缝型散流器和孔板送风。

(5) 当单位面积送风量较大，而且工作区内要求风速较小或区域温差要求严格时，应采用孔板送风。

(6) 空间较大的公共建筑和室温允许波动范围大于或等于±1.0℃的高大厂房，可采用喷口或旋流风口送风。

(7) 送风口上缘离顶棚距离较大时，送风口处应设置向上倾斜 10～20℃的导流片。

(8) 送风口内应设置使射流不至左右偏斜的导流片。

(9) 射流流程中不得有阻挡物。此外，送风口的出口风速，应根据送风方式、送风口类型、安装高度、室内允许风速和噪声标准等因素确定。消声要求较高时，宜采用 2～5m/s，喷口送风可采用 4～10m/s。

回风口的布置方式，应符合下列要求：

(1) 回风口不应设在射流区内和人员长时间停留的地点，采用侧送时，宜设在送风口的同侧。

(2) 条件允许时，可采用集中回风或走廊回风，但走廊的断面风速不宜过大。

16.5.16　泵的安装

泵的安装分离心泵、井用泵、立式轴流泵及导叶式混流泵、机动往复泵、蒸汽往复泵、计量泵、螺杆泵和水环式真空泵的安装。

16.5.16.1　泵安装的要求

(1) 应检查泵的安装基础的尺寸、位置和标高并应符合工程设计要求。

(2) 泵的开箱检查应符合下列要求：

1) 应按设备技术文件的规定清点泵的零件和部件，并应无缺件、损坏和锈蚀等；管口保护物和堵盖应完好。

2) 应核对泵的主要安装尺寸并应与工程设计相符。

3) 应核对输送特殊介质的泵的主要零件、密封件以及垫片的品种和规格。

4) 出厂时已装配、调整完善的部分不得拆卸。

5) 驱动机与泵连接时，应以泵的轴线为基准找正；驱动机与泵之间有中间机器连接时，应以中间机器轴线为基准找正。

6) 管道的安装除应符合 GB 50235—1997《工业

金属管道工程施工及验收规范》的规定外，尚应符合下列要求：管子内部和管端应清洗洁净，清除杂物；密封面和螺纹不应损伤；吸入管道和输出管道应有各自的支架，泵不得直接承受管道的重量；相互连接的法兰端面应平行；螺纹管接头轴线应对中，不应借法兰螺栓或管接头强行连接；管道与泵连接后，应复检泵的原找正精度，当发现管道连接引起偏差时，应调整管道；管道与泵连接后，不应在其上进行焊接和气割；当需焊接和气割时，应拆下管道或采取必要的措施，并应防止焊渣进入泵内；泵的吸入和排出管道的配置应符合设计规定。

7）润滑、密封、冷却和液压等系统的管道应清洗洁净保持畅通；其受压部分应按设备技术文件的规定进行严密性试验。当无规定时，应按 GB 50235—1997 的规定执行。

16.5.16.2 离心泵的安装

（1）离心泵安装的找正。泵的找正应符合下列要求：

1）驱动机轴与泵轴、驱动机轴与变速器轴以联轴器连接时，两半联轴器的径向位移、端面间隙、轴线倾斜均应符合设备技术文件的规定。当无规定时，应符合 GB 50231—2009《机械设备安装工程施工及验收通用规范》的规定。

2）驱动机轴与泵轴以皮带连接时，两轴的平行度、两轮的偏移应符合 GB 50231—2009 的规定。

3）汽轮机驱动的泵和输送高温、低温液体的泵（锅炉给水泵、热油泵、低温泵等）在常温状态下找正时，应按设计规定预留其温度变化的补偿值。

（2）高转速泵或大型解体泵安装时，应测量转子叶轮、轴套、叶轮密封环、平衡盘、轴颈等主要部位的径向和端面跳动值，其允许偏差应符合设备、技术文件的规定。

（3）转子部件与壳体部件之间的径向总间隙应符合设备技术文件的规定。

（4）叶轮在蜗室内的前轴向、后轴向间隙、节段式多级泵的轴向尺寸均应符合设备技术文件的规定；多级泵各级平面间原有垫片的厚度不得变更。高温泵平衡盘（鼓）和平衡套之间的轴向间隙，单壳体节段式泵应为 0.04～0.08mm，双壳体泵应为 0.35～1mm；推力轴承和止推盘之间的轴向总间隙，单壳体节段式泵应为 0.5～1mm，双壳体泵应为 0.5～0.7mm。

（5）叶轮出口的中心线应与泵壳流道中心线对准；多级泵在平衡盘与平衡板靠紧的情况下，叶轮出口的宽度应在导叶进口宽度范围内。

（6）滑动轴承轴瓦背面与轴瓦座应紧密贴合，其过盈值应在 0.02～0.04mm 的范围内；轴瓦与轴颈的顶间隙和侧间隙均应符合设备技术文件的规定。

（7）滚动轴承与轴和轴承座的配合公差、滚动轴承与端盖间的轴向间隙以及介质温度引起的轴向膨胀间隙、向心推力轴承的径向游隙及其预紧力，均应按设备技术文件的要求进行检查和调整。当无规定时应按现行国家标准《机械设备安装工程施工及验收通用规范》的规定执行。

（8）组装填料密封径向总间隙应符合设备技术文件的规定。填料压紧后，填料环进液口与液封管应对准或使填料环稍向外侧。

（9）机械密封、浮动环密封、迷宫密封及其他形式的轴密封件的各部间隙和接触要求均应符合设备技术文件的规定。当无规定时，应符合 GB 50231—2009《机械设备安装工程施工及验收通用规范》的规定。

（10）轴密封件组装后，盘动转子转动应灵活；转子的轴向窜动量应符合设备技术文件的规定。

（11）双层壳体泵的内壳。外壳组装时，应按设备技术文件的规定保持对中；双头螺栓拧紧的拉伸量和螺母旋转角度应符合设计规定。

16.5.16.3 井用泵的安装

（1）井用泵的清洗和检查应符合下列要求。

1）零件和部件的所有配合面（螺纹、止口、端面等）均应清洗洁净。

2）出厂已装配好的部件不应拆卸；工作部件（转动部分）的转动应灵活、无阻滞现象。

（2）泵就位。泵就位前应进行下列检查：

1）井管内径和井管直线度应符合设备技术文件的规定；泵成套机组入井部分在井内应能自由上下；潜水泵不得损伤潜水电缆。

2）井管管口伸出基础的相应平面高度不应小于 25mm。

3）井管与基础间应垫放软质隔离层。

4）基础中部预留空间的尺寸应符合扬水管与泵座连接的要求。

5）井管内应无油泥和污杂物。

6）扬水管应平直；螺纹和法兰端面应无碰伤，并应清洗洁净。

（3）泵组装。泵组装时应符合下列要求：

1）组装泵、扬水管、传动轴时，应在连接件紧固后逐步放入井中；潜水泵的电缆应牢固地捆绑在扬水管上；

2）螺纹连接的扬水管相互连接时，螺纹部分应加润滑油，不应填入麻丝、铅油；管子端面应与轴承支架贴合或两管直接贴合，两管旋入联管器的深度应相等；法兰连接的扬水管，螺栓的拧紧力矩应均匀；

3）在轴与扬水管的同轴度调整后，应装入轴承体；在每连接3～5节扬水管后，应检查转动部分，其转动应灵活。

16.5.16.4 立式轴流泵和导叶式混流泵的安装

（1）泵的清洗和检查。泵的清洗和检查应符合下列要求：

1）整体出厂的泵可不拆卸，只清洗外表，当有损伤时，应按设备技术文件的规定进行拆洗。

2）解体出厂的泵应检查各零件的部件，并应无损伤、无锈蚀，并将其清洗洁净；配合表面应涂上润滑油，并应按装配零件和部件的标记分类放置。

3）弯管分段法兰平面间紧固零件和导叶体主轴承的紧固零件，出厂已装配好的部分，不得拆卸。

（2）泵就位。泵就位前应符合下列要求：

1）泵本体、传动装置、驱动机应无损伤，泵轴和传动轴不应弯曲。

2）应检测泵轴和传动轴在轴颈处的径向跳动、各联轴器端面倾斜度偏差及联轴器径向跳动。

3）应检测叶片外圆对转子轴线的径向跳动，并应符合设备技术文件的规定。

4）叶轮外圆与叶轮外壳之间的间隙应均匀，其间隙应符合设备技术文件的规定。

5）橡胶轴承不应沾染油脂。

6）进水流道应畅通，不得淤塞。

7）以进水流道为准，应检查驱动机基础和泵基础的标高和轴线，其允许偏差均为±2mm，并应按设计要求复核中间轴的长度。

8）叶轮安装基准线到最低水位的距离应符合设计图的规定。

9）具有单层基础的泵、驱动机与泵调平时，应在其底座及其他加工面上进行测量。其安装水平偏差不应大于0.2/1000；具有双层基础的泵，驱动机和泵的安装水平偏差均不应大于0.05/1000，且倾斜方向应一致，并应在其法兰面上进行测量。泵座轴线与进水管道轴线的同轴度应为2mm。

16.5.16.5 机动往复泵的安装

（1）泵的清洗和检查。泵的清洗和检查应符合下列要求：

1）整体出厂的往复泵在防锈保证期内可不拆卸，并应对其外表进行检查；超过防锈保证期或有损伤确需拆卸和清洗时，应拆卸后盖、进液阀、排液阀、填料等，并应将设备表面和拆卸下的零件和部件清洗洁净；

2）解体出厂的往复泵应检查零件和部件的同组标记，不得互换。出厂已装配完善的组合件不得拆卸；各装配部位传动副的间隙和接触情况应符合设备技术文件的规定；

3）清洗主机零件、部件和设备表面及接合面以后，应将清洗剂和水分除净，并应涂上一薄层润滑油；进液阀、排液阀、填料和其他密封面不得用蒸汽清洗。

（2）整体出厂的往复泵纵向和横向安装水平偏差均不应大于0.50/1000，并应在曲轴外露部分或其他加工面上进行测量。

（3）解体出厂的往复泵组装时应符合下列要求：

1）动力端机座的纵向安装水平偏差不应大于0.20/1000；横向安装水平偏差不应大于0.50/1000。

2）主轴轴颈安装水平偏差不应大于0.10/1000；轴瓦与主轴颈的接触弧面不应大于60°；其接触面面积不应小于接触弧面面积的70%；接触点应均匀分布。轴瓦与主轴颈的径向间隙和轴向间隙、主轴承端面与轴承端盖的间隙均应符合设备技术文件的规定。

3）曲拐轴颈与连杆大头轴瓦、十字头销与连杆轴套的接触应均匀，其接触面面积应大于轴瓦或轴套面积的70%；径向间隙与轴向间隙应符合设备技术文件的规定。

4）十字头与机座十字头导轨孔的径向间隙应符合随机技术文件的规定。

组装填料应符合下列要求：

方形填料应将填料环接口切成45°后压入；相邻两圈的接口宜错开90°；填料不宜压得过紧，压盖应均匀压入，压入的深度宜为一圈填料的高度，但不得小于5mm。

金属填料各平面及径向密封面应均匀接触，其接触面面积应大于密封面面积的70%；填料盖与柱塞之间的径向间隙应符合规定。当无规定时，其径向间隙宜为0.04～0.14mm。

锥形填料各填料元件应紧密贴合并无间隙，且接触应均匀。

压紧环、T形环、前后锥环的接触面面积应大于其接触面积的70%。

5）泵的吸入阀和排出阀组装时，应符合下列要求：

- 弹簧的弹力应均匀；阀片和弹簧应无卡住和歪斜现象；
- 调节装置和阀片升程应符合设备技术文件的规定；
- 阀与阀座应作煤油检漏试验，在5min内应无渗漏。

6）组装润滑系统应符合下列要求：

● 油管不应有急弯、折扭和压扁现象；经酸洗并清洗洁净后，方可与供油润滑点连接；

● 与曲轴相连接的油泵，运转应灵活，不得有阻滞现象；

● 润滑系统的管路、阀件、进口分液器、油过滤器、油冷却器等组装后，应按额定工作压力进行严密性试验；

● 机座的油池应进行煤油渗漏试验，试验时间不应小于4h；

7）电动机轴、变速器轴、曲轴的连接应符合设备技术文件的规定。

16.5.16.6 计量泵的安装

（1）泵的外表应无损伤，密封应良好。柱塞式计量泵的卸荷装置和泵体流道、隔膜式计量泵的排气通道和过滤器应清洗洁净。

（2）泵的调平和找正应规范的规定执行。

（3）泵试运转前应符合下列要求：

1）驱动机的转向应与泵的转向相符；

2）各连接螺栓不得有松动现象；

3）在调节机座内、安全补油阀组、泵缸腔内或液压隔膜腔内加注润滑油，均应符合设备技术文件的规定；液压隔膜式计量泵的液压腔内不得存有气体；

4）移动柱塞式计量泵的柱塞往复数次，不得有卡住现象；隔膜式计量泵的隔膜应密封良好；

5）柱塞式计量泵的行程调节机构动作应灵敏、可靠，卸荷装置应按设备技术文件的规定进行调压试验；

6）行程计数器和转数发送器等自动控制元件的动作应调整正确；调量表刻度、调节手轮刻度与柱塞行程长度应做对零或100%的调整和测量；泵行程长度零点误差，弓形凸轮结构不应大于最大行程的0.2%；N轴结构不应大于最大行程的0.6%。

16.5.16.7 螺杆泵的安装

（1）螺杆泵在防锈保证期内安装时，可不拆洗。超过防锈保证期和有明显缺陷时，应按设备技术文件的规定进行拆洗。

（2）泵的调平和找正应按规范有关规定执行。

（3）条泵试运转前应符合下列要求：

1）单独检查驱动机的转向应与泵的转向相符。

2）各紧固连接部位不应松动。

3）加注润滑剂的规格和数量应符合设备技术文件的规定。

4）泵的液体流道应清洗洁净。

5）输送液体温度高于60℃时，应按设备技术文件的规定进行预热。

6）启动前，应向泵内灌注输送液体，并应在进口阀门和出口阀门全开的情况下启动。

（4）泵试运转时应符合下列要求：

1）泵在规定转速下，应逐次升压到规定压力进行试运转；规定压力点的试运转时间不应少于30min。

2）运转中应无异常声响和振动，各结合面应无泄漏。

3）轴承温升不应高于35℃或不应比油温高20℃。

4）填料密封或机械密封的泄漏量应符合设备技术文件的规定，当无规定时，应符合规范的有关规定。

5）安全阀工作应灵敏、可靠。

16.5.16.8 水环式真空泵

（1）水环式真空泵在防锈保证期内安装时，可不拆洗。当有异常或超过防锈保证期时应拆卸清洗，并应符合下列要求：

1）零件和部件的拆卸顺序应符合设备技术文件的规定。

2）零件和部件应无锈蚀；经清洗合格后，其配合面应涂一薄层润滑油。

3）叶轮两端的垫片应严格按设备技术规定的厚度和数量进行更换。

（2）泵的调平和找正应按规范的规定执行。

（3）气水分离器安装时应符合下列要求：

1）安装水平偏差不应大于1/1000。

2）与泵连接的管路不宜过长；法兰结合面应紧密。

3）气水分离器的进水孔与外部供水管应连通，其管路应保持畅通。

（4）泵试运转前应符合下列要求：

1）盘车应灵活、无阻滞。

2）真空度调节阀应调整至合适的开度。

3）泵填料处的冷却水管路应畅通。

4）应向泵体内注入清水，盘车冲洗洁净后，方能启动。

（5）泵试运转时应符合下列要求：

1）泵应在规定的转速下和工作范围内进行运转，连续试运转时间不应少于30min。

2）泵的供水应正常；水温和供水压力应符合设备技术文件的规定。

3）轴承的温升不应高于30℃，其温度不应高于75℃。

4）各连接部位应严密，无泄漏现象。

5）运转中应无异常声响和振动。

（6）试运转结束后，应放净泵内积水，再用清水将泵冲洗洁净。

16.5.17 冷却水塔的安装

冷却水塔如果按照冷却水的温度分为高温塔、中温塔、常温塔；如果按照安装位置的现状及对噪声的要求分为横流塔与逆流塔。

16.5.17.1 冷却水塔安装的要求

（1）在冷却塔安装之前，请确认支撑平台平坦，锚固螺栓按照图纸位置安装。

（2）将底部模块置于备好的支撑上，将锚固螺栓与支撑钢架对齐。请确认安装方向与计划的管道布置一致。用直径为19mm的螺栓和垫圈将冷却塔固定在支撑钢架上。

（3）上部模块安放到下部模块之前，清除上部模块填料、导轨、梁柱以及下部模块顶部的杂物。移去上部模块底端的运输覆盖物。将紧固件安装到模块侧面，防止泄漏。上部模块安装在下部模块的外沿支撑面上（工厂安装的密封垫圈），上下孔对准。根据闭式冷却塔附带的图纸，使用紧固件将上部模块固定在下部模块上。

（4）根据冷却塔附带的图纸，将循环水管与底部模块管道的橡胶套管连接。

（5）补充水供应管道连接到集水盆侧壁的浮阀接口上，浮阀尺寸要合适。

（6）根据冷却塔的图纸安装排水管和溢水管。

（7）按照冷水机组的冷却水量选择冷却水量，原则上冷却塔的水量要略大于冷水机组的冷却水量。

（8）选用多台水塔时尽量选择同一型号。

（9）塔体结构材料要稳定、经久耐用、耐腐蚀，组装配合精确。

（10）配水均匀、壁流较少、喷溅装置选用合理，不易堵塞。

（11）淋水填料的型式符合水质、水温要求。

（12）风机匹配，能够保证长期正常运行，无振动和异常噪声，而且叶片耐水浸蚀性好并有足够的强度。风机叶片安装角度可调，但要保证角度一致，且电机的电流不超过电机的额定电流。

（13）电耗低、造价低，中小型钢骨架玻璃冷却塔还要求质量轻。

（14）冷却塔应尽量避免布置在热源、废气和烟气发生点、化学品堆放处和煤堆附近。

（15）冷却塔之间或塔与其他建筑物之间的距离，除了考虑塔的通风要求，塔与建筑物相互影响外，还应考虑建筑物防火、防爆的安全距离及冷却塔的施工及检修要求。

（16）冷却塔的进水管方向可按90°、180°、270°旋转。

（17）塔与塔之间净距离应保持不小于0.5倍塔体直径。横流塔及逆流方塔可并列布置。

16.5.17.2 冷却塔安装

（1）安装。

1）应避免装于防水通道、易反射音量的高墙，应装于屋顶或空气流通的地方。

2）两台或两台以上冷却塔并用时，应注意塔身间距。

3）不应安装在四面有外墙或密不透风的地方，并应注意塔身与外墙间距。

4）应避免安装有煤烟及灰尘较多的地方，防上面堵塞胶片。

5）应远离厨房及锅炉房等到较热的地方。

6）对于175t以上的冷却出入水管应调协支座。

7）冷却塔风机叶片应与塔壁间隙一致，绝不允许两面三刀侧间隙相差太大发现问题及时解决。

8）电机及减速器要定期检查维修，减速器应检查油位。

（2）启动检查。

1）所有螺钉是否紧塔内是否有杂物。

2）风扇及淋水系统转动是否顺畅。

3）检查电源与马达电压是否一致。

4）皮带组合安装是否正确。

5）开启补水阀将水盆及水管完全注满。

6）起动时，先于水泵、后开风机，检查风向、送风量，及时调整直至达到要求为止。

7）停止时，先停风机后停水泵。

16.5.17.3 横流式冷却塔安装

（1）按厂家所提供基础图，首先测量基础预埋是否正确，基础是否水平坚固，否则，须进行相应的处理或暂停安装。

（2）基础校验处理完好后，对铁框及铁件编号，铁框各柱脚可能安装在预埋钢板中央，调校铁框上面使其尽可能位于同一水平面。

（3）安装水盆、水缸组合水盆组合整体比铁框大15mm。

（4）做好水盆、水缸的防漏工作。

（5）将铁框脚板与相应基础板调校后焊牢，同时务必做好防火安全。

（6）按照铁框安装图及铁件编号完成铁框安装。

（7）调校铁框使各框面水平，各立柱垂直铁框组合长、宽、高、对角线符合给定尺寸，然后收紧所有螺钉。

（8）按照填料及其他配件，最后安装风机、电机，并仔细调校直至达到设计要求。

16.6　BA 系统监控设备现场调试方案

本节描述了 BA 系统监控设备现场调试步骤（本节参考并引用了霍尼韦尔公司的技术资料）。

16.6.1　空调机组的调试方案

16.6.1.1　空调机组“关”状态下的目视及功能测试

（1）目视检查所有设备的接线端子（所有端子排接线，机电设备安装就绪，做好运行准备等）。

（2）目视检查温度传感器、压差开关、水阀及执行器、风阀执行器的安装和接线情况，如有不符合安装要求或接线不正确情况则立即改正。

（3）通过 BAS 手持终端（手操器），依次将每个模拟输出点，如水阀执行器、风阀执行器、变频信号等手动置于 100%，50%，0；然后测量相应的输出电压信号是否正确，并观察实际设备的运行位置。

（4）通过手操器，依次将每个数字量输出点，如风机启停等分别手动置于开启，观察控制继电器动作情况。如未响应，则检查相应线路及控制器。

（5）将电器开关置于手动位置，当送风风机关闭时，确认下列事项：送风风机启停及状态均为“关”；冷热水控制阀关闭；所有风阀处于“关闭”位置；过滤器报警点状态为“正常”；风机前后的压差开关为“关”。

16.6.1.2　空调机组送风风机启停检查

保证无人在空调机内或旁边工作，确认送风风机可安全启动。按下列步骤检查：

（1）用鉴定合格的压差计，标定风机前后压差开关。当压差增至设定值（可调）时，使压差开关状态翻转。标定好后，做好标定记录。

（2）用鉴定合格的压差计，标定过滤器报警压差开关。使压差开关在压差增加至设定值（可调）时状态翻转。标定好后，做好标定记录，表明该压差开关已标定。

（3）将机组电气开关置于自动位置，通过 BAS 手持终端（手操器）启动送风风机，送风风机将逐渐提速，确认风机已启动，送风风机运行状态压差开关为“开”。通过 BAS 手持终端（手操器）关闭风机，确认送风风机停机，送风风机运行状态压差开关为“关”。

（4）将“自动—手动”开关仍置于“自动”位置，再次启动送风风机，以便做进一步测试。

16.6.1.3　空调机组温度控制

随着送风风机状态为“开”，执行下列检查：

（1）在“夏季”工况下，如果回风温度或房间温度高于设定温度，程序可以自动开大水阀开度；当回风温度或房间温度低于于设定温度时，程序可自动减小水阀开度。

（2）在“冬季”工况下，如果回风温度或房间温度高于设定温度，程序可以自动减小水阀开度；当回风温度或房间温度低于于设定温度时，程序可自动开大水阀开度。

注意：由于 PID 控制环节积分时间的作用，执行器将花费一定时间，才能将阀门全开或全关。

16.6.1.4　空调机组过滤器报警

（1）当空调机组送风风机状态为“开”时，确认过滤器阻塞报警点为“正常”。

（2）用一块干净纸板或塑料板部分阻塞过滤器网，使检定合格之压差计测得的过滤器前后压差超过开关点设定值（如 250Pa，可调），确认 BAS 手持终端（手操器）上的报警输入点为“报警”。从过滤网上移去纸板或塑料板，确认过滤器阻塞报警点恢复正常。

16.6.1.5　连锁功能测试

（1）当空调机组运行状态为“关”时，检测以下设备是否正常：水阀执行器是否为 0，风阀执行器是否为 0。

（2）当空调机组运行状态为“开”时，检测以下设备是否正常：水阀执行器是否进行正常调节，风阀执行器是是否开到预置位置，当模拟风机故障时是否可以停机。

16.6.1.6　机组间连锁功能的测试

测试系统能否实现的连锁功能。

16.6.1.7　最终调整与标定

（1）冷冻水机组和热交换系统调试完毕，冷热水可以供给大厦的各空调机组之后，可以进行温、湿度传感器的标定和温度控制回路的细调。

（2）让空调机组在全自动控制下运行足够长的时间，以使被控区域或房间温度趋于稳定。用检定合格的温度仪表和湿度仪表，标定温度和湿度传感器，通过调试软件在 DDC 控制器内作必要的调整。

（3）系统稳定之后，细调 PI 温度控制回路，以确保温度设定点的改变不致引起系统的振荡。一旦发生振荡，改变控制回路的 PI 参数，以获得所有负载条件下的稳定控制。

（4）固定和手动模式的复位。

所有测试完成之后，与空调机组相关的所有输入、输出点均应处于全自动模式，并将各个受控变量置于设计的设定值。

16.6.2 新风机组测试方案

16.6.2.1 新风机组“关”状态下的目视及功能测试

(1) 目视检查所有设备的接线端子（所有端了排接线，机电设备安装就绪，做好运行准备等）。

(2) 目视检查温湿度传感器、防冻开关、水阀及执行器、风阀执行器的安装和接线情况，如有不符合安装要求或接线不正确情况则立即改正。

(3) 通过BAS手持终端（手操器），依次将每个模拟输出点，如水阀执行器手动置于100%，50%，0；然后测量相应的输出电压信号是否正确，并观察实际设备的运行位置。

(4) 通过手操器，依次将每个数字量输出点，如风机启停、风阀执行器等分别手动置于开启，观察控制继电器动作情况。如未响应，则检查相应线路及控制器。

(5) 将电器开关置于手动位置，当送风风机关闭时，确认下列事项：送风风机启停及状态均为“关”。冷热水控制阀关闭。所有风阀处于“关闭”位置。防冻开关的报警点状态是否为“正常”。风机前后的压差开关为“关”。

16.6.2.2 新风机组送风风机启停检查

保证无人在空调机内或旁边工作，确认送风风机可安全启动。按下列步骤检查：

(1) 用鉴定合格的压差计，标定风机前后压差开关。当压差增至设定值（可调）时，使压差开关状态翻转。标定好后，做好标定记录。

(2) 将机组电气开关置于自动位置，通过BAS手持终端（手操器）启动送风风机，送风风机将逐渐提速，确认风机已启动，送风风机运行状态压差开关为“开”。通过BAS手持终端（手操器）关闭风机，确认送风风机停机，送风风机运行状态压差开关为“关”。

(3) 将“自动—手动”开关仍置于“自动”位置，再次启动送风风机，以便作进一步测试。

16.6.2.3 新风机组温度控制

随着送风风机状态为“开”，执行下列检查：

(1) 在“夏季”工况下，如果送风温度高于设定温度，程序可以自动开大水阀开度；当送风温度低于设定温度时，程序可自动减小水阀开度。

(2) 在“冬季”工况下，如果送风温度高于设定温度，程序可以自动减小水阀开度；当送风温度低于设定温度时，程序可自动开大水阀开度。

注意：由于PID控制环节积分时间的作用，执行器将花费一定时间，才能将阀门全开或全关。

16.6.2.4 新风机组防冻报警

(1) 当空调机组送风风机状态为“开”时，确认冷冻报警点为“正常”。

(2) 将空调机组冷冻报警输入点置于软件“手动”模式，通过BAS手持终端（手操器）将冷冻报警设为“报警”状态。确定送风风机停止工作，新风阀关闭，预热水阀打开至100%，保持冷冻报警点状态为“正常”，确定送风风机重新动作。

16.6.2.5 连锁功能测试

(1) 当空调机组运行状态为“关”时，检测以下设备是否正常：水阀执行器是否为0，风阀执行器是否为关闭。

(2) 当空调机组运行状态为“开”时，检测以下设备是否正常：水阀执行器是否进行正常调节，风阀执行器是是否开到打开，当模拟风机故障时是否可以停机。

(3) 当出现防冻报警时确认是否能够按照“新风机组防冻报警”的正确进行联动。

16.6.2.6 最终调整与标定

待冷热源条件具备后，可以进行温、湿度传感器的标定和温度控制回路的细调。

(1) 让新风机组在全自动控制下运行足够长的时间，以使被控区域或房间温度趋于稳定。用检定合格的温度仪表和湿度仪表，标定温度和湿度传感器，通过调试软件在DDC控制器内做必要的调整。

(2) 系统稳定之后，细调PI温度控制回路，以确保温度设定点的改变不致引起系统的振荡。一旦发生振荡，改变控制回路的PI参数，以获得所有负载条件下的稳定控制。

16.6.2.7 固定和手动模式的复位

所有测试完成之后，与空调机组相关的所有输入、输出点均应处于全自动模式，并将各个受控变量置于设计的设定值。

16.6.3 FCU末端的调试方案

FCU均安装于天花板上。E总线型风机盘管通过E-BUS于区域控制器相连。

16.6.3.1 FCU现场调试方案

通电前，确保W7752D，Q7750接线无误。打开Q7750、W7752D供电电源。用手持终端依次调节水阀，风门，风机，现场查看上述执行机构动作是否正确。将Q7750置于自动工作方式。

16.6.3.2 FCU调试方案

FCU是带有可调节冷热水阀的区域定风量送风系统。冷热盘管由墙上温度传感器直接控制。

16.6.3.3 FCU风机启停控制

(1) 目视检查所有设备的接线端子（所有端子排接线，机电设备安装就绪，做好运行准备等）。

(2) 目视检查水阀及执行器安装和接线情况，如有不符合安装要求或接线不正确情况则立即改正。

(3) 通过BAS手持终端（手操器），依次将冷热水阀执行器手动置于100%，50%，0；然后测量相应的输出电压信号是否正确，并观察实际设备的运行位置。

(4) 通过手操器，依次将每个数字量输出点，如风机启停，观察控制继电器动作情况。如未响应，则检查相应线路及控制器。

(5) 当送风风机关闭时，确认下列事项：送风风机启停及状态均为“关”；冷热水控制阀关闭。

16.6.3.4 FCU风机启停检查

确认送风风机安全启动。按下列步骤检查：

(1) 当送风机启动后，冷热水阀不断调节以保持温度设定点。

(2) 当送风机刚启动时，冷热水阀并不动作，稍后，DDC依照现场测定的温度和设定值，逐渐地控制冷水阀或热水阀。以保持设定温度。所有设备动作无误后，作好调试记录。

16.6.3.5 固定和手动模式的复位

所有测试完成之后，与空调机组相关的所有输入、输出点均应处于全自动模式，并将各个受控变量置于设计的设定值。

16.6.4 送、排风机的调试方案

16.6.4.1 送、排风机“关”状态下的目视及功能测试

(1) 目视检查所有设备的接线端子（所有端子排接线，机电设备安装就绪，做好运行准备等）。

(2) 目视检查风机电控柜接线情况，如有不符合安装要求或接线不正确情况则立即改正。

(3) 通过手操器，依次将每个数字量输出点，如风机启停手动置于开启位置，观察控制继电器动作情况。如未响应，则检查相应线路及控制器。

(4) 当排风风机关闭，确认下列事项：排风风机启停及状态均为“关”。风机故障报警点为“正常”。

16.6.4.2 送、排风机机启停检查

保证无人在送、排风机旁边工作，确认排风机可安全启动。按下列步骤检查：

(1) 将机组电气开关置于自动位置，通过BAS手持终端（手操器）启动送、排风机，确认风机已启动，风机运行状态为“开”。通过BAS手持终端（手操器）关闭风机，确认风机停机，风机运行状态为“关”。

(2) 将“自动—手动”开关仍置于“自动”位置，再次启动排风风机，以便作进一步测试。

16.6.4.3 固定和手动模式的复位

所有测试完成之后，将送、排风机置于全自动模式。

16.6.5 给水系统调试方案

16.6.5.1 给水水泵“关”状态下的目视及功能测试

(1) 目视检查所有设备的接线端子（所有端子排接线，机电设备安装就绪，做好运行准备等）。

(2) 目视检查蓄水池、低区生活水箱和高区生活水箱液位变送器的接线，不符合安装要求或接线不正确情况则立即改正。

(3) 目视检查水泵电控柜接线情况，如有不符合安装要求或接线不正确情况则立即改正。

(4) 通过手操器，依次将每个数字量输出点，如水泵启停手动置于开启位置，观察控制继电器动作情况。如未响应，则检查相应线路及控制器。

(5) 当水泵关闭，确认下列事项：水泵启停及状态均为“关”。水泵故障报警点为“正常”。

16.6.5.2 水泵启停检查

保证无人在给水水泵旁边工作，确认水泵可安全启动。按下列步骤检查：

(1) 将水泵电气开关置于自动位置，通过BAS手持终端（手操器）启动水泵，确认水泵已启动，水泵运行状态为“开”。通过BAS手持终端（手操器）关闭水泵，确认水泵停机，水泵运行状态为“关”。

(2) 将“自动—手动”开关仍置于“自动”位置，再次启动水泵，以便作进一步测试。

16.6.5.3 液位变送器校准

根据水箱水位的实际变化范围和液位变送器的测量范围设置软件，并对显示的水位用实际水位进行修正。根据给水系统水箱（池）水位报警限进行整定，并与实际水位吻合。

16.6.5.4 联动功能测试

(1) 当让水泵投入自动，当低区水箱水位到达启泵水位时，确认可自动启动低区生活水泵；当低区水箱水位到达停泵水位或蓄水池低水位报警时，确认可自动停止低区生活水泵；当低区水箱水位到溢流水位时，可自动报警。

(2) 高区生活水箱和高区生活泵联动功能与低区相同；中区生活水泵只监测，不控制；消防系统的水泵只监视。

(3) 当水泵出现故障时，可自动停止水泵运行，并进行报警。

16.6.5.5 固定和手动模式的复位

所有测试完成之后，将水泵置于全自动模式。

16.6.6 排水系统调试方案

16.6.6.1 排污泵“关”状态下的目视及功能测试

(1) 目视检查所有设备的接线端子（所有端子排接线，机电设备安装就绪，做好运行准备等）。

(2) 目视检查集水坑高报警、高位和低位水位开关的接线，不符合安装要求或接线不正确情况则立即改正。

(3) 目视检查水泵电控柜接线情况，如有不符合安装要求或接线不正确情况则立即改正。

(4) 通过手操器，依次将每个数字量输出点，如水泵启停手动置于开启位置，观察控制继电器动作情况。如未响应，则检查相应线路及控制器。

(5) 当水泵关闭，确认下列事项：水泵启停及状态均为“关”。水泵故障报警点为“正常”。

16.6.6.2 水泵启停检查

保证无人在集水坑水泵旁边工作，确认水泵可安全启动。按下列步骤检查：

(1) 将水泵电气开关置于自动位置，通过 BAS 手持终端（手操器）启动水泵，确认水泵已启动，水泵运行状态为“开”。通过 BAS 手持终端（手操器）关闭水泵，确认水泵停机，水泵运行状态为“关”。

(2) 将“自动—手动”开关仍置于“自动”位置，再次启动水泵，以便作进一步测试。

16.6.6.3 水位开关的测试

(1) 手动改变水位开关的位置，看 BAS 手持终端中液位的变化与实际状态是否一致。

(2) 如果不一致，则改接 NO 或 NC，直到状态一致。

16.6.6.4 联动功能测试

(1) 当让水泵投入自动，当低水位为“LOW”时，确认可自动停止水泵，当高水位为“HIGH”时能自动启动水泵，当出现高报警水位位“ALARM”时，可自动报警。

(2) 当水泵出现故障时，可自动停止水泵运行，并进行报警。

16.6.6.5 固定和手动模式的复位

所有测试完成之后，将水泵置于全自动模式。

16.6.7 照明系统调试方案

16.6.7.1 照明回路“关”状态下的目视及功能测试

(1) 目视检查所有 BAS 控制的照明电控柜的接线端子（所有端子排接线，机电设备安装就绪，做好运行准备等），如有不符合安装要求或接线不正确情况则立即改正。

(2) 通过手操器，依次将每个数字量输出点，如照明贿赂启停手动置于开启位置，观察控制继电器动作情况。如未响应，则检查相应线路及控制器。

(3) 当照明回路关闭，确认照明启停及状态均为“关”。

16.6.7.2 照明回路开关检查

按下列步骤检查：

(1) 将回路电气开关置于自动位置，通过 BAS 手持终端（手操器）打开该回路，确认该回路状态为“开”。通过 BAS 手持终端（手操器）关闭该回路，确认回路运行状态为“关”。

(2) 将“自动—手动”开关仍置于“自动”位置，再次开、关，以便作进一步测试。

16.6.7.3 固定和手动模式的复位

所有测试完成之后，将回路控制置于全自动模式。

16.6.8 冷热站调试方案

由于冷热站的所有参数全部通过与远大的直燃机组通过 MODBUS 方式上传到 BAS 系统中，而且，所有参数均只监不控，所以该系统的所有参数只要能够在中央图形界面上实时反映即可满足系统的设计要求。

关于 MODBUS 集成方式的实现过程在这里不在赘述。这里主要叙述直燃机房内 BAS 直接控制设备的调试方案：直燃机房内空调机组、送排风机组，排水系统的调试流程按照前节的流程即可，这里也不在赘述。

(1) 直燃机房被控设备目视及功能测试。

1) 目视检查所有设备的接线端子（所有端子排接线，机电设备安装就绪，做好运行准备等）。

2) 目视检查温度传感器、压力传感器、水阀执行器（含旁通调节阀）、水流开关的安装和接线情况，如有不符合安装要求或接线不正确情况则立即改正。

(2) 通过 BAS 手持终端（手操器），依次将每个模拟输出点，如水阀执行器手动置于 100%，50%，0；然后测量相应的输出电压信号是否正确，并观察实际设备的运行位置。

(3) 通过手操器，依次将每个数字量输出点，如空调补水泵、排污泵启停分别手动置于开启，观察控制继电器动作情况。如未响应，则检查相应线路及控制器。

(4) 空调补水系统联动功能测试：当主楼屋顶的膨胀水箱出现低水位报警时，可自动启动补水泵进行补水；当膨胀水箱出现高水位报警时，可自动关闭补水泵。

16.7　系统调试

系统调试要注意以下 13 点操作。

(1) 系统调试所使用的测试仪器和仪表，性能应稳定可靠，其精度等级及最小分度值应能满足测定的要求，并应符合国家有关计量法规及检定规程的规定。

(2) 通风与空调工程的系统调试，应由施工单位负责、监理单位监督，设计单位与建设单位参与和配合。系统调试的实施可以是施工企业本身或委托给具有调试能力的其他单位。

(3) 系统调试前，承包单位应编制调试方案，报送专业监理工程师审核批准；调试结束后，必须提供完整的调试资料和报告。

(4) 通风与空调工程系统无生产负荷的联合试运转及调试，应在制冷设备和通风与空调设备单机试运转合格后进行。空调系统带冷（热）源的正常联合试运转不应少于 8h，当竣工季节与设计条件相差较大时，仅做不带冷（热）源试运转。通风、除尘系统的连续试运转不应少于 2h。

(5) 净化空调系统运行前应在回风、新风的吸入口处和粗、中效过滤器前设置临时用过滤器（如无纺布等），实行对系统的保护。净化空调系统的检测和调整，应在系统进行全面清扫，且已运行 24h 及以上达到稳定后进行。

洁净室洁净度的检测，应在空态或静态下进行或按合约规定。室内洁净度检测时，人员不宜多于 3 人，均必须穿与洁净室洁净度等级相适应的洁净工作服。

(6) 通风与空调工程安装完毕，必须进行系统的测定和调整（简称调试）。系统调试要满足以下 2 点要求：

1) 设备单机试运转及调试；

2) 系统无生产负荷下的联合试运转及调试。

(7) 设备单机试运转及调试。设备单机试运转及调试要满足以下 6 点要求：

1) 通风机、空调机组中的风机，叶轮旋转方向正确、运转平稳、无异常振动与声响，其电机运行功率应符合设备技术文件的规定。在额定转速成下连续运转 2h 后，滑动轴承外壳最高温度不得超过 70℃；滚动轴承不得超过 80℃；

2) 水泵叶轮旋转方向正确，无异常振动和声响，紧固连接部位无松动，其电机运行功率值符合设备技术文件的规定。水泵连续运转 2h 后，滑动轴承外壳最高温度不得超过 70℃，滚动轴承不得超过 75℃；

3) 冷却塔本体应稳固、无异常振动，其噪声应符合设备技术文件的规定。风机试运转按本条第 1 款的规定；

4) 冷却塔风机与冷却水系统循环试运行不少于 2h，运行应无异常情况；

5) 制冷机组、单元式空调机组的试运转，应符合设备技术文件和 GB 50274—1998《制冷设备、空气分离设备安装工程施工及验收规范》的有关规定，正常运转不应少于 8h；

6) 电控防火、防排烟风阀（口）的手动、电动操作应灵活、可靠，信号输出正确。

(8) 系统无生产负荷的联合试运转及调试。

系统无生产负荷的联合试运转及调试要满足以下 3 点要求：

1) 系统总风量调试结果与设计风量的偏差不应大于 10%；

2) 空调冷热水、冷却水总流量测试结果与设计流量的偏差不应大于 10%；

3) 舒适空调的温度、相对湿度应符合设计的要求。恒温、恒湿房间室内空气温度、相对湿度及波动范围应符合设计规定。

(9) 防排烟系统联合试运行与调试的结果（风量及正压），必须符合设计与消防的规定。

(10) 净化空调系统。净化空调系统要满足以下 4 点要求：

1) 单向流洁净室系统的系统总风量调试结果与设计风量的允许偏差为 0～20%，室内各风口风量与设计风量的允许偏差为 15%。新风量与设计新风量的允许偏差为 10%；

2) 单向流洁净室系统的室内截面平均风速的允许偏差为 0～20%，且截面风速不均匀度不应大于 0.25。新风量和设计新风量的允许偏差为 10%；

3) 相邻不同级别洁净室之间和洁净室与非洁净室之间的静压不应小于 5Pa，洁净室与室外的静压差不应小于 10Pa；

4) 室内空气洁净度等级必须符合设计规定的等级或在商定验收状态下的等级要求。

高于等于 5 级的单向流洁净室，在门开启的状态下，测定距离门 0.6m 室内侧工作高度处空气的含尘浓度，亦不应超过室内洁净度等级上限的规定。

(11) 设备单机试运转及调试。设备单机试运转及调试要满足以下 3 点要求：

1) 水泵运行时不应有异常振动和声响、壳体密封处不得渗漏、紧固连接部位不应松动、轴封的温升应正常；在无特殊要求的情况下，普通填料汇漏量不应大于 60mL/h，机械密封的不应大于 5mL/h；

2）风机、空调机组、风冷热泵等设备运行时，产生的噪声不宜超过产品性能说明书的规定值；

3）风机盘管机组的三速、温控开关的动作应正确，并与机组运行状态一一对应。

（12）通风工程系统无生产负荷联动试运转及调试。

通风工程系统无生产负荷联动试运转及调试要满足以下9点要求：

1）系统联动试运转中，设备及主要部件的联动必须符合设计要求，动作协调、正确，无异常现象；

2）系统经过平衡调整，各风口或吸风罩的风量与设计风量的允许偏差不应大于15%；

3）湿式除尘器的供水与排水系统运行应正常；

4）空调工程水系统应冲洗干净、不含杂物，并排除管道系统中的空气；系统连续运行应达到正常、平稳；水泵的压力和水泵电机的电流不应出现大幅波动。系统平衡调整后，各空调机组的水流量应符合设计要求，允许偏差为20%；

5）各种自动计量检测元件和执行机构的工作应正常，满足建筑设备自动化（BA、FA等）系统对被测定参数进行检测和控制的要求；

6）多台冷却塔并联运行时，各冷却塔的进、出水量应达到均衡一致；

7）空调室内噪声应符合设计规定要求；

8）有压差要求的房间、厅堂与其他相邻房间之间的压差，舒适性空调正压为0～25Pa；工艺性的空调应符合设计的规定；

9）有环境噪声要求的场所，制冷、空调机组应按GB 9068《采暖通风与空气调节设备噪声声功率级的测定——工程法》的规定进行测定。洁净室内的噪声应符合设计的规定。

（13）通风与空调工程的控制和监测设备，应能与系统的检测元件和执行机构正常沟通，系统的状态参数应能正确显示，设备联锁、自动调节、自动保护应能正确动作。

16.8 楼宇设备自控系统工程验收

由于建筑设备监控系统的受控对象是建筑物内的机电设备及其系统，涉及专业领域广，被控设备多，需要明确与各专业的技术接口和施工接口。验收必须以工程建设质量为目的，以有关法律、规范和技术标准为依据，从技术的角度出发，以科学的检查、检测为手段，为实现上述之目的，楼宇设备自控系统工程验收使用的主要表据是竣工验收的重要内容和依据。

对楼宇设备自控系统验收所使用的主要表据有：

（1）智能建筑工程分项工程质量验收检测记录表。

（2）智能建筑工程子系统验收检测记录表。

（3）智能建筑工程强制措施条文验收检测记录表。

（4）智能建筑工程系统（分部工程）验收检测汇总表。

（5）智能建筑工程控制器日检登记表。

（6）智能建筑工程电梯和自动扶梯系统分项工程质量验收记录表。

（7）智能建筑工程电源系统分项工程质量验收记录表。

（8）智能建筑工程防雷与接地系统分项工程质量验收记录表。

（9）智能建筑工程竣工验收结论汇总表。

（10）智能建筑工程给排水系统分项工程质量验收记录表。

（11）智能建筑工程公共照明系统分项工程质量验收记录表。

（12）智能建筑工程环境检测分项工程质量验收记录表。

（13）智能建筑工程火灾自动报警及消防联动系统分项工程质量验收记录表。

（14）智能建筑工程空调与通风系统分项工程质量验收记录表。

（15）智能建筑工程冷冻和冷却水系统分项工程质量验收记录表。

（16）智能建筑工程热源和热交换系统分项工程质量验收记录表。

（17）智能建筑工程中央管理工作站及操作分站分项工程质量验收记录表。

第17章 chapter17 一卡通系统的设计与施工技术

一卡通系统是楼宇智能化综合管理现代化科技手段。一卡通系统包括 IC 卡签发和使用，应用范围涉及 IC 卡门禁系统、考勤系统、停车场管理系统、消费系统、电子巡更管理系统。

本章重点介绍的内容有：一卡通系统基础知识；一卡通系统的有关标准；一卡通系统工程设计；一卡通系统的施工；一卡通系统的测试检验验收。

17.1 一卡通系统基础知识

17.1.1 一卡通系统概述

随着信息技术的迅猛发展，在物业管理方面采用“智能卡楼宇集成信息管理系统”（简称一卡通）提高管理水平的措施，已日趋普及。所谓“一卡通”，顾名思义，就是使持卡人在允许的环境下方便通行，用户通过一张非接触式的 IC 卡便可完成进门、购物、娱乐、门诊、健身及停车；物业管理人员可进行考勤、电子巡更等操作。目前，“一卡通”系统已成为小区、楼宇弱电系统的重要组成部分，也是小区、楼宇实现现代化管理的重要标志。该系统主要针对楼宇内各类资源的合理性和有效性进行管理，具有如下特点：

（1）适用性广。可广泛应用于各类楼宇弱电网络系统，同时由于该系统中各子系统相对独立，亦可单独应用。

（2）安全性强。智能卡具有加密及防破译功能，可有效加强楼宇的安全管理。

（3）前景广阔。智能卡应用技术是一种新兴技术，其市场前景极其广阔。

（4）一卡多用。凭卡可以开门、考勤、消费、用餐、停车、设防撤防及其他内部管理等。

17.1.2 一卡通系统组成

一卡通系统包括 IC 卡签发和使用功能，涉及 IC 卡门禁系统、考勤系统、停车场管理系统、消费系统、电子巡更管理系统等。一卡通系统组成如图 17-1 所示。

17.1.2.1 发卡管理中心

发卡管理中心主要是发卡模块，它的作用如下：

1）目标功能。多级密码登录上岗、分权控制；统一制证、发卡、挂失（访客等二级发卡不包含在内）；人员信息导入或人工录入；统一数据备份和管理；系统联动控制和管理（含与其他弱电系统之间）；信息、数据的共享和管理（含与其他弱电系统之间）。

2）发卡管理中心应用流程。应用流程如图 17-2 所示。

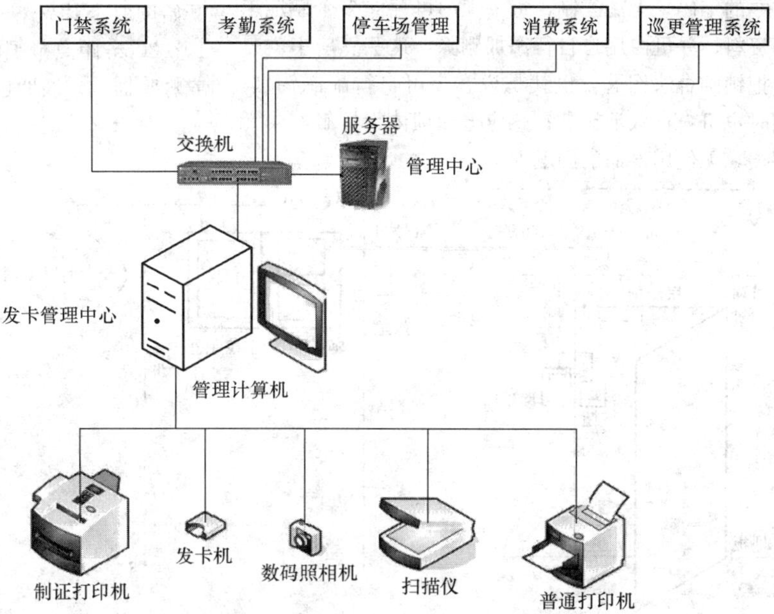

图 17-1 一卡通系统组成

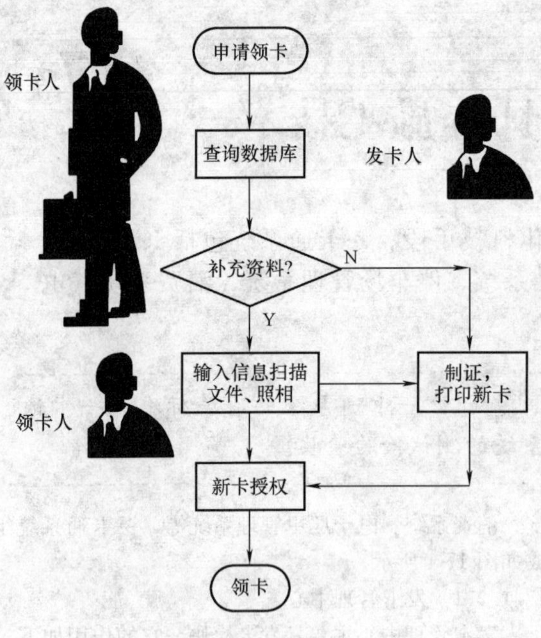

图 17-2　应用流程图

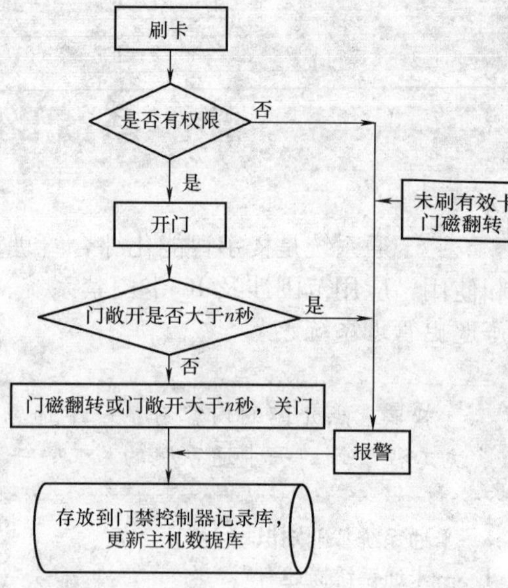

图 17-4　应用流程

17.1.2.2　门禁管理系统

门禁管理系统主要有三种，即家庭门锁、宾馆独立门锁、宾馆连网门锁。结构示意图如图 17-3 所示。

应用流程如图 17-4 所示。

（1）家庭门锁。

1）家庭门锁的特性。家庭门锁是家庭使用的，它的特性有以下 3 点：

● 可靠的安全性能。每张感应卡芯片内有全球唯一的编码，无法复制；每一锁内可存储多个感应卡的资料，并可由用户自行添加删除，这些感应卡就是这把锁的合法钥匙，也就是说客户可自行配制钥匙，同时也可自行取消钥匙；感应卡和锁体无接触，永无磨损，无使用寿命的问题。

● 方便的使用效果。用卡在锁前晃一下，锁内的模块即可读取卡片的资料，并判断是否为本锁的合法钥匙，然后决定是否允许开锁。同一张卡可通过设置开多个锁，将卡放在钱包或公文包内，都可方便地把锁打开。

● 广泛的应用空间。持卡可实现一卡通功能，包括：停车场出入，在出入口感应距离 1m 内，不用停车；出入口管制；持卡消费；汽车防盗；计算机安全。

2）家庭门锁的设定程序的操作。读卡方法如下。按塑料面板上的薄膜开关，LED 灯亮，锁体上电，开始读取卡片资料；将感应卡在靠近塑料面板附近 10～30cm 距离范围内晃一下；如面板上 LED 灯闪烁或蜂鸣器响，表明已读取卡片。

对于家庭门锁具体的操作步骤，说明如下：

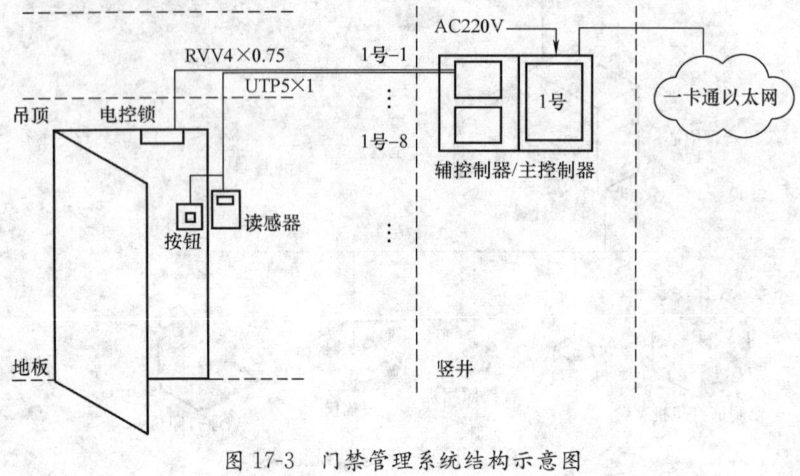

图 17-3　门禁管理系统结构示意图

● 初始化设置。出厂时的锁，处于初始状态，锁内无任何设置；准备两张卡片作为锁的添加卡和清除卡；按触发开关一次，红绿灯同时闪烁三次，同时伴有蜂鸣；将清除卡在靠近塑料面板附近晃一下，红灯熄，绿灯亮，同时蜂鸣一声，然后红绿灯同时亮，表明清除卡已读入；将添加卡在靠近塑料面板附近晃一下，红灯熄，绿灯亮，同时蜂鸣一声，然后红绿灯同时亮，表明添加卡已读入。

等待红绿灯熄灭，设置完成。

● 添加开锁的用户卡。按触发开关一次，红灯亮；读添加卡一次，蜂鸣一声，红、绿灯同时点亮；读需添加用户卡，蜂鸣一声，红灯熄绿灯亮则表示卡被正确设入，若绿灯熄，红灯亮则表示此卡已存在，不能重复设入。

● 删除开锁的用户卡。按触发开关一次，红灯亮；读清除卡一次，蜂鸣四声，伴红绿灯闪烁四次后常亮；读用户卡蜂鸣一声后，若红灯熄，绿灯亮，表示此卡已被正确删除；若绿灯熄灯红灯亮则表示锁内并无此卡。

● 清除全部用户卡。按触发开关一次，红灯亮；读添加卡一次，蜂鸣一声后红绿灯同时点亮；读清除卡一次，红绿灯闪烁五次，并伴蜂鸣五声后，红绿灯同时亮，表示锁中资料已被全部清除，并可重新输入新的资料。

● 开锁操作。按触发开关，红灯亮。读用户卡，蜂鸣一声后：若绿灯亮，并听到轻微一声“喀哒”，表明该钥匙卡的权限已被确认且锁已开；在2s内转动把手，将门打开。若红灯亮，则表示该卡权限此时不能被确认，锁不能被打开。若锁被打开，则绿灯马上熄灭；把手复位后，锁不能被重新打开。若锁没被打开，则绿灯点亮3～4s后熄灭，锁重新锁上。

● 电池电量不足指示。如果开锁后长鸣一声，则表示电池已进入弱电状态，电量只能维持100次开锁操作，在此期间需更换电池。

● 更换电池。拧开锁体后盖把手上的旋钮和反锁旋钮；打开后盖板；更换新电池。

(2) 宾馆独立门锁。

1) 概述。宾馆独立门锁采用非接触感应技术，取代传统的磁卡、接触式IC卡、接触式卡的技术，为酒店、办公楼宇提供一个方便、安全、可靠、高档的门锁系统。

宾馆独立门锁的功能特性：独立工作，不需要布线工程，安装极为方便；卡片具备不同的权限和时段控制功能；具有存储、追查开门记录功能；有非法开门报警功能；卡片有实现一卡通功能。

2) 宾馆独立门锁的特性。宾馆独立门锁具有广泛的应用空间，持卡可实现一卡通功能，包括：停车场出入，在出入口感应距离2m内，不用停车；出入口管制；持卡消费；汽车防盗。

3) 系统配置与说明。

● 独立工作系统。发卡系统，包括发卡机、酒店发卡管理软件；手持机，具有电锁通信，下载参数、读取数据的功能；电锁；电池供电，独立工作。

● 系统安装。非接触式酒店门锁系统发卡及管理软件的安装；发卡机的安装；非接触式酒店门锁的安装。

● 门锁上电状态的两种情况。若是未设置地址的锁，则锁内蜂鸣器会长鸣三声，同时，红、绿指示灯闪三下，然后红灯亮，等待刷卡。若5s后未读到刷卡，则自动断电。若是已设置地址的锁，则红灯亮，等待刷卡。若5s后未读到刷卡，则自动断电。

4) 宾馆独立门锁系统拥有的各种卡、锁的说明如下。

● 应急卡。正确开门：蜂鸣器短鸣一声，红灯熄，绿灯亮此时可以开门，开门后，锁自动断电；若不开房门，则经过6s后，自动断电。卡片不属于本酒店：蜂鸣器短鸣四声，同时红灯闪烁四下，然后自动断电。卡片超时：蜂鸣器短鸣六声，同时红灯闪烁六下，然后自动断电。锁内数据读写异常：蜂鸣器短鸣三声，同时红灯闪烁三下，然后自动断电。

● 总管卡。正确开门：同应急卡。卡片不属于本酒店：同应急卡。房门反锁：蜂鸣器短鸣五声，同时红灯闪烁五下，然后自动断电。卡片超时：同应急卡。锁内数据读写异常：同应急卡。

● 楼层卡。正确开门：同应急卡。卡片不属于本楼层：蜂鸣器短鸣四声，同时红灯闪烁四下，然后自动断电。房门反锁：同总管卡。卡片超时：同应急卡。锁内数据读写异常：同应急卡。

● 服务员卡。正确开门：同应急卡。

卡片不属于本楼层：同楼层卡。房门反锁：同总管卡。卡片超时：同应急卡。

锁内数据读写异常：同应急卡。

● 宾客卡。正确开门：同应急卡。卡片不属于本客房：蜂鸣器短鸣四声，同时红灯闪烁四下，然后自动断电。房门反锁：同总管卡。卡片超时：同应急卡。锁内数据读写异常：同应急卡。

● 限制卡。操作正确：蜂鸣器短鸣一声，红灯闪烁一下后，然后自动断电。无信息写入：蜂鸣器短鸣两声，红灯闪烁两下后，然后自动断电。锁内数据读写异常：同应急卡。卡片不属于本房间：蜂鸣器短鸣四声，同时红灯闪烁四下，然后自动断电。锁内信息已满：蜂鸣器短鸣五声，同时红灯闪烁五下，然后自动断电。

● 黑名单卡。操作正确：同限制卡。无信息写入：同限制卡。锁内数据读写异常：同应急卡。卡片不属于本楼层：同楼层卡。

锁内信息已满：同限制卡。

● 恢复卡。操作正确：同限制卡。已无信息：

蜂鸣器短鸣两声，红灯闪烁两下后，然后自动断电。锁内数据读写异常：同应急卡。卡片不属于本楼层：同楼层卡。

● 时间设置卡。操作正确：同限制卡。写入错误：蜂鸣器短鸣三声，同时红灯闪烁三下，然后自动断电。卡片不属于本酒店：同应急卡。

● 地址设置卡。操作正确：同限制卡。写入错误：同时间设置卡。卡片不属于本酒店：同应急卡。

● 初始化卡。操作正确：刷卡后，等待 2～3s，蜂鸣器长鸣一声，然后自动断电。写入错误：同时间设置卡。卡片不属于本酒店：同应急卡。

● 其他卡。若刷其他类型的 TI 卡，锁做出提示后，自动断电。

5）系统使用非接触卡的种类见表 17-1。

表 17-1　系统使用非接触卡的种类

代号	名称	说　明
0	应急卡	可开整个酒店的所有房间，包括反锁的（其他卡都不能开反锁的房间）
1	总管卡	可开整个酒店的所有没有反锁的房间
2	服务员卡	开一个楼层的房间
3	清洁卡	功能同服务员卡。又称楼层卡
4	限制卡	限制宾客卡，使宾客卡失效
5	终止卡	终止管理卡，使管理卡失效，又称黑名单卡
6	宾客卡	宾客使用的卡，在某个时间段能开指定的房间
7	恢复卡	恢复被终止的管理卡
8	时间卡	设置门锁的内部时间
9	地址卡	设置门锁地址
10	初始化卡	清除门锁的信息，不清除门锁内部时间

注　1. 应急卡、总管卡、服务员卡和清洁卡统称管理卡；终止卡和恢复卡统称处理卡。
2. 宾客卡的有效时间是从入住到退房的时段内，在这个时段之前或之后都不能开门。
3. 管理卡在制卡时需设置有效期限，在此期限前有效，超过期限则自动失效。
4. 为照顾个人的习惯，某些卡有不同的别名。例如：清洁卡又称楼层卡；终止卡又称黑名单卡。它们只是名称不同，功能和使用方法都是完全一样的。

6）蜂鸣与灯信号含义说明：管理卡与特殊功能卡执行正确，响“1”声；管理卡执行不正确，响“2”声，红灯闪烁“2”下；宾客卡执行正确，响“1”声，绿灯亮，开锁；读写数据出错，响“3”声，红灯闪烁“3”下；卡执行地址不正确，响“4”声，红灯闪烁“4”下；门反锁，响“5”声，红灯闪烁“5”下；卡超时，响“6”声，红灯闪烁“6”下。

（3）宾馆联网门锁。

1）概述。宾馆联网门锁是采用非接触感应技术，取代传统的磁卡、接触式 IC 卡和接触式 TM 卡的技术，它集计算机技术、电子技术和机械磁电技术为一体，具有使用方便、安全可靠、监控灵活等优点。为酒店、办公楼宇提供了一个方便、安全、可靠、高档的门锁系统。系统具有以下功能特性：

● 非接触式开门，使用方便快捷。使用感应卡开门，只要在有效范围内（5～10cm），即可开门；开门时卡片没有方向性，即使放在钱包内也能开门。

门锁对卡片的响应时间极短（约 0.1s），能做到一晃即开。

● 开门权限设置灵活，管理异常方便。卡片内有全球唯一的标识码，用专门的技术设置，无法复制，能保证没有相同标识码的卡片。

门锁内置时钟，可设置有效开门时间，即不仅能控制某张卡片能不能开指定的门，还能控制什么时间允许开门。

通过计算机设置，可做到多卡开一门、一卡开多门。

● 与计算机联网，实时监控门的状态，报告异常情况。

门锁可通过 RS-485 接口与计算机联网，实时控制和检测门锁的状态。门锁的各个把手、机械钥匙孔、锁舌等均有指示信号，能将各个触点的状态上传到计算机主机，计算机通过分析，就能智能分析门的各个状态，例如门敞开、门关闭、门没有关好等。

另外，门锁的电路能实时报告进门、出门、非法开门等事件。

● 紧急事件处理。在没有卡片或出现火警等紧急情况时，可通过计算机下发开门指令使门打开。

● 开门记录。计算机没有开启时，也可以用卡片开门，开门记录保存在门锁内，等计算机启动时再上传到计算机里（门锁内能保持 255 条最新开门记录）。

● 卡片可实现一卡通功能。

2）工作原理。感应模块通过天线和感应卡芯片进行通信，并读取卡片内存储的资料。并可穿透任何非金属物体。宾馆联网门锁内部有一个微型计算机（单片机），能够根据各种情况作出反应，完全实现智能化，门锁用近距离感应的方法读取卡片内的信息。

使用的时候，持卡人将卡片在门锁前晃一下，门锁通过电磁感应读取卡片的识别码，门锁内的单片机通过计算，确定当前卡片在当前时间能不能开门，如能开门，就指示用户可按手柄开门，否则就无法开门。

门锁通过 RS-485 总线与一台普通计算机联网，配合相应的软件，计算机可以向门锁发送卡片权限的信息，也可以读取门锁状态和存储在门锁内的开门记录。联网型门锁连线示意图如图 17-5 所示。

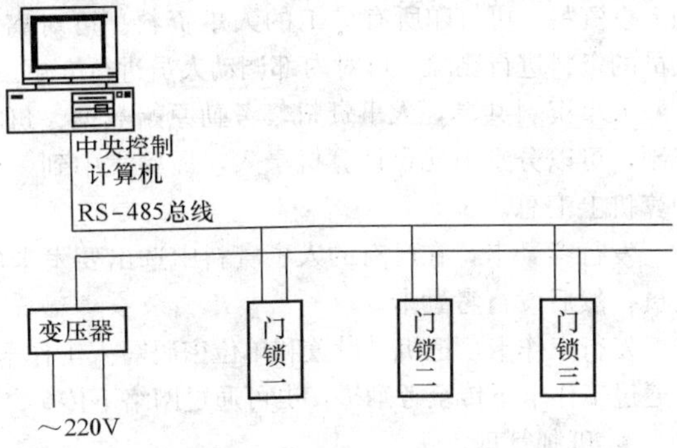

图 17-5　联网型门锁连线示意图

3）卡片使用方法。用卡片开门，可分为以下几个步骤：

- 手持卡片，在门锁的前面晃以下，感应距离在 10cm 以内。卡片没有方向性，即在感应距离范围内，用不同角度持卡都可以。
- 门锁感应到卡片的号码，在 0.1s 的时间内作出是否允许开门的判断。如允许开门，门锁发出一声悦耳的叫声，同时绿灯亮，这时用手按把手即可开门。如不允许开门，门锁红灯闪烁，并发出短鸣声，根据不能开门的原因，红灯闪烁和短鸣的次数不同，这时不能按动把手。

4）计算机与门锁交换的信息。计算机可以向指定的门锁发送以下指令：

- 设置和取消卡片的开门权限：通知某个门锁在某个时间段内允许或不允许某张卡片开门，反锁时允许或不允许开门。
- 中心控制开门：计算机直接发送开门的指令，使门锁在一段时间内保持允许开门的状态，这段时间后，门锁能够自动关闭，恢复到禁止开门的状态。
- 设置和读取门锁内部时钟：计算机可发送指令，调整门锁内部的时钟。
- 读取门锁状态：计算机可以随时读取门锁的状态。
- 监控门锁的事件：计算机可以读取门锁发生的事件。
- 读取开门记录：读取存储在门锁内的开门记录，包括卡号、时间。

5）门锁状态。根据实现情况，门可能处于三种状态：门开着、门关闭着、门没有关好，门锁内的触点开关能实时检测这三种状态。其中，门没有关好是指门靠着门框，但是锁没有锁上。

6）门锁事件。门锁能够检测到以下几种事件：刷卡开门、按门外把手开门、按门内把手开门、机械钥匙开门、非法开门。其中非法开门指发生了以下情况：门从关闭状态转换到敞开状态，同时门外把手、门内把手和机械钥匙孔都没有动作。

7）技术比较。宾馆联网门锁与其他方式锁在技术方法作一比较，其状况如表 17-2。

表 17-2　宾馆联网门锁与其他方式锁的技术比较

门锁要素	机械钥匙	磁卡	接触式 IC 卡	感应卡
开锁方式	插入	摩擦	插入摩擦	无接触
卡片安全	易复制	易复制	复制难度较大	无法复制
存储容量	无	小	较大	较大
接触点寿命	—	一年	一年	无限制
接触点防破坏	易破坏	易破坏	易破坏	无法破坏
钥匙卡片寿合	—	1000 次	10000 次	无限制
环境要求	—	高	高	低
是否可添加、取消钥匙	不可能	难	难	容易

8）宾馆联网门锁技术参数。宾馆联网门锁参数，如表 17-3。

表 17-3　宾馆联网门锁的技术参数

门锁技术参数	宾馆联网门锁标准
电源	DC 12V 外部电源
表静电流	小于 200mA
动态电流	开启锁时，为 180mA
感应距离	5～20cm
耗电	无限制
欠压指示	无
存储量	存储 256 笔记录
卡片级别	管理卡、楼层卡、服务员卡、清洁工卡、用户卡、应急卡等
时间管理	用户卡到时无法进入，需重新写卡
工作温度	−20～70℃
工作湿度	20%～80%
质量	4kg
资料保存时长	100 年
抗静电能力	大于 150V

9）系统配置。联网型系统：发卡系统，包括发卡机、酒店发卡管理软件。电锁管理软件，通过RS-485网络和电锁实时通信，下载参数、读取数据。电锁，外部电源供电。系统配置图如图17-6所示。

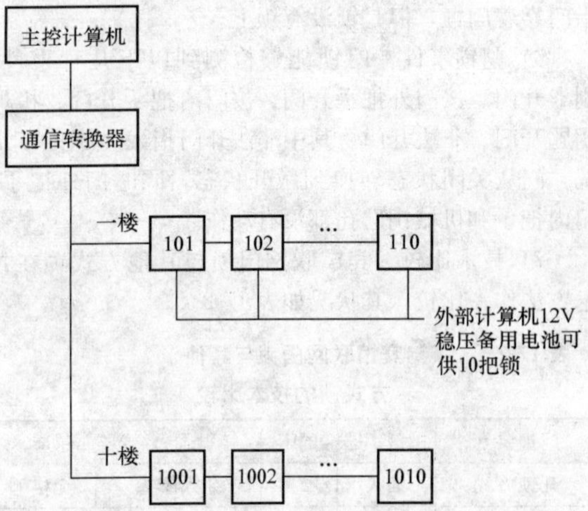

图17-6　宾馆联网门锁系统配置图

17.1.2.3　考勤系统

一卡通网络考勤系统取代了人工登记及打卡考勤的方式，为企事业单位解决了多种班次并存考勤复杂的问题，而且提供了灵活的工资管理和发布通知等功能，并自动生成考勤报表，提高了单位的管理效率。作为一卡通考勤管理系统，目前分为单机考勤和网络考勤管理系统两个版本。

（1）单机考勤管理系统。

1）系统特点。

● 多种考勤方式。实现班次考勤和计时考勤数据的采集、分析和统计。系统提供强大而灵活的排班表编辑功能，解决了大型企业日班、双班、三班甚至值班待各种班次并存的情况。

● 强大的工资管理功能。标准工资与考勤工资相结合，依据企事业单位的奖罚规则设计工资编辑手段，自动生成考勤工资，对每月改变都有流水账登记，对工资的输出有报表和工资条两种形式。

●通知功能。通过考勤机可发布节假日员工生日问候，以及重要事项提醒和通知。

● 灵活的数据传输方式。考勤机与微机可通过网络或工作卡传输数据。企事业单位可根据人员规模，选择不同的传输方式。

● 通用的打印输出功能。提供通用报表程序，对报表任意部分可进行任意组合输出打印。

● 灵活的系统结构。单机或联网运行，考勤机可脱离网络独立运行，并自带后备电源。

● 强大的系统扩展功能。系统采用统一的IC卡规范和通信规范，使考勤系统和本单位的收费系统，以及未来的产品兼容，可以实现考勤、门禁管理、消费等各场合的使用，真正做到一卡多用。

2）系统主要功能。

● 人事管理。

人事管理，输入员工的人事资料，如编号、卡号、姓名、部门、班别、组别。可按编号、卡号、姓名查询人事资料。可打印所有员工的人事资料。可对离职人员的资料进行删除，可对内部调动人员进行变更。

人事资料共享，人事资料、考勤原始数据、班时班制，可以分别由几台计算机录入，最后集中到一台计算机上汇总。

发行考勤卡，在已有的人事资料中选出要发卡的人员，然后发行考勤卡。

发行工作卡，把机号设置和单位密码写入工作卡，可通过工作卡下传至考勤机，也可通过网络下传。

● 班制管理。

班时定义，班时是指班的种类，如定义01班时为早班：01∶00～08∶00，中班：13∶00～16∶00，晚班：20∶00～23∶00。允许每个班时8次刷卡，其中6次为正常班，另外2次为加班。

班制定义，各个员工所上的班制，就是通常说的排班表，按这种排班表进行考核。从而考核出迟到、早退、旷工等考勤信息。

考勤管理、收集考勤数据：可以通过网络或工作卡收集各个考勤机中的考勤数据。

考勤明细，可以打印员工每天的打卡原始记录。系统提供了灵活查询方式，可以根据人员和时间段来查询用户所需要的原始数据。考勤明细只具有查询功能，是对统计功能的一种辅助，当对统计结果有争议时，可以通过查询每天的打卡明细记录，来确定统计结果。

考勤统计，用已定制好的规则（即班时班制定义）对原始数据进行考核，得出迟到、早退、旷工、异常打卡等出勤情况。

考勤结果，即考核后的统计结果，可以查询某些人某段时间的考勤结果，可以查询每天的统计明细，也可以按异常情况查询、统计总表，另外还可以将结果转换成Microsoft Excel的文件格式，以满足用户的不同需求。

● 考勤辅助。

请假名称定义，用户可以自定义请假名称。

请假登记，登记被考核人员的请假情况。

加班名称定义，用户可以自定义加班名称。

加班补记，手工记录加班情况。

手工补卡，即手工签卡，无须用卡，签卡后与打卡无区别。

● 外挂程序。可以外挂工资统计模块，依据各单位不同的工资构成，结合考勤数据，计算出工资表。

表结构定义：定义工资栏目和此栏目的运算法则。

工资计算：选择人员和时间段并计算工资。

工资表：建立员工工资报表，并可打印，亦可将工资报表转成 Excel 格式。

3）系统配置。IC 卡台式（挂式）考勤机；IC 卡发卡机；IC 卡；IC 卡考勤管理软件；计算机（可带 UPS 电源）。

（2）网络考勤管理系统。

1）系统概述。根据用户考勤系统需求，为更好地实现“一卡通”及与其他读卡设备的兼容性，系统集成时使用感应式智能卡读卡器和感应式智能卡，系统配置 1 台 PC 主机，通过 RS-485 接口连接分别安装出入口的考勤控制器，通过考勤控制器连接读卡机，同时配置 1 台标准并行口打印机，用于打印考勤报表。系统结构简图如图 17-7 所示。

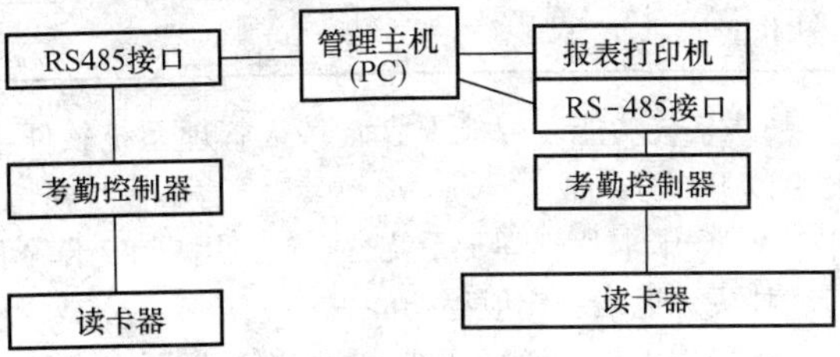

图 17-7　网络考勤管理系统结构简图

系统的授权工作人员每人将持有一张感应式智能卡，在卡上存有统一编制的特定编码，持卡人上下班时在考勤卡机读卡考勤。系统记录考勤数据，通过管理主机的管理软件处理，自动生成综合考勤报表。

2）系统的软硬件组成及功能。本系统所用 PC 主机：Pentium 266 或以上并配有 32MB 以上 RAM，2GB 以上硬盘空间。打印机为标准并行口打印机。

● 考勤管理软件基本功能。

系统管理，按树形结构建部门档案，按系统物理拓扑图设定考勤机档案。

考勤管理，在部门档案下，录入员工信息，并进行发卡管理，包括卡号、班种、班次、有效期、挂失、内部调动等处理。

考勤规则，建立各部门班种、班次、假日设定迟到、早退、旷工、加班等各种管理办法。在不规则的轮班设定上，给用户提供了极大的灵活性。

日常操作，考勤员的日常管理，请假、加班登记，数据采集和数据处理。对异常记录有人为干预功能。

统计查询，可按员工、部门、时间段等多种方式查询考勤原始记录，自动生成各种综合出勤报表。

系统维护，用于历史数据的更新、备份以及系统操作员和系统管理员的登录管理、级别设置。

● 系统硬件设备。

考勤控制器，通过连接感应读卡器实现考勤功能。控制器本身具备存储 8000 条考勤记录信息的存储能力，因此，考勤系统主机不需要 24h 开机。

考勤读卡机，感应计卡机，通过 WIEGAND 接口与考勤控制器相连，供员工读卡考勤。

感应卡，员工人手一张，用于读卡考勤。本卡片将来也同时在用户门禁管理系统使用，实现门禁控制与考勤管理的“一卡通”管理。

电源箱，对考勤控制器、RS-485 接口和考勤读卡机提供电源（DC 12V），输入电源取自于局部供电插座或集中供电的中央控制室 UPS。

17.1.2.4　消费系统

消费系统分为一卡通食堂管理系统、一卡通图书馆管理系统、收费管理系统等。

（1）一卡通食堂管理系统。一卡通取代了传统餐票，避免了餐券流通过程中所造成的人力、物力、财力的浪费，避免了餐券的伪造、丢失，杜绝了食堂福利外流、病菌交叉感染等弊端，实现了财务日清月结。一卡通的使用推广对促进后勤现代化改革起到了巨大的推动作用。

该系统由 IC 卡售饭机和计算机网络组成。食堂向就餐人员发放 IC 卡代替钱票，就餐时在售饭机上刷卡付费，卡上钱不够时可以交钱“交电”，所有就餐数据通过计算机网络集中处理。这样既加快了售饭菜速度，免除排长队之苦，又降低了经营成本，提高了整个食堂的管理水平。

1）一卡通食堂管理系统结构。一卡食堂管理系统的结构如图 17-8 所示。

2）硬件组成。

● 计算机。管理系统计算机主要用于管理整个收费系统的卡片、生成营业报表、传输数据等操作，一般选用普通计算机即可。

● 网络。计算机与售饭机之间通过 RS-485 专用网络控制器相连。食堂与食堂之间通过电话线或者中继网络通信放大器进行联网，做到一卡在手，多点就餐。在系统网络出现故障时，收费机本身可以脱网单机工作。

● 发卡机。IC 卡的读写操作采用通用型读写器，

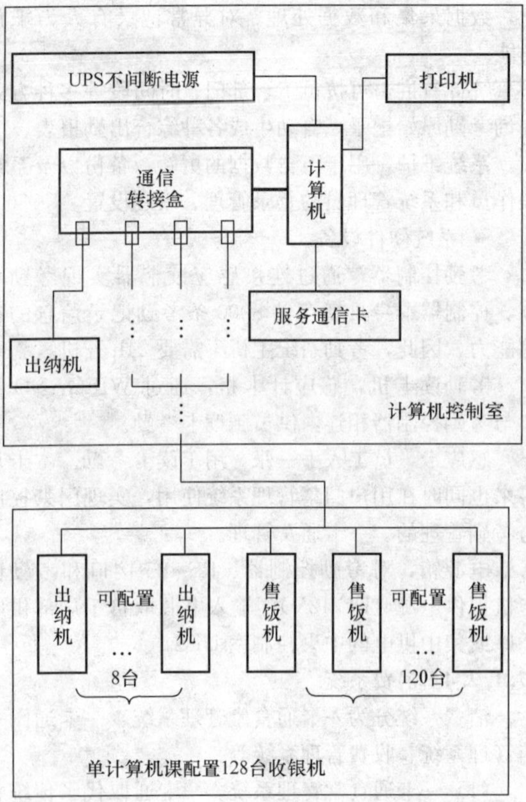

图 17-8　单计算机可配置 128 台收银机

主要用于在管理系统中卡片的发卡、挂失卡、补发卡、存款充值等操作。

● 收费机。SPPING 收费机一次所能存储的数据可达 6000 条，机器外形美观大方，功能应有尽有，使用操作方便自如，普通型、计次和定值性收费方式任您选择。

技术参数见表 17-4。

表 17-4　　收费机的技术参数

项　目	参 数 值
存储器	ROM 512KB，RAM 128KB
存储数据	大于 6000 条记录
读写速度（s）	＜0.3
读写距离（cm）	0～10
显示	双面 8 位 LED
功率损耗（W）	静态＜3，动态＜5
环境湿度（℃）	－20～50
通信接口	RS-485 或者 RS-232
通信距离（m）	1200
后备电源	大于 10h
电源	AC 220V50～60Hz
挂失（消费卡）总人数	10000 条

● 智能卡选型。非接触式收费系统消费卡采用思普威公司的 SPRING 感应卡。

卡内存有用户的姓名、性别、工作单位、职位等相关资料。用户凭卡消费（或考勤进出），只需将 IC 卡掠过感应器而不必刷卡或插卡，其感应距离为 10cm 左右，系统选用的 PHILIPS 公司的 MIFAREI 型非接触式 IC 卡，该卡为静态 CPU 卡，它具有全世界唯一的序列号，具有严密的逻辑运算和逻辑加密功能，其逻辑加密功能优于普通的 IC 卡的单一密码检验形式，在读卡时，读写器不仅仅只是检验其密码，还要校验整个密匙集（逻辑指令集），结合严密的加密算法，确保了系统的安全性。技术参数见表17-5。

表 17-5　　智能卡技术参数

项　目	参　数　值
工作频率（MHz）	13.56
容量	2K BIT E EPROM 数据安全、可靠、完整
可读写	100000 次，数据保持时间为 10 年
工作温度（℃）	－20～50

3）系统功能。智能卡食堂售饭管理系统软件主要由以下部分组成：

● IC 卡卡片管理子系统。它包括用户 IC 卡的发行、挂失、退卡、充值等功能。

当操作人员在发行消费卡的同时，实际上也就是建立学生或员工档案库的过程，卡片发行后，可使用以下的数据查询子系统进行发卡量、存款额、退卡人数、挂失人数等进行快速的查询并生成随机时间段的报表。

● 数据查询子系统。

● 收费机数据管理子系统。系统中的售饭机正常情况下脱机工作，每次采集的数据存放于计算机中进行自动双备份，系统出现故障时能自动进行数据恢复。

● 故障处理子系统。

● 统计报表处理子系统。报表处理，系统可按时间段、员工部门、姓名等各种操作逻辑条件查询打印食堂管理资料报表。

● 监控功能。计算机实时监控，在机房就可对售饭过程中各个窗口的情况了如指掌。可从计算机屏幕观察到各收银机是否关机，是否正常工作。可详细了解各窗口的就餐人数、营业总额、当次交易额、日营业额、存取款总额等各种分段数据信息。

● 安全保护。数据库中设有黑匣子和备份库，由服务通信卡释放自动生成，确保任何情况下都不会丢失数据。软件具备完善的断点保护错误自动恢复功能，使数据安全更有保证。就餐机出现故障时，能自动脱离网络，不影响整个系统运行。UPS电源为计算机。就餐机提供不间断电源。在市电出现故障或停电时不影响系统正常运行。

（2）一卡通图书馆管理系统。

1）一卡通图书馆管理系统。随着科学技术的发展，计算机的广泛应用，推动了服务业收费系统向自动化转变。目前图书馆的现状是有很多对外服务窗口，这些窗口有不少属于收费服务，例如全文光盘检索、视听、电子阅览等。由于条件受限，这些收费服务基本是各自为政，读者不能一次付费、多次多处使用。同时代价券在流通中携带不便，易于损坏，且安全性差，思普威从方便读者角度出发，同时也为了方便管理，利用统一的借书证实现图书馆一卡通，做到一卡多用，一卡通用。做到四个方便：

● 方便读者使用，可以使读者一点交费，各点通用，避免找零、兑换等麻烦；

● 方便读者查询，可在图书馆内或通过校园网随时查询个人账户情况和消费记录；

● 方便财务管理，理顺图书馆内部的财务关系，减少账目隐患，增加财务透明度；

● 方便使用统计，各类报表齐全，帮助图书馆了解读者需求，提高服务利用率。

整个系统具有的特性：系统先进性；数据安全性；硬件伸缩性；系统实用性；系统灵活性。

2）一卡通图书馆管理系统功能。一卡通图书馆管理系统由四个子系统组成，它们是：收费子系统；公共查询子系统；计费管理子系统；系统管理子系统。

①收费子系统。收费子系统主要提供一卡通挂失/解挂、费用收取等工作。该子系统的使用对象为图书馆办公室或指定的收费部门。

● 一卡通收费：读者向卡内增加费用，收费子系统通过卡结算。

● 退款：向读者退还卡内全部或部分余额。

● 转账：将某一一卡通账户内的全部或部分余额转入另一一卡通账户。

● 挂失：对读者的一卡通进行挂失。

● 解挂：对读者的一卡通进行解除挂失。

● 结账：对直购、赠送图书或订购到书进行验收，计算机自动生成馆藏流水号、图书条码号。

● 统计报表有日流水表，本收费口当日的各类操作流水账；日报表，本收费口当日的各类费用收取、退还、转账情况的汇总；月报表，本收费口当月的各类费用收取、退还、转账情况的汇总；其他，操作者可修改自动的密码。

②公共查询了系统。公共查询子系统向读者提供了通过馆内查询或校园网Web查询获取自己一卡通账户余额和使用信息。根据查询手段的不同，木子系统提供Web查询和局域网（馆内）查询两种手段。

● 一卡通Web公共查询。读者使用Web浏览器通过校园网连入图书馆一卡通Web公共查询服务器，然后提供一卡通号码和个人密码，即可获取自己卡内的余额和指定时间范围内的一卡通使用清单。为防止读者的个人密码在网络传输中被他人窃取，本子系统采用SSL协议加密所有往来数据。

● 一卡通馆内查询。图书馆内提供一定数量的配置有IC卡读写卡器的机器供读者进行一卡通查询。读者插入一卡通，并输入密码，即可获取自己卡内的余额和指定时间范围内的一卡通使用清单。一卡通馆内查询还同时提供修改个人密码的功能，读者可以随时修改个人密码，密码更改后立即生效。

③系统管理子系统。公共查询子系统向读者提供了通过馆内查询或校园网Web查询获取自己一卡通账户余额和使用信息。根据查询手段的不同，本子系统提供Web查询和局域网（馆内）查询两种手段。

● 一卡通账户的新开、修改、注销和清理工作。对一卡通账户的单独或批量新开，对一卡通账户的单独修改。

● 一卡通系统操作员的管理。一卡通系统操作员可以管理、增加、修改和删除一卡通系统操作员，并设定其权限和服务部门。

● 收账。将规定时间范围内的各项收支情况汇总，以便向各收费口收账。

● 账目核对。核对各用户的账目情况，核对各收费、计费口的账目情况。

● 数据库备份及恢复。将数据库内容备份到备份设备上或从备份设备上恢复数据库内容。

● 统计报表。日报表：本馆各收费口当日的各类费用收取、退还、转账情况的汇总，各计费口当日的读者使用情况汇总。月报表：本馆各收费口当月的各类费用收取、退还、转账情况的汇总，各计费口当月的读者使用情况汇总。季报表：本馆各收费口本季度的各类费用收取、退还、转账情况的汇总，各计费口本季度的读者使用情况汇总。年报表：本馆各收费口当年的各类费用收取、退还、转账情况的汇总，各计费口当年的读者使用情况汇总。

（3）一卡通收费管理系统。一卡通收费管理系统采用IC卡（接触IC卡，非接触式IC卡）取代传统的现金、票证（据）、纸卡等媒体，用计算机管理手段提高使用单位的工作效率和工作质量。适用食堂、餐厅、商场等收费管理。

1）系统特点。

● 完善的系统功能。系统可完成发卡、存款、取款、退卡以及统计、查询、挂失、报表等各种功能。独立版本利用大容量IC卡采集营业数据和下传挂失信息，联网版本利用网络采集营业数据和下传挂失信息。

● 独特的联网方式。改传统的实时联网为高可靠性、高稳定性的非实时联网。

● 灵活的系统结构。不同规模的单位可根据自己的情况灵活选择独立式、单机联网式、多机联网式等不同的系统结构。

● 完善的故障处理措施。当系统中任一设备出现故障，或出现各种意外事件时，系统均能继续工作。

● 强大的系统扩展功能。系统可根据用户需要，扩充为教务管理、图书馆管理、学生（学籍）管理、上机管理等在内的多功能的校园系统，实现一卡走遍校园。

2）系统主要功能。

①参数设置。

● 单位名称：输入用户单位名称。

● 单位密码：设置单位密码，该密码用于识别IC卡是否为本单位发行使用的。

● 卡片押金：设置发卡时收取的押金和退卡时应退回的押金。

● 餐次设定：设置餐次时间，就餐一般分四个时段：早餐、中餐、晚餐、夜餐。

● 消费时段：设置消费的起始时间，截止时间，如果是定值消费，还可以设置相应的定值金额。

● 收费费率：设置收费的费率。

● 部门资料：设置相应的部局名称。

● 班别资料：设置各个相应科室名称。

● 组别资料：设置各个科室的相应组别名称。

● 身份资料：设置身份资料。

● 个人资料：可以手工和批处理输入员工资料。

● 消费地点：设置消费地点名称。

● 系统参数：设置系统参数如售饭机号、最大消费值、操作密码和所有消费地点，以及通过网络下传这些参数到每台收费机。

②卡片管理。

● 发行新卡：输入个人资料后发行个人消费卡。

● 查询卡片：读出卡片上的所有信息。

● 退卡：员工离职时，读出卡片信息，卡内金额自动兑现或转账，回收IC卡。

● 坏卡处理：IC卡损坏后补发新卡。

● 卡片档案：用于查看卡片档案，可以生成卡片档案报表，可以在一定范围内进行条件查询，可以修改卡片的部分档案信息。

● 卡号回收：用于IC卡退卡操作后，回收卡号重新使用。

③收费管理。

● 存款：用于往IC卡上存款。

● 取款：用于从IC卡上取款。

● 误收处理：对于对因收费机误收情况造成多收或少收持卡人金额而进行的操作。

● 上传收费数据：用于通过网络上传收费机内的消费数据。

④挂失处理。

● 挂失登记及撤销：首先使用编号、卡号或姓名查找要挂失的IC卡，然后对该卡进行挂失登记和撤销挂失。

● 下传挂失信息：用于下传有关信息到收费机。

● 挂失补卡：用于补发挂失了的IC卡。

⑤补贴管理。

● 补贴金额登记：用于登记补贴资料。

● 临时补贴发放：用于发放补贴金额。

● 导出补贴记录：用于导出某年某月的补贴记录。

⑥系统统计报表。

● 收支统计表：用于统计收支情况，包括日报表、月报表和时间段报表。日报表用于统计单位某日的收支情况。月报表用于统计单位某月的收支情况，可以打印每日的明细，也可以是该月的累计汇总时间段报表用于统计单位某段时间内的收支情况，其他同月报表。

● 存款情况明细表：用于统计某张IC卡或全部卡片某段时期内的存款情况。

● 取款情况明细表：用于统计某张IC卡或全部卡片某段时期内的取款情况。

● 免费消费情况表：用于统计单位名费消费情况。

● 补贴情况统计表：用于统计某年某月的补贴发放情况。可以统计领取补贴记录，也可以统计未领取补贴的记录。

● 订餐情况统计表：用于统计某日订餐情况。

● 单位营业统计表：用于统计单位的营业情况，包括日报表、月报表和时间段报表。

● 个人交易明细表：用于统计个人或全部人员在某时间内的个人消费记录。

● 卡片办理情况表：用于统计发卡情况、退卡情况和坏卡补发情况。

● 挂失处理情况表：用于统计在挂人员、挂失登记表和挂失撤销情况。

● 误收处理情况表：用于统计误收处理情况。

3）系统配置。

● IC 卡台式（挂失）收费机可感应式收费机。

● IC 卡发卡机。

● IC 卡。

● IC 卡收费管理软件。

● 计算机（可带 UPS 电源）。

● 打印机。

● 网卡及网络配件（联网时选用）。

17.1.2.5 停车场管理系统

停车场管理系统请参见第 18 章。

17.1.2.6 电子巡更管理系统

请参见第 8 章。

17.1.3 智能一卡通安全体系

智能一卡通安全体系包括了密钥管理系统、伪卡防范技术、设备管理系统和工作人员管理系统四个部分构成。

17.1.3.1 密钥管理系统

（1）密钥管理系统是密钥产生、保管、检验、使用、更改、销毁的管理系统。按照国家有关规定执行，应满足下列原则：密钥与使用人隔离；定期更换密钥原则，同时不影响系统运行；管理严密、使用方便；出现问题可追溯；主密钥不能出现在传输路径上或保留在未经认证的终端设备中；存放的密钥不能读出。

（2）密钥管理系统负责完成以下工作：密码生成和注入；密码分发和保管；密码的传输；密码的使用；密码方案选用控制及更新；安全设备管理档案（领导卡、SAM 卡、管理卡、操作员卡）；在线设备与卡的相互认证；发卡中心的安全机制；发卡流程控制；发行母卡；SAM 卡、管理卡、操作员卡；通行卡。

（3）密码管理系统的应用流程。密码管理系统的应用流程，包括以下几部分：密钥管理中心洗卡（参见有关规范）；发卡中心负责领导卡、通行卡、SAM 卡的初始化及发行，管理卡、操作员卡的初始化，并负责通行卡、SAM 卡、管理卡、操作员卡进行安全设备管理。

（4）安全设备管理。对通行卡、SAM 卡、管理卡等涉及密码和安全的设备管理必须由专人管理。必须明确每个设备的管理人、存放或使用地点，开始和终止时间、维修记录等，定期检查。通行卡在到货数量、发行数量、存放数量、废品数量等上必须吻合，白卡、初始化卡、个人化卡、废卡标识明确，防止意外丢失。

（5）应用规范。密钥的生成、下载及其算法要符合或兼容规范和建设部的要求。

17.1.3.2 伪卡防范技术

鉴于伪卡主要在卡和服务终端设备之间发生信息交换，可在一定条件下用全部信息或部分信息取代合法的通行卡，因而通行卡的防伪措施体现在以下几个方面。

（1）本系统卡的信息编码中，必须采用下列技术进行防伪：只读型唯一物理卡号；用于名单管理的自编逻辑卡号；逻辑卡号的验证信息；至少有 2 个以上不同权限的访问密码；个人信息等辅助认证；数据加密；卡应用流水号。

（2）本系统应用严格遵从国家有关部门的有关规定，根据不同的任务书分别下载不同的标准，隔离各不同的部门的制卡信息。建立各部门有关人员的档案，实施追踪管理。

17.1.3.3 设备的管理

工作流程至少包括以下内容：

（1）授权。入库登记；检测；初始化：设定逻辑编号、密码等，确定启动条件等；安装；提交安装记录；启动；认证。

（2）使用。运行报告；报警。

（3）维修。销毁密码；实施维修；建立维修记录。

（4）拆卸。销毁密码；销毁参数及应用；上报拆卸信息。

（5）终端设备参数的变更。已用设备的变更，应使用管理卡进行变更，有关参数应及时通知管理中心，以便进行数据审计。

17.1.3.4 工作人员管理

为保证整个计算机系统安全，系统必须对每个操作员进入系统时进行登录管理。根据需要系统工作人员应配备管理卡，一人一卡，定岗位，定权限，定设备，并与设备SAM卡建立对应关系。

17.1.3.5 密码管理系统

密码管理系统至少满足以下要求：采用公开技术，有直接验证安全性的演示；密码生成的输入设备不能保存密码；密码生成部分不接入网络；发卡系统、密码管理系统等高安全度设备采用多管理卡和多人策略；高级密钥传送和保存采用双卡和多卡方式。

17.1.3.6 卡

卡有四种卡：通行卡、SAM卡、管理卡和操作员卡。

(1) 通行卡。通行卡的技术规格及测试标准应符合相应的国家标准和ISO国际标准。通行卡至少应满足以下特性：

1) 基本特征。非接触式；不自带电池；使用硬件电子线路逻辑加密或/和微处理机。

2) 技术标准。符合ISO/IEC 14443；普通通行卡符合ISO 7810有关物理特性及外形尺寸的要求；普通通行卡符合ISO 7811第3部分有关卡上凸印文字的位置的要求；普通卡机械压力和化学测试应符合ISO 10373有关测试的要求；符合中国有关（IC）卡标准及规范。

3) 应用特征。工作范围从0～10cm；具备防冲突机制，允许多卡操作；通行卡的完整使用过程，包括防冲突、相互认证、数据的读、写和校验等，成功率不小于99.95%，其处理时间应不超过300ms；非易失性可读写数据存储区不小于1KB；为减少在正常使用当中芯片的折损，芯片在生产过程应增加增强其硬度的制作过程；每张通行卡印刻一个唯一的不可改写的电子识别编号；通行卡使用故障率不超过1/30000；通行卡的读写次数应达到100000次，卡内数据保存时间大于10年；提供的通行卡已包含表面印刷，印刷图样由公安部警卫局提供。

(2) SAM卡。根据系统的需求，SAM卡必须采用高速CPU卡。其技术规格及测试标准须符合相应的国家标准和ISO国际标准。对SAM卡至少应满足以下特性：

1) 基本特征。高速运算能力的微处理机；接触式界面。

2) 技术标准。符合ISO/IEC 7816；符合中国金融集成电路（IC）卡规范；COS具有中国有关部门认证证书；兼容建设部有关部门的技术要求。

3) 应用特征。COS具有DES两种算法（Single DES和Triple DES）Triple DES加解密时间小于16ms；每张SAM卡印刻一个全世界唯一的不可改写的电子识别编号；非易失性可读写数据存储区不小于2KB；CPU卡有协处理器；卡使用故障率应不超过1/1000000；卡的读写次数应达到100000次，卡内数据保存时间大于10年。

(3) 管理卡。管理卡使用与通行卡同样的卡片介质。

(4) 操作员卡。操作员卡至少应满足以下特性：

1) 基本特征。非接触式或接触式；不自带电池；使用硬件电子线路逻辑加密或微处理机。

2) 技术标准。非接触式卡符合ISO/IEC 14443；符合ISO 7810有关票卡物理特性及外形尺寸的要求；符合ISO 7811第3部分有关卡上凸印文字的位置的要求；机械压力和化学测试应符合ISO 7816及ISO 10373有关测试的要求；非接触式卡符合ISO 10536关于芯片尺寸及位置的要求；符合ISO/IEC 7816；CPU卡符合中国金融集成电路（IC）卡规范；CPU卡的COS具有中国有关部门认证证书；兼容建设部有关部门的技术要求。

3) 应用特征。非接触式卡工作范围从0～10cm；非接触式卡具备防冲突机制，允许多卡操作；非接触式卡具备至少DES-3或相同等级的国际标准的射频通信安全特征；非易失性可读写数据存储区不小于2KB；每张卡片刻一个唯一的不可改写的电子识别编号；使用故障率应不超过1/30000；读写次数应达到100000次，卡内数据保存时间大于10年；提供的操作员卡，已包含表面印刷。

17.1.3.7 终端设备

主要是门禁机、考勤机、停车读卡器、消费POS机、读卡器等。

(1) 系统的终端设备由管理中心统一发卡和管理，卡进行授权，统一编号、统一管理；

(2) 软件下载过程由专人管理、专用口令控制；

(3) 采用安全报文传送（输入、输出）；

(4) 密码生成系统提供的管理员信息，对应不同终端，不同应用和管理员的权限，其信息应不同；

(5) 有五组以上的密码，可供选择；

(6) 可产生或记录的交易流水号；

(7) 累计交易金额。

17.2 一卡通系统的有关标准

JGJ 16—2008《民用建筑电气设计规范》

GA/T 74—2000《安全防范系统通用图形符号》

GA/T 75—1994《安全防范工程程序与要求》

GB 12663—2001《防盗报警控制器通用技术条件》

GB 10408.1—2000《入侵探测器　第 1 部分：通用要求》

GB 50116—1998《火灾自动报警系统设计规范》

GB 50016—2006《建筑设计防火规范》

GB 50054—1995《低压配电设计规范》

GB 50174—2008《电子系统机房设计规范》

ISO 14443《识别卡，近耦合集成电路卡》

ISO 15693《识别卡，非接触集成电路卡，疏耦合卡》

一卡通系统遵循的技术标准：

符合 ISO/IEC 14443

普通通行卡符合 ISO 7810 有关物理特性及外形尺寸的要求

普通通行卡符合 ISO 7811 第 3 部分有关卡上凸印文字的位置的要求

普通卡机械压力和化学测试应符合 ISO 10373 有关测试的要求

符合中国有关（IC）卡标准及规范

符合 ISO/IEC 7816

符合中国金融集成电路（IC）卡规范

兼容建设部有关部门的技术要求

ISO 7816—1～3、ISO 14443

SJ/T 11230～11232《集成电路卡通用规范》

《中国金融集成电路（卡应用规范》

17.3　一卡通系统工程设计

17.3.1　一卡通系统设计原则

一卡通系统应充分理解并分析用户各项管理的模式和特点，各应用系统的开发，应做到功能完善、使用方便并经济合理、切合实际、运作高效。同时可对特定需要及现场工程等的实际情况作出针对性的设计与灵活的解决方案。

17.3.1.1　先进性和互换性

一卡通系统的建设应立足于当今世界先进且有发展前途的技术和产品，系统能够平滑升级，并且应该具有一定的可扩展能力。系统的设计在技术上应有适度超前性，可选用的设备应有互换性，为系统的增容和/或改造留有余地。

17.3.1.2　规范性与实用性

系统的设计应基于对现场的实际勘察，根据环境条件、出入管理要求、各受控工的安全要求、投资规模、维护保养以及识别方式、控制方式等因素进行设计。一卡通系统应能够帮助用户提高管理水平和管理效率，有效降低管理成本，应能够体现用户的管理规则，与用户管理做到无缝连接。系统设计应符合有关风险等级和防护级别标准的要求，符合有关设计规范、设计任务书及建设方的管理和使用要求。

17.3.1.3　准确性与实时性

系统应能准确实时地对出入目标的出入行为实施放行、拒绝、记录和报警等操作。系统的拒认率应控制在可以接受的限度范围内。采用自定义特征信息的系统不允许有误识，采用模式特征信息的系统的误识率应根据不同的防护级别要求控制在相应范围内。

17.3.1.4　联动性与兼容性

出入口控制系统应能与报警系统、视频安防监控系统等联动。当与其他系统联合设计时，应进行系统集成设计，各系统之间应相互兼容而且能独立工作。

用于消防通道口的出入口控制系统应与消防报警系统联动。当火灾发生时，应及时开启紧急逃生通道。

17.3.1.5　安全性与扩展性

IC 卡编号具有不重复性；IC 卡不可复制，编码是唯一的，IC 卡可挂失，出入留有记录，方便查验，实时监控，提高突发事件的反应能力。根据管理功能要求，系统的设计可利用目标及其出入事件等数据信息，提供如考勤、巡更、客房人员管理、物流统计等功能。

17.3.1.6　方便性与可靠性

用户使用一卡通系统来管理主要办公区域的门禁出入权限、停车管理、消费结算、考勤、会议签到管理。其使用的方便性主要表现在：持卡人使用和携带方便；简化钥匙管理；后台管理。

系统的设计具有高度的可靠性，产品成熟性能稳定，保证系统长时间无故障运行，即便遭遇事故造成中断后也能确保数据的准确性、完整性和一致性，并可迅速恢复正常。系统严格控制管理员操作权限，可以采取安装防火墙、安装杀毒软件、网络数据库备份等来保证数据库服务器和各工作站的安全和正常运行。

17.3.2　一卡通系统设计思想

一卡通系统设计要充分考虑用户的需求：一网、一卡、一库。

- 一卡（一卡通）：每人一张智能卡；
- 一网（以太网）：建立在网络上；
- 一库（数据库）：各个管理部门共享一个数据库。

（1）一卡通系统设计上统一规划，配套，系统具备一定的扩展能力；其风险防范等级适应“小区安全防范系统”的整体要求；

（2）利用现代化的综合技术手段，贯彻预防为主，技防、人防和物防（实体防范）相结合的原则，用技防补充人防、物防的不足，充分地发挥综合技术防范的威力；

（3）器材设备的选择上：应符合小区的有关要求，做到：技术结构先进、产品质量稳定、系统功能齐全，在各种现场条件下均能高可靠地稳定工作，操作维修方便；

（4）费用上：在器材具有适当先进性的前提下应做到符合实际，因地制宜，要有良好的性能价格比，防止华而不实；

（5）操作简单、易于使用、规范管理；

（6）系统安全、成熟、可靠、稳定；

（7）符合国际国家行业标准及规范。

17.3.3　一卡通系统设备的基本配置设计

17.3.3.1　门禁点设备的基本配置设计

为控制和管理具体的门，需要为每扇门配置以下设备：读卡器；门磁；电控锁。

17.3.3.2　普通办公室、会议室门禁控设备配置设计

普通办公室、会议室使用刷卡开门的管理模式，用户只需刷卡，即可打开门。

17.3.3.3　领导办公室门禁控设备配置设计

领导办公室考虑到使用的安全性和方便性，建议采用指纹工作模式，用户只需验证指纹，即可打开门。每扇门配置如下：读卡器；门磁；密码读卡器；指纹仪；电控锁。

17.3.3.4　机房、通信室、保密室门禁控设备配置设计

机房、通信室、保密室应特别注意安全性，考虑使用双密的认证方式，建议采用刷卡+个人密码工作模式，用户需刷卡和验证个人密码，两种认证都通过后，可打开门。系统可保存每个人的个人密码，用户可在读卡器上更改个人密码。

17.3.4　线路和设备（装置）的安装位置设计

17.3.4.1　勘察现场

勘察现场包括走线路由，需要考虑隐蔽性和对建筑物的破坏（建筑结构特点），在利用现有空间的同时避开电源线路和其他线路，现场情况下的对线缆等的必要和有效的保护，施工的工作量和可行性（如打过墙眼等）。线路设计请参见第14章综合布线系统的设计与施工技术的综合布线系统的设计。

17.3.4.2　规划设计和预算

根据勘察现场情况确定路由并申请批准，如需要在承重梁上打过墙眼时需要进行向管理部门申请，否则会违反施工法规等。整个规划及破坏程度的说明最好经甲方及管理部门批准。修正规划。在正式的有最终许可手续的规划基础上，计算用料和用工，综合考虑设计实施中的管理操作等的费用提出预算和丁期以及施工方案和安排。

17.3.4.3　安装位置设计

（1）识读现场装置的安装位置应便于目标的识读操作。

（2）如果管理/控制设备是采用电位和/或电脉冲信号控制和/或驱动执行部分的，则某出入口的与信号相关的接线与连接装置必须置于该出入口的对应受控区、同级别受控区或高级别受控区内。

（3）用于完成编程与实时监控任务的出入口管理控制中心，应位于最高级别防区内。

（4）有防护面的设备（装置）的结构应能使该设备（装置）在安装后不易从防护面被拆卸。

（5）安装位置应依据设备（装置）说明书的要求设计。

（6）确定考勤点的位置，确定连接线缆，有特殊要求的，及时向申报。

（7）确定消费机的安装位置，是否与设计位置相符，与控制器路由是否相通。

（8）确认消费主控制器与终端消费机的连接方式，路由应相通。

（9）不同系统、不同电压等级、不同电流类别的线路，不应穿在同一管内或线槽同一槽孔内。

（10）导线在管内或线槽内，不应有接头或扭结。导线的接头，应在接线盒内焊接或用端子连接（小截面系统连接可以铰接，铰接匝数应在五匝以上，然后搪锡，用绝缘带包扎）。

（11）管线经过建筑物的变形缝（包括沉降缝、伸缩缝、抗震缝等）处，应采取补偿措施，导线跨越变形缝的两侧应固定，并留有适当余量。

17.4　一卡通系统的施工

17.4.1　一卡通系统的施工要点

（1）一卡通系统设有控制管理中心的网络型系统，应有网络与接口类型、线缆规格、传输方式、最大传输距离、数据传输的速率等要求。

（2）安装方法和要求应保证系统的防护能力不降低，特别是防破坏和防技术开启能力不能降低。对安装中可能出现的影响系统防护能力的情况应提出警告，对不适宜与系统连接的其他装置或方法也提出警告，对系统及其部件的安装、改动、替换或增加另外部分可能造成的危害应予指出。

（3）一卡通系统之施工进度，具体施工安排应尊重整体工程进度，特别是网络布线，弱电系统的施工

进程而定。

（4）各活动部件依据说明书内容应活动自如，配合到位，手动部件（如键盘、按钮、执手、手柄、转盘等）手感良好。控制机构动作灵活、无卡滞现象。其余应符合 GB 12663 的要求。

（5）有防护面的设备（装置）的结构应能使该设备（装置）在安装后从防护面不易被拆卸。

（6）处于防护面的操作键或按钮应能够承受 60N 按压力、连续 100 次的按动，该键或钮不应产生故障和输入失效现象。

（7）处于防护面的接触式编码载体识读装置，能够承受利用编码载体的故意恶意操作而不产生故障和损坏。

（8）对闭锁后位于防护面的手动开启相关部件施加 980N 的静压力和 11.8N・m 的扭矩时，该部件不应产生变形、损坏、离位现象，闭锁部件也不得被开启。

（9）接线柱和引出线的牢固性符合 GB 12663—2001《防盗报警控制器通用技术条件》的要求。

（10）系统各设备（装置）之间的连接应有明晰的标示（如接线柱/座有位置、规格、定向等特征，引出线有颜色区分或以数字、字符标示）。

（11）执行部分的输入电缆在该出入口的对应受控区、同级别受控区或高级受控区外的部分，应具有相应的抗拉伸、抗弯折性能，须用强度不低于镀锌钢管的保护材料加以保护。

（12）系统各设备（装置）外壳之间的连接应能以隐蔽工程连接。

（13）识读现场装置的安装位置应便于目标的识读操作。

17.4.2　布线施工

（1）不同系统、不同电压等级、不同电流类别的线路；不应穿在同一管内或线槽同一槽孔内。

（2）导线在管内或线槽内，不应有接头或扭结。导线的接头，应在接线盒内焊接或用端子连接（小截面系统连接可以铰接，铰接匝数应在五匝以上，然后搪锡，用绝缘带包扎）。

（3）管线经过建筑物的变形缝（包括沉降缝、伸缩缝、抗振缝等）处，应采取补偿措施，导线跨越变形缝的两侧应固定，并留有适当裕量。

布线施工请参见第 14 章综合布线系统的设计与施工技术的综合布线系统的的施工。

17.4.3　设备（装置）的安装

（1）安装设备（装置）应符合国家规定“电气装置工程施工及验收规范及国家颁发的有关规范及规定”。

（2）设备（装置）的安装应依据设备（装置）说明书的要求。

（3）确定门磁开关及电控锁安装位置，确定连接线缆，有特殊要求的，及时申报及时补救。

（4）确定读卡器安装位置，是否与设计位置相符，与控制器路由是否相通，读卡器与主控制器的走先距离不能超过 120m。

（5）确定门禁主控制器及辅控器的安装位置和接线方式，由门禁主控制器连接到网络交换机的网线距离不超过 100m。

（6）确定主控制器与及读卡器连接方式，路由应相通。

（7）门磁开关安装要牢固，磁片定位准确，接线端子箱内的端子宜选择压接或带锡焊接点的端子板，其接线端子上应有相应的标号。

（8）门禁控制器应安装牢固，不得倾斜，并应有明显标志。安装在轻质隔墙上，应采取加固措施。

（9）引入门禁控制器的电缆或电线应符合下列规定：

1）配线应整齐、避免交叉，并应固定牢固；

2）电缆芯线和所配导线的部均应标明编号，并与图纸一致，字迹清晰，不易褪色；

3）电缆芯和导线应留有不小于 50cm 裕量。

（10）门禁控制器的主电源引入线应直接与电源，严禁用电源插头，主电源应有明显标志。

（11）门禁控制器的接地牢固，并有明显标志。

17.5　一卡通系统的测试检验验收

17.5.1　一卡通系统的调试

（1）调试前应检查接地并做好记录。

（2）按施工布线图对各回路进行校验，检查以确保接续正确、良好、编号无误。

（3）按设计图纸及产品说明要求及相关规范要求，逐个逐项接通调试，以确保系统符合设计及有关规范要求。

（4）调试前应检查接地并做好记录。

（5）按施工布线图对各回路进行校验，检查以确保接续正确、良好、编号无误。

（6）按设计图纸及产品说明要求及相关规范要求，逐个逐项接通调试，配合公司完成系统调试，以确保系统符合设计及有关规范要求。

系统竣工时，施工单位应提交下列文件：

（1）完整竣工图（含平面图、系统图、安装大样等）。

（2）设计变更文字记录。

（3）施工记录（包括隐蔽工程验收记录）。

(4) 调试检验记录。

(5) 完整的产品说明书，维护及操作手册与产品资料。

(6) 竣工报告。

17.5.2　一卡通系统的验收

一卡通系统的验收同于第6章出入口控制系统的设计与施工技术的出入口控制系统工程的测试检验验收，请参见6.5节的内容。

第18章 停车场系统的设计与施工技术

chapter18

随着人们的生活水平提高，汽车的数量日渐增多，许多中型、大型的大厦都拥有数百辆车辆的日常保安管理工作，更是由于地面空间的限制，对于常驻车辆，临时客户的车辆如何进行管理，已成为智能大厦、智能小区的业主迫切需要解决的问题。而且对车辆保安管理工作的现代化也势在必行，因此，停车场管理系统应运而生。

根据建筑设计规范，大型建筑必须设置汽车停车库，以满足交通组织需要，保障车辆安全，方便公众使用。办公楼按建筑面积计每 10000m^2 需要设 50 辆小型汽车停车位，住宅每 100 户要设 20 个停车位，商场楼营业面积每 1000m^2 需设 10 个停车位。

停车场管理系统不仅能管理大厦小区内车辆、美化小区、防止盗车；而且能直接产生增值效应，是智能大厦小区各个智能化子系统中唯一能带来可观收入的系统，已为大多数地产商所接受。停车场管理系统也当仁不让地成为智能大厦小区各系统中首选而且是必须的系统。车辆停车收费是物业管理公司或业主创收的一个重要来源，而停车场的管理也是物业管理工作的一个重要组成部分。

为了使地面有足够的绿化面积与道路面积，同时以保证提供规定数的车位，多数大型建筑都在地下室设置停车库，当停车库内的车位超过 50 个时，往往需要考虑建立停车场管理系统（Parking Automation System，PAS），以提高停车场管理的质量，效率与安全性。有人值守操作的停车场出口称为半自动停车管理系统。若无人值守，全部停车管理自动进行，则称为停车自动管理系统。

对于智能大厦智能小区的业主来说是采用内部停车场管理系统还是采用停车场综合管理系统，只能由自身的条件来决定。

本章重点介绍的内容有：停车场系统的基础知识；停车场系统的有关标准；停车场系统设计；停车场系统的施工；停车场系统的测试检验验收。

18.1 停车场系统的基础知识

18.1.1 停车场管理系统概述

停车场管理系统将机械、电子计算机和自动控制以及 IC 卡技术有机地结合在一起，具有脱机运行、自动储存、进出记录、自动核费扣费、自动维护、语音报价、分层显示和图像摄像等功能。具有科学合理、安全可靠、便捷公正的优点，被视为现代交通、物业和安防管理的理想设施。

18.1.1.1 停车场系统组成

停车场系统组成包括以下内容：

(1) 停车场系统构成。停车场系统构成示意图如图 18-1 所示。

(2) 设备。

1) 出入口设备：满车位灯、感应线圈、车辆探测器、出/验票机、栅栏机、计数器、车辆号牌识别系统。

2) 车位探测设备：空车位探测器和空车位双色灯。

3) 管理控制设备：管理计算机、手持设置器、应用软件。

18.1.1.2 停车场系统主要功能

停车场系统主要功能有如下 13 点：

(1) 入场时，汽车有效卡刷卡，栏杆自动抬起，车辆驶出通道（即时车辆检测器感应线圈的感应区域）后，栏杆自动落下。

(2) 出场时，汽车缴费确认，有效卡刷卡，经操作人员确认，栏杆自动抬起，车辆驶出通道（即过车辆检测器感应红圈的感应区域）后，栏杆自动落下。

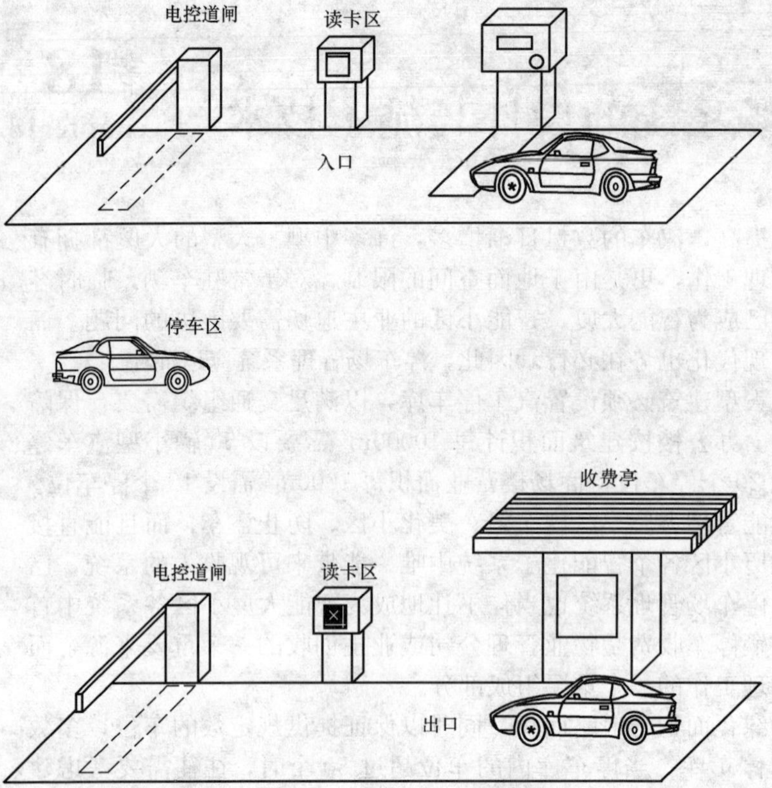

图 18-1　停车场系统构成示意图

（3）具有防砸车功能，能够独立控制道闸，可配备遥控器控制道闸。

（4）所有汽车出、入过程系统数据自动完成登记，存储。有效卡、冲卡车辆图像自动抓拍、存储。所有数据自动通过网络传输至网络服务器。

（5）应采用网络通信技术，实现图像及数据的实时网络传输。网络应能与管理处现有网络相联。当网络发生任何故障时，处理机将自动暂存数据，并能独立工作，待网络正常后自动传送暂存的数据，整个过程无须人为干预。

（6）应采用网络数据库管理技术，能自动实时处理正常数据、异常数据以及系统管理数据。

（7）应采用多级控制与监控技术，设计严密且采取防止人为修改数据措施，能杜绝任何形式的失误与作弊。

（8）有效卡刷卡后操作人员确认后自动抬闸，车过后自动降闸，无效卡需报警提示。

（9）有对讲功能，在出现意外情况下能方便地与保安员联系。

（10）可脱离计算机运行，控制器可独立工作，在计算机故障或关机的情况下，仍可对进出车辆进行管理。

（11）可通过控制器记录信息，在计算机故障或关机的情况下，所有的记录都可以得到保留，并在计算机恢复正常后，上传到计算机。

（12）自动计费、费用显示、产生收据、可打印报表。

（13）车牌识别。可以自动拍摄车辆照片，并准确地识别出车牌号码。

18.1.1.3　停车场系统软件管理系统

停车场任何时刻的所有动作都能如实地记录、整理、统计。管理者可以随时查询、打印区内车场运作情况，某停车场出入口情况，某卡的进入次数、时间、月保卡情况及更改各种收费标准等。

停车场系统软件管理系统的操作人员经简单培训即可上岗操作。停车场系统软件管理系统应注意如下内容：

（1）三级操作员制。软件系统分操作员级、主管级、经理级三个不同级别。不同级别对应着进入软件系统的不同密码，故软件系统具有良好的保密性与可靠性。

不同等级的操作人员进入软件系统后，能实现不同的功能。操作员级只能实现基本功能；主管级能实现包括操作员在内的其他一些功能，且能修改操作员密码；经理级是最高等级的操作人员，能实现包括操作级、主管级在内的所有功能，并可修改全部操作人员密码。

软件系统具有良好的兼容性及资料保护性。

（2）录入资料。可由主管级以上操作人员录入各种相关资料。例如：月卡车资料的录入，不同车种的车位数量、免费时间、优惠时间、超时特惠时间、离场时限的录入，免费资料清单的录入，锁定与解锁月卡，销月卡等。

（3）查询、更改资料。查询各种相关资料。例如：月卡资料清单、被锁月卡清单、操作人员密码清单、免费资料清单等。在场时租卡与月租卡车清单、已付款未离场时租车清单、某卡号车当前或一个月内进出场时间。

主管级以上操作人员可更改相关资料。例如：更改月卡车的相关资料、更改月租卡可否重复使用之状态、更改车场车位数量、更改操作人员密码、更改系统时间等。

（4）资料打印。执行操作过程中，可即时打印出实施该项操作的操作人员代码以及操作内容。

时租卡读卡缴费时，打印机打印出该车入场日期、时间、序号，缴费日期、时间、缴费总额、免费以及收银操作人员代码等。

在执行更改月票资料、锁定或解锁月租卡、取消月租卡时，打印机打印出操作人员的代码，执行前的月租卡资料以及执行后的月租卡资料。

（5）可选打印报表。执行指定打印的功能时，打印出所需求的资料：

1）打印当前在车场内的月租卡车及时租卡车资料；

2）打印现有月租卡资料清单；

3）打印以往记录（车辆的进出日期、时间及缴费情况）；

4）打印车场运作情况记录；

5）打印总结报表；

6）打印已离场不同车种的月租车、时租车进场日期、时间；

7）打印出收费情况的日、月、年报表。

（6）泊车收费管理。

1）按时收费：车辆进入车场时，计算机已记录了该车入场的日期和时间，读卡出场时，计算机自动算出该车停放时间；根据设定的计费标准，自动计算出收费总额。

2）按次收费：车辆进入车场时，计算机已记录了该车入场的日期和时间及进场标识，读卡出场时；根据设定的计费标准，自动计算出收费总额。

3）按月收费：输入要收取的金额，在发卡的过程中可以选择此种类型卡的时间限制。

4）一次性收费。

5）不收费。

6）临时卡管理。

7）根据车场需要，可向某辆入场车发放临时卡，并将记录自动记入计算机档案（也可打印出来），以便统计与查询。

（7）图像捕捉对比。

1）图像可五级伸缩，满屏放大，可辨认出司机外貌。

2）可独立关闭此系统，进入车辆出入全自动状态。

3）车辆图像可供有关人员随时查阅。

4）图像的总存储量根据硬盘容量大小而定，最少可保证留有一周以上的车辆出入图像（5000 对）备查。

18.1.2　停车场系统的结构

停车场系统本质上是一个分布式的集散控制系统，整个系统的结构如图 18-2 所示。

图 18-2 的系统结构是按全自动车库管理系统的功能绘制的，实际系统由于功能的差异和设备组成方式的不同而略有变化。

停车场系统内部车库系统、停车场综合管理系统、全自动车库管理系统。

18.1.2.1　内部车库系统

智能大厦都拥有常驻车辆，作为高级商用住楼的车库随着商务的发展，基本上是以内部车辆管理为主，以少量的散客为辅，如配合地面公共车位。从保安管理和安全可靠性角度考虑，许多大厦完全为内部管理。作为内部停车场，它的管理系统一般结构为：

（1）识别卡。像信用卡大小的塑封卡片，可接收发自读卡器的激光（RF）信号，并返回预先编制的唯一识别码，极难伪造，使用寿命可达 10 年以上。

（2）读卡器。读卡器不断发出低功率 RF 信号，在短距离内（10～20cm）接受识别卡返回的编码信号，并将编码反馈给控制器。

（3）控制器。控制器含有信号处理单元，每个控制器可控制一个门，控制器之间通过 RS-485 接口互联（1～32 个），其中一个为主控制器、可与计算机

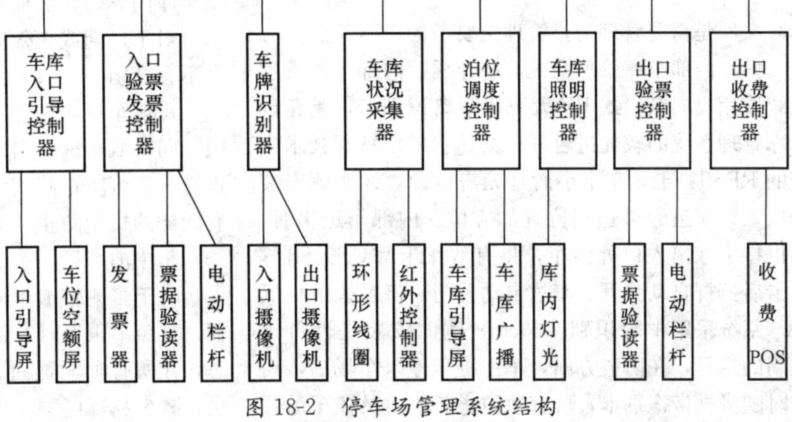

图 18-2　停车场管理系统结构

相连交互数据。

(4) 计算机。先进的软件可将控制器传来的信息转换成商业数据，其数据库可供及时查询，它还对控制器的参数和数据进行控制。

(5) 挡车器。内部有控制逻辑电路，采用杠杆门，速度快，可靠性高，噪声低，有紧急手动开关。结构如图 18-3 所示。

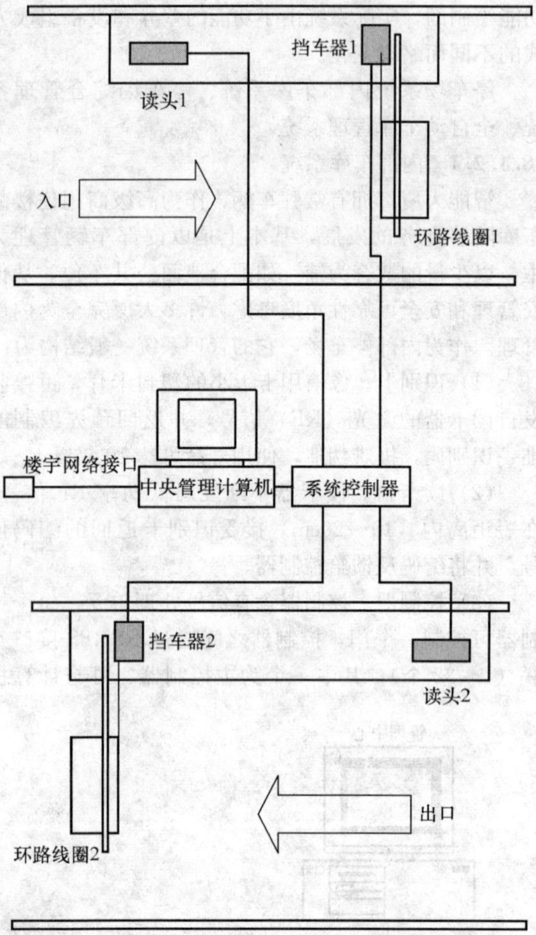

图 18-3　内部车库系统结构图

车库是需要管理的，管理主要考虑以下几点：

(1) 内部车库管理系统简要介绍。内部车库管理系统取用反向散射式 RF 无源短距离识别卡，是建设车库管理系统的较先进合理方案。它采用特殊技术生产的 RF 识别卡，车卡小而且无需电源，读头侧安装于出入口车道旁边适当位置的方位。内部车进出时，司机持卡在出入口处停车，将有效车卡靠近读卡器，认卡后挡杆自动弹开、车过自动关门。该系统价格低廉，系统采用中距识别（30cm）侧向安装是性价比较高的选择，在防盗方面，车主将车停入车场后，离开时随身携带识别卡，可有效防止非法人员盗车后开出车库。它还提供用户选择的内置保安报警监视及 24h 录像功能，即使有人开车闯过出入口挡杆，系统也会自动报警，保安人员也可以电视信号为依据，采取相应措施。

车库内各车位醒目编号，卡号车位号对应一体。对特殊情况可及时报警并有报警摄影接口。内部住户车辆采取固定车位方式，由物业管理部门发给一定级别固定车位卡，凭卡随意自由出入。出入口车道均设自动挡车器，系统对票卡进行识别，从而控制挡车器，报警器等工作。在紧急时挡车器可手动开启。

当发卡数量大于车位数时可在入口处增加车满标志，车满时标志点亮，同时低级别车禁止入内。

主控制设施可设于停车场内或其他适当地方，中央控制计算机设于此。主控计算机对整个停车场情况进行监控和管理。可实时监察每辆车的出入情况并自动记录，包括内部车出入时间，出入口等信息。同时也可完成发放内部卡，统一设置系统设备参数，统计与查询历史数据等工作，并打印出各种报表。可以对不同的内部车辆分组授权，登记有效使用期，限制当天出入时间与出入口（如月票，季票，通票等），可随着增加新卡，而删除作废卡，越权车辆视同无效但记录在案，过期卡自动作废失效。主控计算机可联入大楼管理网络，向各部门（财务、物业部、保卫部等）提供所需信息。整个停车场所有设备与计算机联网统一管理。

对于使用中的卡，可分为月卡和储蓄卡也称贵宾卡。贵宾卡用户无进出限制，保证留有停车位；月卡有使用期限，到期可自动停用或提示；储蓄卡有预付金额，按实际停车时间计费，无余额自动停用或提示。

对于月卡、季卡票和储蓄卡用户，他们只需开车至入口处，将内部车卡靠近读卡器，系统就会自动识别其卡的性质并判断其权限，如果该卡符合进入权限，系统会自动开启门，及时让该车辆通过，然后关闭车库门，防止后面车辆跟过。

对于过期或无效车卡，系统会自动判断出来，并且不会开门。

每辆车进入车库时，系统自动关闭该卡的入库权限，同时赋予该卡出库权限，即只有该车出库后才能再进入，可防止利用该卡重复进入。当然在出口处也有同样的机制防止一卡多用。

车主泊车后，车卡随身携带，可防丢车、盗窃。

对于多辆带卡车辆连续进出，如果全部为有效车辆，且距离很近时，系统会自动开启门后保持开门状态，让所有车辆通过后，然后关闭车库门。提高流量，减少高峰堵塞。当有非法车辆跟进时，系统也会保持开门状态，让所有车辆通过，以防止夹车，但对非法车辆发出警报通知管理人员处理或启动摄像机。

当卡有效期过后或丢失时，车主应及时通知管理人员，作挂失、延续或交回处理。租发出去的票证可以收回反复使用，每张卡可以使用10年以上。

中央控制计算机设于车库内，可实时监察每辆车的出入情况并自动记录，包括内部车辆（出入时间、出入口，车主姓名，权限等）。可随时增加新卡，删除作废卡、越权车辆视同无效记录在案，过期卡自动作废失效，也可对车库车辆作各种统计与查询，打印出商业报表。系统可联入楼宇自动化系统中，配合CCTV监视，掌握整个车库情况。

（2）内部车库管理系统管理软件简述。

1）概述。内部停场管理系统主要由识别和控制两个主要部分组成。中央计算机和感应控制器、收款机通过网络进行通信。计算机可以对控制器的权限组、车主、设备参数和时间等进行设置和修改。控制器将所有行车记录传入主机中以进行计费和统计工作。它提供了管理系统中的所有设备和人员，包括人员注册、设备参数设置、实时监控、报表生成、口令设置、系统备份和恢复等功能。

2）人员组成。一般情况下，在系统中的操作人员由一个系统管理员和若干个操作员组成。系统管理员负责整个系统的所有设备和人员的管理，具有执行软件所有操作的权力。操作员则只负责日常的事务活动，如进行统计，打印报表和发卡删卡等工作。

3）中央控制系统软件菜单。

- 基本操作。包括监控设备工作情况的工作模式设定，用户登记与保护等。
- 会员管理。会员管理的主要功能是加入、查询、删除会员或修改会员的信息并保持计算机和控制器信息一致，可以根据用户的需求自动删除或人工删除到期的会员。
- 设备管理。设备管理的功能是对出入口（读卡器）和控制器等硬件设备的参数和权限组进行设置。
- 报表功能。生成会员报表、车库使用报表和现存车辆报表，以进行统计和结算。
- 软件设置。可对软件系统自身的参数和状态进行修改、设置和维护。包括：口令设置、修改软件参数、系统备份和修复等。

18.1.2.2　停车场综合管理系统

停车场综合管理系统是对内部车辆设备、临时车辆和共用设备的管理系统。

上面对于内部车辆管理已作了讨论，为了便于叙述，先简述一下临时车辆和共用设备问题。

（1）临时车辆管理。对于临时车辆的管理，主要是提供停车服务和收取停车费的管理。考虑对系统安全性和易用性以及中国国情的具体要求，要在车库出入口安装自动发票出票及收费处理。就是说，入口车道旁设置“条码自动出票机”。条码出票与磁卡出票相比，不仅使用寿命长，而且价格更低廉，临时车票含有进入时间、日期、车位及序号的信息。出库时，在出口车道旁设一管理岗（管理岗内设置收款机，价格显示屏和条码阅读机等），负责对临时车验票收费放行。对于临时车辆的管理还要求在入口处设立醒目的标志牌，告知临时车户，该车库车辆是否已满；当车满时亮出“车满标志”，告知临时车辆禁止进入车库。

（2）共用设备。在停车场的出入口处均置自动发放与自动关门挡车器，供内部管理和临时管理共用，要求挡车器带报警接口，紧急时可手动开启。

停车场综合管理系统要求使用遥控自动识别技术，因为以前的大厦管理都是采用磁卡管理，这种系统在亚洲地区前几年比较流行。一般适用于地面大量散客的公共停车场，不太适用于写字楼公寓等停车场，它存在着以下缺点：

1）速度慢。由于要停车交涉，早晚高峰时间易造成堵塞。

2）价格高。目前只能从国外进口，且保修不能保证。

3）磁卡寿命短。由于干燥、摩擦等造成磁粉脱落，寿命只有一年。

4）需要司机交涉。不管冬天夏天，有空调的车辆均需打开车窗、将磁卡塞入读卡机，极不方便，且易损伤磁卡及读卡机。

5）管理不完善。对外部车辆追车、多辆车跟进不能反应，且易夹车。

6）保密性差。用普通写卡设备可以轻易仿造车卡。

7）系统不开放，使用不方便。

随着高新技术的飞速发展，出现了以感应卡为基础的非接触式PA系统，这种系统虽然解决了大部分磁卡系统的问题，但是由于感应距离短（一般20cm左右），司机停车交涉等问题仍然没有解决。由于交涉频繁，系统可靠性差，设备容易损坏，不能得到及时维修，常常造成数周停用状态。仍然不能满足停车场管理系统的发展需求。

近年来出现了以自动保安为对象的管理系统，专门针对于高级商住楼、高档写字间、高级公寓与酒店的车库机动车辆的自动识别与计费。这种系统利用RF遥控自动识别技术，感应距离可达2～5m，司机不用交涉，只要配合门控装置与特别软件技术，即可解决刷卡的问题。给车库的保安管理提供了自动化手段与商业监督的能力。该系统技术先进，可靠性与保密性高，是目前现代化的车辆自动管理系统中技术最先进的一种。

(1) 停车场综合管理系统的构件。停车场综合管理系统的构件主要由以下几种组成：

1) 车辆识别卡：识别卡是用美国军方最先进的表面声波技术（SAW）制作的小卡片，可接受发自读卡器的微弱的RF信号，并返回预先编制的唯一识别码，极难伪造。它有不同封装形式与尺寸可应用于各种环境与气候下，可贴于车窗玻璃内或固定于其他地方，其寿命可达十年。

2) 读卡器：读卡器不断发出RF信号，接受从识别卡上返回的识别编码信号，并将这编码信息反馈给系统控制器，它自有的电子系统可在（5m内有感触信号，对车速达200km/H的高速车辆提供遥控接近控制，并发出超低功率的探查要求，可方便地安装于门岗上方等位置，应用于不同气候与环境下。

3) 系统控制器：控制器含有信号处理单元，可控制管理1～8个读卡器，它接收来自读卡器的卡号信息，利用内部的合法卡号、权限组等数据库对其判断处理，产生开门、报警等信号，并可将结果信息传给计算机作进一步处理。它可独立存储20000个卡号，50000个出入记录，它与读卡器用双绞线连接。

4) 中央计算机：先进的软件将系统控制器传来的车辆信息转化为商业数据，其数据库可供及时监察，可进行收发卡管理、计费与审计报表等自动化管理。

5) 挡车器：受岗门控制器控制，采用杠杆门，速度快（起落时间＜1.5s），可靠性高，无噪音，紧急时，可用手动控制，起落寿命100万次以上。

6) 岗门控制器与环路探测器：由两个环路控测器接口，灯光报警装置与单片机逻辑电路构成。用于判断车辆位置与状态，并给挡车器发出正确开关信号。环路探测器用于探测车辆。

7) 收款机：在有临时车辆的综合系统中，用于收款，可自动接收并显示中央计算机传来的应收款、卡号等信息，并打印出商业票据。

8) 电子显示屏（可选）：用于有临时车辆的综合系统中，中英文显示车库信息，如空位、满员及收费标准等。

(2) 综合管理软件系统的功能要求。综合管理系统由读卡器、控制器、自动门和计算机等四个主要部分组成。计算机和控制器通过RS-232串口通信。计算机可以对控制器的权限组、车主、设备参数、时间等进行设置和修改。控制器将所有行车记录传入主机中以进行计费和统计工作。要求管理系统中的所有设备和人员，包括人员注册、设备参数设置、实时监控、报表生成、口令设置、系统备份和恢复等功能便于操作。

1) 人员组成。一般情况下，综合管理系统的操作人员由一个系统管理员和若干个操作员组成。系统管理员负责整个系统的所有设备和人员的管理，具有执行软件所有操作的权力。而操作员则只负责日常的事务活动，如进行统计，打印报表，发卡删卡等工作。

2) 菜单功能简介。

- 实时监控。实时监控是指每当读卡器探测到车辆出现，立即向计算机报告的工作模式，在计算机的屏幕上实时的显示各出入口车辆的卡号，状态，时间，日期，门和车主信息，如果需要有临时车辆出入车库，则计算机还负责向电子显示屏输出显示信息，向远端收款台的票据打印机传送收费信息。
- 会员管理。会员管理的主要功能是加入、查询、删除会员或修改会员的信息并保持计算机和控制器信息一致，可以根据您的需求自动删除或人工删除到期的会员。
- 设备管理。设备管理的功能是对出入口（读卡器）和控制器等硬件设备的参数和权限组进行设置。
- 报表功能。生成会员报表、车库使用报表和现存车辆报表，以进行统计和结算，可以根据您的实际需求进行修改。
- 软件设置。可对软件系统自身的参数和状态进行修改、设置和维护，包括口令设置、修改软件参数、系统备份和修复、进入系统保护状态等。

(3) 停车场综合管理系统功能。停车场综合管理系统的功能主要要满足以下几点：

1) 驾驶员不用停车干预，持卡车辆被自动遥测识别，车门由计算机控制，车辆可以一定速度直接驶过，减少高峰堵塞，不用开车窗，不用拿车卡，提高效果，减小设备故障。

2) 可以对不同的车辆分组授权，登记有效使用期，有八种权限分别指定允许进出日期、星期几、早晚时间、哪个门等。限制当天出入时间与出入口（如月票，季票，通票等）。越权车辆视同无效但记录在案。过期卡自动作废失效。

3) 可实时监察每辆车的出入情况（出入时间，出入口，是否临时卡，车主姓名和权限等）。也可自动记录每辆车出入时间，对车库车辆各种统计与查询，打印出商业报表（发票），减少现金流通，避免纠纷，系统可脱机存储高达 50000 次记录。

4）发行识别卡的工作极其简单，可随时增加新卡，删除作废卡，卡可以重复使用，这样可以避免因为卡的丢失等造成的不必要损失。

5）无论车辆以何种形式进出车库，系统都能自动判断并及时作出响应。

● 对于带贵宾卡及月票车辆，系统全自动开启门，及时让该车辆通过，关闭车库门，不用双方干预。

● 对于临时停放车辆，可持临时卡自动进入，在出口处系统自动判断临时卡后，费用及时间由计算机自动算出并显示给双方。车辆交费或测临时卡后由工作人员放行。

● 对于多辆带卡车辆连续进出，系统会自动开启门，让所有车辆通过后，然后关闭车库门。

● 对于多辆带卡车辆连续进出，内含不带卡车辆，系统也会保持门状态，让所有车辆通过后，然后关闭车库门，但对无卡车辆会给出警告提示，并报警通知管理人员处理。

● 一卡一车。车辆进入车库时系统自动关闭其卡入库权限，同时赋予该卡出库权限，可防止利用该卡重复进入。在出口处也有同样功能，杜绝一卡多用。

● 理论上无须人员管理，门根据车辆权限自动开关。车辆完全通过后，车库门才会关闭，防止车库门刮伤车辆。

● 车主停车入库后，离开时可随身携带识别卡，可有效防止非法人员盗车后开出车库。必要时加上 CCTV 电视监视系统，随时监视车库情况，进一步防止偷车、损坏车设备等情况发生。

● 通过中央控制计算机与整个楼宇通信网络相连，通过网络在任何地方都可查看车库情况，方便管理。

综合管理系统构成简图如图 18-4所示。

18.1.2.3　全自动车库管理系统

全自动车库管理系统是一种高效快捷、准确、科学的停车场管理手段，是停车场对于车辆实行动态和静态管理的综合系统。从用户的角度看：它具备服务高效、收费透明度高、准确无误的特点；从管理者的角度看，它具备易于操作维护、自动化程度高、大大减轻管理者的劳动强度的特点；从投资者角度看，它能彻底杜绝失误及任何形式的作弊，防止停车费用流失，使投资者的回报有了可靠的保证。

全自动车库管理系统以感应卡为信息载体，通过感应卡记录车辆进出信息，利用计算机管理、控制机电一体化外围设备，从而控制进出停车场的各种车辆。全自动车库管理系统入口、出口管理如图 18-5 所示。

入口设备主要由入口票箱（内含感应卡读卡器、感应卡出卡机、车辆感应器、对讲分机）、红绿灯控制系统、自动路闸、车辆检测线圈和摄像机组成。

车辆进入停车场时，设在车道下的车辆检测线圈检测车辆驶入，入口红绿灯指示系统发生变化，此时入口的绿灯灭红灯亮提示用户现有车辆进入并禁止车辆驶入，同时入口处的票箱显示屏则显示和提示司机按键取卡，司机按键，票箱内发卡器即发送一张感应卡，经输卡机芯传送至入口票箱出卡口，并同时读卡。入口摄像机抓拍进场车辆图像并存入计算机。司机取卡后，自动路闸起栏放行车辆，车辆通过车辆检

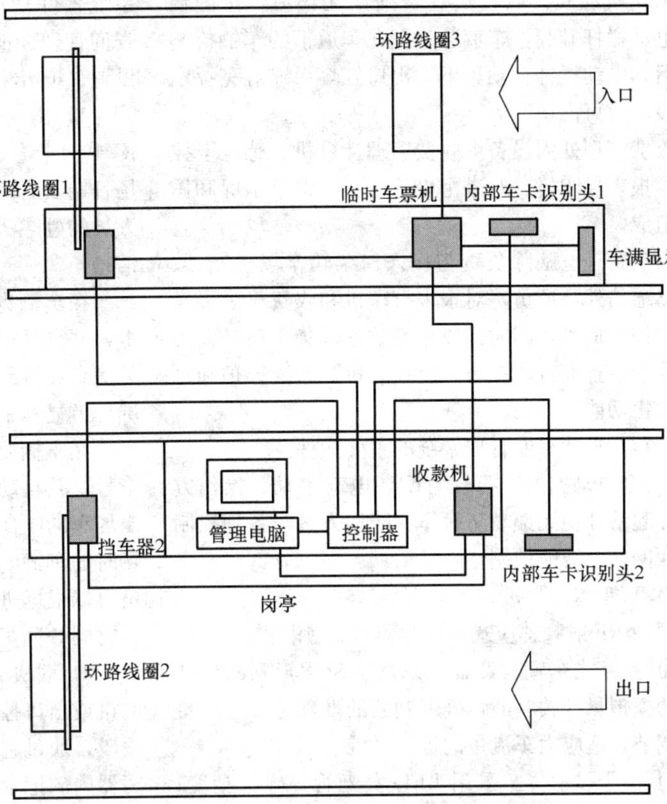

图 18-4　综合管理系统构成简图

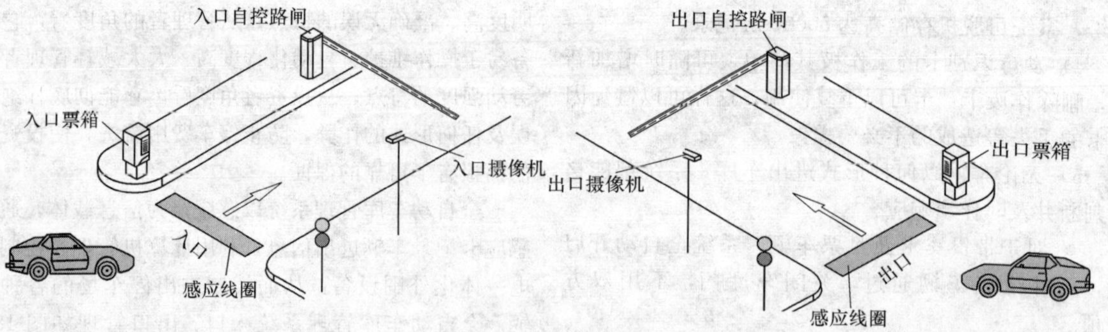

图 18-5　全自动车库管理系统入口、出口管理图

测线圈后自动放下栏杆同时入口红灯灭绿灯亮提示用户该车道可入口。

出口设备主要出口票箱（内含感应卡读卡器、感应卡出卡机、车辆感应器、对讲分机）、红绿灯控制系统、自动路闸、车辆检测线圈、摄像机组成。

车辆驶出停车场时，设在车道下的车辆检测线圈检测车辆到达，出口红绿灯指示系统发生变化，此时出口的绿灯灭红灯亮提示用户现有车辆在出口处并禁止车辆驶出，司机将感应卡在出口票箱感应或直接交给收费员，收费计算机根据感应卡记录信息自动计算出应缴费，并通过收费显示牌显示收费金额并语音同步提示司机缴费。收费员收费确认无误后，按确认键，电动栏杆升起，车辆通过埋在车道下的车辆检测线圈后，电动栏杆自动落下，出口红灯灭绿灯亮提示用户该车道可出口。

收费管理处内设备由收费管理计算机、感应卡控制器、报表打印机、对讲主机系统、收费显示屏和操作台组成。

收费管理电脑除负责与出入口票箱车场控制器、发卡器通信外，还负责对报表打印机和收费显示屏发出相应控制信号，同时完成车场数据采集下载、读用户感应卡、查询打印报表、统计分析、系统维护和月租卡发售功能。

(1) 全自动车库管理系统的主要构件。

1) 全自动路闸。可任意配备电动手动、操作方便闸杆起落开稳无颤动防砸车、防伤人可与各种控制设置联网实现智能控制。

2) 短距离读写机。

硬件 RF 射频感应式（读写器），使用可靠。

3) 数字式车辆检测器。以数字量逻辑判断代替传统的模拟量开关判断，确保判断的准确性；感应量灵活调节，适应大车流量的运行系统。

4) 电子显示屏。采用 LED 发光管，确保亮度；深色底设计，增加显示量度。

5) 自动吐卡票箱。自动吐卡票箱置于停车场入口车道上，与收费电脑连接，每次出卡或有效读卡，计算机都有记录。

当外来车辆驶至入口吐卡发卡票箱前方的感应线圈处，由车辆检测器检测并与按钮联动，自动吐出一张卡，驾驶人自行取卡后就可进入；具有显示屏提示功能；具内藏式对讲机，驾驶人可以通过它询问停车情况，管理中心也可及时向出入口传达信息。

6) 道闸控制器。

7) 道闸分控器。

(2) 全自动车库管理系统软件。全自动车库管理系统软件功能有出入管理、联机通信、IC 卡管理、查询管理、报表打印、辅助管理、读取记录、读写器设置、IC 卡检测。

1) 出入管理。出入管理将显示进出车辆的图像、IC 卡的卡号、卡的类别、扣除金额和剩余金额、入场日期及时间、出场日期及时间、车牌号码以及操作人员的姓名及卡号、停车场内的各种车辆的数量等信息。

在车辆进入停车场时，车主通过入口控制机读卡，并自动摄录车辆的图像，所读到的 IC 卡上的有关信息和摄录的入口车辆图像被传送到工作站，并在屏幕上显示上述信息。

在车辆要出场时，通过出口处的控制机读取 IC 卡号，并自动摄录车辆图像，计算机屏幕的左边显示出场车的图像，在出场车图像的右边显示使用该卡进场时的车辆的图像，在屏幕上显示上述信息，管理人员可以根据进出车辆的图像对比来判断进出的车辆是否为同一辆车。

2) 联机通信。联机通信是通过工作站对入口控制机或出口控制机内的 IC 卡读写器进行数据读写的手段，通过它可以实现对 IC 卡进行挂失；对 IC 卡读写器内的记录进行读取和清空；使工作站将服务器内的 IC 卡挂失等数据下载到 IC 卡读写器中；使 IC 卡读写器中储存的读卡记录又能通过工作站上传至服务器数据库。

3）IC卡管理。对在线运行的IC卡读写器进行设置。读写器设置有4个选项，分别是："加载/读取时间"、"加载/读取收费标准"、"清除读写器"和"校验黑名单"。

● 加载/读取时间。该功能用于读取IC卡读写器内部时钟的时间或将工作站的时钟时间加载到IC卡读写器中。

读取IC卡读写器内的时间时，一次只能读取一个机口上的IC卡读写器内的时间，而向IC卡读写器加载时间时，则可以一次同时对所有机口上的IC卡读写器进行加载。

● 加载/读取收费标准。

● 清除读写器。该功能是能够清除IC卡读写器内储存的所有读卡记录，因此，只有在记录混乱时才使用。

● 校验黑名单。将IC卡读写器中储存的黑名单与服务器数据库中的黑名单进行比较，然后进行IC卡挂失，IC卡恢复，IC卡检测。

4）查询管理。通过查询管理可以查询场内车辆的情况、收费的情况以及IC卡的挂失情况。收费查询，场内车辆查询，挂失查询。

5）报表打印。在使用管理系统的过程中，需要对已经收取的停车费用进行统计和管理，因此在报表管理中，需要统计并打印出收费情况的日、月、年报表。

6）辅助管理。系统设置；对系统进行密码设置；脱机运行机号设置；数据库清理；数据库归档；归档库清理。

18.1.3 停车场管理系统的主要设备

18.1.3.1 出入口票据验读器

由于停车有临时停车、短期租用停车位与停车位业权人三种情况，因而对停车人持有的票据卡上的信息要作相应的区分。停车场的票据卡可有条形码卡、磁卡与IC卡三种类型，出入口票据验读器的停车信息阅读方式可有条形码读出、磁卡读写和IC卡读写三类。无论采用哪种票据卡，票据验读器的功能都是相似的。

入口票据验读器。驾驶人员将票据送入验读器，验读器根据票据卡上的信息，判断票据卡是否有效。如果票据卡有效，则将入库的时间（年、月、日、时、分）打入票据卡，同时将票据卡的类别，编号及允许停车位置等信息储存在票据验读器中并输入管理中心。此时电动栏杆升起车辆放行，车辆驶过入口感应线圈后，栏杆放下，阻止下一辆车进库。如果票据卡无效，则禁止车辆驶入，并发出告警信号。某些入口票据验读器还兼有发售临时停车票据的功能。

出口票据验读器。驾驶人员将票据卡送入验读器，验读器根据票据卡上的信息，核对持卡车辆与凭该卡驶入的车辆是否一致，并将出库的时间（年、月、日、时、分）打入票据卡，同时计算停车费用。当合法持卡人支付清停车费用后，电动栏杆升起，车辆被放行。车辆驶过出口感应线圈后，栏杆放下，阻止下一辆车出库。如果出库持卡人为非法者（持卡车辆与驶入车辆的牌照不符合或票据卡无效），验读器立即发出告警信号。如果未结清停车费用，电动栏杆不升起。有些出口票据验读器兼有收银POS的功能。

18.1.3.2 电动栏杆

电动栏杆由票据验读器控制。如果栏杆遇到冲撞，验读器立即发出告警信号。栏杆受汽车碰撞后会自动落下，不会损坏电动栏杆机与栏杆。栏杆通常为2.5m长，有铝合金栏杆，也有橡胶栏杆。另外考虑到有些地下车库入口高度有限，也有将栏杆制造成折线状或伸缩型，以减小升起的高度。

18.1.3.3 自动路闸

自动路闸由入口票箱的停车场控制器输出的操作信号控制。自动路闸应接受手动输入信号，遇到特殊情况下可以通过钥匙人工手动提升闸杆；应具有安全防护措施，闸杆落闸时，如地感感知栏杆下有车误入时，自动停闸回位，防止栏杆砸车情况发生；可缓冲接受两条抬闸指令，使可连续过车，而不必每过一辆车都要动作一次；路闸栏杆采用铝合金方条，并在底部设置橡胶条，耐用可靠、不变形。通信接口应符合RS-232/485标准。

18.1.3.4 自动计价收银机

自动计价收银机根据停车票据卡上的信息自动计价或向管理中心取得计价信息，并向停车人显示。停车人则按显示价格投入钱币或信用卡，支付停车费。停车费结清后，则自动在票据卡上打入停车费收讫的信息。

18.1.3.5 泊位调度控制器

当停车场规模较大，尤其是多层停车场的情况下，如何对泊位进行优化调度，以使车位占用动态均衡，方便停车人的使用，是一件很有意义的工作。要能实现优化调度与管理，需要在每一个停车位设置感应线圈或红外探测器，在主要车道设感应线圈，以检测泊位与车道的占用情况，然后根据排队论作动态优化，以确定每一新入场车辆的泊位。之后，在入口处与车道沿线对刚入库的车辆进行引导进入指定泊位。

18.1.3.6 车牌识别器

车牌识别器是防止偷车事故的保安系统。当车辆驶入车库入口，摄像机将车辆外形，色彩与车牌信号送入计算机保存起来，有些系统还可将车牌图像识别为数据。车辆出库前，摄像机再将将车辆外形，色彩与车牌信号送入电脑与驾车人所持票据编号的车辆在入口时的信号相对比，若两者相符合即可放行。这一差别可由人工按图像来识别，也可完全由计算机操作。

18.1.3.7 车辆检测线圈（车辆感应器、地感）

车辆检测线圈用于启动取卡设备、读卡设备和启动图像捕捉。是全自动车库管理系统入口、出口的主要硬件设备。车辆检测线圈的线圈感应系数应为50～200μH，线圈激磁频率应为300～250Hz。

18.1.3.8 显示屏

票箱LED显示屏平时显示相关信息，如问候语，开发商信息，操作提示语等，内容可自定；在读卡时，显示卡号及卡类型及状态（有效、过期、挂失、进出场状态）；停车场控制器出现异常时，LED中文显示屏显示控制器工作所处状态。

18.1.3.9 摄像机

摄像机安装在进出口，车辆进场读卡时，摄下车辆图像，包括车牌号码，经计算机处理，将车主所持卡的信息一并存入电脑数据库。当车辆出场时，摄像系统再次工作，摄下出场车辆，调出进场时的图像，同时显示在计算机屏幕上确认，有效防止车辆被盗。管理人员可以随时监视出口的状况。

18.1.3.10 管理中心

管理中心主要由功能较强的PC机和打印机等外围设备组成。管理中心可作为一台服务器以RS-485等通信接口与下属设备连接，交换营运数据。管理中心对停车库营运的数据作自动统计，档案保存；对停车收费账目进行管理；若人工收费对则监视每个收费员的密码输入，打印出收费的班报表；在管理中心可以确定计时单位（如按0.5h或0.25h计）与计费单位（如2元/0.5h）；并且设有密码阻止非授权者侵入管理程序。

管理中心的CRT具有很强的图形显示功能，能把停车库平面图、泊车位的实时占用、出入口开闭状态以及通道封锁等情况在屏幕上显示出来，便于停车库的管理与调度。车库管理系统的车牌识别泊位调度的功能，有不少是在管理中心的计算机上实现的。

18.1.4 泊车位地面和车行通道

我国早期建设的停车场，由于技术原因，泊车位地面材料采用钢筋混凝土（C20～C30普通细石混凝土结合）。由于耐磨和抗冲击性能差，停车场一般使用2～3年，混凝土面层便严重磨损，地面凹凸不平、地面开裂、空鼓，不得不重新翻修。

目前，发达国家一般采用环氧树脂地坪涂料、混凝土地面耐磨材料对泊车位地面进行耐磨处理。环氧树脂地坪涂料价格和施工成本高，适用于工业与民用建筑中有洁净和高等级要求的地面。混凝土地面耐磨材料价格适中。混凝土耐磨地坪材料采用与混凝土有极佳亲合力的高标号特种水泥为胶凝材料，以莫氏硬度达9且颗粒表面呈不规则状的矿物材料为骨料，再配以其他辅助材料，经机械化均匀混合而成。该产品外观呈水泥本色，也可按用户要求配制成各种颜色，属无毒无味、非金属绿色环保型产品。

18.1.4.1 泊车位

泊车位地面、特别是行车通道和坡道的耐久性能直接关系到工程的使用寿命，而耐磨性能和抗冲击性能则是衡量耐久性好坏的重要指标。

泊车位地面结构，小轿车通常可设计为（2.5～3.0）m×（5～6）m，停车位采用黄色或白色标志线画出，标线宽8～12mm。

18.1.4.2 车行通道

（1）由于车行频繁，相对于停车区，设计要加强，可采用MF/1-3mm环氧砂浆地坪或SLF/2-3mm环氧自流平地坪。

（2）车行通道宽度根据现场情况设置，通常双向行车道不宜低于6m，单向行车道不宜低于3m，人行通道为1.5～2m，通道两侧划中黄色标志线，线宽8～12mm。

（3）车行标志。通道内可采用黄色或白色标志漆（可采用夜发花地坪漆）画箭头进行标明车行方向及指向各停车区。

（4）停车场柱面。为增加停车场柱面的醒目性，避免因倒车碰到柱子，柱子下端1.0～1.2m以下可采用黄色和白色相间斜纹斑马线进行标明。

（5）车辆出入口坡道防滑地坪。车辆出入口必须具有防滑作用，将出入口坡道施工成波纹形不平的地面。

18.2 停车场系统的有关标准

GB/T 50314—2006《智能建筑设计标准》

GB 50067—1997《汽车库、修车库、停车场设计防火规范》

JGJ 16—2008《民用建筑电气设计规范》

GBJ 79—1985《工业企业通信接地设计规范》

GA/T 75—1994《安全防范工程程序与要求》

GB 50045—1995《高层民用建筑设计防火规范》

GBJ 115—1987《工业电视系统工程设计规范》

GBJ 232—1992《电气装置安装工程施工及验收规范》

GB 50198—1994《民用闭路监视系统工程技术规范》

18.3　停车场系统设计

18.3.1　停车场系统总体设计原则和要求

18.3.1.1　停车场系统总体设计的原则

(1) 先进性。由于系统是一实际使用的工程，因此其技术和设备必须是相对成熟、先进、可靠。使系统在尽可能长的时间作用于社会，从长远方面考虑，这也是最经济的。

(2) 经济性。考虑到停车场系统的整体造价及其本身的投资回报期长的特点，应在满足性能要求的前提下尽最使整个系统能获得更大的收益。

(3) 可靠性。必须考虑采用成熟的技术与产品，在设备选型和系统的设计中都尽最减少故障的发生。

(4) 可维护性。易于故障的排除；日常管理操作简便。

(5) 安全性。采用有效的措施，防止场内车辆被盗；同时，系统运作设计必须规范，保证系统自身的安全和管理人员的安全。因此，对系统安全的考虑，应当足够重视，必须采用多种手段防止各种形式与途径的损失。

(6) 整体性。对于工程因素应统筹考虑，以构成一个有机的综合管理系统。

(7) 实用性。应首先考虑能满足停车场功能要求和实际应用的需要，同时考虑司机出入的方便与安全。

(8) 开放性。为保证各供应商产品的协同运作，同时考虑到投资者的长远利益，本系统必须具有一定的开放性，并结合相关的国际标准或工业标准执行。

(9) 可扩充性。系统考虑今后发展的需要，因而必须具有在系统产品系列、容量与处理能力等方面的扩充与换代的可能。这种扩充不仅充分保护了原有投资，而且具有较高的综合性能价格比。

(10) 规范性。系统设计和建设应参考各方面的标准与规范，并且应遵从该规范各项技术规定，做好系统的标准化设计与管理工作。

18.3.1.2　停车场系统总体设计要求

停车场系统总体设计要求如下：

(1) 停车场基础设施要符合公安部、建设部《停车场规划设计规则（试行）［88］公〈交管〉字90号》文的规定。

(2) 交通安全设施的标志、标线、几何图形、文字、颜色、效果必须符合中华人民共和国国家标准GB 5768—1999《道路交通标志和标线》的标准。

(3) 提供《停车场交通设施图》和《平面与周边道路位置图》，图中必须按比例清楚标明车位停放、交通走向、各种相应的反光标牌内容，通道（特别是变线、会车、转弯处）、停车位的尺寸必须准确在图上标明，图纸下方标明停车场名称及车位总数，并加盖规划国土局批准的建设单位（土地所有者）的公章。

(4) 停车场标志牌铝板厚度必须大于2mm，圆形标志牌直径60cm；“进、出口”标志，一般为400mm×600mm或500mm×800mm。

(5) 标志杆和挡轮杆使用镀锌管，直径必须大于2英寸，管壁厚必须大于3mm；标线除禁停地段和双向车道中间分隔虚线使用黄色外均使用白色，标线宽15cm；柱式标志的高度须大于1.8m。

(6) 停车场入口处须设限速标志（限速不高于15km）和停车场标志，如属室内停车场，须在室内停车场入口处设限高标志（所限高度为室内通道最小净空）、限速、禁鸣等标志。

(7) 凡是室内立柱或通道凸出部位必须加装反光护角，颜色为黑、黄相间；通道转弯处的车位须加装防护桩；停车场内视线不良之处，须增设反光凸镜，反光凸镜的视野不小于150°。

18.3.2　停车场管理系统设计

停车场管理系统设计要重点注意如下5点内容：

18.3.2.1　系统设计

整个停车场的管理系统实行中央计算机集中监控，并采用感应式IC卡控制进出车辆，使停车场的管理建成方便，安全、高效的控制体系。

针对停车场的实际情况，具有一个出入口的停车场的电脑管理系统标准设计由一套感应式IC卡计算机（含收费）管理系统组成，整个收费管理系统包括：入口部分、出口部分、停车库、管理中心部分。

停车场的出口、入口均设在一起，在停车场进出口车道中央设一个岗亭，岗亭内安装出入口管理设备，车道边也可设收费管理系统。

停车场的出口、入口不在一起，在停车场各设进出口，当内部车库系统设计结构如图18-3所示，当停车场综合管理系统设计结构如图18-4所示，当全自动车库管理系统设计结构如图18-5所示。

感应式IC卡计算机管理系统使用感应卡读卡器来分辨此停车场的用户，因本停车场的用户可用特定的感应卡进出此停车场。而且系统用视窗操作，使用者能轻易掌握此系统的操作。另外，为了有效完成临时卡、月租卡的挂失处理及防止不法分子偷停车卡后再入停车场偷车的情况发生，采用图像捕捉卡将入口处摄取的车辆图像存入计算机硬件，当车辆出场时，计算机自动调出此图像与出场时车辆图像，经人工识别，确认同一卡号，同一车辆时放行；异者报警。图像识别系统可在全天候条件下工作，有很强的抗干扰性，对光照、牌照字符倾斜总等各种情况都能识别。因为系统具有车辆图像捕捉功能，所以停车场除对临时外来车辆及固定月租卡车辆收费管理以外，同时也可绝对保证停放车辆的安全，并有效地防止车辆丢失(根据实际情况，选用图像对比功能，需另外追加其他设备)。

18.3.2.2 设计分述

停车场采用远距离停车场管理系统，选用的读卡头感应距离为 45～71cm。由于车辆停在读卡机附近进行读卡时，用户开车的技术各有不同，有可能造成误撞读卡机支架，因此，选用感应距离 45～71cm 的读卡机，可避免误撞的事件发生。远距离停车场管理系统主要由一进一出远距离读卡头、远距离读卡控制器、地感线圈、地感线圈控制器、挡车器、防砸车装置组成。

18.3.2.3 无临时收费及图像对比

当驾驶员开车行驶到停车场入口处时，按要求将车停在近距离感应读卡控制箱旁，将感应卡伸出窗外在近距离感应读卡前一晃。与远距离感应读卡控制一样，采用读卡系统与地感线圈相结合的方式。即在车辆已经位于地感线圈上方，对地感线圈磁场产生效应。同时，带卡车从读卡器下方驶过时，系统会远距离自动识别其卡的性质并判断其权限，如果该卡符合进入权限，系统会自动开启门，及时让该车辆通过。同时，在施工的时候，在入口的里侧会增加一个 2m×0.8m的地感线圈，其作用是进入入口的车辆在行驶到地感线圈上方，对地感线圈磁场产生效应，通过地感线圈控制器的不同作用，产生挡车器降信号，实现自动降杆功能，可有效的实现停车场的无人管理。进一步防止其他无效车辆通过。

对于无效车卡，系统会自动判断出来，当然不会开闸。

每辆车进入车库时，系统自动关闭该卡的入库权限，同时赋予该卡出库权限，即只有该车驶出后才能再进入。可防止利用该卡重复进入。实现感应卡的防潜回功能。当然在出口处也有同样的机制防止一卡多用。

车主泊车后，也可取下车卡，可防丢车、盗窃；对于多辆带卡车辆连续进出，如果全部为有效车辆，且距离很近时，系统会自动开启闸后保持开闸状态，让所有车辆通过后，然后关闭车库道闸。提高流量，减少高峰堵塞。

车辆准备开出停车场时，在停车场的出口操作步骤与入口基本一样。

18.3.2.4 临时收费及图像对比

(1) 入口部分。入口部分主要由内含感应式 IC 卡读写器、自动吐卡机（有临时收费可选用)、车辆感应器、自动道闸、车辆检测线圈、满位显示牌、彩色摄像机组成（可选项）。

临时车进入停车场时，设在车道下的车辆检测线圈检测车到，入口处的票箱显示屏则灯光提示司机按键取票，司机按键，票箱内发票器即发送一张临时收费票，经输卡机芯传送至入口票箱出票口，同时启动入口摄像机，摄录一幅该车辆图像，并依据相应票号，存入收费管理处的计算机硬盘中。司机取票后，自动路闸起栏放行车辆，车辆通过车辆检测线圈后自动放下栏杆。

月租卡车辆进入停车场时，设在车道下的车辆检测线圈检测车到，司机把月租卡在入口读卡感应区 10～15cm 距离（根据选用的读头读卡距离远近而定）内掠过，入口道闸内 IC 卡读写器读取该卡的特征和有关信息，判断其有效性，同时启动入口摄像机，摄录一幅该车辆图像，并依据相应卡号，存入收费管理处的计算机硬盘中。若有效，自动路闸起栏放行车辆，车辆通过车辆检测线圈后自动放下栏杆；若无效，则道闸不启杆，不允许入场（根据实际情况，选用图像对比功能，需另外追加其他设备）。

(2) 出口部分。出口部分主要由内含感应式 IC 卡读写器、车辆感应器、出口控制板、自动路闸、车辆检测线圈、彩色摄像机组成。

临时车驶出停车场时，在出口处，司机将入口处的收费票交给收费员，收费员在收费所用的调码阅读器附近晃一下，同时启动出口摄像机，摄录一幅该车辆图像，并依据相应票号，存入收费管理处的计算机硬盘中，电脑并自动计算出应缴费，并通过收费显示牌显示，提示司机缴费。

收费员收费确认无误后，按确认键，电动栏杆升起。车辆通过埋在车道下的车辆检测线圈后，电动栏杆自动落下，同时收费电脑将该车信息记录到交费数据库内。

月租卡车辆驶出停车场时，设在车道下的车辆检测线圈检测车到，司机把月租卡在出口读卡感应器 45～71cm 距离内掠过，出口道闸内 IC 卡读卡器读取该卡的特征和有关IC卡信息，判别其有效性。同时启动出口摄像机，摄录一幅该车辆图像，并依据相应卡号，存入收费管理处的计算机硬盘中，收费处计算机自动调出的入口图像人工对比。收费员确认无误并且月卡有效，自动路闸起栏放行车辆，车辆感应器检测车辆通过后，栏杆自动落下；若无效，则报警，不允放行。

18.3.2.5 收费管理处（可选项）

收费管理电脑除负责与出入口票箱读卡器、发卡器通信外，还负责对报表打印机和收费显示屏发出相应控制信号，同时完成同一卡号入口车辆图像与出场车辆车牌的对比、车场数据采集下载、读写用户IC卡、查询打印报表、统计分析、系统维护和月租卡发售功能。

18.3.3 系统技术指标

（1）读卡头技术指标。

1）适合于长距离应用；

2）全密封设计，可供户外使用；

3）电源要求：14～28.5V直流电；

4）达到最佳使用效果。

（2）挡车器技术指标。

1）栏杆机安装简单，闸杆为铝合金制作；

2）有直杆和曲杆（适合地下车库），杆长3、4m；

3）主管道电源为230±23V；

4）电机额定电压为直流24V；

5）闪灯最大功率为100W；

6）电机功率为100W；

7）工作温度为−20～70℃；

8）起落时间为1.5～2.8s（不同使用场合可调）；

9）噪声<60dB。

（3）控制器技术指标。

1）控制所有的硬件；

2）RS485通信格式；

3）AC220V 50Hz；

4）可独立工作；

5）可联网工作。

（4）出票机技术指标。

1）带剪切器的高速热敏纸打印机；

2）微处理器控制管理板；

3）电源；

4）温度控制器；

5）电源为80W/AC230V/AC50Hz；

6）温度为−20～70℃。

（5）地感技术指标。

1）用ϕ0.2～0.5高温镀银线；

2）停车场中地感线圈大小一般为1.8m宽、1.2m长左右，埋于地下8cm左右；

3）可设置车辆进入触发，离开触发，环内延迟三种信号模式；

4）感应灵敏度可调。

（6）管理中心技术指标。

1）486DX4以上的台式PC机，至少8MB的RAM和540MB硬盘；

2）MS—Windows3.1或MS—Windows95；

3）RS-485主通信控制器；

4）报表打印机。

（7）中文软件技术指标。系统可连接闭路电视、防盗报警实现三位一体的安全控制系统，PD-3100可存处所有卡片用户资料及照片、记录所有事故发生时间、卡片资料、报警类型，可对所有读卡用户一年内的所有假期及每天限制进出时间进行设定。

（8）设备清单。设备清单见表18-1。

表18-1 设备清单

序号	设备名称	规格型号	品牌	产地	单位	数量
1	管理主机				台	1
2	管理软件				套	1
3	打印机				台	1
4	UPS电源				台	1
5	车辆探测控制器				套	2
6	车位显示屏				个	1
7	读卡机				台	2
8	读卡器				个	2
9	车库入口闸机				台	1
10	车库出口闸机				台	1
11	感应线圈				个	4
12	手动开闸按钮				个	2
13	专用接口				个	1
14	专用电源				个	1
15	线缆	RVV2×1.0mm^2		国产	m	
16	线缆	RVV3×1.0mm^2		国产	m	
17	线缆	RVV4×1.0mm^2		国产	m	
18	线缆	RVV2×1.0mm^2		国产	m	
19	线缆	RVVP2×1.0mm^2		国产	m	
20	线缆	RVVP7×1.0mm^2		国产	m	

(9) 停车场管理系统设计的审查要点。

1) 可靠性。具有防砸车功能，能够独立控制道闸，可配备遥控器控制道闸；应采用先进的网络数据库管理技术，能自动实时处理正常数据、异常数据以及系统管理数据；应采用多级控制与监控技术，设计严密且采取防止人为修改数据措施，能杜绝任何形式的失误与作弊；可脱离计算机运行，控制器可独立工作，在计算机故障或关机的情况下，仍可对进出车辆进行管理。

2) 灵活性。系统将机械、电子计算机和自动控制以及 IC 卡技术有机地结合在一起，具有脱机运行、自动储存、进出记录、自动维护、语音提示、分层显示和图像摄像等功能。具有科学合理、安全可靠、便捷公正的优点。

18.3.4 停车场入口（出口）部分设计

入口（出口）部分设计要重点注意如下内容：

(1) 确定道闸及读卡设备摆放位置。

1) 确定道闸及读卡设备摆放位置时首先要确保车道的宽度，以便车辆出入顺畅，车道宽度一般不小于 3m，以 4.5m 左右为最佳；

2) 读卡设备距道闸距离一般为 2.5m，最小不小于 2m，防止读卡时车头可能触到栏杆；

3) 对于地下停车场，读卡设备应尽量摆放在比较水平的地面，否则车辆在上下坡时停车读卡不方便；

4) 对于地下停车场，道闸上方若有阻挡物则需选用折杆式道闸。

(2) 确定自动出卡机安装位置。

1) 有临时车辆出入的停车场，若选择了远距离读卡设备同时又选择了自动出卡机，则自动出卡设备为一独立体，安装在读卡设备正前方距读卡设备约 0.3m。

2) 若选择了普通读卡设备，同时又选择了自动出卡机，则自动出卡机同读卡机安装在票箱内。

(3) 确定摄像机安装位置（若没有选择图像对比功能，则不需考虑此项）。进出口摄像机的视角范围主要针对出入车辆在读卡时的车牌位置，一般选择自动光圈镜头，安装高度一般为 2.2～2.5m。

(4) 确定岗厅的位置。对于没有临时车辆的停车场岗厅的位置视场地而定，可不设岗厅；对于有临时车辆的停车场岗厅一般安放在出口，以方便收费；岗厅内由于要安放控制计算机及其他一些设备，同时又是值班人员的工作场所，所以对岗厅面积有一定要求，最好不小于 4m^2。

(5) 确定控制主机的位置。控制主机是整个停车场系统的核心控制单元，一般装在票箱内。

(6) 确定读卡机的位置。读卡机（中心距离）与道闸（中心距离）＞2.5m。

(7) 管理计算机。管理计算机与读卡机的距离＜100m（一般放置在停车场管理岗亭内）。

(8) 放置地感线圈。地感线圈尺寸：2m（长）×0.8m（宽）。

为了使检测器工作在最佳状下，线圈的电感量应保持在 100～300μH 之间。在线圈电感不变的情况下，线圈的匝数与周长有着重要关系。周长越小，匝数就越多。一般可参照表 18-2：

表 18-2　周长与匝数

线圈周长	线圈匝数
3m 以下	5～6 匝 *
6～10m	4～5 匝
10～25m	3 匝
25m 以上	2 匝

* 根据实际情况，保证电感值在 100～200μH 之间即可 3～6m。由于道路下可能埋设有各种电缆管线、钢筋、下水道盖等金属物质，这些都会对线圈的实际电感值产生很大影响，所以上表数据仅供用户参考。

(9) 安全岛。停车场管理系统的安全岛不仅可以承载设备工作时的应力（尤其道闸的应力可达几百公斤），而且可以保护设备和线路，同时规范车辆进出的车道。设计安全岛：

1) 按图纸规划设计安全岛的形状；

2) 如果是在松软的泥土地面上建安全岛，需将地面挖深 50cm，并用混凝土浇注；

3) 如果是在道路地面建安全岛，须制作间隔 10cm 密度的钢筋网，且钢筋网要深入地面40～50cm；

4) 用水泥、石子、沙子比例为 1∶1∶1 的混凝土浇注安全岛。

18.3.5 停车库地面部分设计

停车库地面部分室内车库和室外停车，设计要注意停车地面部分要受 100 吨/m^2 的汽车轮压压力。室内、室外停车地面部分地基土应分层夯实，设 150mm 厚砂石垫层（中粗砂 10%、碎石 60%、黏性土 30%混合拌匀，摊平），碾压密实。

垂直式停车标准车位 2.5m×5.0m，平行式，倾斜式停车标准车位 2.5m×6.0m（适用于小型车），达不到标准的为微型车位，需在图纸和实地中标明“微型车位”字样；停车位须加装挡轮杆，挡轮杆离地高 15cm，离物体距离 1.1m。

18.4　停车场系统的施工

18.4.1　停车场系统管线敷设布线

18.4.1.1　停车场系统布线要求

停车场系统布线时要重点注意如下15点：

（1）将控制器放于较隐蔽或安全的地方，防止人为的恶意破坏。

（2）室内布线时不仅要求安全可靠而且要使线路布置合理、整齐、安装牢固。

（3）使用的导线，其额定电压应大于线路的工作电压15%～20%。

（4）导线的绝缘应符合线路的安装方式和敷设的环境条件，导线的截面积应满足供电和机械强度的要求。

（5）布线时应尽量避免导线有接头。

（6）布线在建筑物内安装要保持水平或垂直。布线应加套管保护（塑料或镀锌钢管，按室内的布线的技术要求选配），天花板的走线可用金属软管或PVC管，但需固定稳妥美观。

（7）信号线电力线不能穿在通一管内要远离30～50cm以上。

（8）控制箱的交流电源应单独走线，不能与信号线和低压直流电源线穿在同一管内，交流电源线的安装应符合电器安装标准。

（9）选用合格的、经过检测的、参数符合国家相关标准的电线电缆。在穿线之前，电线电缆均要先检测导通电阻和绝缘电阻。

（10）需要接头的线，接头要用焊锡焊接并套热缩管，在热缩管外还要裹电工胶带。

（11）穿好的线要再次检测导通电阻和绝缘电阻，如果有问题，要及时换线。测试好的线要按图纸要求用号码管标记线号。

（12）多芯电缆要先在每芯电线上用号码管标记芯号，并记录芯号与颜色的对应，这是电缆另一头接线的依据。

（13）接线时切勿将导线的铜芯直接拧在接线端子上，应在每根导线的端头用专用压线钳压制金属接管，然后将金属接管拧在接线端子上。

（14）接线完成后要彻底清理剪下的线头等杂物，尤其是裸露的铜芯线头，以免通电时造成短路损坏设备。

（15）穿好所有的线后，所有出线点的线要用扎带扎好，连线带管用塑料带包好，以免雨水进入线管。

18.4.1.2　管线敷设布线

管线敷设相对比较简单，在管线敷设之前，对照停车场系统原理图及管线图理清各信号属性、信号流程及各设备供电情况；信号线和电源线要分别穿管。对电源线而言，不同电压等级、不同电流等级的线也不可穿同一条管。

停车场出入口施工布线图如图18-6所示，穿线管用铁管，对应的管号线号如表18-3。设备安装位置图如图18-7所示。

表18-3　停车场管理系统出入口分离布线管号线号表

管　号	管型号	穿线线号	线缆型号	用　途	备　注
0号管	φ20	0号线	RVV-3×2.5mm²	系统总电源	
1号管	φ16	1号线	RVV-3×1mm²	入口设备总电源	
2号管	φ25	2号线	RVVP-2×0.5mm²	入口控制机通信	
		3号线	SYV-75-5	入口抓拍摄像机信号	无图像对比可不用
		4号线	电话线	对讲信号线	无对讲可不用
3号管	φ16	5号线	RVV-3×1mm²	入口栏杆电源	
4号管	φ20	6号线	RVV-4×0.5mm²	入口栏杆控制	
		7号线	RVVP-2×0.5mm²	车辆检测器信号	
5管	φ20	8号线	RVV-2×0.5mm²	入口抓拍摄像机电源	未扩展图像对比可不用
		9号线	SYV-75-5	入口抓拍摄像机信号	
6号管	φ20	10号线	RVV-3×1mm²	车位显示屏电源	未扩展车位显示屏可不用
		11号线	RVVP-2×0.5mm²	车位显示屏通信	
7号管	φ16	12号线	RVVP-2×0.5mm²	入口控制机地感连接线	
8号管	φ16	13号线	RVVP-2×0.5mm²	入口道闸地感连接线	
9号管	φ16	14号线	RVV-3×1mm²	出口控制机电源	

续表

管　号	管型号	穿线线号	线缆型号	用　途	备　注
10 号管	$\phi 20$	15 号线	RVV-4×0.5mm²	出口栏杆控制	
		16 号线	RVVP-2×0.5mm²	出口控制机通信	
11 号管	$\phi 20$	17 号线	RVV-4×0.5mm²	出口道闸控制	
		18 号线	RVVP-2×0.5mm²	车辆检测器信号	
12 号管	$\phi 16$	19 号线	RVV-3×1mm²	出口道闸电源	
13 号管	$\phi 20$	20 号线	RVV-2×0.5mm²	出口抓拍摄像机电源	未扩展图像对比可不用
		21 号线	SYV-75-5	出口抓拍摄像机信号	
14 号管	$\phi 16$	22 号线	RVVP-2×0.5mm²	出口道闸地感连接线	
15 号管	$\phi 16$	23 号线	RVVP-2×0.5mm²	出口控制机地感连接线	

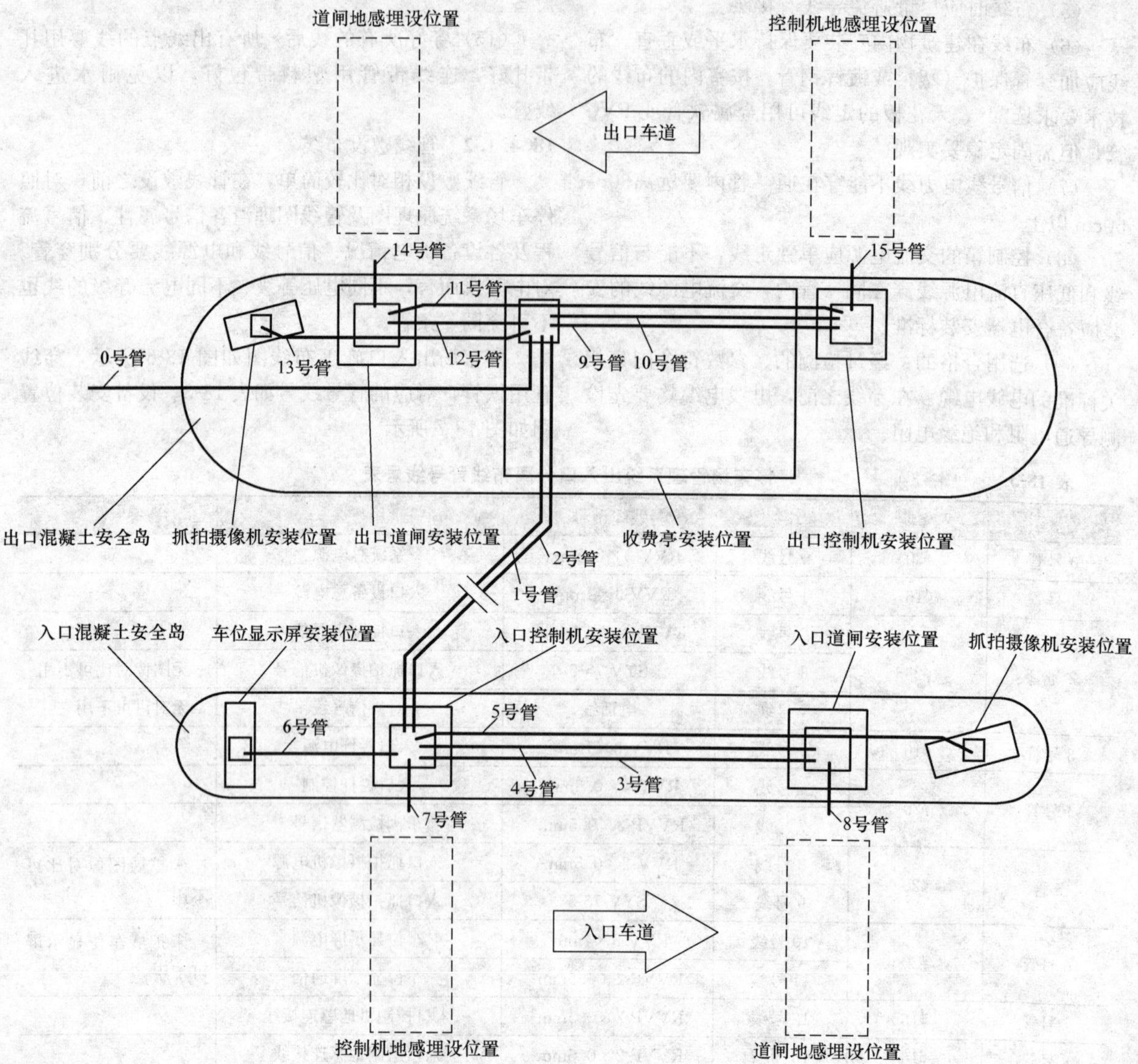

图 18-6　停车场出入口分离布线图

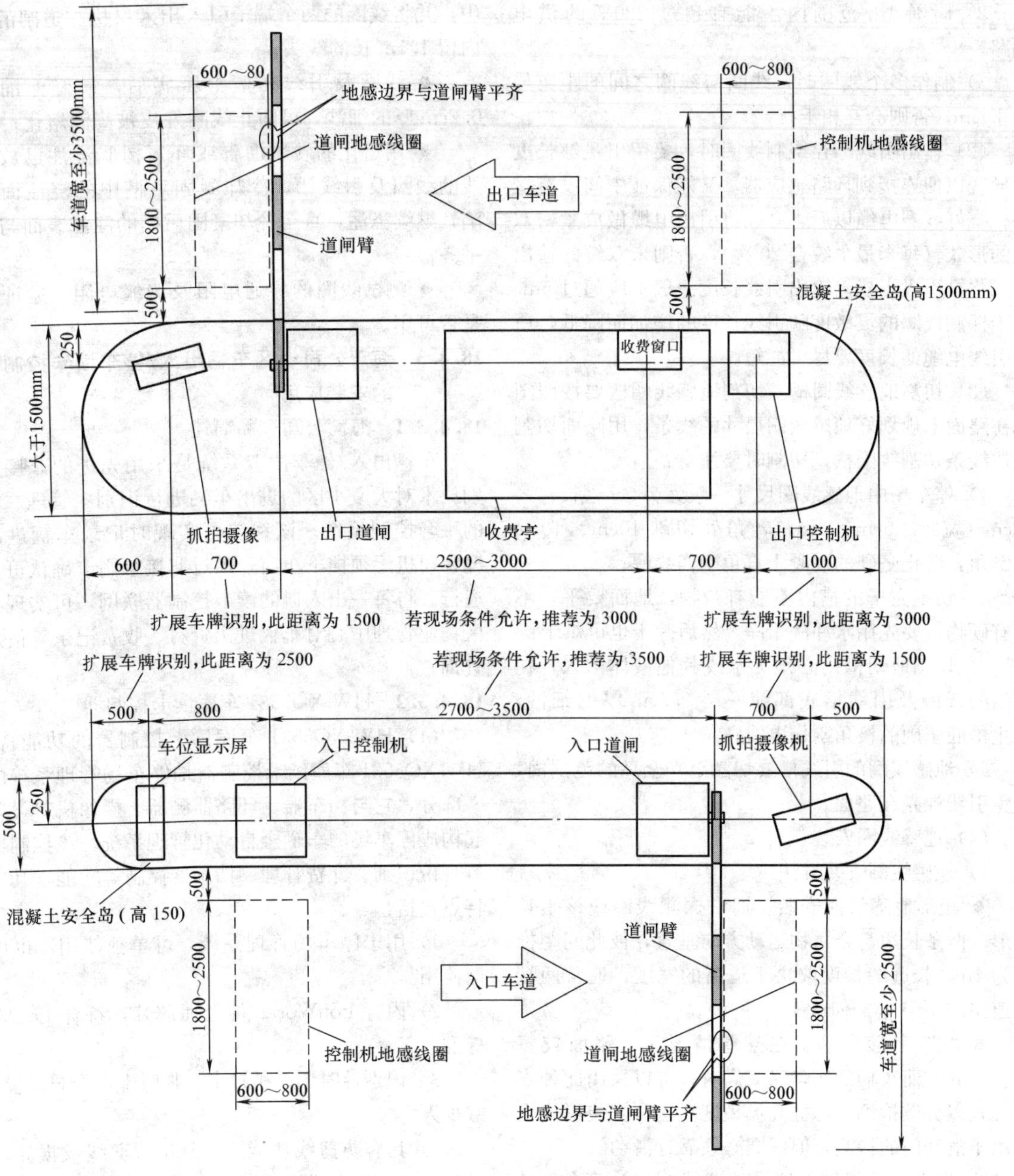

图 18-7　设备安装位置图（单位：mm）

18.4.2　停车场地感线圈施工

停车场地感线圈施工要重点注意如下点内容：

18.4.2.1　地感线圈

地感线圈要考虑导线的机械强度和高低温抗老化问题，在某些环境恶劣的地方还必须考虑耐酸碱腐蚀问题。由于导线一旦老化或抗拉伸强度不够导致导线破损，则检测器将不能正常工作。

18.4.2.2　地感线圈形状

地感线圈通常有矩形、“8”字形。

18.4.2.3　地感线圈安装的内容

地感线圈安装要注意的内容：

（1）地感线圈制作。车辆检测器的地感线圈是停车场管理系统中的重要零件，它的工作稳定性直接影响整个系统的运行效果，因此地感线圈的制作是工程安装过程中很重要的一个工作环节。制作地感线圈前要考虑：

1）周围 80cm 范围内不能有大量的金属，如井盖、雨水沟盖板等。

2）周围1m范围内不能有超过220V的供电线路。

3）制作多个线圈时，线圈与线圈之间的距离要大于2m，否则会互相干扰。

（2）输出引线。在绕制线圈时，要留出足够长度的导线以便连接到环路感应器，又能保证中间没有接头。绕好线圈电缆以后，必须将引出电缆做成紧密双绞的形式（每米最少绞合20次），否则未双绞的输出引线将会引入干扰。输出引线长度一般不应超过5m。由于探测线圈的灵敏度随引线长度的增加而降低，所以引线电缆的长度要尽可能短。

（3）切割地感线圈槽。切割地感线圈槽要按照图纸在路面上规划好地感线圈尺寸的线条，用路面切割机按线条切割线圈槽，切割时要注意：

1）停车场中地感线圈尺寸一般为200cm（长）×80cm（宽）×5cm（深），转角处切割10cm×10cm的倒角，防止坚硬的混凝土直角割伤线圈；

2）切割完毕的槽内不能有杂物，地面要平，不能有硬物，要先用水冲洗干净，然后晾干也可烘干；

3）切割地切槽内必须无水或其他液体渗入，在清洁的线圈及引线槽底部铺一层0.2cm厚的细沙，防止槽底坚硬的棱角割伤电线；

4）地感线圈的引线槽要切割至安全岛的范围内，避免引线裸露在路面。

（4）地感线圈安装。

1）地感线圈安装方法。

● 矩形地感线圈安装。通常探测线圈应该是长方形。两条长边与金属物运动方向垂直，彼此间距推荐为1m。长边的长度取决于道路的宽度，通常两端比道路间距窄0.3～1m。

● "8"字形安装。在某些情况下，路面较宽（超过6m）而车辆的底盘又太高时，可以采用此种安装形式以分散检测点，提高灵敏度。这种安装形式也可用于滑动门的检测，但线圈必须靠近滑动门。

2）埋设地感线圈。埋设地感线圈要注意如下7点内容：

● 地感线圈埋设是在出入口车道路面铺设完成后或铺设路面的同时进行的；

● 选择线径大于0.5mm^2的单根软铜线，外皮耐磨、耐高温，防水；

● 在线圈槽中按顺时针方向放入4～6匝（圈）电线［线圈面积越大，匝（圈）数越少］。放入槽中的电线应松弛，不能有应力，而且要一匝一匝地压紧至槽底；

● 线圈的引出线按顺时针方向双绞放入引线槽中，并将线圈的两个端子引入出入口机、道闸的机箱内留1.5m长的线头；

● 线圈及引线在槽中压实后，最好上铺一层0.2cm厚的细沙，可防止线圈外皮被高温熔化；

● 用熔化的硬质沥青或环氧树脂浇注已放入电线的线圈及引线槽，冷却凝固后槽中的浇注面会下陷，继续浇注，直至冷却凝固后槽的浇注表面与路面平齐；

● 测试线圈的导通电阻及绝缘电阻，验证线圈是否可用。

18.4.3 海湾公司小区车辆出入/停车读卡控制系统的安装应用

18.4.3.1 海湾公司产品简述

车辆出入/停车读卡系统是采用先进的非接触识别技术对大厦小区的进出车辆进行识别、管理、收费的一套控制系统。该系统可实现时记录车辆进出情况，司机无须摇下车窗，通过非接触刷卡确认可直接通行。将每一出入口的读卡控制器联网，可实现在小区物业管理中心对车辆进出资料、收费记录等信息的查询。

18.4.3.2 HW-XQ5531车库读卡控制器

（1）HW-XQ5531车库读卡控制器的功能特点。HW-XQ5531车库读卡控制器是停车场管理系统的核心部分，它与挡车器、环路监测器、摄像机等设备一起构成停车场的车辆全自动化管理系统。该控制器具有身份识别、计费管理、挡车器控制等功能，其主要特点包括：

1）用于停车场管理系统，可单独使用，也可联网使用。

2）内含LonWorks神经元芯片，符合LonMark标准。

3）识别计时票、租户卡、临时卡，全自动操作，减少人力。

4）具有防剪线功能，一旦出现剪线或损坏，能及时向管理中心报警。

5）带掉电保护，掉电后仍能维持现场数据48h。

（2）技术数据。

1）工作电压为DC5V，由读卡控制器专用电源模块HW-5501供电，AV220V电源现场提供。

2）工作电流为≤100mA。

3）使用环境，温度为－10～50℃，相对湿度≤95%RH。

4）制作材料为ABS塑料。

5）外形尺寸为140mm×95mm×35mm。

6）网络形式为LonWorks总线。

7）通信速率为 78Kbit/s。

8）通信方式为两个标准 RJ45 接口（通信速率 78Kbit/s）。

9）刷卡距离为最大 1.5m。

10）线制，与 LonWorks 总线网络采用 5 类双绞线连接；与挡车器采用 3 线连接，与环路监测器采用 2 线连接。

18.4.3.3　安装与布线

车库读卡控制器需安装在专用读卡机箱体内，其外形尺寸及安装示意图如图 18-8 所示。

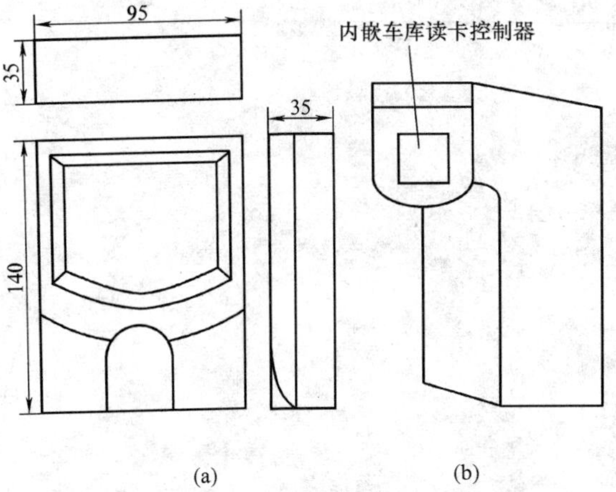

图 18-8　HW-XQ5531 车库读卡控制器

（a）读卡控制器外形图；（b）读卡机箱外形示意图

HW-XQ5531 车库读卡控制器外形尺寸及安装示意图车库读卡控制器的接线端子图如图 18-9 所示。

布线要求：网络通信线采用 5 类 4 对双绞线；与电源采用 BV-2×0.5mm² 线连接，与挡车器和环路监测器采用 RVS-4×0.3mm² 线。

图 18-9　HW-XQ5531 车库读卡控制器对外端子示意图

DC5V、DGND—与专用电源模声连接，电源输入端子；WJ_1、WJ_2、WC_1、WC_2—LonWorks 通信网络接口；NO、NC、COM—接挡车器控制回路，用于控制挡车器的抬起和落下；MC、G—环路监测器接线端子，用于识别车辆进出

18.4.3.4　车库出入口读卡控制系统应用设计说明

车库读卡控制器安装在车为的进出口处，一般和挡车器的间距为一个车身长，一个典型的车库出入口读卡控制系统示意图如图 18-10 所示。

18.5　停车场系统的调试检验验收

18.5.1　停车场系统测试

系统调试按照以下步骤进行：

（1）接线检查。

1）AC220V 供电及接地接线检查：火线、零线、接地线的顺序；接触电阻小于 0.1Ω。

2）通信接线检查：CAN 总线正负极；120Ω 终端电阻；不能分支。

3）其他接线检查：电脑、打印机等连接线。

（2）通电。

1）收银管理设备通电：参照设备使用说明书，设备应工作正常、通信正常。

2）出口设备通电：参照设备使用说明书，设备应工作正常、通信正常。

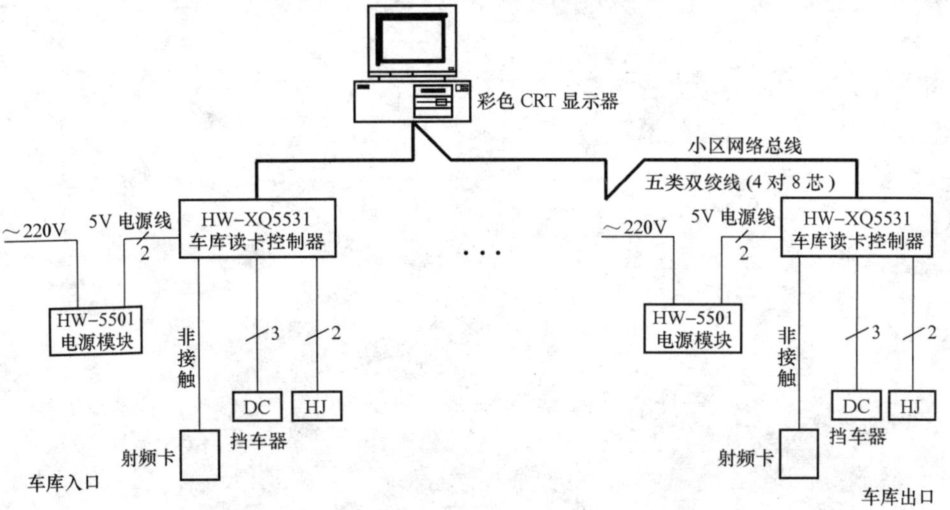

图 18-10　车库出入口读卡控制系统应用示意图

3）入口设备通电：参照设备使用说明书，设备应工作正常、通信正常。

18.5.2 停车场验收的主要内容

18.5.2.1 车库验收的主要内容

露天验收的主要内容有：露天停车场要路面平整，无起砂，无空鼓，无裂纹。

18.5.2.2 室内停车场验收的主要内容

停车场验收的主要内容有：

(1) 参照《房屋接管验收标准及工作规范》的相关内容；

(2) 车道标识：入口、出口标识清楚，油漆均匀；

(3) 露天（夹层）车棚：参照相关室内验收标准；

(4) 单车架：焊接牢固平直，油漆面均匀，无锈迹；

(5) 照明设施：配套齐全，灯具完好无损，开关灵活，照明正常；

(6) 排水系统：设有专门的排水沟，参照明暗沟验收标准，排水泵参照相关机电设备验收标准。

第19章 图像信息管理系统的设计与施工技术

chapter19

图像信息管理系统是今后城镇街道、社会治安进行数字化管理的重要手段，也是“平安城市”建设的基础平台，是管理城市、建设城市的基础设施之一。

本章重点介绍的内容有：图像信息管理系统基本知识；图像信息管理系统设计；图像信息管理系统工程的施工技术；图像信息管理系统工程调试的有关技术；图像信息管理系统工程验收。

19.1 图像信息管理系统基本知识

19.1.1 图像信息系统组成

19.1.1.1 图像信息系统的物理结构

图像信息系统由前端部分、传输部分、控制和显示部分、传输网络、指挥调度中心组成。

（1）前端部分包括摄像机、镜头、防护罩、解码器和云台等。

（2）传输部分包括电视信号传输方式、控制信号传输方式、图像传输设备和图像传输方法。

（3）控制和显示部分包括控制台监视器、画面分割器、矩阵切换主机、录像机、嵌入式数字硬盘录像机、操作键盘。

（4）传输网络。

（5）指挥调度中心（中心包括控制台监视器、画面分割器、矩阵切换主机、录像机、嵌入式数字硬盘录像机、操作键盘等）组成。其物理结构如图19-1所示。

19.1.1.2 图像信息管理系统建设的目的

图像信息管理系统是典型的分布式数字系统，不是传统意义上安防监控系统，而是先进的信息管理系统，混合了数据和图像的需求，较之以数据为主的传统IT信息系统，有更高的要求，作为安全技术防范系统中的重要组成部分。

在统筹考虑治安防范、应急指挥、城市管理、交通管理等政府职能的基础上，统一规划建设基于图像

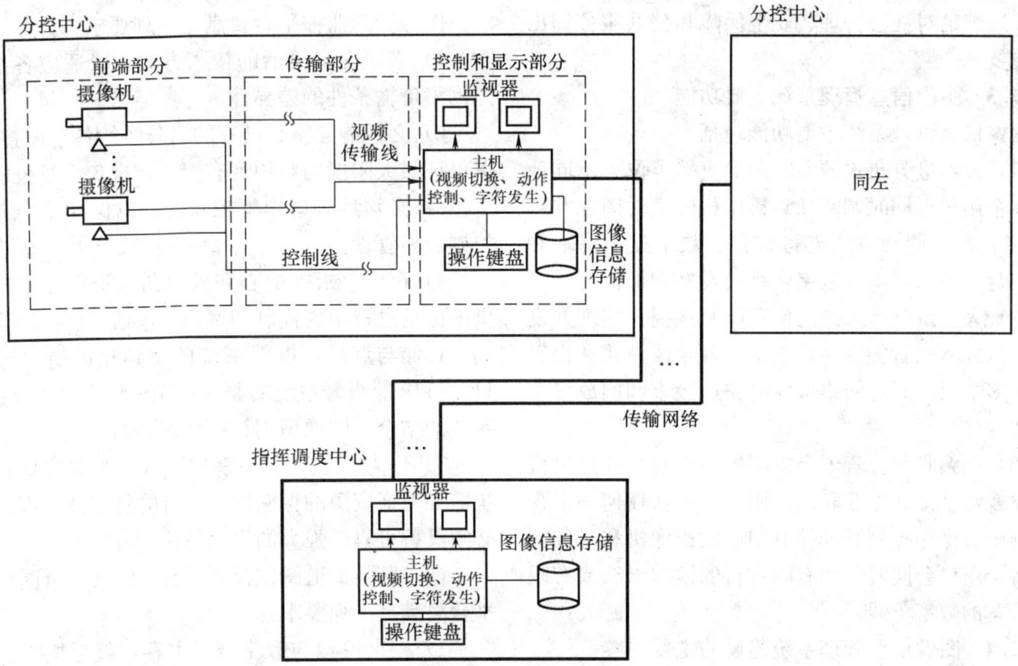

图19-1 图像信息系统的物理结构图

信息管理技术的综合系统工程。

图像信息管理系统是为了贯彻“以人为本，全面、协调、可持续的科学发展观和构建社会主义和谐社会”的要求，提高社会综合管理和公共服务的总体水平，实现城市综合管理的信息化、标准化、智能化，保证城市发展中出现的问题能够及时发现、及时处理、及时解决，以“科技创安”工程为主体，统筹考虑城市管理、应急指挥等政府职能，基于图像信息技术的图像信息管理系统是智能化社会管理工程。目的主要有：

(1) 从全面提升政府社会管理和公共安全管理等多角度出发，最大限度地满足各部门目前及未来管理的需要；

(2) 实现图像信息资源共享，最大限度地利用现有各类相关资源，减少重复建设；

(3) 采用成熟、先进的视信技术标准和技术规范，整合现有应用系统，使先进的技术标准得到最广泛的应用；

(4) 从建设、应用、管理模式设计上，最大限度减少人力、物理、财力的重复投入，做到设计科学、合理规划；

(5) 图像信息管理系统需要结合分级、分层、分权的管理机制进行图像资源的合理化调用，不同级别、不同层次的用户对图像资源的使用权限、优先次序是不同的，这要求系统必须支持分层组网架构，且具有灵活的用户管理能力；

(6) 满足对社会管理、安全保障和公共服务提出的相应要求。

19.1.1.3 图像信息管理系统主要功能

图像信息管理系统主要功能包括：

(1) 大容量分布式的实时图像直播。位于不同地点的多个用户可同时调阅任意摄像机的实时图像并进行 PTZ 控制，调阅方式支持键盘、数字显示终端和虚拟键盘，图像可实现数字多级转发并增加标签。

(2) 大容量分布式的图像存储及点播。实现并发多路录像并增加智能标签，支持多种录像模式和报警关联，多个用户通过网络可同时快速检索和回放多个录像文件。

(3) 视频联网。若干个视频控制中心之间通过模拟干线或数字干线相互联网，用户可以从任何一个视频控制中心操作控制其他控制中心的摄像机和录像资源，多个用户会同时争用有限数目的模拟干线或有限网络带宽的数字干线。

19.1.1.4 图像信息管理系统建设的主要内容

图像信息管理系统是为实现图像信息综合应用，必须要建立统一的图像信息管理系统。以××市图像信息管理系统为例讨论建设主要内容：图像共享交换平台；图像管理监控平台；图像接入平台；图像信息传输网络；公共区域图像信息采集点。

(1) 图像共享交换平台。图像共享交换平台是将社会资源和政府资源都整合联网，实现在行政区域内无障碍实施调用所有图像资源。应满足下列要求：

1) 通过“三个中心”（公安、城管、环保）的图像信息管理系统实现互联、互通资源共享，起到了震慑、预防犯罪、快速破案，及时、快速处理社会问题的作用；

2) 通过政府外网汇聚整合重要图像信息资源；

3) 通过政府外网连接区县街道图像接入平台；

4) 通过数字通道连接图像管理监控平台；

5) 向全市主要应用部门提供图像信息资源的调用和共享服务。

(2) 图像管理监控平台。图像管理监控平台目的是：

1) 通过图像光纤专网汇聚全市各级模拟图像信息资源；

2) 通过图像光纤专网控制全市各级模拟图像信息资源；

3) 通过图像光纤专网连接区县街道图像接入平台；

4) 向市应急指挥中心和模拟图像资源需求部门提供图像信息资源的控制和调用。

图像管理监控平台要满足下列要求：

1) 必须支持灵活的接入方式，以适应各个监控点网络传输条件的差异性。

2) 必须能够整合已有的、分散的各个监控网络，以保证最大限度的利用现有资源，避免重复投资。

3) 必须具有集中管控功能，以保证整个系统可控制、易管理。

4) 市应急指挥中心和模拟图像资源需求部门提供图像信息资源的控制和调用。包括：监控图像的录制、存储与点播；报警系统的视频化改造；与 110、112、119 等报警系统的联动；GIS 系统的融合；GPS 系统的结合；图像识别、移动侦测等。

5) 作为一个资源共享的平台，图像信息管理系统需要保证资源的保密性、运行的稳定性，因此系统必须具备可靠、强大的安全特性。

(3) 区县街道图像接入平台。区县街道图像接入平台要满足下列要求：

1) 根据模拟与数字技术并存，就近接入、统一传输，区县为主、条块结合的原则，区县级平台负责接收本区内各街乡中心、派出所、城管分队及区域重点社会单位传送的图像信息，将其提供给市级平台、区应急指挥中心及区专项应急指挥部；

2）负责接入、整合已建的重要图像信息资源；

3）负责接入、整合新建的图像信息资源；

4）对接入的模拟图像进行模数转换；

5）通过政府外网向共享交换平台提供数字图像信息；

6）通过图像传输网向管理监控平台提供模拟图像信息。

（4）图像信息传输网络。图像信息在传输网络上分成模拟和数字两大类传输要满足下列要求：

1）共享交换的图像通过政府传输网络传输；

2）图像管理监控平台的图像信息传输通过政府传输网络传输（图像光纤专网）；

3）区县街道图像接入平台的图像信息传输分数字网、模拟网，数字网连接图像共享交换平台，模拟网连接图像管理监控平台；

4）重要的社会图像资源通过自建或者租用公共网络就近接入区县街道图像接入平台。

（5）公共区域图像信息采集点。公共区域图像信息摄像机采集点（电子眼）要满足下列要求：

1）适合安装电子眼的 5 大类地区：

①党政机关、国家机关所在地，广播电台、电视台，电信、邮政、金融、服务单位等重要单位；

②宾馆、饭店、商场、医院、学校、幼儿园、文化娱乐场所，举办体育赛事的场馆、场地，住宅区、停车场等人员聚集的公共场所；

③重点道路、路段和主要交通路口，地下通道、过街天桥，机场、火车站、地铁和城铁车站，公共电汽车的重要交通枢纽等；

④城市供排水、电力、燃气、热力设施，城市河湖及其他重要水务工程等重要城市基础设施；

⑤国家法律、法规规定的其他地点和区域。

2）信息摄像机采集点的全部图像信息接入各区县街道图像接入平台。

3）信息摄像机采集点的全部图像信息存储在各区县街道图像接入平台。

4）重要部分、地下通道、过街天桥，以及宾馆、饭店、餐饮、文化娱乐场所和市场等涉及公众聚集的场所，图像信息存储时间应保持 30 天以上。

5）交通道路、公交枢纽设施及公交、地铁运营车辆的监控图像应保存 7 天以上。

6）控制中心和各个分控中心自行设定图像存储的天数，不得少于 15 天。

7）普通住宅小区视频监控图像信息要按照政府有关部门相关规定储存。

19.1.2　图像信息管理系统技术架构

图像信息管理系统由城市基础信息交换平台、城市应急联动指挥平台、社会综合服务平台和电子地理信息支撑平台四个基础平台组成，为政府处理突发事件提供决策依据，同时为沟通社会各相关部门的综合服务提供技术保障，最终实现由全社会参与服务、又服务于全社会的目的。

图像信息管理系统的业务由 10 个部分组成：人工报警终端；各种自动报警终端；统一接处警；综合服务门户；指挥调度系统；辅助决策系统；分类/分级处警；联动部门指挥系统；数据中心；其他通信单位业务系统和政府部门相关业务系统。

这 10 个部分组成四个平台：城市基础信息交换平台；城市应急联动指挥平台；社会综合服务平台；电子地理信息支撑平台。

（1）城市基础信息交换平台。城市基础信息交换平台主要实现信息交换、应用集成、业务流程控制、统一安全体系等功能，通过它连接各个政府部门、金融机构与相关企业。其主要功能包括：

1）实现各种通信网络系统的融合，形成城市应急指挥和社会综合服务系统的基础通信与通信平台；

2）实现不同政府部门、金融机构、企业应用系统之间的集成，并以服务方式向其他应用提供操作；

3）实现业务流程管理与控制；

4）支持 Web 浏览器、语音、短信、专用客户端等多种接入方式；

5）实现统一身份认证与访问权限控制；

6）实现数据传输过程中的安全性；

7）支持网络安全域技术，将不同部门应用系统以及公众服务系统划分成不同安全域，它们之间互相隔离，达到网络安全效果。

（2）城市应急联动指挥平台。城市应急联动指挥平台构建在城市基础信息交换平台之上，包括各种人工和自动报警终端、统一接处警、分类/分级处警、指挥调度系统、各联动部门指挥系统和辅助决策系统共五个部分，实现统一接警、统一指挥、多方联动。

（3）社会综合服务平台。

（4）电子地理信息支撑平台。图像信息管理系统由 10 个子系统组成：

1）图像信息管理子系统。图像信息管理子系统是图像信息资源的控制、汇聚、共享和管理中心，具备图像的共享交换和控制管理等功能。平台通过政府自建的光纤管网、原有的公安专网等整合、接入区域内相关重点行业图像信息管理平台的图像资源、街道级图像信息接入平台的图像资源，能够共享市级图像信息管理平台图像信息。政府应急指挥中心下辖的图像信息资源和公安分局下辖各派出所的图像信息资源能够实现互连、互通、互控。在政府自建的主干管网基础上，由多个个街道级控制中心为骨干节点，建设面向社会公共区域图像信息的专用视频图像信息网络，并和政府应急指挥中心实现矩阵控制主机的级联和图像资源的上传。

街道级控制中心和公安分局辖区内的属地派出所实现相互图像资源共享，街道控制中心向相关的一个或多个派出所传送图像，并赋予相关派出所应有的管理、控制权限。

2）图像调阅子系统。图像调阅子系统主要功能：实时图像调阅；远程控制；历史图像提取；存储与管理；图像文件索引；图像转发；用户管理与权限管理；认证服务；GIS服务；Web服务；系统管理；对外接口。

3）实时图像子系统。实时图像子系统由管理控制系统和视频转发系统两大部分组成。

①管理控制系统是平台的管理控制服务单元，物理上由两台服务器组成，可实现双机热备。

②视频转发系统是平台的流媒体服务处理单元，物理上由视频转发服务器组成，单台视频转发服务器可支持128路图像码流的并行转发，每次转发的延迟不超过10ms。

4）历史图像子系统。历史图像子系统可实时对下属的图像存储点播设备进行数据流量的监视与统计，根据统计实时分配数据流的走向，充分利用各图像存储点播设备的资源。

在发生重大事件时，历史图像子系统能够将事件视频图像指定转发到相应图像存储点播设备中实现存储。

历史图像子系统能够将报警图像存储在特定的图像存储点播系统中。

历史图像子系统是分布式存储结构，录像内容可存储在PC客户端、图像存储点播设备、专用存储设备或带硬盘的视频编码器上，用户可通过客户端软件对全网的录像文件进行统一管理。历史图像子系统支持存储服务器、磁盘阵列、NAS、SAN等多种存储方案。

图像存储点播设备配合，支持手动录像、自动定时录像、动态感知录像、报警联动录像、视频丢失报警录像、循环录像和报警预录像。

历史图像子系统支持录像按帧加标记，即系统可以在录像时自动或手动为每一个图像帧加标记，从而为视频数据的结构化处理奠定基础。支持三种标记方式：A手动B事件关联C识别处理。

5）索引检索系统子系统。索引检索子系统由1台录像信息索引服务器和录像检索客户端组成。

索引检索子系统实现用户的高速视频数据查询功能。

索引检索子负责从各储存系统提取录像文件信息，将文件相关的摄像头名称、文件开始时间、文件长度以及和这个摄像头相关的事件信息都录入关系数据库中，在关系数据库中建立多关键字（例如摄像头名称，突发事件等）和具体录像文件映射的关系。

每台录像信息索引服务器负责跟若干存储服务器建立录像索引，由于各平台中存储系统数量和规模都很大，录像信息索引服务器必须以服务器群的方式存在。

6）用户权限认证管理子系统。用户权限认证管理子系统负责全局所有用户权限授权的管理，通过和CA系统的无缝集成，配合各级平台的管理控制系统和指挥中心的管理控制设备，可针对每个用户、用户组做权限的制订和划分。用户权限认证子系统要完全符合图像信息管理系统的相关技术规范的要求。

7）边界管理子系统。边界管理子系统基于网络视频管理平台，可实现公安专项平台和市公安平台、区共享平台的互联。

边界管理系统核心部分是实现了一套通信控制协议。

边界管理系统还实现了一个可扩展的控制协议转换框架，这个框架的作用：

①可以完成各种区域图像系统通信控制协议到北京市标准通信控制协议的相互转换；

②由于协议转换框架的开放性，很容易集成新的区域图像系统的通信控制协议，做到不用改动原有程序就能添加新的通信控制协议。

边界管理子系统由1台边界服务器和1台视频转发服务器组成，根据互联需要配置模拟矩阵、模拟键盘和视频编解码器。

8）配置管理子系统。配置管理子系统为网络视频管理平台提供专业的系统配置管理软件，完成全网资源对象的配置和管理，功能包括系统初始化、批量数据导入、配置数据的调整和复杂权限设置。

配置管理子系统一般有两种方式，一种是使用GUI界面的，另一种是使用交互指令。前者配置的特点是简单、图形化、可视化，而且可以离线编辑配置文件。后者提供了完整的一套指令来与系统进行交互，比前者更加灵活和强大，但需要更多的专业知识，适合系统管理员使用。提供在线（on-line）和离线（off-line）编辑配置数据库两种方式，并且用户可对原有的配置文件模板进行修改来定制自己的配置文件模板。

配置管理子系统的一般步骤应为：

①创建中心连接设备；

②填写中心设备的属性及其输入输出表格（如摄像机表和监视器表）；

③建立设备与设备之间的连接关系（如串口连接、视频连接和网络连接关系）；

④配置特定的需求和结构（如与其他服务器的联网方式等）；

⑤把配置应用到系统上并检查和验证正确性；

⑥可随时从服务器上下载专用的DB文件到本地，实现配置数据保存。

9）维护管理子系统。维护管理子系统为全网一致的维护管理软件，完成全网设备运行状态的监测和维护管理，包括设备管理模块和维护任务管理模块。

维护管理子系统采用图形化界面，基于SNMP协议，对平台中的设备进行管理，支持远程设置时钟、远程重启、视频源状态查询、设备录像状态查询、设备性能参数查询等功能。

支持设备的自动巡检功能，可手动或定时对全网设备进行巡检，报告故障情况并生成报表。

维护任务管理模块可从设备管理及日常维护任务生成维护工作单，并利用工作流形成闭环管理，完成维护任务。要求系统使用的设备支持SNMP协议，自动或被动报告设备的运行状态。

10）分布式监控子系统。分布式数字监控系统，主要功能包括：

①大容量分布式的实时图像直播。位于不同地点的多个用户可同时调阅任意摄像机的实时图像并进行PTZ控制，调阅方式支持键盘、数字显示终端和虚拟键盘，图像可实现数字多级转发并增加标签。

②大容量分布式的图像存储及点播。采用NVR模式实现并发多路录像并增加智能标签，支持多种录像模式和报警关联，多个用户通过网络可同时快速检索和回放多个录像文件。

③视频联网。若干个视频控制中心之间通过模拟干线或数字干线相互联网，用户可以从任何一个视频控制中心操作控制其他控制中心的摄像机和录像资源，多个用户会同时争用有限数目的模拟干线或有限网络带宽的数字干线。

19.1.3 图像信息管理系统三级联网方式

视频图像监控在社会治安管理中将发挥重要的作用，它具有图像直观、实时、信息量大等特点。图像监控系统采用三级联网方式：市政府监控中心（公安局监控中心）为一级监控中心，各区（镇）政府监控中心（公安分局监控中心）为二级监控中心，各派出所（各专业市场、企事业单位、小区、行政村内设的保安室或警务室监控中心）为三级监控中心。

19.1.3.1 一级监控中心

为了实现一级监控对各二级监控中心的级控，需要各二级监控中心通过光纤上传多路模拟视频，同时将双向控制数据（RS232）进行互联。同时一路一级监控中心向各个二级监控中心传输一路视频，以便二级监控中心之间互相调用、控制图像。

一级监控中心设立一台联网型矩阵，输入视频数量根据下设的二级监控中心的数量而定（每个二级监控中心上传4～8路），输出视频数量也根据需要选择（每个二级中心下传1～2路视频，中心同时显示任意上传的4～8路视频）。并设有数字矩阵，解码所需的相关图像。需要在监控中心布置一台中心管理主机对所有的硬盘录像机进行统一管理，网络内的各用户通过该管理主机实现对各个前端的访问。

19.1.3.2 二级中心

二级监控中心不但需要接入本地的监控信号，而且还需要接入三级监控中心上传的信号和一级监控中心下传的视频，输入卡的数量根据总共的视频数量决定。

本地的显示可以采用电视墙结合大屏幕，视频输出卡的数量可以根据实际需要同时输出的视频数量决定。

对于本地的视频还需要进行本地录像，需要配置硬盘录像机，具体的数量根据视频数量进行决定。

19.1.3.3 三级中心

三级监控中心实现对本地视频的监控和录像，本地显示采用电视墙方式。三级监控同时需要将2～4路视频进行上传到二级监控中心。

设备同二级一样，每个三级中心同样需要一台矩阵和若干台硬盘录像机。

19.1.3.4 多级联网控制

（1）一级局（分局）能调看到下属二级、三级的所有摄像机图像；能控制下属各个分局、各个分局下属的各个派出所的活动摄像机。

（2）根据权限设置，各个二级也能调看一级控制下属的其他二级的所有摄像机图像。

（3）分局与各派出所、派出所与住宅小区之间建立视频干线和控制干线后，市局（一级控制）能同时显示下属二级或某二级下属的某三级的任意四路图像。一级与二级之间设立一路模拟下传图像通道。

（4）一级对三级所属摄像机进行控制时，二级透明，如同使用同一个矩阵一样。

（5）一级能根据预置方式，操纵二级或三级的某一组摄像机，二级能根据预置方式，操纵三级的某一组摄像机，即实现远程组切换功能。

(6) 具有远程报警联动功能，能自动切换一组图像。

(7) 各级能完成摄像机分组，摄像机切换，摄像机控制，摄像机名称显示，报警产生时自动切换摄像机，用户登录，失效与退出，组切换功能，I/O 输出，用户权限漫游，监视器和摄像机的锁定功能和提供级间的联网功能。

(8) 优先级控制功能，系统要具有优先级管理的能力，并且优先控制权具有时效性。即设定一级为最高级、二级为次级、三级为最低级别，当一级调用三级某路图像后，二级、三级不能控制该路图像，当一级在一定时间内对该图像不进行任何操作时，自动释放该路图像，为低级操作开放，使得二级、三级可以调用、控制该路图像。

(9) 监视功能：通过矩阵和电视墙能清晰监视各点图像，无论白天晚上，无论晴天雨天，都能清晰监视目标场所，在需要的场合能对摄像机进行方位、变焦等控制。

(10) 电子地图功能：监控点应直观地显示在电子地图上，并能点击显示监控点图像。能显示街区分布、派出所辖区范围、警力分布、社区警务室及联防点、治安点位置等。对于发生报警或其他警情时，能自动切换到相应监控点（包括摄像机切换和预置点），在屏幕上调出该点图像，并在电子地图上给出指示，计算机给出声音提示，记录相关报警信息；在进行摄像机切换和控制时也能在电子地图上指示最近监控点。

19.1.4 图像信息管理系统接入参考模型

根据北京市标准化指导性技术文件 DB11/T 381.4—2009《图像信息管理系统技术规范 第 1 部分：总体平台结构》提供的接入参考模型，图像信息管理系统的联网接入参考模型如图 19-2 所示。

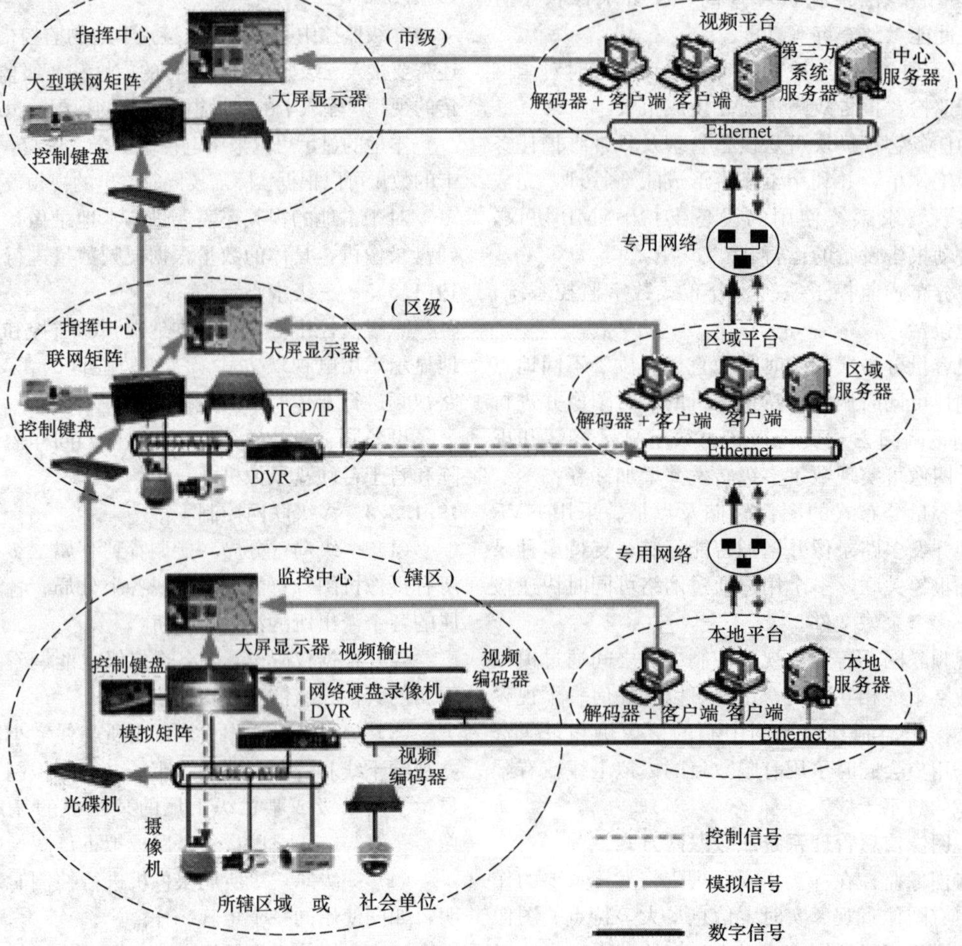

图 19-2 图像信息管理系统的联网接入参考模型

在图像信息系统建设中，应尽可能利用已有的数字化 DVR 设备并将其接入到数字视频平台中进行统一管理。在此基础上，还可在接入层（街道、派出所级）的控制矩阵后端接入数字视频编码器，将模拟图像转换后接入数字视频平台，最终构成三网并行的整体结构。

19.1.5　图像信息系统图像资源

图像资源目前来看，图像资源主要分为两种：

（1）社会资源。包括金融、加油站、宾馆饭店、写字楼、大中型商场、学校、医院、国家机关事业单位、企业、居民小区等，主要集中于社会单位和居民住宅小区等部位。

（2）政府资源。主要集中在政府的公安系统等单位。图像点主要分布在街道和路口。

19.1.6　图像资源整合

对于社会资源的整合，应遵循市场经济原则，从公安机关依法对关系国计民生的治安保卫重点单位安全防范的检查、监督管理和公安机关实时掌控社会治安防范动态信息的角度出发，利用社会公共通信资源建立光纤专网，与公安信息网物理隔离，由公安机关、政府部门和相关保卫组织通过授权共享使用；采用政府和内保单位受益出资、安防公司运营服务、公安指导监管，服务公安、服务单位和服务社会的市场运作方式，公安机关、内部单位、专业安防公司分别投资承担建设的系统工程，采用谁受益谁缴纳服务费用；由各专业安防公司组成的安保运营服务中心提供资源整合、电信级接入、安防运营服务和信息深度应用服务的市场服务机制，同时安保运营服务中心可提供音频、视频信息的司法鉴定服务。

对于政府资源的整合，应由政府信息中心牵头，利用政府专网资源，联合公安和街道办，共同实现。

19.1.7　图像信息管理系统需要分级、分层、分权的管理

图像信息管理系统需要结合分级、分层、分权的管理机制进行图像资源的合理化调用，不同级别、不同层次的用户对图像资源的使用权限、优先次序是不同的。这要求系统必须支持分层组网架构，且具有灵活的用户管理能力。

作为一个资源共享的图像信息管理系统需要保证资源的保密性、运行的稳定性，因此系统必须具备可靠、强大的安全特性。

19.1.8　图像信息系统发展历程

图像信息系统随着技术的进步经历了三代。

19.1.8.1　模拟时代（第一代）

模拟时代的视频是以模拟方式进行模拟处理的。采用的是同轴电缆进行传输，并由控制主机进行模拟处理。系统构成如图 19-3 所示。

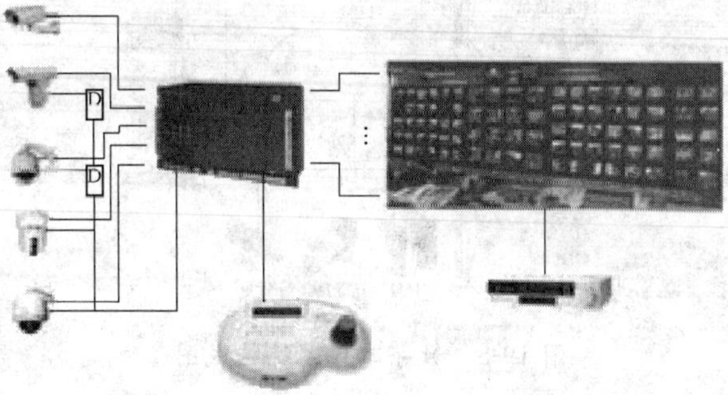

图 19-3　采用同轴电缆进行传输模拟系统构成

19.1.8.2　半数字时代（第二代）

半数字时代的视频是以模拟方式采用同轴电缆进行传输由多媒体控制主机或硬盘录像主机（DVR）进行数字处理与存储。系统构成如图 19-4 所示。

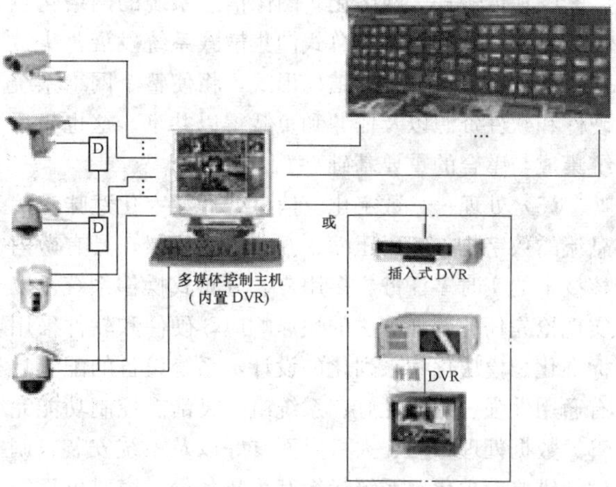

图 19-4　采用同轴电缆进行传输
半数字时代系统构成图

19.1.8.3　全数字时代（第三代）

全数字时代的视频是频从前端图像采集设备输出时即为数字信号，并以网络为传输媒介，基于网络 TCP/IP 协议，采用流媒体技术实现视频在网上的多路复用传输，并通过设在网上的网络虚拟（数字）矩阵控制主机（IPM）来实现对整个监控系统的指挥、调度、存储、授权控制等功能。此外报警、门禁、巡更等前端设备输出的数字信号也可由多网合一的方式通过网络复用进行传输并在同一平台上进行管理与控制。系统构成如图 19-5 所示。

现今图像信息系统已经步入了全数字时代。这将彻底打破“闭路电视系统”模拟方式的结构，从根本上改变了图像信息系统从信息采集、传输处理、系统

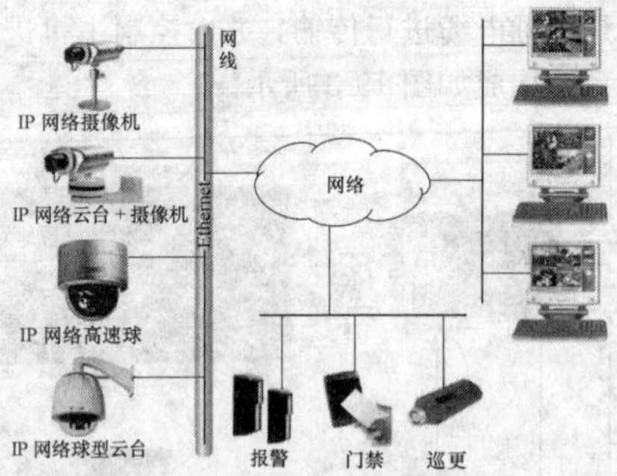

图 19-5　数字时代系统构成图

控制的方式和结构形式，也标志着图像信息系统正在走向“四化”阶段，即：

(1) 前端——一体化。系统前端一体化意味着多种技术的整合、嵌入式构架、适用和适应性更强以及不同探测设备的整合输出。为系统集成化奠定了基础。

(2) 传输——网络化。图像信息系统的网络化意味着系统的结构将由集总式向集散式系统发展，集散式系统采用多层分级的结构形式，将使整个网络系统硬件和软件资源以及任务和负载得以共享，这也是系统集成与整合的重要基础。

(3) 处理——数字化。信息处理数字化意味着信息流的数字化、编码压缩、开放式的协议，具有微内核技术的实时多任务、多用户、分布式操作系统，以实现抢先任务调度算法的快速响应，硬件和软件采用标准化、模块化和系列化的设计，系统设备的配置具有通用性强、开放性好、系统组态灵活、控制功能完善、数据处理方便、人机界面友好以及系统安装、调试和维修简单化，系统运行互为热备份，容错可靠等功能。

(4) 系统——集成化。系统集成化正是由于构建系统的各子系统均实现了网络化和数字化，特别是使视频监控系统与弱电系统中其他各子系统间实现无缝连接，从而实现了在统一的操作平台上进行管理和控制。

全数字时代的图像信息系统主要有三种方式：

1) 第 3.1 代。现场计算机插卡方式：即通过在现场设置计算机并在其内安装视频压缩卡，将前端模拟信号通过 PC 机转换为数字信号再上网传输，属非嵌入式系统。

优点：能实现在网上“互联互通”及授权客户直接访问。便于构建系统及方便联网。

缺点：现场不能脱离 PC 机。实用性较差。系统稳定性差。费用高。

2) 第 3.2 代。通过网络视频编解码器方式——通过在现场设置视频网络编码器将模拟视频编码后上网传输，并在监控端设置的对应解码器将网上数字视频信号解码后进行监控。

优点：现场不需 PC 机支持。系统稳定性提高。

缺点：只能实现“一对一”式传输，实现网络“互联互通”及授权客户直接访问较困难。构建系统及联网比较困难。

3) 第 3.3 代。现场采用网络监控产品包括：网络摄像机、网络高速球、网络视频接入器等，它们的输出即为全数字信号并直接上网传输与控制。

①多采用嵌入式结构，现场无须 PC 机支持；

②可全天 24h 运行、稳定可靠；内置 web 服务器，使网上授权监控者均可对其进行访问；

③充分利用网络资源和功能，包括：互联互通、构建大系统、实现远程监控等。是视频监控系统的发展趋势。

全数字时代的图像信息系统的应用特点、应用领域：

①全数字时代的视频监控系统在应用方面的主要特点。全数字时代的视频监控系统在应用方面的主要特点是 4+1 概念：

- 利用局域网可以替代模拟监控系统；
- 利用城域网、行业网、广域网方便实现远程监控；
- 网络综合利用以实现联网大系统集成；
- 利用网络互联互通功能实现多点应用；
- +1 对传统模拟监控系统进行的网络型改造。

②全数字时代的视频监控系统适宜的领域与用户。

适宜的应用领域如下：

- 远程监控及系统联网。
- 大型企业集团。
- 机场等。机场监控不仅为保安，还为安检、机务、大厅、行李、跑道、管理等使用，均分属不同部门，如采用网络方案，即可“各自为政”，也可综合集中监控管理。
- 业主对网络十分感兴趣的。
- 业主观念超前的以及不甘落后的。
- 外资企业、行业型企业（如海关、电力、金融、部队等）。

不适合的领域如下：

- 网络利用率低及现场无须网络布线的；
- 小型的仓储、仓库、工厂等；
- 派出所对片区的远程监控；

● 企业集团、部队、公安、金融系统监控联网与远程监控；

● 水力、油田、码头、仓库、大型企业的监控；

● 领导在办公室或异地的网上监控指挥。

19.1.9　图像信息系统在3111工程中的作用

19.1.9.1　3111工程简述

在2005年8月之前，公安部选择了四个平安城市建设试点：北京的宣武区、浙江的杭州市、江苏的苏州市和山东的济南市。在试点的基础上，在2005年9月公安部正式提出了“3111工程”。启动城市联网报警与监控系统建设（3111工程），将在全国范围内，在省、市、县三级开展报警与监控系统建设试点工程，推动“平安城市”的建设步伐。

公安部提出的3111工程：

（1）3表示省、市、县三级；

（2）第一个1：在每一个省确定一个市；

（3）第二个1：每个市确定一个县；

（4）第三个1：有条件的县设定一个区或者一个派出所。

在全国确定了22个城市作为3111工程的试点城市。

“3111工程”是集通信、计算机、网络、图形图像、电视监控、数据库与信息处理等多种技术为一体的、非常大的、非常复杂的系统工程。

“3111工程”分为三级结构：第一级在省（市）公安局，设立监控指挥中心；第二级在市（区）分局；第三级在派出所或者街道，三级全部要求联网运行。

“3111工程”要实现信息共享，是完全要联网的，可以通过浏览器实时浏览。

第一级有自己的网络，如公安网，有自己的网络系统交换路由设备。第二级有图像信息中心，第三级就是派出所，或者是街道。另外还有一些建立监控网络的企业机关、党政单位，这样形成一个真正的在一个大的区域范围内的系统。

“3111工程”的目的是为了构建平安城市和和谐社会。

公安部在22个试点城市之外，在经济发达的沿海地区，还选择了21个城市作为科技强警的试点城市：天津市大港区公安分局、河北省廊坊市公安局、山西省大同市公安局、内蒙古自治区包头市公安局、辽宁省鞍山市公安局、吉林省敦化市公安局、黑龙江省大庆市公安局、安徽省马鞍山市公安局、江西省新余市公安局、河南省安阳市公安局、湖北省武汉市公安局、湖南省衡阳市公安局、广东省东莞市公安局、广西壮族自治区玉林市公安局、海南省海口市公安局、四川省德阳市公安局、贵州省兴义市公安局、陕西省延安市公安局、甘肃省张掖市公安局、青海省西宁市公安局。新疆维吾尔自治区克拉玛依市公安局等21个城市公安局作为试点单位，以进一步推进城市报警与监控系统建设进程。

2006年6月27日，公安部、科技部联合下发了《关于天津等城市开展第二批科技强警示范城市建设工作的通知》，确定天津、石家庄、哈尔滨、合肥、沈阳、重庆、昆明等以中西部地区为主的15个城市以及江苏、浙江、山东、广东4省的无锡、连云港、常州、扬州、绍兴、舟山、济南、烟台、珠海、东莞等23个城市共计38个城市为第二批创建科技强警示范城市建设试点城市，全面开展科技强警示范城市建设工作。

19.1.9.2　图像信息管理系统在3111工程中的作用

图像信息管理系统的建设是提高治安防控和社会管理水平的重要措施。也是2005年9月公安部提出平安城市建设（3111工程）的关键系统。

图像信息管理系统在平安城市建设中得到广泛的使用，作为维护社会稳定的重大举措和重要的政治任务，摆上了突出位置。北京市的海淀区、宣武区、东城区、房山区、平谷区、顺义区、怀柔区等各区（县）建集社会治安防控、城市管理、公共服务为一体的“城市综合管理中心”。

图像信息管理系统与公安、城管、环保部门的图像信息管理系统实现互联、互通资源共享，起到了震慑、预防犯罪、快速破案，及时、快速处理社会问题的作用。整合资源，科技创安，发案率降低，群众安全感提高，走出一条城市管理与治安防控相结合的新路：

（1）消极防范转向积极预防。图像信息管理系统可以节约出大量的人力，由消极的人防巡逻，转向积极的预防。

（2）图像信息管理系统实现资源共享。图像信息管理系统建成后，可实现市、区之间，区、街之间及委办局之间信息的互联、互通和可控。实现信息资源共享：

1）及时处理热点城市管理问题；

2）装探头让老百姓生活得踏实；

3）技防改变了人防的思维定式；

4）指挥中心全面监控；

5）回放图像再现报警现场；

6）实现“科技强警、科技创安”的目标；

7）分级负责、综合协调、统一指挥；

8）整体规划设计、具备分步实施及扩充空间；

9）提供图像存储、实时监控、预警联动；

10）提供矢量电子地图 GIS 系统符合城市管理综合应用；

11）符合未来发展方向及城市综合化管理的需要。

19.2 图像信息管理系统设计

图像信息管理系统的设计分图像信息管理系统建设原则和软件要求、图像信息管理系统设计依据、图像信息系统总体设计、实时图像系统总体设计、历史图像系统的总体设计、基础信息交换平台、图像边界管理系统、认证体系设计、公安指挥中心建设、无线视频监控。

19.2.1 图像信息管理系统建设原则和要求

19.2.1.1 图像信息管理系统建设原则

（1）先进性与继承性。图像信息管理系统采用面向服务（Service-Oriented Architecture，SOA）的集成体系，在数字系统平台上通过强大的系统管理软件形成一套完整的视频监控、分析、应急处理、数据处理、信息共享的综合智能化安全管理系统，系统在设计过程中充分考虑到整个系统的连续性和前瞻性。

面向服务 SOA 是一种粗粒度、松耦合服务架构，服务之间通过简单、精确定义接口进行通信，不涉及底层编程接口和通信模型。SOA 可以看作是 B/S 模型、XML/Web Service 技术的自然延伸，具有松散耦合、位置透明、协议独立等一系列特征。

SOA 定义为："一种应用程序体系结构，在这种体系结构中，所有功能都定义为独立的服务，这些服务带有定义明确的可调用接口，可以以定义好的顺序来调用这些服务来形成业务流程"。SOA 已被广泛用于通过网络对松散耦合的应用组件进行分布式的组合和应用。

SOA 在政府部门应用最为广泛，因为由于政务系统的部门分割和业务复杂性，采用 SOA 技术可以有效地将管理和信息应用融合在一起。超过 70%的政府集成应用都将采用 SOA 架构。

SOA 的关键是"服务"的概念，通过将系统功能以粗粒度的服务形式表示出来，每种服务都清晰地表示其业务价值，同时，提供服务的方式采用应用加数据的方式，服务的顾客就可以简单快捷的得到这些服务，而不必考虑其后台实现的具体技术。实现企业 IT 资产的最大化重用，并享有不受限制的扩展和兼容能力。使用 SOA 架构的优势是明显的：

1）系统实施灵活，互相独立，可以快速建设，快速发挥作用；

2）支持统一管理，快速分割业务；

3）通过软件接口屏蔽各种技术细节，便于未来系统的升级与拓展。

（2）安全性与稳定性。图像信息管理系统选用的数字及模拟监控产品应严格按照国家的相关质量标准进行设计和生产，采用成熟和高质量的技术与产品，并能在出现意外时保持正常工作或在尽量短的时间内恢复正常。选择的设备广泛的应用于各种技防领域，经过市场考验，安全可靠，能确保系统在运行期间不间断工作。

（3）灵活性与可扩展性。图像信息管理系统要具有灵活性，能够同时集成模拟技术和数字技术在一个系统内同时工作，系统应是分布式系统，以方便需要时能进行扩充，避免造成不必要的财力浪费。

（4）高性价比与实用性。系统所选用的设备性能卓越，价格合理，返修率低，在满足系统实用需求的基础上，尽可能降低工程造价并与原有系统完全兼容。

（5）操作维护便捷性。系统采用用户友好的图像界面，在能够最大限度的满足实际工作的要求，把满足用户的业务管理作为第一要素进行考虑，采用集中管理控制的模式。系统采用用户图形化界面，配合电子地图选择不同的监控点和系统功能，无须烦琐的菜单操作和复杂的系统操作培训。

（6）兼容性。系统能够兼容不同厂家不同型号的模拟和数字监控设备，对于前期投入的各种系统和各种前端可以集成到图像信息管理系统中，使原有系统也能在图像信息管理系统上调用、操作，避免重复建设，使系统更加完善、功能更加强大。

（7）服务性。图像信息管理系统应把所有的信息和应用包装成六大类型的服务："承载"服务；"分发"服务；"存储"服务；"检索"服务；"播放"服务；"控制"服务。

六大服务间是相互独立的，通过软件接口屏蔽各种技术细节，每类服务都有明确的调用接口。

（8）图像信息管理系统监控设计原则。图像信息管理系统根据需求，可考虑数字监控、模拟监控、模拟和数字结合的系统。数字监控系统高性价比，由于网络传输等原因导致了实时性不高；考虑到保安监控的实时要求性高、造价、前期投入的各种系统和各种前端设备，可考虑模拟和数字结合的系统。

（9）图像信息管理系统监控中心划分原则。图像信息管理系统监控中心原则划分为三个部分：

1）一级监控中心。一级监控中心省（部、市）级以公安专网为基础网络平台，实施重点视频图像的高级应用，需要接受来自二级监控中心（市、区、局）的视频信号接入，以及交警、公交、地铁、机场、水上等局的视频信号处理。实现一级监控中心范围内基于不同网络平台构成的视频安防监控系统之间的互联，提供统一格式的图像传输。

2）二级监控中心。二级监控中心（市、区、局）需接收来自三级监控中心（各派出所）的视频信号，进行图像的高级处理，并将部分图像资料按一定的集线比，汇聚到上一级监控中心，对于信息处理的要求较高。

3）三级监控中心。三级监控中心（派出所）为基层监控点，对于所辖地段的各类监控源，初步实现视频图像的管理、显示、查找、定位、监视、控制、识别和预警等功能。其主要特点为操作简单、操作量大、实时性的要求高，对于图像的精度要求较低。

（10）在统筹考虑治安防控、应急指挥、城市管理、交通管理等政府职能的基础上，统一规划建设基于图像信息管理技术的综合系统工程。

19.2.1.2　图像信息管理系统建设的软件要求

（1）应用软件应先进、成熟。

1）能在人机交互的操作系统环境下运行；

2）应使用简体中文图形界面；

3）应使操作尽可能简化；

4）在操作过程中不应出现死机现象；

5）如果系统一旦发生故障，各子系统应仍能单独运行；

6）如果某个子系统出现故障，不应影响其他子系统的正常工作。

（2）应用软件应具有的功能。

1）对系统操作员的管理。设定操作员的姓名和操作密码，划分操作级别和控制权限等。

2）系统状态显示。以声光或文字图形显示系统自检（摄像头、硬盘录像机等）、电源状况（断电、欠压等）、报警和故障信息（时间、部位等）及图像状况等。

（3）系统控制。视频图像的切换、处理、存储、检索和回放，云台、镜头等的预置和遥控。

（4）事件记录和查询。操作员的管理、系统状态的显示等应有记录，需要时能简单快速地检索和/或回放。

19.2.1.3　设备要求

（1）产品应是列入《中华人民共和国实施强制性产品认证的产品目录》或实施生产许可证和上网许可证管理的产品，未列入强制性认证产品目录或未实施生产许可证和上网许可证管理的产品应按规定程序通过产品检测；采用新材料、新型制品应有合格的试验报告及有关部门的技术鉴定文件；

（2）产品应有厂家提供的安全性、可靠性、电磁兼容性检测报告；

（3）采用进口设备，必须有原产厂家、产地证明、商检证明，中文说明书和操作手册；

（4）系统所使用设备的平均无故障时间（MTBF）应≥5000h；

（5）系统内所有设备在规范规定的电磁干扰情况下应能正常工作。

19.2.1.4　电磁辐射防护要求

（1）系统中无线发射设备的操作人员在每天8h工作期间内，任意连续6min按全身平均的比吸收率（SAR）应小于0.1W/kg；

（2）系统中无线发射设备的一般工作人员在1天24h内，任意连续6min全身平均的比吸收率（SAR）应小于0.02W/kg；

（3）系统中电磁辐射功率应满足GB 8702—1988《电磁辐射防护标准》中2.2的要求。

19.2.2　图像信息管理系统设计依据

DB11/T 3841～18—2009《图像信息管理系统技术规范》

SJ/T 10796—1996《计算机机房用活动地板的技术要求》

GB 50054—1995《低压配电设计规范》

GB 50174—2008《电子信息系统机房设计规范》

GB/T 2887—2000《电子计算机场地通用规范》

GB 50052—1995《供配电系统设计规范》

GB 50169—1992《电气装置安装工程接地装置施工及验收规范》

GB/T 17963—2000《信息技术开放系统互连网络层安全协议》

GB/T 17900—1999《网络代理服务器的安全技术要求》

GA/T 75—1994《安全防范工程程序与要求》

GA/T 74—1994《安全防范系统通用图形符号》

GA/T 70—1994《安全防范工程费用概预算编制办法》

HYD 41-01—1999《电子设备安装工程费用定额》

GBJ 115—1987《工业电视系统工程设计规范》

GBJ 232—1982《电气装置安装工程施工及验收规范》

GB 50303—2002《建筑电气工程施工质量验收规范》

GB 50198—1994《民用闭路监视电视系统工程技术规范》

JGJ 16—2008《民用建筑电气设计规范》

GB 14050—2008《系统接地的型式及安全技术要求》

GB 7401—1987《彩色电视图像质量主观评价方法》

GB/T 16678《信息处理系统　光纤分布式数据接口（FDDI）》

YD/T 1163—2001《IP 网络安全技术要求——安全框架》

YD/T 1170—2001《IP 网络技术要求——网络总体》

YD/T 1171—2001《IP 网络技术要求——网络性能参数与指标》

国务院令 147 号《中华人民共和国计算机信息系统安全保护条例》

国务院令 195 号《中华人民共和国计算机信息网络国际联网管理暂行规定》

中华人民共和国公安部 32 号《计算机信息系统安全专用产品检测和销售许可证管理办法》

国家保密局文件国保发［1998］1 号《计算机信息系统保密管理暂行规定》

ITU-TH. 323《基于 IP 网络（包括 Internet）的传送声音、视频和数据的基本标准》

国家保密局文件国保发［1998］1 号《计算机信息系统保密管理暂行规定》

CJJ/T 106—2005《城市市政综合监管信息系统技术规范（附条文说明）》

CJ/T 213—2005《城市市政综合监管信息系统单元网格划分与编码》

CJ/T 214—2007《城市市政综合监管信息系统管理部件和事件分类、编码及数据要求》

DB11/T 160—2002《信息系统工程建立规范》

DB 11/T 171—2002《党政机关信息系统安全测评规范》

19.2.3　图像信息系统总体设计

图像信息系统 PVG 监控配置设计、图像信息管理系统基础网络设计、图像信息系统基础软硬件设计、图像信息系统维护管理系统设计、图像信息系统控制中心设计、图像信息系统监控前端的设计、图像信息系统配置管理的设计、模拟图像系统的设计、数字图像系统的设计。

19.2.3.1　图像信息系统 PVG 监控配置设计

图像信息系统 PVG 监控配置设计分为：模拟监控、数字监控、数字模拟混合监控、矩阵联网监控、全数字联网监控、PVG 按路由划分的监控、PVG 与 AT200 主机互联监控。

（1）模拟监控配置设计。模拟监控配置设计物理结构如图 19-6 所示。

（2）数字监控配置设计。数字监控配置设计物理结构如图 19-7 所示。

（3）数字模拟混合监控配置设计。数字模拟混合监控配置设计物理结构如图 19-8 所示。

（4）矩阵联网监控配置设计。矩阵联网监控配置设计物理结构如图 19-9 所示。

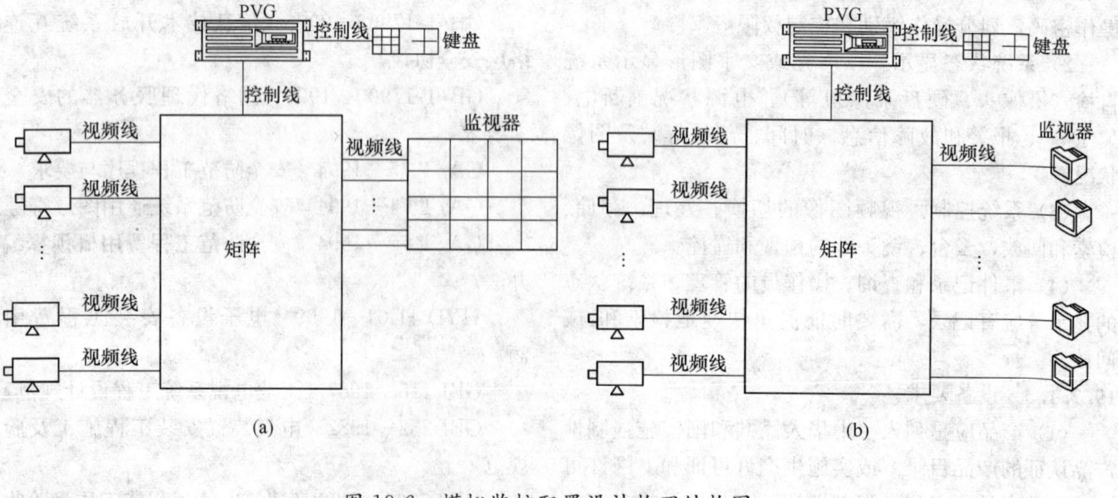

图 19-6　模拟监控配置设计物理结构图

（a）结构形式 1；（b）结构形式 2

(5) 全数字联网监控配置设计。全数字联网监控配置设计物理结构如图 19-10 所示。

(6) PVG 按路由划分的监控配置设计。PVG 按路由划分的监控配置设计物理结构如图 19-11 所示。

(7) PVG 与 AT200 主机互联监控配置设计。PVG 与 AT200 主机互联监控配置设计物理结构如图 19-12 所示。

19.2.3.2 图像信息管理系统基础网络设计

图像信息管理系统基础网络设计需要注意下面 14 点内容：

(1) 图像信息管理系统网络主要业务与应用。目前，图像信息管理系统设计运行在网络上的业务主要有：

1) 实时视频。各个指挥中心等使用单位调用的实时图像。

2) 历史图像。各个指挥中心等使用单位查询检索的录像。

3) 控制信号。各个使用者对前端摄像机发出的云镜控制指令。

4) 数据业务。视频业务相关的数据。

5) 扩展业务。根据不同的需求衍生的其他业务，如维护业务、数据备份等。

(2) 图像信息管理系统的主要需求。图像信息管理系统的主要需求包括：主干进行网络联接（光纤以太网）；数据和视频通过骨干网络传送（统一的 IP，以降低网络通信费用）；网络可靠性高，适于传送实

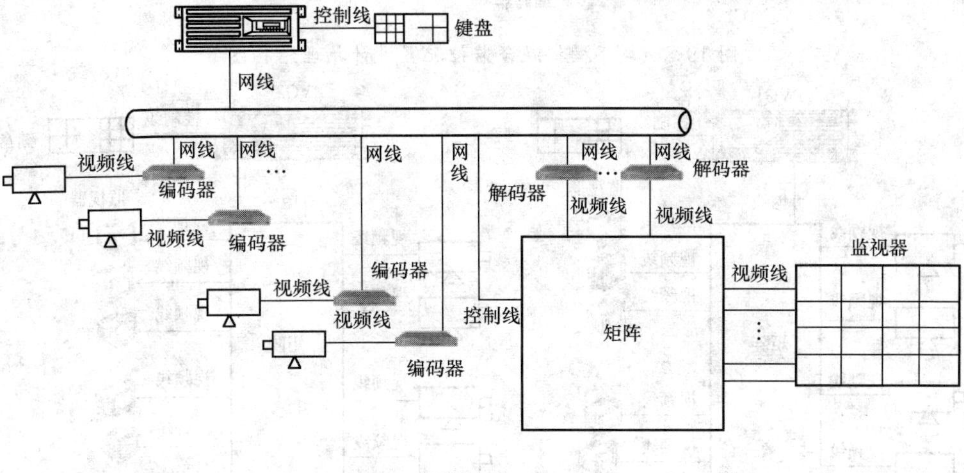

(a)

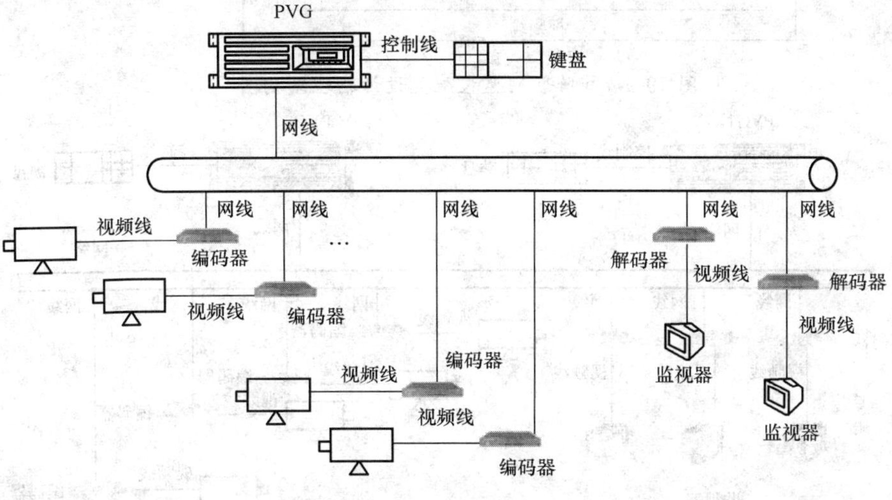

(b)

图 19-7　数字监控配置设计物理结构图
(a) 结构形式 1；(b) 结构形式 2

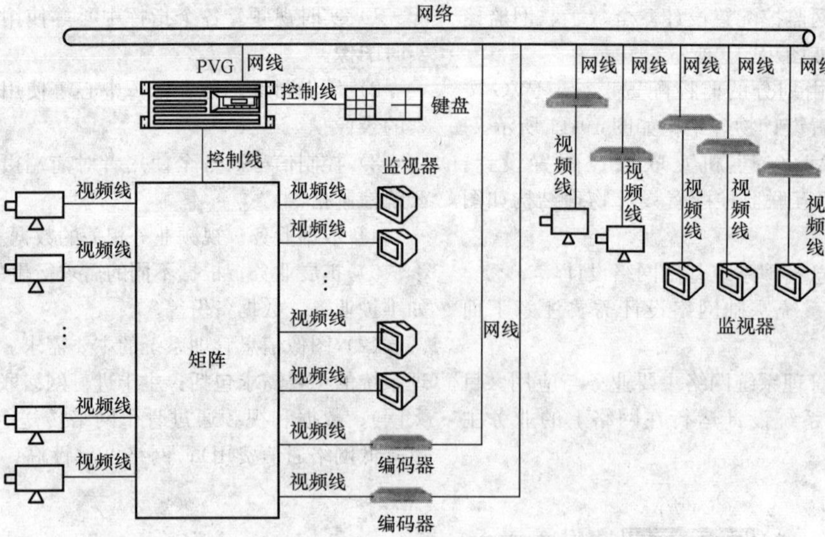

图 19-8　数字模拟混合监控配置设计物理结构图

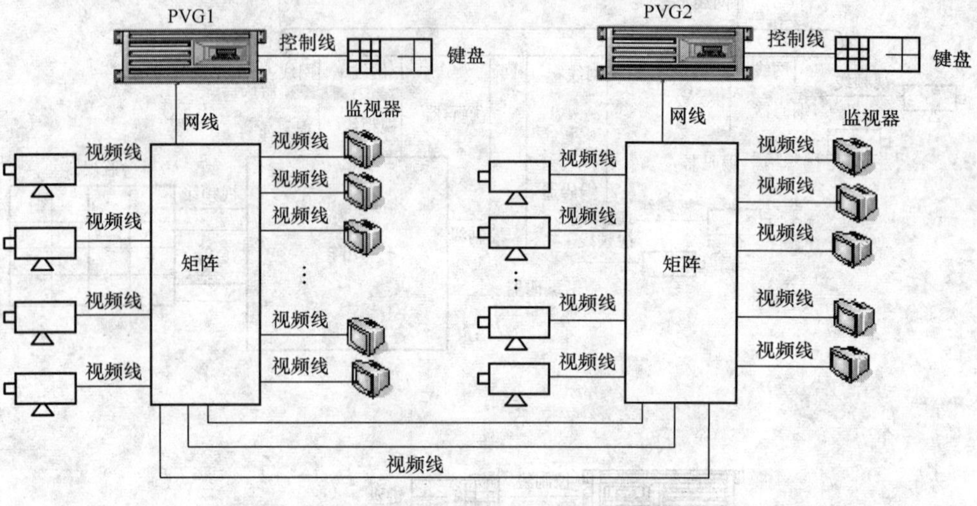

图 19-9　矩阵联网监控配置设计物理结构图

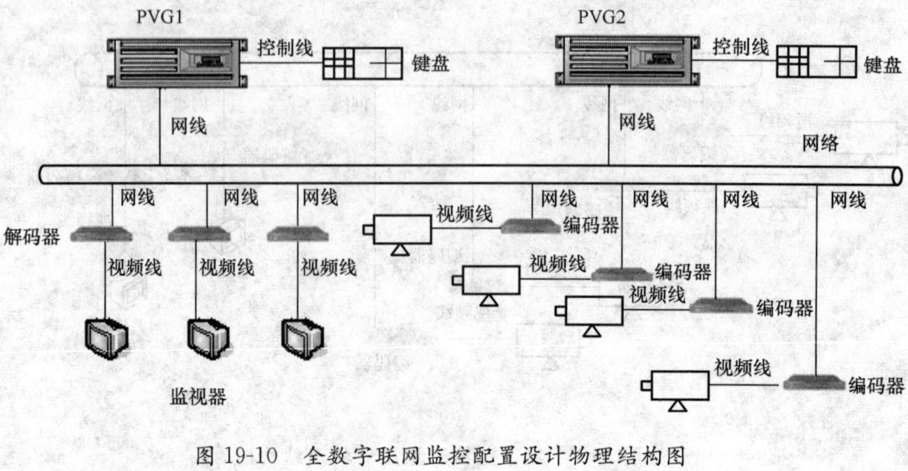

图 19-10　全数字联网监控配置设计物理结构图

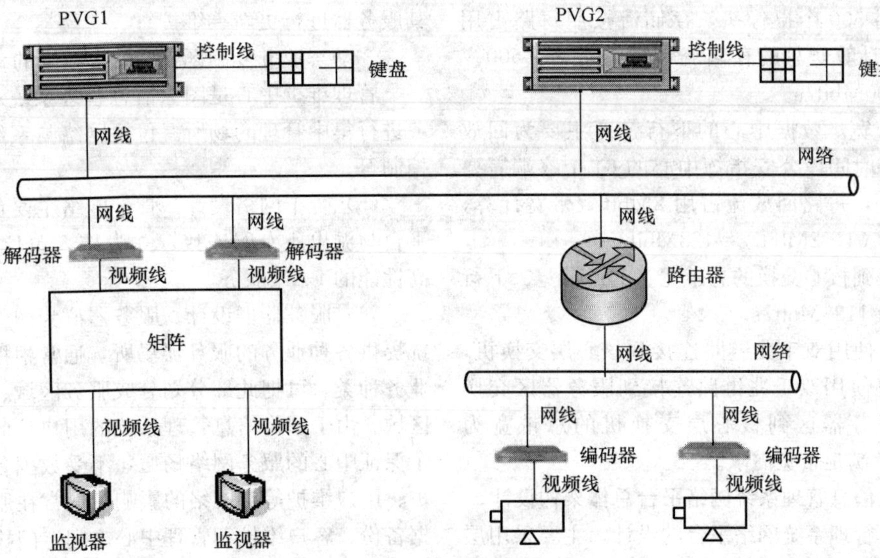

图 19-11 PVG 按路由划分的监控配置设计物理结构图

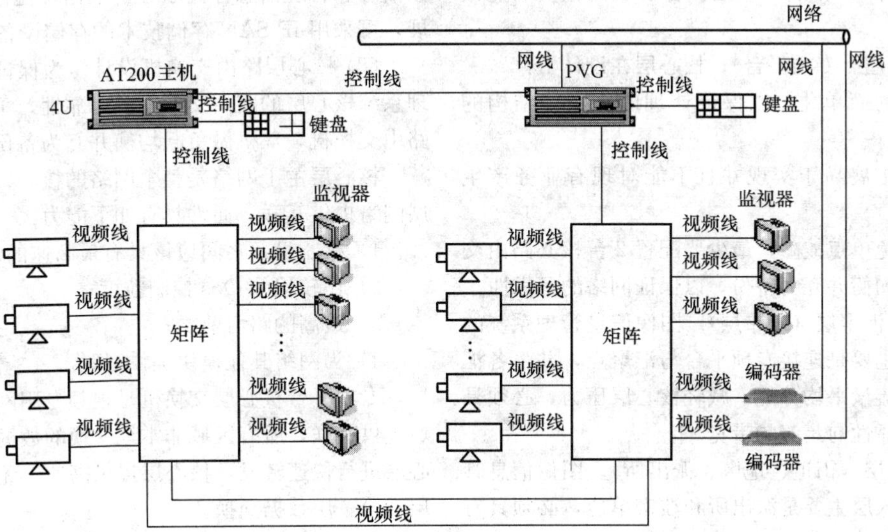

图 19-12 PVG 与 AT200 主机互联监控配置设计物理结构图

时数据业务。

(3) 图像信息管理系统运行网络带宽估算设计。视频监控网络的带宽规划需要考虑上行和下行的带宽需求和分配。

1) 分析网络汇聚层节点到核心层节点的带宽需求。网络汇聚层节点到核心层节点的上行带宽包括实时视频流带宽和存储流带宽。

①实时视频流按照每路占用 2Mbit/s 带宽计算。

②存储流按照每路占用 2Mbit/s 带宽计算。视频数据将集中存储在历史图像系统服务器区。

网络汇聚层交换机到核心层交换机的下行带宽主要为视频服务器、网管等下发的信令流，以及相关单位查看存储在中心的历史图像。

2) 分析公安指挥中心等单位到核心层节点的带宽需求。如果公安指挥中心需要能够并发查看 64 路视频源，假设每路视频源占用 2Mbit/s 带宽，则总带宽需求为：64×2＝128Mbit/s 带宽。

3) 分析服务器区到核心节点的带宽需求。服务器区到核心节点的带宽主要为上行带宽和下行带宽。

①上行带宽。服务器区的上行带宽主要为存储

流。假设规划 500 个摄像头，存储流按照每路占用 2Mbit/s 带宽计算，总的存储流带宽需求为：500×2Mbit/s=1000Mbit/s。

②下行带宽。数据中心的下行带宽主要为回放流。假设同一时间段公安指挥中心的 64 个终端需要查看回放数据，每路回放流占用 2Mbit/s 带宽计算，总带宽需求为 64×2Mbit/s=128Mbit/s。

服务器区到核心交换的总带宽（上行带宽、下行带宽）需求为 1128Mbit/s。

服务器区使用双千兆链路连接到核心层交换机，建议防火墙也使用双千兆链路连接到服务器区交换机，这样，服务器区到核心层交换机的总带宽为 2Gbit/s，能够满足带宽需求。

(4) 图像信息管理系统网络平台总体架构设计。

图像信息管理系统网络平台的设计，主要采用层次化的设计方法。层次化分为如下几层：核心层（专项平台）、网络汇聚层（分布层）、接入层（街道、地区、派出所等）、后台管理层。各层次的主要功能设计如下。

1）核心层（专项平台）。核心层在设计上：

①功能的简单化，以保证处理的高效和结构的简单；

②网络扩展易于实现并且不能对现有业务产生影响；

③为避免单点故障，最少要配置 2 台核心路由交换机做负载均衡并互为备份，以保证网络的可靠性。

2）网络汇聚层（分布层）。图像信息管理系统的网络汇聚层主要是连接专项平台与汇聚点，并将各汇聚点的网络流量平均分配，减轻核心层压力，必须具有很好的可靠性与足够的带宽。

3）接入层（街道、地区、派出所）。图像信息管理系统的接入层主要是派出所和涉密单位，必须具有足够的带宽。

4）后台管理层。后台管理层是图像信息管理系统网络平台，是图像信息管理系统是否运营成功的关键因素，后台管理层的功能主要包含了如下的方面：

①网络设备的管理；

②网络流量的监控；

③用户对其业务更新的手段；

④用户数据的备份；

⑤详尽的计费报告。

作为网络平台，包含有：

①图像信息管理系统网络平台控制中心（专项平台的管理维护中心）；

②图像信息管理系统网络平台客户中心（用户对其服务器进行更新、维护）；

③动态业务复制区等（用户数据的备份）。

管理维护中心是图像信息管理系统对其提供的服务进行集中管理的场所。包括网络与系统管理、流量控制等。

(5) 骨干网络设计。骨干网络主要负责公安专项平台与派出所专网连接，并为接入单位提供高质量、高性能的 LAN 服务。

(6) 服务器群设计。服务器群为图像信息管理系统提供各种业务的服务器场所，通常根据中心提供的业务种类，可把此部分划分成服务区域、数据备份等区域。由于图像信息管理系统的用户访问量很大，为了保证中心的服务网络畅通，不受数据备份、系统维护、用户维护等对网络的影响，通常在服务器群与数据备份、客户维护和管理中心之间专门构造一个私有网络，为维护、数据备份和存储系统使用。

(7) 存储系统设计。为图像信息管理系统提供视频信号和管理信息存储服务，根据现在存储技术的发展，可采用 IP SAN 存储技术的存储设备。

(8) 核心层路由交换机设计。为保证图像信息管理系统核心层的路由交换机的可靠性，采用 2 台核心路由交换机，双机做负载均衡并互为备份。

核心层主干网络是整个网络的核心，是指为汇聚层网络提供互联，通常具有如下能力：

1）核心设备之间应该具有最高速的链路；

2）比较粗的 Qos 控制粒度；

3）最高的路由前缀；

4）为网络其他模块提供互联。

专项平台核心层交换机是视频专用网络的各个区域提供互联，所有区域非本地交换的数据必须经过核心层进行快速转发，核心层提供高速、无阻塞的第二层和第三层数据交换。

核心层交换机作为整个网络的核心设备，提供如下功能：

1）区域互联枢纽。核心区域作为整个网络系统互连的枢纽，为其他所有的功能区域提供网络互联。

2）双核心结构。核心设备采用双核心结构，是因为他们是其他区域进行数据交换的中转枢纽，一旦出现故障，将会造成全网瘫痪。为了保证网络系统的高可靠性、高可用性，必须采用双核心结构。

(9) 安全性设计。由于信息网络会受到国内外不同意识形态的、或是不怀好意者的特别关注和入侵尝试。图像信息管理系统不可避免地要面对来自外部的各种网络攻击、非法入侵。根据国家有关安全要求，网络必须与 Internet 在物理上分开，图像信息管理系统作为政府专用网络，与 Internet 是物理隔离的。这种结构为图像信息管理系统在相当程度上提供了安全保证。但仅这一点是不够的。因此，从网络平台、系统平台、应用平台和安全管理等不同方面，多角度地分析图像信息管理系统可能存在的安全漏洞和安全风险，提出针对性的解决办法，保护网络的安全，最大限度地减少可能因为被入侵而造成的社会影响和经济损失，因此如何保障信息的安全性是首要任务，可以在核心交换机上配置高性能的双机防火墙模块和入侵检测模块，用于将不同的区域隔离开来，在防火墙上配置严格的安全策略，确保内部网络的安全。

1）安全体系。在网络不同的协议层次，尽管网络中的实体不同，但都有主体和资源之分。在网络层，主体是客户机，资源是服务器或网络服务。对主体和资源的识别以主机或协议端口为粒度，认证服务主要指主机地址的认证。网络层的访问控制主要指防火墙等过滤机制。在应用层系统中，对主体的认证是指用户身份认证，访问控制的粒度可以具体到某种操作，如对数据项的追加、修改和删除。

对资源的访问控制是安全保密的核心，而对用户的身份认证或主机的地址的认证是访问控制的前提。

在图像信息管理系统安全设计中，首先要确定安全方案所涉及的系统单元，其次要考虑该系统单元在各个层次所提供的安全服务（功能），然后还应考虑这些单元系统之间的逻辑关系，才能提供全面的、合理的、有机的安全服务。

2）图像信息管理系统建设网络安全需求。

①物理安全需求。图像信息管理系统建设需要解决关键设备/数据的备份恢复、防火、防雷、防电力故障、防介质损坏以及规范机房管理等保护措施，保护网络设备、设施、介质和信息免受自然灾害、环境事故以及人为、物理操作失误以及各种以物理手段进行违法犯罪行为导致的破坏、丢失，以最大限度地保障系统的物理安全。

②网络安全需求。需要对网络的结构进行优化，通过防火墙划分不同安全域，实现对内部服务器的安全隔离和限制用户访问内部服务器。

③系统安全防护需求。操作系统、数据库系统、Web 服务及应用系统等方面在设计和配置方面总会有或多或少的漏洞，如果被攻击者利用，将造成非法访问、木马入侵、病毒破坏、网页篡改、数据丢失、系统瘫痪等严重问题。因此，需要在采用病毒防护、网页防篡改等安全措施的基础上，经常对系统进行安全评估和加固，全面实现系统层面的安全防护。

④容灾备份需求。图像信息管理系统建设的数据丢失、破坏或服务中断都将造成严重影响，因此需要制定并实施科学合理的容灾备份方案，确保系统的可靠运行和服务正常。

⑤监控管理需求。随着图像信息管理系统建设信息资源的不断增加，对服务的连续性要求也不断提高，对出现的网络和服务器故障必须及时发现和解决。因此，需要采取有效的网络监控措施，实时监控网络和应用服务器的运行状态，最大限度地提高网络的可控制性及可用性。

⑥应用安全需求。需要建立统一的应用安全平台，为系统提供身份认证、授权管理、数字签名、单点登录等统一的应用安全服务，从而有效地实现身份的有效鉴别、访问控制、责任认定。

⑦安全管理需求。安全是不能仅仅靠技术来保证，必须要有相应的组织管理体制配合、支撑，才能确保信息系统安全、稳定运行。图像系统建设需要在管理组织、制度、应急响应、安全评估、安全服务等方面进行进一步的完善，建立有效的安全管理体系。

根据系统面临的安全威胁与风险，图像系统建设的安全建设需要从技术保障、组织管理等方面着手，以应用与实效为主导，管理与技术并重，按照分域防护、分级保护的要求，从物理、网络、系统、应用和管理等层面，建立综合防范体系，确保信息系统安全、高效、可靠运行。

（10）扩展性设计。核心设备采用模块化设计和网络层次化设计，使得网络的扩张能力好，在网络需要增加网络节点的时候，只需要对核心设备增加相应的网络模块，配置相应的策略，就可以实现与网络节点的互联。

（11）网络汇聚层交换机设计。网络汇聚层交换机应该是一种企业级可堆叠多层交换机，可提供高可用性、可扩展性、安全性和可改进网络运营的管理能力。网络汇聚层交换机应该与核心交换机是同一厂商的产品，以方便网络管理。

（12）接入层交换机设计。接入层交换机对于街道、地区或派出所等汇聚点，其为整个网络数据流量的主要来源地，故其网络流量较大，所以可以考虑全部采用三层千兆交换机。接入层交换机至少带有 2 个千兆上行口，做双端口绑定技术，增加上联带宽并起到提供冗余备份链路，接入层交换机应与核心层交换机、网络汇聚层交换机为同一厂商产品。

接入层交换机应为固定配置、可堆叠模式，可以为中小型网络提供了线速和千兆位以太网连接功能。可以为网络边缘提供多种智能化服务，例如增强的安全性、高可用性和高级服务质量（QoS）同时保持传统LAN交换的简便性。

（13）IP地址管理设计。IP地址的合理规划是大型网络设计中的重要一环，大型计算机网络必须对IP地址进行统一规划并得到实施。IP地址规划的好坏，影响到网络路由协议算法的效率，影响到网络的性能，影响到网络的扩展，影响到网络的管理，也必将直接影响到网络应用的进一步发展。

1）IP地址规划原则。图像信息管理系统使用的IP地址严格按照所确定的专用IP地址段。

IP地址空间分配，要与网络拓扑层次结构相适应，既要有效的利用地址空间，又要体现出网络中的路由聚类，减少路由器中路由表的长度，减少对路由器CPU、内存的消耗，提高路由算法的效率，加快路由变化的收敛速度，同时还要考虑到网络地址的可管理性。

2）图像信息管理系统IP地址分配要求。图像信息管理系统IP地址的分配遵照以下要求：

①唯一性。一个IP网络中不能有两个主机采用相同的IP地址。

②可管理性。地址分配应简单且易于管理，以降低网络扩展的复杂性，简化路由表中的数据项。

③连续性。连续地址在层次结构网络中易于进行路由聚合，从而达到大大缩减路由表，提高路由算法的效率的目的。

④可扩展性。地址分配在每一层次上都要留有余量，在网络规模扩展时能保证地址聚合所需的连续性。

⑤灵活性。地址分配应具有灵活性，以满足多种路由策略的优化，充分利用地址空间。

⑥层次性。IP地址的划分采用层次化的方法。

应充分利用无类别域间路由（CIDR）技术和变长子网掩码（VLSM）技术，合理地使用IP地址。

3）IP地址规划方案。

①IP地址分配。在图像信息管理系统中，把地址分为Loopback地址、互联地址、业务地址、预留地址，同时对于某些特殊的业务部门可以按照业务部门进行IP地址分配。以10.0.0.0/8一个A类地址为例进行设计，此地址将根据图像信息管理系统实际分配地址调整。设备互联时，下层设备使用大号地址、上层设备使用小号地址。

②单播地址规划。在进行IP地址规划必须考虑到未来各区县视频监控网络建成后，均连接到市共享平台，如何实现不同区县视频监控数据的互联互通？下面给出单播地址和组播地址的规划。

4）单播地址。对于图像信息管理系统来说，假设接入10000个摄像头，每个编码器将占用一个IP地址，如果考虑编码器直接接入三层交换机，使用30位掩码，则每个编码器将会占用4个IP地址（网络设备Loopback地址、网络设备互联地址、业务地址和编码器将占用一个IP地址），10000个摄像头就需要40000个IP地址。分配10个B类地址，可提供10×255×255＝650250个IP地址，可以满足工程项目的需求。

假设工程使用的单播地址段为10.0.0.0～10.10.255.255。

①网络设备的Loopback地址。为了方便管理，为每一台三层交换机设备创建一个Loopback接口，并在该接口上单独指定一个IP地址作为管理地址，管理员会使用该地址对路由器远程登录（telnet），该地址实际上起到了类似设备名称一类的功能。同时各种上层协议需要使用TCP或UDP来建立连接时也需要使用该地址作为源地址，比如在启用OSPF路由协议时，Loopback地址可以作为Router-ID使用。Looback地址要求使用32位掩码。

②网络设备互联地址。网络设备互联地址建议使用30位掩码。

③业务地址。业务地址在图像信息管理系统中编码器、解码器、视频服务器、IP-SAN等设备的地址均为业务地址。业务地址是整个图像信息管理系统中需求量最大的地址块。

在分配业务地址时，必须考虑业务地址的聚合能力。建议按照街乡为单位，给每个街乡分配连续的地址块，这样在路由规划时，便于对IP地址进行聚合。

整个网络的单播IP地址规划见表19-1。

表19-1　图像信息管理系统网络单播IP地址规划

序号	标识区域	IP地址块范围
1	网络设备管理地址	10.0.0.0～10.0.255.255
2	广域互联地址	10.1.0.0～10.1.255.255
3	专项平台地址	10.2.0.0～10.16.255.255
4	骨干层预留地址	10.17.0.0～10.31.255.255
5	分控中心	10.32.0.0～10.73.255.255
32	预留地址	10.74.0.0～10.255.255.255

（14）网络管理。随着信息网络规模的日益扩大，结构的日益复杂，网络管理和维护的难度也越来越大，要想保证整个网络系统高效、稳定运行，除加强人员的培训和管理外，要采用智能化、标准化、可扩展的网络管理平台技术。在网络管理平台技术中：

1）标准的网管系统监控各个网络节点和通信线路状态；

2）基于通用网管平台开发的设备厂商网管软件实现对网络重要设备的管理；

3）由系统增值集成商基于网管平台二次开发接口及其他相关技术开发的满足用户定制需求的专用管理软件，实现网络运行、维护、运营的统一集成管理。

随着网络技术的发展，网络的管理面临着越来越高的要求。网络的管理从以网络设备为中心，变化为以管理智能网络，管理关键业务流量为中心。

图像信息管理系统建议使用基于 TCP/IP 的网络管理软件。

网络管理的任务是采集网络中各种设备和设施的工作状态，将网络运行状态信息提交给网络管理员监视和处理；接受网络管理员的管理指令，向网络设备和设施发出控制指令，控制设备和设施的工作状态。

基于 TCP/IP 的网络管理软件的模型如图 19-13 所示。

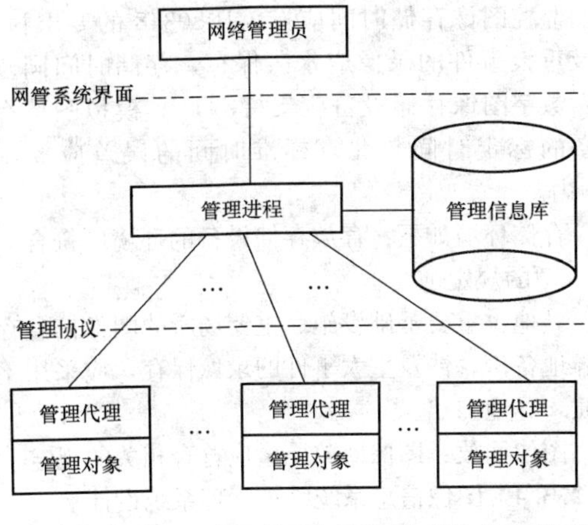

图 19-13　基于 TCP/IP 的网络管理软件的模型

图 19-13 中：

1）管理对象：指被网管系统监测的设备/设施。

2）管理进程：对管理对象进行监测和控制的软件，它根据管理对象的状态及其变化，决定对管理对象的管理动作。

3）管理信息库：管理进程用于记录管理对象状态的数据库。

4）管理协议：管理进程与管理对象之间传递管理命令、解释管理命令的协议。

5）管理代理：在每一个管理对象上设置一个管理代理（Agent），负责记录管理对象的状态。网络管理中心的管理进程不需要直接采集管理对象的状态，向管理对象发出指令，只需与各管理代理通信。管理代理在管理代理与管理进程之间传递状态和命令，执行来自管理进程的命令。

选用的网管软件应具有以下特点：

1）同时支持网络监视和控制两种功能：网络监视功能用于掌握网络的当前状态，发现和诊断网络故障；网络控制功能用于管理网络的运行，对故障进行隔离和定位。

2）可管理多种网络协议，并能对相应的系统开销进行有效控制。

3）遵循标准化的网络管理机制和协议。

19.2.3.3　图像信息系统基础软硬件设计

图像信息系统基础软硬件设计需要注意下面 3 点内容：

（1）服务器。

1）管理控制系统服务器（主、备）；

2）视频转发系统服务器；

3）历史图像管理系统服务器；

4）索引检索系统服务器；

5）用户权限认证管理系统服务器；

6）边界管理系统服务器；

7）边界视频转发系统服务器；

8）配置管理系统工作站 PC；

9）维护管理系统服务器；

10）数据库服务器；

11）网管等通用服务器。

（2）软件。监控报警管理平台是安防联网系统的核心，涵盖所有服务控制和业务处理程序。整个软件模型从宏观上看分为三层结构，自底向上分别为网络承载层、内容层和执行层。

1）网络承载层主要负责物理设备联网接入、网络数据传输以及系统间通信会话建立。具体划分为三个功能模块：网络接入，通信协议，会话传输。网络接入模块负责异构网络设备、系统的接入；通信协议模块约束通信规范，统一信令协议，建立传输信道；会话传输模块基于已建立的信道建立会话传输数据流。网络承载层为所有上层模块执行的基础，是所有数据接入的基本层。可基于标准的通信协议封装为通信中间件，与上层安防业务功能模块彻底分离，提高系统的处理效率。

2）内容汇聚层。内容汇聚层主要负责所有业务、服务内容的汇聚管理，分为业务处理和服务应用两个模块。业务处理模块负责数据信息存储查询、视频存储分发、视频搜索、报警信息处理、指挥调度和公安综合研判等业务功能；服务应用负责实时图像点播、历史图像检索和回放、设备控制、存储和备份、报警联动等基本监控功能。该层采用开放式架构，提供标准服务接口，并可通过插件式的业务模块集成，丰富服务内容，扩展系统功能。

3）执行层。执行层为系统管理者提供主观能动的开放式控制接口。管理者可执行用户权限管理、设备管理和安全认证机制等功能，定制符合个性化需求的客户端管理软件。

（3）存储。

1）存储容量。前端获取图像模式 D1(704×576)需要存储容量：

① 需要带宽：2Mbit/s；

② 存储点数：(个)100～500；

③ 存储 7 天的容量(TB)：

2Mbit/s×(7×24×3600)s/8×100 路＝15T

2Mbit/s×(7×24×3600)s/8×500 路＝60T

● 存储 15 天的容量(TB)

2Mbit/s×(15×24×3600)s/8×100 路＝31T

2Mbit/s×(15×24×3600)s/8×500 路＝155T

2）存储容量性能。

● 单存储系统盘位≥16 个，可支持 250、300、400、500、750GB 容量的磁盘；

● 存储设备提供两个千兆以太存储接口（可扩充到 4 个以个），多以太存储接口支持任意选择绑定；

● 存储设备配置双处理器；

● 支持快照功能，可自动排程对数据卷进行快照；

● 具备根据不同的事件级别来进行声音或者 E-mail 报警；

● 支持优先级别可调整的数据访问，具有只读/可读写 2 种方式。

3）存储系统的兼容性。

支持 UNIX（SUN、HP、IBM）、Windows、Linux、Netware 等操作系统，设备具有良好互操作性。

4）存储系统可管理性。

● 存储设备要求支持在线容量扩展；

● 提供容量管理和划分；

● 提供对 SAN 空间的创建和扩展功能，命名和改名功能；

● 提供 IP SAN 用户分配和管理功能；

● 提供 IP 地址的配置和管理功能，以及路由的管理功能。

5）图像存储。存储方式与一般要求如下。接入平台存储通常可采用 DVR 或磁盘阵列形式；交换/管理平台存储通常可采用磁带机、磁盘阵列、SAN 或光盘塔等形式。要求存储记录的图像文件，不能缺失文件打包和新建时间间隔的图像信息。

存储文件格式如下：MPEG4 PS 流，并可平滑升级至 AVS PS 流；重要场所或一般场所的重要区域/目标的图像记录质量应为 D1，一般场所/区域的图像记录质量可低于 D1，但不得低于 CIF。移动图像的记录质量不得低于其回传图像的质量。

减帧如下：各个控制中心可根据需要设定图像存储时的减帧帧数，但最小的存储帧数不得小于 5 个有效帧/秒，不能连续减帧；涉及重大事件的图像存储不应采用减帧存储方式。

存储时间如下：重要部位、地下通道、过街天桥，以及宾馆、饭店、餐饮、文化娱乐场所和市场等涉及公众聚集的场所，录像存储时间应保持 30 天以上。交通道路、公交枢纽设施及公交、地铁运营车辆的监控录像应保持 7 天以上；不能联网的图像信息管理系统必须具备全部图像本地实时录像功能，保存的时间一般应在 15 天以上；各个控制中心和分控中心自行设定图像存储的天数，不得少于 15 天；其他场所的监控图像存储时间应按 GB 50348 的要求执行。涉及重大事件的录像应永久保存。存储时间同步如下：数字图像存储设备应支持 NTP；模拟图像存储设备的标定时间与北京标准时间的误差应控制在 10s 内。

存储环境如下：存放存储设备的环境应符合 GB/T 2887 的规定。

其他：重要基础设施、重要场所的图像信息存储应异地备份。涉及重大事件的录像保存，应采用不同介质，异地归档。

图像回放：图像回放质量应符合相关的规定。

19.2.3.4 图像信息系统维护管理系统设计

维护管理系统采用图形化界面，支持 SNMP 协议和自定义协议，对平台中的设备进行管理。图像信息系统维护管理系统设计要注意下面的内容：

（1）提供在串口或 TELNET 方式下系统运行参数的设置；

（2）支持软件版本的在线查询；

（3）支持远程设置时钟，时钟自动同步；

（4）支持设备的远程重启功能；

（5）支持视频源状态的查询和主动上报；

（6）支持设备录像状态的查询和主动上报；

（7）支持开关量状态的定期上报；

（8）设备自动巡检。可手动或定时对全网设备进行巡检，报告故障情况并生成报表，维护任务管理功能支持用户自定义报表模式，自动从设备状态报告和自动巡检报告中生成工单，工单的管理采用工作流模式，形成闭环管理；

(9) 日志记录：自动记录操作员登录日志（用户登入、登出时间），以及用户的操作日志（用户的每一步操作，需记录下时间、动作）并保留三个月，可支持图像化查询。

19.2.3.5　图像信息系统控制中心设计

图像信息系统控制中心设计需要注意下面 3 点内容：

(1) 监控中心设备。无论是总监控中心还是分监控中心，设备主要由中心管理服务器、网管工作站、存储服务器、网络视频解码器和大屏幕显示系统等组成。在一个区域中心可以设立一个统一的数据库服务器，各管理服务器与此数据库直接相连。当然也可以在各管理服务器上直接设立数据库服务。在区域中心内设立一个磁盘阵列构成的存储网络服务器群，主要向用户提供中心媒体存储的服务功能。可以根据客户的需要给每个客户管理服务器分配一定数量的存储空间。此外用户也可以选择带本地存储的前端设备。

(2) 综合管理集成平台。针对中国“平安城市”的系统建设，霍尼韦尔建设的“平安城市”综合管理集成平台（Honeywell City Surveillance Solution，HCSS），并拥有全线的安全防范产品，针对“平安城市”有适合于大规模联网及分级别管理的视频矩阵系统、数字化视频集中管理系统、稳定可靠的远程联网门禁控制系统、高级别的防盗报警系统、集中的城市联网接警中心管理系统、完善的智能家居系统等。

HCSS 的模型如图 19-14 所示。

综合管理集成平台 HCSS 的模型总体设计优势：分级负责、综合协调、统一指挥；整体规划设计、具备分步实施及扩充空间；提供图像存储、实时监控、预警联动；采取不同流媒体传输策略适合不同的网络环境；提供矢量电子地图 GIS 系统符合城市管理综合应用；采用网络化视频矩阵主机、满足大规模数字化组网需求；发挥网络化平台优势、实现预案编程管理能力；符合未来发展方向及城市综合化管理的需要。

(3) 控制中心设计的布局设计。控制中心设计的布局设计需要注意下面几点：

1) 控制中心的设备布置应符合 GB 50198—1994《民用闭路监视电视系统工程技术规范》的有关规定。

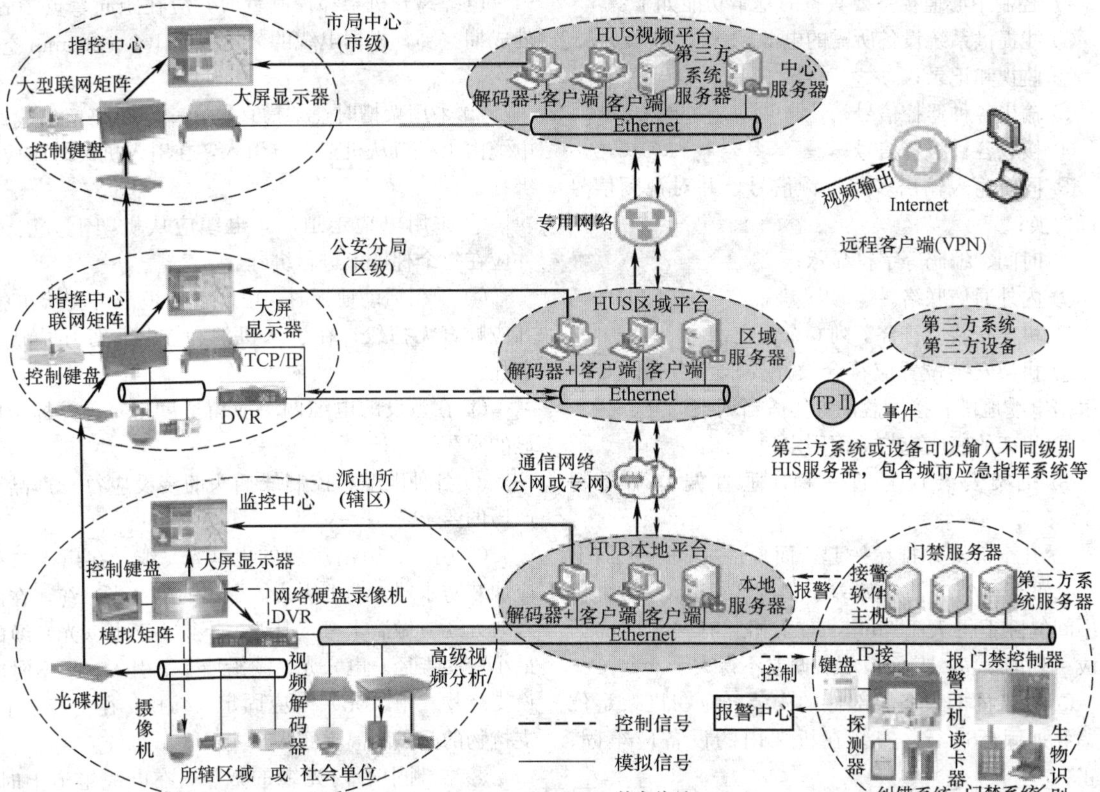

图 19-14　综合管理集成平台 HCSS 的模型

2）控制中心一般分为二个区，即终端显示区和操作区。操作区与显示区的距离以监视者与屏幕之间的距离为屏幕对角线的4～6倍设置为宜。

3）控制中心的设计规定应符合下列7点规定：

① 控制中心监控室宜设置在环境噪声较小的场所；

② 控制中心监控室的使用面积应根据设备容量确定，宜为12～50m^2；

③ 控制中心监控室的地面应光滑、平整、不起尘。门的宽度不应小于0.9m，高度不应小于2.1m；

④ 控制中心监控室内的温度宜为16～30℃，相对湿度宜为30%～75%；

⑤ 控制中心监控室内的电缆、控制线的敷设宜设置地槽，当属改建工程或监控室不宜设置地槽时，也可敷设在电缆架槽、电缆走道、墙上槽板内，或采用活动地板；

⑥ 根据机柜、控制台等设备的相应位置，设置电缆槽和进线孔，槽的高度和宽度应满足敷设电缆的容量和电缆弯曲半径的要求；

⑦ 控制中心监控室内设备的排列，应便于维护与操作，并应满足安全、消防的规定要求。

4）控制中心监控室要具备的基本功能如下：

① 能提供系统设备所需的电源；

② 监视和记录；

③ 输出各种遥控信号；

④ 接收各种报警信号；

⑤ 同时输入输出多路视频信号，并对视频信号进行切换；

⑥ 时间、编码等字符显示；

⑦ 内外通信联络。

5）机架安装应符合下列6点规定：

① 机架安装位置应符合设计要求，当有困难时可根据电缆地槽和接线盒位置作适当调整；

② 机架的底座应与地面固定；

③ 机架安装应竖直平稳，垂直偏差不得超过1%；

④ 几个机架并排在一起，面板应在同一平面上并与基准线平行，前后偏差不得大于3mm，两个机架中间缝隙不得大于3mm，对于相互有一定间隔而排成一列的设备，其面板前后偏差不得大于5mm；

⑤ 机架内的设备、部件的安装，应在机架定位完毕并加固后进行，安装在机架内的设备应牢固、端正；

⑥ 机架上的固定螺钉、垫片和弹簧垫圈均应按要求紧固不得遗漏。

6）控制台安装应符合下列7点规定：

① 控制台位置应符合设计要求。

② 控制台应安放竖直，台面水平。

③ 附件完整、无损伤、螺钉紧固，台面整洁无划痕。

④ 台内接插件和设备接触应可靠，安装应牢固，内部接线应符合设计要求，无扭曲脱落现象。

⑤ 控制台正面与墙的净距不应小于1.2m；侧面与墙或其他设备的净距，在主要走道不应小于1.5m，次要走道不应小于0.8m。机架背面和侧面距离墙的净距不应小于0.8m。

⑥ 控制台的操作面板，应置于操作员既方便操作又便于观察的位置。

⑦ 控制台布局、尺寸和台面及坐椅的高度应符合GB 7269—2008《电子设备控制台的布局、型式和基本尺寸》的规定。

7）控制中心内电缆的敷设要求应符合下列8点要求：

① 采用地槽或墙槽时，电缆应从机架、控制台底部引入，将电缆顺着所盘方向理直，按电缆的排列次序放入槽内；拐弯处应符合电缆曲率半径要求。

电缆离开机架和控制台时，应在距起弯点10mm处成捆空绑，根据电缆的数量应隔100～200mm空绑一次。

② 采用架槽时，架槽宜每隔一定距离留出线口。电缆由出线口从机架上方引入，在引入机架时应成捆绑扎。

③ 采用电缆走道时，电缆应从机架上方引入，并应在每个梯铁上进行绑扎。

④ 采用活动地板时，电缆在地板下可灵活布放，并应顺直无扭绞；在引入机架和控制台处还应成捆绑扎。

⑤ 在敷设的电缆两端应留适度裕量，并标示明显的永久性标记。

⑥ 各种电缆和控制线插头的装设应符合产品生产厂的要求。

⑦ 引入、引出房屋的电（光）缆，在出入口处应加装防水罩。向上引入、引出的电（光）缆，在出入口处还应做滴水弯，其弯度不得小于电（光）缆的最小弯曲半径。电（光）缆沿墙上下引入、引出时应设支持物。电（光）缆应固定（绑扎）在支持物上，支持物的间隔距离不宜大于1m。

⑧ 控制中心内光缆的敷设，在电缆走道上时，光端机上的光缆宜预留10m；余缆盘成圈后应妥善放置，光缆至光端机的光纤连接器的耦合工艺，应严格

按有关要求进行。

8）监视器的安装要求应符合下列 6 点要求：

① 监视器可装设在固定的机架和柜上，也可装设在控制台操作柜上，当装在柜内时，应采取通风散热措施；

② 监视器的安装位置应使屏幕不受外来光直射，当有不可避免的光时，应加遮光罩遮挡；

③ 监视器的外部可调节部分，应暴露在便于操作的位置，可加保护盖；

④ 宜采用 23～51cm 屏幕的监视器；

⑤ 在射频传输方式中，可采用电视接收机做监视器；

⑥ 有特殊要求时，可采用大屏幕监视器或投影电视。

9）大、中型控制中心的监视器宜用监视器架摆放，一般呈内扇形或一字形，监视器架的背面和侧面距墙的距离不应小于 0.8m。

10）与室内照明设计合理配合，以减少在屏幕上因灯光反射引起对操作人员的眩目。

11）控制室内照明要求。

①控制室内的平均照度应≥200lx。

②照度均匀度（即最低照度与平均照度之比）应≥0.7。

12）控制中心内布线设计。

①控制中心内的电缆、控制线的敷设宜采用地槽。槽高、槽宽应满足敷设电缆的需要和电缆弯曲半径的要求。

② 对活动地板的地求：防静电。架空高度≥0.30cm。根据机柜、控制如等设备的相应位置，留进线槽和进线孔。

19.2.3.6　图像信息系统监控前端的设计

图像信息系统根据各城市的具体情况，在各监控点安装相应的监控摄像机（彩色或黑白、固定或活动云台、定焦或变焦）和软件系统。在每个公共场合可以安装一个或数个监控摄像机，外围再各配备一台云台、防护罩及云台控制器。每个视频采集点各匹配一台视频编码器。监控摄像机用于采集城市公共场合状况视频信号。监控中心发出的对于云台、镜头等的控制指令传送到监控点。用户可以通过位于监控中心的云台控制设备控制现场任意点的云台、镜头的光圈、焦距、变倍；云台的上、下、左、右、自动或辅助控制远端的电源、摄像机开关等。

(1) 城市路口、道路视频监控点。对路口、道路实行视频监控，这在全国大中城市已经非常普遍。它不仅在白天，在夜间也能实现道路的实时监控。

(2) 居民小区、商业中心、车站广场等人流集中的场所视频监控点。城市路口、道路、居民小区、商业中心、车站广场视频监控点实时采集的视频文件及时地传输给监控中心。建立该系统后，公安交通管理部门就可以实时地了解城市各干道及路口的情况，并可以迅速的调派警力处理险情，节省警力，以更好的管理改善城市的交通环境。

监控前端的设计需要注意下面 6 点：

1）视频采集点采集的视频图像经网络传输；

2）建立覆盖城市区域的网络系统，连接分散在各主要交通路口的视频监视点。

3）视频图像监看清晰度不低于 300 线，图像显示速度可达到 25～30 帧/s。

4）系统具有良好可扩展性，随着监控点的增加，只要增加前端设备和升级软件。

5）用户通过监控中心电视墙，可以随时了解情况，可以进行连续 24h 实时监控。

6）具有监控、录像、回放、传输和备份功能，现场拍到的视频图像可进行存储。

城市路口视频监控点可与交通违章管理系统配合使用，在路口抓拍违章车辆，当车辆“超速”或“闯红灯”时，自动对车辆的图像进行抓拍，将车辆的号牌、车辆的类型、颜色、速度、记录在数据库中，并及时上传至交通违章处理部门审查，打印后告知违章车主，作为车辆违章处理等交通执法工作的证据。

19.2.3.7　图像信息系统配置管理的设计

(1) 图像信息系统配置管理概述。网络视频管理平台的配置管理系统提供专业的系统配置管理软件，完成全网资源对象的配置和管理，功能包括系统初始化、批量数据导入、配置数据的调整和复杂权限设置。

配置管理一般有两种方式，一种是使用 GUI 界面的，另一种是使用交互指令。前者配置的特点是简单、图形化、可视化，而且可以离线编辑配置文件。后者提供了完整的一套指令来与系统进行交互，比前者更加灵活和强大，但需要更多的专业知识，适合系统管理员使用。

提供了在线（on-line）和离线（off-line）编辑配置数据库两种方式，并且用户可对原有的配置文件模板进行修改来定制自己的配置文件模板。

配置管理的一般步骤应为：

1）创建中心连接设备；

2）填写中心设备的属性及其输入输出表格（如摄像机表和监视器表）；

3）建立设备与设备之间的连接关系（如串口连

接、视频连接和网络连接关系）；

4）配置特定的需求和结构（如与其他服务器的联网方式等）；

5）把配置应用到系统上并检查和验证正确性；

6）可随时从服务器上下载专用的DB文件到本地，实现配置数据保存。

（2）配置。

1）运行于Windows操作系统；

2）交互指令工具模块；

3）系统配置界面图；

4）增加权限界面图。

19.2.3.8 模拟图像系统的设计

模拟图像系统的设计需要注意下面10点内容：

（1）分局（一级）能调看到下属各个派出所（二级）、派出所下属的各个行政村、住宅小区（三级）的所有摄像机图像，能控制下属各个分局、各个分局下属的各个派出所的活动摄像机。

（2）根据权限设置，各个派出所（二级）也能调看、控制分局（一级控制）下属的其他各个派出所（二级）、派出所下属的各个行政村、住宅小区（三级）的所有摄像机图像 。

（3）分局与各派出所、派出所与下属行政村、住宅小区之间建立四路视频干线和控制干线后，市局（一级控制）能同时显示下属二级或某二级下属的某三级的任意四路图像。一级与二级之间设立一路模拟下传图像通道。

（4）一级对三级所属摄像机进行控制时，二级透明，如同使用同一个矩阵一样。

（5）一级能根据预置方式，操纵二级或三级的某一组摄像机，二级能根据预置方式，操纵三级的某一组摄像机，即实现远程组切换功能。

（6）具有远程报警联动功能。能自动切换一组图像。

（7）各级能完成摄像机分组，摄像机切换，摄像机控制，摄像机名称显示，报警产生时自动切换摄像机，用户登录，失效与退出，组切换功能，I/O，用户权限漫游，监视器和摄像机的锁定功能和提供级间的联网功能。

（8）优先级控制功能。系统要具有优先级管理的能力，并且优先控制权具有时效性。即设定，一级为最高级、二级为次级、三级为最低级别，当一级调用三级某路图像后，二级、三级不能控制该路图像，当一级在一定时间内对该图像不进行任何操作时，自动释放该路图像，为低级操作开放，使得二级、三级可以调用、控制该路图像。

（9）监视功能。通过矩阵和电视墙能清晰监视各点图像，无论白天晚上，无论晴天雨天，都能清晰监视目标场所，在需要的场合能对摄像机进行方位、变焦等控制。

（10）电子地图功能：监控点应直观地显示在电子地图上，并能点击显示监控点图像。能显示街区分布、派出所辖区范围、警力分布、社区警务室及联防点、治安点位置等。对于发生报警或其他警情时，能自动切换到相应监控点（包括摄像机切换和预置点），在屏幕上调出该点图像，并在电子地图上给出指示，计算机给出声音提示，记录相关报警信息；在进行摄像机切换和控制时也能在电子地图上指示最近监控点。

19.2.3.9 数字图像系统的设计

数字图像系统的设计需要注意下面6点内容：

（1）网络监视功能。通过网络，各客户端能清晰监视各点图像，无论白天晚上，无论晴天雨天，都能清晰监视目标场所，在需要的场合能对摄像机进行方位、变焦等控制。

（2）网络图像调度功能。任一显示器能显示任一监控点的图像。并且通过软件或硬件能与其他监控系统联网，并调度其图像。

（3）图像的记录和备份功能。所有图像均以分局为中心对图像进行统一录像记录，采用数字录像机，通过硬盘和光盘刻录机对需要的图像在各分控中心进行备份，备份的图像通过网络在任意一台电脑上可以回放。分局将配置彩色视频打印机，便于监控时，快速打印可疑人员的画面和突发事件现场的画面。

（4）警视联动功能。监控系统应能与区域联网报警系统形成报警监控联动，区域联网报警系统的某用户报警时监控系统应能自动切换与该用户对应的监控图像至相应的监视器上，并自动定位在相应的预制点上。

（5）电子地图功能。监控点应直观地显示在电子地图上，并能点击显示监控点图像。能显示街区分布、派出所辖区范围、警力分布、社区警务室及联防点、治安点位置等。对于发生报警或其他警情时，能自动切换到相应监控点（包括摄像机切换和预置点），在屏幕上调出该点图像，并在电子地图上给出指示，计算机给出声音提示，记录相关报警信息；在进行摄像机切换和控制时也能在电子地图上指示最近监控点。

（6）语音通信功能。一级与二级，各二级之间具备双向语音通话功能。

19.2.4　实时图像系统总体设计

实时图像系统总体设计技术需要注意以下12点。

19.2.4.1　实时图像的控制过程

（1）用户向本地图像管理控制服务器发视频源云镜控制。

（2）本地图像管理控制服务器判断视频源不在本地，将请求信息发往与专项平台管理控制系统服务器。

（3）录像。

19.2.4.2　实时图像的转发过程

视频转发系统支持视频源标签功能，即系统可以在转发时自动或手动为每一路图像增加事件标签，标签包含视频源的基本信息，同时也可实时接收智能前端或编码器传送的智能视频内容分析信息，对事件做分析并定义，转发相应告警信息到公安指挥中心的数字显示终端，并同时建立实时视频通道或直接转发相关视频到特定的显示区域。

19.2.4.3　实时图像的抗毁性设计

实时图像系统支持两种情况下的抗毁处理：

$N+1$模式的防错冗余：视频转发服务器采用$N+1$配置，多配置1台设备作为备机并支持防错冗余，每台视频转发服务器都配置了若干条数字干线，通过冗余的数字干线配置，一旦某台视频转发服务器出现故障，视频转发系统的自动路由机制将找到备用的视频转发服务器，让视频走这个新找到的备用视频转发服务器的数字干线，当设备修复后，再自动恢复。

19.2.4.4　直接发送

当专项平台的整个视频转发系统出现故障，管理控制系统会通知编码器直接将图像发给指挥中心的图像转发设备。

19.2.4.5　实时图像管理控制配置

实时图像管理控制系统包括：管理控制主服务器1台，管理控制热备服务器1台。

19.2.4.6　实时图像软件

实时图像软件包括：用户权限管理模块；干线管理模块；矩阵及键盘控制模块；报警信息集成及管理模块；CA认证模块；视频转发服务集群控制模块；双机热备模块。

19.2.4.7　管理控制技术

（1）分布式构架。PVG采用目录分布式对象管理技术，将各种资源都存储在目录数据库中，单节点的目录数据库是树形/层次结构，多个节点之间通过上下级关系组成更大的层次结构的分布式目录。根（整个系统）、用户、用户组、摄像机、监视器、编解码器、键盘、矩阵、报警、配置、存储通道、节目文件、串口、巡检、布防计划等都是对象，每个对象在全网有唯一的名字，实现统一资源和统一编号，类似于Internet网络。每个图像节点均可实现局部自治，在结构上不存在系统故障点，当上级平台出现故障，下级单位仍可继续工作，任意局部故障不影响系统的正常工作，保证图像系统的稳定性。

（2）图像节点之间可设定上下级关系，按照行政隶属关系划分层级，全网中的层级数没有限制，设计上没有系统容量的限制，满足图像信息管理系统的全国性联网需求。

（3）实时图像系统的高可靠性。

1）实时图像系统意外重启。实时图像系统要支持自由上下电，意外重启后始终保持文件系统的一致性，不会造成系统启动失败，启动时间少于30s。具有抵抗病毒与非法入侵的能力，支持7×24h连续工作。

2）网络容错能力。

实时图像系统要具有网络容错能力，支持网络断线重连，即当用户调阅图像时，网络出现中断，当网络恢复正常后，系统可自动重新建立连接，恢复用户调阅的图像。

3）同步。实时图像管理控制系统支持自动同步功能，授权用户对系统进行设置修改后，系统可将自动对全网进行更新，各图像节点状态始终处于一致的状态，即使某很短时间内状态发生了变化，但整个系统的各个图像节点很快能重新同步。

4）自动恢复。自动恢复，当某些视频转发服务器由于某种情况意外重启，系统提供部分自动恢复机制，可恢复转发服务器之间的视频连接通路，避免需要用户重新发起视频请求。

5）活动通知。实时图像活动通知指视频转发器之间的活动通知，视频转发器检测到对端服务器不活动，经过一段时间（可设置，如10min）须释放有关资源。

6）同一时间。实时图像系统要具备各节点及其主要设备调整到同一时间。

19.2.4.8　安全性、权限和级别

实时图像系统的权限体系符合（Access Control List，ACL）模型，保证设计上的完备性。

（1）采用Kerberos安全论证机制，支持用户账号的全网漫游，用户在全系统中只需要记住一个账号和密码就可以访问任何有权限的图像资源支持用户分组：用户可以划分成组，一个用户可隶属于多个组，对组进行授权将作用到该组中的所有用户。

（2）支持权限继承。下级图像节点可直接继承上级节点的权限，方便系统的配置管理。

（3）支持用户级别的设定和PTZ抢占。每个用户都拥有一个级别属性，和用户的行政级别相对应，级别高的用户可以抢占级别低的用户对图像资源的PTZ控制权，用户的控制权被抢占时会得到明显的通知。

（4）支持锁定和解锁。图像资源可以被锁定，对锁定的资源，不管用户的级别如何，使用前必须先解锁。级别高的用户可以解除级别低的用户对某资源的锁定。可以做到当遇到重要事件，直接挤占或屏蔽其他下级浏览视频权限，用于给控制中心显示需要。

（5）支持精细化权限设定。可针对任何一个用户，针对任何一个图像资源进行精细权限设置，比如可为每个用户设置对每个摄像头的权限（是否可以实时监控、录像文件点播、云台控制等），权限类型和用户级别数量都没有限制。

（6）控制权限具有一定的驻留时间，驻留时间可根据用户要求进行设置，避免了频繁抢占控制的现象。

19.2.4.9 矩阵控制

采用统一的设备控制接口，以支持不同厂家不同型号的矩阵和云台控制。

19.2.4.10 实时图像的CA认证

管理控制系统要求内置CA认证功能模块，可与用户权限认证系统配合，共同完成全局所有用户权限授权的管理。

19.2.4.11 支持多种型号报警

管理控制系统要求支持多种型号报警盒和报警主机的连接，连接方式可为串口、485或IP网络方式；支持远程报警及联动控制，支持报警联动工作表，支持报警参数设置，可在指定的PC客户端显示报警输入\输出、运动检测、视频丢失的细节信息列表，可设定报警显示次序。

19.2.4.12 实时图像干线管理

实时图像干线管理的方式有：路由选择、复用、锁定和抢占、抢占后处理和预留干线的路由选择是指每一次需要干线的时候能找到全网中最优（经过的节点数最少、尽可能复用原来干线、抢占的代价最小等）的一系列干线。支持任意拓扑结构的视频网络。

干线复用是指多个节点上的用户查看同一个摄像机的时候要尽可能复用原来干线，避免占用新的干线在干线被占满，且有高级别用户需要查看新的摄像机的时候，就会发生抢占，抢占时总是抢占路径最短、抢占的代价最小（最高级别最低）的干线；同时，在高级别的用户锁定干线时，要保证低级别的用户不会抢占这些干线在高级别的用户抢占了干线时，原来占用干线的用户必须得到友好的通知。

19.2.5 历史图像系统的总体设计

历史图像系统的总体设计需要注意6点：

19.2.5.1 历史图像管理系统配置及功能

（1）历史图像管理系统的软件配置。

1）用户权限管理模块；

2）图像资源调度管理模块；

3）网络录像模块；

4）网络点播模块；

5）帧标记模块；

6）防错冗余模块。

（2）历史图像管理系统的功能。

1）图像存储点播设备配置如下：操作系统为Linux操作系统；

单机可支持128路图像并发录像，并同时支持32路图像并发点播。

2）图像存储点播设备的功能。

① 分布式存储结构。录像内容可存储在PC客户端、服务器、专用存储设备或带硬盘的视频编码器上，用户可通过客户端软件对全网的录像文件进行统一管理。

② 支持录像按帧加标记。系统可以在录像时自动或手动为每一个图像帧加标记，从而为视频数据的结构化处理奠定基础。

③ 支持三种标记方式：手动、事件关联、识别处理。

- 手动方式指用户可以在启动手动录像、抓拍、制定录像计划时，输入文字提示作为帧标记。
- 事件关联指将事件发生时的关联信息自动作为帧标记。如在车牌识别时将车牌号作为帧标记，出入口的录像可将门禁卡的身份信息作为帧标记，报警触发录像可将报警主机传来的信息作为帧标记，总之，可将任意事件的关联信息作为帧标记，方便后期检索。
- 识别处理指可使用智能视频内容分析系统、人像识别系统、车牌识别系统，实时或定时对视频录像进行检索识别，将识别处理后的图像加上帧标记，如可针对某目标人物对视频图像进行识别处理，然后将该目标人物的名称身份作为帧标记加在处理后的图像上。
- 支持手动录像、自动定时录像、动态感知录像、报警联动录像、视频丢失报警录像、循环录像和报警预录像。

● 多画面同时回放。支持同时回放多个服务器或本地的多个存储通道的同一时间的录像文件，多达16画面同时同步回放，支持1/4/6/9/16画面显示。

● 支持多种回放操作：回放时可以进行暂停、播放、停止、快放、慢放、单帧步进、单帧后退、循环播放、精确定位到某帧、打印、缩放、备份、调节音量、调节亮度/色度/对比度/色调等操作。

● 支持文件生存期设定和录像状态（自动、手动、报警、运动检测）显示。

● 录像工作表 。可为每个摄像机指定录像工作表，工作表可按周一至周日以及节假日的不同时间段分别指定不同的动作设定。

● 录像文件检索。按日期、时间、类型、服务器、通道检索客户端本地或远程服务器端录像文件，检索后还可以按日期时间、通道、服务器、类型来过滤。

索引检索负责从各储存系统提取录像文件信息，将文件相关的摄像头名称、文件开始时间、文件长度以及和这个摄像头相关的事件信息都录入关系数据库中，在关系数据库中建立多关键字（例如摄像头名称，突发事件等）和具体录像文件映射的关系。

19.2.5.2 历史图像存储

历史图像管理系统能够将报警图像存储在特定的图像存储点播系统中。

（1）历史图像存储结构。录像内容可存储在PC客户端、图像存储点播设备、专用存储设备或带硬盘的视频编码器上，用户可通过客户端软件对全网的录像文件进行统一管理。

（2）历史图像存储支持存储服务器、磁盘阵列、NAS、SAN等多种存储方案。

19.2.5.3 历史图像存储用户授权功能

用户授权功能包括：增加、删除和变更用户信息；增加和删除用户对应的用户组以及授权单位电子签名信息。根据授权行为发生地点可以分为：本地授权和在线权限授权。

（1）本地授权。

1）授权单位决定给用户A授权；

2）授权单位通知CA系统操作员在CA后台系统建立用户A的授权信息；

3）授权单位通知用户A到CA系统所在地，CA系统操作员建立用户A的授权信息。

（2）在线授权。

1）授权单位决定给用户A授权；

2）授权单位通知CA系统操作员在CA后台服务系统建立用户A的授权信息；

3）授权单位通知用户A需要接受授权信息，用户A通过CA授权客户端在网络登录CA后台服务系统，CA后台系统自动建立用户A的授权信息。

19.2.5.4 用户权限回收

用户权限回收可以分为本地权限回收和在线权限回收。

（1）本地权限回收。

1）授权单位决定将户用户A权限回收；

2）授权单位通知CA系统操作员在CA后台服务系统更改用户A的授权信息，到达回收用户A权限的效果；

3）授权单位通知用户A到CA系统所在地，CA系统操作员将更新用户的授权信息。

（2）在线权限回收。

1）授权单位决定将户用户A权限回收；

2）授权单位通知CA系统操作员在CA后台服务系统更改用户A的授权信息，到达回收用户A权限的效果；

3）授权单位通知用户A需要回收授权信息，用户A通过CA授权客户端在网络登录CA后台服务系统，CA后台服务系统自动将用户A的授权信息更新。

19.2.5.5 用户登录身份校验

用户登录进入历史图像管理系统时，对用户身份以及其权限信息进行检验。系统进行用户输入密码、检验用户的身份信息以及利用授权单位的数字证书检验用户组的合法性一系列工作，校验完毕用户方可顺利登录进系统。

用户使用资源时的鉴权。

19.2.5.6 鉴权

用户使用历史图像前，首先要对用户进行鉴权，查询到用户所属的用户组，获得用户对资源所拥有的权限与级别，解决好资源争抢和共享等情况后，完成鉴权过程。

19.2.6 基础信息交换平台

基础信息交换平台分为城市基础信息交换平台、城市应急联动指挥平台、社会综合服务平台和电子地理信息支撑平台。

19.2.6.1 城市基础信息交换平台

城市基础信息交换平台主要实现信息交换、应用集成、业务流程控制、统一安全体系等功能，通过它连接各个政府部门、金融机构与相关企业。其主要功能包括：

（1）实现各种通信网络系统的融合，形成城市应急指挥和社会综合服务系统的基础通信与通信平台；

(2) 实现不同政府部门、金融机构、企业应用系统之间的集成，并以服务方式向其他应用提供操作；

(3) 实现业务流程管理与控制；

(4) 支持Web浏览器、语音、短信、专用客户端等多种接入方式；

(5) 实现统一身份认证与访问权限控制；

(6) 实现数据传输过程中的安全性；

(7) 支持网络安全域技术，将不同部门应用系统以及公众服务系统划分成不同安全域，它们之间互相隔离，达到网络安全效果。

19.2.6.2 城市应急联动指挥平台

城市应急联动指挥平台构建在城市基础信息交换平台之上，包括各种人工和自动报警终端、统一接处警、分类/分级处警、指挥调度系统、各联动部门指挥系统和辅助决策系统，实现统一接警、统一指挥、多方联动，以加强社会治安的综合治理，实现科技强警，提高快速反映能力和处置突发事件的能力，为城市突发公共事件应急管理系统提供联动及预案措施以应对各种活动、事故、案件、自然灾害等在第一时间发现问题，提出应对措施及应急预案，提供科学的分析手段，实现防患于未然。对城市突发事件具备快速反应能力，提供事后查询及分析的数据、资料，为城市的应急管理体系及管理水平提供有效保障。进行快速处理。

19.2.6.3 社会综合服务平台

社会综合服务平台主要实现：

(1) 负责对来自城市管理监督员、群众举报、市级平台转发等途径的城市部件、事件问题进行审核立案，并转发到城市管理指挥部；

(2) 负责将市属的城市部件、事件转发、反馈到市信息指挥平台；

(3) 负责监督考评城市管理指挥部、政府专业部门、公共服务企业等对城市部件、事件问题的处理情况；

(4) 负责将各类群众举报、投诉、市长热线、城管广播、行政投诉、行风政风、市（区）长信箱等受理、监听的问题移转到城市管理指挥部并接收和反馈处理结果；

(5) 负责整合后群众事务服务中心的日常管理；

(6) 负责办理涉及优化发展软环境和社会管理问题；

(7) 负责城市管理监督员队伍的监督、考核、指导和调度；

(8) 承办市（区）委、市（区）政府交办的其他工作。

19.2.6.4 电子地理信息支撑平台

电子地理信息支撑平台是城市管理的支撑系统之一，系统采用了地理编码技术和空间数据库技术。地理编码服务提供地址匹配等相应的功能接口，实现资源信息与地理位置坐标的关联，建立起地理位置坐标与给定地址的一致性，在空间信息支持下进行有效的分析和决策应用。系统通过对自然语言地址信息的语义分析、词法分析，自动和标准地址库匹配，确定出精确的地理坐标。空间数据库的内容包括行政区划库、地名库、道路库、门址院落库、楼座名库、小区库、城市部件库等数据库，并通过基础数据资源管理系统可以进行相应的扩充。

电子地理信息支撑平台的主要功能：

(1) 搜索引擎功能，提供地理编码查询服务的功能；

(2) 解析自然语言描述的地址信息，进行语法分析和词法分析，并将其转换为标准地址的功能；

(3) 根据地址字符串，模糊查询地址信息的功能；

(4) 根据地址字符串，精确查询地址信息的功能；

(5) 根据地理位置（X，Y）坐标以及搜索半径，查询地址信息的功能；

(6) 根据部件编号，精确定位部件的（X，Y）坐标及其标准地址信息的功能。

电子地理信息支撑平台提供了城市管理新模式必不可少的地址查询、地址匹配功能，可以根据社会公众举报的城市问题地址，快速转换成地图上的X、Y坐标，为各个专业部门处理问题提供准确的位置图；又可以根据无线数据采集器发来的地图位置X、Y坐标，生成标准的地址描述信息（包括地址、万米单元、城市问题类型和编号等），实现城市问题的快速定位和传输。电子地理信息支撑平台把通用的门址院落、楼座等信息融入城市管理的实际应用，同时也将城市部件和城市事件作为地理编码系统重点编码、匹配、定位的内容。

电子地理信息可以按照以下原则进行的划分编码：

(1) 属地管理原则。电子地理信息的划分以社区为专题，不跨社区分割。

(2) 地理布局原则。基本按照城市自然的地理布局，如大街、胡同、院落、公共绿地、广场、桥梁、河流等进行划分。

(3) 现状管理原则。对各级单位自主管理的院落，不按照指定的划分标准，以单位独立院落为单元进行划分，不拆分自然院落。

(4) 方便管理原则。道路、胡同分段划分，要遵循院落出行习惯。

(5) 管理对象原则。

1) 以独立的城市部件为主要管理对象，不拆分城市部件。

2) 电子地理信息地理编码数据依据CJ/T 215—2005《城市市政综合监管信息系统 地理编码》要求，地理编码数据类型可分为行政区域地名、地片与小区地名、街巷地名、门（楼）牌地址、标志物地址、兴趣点地址。

① 行政区域地名：行政区域地名包含市、区（县）、街道（乡镇）信息，本标准中宜包含社区（村）信息和单元网格信息。行政区域的基本地点名称与标准地名一致，是描述该行政区域名称的最小单元。

② 地片与小区地名：地片与小区地名包含地片名称、居住小区名称的信息。地片与小区的基本地点名称为标准地名，是描述地片、居住小区的最小单元。

③ 街巷地名：街巷地名包含有地名标牌的街巷等。街巷地名的基本地点名称为街牌和巷牌标示的汉字名称，是描述街巷地名信息的最小单元。

④ 门（楼）牌地址：门（楼）牌地址包括门牌地址和楼牌地址。

⑤ 标志物地址。标志物地址包括以下内容：具有地名意义的纪念地与建筑物，包括建筑物、广场、体育设施、公园绿地、纪念地、名胜古迹等；具有地名意义的单位与院落，包括医院、学校、单位等。具有地名意义的交通运输设施，包括桥梁、道路环岛、交通站场等。标志物地址的基本地点名称为描述该标志物的标准名称，能唯一标识特定地点。

⑥兴趣点地址包括以下内容：兴趣点地址包括沿街巷及小区中具有地理标识作用的店铺、公共设施、单位和建筑等。基本地点名称为描述该兴趣点的最小名称单元。兴趣点地址按以下方式唯一标识特定地点：[街巷名称/小区名称｜兴趣点]。

19.2.7　图像边界管理系统

19.2.7.1　图像边界管理系统

图像边界管理系统系统基于网络视频管理平台，要遵循《北京市图像信息管理系统技术规范第3部分：通信控制协议》开发的边界管理系统，实现公安专项平台和市公安平台、区共享平台的互联。

边界管理系统由边界服务器和视频转发服务器组成，根据互联需要配置模拟矩阵、模拟键盘和视频编解码器。

边界管理系统核心部分是实现了一套通信控制协议，该协议完全符合《北京市图像信息管理系统技术规范第3部分：通信控制协议》，边界服务器之间就是使用北京市标准的通信控制协议进行通信。

19.2.7.2　图像边界管理系统的作用

边界管理系统的作用：

(1) 可以完成各种区域图像系统通信控制协议到北京市标准通信控制协议的相互转换；

(2) 由于协议转换框架的开放性，很容易集成新的区域图像系统的通信控制协议，做到不用改动原有程序就能添加新的通信控制协议。

(3) 边界管理系统完成各种区域图像系统通信控制协议到北京市标准通信控制协议的相互转换边界管理系统支持不同平台间视频源编号体系的相互映射。

(4) 边界管理系统支持协议转换框架的开放性，可方便集成新的区域图像系统的通信控制协议，做到不用改动原有程序就能添加新的通信控制协议。

(5) 边界管理系统通过对平台间不同通信协议的互为转化，平台间用户权限相互映射，平台间共享资源的相互映射，可实现下述三种基本功能：

1) 一个平台对另一个平台的任一实时视频源进行调用。

2) 一个平台对另一个平台的任一实时视频源进行云镜控制。

3) 一个平台对另一个平台的任一实时视频源云镜进行锁定/解锁。

(6) 边界服务器支持断线重联功能，当边界服务器断线重启后，可自动建立连接，恢复现场，保证系统的稳定性。

(7) 边界管理系统扩展了系统自动恢复功能、系统活动通知功能、录像调用功能等其他各种复杂的控制过程。

19.2.7.3　边界管理系统的命令

边界管理系统的命令如下：

(1) 获取票据。获取指定边界的访问票据。

(2) 请求视频。为指定视频干线申请符合特定视频流格式的视频源。

(3) 释放视频。释放指定的视频源。

(4) 锁定视频源。锁定指定的视频源。

(5) 解锁视频源。解锁指定的视频源。

(6) 视频源云镜控制。控制指定视频源的云镜。

(7) 视频源云镜控制查询。查询指定视频源的云镜控制状态信息。

(8) 干线抢占通知。干线被抢占通知。

(9) 重启通知。边界服务器重启后发出的通知。

(10) 请求提供票据存根。为重启了的服务器提供恢复现场的票据存根。

(11) 断线通知。重启了的边界服务器无法完成恢复现场而发送的通知。

(12) 视频转发。视频转发服务器也支持从一个网络地址转发到另一个网段的网络地址。边界管理系统中的视频转发服务器可按照预先配置的规则，通过UDP方式，将数字码流从本边界系统转发给另外一个边界系统的视频转发服务器。在保证图像质量的前提下，每次转发的延迟不超过10ms。

19.2.8 认证体系设计

认证体系是指证书认证的逻辑层次结构，也叫证书认证体系。证书的信任关系是一个树状结构，由自签名的根CA为起始，由它签发二级子CA，二级子CA又签发它的下级CA，以此递推，最后某一级子CA签发最终用户的证书。

19.2.8.1 系统组成

用户权限认证管理系统包括CA后台服务系统、管理控制服务器CA认证模块、客户端CA认证模块。

CA后台服务系统采用模块化结构设计，由最终用户、CA管理员、认证中心（CA）等构成。

(1) CA后台服务系统。安装CA后台服务软件模块。

(2) 管理控制服务器CA认证模块。安装于各级平台和指挥中心的管理控制服务器。

(3) 客户端CA认证模块。和客户端软件集成在一起，连接于各级指挥中心的管理控制设备。

19.2.8.2 系统功能

用户权限认证管理系统符合《北京市图像信息管理系统技术规范》，主要功能如下：

(1) 用户授权功能。用户授权功能包括：增加、删除和变更用户信息；增加和删除用户对应的用户组以及授权单位电子签名信息。

(2) 用户登录身份校验。用户登录时所需模块：登录客户端和接入设备。

19.2.9 公安指挥中心建设

公安指挥中心设在城市管理指挥部，实现信息实时监控，便于城市管理指挥。公安指挥中心指挥部和各级领导更加清楚地了解城市管理的状况。公安指挥中心通过大屏幕直观地掌握各个区域的城市部件（事件）信息、业务办理信息、综合评价信息等全局情况，还可以对每个个体的情况进行查询。

19.2.9.1 公安指挥中心大屏幕的特点

公安指挥中心的大屏幕特点：

公安指挥中心大屏幕系统的显示区域可分为三个部分，具体包括地图显示区、案卷滚动信息区和详细信息显示区。其中地图信息区主要显示全区整体地图具体包括行政区划图、单元网格图、部件分布图、城市管理事件分布图、城市监督管理人员位置分布图和当前办理的城市管理事件处理情况和评价信息。案卷滚动信息区能够实时统计反映全区所有网格在办案卷数；滚动显示正在办理的每个案卷基本信息；详细信息区是指到单个问题、网格的详细信息，包括监督员位置、案卷办理情况、综合评价结果等。

19.2.9.2 公安指挥中心系统的软件组成

公安指挥中心系统的软件由三部分组成，具体包括系统管理模块、通信管理模块和显示控制模块等三部分：

(1) 系统管理模块是系统的控制台，负责对大屏幕显示的内容及相关操作进行控制。

(2) 通信管理模块是负责系统管理模块和显示控制模块之间数据和命令进行通信，目的是将控制台发出的命令提交给显示控制模块。

(3) 显示控制模块是监督指挥系统的显示终端，它最终将按照控制台的要求将需要显示的内容显示到大屏幕上。

19.2.9.3 系统主要功能

系统主要功能如下：

(1) 案卷信息和地图信息一体化管理功能，并满足大屏幕管理显示要求；

(2) 能够实时定位地理位置；

(3) 能够实时分类显示问题的当前状态信息；

(4) 具有查询详细信息功能；

(5) 具有查询问题的图片、办理过程等详细信息功能；

(6) 实现地图与属性信息的互动查询；

(7) 实现图文一体化的综合评价结果大屏幕展示功能。

19.2.9.4 大屏幕显示系统

大屏幕显示系统具备完善的信号接口，如DVI数字接口、视频信号接口、VGA信号接口、以太网接口、RS-232串口等，能满足在多系统、多任务复杂工作环境下各类数据的输入。作为终端显示设备，大屏幕显示系统能够灵活方便地为用户单位提供一个内容丰富、准确高效的信息图像显示平台，提供一个贴近实际需要的综合信息显示界面，能够对各路图像信号、网络资源和相关资讯进行实时的监控、分析和智能化管理。使监管人员能及时提出预案、方案和决策意见，确保调度系统的决策、命令能够稳妥迅速地传达执行并反馈，从而保证整个调度系统具有联动性、高效性、完整性。

（1）大屏幕显示系统配置。大屏幕投影显示系统由基于 DMD（数字光源处理系统）技术的投影单元（含投影箱体、DDX 系列 DLP 投影机、专业背投影显示屏幕、内置图像处理模块）、多屏拼接控制系统、RGB 矩阵切换器、专用系统控制软件及相关外围设备（框架、底座、线缆等）组成。建议组合屏底座高度在 0.6～1.2m，控制台到大屏幕的观看距离不小于 3m。同时，为了方便安装维护，投影单元箱体后面需要保留净空间 0.8m。

（2）大屏幕显示系统系统配置。

1）投影机：DDX™ 系列 DDX™ 投影机；

2）投影屏幕：12 台 50in DLP 投影幕；

3）箱体：高强度铝钢材料；

4）多屏拼接控制器；

5）矩阵切换器。

（3）系统管理控制软件。

（4）大屏幕显示系统功能。

1）网络信号显示。具有多网络连接功能，大屏幕上打开的网络窗口无限制。支持 TCP/IP 协议，支持 Unix 等操作平台上各种网络工作站的各种应用软件生成的图形、数据的动态实时显示。图形可单屏显示，也可跨屏拼接或全屏显示，画面无延时，无抖动。网络上的工作站经网络将数据输入控制器后，无论计算机运行软件是何种分辨率，都会自动适应，并以源信号同等分辨率显示，与原有工作站的显示屏幕及大屏幕的分辨率无关。

2）网络上的所有工作站均可在授权情况下通过网络方式在大屏幕上显示。网络上的所有工作站均可在授权情况下利用所提供的控制软件对大屏幕进行信号切换、开窗等操作。

3）计算机信号/视频信号显示。兼容任何分辨率的计算图形，图像光滑、无像素感，可兼容视频信号、数字信号和 RGB 模拟信号。支持各种信号源输入的汉字在大屏幕上的正确显示，屏间拼缝不会产生图形和文字错位现象。

4）全制式视频信号接收。对于输入的视频信号具有局部放大功能。采用视频图像增强技术使图像对比度、色彩度、层次感更高。

5）信号综合处理。整个拼接屏作为一个没有分隔的虚拟屏，对所开的窗口不受物理拼缝的限制。可对多路输入信号（包括计算机、网络和视频）的画面进行任意进行灵活开窗显示，完成多画面、多层次叠加，任意缩放、移动和漫游等功能。可进行多屏和整屏显示，进行信号的实时切换和多种不同组合形式显示。系统对网络、视频及 RGB 信号具有相同的拼接能力，达到无缝拼接，并且拼接的图形比例正确，画面无延时，无抖动。通过控制器显示的视频图像窗口、RGB 窗口和网络窗口都可以同时显示，并能任意缩放、同屏、多路分屏、分区、整屏和跨屏混合显示，这些窗口之间可以、覆盖，相互不受影响，完全动态实时，无延迟、无丢帧、无白窗。系统采用软件拼接保证分辨率叠加，使高分辨率、大容量图形能清晰显示。

6）支持多屏图像拼接。支持多屏图像拼接，用户可在任意位置开启多个窗口显示网络画面，窗口画面可自由缩放、跨屏移动、不受物理拼缝限制，显示的窗口数量不受限制，并有足够的控制速度。所有类型的显示画面能从单屏显示按相应比例无级放大到全屏，图形不变形。整个屏幕亮度均匀，无暗角或亮角现象，画面稳定无闪烁。系统采用软件控制窗口的拼接与分割，屏与屏之间的拼缝不影响字符和图形的正确显示。

7）投影屏幕。投影屏幕具有高分辨率、高亮度、高对比度，色彩还原真实，图像失真小，亮度均匀，显示清晰，单屏图像均匀性好。组合屏的物理拼接间隙小于 0.5mm，确保大屏幕图像的精确显示和完美效果。

支持多屏图像拼接，画面可整屏显示，也可分屏显示，用户可灵活开启窗口，定义尺寸，画面能够自由缩放、移动、漫游，不受物理拼缝的限制，采用软件控制窗口的各项参数，屏与屏间的拼缝不影响汉字和图像的正确显示。

可与中心计算机局域网连接，支持 Windows NT、UNIX、LINUX 操作系统、TCP/IP 协议及双 100M 快速以太网及光纤数据通道接口。

能够直接从网络上提取信息，实现自动化系统图形画面和实时信息的显示。

能够将输入信号进行重新组合，再现于投影组合屏上，信号源的切换无停顿、黑屏、抖动现象。

可同时显示多路视频窗口，每个视频窗口均能够以实时、真彩的模式显示，并可在整屏上任意漫游、缩放、或与图形窗口叠加。视频窗口的亮度、对比度及色饱和度等参数均可单独调整。视频窗口的大小及各项参数调整不影响计算机图形窗口的显示速度。

大屏幕系统的各种功能操作实行全计算机控制，并可通过网络连接进行远程遥控。通过控制软件实现组合屏整体/单屏的对比度、亮度、灰度、色彩等参数的统一调节，全中文的操作界面易于掌握，灵活方便。

整个大屏幕显示系统能够24h连续运行，整套系统具有先进性、可靠性和可扩充性，操作简单，维护方便，使用寿命长。

投影系统的投影单元及控制系统均采用模块化、标准化、一体化设计，安装、调试简单，并易于维护保养。

（5）组合屏体。组合屏体采用箱体式结构，一体化设计，内藏式布线，布局合理、整洁美观。

19.2.9.5　系统开放性

系统的通信协议向用户开放，使用户系统能更好地与本系统融合。系统具有二次开发接口，满足用户维护软件、开发新的应用软件的需求。利用此接口，大屏幕控制系统可向用户综合管理系统开放，完成用户指定的特殊功能需求。

19.2.9.6　系统可靠性

系统稳定可靠，可7×24h连续运行。投影机机箱后的噪声≤38dB。

19.2.9.7　投影机和玻璃屏幕的组成

投影机和玻璃屏幕组成的特点：

（1）采用高对比度、宽视角与投影机一体化的箱体式背投屏幕。

（2）投影屏幕为多层复合玻璃屏，使用维护方便，整屏装饰美观，经久耐用。

（3）屏幕能清晰显示分辨率从640×480到1600×1200的图像，非线性失真率小于0.1%。

（4）屏幕亮度均匀性大于90%，配合专业背投投影机，保证投影单元无明显太阳效应，并且可以通过控制软件，调节全屏亮度，具有色彩一致性拼接技术。

（5）屏幕增益为3.5。

（6）屏幕水平视角≥160°，垂直视角≥80°。

（7）屏幕具有较好的热胀冷缩性能，拼接后的整屏无凸凹现象，并保证任何情况下屏与屏间的拼缝在外观上是横平竖直。

（8）由于采用封闭式箱体结构，避免了整个投影系统相邻屏幕投射光路的相互干扰。

（9）屏幕之间的物理拼缝≤0.5mm。

（10）具有相应调试分析专业工具以确保色彩一致性。

（11）屏幕正面无固定装置，屏幕拼接无黑边，箱体、屏面不会因设备发热而变形。

采用一体化背投箱体，并采用直射或反射投影方式。投影单元采用隔音、隔温、抗震动的复层铝合金材料。依靠多年的专业技术经验并采用最新的科学技术成果，通过严格的热度、湿度、强度和几何变形的测试，实现了当今最先进的屏幕拼接工艺。采用特殊的材料和结构，屏幕的拼接取得了极佳的效果：把工程施工的因素和适当的温差预留缝隙考虑在内，能够保证屏幕和屏幕间的拼缝间隙≤0.5mm。

在大屏幕投影系统中，多屏拼接控制器作为系统信号处理的核心，在很大程度上决定了整个系统的显示效果，显示质量，操作的灵活性以及可靠性。

19.2.9.8　视频流系统

可选的视频流服务器支持显示MPEG-1，MPEG-2，MPEG-4网络视频流。解码和显示视频流使用基本和程序格式、单播或多播寻址、SAP、Transport、UDP和RTP协议。

19.2.9.9　视频矩阵切换器

（1）通过视频端口输入多屏拼接控制器的视频监控信号窗口。

（2）通过RGB捕获卡输入多屏拼接控制器的RGB图形信号窗口。

（3）通过网络接口输入多屏拼接控制器的远程计算机图形窗口。

（4）用户可以选择并连接远程网络信号源。

（5）用户可以选择并开窗显示视频图像。

19.2.9.10　显示

显示信号的管理，可以控制不同输入信号在投影机上的显示输出，以及显示模式；具有模式存储功能，在系统调试过程中，可以根据需要存储不同的显示模式，这种模式包括显示信号源、显示分辨率、信号组合情况等信息。在实际应用中，可以调出预先设定的各种图像显示模式，就可实现正确的组合信号显示。

矩阵模块同大屏控制模块相结合，达到系统信号切换的联动，通过网络，可以远程诊断、维护、设定组态。

（1）设备控制。可以控制投影机、视频矩阵切换器（包括云台）、矩阵切换器和多屏拼接控制器。

（2）开关机控制。控制投影单元的开机（可单屏、多屏、全屏）、关机（可单屏、多屏、全屏），复位和系统测试。

（3）信号源控制。矩阵切换器的输入输出选择，投影单元输入信号源的选择。

（4）输入信号设定。选择信号类型及信号参数调节。

（5）色平衡处理。色平衡预处理及色平衡后序处理及中心及边缘的均匀性调节。

(6) 图像效果设定。单色调试、上下左右反转、负像、图像活动及静止设定。

(7) 图像拼接。行列起点、行列放大。

(8) 模式控制。存储/调用模式，方便日常的维护和应用。

(9) 演示效果设置。可以根据需要设置演示效果，使整个大屏幕能够按照设置顺序播放不同的信号组合和画面。

19.2.10 无线视频监控

由于城市交通路口监控点和交通控制中心一般相距较远，且分布位置较分散，利用传统网络布线的方式不但成本非常高，建设周期长，而且可扩充性、灵活性差，一旦需要要增加或者减少被监测点，将会带来新的施工周期。

无线网络可以将多个被监测点与交通控制中心连接起来，且搭建迅速，可以在最短的时间内迅速建立起无线网络链路。

无线视频监控系统具有以下优势和特点：

(1) 安装施工方便：使用无线网络，避免或减少了网络布线的工作量，又不破坏原有环境设施，具有施工周期短，性价比高的特点。

(2) 可实现快速覆盖：无线网络系统最大的优势是能够实现快速覆盖。采用点对多点无线通信方式，一般只需要安装一个或多个无线中心站设备，就可建立覆盖整个城市区域的宽带无线接入网络系统。

(3) 灵活性高：城市交通路口具有分布范围广、地理位置分散的特点。采用有线网络缺少灵活性，必须尽可能地考虑未来发展的需要，这就必须预设大量利用率较低的信息点。而无线网络建成后，在无线信号覆盖区域内的任一个位置架设无线终端站，就可以实现网络接入，具有很高的灵活性。

(4) 扩展性强：当需要增加业务点时，无需进行大面积的网络改造，只要增加或减少被监控点的无线设备，就可以完成被监控点的增加或减少。

无线视频监控由视频信息采集点、无线传输系统和控制中心三部分组成。

(1) 视频信息采集点。根据各城市的具体情况，在各交通路口安装相应的监控摄像机和软件系统。在每个交通路口可以安装一个或数个监控摄像机，每个视频采集点各匹配一台视频编码器。视频编码器负责把摄像机的模拟视频信号转变成数字信号，同时进行压缩，另外也传输控制信号，视频编码器内置 10/100M 网卡，通过网线连接到无线设备上，编码压缩处理后的监控信息通过无线网络汇集到监控管理中心，监控中心能看到所管辖的道路和路口状况，监控人员可通过监控中心局域网或 Internet 远程实时浏览视频图像、遥控云台。

(2) 无线传输系统。通过无线宽带接入设备采用点对多点方式建立无线网络。在中心点安装一个无线网桥（中心站），在远程监控点安装（远端站）。中心站选择安装在城市的制高点，如高楼楼顶、铁塔顶、高山顶等，以尽量保证能够接收到各分部点发射过来的信号。

(3) 控制中心。监控中心主要由视频解码器、矩阵、电视墙、监控服务器、硬盘录像机等组成，可完成路口现场图像接收与显示，录像的存储、检索、回放、备份、恢复等。

视频编码器对经无线网络传送来的前端监控点摄像机采集的视频信号进行编解码处理，传到监控管理中心局域网视频监控服务器上，再经交换机通过内部局域网传播至各个相关部门或人员的客户端。

用户在中心可以通过多路视频墙观看到现场多个监控点的图像，用矩阵电视墙显示方式，可以同时显示出 9/16 个摄像机的画面。

监控中心发出的对于云台、镜头等的控制指令通过无线设备传送到监控点。用户可以通过位于监控中心的云台控制设备控制现场任意点的云台、镜头的光圈、焦距、变倍；云台的上、下、左、右、自动或辅助控制远端的电源、摄像机开关等。

无线视频监控如图 19-15 所示。

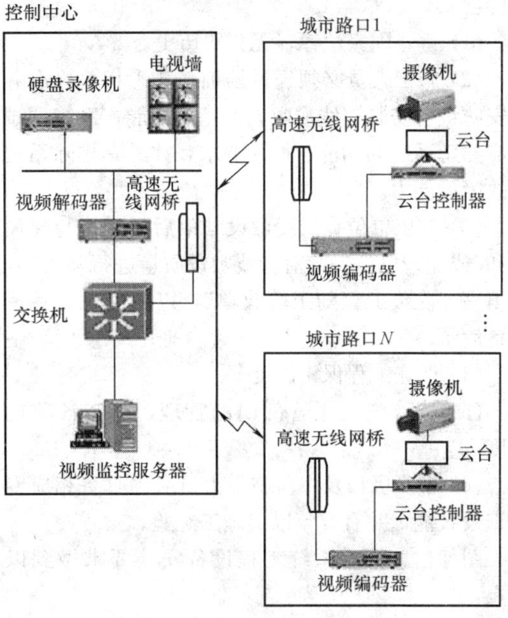

图 19-15 无线视频监控

19.3 图像信息管理系统工程的施工技术

图像信息管理系统工程的施工技术主要分为工程施工的具体要求、监控工程施工、网络工程施工、图像信息应用软件开发、计算机机房工程建设、指挥中心的大屏显示系统、系统供电、系统防雷与接地和PVG网络视频管理平台安装等9部分。

监控工程施工技术同于安全防范工程设计与施工技术，请参见《安全防范工程设计与施工技术》。

布线施工技术同于网络综合布线与施工技术，请参见第14章综合布线系统的设计与施工技术的综合布线系统的的施工。

计算机机房工程建设同于第24章机房工程的设计与施工技术的机房工程的施工。

指挥中心的大屏显示系统同于第22章LED大屏幕显示系统的设计与施工技术的LED大屏幕显示系统的施工。

系统防雷与接地同于第2章防雷与接地系统设计与施工技术的弱电系统的防雷接地工程的施工；限于篇幅，就不再一一介绍了。本章重点讨论图像信息管理系统的工程施工的具体要求、PVG网络视频管理平台安装施工具体要求和技术。

19.3.1 图像信息管理系统工程施工的具体要求

19.3.1.1 对施工人员的要求

图像信息管理系统工程施工人员不仅有较高的技术水平，还要有良好的政治素质，避免施工环节造成的漏洞，防止有前科的人员参加。

作为图像信息管理系统工程施工人员应符合下列条件：

(1) 遵守国家法律，无犯罪历史。

(2) 施工人员必须经过培训，熟悉相关标准并掌握安防设备安装、线缆敷设的基本技能；系统调试人员应熟悉系统的功能、性能要求，并具有排除系统一般故障的能力。

(3) 施工单位在线缆敷设结束后要尽快与建设单位和/或监理单位一起对管线敷设质量进行随工验收，并填写“隐蔽工程随工验收单”，以避免对工程造成不良后果。

(4) 严守工程保密制度。

(5) 接受施工主管部门的管理，遵守各项规章制度。

(6) 带班班长及主要施工人员必须具备相应专业知识及技能，并有3年以上施工经验。

图像信息管理系统工程设备安装要求做到以下几点：

1) 说明货物的配置。开箱检验，正确调试，保证货物符合产品使用说明，明示的配置和产品质量状况，当面向业主交验商品。

2) 对货物商标、型号和编号。

3) 介绍产品的使用、维护和保养方法以及三包方式和修理者。

4) 明示三包有效期，提供三包凭证、有效发货票、产品合格证和产品使用说明；三包凭证按规定的要求准确完整地填写，并加盖销售者印章；有效发货票注明货物的商标及型号、销售日期、销售者印章、金额等内容。

5) 三包凭证包括以下内容：货物的名称、商标、型号；货物出厂编号或批号；货物商地；供货商单位名称、邮政编码、联系电话；供货商印章；发货票号码；销售日期；安装调试日期；业主名称、地址、邮政编码、联系电话；修理单位名称、地址、电话及邮政编码；维修记录，包括送修日期、送修次数、送修故障情况、故障原因、故障处理情况、交验日期、维修人员签字。

19.3.1.2 对图像信息系统工程施工公司要求

图像信息管理系统工程施工时，要注意如下几点：

(1) 图像信息管理系统工程施工现场必须设一名现场工程师，以指导施工进行，并协同建设单位做好施工中的隐蔽工程检测与验收。

(2) 图像信息管理系统工程施工前公司应具备下列图纸资料：

1) 摄像头布防平面图、中心设备布置图、系统原理及系统连接图。

2) 管线要求及管线敷设图。

3) 设备、器材安装要求及安装图。

(3) 图像信息管理系统施工应按图纸进行，不得随意更改。确需更改原设计图纸时，应按程序进行审批，审批文件（通知单等）需经双方授权人签字后方可实施。

(4) 图像信息管理系统竣工时，施工单位提交下列图纸资料：

1) 施工前全部图纸资料；

2) 工程竣工图；

3) 设计更改文件；

4) 检测记录，包括绝缘电阻、接地电阻等测试数据；

5) 隐蔽工程的验收记录。

(5) 产品要求。

1) 产品应是列入《中华人民共和国实施强制性产品认证的产品目录》或实施生产许可证和上网许可

证管理的产品，未列入强制性认证产品目录或未实施生产许可证和上网许可证管理的产品应按规定程序通过产品检测；采用新材料、新型制品应有合格的试验报告及有关部门的技术鉴定文件；

2）产品应有厂家提供的安全性、可靠性、电磁兼容性检测报告；

3）采用进口设备，必须有原产厂家、产地证明、商检证明，中文说明书和操作手册；

4）系统所使用设备的平均无故障时间（MTBF）应≥5000h；

5）系统内所有设备在规范规定的电磁干扰情况下应能正常工作。

（6）电磁辐射防护。

1）系统中无线发射设备的操作人员在每天8h工作期间内，任意连续6min按全身平均的比吸收率（SAR）应小于0.1W/kg；

2）系统中无线发射设备的一般工作人员在1天24h内，任意连续6min全身平均的比吸收率（SAR）应小于0.02W/kg；

3）系统中电磁辐射功率应满足GB 8702—1988《电磁辐射防护标准》中2.2的要求。

（7）软件要求。

1）应用软件应先进、成熟，能在人机交互的操作系统环境下运行；应使用简体中文图形界面；应使操作尽可能简化；在操作过程中不应出现死机现象。如果系统一旦发生故障，各子系统应仍能单独运行；如果某于系统出现故障，应影响其他于系统的正常工作。

2）应用软件应至少具有以下功能：

① 对系统操作员的管理。设定操作员的姓名和操作密码，划分操作级别和控制权限等。

② 系统状态显示。以声光和/或文字图形显示系统自检（摄像头、硬盘录像机等）、电源状况（断电、欠压等）、报警和故障信息（时间、部位等）及图像状况等。

③ 系统控制。视频图像的切换、处理、存储、检索和回放，云台、镜头等的预置和遥控。

④ 事件记录和查询。操作员的管理、系统状态的显示等应有记录，需要时能简单快速地检索和/或回放。

⑤ 要实现图像信息管理系统的功能。

19.3.1.3　对图像信息系统工程施工要求

图像信息管理系统工程施工公司一般要求如下：

（1）设计文件和施工图纸准备齐全，这些文件和图纸应该是已会审和批准的。对原设计有修改的部分必须经主管人员签字。

（2）施工人员应认真熟悉施工图纸及有关资料（包括工程特点），设计人员应对施工人员进行技术交底。对特殊问题应做明确地交待。

（3）设备、仪器、器材、机具、工具、辅材、机械以及有关必要的物品应准备齐全，以满足连续施工或阶段施工的需求，应备有施工中的通信联络工具。

（4）熟悉施工现场。对施工现场的有关情况进行检查。施工现场如在室内进行时，应该在主体工程完毕、内装修开始或已有本系统工程的各类预埋管道（并符合要求）的情况下开始进行施工。对改造性工程，应与用户单位协调好管线的走向、安装方式等情况下再进行施工。施工现场在室外进行时，应了解施工沿途的具体情况。包括使用道路及占用道路情况（包括横跨道路）；允许用杆架设的杆路及自立杆路的情况；敷设管道电缆和直埋电缆的地质和地下其他管路情况，以及路由状况。

（5）准备好施工现场的用电，对所用各类施工材料对表清点、分类。在完成上述各步骤之后，就可以具体进行安装方面的施工。其顺序一般是：

1）进行线路的安装架设；

2）进行摄像机的安装（安装前应先完成支架或吊架的安装）；

3）进行监控室室内设备的安装（在人力允许的情况下，可与摄像机等前端设备的安装同期进行）。

（6）摄像头安装要求。

1）满足监视范围，能够互相配合消除盲点；环境照度应能够满足摄像头采集图像：室内距地≥2.5m，室外距地≥3.5m安装，可根据应用需求确定合理安装高度；

2）摄像头及其配套设备要牢固的固定在底座或支、吊架上，运转灵活，有防破坏措施，与环境协调；

3）有强电磁干扰时，与地绝缘隔离；

4）信号线和电源线应分别引入，外露部分用软管保护，缆线应留有足够长的余量，并不影响云台转动。

（7）云台、解码器安装要求。

1）云台转动的角度范围满足要求，不晃动，解码器安装在云台附近，如在吊顶内，要有检修孔；

2）云台的水平、垂直转动角度和限位控制正常，并有明确云台转动的起点方向。

（8）传输线路要求。

1）视频信号传输线的同轴电缆防护层及敷设方式应符合气候环境，能够防止有害物质和电磁干扰。

室外应为聚乙烯护套，外导体内径 9mm 的同轴电缆，室内不超过 500m 时，应为有防火的聚氯乙烯护套，外导休内径为 7mm 的同轴电缆。终端机房设备之间的连接线，距离较短时应为密编铜网，外导体内径 5mm 的同轴电缆。

2）视频信号传输的光缆的保护层，要适合敷设方式和环境要求，室内敷设的光缆采用聚氯乙烯或其他的塑料阻燃护套，采用聚乙烯护套，要有防火措施。无金属的光缆采用聚乙烯护套或纤维增强的塑料护套。结构及允许最小转弯半径、最大抗拉力等机械参数，要满足施工要求，长距离采用单模光缆，短距离采用多模光缆。室外光缆直埋，保护层采用充油膏铝塑粘结加销装聚乙烯外护套。

（9）电缆室外敷设要求。

1）干线架设。

① 架设架空电缆时，应先将电缆吊线用夹，双固定在电缆杆上，再用电缆挂钩把电缆卡挂在吊线上。挂钩的间距宜为 0.5～0.6m。根据气候条件，每一杆挡均应留出余兜。

② 在新杆上布放和收紧吊线时，要防止电杆倾斜和倒杆；在已架有电信、电力线的杆路上加挂吊线时，要防止吊线上弹。

③ 架设墙壁电缆应先在墙上装好墙担，把吊线放在墙担上收紧，用夹板同定，再用电缆挂钩将电缆卡挂在吊线上。墙壁电缆沿墙角转弯，应在墙角处设转角墙担。

2）电缆直埋敷设。

① 电缆采用直埋方式，必须使用具有销装的能直埋的电缆，其埋深不得小于 0.8m。紧靠电缆处要用细土覆盖 10cm，上压一层砖石保护。在寒冷的地区应埋在冻土层以下，并做出路由标志。

② 电缆采用穿管敷设时，应先清扫管孔，并在管孔内预设一根铁线，将电缆牵引网套绑扎在电缆头上，用铁线将电缆拉入到管道内。敷设较细的电缆可不用牵引网套，直接把铁线绑扎在敷设的电缆上，并作出路由标志。

③ 当架空电缆和墙壁电缆引入地下时，在距地面不小于 2.5m 的部分应采用钢管保护；钢管应埋入地下 0.3～0.5m。

④ 布放电缆时，应按各盘电缆的长度根据设计图纸各段的长度选配。电缆需要接续时应严格按电缆生产厂提出的步骤和要求进行，不得随意接续。

⑤ 轴电缆与电力线交叉或平行敷设时，平行其间距不得小于 300mm；电力线与信号线交叉敷设时宜成直角。

⑥光缆敷设前，应使用光时域反射计和光纤衰耗测试仪检查光纤有无断点，衰耗值应符合要求。

⑦ 应根据实际敷设长度来选配光缆。配盘时应使接头避开河沟、交通要道及其他障碍物处；架空光缆的接头与杆的距离不应大于 1m。

⑧光缆地下敷设如果采用牵引机，光缆的牵引头要做好技术处里。牵引力要加在光缆的加强芯上，牵引力不超过 150kg，牵引速度 10m/min，一次牵引长度不超过 1km，光纤接头预留长度不小于 8m，无接头光缆如果在直道的管道内敷设，由人工逐个人孔同步牵引；事先做好接头的光缆，接头不能在管道中穿行。光缆端头，要事先用塑料胶带包扎好，盘圈放在托架高处。

⑨架空光缆敷设时端头应采用塑料胶带包扎，接头的预留长度不宜小于 8m，并将余缆盘成圈后挂在杆的高处。架空光缆可不留余兜，但中间不应绷紧。地下光缆引上电杆必须用钢管穿管保护；

⑩ 光缆的接续应由受过专门训练的人员来操作，接续时应采用光功率计或其他仪器进行监视，使接续损耗达到最小；接续后应安装光缆接头护套。

⑪ 在桥上敷设光缆时，宜采用牵引机和中间人工辅助牵引。光缆在电缆槽内布放不宜过紧，在桥身伸缩接口处应做 3～5 个 S 弯；每处宜余留 0.5m。当穿越铁路桥向时，应外加金属管保护。光缆经过垂直走道时，应绑扎在支持物上。

⑫ 光缆敷设时要满足光缆的最小弯曲半径。其弯曲半径不得小于光缆外径的 20 倍。

⑬ 接续点和终端要做永久性标志。

⑭ 全部光缆敷设完毕后要测量总损耗，并用光时域反射计观察光纤通道全程波导衰减特性曲线。

⑮ 信号线路应采用屏蔽缆线或穿金属管与强磁场或强电设备间距不小于 800mm。

⑯ 线缆敷设在电缆沟的支架上进入建筑物，电缆沟与建筑物之间要隔离、密封。

（10）监控机房要求。

1）监控机房环境要求。

① 面积应≥$20m^2$；

② 有防静电保护；

③ 在距地面 0.8m 的照度：正常时≥300lx（9～$15W/m^2$），应急照明≥5lx，疏散照明≥11lx；

④ 设置内外线电话、门禁、视频监控和消防设施，有防鼠害措施，必要时可设置入侵报警、火灾 R 动报警系统；

⑤ 尘埃：国家标准 B 级，粒径≥0.5μ，个数≤$18000/dm^3$；

⑥ 室内一氧化碳含量率$<10\times10^{-6}g/m^3$；二氧化碳含量率$<1000\times10^{-6}g/m^3$；

⑦ 静电泄漏电阻在$1.0\times10^5\sim1.0\times10^8\Omega$之间；

⑧ 噪声：开机条件下，主机操作员位置<60dB，空调机位置<65dB；

⑨ 接地电阻：$R<1\Omega$，零地电位差<1V；

⑩ 供电采用三相五线制；

⑪ 电压：三相电压为380V；

⑫ 电磁干扰：机房内无线电杂波干扰≤0.5V/m；

⑬ 磁场干扰强度≤800A/m。

2）设备停机时，机房中心处噪声应<65dB（A）。

3）机房内的温、湿度、风速应能自动调控，并符合要求。

① 开机时机房的温、湿度应符合表19-2的规定。

表 19-2　　开机时机房的温、湿度表

级别 项目	A级		B级
	夏季	冬季	全年
温度（℃）	23±2	20±2	18～28
相对湿度（%）	45～65		40～70
温度变化率（℃/h）	≤5 并不得结露		≤10 并不得结露

②停机时机房内的温、湿度，应符合表19-3的规定。

表 19-3　　停机时机房的温、湿度表

级别 项目	A级	B级
湿度（℃）	5～35	5～35
相对湿度（%）	40～70	20～80
湿度变化率（℃/h）	≤5 并不得结露	≤10 并不得结露

③电视中心机房内的温、湿度，应符合表19-4的规定。

表 19-4　　电视中心机房内的温、湿度表

机房名称	温度（℃）	相对湿度（%）
编辑室	18～28	50～70
控制室	18～28	50～70
复制转换室	18～28	50～70

4）机房设置时要考虑建筑结构承重能力。

（11）设备安装要求。

1）安放设备的机架、机柜个应直接安装在活动地板上，应按照设备的底平面尺寸制造底座，底座直接与地面固定，机架固定在底座上且有防震措施，底座高度应与活动地板高度相同。

2）机架、机柜安装应与进线位置对准：安装时，应调整好水平、垂直度，前后偏差<3mm垂直偏差≤0.1%，两个机架中间缝隙<3mm；机柜间距而成排列的设备，其前后面板偏差≤5mm。

3）配线架安装，机架、机柜、配线架的金属基座都应做好接地连接。

4）控制台正面与墙净距离，不小于1.2m，侧面与墙或其他设备净距离，主走道不小于1.5m，次走道0.8m。

5）监视器的安装要求。

① 检查监视器的型号、生产厂家、安装位置，应与工程合同、设计文件、设备清单相符合；

② 检查监视器所使用的电源要求；

③ 监视器应端正、平稳安装在监视器机柜上；

④ 主监视器距监控人员的距离应为主监视器荧光屏对角线长度的4～6倍；

⑤ 避免日光或人工光源直射荧光屏。荧光表面背景光照度不得高于100lx；

⑥ 监视器机柜（架）的背面与侧面距墙不应小于0.8m；

⑦ 监视器机架背、侧面距墙不小于0.8m。监视器屏幕要避免外部光线直射；

⑧ 控制台、机柜内应有通风散热措施，接插件安装牢固；

⑨ 电缆均应排列、绑扎整齐，有编号和永久性标志；

⑩ 端接前，机柜内线缆应作好绑扎，绑扎要整齐美观。应留有1m左右的移动裕量；

⑪ 端接前须准备好配线架端接表，电缆端接依照端接表进行；

⑫ 设备安装必须依据所提供的安装施工文档和施工验收规范进行，系统测试需采用专用测试仪进行严格准确的测试。

（12）系统供电要求。

1）应采用两路独立电源供电，并在末端自动切换；

2）监控中心和系统的重要设备应配备相应的备用电源。系统前端设备根据实际情况，可由监控中心集中供电，也可本地供电，此时设备应设置电源开关、熔断器和稳压等保护装置。

3）供电范围：系统所有设备及辅助照明设备。

4）当不能满足上述要求时，应采用稳压稳频、不间断电源供电，或采取其他备用发电措施。

5）采用稳压电源和备用电源，稳压电源应具有净化功能，标称功率应大于系统总功率的1.5倍。备用电源（二次电池及充电器：UPS；备用发电机），能够保证系统正常工作≥1h。

（13）系统防雷、接地要求。

1）防雷接地电阻应≤4Ω；野外≤10Ω；高山岩石地区土壤电阻率＞2000Ω。

2）系统必须采取等电位连接和接地保护措施。

3）系统设备采用TN交流配电系统供电时，配电线路必须采用TN—S系统的接地方式。

4）电源线路的防雷与接地应符合GB 50343—2004《建筑物电子信息系统防雷技术规范》第5.4.1条规定。

5）进出建筑物的信号线路，宜选用有金属屏蔽层的电缆，并宜埋地敷设，在直击雷非防护区（LPZOA）或直击雷防护区（LPZOB）与第一防护区（LPZ）交界处，电缆的金属屏蔽层应做等电位连接并接地。设备机房的信号线路内芯线相对应的端口，应安装适配的信号线路浪涌保护器，浪涌保护器的接地端及电缆内芯的空线对应接地。

6）设置于室外的摄像机的信号控制线的输出、输入端口应设置信号浪涌保护器。

7）主、分监控器的信号控制线、通信线、各类监控设备的报警信号线路，宜在直击雷非防护区或直击雷防护区与第一防护区交界处，装设适配的线路浪涌保护器。

8）系统的视频、控制信号线路及供电线路的浪涌保护器，应分别根据视频信号线路、解码控制信号线路及摄像机供电线路的性能参数来选择。

9）系统户外的交流供电线路、视频信号线路、控制信号线路应有金属屏蔽层，并穿钢管埋地敷设，屏蔽层及钢管两端应可靠接地，电源线路应与信号线路分开敷设。

10）系统应采用共用接地。主机房应设置等电位连接网络，并宜采用截面≥50mm^{2}的铜带在防静电地板下构成。接地线不得形成封闭回路。系统的接地干线宜采用截面≥35mm^{2}的多股铜芯绝缘导线穿管敷设与总等电位连接带相联。

11）机房内应有预埋的与房屋结构内主筋或环形接地装置相连的等电位接地端子板。端子板直采用截面≥50mm^{2}的铜排作为单点连接的接地基准点。接地端子应有地线符号标记。

12）等电位连接网络的连接宜采用焊接、熔接或压接。连接导体与等电位端子板之间应采用螺栓连接，连接处进行热搪锡处理。

13）系统的直流工作地。一切微电子设备，大部分采用中、大规模集成电路，工作于较低的直流电压下，为使工作通路具有同一“电位”参考点，将所有设备的“地”电位点接于一接地装置，它可以稳定电路的电位，防止外来干扰，为直流工作接地。

直流工作接地电阻的大小、接法以及诸地之间的关系，应依不同系统要求而定。该电阻不大于1Ω，接地电阻越小越好。

14）交流工作地。交流工作地的作用是为确保人身安全和保障设备的安全。在系统的交流设备中其交流工作地的实施是将其中性点用绝缘导线串联起来接到配电柜的中线上，然后用接地母线将其接地。交流工作地的接地电阻应不大于4Ω。

15）安全保护地。安全保护地的作用为在绝缘被击穿时保护人身和设备的安全和在绝缘未被击穿时也有保护人身安全的作用。机房内的安全保护地是将所有机柜的机壳，用数根绝缘导线串联起来，在用接地母线与大地相连。安全保护地的接地电阻应不大于4Ω。

16）系统的防雷保护地。系统的防雷接地其目的就是要避免雷电的发生，从而保护建筑物、计算机设备和人员的安全。为防止感应雷沿机房电源线进入，损坏机房内设备，在各配电柜进线处均设置避雷器。防雷地阻小于10Ω。

17）等电位接地。在重要区域和工作人员经常走动的地方设置相对的抗高频干扰接地组。机房在主机室墙面、顶棚、活动地板支架等均良好的接地。

（14）施工单位提交的图纸资料。图像信息系统竣工时，施工单位提交下列图纸资料：施工全部图纸资料；工程竣工图；设计文件；检测记录，包括绝缘电阻、接地电阻等测试数据；隐蔽工程的验收记录。

19.3.2 PVG网络视频管理平台安装

19.3.2.1 安装PVG

PVG（网络视频管理平台）是一套大型分布式网络视频管理软件。安装PVG需要有一台普通服务器，这台服务器上安装了RedHat Linu×9.0或Fedora Core 5及以上的操作系统。PVG服务器通过IP网络或串口实现对网络编解码器、矩阵等设备的管理控制，实现视频直播、数字录像、视频点播以及视频联网等功能。

PVG网络视频管理平台由以下系列软件组成：

（1）Power Manager（配置管理）。配置管理提供图形和表格，把相关概念集中起来，使得复杂的PVG概念变得简单。

(2) Power Explorer。PVG 网络视频管理平台提供的运行在 Windows 平台上的通用客户端软件。

(3) PIX。PIX 是 PVG 网络视频管理平台提供的二次开发系列控件。PIX 是 ActiveX 控件，运行在 Windows 平台上。

(4) Power Shell。Power Shell 是 PVG 网络视频管理平台提供的指令交互软件。PowerShell 主要用于测试和调试，供精通和比较熟悉 PVG 网络视频管理平台的高级用户使用。

(5) 其他支持软件。其他支持软件如提供网络转串口的服务器软件 TServer、虚拟键盘软件 VirtualKB 等，这些软件大部分既可以运行在 Linux 上也可以运行在 Windows 上。其他支持软件是 PVG 随带的文档。

在 Windows 操作系统下安装分初装升级安装。

(1) 安装步骤如下：

1) 使用 FTERM 或 SecureCRT 登录 PVG 服务器，如图 19-16 所示。

2) 登录 PVG 服务器后，使用 ps-aux 查看一下是否已经有 pvg 在运行，如果有，执行 3)，否则可以直接进行第 4)。

3) 使用 killall run. sh 和 killall pvg 两条命令把停止运行着的 pvg。

4) 升级安装。把新 pvg 版本拷贝到相应的目录下（一般是/pvg)，此时，要使用 WinScp 软件，如图 19-17 所示。

5) 拷贝完成后重新启动 pvg 服务器即可。

安装需要将 PVG 服务器连接到用户的 PC 机可以访问到的网络上。

(2) 初装。

从 Windows 安装 PVG。假设有一台 PVG，它装有 Fedora Core 5 的操作系统，IP 地址是 192.168.11.172. 在 Windows 上初装 PVG 的详细步骤如下：

1) 使用 Fterm 登录 PVG，这里是 192.168.11.172。

2) 在 Fterm 的终端上使用 mkdir 命令创建一个目录，例如/vgs。

3) 使用 WinScp 把所有 PVG 服务器程序拷贝到创建的目录下（/vgs)。

4) 回到 Fterm 终端进行操作，使用 cd /vgs 进入目录，使用 ls 检查是否正确地把所有文件拷贝过来了。

5) 输入命令 chmod +x *，使得对所有的文件具有执行权。

6) 编辑/etc/rc. local，在这个文件的最后，加入：cd/vgs，/run. sh & 编辑完成后，注意保存这个文件。

7) 使用 reboot 命令重启 PVG，安装完毕。

(3) 升级安装。假设有一台 PVG，IP 地址是 192.168.11.172，这台 PVG 上安装过以前版本的 PVG。

升级安装的详细步骤如下：

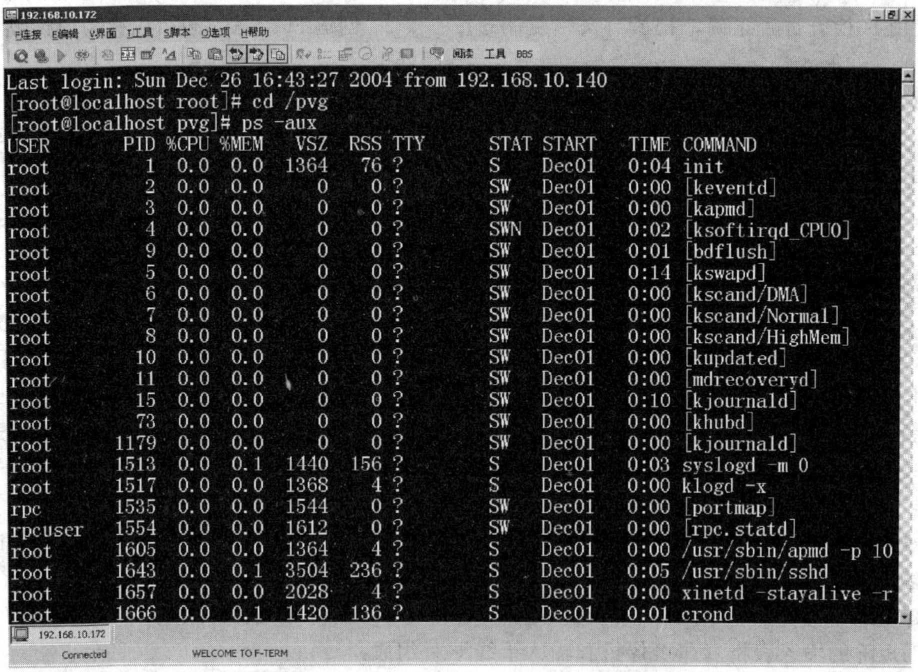

图 19-16　使用 FTERM 登录 PVG 服务器

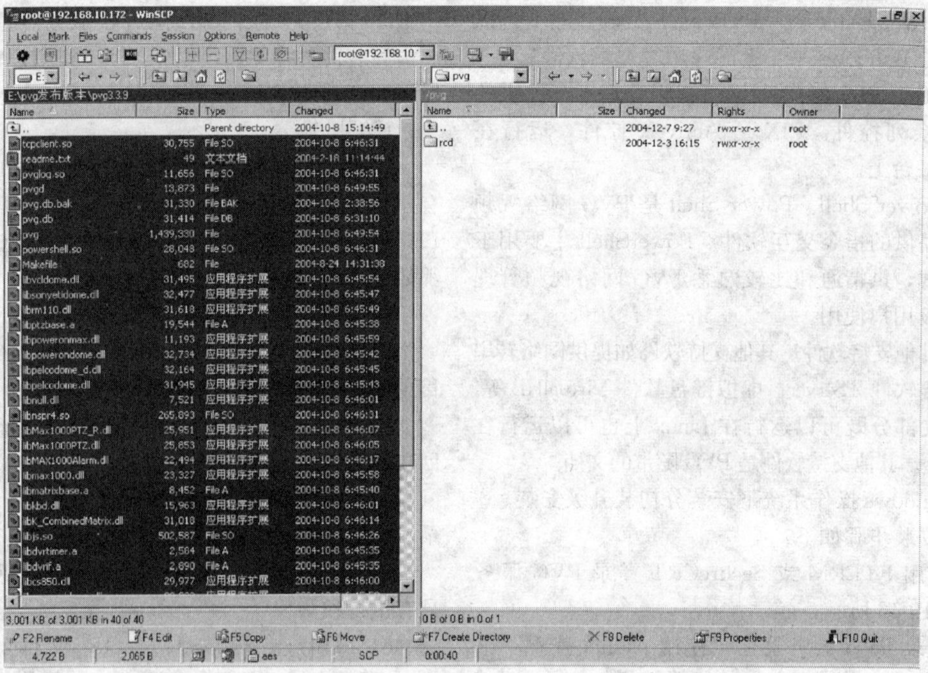

图 19-17 使用 WinScp 拷贝 pvg 程序

1）使用 Fterm 登录 PVG，这里是 192.168.11.172。

2）使用 killall run.sh 和 killall vgs 把以前版本的 PVG 程序停止下来。

3）使用 WinScp 把我们提供的所有 PVG 服务器程序拷贝到以前装有 PVG 的目录下。

4）回到 Fterm 终端进行操作，进入安装有 PVG 的目录，使用 ls 检查是否正确地把所有文档复制过来了。

5）输入命令 chmod+x *，使得对所有的文件具有执行权。

6）使用 reboot 命令重启 PVG，安装完毕。

提示：如果没有换 PVG 的安装目录，就不需要编辑 rc.local 文件；如果更换了安装目录的话，则不要忘记修改这个文件。

19.3.2.2 安装 Power Manager（配置管理）

安装配置管理 Power Manager 分为模拟模型和数字模型两种。

（1）模拟模型的配置步骤为：

1）定义本节点编号和名称，同时定义与本节点相关的其他节点编号和名称（即定义节点表）。

2）创建用户列表，并对所有用户进行编号。

3）创建使用到的串口列表。

4）创建矩阵，填写矩阵的参数、输入输出数量。

5）填写矩阵的输入表格（如摄像机和输入干线等）。

6）填写矩阵的输出表格（如监视器和输出干线等）。

7）把配置应用到 PVG 上并检查和验证正确性。

（2）数字模型的配置步骤为：

1）定义本节点编号和名称，同时定义与本节点相关的其他节点编号和名称（即定义节点表）。

2）创建 Host 表（也可以称为视频服务器表或编码器表）。

3）创建数字摄像机。

4）创建数字监视器。

5）创建控制键盘使用的串口以及控制键盘。

把相应的 Power Manager 目录拷贝到 Windows2000 或 Windows XP 操作系统的相应的目录下，然后运行其中的 PowerManager.exe 即可。

19.3.2.3 安装通用的客户端软件（Power Explorer）

Power Explorer 主要是为了方便查看图像、画面切换、控制云台、设置、录像和回放。Power Player 是 Power Explorer 软件的一部分，它完成录像、检索和回放等功能。

19.3.2.4 安装二次开发 PIX 系列控件

为了方便在 PVG 网络视频管理平台上进行二次开发，安装 PIX 系列控件。

（1）PIX 系列控件组成。PIX 系列控件由如下控件组成：

1）PIX.ocx：与服务器交互的主控控件，相当于一命令处理中心，本控件没有界面，一般都会使用到该控件。

2）PIXStrm. ocx：负责播放实时av流、本地录像等，此控件不提供界面。

3）PIXUI. ocx：对一些通用常用的对话框进行了包装，方便基于IE的脚本编程，此控件中有两个方法需作特别说明，一个是ExitAll，另一个是ExecuteCmd，它们不属于UI操作。此控件不提供界面。

4）PIXWin. ocx：用于提供一套供播放器使用的Windows窗口，在用IE开发界面时，一般都要用到这个控件。播放器也可以使用其他任何窗口。

5）PIXTree. ocx：用于管理摄像机节点的树控件，提供树控件界面。

6）PIXPlay. ocx：实现本系统各种录像文件的回放及其相关操作，其中包括服务器录像文件及PIXstrm产生的本地录像文件。

7）PIXMenu. ocx：提供弹出式菜单，方便IE中网页编程，此控件没有直接界面。

8）PIXLog. ocx：提供对系统日志的记录和显示，可以不可见。

9）PIXTab. ocx：提供对摄像机、报警等设备工作时间表的编辑。

10）PIXCfg. ocx：提供默认配置界面。

（2）安装PIX系列控件。

在Windows运行pix目录下的pix. exe程序，自动开始安装和注册上面提到的所有控件。

安装成功，会弹出一个对话框提示“PIX插件安装完成”。

19.3.2.5 安装交互软件Power Shell

Power Shell是一个以指令方式直接与PVG进行交互的软件。所有的指令的语法描述类似于JavaScript的语法。使用Power Shell可以得到直观的并且是直接的操作和控制PVG的结果，同时可以检查结果是否正确。Power Shell是维护和调试PVG的工具。

19.4 图像信息管理系统工程调试的有关技术

图像信息管理系统工程调试分：图像信息管理系统工程调试的要求、设备调试、分系统的调试、系统调试、电视监控系统的调试、其他系统调试。

19.4.1 图像信息管理系统工程调试的要求

工程调试是一个涉及建筑、安装、生产工艺、装修、设计、设备供应等多方面的工作，应由建设单位负责，设计、监理、施工单位配合完成，同时调试也是一个复杂的过程，但是只要在质量控制中抓住关键，控制好步骤，就能事半功倍，也为今后的正式运行取得确凿数据和可靠依据，为竣工验收打下良好基础。

图像信息管理系统工程调试的要求有6点，具体如下。

19.4.1.1 基本要求

图像信息管理系统工程调试的基本要求有8点：

（1）图像信息管理系统的调试依据是工程合同技术文件、施工图设计文件、工程设计变更说明和洽商记录、产品的技术文件，以及双方约定的国家、行业或地方有关技术标准、规范。

（2）图像信息管理系统系统的调试按“先分系统、后系统集成”的原则，参照GB 50348中7.4“系统调试”的要求进行。

（3）系统调试前应编制完成系统设备平面布置图、走线图以及其他必要的技术文件。调试工作应由项目责任人或具有相当于工程师资格的专业技术人员主持，并编制调试大纲。

（4）图像信息管理系统按照系统管理结构，一般分为以下两种模式：

1）采用子系统组合方式的安全防范系统。各子系统可分别单独设置运行，并进行监视、检测、记录各子系统的联动响应、集中管理。

2）采用各子系统管理信息综合集成的图像信息管理系统。系统须采用成熟的集成软件将各子系统组成一个有机整体、同一数据库资源，并集中统一操作。

（5）在安装工程交付使用之前，应建议业主安排运行维护管理人员进场熟悉情况和进行技术培训，以便顺利进行系统调试、竣工验收和运行管理。

（6）在调试前，督促施工单位对测量仪表的精确度进行检查，确定其精密等级要高于被测的参数等级。

（7）应对供货商是否负责安装、调试、售后服务期限以及由此发生的一切费用由谁承担均需在合同中作出明确的表述。

（8）对于工程承包合同应清楚地界定责任范围，避免出现重复支付和相互扯皮现象。

19.4.1.2 图像信息管理系统工程调试人员应有的概念

（1）系统调试人员应具备的系统知识；

（2）系统调试人员应熟悉所调试工程的方案、系统的各部件配置、各部件的安装情况；

（3）系统调试人员应熟悉系统的工作原理，对系统线路中各连接线所传递的信号、用途有清晰的概念；

(4) 系统调试人员应熟悉本系统各部件的作用、工作原理以及配置方法；

(5) 系统调试人员应熟练掌握本系统的设置内容、选项和操作方法；

(6) 系统调试人员应熟悉本系统的调试步骤和检查内容。

19.4.1.3　图像信息管理系统工程开始调试前的准备工作

图像信息管理系统工程调试前的准备工作如下：

(1) 检查各部件是否已经稳妥安装。

(2) 检查线路连接情况，在确认没有连接错误、短路后方可通电。

(3) 系统在通电前应检查供电设备的电压、极性、相位等。通电后，先检查系统电源指示灯是否正常，是否正常运行，出现异常应立即断电。

(4) 检查工程的施工质量。对施工中出现的问题，如错线、虚焊、开路或短路等应予以解决，并有文字记录。

(5) 按正式设计文件的规定查验已安装设备的规格、型号、数量、备品备件等。

(6) 调试前按设计方案中配套清单，对安装设备的规格、型号、数量和备品备件等进行核查。调试人员应按规范的要求，逐项检查系统工程的施工、安装质量。根据质量管理和质量控制的原则与要求，下道工序应是对上道工序的检查，通过逐项检查施工、安装质量，可以避免事故，保证调试工作的顺利进行。

(7) 系统通电前应对系统的外部线路进行检查，避免由于接线错误造成严重后果。

(8) 除注明设备的型号规格外，尚应标明主要的技术参数。

19.4.1.4　图像信息管理系统工程调试

图像信息管理系统工程调试有以下两点：

(1) 对于调试所发生的故障，要究其原因及时改进并记录，对不能达到设计参数的，应进行调整，使各项参数达到设计要求。

(2) 无负荷系统调试完毕后，进行有负荷的综合效能测定。由于工程从设计到竣工验收变化颇大，在有负荷条件下运行，并经过一段时间的配合调整，可以得到较为理想的结果。如果出现与设计等方面相悖的问题，应由建设单位、设计单位作出决定后，由工程承包商协同解决。对于调试中出现的问题，要列出清单，逐个整改。监理要及时控制其整改情况，使之在正式运行时达到满意的效果。

19.4.1.5　图像信息管理系统工程功能调试

图像信息管理系统工程功能调试是指为了便于系统调试和维护，而特别设计的内部运行信息即时显示功能。借助这些特殊的信息，可以掌握系统的运行情况并可快速分析和定位故障。对于联网和具有特殊功能如报警一体化等系统，调试功能可将联网信息在主机上予以显示，这就将大型联网系统分解为独立工作的单元系统，从而更加容易进行系统调试和问题判断，大大减小系统调试的复杂程度，明显节省现场人员和工程时间。

19.4.1.6　图像信息管理系统工程调试步骤

图像信息管理系统工程调试步骤如下：

(1) 调试第1步。检查线路。

(2) 调试第2步。加电，检查设备是否正常显示，并测量电源电压。

(3) 调试第3步。根据工程要求，设置设备的参数。

(4) 调试第4步。根据管理要求，设置设备的管理参数。

(5) 调试第5步。正确设置各分支器的视频阻抗。

(6) 调试第6步。进入调试运行状态，启动常用的调试选项。

(7) 调试第7步。各分系统调试，检查各项功能是否正常。

(8) 调试第8步。调试过程中，排除相应的线路、设置错误以及部件故障，必要时调整电压或音量。

(9) 调试第9步。对于具备特殊功能的系统，启动相应的调试选项，检查该功能是否正常。

(10) 调试第10步。根据调试情况，排除联网线路错误、设置错误以及故障部件。

(11) 调试第11步。检查系统主机功能是否正常。

19.4.2　设备调试

设备调试工作是整个系统完成的最后技术阶段，也是技术性强、环节复杂、易出现各种问题的阶段。

19.4.2.1　调试用设备与仪器

(1) 调试常用的设备和仪器。

1) 万用表和接地电阻测试表；

2) 示波器（用于各种信号波形及其参数的测量）；

3) 场强仪（用于射频传输系统）；

4) 逻辑笔（用于数码信号的测量）；

5) 小型监视器（携带方便，用于室外分系统或摄像机的测试）；

6）彩色信号发生器（或方格机）。

（2）专用设备。

1）噪声发生器（噪声测量仪）（用于系统信噪比的测量）；

2）波形监视器（用于系统中心的测试、图像等级评估等）；

3）扫频仪（用于频带宽度的测量）；

4）光纤传输用的专用测试设备等。

19.4.2.2　单项设备的调试

单项设备的调试一般应在设备安装之前进行。有些单项设备自身单独可能不便于进行调试或测试可与配套的设备共同进行单项调试或测试。能够进行单项调试的设备及调试内容有：

（1）摄像机某些电气性能的调试；

（2）镜头的调整；

（3）终端解码器的自检；

（4）云台转角限位的测定和调试；

（5）放大器的调试；

（6）其他一些能独立进行调试的设备、部件的调试或测试。

在单项设备的调试中，要注意同类、同型号设备性能的一致性。

19.4.3　分系统的调试

分系统的调试包含两方面：按其功能或作用划分；按所在部位或区域划分。

如传输系统的调试，就是按功能和作用划分的一种分系统调试。而对某一路信号或某一个区域信号（图像信号、控制信号及与其相对应产生的运动和动作）的调试就是既按功能划分，也是按部位或区域划分的一种分系统的调试。

每个分系统都调试完毕后，系统调试。

19.4.4　系统调试

当单项设备的调试，分系统的调试进行完毕后，就可以进入整个系统的调试。如果前两项的调试都完成得很好，那么一般说来系统的调试会很顺利。

在系统联调中，当系统调试出现问题时，应判断是哪一个分系统出现的问题，这样就会化整为零地去解决问题。在系统调试的过程中，也可以同时完成某些性能指标的调试，这样既利于系统的调试，又利于在调试中出现问题时作为分析判断问题的依据。同时，也可作为系统综合调试的一些项目参数。在进行综合调试时，应对需调试的项目画出表格进行记录。

安全防范工程系统调试先对各种有源设备逐个进行通电检查，工作正常后方可进行系统调试，并做好调试记录。

图像信息管理系统工程系统调试有以下两点：

（1）报警系统调试。

1）按GA/T 368—2001《入侵报警系统技术要求》等相关标准的规定，检查与调试系统所采用探测器的探测范围、灵敏度、误报警、漏报警、报警状态后的恢复、防拆保护等功能与指标，应基本符合设计要求。

2）按GB 12663—2001《防盗报警控制器通用技术条件》的规定，检查控制器的本地、异地报警、防破坏报警、布撤防、报警优先、自检及显示等功能，应基本符合设计要求。

3）检查紧急报警时系统的响应时间，应基本符合设计要求。

4）按入侵探测器系列标准等相关标准的要求，对安装的探测器和控制器的功能和指标进行检查与调试，应准确无误。

（2）电视监控系统的调试。

19.4.5　电视监控系统的调试

19.4.5.1　电视监控系统的调试基本要求

电视监控系统调试的基本要求如下。

（1）按国家现行相关标准的规定，检查并调试摄像机的监控范围、聚焦、环境照度与抗逆光效果等，使图像清晰度、灰度等级达到系统设计要求。

（2）检查并调整对云台、镜头等的遥控功能，排除遥控延迟和机械冲击等不良现象，使监视范围达到设计要求。

（3）检查并调整视频切换控制主机的操作程序、图像切换、字符叠加等功能，保证工作正常，满足设计要求。

（4）调整监视器、录像机、打印机、图像处理器、同步器、编码器、解码器等设备，保证工作正常，满足设计要求。

（5）当系统具有报警联动功能时，应检查与调试自动开启摄像机电源、自动切换音视频到指定监视器、自动实时录像等功能。系统应叠加摄像时间、摄像机位置（含电梯楼层显示）的标识符，并显示稳定。当系统需要灯光联动时，应检查灯光打开后图像质量是否达到设计要求。

（6）检查与调试监视图像与回放图像的质量，在正常工作照明环境条件下，监视图像质量不应低于GB 50198—1994《民用闭路监视电视系统工程技术规范》中表4.3.1-1规定的四级，回放图像质量不应低。

（7）按相关标准的规定及设计要求，检查与调试每路视频安防监控系统，使摄像机监视范围、图像清晰度、切换与控制、字符叠加、显示与记录、回放以及联动功能等正常。

19.4.5.2 电视监控系统调试

(1) 调试的条件。

1) 电视监控系统调试应在建筑物内装修和系统施工结束后进行。

2) 重点在系统和监控中心。

3) 电视监控系统调试前应具备施工时的图纸资料和设计变更文件以及隐蔽工程的检测与验收资料等。

4) 调试负责人必须有中级以上专业技术职称，并由熟悉该系统的工程技术人员担任。

5) 具备调试所用的仪器设备，且这些设备符合计量要求。

(2) 调试前的准备工作。

1) 电源检测。

① 接通控制台总电源开关，检测电源电压；

② 检查稳压电源上电压表读数；

③ 合上分电源开关，检测各输出端电压，直流输出极性等，确认无误后，给每一回路通电。

2) 线路检查。

① 检查系统所用线缆、光缆型号、规格、数量，应符合工程合同、设计文件、设计材料清单的要求；

② 检查各种接线是否正确。

3) 接地电阻测量。

① 监控系统中的金属护管、电缆桥架、金属线槽、配线钢管和各种设备的金属外壳均应与地连接，保证可靠的电气通路。系统接地电阻应小于4Ω。

② 对有备用电源的系统，应检查当主电源断电时，能否自动转换为备用电源供电。主电源恢复时，应能自动转换为主电源供电。

(3) 摄像机的调试。

1) 闭合控制台、监视器电源开关，若设备指示灯亮，即可闭合摄像机电源，监视器屏幕上便会显示图像。

2) 调节光圈（电动光圈镜头）及聚焦，使图像清晰。

3) 改变焦镜头的焦距，并观察变焦过程中图像清晰度。

4) 遥控云台，若摄像机静止和旋转过程中图像清晰度变化不大。

(4) 云台的调试。

1) 遥控云台，使其上下、左右转动到位，若转动过程中无噪音（噪音应小于50dB）、无抖动现象、电机不发热。

2) 在云台大幅度转动时，如遇以下情况就及时处理。

① 摄像机、云台的尾线被拉紧。

② 转动过程中有阻挡物。如：解码器、对讲器、探测器等是否阻挡了摄像机转动。

③ 重点监视部位有逆光摄像情况。

(5) 系统调试。

1) 系统调试在单机设备调试完后进行。

2) 按设计图纸对每台摄像机编号。

3) 用综合测试卡测量系统水平清晰度和灰度。

4) 检查系统的联动性能。

5) 检查系统的录像质量。

6) 在现场情况允许、建设单位同意的情况下，改变灯光的位置和亮度，以提高图像质量。

(6) 在系统各项指标均达到设计要求后，可将系统连续开机24h，若无异常，则调试结束。

(7) 填写调试报告。调试报告可用本手册绘制的“入侵报警、电视监控系统调试报告”；也可由调试单位自行制表。

(8) 写竣工报告。

19.4.6 其他系统调试

19.4.6.1 出入口控制系统调试

(1) 按GA/T 394—2002《出入口控制系统技术要求》等国家现行相关标准的规定，检查并调试系统设备如读卡机、控制器等，系统应能正常工作。对各种读卡机在使用不同类型的卡（如通用卡、定时卡、失效卡、黑名单卡、加密卡、防劫持卡等）时，调试其开门、关门、提示、记忆、统计、打印等判别与处理功能。

(2) 按设计要求，调试出入口控制系统与报警、电子巡查等系统间的联动或集成功能。

(3) 对采用各种生物识别技术装置（如指纹、掌形、视网膜、声控及其复合技术）的出入口控制系统的调试，应按系统设计文件及产品说明书进行。

(4) 按相关标准要求、设计方案及产品技术说明书的规定，检查与调试出入口控制系统识别装置及执行机构工作的有效性和可靠性。检查系统的开门、关门、记录、统计、打印等处理功能应准确无误。

19.4.6.2 访客（可视）对讲系统调试

(1) 按GA/T 72—2005《楼寓对讲系统及电控防盗门通用技术条件》、GA/T 269—2001《黑白可视对讲系统》的要求，调试门口机、用户机、管理机等设备，保证工作正常。

(2) 按GA/T 72—2005《楼寓对讲电控防盗门通

用技术条件》的要求，调试系统的选呼、通话、电控开锁等功能。

(3) 调试可视对讲系统的图像质量，应符合 GA/T 269—2001《黑白可视对讲系统》标准的相关要求。

(4) 对具有报警功能的访客（可视）对讲系统，应按 GB 12663—2001《防盗报警控制器通用技术条件》及相关标准的规定，调试其布防、撤防、报警和紧急求助功能，并检查传输及信道有否堵塞情况。

(5) 按相关标准及设计方案规定，检查与调试系统的选呼、通话、电控开锁、紧急呼叫等功能。

(6) 对具有报警功能的复合型对讲系统，还应检查与调试安装的探测器、各种前端设备的警戒功能，并检查布防、撤防及报警信号畅通等功能。

19.4.6.3　电子巡查系统调试

(1) 调试系统组成部分各设备，均应工作正常。

(2) 检查在线式信息采集点读值的可靠性、实时巡查与预置巡查的一致性，并查看记录、存储信息以及在发生不到位时的即时报警功能。

(3) 检查离线式电子巡查系统，确保信息钮的信息正确，数据的采集、统计、打印等功能正常。

(4) 按预先设定的巡查路线，正确记录保安人员巡查活动（时间、路线、班次等）状态。对在线式电子巡查系统，检查当发生意外情况时的即时报警功能。

19.4.6.4　停车库（场）管理系统调试

(1) 检查并调整读卡机刷卡的有效性及其响应速度。

(2) 调整电感线圈的位置和响应速度。

(3) 调整挡车器的开放和关闭的动作时间。

(4) 调整系统的车辆进出、分类收费、收费指示牌、导向指示、挡车器工作、车牌号复核或车型复核等功能。

(5) 要求按系统设计，检查与调试系统车位显示、行车指示、入口处出票与出口处验票、计费与收费显示、车牌或车型识别以及意外情况发生时向外报警等功能。

19.4.6.5　采用系统集成方式的系统调试

(1) 按系统的设计要求和相关设备的技术说明书、操作手册，先对各子系统进行检查和调试，应能工作正常。

(2) 按照设计文件的要求，检查并调试安全管理系统对各子系统的监控功能，显示、记录功能，以及各子系统脱网独立运行等功能。结果应基本满足规范的要求。

(3) 安全防范系统的各子系统应先独立调试、运行；当采用系统集成方式工作时，应按设计要求和相关设备的技术说明书、操作手册，检查和调试统一的通信平台和管理软件后，再将监控中心设备与各子系统设备联网，进行系统总调，并模拟实施监控中心对整个系统进行管理和控制、显示与记录各子系统运行状况及处理报警信息数据等功能。

19.4.6.6　供电、防雷与接地设施的检查

(1) 检查系统的主电源和备用电源，其容量应符合规范的规定。

(2) 检查各子系统在电源电压规定范围内的运行状况，应能正常工作。

(3) 分别用主电源和备用电源供电，检查电源自动转换和备用电源的自动充电功能。

(4) 当系统采用稳压电源时，检查其稳压特性、电压纹波系数应符合产品技术条件；当采用 UPS 作备用电源时，应检查其自动切换的可靠性、切换时间、切换电压值及容量，并应符合设计要求。

(5) 按规范的要求，检查系统的防雷与接地设施；复核土建施工单位提供的接地电阻测试数据，其接地电阻应符合规范的规定，如达不到要求，必须整改。

(6) 按设计文件要求，检查各子系统的室外设备是否有防雷措施。

(7) 规范规定系统供电电源容量应大于设计值的 1.5 倍、并分别用主电源和备用电源供电，考察主电源自动转换及备用电源自动充电情况，是为了确保系统的正常运行。

(8) 规范提出安全防范系统应采用“联合接地与等电位连接”的防雷设计思想，是根据信息系统的雷电防护要求而提出的。系统的接地采用“一点接地方式”，是为了避免由于接地电位差而引入的交流杂波等的干扰。目前建设物受到多种因素限制，很少采用专用接地装置，较多采用建筑物基础钢筋网作为综合接地网。整个建筑接地、防雷接地及各种系统设备接地大多接在综合接地网上。由于钢筋网的接地电阻比较小（一般在 0.5Ω 左右），大多能满足设计要求。

19.5　图像信息管理系统工程验收

图像信息管理系统工程验收是较为复杂、细致的工程过程，是工程质量的必要保证。验收的主要任务与目的是“验收什么”和“怎么验收”。图像信息管理系统工程验收分：图像信息管理系统工程验收执行的依据和验收的条件、图像信息管理系统工程的验收、电视监控系统工程验收要点、入侵报警系统验收、巡更管理系统验收、停车场管理系统验收、出入口控制（门禁系统系统）验收、安全防范工程验收使

用的主要表据；图像信息管理系统工程移交。

监控工程验收同于安全防范工程设计与施工技术，请参见《安全防范工程设计与施工技术》；

电视监控系统工程验收同于第4章电视监控系统的设计与施工技术的电视监控系统的测试检验验收；

入侵报警系统验收同于第5章防盗报警系统的设计与施工技术的防盗报警系统的测试检验验收；

巡更管理系统验收同于第8章电子巡更系统的设计与施工技术的电子巡更系统的测试检验验收；

停车场管理系统验收同于第8章停车场系统的设计与施工技术的停车场系统的测试检验验收；

出入口控制（门禁系统系统）验收同于第6章出入口控制系统的设计与施工技术的出入口控制系统的测试检验验收；

布线施工验收同于网络综合布线与施工技术，请参见第14章综合布线系统的设计与施工技术的综合布线系统的验收；

计算机机房工程验收同于第24章机房工程的设计与施工技术的机房工程的验收；

指挥中心的大屏显示系统验收同于第22章LED大屏幕显示系统的设计与施工技术的LED大屏幕显示系统的验收；

系统防雷与接地验收同于第2章防雷与接地系统设计与施工技术的弱电系统的防雷接地工程的验收；限于篇幅，就不再一一介绍了。重点介绍图像信息管理系统工程验收执行的依据和验收的条件、图像信息管理系统工程的验收、图像信息管理系统工程移交。

19.5.1 图像信息管理系统工程验收执行的依据和验收的条件

19.5.1.1 图像信息管理系统工程验收执行的依据

图像信息管理系统工程的验收，主要是根据北京市标准化指导性技术文件DB11/Z 384.1—2006《图像信息管理系统技术规范》，GA 308—2001《安全防范系统验收规则》和GB 50348—2004《安全防范工程技术规范》。《安全防范系统验收规则》是强制性行业标准，属技术法规范畴，必须强制执行。

图像信息管理系统工程的系统性能和指标检测和验收，应依据的现行国家标准和规范有：

GB/T 50314—2006《智能建筑设计标准》

GB 50116—1998《火灾自动报警系统设计规范》

GB 50198—1994《民用闭路监视电视系统工程技术规范》

GB 7401《彩色电视图像质量主观评价方法》

GA/T 75《安全防范工程程序与要求》

GA/T 74《安全防范系统通用图形符号》

GB 10408.1—2000《入侵探测器　第1部分：通用要求》

GB 10408.2—2000《入侵探测器　第2部分：室内用超声波多普勒探测器》

GB 10408.3—2000《入侵探测器　第3部分：室内用微波多普勒探测器》

GB 10408.4—2000《入侵探测器　第4部分：主动红外入侵探测器》

GB 10408.5—2000《入侵探测器　第3部分：室内用被动红外入侵探测器》

GB 10408.6—2009《微波和被动红外复合入侵探测器》

GB/T 10408.8—2008《振动入侵探测器》

GA/T 16571—1996《文物系统博物馆安全防范工程设计规范》

GA/T 16676—1996《银行营业场所安全防范工程设计规范》

GA/T 143—1996《金库门通用技术条件》

GA 308—2001《安全防范系统验收规则》

GB 50348—2004《安全防范工程技术规范》

GA 308—2001对图像信息管理系统工程的质量验收提出必须遵循的基本要求。

对一、二级工程的验收应严格执行GA 308—2001的主要条款，三级工程的验收参照GA 308—2001可适当简化。

19.5.1.2 安全防范系统工程验收的条件和验收文件及记录

（1）安全防范系统工程验收的条件。

1）根据图像信息管理系统工程设计文件和合同技术文件，安全防范系统相关设备已全部安装调试完毕。

2）现场敷线和设备安装已经过施工质量检查和设备功能检查，并已提交建设、监理、施工及相关单位签字的检查验收报告。

3）系统安装调试、试运行后的正常连续投运时间大于3个月。

4）工程经试运行达到设计、使用要求并为建设单位认可，出具系统试运行报告［建设单位根据试运行记录写出系统试运行报告。其内容包括：试运行起讫日期；试运行过程是否正常；故障（含误报警、漏报警）产生的日期、次数、原因和排除状况；系统功能是否符合设计要求以及综合评述等］。

5）已进行了系统管理人员和操作人员的培训，并有培训记录，系统管理人员和操作人员已可以独立工作（设计、施工单位必须对有关人员进行操作技术培训，使系统主要使用人员能独立操作。培训内容应征得建设单位同意，并提供系统及其相关设备操作和日常维护的说明、方法等技术资料）。

6）安全防范工程进行了系统检测，检测结论为合格［工程正式验收前，由建设单位（监理单位）组织设计、施工单位根据设计任务书或工程合同提出的设计、使用要求对工程进行初验，要求初验合格并写出工程初验报告。初验报告的内容主要有：系统试运行概述；对照设计任务书要求，对系统功能、效果进行检查的主观评价；对照正式设计文件对安装设备的数量、型号进行核对的结果；对隐蔽工程随工验收单的复核结果等。工程检验合格并出具工程检验报告。工程正式验收前，应按规范规定进行系统功能检验和性能检验。实施工程检验的检验机构应符合规范的规定，工程检验后由检验机构出具检验报告。检验报告应准确、公正、完整、规范，并注重量化］。

7）文件及记录完整。

（2）系统验收的文件及记录。

系统验收的文件及记录应包括以下内容：

1）设计任务书。

2）工程合同。

3）工程初步设计论证意见（并附方案评审小组或评审委员会名单）及设计、施工单位与建设单位共同签署的设计整改落实意见。

4）正式设计文件与相关图纸资料（系统原理图、平面布防图及器材配置表、线槽管道布线图、监控中心布局图、器材设备清单以及系统选用的主要设备、器材的检验报告或认证证书等）。

5）工程设计说明书，包括系统选型论证，系统监控方案和规模容量说明，系统功能说明和性能指标等。

6）技防系统建设方案的审批报告。

7）工程竣工图纸，包括系统结构图、各子系统监控原理图、施工平面图、设备电气端子接线图、中央控制室设备布置图、接线图、设备清单等。

8）工程初验报告。

9）工程检验报告。

10）工程竣工报告。

11）系统使用说明书（含操作和日常维护说明）。

12）工程竣工核算（按工程合同和被批准的正式设计文件，由设计施工单位对工程费用概预算执行情况作出说明）报告。

13）系统试运行报告。

14）系统的产品说明书、操作手册和维护手册。

15）工程检测记录，包括隐蔽工程检测记录、施工质量检查记录、设备功能检查记录、系统检测报告等。

16）其他文件，包括工程合同、系统设备出厂检测报告和设备开箱验收记录、系统试运行记录、相关工程质量事故报告、工程设计变更单、工程决算书等。

19.5.1.3　系统的竣工验收小组

系统的竣工验收应由工程的建设、监理、设计、施工单位和本地区的技术防范系统管理部门的代表组成验收小组，按竣工图进行验收。验收时应做好记录，签署验收证书，并应立卷、归档。工程验收合格后，验收小组应签署验收证书。

工程验收时，应协商组成工程验收小组，重点工程或大型工程验收时应组成工程验收委员会。工程验收委员会（验收小组）下设技术验收组、施工验收组、资料审查组。

工程验收委员会（验收小组）的人员组成，应由验收的组织单位根据项目的性质、特点和管理要求与相关部门协商确定，并推荐主任、副主任（组长、副组长）；验收人员中技术专家应不低于验收人员总数的50%；不利于验收公正的人员不能参加工程验收（是指工程设计、施工单位人员、工程主要设备生产、供货单位人员以及其他需要回避的人员）。

验收机构对工程验收应作出正确、公正、客观的验收结论。尤其是对国家、省级重点工程和银行、文博系统等要害单位的工程验收，验收机构对照设计任务书、合同、相关标准以及正式设计文件，如发现工程有重大缺陷或质量明显不符合要求的应予以指出，严格把关验收通过或基本通过的工程，对设计、施工单位根据验收结论写出的并经建设单位认可的整改措施，验收机构有责任配合公安技防管理机构和工程建设单位督促、协调落实；验收不通过的工程，验收机构应在验收结论中明确指出问题与整改要求。

验收内容包括工程设备安装验收（包括现场前端设备和监控中心终端设备）；管线敷设验收；隐蔽工程验收。技术验收由技术验收组负责实施。

监控中心的检查与验收。对照正式设计文件和工程检验报告，复查监控中心的设计应符合规范相关要求；检查其通信联络手段（宜不少于两种）的有效性、实时性，检查其是否具有自身防范（如防盗门、门禁、探测器、紧急报警按钮等）和防火等安全措施。

资料审查应符合下列规定：

（1）资料审查由工程验收委员会（验收小组）的

资料审查组负责实施。

(2) 设计、施工单位应提供全套验收图纸资料，并做到图纸资料的准确性、完整性、规范性。

图纸资料的准确性主要是指标记确切、文字清楚、数据准确、图文表一致，特别是要同工程实际施工结果一致。

图纸资料的完整性主要是指所提供的资料内容要完整，成套资料要符合要求。对三级安全防范工程图纸资料审查时，可适当简化或省略。

图纸资料的规范性主要是指图样的绘制应符合GA/T 74《安全防范系统通用图形符号》等相关标准要求；图纸资料应按照工程建设的程序编制成套。

做到内容完整、标记确切、文字清楚、数据准确、图文表一致。图样的绘制应符合国家现行标准相关标准的规定。

安全防范系统在通过验收后方可正式交付使用，未经竣工验收的安全防范系统不应投入使用。当验收不合格时，应由工程承接单位负责整改，在自检合格后再组织验收，直至验收合格。

19.5.2　图像信息管理系统工程的验收

图像信息管理系统的工程验收是该项工程最后一道工序，依据下列几点进行。一般规定；系统的工程施工质量；系统的质量主观评价；系统的质量客观测试；竣工验收文件等。其主要内容如下。

19.5.2.1　图像信息管理系统工程验收的一般规定

图像信息管理系统工程验收的一般规定通常要注意以下六点，具体如下：

(1) 工程结束时，施工单位、建设方、监理方应进行预检、预验，当各项子工程均符合要求时，再进行正式的验收。

(2) 系统的工程验收应由工程的设计、施工、建设单位和本地区的系统管理部门的代表组成验收小组，按竣工图进行。验收时应做好记录，签署验收证书，并应立卷、归档。

(3) 各工程项目验收合格后，方可交付使用。当验收不合格时，应由设计、施工单位返修直到合格后，再行验收。

(4) 系统的工程验收应包括下列内容：系统工程的施工质量；系统质量的主观评价；系统质量的客观测试；图纸、资料的移交。

(5) 高风险防护对象的图像信息管理系统工程的验收应按 GB/T 50348 的要求执行。

(6) 涉密工程项目的验收，相关单位、人员应严格遵守国家的保密法规和相关规定，严防泄密、扩散。

19.5.2.2　图像信息管理系统工程验收的验收条件与验收组织

(1) 图像信息管理系统工程验收应符合的条件。

1) 工程初步设计论证通过，并按照正式设计文件施工。工程必须经初步设计论证通过，并根据论证意见提出的问题和要求，由设计、施工单位和建设单位共同签署设计整改落实意见。工程经初步设计论证通过后，必须完成正式设计，并按正式设计文件施工。

2) 工程经试运行达到设计、使用要求并为建设单位认可，出具系统试运行报告。

① 工程调试开通后应连续试运行一个月，并做好试运行记录。

② 建设单位根据试运行记录写出系统试运行报告。其内容包括：试运行起讫日期；试运行过程是否正常；故障产生的日期、次数、原因和排除状况；系统功能是否符合设计要求以及综合评述等。

③ 试运行期间，设计、施工单位应配合建设单位建立系统值勤、操作和维护管理制度。

3) 进行技术培训。根据工程合同有关条款，设计、施工单位必须对有关人员进行操作技术培训，使系统主要使用人员能独立操作。培训内容应征得建设单位同意，并提供系统及其相关设备操作和日常维护的说明、方法等技术资料。

4) 符合竣工要求，出具竣工报告。

① 工程项目按设计任务书的规定内容全部建成，经试运行达到设计使用要求，并为建设单位认可，视为竣工。少数非主要项目未按规定全部建成，由建设单位与设计、施工单位协商，对遗留问题有明确的处理方案。经试运行基本达到设计使用要求并为建设单位认可后，也可视为竣工。

② 工程竣工后，由设计、施工单位写出工程竣工报告。其内容包括：工程概况；对照设计文件安装的主要设备；依据设计任务书或工程合同所完成的工程质量自我评估；维修服务条款以及竣工核算报告等。

5) 初验合格，出具初验报告。

① 工程正式验收前，由建设单位（监理单位）组织设计、施工单位根据设计任务书或工程合同提出的设计、使用要求对工程进行初验，要求初验合格并写出工程初验报告。

② 初验报告的内容主要有：系统试运行概述；对照设计任务书要求，对系统功能、效果进行检查的主观评价；对照正式设计文件对安装设备的数量、型号进行核对的结果；对隐蔽工程随工验收单的复核结

果等。

6）工程检验合格并出具工程检验报告。

① 工程正式验收前，应按规范的规定进行系统功能检验和性能检验。实施工程检验的检验机构应符合规范的规定。

② 工程检验后由检验机构出具检验报告。检验报告应准确、公正、完整、规范，并注重量化。

7）工程正式验收前，设计、施工单位应向工程验收小组（委员会）提交下列验收图纸资料（全套，数量应满足验收的要求）：

① 设计任务书。

② 工程合同。

③ 工程初步设计论证意见（并附方案评审小组或评审委员会名单）及设计、施工单位与建设单位共同签署的设计整改落实意见。

④ 正式设计文件与相关图纸资料（系统原理图、平面布防图及器材配置表、线槽管道布线图、监控中心布局图、器材设备清单以及系统选用的主要设备、器材的检测报告或认证证书等）。

⑤ 系统试运行报告。

⑥ 工程竣工报告。

⑦ 系统使用说明书（含操作和日常维护说明）。

⑧ 工程竣工核算（按工程合同和被批准的正式设计文件，由设计施工单位对工程费用概预算执行情况作出说明）报告。

⑨ 工程初验报告（含隐蔽工程随工验收单）。

⑩ 工程检验报告。

（2）验收的组织与职责。验收的组织与职责应符合下列规定：

1）图像信息管理系统工程的竣工验收，一般工程应由建设单位会同相关部门组织安排；省级以上的大型工程或重点工程，应由建设单位上级业务主管部门会同相关部门组织安排。

2）工程验收时，应协商组成工程验收小组，重点工程或大型工程验收时应组成工程验收委员会。工程验收委员会（验收小组）下设技术验收组、施工验收组、资料审查组。

3）工程验收委员会（验收小组）的人员组成，应由验收的组织单位根据项目的性质、特点和管理要求与相关部门协商确定，并推荐主任、副主任（组长、副组长）；验收人员中技术专家不应低于验收人员总数的 50%；不利于验收公正的人员不能参加工程验收。

4）验收机构对工程验收应作出正确、公正、客观的验收结论。尤其是对国家、省级重点工程和银行、文博系统等要害单位的工程验收，验收机构对照设计任务书、合同、相关标准以及正式设计文件，如发现工程有重大缺陷或质量明显不符合要求的应予以指出，严格把关。

5）验收通过或基本通过的工程，对设计、施工单位根据验收结论写出的并经建设单位认可的整改措施，验收机构有责任配合公安技防管理机构和工程建设单位督促、协调落实；验收不通过的工程，验收机构应在验收结论中明确指出问题与整改要求。

19.5.3　图像信息管理系统工程的移交

图像信息管理系统工程的移交是工程建设单位，设计单位、施工单位交付使用单位的基本职责。

工程验收通过或基本通过后，设计、施工单位应按规定整理编制竣工图纸资料，并交建设单位签收盖章，方可作为正式归档的工程技术文件。这标志着工程的正式结束。

工程竣工图纸资料是反映工程质量的重要内容，也是提供良好售后服务的基本要求之一。

第20章 chapter20 内装修施工技术和验收

内装修是指住宅内部装修和楼宇建筑内部装修，是弱电工程的环境。

本章重点介绍的内容有：内装修的有关标准和内装修的主要内容；地面工程装修施工和验收；墙面、隔断墙施工和验收；吊顶装饰工程施工和验收；门窗工程的施工和验收；厨房设备施工和验收；电路灯具改造施工；卫浴洁具安装施工和验收；封阳台的施工和验收；油漆涂料施工和验收；防水地漏施工。

20.1 内装修的有关标准和内装修的主要内容

20.1.1 内装修的有关标准

GB 50209—2002《建筑地面工程施工质量验收规范》

GB 50210—2001《建筑装饰装修工程质量验收规范》

GB 50242—2002《建筑给排水及采暖工程施工质量验收规范》

GB 50300—2001《建筑工程施工质量验收统一标准》

GB 50303—2002《建筑电气工程施工质量验收规范》

GB 50327—2001《住宅装饰装修工程施工规范》

GB 50210—2001《建筑装饰装修工程质量验收规范》

GB 50325—2001《民用建筑工程室内环境污染控制规范》

GB 50326—2006《建设工程项目管理规范》

DBJ/T 01—26—20003《建筑安装分项工程施工工艺规程》

GB 50222—1995《建筑内部装修设计防火规范》

GB/T 15036.1—2009《实木地板　第 1 部分：技术要求》

GB/T 15036.2—2009《实木地板　第 2 部分：试验方法》

GB/T 18102—2007《浸渍纸层压木质地板》

GB/T 18103—2000《实木复合地板》

GB/T 20240—2006《竹地板》

WB/T 1016—2002《木地板铺设面层验收规范》

国家标准和中华人民共和国建设部令第 110 号《住宅室内装饰装修管理办法》等

20.1.2 内装修的主要内容

随着国民经济的发展，对生活品质有了更高的要求，住宅内部装修和楼宇建筑内部装修，尤其是对于居住空间的要求有了一个从量到质的比较大的飞跃。住宅装饰伴随着住宅建设和楼宇建筑的高潮而提出来的新概念。住宅建设和楼宇建筑产业正日益成为国民经济新的增长点，这一概念也变得越来越清晰，体现得越来越具体。住宅建设和楼宇建筑内装修的主要内容：地面工程装修施工和验收；

墙面、隔断墙施工和验收、吊顶装饰工程施工和验收、门窗工程的施工和验收、厨房设备施工和验收、电路灯具改造施工、卫浴洁具安装施工和验收、封阳台的施工和验收、油漆涂料施工和验收、防水地漏施工。

20.2 地面工程装修施工和验收

住宅内部装修和楼宇建筑内部装修的地面工程施工主要内容有：石材地面施工、陶瓷地面砖铺贴、木地板铺贴施工、塑料地板铺贴施工、地毯铺设施工、水泥砂浆抹灰的施工。本节重点讨论它们的施工和验收。

20.2.1 石材地面施工和验收

20.2.1.1 石材地面材料

石材地面材料是指天然花岗石、大理石及人造花岗石、大理石等石材地面材料。

天然花岗石、大理石质地坚硬、颜色变化多样、深浅不一、有多种光泽，故形成独特的天然美。天然花岗石、人造大理石比天然大理石重量轻、强度高、厚度薄、耐腐蚀、抗污染、施工方便。但在色泽和纹理上不及天然大理石美丽、自然柔和。

楼宇建筑室内厅堂地面所用石材一般为 20mm 左右厚度的磨光板材。家庭住宅内部地面所用石材一般为 10mm 左右厚度的磨光板材。家庭住宅内部地面所用石材一般每块大小在 300mm×300mm～500mm×500mm。

20.2.1.2 选择大理石装饰材料

大理石还被广泛地用于高档卫生间、洗手间的洗漱台面和各种家具的台面。在选择大理石装饰料时，应重点注意大理石的表面是否平整？棱角有无缺陷？有无裂纹？划痕？有无砂眼？色调是否纯正？要求大理石饰面板光洁度高、色泽美观、石质细密、棱角整齐、表面不得有隐伤、风化、腐蚀等缺陷。

20.2.1.3 施工流程和工艺

铺设大理石时要重点注意如下12点内容：

(1) 施工现场环境温度宜在5℃以上；

(2) 大理石板材必须浸水湿润，要用水冲洗干净、阴干后擦净背面；

(3) 定标高；

(4) 应彻底清扫、整理基层地面灰渣和杂物，基层不能有砂浆、尤其是白灰砂浆灰、油渍等，并用水湿润地面；

(5) 弹线；

(6) 结合层必须采用水泥砂浆找平，砂浆应拌匀、拌熟，切忌用稀砂浆，结合层砂浆应拍实揉平；

(7) 铺贴石材，铺装石材、瓷质砖时必须安放标准块，标准块应安放在十字线交点，对角安装，定位后，将板块均匀轻击压实；

(8) 铺装操作时要每行依次挂线；

(9) 对花、对色，铺设出的地面花色一致；

(10) 铺贴后应及时清理表面，24h后应用1∶1水泥浆灌缝；

(11) 铺贴安装完成后，覆盖锯末洒水养护；

(12) 2～3天内不得上人。

20.2.1.4 大理石地面验收

验收应着重注意大理石饰面铺贴是否平整牢固，接缝平直，无歪斜，无污迹和浆痕，表面洁净，颜色协调，板块有无空鼓，接缝有无高低偏差。

20.2.2 陶瓷地面砖铺贴施工和验收

(1) 陶瓷地面砖。陶瓷地面砖分彩色釉面砖和陶瓷锦砖（马赛克）。

(2) 陶瓷地面砖铺贴要重点注意的要求。

1) 现场施工作业环境温度宜在5℃以上；

2) 基层必须处理合格，不得有浮土、浮灰；

3) 铺贴前应弹好线，在地面弹出与门道口成直角的基准线，弹线应从门口开始，以保证进口处为整砖，非整砖置于阴角或家具下面，弹线应弹出纵横定位控制线；

4) 地面砖铺贴前应浸水湿润阴干；

5) 铺贴前应根据设计要求确定结合层砂浆厚度，拉十字线控制其厚度、地面砖表面平整度；

6) 结合层砂浆宜采用体积比为1∶3的干硬性水泥砂浆，厚度宜高出实铺厚度2～3mm；

7) 铺贴时，水泥砂浆应饱满地抹在陶瓷地面砖背面，铺贴后用橡皮棰敲实。同时，用水平尺检查校正，擦净表面水泥砂浆；

8) 地面砖铺贴时应保持水平就位，同时调整其表面平整度及缝宽；

9) 铺贴后应及时清理表面，24h后应用1∶1水泥浆灌缝，选择与地面颜色一致的颜料与白水泥拌和均匀后嵌缝。

(3) 铺贴彩色釉面砖施工流程。彩色釉面砖铺贴施工流程如下：处理基层；弹线；定标高；瓷砖浸水湿润阴干；摊铺水泥砂浆；安装标准块；铺贴地面砖；勾缝；清洁；养护。

(4) 铺贴陶瓷锦砖（马赛克）施工流程如下：

处理基层；弹线；定标高；瓷砖浸水湿润阴干；摊铺水泥砂浆；铺贴；拍实用橡皮棰敲实；勾缝；清洁；养护。

(5) 陶瓷地面砖验收。验收应着重注意陶瓷地面砖饰面铺贴是否平整牢固，接缝平直，无歪斜，无污迹和浆痕，表面洁净，颜色协调，板块有无空鼓，接缝有无高低偏差。

20.2.3 木地板铺贴施工和验收

20.2.3.1 民用室内木地板

民用室内木地板包括：实木地板（包括企口地板、平口地板、拼花地板、指接地板、集成地板等）；实木复合地板（包括三层实木复合和多层实木复合）；浸渍纸层压木质地板（强化木地板）；竹地板。

20.2.3.2 对民用室内木地板基层的要求

对民用室内木地板基层的要求如下：

(1) 木地板铺装前应对基层进行防潮处理，防潮层宜涂刷防水涂料或铺设塑料薄膜。

(2) 木地板铺装前应无浮土，无明显施工废弃物等。

(3) 木地板铺装前应应达到或低于当地平衡湿度和含水率，严禁含湿施工，并防止有水源处向地面渗漏，如暖气出水处，厨房和卫生间接口处等。

(4) 基层平整度误差不得大于5mm。

(5) 基层材料应是优质合格产品，并按序固接在地基上，不允许松动。龙骨两端应钉实，或粘实。严禁用水泥沙浆填充。毛地板应四周钉头，钉距应小于350mm。

(6) 地板应与龙骨成30°或45°铺钉，板缝应为2～3mm，相邻板的接缝应错开。

在龙骨上直接铺装地板时，主次龙骨的间距应根据地板的长宽模数计算确定，地板接缝应在龙骨的中线上。

(7) 龙骨间、龙骨与墙体间、毛地板间、毛地板与墙体间均应留有伸缩缝。

(8) 用于燥耐腐材（宽度>35mm）作龙骨料。严禁细木工板料作龙骨料。用针叶板材、优质多层胶合板（厚度>9mm）作毛地板料，严禁整张使用，必要时须进行涂防腐油漆处理和防虫害处理。

(9) 严禁在木地板铺设时，与其他室内装饰装修工程交叉混合施工。

(10) 提高环保意识，严禁在室内基层使用有严重污染物质，如沥青、苯酚等。

(11) 所有木地板基层验收，应在木地板面层施工前达到验收合格，否则不允许进行面层铺设施工。

(12) 木地板的面层验收，应在竣工后三天内验收。

20.2.3.3 对木地板施工的要求

对木地板施工的要求如下：

(1) 基层不平整应用水泥砂浆找平后再铺贴木地板。

(2) 木地板粘贴式铺贴要确保水泥砂浆地面不起砂、不空裂，基层必须清理干净。

(3) 粘贴木地板涂胶时，要薄且均匀。相临两块木地板高差不超过1mm。

(4) 实铺地板要先安装地龙骨，然后再进行木地板的铺装。

(5) 龙骨应先在地面做预埋件，以固定木龙骨。

(6) 铺装木地板的龙骨应使用松木、杉木等不易变形的树种，木龙骨、踢脚板背面均应进行防腐处理。

(7) 实铺实木地板应有基面板，基面板使用大芯板。

(8) 地板铺装完成后，先用刨子将表面刨平刨光，将地板表面清扫干净后涂刷地板漆，进行抛光上蜡处理。

(9) 所有木地板运到施工安装现场后，应拆包在室内存放一个星期以上，使木地板与居室温度、湿度相适应后才能使用。

(10) 木地板安装前应进行挑选，剔除有明显质量缺陷的不合格品。将颜色花纹一致的铺在同一房间。

(11) 有轻微质量缺欠但不影响使用的，可摆放在床、柜等家具底部使用，同一房间的板厚必须一致。

(12) 购买时应按实际铺装面积增加10%的损耗一次购买齐备。

(13) 铺装实木地板应避免在大雨、阴雨等气候条件下施工，施工中最好能够保持室内温度、湿度的稳定。

20.2.3.4 木地板施工流程

木地板施工分粘贴式木地板、实铺式木地板、架空式木地板、强化复合地板施工。

(1) 粘贴式木地板施工流程如下：粘贴式木地板施工时在混凝土结构层上用15mm厚1：3水泥砂浆找平；基层清理；涂刷底胶；弹线；找平；钻孔；安装预埋件；安装毛地板、找平、刨平；钉木地板、找平、刨平；钉踢脚板；刨光、打磨；上蜡。

(2) 实铺式木地板施工流程如下：实铺式木地板基层采用梯形截面木搁栅（俗称木楞），木搁栅的间距一般为400mm，中间可填一些轻质材料，以减低人行走时的空鼓声、并改善保温隔热效果；基层清理；弹线；钻孔安装预埋件；地面防潮、防水处理；安装木龙骨；垫保温层；弹线；钉装毛地板；找平、刨平；钉木地板、找平、刨平；装踢脚板；刨光、打磨；油漆；上蜡。

(3) 架空式木地板施工流程为在地面先砌地垄墙，然后安装木搁栅、毛地板、面层地板。

(4) 强化复合地板施工流程如下：强化复合地板防潮垫层应满铺平整，接缝处不得叠压；强化复合地板安装第一排时应凹槽面靠墙。地板与墙之间应留有8～10mm的缝隙；强化复合地板长度或宽度超过8m时，应在适当位置设置伸缩缝；清理基层；铺设塑料薄膜地垫；粘贴复合地板；安装踢脚板。

20.2.3.5 木地板面层施工验收

木地板面层验收内容：

(1) 悬浮式铺设木地板面层幅面每边长度最大不能超过8m，相邻地板应留伸缩缝，做过桥连接处理。门口应隔断。

(2) 木地板表面应洁净、平整、无毛刺、无裂痕，铺设应牢固、不松动。

(3) 木地板铺设面层尺寸允许安装偏差见表20-1。

表20-1 木地板铺设面层尺寸允许安装偏差

项 目	允许偏差（mm）			
	实木地板	强化木地板	实木复合地板	竹木地板
平整度	≤5	≤3	≤3	≤5
拼接高度差	≤0.6	≤0.15	≤0.2	≤0.5
拼接缝隙宽度	≤0.6	≤0.15	≤0.4	≤0.6
四周伸缩缝	≥5	≥8	≥8	≥5

20.2.4 塑料地板铺贴施工和验收

塑料地板分半硬质塑料地板、软质塑料地板、卷材塑料地板。

20.2.4.1　塑料地板铺贴施工要求

(1) 基层应达到表面不起砂、不起皮、不起灰、不空鼓，无油渍。手摸无粗糙感。不符合要求的，应先处理地面。

(2) 塑料地板块在铺装前应进行脱脂、脱蜡处理。

(3) 弹出互相垂直的定位线，并依拼花图案预铺。

(4) 基层与塑料地板块背面同时涂胶，胶面不黏手时即可铺贴。

(5) 块材每贴一块后，将挤出的余胶要及时用棉丝清理干净。

(6) 铺装完毕，要及时清理地板表面，使用水性胶黏剂时可用湿布擦净，使用溶剂型胶黏剂时，应用松节油或汽油擦除胶痕。

(7) 对花拼接应按织纹走向的同一方向拼接。

(8) 对于相邻两房间铺设不同颜色、图案塑料地板，分隔线应在门框踩口线外，使门口地板对称。

(9) 铺贴时，要用橡皮榔从中间向四周敲击，将气泡赶净。

(10) 铺贴后3天不得上人。

(11) PVC地面卷材应在铺贴前3～6天进行裁切，并留有0.5%的裕量，塑料在切割后有一定的收缩。

20.2.4.2　铺设塑料地板施工流程

铺设塑料地板施工流程如下。

(1) 半硬质塑料地板块施工流程：基层处理；弹线；塑料地板脱脂除蜡；预铺；刮胶；粘贴；滚压；养护。

(2) 软质塑料地板块施工流程：基层处理；弹线；塑料地板脱脂除蜡；预铺；坡口下料；刮胶；粘贴；滚压；养护。

(3) 卷材塑料地板施工流程：基层处理；弹线；裁切；刮胶；粘贴；滚压；养护。

20.2.4.3　塑料地板铺贴施工验收

塑料地板铺贴表面应洁净、平整、无裂痕、铺设应牢固、不松动。

20.2.5　地毯铺设施工和验收

地毯分块毯和卷材地毯，块毯和卷材地毯施工采用不同的铺设方式。铺设方式分活动式铺设和固定式铺设。活动式铺设是指将地毯明摆浮搁在基层上，不需将地毯与基层固定。固定式铺设分两种固定方法，一种是卡条式固定，使用倒刺板拉住地毯；一种是粘接法固定，使用胶黏剂把地毯粘贴在地板上。

20.2.5.1　地毯铺设施工要求

(1) 在铺装前必须进行实量，测量墙角是否规方，准确记录各角角度。根据计算的下料尺寸在地毯背面弹线、裁割，以免造成浪费。

(2) 地面必须平整、洁净，含水率不得大于8%。

(3) 地毯对花拼接应按毯面绒毛和织纹走向的同一方向拼接。

(4) 地毯铺装方向，应是毯面绒毛走向的背光方向。

(5) 当使用张紧器伸展地毯时，用力方向应呈V字形，应由地毯中心向四周展开。

(6) 当使用倒刺板固定地毯时，应沿房间四周将倒刺板与基层固定牢固。

(7) 满铺地毯，应用扁铲将毯边塞入卡条和墙壁间的间隙中或塞入踢脚下面。

(8) 裁剪楼梯地毯时，长度应留有一定裕量，以便在使用中可挪动常磨损的位置。

(9) 倒刺板固定式铺设沿墙边钉倒刺板，倒刺板距踢脚板8mm。

(10) 地毯在铺装前要铺展平，铺展平整装入倒刺板，用扁铲敲打，保证所有倒刺都能抓住地毯。不起鼓、不裙皱。

(11) 要避免地毯着水，易着水的地面不要铺装地毯，基层表面潮湿或渗水使地毯吸水后变色，地毯色泽不一致。

(12) 应避免日光直照或在有害气体环境中施工，日常使用中也应避免阳光直照。

(13) 接缝处应用胶带在地毯背面将两块地毯粘贴在一起，要先将接缝处不齐的绒毛修齐，并反复揉搓接缝处绒毛，至表面看不出接缝痕迹为止。

(14) 粘结铺设时刮胶后晾置5～10min，待胶液变得干黏时铺设。

(15) 地毯铺设后，用撑子针地毯拉紧、张平，挂在倒刺板上。用胶粘贴的，地毯铺平后用毡辊压出气泡。多余的地毯边裁去，清理拉掉的纤维。

(16) 裁割地毯时应沿地毯经纱裁割，只割断纬纱，不割经纱，对于有背衬的地毯，应从正面分开绒毛，找出经纱、纬纱后裁割。

(17) 注意成品保护，用胶粘贴的地毯，24h内不许随意踩踏。

(18) 地毯铺装对基层地面的要求较高，地面必须平整、洁净，含水率不得大于8%，并已安装好踢脚板，踢脚板下沿至地面间隙应比地毯厚度大2～3mm；

（19）地毯铺设后务必拉紧、张平、固定，防止以后发生变形。

20.2.5.2 地毯卡条式固定铺设

地毯卡条式固定铺设步骤如下：基层清扫处理；地毯裁割；钉倒刺板；铺垫层；接缝；张平；固定地毯；收边；修理地毯面；清扫。

20.2.5.3 地毯粘贴法固定铺设

地毯粘贴法固定铺设步骤如下：基层地面处理；实量放线；裁割地毯；刮胶晾置；铺设滚压；清理、保护。

20.2.5.4 地毯铺装的验收

地毯铺装的验收方法如下：

（1）无论采用何种地毯铺装方法，地毯铺装后都要求表面平整、洁净，无松弛、起鼓、裙皱、翘边等现象；

（2）接缝处应牢固、严密、无离缝、无明显接茬、无倒绒、颜色、光泽一致、无错花、错格现象；

（3）门口及其他收口处应收口顺直、严实，踢脚板下塞边严密、封口平整。

20.2.6 水泥砂浆抹灰的施工和验收

（1）水泥砂浆抹灰的施工施工要求。

1）抹灰前基层表面的尘土、污垢、油渍等应清除干净，并应洒水润湿；

2）抹灰工程应分层进行。当抹灰总厚度大于35mm时，应采取加强措施；

3）不同材料基体接处表面的抹灰，应采取防止开裂的加强措施，当采用加强网时，加强网与各基体搭接宽度不应小于100mm；

4）普通抹灰表面应光滑、洁净、接槎平整，分格缝应清晰；

5）高级抹灰表面应光滑、洁净、颜色均匀、无抹纹，分格缝和灰线应清晰美观；

6）水泥砂浆不得抹在石灰砂浆层上，罩面石膏灰不得抹在水泥砂浆层上；

7）角、孔洞、槽、盒周围的抹灰表面应整齐、光滑，管道后面的抹灰表面应平整；

8）抹灰分格缝的设置应符合设计要求，宽度和深度应均匀，表面应光滑，棱角应整齐；

9）有排水要求的部位应做滴水线（槽），滴水线（槽）应整齐顺直，滴水线应内高外低，滴水槽的宽度和深度均不就小于10mm。

（2）水泥砂浆抹灰的施工。

1）对墙体四角进行规方；

2）横线找平，竖线吊直；

3）制作标准灰饼、冲筋；

4）阴阳角找方；

5）内墙抹灰；

6）底层低于冲筋；

7）中层垫平冲筋；

8）面层装修。

（3）水泥砂浆抹灰施工的验收。

水泥砂浆抹灰施工验收主要是观察和尺量检查。水泥砂浆抹灰工程质量的允许偏差和检验方法应符合表20-2的规定。

表20-2　水泥砂浆抹灰工程质量的允许偏差和检验方法

项次	项　目	允许偏差（mm）		检验方法
		普通抹灰	高级抹灰	
1	立面垂直度	4	3	用2m垂直检测尺检查
2	表面平整度	4	3	用2m靠尺和塞尺检查
3	阴阳角方正	4	3	用直角检测尺检查
4	分格条（缝）直线度	4	3	拉5m线，不足5m拉通线，用钢直尺检查
5	墙裙、勒脚上口直线度	4	3	拉5m线，不足5m拉通线，用钢直尺检查

20.3 墙面、隔断墙施工和验收

墙面、隔断墙工程施工主要内容有：木龙骨隔断墙的施工、轻钢龙骨墙的施工、砖砌墙施工、玻璃隔断墙施工、罩面类墙面施工、裱糊类墙面施工、墙面瓷砖粘贴施工、幕墙施工等。本节重点讨论它们的施工和验收。

20.3.1 木龙骨隔断墙的施工和验收

20.3.1.1 木龙骨隔断墙

木龙骨隔断墙是以红、白松木做骨架，以石膏板、人造板、胶合板或木质纤维板为墙面的隔断墙。木龙骨骨架应使用规格为40mm×70mm的红松木等。骨架的间距一般在450～600mm之间。

20.3.1.2 木龙骨隔断墙施工要求

（1）在基体上弹出水平线和竖向垂直线，以控制隔断龙骨安装的位置、格栅的平直度和固定点。

（2）沿弹线位置固定沿顶和沿地龙骨，各自交接后的龙骨，应保持平直。

（3）固定点间距应不大于1m，龙骨的端部必须固定，固定应牢固。

（4）边框龙骨与基体之间，应按设计要求安装密封条。

(5) 门窗或特殊节点处，应使用附加龙骨，其安装应符合设计要求。

(6) 安装沿地、沿顶木楞时，应将木楞两端伸入砖墙内至少120mm，以保证隔断墙与原结构墙连接牢固。

(7) 骨架安装的允许偏差，应符合表20-3规定。

表20-3　隔断骨架允许偏差

项次	项目	允许偏差(mm)	检验方法
1	立面垂直	2	用2m托线板检查
2	表面平整	2	用2m直尺和楔型塞尺检查

20.3.1.3 木龙骨隔断墙施工流程

木龙骨隔断墙施工流程：清理基体面；弹隔墙定位线；划龙骨分档线；安装大龙骨；安装小龙骨；安装沿地、沿顶木楞；防腐处理；安装罩面板；安装压条；罩面板处理。

20.3.1.4 罩面板安装

罩面板分塑料板、胶合板、纤维板、人造木板、石膏板、铝合金装饰条板。

(1) 塑料板安装。塑料板安装分粘接和钉接两种。

1) 粘接是用胶粘剂粘结聚氯乙烯塑料装饰板。粘接操作方法：用刮板或毛刷在墙面和塑料板背面涂刷聚氯乙烯胶粘剂（601胶）或聚醋酸乙烯胶，不得有漏刷；涂胶后即可粘接；粘结后应临时固定、挤压，将在板缝中多余的胶液刮除、板面擦净。

2) 钉接是在安装塑料贴面板复合板应预先钻孔、再用木螺钉加垫圈紧固。也可用金属压条固定。钉接操作方法：木螺钉的钉距一般为400～500mm，排列应一致整齐；加金属压条时，应将横竖通线拉直，并应先用钉子将塑料贴面复合板临时固定，然后加盖金属压条，用垫圈找平固定。

(2) 胶合板和纤维板、人造木板安装。安装胶合板、纤维板、人造木板时要重点注意如下10点内容：

1) 安装胶合板、纤维板、人造木板要防潮；

2) 胶合板、纤维板、人造木板的基体表面应铺设平整、搭接严密、不得有皱折、裂缝和透孔等；

3) 胶合板、人造木板采用直钉固定，钉距为80～150mm，钉帽应打扁并钉入板面0.5～1mm；

4) 钉眼用油性腻子抹平；

5) 胶合板、人造木板如涂刷清油等涂料时，相邻板面的木纹和颜色应近似；

6) 需要隔声、保温、防火的应根据设计要求在龙骨安装好后，进行隔声、保温、防火等材料的填充；

7) 墙面用胶合板、纤维板装饰时，阳角处宜做护角，以防板边角损坏；

8) 硬质纤维板应用水浸透，自然阴干后安装；

9) 胶合板、纤维板用木压条固定时，钉距不应大于200mm，钉帽应打扁，并钉入木压条0.5～1mm，钉眼用油性腻子抹平；

10) 用胶合板、人造木板、纤维板作罩面时，应符合防火的有关规定，在湿度较大的房间，不得使用未经防水处理的胶合板和纤维板。

(3) 石膏板安装。安装石膏板时要重点注意如下9点内容：

1) 安装石膏板前应对预埋隔断中的管道和附于墙内的设备采取局部加强措施；

2) 石膏板宜竖向铺设，长边接缝宜落在竖向龙骨上；

3) 双面石膏罩面板应与龙骨一侧的内外两层石膏板错缝排列接缝不应落在同一根龙骨上；

4) 需要隔声、保温、防火的应根据设计要求在龙骨一侧安装好石膏罩面板后，进行隔声、保温、防火等材料的填充，再封闭另一侧的板；

5) 石膏板应采用自攻螺钉固定，周边螺钉的间距不应大于200mm，中间部分螺钉的间距不应大于300mm，螺钉与板边缘的距离应为10～16mm；

6) 安装石膏板时应从板的中部开始向板的四边固定；

7) 钉头钉入板内，但不得损坏纸面，钉眼应用石膏腻子抹平，钉头应做防锈处理；

8) 石膏板应按框格尺寸裁割准确，就位时应与框格靠紧但不得强压，隔墙端部的石膏板与周围的墙或柱应留有3mm的槽口；

9) 在丁字型或十字型相接处，如为阴角应用腻子嵌满，贴上接缝带，如为阳角应做护角。

(4) 铝合金装饰条板安装。安装铝合金装饰条板时要重点注意：用铝合金条板装饰墙面时，可用螺钉直接固定在结构层上，也可用锚固件悬挂或嵌卡的方法，将板固定在墙筋上。

20.3.1.5 木龙骨隔断墙施工的验收

木龙骨隔断墙施工验收要重点注意以下内容：

(1) 检查隔断墙面，用2m直尺检测，表面平整度误差小于2mm，立面垂直度误差小于3mm，接缝高低差小于0.5mm。

(2) 骨架木材和罩面板材质、品种、规格、式样应符合设计要求和施工规范的规定。

（3）隔断的尺寸正确，材料规格一致。

（4）墙面平直方正,光滑,拐角处方正交接严密。

（5）沿地、沿顶木楞及边框墙筋，各自交接后的龙骨应牢固、平直。

（6）木骨架必须安装牢固、木骨架应顺直、无弯曲、无变形、劈裂、无松动、位置正确。

（7）罩面板无脱层、翘曲、折裂、缺楞掉角等缺陷，安装必须牢固。

（8）罩面板表面应平整、洁净，无污染、无麻点、无锤印、颜色一致。

（9）罩面板之间的缝隙或压条，宽窄应一致，整齐、平直、压条与板接封严密。

（10）检查隔断墙面，安装的隔断墙面允许偏差应符合表 20-4 规定。

20.3.2 轻钢龙骨隔断墙施工和验收

20.3.2.1 轻钢龙骨隔断墙

轻钢龙骨隔断墙主件是轻钢龙骨（沿顶龙骨、沿地龙骨、加强龙骨、竖向龙骨、横撑龙骨）和石膏板、塑料板罩面、胶合板、纤维复合板。通常隔墙使用C型隔墙龙骨，经组合即可组成隔断墙体。C型轻钢隔墙龙骨分为三个系列：C50 系列可用于层高 3.5m 以下的隔墙；C75 系列可用于层高 3.5～6m 的隔墙；C100 系列可用于层高 6m 以上的隔墙。

20.3.2.2 轻钢龙骨隔断墙施工要求

（1）轻钢龙骨主件（沿顶龙骨、沿地龙骨、加强龙骨、竖向龙骨、横撑龙骨）应符合设计要求和有关规定的标准；

（2）轻钢骨架配件（支撑卡、卡托、角托、连接件、固定件、护墙龙骨和压条等）附件应符合设计要求；

（3）紧固材料：拉锚钉、膨胀螺栓、镀锌自攻螺钉、木螺钉和粘贴嵌缝材，应符合设计要求；

（4）轻钢骨架隔断工程施工前，应先安排外装，安装罩面板应待屋面、顶棚和墙体抹灰完成后进行，基底含水率一般应小于 8%～12%；

（5）有地枕时，地枕应达到设计强度后方可在上面进行隔墙龙骨安装；

（6）安装各种系统的管、线盒弹线及其他准备工作已到位；

（7）弹线必须准确，固定沿顶和沿地龙骨，各自交接后的龙骨，应保持平整垂直，安装牢固；

（8）严禁隔断墙上连接件采用射钉固定在砖墙上，应采用预埋件或膨胀螺栓进行连接。

20.3.2.3 轻钢龙骨隔断墙施工流程

在基体上弹出水平线和竖向垂直线，以控制隔断龙骨安装的位置、龙骨的平直度和固定点。安装的流程为：安装天地龙骨；安装水平龙骨；安装竖向龙骨；安装系统管、线；安装罩面板。

20.3.2.4 罩面板安装

罩面板分石膏板、塑料板、胶合板、纤维板、人造木板、铝合金装饰条板。

（1）石膏板安装。

1）安装石膏板前，应对预埋隔断中的管道和附于墙内的设备采取局部加强措施；

2）石膏板应竖向铺设，长边接缝应落在竖向龙骨上；

3）双面石膏罩面板安装，应与龙骨一侧的内外两层石膏板错缝排列接缝不应落在同一根龙骨上；

4）需要隔声、保温、防火的应根据设计要求在龙骨一侧安装好石膏罩面板后，进行隔声、保温、防火等材料的填充，再封闭另一侧的板；

5）石膏板应采用自攻螺钉固定。周边螺钉的间距不应大于 200mm，中间部分螺钉的间距不应大于 300mmn，螺钉与板边缘的距离应为 10～16mm；

6）安装石膏板时，应从板的中部开始向板的四边固定；

7）石膏板应按框格尺寸裁割准确；就位时应与

表 20-4 骨架隔墙面板安装的允许偏差

项次	项目	允许偏差（mm）					检验方法
		石膏板	胶合板	多层板	纤维板	人造木板	
1	立面垂直度	3	3	3	3	3	用 2m 垂直检测尺检查
2	表面平整度	2	2	2	2	2	用 2m 垂直检测尺检查
3	阴阳角方正	3	3	3	3	3	用直角检测尺检查
4	接缝直线度	—	—	—	—	3	拉 5m 线，不足 5m 拉通线用钢直尺检查
5	压条直线度	2	2	2	2	2	5m 线，不足 5m 拉通线用钢直尺检查
6	接缝高低差	1	1	1	1	1	用钢直尺和塞尺检查

框格靠紧，但不得强压；

8）隔墙端部的石膏板与周围的墙或柱应留有3mm的槽口，施铺罩面板时，应先在槽口处加注嵌缝膏，然后铺板并挤压嵌缝膏使面板与邻近表层接触紧密；

9）在丁字型或十字型相接处，如为阴角应用腻子嵌满，贴上接缝带，如为阳角应做护角；

10）石膏板的接缝，一般应3～6mm缝，必须坡口与坡口相接。

（2）塑料板、胶合板、纤维板、人造木板、铝合金装饰条板安装。塑料板、胶合板、纤维板、人造木板、铝合金装饰条板安装同于20.3.1节的塑料板、胶合板、纤维板、人造木板、铝合金装饰条板安装。

20.3.2.5 轻钢龙骨隔断墙施工的验收

轻钢龙骨隔断墙施工验收的内容同于20.3.1节的验收内容。

20.3.3 砖砌墙施工和验收

砖砌墙由于重量大，作业时间较长，除在改造卫生间、厨房时使用，一般不宜在室内使用。

20.3.3.1 砖砌墙施工要求

（1）购买墙砖时，要仔细检查墙砖的几何尺寸（长度、宽度、对角线、平整度）、色差、品种；

（2）检查基层平整度、垂直度、误差超过20mm，必须用1∶3水泥砂浆打底校平后方能进行下一工序；

（3）施工前，要将砖充分浸水润湿，晾干待用；

（4）确定墙砖的排版，在同一墙面上的横竖排列，不宜有一行以上的非整砖，非整砖行应排在次要部位或阴角线，阴角处不能有两块非整砖并排；

（5）水泥砂浆体积比一般为1∶2.5～1∶3，粘结厚度6～10mm；

（6）墙砖粘贴时，平整度误差为1mm，相邻砖之间平整度不得有误差；

（7）墙砖镶贴前必须找准水平及垂直控制线，垫好底尺，挂线镶贴，做到表面平整，镶贴应自下而上进行，整间或独立部位必须当天完成；

（8）镶贴后应用同色水泥浆勾缝，墙砖粘贴时必须牢固，不空鼓，无歪斜，缺楞掉角和裂缝等缺陷；

（9）墙砖粘贴阴阳角必须用角尺校正，砖粘贴阳必须碰角，缝隙必须贯通。

20.3.3.2 砖砌墙施工的验收

（1）砖砌墙必须牢固，无歪斜、缺棱掉角和裂缝等缺陷。墙砖铺粘表面要平整、洁净，色泽协调；

（2）砖块接缝填嵌密实、平直、宽窄均匀、颜色一致，阴阳角处搭接方向正确；

（3）非整砖使用部位适当，排列平直；

（4）预留孔洞尺寸正确、边缘整齐；

（5）检查平整度误差小于2mm，立面垂直误差小于2mm，接缝高低偏差小于0.5mm，平直度小于2mm。

20.3.4 玻璃隔断墙工程施工和验收

20.3.4.1 玻璃隔断墙材料要求

（1）龙骨和玻璃的材质、品种、规格、式样应符合设计要求和施工规范的规定；

（2）龙骨应顺直，无弯曲、变形和劈裂、节疤；

（3）玻璃表面应平整、洁净，无污染、麻点，颜色一致；

（4）玻璃规格：厚度有8、10、12、15、19mm等，长宽根据工程设计要求确定；

（5）对玻璃规格尺寸允许偏差要求应符合表20-5～表20-9的规定。

（6）玻璃隔断隔允许偏差项目应符合表20-10规定。

表20-5　钢化玻璃规格尺寸允许偏差　（mm）

边长度 / 偏差 / 厚度	L≤1000	1000<L≤2000	2000<L≤3000
4	−2～+1	±3	±4
5			
6			
8	−3～+2	—	—
10			
12			
15	±4	±4	
19	±5	±5	±6

表20-6　钢化玻璃厚度及其允许偏差　（mm）

名称	厚度	厚度允许偏差
钢化玻璃	4.0	±0.3
	5.0	
	6.0	
	8.0	±0.6
	10.0	
	12.0	±0.8
	15.0	
	19.0	±1.2

表20-7　钢化玻璃的孔径允许偏差　（mm）

公称孔径	允许偏差
4～50	±1.0
51～100	±2.0
>100	供需双方商定

表20-8　普通平板玻璃的厚度允许偏差　（mm）

厚　度	允许偏差	厚度	允许偏差
2	±0.20	4	±0.20
3	±0.20	5	±0.25

表 20-9 普通平板玻璃外观质量要求 (mm)

缺陷种类	说明	优等品	一等品	合格品
波筋（包括纹辊子花）	不产生变形的最大入射角	60°	45°，50mm 边部，30°	30°，100mm 边部，0°
气泡	长度 1mm 以下的	集中的不允许	集中的不允许	不限
	长度大于 1mm 的每平方米允许个数	≤6	≤8mm，8 >8～10mm，2	≤10mm，12 >10～20mm，2 >20～25mm，1
划伤	宽≤0.1mm 每平方米允许条数	长≤50mm，3	长≤100mm，5	不限
	宽>0.1 平方米允许条数	不许有	宽≤0.4m 长<100mm	宽≤0.8mm 长<100mm
砂粒	非破坏性的，直径 0.5～2mm，每平方米允许个数	不许有	3	8
疙瘩	非破坏性的疙瘩波及范围直径不大于 3mm，每平方米允许个数	不许有	1	3
线道	正面可以看到的每片玻璃允许条数	不许有	30mm 边部 宽≤0.5mm	宽≤0.5mm 2
麻点	表面呈现的集中麻点	不许有	不许有	每平方米不超过 3 处
	稀疏的麻点，每平方米允许个数	10	15	30

表 20-10 玻璃隔断墙允许偏差

项次	项类	项目	允许偏差（mm）		检验方法
			龙骨	玻璃	
1	龙骨	龙骨间距	2		尺量检查
2		龙骨平直	2	—	尺量检查
3	玻璃	表面平整	—	1	用 2m 靠尺检查
4		接缝平直	2	0.5	拉 5m 线检查
5		拉缝高低	0.5	0.3	用直尺或塞尺检查
6	压条	压条平直	1	1	拉 5m 线检查
7		压条间距	0.5	1	尺量检查

20.3.4.2 玻璃隔断墙施工要求

(1) 施工部位已安装的门窗，已施工完的地面、墙面、窗台等应注意保护、防止损坏；

(2) 其他专业的材料不得置于已安装好的木龙骨架和玻璃上；

(3) 龙骨的大、小龙骨必须安装牢固，无松动，位置正确；

(4) 压条宽窄应一致，整齐、平直、压条与玻璃接封严密；

(5) 隔断龙骨必须牢固、平整、垂直；

(6) 压条应平顺光滑，线条整齐，接缝密合；

(7) 按设计要求可选用材料，材料品种、规格、质量应符合设计要求；

(8) 压条无翘曲、折裂、缺楞掉角等缺陷，安装必须牢固。

20.3.4.3 玻璃墙面施工

玻璃墙面施工有：弹隔墙定位线；安装主龙骨；安装小龙骨；防腐处理；安装玻璃；打玻璃胶；安装压条。

(1) 弹线。根据楼层设计标高水平线，顺墙高量至顶棚设计标高，沿墙弹隔断垂直标高线及天、地龙骨的水平线，并在天、地龙骨的水平线上划好龙骨的分档位置线。

(2) 主龙骨安装。

1) 地轨安装。依放样地点将地轨置于恰当位置，并将门及转角之位置预留，以空气钉枪击钉于间隔

100mm处，固定于地坪上，如地板为瓷砖或石材时，则必须以电钻转孔，然后埋入塑料塞，以螺钉固定地轨，地轨长度必须控制在正负1mm/m以内，将高低调整组件依直杆的预定位置，置放于地轨凹槽内，最后盖上踢脚板盖板。

2）天轨安装。以水平仪扫描地轨，将天轨平行放置于楼板或天花板下方，然后以空气钉枪击钉或转尾螺钉固定，高差处需裁切成45°相接，各处之相接须平整，缝隙须小于0.5mm。

3）直杆安装。依图示或施工说明书上指示或需要之间隔安装直杆（一般标准规格，直杆间隔为100cm），将直滑杆插入直杆上方，搭接至天轨内部倒扣固定，直杆下放则卡滑至高低调整螺钉上方。

4）横杆安装。将横杆两端分别插入左右直杆预设的固定孔内倒扣固定。

（3）小龙骨安装。根据设计要求按分档线位置固定小龙骨，必须安装牢。安装小龙骨前，也可以根据安装玻璃的规格在小龙骨上安装玻璃槽。

（4）安装玻璃。根据设计要求按玻璃的规格安装在小龙骨上；如用压条安装时先固定玻璃一侧的压条，并用橡胶垫垫在玻璃下方，再用压条将玻璃固定；如用环氧树脂、玻璃胶直接固定玻璃，应将玻璃先安装在小龙骨的预留槽内，然后用玻璃胶封闭固定。

（5）打玻璃胶。首先在玻璃上沿四周粘上纸胶带，根据设计要求将各种玻璃胶均匀地打在玻璃与小龙骨之间。待玻璃胶完全干后撕掉纸胶带。

（6）安装压条。根据设计要求将各种规格材质的压条，将压条用直钉或玻璃胶固定小龙骨上。如设计无要求，可以根据需要选用10mm×12mm木压条、10mm×10mm的铝压条或10mm×20mm不锈钢压条。

20.3.4.4 玻璃隔断墙施工的验收

（1）玻璃隔墙表面应色泽一致、无翘曲、无裂纹、无划痕、颜色一致，反映外界影像无畸变，平直吻合，外观平整洁净、清晰美观。

（2）玻璃隔墙接缝应横平竖直，玻璃应无裂痕、缺损和划痕。

（3）玻璃板隔墙嵌缝及安装玻璃砖墙勾缝应密实平整、均匀顺直、深浅一致。

（4）龙骨无砸压变形，表面洁净，无毛刺、油斑或其他污垢，拼接严密平整，接口平滑。

（5）横竖缝的大小、宽窄一致，无错台错位，胶缝表面平整，光滑、深浅一致。玻璃表面洁净。

（6）隔墙面板安装的允许偏差应符合表20-11规定。

表20-11 隔墙面板安装的允许偏差

项次	项目	允许偏差（mm）	检验方法
		玻璃面板	
1	立面垂直度	2	用2m垂直检测尺检查
2	表面平整度	1.5	用2m靠尺和塞尺检查
3	阴阳角方正	2	用直角检测尺检查
4	接缝直线度	1.5	拉5m线，不足5m拉通线用钢直尺检查
5	压条直线度	1.5	拉5m线，不足5m拉通线用钢直尺检查
6	接缝高低差	0.3	用钢直尺和塞尺检查

20.3.5 罩面类墙面施工和验收

罩面类墙面是指木墙裙、木护墙板。

20.3.5.1 木墙裙、木护墙板

木墙裙、木护墙板是用木龙骨、胶合板、装饰线条构造的护墙设施，在墙内埋设防腐木砖，将木龙骨架固定在木砖上，然后将面板钉或粘在木龙骨架上。木龙骨断面为（20～40）mm×（40～50）mm，木龙骨间距为400～600mm。罩面类墙面多用于家庭装修中的客厅、卧室墙体装修，一般高度为0.9m。

20.3.5.2 木墙裙的施工要求

（1）墙面要求平整。如墙面平整误差在10mm以内可采取抹灰修整的办法，如误差大于10mm，可在墙面与龙骨之间加垫木块；

（2）墙面要求干燥，避免潮气对面板的影响；

（3）根据护墙板高度和房间大小钉做木龙骨，整片或分片安装，在木墙裙底部安装踢脚板，将踢脚板固定在垫木及墙板上，踢脚板高度150mm，冒头用木线条固定在护墙板上；

（4）根据面板厚度确定木龙骨间尺寸，横龙骨一般在400mm左右，竖龙骨一般在600mm，面板厚度1mm以上时，横龙骨间距可适当放大；

（5）钉木钉时，护墙板顶部要拉线找平，木压条规格尺寸要一致；

（6）两个墙面的阴阳角处，必须加钉木龙骨；

（7）木墙裙安装后，应立即进行饰面处理，涂刷清油一遍，以防止其他工种污染板面。

20.3.5.3 木墙裙的施工流程

木墙裙的施工流程为：处理墙面；弹线；制作木骨架；固定木骨架；安装木饰面板；安装收口线条。

20.3.5.4 木墙裙的验收

（1）木墙裙的构造符合设计要求，预埋件经过防

腐处理。

(2) 面板用材统一，纹理相近，收口角线及踢脚板与墙裙用料一致。

(3) 木墙裙面板无死节、腐斑、花纹色泽一致，外形尺寸正确，分格规矩，手检查漆膜光亮、平滑，无透地、落刷、流坠等质量缺陷。

(4) 木墙裙平直度误差小于2mm，出墙厚度误差小于1mm，分格误差小于1mm。

20.3.6 裱糊类墙面施工和验收

裱糊类墙面是指用墙纸、墙布等裱糊的墙面。

20.3.6.1 裱糊类墙面施工要求

(1) 裱糊类墙面必须清理干净、平整、光滑，防潮涂料应涂刷均匀。

(2) 混凝土和抹灰基层墙面清扫干净，将表面裂缝、坑洼不平处用腻子找平。再满刮腻子，打磨平。

(3) 木基层墙面应刨平，无毛刺、无外露钉头。

(4) 石膏板基层墙面应对石膏板接缝用嵌缝腻子处理，并用接缝带贴牢，表面刮腻子。

(5) 涂刷底胶一般使用107胶，底胶一遍成活，但不能有遗漏。

(6) 为防止墙纸、墙布受潮脱落，可涂刷一层防潮涂料。

(7) 弹垂直线和水平线，以保证墙纸、墙布横平竖直、图案正确的依据。

(8) 粘贴后，赶压墙纸胶黏剂，不能留有气泡，挤出的胶要及时揩净。

(9) 墙面基层含水率应小于8%。

(10) 拼缝时先对图案、后拼缝，使上下图案吻合。

(11) 禁止在阳角处拼缝，墙纸要裹过阳角20mm以上。

(12) 裱贴玻璃纤维墙布时，背面不能刷胶黏剂，将胶黏剂刷在基层上。

(13) 裱糊前应按壁纸、墙布的品种、花色、规格进行选配。拼花、裁切、编号、裱糊时应按编号顺序粘贴。

(14) 墙面应采用整幅裱糊，先垂直面后水平面，先保证垂直后对花拼逢，垂直面是先上后下，先长墙面后短墙面，水平面是先高后低，阴角处接缝应搭接，阳角处应包角不得有接缝。

(15) 聚氯乙烯塑料壁纸裱糊前应先将壁纸用水润湿数分钟，墙面裱糊时应在基层表面涂刷胶黏剂，顶棚裱糊时，基层和壁纸背面均应涂刷胶黏剂。

(16) 复合壁纸不得浸水，裱糊前应先在壁纸背面涂刷胶黏剂，放置数分钟，裱糊时，基层表面应涂刷胶黏剂。

(17) 纺织纤维壁纸不宜在水中浸泡，裱糊前宜用湿布清洁背面。

(18) 带背胶的壁纸裱糊前应在水中浸泡数分钟。裱糊顶棚时应涂刷一层稀释的胶黏剂。

(19) 金属壁纸裱糊前应浸水1～2min，阴干5～8min后在其背面刷胶。刷胶应使用专用的壁纸粉胶，一边刷胶，一边将刷过胶的部分，向上卷在发泡壁纸卷上。

(20) 玻璃纤维基材壁纸、无纺墙布无须进行浸润，应选用粘接强度较高的胶黏剂，裱糊前应在基层表面涂胶，墙布背面不涂胶，玻璃纤维墙布裱糊对花时不得横拉斜扯避免变形脱落。

(21) 开关、插座等突出墙面的电气盒，裱糊前应先卸去盒盖。

20.3.6.2 裱糊类墙面施工流程

裱糊类墙面施工流程为：清理基层；涂刷防潮涂料；墙面弹线；墙纸裁纸；刷胶；上墙裱贴、拼缝、搭接、对花；赶压胶黏剂气泡；擦净胶水；修整。

20.3.6.3 裱糊类墙面的验收

(1) 裱糊类墙面的构造符合设计要求经过防潮处理；

(2) 面板用材统一，纹理相近，收口角线及踢脚板与墙裙用料一致；

(3) 墙纸、墙布花纹色泽一致，外形尺寸正确，分格规矩，平滑；

(4) 图案花纹应吻合，不离缝、不搭接、无波纹起伏、褶皱，表面应清洁、墙布表面应平整，色泽应一致；

(5) 壁纸、墙布的种类、规格、图案、颜色和燃烧性能等级必须符合设计要求及国家现行标准的有关规定；

(6) 距离墙面1.5m处正视：裱糊后各幅拼接应横平竖直，墙布应粘贴牢固，不得有漏贴、补贴、脱层、空鼓和翘边。

20.3.7 墙面瓷砖粘贴施工和验收

墙面瓷砖粘贴施工是装修工程中主要工作之一，墙面瓷砖的粘贴质量，直接影响到装修效果，墙面瓷砖粘贴必须严格按规范程序施工，才能保证质量。

20.3.7.1 墙面瓷砖粘贴施工要求

(1) 墙面基层处理应平整，应全部清理墙面上的各类污物，并提前一天浇水湿润；

(2) 施工现场环境温度宜在5℃以上；

(3) 墙面砖铺贴前应进行挑选，并应按设计要求进行预拼，瓷砖粘贴前必须在清水中浸泡2h以上，以砖体不冒泡为准，取出晾干表面水分待用；

(4) 铺贴前应进行放线定位和排砖，确定水平及竖向标志，垫好底尺，挂线铺贴；

(5) 非整砖应排放在次要部位或阴角处。每面墙不宜有两列非整砖，非整砖宽度不宜小于整砖的1/3；

(6) 墙面砖表面应平整、接缝应平直、缝宽应均匀一致。阴角砖应压向正确，阳角线宜做成45°角对接，在墙面突出物处，应整砖套割吻合，不得用非整砖拼凑铺贴；

(7) 结合砂浆宜采用1∶2水泥砂浆，砂浆厚度宜为7～10mm。水泥砂浆应满铺在墙砖背面，一面墙不宜一次铺贴到顶，以防塌落；

(8) 砖面平正、没有倾斜现象；

(9) 砖面是否有破碎崩角现象；

(10) 瓷砖方向是否正确、没有反转现象；

(11) 花砖和腰线位置是否正确、没有偏位或高度错误现象；

(12) 粘贴时自下向上粘贴，要求灰浆饱满，亏灰时，必须取下重粘，不允许从砖缝、口处塞灰补垫；

(13) 铺粘时遇到管线、灯具开关、卫生间设备的支承件等，必须用整砖套割吻合，禁止用非整砖拼凑粘贴；

(14) 整间或独立部位粘贴宜一次完成，一次不能完成时，应将接茬口留在施工缝或阴角处；

(15) 墙面瓷砖粘贴必须牢固，无歪斜、缺棱掉角和裂缝等缺陷；

(16) 墙砖铺粘表面要平整、洁净，色泽协调，图案安排合理，无变色、泛碱、污痕和显著光泽受损处；

(17) 砖块接缝填嵌密实、平直、宽窄均匀、颜色一致，阴阳角处搭接方向正确；

(18) 非整砖使用部位适当，排列平直。预留孔洞尺寸正确、边缘整齐。

20.3.7.2 墙面瓷砖粘贴的施工流程

墙面瓷砖粘贴的施工流程为：基层清扫处理；抹底子灰；选砖；浸泡；排砖；弹线；粘贴标准点；粘贴瓷砖；勾缝；擦缝；清理。

20.3.7.3 墙面瓷砖粘贴的验收

墙面瓷砖粘贴常见的质量缺陷为空鼓脱落、变色、接缝不平直和表面裂缝等。

(1) 空鼓脱落：主要原因是粘结材料不充实、砖块浸泡不够及基层处理不净。施工时，袖面砖必须清净干净，浸泡不少于2h，粘结厚度应控制在7～10mm之间，不得过厚或过薄。粘贴时要使面砖与底层粘贴密实，可以用木锤轻轻敲击。产生空鼓时，应取下墙面砖，铲去原来的粘结砂浆，采用加占总体积3%的107胶水泥砂浆修补。

(2) 色变：主要原因除瓷砖质量差、轴面过薄外，操作方法不当也是重要因素。施工中应严格选好材料，浸泡釉面砖应使用清洁干净的水。粘贴的水泥砂浆应使用纯净的砂子和水泥。操作时要随时清理砖面上残留的砂浆。如色变较大的墙砖应予更新。

(3) 接缝不平直：主要原因是砖的规格有差异和施工不当。施工时应认真挑选面砖，将同一类尺寸的归在一起，用于一面墙上。必须贴标准点，标准点要以靠尺能靠上为准，每粘贴一行后应及时用靠尺横、竖靠直检查，及时校正。如接缝超过允许误差，应及时取下墙面瓷砖，进行返工。

墙面瓷砖粘贴验收时要重点注意：

(1) 墙面瓷砖粘贴必须牢固，无歪斜、缺棱掉角和裂缝等缺陷；

(2) 墙砖铺粘表面要平整、洁净，色泽协调，图案安排合理，无变色、泛碱、污痕和显著光泽受损处；

(3) 砖块接缝填嵌密实、平直、宽窄均匀、颜色一致，阴阳角处搭接方向正确；

(4) 非整砖使用部位适当，排列平直。预留孔洞尺寸正确、边缘整齐，检查平整度误差小于2mm，立面垂直误差小于2mm，接缝高低偏差小于0.5mm，平直度小于2mm；

(5) 满粘法施工的饰面砖工程无空鼓、裂缝；

(6) 饰面砖表面应平整、洁净、色泽一致，无裂痕和缺损；

(7) 饰面板粘贴的允许偏差和检验方法应符合表20-12的规定。

表20-12　饰面板粘贴的允许偏差和检验方法

项次	项　目	允许偏差（mm）		检验方法
		外墙面砖	内墙面砖	
1	立面垂直度	2	2	用2m垂直检测尺检查
2	表面平整度	3	2	用2m靠尺和塞尺检查
3	阴阳角方正	2	2	用直角检测尺检查
4	接缝直线度	2	2	拉5m线，不足1m用钢直尺检查
5	接缝高低差	1	0.5	用钢直尺和塞尺检查
6	接缝宽度	1	1	用钢直尺检查

20.3.8 幕墙施工和验收

幕墙是指玻璃幕墙、金属幕墙、石材幕墙等分项工程。

20.3.8.1 幕墙施工要求

（1）对材料及其性能指标进行复验。幕墙工程应对下列材料及其性能指标进行复验：①铝塑复合板的剥离强度。②石材的弯曲强度；寒冷地区石材的耐冻融性；室内用花岗石的放射性。③玻璃幕墙用结构胶的邵氏硬度、标准条件拉伸粘结强度、相容性试验；石材用结构胶的粘结强度；石材用密封的污染性。

（2）划分各分项工程的检验批。

各分项工程的检验批应按下列规定划分：

1）相同设计、材料、工艺和施工条件的幕墙工程每 500～1000m² 应划分为一个检验批，不足 500m 也应划分为一个检验批。

2）同一单位工程的不连续的幕墙工程应单独划分检验批。

3）对于异形或有特殊要求的幕墙检验批的划分应根据幕墙的结构、工艺特点及幕墙工程规模，由监理单位（或建设单位）和施工单位协商确定。

4）规定检查数量。检查数量应符合下列规定：

①每个检验批每 100m² 应至少抽查一处，每处不得小于 10m²。

②对于异形或有特殊要求的幕墙工程，应根据幕墙的结构和工艺特点，由监理单位（或建设单位）和施工单位协商确定。

（3）重点幕墙施工重点要求。

1）幕墙及其连接件应上个月足够的承载力、刚度和相对于主体结构的位移能力。幕墙构架立柱的连接金属角码与其他连接件应采用螺栓连接，并应有防松动措施。

2）隐框、半隐框幕墙所采用的结构粘结材料必须是中性硅酮结构封胶，其性能必须符合 GB 16776—2005《建筑用硅酮结构密封胶》的规定；硅酸结构密封胶必须在有效期内使用。

3）立柱和横梁等主要受力构件，其截面受力部分的壁厚应经计算确定，且铝合多型材壁厚不应小于 3.0mm，钢材壁厚不应小于 3.5mm。

4）隐框、半隐框幕墙构件中板材与金属框之间硅酮结构密封胶的粘结宽度，应分别计算风荷载标准值和板材自重标准值作用下硅酮结构密封胶的粘结宽度，并取其较大值，且不得小于 7.0mm。

5）硅酮结构密封胶应打注饱满，并应在温度 15～30℃、相对湿度 50%以上、洁净的室内进行；不得在现场墙上打注。

6）幕墙的防火除应符合 GB 50016—2006《建筑设计防火规范》和 GB 50045—1995《高层民用建筑设计防火规范》的有关规定外，还应符合下列规定：

①应根据防火材料的耐火极限决定防火层的厚度和宽度，并应在楼板处形成防火带；

②防火层应采取隔离措施，防火层的衬板应采用经防腐处理且厚度不小于 1.5mm 的钢板，不得采用铝板；

③防火层的密封材料应采用防火密封胶；

④防火层与玻璃不应直接接触，一块玻璃不应跨两个防火分区。

7）主体结构与幕墙连接的各种预埋件，其数量、规格、位置和防腐处理必须符合设计要求。

8）幕墙的金属框架与主体结构埋件的连接、立柱与横梁的连接及幕墙面板的安装必须符合设计要求，安装必须牢固。

9）单元幕墙连接处和吊挂处和铝合金型材的壁厚应通过计算确定，并不得小于 5.0mm。

10）幕墙的金属框架与主体结构应通过预埋件连接，预进埋件应主体结构混凝土施工埋入，预埋件的位置应准确。当没有条件采用预埋件连接时，应采用其他可靠的连接措施，并应通过试验确定其承载力。

11）立柱应采用螺栓与角码连接，螺栓直径应经过计算，并不应小于 10mm。不同金属材料接触时应采用绝缘垫片分隔。

12）幕墙的抗震缝、伸缩缝、沉降缝等部位的处理应保证缝的使用功能饰面的完整性。

13）幕墙工程的设计应满足和清洁的要求。

20.3.8.2 玻璃幕墙工程

玻璃幕墙工程分隐框玻璃幕墙、半隐框玻璃幕墙、明框玻璃幕墙、全玻幕墙及点支承玻璃墙。

（1）玻璃幕墙施工要求。

1）各种材料要求。玻璃幕墙工程所用的各种材料、构件和组件的质量，应符合设计要求及国家现行产品标准和工程技术规范的规定，要有构件、组件的产品合格证书、进场验收记录、性能检测报告和材料的复验报告。

2）玻璃墙使用的玻璃要求。

①幕墙应使用安全玻璃，玻璃的品种、规格、颜色、光学性能及安装方向应符合设计要求。

②幕墙玻璃的厚度不应小于 6.0mm。全玻幕墙肋玻璃的厚度不应小于 12mm。

③幕墙的中空玻璃应采用双道密封。明框幕墙的中空玻璃应采用聚硫密封胶及丁基密封胶；隐框和半隐框幕墙的中空玻璃应采用硅酸结构胶及丁基密封

胶；镀膜面应在中空玻璃的第2面或第3面上。

④幕墙的夹层玻璃应采用聚乙烯醇缩丁醛(PVB)胶片干法加工合成的夹层玻璃。点支承玻璃幕墙夹层玻璃的夹层胶片（PVB）厚度不应小于0.76mm。

⑤钢化玻璃表面不得有损伤；8.0mm以下的钢化玻璃应进行引爆处理。

⑥所有幕墙均应进行边缘处理。

3）玻璃幕墙与主体结构连接要求。

①玻璃幕墙与主体结构连接的各种埋件、连接件、紧固件必须安装牢固，其数量、规格、位置、连接方法和防腐处理应符合设计要求；

②各种连接件、紧固件的螺栓应有防松动措施；

③焊接连接应符合设计要求和焊接规范的规定。隐框或半隐框玻璃幕墙，每块玻璃下端应设置两个铝合金或不锈钢托条，其长度不应小于100mm，厚度不应小于2mm，托条外端应低于玻璃外表面2mm。

4）明框玻璃幕玻璃安装要求。

明框玻璃幕玻璃安装应安装应符合下列要求：

①玻璃槽口与玻璃的配合尺寸应符合设计要求和技术标准的规定。

②玻璃与构件不得直接接触，玻璃四周与构件凹槽底部应保持一定的空隙，每块玻璃下部应至少放置两块宽度与槽口宽度相同、长度不小于100mm的弹性定位垫块；玻璃两边嵌入量及空隙应符合设计要求。

③玻璃四周橡胶条的材质、型号应符合设计要求，镶嵌应平整，橡胶条长度应比边框内槽长1.5%～2.0%，橡胶条在转角处应斜面断，并应用粘结剂粘结牢固后嵌入槽内。

（2）玻璃幕墙施工重点要求。

1）高度超过4m的全玻幕墙应吊挂在主体结构上，吊夹具应符合设计要求，玻璃、玻璃、玻璃与玻璃肋之间的缝隙，应采用硅酮结构密封胶填嵌严密。

2）点支承玻璃幕墙应采用带万向的活动不锈钢爪，其钢爪的中心距离应大于250mm。

3）玻璃幕墙四周、玻璃幕墙内表面与主体结构之间的连接节点、各种变形缝、墙角的连接节点应符合设计要求的技术标准的规定。

4）玻璃幕墙应无渗漏。

5）玻璃幕墙结构胶和密封胶的打注应饱满、密实、连续、均匀、无气泡，宽度和厚度应符合设计要求和技术标准的规定。

6）玻璃幕墙开启窗的配件应齐全，安装应牢固，安装位置和开启方向、角度应正确；开启应灵活，关闭应严密。

7）玻璃幕墙的防雷装置必须与主体结构的防雷装置可靠连接。

8）玻璃墙表面应平整、洁净；整幅玻璃的色泽应均匀一致；不得有污染和镀膜损坏。

9）每平方米玻璃的表面质量应符合表20-13的规定。

表20-13 每平方米玻璃的表面质量

项次	项目	质量要求	检验方法
1	明显划伤和长度>100mm的轻微划伤	不允许	观察
2	长度≤100mm的轻微划伤	≤2条	用钢尺检查
3	擦伤总面积	≤500mm²	用钢尺检查

10）明框玻璃的幕墙的外露框或压条应横平竖直，颜色、规格应符合设计要求，压条安装应牢固。单元玻璃幕墙的单元拼缝或隐框玻璃幕墙的分格玻璃拼缝应横平竖直、均匀一致。

11）玻璃幕墙的确良密封胶缝应横平竖直、深浅一致、宽窄均匀、光滑顺直。

12）防火、保温材料填充应饱满、均匀，表面应密实、平整。

13）玻璃幕墙隐蔽节点的遮封装修应牢固、整齐、美观。

14）明框玻璃幕墙安装的允许偏差和检验方法应符合表20-14的规定。

15）隐框、半隐框玻璃幕墙安装的允许偏差应符合表20-15的规定。

表20-14 明框玻璃幕墙安装的允许偏差

项次	项目		允许偏差(mm)	检验方法
1	幕墙垂直度	幕墙高度≤30	10	用经纬仪检查
		30m<幕墙高度≤60m	15	
		60m<幕墙高度≤90m	20	
		幕墙高度>90	25	
2	幕墙水平度	幕墙幅宽≤35m	5	水平仪检查
		幕墙幅宽>35m	7	
3	构件直线度		2	用2m靠尺和塞尺检查
4	构件水平度	构件长度≤2m	2	用水平仪检查
		构件长度>2m	3	
5	相邻构件错位		1	用钢直尺检查
6	分格框对角线长度差	对角线长度≤2m	3	用钢直尺检查
		对角线长度>2m	4	

表 20-15 隐框、半隐框玻璃幕墙安装的允许偏差

项次	项目		允许偏差（mm）	检验方法
1	幕墙垂直度	幕墙高度≤30m	10	用经纬仪检查
		30m<幕墙高度≤60m	15	
		60m<幕墙高度≤90m	20	
		幕墙水平度	25	
2	幕墙水平度	层高≤3m	3	用水平仪检查
		层高>3m	5	
3	幕墙表面平整度		2	用 2m 靠尺和塞尺检查
4	板材立面垂直		2	用垂直检测尺检查
5	板材上沿水平度		2	用 1m 水平尺和钢直尺检查
6	相邻板材板角错位		1	用钢直尺检查
7	阳角错位		2	用直角检测尺检查
8	接缝直线度		3	用钢直尺检查
9	接缝直线度		1	用钢直尺和塞尺检查
10	接缝宽度		1	用钢直尺检查

20.3.8.3 金属幕墙工程施工要求

（1）金属幕墙工程所使用的各种材料和配件，应符合设计要求及国家现行产品标准和工程技术规范的规定，要有产品合格证书、性能检测报告、材料进场验收记录和复验报告。

（2）金属幕墙的造型和立面分格应符合设计要求。

（3）金属面板的品种、规格、颜色、光泽及安装方向应符合设计要求。

（4）金属幕墙主体结构上的预埋件、后置埋件的数量、位置及后置埋件的拉拔力必须符合设计要求。

（5）金属幕墙的金属框架立柱与主体结构预埋件的连接、立柱与横梁的连接、金属面板的安装必须符合设计要求，安装必须牢固。

（6）金属幕墙的防火、保温、防潮材料的设置应符合设计要求，并应密实、均匀、厚度一致。

（7）金属框架及连接件的防腐处理应符合要求。

（8）金属幕墙的防雷装置必须与主体结构的防雷装置可靠连接。

（9）各种变形缝、墙角的连接节点应符合设计要求的技术标准的规定。

（10）金属幕墙的板缝注胶应饱满、密实、连续、均匀、无气泡，宽度和厚度应符合设计要求和技术标准的规定。

（11）金属幕墙应无渗漏。

（12）金属板表面应平整、洁净、色泽一致。

（13）金属幕墙的压条应平直、洁净、接口严密、安装牢固。

（14）金属幕墙的密封胶缝应横平竖直、深浅一致、宽窄均匀、光滑顺直。

（15）金属幕墙上的滴水线、流水坡向应正确、顺直。

20.3.8.4 幕墙工程验收

幕墙工程验收时要重点注意下列内容：

（1）幕墙工程的施工图、结构计算书、设计说明及其他设计文件。

（2）建筑设计单位对幕墙工程设计的确认文件。

（3）幕墙工程所用各种材料、五金配件、构件及组件的产品合格证书、性能检测报告、进场验收记录和复验报告。

（4）幕墙工程所用硅酮结构胶的认定证书和抽查合格证明；进口硅酮结构胶的商检证；国家指定检测机构出具的硅结构胶相容性和剥离粘结性试验报告；石材用密封胶的耐污染性试验报告。

（5）后置埋件的现场拉拔强度检测报告。

（6）幕墙的抗风压性能、空气渗透性能、雨水渗漏性能及平面变形性能检测报告。

（7）打胶、养护环境的温度记录、双组分硅酮结构胶的混匀性试验记录及拉断试验记录。

（8）防雷装置测试记录。

（9）隐蔽工程验收记录。

（10）幕墙构件和组件的加工制作记录、幕墙安装施工记录。

（11）验收预埋件（后置埋件）。

（12）验收构件的连接节点。

（13）验收变形缝及墙面转角处的构造节点。

（14）验收幕墙防火构造。

20.4 吊顶装饰工程施工和验收

吊顶分暗龙骨吊顶、明龙骨吊顶。吊顶装饰材料施工分木质吊顶施工、铝合金吊顶施工、木格栅式吊顶施工、藻井吊顶施工、壁橱及吊橱施工、PVC吊顶施工等。

20.4.1 暗龙骨吊顶

暗龙骨吊顶以轻钢龙骨、铝合金龙骨、木龙骨等为骨架，以石膏板、金属板、矿棉板、木板、塑料板或格栅等为饰面材料的吊顶。

(1) 暗龙骨吊顶的要求。

1) 饰面材料的材质、品种、规格、图案和颜色应符合设计要求;

2) 暗龙骨吊顶工程的吊杆、龙骨和饰面材料的安装必须牢固;

3) 吊杆、龙骨的材质、规格、安装间距及连接方式应符合设计要求;

4) 金属吊杆、龙骨应经过表面防腐处理;木吊杆、龙骨应进行防腐、防火处理;

5) 石膏板的接缝应按其施工工艺标准进行板缝防裂处理。安装双层石膏板时,面层板与基层板的接缝应错开,并不得在同一根龙骨上接缝;

6) 饰面材料表面应洁净、色泽一致,不得有翘曲、裂缝及缺损,压条应平直、宽窄一致;

7) 饰面板上的灯具、烟感器、喷淋头、风口箅子等设备的位置应合理、美观,与饰面板的交接应吻合、严密;

8) 金属吊杆、龙骨的拉缝应均匀一致,角缝应吻合,表面应平整,无翘曲、锤印,木质吊杆、龙骨应顺直,无劈裂、变形;

9) 吊顶内填充吸声材料的品种和铺设厚度应符合设计要求,并应有防散落措施。

(2) 暗龙骨吊顶工程安装的允许偏差和检验方法。暗龙骨吊顶工程安装的允许偏差和检验方法应符合表20-16的规定。

20.4.2 明龙骨吊顶

明龙骨吊顶工程以轻钢龙骨、铝合金龙骨、木龙骨等为骨架,以石膏板、金属板、矿棉板、塑料板、玻璃板或格栅等为饰面材料的吊顶。

(1) 明龙骨吊顶工程的要求。

1) 吊顶标记、尺寸、起拱和造型应符合设计要求。

2) 饰面材料的材质、品种、规格、图案和颜色应符合设计要求。当饰面材料为玻璃板时,应使用安全玻璃或采取可靠的安全措施。

3) 饰面材料的安装应稳固严密。饰面材料与龙骨的搭接宽度应大于龙骨受力面宽度的2/3。

4) 吊杆、龙骨的材质应进行表面防腐处理;木龙骨应进行防腐、防火处理。

5) 明龙骨吊顶工程的吊杆和龙骨安装必须牢固。

6) 饰面材料表面应洁净、色泽一致,不得有翘曲、裂缝及缺损。饰面板与明龙骨的搭接应平整、吻合,压条应平直、宽窄一致。

7) 饰面板上的灯具、烟感器、喷淋头、风口箅子等设备的位置应合理、美观,与饰面板的交接应吻合、严密。

8) 金属龙骨的接缝应平整、吻合、颜色一致,不得有划伤、擦伤等表面缺陷。木质龙骨应平整、顺直,无劈裂。

9) 吊顶内填充吸声材料的品种和铺设厚度应符合设计要求,并应有防散落措施。

(2) 明龙骨吊顶工程安装的允许偏差和检验方法。明龙骨吊顶工程安装的允许偏差和检验方法应符合表20-17的规定。

表20-16 暗龙骨吊顶工程安装的允许偏差和检验方法

项次	项目	允许偏差(mm)				检验方法
		纸面石膏板	金属板	矿棉板	木板、塑料板、格栅	
1	表面平整度	3	2	2	2	用2m靠尺和塞尺检查
2	接缝直线度	3	1.5	3	3	拉5m线,不足5m拉通线,用钢直尺检查
3	接缝高低差	1	1	1.5	1	用钢直尺和塞尺检查

表20-17 明龙骨吊顶工程安装的允许偏差和检验方法

项次	项目	允许偏差(mm)				检验方法
		纸面石膏板	金属板	矿棉板	木板、塑料板、格栅	
1	表面平整度	3	2	3	3	用2m靠尺和塞尺检查
2	接缝直线度	3	2	3	3	拉5m线,不足5m拉通线,用钢直尺检查
3	接缝高低差	1	1	2	1	用钢直尺和塞尺检查

20.4.3　吊顶工程安装施工要点

20.4.3.1　龙骨的安装要求

(1) 应根据吊顶的设计标高在四周墙上弹线。弹线应清晰、位置应准确。

(2) 主龙骨吊点间距、起拱高度应符合设计要求。当设计无要求时，吊点间距应小于1.2m，应按房间短向跨度的1%～3%起拱。主龙骨安装后应及时校正其位置标高。

(3) 吊杆应通直，距主龙骨端部距离不得超过300mm。当吊杆与设备相遇时，应调整吊点构造或增设吊杆。

(4) 次龙骨应紧贴主龙骨安装。固定板材的次龙骨间距不得大于600mm，在潮湿地区和场所，间距宜为300～400mm。用自攻钉安装饰面板时，接缝处次龙骨宽度不得小于40mm。

(5) 暗龙骨系列横撑龙骨应用连接件将其两端连接在通长次龙骨上。明龙骨系列的横撑龙骨与通长龙骨搭接处的间隙不得大于1mm。

(6) 边龙骨应按设计要求弹线，固定在四周墙上。

(7) 全面校正主、次龙的位置及平整度，连接件应错位安装。

(8) 安装饰面板前应完成吊顶内管道和设备的调试和验收。

(9) 饰面板安装前应按规格、颜色等进行分类选配。

(10) 暗龙骨饰面板（包括纸面石膏板、纤维水泥加压板、胶合板、金属方块板、金属条形板、塑料条形板、石膏板、钙塑板、矿棉板和格栅等）的安装应符合下列规定：

1) 以轻钢龙骨、铝合金龙骨为骨架，采用钉固法安装时应使用沉头自攻钉固定；

2) 以木龙骨为骨架，采用钉固法安装时应使用木螺钉固定，胶合板可用铁钉固定；

3) 金属饰面板采用吊挂连接件、插接件固定时应按产品说明书的规定放置；

4) 采用复合粘贴法安装时，胶粘剂未完全固化前板材不得有强烈振动。

(11) 纸面石膏板和纤维水泥加压板安装应符合下列规定：

1) 板材应在自由状态下进行安装，固定时应从板的中间向板的四周固定。

2) 纸面石膏板螺钉与板边距离：纸包边宜为10～15mm，切割边宜为15～20mm；水泥加压板螺钉与板边距离宜为8～15mm。

3) 板周边钉距宜为150～170mm，板中钉距不得大于200mm。

4) 安装双层石膏板时，上下层板的接缝应错开，不得在同一根龙骨上接缝。

5) 螺钉头宜略埋入板面，并不得使纸面破损。钉眼应做防锈处理并用腻子抹平。

6) 石膏板的接缝应按设计要求进行板缝处理。

(12) 石膏板、钙塑板的安装应符合下列规定：

1) 当采用钉固法安装时，螺钉与板边距离不得小于15mm，螺钉间距宜为150～170mm，均匀布置，并应与板面垂直，钉帽应进行防锈处理，并应用与板面颜色相同涂料涂饰或用石膏腻子抹平。

2) 当采用粘接法安装时，胶粘剂应涂抹均匀，不得漏涂。

(13) 矿棉装饰吸声板安装应符合下列规定：

1) 房间内湿度过大时不宜安装。

2) 安装前应预先排板，保证花样、图案的整体性。

3) 安装时，吸声板上不得放置其他材料，防止板材受压变形。

(14) 明龙骨饰面板的安装应符合以下规定。

1) 饰面板安装应确保企口的相互咬接及图案花纹的吻合。

2) 饰面板与龙骨嵌装时应防止相互挤压过紧或脱挂。

3) 采用搁置法安装时应留有板材安装缝，每边缝隙不宜大于1mm。

4) 玻璃吊顶龙骨上留置的玻璃搭接宽度应符合设计要求，并应采用软连接。

5) 装饰吸声板的安装如采用搁置法安装，应有定位措施。

20.4.3.2　吊顶罩面板工程质量允许的偏差要求

以石膏板、无机纤维板、木质板、塑料板、纤维水泥加压板、金属装饰板、等为饰面材料的吊顶罩面板工程质量允许偏差见表20-18。

20.4.4　木质吊顶施工和验收

(1) 木质吊顶施工要求。

1) 材料产品的合格证书、性能检测报告、进场验收记录和复验报告。

2) 应对人造木板的甲醛含量进行复验。

3) 应对木吊杆、木龙骨和木饰面板必须进行防火处理，并符合有关设计防火规范的规定。

4) 应对木吊杆、木龙骨防腐处理。

5) 安装龙骨前，应按设计要求对房间净高、洞口标高和吊顶内管道、设备及其他支架的标高进行交接检验。

表 20-18 吊顶罩面板工程质量允许偏差

项次	项目	允许偏差（mm）											检查方法
		石膏板			无机纤维板		木质板		塑料板		纤维水泥加压板	金属装饰板	
		石膏装饰板	深浮雕式嵌式装饰石膏板	纸面石膏板	矿棉装饰吸音板	超细玻璃棉板	胶合板	纤维板	钙塑装饰板	聚氯乙烯塑料板			
1	表面平整	3	3	3	2		2	3	3	2	—	2	用2m靠尺和楔形塞尺检查观感、平感
2	接缝平直	3	3	3	3		3		4	3	—	<1.5	拉5m线检查，不足5m拉通线检查
3	压条平直	3	3	3	3		3		3		3	3	
4	接缝高低	1	1	1	1		0.5		1		1	1	用直尺和楔形塞尺检查
5	压条间距	2	2	2	2		2		2		2	2	用尺检查

6）吊顶龙骨在运输安装时，不得扔摔、碰撞。龙骨应平放，防止变形。

7）罩面板与墙面、窗帘盒、灯具等交接处应严密，不得有漏缝现象。并不得有悬臂现象，否则应增设附加龙骨固定。

8）各类罩面板不应有气泡、起皮、裂纹、缺角、污垢、图案不完整等缺陷，应表面平整、边缘整齐、色泽一致。

9）吊顶龙骨应按短向跨度起拱 1/200（石膏板无机纤维板木质板塑料板纤维水泥加压板金属装饰板）。

10）吊顶木龙骨的安装，应符合 GB 50206—2002《木结构工程施工及验收规范》。

（2）木质吊顶的验收。木质吊顶工程验收时应检查下列文件和记录：

1）吊顶工程的施工图、设计说明及其他设计文件。

2）材料的产品合格证书、性能检测报告、进场验收记录和复验报告。

3）隐蔽工程验收记录。

4）吊顶工程应对人造木板的甲醛含量进行复验。

5）木龙骨防火、防腐处理。

6）吊顶工程的木吊杆、木龙骨和木饰面板必须进行防火处理，并应符合有关设计防火规范的规定。

7）吊杆距主龙骨端部距离不得大于 300mm，当大于 300mm 时，应增加吊杆。当吊杆长度大于 1.5m 时，应设置反支撑。当吊杆与设备相遇时，应调整并增设吊杆，重型灯具、电扇及其他重型设备严禁安装在吊顶工程的龙骨上。

8）饰面板上的灯具、烟感器、喷淋头、风口篦子等设备的位置应合理、美观，与饰面板的交接应吻合、严密。

9）木质吊杆、龙骨应顺直，无劈裂、变形。

10）吊顶材料在运输、搬运、安装、存放时应采取相应措施，防止受潮、变形及损坏板材的表面和边角。

11）重型灯具、电扇及其他重型设备严禁安装在吊顶龙骨上。

12）吊顶内填充的吸音、保温材料的品种和铺设厚度应符合设计要求，并应有防散落措施。

20.4.5 轻钢龙骨、铝合金吊顶工程施工要求

轻钢龙骨、铝合金吊顶分暗龙骨吊顶、明龙骨吊顶，施工和验收参考 20.4.1～20.4.3 节的内容。轻钢龙骨、铝合金吊顶工程施工要注意如下要求。

（1）轻钢龙骨、铝合金吊顶的施工。

1）弹线；

2）安装吊杆；

3）安装龙骨架；

4）安装面板。

（2）吊顶工程所用的铝合金龙骨及其配件应符合有关现行的国家标准。

(3) 龙骨的拉缝应均匀一致，接缝应平整、吻合、颜色一致；不得有划伤、擦伤表面应平整、无翘曲、锤印等表面缺陷。

(4) 通长次龙骨连接处的对接错位偏差不得超过 2mm。

(5) 吊杆距主龙骨端部距离不得超过 300mm。

20.4.6 木格栅式吊顶工程施工要求

木格栅吊顶是家庭装修走廊、玄关、餐厅及有较大顶梁等空间经常使用的方法。

木格栅式吊顶施工和验收参考 20.4.1～20.4.3 节的内容。木格栅式吊顶工程施工要注意如下要求。

(1) 木格栅吊顶的施工。木格栅骨架的制作应在准确测量顶棚尺寸。龙骨应进行精加工，表面刨光，接口处开棒，横、竖龙骨交接处应开半槽搭接，并应进行阻燃剂涂刷处理。要注意：准确测量；龙骨精加工；表面刨光；开半槽搭接；阻燃剂涂刷；清油涂刷；安装磨砂玻璃。

(2) 木格栅制作和购成品均要求表面平滑、平整、无裂、无节疤，小格方正，节点牢固。

(3) 吊点、吊杆、金属管、木樞栅均应制作牢固，连接坚实。

(4) 木樞材料含水率符合要求，无疵病，无节疤裂纹。制作平整、光滑，方格尺寸准确。

(5) 拼成整体，安装完毕后，应符合木质吊顶施工允许偏差。

20.4.7 PVC 塑料板吊顶施工要求

PVC 吊顶是以聚氯乙烯为原料，经挤压成型组装成框架再配以玻璃而制成。它具有重量轻、耐腐蚀、抗老化、隔热性隔声性好、保温防潮、防虫蛀又防火等特点。主要适用于厨房、卫生间。

PVC 塑料板吊顶施工和验收参考 20.4.1～20.4.3 节的内容。PVC 塑料板吊顶工程施工要注意如下要求。

(1) PVC 塑料板吊顶施工。施工步骤为弹线；安装主梁；安装木龙骨架；安装塑料板。

首先应在墙面弹出标高线，在墙的两端固定压线条，用水泥钉与墙面固定牢固。依据设计标高，沿墙面四周弹线，作为顶棚安装的标准线，其水平允许偏差±5mm。吊点间距应当复验，一般不上人吊顶为 1200～1500mm，上人吊顶为 900～1200mm。面板安装前应对安装完的龙骨和面板板材进行检查，符合要求后再进行安装。

(2) 用钉固定时，钉距不宜大于 200mm，塑料扣板拼接整齐，平直，无色差，无变形，无污迹。

(3) 木龙骨吊顶木方不小于 25mm×30mm，且木方规矩。并符合纸面石膏木龙骨工艺要求。

(4) 面板与墙面、窗帘盒、灯具等交接处应严密，不得有漏缝现象，轻型灯具（及排风扇）应与龙骨连接紧密，重型灯具或吊扇，不得与吊顶龙骨连接，应在基层板上另设吊件。

(5) 四周墙角用塑料顶角线扣实，对缝严密，与墙四周严密，缝隙均匀。

(6) 面板与龙骨应连接紧密，表面应平整，不得有污染、拆裂、缺棱掉角、锤伤等缺陷。接缝应均匀，色泽一致。

(7) 吊顶面板施工刷涂料，质量应符合墙面涂料质量要求。

20.4.8 壁橱和吊橱安装施工要求

壁橱吊橱安装施工和验收参考 20.4.1～20.4.3 节的内容。壁橱和吊橱安装施工要注意如下要求。

(1) 现场制作的橱、柜框架（指横、竖梃子）应采用榫头连接（用细木工板制作的除外）。

(2) 龙骨（木筋）间距要求符合标准，一般门板龙骨横向中到中间距＜15cm，竖向间距＜20cm；旁板及后板、顶板龙骨间距横向＜20cm，竖向＜25cm，木柜面板的龙骨间距横向＜15cm，竖向＜20cm。可采用轻叩听声方法来检验。

(3) 表面打磨光滑，棱角整齐光滑，不应有毛刺感或锤击印痕。

(4) 立梃、横档、中梃、中档等拼装时，榫槽应严密嵌合，用白胶粘结，不可用钉子连接。

(5) 面层板材覆盖应平整牢固，不得脱胶，有花纹板面层应挑选倒顺花纹，做到花纹一致。

(6) 壁橱与吊橱的制作尺寸偏差和验收方法应符合表 20-19 的规定。

表 20-19 壁橱与吊橱制作尺寸偏差及验收方法（mm）

项目		允许偏差	验收方法	
			量具	测量方法
壁橱吊橱	橱门缝宽度	≤1.5	楔形塞尺	
	垂直度	≤2.0	线锤、钢卷尺	每橱随机选门一扇，测量不少于 2 处，取最大值
	对角线长度（橱体、橱门）	≤2.0		

20.4.9 藻井吊顶施工要求

藻井吊顶在家庭装修中，一般采用木龙骨做骨架，用石膏板或木材做面板，涂料或壁纸做饰面终饰的藻井式吊顶。这种术吊顶能够克服房间低矮和顶部装修的矛盾，便于现场施工，提高装修档次，降低工程造价，达到顶部装修的目的，所以应用比较广泛。

安装施工和验收参考 20.4.1～20.4.3 节的内容。壁橱和吊橱安装施工要注意如下要求。

(1) 藻井吊顶木龙骨要求。

木材要求保证没有劈裂、腐蚀、死节等质量缺陷；规格为截面长 30～40mm，宽 40～50mm，含水率低于 10%。

(2) 采用藻井式吊顶，如果高差大于 300mm 时，应采用梯层分级处理。龙骨结构必须坚固，大龙骨间距不得大于 500mm。龙骨固定必须牢固，龙骨骨架在顶、墙面都必须有固定件。

(3) 吊顶的标高水平偏差不得大于 5mm，木龙骨底面应刨光刮平，截面厚度一致，并应进行阻燃处理。

(4) 藻井吊顶首先应弹出标高线、造型位置线、吊挂点布局线和灯具安装位置线，应保证吊点牢固、安全。

20.5 门窗工程的施工和验收

门窗工程是指木门窗制作与安装、金属门窗安装、塑料门窗安装、特种门安装、门窗玻璃安装。

门窗套的施工分铝合金门窗施工、镀锌彩板门窗施工、塑钢门窗施工、包门套、窗框套施工、软包工程、护栏扶手和花饰制作安装等。

20.5.1 木门窗工程的设计施工要求

20.5.1.1 木门窗制作与安装要求

(1) 木门窗安装前，应对门窗洞口尺寸进行检验。

(2) 木门窗与砖石砌体、混凝土或抹灰层接触处应进行防腐处理。

(3) 木门窗制作的允许偏差应符合表 20-20 的规定。

表 20-20　木门窗制作的允许偏差

项次	项　目	构件偏差	允许偏差（mm）		检验方法
			普通	高级	
1	翘曲	框	3	2	将框扇平放在检查平台上，用塞尺检查
		扇	2	2	
2	对角线长度差	框、扇	3	2	用钢尺检查，框量裁口里角，扇量外角
3	表面平整度	扇	2	2	有 1m 靠尺和塞尺检查
4	高度、宽度	框	0；－2	0；－1	用钢尺检查，框量裁口里角，扇量外角
		扇	＋2；0	＋1；0	
5	裁口、线条结合处高低差	框、扇	1	0.5	用钢直尺和塞尺检查
6	相邻棂子两端间距	扇	2	1	用钢直尺检查

(4) 木门窗安装的留缝限值、允许偏差应符合表 20-21 的规定。

表 20-21　木门窗安装的留缝限值、允许偏差

项次	项　目		留缝限值(mm)		允许偏差(mm)		检 验 方 法
			普通	高级	普通	高级	
1	门窗槽口对角线长度差		—	—	3	2	用钢尺检查
2	门窗框的正、侧面垂直度		—	—	2	1	用 1m 垂直检测尺检查
3	框与扇、扇与扇接缝高低差		—	—	2	1	用钢尺检查和用塞尺检查
4	门窗扇对口缝		1～2.5	1.5～2	—	—	用塞尺检查
5	工业厂房双扇大门对口缝		2～5	—	—	—	
6	门窗扇与上框间留缝		1～2	1～1.5	—	—	
7	门窗扇与侧框间留缝		1～2.5	1～1.5	—	—	
8	窗扇与下框间留缝		2～3	2～2.5	—	—	
9	门扇与下框间留缝		3～5	3～4	—	—	
10	双层门窗内外框间距		—	—	4	3	用钢尺检查
11	无下框时门扇与地面间留缝	外门	4～7	5～6	—	—	用塞尺检查
		内门	5～8	6～7	—	—	
		卫生间门	8～12	8～10	—	—	
		厂房大门	10～20	—	—	—	

20.5.1.2 金属门窗设计施工要求

（1）金属门窗安装应采用预留洞口的方法施工，不得采用边安装边砌口或先安装后砌口的方法施工。

（2）当金属窗或塑料窗组合时，其拼樘料的尺寸、规格、壁厚应符合设计要求。

（3）钢门窗安装的留缝限值、允许偏差和检验方法应符合表20-22的规定。

表20-22　钢门窗安装的留缝限值、允许偏差

项次	项目		留缝限值（mm）	允许偏差（mm）	检验方法
1	门窗槽口宽度、高度	≤1500mm	—	2.5	用钢尺检查
		>1500mm	—	3.5	
2	门窗槽口对角线长度差	≤2000mm	—	5	用钢尺检查
		>2000mm	—	6	
3	门窗框的正、侧面垂直度		—	3	用1m垂直检测尺检查
4	门窗框的水平度		—	3	用1m水平尺和塞尺检查
5	门窗横框标高		—	5	用钢尺检查
6	门窗竖向偏离中心		—	4	用钢尺检查
7	双层门窗内外框间距		—	5	用钢尺检查
8	门窗框、扇配合间隙		≤2	—	用塞尺检查
9	无下框时门扇与地面间留缝		4～8	—	用塞尺检查

（4）铝合金门窗安装的允许偏差和检验方法应符合表20-23的规定。

表20-23　铝合金门窗安装的允许偏差

项次	项目		允许偏差（mm）	检验方法
1	门窗槽口宽度、高度	≤1500mm	1.5	用钢尺检查
		>1500mm	2	
2	门窗槽口对角线长度差	≤2000mm	3	用钢尺检查
		>2000mm	4	
3	门窗框的正、侧面垂直度		2.5	用垂直检测尺检查
4	门窗框的水平度		2	用1m水平尺和塞尺检查
5	门窗横框标高		5	用钢尺检查
6	门窗竖向偏离中心		5	用钢尺检查
7	双层门窗内外框间距		4	用钢尺检查
8	推拉门窗扇与框搭接量		1.5	用钢直尺检查

（5）涂色镀锌钢板门窗安装的允许偏差和检验方法应符合表20-24的规定。

表20-24　涂色镀锌钢板门窗安装的允许偏差

项次	项目		允许偏差（mm）	检验方法
1	门窗槽口宽度、高度	≤1500mm	2	用钢尺检查
		>1500mm	3	
2	门窗槽口对角线长度差	≤2000mm	4	用钢尺检查
		>2000mm	5	
3	门窗框的正、侧面垂直度		3	用垂直检测尺检查
4	门窗框的水平度		3	用1m水平尺和塞尺检查
5	门窗横框标高		5	用钢尺检查
6	门窗竖向偏离中心		5	用钢尺检查
7	双层门窗内外框间距		4	用钢尺检查
8	推拉门窗扇与框搭接量		2	用钢直尺检查

（6）建筑外门窗的安装必须牢固。在砌体上安装门窗严禁用射钉固定。

（7）特种门安装除应符合设计要求和本规范规定外，还应符合有关专业标准和主管部门的规定。

20.5.1.3 塑料门窗设计施工要求

（1）塑料门窗安装应采用预留洞口的方法施工，不得采用边安装边砌口或先安装后砌口的方法施工。

（2）塑料门窗安装的允许偏差应符合表20-25的规定。

表20-25　塑料门窗安装的允许偏差

项次	项目		允许偏差（mm）	检验方法
1	门窗槽口宽度、高度	≤1500mm	2	用钢尺检查
		>1500mm	3	
2	门窗槽口对角线长度差	≤2000mm	3	用钢尺检查
		>2000mm	5	
3	门窗框的正、侧面垂直度		3	用1m垂直检测尺检查
4	门窗框的水平度		3	用1m水平尺和塞尺检查
5	门窗横框标高		5	用钢尺检查
6	门窗竖向偏离中心		5	用钢尺检查
7	双层门窗内外框间距		4	用钢尺检查
8	同樘平开门窗相邻扇高度差		2	用钢直尺检查
9	平行门窗铰链部位配合间隙		+2；−1	用塞尺检查
10	推拉门窗扇与框搭接量		+1.5；−2.5	用钢直尺检查
11	推拉门窗扇与竖框平行度		2	用1m水平尺和塞尺检查

20.5.2 门窗工程的施工验收要求

(1) 要求门窗工程的施工图、设计说明及其他设计文件。

(2) 材料的产品合格证书、性能检测报告、进场验收记录和复验报告。

(3) 特种门及其附件的生产许可文件。

(4) 隐蔽工程验收记录。

(5) 施工记录。

(6) 门窗工程应对下列材料及其他性能指标进行复验：人造木板的甲醛含量。建筑外墙金属窗、塑料窗的抗风压性能、空气渗透性能和雨水渗漏性能。

(7) 门窗工程应对下列隐蔽工程项目进行验收：预埋件和锚固件；隐蔽部门的防腐、填嵌处理。

(8) 金属门窗验收要求。

1) 金属门窗的品种、类型、规格、尺寸、性能、开启方向、安装位置、连接方式及铝合金门窗的型材壁厚应符合设计要求。金属门窗的防腐处理及填嵌、密封处理应符合设计要求。

2) 金属门窗框和副框的安装必须牢固。预埋件的数量、位置、埋设方式、与框的连接方式必须符合设计要求。

3) 金属门窗扇必须安装牢固，并应开关灵活、关闭严密、无倒翘。推拉门窗扇必须有防脱落措施。

4) 金属门窗配件的型号、规格、数量应符合设计要求，安装应牢固，位置应正确，功能应满足使用要求。

5) 金属门窗表面应洁净、平整、光滑、色泽一致，无锈蚀。大面应无划痕、碰伤。漆膜或保护层应连续。

6) 铝合金门窗推拉门窗扇开关力应不大于100N。

7) 金属门窗框与墙体之间的缝隙应填嵌饱满，并采用密封胶密封。密封胶表面应光滑、顺直，无裂纹。

8) 金属门窗扇的橡胶密封条或毛毡密封条应安装完好，不得脱槽。

9) 有排水孔的金属门窗，排水孔应畅通，位置、数量应符合设计要求。

(9) 塑料门窗工程安装工程的验收要求。

1) 塑料门窗的品种、类型、规格、尺寸、开启方向、安装位置、连接方式及填嵌密封处理应符合设计要求，内衬增强型钢的壁厚及设置应符合国家现行产品标准的质量要求。

2) 塑料门窗框、副框和扇的安装必须牢固。固定片或膨胀螺栓的数量与位置应正确，连接方式应符合设计要求。固定点应距窗胆、中横框、是竖框150～200mm，固定点间距应不大于600mm。

3) 塑料门窗拼料内衬增强型钢的规格、壁厚必须符合设计要求，型钢应与型材内腔紧密吻合，其两端必须与洞口固定牢固。窗框必须一拼樘料连接紧密，固定点间距应不大于600mm。

4) 塑料门窗扇应开关灵活、关闭严密，无倒翘。推拉门窗扇必须有防脱落措施。

5) 塑料门窗配件的型号、规格、数量应符合设计要求，安装应牢固，位置应正确，功能应满足使用要求。

6) 塑料门窗框与墙体间缝隙应采用闭孔弹性材料填嵌饱满，表面应采用密封胶密封。密封胶应粘结牢固，表面应光滑、顺直、无裂纹。

7) 塑料门窗表面应洁净、平整、光滑，大面应无划痕、碰伤。

8) 塑料门窗扇的密封条不得脱槽。旋转窗间隙应基本均匀。

9) 塑料门窗扇的开关力应符合下列规定：平开门窗扇平交链的开关力不应大于80N；滑撑铰链的开关力应不在于80N，并小于30N。推拉门窗的开关力应不大于100N。

10) 玻璃密封条与玻璃及玻璃槽口的接缝应平整，不得卷边、脱槽。

11) 排水孔应畅通，位置和数量应符合设计要求。

20.5.3 铝合金门窗安装施工和验收

(1) 铝合金门窗安装施工要求。铝合金门窗安装施工要注意以下内容：

1) 铝合金门窗及附件质量必须符合设计要求和有关标准的规定。

2) 检查时应对照实物及设计要求，检查出厂合格证、产品验收凭证。

3) 铝合金门窗安装的位置、开启方向，必须符合设计要求，观察检验。

4) 塞缝前观察、手扳检查，并检查隐蔽工程记录，确定铝合金门窗安装牢固、预埋件的数量、位置、埋设连接方法符合设计要求。

5) 观察检验确定铝合金门窗框与非不锈钢紧固件接触面之间已做防腐处理；并注意严禁用水泥砂浆作门窗框与墙体间的填塞材料。

(2) 铝合金门窗施工验收要求。铝合金门窗施工验收重点是质量要求、检验方法。铝合金门窗安装检验见表20-26。

表 20-26　　铝合金门窗安装检验

序号	种类		质量等级	质量要求	检验方法
1	门窗扇开关性能	平开门、窗扇	合格	关闭严密，间隙基本均匀，开关灵活	观察和开闭检查
			优良	关闭严密，间隙均匀，开关灵活	
2	门窗扇开关性能	推拉门窗扇	合格	关闭严密，间隙基本均匀，扇与框搭接量不小于设计要求的80%	观察和用深度尺检查
			优良	关闭严密，间隙均匀，扇与框搭接量符合设计要求	
		弹簧门窗扇	合格	自动定位准确，开启角度为90°±3°	用秒表、角度尺检查
			优良	自动定位准确，开启角度为90°±15°	
3	门窗附件安装		合格	附件齐全，安装牢固，灵活运用，达到各自的功能	观察、手扳和尺量检查
			优良	附件齐全，安装牢固，位置正确，灵活适用，达到各自的功能，端正美观	
4	门窗框与墙体间缝隙填嵌		合格	填嵌基本饱满密实，表面平整，填塞材料及填塞方法符合设计要求	观察检查
			优良	填嵌饱满密实，表面平整、光滑、无裂缝，填塞材料及填塞方法符合设计要求	
5	门窗外观		合格	表面洁净，无明显划痕、碰伤，基本无锈蚀；涂胶表面基本光滑，无气孔	观察检查
			优良	表面洁净，无划痕、碰伤，无锈蚀；涂胶表面光滑，平整，厚度均匀，无气孔	
6	密封质量		合格	关闭后各配合处无明显缝隙、不透气、不透光	观察检查

20.5.4　镀锌彩板门窗施工和验收

镀锌彩板门窗安装施工方法、检验方法和要求与铝合金门窗相同，就不再介绍了。镀锌彩板门窗安装验收允许偏差、限值、检验方法见表 20-27。

表 20-27　　镀锌彩板门窗安装验收允许偏差、限值、检验方法

序号	项目			允许偏差、限值	检验方法
1	门窗框(含副框)两对角线长度差		≤2000mm	≤4mm	用钢卷尺量里角
			>2000mm	≤5mm	
2	推拉门	门窗扇开启力限值	扇面积≤1.5m	≤40N	用 100N 弹簧秤，钩住拉手处启闭 5 次取平均值
			扇面积>1.5m	≤60N	
3	门窗扇与框(含副框)或相邻扇立边平行度			2mm	用 1m 钢板尺
4	平开扇	门窗扇与框搭接宽度差		1mm	用深度尺或钢板尺
5		同樘门窗相邻扇的横端角高度差		2mm	用拉线尺和钢板尺
6	弹簧门扇	门窗对口缝或扇与框之间立、横缝留缝限值		2～4mm	用楔形塞尺
7		门窗与地面间隙留缝限值		2～7mm	用楔形塞尺
8		门窗对口缝关闭时平整度		2mm	用深度尺
9	门窗框(含副框、拼樘料)正、侧面的垂直度		≤2000mm	≤2mm	用 1m 托线板
			>2000mm	≤3mm	
10	门窗竖向偏离中心			5mm	吊线坠和钢板尺
11	门窗横框标高			5mm	用钢板尺检查与基准线比较用钢板尺
12	双层门窗内外框、挺(含副框、拼樘料)中心距			4mm	
13	门窗框(含副框、拼樘料)的水平度			1.5mm	用 1m 水平尺和楔形塞尺

20.5.5　塑钢门窗施工和验收

(1) 塑钢门窗施工要求。

1) 在塑料门窗上安装五金件时，必须先钻孔，后用自攻螺钉拧入，严禁直接锤击钉入，以防损坏门窗；

2) 门窗框与洞口的间隙应用泡沫塑料条或油毡卷条填塞，填塞不宜过紧，以免框架变形；

3) 门窗框四周的内外接缝应用密封胶嵌缝严密。

(2) 塑钢门窗验收要求。塑钢门窗验收时要求的允许偏差见表 20-28。

表 20-28 塑料门窗安装的允许偏差

项次	项目		允许偏差（mm）	检验方法
1	门窗槽口对角线尺寸之差	≤2000mm	≤2	用 3m 钢尺检查
		>2000mm	≤3	
2	门窗框（含拼樘料）的垂直度	≤2000mm	≤2	用线坠、水平靠尺检查
		>2000mm	≤2	
3	门窗框（含拼樘料）的水平度	≤2000mm	≤2	用水平靠尺检查
		>2000mm	≤2	
4	门窗横框标高		≤3	用钢板尺检查
5	门窗竖向偏离中心		≤3	用线坠、钢板尺检查
6	双层门窗内外框，框（含拼樘料）中心距		≤2	用钢板尺检查

20.5.6 包门套、窗框套施工和验收

(1) 包门套、窗框套施工要求。

1) 根据房间门和窗框套的图纸要求制作包门套、窗框套；

2) 包门套、窗框套用细木工板或密度板制作时，应先将基层板固定在窗框基层龙骨上，再钉线条，“之”字形钉，防止线条卷翘，夹角应密实平整，窗套的下口宜用大理石，以免因受潮变黑变形；

3) 包门套、窗框套宜用木料制成框架后，刨平、刨直，然后在装配成型安装在墙体上，在覆盖基层板和饰面板。

(2) 包门套、窗框套验收要求。

1) 门套应垂直，饰面板粘贴平整、角尺，不得有大小头、喇叭口现象存在；

2) 木门、窗套的割角整齐、接缝严密、表面光滑、无刨痕、毛刺；

3) 门窗框安装应牢固，不应有锤印，框与墙的接触面应刷防腐油；

4) 门套、窗框套安装的留缝宽度见表 20-29，门套、窗框套安装允许的偏差见表 20-30。

表 20-29 门窗安装的留缝宽度

项次	项目		留缝宽度（mm）	检验方法
1	门窗扇对口缝及扇与框间立缝		0.5～1	每类缝抽查一处，用楔形塞尺检查
2	框与扇间上缝		0.5～1	
3	窗扇与下槛缝		0.5～1	
4	门扇与地面间隙	外门	1～2	
		内门	2～3	
		卫生间	5～6	

表 20-30 门窗安装的允许偏差

项次	项目	允许偏差（mm）	检验方法
1	框的正、侧面垂直度	1	吊 1m 线和尺量检查
2	框地角线长度差	1	用尺量裁口里角检查
3	扇与框接触面平整	1～2	用直尺和楔形塞尺量横、竖缝各一处检查

20.5.7 软包工程

(1) 软包工程施工要求。

1) 软包面料、内衬材料及边框的材质、颜色、图案、燃烧性能等级和木材的含水率应符合设计要求；

2) 软包工程施工要求应符合国家现行标准的有关规定；

3) 软包工程的安装位置及构造做法应符合设计要求；

4) 软包工程的龙骨、衬板、边框应安装牢固，无翘曲，排缝应平直；

5) 单块软包面料不应有接缝，四周应绷压严密；

6) 软包工程表面应平整、洁净，无凹凸不平及皱折，图案应清晰、无色左，整体应协调美观；

7) 软包边框应平整、顺直、接缝吻合；

8) 清漆涂饰木制边框的颜色、木纹应协调一致。

(2) 软包工程验收要求。软包工程验收方法是观察。软包工程验收的允许的偏差应符合表 20-31 的规定。

表 20-31 软包工程安装的允许偏差

项次	项目	允许偏差（mm）	检验方法
1	垂直度	1	用 1m 垂直检测尺检查
2	边框宽度、高度	0	用钢尺检查
3	对角线长度差	1	用钢尺检查
4	裁口、线条接缝高低差	1	用钢直尺和塞尺检查

20.5.8 护栏扶手和花饰制作安装

(1) 护栏扶手制作安装要求。

1) 护栏和扶手制作与安装所使用材料的材质、规格、数量和木材、塑料的燃烧性能等级应符合设计要求；

2) 护栏和扶手的造型、尺寸及安装位置应符合设计要求；

3）护栏和扶手安装预埋件的数量、规格、位置以及护栏与预埋件的连接节点应符合设计要求；

4）护栏高度、栏杆间距、安装位置必须符合设计要求；

5）护栏安装必须牢固；

6）护栏玻璃应使用厚度不小于12mm的钢化玻璃或钢化夹层玻璃，当护栏一侧距楼地面高度为5m及以上时，应使用钢化夹层玻璃；

7）护栏和扶手转角弧度应符合设计要求，接缝应严密，表面应光滑，色泽应一致，不得有裂缝、翘曲及损坏。

（2）护栏扶手制作安装验收要求。

1）施工图、设计说明及其他设计文件；

2）材料的产品合格证书、性能检测报告、进场验收记录和复验报告；

3）隐蔽工程验收记录；

4）护栏和扶手安装的允许偏差应符合表20-32的规定。

表20-32　护栏和扶手安装的允许偏差

项次	项　目	允许偏差（mm）	检验方法
1	护栏垂直度	1	用1m垂直检测尺检查
2	栏杆间距	1	拉通线，用钢直尺检查
3	扶手直线度	2	拉通线，用钢直尺检查
4	扶手高度	1	用钢尺检查

（3）花饰制作与安装要求。

1）花饰制作与安装所使用材料的材质、规格应符合设计要求；

2）花饰的造型、尺寸应符合设计要求；

3）花饰的安装位置和固定方法必须符合设计要求，安装必须牢固；

4）花饰表面应洁净，接缝应严密吻合，不得有歪斜、裂缝、翘曲损坏。

20.6　厨房设备施工和验收

20.6.1　厨房设备施工要求

（1）吊柜的安装应根据不同的墙体采用不同的固定方法。

（2）防火板贴面平整牢固，不能起壳、脱胶。

（3）封边条平整与边口宽窄一致。金属铰链灵活富有弹力。

（4）拼缝处高低一致，用硅胶密封，台板挡水板与墙面连接处硅胶密封。用目测及手感验收。

（5）吊柜或与平顶标高基本一致，或应离平顶间距>15cm，便于吊柜顶部清扫。

（6）柜安装应先调整水平旋钮，保证各柜体台面均在一个水平面上，管线、表、阀门等应在背板划线打孔。

（7）安装洗物柜底板下水孔处要加塑料圆垫，下水管连接处应保证不漏水、不渗水，不得使用各类胶粘剂连接接口部分。

（8）安装不锈钢水槽时，保证水槽与台面连接缝隙均匀，不渗水。

（9）安装水龙头，要求安装牢固，上水连接不能出现渗水现象。

（10）抽油烟机的安装要注意吊柜与抽油烟机罩的尺寸配合，应达到协调统一。

（11）安装灶台，不得出现漏气现象，安装后用肥皂沫检验是否安装完好。

（12）室内煤气管道的安装。

室内煤气管道应以明敷为主。煤气管道应沿非燃材料墙面敷设，当与其他管道相遇时，应符合下列要求：

1）水平平行敷设时，净距不宜小于150mm。

2）竖向平行敷设时，净距不宜小于100mm，并应位于其他管道的外侧。

3）交叉敷设时，净距不宜小于60mm。

4）气管道与电线、电气设备的净距不宜小于150mm。

5）室内煤气管不宜穿越水斗下方。当必须穿越时，应加设套管，套管管径应比煤气管管径大10mm，煤气管与套管均应无接口，管套两端应伸出水斗侧边20～40mm。

6）煤气管道安装完成后应作严密性试验，试验压力为300mm水柱，3min内压力不下降为合格。

7）燃具与电表、电器设备应错位设置，其水平净距不得小于500mm。当无法错位时，应有隔热防护措施，燃具设置部位的墙面，为木质或其他易燃材料时，必须采取防火措施。

（13）热水器的安装。

1）热水器应设置在操作、检修方便又不易被碰撞的部位。热水器前的空间宽度宜大于800mm，侧边离墙的距离应大于100mm。

2）热水器应安装在坚固耐火的墙面上，当设置在非耐火墙面时，应在热水器的后背衬垫隔热耐火材料，其厚度不小于10mm，每边超出热水器的外壳在100mm以上。热水器的供气管道宜采用金属管道（包括金属软管）连接。热水器的上部不得有明敷电线、电器设备，热水器的其他侧边与电器设备的水平净距应大于300mm。当无法做到时，应采取隔热措施。

3）热水器与木质门、窗等可燃物的间距应大于200mm。当无法做到时，应采取隔热阻燃措施。

4）热水器的安装高度，宜满足观火孔离地1500mm的要求。

20.6.2 厨房设备施工流程

厨房设备施工流程为墙、地面基层处理；安装产品检验；安装吊柜；安装底柜；接通调试给、排水；安装配套电器；测试调整；清理。

20.6.3 厨房设备验收要求

为保证安装后的厨具使用安全、方便，在安装前，应对运抵现场的厨具进行检验，要求如下：

（1）人造板饰面不允许有鼓泡、龟裂、污染、雪花、明显划痕、色泽不均等缺陷。

（2）板块、零部件上的钻孔、孔中心位置相对基准边距尺寸偏差不大于0.3mm。

（3）抽屉和柜的进深应相匹配、滑轨安装要牢固、尺寸统一、滑动自如。

（4）人造板桶身、门扇边部均应进行封边处理；螺钉要拧平、牢固，不得有偏歪、露头、滑扣现象。

（5）玻璃门的周边经磨边处理，玻璃厚度不小于5mm，薄厚均匀，与柜体连接牢固；配件安装完备、严密、端正、牢固，结合处无崩茬、松动、透钉、倒钉、弯钉、浮钉，无少件、漏件现象。

（6）合页、碰珠等启闭配件安装牢固、使用灵活；门扇与柜体缝隙一致，相邻门扇高度一致。

（7）厨具与基层墙面连接牢固，无松动、前倾等明显质量缺陷，各柜台台面平直，整体台面平直度误差小于0.5mm。

（8）各接水口连接紧密，无漏水、渗水现象，各配套用具（如灶台、抽油烟机、洗菜槽等）尺寸紧密，并加密封胶封闭，用具上无密封胶痕。

（9）输气管道连接紧密，无漏气现象。

（10）气管道与电线、电气设备的间距，应符合表20-33的规定。

表20-33 气管道与电线、电气设备的间距（mm）

电线或电气设备名称	最小间距
煤气管道电线明敷（无保护管）	100
电线（有保护管）	50
熔丝盒、电插座、电源开关	150
电表、配电器	300
电线交叉	20

20.7 电路灯具改造施工

（1）电路改造施工的要求。

1）插座在墙的上部，在墙面垂直向上开槽，至墙的顶部安装装饰角线的安装线内；

2）插座在墙的下部，垂直向下开槽，至安装踢脚板的底部；

3）开槽深度应一致，槽线及顶直，应先在墙面弹出控制线后，再切割墙面，人工开槽；

4）线路安装时必须加护线套管，套管连接应紧密、平顺，直角拐角处应将角内侧切开，切口一侧切圆弧形接口后，折弯安装；

5）导线装入套管后，应使用导线固定夹子，先固定在墙内及墙面后，再抹灰隐蔽或用踢脚板、装饰角线隐蔽。

（2）电路改造流程。

1）确定线路终端插座的位置；

2）墙面标画出准确的位置和尺寸；

3）就近的同类插座引线。

（3）灯具安装。

1）灯具安装最基本的要求是必须牢固。

2）室内安装壁灯、床头灯、台灯、落地灯、镜前灯等灯具时，高度低于24m及以下的，灯具的金属外壳均应接地可靠，以保证使用安全。

3）卫生间及厨房装矮脚灯头时，宜采用瓷螺口矮脚灯头。螺口灯头的接线、相线（开关线）应接在中心触点端子上，零线接在螺纹端子上。

4）台灯等带开关的灯头，为了安全，开头手柄不应有裸露的金属部分。

5）装饰吊平顶安装各类灯具时，应按灯具安装说明的要求进行安装。灯具重量大于3kg时，应采用预埋吊钩或从屋顶用膨胀螺栓直接固定支吊架安装（不能用吊平顶吊龙骨支架安装灯具）。从灯头箱盒引出的导线应用软管保护至灯位，防止导线裸露在平顶内；

6）吊顶或护墙板内的暗线必须有阻燃套管保护。

20.8 卫浴洁具安装施工和验收

卫浴洁具安装施工主要是坐便器的安装、洗脸盆的安装、浴盆的安装和淋浴器的安装。

20.8.1 坐便器的安装施工

（1）坐便器的安装施工流程。流程如下：检查地面下水口管；对准管口；放平找正；画好印记；打孔洞；抹上油灰；套好胶皮垫；拧上螺母；水箱背面两个边孔画印记；打孔；插入螺栓拧牢；背水箱挂放平找正；拧上螺母；安装背水箱下水弯头；装好八字门；插入漂子门和八字门；拧紧螺母。

（2）坐便器的安装施工要求。

1）取出地面下水口的管堵，检查管内确无杂物后，将管口周围清扫干净。

2）将坐便器出水管口对准下水管口，放平找正，在坐便器螺栓孔眼处画好印记，移开坐便器。

3）在印记处打直径 20mm、深 60mm 的孔洞，把直径 10mm 螺栓插入洞内，用水泥拧牢，将坐便器眼对准螺栓放好，使之与印记吻合，试验后将坐便器移开。在坐便器出水口及下水管口周围抹上油灰，再把坐便器的四个螺栓孔对准螺栓，放平找正，螺栓上套好胶皮垫，拧上螺母，拧至松紧适度。

4）对准坐便器后尾中心，画垂直线，在距地面 800mm 高度画水平线，根据水箱背面两个边孔的位置，在水平线上画印记，在印孔处打直径 30mm、深 70mm 的孔洞。把直径 10mm、长 100mm 的螺栓插入洞内，用水泥捻牢。将背水箱挂在螺栓上，放平找正，特别要与坐便器中心对准，螺栓上垫好胶皮垫，拧上螺母，拧至松紧适度。

5）安装背水箱下水弯头时，先将背水箱下水口和坐便器进水口的螺母卸下，在下水弯头上胶皮垫也分别套在下水管上。把下水弯头的上端插进背水箱的下水口内，下端插进坐便器进水口内，然后把胶垫推到水口处，拧上螺母，把水弯头找正找直，用钳子拧至松紧适度。

6）用八字门连接上水时，应先量出水箱漂子门距上水管口尺寸，配好短节，装好八字门，上入上水管口内。将铜管或塑料管断好，然后将漂子门和八字门螺母背对背套在铜管或塑料管上，管两头缠油石棉绳或铅油麻线，分别插入漂子门和八字门进出口内，拧紧螺母。

20.8.2 洗脸盆的安装施工要求

（1）安装洗脸盆。安装管架洗脸盆，应按照下水管口中位画出竖线，由地面向上量出规定的高度，在墙上画出横线，根据脸盆宽度在墙上画好印记，打直径为 120mm 深的孔洞。距水冲净洞内砖渣等杂物，把膨胀螺栓插入洞内，用水泥捻牢，精盆管架挂好，螺栓上套胶垫、眼圈，带上螺母，拧至松紧适度管架端头超过脸盆固定孔。把脸盆放在架上找平整，将直径 4mm 的螺栓焊上一横铁棍，上端插入固定孔内，下端插入管架子内，带上螺母，拧至松紧适度。

安装铸铁架脸盆，应按照下水管口中心画出竖线，由地面向上量出规定的高度，画一横线成十字线，按脸盆宽度居中在横线上画出印记，再各画一竖线，把盆架摆好，画出螺孔位置于了直径 15mm、长 70mm 孔洞。

（2）下水连接。脸盆与直存水弯下水连接，应先在脸盆一水口的丝扣下端抹铅油，缠少许麻线，将下水管上节拧在下水口上，松紧适度。

（3）上水连接。脸盆上水的连接如果上水管暗装，可将护口盘套在管上，上完管在护口内填满油灰，将护口盘套向墙面按实、按牢，找平整。如上水管明装则将丝扣拧在上水管口内，用平口扳子拧至松紧适度。

20.8.3 浴盆的安装施工要求

浴盆有裙板浴盆和其他各类浴盆，安装施工要注意以下要求：

（1）在安装裙板浴盆时，其裙板底部应紧贴地面，楼板在排水处应预留 250～300mm 洞孔，便于排水安装，在浴盆排水端部墙体设置检修孔。

（2）其他各类浴盆可根据有关标准或用户需求确定浴盆上平面高度。然后砌两条砖基础后安装浴盆。如浴盆侧边砌裙墙，应在浴盆排水处设置检修孔或在排水端部墙上开设检修孔。

（3）各种浴盆冷、热水龙头或混合龙头其高度应高出浴盆上平面 150mm。安装时应不损坏镀铬层。镀铬罩与墙面应紧贴。

（4）浴盆安装。浴盆安装前应将浴盆内擦洗干净，带腿者先将腿上的螺钉卸下，将拨销母插入浴盆底卧槽内，把腿扣在浴盆上，带好螺母，拧紧找平。浴盆如砌砖腿时，应将砖腿砌好，抹好水泥砂浆，将浴盆安放在砖台上，找平正，如浴盆与砖台不符，可用水泥砂浆填实抹平。

（5）下水安装。浴盆下水安装时，将浴盆下水三通螺母套在下水横管上，缠好油石棉绳，插入三通中口，拧紧螺母，三通下口装好铜管插入下水管口内，铜管下端翻边，将浴盆下口圆盘下加胶垫，抹油灰，插入浴盆下水孔眼，外面再套上胶垫和眼圈，丝扣处抹铅油、缠麻、抹油灰。用拨销卡住下水口十字筋，上入弯头内。将溢水立管套上螺母，缠上油盘根绳，插入三通的上口，对准浴盆溢水孔，拧紧螺母，溢水管弯头处须加 1mm 厚的胶垫，抹油灰，将螺栓穿过花盖上入弯头内一字丝扣上面，无松动即可。浴盆下水三通出口和下水管接口处，缠绕油石棉绳，捻实，再用油灰封闭严密。

（6）上水安装。浴盆安装长脖水嘴时，如在墙上安装冷热水嘴，先将上水管口用短管找正，量出短节尺寸，锯管套丝，将一头抹油缠麻线，拧入管口内，拧紧找正，除净麻头。如安装带淋浴混合水门时，将冷、热水管口丝堵卸下，用一头带丝扣的短管装入管口内，试平找正，把混合水门进水口抹铅油拧上护口，用钥匙插入进口，装入冷、热水管口内，校对好尺寸，护口紧贴墙面，然后将混合嘴对正进口，拧紧螺母，试平找正，合适后做印记，将混合水门卸下，重新抹油缠麻后安装。

(7) 浴盆产品应平整无损裂。排水栓应有不小于 8mm 直径的溢流孔。

(8) 排水栓应尽量对准洗涤盆溢流孔以保证溢流部位畅通，排水栓上端面应低于洗涤盆底。

(9) 托架固定螺栓可采用不小于 6mm 的镀锌开脚螺栓或镀锌金属膨胀螺栓（如墙体是多孔砖，则严禁使用膨胀螺栓）。

(10) 冷热水管安装应左热右冷，平行间距应不小于 200mm。当冷热水供水系统采用分水器供水时，应采用半柔性管材连接。

(11) 各种新型管材的安装应按生产企业提供的产品说明书进行施工。

20.8.4　淋浴器的安装要求

(1) 先将冷、热水管口用试管找平整，量出短节尺寸，锯管套丝，抹铅油，缠麻线，上好弯头，将短节丝头抹铅油，缠麻，装在管口上。

(2) 淋浴器铜进水口丝头处抹铅油，缠少许麻绳，用钥匙卡住其内筋，上入弯头或管箍内，然后将淋浴器对准铜进水口，用手把螺母拧紧，圆盘上的螺钉眼找平，画出标记。卸下淋浴器，打直径 40mm、深 10mm 的孔洞，将铅皮卷裁入洞内顶实，铜进水口抹铅油加垫，将淋浴器对准进水口，用手将螺母拧紧后，再用扳子拧至松紧适度。将圆盘与墙面贴紧，用木螺钉固定在墙上。

(3) 淋浴器上部铜管安装在三通口上，将淋浴器吊直，圆盘紧贴墙面，划出印记，打直径 40mm、深 10mm 的孔洞，裁入铅皮卷顶实，螺母处加垫，用手拧紧，圆盘用木螺钉固定在墙上。

(4) 将混合开关、冷热水门的门盖和螺母卸下，下螺母上下试调平正，以适合三个水门，使水门装好后，上螺母与门颈丝扣基本平直，然后将喷嘴转芯门装在混合开关四通的下口。

(5) 将冷热水门出口螺母套在混合开关的四通横管上，加胶圈拧紧螺母，然后将三个水门的门颈加胶垫，同时由瓷盆下沿向上穿过瓷盆孔眼，水门上加胶垫和眼圈，拧上螺母，混合开关上面加角形胶垫及少量油灰，扣上电镀长方盖盘，拧上螺母，然后将空心螺栓穿过盖盘及瓷盆，下面加胶垫和眼圈，拧紧螺母。

20.9　封阳台的施工和验收

在家庭装修工程中，一般都要进行封阳台的作业，特别是住楼房底层的，更要对阳台进行处理。封阳台的形式一种是以防盗挡网罩封，另一种是以窗户的形式封堵。

防盗挡网罩封能达到安全防盗的效果，在居住条件宽松的情况下可以采用。以窗户的形式封堵从封阳台的外形上看，有平面封和凸面封两种，平面封完后，同楼房外立面成一平面，是比较常见的封阳台外形。凸面封阳台后，窗户突出墙面，并可有一个较宽的窗台，使用起来较方便，但施工就复杂多了。封阳台的材料一般用塑钢窗、铝合金窗、实木窗、空腹钢窗。一般家庭装修封阳台，主要使用塑钢窗和铝合金窗。

(1) 封阳台的施工要求。

1) 封阳台前应准确地测量阳台封闭面的尺寸；

2) 加工制作的窗户框、扇在安装前，应检验窗户尺寸与封阳台的洞口尺寸是否一致；

3) 安装前应先清理阳台洞口的基层，要求将窗户紧靠墙体的基层材料清除，并在固定点打孔，预设膨胀螺栓或塑料胀销，以便固定窗体；

4) 安装窗户时，应首先将窗户稳坐在洞口处，并用木模子固定其位置，将窗户上的固定钢片安装眼套在膨胀螺栓上，用螺母紧固；

5) 全部固定安装完以后，用水泥砂浆将洞口两侧抹平，将固定钢片全部埋入水泥砂浆中，待水泥砂浆干硬后即可进行面层装饰，注意要及时擦净窗户框上的浆液，防止污染窗框。

(2) 封阳台的验收。

1) 阳台使用推拉窗，要求关闭严密，间隙均匀，扇与框搭接紧密，推拉灵活，附件齐全，位置安装正确、牢固，灵活适用，端正美观。

2) 为防止雨水倒流进入室内，窗框与窗台接口外侧应用水泥砂浆填实，窗台外侧应有流水坡度。

20.10　油漆涂料施工和验收

油漆涂料施工主要是刷乳胶漆的施工、清油漆的施工和混油漆的施工。

20.10.1　刷乳胶漆的施工

(1) 刷乳胶漆流程。流程如下：清扫基层；填补腻子，局部刮腻子，磨平；第一遍满刮腻子，磨平；第二遍满刮腻子，磨平；涂刷封固底漆；涂刷第一遍涂料；复补腻子，磨平；涂刷第二遍涂料；磨光。

(2) 刷乳胶漆施工要求。

1) 基层处理是保证施工质量的关键环节，其中保证墙体完全干透是最基本条件，一般应放置 10 天以上；

2) 墙面必须平整，最少应满刮两遍腻子，至满足标准要求；

3) 刷乳胶漆的施工方法可以采用手刷、滚刷和喷刷。刷时应连续迅速操作，一次刷完；

4) 刷乳胶漆时应均匀，不能有漏刷、流附等现象，刷一遍，打磨一遍，一般应两遍以上；

5）腻子应与涂料性能配套，坚实牢固，不得粉化、起皮、裂纹。卫生间等潮湿处使用耐水腻子；

6）涂液要充分搅匀，黏度小可加增稠剂；

7）施工温度高于10摄氏度。室内不能有大量灰尘。最好避开雨天。

20.10.2 清油漆的施工

（1）清油漆施工流程。流程如下：清理木器表面；磨砂纸打光；上润油粉；打磨砂纸；满刮第一遍腻子，砂纸磨光；满刮第二遍腻子，细砂纸磨光；涂刷油色；刷第一遍清漆；拼找颜色，复补腻子，细砂纸磨光；刷第二遍清漆，细砂纸磨光；刷第三遍清漆、磨光；水砂纸打磨退光，打蜡，擦亮。

（2）刷清漆施工要求。

1）打磨基层是涂刷清漆的重要工序，应首先将木器表面的尘灰、油污等杂质清除干净；

2）上润油粉，施工时用棉丝蘸油粉涂抹在木器的表面上，用手来回揉擦，将油粉擦入到木材的洞眼内；

3）基层处理要按要求施工，以保证表面油漆涂刷不会失败；

4）清理周围环境，防止尘土飞扬；

5）因为油漆都有一定毒性，对呼吸道有较强的刺激作用，施工中一定要注意做好通风；

6）刷清油时，手握油刷要轻松自然，手指轻轻用力，以移动时不松动、不掉刷为准；

7）刷时要按照蘸次要多、每次少蘸油、操作时勤，顺刷的要求，依照先上后下、先难后易、先左后右、先里后外的顺序和横刷竖顺的操作方法施工。

20.10.3 混油漆的施工

混油是指用调和漆、瓷漆等油漆涂料，对木器表面进行涂刷装饰，使木器表面失去原来的木色及木纹花纹，特别适于树种较差、材料饰面有缺陷但不影响使用的情况下选用，可以达到较完美的装修效果。

（1）混油漆施工流程。流程如下：清扫基层表面的灰尘，修补基层；用磨砂纸打平；节疤处打漆片；打底刮腻子；涂干性油；第一遍满刮腻子；磨光；涂刷底层涂料；底层涂料干硬；涂刷面层；复补腻子进行修补；磨光擦净第三遍面漆涂刷第二遍涂料；磨光；第三遍面漆；抛光打蜡。

（2）混油漆施工要求。

1）除清理基层表面的尘灰、油污等杂质杂物外，还应进行局部的腻子嵌补，修补基层的平整度，对木材表面的洞眼、节疤、掀岔等缺陷部分，应用腻子找平，打砂纸时应顺着木纹打磨；

2）对有较大色差和木脂的节疤处进行封底，应在基层涂干性油或清油，涂刷干性油层要所有部位均匀刷遍，不能漏刷；

3）底子油干透后，满刮第一遍腻子，干后以手工砂纸打磨，然后补高强度腻子；

4）涂刷面层油漆时，应先用细砂纸打磨；

5）涂层修整包括磨平、抛光等工序，面层磨光时应使用水砂纸、抛光时应使用洁净的软布蘸砂蜡擦拭表面；

6）使用的油漆种类应符合设计要求，涂刷面的颜色一致，无刷纹痕迹，不允许有脱皮、漏刷、反锈、泛白、透底、流坠、皱皮、裹棱及颜色不匀等缺陷，拉线检查装饰线、分色线平直，误差小于1mm，用于触接漆面光滑、无挡手感，木器相邻的五金件、玻璃及墙壁洁净，无油迹。

20.11 防水地漏施工

防水、地漏适用于卫生间、厨房、阳台的施工。

（1）防水施工要求。

1）基层表面应平整，不得有松动、空鼓、起沙、开裂等缺陷，含水率应符合防水材料的施工要求。

2）地漏、套管、卫生洁具根部、阴阳角等部位，应先做防水附加层。

3）防水层应从地面延伸到墙面，高出地面100mm；浴室墙面的防水层不得低于1800mm。

4）防水砂浆的配合比应符合设计或产品的要求，防水层应与基层结合牢固，表面应平整，不得有空鼓、裂缝和麻面起砂，阴阳角应做成圆弧形。

5）保护层水泥砂浆的厚度、强度应符合设计要求；涂膜涂刷应均匀一致，不得漏刷，总厚度应符合产品技术性能要求。

6）玻纤布的接槎应顺流水方向搭接，搭接宽度应不小于100mm。两层以上玻纤布的防水施工，上、下搭接应错开幅宽的1/2。

（2）地漏施工要求。

1）基面必须充分湿润至饱和（但无积水），并要求牢固、干净、平整（不平处先用水泥砂浆或堵漏洞找平）。

2）修整排水预留孔，使其与买回的地漏完全吻合，因为房地产商在交房时排水的预留孔都比较大。其中，地漏箅子的开孔孔径应控制在6～8mm之间，可防止头发、污泥、沙粒等污物的进入。

3）地漏部位低于整体地坪3～5mm，下水应畅通，并有“咕咕”声。

4）安装平整、水平、牢固、不渗水、开启灵活。

多媒体教学系统的设计与施工技术

第21章 chapter21

多媒体教学系统目前已在许多高校、重点中学中得到了广泛应用，随着技术的发展，多媒体教学系统将会成为今后教学的主要手段之一。

本章重点介绍的内容有：多媒体教学系统的基础知识；多媒体教学系统的有关标准；多媒体教学系统的工程设计；多媒体教学系统的施工；多媒体教学系统的测试检验验收。

21.1 多媒体教学系统的基础知识

21.1.1 多媒体教学系统的建设

随着网络和多媒体的普及，校园网和多媒体教室已遍布各大中小学，各种多媒体设备分布在各个教学场所，利用多媒体课件、课程、实验、疑难解答、作业、参考资料、学习资源、电子白板、在线问答、虚拟教室、模拟考试、信息共享等，学生可以通过网络随时学习和交流，学生从消极被动到积极主动接受知识；从单纯的调动听觉功能转化视觉、听觉、触觉多方面功能被充分调动起来，提高学生学习的积极性和主动性。管理部门通过网络教学平台，随时而且客观地获得学生的学习情况，并可以根据各种要求，利用平台提供的报告器，生成成绩报告或将成绩记录在案。多媒体教学能优化教学过程、提高教学效果，教学形式也日趋多样化，因而被广大教师所青睐，多媒体教学成了现代教学的必然选择，而其多媒体教学程度的高低是评估一个学校教育水平与质量的重要指标。

多媒体计算机辅助教学是指利用多媒体计算机，综合处理和控制符号、语言、文字、声音、图形、图像、影像等多种媒体信息，把多媒体的各个要素按教学要求，进行有机组合并通过屏幕或投影机投影显示出来，同时按需要加上声音的配合，以及使用者与计算机之间的人机交互操作，完成教学或训练过程。多媒体教学系统共分两部分，即多媒体网络教学部分和语音教学部分。多媒体技术是集声音、视频、图像、动画等各种信息媒体于一体的信息处理技术，它可以接收外部图像、声音、录像及各种其他媒体信息，经过计算机加工处理后，以图片、文字、声音、动画等多方式输出，实现输入输出方式的多元化，改变了计算机只能输入输出文字、数据的局限。

多媒体技术有两个显著特点：①综合性，它将计算机、声像、通信技术合为一体，是计算机、电视机、录像机、录音机、音响性能综合；②人机交互性。

21.1.2 多媒体教学系统组成

随着技术的进步多媒体教学系统一般分为三种不同的组成，如图 21-1～图 21-3 所示。

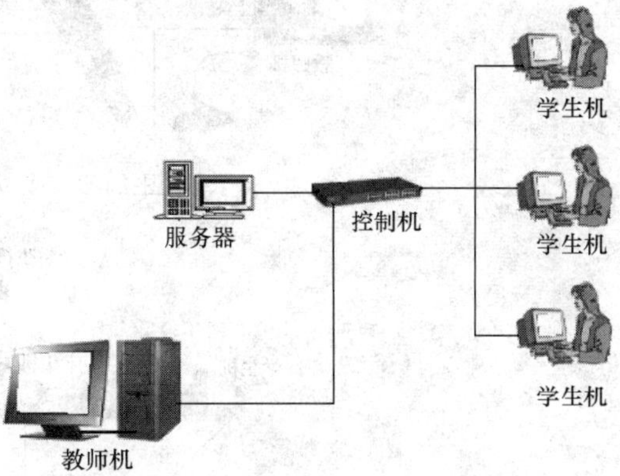

图 21-1 控制机、学生机、教师机构成

图 21-1 所示的多媒体教学系统由控制机、学生机、教师机构成。

(1) 控制机。主要实现对整个系统的管理，保证系统安全等跟直接教学关系较远的一些功能。

(2) 学生（教师）机。主要实现与直接教学相关的功能，本系统对学生（教师）机没有硬件上的特殊要求，任意一台机器都可以由控制机将其设置为学生机、组长机或教师机。

图 21-2 所示的多功能化多媒体教学系统又可以称为多媒体集成教学系统，它是集成多媒体电脑、大屏投影机、视频展示台、影碟机、录像机和话筒等为一体的课堂教学系统。包含了全部电化教学、计算机辅助教学和演示手段，是目前最受欢迎、最便于使用、效果最理想的教学演示设备。它将录像机、影碟

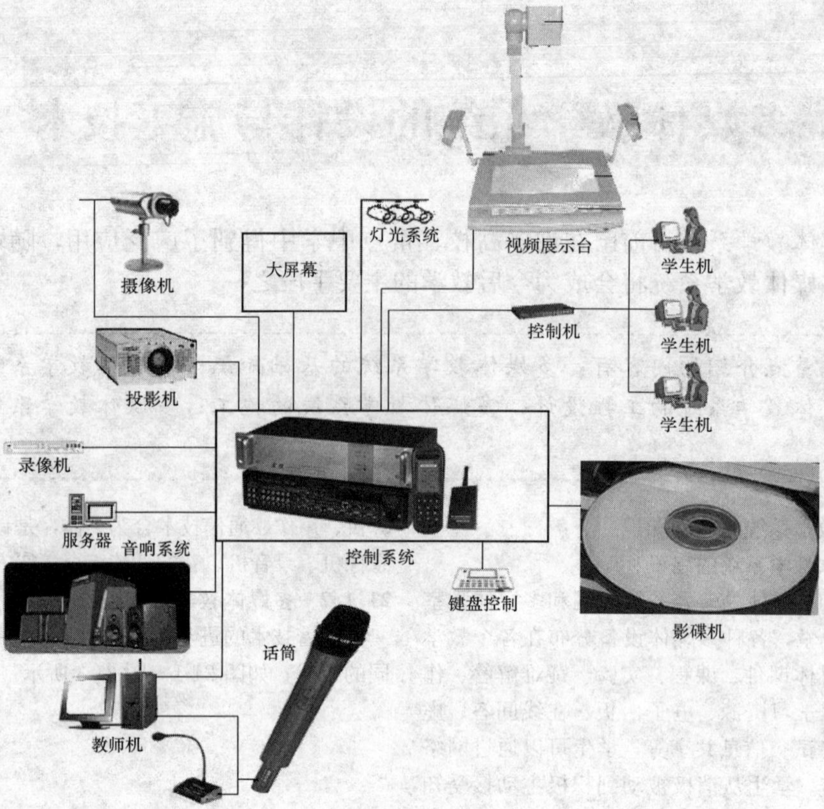

图 21-2　多功能化多媒体教学系统

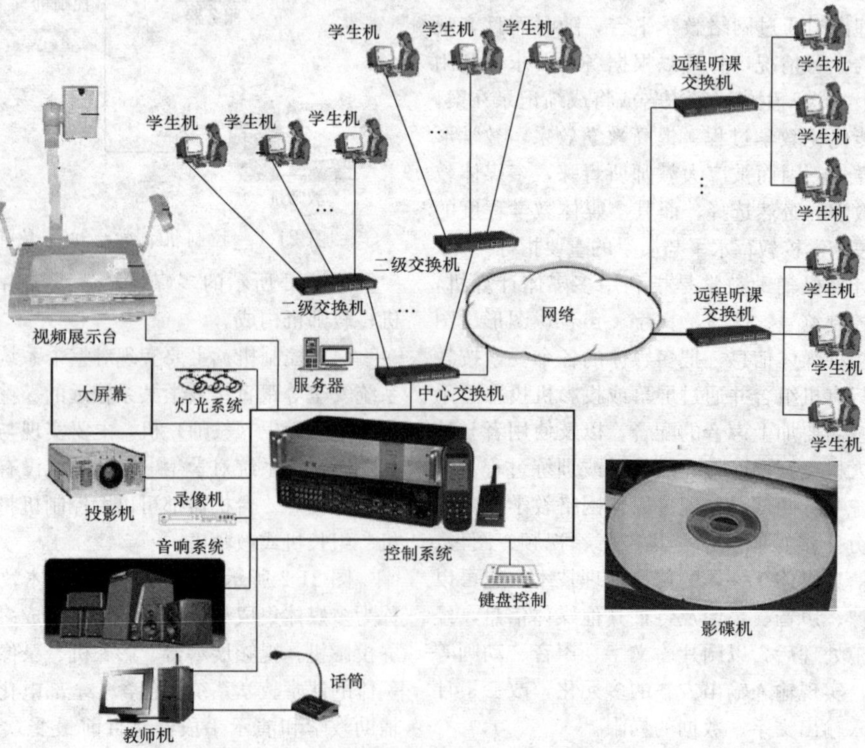

图 21-3　多功能化网络多媒体教学系统

机、多媒体计算机、视频实物展示台、多媒体投影机等先进的视听设备有机地整合连接，由教师根据执教内容集中控制，能实现对各种设备的电源控制、常用功能和视、音频切换操作，使教学直观灵活，克服了以往呆板的灌输形式，学生则对于声像并茂的教学方式，更易于领会理解和接受各种教学内容，充分发挥了现代教学设备对提高教学质量的作用。多功能化多媒体教学系统适用于各类学校进行多媒体教学、课例教学、专题演讲、报告会、国际学术交流、演示及娱乐。

图 21-3 所示的多功能化网络多媒体教学系统，多功能化网络多媒体教学系统与校园网络和互联网相连，可以共享多功能化网络多媒体教学资源。

21.1.3　多媒体教学系统运行环境

(1) 网络环境：网络带宽 100Mbit/s 以上，支持 NOVELL、WindowsNT 及 WIN95 对等网络系统。

(2) 教师机：奔腾 MMX166 以上，多媒体计算机，配耳机、麦克风。奔腾 MMX200 以上。

(3) 学生机：奔腾 133 以上，带声卡，配耳机及麦克风。建议奔腾 MMX166 以上。

(4) 多功能化：可外接录像机、影碟机、摄像机、电视等各种音、视频源，通过 AV-8 卡外接音视频节目，适应了学校对已有电教设备如录像机、影碟机等资源利用。

设备配置如下：

(1) 服务器配置。

1) 最小配置：256MB 内存或更多；

2) 推荐配置：512MB 或更多内存。

(2) 客户配置。

1) 最小配置：64MB 内存，40GB 以上硬盘空间；

2) 推荐配置：256MB 或更多内存。

(3) 控制机。控制机的主要任务是负责对系统的设置和维护工作，而教学的功能则主要集中在教师机上。但只有教师机和学生机全部登录到控制机上后，教师机才能执行教学功能。控制机硬件最低要求：Pentium 4 1.2GHz 以上，128MB 内存，80GB 以上硬盘空间。

考虑到多媒体教学中对语音的要求，所以还配备了能实现双向网络对讲的全双工声卡及耳机。

(4) 操作系统。服务器端的操作系统：Windows2000/Windows XP/Windows2003。

21.1.4　多媒体教学系统功能要求

21.1.4.1　教师机主要的教学功能要求

教师机主要的教学功能如下。

(1) 广播教学。可将教师机的屏幕广播到每个学生机上。

(2) 语音教学。将教师的语音广播到每个学生机上。

(3) 多方论坛。在这里可方便地进行文字讨论，图像演示和语音交流。

(4) 组长助教。可将权力交给指定的组长，执行教师的权利（可以设定和更改）。

(5) 远程维护。进行远程维护。

(6) 在线辅导。对单个学生机远程操作，不用亲临指导，胜似亲临指导。

(7) 单机自学。让学生自由操作自己学习。

(8) 学生抢答。可对教师提出的问题进行抢答。

(9) 察看举手。察看学生的举手情况。

(10) 发送消息。可将短消息方便快捷地发送给个人、群组或者全体学生。

(11) 发送文件。可将文件发送到任何人的机器上。

(12) 运行程序。可以控制远程程序的执行和终止，便于指导和演示。

(13) 网络视讯。可实现网络影院，教学演示。

(14) 隐藏。可将客户机隐藏，或可点击系统托盘重的小图标来激活客户机。

21.1.4.2　设置要求

(1) 界面。系统设置包括密码设置、科目设置、设置教师机、权限设置、试题设置、监视设置。系统管理员和教师可以设置这里的内容，其中系统管理员可以进行所有的操作，而教师只能操作其中的一部分。

(2) 密码。密码设置主要由三个功能按钮组成——增加教师、修改口令、删除教师。

(3) 科目。这个标签页由一个科目列表和三个功能按钮组成。进入科目修改标签页时，程序会自动将已有的科目按序排列出来。如果想添加新的科目，点选添加按钮弹出窗口。

(4) 教师机。在设定教师机前，所有的机器在权限上是平等的。只有设定了教师机后，教师机才有广播教学等特殊功能。这种设定保持到下次修改。这个功能只有管理员才具有，也即是说教师无权设定新的教师。选中某一台机器后，点击确定按钮完成了教师机的添加。在同一时刻系统中只能有一台教师机。

(5) 权限。除了管理员外，教师也可以自己设定。

(6) 试题。这个功能可通过设置相应题型的数量，以及每道题目的分数和从数据库预选题数量，这时在试卷制作时填写试卷描述时将会以这些值作为默认值，参见试卷制作。

（7）监视。这个功能设置大屏、小屏的抓屏时间间隔，以产生更好的效果，设置行、列号是设置总人数，且影响屏幕监视的管理。

21.1.4.3 学生机端功能

学生机在系统启动时自动运行，平时隐藏在系统托盘中，可以通过点击系统托盘中的小图标来激活它。学生机在的主要功能是发送消息、发送文件、举手和查看信息。

（1）发送消息。此功能和教师机端控制机端一样。

（2）发送文件。此功能和教师机端控制机端一样。

（3）举手。学生如果有问题，可以点击“举手”向教师机端请求帮助，这时教师机端会弹出一个举手学生的提示对话框，教师可以选择应答还是不理，应答的时候也可以选择是面向举手学生还是面向全体学生。

（4）查看信息。查看信息可以得知当前网络教室里的用户和相关信息。

21.2 多媒体教学系统的有关标准

GB 50198—1994《民用闭路监视电视系统工程技术规范》

《智能建筑弱电工程设计施工图集》

JGJ 16—2008《民用建筑电气设计规范》

GB 50200—1994《有线电视系统工程技术规范》

GB/T 50314—2006《智能建筑设计标准》

GBJ 115—1987《工业电视系统工程设计规范》

GA/T 75—1994《安全防范工程程序与要求》

GB 14050—2008《系统接地的型式及安全技术要求》

GA/T 308—2001《安全防范工程验收规则》

GB 50303—2002《建筑电气工程施工质量验收规范》

GBJ 232—1992《电气装置安装工程施工及验收规范》

21.3 多媒体教学系统的工程设计

21.3.1 多媒体教学系统的设计原则

多媒体教学系统的设计应根据教室、教学、业务管理的特点，以多用途、易扩展、高标准为目标，作具体的设计。

多媒体教学系统设计原则：

（1）实用性。多媒体教学系统的实用性体现在根据用户的实际需求来设计系统，既不出现设备闲置无用的情况，又不发生需求的功能无法实现的情况。能够最大限度的满足实际工作的要求，力争做到实用、经济、高效。

（2）可靠性。多媒体教学系统运行时的稳定可靠是实施教学目的的有效保障。多媒体教学系统中的大部分设备都采用计算机集中控制，应规范布线，为了提高布线工程的施工质量，确保系统的正常运行，布线工程的施工必须严格执行有关的标准、规范的规定从根本上确保系统的可靠性。

（3）先进性。多媒体教学系统是一种先进的教学手段，能够大大提高教学、会议质量。而多媒体教学系统的硬件软件设施建设的先进，才能确保教学手段的先进性。多媒体教学平台将不同厂商生产的不同功能的设备集成起来，使多媒体信息资源在系统中能方便地播放、编辑、展示、传输、共享，大大提高了教学的效率。多媒体教学系统采用的系统结构应是先进的、开放的体系结构。从用户的角度出发，在满足系统要求的基础上，追求系统的性能价格比。

（4）扩展性。多媒体教学系统的教室作为一个终端使用区域，应考虑到与外界网络资源的接口，校园网（内部计算机网络）和有线电视网络是最主要的两大信息资源网，多媒体教学系统在设计中要充分体现调取来自这两大网络资源的便利性。要为系统以后的升级预留空间，系统维护是整个系统生命周期中所占比例最大的，要充分考虑结构设计的合理、规范。

（5）安全性。由于多媒体教学系统在使用过程中要用到内部计算机网络和互联网，安全性也是不容忽视的，让教育、演示数据资源能够安全地传输，确保会议、教学工作正常进行，这在系统设计时就必须考虑，用软件或硬件方式堵去安全漏洞。

（6）经济性。在保证多媒体教学系统先进、可靠和高性能价格比的前提下，通过优化设计达到最经济性的目标。

21.3.2 多媒体教学系统的设计方案

多媒体教学系统的工程设计包含系统硬件和教学软件两部分。

21.3.2.1 系统硬件

（1）计算机系统。计算机系统设计请参见第15章计算机网络系统的设计与施工技术的计算机网络系统设计。

（2）投影系统。投影系统由投影机、电动屏幕等组成，设计请参见第22章LED大屏幕显示系统的设计与施工技术的LED大屏幕显示系统的工程设计。

（3）视频展示台。视频展台替代传统的实物投影仪、胶片投影仪以及幻灯机等，把各种幻灯片、模型、透明胶片、文稿以及其他实物，通过视频摄像头清晰、逼真地显示在投影屏幕上。视频展台用于教学培训、电视会议、讨论会等各种场合，从而达到提高教学水平、会议质量的目的。

视频展台一般与多媒体投影机、大屏幕背投电视、普通电视机、液晶监视器、录像机、VCD、DVD机、话筒等输出、输入设备配套使用。

计算机通过视频图像卡连接展台，通过相关程序软件，既可将视频展台输出的视频信号输入计算机进行各种处理，与大屏幕投影同步显示，在展示过程中不用另外准备监视器，也不用看着大屏幕。也可通过计算机遥控视频展台的所有操作，实现远程展示。

视频展示台设计要注意如下事项：

1）成像器件CCD(一般有1/2；1/3；1/4in之分)；

2）解像度影像显示的线数一般展台在460线左右，线数越高显示效果越好；

3）扫描系统一般为隔行扫描信噪比现有视频展台的信噪比大都在46dB；

4）聚焦视频展台的镜头焦距调整(手动/电动之分)；

5）光圈调整视频展台的光圈调整(手动/电动之分)；

6）白平衡视频展台的显示效果调整指标（手动/电动之分)；

7）正负片视频展台可演示负片；

8）黑白/彩色在演示文字时，可调整到黑白位置；

9）屏幕菜单各种调整可通过视频展台的菜单调节遥控；

10）不要把视频展示台放置在不稳定的推车、台面或桌子上；

11）为安全起见，视频展示台使用具有接地的三芯电源插座；

12）视频展示台要严禁任何液体进入；

13）视频展示台请远离热源；

14）严禁将摄像头对准强光源，如日光；

15）避免将展示台从温度过低的场合（如冬季北方户外）移入温度较高的场拿事立即开箱使用；

16）在使用视频、音频电缆与设备连接时，请切实与插座插紧、插牢，以保证良好的电气使用。

21.3.2.2　教学软件

教学软件指教学支持系统。

一个完整的多媒体教学系统系统，不仅需要系统软件的支持，如网络操作系统、Web服务器、FTP服务器等，还需要一些专门支持教学的应用软件。

(1) 多媒体教学系统的学习系统。由于参与远程学习的学员来自各行各业，他们没有一个统一的起点，能力参差不齐，因此，远程教学系统必须能够针对不同能力的学生，提供不同形式的教学。学习内容的选择与组织以认知单元为最小单元，一个认知单元就是教学目标中所规定的最小的一个知识点，针对这一个小知识点所展开的教学内容称之为一个认知单元。每个学习阶段，可以选择一个或几个认知单元。在学习内容的组织上，系统将根据对学生估测的能力和学生的认知风格，选择最适合学习者的内容，在学习系统中，每个认知单元的教学展开都有好几种形式，有一些详细、有一些简略；有一些具体形象、有一些抽象；另外，提供给学生的相关辅助材料，练习试题等，都各不相同。学习内容的组织，主要以超媒体的方式进行，差别主要体现在链接的层次和链接的单元上，它将根据不同能力的学生，有所不同。

(2) 网络题库管理系统。基于Web的题库系统用于支持教师和学生通过网络进行组卷并进行各种类型的测试。题目内容主要是各级各类学科内容的测试题、达标题等，支持各种类型的测试，并可以根据不同的测试目的提供相应的组卷策略，包括智能组卷、相对评价组卷、绝对评价组卷，教师可以根据不同的测试目的，通过网络自动组卷后，下载到本地进行使用。

(3) 考试与评价系统。考试以及对考试结果的分析与评价，在远程教育中起着重要的作用。由于借助了计算机和国际互联网，使得远程考试在许多方面优越于传统考试。

(4) 教学资源库管理系统。资源库系统主要功能是对各种教学资源进行采集、管理、检索和利用。

(5) 教学管理系统。远程教学管理系统将基本覆盖教学活动的各个环节，如从学生入学到学生毕业的各项活动，其具体功能有：学生注册；学生学籍管理；专业课程的管理；教师管理；数据统计分析；信息查询功能；计费；行政公文管理；系统设置维护。

多媒体教学系统设计应考虑：

(1) 为学校教学内部信息管理提供管理和服务的综合平台。

(2) 为方便教师的授课提供各类教学资源，及时有效的安排课堂计划。

(3) 为学生可以多方位的学习知识提供一个更好的视觉平台。

(4) 提供“公共资源”平台。面向所有教师，他们可以根据自已授课需要从中搜集自已需要的资源，主要包括：视频讲座；精品课件；精美图片等主要资源。

多媒体教学系统的目的是用于教学，而且每位教师的授课内容和自己的爱好特长不同，所以在制作界面时即简单明了，又美观大方，有利于提高学生的学习效率和教师的授课质量。

21.4 多媒体教学系统的施工

多媒体教学系统的施工包含计算机网络系统、投影系统、综合布线、大屏幕显示系统、视频展示台等。安装工艺、验收要求同于本书的介绍计算机系统、投影系统、综合布线、大屏幕显示系统章节，限于篇幅，就不再一一介绍了，请读者参见有关章节。

21.4.1 视频展示台的施工要求

对于视频展台可能了解得并不是很多，视频展台属于新兴的计算机显示设备，而且是比较特殊的产品，目前市场上的视频展台有几十个品牌，几百个型号，在具体的安装工艺上，有特别需要注意的地方。

(1) 视频展示台用于教学时，要注意保证它与投影屏幕之间有一个合适的距离，同时调整好焦距，以确保展示系统能有最好的投影效果，其他所有设备都应放在接线方便又不影响人观看的地方。

(2) 在使用遥控器控制视频展示台时，应尽量让遥控器发射口对准视频展台主机的遥控器接收口，这样才能获得更高的操作灵敏度。

(3) 把遥控器发射口及视频展台主机的遥控器接收口擦拭干净，以避免灰尘影响遥控器的工作，使用的遥控器应与视频展示台属于同一型号。

(4) 调试视频展示台参数。

(5) 视频展示台安装时，为了避免出现不必要的故障，应认真阅读视频展示台安装说明书，了解视频展示台的安全规则。

(6) 视频展示台要摆放稳定，同时要远离强的热源，避免阳光直射、远离各种散热、发热设备等。

21.4.2 视频展示台说明

(1) 视频展示台结构说明。以 TV-1106 型主机产品讨论外形图和主件。TV-1106 型主机如图 21-4 所示。

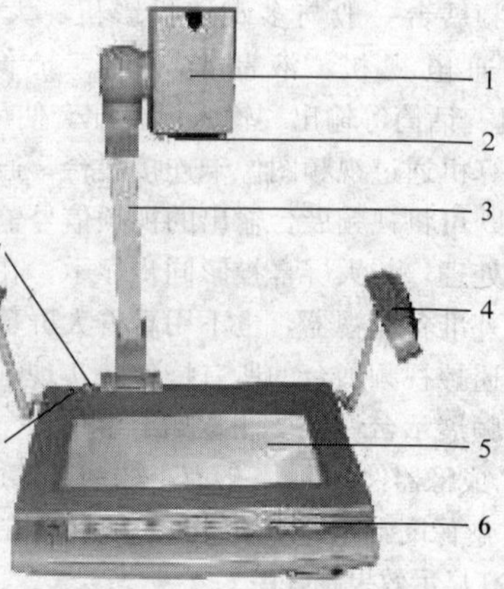

图 21-4 TV-1106 型主机

1—摄像头；2—镜头盖；3—支撑杆；4—侧光灯；5—底光源；6—控制键盘；7—支撑杆锁定键；8—开关

(2) 控制面板各按键名称及功能。控制面板各按键名称和功能如图 21-5 所示。

图 21-5 控制面板各按键名称和功能图

(3) TV-1106 型主机后视图。TV-1106 型主机后视图如图 21-6 所示。

21.4.3 视频展示台安装和操作说明

(1) 将视频展示台与外围设备连接好，连接方式参考如图 21-7、图 21-8 所示的连接方式。

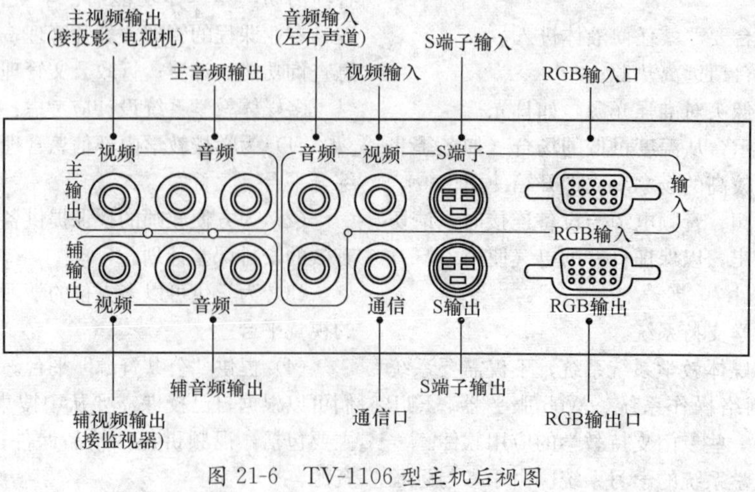

图 21-6 TV-1106 型主机后视图

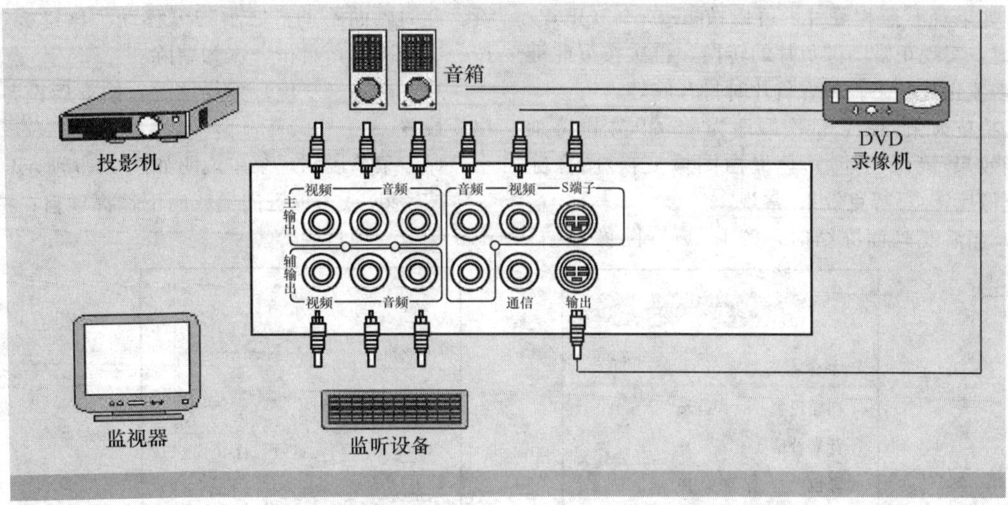

图 21-7　视频展示台与外围设备连接连接方式参考图（一）

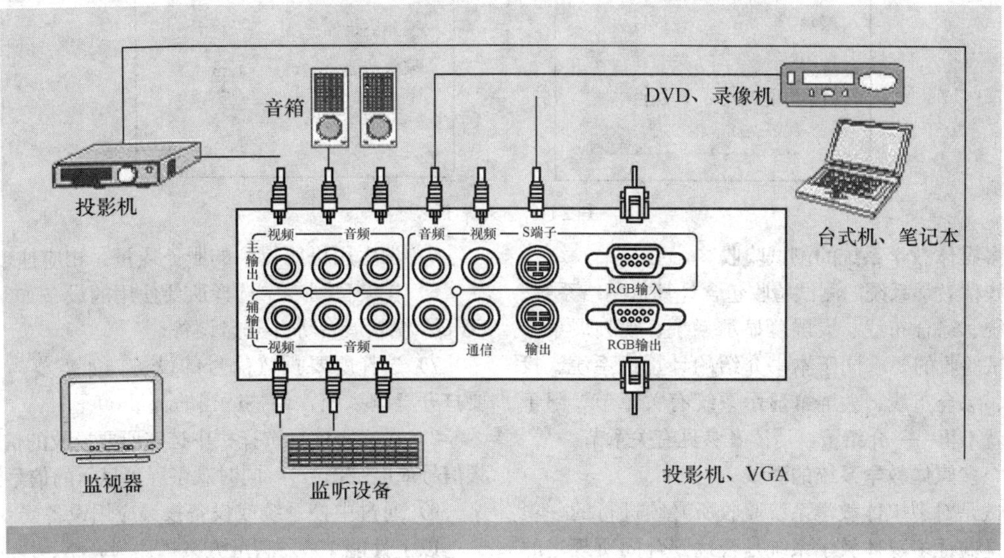

图 21-8　视频展示台与外围设备连接连接方式参考图（二）

(2) 打开展示台。

1）向下按支撑杆锁定键，拉起支撑杆至预定位置；

2）抬起两侧灯，调节两侧灯角度至适当位置；

3）转动摄像头，调节其角度至合适位置，取下镜头盖。

(3) 键盘控制。

1）开启展示台及外围设备，按 select 键选择信号源，当 body 指示灯亮时，输出信号为摄像头，当 external 指示灯亮时，输出信号为外部信号源。开机时默认为摄像头。

2）将被演示物放置在展台上，调整摄像头对准被摄物体。

3）根据镜头与演示物的远近，使用或去掉近摄镜。当演示物在展台上时，须保留近摄镜；当演示物超出此距离时，应去掉近摄镜。

4）按 wide（放大）或 tele（缩小）键，选择要显示物体的大小。

5）按 af/mf 键可选择自动或手动聚焦。在手动聚焦状态下，按 far（聚焦远）或 near（聚焦近）键，调整显示的清晰度。在自动聚焦状态下，far 和 near 键不起作用。

6）当显示纯文本内容时，可按 text（文本）键，以达到文本的最佳显示方式。当显示图形时，可按 image（图形）键，以达到图形的最佳显示方式。

7）用 brt（+）（亮度增）或 brt（-）（亮度减）键调整显示图像的亮度。当使用环境较暗时，可使用侧光灯照明。

8）如果观看照相底片，可以按 neg/pos（正片/负片）键，实现正常图像负片的转换。再次按下此键即可以恢复正片状态。观看负片时打开底灯。

9）特技为循环键，依次顺序为 16：9 宽银幕画面/油画效果/镜像功能/彩色黑白图像变换/图像冻结/正负像反转/马赛克效果/常规。

10）当需要画面冻结时，按 freeze（图像冻结）键。此时画面不动，展示物可移动。该键为循环键，按一次为冻结，再按一次为解除。

11）reset（复位）为复位键，按下后设备恢复为出厂设置。

（4）菜单说明。菜单说明如图 21-9 所示。

按 wide 或 tele 键向上或向下选择项目；按 far 或 near 键改变项目内容。

菜单	
中文/英文	中文
初始设置	关
背光补偿	关
彩色	开
负片	关
聚焦	键控自动
防闪烁	关
白平衡模式	特殊白平衡

菜单	
摄像机识别码	关
锐度	10
亮度	42
变焦起始位	×1°
变焦终止位	×120°
聚焦范围	1cm

图 21-9 菜单说明

21.5 多媒体教学系统的测试验收

多媒体教学系统的测试验收包含计算机网络系统、投影系统、综合布线、大屏幕显示系统、视频展示台等。测试验收的要求同于本书介绍的计算机系统、投影系统、综合布线、大屏幕显示系统有关章节，限于篇幅，就不再一一介绍了，请读者参见有关章节。

21.5.1 多媒体教学系统的测试

测试是对多媒体教学系统验收所必须进行的一项工作，是验证多媒体教学系统是否达到合同所规定的要求的必要的手段。测试所需要进行的工作有：

（1）多媒体教学系统功能测试。功能测试主要是为了验证所完成的多媒体教学系统是否具有合同所描述的或超过合同要求的各项功能，主要有：

1）网络的连通性测试；

2）各应用系统功能的实现；

3）网络管理功能的实现；

4）实际用户的上网的测试。

以上功能 100%实现为合格。

（2）多媒体教学系统性能测试。性能测试主要是检验所完成的多媒体教学系统的性能优劣，主要有：

1）网络的承载能力；

2）各多媒体网络设备相应速度；

3）服务器的提供功能和服务能力；

4）教师机的服务质量、相应速度等；

5）学生用机所得到的服务质量、相应速度等；

6）在设备列表中选择所要使用的设备如录像机、DVD、视频展台等并开启设备；

7）选择所要投放信号的设备，如需要声音则需要打开音响系统，调整适当的音量；

8）在投影信号选择栏中选定所要投放的信号（视频信号或电脑信号），同时观察屏幕显示的信号源；

9）通过中控系统或设备按键应用设备。

以上性能 100%满足方案描述为合格。

21.5.2 多媒体教学系统工程验收

多媒体教学系统通过试运行期，应进行验收。验收要注意以下内容：

（1）通过试运行，通过教师教学和学生学习的考评。

（2）按规定准备技术资料（包含计算机网络系统、投影系统、综合布线、大屏幕显示系统、视频展示台等），要求数据准确、种类齐全、文字精练。

（3）提交的工程技术文档种类完整、齐备（用户需求说明书、需求变更说明、工程设计总体方案、详细设计说明书、用户手册、操作手册、工程测试报告）。

（4）制订验收方案，提交的验收规划。验收必须根据有关规范和规定进行，不得擅自修改、伪造和事后补做验收记录。

（5）工程预验收。

（6）验收结果。

第22章 chapter22

LED大屏幕显示系统的设计与施工技术

大屏幕显示系统已经得到广泛的应用，它的应用范围还会继续向广度发展，随着时间的变化，维护、技术改造也是相当重要的。

本章重点介绍的内容有：LED大屏幕显示系统的基础知识；LED大屏幕显示系统的有关标准；LED大屏幕显示系统的工程设计；LED大屏幕显示系统的施工；LED大屏幕显示系统的测试检验验收。

22.1 LED大屏幕显示系统的基础知识

22.1.1 LED大屏幕显示系统介绍

LED大屏幕显示系统是集光电子技术、微电子技术、计算机技术、信息处理技术于一体的高技术产品，由微机和LED显示屏构成电子信息显示系统，在计算机控制下，显示文字通告等信息。用于在大厅宣传用户有关业务、发布通知/通告和有关公共信息（如新闻、天气预报等）、在迎接上级检查、外事活动中显示视频等。

大屏幕显示系统目前广泛应用于视频会议系统、模拟军事演习、交通指挥系统、水利水电监控等行业，而且正在快速发展。

（1）LED显示屏幕和分类

LED（Light Emitting Diode）发光二极管。LED显示屏目前应用越来越广泛，常用LED显示屏幕：

1）如果按显示颜色分为单红色、单绿色、红绿双基色、红绿蓝三色、全彩、自然色［单基色LED显示屏（含伪彩色LED显示屏），双基色LED显示屏和全彩色（三基色）LED显示屏］。

2）如果按灰度级又可分为16、32、64、128、256级灰度LED显示屏幕。

3）如果按使用功能分为图文显示屏、多媒体视频显示屏、行情显示屏、条形显示屏、利率显示屏、文本LED显示屏、图文LED显示屏、计算机视频LED显示屏、电视视频LED显示屏和行情LED显示屏等。

4）如果按使用环境分为室内LED显示屏幕、室外LED显示屏幕和半户外LED显示屏幕。

如果按功能分为反射式、透射式两类，反射式用于正投，透射式用于背投。正投幕又分为平面幕、弧型幕。平面幕增益较小，视角较大，环境光必须较弱；弧型幕增益较大，视角较小，环境光可以较强，但屏幕反射的入射光在各方向不等。

5）如果按质地可分为玻璃幕、金属幕、压纹塑料幕等。

6）如果按发光点直径或点间距分为：ϕ3.0、ϕ3.7、ϕ4.8、ϕ5.0、ϕ8.0、ϕ8、ϕ10、ϕ16、ϕ20、ϕ3.0、ϕ3.75、ϕ4.8、ϕ5.0、ϕ8.0、ϕ15、ϕ19、ϕ26等。

7）如果按像素密度分：2500点、3906点、5102点、6944点、10000点等LED显示屏。

（2）LED显示屏幕硬件部分

LED显示屏硬件部分包括根据LED显示屏种类、面积、使用现场等条件确定的通用计算机部分、通信线、专用数据转换部分及显示部分：对计算机主机、各种选配插卡、外部设备及通信接口的要求；对通信线的要求并注明最大通信距离；数据转换部分与计算机主机的通信方式；供电要求及结构安装要求。

（3）LED显示屏幕软件部分

对不同性能的LED显示屏应配置能满足其显示功能要求的显示软件，该软件具有以下功能：符合系列化、标准化要求，能向下兼容；采用在规范中规定的操作系统和语言；配有完善的自检程序和根据需要配备各种级别的诊断程序。

（4）LED显示屏幕安全要求

LED显示屏属GB 4943规定的Ⅰ类安全设备：

1）LED显示屏保护接地端子。

2）安全标记。

① LED显示屏保护接地端子应有标记。

② LED显示屏在熔断器和开关电源处应有警告标志。

3）LED显示屏的对地漏电流应不超过3.5mA（交流有效值）。

4）LED显示屏通50Hz、1500V（交流有效值）的试验电压1min不应发生绝缘击穿。

5）温升LED显示屏使用时在达到热平衡后金属部分的温升不超过硬45K，绝缘材料的温升不超过70K。

（5）LED显示屏性能

文本LED显示屏和图文LED显示屏应具有移入移出方式及显示方式。计算机视频LED显示屏应具有：

1）动画功能。要求LED显示屏动画显示与计算机显示器相对应区域显示一致；

2）文字显示功能。要求文字显示稳定、清晰；

3）灰度功能。要求具有在详细规范中规定的等级灰度。电视视频LED显示屏除具有动画、文字显示、灰度功能外，应可放映电视、录像画面。行情LED显示屏具有与其相应的行情显示能力。

（6）室内LED显示屏的失控点不大于万分之三，室外LED显示屏的失控点应不大于千分之三；且为离散。

（7）LED显示屏的供电电源为220W±10%，50Hz±5%或是80V±10%，50Hz±5%应在详细规范中规定各类LED显示屏单位显示面积的最大功耗或LED显示屏总功耗。

（8）环境适应性

1）室内屏的环境温度为：工作环境低温：0℃；高温：+40℃。储存环境低温：−40℃；高温：+60℃。

2）室外屏的环境温度为：工作环境低温：可选−20℃，−10℃；高温：+50℃。储存环境低温：−40℃；高温：+60℃。

3）在最高工作温度时，LED显示屏应能在相对湿度为90%的条件下正常工作。

4）LED显示屏承受汽车、火车、飞机等运输、装卸、搬动中受到的振动。车载屏应能在所安装的车辆运行中正常工作。

（9）LED显示屏显示单元的平均无故障工作时间MTBF不低于10000h。

（10）对特殊用途的LED显示屏配备其相应的专用软件。

（11）大屏幕尺寸。大屏幕以其对角线的大小来定义的。投影机用屏幕宽高比为4∶3，投影仪用屏幕多为1∶1。

投影机用屏幕尺寸对比表如表22-1所示。通用的大屏幕尺寸一般单位为：英寸（以对角线长度计量）。

表22-1　　投影机用屏幕尺寸对比表

屏幕(in)	对应屏幕尺寸(m)	
	高	宽
50	1.00	0.75
60	1.20	0.90
62	1.24	0.93
67	1.36	1.02
84	1.68	1.26

（12）屏幕。

1）硬屏。硬屏的一种是金属屏，在配合低亮度投影机使用的时候，可以提高视觉效果。硬屏具有高增益的优点，一台700lx的投影机配合硬屏使用可以获得1000lx投影机在普通白色软屏上的使用效果（亮度指标上）。

2）白塑幕。白塑幕增益小，视角大，对于人数较多的场合，可采用白塑幕。

（13）拼接技术。目前大屏幕拼接主要有两种，一种是大屏幕显示墙硬拼接技术，另一种是采用边缘融合技术的大屏幕无缝拼接技术。

大屏幕显示墙硬拼接技术主要采用多个背投拼接墙方式，如CRT大屏幕背投显示墙、LCD大屏幕背投显示墙、DLP大屏幕背投拼接墙以及PDP等离子大屏幕显示墙等，这种大屏拼接技术目前拼接缝隙最小可以做到0.5mm，因为缝隙非常小了，所以大家也都叫"无缝"拼接，但实际是有缝隙的，真正没有缝隙的是采用图像无缝融合显示的无缝拼接技术。

硬边拼接有明显物理拼缝，无法实现全景的一体化显示；重叠拼接是指将两台投影机投出的图像在拼合处以叠加的方式重叠，但这种拼接显然存在着拼合处由于亮度叠加而出现过亮区域的弊病，影响到无缝效果的实现。

软边融合拼接通过边缘融合技术的处理，既实现了两边的完全融合，又消除了重叠拼接引起的过亮区域，并且软边融合拼接可以适应平面、柱面、球面等各种曲面形状的拼接，具有更加广泛的适用性。软边融合拼接技术是否目前主流技术，也是未来的发展方向。

软边融合拼接系统是一套复杂的多屏拼接系统工程，通常组建一套完整的软边融合拼接系统需要以下设备。

1）屏幕。屏幕整张无缝，才可以确保画面的完美显示。

2）投影机。投影机的画面质量直接影响到大屏幕的显示效果，同样非常重要。

3）软边融合拼接处理器。软边融合拼接处理器主要决定大屏幕画面显示的内容和速度，处理器的好坏，对于信号源的处理速度、画面的清晰度、软边融合的质量，都有着不可低估的作用。

4）信号处理设备。信号处理设备包括信号源类型的转换，信号的切换，信号的放大与传输等，对于大屏幕画面的显示非常重要。

5）集中控制设备。大屏幕拼接墙显示系统中设备种类繁多，投影机的数量、矩阵的数量、信号源的数量都比较多，中央集中控制设备可以更好的帮助你快速处理信号选择与切换，方便快捷的控制设备操作过程，快速提高工作效率和准确度。

6）周边设备。周边设备包括信号源桌面接入系统，线缆、接插件、机柜、电源部分等。

22.1.2　大屏幕投影系统分类和显示技术

以投影为核心的大屏幕投影系统显示技术主要有 CRT 大屏幕投影系统、DLP 大屏幕投影统、LCD 大屏幕投影系统、PDP 等离子大屏幕投影系统等。

22.1.2.1　CRT 大屏幕投影系统

CRT（Cathode Ray Tube）表示阴极射线管，是应用最早的一种显示技术。CRT 为 RGB 三枪投射方式，与电视机成像原理类似。CRT 大屏幕投影系统拼接技术成熟，CRT 投影机显示的图像色彩、还原性、几何失真调整能力较好，缺点是亮度较低，在一个单体中，中间亮，四角暗。操作复杂，体积庞大，对安装环境要求较高，并且难以做到 $40m^2$ 以上的显示面积。CRT 技术属于早期的模拟技术，已经退出了主流的大屏幕拼接墙市场，目前也只能偶尔在一些低端的市场上看到。且图像有明显的黑白竖条，一般不为电视台所用。

22.1.2.2　DLP 大屏幕投影系统

DLP（Digital Light Processing）为数字电子背投处理方式。这种技术要先将影像的音视频信号经过数字处理，然后通过大屏幕再把光投影显示出来。技术先进、且最适合电视台使用，DLP 背投大屏幕拼接墙显示系统多为硬质屏幕，也是目前大屏幕投影拼接墙主推的产品。值得注意的是：高亮度（1000lx 以上）投影机在普通白墙上的投影效果也很好，因此只要平时注意保持墙面干净，完全可以不买屏幕，一样可以获得令人满意的投影效果。

（1）DLP 模式。DLP 有三种不同的模式，即单片 DLP 模式、两片 DLP 模式、三片 DLP 模式。三片 DLP 模式提供了最高的亮度。单片 DLP 模式，白色的光源通过聚光镜对焦到分色轮上，分色轮由 RGB 三色滤光片组成，通过分色轮后的光线照射到 DMD（数字微镜设备 Digital Micromirror Device）上，随着分色轮的转动，RGB 三色光会顺序照射 DMD，分色轮和 RGB 三色信号同步，即当红光照射到 DMD 时、DLP 投影显示系统处理红光信号；同样蓝光或绿光照射到 DMD 时，系统处理蓝光或绿光信号。这样，人的肉眼会将 RGB 三色信号组合并感觉为彩色图像。采用 RGB 三色分色轮、白色光源的光会有2/3被滤光片吸收（因每次只能通过一个原色光），故在此模式中、黑白投影亮度是彩色投影的 3 倍。对 DLP 大屏幕显示屏来讲，光源是用的卤素灯，色温度 6500K，与日光基本相同。

（2）DLP 大屏幕投影增益。增益是屏幕入射光的能力。在入射光角度一定、入射光通量不变的情况下，屏幕某一方向上亮度与理想状态下的亮度之比，叫做该方向上的亮度系数，把其中最大值称为屏幕的增益。通常把无光泽白墙的增益定为 1，如果屏幕增益小于 1，将削弱入射光；如果屏幕增益大于 1，将反射或折射更多的入射光。

（3）DLP 大屏幕投影视角。屏幕在所有方向上的反射是不同的，在水平方向离屏幕中心越远，亮度越低；当亮度降到 50%时的观看角度，定义为视角。在视角之内观看图像，亮度令人满意；在视角之外观看图像，亮度显得不够。

（4）DLP 大屏幕投影系统组成。DLP 大屏幕投影系统组成其心脏部分的数字微型反射镜元件 DMD（Digital Micormirror Device），通过控制硅片上的微型金属反射镜（16μm、X16μm）的反射方向调制信号，驱动 DMD 光路系统，再通过投影透镜获取大屏幕图像。

DLP 大屏幕投影系统组成的逻辑框架如图 22-1 所示。

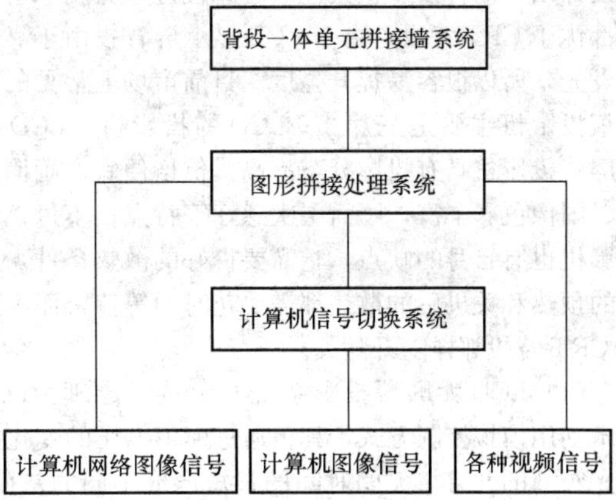

图 22-1　DLP 大屏幕投影系统组成的逻辑框架

（5）DLP 投影显示技术。

1）全数字技术。全数字技术使图像灰度等级达 256～4096 级，色彩达 2563～10243 种，图像噪声消失，画面质量稳定，精确的数字图像可不断再现。

2）反射。反射使成像器件的总光效率达 60%以上，远远高于透射式 LCD 液晶投影方式，对比度和亮度的均匀性都非常出色，克服 CRT、LCD 投影机显示画面中间亮、四周暗的缺点。

3）无缝。可显示无缝图像。

4）灯泡寿命长。DLP投影机灯泡寿命长，不存在LCD投影机由于工作环境温度高而出现液晶板老化等问题，特别适用于大屏幕拼墙结构。

5）清晰度。DLP大屏幕投影显示技术生成原始资料镜像的准确性方面优于其他大屏幕显示系统。

6）亮度。DLP大屏幕显示系统比所有其他显示系统具有更强的亮度。DLP大屏幕投影显示系统的显微镜却可以将照明灯光源的更大光量传输到大屏幕上。二者之间存在着明显的差距。采用DLP显示技术，家用视频、娱乐产品等可产生足以令人陶醉的视觉享受。商务交流可演示清晰的图像，且无论是否有灯光照明。大型场所放映时，15000lx的高亮度足以满足大量观众的观看要求。

7）色彩。DLP大屏幕投影显示技术的色彩范围的丰富性可还原350万亿种色素。

22.1.2.3 LCD大屏幕投影系统

LCD（Liquid Crystal Display）是以液晶板作为成像器件。LCD（液晶）背投技术是利用非常成熟的液晶光电效应来实现高效投影工作的，这种技术是通过液晶分子的排列在电场作用下发生变化，影响其液晶单元的透光率或反射率，从而影响它的光学性质，产生具有不同灰度层次及颜色的图像；因此由这种技术设计出来的背投影机其色彩还原性好，亮度和对比度都优于CRT背投；由于LCD显示屏背投由于靠灯泡发光，所以很容易提升亮度。目前市场上常见的液晶板投影机主要是三片式PLCD的投影机。LCD显示屏背投影机具有投影分辨率高、价格便宜、画面均匀、图像色彩丰富，画面层次感好等特点；不过该背投影机也有自身的缺点，它需要良好的散热条件，开机的预热和关机后的散热都需要花时间等待，而不能像CRT背投那样随开随关。

（1）LCD大屏幕投影系统显示技术原理。LCD技术利用模拟控制方式，其板通过模拟电压的变化控制光阀门的开启与关闭时间的长短形成不同的灰度。模拟信号抗干扰性差，失真严重，因此在模拟电压的准确性控制上始终有不稳定和欠准确因素存在。

（2）LCD大屏幕投影显示技术。

1）光效率。LCD是一种穿透式光处理技术，有一个先天不足的问题：亮度损失，光效率一般只有30%左右。

2）清晰度。由于LCD技术元件之间的缝隙非常大，导致图像会产生非常明显的像素化效果，因此造成了“纱门效应”（ScreenDoor）。

3）响应时间。LCD技术中的液晶分子反应时间一般只有15ms，数字微镜的反应时间比液晶分子快1000倍。因为液晶分子的反应时间较长，所以在快速动态显示的图像中，液晶投影机产生的图像有拖尾、重影现象。

4）色彩均匀性。灯泡产生的白光被分解为红、绿、蓝三色，每种颜色的光路并不相同，这种导致了每种光的亮度分配不同，而产生色彩的不均匀性。色彩均匀性的高低是衡量大屏幕拼接墙技术高低的一项重要指标，使用LCD技术构建的大屏幕拼接墙显示系统中不可避免地会出现“大花脸”现象，这严重影响了拼接墙的视觉效果。

5）需定期更换灯泡和PLCD矩阵。对于LCD系统来说，除更换灯泡外，还必须定期更换三片PLCD矩阵（寿命约3000h左右）和对应的滤光片等一系列附件，否则整墙色彩与亮度均匀性无法调整。

22.1.2.4 PDP等离子大屏幕投影系统

PDP（Plasma Display Panel）等离子显示屏是一种利用气体放电的显示装置。PDP显示技术的优点：对比度和亮度都较高，大屏幕箱体较其他显示技术要薄，安装调试较简单。其缺点也较明显：分辨率低，且不能叠加；拼缝大，即使采用了最新边缘结构技术的拼缝也有3mm，而且只能是在做2×2拼接时中间部分的拼缝实现这样的大屏拼接，外边框5cm宽的拼缝仍旧无法消除；寿命和平均无故障时间都很短，如果以24×365工作方式运行则会更加缩短其十分有限的使用寿命；耗电量大，发热量也很大，因此背板上装有多组风扇用于散热，这样导致风扇的噪声也较大。不适合运用在需要以24×365这种工作方式运行的监控调度室。

22.1.3 DLP技术与LCD技术比较

DLP技术与LCD技术比较如表22-2所示。

表22-2　DLP技术与LCD技术比较

技术比较	DLP	LCD
清晰度	像素间隙小，画面清晰，无闪烁现象。	像素间隙大，有马赛克现象，微有闪烁
亮度	高	一般
对比度	光填充量高达90%的填充量总光效率大于60%	光填充量最大在70%左右总光效率大于30%
彩色还原度	高	一般
灰度级	高（1024级/10bit）	层次不够丰富
色彩均匀性	大于90%（色域补偿电路，使色彩一致）	无色域补偿电路，随液晶板老化而产生日益严重的色差

续表

技术比较	DLP	LCD
亮度均匀性	大于95%（数字均匀过渡补偿电路，使屏前亮度更均匀）	无补偿电路，有“太阳效应”
性　能	芯片采用密封封装，受环境影响小，可靠性高	LCD液晶材料受环境影响大，不稳定
灯泡寿命	使用UHP长寿命灯泡，寿命长，适用长时间显示的地方	灯泡寿命短，LCD不适合连续长时间工作
使用寿命	晶片的寿命为100 000h以上	液晶板寿命20 000h左右
受外界光线干扰程度	技术一体化箱体结构，不受外界光线干扰	在外界光线下，不能正常清晰显示

DLP投影虽比CRT、LCD投影技术晚进入市场，DLP将在投影显示技术中占据重要地位，并将逐渐主导市场。

22.1.4　投影光源

目前的采用的光源主要有UHP灯（超能灯）、UHE灯和金属卤素灯。

（1）UHP灯。UHP（Ultra High Performance）超高功率光源能满足前投影机、背投电视、电视墙，显示墙，拼接墙，显示系统等大屏幕系统的各种应用。这种光源具有以下特点：

1）平均亮度高达1Gcd/m^2，电弧间距为1.0/1.3/1.45mm，短间距电极能够应用于更小尺寸的芯片面板。

2）UHP拥有最长的使用寿命，用于背投显示领域光源寿命可达6000～15000h，用于前投领域光源寿命可达1000～6000h。

3）通过带脉动的驱动电源保持电弧稳定发光，能有效稳定电极借此抑制闪烁的发生清除大屏幕闪烁。

4）稳定的颜色光谱性能和优越的光通维持率。使用寿命已从1万h提高到1.5万h，有望提高到2万h。

UHP灯要求有良好的热启动性能，以前只能通过驱动电源提供非常高的启动峰值电压（20kV左右）来实现，现在开发了在5kV条件下即可实现快速热启动的灯。该灯在放电管上整合了微小腔体，借助辅助天线，在灯启动时能产生少量紫外线，从而大大降低了放电管需要的击穿电压。

（2）UHE灯。常见的UHE通常是松下和飞利浦生产的；UHP就是PHILIPS（飞利浦）的投影机灯泡品牌；UMPRD/UMVRD/NSH都是USHIO（日本优志旺）的灯泡型号；SHP是PHOENIX（日本凤凰）的灯泡型号；SHL是GE（美国通用电气）的灯泡型号；VIP是OSRAM（德国欧司朗）的灯泡型号。

（3）金属卤素灯。金属卤素灯泡发热高，对投影机散热系统要求高，不宜做长时间（4h以上）投影使用。金属卤素灯产生暖光，要求较大功率才能产生与UHP灯同等的光度，使用寿命较短，与UHP灯不同的是，金属卤素灯坏时表现为渐渐熄灭。金属卤素灯泡的优点是价格便宜，缺点是半衰期短，一般使用1000h左右亮度就会降低到原先的一半左右。UHE灯泡是目前主流的一种投影机灯泡类型，它的优点是价格适中，在使用2000h以前亮度几乎不衰减。由于功耗低，习惯上又被称为冷光源灯泡，非常适用于投影机长时间工作。

22.1.5　触摸屏系统

大厅两侧显要位置设置一台触摸屏，用以查询内部结构、各公司位置、各部门联系电话等信息，建立商务总部公共电子信息查询系统，公共电子信息公告系统和公共电子信息查询系统一起构成公共电子信息显示系统。公共电子信息显示系统通过管理系统子网，连接到公共电子信息显示系统服务器，经过组织、处理和控制，以显示各类信息。

22.1.6　屏幕控制机

屏幕控制机控制显示效果，可自动运行一个循环程序，根据给定的节目单从服务器取得显示数据；也可人工干预产生显示效果。屏幕像素和屏幕控制机显示器相应区域的像素一一对应，直接映射。通过屏幕控制机，可手动调节显示屏亮度，选择适合的灰度非线性校正数据；也可通过网络系统根据环境亮度自动调节显示屏亮度和选择不同灰度非线性校正数据。屏幕控制机将显示信息传送至视频处理和控制单元进行视频处理。

（1）视频处理和控制单元。

1）自动或手动无级亮度调节；

2）灰度级控制系统可以控制显示屏显示红、绿各8位的16位数据，即红、绿各256级灰度；

3）图像降噪处理：保证图像更加干净和平滑；

4）图像增强技术，图像边缘增加技术；

5）视觉处理：在系统中，可以分别调整单个单元板的红、绿亮度，基本消除马赛克现象，所有单元板亮度一致性好，单色显示无视觉差；

6）视频处理和控制单元将已处理的显示信息传送至通信模块，以便长距离传送至显示屏上。

(2) 通信模块。通信模块保证屏幕控制机的显示内容准确无误地长距离传输到显示屏上。通过模块对传输的信息进行编码解码处理，进行长距离传输和接收数据处理。

通信模块将显示信息传送到“数据分配和扫描单元”上。

(3) 数据分配和扫描单元。数据分配和扫描单元是模块化结构设计，它将显示数据按区域分配到显示屏上，并完成显示数据扫描。

(4) 显示屏。显示屏由显示单元板组成，它们分成不同区域接受数据分配和扫描单元传送的显示数据，以模块化结构显示。单元板的模块化结构设计利于安装、调试和维修；单元板所使用的开关电源均采用已通过国际安全认证的制造商的产品。

通过多媒体视频控制技术和VGA同步、视频同步技术，可将多种形式视频信息源引入计算机网络系统，如广播电视和卫星电视信号、摄像视频信号、录像机VCD视频信号、计算机动画信息等，因而可以实现下列功能：

1）实时显示视频图像，现场转播；

2）转播广播电视及卫星电视；

3）电视、摄像、影碟等视频信号的即时播放；

4）具有同时播放左右不同比例的画面及文字的功能。

(5) 计算机播出方式。可显示各种文字、图形、图像信息的播放，刷新快、配色柔和、显示稳定，不会出现“频闪”、“水波纹”等现象。

1）可显示各种计算机信息、图形、图像及二、三维计算机动画等；

2）播出系统配有多媒体软件，可以灵活输入及播出多种信息；

3）播出方式有单行左移、多行上移、左右展开、上下推移、旋转、缩小、放大等方式；

4）主要时事新闻的编辑与播放；

5）商业广告显示、欢迎词、标语、口号、通告等信息的发布；

6）设有外围计时设备专用接口；

7）配有标准网络接口，可与其他标准网络联网；

8）网络操作系统：WindowsNT；

9）计算机操作系统：Windows2000/98、ANIMATOR、3DMAX等。

22.1.7 关键技术

(1) 基于人眼非线性和电视机非线性的γ变换和色空间变换技术。LED显示屏采用的是脉宽调制，完全不同于电视机的非线性信号处理。因此如果将视频不加任何处理而直接用于LED显示屏就必然会造成图像失真，要经过模拟一数字转换过的视频信号进行非线性的变换，以确保满足人眼非线性的需求，实现图像的真实还原。

(2) 对比度。对比度是人工重显图像的关键技术指标，如果对比度达不到要求，图像重现的层次感和颜色感无从谈起。屏幕图像对比度至少要保证不小于100，才能获得较为满意的视觉效果。

(3) 帧同步。显示屏图像采用完全的帧同步技术，使图像更加稳定。

(4) 补偿和静态网络。在对视频图像处理上，使用了运动补偿技术以确保消除高速图像时所产生的拉毛、锯齿边现象。

(5) 单模组亮度控制。系统可以分别调整单模组的各基色亮度，消除马赛克现象。

(6) 高速扫描。系统高速扫描，使专业的摄像机亦无法捕捉到帧闪烁。

(7) 关键原材料保证。关键原材料有LED发光材料；开关电源模块；各种接插件；电力开关原件；通信线；晶振；恒流元器件；PCB板；像素管；显示模块；密封圈、生产用辅料；箱体；像素；显示模块。

22.2 LED大屏幕显示系统的有关标准

EIA/TIA568EIA/TIA569EIA/TIA－TSB36/40

IEEE802.3 10BASE—T

IEEE802.5 Token Ring

工业标准及国际商务建筑布线标准

ISO/IEC JTCI/SC25/VVG3；XT005—1995《通信局（站）电源系统总技术要求》（暂行规定）中有关集中监控的内容

电网综［1997］472号文《通信电源、机房空调集中监控管理系统（暂行规定）》

GBJ 232—1982《电气装置安装工程施工及验收规范》

GB 6510—1996《电视和声音信号的电缆分配系统》

GB 50252—1994《工业安装工程质量检验评定统一标准》

GA/T 75—1994《安全防范工程程序与要求》

GA/T 74—1994《安全防范系统通用图形符号》

GA/T 70—1994《安全防范工程费用概预算编制办法》

JGJ 16—2008《民用建筑电气设计规范》

GB 50198—1994《民用闭路监控电视系统工程技术规范》

GY/T 106—1999《有线电视广播系统技术规范》

GB 50200—1994《有线电视系统工程技术规范》

Lucent SYSTEM《结构化布线系统设计总则》

《建筑与建筑群综合布线工程设计规范》

《建筑与建筑群综合布线工程施工安装规范》

22.3　LED 大屏幕显示系统的工程设计

22.3.1　LED 大屏幕显示系统的设计原则

（1）实用性原则。大屏幕显示系统是形象和服务宣传的重要组成部分，系统必须保证实用并切实满足用户形象的需要。大屏幕显示系统和触摸屏系统产品规格多，某些小的参数变化可能会引起比较大的价格和视觉效果变动。在设计中，本着为用户着想的原则，把用户需求放在首位，首先要保证产品能够完成用户的功能需求，做到实用。

（2）节约性原则。大屏幕显示系统建设充分利用系统的多个子系统的设备，做到少花钱多办事，追求最合理的配置，追求高效、低成本和尽可能高的性能价格比。因此，所选用的设备在兼顾合理的、优良的性能基础上，也要考虑经济性，除考虑系统总体造价外还应考虑长期运行所需的成本，把用户的每一分钱都用在刀刃上。

（3）可靠性原则。为了满足大屏幕显示系统一天24h 的连续运行，因而其设计必须遵循可靠性的原则，在大屏幕拼接墙系统设计时，关键部位选用了高可靠性设备，对于重要的控制节点采用先进的高新技术来保障。

（4）标准化原则。大屏幕系统在选用控制技术和设备时要符合国际标准，充分利用各种产品的优势，将它们有机地结合起来。要求系统的通信环境、硬件环境、软件环境相互间的依赖减至最小，充分发挥自身优势，同时，大屏拼接系统的互联为信息互通和网上控制创造有利条件。

（5）可扩充性原则。随着网络的发展，系统的扩充是必然的，因而在系统设计时充分考虑了未来系统扩充的可行性。

采用简单的“即插即用”模式，使得投影墙体的显示模块数量可以任意的增加或减少，而不影响系统的显示功能。设备之间的集成和联动是今后智能化产品发展的趋势，要求显示屏能和其他遵循主要标准通信协议的设备进行互联。

（6）先进性及成熟性原则。根据大屏幕显示系统自身发展的特点和控制技术的发展趋势，在主机选择、系统结构设计、设备配置、管理方式等方面采用国际上既先进又成熟可靠的技术。

（7）兼容性原则。大屏幕显示系统项目要实现各种子系统的汇接，所以系统的兼容性就显得十分必要。

（8）可维护性、可管理性原则。从用户角度出发，充分考虑到系统设备的安装、配置、操作方便等特点，又有较强的网络管理手段，合理配置和调整系统负载、监视系统状态、控制系统运行。

由于大屏幕显示系统工作的特殊性，其系统要求在全天 24h、一年 365 天连续工作，所以整个大屏幕显示系统必须具有高可靠性、高稳定性等特点，以保证系统常年连续的正常运行。

（9）友好的用户界面。“高科技产品是‘傻瓜’式的操作”，针对现在社会上存在的系统越先进，操作越复杂的情况，对操作软件进行了全面的优化，采用“所见即所得”的直观式操作方式。友好的用户界面和简洁直观的操作方式使得用户只需接受几小时的培训，便可对此先进的系统进行熟练的操作，真正方便了用户的使用。

22.3.2　大屏幕显示系统设计的主要内容

一般大屏幕显示系统工程项目可分为项目策划、前期勘查、工程实施、项目后期四个阶段。

22.3.2.1　大屏幕显示系统工程前期勘查要点

大屏幕显示系统工程对于项目负责人来说，除了带队进行实地施工之外，和用户的交流、项目的整体施工规划是非常重要的。其中前期勘查是否详尽更是很大程度上决定了工程周期、费用、最终效果。根据以往的工程经验来看，一个完整的项目，在前期勘查中需要注意以下各点：

（1）外框架开口及收边。外框架内沿开口尺寸计算公式

$$宽度\ W=A\times 列数+25\times 2$$

$$高度\ H=B\times 行数+25\times 2x$$

已考虑屏幕托板、铝边条及螺钉头的厚度。

框架要求：框架首先应考虑选用材料的坚固与整体的稳定性，材料可采用木框＋合板＋铝塑板形式，也可如下面图片中的钢结构焊接＋组装形式（推荐）。

考虑到安装及维护的便利，框架包边必须为可拆卸式包边。外框架内沿距拼墙外边（上下左右四个边）每边预留约 25mm 间隙，大型拼墙还应根据列数适当增加余量。

考虑维修通道侧门的尺寸，以便大屏幕箱体的进入，维修通道原则上不小于 1.2m 宽。可拆卸式边条以压住屏幕边缘 3～5mm 为宜，在箱体和屏幕完全安装到位后，最后再固定可拆卸式边条。

（2）底座尺寸。

（3）环境光线。大屏幕拼接墙显示系统要求屏幕前面4m内为暗区，最好不要安装日光灯管，可安装内藏式筒灯，平行于屏幕排列，必须有单独控制开关。灯光不能直接照射到屏幕上。整个大厅的灯按平行于屏幕方向分组进行控制，不要选用较强光的光源，灯光的布置原则是：使工作区有足够照明强度，但对屏幕又不会产生明显的影响。屏幕附近可能射入的光线（如窗户），应有必要的遮挡。维修通道内对灯光无特定要求，但在设备运行时灯光最好关掉。

（4）空调。维修通道内一定要安装空调（或有出风口），其出风口位置应尽量远离投影墙（1m左右较好），并且出风口的风不能对着箱体直接吹，以免屏幕冷热不均匀而损坏。屏幕前面（吊顶上）的空调出风口，距离屏幕不少于1.5m。

（5）地面。安装设备的地面要求要平整，如果是铺瓷砖的地面要确认瓷砖下面的材料能否承受大屏的重量。如果是防静电地板，底座要固定在防静电地板下的地面上，不能安装在静电地板上。

（6）电源。最好采用UPS供电的方式，并与客户确认大屏幕显示系统需求电源容量。DLP大屏幕显示系统中单个投影显示单元额定功率为200W，拼接控制器1kW，矩阵1kW，音响系统视规模而定，但一般不会超过2kW。整个DLP大屏拼接系统要加一倍的预留容量，电缆一般要求使用阻燃线材。

（7）布线。确定外围设备到DLP大屏之间的布线方式是预埋线管还是布线槽及位置的确定。

布线时电源线和信号线要分开，避免对信号产生干扰与客户负责人员确定工程可用的管线槽道，包括动力、信号、网络，并确认槽道是否满足实际需求。

根据大屏幕规格、机柜位置、信号源位置，计算出所需各种线缆长度、接头数量信号名称。

22.3.2.2 大屏幕显示系统结构的设计

（1）系统构成。

LED显示屏系统由显示系统、控制系统、多媒体配套设备系统等组成，如图22-2所示。

1）显示系统包括显示屏体，LED发光器件组成的可控显示箱体（显示单元和灰度系统构成）；结构骨架，屏体支撑部分，含显示单元固定架、外框架和维护架等。

2）控制系统。该系统由计算机、多媒体卡、控制卡以及控制软件等构成，主要用于显示数据的编辑、处理与分配，并控制显示屏的显示。

3）编辑系统。编辑系统的作用是完成显示屏显示内容的整理、编排和设计。编辑完成后的显示内容，需由编辑系统送入控制系统才能进行有效地进行播放。

4）多媒体配套设备系统。该系统由视频输入、图文输入和音频输出等一些设备构成，主要用于显示数据与声音的采集、发生等。

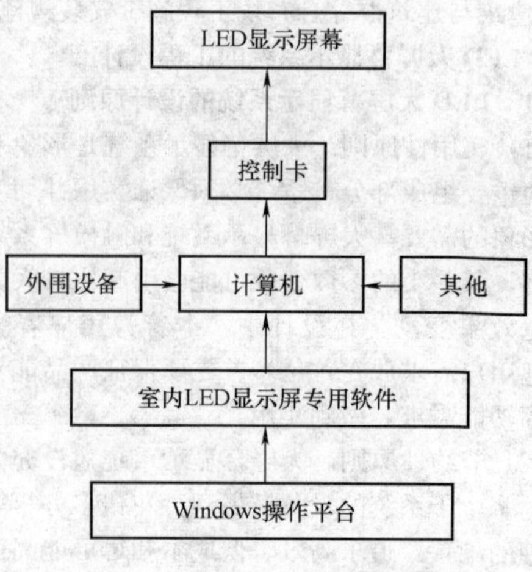

图22-2 LED显示屏系统组成

（2）大屏幕显示墙组合墙体。大屏幕显示墙组合墙体采用钣金箱体结构：外形美观并有效隔绝噪声，在维护方面也非常方便。

如果室外全天候露天工作环境的显示屏，设计应考虑屏体的整体结构抗台风（大风）、防水、防高温、防腐蚀、防尘、防雾、防雷功能。显示屏面积在20m^{2}以上时，建议采用双支撑，在20m^{2}以下时，建议采用单体支撑、大屏幕显示屏的整体结构采用钢结构，外立面采用铝塑板包边。大屏幕显示屏一定要选择单元箱体结构，每个箱体都是一个独立单元。箱体材料采用1.5冷轧板，表面黑色磷化处理。

抗台风（大风）的每平方米显示屏在12级台风时需承受正面压力为80kg/m^3，显示屏的钢架按承受12级以上台风计算，并给出一定余量。整个钢结构四边采用钢板折边，能有效防止水滴渗透，表面装潢采用双面塑铝板，色彩选择与周边环境相协调。确保整体结构可靠性、安全性、美观性。

（3）大屏幕系统结构应考虑的因素。大屏幕显示系统结构包括根据LED显示屏种类、面积、使用现场等条件确定的通用计算机部分、通信线、专用数据转换部分及显示部分。

1）对计算机主机、各种选配插卡、外部设备及通信接口的要求；

2）对通信线的要求并注明最大通信距离；

3）数据转换部分与计算机主机的通信方式；

4）供电要求及结构安装要求。

用户场地所能允许的屏体面积应考虑的因素：

1）有效视距与实际场地尺寸的关系；

2）像素尺寸与分辨率；

3）单元为基数的面积估计；

4）屏体机械安装及维护操作空间；

5）屏体倾角对距离的影响。

环境亮度对于屏体应考虑的要求：

1）室内：＞800CD/m^2；

2）半室内＞2000CD/m^2；

3）户外（坐南朝北）＞4000CD/m^2；

4）户外（坐北朝南）＞8000CD/m^2。

在明确亮度及点密度的要求条件下，计算单管的亮度应考虑如下计算方法（以两红、一绿、一蓝为例）：

红色LED灯亮度　亮度（CD）/m^2/点数/m^2×0.3/2

绿色LED灯亮度　亮度（CD）/m^2/点数/m^2×0.6

蓝色LED灯亮度　亮度（CD）/m^2/点数/m^2×0.1

例如：每平方米2500点密度，每平方米亮度要求为5000CD/m^2，则：

红色LED灯亮度为　5000/2500×0.3/2＝0.3

绿色LED灯亮度为　5000/2500×0.6/2＝1.2

蓝色LED灯亮度为　5000/2500×0.1＝0.2

每像素点的亮度为　0.3×2＋1.2＋0.2＝2.0CD

选择显示屏应考虑：显示内容的需要；可视距离、视角的确认；屏体分辨率的要求；安装环境的要求；成本的控制。

显示模块和控制模块应考虑的因素：显示模块实际都是相同大小的小LED驱动板，能够驱动LED阵列，具有基本的显示功能，并可以接收来自控制模块的数据和命令，此外一些常用的显示效果如闪烁、滚动等也包括在显示模块中。现有国标点阵汉字库有16×16和24×24两种，考虑到软件编写的方便和硬件的能力，我们把显示模块作为16×16点阵大小。

控制模块负责控制各显示模块，向各显示模块发送数据和命令。控制模块储存要显示的点阵数据信息，定时向各显示模块下传。控制模块上还带有小键盘和通用异步串行口，即可以用键盘操作，也可以用计算机控制，还可以用计算机更新控制模块内的数据。

显示模块和控制模块之间可用总线的方式连接。控制模块控制的显示模块数量可以改变，显示模块的排列方式也可以改变（如16个显示模块，既可以是2×8也可以是4×4），对同一块显示屏可以保存若干条件用信息分别显示，每条信息的点阵大小可以不同，超过屏幕大小的信息可以滚动显示出来。这样基本可以满足多种多样的需求。

（4）户外屏应考虑的因素。

1）显示屏安装在户外，经常日晒雨淋，风吹尘盖，工作环境恶劣。电子设备被淋湿或严重受潮会引起短路甚至起火，引发故障甚至火灾，造成损失。

2）显示屏可能会受到雷电引起的强电强磁袭击。

3）环境温度变化极大。显示屏工作时本身就要产生一定的热量，如果环境温度过高而散热又不良，集成电路可能工作不正常，甚至被烧毁，从而使显示系统无法正常工作。

4）受众面宽，视距要求远、视野要求广；环境光变化大，特别是可能受到阳光直射。

针对以上因素，户外显示屏必须做到：

1）屏体及屏体与建筑的结合部必须严格防水防漏；屏体要有良好的排水措施，一旦发生积水能顺利排放。

2）在显示屏及建筑物上安装避雷装置。显示屏主体和外壳保持良好接地，接地电阻小于3Ω，使雷电引起的大电流及时泄放。

3）安装通风设备降温，使屏体内部温度在－10～40℃之间。屏体背后上方安装轴流风机，排出热量。

4）选用工作温度在－40～80℃之间的工业级集成电路芯片，防止冬季温度过低使显示屏不能启动。

5）为了保证在环境光强烈的情况下远距离可视，必须选用超高亮度发光二极管。

6）显示介质选用外形精致美观，坚固耐用，具有防阳光直射、防尘、防水、防高温、防电路短路特点。

22.3.2.3　控制系统及软件的设计

显示屏系统软件要满足用户对软件所提出的全部要求。软件功能分一般要求的软件功能、软件的其他功能。

（1）一般要求的软件功能。计算机网络和屏幕控制采用微机局域网络，将当今许多成熟的数字技术引入了大屏幕显示系统，如数据库技术、网络通信技术、网络互联技术、数据安全技术、信息自动化处理技术、嵌入式微处理器控制技术、接口技术、多媒体技术等。显示屏系统集图形制作播放、艺术字型制作播放、三维动画播放等功能于一体，界面美观友好，操作方便。其各项功能可由用户自由组合后进行循环播放并自动切换，均可分别实行定时、定速控制。

编辑软件采用 Windows2000 或以上版本操作系统，配置的文件具有可修改各种参数及功能的特性，应具备以下特点：

1）可以通过键盘、鼠标输入文字、图像等信息，可再经软件修改、编辑；

2）配置的文件具有可修改各种参数及功能的特性；

3）可插入各种显示方式；

4）各项编排可自由组合、定时；

5）系统能接收和播放内部网络上的有关信息；

6）具备丰富的显示方式，如移动、翻滚、中开、中合、闪烁、淡变飞动、反白、百叶窗、旋转等；

7）支持二维、三维动画显示；

8）播放控制简便。

（2）软件的其他功能。

1）提供的图文制作播放软件；

2）屏幕不但可同时开任意多的窗口，而且可进行分别或叠加播放；

3）视频图像可以叠加字幕、动画；

4）对于最新信息，可在显示屏播放过程中任意时刻插播。

视频 LED 显示屏同计算机显示器逐点对应，播放软件随计算机软硬件的发展而不断更新换代，对固定内容（如网络信息、新闻发布等）提供专用接口，可挂接到任何对象的编辑系统上，方便用户使用。

对不同性能的 LED 显示屏应配置能满足其显示功能要求的显示软件，该软件具有以下功能：

1）符合系列化、标准化要求，能向下兼容；

2）采用在详细规范中规定的操作系统和语言；

3）配有完善的自检程序和根据需要配备各种级别的诊断程序；

4）对特殊用途的 LED 显示屏配备其相应的专用软件。

22.3.3 LED 大屏幕显示系统的投影机使用方式和投影屏幕设计

LED 大屏幕显示系统的投影机使用方式分为桌式正投、吊顶正投、桌式背投、吊顶背投。

22.3.3.1 正投

正投也称为前投，是使用最广而且投影机支持最多的一种安装方式。所谓正投，指的是观众和投影机相对投影幕是同侧的。

（1）正投的优点。

1）节省空间。投影机可以在较小的空间内投影出较大的画面。而要获得尽可能大的投影面积，除使用广角镜头外，一个最主要的方法就是尽可能地使投影距离增大。由于观众和投影机同侧，所以最理想的情况是投影距离等于甚至大于观众观看距离，从而可以最大限度地增大投影面积。

2）对投影幕要求低。正投方式是依靠投影幕来反射光线的，所以除非对图像要求苛刻，否则只要一般的投影幕就可以满足要求，甚至有人使用白色墙壁也未尝不可。所以正投方式对投影幕的要求很低，灵活性和环境适应性更强，也就是说，绝大部分场合都可以毫不犹豫地选用正投方式。

（2）正投的缺点。

1）投影效果较差。正投的投影效果较差是针对背投而言的。如果观众的观看环境是教学、培训、会议、展览、广告等较光亮的场合，由于来回光路都会受到光干扰，图像就会变得模糊甚至颜色出现失真，若再把投影幕的反射偏差考虑在内的话，效果是很难让人满意的。

2）影响环境美观。正因为投影机与观众同侧，所以投影机的外观、接口、布线都暴露无遗。即使是采用无线网络连接的投影机，也只能减少与网络连接相关的那部分接线，大部分的基本接线还是无法节省。无论是家庭、教室、办公室还是演示厅，正投的投影机一般都采用吊装。

3）噪声较大。虽然投影机在正常工作环境下噪声是一定的，然而观众与投影机同侧，距离太近显然会使噪声问题成为一个不得不考虑的因素。

22.3.3.2 背投

现在越来越多的投影机也支持此安装方式。所谓背投，指的是观众和投影机分居投影幕两侧。

（1）背投的优点为投影效果好，不影响美观。

（2）背投的缺点。

1）占用空间大。正如上面正投所提到的，要投影同样大小的面积，理论上背投需要比正投多出一倍的纵深距离，这就对应用场地提出了更高的要求。

2）投影面积小。

22.3.3.3 吊投

所谓吊投，是指通过安装吊架，用螺钉螺栓等把投影机固定吊装在天花板。而桌式则是把投影机放置在房间内一个水平面上。

（1）吊投的优点。

1）降低投影机成本。因为无需移动，投影机的重量和尺寸显得无关紧要，用户如果选择使用吊投，选购机型时就可以选择大而实惠的投影机。散热性能也要好得多。

2）利于铺线安排。虽然吊装的投影机往往给人一种突兀的感觉，然而它的铺线却可以通过线槽或者透过支架中央穿越到天花板。而且固定吊装可以在土建统筹时就预先计划好，这也是桌面式无法比拟的。

（2）吊投的缺点。

1）信号衰减。吊装的投影机通常与信号源之间距离较远，而且考虑到铺线的迂回曲折，那么信号电缆大于15m是很普遍的，然而超过此传输距离进行信号传送造成输入投影机的信号发生衰减，投影出的画面会发生模糊拖尾甚至抖动现象。为此，必须为信号源加装信号放大器。

2）日常维护不便。固定吊装的投影机被拆卸下来的机会是很小的，除非出现了故障。所以除尘，换过滤网，清洁镜头等日常维护不便。

（3）设计应考虑的要点。

1）如固定使用，可选择吊顶方式。

2）如果有足够的空间，选择背投方式整体效果最好，如空间较小，可选择背投折射的方法。

3）根据使用环境（房间大小，照明情况），确定机器相应指标（如亮度）。

4）投影机价值较高，配件、耗材（灯泡）也比较昂贵且多为专用品，因此，在购买前要考虑一定的使用成本，并事先考察供应商的服务水平，了解服务内容。

22.3.3.4 布置最佳的投影环境

投影机工作时，受环境光线的影响较大，室外光线和室内灯光太强会直接使投影效果变差。

在设计投影环境时应注意以下几点：

（1）安置窗帘遮挡室外光线。

（2）屏幕上方或近处光源应关闭。

（3）墙壁、地板尽量不使用易反光材料。

（4）局部范围照明，可使用聚光灯。

（5）选择与环境搭配的投影屏幕。

22.3.3.5 设计投影屏幕

设计投影屏幕时应注意以下几点：

（1）选择屏幕类型。

1）正投幕：有手动挂幕和电动挂幕类型；双腿支架幕；三角支架幕，金属平面，弧面幕。

2）背投幕：多种规格的硬质背投幕（分双曲线幕和弥散幕）和软质背投幕（弥散幕）；硬质幕的画面效果要优于软质幕。

（2）选择屏幕尺寸。

要选择最佳的屏幕尺寸主要取决于使用空间的面积和观众座位的多少及位置的安排。首要的规则是选择适合观众的屏幕——而不是选择适合投影机的屏幕，也就是说要把观众的视觉感受放在第一位。

选择屏幕尺寸应注意以下几点：

1）屏幕高度要让每一排的观众都能清楚地看到投影画面的内容。

2）屏幕到第一排座位的距离应大于2倍屏幕的高度。

3）屏幕底边离地面距离1.5m左右。

22.3.3.6 选择投影设备的格式

选择适合的投影设备需求的格式（画面比例）如表22-3所示。

表22-3 投影设备的格式

影像格式	屏幕比例（宽：高）
VGA信号	4：3
投影仪	1：1
NTSC制式	4：3
PAL制式	4：3
HDTV（高解像电视）	4：3

22.3.3.7 屏幕材料的选择

选择的屏幕面料要适合投影机和观众的需要。如果一张屏幕需要供给多部投影机使用时，屏幕面料就应选择适合对屏幕要求较高的那台投影机的需要。选择适合的屏幕面料如表22-4所示。

表22-4 选择适合的屏幕面料

屏幕材料		屏幕参数
英文名称	中文名称	
Matte White	白塑幕	视角：50°亮度增益：1.1 面料　防火、防霉，可清洁
Glass Beaded	波珠幕	视角：30°亮度增益：2.5 面料　防火、防霉
Super Wonder-Lite	金属幕	视角：40°亮度增益：2.5 面料　防霉，可清洁
Polarized Screen	极化幕	视角：35°亮度增益：2.75 面料　防火、防霉
High Power	高能幕	视角：25°亮度增益：2.8 面料　防火、防霉，可清洁
Dual Vision	前/后投影幕	视角：50°亮度增益：1.0 面料　防火、防霉，可清洁
Da-Mat	背投软幕	视角：50°亮度增益：1.1 面料　防火、防霉，可清洁
Cineme Vision	高级家庭影院幕	视角：45°亮度增益：1.3 面料　防火、防霉，可清洁
Pearlescent	高级珍珠型幕	视角：35°亮度增益：2.0 面料　防火、防霉，可清洁

22.3.4 全彩LED大屏幕的设计

全彩LED大屏幕显示屏设计应考虑：

(1) 显示屏的尺寸设计。在设计屏体尺寸时，有三个重要的因素：

1) 显示内容的需要；

2) 场地空间条件；

3) 显示屏单元模板尺寸（室内屏）或像素大小（户外屏）。

(2) 耗电与电源要求。显示屏的耗电量分为平均耗电量和最大耗电量。平均耗电量又称工作电量，是平时实际耗电量。最大耗电量是启动时或全亮等极端情况时的耗电量，最大耗电量是交流电供电（线径，开关等）必须考虑的要素。

显示屏属大型精密电子设备，为了安全使用及可靠工作，其AC 220V电源输入端或与其相连计算机的AC 220V电源输入端必须接地。

(3) 设计指标。

1) 全彩LED大屏幕显示屏亮度值大于5000cd/m^2；

2) 户外光线条件下全天候播放显示；

3) 显示屏必须具有高可靠性和良好的安全运行保证措施，能够长期稳定地工作；

4) 整个系统易于管理，运行成本合理，具有良好的可扩充性。

22.3.5 大屏幕显示系统系统安全性设计

大屏幕显示系统系统安全性设计应考虑：

(1) 防静电设计。

1) 使用接地工具和设备；

2) 在防静电区域设警示标志。

(2) 电磁屏蔽。对于LED电子显示屏，由于我们采用的是金属定位的单元结构，其本身已具有很好的电磁屏蔽作用，因此通常我们不再考虑其电磁屏蔽问题。

然而，通过电源线，电网上的干扰可以传入设备，干扰设备的正常工作。同样，设备的干扰也可以通过电源线传导到电网上，对网上其他设备造成干扰。为了防止这两种情况的发生，我们将在设备的电源入口处安装一个低通滤波器，这个滤波器只容许设备的工作频率（50Hz）通过，而对较高频率的干扰产生很大的损耗，从而起到了很好的屏蔽保护作用。

(3) 接地系统。计算机专用电源采用独立接地，不得与防雷接地共用接地体。按标准要计算机专用电源接地电阻不大于1Ω。其他接地分为交流工作接地、安全保护接地、防雷保护接地。应小于4Ω。如接地采用综合接地系统，接地电阻按计算机专用接地电阻要求，接地电阻不大于1Ω。

LED显示屏系统中的安全保护地是将所有显示单元的固定柱，通过安装骨架连接起来，再用接地母线将其接地或接到配电柜的中线上。

22.4 LED大屏幕显示系统的施工

22.4.1 LED大屏幕显示系统施工开工前的准备和安装步骤

22.4.1.1 开工前的准备

(1) 准备好文件图纸。LED大屏幕显示系统设计方案、系统原理图、控制信号流向图、布线的施工图、控制中心设备摆放平面图、大屏幕显示墙设备立面图。

(2) 准备好工具。主要有布线施工工具、信号色彩分析仪、发生器、示波器、白平衡仪、照度计、声级计、实时分析仪、数字万用表、监听器等。

(3) 人员。现场的技术服务人员遵守法纪、遵守用户现场的各项规章制度、身体健康、完全能够适应现场的工作环境和条件，以及完全了解和熟悉系统安装的经过培训和认证的现场工程师。

22.4.1.2 安装步骤

(1) 开箱验货。根据清单逐一清点所到货物，填写开箱检查报告。

(2) 硬件加电测试。仔细观察指示灯，如果有硬件出错，填写报告。

(3) 完成硬件连接。将系统中各种设备正确安装上去，并连接其他外部设备。

(4) 完成软件的安装。将各操作系统的控制软件安装并调试好。

(5) 确定并配置软件系统。与用户讨论应用需求确定软件参数的设定。

(6) 测试系统中产品功能是否与方案设计一致。

(7) 填写安装报告。

22.4.2 LED大屏幕显示系统综合布线

LED大屏幕显示系统布线主要是各种设备互相连接所需的线缆、接头、高低压电源的布置、线管线槽的布置、开孔定位。要重点注意所安装显示屏的型号所用通信线长度标准来安装通信线，通信线禁止与电源线在同一线管内走线。

布线施工同第14章综合布线系统的设计与施工技术的综合布线系统的的施工。

22.4.3 大屏幕显示系统安装

22.4.3.1 大屏幕显示系统安装要注意的内容

大屏幕显示系统安装要重点注意如下内容：

(1) 安装显示屏要左右水平，不准许后倾吊装，要加装上下调节杆，壁挂安装前要装前倾脱落钩，落地安装要加定位支撑螺栓。

(2) 大屏幕显示系统物理拼缝要求均匀、平整，最宽处以合同要求为准。

(3) 十字拼缝处应无明显错位，用手触摸应无凹凸感和倾斜度。

(4) 大屏幕显示系统的安装分前后、左右和上下三种情况，分别用铅锤、拉线和水管来测量。

(5) 模块拼装精度，平整度（LED显示屏的平整度应不大于2.5mm），显示屏任意范围内像素间的凸凹偏差以合同要求为准。

(6) 保证大屏幕拼接墙安装位置地面承重能力不小于400kg/m²，保证地面的平整度，不得有明显的凸凹不平（小于5mm）。

(7) LED显示屏显示部分结构可采用钢、铝、塑料等材料，要求结构坚固。

(8) LED显示屏外观无明显划痕。室外LED显示屏像素管安装应一致、无松动及管壳破裂。

(9) LED显示屏屏体结构的金属部分的温升不超过45K，绝缘材料的温升不超过70K。

(10) 像素失控率。室内LED显示屏的像素失控率应不大于万分之三，室外LED显示屏的像素失控率应不大于千分之二；且为离散分布。

(11) 温度范围。

1）室内LED显示屏的环境温度。

①工作环境低温为0℃；高温为40℃。

②储存环境低温为－40℃；高温为60℃。

2）室外LED显示屏的环境温度。

①工作环境低温，可选－30、－20、－10、0℃；高温为50℃。

②储存环境低温为－40℃；高温为60℃。

(12) UPS供电系统应与普通用电系统严格分开。UPS电源应不少于30min的后备时间，计算机插座用电线路零线对地线电压不能大于1V。

(13) 大屏幕显示系统安装分有缝拼接和无缝拼接系统。

1）有缝拼接。多通道投影组合之间有明显的拼缝。

2）无缝拼接。无缝拼接实际是有缝隙的，无缝拼接大屏技术目前拼接缝隙最小可以做到0.5mm，因为缝隙非常小了，所以大家也都叫"无缝"拼接，真正没有缝隙的是采用图像无缝融合显示的无缝拼接技术。

22.4.3.2 背投大屏幕专用反射镜安装注意事项

(1) 施工过程中。

1）保持反射镜使用环境整洁，注意防尘防潮；

2）禁止用手触摸镜面，操作时要戴上口罩和细纱柔软的手套。

(2) 去尘处理。

1）用毛刷柔软的吸尘器吸拭；

2）用软毛刷掸去灰尘；

3）不可用水和其他液体溶剂擦拭镜面。

22.4.4 投影机安装

(1) 投影机摆放位置和安装注意事项。安装投影机和投影屏幕之前，应该先搞清楚安装这些设备的房间的相关信息。

1）房间的光照情况；

2）投影机安装在桌子上还是可移动的小车上；

3）房间的长、宽、高等尺寸；

4）是使用轻便式屏幕还是固定安装屏幕；

5）屏幕位置设在何处；

6）观众座位设在何处。

(2) 在天花板上安装投影机。在天花板上安装投影机要重点注意如下要素：天花板类型；安装类型；投影机类型；投射距离；安全要求。

在天花板上安装投影机，有时很简单，有时，在天花板上安装投影机很麻烦。安装时应该力求使投影机镜头中心点与投影屏幕中心点在同一水平线上（采用桌面式安装的投影机，中心点总是处于幕布中心点下方）。投影光线应该与投影幕垂直，否则会出现水平方向的梯形失真，要进行水平梯形校正。在吊装时把投影距离，中心点位置计算清楚，一经固定以后就可以免去日后要频繁进行移位和校正。

安装测试投影机有以下几个方面需要注意：

1）投影机要安装固定。投影机工作中或刚刚关机时都不宜振动，否则本身很脆且又在高温下的钨丝很容易断掉，搞不好就会爆灯泡。

2）不要有物体挡住通风风扇。投影机通风风扇是散热的因为灯泡是高压启动，在工作时会产生极高的温度。灯泡工作15min后，玻璃表面温度将达到1200℃左右。所以使用时一定要保持通风，不要用布或其他物料盖住机身特别是散热通风口。

3）测试时不要用镜头盖遮挡投影光线。用镜头盖遮挡投影光线的做法，往往会给投影机的使用寿命带来极大伤害，严重的话能导致投影灯泡发生爆炸现象，这是因为投影灯泡在工作的时候会产生很高的热量，这些热量有一部分是从镜头处散发出来的，一旦将投影镜头盖住的话，那么灯泡产生的热量将无法及时散发出去，一旦热量聚集到一定程度，就容易发生灯泡爆炸事故。

4）安装测试时不要随意移动带电投影机。投影机在带电状态下，投影灯泡会产生很多的热量，这些热量产生的高温会使投影灯泡内的灯丝处于半熔化状态，在这种半熔化状态下，投影灯泡稍微受到点震动，都有爆炸的危险。需要调整投影机位置时，一定要先切断投影机的电源，确保投影灯泡没有处于工作状态，之后才能随意搬动投影机。

5）安装测试时不要随手拔掉电源插座。在安装测试结束后，常常是直接将投影机电源线缆从所连的电源插座上拔下来，这就导致了投影灯泡与投影风扇同时停止了工作，投影灯泡工作后产生的大量热量，无法通过散热风扇从投影机内部散发出来，投影灯泡以及投影机内部相关元件的电气性能将会严重下降，严重的话能导致灯泡发生爆炸现象。为了避免这种现象的发生，应该在安装测试结束后，先关闭投影机控制面板中的软开关，让投影灯泡先停止工作，而让投影风扇继续工作一段时间，等到投影机内部的热量散发完毕后，投影风扇将自动停止转动，此时再关闭投影机的电源开关，确保投影风扇的电源也处于断开状态，最后才能从电源插座上拔掉投影机的电源信号线缆。不要在短时间内对投影机进行频繁地开通、关闭操作，因为这样的话投影灯泡将会不断受到冲击电流或冲击电压的袭击，严重的话将导致灯泡发生烧毁故障。

6）安装时不要混用不同型号的灯泡。不同型号的投影机，对其使用的投影灯泡都有严格的规定，要是随意换装其他型号的灯泡时，不但无法让投影灯泡充分发挥其应有的性能，而且还容易损坏灯泡，严重的话能导致投影灯泡发生爆炸事故。投影机安装灯泡时，应查看投影机的操作说明书，确认一下究竟哪些型号的灯泡能够适合该投影机，选用在指定范围内的灯泡安装到投影机中，千万不能使用投影机严格禁止的投影灯泡，这样容易引起火灾事故或爆炸事故。

22.4.5 计算机网络控制的LED大屏幕显示系统安装施工逻辑框架图

计算机网络控制的LED大屏幕显示系统安装施工逻辑框架如图22-3所示。

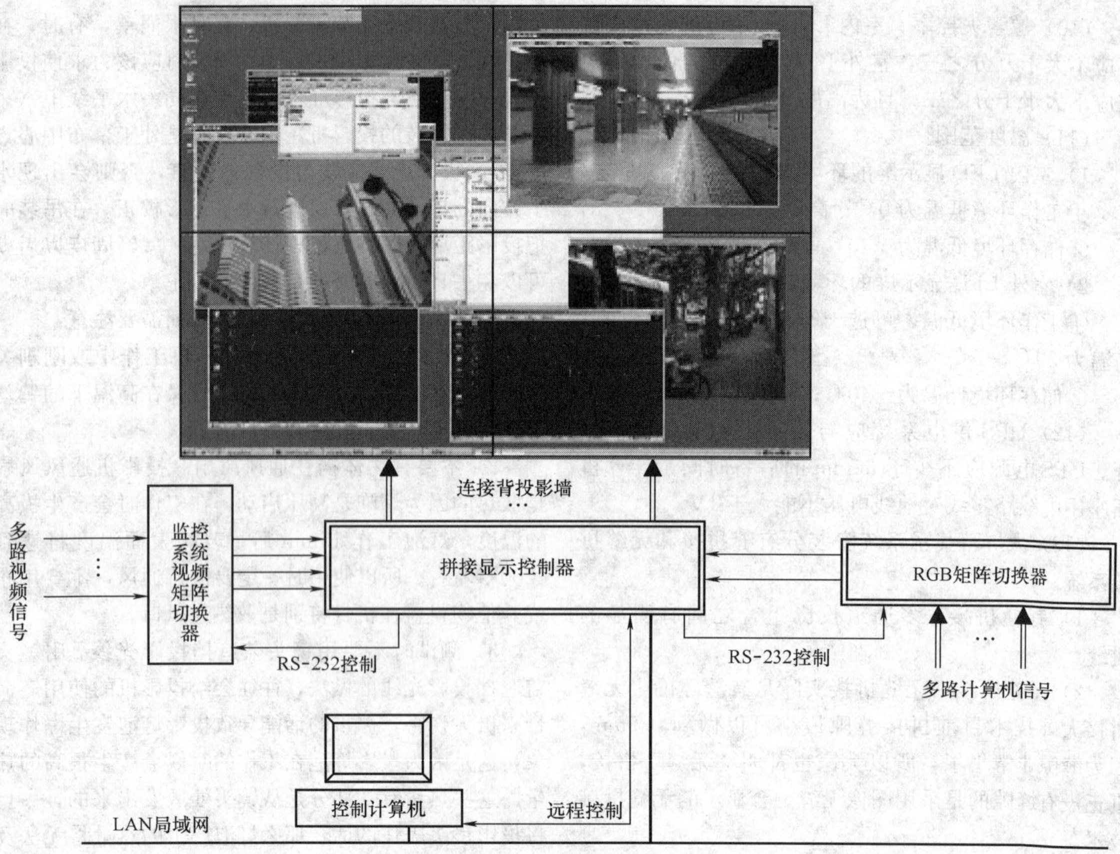

图22-3　计算机网络控制的LED大屏幕显示系统安装施工逻辑框架图

22.5 LED大屏幕显示系统的测试检验验收

22.5.1 LED大屏幕显示系统的测试检验验收要求

(1) LED显示屏的硬件使用环境。LED显示屏硬件部分包括根据LED显示屏种类、面积、使用现场等条件确定的通用计算机部分、通信线、专用数据转换部分及显示部分。

1) 对计算机主机、各种选配插卡、外部设备及通信接口的要求；

2) 对通信线的要求并注明最大通信距离；

3) 数据转换部分与计算机主机的通信方式；

4) 供电要求及结构安装要求。

(2) LED显示屏的软件使用环境。对不同性能的LED显示屏应配置能满足其显示功能要求的显示软件，该软件具有以下功能：

1) 符合系列化、标准化要求，能向下兼容；

2) 采用在具体规范中规定的操作系统和语言；

3) 配有完善的自检程序和根据需要配备各种级别的诊断程序；

4) 对非凡用途的LED显示屏配备其相应的专用软件。

(3) 结构与外观。

1) LED显示屏结构部分可采用钢、铝、木等材料。要求结构坚固、美观。

2) LED显示屏外框无明显划痕。室外LED显示屏像素管安装应一致、无松动及管壳破裂。

3) 对LED显示屏的硬件使用环境、软件使用环境、结构与外观、安全要求、性能特性、均匀性、失控性、供电电源进行检查，应满足要求。

4) LED显示屏的硬件产品验收。

22.5.2 LED大屏幕显示系统屏目测手感和实测方式检查内容

(1) LED大屏幕显示系统使用目测方式检查内容。

1) LED显示屏的硬件使用环境。

2) LED显示屏的软件使用环境。

3) LED显示屏的结构与外观。

①结构。LED显示屏部分可采用钢、铝、木等材料。要求结构坚固、美观。

②外观。LED显示屏外框无明显划痕。室外LED显示屏像素管安装应一致、无松动及管壳破裂。

4) LED显示屏的安全标记。

5) 外观检验。

(2) LED大屏幕显示系统使用目测和方式检查内容。

1) 颜色与样板相符合（正常视力在自然光或日光灯下观测无明显色差），同批产品无色差（注：色差包括颜色和光泽度）；涂层表面光滑、平整、均匀，表面不得有如下缺陷：不干返黏、颗粒、漏底、麻点、发花、起皱、机械损伤。

2) 涂层附着力：应无任何脱落现象（含交叉处）。

3) 丝印外观：丝印内容应清晰、完整、颜色均匀，无毛边、缺损、拖尾、污染现象；所有丝印的具体内容、位置，图案及字体大小，由相应图纸来详细描述，生产厂家严格按图纸设计要求丝印。

(3) 实测。

1) 检验人员必须严格按照设计人员图纸用游标卡尺、卷尺、水平尺对显示屏箱体来料进行逐一检验，检查是否有少、漏加工零件。

2) 组孔的冲制及焊接成型后应保证正面的平整度，四周面板不得有翘曲、变形，平面度误差小于1mm；箱体正面面板定位孔尺寸严格控制，孔径大小及孔距误差小于0.1mm；组孔轴线的X、Y方向应分别在同一直线上，且直线应分别垂直于箱体边缘，垂直度小于1mm。

3) 箱体外形尺寸偏差不大于0.5mm，两对角线长度相差不大于1mm。

4) 箱体各焊接处焊接必须牢固，无虚焊、漏焊等现象，焊接点必须磨平，焊缝处需做刮灰处理，处理工艺必须严格标准。焊缝处必须打磨密封防水，光滑平整无锐角。

5) 检查毛刺是否去除，锐角是否倒钝，不允许有刮手、刺手现象。

6) 各螺母及螺母柱必须经回牙处理，保证螺钉能顺利锁进。

7) 检验箱体整体装配要求是否按图纸如实加工，各配件（如锁、铰链）须采用现有标准件，装配时必须保证其机械强度和密封性能。

8) 箱体在装模组时，生产部门注意箱体外圈螺钉需用M4内六角螺钉。

22.5.3 验机

(1) 对照机型与性能指标；检查包装及其附件。

(2) 检查机器外观有无损伤。

(3) 检查聚焦性能。由计算机产生一个测试方格或线条，将聚焦调至最佳位置，将图像对比度由低向高变化，观察方格的水平和垂直线条聚焦效果。

(4) 是否偏色或着尘（购买LCD投影机尤其注意）。打出一个全白图像，观察颜色均匀度，一般来说液晶投影机的颜色均匀度很难达到较高标准，但质量好的机时机颜色均匀度相对好一些。另外，液晶投影机的防尘是难题，一个很小的灰尘，如落到液晶板或镜片上，就可能被放大得很清晰。在全白图像上，由小至大调整光学聚焦，观察屏幕上如有彩色斑点出现，则可能是液晶板或镜片上落有灰尘，估计机器的防尘系统有问题。购买使用过程中着尘，若灰尘着落不牢，可由专业人员开机，用专业工具吹掉。

(5) 检查保修卡，与供应商确认保修、维修条款。

22.5.4 大屏幕电视墙的调试

大屏幕电视墙的调试是通过计算机 RS232 接口和控制软件进行的，调试方法分为行、场相位的调试和视频译码系统的调试。

(1) 行、场相位调试当大屏幕电视墙的机械调试完毕后进行。行、场相位调试决定着各屏间的拼接是否正确。要求输入方格和圆的视频信号时方格横平竖直、圆不失真。

(2) 视频译码系统的调试。视频译码系统的调试涉及大屏幕图像的对比度、亮度、色温、非线性失真、色调和色饱和度。这些指标的调试用观察的方法是不合适的。

调试对比度、亮度和非线性失真时，输入阶梯波信号，根据示波器显示的波形进行调整。幅度不对、在幅度和相位进行逐一调试。

颜色的调试：目前使用的大屏幕投影机的灯泡都是以 UHP 灯泡为多，在使用一段时间后投影机灯泡必将出现不同程度的衰减，肯定会影响投影机的亮度，造成大屏幕间相邻屏幕的色彩和亮度不均匀，从而影响使用者的视觉效果。这种情况通过相关的软件可对投影机的颜色、亮度进行调试，进而有效的保证大屏幕显示系统显示效果的一致性。

22.5.5 系统检验检查要点

(1) 在 1.1 倍额定电源电压下，测试 LED 显示屏电源线对金属外框间的对地漏电流。LED 显示屏电源开关处于通的位置，在电源输入端与金属外框或可触及的金属结构件间施加 1500V（交流有效值），1min，应满足标准要求。

(2) LED 显示屏在工作 1h 后用温度计测试各可触及点温度，应满足标准要求。

(3) 根据 LED 显示屏的不同种类，对 LED 显示屏的性能特性进行检查，应满足标准要求。

(4) 对文本、图文 LED 显示屏使用显示测试软件通过目测检查移入移出方式及显示方式。对计算机视频 LED 显示屏通过目测，用放映计算机动画进行对比检查动画功能，用 LED 显示屏与计算机监视器进行对检查文字显示功能，用专用测试软件检查其灰度功能。对电视视频 LED 显示屏除进行上述动画、文字、灰度功能检查外，还应有视频源检查电视、录像功能。对各种行情 LED 显示屏，应使用相应测试软件检查其行情显示功能。用目测方式检查 LED 显示屏的均匀性应满足标准要求。

(5) 用目测方式检查 LED 显示屏的失控点，应满足标准要求。用瓦特表测量 LED 显示屏的供电电源功率，应满足标准要求。

(6) 高温负荷试验高温负荷试验按 GB 2423.2 的规定对显示单元进行。对室内屏在（40±2)℃条件下，对室外屏在（50±2)℃条件下通电工作 8h，每小时进行一次检查。对文本 LED 显示屏和图文 LED 显示屏检查移入移出方式、显示方式、均匀性及失控点，对计算机视频和电视视频 LED 显示屏检查动画功能、文字显示功能、灰度功能、均匀性及失控点，对行情 LED 显示屏进行行情显示功能检查。应满足标准要求。

(7) 高温存储试验按 GB 2423.2—2008《电工电子产品环境试验　第 2 部分：试验方法试验 B：高温》的规定对显示单元进行。在（60±2)℃条件下存储 4h，在室温条件下恢复 4h 后，对文本 LED 显示屏和图文 LED 显示屏检查移入移出方式、显示方式、均性及失控点定。对计算机视频和电视视频 LED 显示屏检查动画功能、文字显示功能、灰度功能、均匀性及失控点。对行情 LED 显示屏进行行情显示功能检查，均应满足标准要求。

(8) 湿热负荷试验按 GB 2423.3 的规定对显示单元进行。对室内屏在（40±2)℃，相对湿度为87%～93%的条件下，对室外屏在（50±2)℃，相对湿度为87%～93%的条件下通电工作 8h，每小时进一次查定。对文本 LED 显示屏和图文 LED 显示屏检查移入移出方式、显示方式、均匀性及失控点定。对行情 LED 显示屏进行行情功能检查。均应满足标准要求。

(9) 恒定湿热试验按 GB 2423.3 的规定对显示单元进行。对室内屏在（40±2)℃，相对湿度为87%～93%的条件下，对室外屏在（50±2)℃，相对湿度为87%～93%的条件下存储 48h。存储试验结束后，立即进行对地漏电流、抗电强度和温升的测量，应满足标准要求。

(10) 再在室温环境下恢复 4h 后，对文本 LED 显示屏和图文 LED 显示屏检查移入移出方式、显示方式、均匀性及失控点。对计算机视频和电视视频 LED 显示屏检查移入移出方式、显示方式、均匀性及失控点定。对计算机视频和电视视频 LED 显示屏检查动画功能、文字显示功能、灰度功能、均匀性及失控点。对行情 LED 显示屏进行行情显示功能检查。应满足标准要求。

（11）振动试验 GB 6587.4—1986《电子测量仪器　振动试验》的规定对显示单元进行，在振动频率 5Hz-55Hz-5Hz，振幅为 0.19mm 的条件下，5min 扫描一次，两个方向，每个方向扫描两次。试验结束后，对文本 LED 显示屏和图文 LED 显示屏和图文 LED 显示屏检查移入移出方式、显示方式、均匀性及失控点。对计算机视频和电视视频 LED 显示屏检查动画功能、文字显示功能、灰度能、均匀性及失控点。对行情 LED 显示屏和图文 LED 显示屏进行行情显示功能检查。应满足标准要求。

（12）运试验按 GB 6587.6—1986《电子测量仪器运输试验》规定的流通条件对显示单元进行。试验结束后，对文本 LED 显示屏和图文 LED 显示屏检查移入移出方式、显示方式、均匀性及失控点。对计算机视频和电视视频 LED 显示屏检查动画功能、文字显示功能、灰度功能、均匀性及失控点。对行情 LED 显示屏进行行情显示功能检查。应满足标准要求。

（13）对车载移动工作的 LED 显示屏，应进行现场运输试验。可靠性试验按 GB 11463—1989《电子测量仪器可靠性试验》的规定对显示单元进行，$A=20\%$，$B=20\%$，$DM=3.0$，也允许按合同规定进行可靠性验证试验。

第23章 chapter23 UPS系统的实用技术

UPS是为电子设备工作时提供稳定的电源，也是弱电工程中不可缺少的部件，值得重视。

本章重点介绍的内容有：UPS系统的基础知识；UPS系统选型；UPS系统使用维护。

23.1 UPS系统的基础知识

23.1.1 不间断电源UPS（Uninterruptible Power System）

（1）从原理上来说，UPS是一种集数字和模拟电路、自动控制逆变器与免维护储能、以逆变器为主要组成部分的恒压恒频于一体的储能装置。UPS是能够提供持续、稳定、不间断的电源供应的重要外部设备。

（2）从功能上来说，UPS主要用于向计算机、计算机网络系统设备或其他电力电子设备提供不间断的电力供应。当市电输入正常时，UPS将市电稳压后供应给负载使用，此时的UPS就是一台交流市电稳压器有效地净化市电，同时它还向机内电池充电；在市电出现异常、市电突然中断（事故停电）时，UPS立即将机内电池的电能向负载继续供电一定时间，使你能有充裕的时间应付。

（3）从用途上来说，随着信息化社会的来临，UPS广泛地应用于从信息采集、传送、处理、储存到应用的各个环节，其重要性是随着信息应用重要性的日益提高而增加的。

据统计，全部电脑故障的45%是由电源问题引起的；在中国，大城市停电的次数平均为0.5次/月，中等城市为2次/月，小城市或村镇为4次/月，电网存在至少九种问题：断电、雷击尖峰、浪涌、频率震荡、电压突变、电压波动、频率漂移、电压跌落、脉冲干扰；因此从改善电源质量的角度来说给电脑配备一台UPS是十分必要的。

网络设备和通信设备是不允许电力有间断的，以服务器为核心的网络中心要配备UPS是不言而喻的，即使是一台普通电脑，其使用三个月以后的数据文件等软件价值就已经超过了硬件价值，因此为防止数据丢失而配备UPS也是十分必要的。

23.1.2 UPS类型

UPS是计算机的重要外设，对保护计算机数据、保证电网电压和频率的稳定、防止瞬时停电、事故停电等方面是非常重要的，随着电子技术的发展，UPS从旋转式UPS发展到静态变换式UPS。旋转式UPS是20世纪60年代的设备，由整流器、电池、直流电动机、柴（汽）油机组成。在市电当断电后由柴（汽）油机发电给负载供电。旋转式UPS维护简单，也比较稳定，但系统庞大，操作不便，而且效率低，噪声大，电力品质不高，迫使人们不得不采用静态变换式UPS。静态变换式UPS是目前最常见到的UPS。对于静态变换式UPS类型，分类如下。

（1）按输出容量大小，UPS分为小容量、中小容量、中大容量3类。

1）小容量：3kVA以下；

2）中小容量：3～10kVA；

3）中大容量：10kVA以上。

（2）按输入/输出方式UPS分为单相输入/单相输出、三相输入/单相输出、三相输入/三相输出3类。

1）单相输入/单相输出是指由一根火线、一根零线和一根地线组成的供电系统。

2）三相输入/单相输出。

3）三相输入/三相输出。三相供电其市电配电和负载配电容易，每一相都承当一部分负载电流，因而中、大功率UPS多采用三相输入/单相输出或三相输入/三相输出的供电方式。

（3）按工作原理UPS分为后备式、在线式与在线互动式三大类。

（4）按发展UPS分为旋转式UPS、静态变换式UPS、智能型UPS。

23.1.2.1 后备式UPS

最常用的是后备式UPS，它具备了自动稳压、断电保护等 UPS 最基础也最重要的功能。后备式 UPS 在市电正常时直接由市电向负载供电，当市电超出其工作范围或停电时，通过转换开关转为电池逆变供电。其特点是：结构简单，体积小，成本低，但输入电压范围窄，输出电压稳定精度差，有切换时间，且输出波形一般为准方波。后备式 UPS 的构成如图23-1所示。

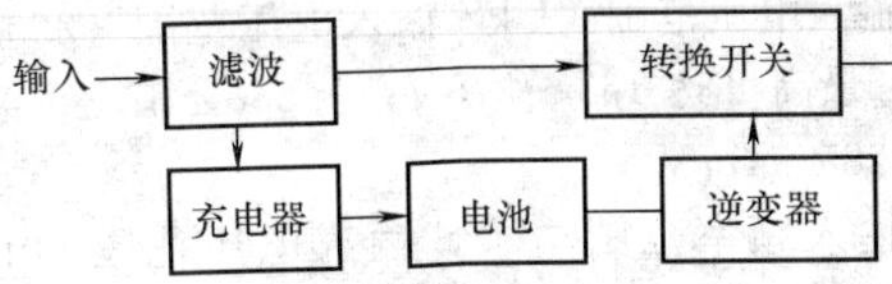

图 23-1　后备式 UPS 构成图

后备式 UPS 一般有 10ms 左右的转换时间，逆变输出的交流电是方波而非正弦波，但由于结构简单从而价格便宜。

23.1.2.2　在线式 UPS

在线式 UPS 在市电正常时，由市电进行整流提供直流电压给逆变器工作，由逆变器向负载提供交流电，在市电异常时，逆变器由电池提供能量，逆变器始终处于工作状态，保证无间断输出。在线式 UPS 的构成如图 23-2 所示。

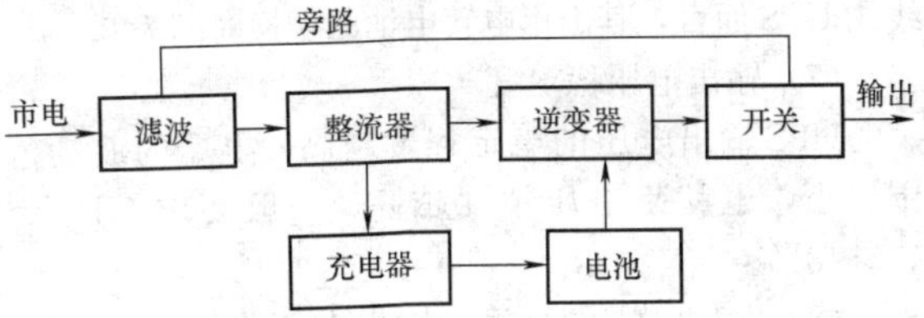

图 23-2　在线式 UPS 构成图

在线式 UPS 结构较复杂，但性能完善，能解决所有电源问题，其显著特点是能够持续零中断地输出纯净正弦波交流电，能够解决尖峰、浪涌、频率漂移等全部的电源问题；由于需要较大的投资，通常应用在关键设备与网络中心等对电力要求苛刻的环境中。

性能上有九大特点：

(1) 纯正弦波输出，零转换时间，有效保证了负载不间断运行的可靠性；

(2) CPU 微处理器控制，UPS 系统自诊断、自保护，大幅延长 UPS 的使用寿命；

(3) 智能化管理，市电故障时可实现数据自动存储；

(4) 蓄电池在线管理，大幅延长蓄电池寿命，保护用户投资；

(5) 直流开机，无须市电可用蓄电池启动 UPS 及负荷机器；

(6) 全天候 EMI/RFI 滤波器防止了杂讯导致的数据错误；

(7) 可搭配发电机使用，有效净化发电机所产生的不良电力；

(8) 采用 SPWM 脉宽调制技术、IGBT 功率模块，强力抗干扰，输出波形纯正；

(9) 充电速度快，长效机可提供 5～10A 的初始充电电流。

在线式 UPS 其特点是，有极宽的输入电压范围，无切换时间且输出电压稳定精度高，特别适合对电源要求较高的场合，但是成本较高。目前，功率大于 3kVA 的 UPS 几乎都是在线式。

后备式和在线式这两种类型 UPS 的主要区别在于交流电的初级电源的电源路径不同。后备式 UPS 电源工作时，转换开关接通滤波后的交流输入电作为初级电源，一旦初级电源掉电，就接通电池/逆变器作为后备电源供电；在线式 UPS 工作时，正常情况下，转换开关接通电池/逆变器回路作为初级电源供电，当初级电源出现故障时，就由滤波后的交流输入电作为后备电源供电。市电断电时后备式工作，如果电池充电器/电池/逆变器初级回路发生故障，则需要转换开关进行切换，即需要切换时间需要切换时间而在线式工作不需要切换时间。

23.1.2.3　在线互动式 UPS

在线互动式 UPS 在市电正常时直接由市电向负载供电，当市电偏低或偏高时，通过 UPS 内部稳压线路稳压后输出，当市电异常或停电时，通过转换开关转为电池逆变供电。其特点是：有较宽的输入电压范围，噪声低，体积小等特点，但同样存在切换时间。同后备式相比较，在线互动式 UPS 转换时间小于 4ms。在线互动式 UPS 的构成如图 23-3 所示。

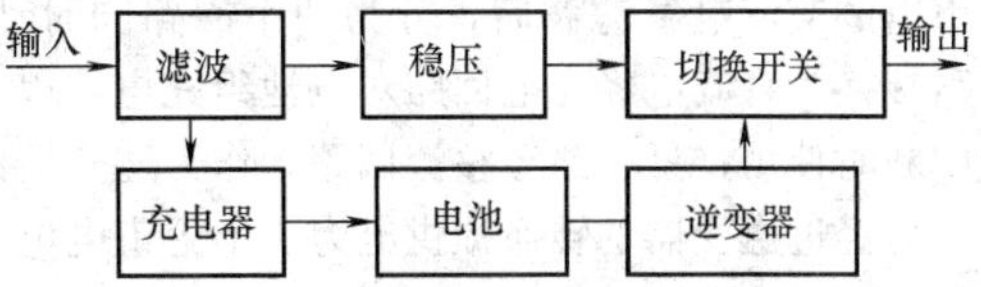

图 23-3　在线互动式 UPS 构成图

电池充电器的体积与 UPS 的工作方式有关，当选择在线式工作时，充电器为了阻止电池放电必须足够大，后备式工作时，电池只需提供较小的充电电能即可，所以充电器也较小。

UPS 工作于在线方式时会产生较大的热量，通过电池充电器和逆变器的电流将使电能损失 25～30%。损失电能产生的热量会缩短 UPS 里电子器件的寿命，对电池则更为显著（如果电池放置在一个单独的地方能消除这种副作用）。工作在后备方式时，流经滤波器和电涌抑制器的电流只会损失微不足道的1%～2%的电能。

23.1.2.4 智能型UPS

智能型UPS是目前UPS的一大发展趋势。智能型UPS在UPS内部硬件和软件结合，提高UPS的功能。智能型UPS可以监控：UPS输出电压频率；电网电压频率；电池状态以及故障记录；通过软件对电池进行检测；通过软件对电池自动放电充电；遥控开关机等。

智能型UPS软件的功能如下。

（1）广播并记录不正常电力发生情况（可将不正常的电力状况通知其他计算机）；

（2）设定倒计数时关机及警告信息间隔时间（根据不同需要设定，方便使用）；

（3）设定系统一周或特别日的自动开关机时间（省却每天开关例行工作）；

（4）自动保存文件并显示记录文件的保存名和路径；

（5）自动记录电力信息；

（6）定期测试和即时测试；

（7）安全事件日志；

（8）显示输入输出电压、负载、频率、温度等：掌握当前电力状况；

（9）可设夜间省电时段：在夜间避免UPS无用的长时间放电；

（10）通过工作站来远程控制：在普通工作站也可轻松管理；

（11）实时显示电力状况安全事件日志。

23.1.3 UPS的工作方式

UPS工作方式要注意以下三点。

（1）UPS工作方式。当市电正常供电时，UPS将市电的交流电经滤波后，分为两个回路同时动作，一路转换为直流电经充电回路对电池组充电，以备电力中断时使用；另一路经整流回路，作为逆变器的输入，再经过逆变器的转换提供电力。不论市电电力品质如何，其输出均是稳定而不受任何影响。

（2）电池工作方式。一旦市电发生异常时，电池将储存于电池中的直流电转换为交流电，逆变器的输入改由电池组来供应，逆变器持续提供电力，供给负载继续使用，达到不断电的功能。不断电系统的电力来源是电池。

（3）旁路工作方式。当UPS超载或逆变器发生故障时，通过控制开关转换至市电供电，也就是旁路供电。当在线式UPS超载、旁路命令（手动或自动）、逆变器过热或机器故障时，UPS一般将逆变输出转为旁路输出，即由市电直接供电。旁路开关的双向可控硅是反向并联工作方式，解决了旁路切换时间问题，真正做到了不间断切换，由于控制电路复杂，一般应用在中大功率UPS上。如果过载，必须人为减少负载，否则旁路断路器会自动切断输出。

23.1.4 UPS主要性能指标

UPS主要性能指标有如下15点内容。

（1）输入电压范围。UPS输入电压范围（220±15%）V，最高可达165～275V；（380±15%）V，最高可达285～477V。

（2）输入频率范围。UPS输入电压范围50Hz－0.5%～50Hz＋0.5%，最高可输入45～65Hz。

（3）输入功率因数。UPS输入端的输入功率因数越高，UPS所吸收的无功功率就越小，因而对市电电网的干扰就越小。一般UPS能达到0.95左右。

（4）负载功率因数。UPS输出端的功率因数一般UPS多为0.8左右。

（5）过载能力。过载能力越大表示逆变器能力越好。

（6）切换时间。由于计算机内采用了PWM开关电源，一般在50ms的间隔时间内能保证计算机的正常工作，目前一般要求UPS切换时间小于10ms，对于在线式UPS而言，其由市电转电池的切换时间为0。

（7）输出电压稳定度。

UPS输出电压的稳定程度越高，电压的波动范围越小，也就是电压精度越高。一般要求UPS为1%～3%。

（8）输出电压失真度。输出电压失真度是UPS输出电压波形中所含谐波分量的比率。常见的波形失真有：削顶、毛刺、畸变等。失真度越小，对负载可能造成的干扰或破坏就越小。

（9）电流峰值系数。电流峰值系数是指UPS输出所能达到的峰值电流与该电流有效值之比。峰值系数越高，UPS所能承受的负载冲击电流越大。一般要求峰值系数为2∶1。

（10）三相不平衡能力。对于三进三出的UPS来说，若出现三相的每一相电流不一致，就会造成输出电压的不平衡。具有100%负载不平衡能力的UPS，表示该UPS允许一相或两相输出带满载，而其他一相或两相空载。

（11）冷启动功能。冷启动功能是指在无市电或不接市电的情况下，直接用电池组所提供的直流电压启动UPS的功能。一般要求产品具有冷启动功能。

（12）旁路功能。旁路功能是指UPS超载或逆变器发生故障时，通过控制开关转换至市电供电，也就是旁路供电。一般要求UPS具有旁路功能。

(13) 接发电机功能。接发电机功能是指发电机的输出波形一般失真度较高，且频率波动范围很大。因此，UPS 必须具有良好的跟踪发电机频率的性能，保持与发电机同步工作，并且保持质量较高的输出波形和稳定的输出电压。一般要求具有良好的接发电机性能。

(14) 电池管理水平。由于电池在 UPS 整机成本所占比重较大，特别是长延时 UPS 中更占 1/3 以上，而且电池故障在 UPS 故障率中也占 70%以上。所以电池管理水平的高低直接关系到 UPS 的使用。

(15) 整机效率。整机效率低会造成 UPS 本身功耗大、易老化，还会造成电池供电时间变短。一般要求 UPS 整机效率在 90%以上。

23.1.5　UPS 系统作用

有一种常见的误解，认为我们使用的市电，除了偶尔发生的断电事故，是连续而且稳定的，其实不然。市电系统作为公共电网，上面连接了成千上万各种各样的负载，其中一些较大的感性、容性、开关电源等负载不仅从电网中获得电能，还会反过来对电网本身造成影响，恶化电网的供电品质。另外意外的自然和人为事故，如地震、火灾、雷击、输变电系统短路等，都会危害电力的正常供应，从而影响负载的正常工作。根据电力专家的测试，电网中经常发生并且对电脑和精密仪器产生干扰或破坏的问题主要有以下 8 种：

(1) 电涌（Power Surges）。电涌指输出电压有效值高于额定值的 10%，而且持续时间达一个或数个周期，电涌主要是由于在电网上连接的大型电气设备关机时，电网因突然卸载而产生的高压。

(2) 高压突波（High Voltage Spikes）。高压突波指峰值达 6000V，持续时间从万分之一秒至二分之一周期（10ms）的电压，这主要是由于雷击、电弧放电、静态放电或大型电气设备的开关操作而产生。

(3) 暂态过电压（Switching Transients）。暂态过电压指峰值电压高达 20000V，但持续时间界于百万分之一秒至万分之一秒的脉冲电压，其主要原因及可能造成的破坏类似于高压突波，只是在解决方法上会有区别。

(4) 电压下陷（Power Sags）。电压下陷指市电电压有效值介于额定值的 80%～85%之间的低压状态，并且持续时间达一个到数个周期，大型设备开机、大型电动机启动或大型电力变压器接入都可能造成这种问题。

(5) 噪声干扰（Electrical Line Noise）。噪声干扰指射频干扰（RFI）和电磁干扰（EFI）以及其他各种高频干扰，电动机的运行、继电器的动作、电动机控制器的工作、广播发射、微波辐射以及电气风暴等，都会引起噪声干扰。

(6) 频率漂移（Frequency Variation）。频率漂移是指市电频率的变化超过 3Hz 以上，这主要是由于应急发电机的不稳定运行，或由频率不稳定的电源供电所致。

(7) 电压过低（Brownout）。电压过低指市电电压有效值低于额定值，并且持续较长时间，其产生原因包括：大型设备启动和停用、主电力线切换、启动大型电动机、线路过载等。

(8) 市电中断（Power Fail）。市电中断指市电中断并且持续至少两个周期到数小时的情况，其产生原因有：线路上的断路器跳闸、市电供应中断、电网故障等。

以上 8 种影响可依靠 UPS 系统得到较好解决，如表 23-1 所示。

表 23-1　UPS 各种问题的解决程度

电力问题	突波吸收器	稳压器	离线式 UPS	在线互动 UPS	在线式 UPS
低电压	×	△	×/△	△	○
高电压	△	△	×/△	△	○
断电	×	×	○	○	○
噪声干扰	×	×	×	△	○
高压突波	△	△	×/△	△	○
频率漂移	△	×	△	△	○

注　○ 代表有较佳保护。△ 代表有限或视状况保护。× 代表没有保护。

23.2　UPS 系统选型

23.2.1　UPS 系统应用需求分析

计算机系统对供电质量要求较高，通常要求电源的技术指标满足电压±5%。频率±1%，谐波失真<5%。同时，计算机设备要求 24h 不停机工作，为了保证计算机稳定工作，须对计算机采用 UPS 供电。

UPS 向机房的设备供电，为更好地为计算机设备服务，确保计算机系统的安全运行。

在协助业主选择 UPS 系统时，监理工程师应该协助业主做好各项指标的需求确定。如需要确定：

(1) 额定容量。每个机房容量（具有冗余保护功能）。

(2) 工作状态。在线式。

(3) 电源输入指标（整流器）。

1) 额定电压为 380V；

2）输入电压允许变动范围为285～477V AC；

3）额定频率为50Hz；

4）功率因数≥0.75；

5）电压为380V±10%三相＋中线。

（4）输出指标。

1）输出电压为380V，三相。

2）电压可调范围为±0.5%。

3）电压稳压精度为稳态±1%；瞬态±2%（负载由0～100%或由100%～0跃变）。

4）额定频率为50Hz。

5）频率精度为50Hz±1%。

6）电压总谐波失真度：在100%的线性负载下≤2%；在100%的非线性负载下≤3%，峰值因数＝1∶3。

①过载能力。110%为2h，125%为10min，165%为1min。

②延时为15min。

（5）切换响应时间为0。

（6）ECO运行模式。

（7）整机效率。

1）正常运行（满负载）≥92%。

2）ECO运行方式（满负载）≥96%。

（8）谐波管理功能。

（9）电池监测功能。

（10）显示。中文显示屏，滚动菜单、模拟图显示，有故障记录，时间显示等。

（11）手动维修旁路：标准件。

（12）冷启动功能。

（13）输出变压器。

（14）电压倒送保护。

（15）UPS监控功能。

（16）并联扩容。能直接并联，而不需要任何附加设备，以达到扩大容量或提高可靠性的目的。

（17）符合标准。符合相关设计、安全、EMC和机械保护等国际标准。

（18）质量认证。ISO 9001质量体系认证。

23.2.2 UPS系统容量的确定

由于UPS在带70%额定容量负载时，状态最佳，故

UPS系统容量(kVA)＝用户系统容量(kVA)/0.7

另外还应考虑到网络系统将来扩容的可能，在选择UPS系统的容量时，应留有一定的裕量。

23.2.3 UPS系统电源保护解决方案的选择

协助用户根据需求，同UPS厂商或经销商讨论采用适宜自己系统的UPS电源保护解决方案。一般可考虑以下几种方案：

（1）集中式保护。整个网络系统用一台大容量UPS集中供电。这种方式的优点是可靠性较高。缺点是需要专门布线、专人管理、安装维护费用较高、系统不易扩容。一旦UPS发生故障，将影响整个网络系统的正常运行，且网络中和终端设备（PC机等）启动时的冲击电流可能会影响网络中服务器的正常运行。

（2）分布式保护。将网络系统分成几个部分（划分的原则可以是以机器的物理位置就近原则，也可以以重要性为原则），对各部分分别用小容量UPS进行分布式保护。

这种保护方式的优点是布线简单、系统易于扩容、安装维护简单、费用低、一般不需要专人管理，电源故障容易隔离、处理。一台UPS出现故障，不会导致整个系统的运行受到影响，更重要的是可以避免PC机等终端设备起动时的冲击电流对服务器的影响。

（3）综合式保护。对计算机网络系统、机房空调系统及安全系统进行全方位保护。

23.2.4 UPS综合性能的评价

电网电源的断电、瞬态浪涌、频率波动、持续低压、波形畸变和各种电磁干扰可能引起计算机系统的如下故障：计算机死机、数据丢失和出错、网络的数据传输误码率境大、网络下载速度慢、服务器产生偶发性自动关机/自检误动作，甚至会损坏MODEM和服务器，从而导致网络瘫痪。另外UPS系统由市电转电池供电的转换时间指标也应引起重视因为转换时间过长（如后备式和在线互动式UPS，其转换时间为6～8ms），将可能引起服务器的关机/自检误动作，而且在此转换过程中还会有UPS输出电压的波动，对负载产生干扰。

综上所述，在选择UPS系统时应选择能够消除以上不利因素、性能指标好的在线式UPS，以确保计算机网络的安全运行。一台高性能的UPS应具有以下主要特性：

（1）宽输入电压及输入频率范围。当电网电压（频率）超出UPS的输入电压（频率）范围时，UPS会自动转由蓄电池供电。这样，当电网电压波动较大时，输入电压（频率）范围窄的UPS将会经常起动电池，从而降低蓄电池的使用寿命。故应选择允许输入电压（频率）范围大的UPS。

（2）高输出电压稳定度。UPS输出电压稳定度高，可以为服务器、小型机等对电源要求高的高端设备提供稳定的电源供应。

（3）低输出电压波形失真。输出电压波形失真大，意味着UPS的输出谐波干扰大，将有可能造成服务器（成其是高端服备器及带有磁盘阵列的服务器）数据传输出错、丢失等。

（4）具有频率/相位自动同步功能。频率/相位自动同步能可以保证UPS的输出与市电输入在频率及相位方面的同步，避免UPS系统逆变供电与旁路供电的转换期间产生环流，造成UPS逆变器损坏。

（5）过载能力强，具有短路保护。由于计算机等负载属于整流型负载，在起动时往往有较大的瞬态冲击电流，选择过载能力强的UPS，以保证UPS系统的正常运行。

（6）高输入功率因数。输入功率因数低的UPS系统不仅造成电力的浪费，加大输入配电开关的容量和成本，而且还将对电网形成高频谐波污染，干扰网上其他设备的正常运行。帮应选择高输入功率的UPS。

（7）可靠性及稳定性。可以从以下几方面考察：

1）功率器件。功率器件是整个UPS系统的关键部件。它的性能和质量直接影响UPS的可靠性和稳定性。应选择采用IGBT作为功率器件的UPS。

2）系统控制方式。应选择具有数字化系统控制的UPS。采用CPU微处理器控制系统，可以自动控制、检测UPS的运行状态及负载和电池的状况。特别是近几年来一些UPS厂商将DSP技术（数字信号处理技术）应用到UPS设计中，使得UPS的系统控制、反馈、测量、显示、通信等实现数字化控制及管理，代表UPS的发展方向。采用DSP技术，使得相关的电路大为简化，元件大为减少，显著降低了UPS系统的稳事实上性和可靠性，并使UPS的性能指标达到一个新的高度。

3）UPS抗干扰能力。来自在电网的高频电磁干扰将严重干扰计算机网络的安全运行，可能造成数据丢失、出错、传输率下降等问题，尤其是对于那些网络中有高端服务器、光盘库、磁盘阵列或网络系统周围有较大的干扰源的用户来讲，电磁干扰的问题将更加突出。所以在选择UPS时，应选择具有高抗干扰能力的UPS。还要注意UPS的相关指标是否符合国家和国际的安全标准。

（8）UPS应具有防雷击、抗高能浪涌的功能。雷击、闪电及电网上的高能浪涌严重威胁UPS系统和计算机网络的安全，如无相应的保护措施，将造成UPS系统及计算机网络硬件和软件的损坏。所以用户在选购UPS时，应特别注意UPS是否符合国家及国际安规标准。

（9）UPS应有智能化电池管理功能。UPS系统中大多选用密封式免维护铅酸蓄电池。蓄电池价格较贵，成本约占整个UPS系统总成本的1/3～1/4。对长延时（后备供电时间为8h）配置，蓄电池的成本甚至超过UPS主机的成本。蓄电池的设计寿命大多为3～5年，而其实际使用寿命与电池的使用环境和条件密切相关，所以对电池的管理至关重要。

一台好的UPS应具备智能化的电池管理功能，具有在线检测电池及防止电池过充电、过放电的功能。

（10）UPS应有智能化电源监控管理功能。UPS系统应具有智能化电源监控管理功能。UPS通过RS232串口与计算机连接，结合智能化电源监控软件实现对UPS系统的智能化管理和监控。也可通过SNMP适配器连接到网络上，使UPS成为网络中的一个独立节点。用户可通过SNMP适配器，通过系统网管软件或IE浏览器，实现UPS的远程网络监控与管理。

（11）UPS系统操作、维护方便性。应选用易于操作、易于维护、方便维修的UPS品牌。现在市场上许多品牌的UPS均采用LCD（液晶显示屏），将UPS的运行状态及各种参数显示在LCD上。与传统的LED指示方式相比较，LCD显示方式具有直观易懂、包含信息量大的特点。

（12）UPS的外观、体积、重量及噪声等因素。对于大多数中小型网络用户而言，UPS是与计算机、网络设备等一起放置在办公环境中的，所以在选购UPS时，还应考虑到UPS的外观、体积、重量及噪声等因素。应选择外形美观、体积小、重量轻、低噪声的UPS。

（13）UPS系统的价格、UPS厂商及经销商的售后服务及技术支持服务。在满足网络系统要求的条件下，应选择UPS产品的性能/价格比最好、具有完善快速专业的售后服务及技术支持能力的UPS厂商及经销商，这样既可以得到专业UPS厂商及经销商的选购指导，选择最合适的经济的网络系统电源保护解决方案，而且售后的安装、维护及技术支持服务也将得到保证。

综上所述，用户在进行UPS选型时，应从用户网络系统的实际需求出发，选择合适的UPS系统及电源保护解决方案，确保计算机网络系统的安全运行。

23.3 UPS系统使用维护

从以下若干方面协助用户做好UPS系统使用维护方案：

(1) 长延时机型的UPS外配电池时应由专业人员操作，请按额定的直流电压配备蓄电池组，须避免正负极短路。

(2) UPS的使用环境应注意通风良好，利于散热，并保持环境的清洁。

(3) 不宜接吹风机、电热器之类的电器设备，以确保机器的安全。

(4) 需接电动机、激光打印机等感性负载时，因启动功率较大，选择UPS容量时应以设备的启动功率来计算，启动功率一般取额定功率的两倍。

(5) 若接发电机，建议以UPS两倍容量来选择发电机容量。

(6) UPS的输出负载控制在60%～80%为最佳，可靠性最高。

(7) UPS带载过轻（如1000VA的UPS带100VA负载）有可能造成电池的深度放电，会降低电池的使用寿命，应尽量避免。

(8) 适当的放电，有助于电池的激活，如长期不停市电，每隔3个月应人为断掉市电用UPS带负载放电一次，这样可以延长电池的使用寿命。

(9) 对于多数小型UPS，上班再开UPS，开机时要避免带负载启动，下班时应关闭UPS；对于网络机房的UPS，由于多数网络是24h工作的，所以UPS也必须全天候运行。

(10) UPS放电后应及时充电，避免电池因过度自放电而损坏。

第24章 chapter24

机房工程的设计与施工技术

计算机机房是一项非常重要、非常关键的工程，也是重要设备工作的场所。工程技术人员必须重视机房工程，建设好机房工程。

本章重点介绍的内容有：机房工程的基础知识；机房工程的有关标准；机房工程设计；机房工程的施工；机房工程的测试检验验收。

24.1 机房工程的基础知识

24.1.1 机房的基本概念

机房是不可忽视的，通常它是企业的核心所在，因为它包括了该企业网中的几乎全部的信息资产。机房也是管理维护人员长期工作的地方。

分非屏蔽机房、屏蔽机房、监控机房等，机房环境分为A、B、C三级。

机房依据其性质，任务，业务量大小，所选设备类型以及对供电，空调等方面的要求和管理体制依据其性质确定组成，机房的总体是布局。

(1) 平面布局。机房要全面考虑到数据处理的工艺流程，路线敷设方式以及操作人员的行走路线和甲方要求设参观走廊等方面。机房分主机区、辅助操作间和缓冲间。主机区是主控操作，网管等运行的区域；辅助操作间是配电、开发、维修和存取资料、办公的区域；缓冲间作为机房工作人员、参观人员更衣换鞋的区域。

(2) 机房的布局要求。

机房位置要有利于人员的进出和设备的搬运。机房应包括主机区、第一类辅助房间、第二类辅助房间及第三类辅助房间等。

①主机区。计算机主机、网络设备、操作控制台和主要外部设备（磁盘机、磁带机、通信控制器、监视器等）的安装场地。

②第一类辅助房间。直接为计算机硬件维修、软件研究服务的处所。其中包括硬件维修室、软件分析修改室、仪器仪表室、备件库、随机资料室、未记录磁介质库、未记录纸介质库、硬件人员办公室、软件人员办公室、上机准备室和外来用户工作室等。

③第二类辅助房间。为保证机房达到各项工艺环境要求所必需的各公用专业技术用房。其中包括变压器室、高低压配电室、不间断电源室、蓄电池室、发电机室、空调器室、灭火器材室和安全保卫控制室等。

④第三类辅助房间。用于生活、卫生等目的的辅助部分。包括更衣室、休息室、盥洗室等。

(3) 设备间内所有设备应有足够的安装空间，其中包括计算机主机，网络连接设备等。机架前后至少留有1.2m的空间，以方便设备的安装、调试及维护。

24.1.2 机房工程建设

机房的建设是一项复杂的系统工程。一项完整的机房建设工程包括若干分项子工程，具体有：

(1) 机房装修工程。其中还包括机房地面工程、机房天花工程、机房隔断工程和机房门窗工程、保温。

(2) 机房动力供配电系统工程。其中还包括机动力供配电系统、UPS供配电系统、辅助供配电系统、照明系统、应急照明系统。

(3) 机房空调新风系统工程。其中还包括空调、新风系统、漏水检测。

(4) 消防系统工程。其中还包括气体灭火系统和火灾自动报警系统。

(5) 弱电工程：其中还包括机房综合布线系统、机房监控系统、门禁、各类动力电缆和配电电缆的铺设、防雷和接地系统。

(6) 屏蔽系统工程。其中还包括机房屏蔽能够防止各种电磁干扰对机房设备和信号的损伤，常见的屏蔽方法有：金属网状屏蔽和金属板式屏蔽。

如图24-1所示为机房整体工程的组成。

为了更好地保证机房的温度、湿度、洁净度、照明度、防静电、防干扰、防震动、防雷电、及时监控等，能充分满足设备的安全可靠地运行，延长系统使用寿命的要求，同时又要给系统管理员创造一个舒适、典雅的环境。对图24-1所示机房整体工程应注意：

24.1.2.1 机房装修工程

(1) 机房装修工程的规定。

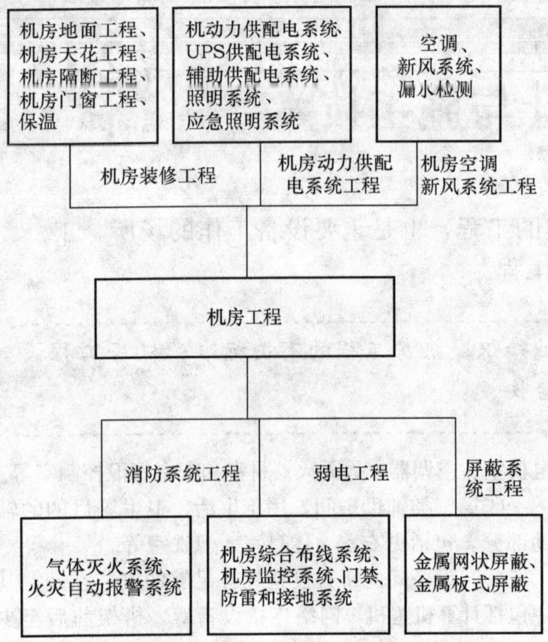

图 24-1　机房整体工程示意图

1）机房装修一般规定。

①机房的室内装修工程施工验收主要包括吊顶、隔断墙、门、窗、墙壁装修、地面、活动地板的施工验收及其他室内作业。

②室内装修作业应符合《装饰工程施工及验收规范》、《地面及楼面工程施工及验收规范》、《木结构工程施工及验收规范》及《钢结构工程施工及验收规范》的有关规定。

③在施工时应保证现场、材料和设备的清洁。隐蔽工程（如地板下、吊顶上、假墙、夹层内）在封口前必须先除尘、清洁处理，暗处表层应能保持长期不起尘、不起皮和不龟裂。

④机房所有管线穿墙处的裁口必须做防尘处理，然后对缝隙必须用密封材料填堵。在裱糊、粘接贴面及进行其他涂层施工时，其环境条件应符合材料说明书的规定。

⑤装修材料应尽量选择无毒、无刺激性的材料，尽量选择难燃、阻燃材料，否则应尽可能涂防火涂料。

2）吊顶装修的一般规定。

①机房吊顶板表面应平整，不得起尘、变色和腐蚀；

②吊顶板边缘应整齐、无翘曲，封边处理后不得脱胶；

③填充顶棚的保温、隔音材料应平整、干燥，并做包缝处理；

④按设计及安装位置严格放线；

⑤吊顶及马道应坚固、平直，并有可靠的防锈涂层；

⑥金属连接件、铆固件除锈后，应涂两遍防锈漆；

⑦吊顶上的灯具、各种风口、火灾探测器底座及灭火喷嘴等应定准位置，整齐划一，并与龙骨和吊顶紧密配合安装，从表面看应布局合理、美观、不显凌乱；

⑧吊顶内空调作为静压箱时，其内表面应按设计要求做防尘处理，不得起皮和龟裂；

⑨固定式吊顶的顶板应与龙骨垂直安装。双层顶板的接缝不得落在同一根龙骨上；

⑩用自攻螺钉固定吊顶板，不得损坏板面。当设计未作明确规定时应符合五类要求；

⑪ 螺钉间距：沿板周边间距 150～200mm，中间间距为 200～3000mm，均匀布置；

⑫ 螺钉距板边 10～15mm，钉眼、接缝和阴阳角处必须根据顶板材质用相应的材料嵌平、磨光；

⑬ 保温吊顶的检修盖板应用与保温吊顶相同的材料制作；

⑭ 安装过程中随时擦拭顶板表面，并及时清楚顶板内的余料和杂物，做到上不留余物，下不留污迹。

3）隔断墙装修的一般规定。

①无框玻璃隔断，应采用槽钢、全钢结构框架。墙面玻璃厚度不小于 10mm，门玻璃厚度不小于 12mm。表面不锈钢厚度应保证压延成型后如镜平面的视觉效果。

②石膏板、吸音板等隔断墙的沿地、沿顶及沿墙龙骨建筑围护结构内表面之间应衬垫弹性密封材料后固定。当设计无明确规定时固定点间距不宜大于 800mm。

③竖龙骨准确定位并校正垂直后与沿地、沿顶龙骨可靠固定。

④有耐火极限要求的隔断墙竖龙骨的长度应比隔断墙的实际高度短 30mm，上、下分别形成 15mm 膨胀缝，其间用难燃弹性材料填实。全钢防火大玻璃隔断，钢管架刷防火漆，玻璃厚度不小于 12mm，无气泡。

⑤安装隔断墙板时，板边与建筑墙面间隙应用嵌缝材料可靠密封。

⑥当设计无明确规定时，用自攻螺钉固定墙板宜符合：螺钉间距沿板周边间距不大于 200mm，板中部间距不大于 300mm，均布置。

⑦有耐火极限要求的隔断墙板应与竖龙骨平等铺设，不得与沿地、沿顶龙骨固定。

⑧隔断墙两面墙板接缝不得在同一根龙骨上，每面的双层墙板接缝亦不得在同一根龙骨上；

⑨安装在隔断墙上的设备和电气装置固定在龙骨上。墙板不得受力；

⑩隔断墙上需安装门窗时，门框、窗框应固定在龙骨上，并按设计要求对其缝隙进行密封。

4）铝合金门窗装修的一般规定。

①铝合金门框、窗框、隔断墙的规格型号应符合设计要求，安装应牢固、平整，其间隙用非腐蚀性材料密封。当设计无明确规定时隔断墙沿墙立柱固定点间距不宜大于 800mm；

②门扇、窗扇应平整、接缝严密、安装牢固、开闭自如、推拉灵活；

③施工过程中对铝合金门窗及隔断墙的装饰面应采取保护措施；

④安装玻璃的槽口应清洁，下槽口应补垫软性材料，玻璃与扣条之间按设计要求填塞弹性密封材料，应牢固严密。

5）活动地板装修的一般规定。

①机房用活动地板应符合 SJ/T 10796—1996《计算机机房用活动地板技术条件》；

②活动地板的理想高度在 30～60cm 之间；

③活动地板的铺设应在机房内各类装修施工及固定设施安装完成并对地面清洁处理后进行；

④建筑地面应符合设计要求，并应清洁、干燥，活动地板空间作为静压箱时，四壁及地面均就作防尘处理，不得起皮和龟裂；

⑤现场切割的地板，周边应光滑、无毛刺，并按原产品的技术要求作相应处理；

⑥活动地板铺设前应按标高及地板布置严格放线将支撑部件调整至设计高度，平整、牢固；

⑦活动地板铺设过程中应随时调整水平。遇到障碍或不规则地面，应按实际尺寸镶补并附加支撑部件；

⑧在活动地板上搬运、安装设备时应对地板表面采取防护措施。铺设完成后，做好防静电接地。

（2）地面工程。机房工程中，机房地面工程是一个很重要的组成部分。机房地面工程采用地板。地板采用四周支撑式铺设，其钢支托、横梁连网结构，使地板易敷设，对缝效果好。

机房工程地板一般采用抗静电活动地板。活动地板具有可拆卸的特点，因此，所有设备的导线电缆的连接、管道的连接及检修更换都很方便。

活动地板在机房中是必不可少的。机房敷设活动地板主要的作用有：

1）在活动地板下形成隐蔽空间，可以在地板下敷设电源线管、线槽、综合布线、消防管线等以及一些电气设施（插座、插座箱等）；

2）由于敷设了活动地板可以在活动地板下形成空调送风静压箱；

3）活动地板的抗静电功能也为计算机及网络设备的安全运行提供了保证。

活动地板下空间可作为静压送风风库，通过带气流分布风口的活动地板将机房空调送出的冷风送入室内及发热设备的机柜内，由于“气流风口地板”与一般活动地板具有可互换性，因此可自由的调节机房内气流的分布。活动地板下的地表面一般需进行防潮处理（如涮防潮漆等），保证在送冷风的过程中地表面不会因地面和冷风的温差而结露。

机房地板采用架空地板，为使水泥砂浆地面达到不起尘、不产尘、保证空调送风系统的空气洁净度，地面需要先刷防尘漆做防尘处理。

活动地板的种类较多，根据板基材料可分为：铝合金、全钢、中密度刨花板。它们的表面都是粘贴 PVC 抗静电贴面。

静电（electrostatic）是经两种不同物质的相互接触与剥离、介质极化、静电感应和带电微粒的附着等物理过程而产生的电荷。静电是一种自然现象，各类计算机机房、通信枢纽机房、金融数据中心、电力调度中心、智能化大厦是需要防静电的场所。

设备基本上是由半导体元器件构成，诸如 CPU、ROM、RAM 及大规模集成电路都是 MOS 工艺，对静电特别敏感，静电是引起计算机故障的重要原因之一。静电对计算机的影响有两种表现形式：造成器件损坏；引起计算机的误动作或运算错误。

静电引起计算机误动作或运算错误，是由于静电带电体触及计算机时，对计算机放电，有可能使计算机逻辑原件引入错误信号，引起计算机运算出错，严重者将会引起程序紊乱。静电对计算机的外部设备也有明显地影响，会引起显示器图像紊乱，模糊不清。

（3）墙面工程。机房内墙装修的目的是保护墙体结构，保证室内使用条件，创造一个舒适、美观而整洁的环境。内墙的装饰效果是由质感、线条和色彩三个因素构成。目前，在机房墙面装饰中最常见的是贴墙材料有铝塑板、彩钢板等，其特点是表面平整、气密性好、易清洁、不起尘、不变形。墙体饰面基层应做防潮、屏蔽。

近年来，墙面在高档、先进的机房中主要采用了以下几种材料做墙面：金属复合壁板、铝塑板等。金属复合壁板是由彩色钢板（0.7mm）做好 50mm 厚的箱型凹凸的板材。其内部垂直粘贴50mm的优质岩棉。铝塑板墙面也是由骨架和面层组成。骨架有两种：一种采用轻钢龙骨石膏板；另一种采用15mm中密度板，宽150mm，间距150mm。中密度板调平后粘贴三层板。在刷涂防火涂料后，作为骨架基层。

墙面处理最经济的方法是直接对墙面进行基础处理后（轻钢龙骨石膏板墙），墙面喷涂立邦乳胶漆进行装饰。立邦乳胶漆色彩柔和经久，面层可擦洗，是较为经济的墙面材料。这种方法既可基本满足电脑机房基础建设技术上的要求，也可节约大量的投资，不失为一种务实的处理办法。

（4）机房吊顶工程。机房吊顶主要作用是：在吊顶以上的空间作为机房静压送风或回风风库、可布置通风管道；安装固定照明灯具、走线、各类风口、自动灭火探测器；防止灰尘下落等等。机房可选择铝合金天花，具有质轻、防火、防潮、吸音、不起尘、不吸尘等性能。

棚顶墙面进行防水处理。

（5）机房门窗工程。机房的门一般要求与墙协调。在铝塑板玻璃隔墙上的门采用不锈钢无框玻璃自由门。疏散出口，钢瓶间采用防火门。

防火门一般有两种。一种为不锈钢材质；另一种为钢材漆面。建议上海汤臣防火门，工艺精确，质地优良。

机房设备区及工作区的不锈钢无框玻璃隔断上的门为不锈钢无框玻璃自由门。

机房外门窗多采用防火防盗门窗，机房内门窗一般采用无框大玻璃门，这样既保证机房的安全，又保证机房内有通透、明亮的效果。

（6）隔断墙。机房按照运行特点及设备的具体要求设置不同的功能分区，采用隔断墙将大的机房空间分隔成较小的功能区域；为了保证机房内不出现内柱，往往采用隔断墙将大的机房空间分隔成较小的功能区域。隔断墙要既轻又薄，还能隔音、隔热。

1）有耐火极限要求的隔断墙板应与竖龙骨平等铺设，不得与沿地、沿顶龙骨固定。

2）隔断墙两面墙板接缝不得在同一根龙骨上，每面的双层墙板接缝亦不得在同一根龙骨上。

3）安装在隔断墙上的设备和电气装置固定在龙骨上。墙板不得受力。

4）隔断墙上需安装门窗时，门框、窗框应固定在龙骨上，并按设计要求对其缝隙进行密封。

5）隔断墙要既轻又薄，还能隔音、隔热，要求具有通透效果，一般采用钢化玻璃隔断。

6）在玻璃隔墙实际使用中，最初用做饰面的不锈钢镜面板尽管外形靓丽，但终因易产生眩光而逐步淘汰，代之以花纹不锈钢饰面。

7）机房中采用玻璃隔墙，为安全起见，应该使用钢化玻璃。

8）机房外围界墙及防火隔墙建议在土建施工中采用轻质土建隔墙，并两面用水泥砂浆抹平。如机房不适宜做土建隔墙，可以采用轻钢龙骨苍松板隔墙（内镶岩棉）。其强度、表面硬度和防火性能指标均能满足要求，且保温、隔热、隔音，是轻质隔墙中的理想材料。其墙厚度约为100mm。

（7）保温。机房的冬季保温、夏季隔热以及防凝露等问题是机房的重要考虑因素。尤其在冬夏季，室外温度较高，空气相对湿度大，机房内外存在较大的温差，这时如果机房的保温处理不当，会造成机房区域两个相邻界面产生凝露。在冬季，由于机房的温湿度是恒定值，此时相对湿度度高于室外，机房的内立面墙及天地平面产生凝露，使机房受潮，造成墙立面及天地平面建筑结构造成损坏，而影响机房的洁净度。

高档机房一般要求在天花板顶部、地面、墙板内（铝塑板、彩钢板）贴保温棉。

24.1.2.2 机房动力供配电系统工程

（1）机房动力供配电系统工程的规定。

1）机房内用电设备供电电源均为三相五线制及单相三线制，采用双回路供电；

2）用电设备作接地保护，并入土建大楼配电系统；

3）机房用电设备、配电线路装置过流过载两段保护，同时配电系统各级之间有选择性地配合，配电以放射式向用电设备供电；

4）机房配电系统所用电线为阻燃聚氯乙烯绝缘导线；

5）机房的设备供电和空调照明供电分为两个独立回路，其中设备供电由UPS提供并按设备总用电量的1.3倍进行预留，而空调照明用电由市电提供并按空调设备的要求供配；

6）机房内照明装置宜采用机房专用无眩光灯盘，照明亮度大于300lx，事故照明亮度应大于60lx；

7）机房内的配电系统考虑了与应急照明系统的自动切换；

8）机房电源进线正常时由市电供电，市电故障时由UPS供电，进线直接引入机房专用配电柜总输入开关；

9）机房设计了一个市电配电箱，对机房的市电进行配电，配电箱为机房专用标准配电箱，配备低压开关。柜内配有市电备用回路，安装防雷保护器；

10）机房设计了一个UPS配电箱，对机房的UPS电源进行配电，配电箱为机房专用标准配电箱。箱内配有UPS电源备用回路；

11）机房所有插座均采用普通电源插座和弹起式铜插座，普通电源插座安装在墙壁上，弹起式电源插座安装在防静电地板上，美观大方；

12）根据国家有关标准，考虑到机房安装的计算机及通信系统的工作性质和任务进行分级供电。机房供电按计算机及辅助设备，机房环境设备（空调系统设备）及照明灯具，分别采用一、二、三类供电。

（2）动力供配电系统工程。

1）电源部分。

①机房负荷计算：设备用电；空调、新风设备用电；照明及辅助用电；机房扩展备份用电。

②机房总用电量应保障计算机设备、空调、新风设备的用电。

③配电设备。在机房配电间设置动力配电柜，照明配电箱。

● 动力配电柜负责空调、照明、机房内设电源插座及机房扩展备份用电控制。

● 照明配电箱负责机房内所有区域照明。

④配电柜结构。配电柜进线采用上进下出方式。

⑤配电线缆采用阻燃型电缆或交联阻燃电缆。

2）辅助供配电系统。机房辅助动力设备包括机房专用精密空调系统，机房新风系统及排风系统等。由于机房辅助动力设备直接关系到设备以及机房其他用电设备和工作人员正常工作和人身安全，所以要求配电系统安全可靠，因此该配电系统按照一级负荷考虑进行设计。

3）照明系统。

①照明方式。工作区域采用3×20W格栅灯具照明，照度在400lx。

②照明控制。灯具照明控制选用开关箱，跷板开关控制。

③应急照明灯照度不小于30lx。

24.1.2.3 计算机机房建设

计算机机房的建设应满足整个机房环境，机房环境应整洁、并具有一定的扩容空间。建设计算机机房时应注意：

（1）计算机机房应设在位于干线综合体的中间位置。

（2）应可能靠近建筑物电缆引入区和网络接口。

（3）计算机机房应在服务电梯附近，便于装运笨重设备。

（4）计算机机房内要注意：

1）室内无尘土，通风良好，要有较好的照明亮度；

2）要安装符合机房规范的消防系统；

3）使用防火门，墙壁使用阻燃漆；

4）提供合适的门锁，至少要有一个安全通道。

（5）防止可能的水害（如暴雨成灾、自来水管爆裂等）带来的灾害；

（6）防止易燃易爆物的接近和电磁场的干扰；

（7）计算机机房空间（从地面到天花板）应保持2.55m高度的无障碍空间，门高为2.1m，宽为90m，地板承重压力不能低于500kg/m²。

因此，计算机机房设计时，必把握下述要素：最低高度；房间大小；照明设施；地板负重；电气插座；配电中心；管道位置；楼内气温控制；门的大小、方向与位置；端接空间；接地要求；备用电源；保护设施；消防设施。

24.1.3 计算机机房使用面积的计算方法

目前，对计算机机房的使用面积有两种方法来确定。

（1）方法一。公式如下

$$\text{面积}\ S=K\sum S_i \quad (i=1,\ 2,\ \cdots,\ n)$$

式中：S为计算机机房使用的总面积，m²；K为系数，每一个设备预占的面积，一般K选择5、6、7三种（根据设备大小来选择）；$\sum$为求和；S_i代表设备件；i为变量$i=1,\ 2,\ \cdots,\ n$。n代表计算机机房内共有设备总数。

（2）方法二。公式如下

$$\text{面积}\ S=KA$$

式中：S为计算机机房使用的总面积，m²；K为系数，同方法一；A为计算机机房所有设备的总数。

24.1.4 计算机机房设计的环境考虑

计算机机房设计时要对环境问题进行认真考虑。

（1）温度和湿度。设备对温度和湿度是有要求的，一般将温度和湿度分为A、B、C三级，设备间可按某一级执行，也可按某级综合执行。具体指标见表24-1。

表24-1 计算机机房温度和湿度指标

指标 / 级别 / 项目	A级		B级	C级
	夏季	冬季		
温度（℃）	22±4	18±4	12～30	8～35
相对湿度（%）	40～65	35～70	30～80	
温度变化率（℃/h）	<5 要不凝露		>0.5 要不凝露	<15 要不凝露

（2）尘埃。设备对计算机机房内的尘埃量是有要求的。一般可分为A、B两级。具体指标见表24-2。

表 24-2　　尘埃量度表

项目 \ 指标 \ 级别	A级	B级
粒度（℃）	>0.5	>0.5
个数（粒/dm^3）	<10000	<18000

注　A级相当于30万粒/ft^3，B级相当于50万粒/ft^3。

计算机机房的温度、湿度和尘埃对微电子设备的正常运行及使用寿命都有很大的影响，过高的室温会使元件失效率急剧增加，使用寿命下降；过低的室温又会使磁介等发脆，容易断裂。温度的波动会产生“电噪声”，使微电子设备不能正常运行。相对湿度过低，容易产生静电，对微电子设备造成干扰；相对湿度过高会使微电子设备内部焊点和插座的接触电阻增大。尘埃或纤维性颗粒积聚，微生物的作用还会使导线被腐蚀断掉。所以在设计计算机机房时，除了按GB 2887—2009《电子计算机场地通用规范》执行外，还应根据具体情况选择合适的空调系统。

（3）热量。热量主要由如下几个方面所产生的：

1）设备发热量；

2）设备间外围结构发热量；

3）室内工作人员发热量；

4）照明灯具发热量；

5）室外补充新鲜空气带入的热量。

计算出上列总发热量再乘以系数1.1，就可以作为空调负荷，据此选择空调设备。

（4）照明。计算机机房内在距地面0.8m处，照度不应低于200lx。

还应设事故照明，在距地面0.8m处，照度不应低于5lx。

（5）噪声。计算机房间的噪声应小于70dB。

如果长时间在70～80dB噪声的环境下工作，不但影响人的身心健康和工作效率，还可能造成人为的噪声事故。

（6）电磁场干扰。计算机机房无线电干扰场强，在频率为0.15～1000MHz范围内不大于120dB。

计算机机房内磁场干扰场强不大于800A/m（相当于10Oe）。

（7）供电。计算机机房供电电源应满足下列要求：

1）频率为50Hz；

2）电压为380V/220V；

3）相数为三相五线制或三相四线制/单相三线制。

依据设备的性能允许以上参数的变动范围，见表24-3。

表 24-3　　设备的性能允许电源变动范围

项目 \ 指标 \ 级别	A级	B级	C级
电压变动（%）	−5～5	−10～7	−15～10
频率变化（Hz）	−0.2～0.2	−0.5～0.5	−1～1
波形失真率（%）	<±5	<±5	<±10

计算机机房内供电容量：将计算机机房内存放的每台设备用电量的标称值相加后，再乘以系数。从电源室（房）到计算机机房使用的电缆，除应符合GBJ 232—1982《电气装置安装工程施工及验收规范》中配线工程规定外，载流量应减少50%。计算机机房内设备用的配电柜应设置在计算机机房内，并应采取防触电措施。

计算机机房内的各种电力电缆应为耐燃铜芯屏蔽的电缆。各电力缆如空调设备、电源设备等，供电电缆不得与双绞线走向平行。交叉时，应尽量以接近于垂直的角度交叉，并采取防延燃措施。各设备应选用铜芯电缆，严禁铜、铝混用。

（8）安全。计算机机房的安全可分为三个基本类别：

1）对计算机机房的安全有严格的要求，有完善的计算机机房安全措施；

2）对计算机机房有基本的安全措施。

计算机机房的安全要求详见表14-39。

根据计算机机房的要求，计算机机房安全可按其中一类执行，也可按某些类综合执行。

（9）建筑物防火与内部装修。

1）A类，其建筑物的耐火等级必须符合GB 50045—1995《高层民用建筑设计防火规范》中规定的一级耐火等级。

2）B类，其建筑物的耐火等级必须符合GB 50045—1995《高层民用建筑设计防火规范》中规定的二级耐火等级。

3）与A、B类安全设备间相关的工作房间及辅助房间，其建筑物的耐火等级不应低于GB 50016—2006《建筑设计防火规范》中规定的二级耐火等级。

4）C类，其建筑物的耐火等级应符合GB 50016—2006《建筑设计防火规范》中规定的二级耐火等级。

5）与C类计算机房相关的其余基本工作房间及辅助房间，其建筑物的耐火等级不应低于GB 50016—2006《建筑设计防火规范》中规定的三级耐火等级。

6）内部装修：根据A、B、C三类等级要求，计算机房进行装修时，装饰材料应符合GB 50016—2006《建筑设计防火规范》中规定的难燃材料或非燃材料，应能防潮、吸噪、不起尘、抗静电等。

（10）地面。为了方便表面敷设电缆线和电源线，计算机房地面最好采用抗静电活动地板，其系统电阻应在1～10Ω之间。具体要求应符合SJ/T 10796—1996《计算机机房用活动地板技术条件》。

带有走线口的活动地板称为异形地板。其走线应做到光滑，防止损伤电线、电缆。计算机房间地面所需异形地板的块数可根据设备间所需引线的数量来确定。

计算机房地面切忌铺地毯。其原因：一是容易产生静电；二是容易积灰。

放置活动地板的计算机房的建筑地面应平整、光洁、防潮、防尘。

（11）墙面。墙面应选择不易产生尘埃，也不易吸附尘埃的材料。目前大多数是在平滑的墙壁涂阻燃漆，或在平滑的墙壁覆盖耐火的胶合板。

（12）吊顶。为了吸收噪声及布置照明灯具，设备顶棚一般有建筑物梁下加一层吊顶。吊顶材料应满足防火要求。目前，我国大多数采用铝合金或轻钢作龙骨，安装吸声铝合金板、难燃铝塑板、喷塑石英板等。

（13）隔断。根据计算机房放置的设备及工作需要，可用玻璃将计算机房隔成若干个房间。隔断可以选用防火的铝合金或轻钢作龙骨，安装10mm厚玻璃。或从地板面至1.2m安装难燃双塑板，1.2m以上安装10mm厚玻璃。

（14）火灾报警及灭火设施。

1）A、B类计算机房应设置火灾报警装置。在机房内、基本工作房间、活动地板下、吊顶地板下、吊顶上方、主要空调管道中及易燃物附近部位应设置烟感和温感探测器。

2）A类计算机房内设置卤代烷1211、1301自动灭火系统，并备有手提式卤代烷1211、1301灭火器。

3）B类计算机房在条件许可的情况下，应设置卤代烷1211、1301自动消防系统，并备有卤代烷1211、1301灭火器。

4）C类计算机房应备置手提式卤代烷1211或1301灭火器。

5）A、B、C类计算机房除纸介质等易燃物质外，禁止使用水、干粉或泡沫等易产生二次破坏的灭火剂。

24.1.5　机房建设的温、湿度指标要求

（1）开机时电子计算机机房的温、湿度。开机时电子计算机机房的温、湿度要求详见表24-4。

表24-4　　开机时电子计算机机房的温、湿度

级别/项目	A级		B级
	夏季	冬季	全年
温度（℃）	23±2	20±2	18～28
相对湿度（%）	45～65		40～70
温度变化率（℃/h）	<5 并不得结露		<10 并不得结露

（2）停机时电子计算机机房的温、湿度。停机时电子计算机机房内的温、湿度，应符合表24-5的规定。

表24-5　　停机时电子计算机机房内的温、湿度

级别项目	A级	B级
温度（℃）	5～35	5～35
相对湿度（%）	40～70	20～80
温度变化率（℃/h）	<5 并不得结露	<10 并不得结露

1）尘埃：国家标准B级，粒径≥0.5μ，个数≤18000/dm³；

2）噪声：计算机开机条件下，主机操作员位置<60dB，空调机位置<65dB；

3）接地电阻：R<1Ω，零地电位差<1V；

4）供电采用三相五线制；

5）电压：三相电压为380V；

6）照度：250～400lx；

7）应急照明>5lx；

8）电磁干扰：机房内无线电杂波干扰≤0.5V/m；

9）磁场干扰强度≤800A/m；

10）符合EN 50091－2及相关标准。

（3）电话机房内的温、湿度，应符合表24-6的规定。

表24-6　　电话机房内的温、湿度

机房名称	温度（℃）		相对湿度（%）	
	长期工作条件	短期工作条件	长期工作条件	长期工作条件
交换机房	18～28	10～30	50～55	30～75
控制室	18～28	10～30	50～55	30～75
话务员室	10～30		50～75	

（4）电视中心机房内的温、湿度，应符合表24-7的规定。

表 24-7　电视中心机房内的温、湿度

机房名称	温度（℃）	相对湿度（%）
编辑室	18～28	50～70
控制室	18～28	50～70
复制转换室	18～28	50～70

在机房系统建设中必须综合考虑电力容量、防雷保护、防电磁干扰保护等综合能力，以使设备安全可靠运行，并在整体动力环境设计上，为计算机机房未来数据大集中、频繁的数据交流，在电力环境的高可用性上做好准备，使未来的变革对中心机房的影响变得最小，而冗余的空间最大同时实现轻松升级。

24.2　机房工程的有关标准

机房工程设计施工所遵循的技术规范如下：

GA/T 75—1994《安全防范工程设计程序要求》

GA 308—2001《安全防范系统验收规则》

GB 50019—2003《采暖通风与空气调节设计规范》

GB 50054—1995《低压配电设计规范》

GB 8702—1988《电磁辐射防护规定》

GB 50169—2006《电气装置安装工程接地装置施工及验收规范》

GB 50174—2008《电子信息系统机房设计规范》

GB/T 3482—2008《电子设备雷击试验方法》

GB 17565—2007《防盗安全门通用技术条件》

GB 12663—2001《防盗报警控制器通用技术条件》

SJ/T 10796—2001《防静电活动地板通用规范》

GB 50045—1995《高层民用建筑设计防火规范》

GB 50235—1997《工业金属管道工程施工及验收规范》

GA/T 265—2000《公安会议电视系统技术规范》

GB 50052—1995《供配电系统设计规范》

GB 9175—1988《环境电磁波卫生标准》

GB 50116—1998《火灾自动报警系统设计规范》

GB 2887—2000《电子计算机场地通用规范》

SJ/T 10796—1996《计算机机房用活动地板的技术条件》

GB 50174—2008《电子信息系统机房设计规范》

GB 9361—1988《计算站场地安全技术》

GB 50015—2003《建筑给水排水设计规范》

GB 50319—2000《建筑工程监理规范》

GB 50222—1995《建筑内部装修设计防火规范》

GB 50016—2006《建筑设计防火规范》

GB 50057—1994（2000）《建筑物防雷设计规范》

GB 50311—2007《综合布线系统工程设计规范》

GB 50312—2007《综合布线系统工程验收规范》

GB 15763.1—2001《建筑用安全玻璃　防火玻璃》

GB 50210—2001《建筑装饰装修工程质量验收规范》

GB 50198—1994《民用闭路监视电视系统工程技术规范》

JGJ 16—2008《民用建筑电气设计规范》

GA/T 368—2001《入侵报警系统技术要求》

GA/T 367—2001《视频安防监控系统技术要求》

GB 50243—2002《通风与空调工程施工质量验收规范》

YD/T 754—1995《通信机房静电防护通则》

YD/T 5098—2001《通信局（站）防雷与接地工程设计规范》

GB 50313—2000《消防通信指挥系统设计规范》

GB 50200—1994《有线电视系统工程技术规范》

DG/TJ 08—19602—2001《智能建筑评估标准（附条文说明）》

24.3　机房工程设计

24.3.1　机房工程设计原则

在进行机房工程设计时，遵循以下原则：

（1）实用性和先进性。机房基础设施采用先进成熟的技术和设备，满足当前的需求，兼顾未来的业务需求，尽可能采用最先进的技术、设备和材料，以适应高速的数据传输需要，使整个系统在一段时期内保持技术的先进性，并具有良好的发展潜力。在使用先进技术的基础上来确保其实用性。以适应未来信息产业业务的发展和技术升级的需要。

（2）安全可靠性。为保证各项业务应用需要机房提供高可靠性的保障，绝不能出现单点故障。要对机房的布局、结构设计、设备选型、日常维护等各个方面进行高可靠性的设计和建设。在关键设备采用硬件备份、冗余等可靠性技术的基础上，采用相关的软件技术提供较强的管理机制、控制手段和事故监控与安全保密等技术措施提高机房的安全可靠性。

（3）标准化。标准化是非常关键的。在机房系统结构设计，基于国际标准和国家有关标准，包括各种建筑、机房设计标准，电力电气保障标准，坚持统一规范的原则，从而为未来的业务发展，设备增容奠定基础。

（4）灵活性与可扩展性。机房必须具有良好的灵活性与可扩展性，能够根据机房不断深入发展的需要，扩大设备容量和提高用户数量和质量的功能。具备支持多种网络传输、多种物理接口的能力，提供技术升级、设备更新的灵活性。

(5) 可管理性。机房内各系统的可管理性是非常重要的，必须建立一套全面、完善的机房管理和监控系统。所选用的设备应具有智能化，可管理的功能，同时采用先进的管理监控系统设备及软件，实现先进的集中管理监控，实时监控、监测整个计算机机房的运行状况，实时灯光、语音报警，实时事件记录，这样可以迅速确定故障，提高运行的性能、可靠性，简化机房管理人员的维护工作，从而为机房安全、可靠的运行提供最有力的保障。

24.3.2　机房规划

主机房和各机房环境及设备的安全管理涉及场地的选择、防火、防水、防静电、防雷击、防辐射、报警及消防设施等方面，同时应对装修、供配电系统、空调系统、电磁波防护、消毒等方面提出要求。

(1) 场地的选择。

1) 机房所在楼层，不可放在地下室，设在 2～$n-1$ 层为佳；

2) 如果安装现场距离发电机、大功率电动机、无线电台、雷达、高频干扰、强电场、强磁场等设备较近，应加装隔离设备；

3) 安装现场应远离高电压、大电流及腐蚀性气体、易燃易爆物品等储放地点或工作场所；

4) 机房地点的选定，必须以系统安装及电源、空调系统施工等是否方便为原则，同时应照顾到将来搬运设备时是否方便；

5) 机房必须有足够的空间，以利于系统的安装、操作、维护，以及软盘、CD-ROM、资料、手册的保存和将来可能的扩充；

6) 如果机房内使用高架地板，则地板的强度必须能够承受系统设备的重量；

7) 如果安装现场所在地属于潮湿多雨地区，场地的选择应尽量避免可能的阴湿和淹水问题。

(2) 机房环境。

1) 如果机房内使用高架地板，则必须满足坚硬、防静电的要求。

2) 地板载重量必须大于 500kg/㎡，表面电阻应大于 0.5MΩ。

3) 如果使用高架地板，其对天花板距离应为 2.4m，对地距离（即地板高度）应大于 25cm，建议为 30cm。

4) 机房的装修应选择防火材料，并应有防尘措施。

5) 注意窗户的位置、数量和形式，不可让阳光直接照射在机器设备上，必要时需加装窗帘，以避免影响机房的温度控制。

6) 网络设备的位置应在计算机设备附近，并配合进/出信号线的长度。打印机等应隔间放置，以防止纸屑污染。

7) 预留维护工作空间，以及设备有效散热空间，机柜的前后左右至少各留 75cm，建议值为 90cm，以方便日后的维护和散热。

8) 勿在机房内或设备放置场所铺设地毯，以防静电产生。

9) 高架地板，应在地面上铺设适当隔离材料，以提高空调效率。

(3) 机房选用的附加设备。

1) 温度/湿度计。

2) 除尘器、吸尘器。

3) 除湿器、冷气机。

4) 如果安装现场靠近有腐蚀性气体的场所，则应该加装空气过滤器。

5) 拖鞋。

6) 灭火器。

7) 紧急停电照明设备。

8) 电源稳压。

9) 为顾及系统稳定性，需增设不间断电源设备(UPS)。采用 UPS 时，注意将其与网络设备隔离，以防电池散发出的腐蚀性气体影响设备。

(4) 接地系统。

1) 网络及主机设备的电源应有独立的接地系统，并应符合相应的技术规定。

2) 分支电路的每一条回路都需有独立的接地线，并接至配电箱内与接地总线相连。

3) 配电箱与接地端应通过单独绝缘导线相连；其线径至少需与输入端、电源路径相同，接地电阻应小于 4Ω。

4) 接地线不可使用零线或以铁管代替。

5) 在雷电频繁地区或有架空电缆的地区，必须加装避雷装置。

6) 网络设备的接地系统不可与避雷装置共用，应各自独立，并且其间距应在 10m 以上；与其他接地装置也应有 4m 以上的间距。

7) 在有高架地板的机房内，应有 16mm² 的铜线地网，此地网应直接接地；若使用铝钢架地板，则可用铝钢架代替接地地网。

8) 地线与零线之间所测得的交流电压应小于 1V。

(5) 电源系统。

1）电源规格：电压：180～264V AC、频率：47～63Hz，其他单一谐波不得高于3%。

2）设备电力总容量计算：设备总容量是指各单位设备电力容量的总和（注意：设备的最大启动负载电流也适用同样方法来计算）。

3）电源稳压器或不间断电源的容量计算：其系统应为设备总容量，另加30%的安全容量；如考虑今后系统的扩容，其容量也应计算在内。

4）机房用电应使用独立的电线，专用变压器、电源稳压器（AVR），若考虑系统的稳定性与资料的重要性，须增设不间断电源设备（UPS）。

5）请勿将机房电源与下列设备共用同一电源或同一地线，以避免受到干扰：例如大型电梯、升降机、窗型冷气机、复印机等。

6）请在机房内安装适当数量的普通插座，以供维修人员使用，并且这些插座不宜与电源系统共用电源。

7）配电箱的位置应尽量靠近机房，并且便于操作。

（6）空调系统。

1）环境温度湿度的要求。温度为18～24℃；温度变化率不高于2℃/小时；相对湿度为40%～60%（不结霜）。

2）相对湿度变化率：2%/h。

24.3.3　屏蔽机房工程设计

在屏蔽机房工程设计需要把握以下内容。

24.3.3.1　屏蔽机房设计建造应达到的标准

（1）适用频率范围。

1）频率范围为14kHz～10GHz。

2）总体屏蔽指标。屏蔽机房各频段均达到GJBZ 20219—1994中的指标要求（A级、B级、C级）。

（2）屏蔽机房的结构形式、组成。屏蔽机房由屏蔽机房主体和各分项系统组成。屏蔽机房主体应保证电子信息的安全，既防止信息的外泄失密、也防止外界强电磁场的干扰，同时，为内部装修和分项系统安装提供基础。各分项系统保证屏蔽机房供电、电气、通信、通风、火警、消防等功能。屏蔽机房一端留有800mm安装与维修通道，以便设备安装与维修。

（3）屏蔽机房主体。屏蔽机房主体为钢板全焊接六面体结构，由优质异型钢管焊接组成框架、优质冷扎钢板经焊接组成密闭的六面体。屏蔽机房底部为2.5mm、侧壁和顶部为2mm优质冷扎钢板采用成熟先进的焊接工艺，确保屏蔽机房主体的密封性。并做严格的防锈处理，涂刷两道防锈漆。

（4）电动屏蔽门。为便于工作人员和设备进出，在屏蔽机房主体上安装一个带划卡和密码识别门禁系统的电动门。其门口尺寸为800mm×1800mm（净开）。电动门控制系统和关键传动部件门、应开启灵活、轻便、美观实用。

（5）绝缘。屏蔽机房底部采用80mm×80mm数十个绝缘垫块将屏蔽机房主体支起与地面绝缘。

24.3.3.2　分项系统

屏蔽机房为特种专业设备。其内部的各种装置、设备在对外对接时必须进行特殊的专业“过滤”处理。

（1）供电。进入屏蔽机房的电分市电和UPS两路。均通过电源滤波器引入屏蔽机房内配电箱，再分供设备，照明、插座、空调等用电。

（2）信号传输。两路光纤通过专用光纤过壁装置引入屏蔽机房，信号传输应满足屏蔽效能要求。

两路电话通过电话滤波器引入屏蔽机房，确保机房内外通信畅通。

（3）空调及通风。根据屏蔽机房内面积和高度、设一台机房专用精密空调机。机房内外经专用波导管连接。

通风，在屏蔽机房主体共设通风波导窗用于机房内外空气交换，确保机房内空气清新。

（4）照明。采用三管格栅日光灯带6组，保证机房内有足够的照度。

（5）火警系统。根据屏蔽机房面积在屏蔽机房顶部设两个感烟探头，通过火警信号传递器引到室外与大楼火警主机相连，当机房内感烟接头有烟时，灭火系统起动。

（6）消防系统。在屏蔽机房顶部，通过消防过壁装置引入一路灭火气体管路，并设置消防气体喷头，在灭火系统启动时，喷头在屏蔽机房内喷射灭火气体，实现自动灭火。

（7）接地系统。屏蔽机房必须有良好的可靠接地，一般采用单独地线单点接地，其接地电阻≤1Ω。该接地线必须与避雷地线分开。考虑工程实际情况，可采用联合接地方式，接至大楼地网。

（8）屏蔽机房内部装修。顶部采用多孔铝合金顶板。侧壁采用轻钢骨架、上装密度板外贴铝塑板，力求美观大方实用。地面采用钢质抗静电活动地板，坚固、平稳、美观、无静电积存。

24.3.4　室内装修设计

（1）美观、大方的风格，有现代感。

（2）在选用装修、装潢材料方面，要以自然材质为主，做到简明、淡雅、柔和，并充分考虑环保因素，有利于工作人员的自身健康。

（3）吊顶天花板美观、耐用，防火、防潮。

（4）使房屋内部平整、光滑，清洁美观，改善采用光条件，增强保温、隔热、隔音、防尘等性能从而改善环境条件。

（5）主机房墙面、地面及梁面上，进行防尘处理、确保洁净度高、不产生粉尘、耐久性高、不产生龟裂、同时起到防水、防潮、防霉的效果。

24.3.5　配电系统设计

一个系统能够正常工作，不仅需要有良好的主设备、性能卓越的UPS电源和安全舒适的工作环境，还需要有一个设计合理、可靠性高的供配电系统。

（1）机房内用电设备供电电源均为三相五线制及单相三线制，采用双回路供电。

（2）用电设备作接地保护，并入土建大楼配电系统。

（3）机房用电设备、配电线路装置过流过载两段保护，同时配电系统各级之间有选择性地配合，配电以放射式向用电设备供电。

（4）机房配电系统所用电线为阻燃聚氯乙烯绝缘导线，敷设喷塑金属保护线槽。

（5）机房的设备供电和空调照明供电分为两个独立回路，其中设备供电由UPS提供并按设备总用电量的1.3倍进行预留，而空调照明用电由市电提供并按空调设备的要求供配。

（6）机房内照明装置宜采用机房专用无眩光灯盘，照明亮度大于300lx，事故照明亮度应大于60lx。

（7）机房内的配电系统考虑了与应急照明系统的自动切换。

（8）该机房电源进线正常时由市电供电，市电故障时由UPS供电，进线直接引入机房专用配电柜总输入开关。

（9）机房所有插座均采用普通电源插座和弹起式铜插座，普通电源插座安装在墙壁上，弹起式电源插座安装在防静电地板上，美观大方。

24.3.6　新风系统设计

通风的作用是满足室内人员的生理需要和稀释室内污染空气，因此室内所需新风量的大小取决于以下两个方面：人员；室内气体污染源。

房间最小新风量指标由每人最小新风量指标 R_p，与每平方米地板所需最小新风量指标 R_b 之和确定，即

最小新风量 ＝ 人数 × R_p ＋ 地板面积 × R_b

R_p 和 R_b 取值如下：R_p（m^3/h）为40；R_b（m^3/h）为 $\geqslant 3.6$。

式中：R_b 是个可变的常量，在一般性工作环境，取值范围在3.6～10.8之间。

24.4　机房工程的施工

为了提高工程的施工质量，确保系统的正常运行，工程的施工必须严格执行国家有关的标准、规范的规定。要请有经验、有施工资质的专业施工队伍施工，确保工程质量。

24.4.1　一般机房装修要求

（1）计算机机房的装修工程主要包括吊顶、隔断墙、门、窗、壁纸、地面、活动地板的施工。

（2）对有空气含尘浓度要求的空间，在施工时应保证现场、材料和设备的清洁。

（3）机房所有管线穿墙处的缝隙必须用密封材料填堵。

24.4.2　对吊顶施工

（1）吊顶施工要求。

1）电子计算机机房吊顶板表面应平整，不得起尘、变色和腐蚀；

2）吊顶板边缘应整齐，无翘曲；

3）封边处理后不得脱胶；

4）填充顶棚的保温、隔音材料应平整，干燥，并作包封处理。

（2）按设计标高及安装位置严格放线。吊顶及马道应坚固、平直，并有可靠的防锈涂复。金属连接件、锚固件除锈后应涂两遍防锈漆。

（3）吊顶上的灯具、各种风口、火灾探测器底座及灭火喷嘴等应与龙骨和吊顶板紧密配合安装。

（4）吊顶内空间作为静压箱时，其表面应按设计要求做防尘处理，不得起皮和龟裂。

（5）固定式吊顶的顶板应与龙骨垂直安装。双层顶板的接缝不得落在同一根龙骨上。

（6）用自攻螺钉固定吊顶板，不得损坏板面。自攻螺钉固定要符合下列要求。

1）螺钉帽拧入板内0.5mm；

2）螺钉间距：沿板周边间距为150～200mm，中部间距为200～300mm，均匀布置；

3）螺钉距板边10～15mm。

（7）钉眼、接缝和阴阳角处必须根据顶板材质用相应的材料嵌平、磨光。

（8）保温吊顶的检修盖板应用与保温吊顶相同的材料制作。

（9）活动式顶板的安装必须牢固，表面平整，接缝紧密平直，靠墙、柱处按实际尺寸裁板镶补，根据顶板材质作相应的封边处理。

（10）安装过程中应随时擦拭顶板材料表面，并及时清除顶板内的余料和杂物。

(11) 施工工序。施工工序为弹线→安装吊杆→安装龙骨及配件→调平→安装矿棉板。

1) 弹线：依据图纸设计标高沿墙四周弹线，作为顶棚安装的水平线，依据天花板平面图确定吊点位置，并由技术质量检查员复查后，进行打洞，吊点的间距为900～1100mm。

2) 安装吊杆：吊杆M8钢筋调直，用M8膨胀螺栓和40×40的等边角钢作为基根固定在楼板上，角钢吊杆应刷防锈漆两遍。

3) 安装龙骨：用吊挂件将主龙骨连接在吊杆上，主龙骨按照大样图的位置安装，完毕后进地调平，平顶中部应有起拱。副龙骨间距为600mm用吊挂件与主龙骨连接，横撑龙骨与副龙骨的底面必须平顺，所有接头不得有下沉。

4) 调平校正：调整主龙骨、副龙骨、横撑龙骨，做好横平竖直以及吊顶平整，然后拧紧吊件螺钉卡牢，用钳子卡牢挂件。经自检合格后，报业主、监理验收，验收合格后安装矿棉板。

5) 安装矿棉板：矿棉吸声板板边为企口暗装，安装时应注意与T型铝合金暗龙骨紧密连接。

(12) 吊顶具体做法。

1) 吊顶采用轻钢吊挂件，吊挂件用膨胀螺栓(或射钉) 直接固定到顶棚；

2) 主龙骨采用专用轻钢龙骨按标高线吊平；

3) 专用副龙骨与主龙骨之间搭接；

4) 靠墙边安装专用边龙骨；

5) 天花板采用微孔吸音铝天花方板，规格为600×600×0.8mm，安装在龙骨上，对缝顺接，靠墙边处按实际尺寸裁剪；

6) 吊顶做接地。

24.4.3 对隔断墙施工

为了保证机房内不出现内柱，机房建筑常采用大跨度结构。针对计算机系统的不同设备对环境的不同要求，便于空调控制、灰尘控制、噪声控制和机房管理，往往采用隔断墙将大的机房空间分隔成较小的功能区域。隔断墙要既轻又薄，还能隔音、隔热。

安装隔断墙板时，板边与建筑墙面间隙应用嵌缝材料可靠密封。

(1) 机房隔断墙的沿地、沿顶及沿墙龙骨与建筑围护结构内表面之间应衬垫弹性密封材料后固定，固定点间距不宜大于800mm。

(2) 竖龙骨准确定位并校正垂直后与沿地、沿顶龙骨可靠固定。

(3) 有耐火极限要求的隔断墙，竖龙骨的长度应比隔断墙的实际高度短30mm，使上、下分别形成15mm膨胀缝，其间用难燃弹性材料填实。

(4) 安装隔断墙板时，板边与建筑墙面间间隙应用嵌缝材料可靠密封。

(5) 用自攻螺钉固定墙板宜符合下列要求：

1) 螺钉间距：沿板周边间距不大于200mm；

2) 板中部间距不大于300mm，均匀布置。

(6) 有耐火极限要求的隔断墙板应与竖龙骨平行铺设，不得与沿地、沿顶龙骨固定。

(7) 隔断墙两面墙板接缝不得在同一根龙骨上，每面的双层墙板接缝亦不得在同一根龙骨上。

(8) 轻钢龙骨石膏板隔断墙内的管、线安装应与墙板保留间隙。

(9) 安装在隔断墙上的设备和电气装置应固定在龙骨上，墙板不得受力。

(10) 隔断墙上需安装门窗时，门框、窗框应固定在龙骨上，按设计要求对其缝隙进行密封。

(11) 隔断墙与建筑结构表面必须相接牢固。

(12) 材料的品种、规格、颜色和隔断墙安装等符合设计要求。

(13) 铝合金隔断表面应光洁、无腐蚀、色泽一致，配件及连接件安装应牢固。

(14) 隔断墙垂直偏差不大于2mm/2m。

(15) 铝合金隔断安装允许偏差应符合下列规定：

1) 立柱正、侧面垂直度偏差不大于2mm/m；

2) 横撑水平度偏差不大于1.5mm/2m。

(16) 铝合金门窗的安装质量应符合GB 50300—2001《建筑工程质量检验统一标准》中第10章第10节的优良标准。

(17) 活动地板铺设接缝应横平竖直，铺设偏差应符合表24-8的规定。

表24-8　活动地板铺设允许偏差
(铝地板钢、木、复合地板)

项　次	内　容	允许偏差(mm)
1	接缝宽度≤0.5	≤1.0
2	相邻边缘高差≤0.5	≤1.0
3	地板不平度≤2.0	≤2.0

24.4.4 机房墙面装修

(1) 机房墙面装修金属复合壁板、铝塑板安装时，在顶上和地面先安装马槽，然后依次把壁板推入后固定。其表面为钢板漆面，安装后接口缝隙小于1毫米，美观、整齐，缝隙均匀。该壁板又常常用在洁净室，隔音、保温、密封效果好。该墙体有配套的金属壁板门，精致、美观。

（2）铝塑板墙面安装。铝塑板墙面基层形成后，两面刷胶，晾干后，将铝塑板粘贴牢。铝塑板粘贴时，留缝隙3mm，注玻璃胶。铝塑板墙面表面为铝板漆面。

机房墙面采用优质双面铝塑板墙面，基层采用环保中密度板（刷防火涂料）。墙面装饰前先进行防尘、防潮、防水、保温处理，确保墙面平整、光滑，清洁美观。

施工时，按以下四个步骤进行：

1）平整墙面，使用水泥砂浆找平，为下一步提供良好的工作面；

2）采用2mm厚的轻钢龙骨，把它固定到墙面上，成为未来装饰墙面的骨架，同时预留屏蔽接地的引出线（分布在不同位置的六处地方，形成多点连接）；

3）选取9mm的优质埃特板，固定到龙骨上；

4）选取3mm的银白色的国产铝塑板粘在埃特板上，接封处采用银白色玻璃胶封边。

24.4.5 对铝合金门、窗和隔断施工的监理

（1）铝合金门框、窗框及隔断的规格型号应符合设计要求，安装应牢固平整，其间隙用非腐蚀性材料密封。隔断的沿墙立柱固定点间距不宜大于800mm。

（2）门扇、窗扇应平整，接缝严密，安装牢固，开闭自如，推拉灵活。

（3）施工过程中对铝合金门窗及隔断的断饰面应采取保护措施。

（4）安装玻璃的槽口应清洁，下槽口应衬垫软性材料。玻璃与扣条间按设计要求填塞弹性密封材料，应牢固严密。

24.4.6 对活动地板施工

（1）活动地板的铺设应在机房内各类装修施工及固定设施安装完成并对地面清洁处理后进行。

（2）建筑地面应符合设计要求，并应清洁、干燥。活动地板下空间作为静压箱时，四壁及地面均应作防尘处理，不得起皮或龟裂。

（3）现场切割的地板，周边应光滑、无毛刺，并按原产品的技术要求作相应处理。

（4）活动地板铺设前应按设计标高及地板布置严格放线，将支撑部件调整至设计高度。

（5）活动地板铺设过程中应随时调整水平，遇到障碍物或不规则墙面，应按实际尺寸镶补并附加支撑部件。

（6）在活动地板上搬运、安装设备时，应对地板表面采取防护措施。

24.4.7 对空气调节施工

24.4.7.1 空气调节施工一般规定

（1）电子计算机机房的空气调节系统施工验收主要包括风管及其部件制作，空调器、管道和其他设备的安装及验收。

（2）电子计算机机房空气调节系统的管道、部件、设备安装及验收除应执行电子计算机机房施工及验收规范外，尚应符合《采暖与卫生工程施工及验收规范》及《通风与空调工程施工及验收规范》的要求。

24.4.7.2 对风管、部件制作及安装施工

（1）电子计算机机房的风管材料应按设计要求选用，设计无规定时，采用镀锌钢板。

（2）镀锌钢板表面应平整，无氧化、腐蚀等现象；风管加工时应避免损坏镀锌层，损坏处应涂两遍保护漆。

（3）普通钢板的刷漆应符合设计要求，刷漆前应除去油污和锈斑。

1）保温风管醇酸类底漆两遍，铁红底漆两遍；

2）非保温风管醇酸类磁漆两遍，铁红底漆两遍调合漆两遍；

（4）风管接缝宜采用咬口方式，接缝处应严密。

（5）风管内表面应平整光滑，安装前必须除去内表面的油污和灰尘。

（6）风管与法兰连接处的翻边尺寸为6～9mm；翻边处应平整，不得翘起，如有裂缝应涂密封胶。

（7）风管与法兰间的连接应严密。法兰密封垫应选用不透气、不产尘、具有一定弹性的材料（如橡胶板、闭孔海绵橡胶、压敏密封胶条等）制作。

24.4.7.3 对空气调节系统施工

（1）电子计算机机房吊顶内及活动地板下空间作为静压箱时，管道安装应符合下列要求；

1）静压箱内各种管道应严格按设计施工。设计无规定时，各种管道应安装在同一水平高度上，不得叠放。

2）在静压箱与各种管道接缝处应采取密封措施，做到清洁、严密。

（2）在气体灭火防护区内设置的消防排风系统，其排风管的制作与安装应严密，风阀应安装在靠近电子计算机机房、易于操作和维修的地方，阀门应启闭灵活。

（3）电子计算机机房专用空调器安装应竖向垂直、横向水平、牢固稳定。空调器的基础台座应与建筑楼地面牢靠固定，空调器与金属台座间应垫隔震材料。

(4) 空调器与冷风冷凝器之间的气体和液体管道在安装后应用氮气或干燥的压缩空气进行吹洗，管道内不得存有异物。

(5) 温度、相对湿度传感器的安装应符合下列要求：

1) 安装在室内时，应设置在空气流通的回风气流中；

2) 安装在活动地板下时，应设置在离空调器出风口顺气流方向3m远处气流均匀的地方。

(6) 室外冷风冷凝器的安装应符合下列要求：

1) 冷风冷凝器的四周应留有足够的通风及维修空间。

设计无规定时，设备与围挡物之间及二台设备之间的距离应不小于1m。

2) 连接空调器与冷风冷凝器之间的管道保温材料，设计无规定时可采用耐热聚乙烯管、保温泡沫橡胶管、玻璃纤维管等保温材料。

3) 当冷风冷凝器位置高于空调器时，连接冷风冷凝器和空调器的气体竖管上应设存油弯，液体竖管上应设反向存油弯。设置的存油数量应符合设计及产品说明书要求；若无规定时，在冷凝器出口处的液体管道上设一个反向存油弯，在气体管道上每隔8m设一个存油弯。

(7) 在安装初、中效过滤器时，应符合下列条件：

1) 过滤器外框的箭头应与气流方向一致；

2) 防止损坏过滤材料，并保持清洁。

24.4.8 对给排水施工

(1) 机房内的给排水管道安装必须不渗、不漏。暗敷的给排水管道宜用焊接连接。

(2) 穿过电子计算机机房内的给排水管道在穿越处应设套管，套管内的管道不得有接头。管子和套管间应采用非燃、不起尘的材料密封。

(3) 电子计算机机房内的冷热管道的保温应采用难燃材料。保温层应平整、密实，不得有裂缝、空隙。防潮层应紧贴在保温层上，密闭良好。保护层表面应光滑平整，不起尘。

(4) 安装排水地漏处的楼地面应低于机房内的其他楼地面，其箅子顶面应低于设置处楼地面5mm。

(5) 安装在电子计算机机房内的空调器，其冷凝水排水管应设有存水弯，其高度应符合设计或设备技术要求，排水管应有足够坡度。

24.4.9 对电气装置施工

24.4.9.1 一般规定

(1) 机房电气装置的施工及验收主要包括供电电源系统、配电装置、自控系统、照明装置、通信设备、接地装置及其配线的安装及验收。

(2) 机房电气装置安装工程除应执行电子计算机机房施工及验收规范外，应符合GBJ 232—1982《电气装置安装工程施工及验收规范》的有关规定。

24.4.9.2 对电气装置施工

(1) 电气装置的安装应做到整齐、牢固、正确、标志明确、外观良好，内外清洁。

(2) 电气接线盒内无残留物，盖板整齐、严密、紧贴墙面。同类电气设备安装高度应一致。

(3) 吊顶内电气装置应安装在便于维修处。

(4) 特种电源配电装置应有明显标志，并注明频率、电压等。

(5) 电源盘、柜及其他电气装置的台座应与建筑楼地面牢靠固定。

(6) 空调、消防自控系统或装置应符合设计要求，联锁动作正确。

24.4.9.3 配线

(1) 干线与电源盘、柜应采用压接端子连接。

(2) 机房内的电源线、信号线和通信线应分别铺设，排列整齐，捆扎固定，长度留有余量。

(3) 电源相线、中性线、保护接地线、直流工作地线、各种信号线和通信线的颜色应各不相同，并按设计要求编号。

(4) 电缆电线连接应可靠，不得有扭绞、压扁和保护层断裂等现象。

24.4.9.4 对电气照明装置施工

(1) 吸顶灯具底座必须紧贴吊顶，不留缝隙。

(2) 嵌装灯具应固定在吊顶板预留洞孔内专设的框架上。电源线应穿钢管或金属软管，且留有裕量，并通过绝缘垫圈进入灯具，不应贴近灯具外壳。灯具边框外缘应紧贴在吊顶板上，与吊顶明金属龙骨平行。

(3) 成排安装的灯具，光带应平直、整齐。

24.4.10 对接地装置施工

(1) 凡外露的正常状态下不带电的电子计算机系统设备金属壳体必须与保护接地装置可靠连接。

(2) 各类接地装置的安装及其接地电阻值应符合设计要求，连接正确。

(3) 接地装置焊接必须牢固，需涂层部分涂层必须完整。

(4) 交流电源线路不得与直流工作地线紧贴平行敷设。

24.4.11 对消防系统施工的监理

24.4.11.1 一般规定

(1) 机房的消防系统施工及验收主要包括火灾自

动报警系统和自动灭火系统的安装及验收。

(2) 消防系统的施工及验收除应执行电子计算机机房施工及验收规范外，应符合现行国家有关消防标准规范。

(3) 消防工程所采用的器材和设备必须是经国家指定的检测中心确认合格的产品。

(4) 消防工程的施工单位应经有关部门确认资格后，方可施工。

(5) 消防工程应经有关部门验收。

24.4.11.2　对火灾自动报警系统施工

(1) 火灾自动报警系统的配线和火灾报警控制器的安装应按电子计算机机房施工及验收规范第4章有关规定执行。

(2) 火灾探测器和底座的安装应符合下列要求：

1) 探测器的底座安装应牢固，其接线端必须可靠压接或焊接，焊接时不得使用腐蚀性助焊剂。

2) 明装的探测器确认灯应面向房间的门口处。

3) 应先安装底座，探测器在调试前安装。

(3) 引入联动控制设备的线路，若经接线盒连接则应用金属软管，金属软管应与被联动控制设备的接线盒固定。

(4) 火灾自动报警系统开通调试前应进行下列工作：

1) 检查自动报警设备，其规格、型号和数量应符合设计要求。产品备件和技术资料应齐全；

2) 检查系统线路，如发现开路、短路、虚焊等应予排除，保证线路准确无误；

3) 火灾报警装置必须通电检查，无故障后方可接入报警系统。

24.4.11.3　对自动灭火系统施工

(1) 管道安装的要求。

1) 安装前管道和接头内应无异物；

2) 管道必须可靠地支撑和固定；

3) 固定管道支架间距应符合规范要求；

4) 阀门等附加负荷的地方应附加支撑；

5) 管道、法兰的焊接应符合《现场设备、工业管道焊接工程施工及验收规范》中有关规定；

6) 输送二氧化碳灭火药剂管道中三通管件的两个出口安装后应保持水平；

7) 管道、吊架和支架应按设计要求均匀涂漆；

8) 管道应良好接地。

(2) 管道安装后、喷嘴安装前应进行密封性能试验，符合要求后用氮气或压缩空气进行彻底吹洗。

(3) 喷嘴必须牢固安装，不得堵塞。

(4) 安装控制操作装置应符合下列要求：

1) 控制操作装置的周围要留出适当空间，不得有妨碍试验及操作的障碍物。

2) 控制操作装置安装应牢固、平稳，不得倾斜。

(5) 储存容器安装的要求。

1) 储存容器的周围要留有适当的安装调试用空间，正面操作距离不得小于1.2m；

2) 储存容器安装必须牢固。

24.4.12　对电磁屏蔽系统施工

24.4.12.1　一般规定

(1) 电子计算机机房电磁屏蔽工程施工及验收主要包括焊接式和装配式屏蔽室的安装及验收。

(2) 对有电磁屏蔽要求的电子计算机机房，应对其建筑围护结构内表面进行处理，并预留出各类孔洞。

(3) 整体式屏蔽壳体焊接时，应采取有效的排烟通风措施，焊接应符合《冷弯薄壁型钢结构技术规定》的有关规定。

(4) 在装修及进行其他专业施工时，严禁损坏屏蔽壳体。穿越屏蔽壳体的金属件与壳体的接触处必须焊封。

(5) 施工中不得在壳体内外洒水或有腐蚀性的液体。对有防腐要求的施工应符合GB 50212—2002《建筑防腐蚀工程施工及验收规范》中的有关规定。

(6) 各种屏蔽壳体安装在建筑楼地面或室内其他表面时，应安装牢固、绝缘可靠。

24.4.12.2　对焊接式电磁屏蔽壳体施工

(1) 按设计施工图将屏蔽壳体骨架与建筑围护结构内表面固定。安装过程中应保证骨架与建筑物间的绝缘。

(2) 按设计要求把预加工的单元金属板块焊成整体。焊接应符合下列要求：

1) 预加工的单元金属板块必须与支撑骨架焊接牢固；

2) 焊缝应均匀无毛刺，不得漏焊、虚焊。

(3) 屏蔽壳体焊接现场应保持清洁。

(4) 焊接过程中应随时对焊缝进行质量检验。

(5) 按设计要求对屏蔽壳体表面涂漆，应均匀、牢固、无遗漏。

24.4.12.3　对装配式电磁屏蔽壳体施工

(1) 屏蔽壳体安装楼地面应平整，符合设计要求。

(2) 屏蔽壳体墙板组件和顶板组件的安装顺序与技术要求应符合产品说明书的规定。

(3) 屏蔽壳体组装前的处理应符合下列要求：

1) 铜网式组件的装配接触处应预先用酒精擦洗干净。

2）将钢板式组件与紧固件接触处的保护膜揭掉，并用酒精擦洗干净；无保护膜时，其接触处用细砂纸轻轻打磨，出现金属光泽后再用酒精擦洗干净。

3）双层绝缘型的屏蔽组件，除应保证里外两层板壁绝缘外，各层与紧固件接触处的处理应将其接触处用细砂纸轻轻打磨，出现金属光泽后再用酒精擦洗干净。

(4) 接缝处必须严密，接触良好。螺钉必须紧固可靠。

(5) 屏蔽壳体组装过程中应随时对板壁组件进行垂直、水平校正。

24.4.13　对屏蔽门施工

(1) 搬运、安装屏蔽门时，应对金属密封接触件进行有效保护，避免碰撞。

(2) 门框安装时应进行垂直、水平校正，与壳体门洞处的金属板块或壁板组件进行焊接或紧固必须牢固可靠、无缝隙，不得变形。当门框与建筑围护结构内表面固定时，必须做好绝缘。

(3) 按设计或产品说明书安装屏蔽门的开闭自动连杆机构或电动、气动装置，安装后应进行开闭试验，门扇应转动灵活，金属密封接触件接触应良好。

(4) 喷涂漆时应对金属密封接触件进行遮盖，不得沾污。

24.4.14　对波导风口和观察窗施工

(1) 安装前在处理上的要求。

1）应将波导风口与钢板接触面的漆层刮掉，并均匀搪锡。

2）安装波导风口支架时，不得破坏壁板；支架应平直、牢固。

3）吹洗波导风口，风口内不得有异物。

4）观察窗应与窗框镶嵌牢固、严密。窗框与板壁接触面应均匀搪锡。

(2) 安装在壁板组件上的波导风口和观察窗应可靠、平直。

(3) 波导风口、观察窗与壁板间的锡焊处必须严密、平整。

(4) 焊口处涂漆应均匀，无遗漏。

(5) 波导风口安装后应用挡板遮盖，验收时拆除挡板。

24.4.15　对滤波器施工

(1) 滤波器的波导联接器安装前，应将与其接触的壁板面漆层刮掉。

(2) 滤波器外壳与屏壳体之间应衬垫软性导电材料，装接应牢固、可靠。

(3) 滤波器的波导联接器与壳体装配必须紧密牢固，连接处应焊接严密。

(4) 在接缝处涂漆应均匀无遗漏。

(5) 焊接滤波器输出端子接线时应速焊，不得损坏接线端子的绝缘层，如用紧固卡固定引线，应牢固可靠。

24.4.16　对刷乳胶漆施工

工序。基层处理→补缝→刮腻子→刷乳胶漆。

(1) 基层处理。将石膏板层清扫干净，石膏板边缘割整齐，用防锈漆点自攻螺钉钉帽以防日后生锈变色。墙面基层表面起皮、松动处清除干净，然后将表面扫干净。

(2) 补缝。用石膏加胶和好补入石膏板缝隙，尽量填满、填实、刮平之后用绷带粘平整。

(3) 刮腻子。第一遍横向满刮，一刮板紧接着一刮板，每一刮板最后收头要干净平顺，接头不得留茬，第二遍竖向满刮，第三遍用胶皮刮板找补腻子，每遍干后用细砂纸，将浮腻子及斑迹磨平磨光，经适当找补后，打光即可进行刷漆或喷涂。

(4) 刷乳胶漆。涂刷顺序是先顶后墙，先上后下，第一遍可适当加水稀释，前二遍漆膜干燥后，用细砂纸将墙面小疙瘩和排笔毛打磨掉，清扫干净；第三遍应连续迅速操作，从一头开始，逐渐刷向另一头，上下顺刷互相衔接，后一排笔紧接前一排笔避免出现透底、接茬明显或刷纹明显。

(5) 喷刷乳胶漆。乳胶漆在使用前应先进行过滤，方可进行喷刷，喷刷时手臂移动均匀，喷枪与墙距离适当，不可在一点停留时间过长，防止流坠。喷刷遍数不受刷乳胶漆遍数的限制，以达到要求为准，一般2～3遍即可。

(6) 避免工程质量通病。漏刷、阴阳角不直，棱角不清晰、流坠、皱纹、木件污染、倒光、粗糙等。

(7) 质量检查。腻子批好后，经质检员检查认定合格后方可进行喷刷，喷刷结束后，质检员进行检查，填写质检表格。

24.4.17　对油漆工程施工

(1) 操作要求。

1）油漆工程施工时，施工环境应当干净，抹灰工程、地面工程、木装修工程、水电暖工程等全部完工后再进行油漆工程；

2）油漆涂刷前，被涂物件表面必须干燥，当为木基层时，表面吸水率不宜大于12%；抹灰面基层时，为表面吸水率不宜大于6%；为金属面基层时，表面可有湿气。

3）油漆工程施工前，根据设计要求应做样板一直保存到竣工时为止。

4）油漆工程施工过程中，特别是面层油漆应注意气候条件变化，当遇有大风，雨雾等情况时，应采取保护措施。

5）每遍油漆施工时，应待前一遍油漆干燥后进行，涂刷最后一遍油漆时，不得随意在油质涂料中加入催化剂。

6）油漆工程施工时的材料稠度，应根据不同材料的性能和环境温度而定，不可过稀、过稠，以防透底流坠。

7）当使用新的油漆材料时，应事先经过实验，认为符合要求后再进行施工。

（2）材料面涂刷要求。

1）刷底油时，材料表面，门窗玻璃中四周刷匀，不可遗漏。

2）抹腻子时，对于宽缝、深洞要深入压实，抹平刮光。

3）磨砂纸要打磨光滑，不能磨穿油底，不可损磨棱角。

4）涂刷油漆时，均应做到横平竖直，纵横交错，均匀一致，涂刷顺序应先上后下，先内后外，先浅色后深色，按木纹方向理平理直。

5）当刷清漆时，在操作上应注意色调均匀，拼色相互一致，表面不得显露节疤。

6）涂刷清漆、蜡光时要做到均匀一致，理平理光，不可显露刷纹。

7）有打蜡、出光要求的工程，应当研蜡打匀，擦油蜡时要薄要匀，起光一致。

（3）质量要求。

1）混色油漆不应脱皮、漏刷、反锈、透底、流坠、皱皮现象。

2）表面光亮、光滑均匀一致，无糙手感。

3）颜色一致无刷纹。

4）清漆不应有漏刷、脱皮、斑迹、应棕眼刮平，木纹清楚。

5）清漆要颜色一致，无刷纹，光亮柔和，无糙手感。

24.4.18 防静电地板施工

（1）工序。工序为施工准备→基层处理→找中、套方、分格弹线→安装支撑座和横梁组件→铺设防静电地板→清理打蜡。

（2）施工要求。

1）施工前基层混凝土地面应平整，无凹凸不平处，突出部分应先修平，凹处用水泥砂浆修补。金属支架应支撑在现浇混凝土基层上，基层表面应保持平整清洁，含水率不大于8%。

2）找中、套方、分格弹线：首先量测房间的长宽尺寸，找出纵横线交点。弹完方格网实线后，要及时穿插管线电缆铺设工序，并经验收合格后再安支撑系统，保证支架不被碰撞造成松动。

3）安装底座后，要检查是否对准方格网中心交点，待横梁全部安装完后要拉横竖线，检查横梁的平直度，以保证面板安装后缝格的平直度在3mm以内，面板安装后随时拉小线再次检查。横梁的标高要严格控制，用水平仪仔细核对。

（3）质量要求。

1）防静电地板的品种、规格和技术性能必须符合设计要求、施工规范和现行国家标准的规定。

2）防静电地板表面洁净，接缝均匀，周边顺直，板块无裂纹、掉角和缺楞等现象。活动地板安装完后，行走必须无声响，无摆动，牢固性好。

24.5 机房工程的测试检验验收

24.5.1 机房工程综合测试

24.5.1.1 综合测试的一般规定

（1）机房综合测试（屏蔽效能测试除外）应在室内装修完工及空气调节系统、供配电系统、消防系统等公共系统试运行后进行。

（2）测试项目应根据设计要求确定。

（3）按照《计算站场地技术条件》和本规范规定的精度要求选用测试仪器仪表。测试仪器仪表必须通过国家认定的计量机构鉴定，应在有效期内使用。测试方法，本规范未规定者按《计算站场地技术条件》规定执行。

（4）测试前应对电子计算机机房和空气调节系统进行彻底清洁处理，在空气调节系统正常运行24h以后进行测试。

（5）综合测试由建设单位、设计单位、施工单位和有关部门共同进行。

24.5.1.2 对温度、湿度测试

（1）测试仪表的要求。

1）温度测试仪表误差：±0.5℃；

2）相对湿度测试仪表误差：±3%。

（2）测点布置：面积不大于50m²，对角线5点布置。每增加20～50m² 增加3～5个测点。测点距地面0.8m，距墙不小于1m，并应避开送回风口处。

24.5.1.3 对空气含尘浓度测试施工

测试仪器应为每次采样量不小于$1dm^3/min$的尘埃粒子计数器。

24.5.1.4 对照度测试

（1）测试仪器应为准确度二级以上的照度计。

(2) 测点，在工作区内取 2～4m 间距布置。测点距墙面 1m，距地面 0.8m。

24.5.1.5 对噪声测试

(1) 测试仪器应为准确度二型以上的声级计（A 声级）。

(2) 测点布置：在主要操作员的位置上距地面 1.2～1.5m。

24.5.1.6 对电磁屏蔽测试

屏蔽效能的测试方法应按《高效能屏蔽室屏蔽效能的测试方法》执行。

24.5.1.7 对接地电阻测试

(1) 测试仪表应为准确度 5 级以上的接地电阻测试仪。

(2) 测试前必须将设备电源的接地引线切断。

24.5.1.8 对供电电源电压、频率和波形畸变率测试

(1) 测试仪器的要求。

1) 电压测试应使用精度 1.0 级以上的电压表；

2) 频率测试应使用精度 0.5 级以上的频率表；

3) 波形畸变率测试应使用误差为±10%（满刻度）以内的失真度测量仪。

(2) 在计算机专用配电柜（盘）的输出端测量电压、频率和波形畸变率。

24.5.1.9 对风量测试

(1) 测试仪器应为误差±2%（满量程）的风速仪或精度一级以上的倾斜式微压计。

(2) 测试方法：电子计算机机房总送风量、总回风量、新风量的测试应按《通风与空调工程施工及验收规范》附录一的方法进行。

24.5.1.10 对气压测试

(1) 测试仪器应为精度二等标准的补偿式微压计。

(2) 测试方法的要求。

1) 测试时应关闭室内所有门窗；

2) 使用补偿式微压计，接口不应迎着气流方向；

3) 测点布置：室内气流扰动较小的任意点。

24.5.2 工程交接验收的一般规定

(1) 机房的室内装修工程验收主要包括吊顶、隔断墙、门、窗、墙壁装修、地面、活动地板的施工验收及其他室内作业。

(2) 室内装修作业应符合《装饰工程施工及验收规范》、《地面及楼面工程施工及验收规范》、《木结构工程施工及验收规范》及《钢结构工程施工及验收规范》的有关规定。

(3) 承接机房工程的施工单位，必须持有国家有关部门签发的资质等级证书。

(4) 施工单位必须按设计施工，设计变更应有设计单位的变更通知或签证。

(5) 施工单位必须作出施工组织设计。

(6) 工程所用材料应检验，其规格、型号、数量应符合设计要求，并有出厂合格证。

(7) 工程所用设备、装备均应开箱检查，其规格、型号、数量应符合设计要求，附件、备件和技术文件齐全。

(8) 工程所用材料、设备、装置的储存环境和方法及装卸搬运方式必须符合产品说明书的规定，安装位置和安装方式必须符合设计规定或产品说明书的要求。

(9) 所有隐蔽工程必须有现场施工记录或相应资料，并由建设单位代表签字。

(10) 在施工时应保证现场、材料和设备的清洁。隐蔽工程（如地板下、吊顶上、假墙、夹层内）在封口前必须先除尘、清洁处理，暗处表层应能保持长期不起尘、不起皮和不龟裂。

(11) 机房所有管线穿墙处的裁口必须做防尘处理，然后对缝隙必须用密封材料填堵。在裱糊、粘接贴面及进行其他涂复施工时，其环境条件应符合材料说明书的规定。

(12) 装修材料应尽量选择无毒、无刺激性的材料，尽量选择难燃、阻燃材料，否则应尽可能涂防火涂料。

(13) 工程交接验收时，施工单位应提交下列资料和文件：

1) 竣工图；

2) 设备和主要器材的出厂合格证、说明书；

3) 关键自制作、外协件的检验报告单；

4) 非屏蔽机房主要器材和工序的验收报告；

5) 屏蔽机房主要器材和工序的验收报告。

(14) 在各分部工程施工验收的基础上，应提交下列记录和报告：

1) 隐蔽工程记录；

2) 装修工程施工验收记录；

3) 电气装置、空气调节、消防等工程施工验收和试运转记录；

4) 综合测试报告。

(15) 工程交接验收应由建设单位、施工单位、设计单位和消防及有关部门参加。

24.5.3 活动地板施工验收

施工交接验收时，施工单位应提供以下资料：

(1) 主要材料的出厂合格证、说明书。

(2) 隐蔽工程记录。

(3) 计算机房用活动地板应符合 SJ/T 10796—1996《计算机机房用活动地板技术条件》。

(4) 建筑地面应符合设计要求，并应清洁、干燥，活动地板空间作为静压箱时，四壁及地面均须作防尘处理，不得起皮和龟裂。

(5) 现场切割的地板，周边应光滑、无毛刺，并按原产品的技术要求作相应处理。

(6) 遇到障碍物或不规则墙面，应按实际尺寸镶补并附加支撑部件。

(7) 活动地板铺设接缝应横平竖直，铺设偏差应符合表 24-9 的规定。

表 24-9　活动地板铺设接缝铺设偏差　(mm)

项次	内　容	铝地板	钢、木、复合地板
1	接线宽度	≤0.5	≤1.0
2	相邻边缘高差	≤0.5	≤1.0
3	地板不平度	≤2.0	≤2.0

24.5.4　吊顶施工验收

吊顶龙骨与建筑顶板或桁梁相接必须牢固。吊顶安装质量应符合下列规定：

(1) 吊顶板的品种、规格、花饰、图案应符合设计要求。

(2) 吊顶下表面应平整，不平度不大于 3mm。板面不得有污染、裂纹、受潮变形、锤伤等缺陷，饰面、变色和腐蚀、边缘应整齐、无翘曲、封边处理后不得脱胶、吊顶板面不得脱层和起鼓。

(3) 铝合金或其他金属明龙骨安装应牢固、平直，不得有污染变形现象。

(4) 填充顶棚的保温、隔音材料应平整、干燥，并做包缝处理。

(5) 吊顶上的灯具、各种风口、火灾探测器底座及灭火喷嘴等应定准位置，整齐划一，并与龙骨和吊顶紧密配合安装。从表面看应布局合理、美观、不显凌乱。

(6) 沿板周边螺钉间距 150～200mm，中间间距为 200～3000mm，均匀布置。

(7) 螺钉距板边 10～15mm，钉眼、接缝和阴阳角处必须根据顶板材质用相应的材料嵌平、磨光。

(8) 活动式顶板的安装必须牢固、下表面平整、接缝紧密平直、靠墙、柱处按实际尺寸裁板镶补。根据顶板材质作相应的封边处理。

检验及抽样方法应符合下列规定：

(9) 不平度用 2m 直尺和楔形塞尺沿纵、横、斜 3 方向测量。抽样比例为 15%，但不少于 102m，抽样点应包括门口处。

(10) 垂直度用 2m 托线板逐墙检查，每面墙不少于 3 处。

(11) 接缝宽度用塞尺检查，抽样比例为 15%，但不少于 10 处。

(12) 水平度采用水平与塞尺配合检查，抽样比例为 15%，但不少于 5 处。

24.5.5　隔断墙验收

(1) 无框玻璃隔断，应采用槽钢、全钢结构框架。墙面玻璃厚度不小于 10mm，门玻璃厚度不小于 12mm。表面不锈钢厚度应保证压延成型后平如镜面的视觉效果。

(2) 石膏板、吸音板等隔断墙的沿地、沿顶及沿墙龙骨建筑围护结构内表面之间应衬垫弹性密封材料后固定。当设计无明确规定时固定点间距不宜大于 800mm。

(3) 竖龙骨准确定位并校正垂直后与沿地、沿顶龙骨可靠固定。

(4) 有耐火极限要求的隔断墙竖龙骨的长度应比隔断墙的实际高度短 30mm，上、下分别形成 15mm 膨胀缝，其间用难燃弹性材料填实。全钢防火大玻璃隔断，钢管架刷防火漆，玻璃厚度不小于 12mm，无气泡。

(5) 隔断墙板板边与建筑墙面间隙应用嵌缝材料可靠密封。

(6) 当设计无明确规定时，用自攻螺钉固定墙板宜符合：螺钉间距沿板周边间距不大于 200mm，板中部间距不大于 300mm，均匀布置。

(7) 有耐火极限要求的隔断墙板应与竖龙骨平等铺设，不得与沿地、沿顶龙骨固定。

(8) 隔断墙两面墙板接缝不得在同一根龙骨上，每面的双层墙板接缝亦不得在同一根龙骨上。

(9) 安装在隔断墙上的设备和电气装置固定在龙骨上，墙板不得受力。

(10) 隔断墙上安装门窗时，门框、窗框应固定在龙骨上，并按设计要求对其缝隙进行密封。

24.5.6　铝合金门窗和隔断验收

(1) 铝合金门框、窗框、隔断墙的规格型号应符合设计要求，安装应牢固、平整，其间隙用非腐蚀性材料密封。当设计无明确规定时隔断墙沿墙立柱固定点间距不宜大于 800mm。

(2) 门扇、窗扇应平整、接缝严密、安装牢固、开闭自如、推拉灵活。

(3) 施工过程中对铝合金门窗及隔断墙的装饰面

应采取保护措施。

(4) 安装玻璃的槽口应清洁，下槽口应补垫软性材料。玻璃与扣条之间按设计要求填塞弹性密封材料，应牢固严密。

24.5.7 空气调节验收

机房的空气调节系统施工验收主要包括风管及其部件制作，空调器、管道和其他设备的安装及验收。

(1) 机房空气调节系统的管道、部件、设备安装及验收除应执行规范外，尚应符合 GB 50242—2002《建筑给水排水及采暖工程施工质量验收规范》及 GB 50243—2002《通风与空调工程施工质量验收规范》的要求。

(2) 风管接缝宜采用咬口方式，接缝处应严密。

(3) 风管内表面应平整光滑，安装前必须除去内表面的油污和灰尘。

(4) 风管与法兰连接处的翻边尺寸为 6～9mm；翻边处应平整，不得翘起，如有裂缝应涂密封胶。

(5) 风管与法兰间的连接应严密。法兰密封垫应选用不透气、不产尘、具有一定弹性的材料（如橡胶板、闭孔海绵橡胶、压敏密封胶条等）制作。

(6) 机房吊顶内及活动地板下空间作为静压箱时，管道安装应符合下列要求：

1) 静压箱内各种管道应严格按设计施工。设计无规定时，各种管道应安装在同一水平高度上，不得叠放。

2) 在静压箱与各种管道接缝处应采取密封措施，做到清洁、严密。

3) 在气体灭火防护区内设置的消防排风系统，其排风管的制作与安装应严密，风阀应安装在靠近电子计算机机房、易于操作和维修的地方，阀门应启闭灵活。

4) 机房专用空调器安装应竖向垂直、横向水平、牢固稳定。空调器的基础台座应与建筑楼地面牢靠固定，空调器与金属台座间应垫隔震材料。

(7) 空调器与冷风冷凝器之间的气体和液体管道在安装后应用氮气或干燥的压缩空气进行吹洗，管道内不得存有异物。

(8) 温度、相对湿度传感器在安装上的要求。

1) 安装在室内时，应设置在空气流通的回风气流中；

2) 安装在活动地板下时，应设置在离空调器出风口顺气流方向 3m 远处气流均匀的地方。

3) 室外冷风冷凝器的安装应符合下列要求：

4) 冷风冷凝器的四周应留有足够的通风及维修空间。

5) 设计无规定时，设备与围挡物之间及两台设备之间的距离应不小于 1m；

6) 连接空调器与冷风冷凝器之间的管道保温材料，设计无规定时可采用耐热聚乙烯管、保温泡沫橡胶管、玻璃纤维管等保温材料。

7) 当冷风冷凝器位置高于空调器时，连接冷风冷凝器和空调器的气体竖管上应设存水弯，液体竖管上应设反向存油弯。设置的存水弯数量应符合设计及产品说明书要求；若无规定时，在冷凝器出口处的液体管道上设一个反向存水弯，在气体管道上每隔 8m 设一个存油弯。

8) 空调器管道存水弯不得有超出管径 1/3 的凹陷。

(9) 检查所有气管焊口及装配处，应严密无泄漏，焊口应平整无毛刺。对空调器进行 24h 保压检查。

(10) 空调器风管材料和制作验收除应符合电子计算机机房施工及验收规范的规定外，还应符合 GB 50243—2002 中的有关规定。

24.5.8 给排水验收

(1) 机房内的给排水管道安装必须不渗、不漏。暗敷的给排水管道宜用焊接连接。

(2) 穿过电子计算机机房内的给排水管道在穿越处应设套管，套管内的管道不得有接头。管子和套管间应采用非燃、不起尘的材料密封。

(3) 电子计算机机房内的冷热管道的保温应采用难燃材料。保温层应平整、密实，不得有裂缝、空隙。防潮层应紧贴在保温层上，密闭良好。保护层表面应光滑平整，不起尘。

(4) 安装排水地漏处的楼地面应低于机房内的其他楼地面，其箅子顶面应低于设置处楼地面 5mm。

(5) 安装在电子计算机机房内的空调器，其冷凝水排水管应设有存水弯，其高度应符合设计或设备技术要求，排水管应有足够坡度。

24.5.9 电气装置验收

机房电气装置的验收主要包括供电电源系统、配电装置、自控系统、照明装置、通信设备、接地装置及其配线的安装及验收。

(1) 机房电气装置安装工程除应执行本规范外，尚应符合《电气装置安装工程施工及验收规范》的有关规定。

(2) 电气装置的安装应做到整齐、牢固、正确、标志明确、外观良好，内外清洁。

(3) 电气接线盒内无残留物，盖板整齐、严密、紧贴墙面。同类电气设备安装高度应一致。

(4) 吊顶内电气装置应安装在便于维修处。

(5) 特种电源配电装置应有明显标志，并注明频率、电压等。

(6) 电源盘、柜及其他电气装置的台座应与建筑楼地面牢靠固定。

(7) 空调、消防自控系统或装置应符合设计要求，联锁动作正确。

(8) 干线与电源盘、柜应采用压接端子连接。

(9) 机房内的电源线、信号线和通信线应分别铺设，排列整齐，捆扎固定，长度留有余量。

(10) 电源相线、中性线、保护接地线、直流工作地线、各种信号线和通信线的颜色应各不相同，并按设计要求编号。

(11) 电缆电线连接应可靠，不得有扭绞、压扁和保护层断裂等现象。

(12) 所有电气装置、导致通电运行 2h 后的温升不得超过允许值。

24.5.10 照明装置验收

(1) 吸顶灯具底座必须紧贴吊顶，不留缝隙。

(2) 嵌装灯具应固定在吊顶板预留洞孔内专设的框架上。电源线应穿钢管或金属软管，且留有裕量，并通过绝缘垫圈进入灯具，不应贴近灯具外壳。灯具边框外缘应紧贴在吊顶板上，与吊顶明金属龙骨平行。

(3) 成排安装的灯具，光带应平直、整齐。

24.5.11 接地装置验收

(1) 凡外露的正常状态下不带电的电子计算机系统设备金属壳体必须与保护接地装置可靠连接。

(2) 各类接地装置的安装及其接地电阻值应符合设计要求，连接正确。

(3) 接地装置焊接必须牢固，需涂覆部分涂层必须完整。

(4) 交流电源线路不得与直流工作地线紧贴平行敷设。

24.5.12 消防系统的验收

24.5.12.1 消防系统验收的一般规定

(1) 机房的消防系统施工及验收主要包括火灾自动报警系统和自动灭火系统的安装及验收。

(2) 消防系统的施工及验收除应执行本规范外，尚应符合现行国家有关消防标准规范。

(3) 消防工程所采用的器材和设备必须是经国家指定的检测中心确认合格的产品。

(4) 消防工程的施工单位应经有关部门确认资格后，方可施工。

(5) 消防工程应经有关部门验收。

(6) 消防设施的配置应符合设计要求。

(7) 应对消防系统进行外观检查，各部分的尺寸和位置应与设计相符，安装牢固。

24.5.12.2 火灾自动报警系统的验收

(1) 火灾探测器和底座的安装要求。

1) 探测器的底座安装应牢固，其接线端必须可靠压接或焊接，焊接时不得使用腐蚀性助焊剂。

2) 明装的探测器确认灯应面向房间的门口处。

3) 引入联动控制设备的线路，若经接线盒连接则应用金属软管，金属软管应与被联动控制设备的接线盒固定。

(2) 火灾自动报警系统开通调试前应进行下列工作。

1) 检查自动报警设备，其规格、型号和数量应符合设计要求。产品备件和技术资料应齐全。

2) 检查系统线路，如发现开路、短路、虚焊等应予排除，保证线路准确无误。

3) 火灾报警装置必须通电检查，无故障后方可接入报警系统。

(3) 火灾自动报警系统和自动灭火系统的检查要求。

1) 储存灭火药剂容器的充装量和压力应符合设计要求；

2) 按设计要求检查管道的密封和通畅性，并提交试验报告；

3) 对火灾自动报警系统进行功能检验；

4) 设备的操作条件应满足设计要求；

5) 灭火控制程序及各项操作功能、联锁功能应符合设计要求；

6) 进行报警、控制装置同灭火装置各分系统的联动试验，检查系统每个环节，工作状态应正常。试验可用氮气或压缩空气代替灭火剂。

24.5.12.3 自动灭火系统的验收

(1) 自动灭火系统的管道安装要求。

1) 安装前管道和接头内应无异物；

2) 管道必须可靠地支撑和固定；

3) 固定管道支架间距应符合表 24-10 要求；

4) 阀门等附加负荷的地方应附加支撑；

5) 管道、法兰的焊接应符合 GB 50236—1998《现场设备、工业管道焊接工程施工及验收规范》中有关规定；

6) 输送二氧化碳灭火药剂管道中三通管件的两个出口安装后应保持水平；

7) 管道、吊架和支架应按设计要求均匀涂漆；

8) 管道应良好接地。

表 24-10　　管道支架间距最大值

管道直径（mm）	支架安装间距最大值（m）	管道直径（mm）	支架安装间距最大值（m）
15	1.5	50	3.4
20	1.8	65	3.6
25	2.1		
32	2.4	80	3.9
40	2.7	100	4.3

（2）管道安装后、喷嘴安装前应进行密封性能试验，符合要求后用氮气或压缩空气进行彻底吹洗。

（3）喷嘴必须牢固安装，不得堵塞。

（4）安装控制操作装置的要求。

1）控制操作装置的周围要留出适当空间，不得有妨碍试验及操作的障碍物。

2）控制操作装置安装应牢固、平稳，不得倾斜。

（5）储存容器安装的要求。

1）储存容器的周围要留有适当的安装调试用空间，正面操作距离不得小于 1.2m；

2）储存容器安装必须牢固。

（6）消防设施的配置应符合设计要求。

（7）应对消防系统进行外观检查，各部分的尺寸和位置应与设计相符，安装牢固。

（8）火灾自动报警系统和自动灭火系统的检查要求。

1）储存灭火药剂容器的充装量和压力应符合设计要求；

2）按设计要求检查管道的密封和通畅性，并提交试验报告；

3）对火灾自动报警系统进行功能检验；

4）设备的操作条件应满足设计要求；

5）灭火控制程序及各项操作功能、联锁功能应符合设计要求；

6）进行报警、控制装置同灭火装置各分系统的联动试验，检查系统每个环节，工作状态应正常。试验可用氮气或压缩空气代替灭火剂。

24.5.13　电磁屏蔽的验收

机房电磁屏蔽工程施工及验收主要包括焊接式和装配式屏蔽室的安装及验收。

24.5.13.1　焊接式电磁屏蔽壳体的验收

（1）按设计施工图将屏蔽壳体骨架与建筑围护结构内表面固定。安装过程中应保证骨架与建筑物间的绝缘。

（2）按设计要求把预加工的单元金属板块焊成整体。焊接应符合下列要求：

1）预加工的单元金属板块必须与支撑骨架焊接牢固；

2）焊缝应均匀无毛刺，不得漏焊、虚焊。

（3）屏蔽壳体焊接现场应保持清洁。

（4）焊接过程中应随时对焊缝进行质量检验。

（5）按设计要求对屏蔽壳体表面涂漆，应均匀、牢固、无遗漏。

24.5.13.2　装配式电磁屏蔽壳体的验收

（1）屏蔽壳体安装楼地面应平整，符合设计要求。

（2）屏蔽壳体墙板组件和顶板组件的安装顺序与技术要求应符合产品说明书的规定。

（3）屏蔽壳体组装前的处理应符合下列要求：

1）铜网式组件的装配接触处应预先用酒精擦洗干净。

2）将钢板式组件与紧固件接触处的保护膜揭掉，并用酒精擦洗干净；无保护膜时，其接触处用细砂纸轻轻打磨，出现金属光泽后再用酒精擦洗干净。

3）接缝处必须严密，接触良好。螺钉必须紧固可靠。

（4）屏蔽壳体组装过程中应随时对板壁组件进行垂直、水平校正。

（5）电磁屏蔽工程应符合电子计算机机房施工及验收规范的规定。

（6）屏蔽效能测试应在屏蔽工程完成后、室内装修前进行。

（7）施工验收时施工单位应提供：竣工图；主要器材的出厂合格证、说明书；安装技术记录、隐蔽工程记录和屏蔽效能测试记录。

（8）填写验收记录。

24.5.14　屏蔽门的验收

（1）门框安装应进行垂直、水平校正，与壳体门洞处的金属板块或壁板组件进行焊接或紧固必须牢固可靠、无缝隙，不得变形。当门框与建筑围护结构内表面固定时，必须做好绝缘。

（2）按设计或产品说明书安装屏蔽门的开闭自动连杆机构或电动、气动装置。安装后应进行开闭试验，门扇应转动灵活，金属密封接触件接触应良好。

（3）喷涂漆时应对金属密封接触件进行遮盖，不得沾污。

24.5.15　波导风口和观察窗的验收

（1）应将波导风口与钢板接触面的漆层刮掉，并均匀搪锡。

（2）波导风口支架应平直、牢固，不得破坏壁板。

（3）波导风口内不得有异物。

（4）观察窗应与窗框镶嵌牢固、严密。窗框与板壁接触面应均匀搪锡。

（5）安装在壁板组件上的波导风口和观察窗应可靠、平直。

（6）波导风口、观察窗与壁板间的锡焊处必须严密、平整。

（7）焊口处涂漆应均匀，无遗漏。

24.5.16　滤波器的验收

（1）滤波器外壳与屏蔽壳体之间应衬垫软性导电材料，装接应牢固、可靠。

（2）滤波器的波导联接器与壳体装配必须紧密牢固，连接处应焊接严密。

（3）在接缝处涂漆应均匀无遗漏。

（4）焊接滤波器输出端子接线时应速焊，不得损坏接线端子的绝缘层。如用紧固卡固定引线，应牢固可靠。

24.5.17　施工单位应提交的资料和文件

施工单位应提交下列资料和文件：

（1）竣工图。

（2）设备和主要器材的出厂合格证、说明书。

（3）关键自制件、外协件的检验报告单。

（4）屏蔽机房主要器材和工序的验收报告。

（5）在各分部工程施工验收的基础上，应提交下列记录和报告：

1）隐蔽工程记录；

2）装修工程施工验收记录；

3）电气装置、空气调节、消防等工程施工验收和试运转记录；

4）综合测试报告。

室内装修、电气装置、空气调节、消防和电磁屏蔽等工程完成后，应对其外观进行检查。

参加验收的单位在检查各种记录、资料和检验电子计算机机房工程的基础上对施工质量应作出结论，填写表综合测试结论表、工程验收结论表，并应在验收报告单上签字、盖章。

机房验收通过后，将验收报告与全部系统的竣工图。档案资料、设备使用说明书、机房图纸等交信息管理部门存档。

第25章 chapter25 舞台机械灯光系统的设计与施工技术

舞台机械灯光系统工程是汇集了多个学科知识的一项综合工程，它随着相关技术的发展而发展的。舞台机械灯光系统设备的性能和档次越来越高，工程技术的重要性就越来越强，工程的施工同样的造价，不同的设计，工程质量会有高低之分；同样的设备，不同的施工技术，工程质量也会有高低之分。

本章重点介绍的内容有：舞台机械灯光系统的基础知识；舞台机械灯光系统的有关标准；舞台机械灯光系统的工程设计；舞台机械灯光系统的施工；舞台机械灯光系统的测试检验验收。

25.1 舞台机械灯光系统的基础知识

25.1.1 舞台概述

舞台是集会议、报告、文艺会演、电影放映等各种功能于一体的平台。舞台的外观和组成如图 25-1、图 25-2 所示。

舞台有伸缩舞台、旋转舞台、升降舞台、弹簧舞台、波动舞台、鼓桶式转台、舞台假台口等。

(1) 伸缩舞台。主要用在歌舞厅，时装表演厅，饭店，夜总会，会所多功能厅、礼堂、剧院等娱乐场所。为了扩大台面，增加娱乐气氛，舞台能够从主舞台下伸出来，并抬平与主舞台一个平面，增加舞台使用面积，让表演者有更大的表演空间，接近观众，达到各种特殊效果。不用时，舞台能缩回到主舞台里面。伸缩抬平舞台采用齿轮齿条或链条传动机构，采用一套动力驱动，既能实现伸缩，又能自动与主舞台抬平。传动精度高，定位准确，运行平稳。用特殊材料做轨道表面，减小摩擦力和噪声。采用蓄能器减小振动，使舞台抬平时台体平稳，噪声低，使舞台的整体效果整齐美观。

图 25-1　舞台的外观（本图引用的是北京德美高科舞台装备有限公司的图）

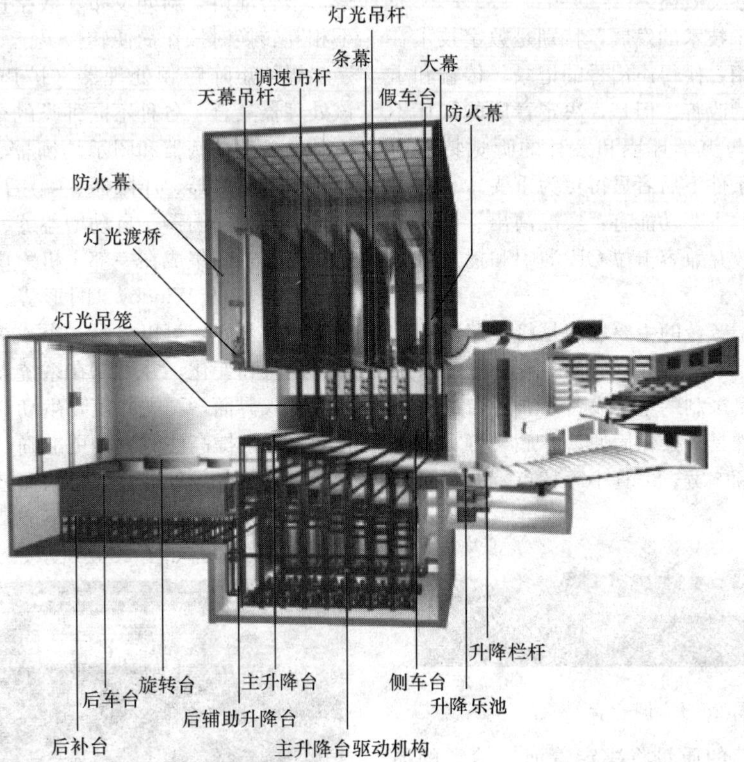

图 25-2　舞台的组成（本图引用的是北京德美高科舞台装备有限公司的图）

（2）旋转舞台。现代歌舞剧演出时必备的舞台设备，能提高剧种的演出效果。旋转舞台在现代迪斯科厅，歌舞厅和时装表演厅中，逐步得到应用。为了配合强节奏的音乐的多变的灯光，要求舞台能够旋转起来，让观众身临其境，在音响灯光中参与到舞台旋转的自动化中来，替代传统的静止舞台。旋转舞台采用自动压紧摩擦轮传动机构或齿轮传动机构或销齿传动机构，具有可逆旋转，无级调速，准确定位等功能。

（3）升降舞台。主要用在迪厅，歌舞厅的其他需要升降功能的娱乐场所。为了满足表演者和演唱者的需要，希望娱乐场所舞台能够慢慢升起，突出表演者和演唱者的动态效果，提高档次，增加整体娱乐气氛。会议升降台为会议专用升降台，它们可以相互配合，可形成供会议使用的台阶作为会议主席台用。会议升降台布置在主舞台上，与固定台和主升降台配合，可形成更多的台阶。同时，在戏剧演出中，可以形成“亭台楼阁”的道具效果。

升降乐池是乐队演奏的场所，利用乐池升降，可以扩大观众厅，扩大舞台，延伸表演区。

（4）弹簧舞台。弹簧舞台是以弹簧能储能的原理而设计的一种无动力舞台，利用人的重量使弹簧产生变形，储存能量，当弹簧变形到极限位置时，释放出储存的能量。弹簧舞台的高度一般为 30cm。弹簧舞台主要安装于娱乐场所，如迪厅、夜总会。它的主要作用是使蹦迪者在蹦迪的过程中更能感受到欢快娱乐的气氛，同时，这种新型的设备能提高迪厅、夜总会的档次，吸引更多的蹦迪者。

（5）波动舞台。波动舞台是一种特殊的活动舞台，台面可以自动地围绕台面中心点作环状波浪形起伏运动，波动频幅可由程序控制，给人一种激情欢快的感觉。

（6）鼓桶式转台。鼓桶式转台是有多个升降台组成，互相之间且与钢结构均无接触，可独立升降，整个转台可旋转。适合与戏剧场主舞台区机械。

（7）舞台假台口。活动假台口具有改变台口尺寸，安装各种灯具、摄像拍剧照及特技摄影功能，使舞台更适合各种剧情的演出要求。

活动假口由电动曳引式升降片和电动（或手动）左右两侧片组成。侧片采用悬挂式及下部为薄片的结构。三片均可上人操作。

25.1.2 舞台音响系统概述

随着科技的进步技术的发展，特别是数字技术在音频领域中得以应用，使得声信号的记录、传输和重放的音质有了很大的改善。但是，决定音质的好坏不仅与设备有关，还与声学环境和人耳的听觉特性有关，在同样设备的条件下后者显得更为重要。

舞台音响系统的主要功能有：实况演出、会议扩音、录音，音乐重放并兼容卡拉 OK 演唱和播放背景音乐之功能。

(1) 调音台。调音台的主要功能是将多路输入信号进行放大、混合、分组、音色修饰和音响效果加工、音响播送、节目录制的重要设备。调音台的一般功能外，而且还特殊具有操作简便、本底纯静、推杆十分平滑、流畅，频响宽、失真小等特点。调音台如图 25-3 所示。

图 25-3 调音台

(2) 话筒。话筒的质量将决定着演出拾音的质量。为了满足实况演出、会议、新闻发布会等的拾音需求，音响系统系统中配备话筒。话筒分话筒、专业无线手持话筒和专业无线领夹话筒。

(3) 均衡器。均衡器用于功放，抑制反馈或将话音或乐器声置于混响中，有助于防止过载。

(4) 多波段音响增强系统。多波段音响增强系统改善听觉效应，使立体声空间效果获得灵活的加宽，音响节目能获得明晰度和活力而不会改变其原有的声学性质。获得低音功率和高频清晰度、获得悦耳音响改善的“自然声”。

(5) 音箱。音箱是整个音响系统的终端设备。其作用是把音频电能转换成相应的声能，并把声能辐射到空间去，供人的耳朵直接聆听声音这么一个关键任务。由于人耳对声音的主观感受正是评价一个音响系统音质好坏的最重要的标准。可以说，音箱的性能高低对一个音响系统的放音质量是起着关键性的作用，也是整个音响系统极其重要的组成部分。音箱的特点是高清晰、强震撼。

(6) 功率放大器。功率放大器的作用是放大输入信号，产生足够的不失真输出功率，以驱动扬声器正常工作。

(7) 数字多媒体矩阵音频处理器。为了兼顾影院扩声和会议娱乐扩声的需求，系统在会议、演出娱乐、报告演讲、新闻发布、数字影院等多种使用模式下相互转换时操作简便转换灵活，在扩声系统采用数字多媒体矩阵音频处理器（扩声多媒体音频矩阵）。该处理器集合了各种不同种类的信号分配器、数字式可调整参数均衡器和图示均衡器、2 分频至多分频的分频器、延时器、压限器、噪声门、自动哑音器、输出选择器、均衡器、自动增益器、扩展器等功能，通过软件将它们集成在一部主机之中。使用时，通过一个高解像度的 Windows 图形界面，显示色彩鲜明，界面非常友好，可以显示一个或多个子系统界面的编辑、运行和变化，并可以在系统设计时引入其所需的图片进入界面，图文并茂，生动活泼。可以提起使用者的兴趣，提高注意力，更准确，更直观地工作。由于采用数码音频处理，信号的噪音大大的减小，具有许多传统模拟音频处理器所不能达到的。数字多媒体矩阵音频处理器如图 25-4 所示。

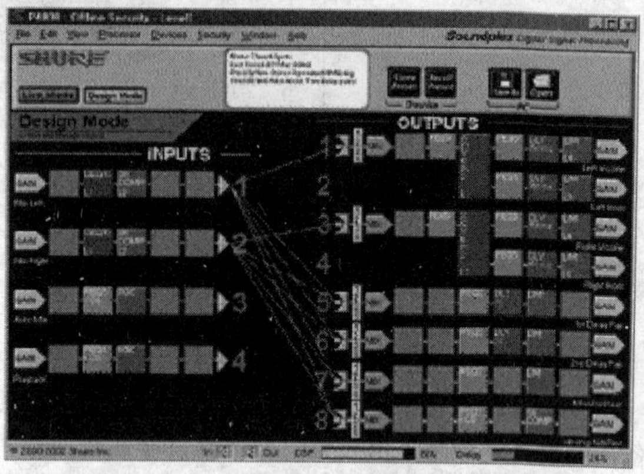

图 25-4 数字多媒体矩阵音频处理器

25.1.3 舞台灯光系统概述

灯光建设在舞台、演示厅内，要求其在总控室的控制台上即可对舞台、演示内灯光的开与关、亮暗逐级变化状态能够进行控制，灯光色温、中心照度、灯光效果等技术指标达到适合现场拍摄录像和会议的要求。随着数字时代的到来，灯光技术的迅猛发展，使得电脑灯光逐渐成为各剧场音乐厅、演播厅、娱乐场所的主要效果用灯。

25.1.3.1 舞台灯光的要素、属性和目的

(1) 舞台灯光的要素。舞台灯光有四个要素：视觉、写实、审美、表现。

1) 视觉。一般说来，灯光要满足大面积布光，避免出现灯光盲区，灯光布局对演员和观众是一种语言：情节的发生和感情变化。应充分运用灯光向演员和观众表达情感寓意，在观众的心中产生：“灯光无声胜有声”的舞台效果。

2) 写实。通过调整灯光角度和颜色，可以改变

人的视觉效果、使瘦子变胖子，使胖子变瘦子，使矮个变高个，使高个变矮个。给观众一种艺术享受。

3）审美。舞台灯光的美术表现空间造型的基础，光色的造型效果不仅可以强调人物的表演、事件的时间、季节和环境的气氛，而且灯光的明暗还能加强虚实的表现，有助于感染人的情绪，引起联想。

4）表现。灯光表现总是以它特有的明暗手段表现环境和突出人物，尤为重要是以景托人。明暗，强弱的变化，起到配合剧情、烘托表演的作用处理。

（2）舞台灯光的属性。舞台灯光有四个属性：亮度、色彩、分布和移动（指灯光的变化）。舞台灯光的属性是可控制的。

（3）舞台灯光的目的。运用舞台灯光的属性可达到四个目的：清晰度、组合、形状显示、气氛。

25.1.3.2　常用舞台灯光

（1）面光。自观众顶部正面投向舞台的光，主要作用为人物正面照明及整台基本光铺染。

（2）耳光。位于台口外两侧，斜投于舞台的光，分为上下数层，主要辅助面光，加强面部照明，增加人物、景物的立体感。

（3）柱光（又称侧光）。自台口内两侧投射的光，主要用于人物或景物的两侧面照明，增加立体感、轮廓感。

（4）顶光。自舞台上方投向舞台的光，由前到后分为一排顶光、二排顶光、三排顶光……，主要用于舞台普遍照明，增强舞台照度，并且有很多景物、道具的定点照射，主要靠顶光去解决。

（5）逆光。自舞台逆方向投射的光（如顶光、桥光等反向照射），可勾画出人物、景称的轮廓，增强立体感和透明感，也可作为特定光源。

（6）桥光。在舞台两侧天桥处投向舞台的光，主要用于辅助柱光，增强立体感，也用于其他光位不便投射的方位，也可作为特定光源。

（7）脚光。自台口前的台板上向舞台投射的光，主要辅助面光照明和消除由于面光等高位照射的人物面部和下颚所形成的阴影。

（8）天地排光。自天幕上方和下方投向天幕的光，主要用于天幕的照明和色彩变化。

（9）流动光。位于舞台两侧的流动灯架上，主要辅助桥光，补充舞台两侧光线或其他特定光线。

（10）追光。自观众席或其他位置需用的光位，主要用于跟踪演员表演或突出某一特定光线。

25.1.3.3　舞台灯具

（1）普通照明灯。采用普通照明灯，可以满足照明和一般质量的摄像需要。这样可以省去昂贵的冷光源灯，节约资金。

（2）冷光源灯。冷光源灯，一部分是可调光的，另一部分是不可调光的。冷光源灯是专门为会议室、演示厅、舞台等对光线质量要求高的场合设计的，除了保证照明需要外，还可为彩色摄像提供高质量的光源。冷光源灯光主要特性介绍如下：

1）光线柔和、均匀、舒适、无辐射热。

2）高效率的反光镜和遮扉、灯具光能利用率高。节省电能 70%以上。

3）灯管色再现性好，显色指数达 85～95，可与卤钨灯配合使用。

4）灯管发光效率高（70～80lm/W），寿命长（1 万 h）。

5）进口高效电子镇流器，用模拟信号调光，调光范围大，色温不变。

6）适合于会议室、新闻演播室等使用。

（3）三基色冷光灯。三基色灯特点：

1）光源为 6×55W 专用三基色灯管，冷光源、平均使用寿命 1000h；

2）色温为 4000K；

3）效果为会议照明灯光。

（4）天排灯。天排灯特点：

1）光源为 1250W 专用灯管，平均使用寿命 500h；

2）色温为 3000K；

3）效果为背景照明灯光。

（5）灯光吊笼。灯光吊笼是舞台布置侧光灯具的设备。吊笼为框架结构，有二层上人平台，可操作灯光，备有伸缩梯可供操作人员上下。灯光吊笼可按不同要求实现电动垂真升降、台深平移、台心平移及其任意组合运动。

（6）灯光渡桥。灯光渡桥是用于舞台上部布设顶光灯具的主要设备。它可将舞台两侧的一层天桥通过码头连接起来，工作人员可在其上方便地调节灯光，调整灯具角度及位置，换色纸等。灯光渡桥为框架结构，有较宽而安全的行人通道。采用电动曳引带配重的方式驱动。由八根直径 12mm 的钢丝绳吊挂。安全可靠。

（7）灯光吊笼。灯光吊笼是舞台布置侧光灯具的设备。吊笼为框架结构，可操作灯光，备有伸缩梯可供操作人员上下。灯光吊笼可按不同要求实现电动垂直升降，台深平移，台心平移及其任意组合运动。

（8）聚光灯。聚光灯是舞台照明上使用最广泛的主要灯种之一，目前市场有 1kW 和 2kW，以 2kW 使用最广。它照射光线集中，光斑轮廓边沿较为清晰，能突出一个局部，也可放大光斑照明一个区域，作为舞台主要光源，常用于面光、耳光、侧光等光位。

(9) 柔光灯。柔光灯光线柔和匀称，既能突出某一部分，又没有生硬的光斑，便于几个灯相衔接，常见的有0.3kW、1kW、2kW等。多用于柱光、流动光等近距离光位。

(10) 回光灯。回光灯是一种反射式的灯具，其特点是光质硬、照度高和射程远，是一种既经济、又高效的强光灯，常见的主要有0.5kW、1kW、2kW等，以2kW使用最多。

(11) 散光灯。散光灯光线漫散、均称、投射面积大，分为天排散光和地排散光，常见的有0.5kW、1kW、1.25kW、2kW等，多用于天幕照射，也可用于剧场主席台的普遍照明。

(12) 造型灯。造型灯介于追光灯和聚光灯之间，是一种特殊灯具，主要用于人物和景物的造型投射。

(13) 脚光灯。脚光灯又称条灯，光线柔和，面积广泛。主要作为向中景、网景布光、布色，也可在台口位置辅助面光照明。

(14) 光柱灯。光柱灯又称筒灯，目前使用较为广泛，如P46、P64等型号。可用于人物和景物各方位照明，也可直接安装于舞台上，暴露于观众，形成灯阵，作舞台装饰和照明双重作用。

(15) 投影幻灯及天幕效果灯。投影幻灯及天幕效果灯可在舞台天幕上形成整体画面，及各种特殊效果，如：风、雨、雷、电、水、火、烟、云等。

(16) 电脑灯。电脑灯是一种由DMX512或RS-232或PMX信号控制的智能灯具，其光色、光斑、照度均优于以上常规灯具是近年发展起来的一种智能灯具，常安装在面光、顶光、舞台后台阶等位置，其运行中的色、形、图等均可编制运行程序。由于功率大小不同，在舞台上使用要有所区别。一般小功率电脑灯，只适合舞厅使用。在舞台上小功率计算机灯光线、光斑常被舞台聚光灯、回光灯等淡化掉，所以在选用上要特别留意。

(17) 追光灯。追光灯是舞台灯光的灯具，特点是亮度高、运用透镜成像，可呈现清晰光斑，通过调节焦距，又可改变光斑虚实。有活动光栏，可以方便的改换色彩，灯体可以自由运转等。在功能上区分为：机械追光灯，其调焦、光栏、换色均为手动完成；另一种为计算机追光灯，其调焦、光栏、换色、调整色温均通过推拉电器而自动完成。

25.1.3.4 灯控台及调光设备

灯控台是灯光系统的控制中心，负责整个灯光系统的控制，包括传统灯具的调光、换色、计算机灯具的控制及其他舞台设施的控制。

(1) 舞台灯光换色器。舞台灯光换色器主要有机械换色器和电及换色器两种。

1) 舞台机械换色器：其设计简便，价格较低，为20世纪80～90年代中期主流产品，目前以接近于淘汰。

2) 舞台计算机换色器：是近几年发展起来的新型换色器，其采用国际标准的信号输出，可由专用控制器控制，也可连接于计算机调光台使用，它有多模式、高精度、大容量、控制距离远等特点，成为目前市场换色器的主流产品。

(2) 舞台灯光调光器。目前市场调光器，主要有模拟调光器和数字调光器，它们的特点如下：

1) 模拟调光器：使用模拟调光技术，输出信号为0～10V一对一输出。一般模拟调光器设计简单，控制器路较少，调光曲线差，但市场价格较低，易于学会掌握，为20世纪70年代末到90年代中期的主流产品。常见的有3路、6路、9路、12路、18路、24路、60路、120路等，每路功率多为8kW，但也有2、4kW等，小路数多为一体机，大路数为分体机。

2) 数字调光器：使用音片机技术，为数字信号。数字调光台使用方便（特别是大回路），其调光功能、备份功能、编组功能、调光曲线等均优于模拟调光台、性能价格也比较合理，很受用户欢迎。常见的有12路、36路、72路、120路、240路、1000路等，每路多为2、4、6、8kW等。在了解了灯位、灯具特点和控制设备及换色器后，就可以根据各自特点、使用规模的大小、用灯繁简，因地制宜地使用。

25.1.3.5 灯光系统的应用配置

剧场灯光系统的应用配置：回光灯、聚光灯、柔光灯、天排灯、P64筒灯、地排灯、追光灯，成像灯、电脑灯等。换色器控台、硅箱、调光台、舞台机械幕布、烟机、泡泡机、雪花机、气柱、手摇大号灯架、保险链、接线盒、接插件等。

会议兼演出类型多功能厅灯光系统的应用配置：冷光聚光灯、三基色柔光灯、内嵌式三基色柔光灯、P64筒灯。换色器控台、天排灯、地排灯、舞台机械幕布、电脑灯、追光灯、调光台、硅箱等。

电视电话会议室灯光系统的应用配置：内嵌式三基色灯、三基色柔光灯、内嵌电动可翻转或三基色灯等。

虚拟或中小型演播室灯光系统的应用配置：铝轨、万向器、灯具滑车、电缆滑车、三基色柔光灯、可调光三基色柔光灯、透射式聚光灯、三动作聚光灯、镝灯、天幕灯、双反射柔光灯、背景蓝布、蓝箱、硅箱、调光台、电脑灯等。

歌舞厅、摇吧灯光系统的应用配置：双镜烟花灯、伴舞灯、十字满天星、太空魔球，流水风云灯、频闪激光灯、万丈光芒灯、电脑灯、超级十六爪烟机、泡泡机等。

迪厅灯光系统的应用配置：双尾镭射灯、无极剑灯、频闪灯、六眼灯、激光灯、电脑灯、烟机、泡泡机等。

25.1.4　舞台机械概述

舞台机械是剧场中必不可少的设备，担负着快速换场换景和装饰的重要作用。因此舞台机械设备的性能和质量尤为重要。舞台机械设备由前沿幕吊杆、电动水平吊杆、灯光吊杆、车台设备、补台设备、液压升降台、银幕架、二道幕、天幕、均匀伸缩大幕、电动幕等组成。

25.1.4.1　吊杆

（1）舞台手动单吊杆。手动单式吊杆通常安装在舞台的台面上，其平衡体行程与杆体行程为 1∶1 关系，平衡体重量与吊物重量也基本相同，并具备固绳装置，有二道幕的舞台不宜选用手动单式吊杆。

（2）舞台手动复式吊杆。手动复式吊杆通常安装在二道幕天桥上，具有不占用演出区，保持一道幕天桥侧墙下的整洁，安装要求舞台面到棚顶下檐的高度是台口高度的两倍加 1.6m。

（3）电动吊杆。电动吊杆设置于主舞台上空，用于提升布景、道具和幕布。电动吊杆在舞台演出时平繁升降，对安全性和噪音提出很高要求。

电动吊杆是平行于台口能升降的小平杆体。用以悬挂幕布、软景、灯具等。吊杆行程一般自棚顶下 0.5m 到舞台面 1.5m 左右。电动吊杆有单槽吊机、四槽吊机、大直径双抱络吊机、多点吊机等多种驱动形式。

（4）电动灯光吊杆。电动灯光吊杆设置于主舞台上空，用于吊挂顶光灯具。并作为景区划分标记。

25.1.4.2　车台设备

车台是实现舞台大面积大行程平移的机械装备。可根据剧情参加演出，能迅速准确地实现换场、换景等。采用有效的导向系统，使车台在移动过程中与固定台的间隙小，运行平稳。速度的无级变化，使演出更加逼真。

25.1.4.3　补台设备

补台是当车台运行时，用于补偿原车台的位置一种舞台机械。它可设置于左右车台的下方或两侧，有剪臂叉升降式和链板输送式等几种装置。

25.1.4.4　液压升降台

液压升降台是为增加剧情，搭设道具等现场演出时使用，采用液压技术，升降平稳，噪声低。液压升降台如图 25-5 所示。

图 25-5　液压升降台

舞台机械系统包括银幕架、二道幕、天幕、均匀伸缩大幕、电动幕等。

25.1.5　舞台幕布概述

舞台幕布是各种类型剧场、影剧院、礼堂、俱乐部、演播厅等舞台上不可缺少的设备，它起着装饰舞台，提高演出效果的作用，目前舞台上广泛使用的幕布主要有舞台大幕、二道幕、三道幕、檐幕、横侧幕、纱幕、天幕、吸音幕、串叠幕、侧幕、安全防火幕等种类。舞台幕外观如图 25-6 所示。

（1）大幕。大幕在台口内，是舞台的门户，也是舞台上主要幕布。它主要用于演出开始和结束的启闭，有时也用作场幕使用。大幕类型有启闭式、升降式、串帘式、均匀式等。开启可有水平对开，蝶形对开，升降三种形式。大幕拉幕机是舞台上使用最频繁的设备之一，采用无级调速控制，使大幕的运动随剧情需要随意变换速度，起到烘托艺术气氛的作用。

（2）二道幕。二道幕起装饰和分割演区的作用。

（3）三道幕。三道幕起装饰和分割演区的作用。三道幕组成如图 25-7 所示。

二、三道幕是用于各种表演形式的独唱、演唱、独奏等，在各种戏剧、戏曲的片段中 利用二、三道幕的启、闭更换布景和道具。类型有启闭式、升降式、串帘式、均匀式等。

（4）檐幕。檐幕是大幕前上台口的横幕，用它作为舞台上檐的假台口，挡住观众对舞台上空的视线，

图 25-6　舞台幕外观

图 25-7　三道幕组成

它与大幕形成配套，因而衬托了大幕的美观。类型有升降式，固定式等。

(5) 横侧幕。横侧幕是舞台两侧和上空的幕布，它起到掩盖观众对舞台侧和上空的视线，是为观众对舞台美感设计的，同时增强了观众对舞台的立体感，类型有升降式、固定式、实物陈列式等。

(6) 纱幕。纱幕是舞台艺术用幕，常用于舞蹈和特殊效果，提高舞台的立体感，类型有启闭式、升降式等。

(7) 天幕。天幕是为演出中投射幻灯布置用幕，在演出中为保证演出背景光需要，可根据剧情的发展，更换不同的布景或景物，在幻灯的变换下，使观众有一种身临其境的感觉。类型有升降式、串帘式、固定式等。舞台上的布景幕，演出时通过照明灯光和幻灯片来表现天空、地平线、染色等效果。

(8) 吸音幕。吸音幕用于防止更换布景时的噪声以及遮挡更换布景时的过程。

(9) 串叠幕。串叠幕是一种装饰性的上下开闭的幕布，可通过不同数量组合、分成不同宽度，连串升降，形成不同的构图。

(10) 侧幕。侧幕往往和台上的布景结合，可以遮挡舞台上部和两侧不便被观众看到的部分，也可以遮挡灯光器械和舞台器械。

(11) 银幕架。银幕架适用于电影放映。宽银幕架是多功能剧场、影剧院必备的舞台机械设备。采用薄壁无缝钢管桁架结构制成的银幕架重量轻、刚性好，有弧度和仰角，带护幕装置。宽银幕架提升机采用曳引式带配重的机构，升降平稳，制动可靠。

(12) 安全防火幕。安全防火幕是剧场舞台发生火灾时在无外力情况下自动下降，将火灾发生区与观众迅速隔离的防火设备，幕体在下降过程中逐级减速，平稳降至台面，并与台口保持可靠密封。舞台安全防火幕幕体为轻型钢结构，正反面涂有防火涂料。幕体上部可设有水帘装置。发生火灾时可自动喷水，使幕体降温。

25.1.6　舞台视频系统

舞台视频系统主要满足的功能是会议、报告时的信息显示和娱乐活动时的图像显示，以及 DVD 影视观看等。

根据舞台的场地座位分布和场地特点，设计采用高亮度投影机，采用正投方式投射的视频显示方式。

视频系统请参见本书第 22 章 LED 大屏幕显示系统的设计与施工技术的章节。

25.2　舞台机械灯光系统的有关标准

GA/T 74—2004《安全防范系统通用图形符号》

GA/T 75—1994《安全防范工程程序与要求》

GB/T 14218—1993《电子调光设备性能参数与测试方法》

GB 15734—1995E《电子调光设备无线电骚扰特性限值及测量方法》

GB 50034—2004《建筑照明设计标准》

GB/T 4959—1995《厅堂扩声特性测量方法》

GB 7000.15—2000《舞台灯光、电视、电影及摄

影场所（室内外）用灯具安全要求》

GB/T 50311—2007《综合布线系统工程设计规范》

GB/T 50314—2000《智能建筑设计标准》

GB/T 14476—1993《客观评价厅堂语言可懂度RASTI法》

GB/T 7002—2008《投光照明灯具光度测试》

GB 50045—1995《高层民用建筑设计防火规范》

GB 50303—2002《建筑电气工程施工质量验收规范》

GB 50034—2004《建筑照明设计标准》

GBJ 232—1992《电气装置安装工程施工及验收规范》

GY 5045—2006《电视演播室灯光系统设计规范（附条文说明）》

GYJ 25—1986《厅堂扩声系统声学特性指标》

JGJ/T 119—2008《建筑照明术语标准》

JGJ 31—2003《体育建筑设计规范（附条文说明）》

JGJ 16—2008《民用建筑电器设计规范》

JGJ 57—2000《剧场建筑设计规范（附条文说明）》

GB 50169—1992《电气安装工程接地装置施工质量验收规范》

GB 9525—1986《厅堂扩声系统声学特性指标》

GB 50258—1996《电气装置安装工程施工及验收规范》

GB 4959—1995《厅堂扩声特性测量方法》

GBJ 76—1984《厅堂混响时间测量规范》

GB/T 14197—1993《声系统设备互联的优选配接值》

JGJ 58—1988《电影院建筑设计规范》

WH/T 18—2003《演出场所扩声系统的声学特性指标》

JGJ—T 16—1992《民用建筑电气设计规范》

QB/T 2137—1995《影视舞台用散光灯具技术条件》

SJ 2112—1982《厅堂扩声系统设备互联的优选电气配接值》

WH 0201—1994《歌舞厅照明及光污染限定标准》

WH 0202—1995《舞台灯光图符代号及制图规则》

WH 0204—1999《舞台灯具光学质量的测试与评价》

25.3 舞台机械灯光系统的工程设计

25.3.1 舞台机械灯光系统的工程设计要求

(1) 舞台灯光照明系统的工程设计的要求。

1) 舞台照明系统的使用功能要求满足各种综合演出活动的需要，保证举行大中型会议照明和电视现场转播录像的需要；

2) 主演区最大白光照度大于1200lx；

3) 在不同的位置提供备用调光箱的电源和直通回路，满足全方位连续布光需要；

4) 提供尽可能多的投光位置，每个演出位置至少有四个以上方向的投光角度，有光的立体感。防止眩光、反射光及无用的光斑。

(2) 舞台机械设计工程设计的要求。

1) 舞台机械的零部件尽可能标准化和通用化。

2) 所有的材料必须是新的，材料质量应符合有关标准。

3) 舞台机械的设计应考虑一般维修工作的简单和快捷。

4) 要考虑运动零部件的润滑。

5) 钢丝绳、链条等部件的调整和检查。

6) 设备应充分考虑现场安装快速高效。

7) 舞台机械设计前必须考虑舞台机械使用地的各种气候条件，温度为－25～40℃，湿度为5%～95%。

8) 工作环境条件为温度0～40℃，相对湿度≤80%。

9) 所有设备均可实现单机运行，也能实现逻辑联合运行。联合运行时，当一单机运行或多台单机运行时，彼此间要发生干扰或破坏设备的情况下，实行设备间的运行互锁。

10) 设备操作可以在操作台（板）上进行，也可以手动操作。

11) 电源要求为：50Hz：三相380V AC，电压波动－15%～15%。

12) 电动吊杆定位精度为±5mm，同步精度为±10mm。

(3) 与灯光与照明设计的要求。

1) 扩声系统的供电应与灯光照明供电分开，电源要经稳压设备处理。

2) 扩声系统供电电源的变压器组应与照明、空调等大电流供电电源的变压器组分开。

3) 扩声系统供电容量AC 220V/10kVA，有条件的话，最好二路供电，主、备自动切换。

4) 电力管线与音响管线应尽量避免平行，若实在无法克服时，其间隔不得小于50cm。

25.3.2 舞台工程设计

(1) 舞台假台口设计。舞台假台口设计要考虑：

1) 升降片的运行速度：0.1m/s。

2) 侧片电动平移速度：0.1m/s。

3) 侧片行程：1～3m。

(2) 旋转舞台设计。旋转舞台设计要考虑：

1) 齿轮齿条式旋转舞台。

2) 摩擦轮式旋转舞台。

3) 销齿旋转舞台。

4) 钢丝绳旋转舞台。

5) 动载荷：100kg/m^2。

6) 静载荷：300kg/m^2。

7) 升降速度：0.1～1.5r/min（可调速）。

(3) 波动舞台设计。波动舞台设计要考虑：

1) 动载荷为 100kg/m^2。

2) 静载荷为 500kg/m^2。

3) 倾角为 1.5°。

4) 波动频率为声控。

(4) 伸缩舞台设计。伸缩舞台设计要考虑：

1) 伸缩舞台原始高＞300mm。

2) 主舞台原始高＞450mm。

3) 行走速度为 0.1～0.5m/s。

4) 动载荷为 100kg/m^2。

5) 静载荷 500kg/m^2。

25.3.3 舞台音响系统设计

音响扩声系统设计的根本问题是声学问题，不是简单的设备选型与组套，舞台最终的音质效果是电声与扩声综合设计效果的体现，扩声系统设计首先要研究指定空间的声场，这一点非常重要。只有对要设计的舞台、厅堂的声场有深入的了解，并进行仔细的研究之后，进而对厅堂进行扩声设计、处理和电声系统设计，并使二者完美结合，才能给出准确的“设计”，并获得最佳的音响效果。

25.3.3.1 了解舞台建筑数据

(1) 舞台建筑体型形状；（关系到声学缺陷的产生，反射声的分布）。

(2) 舞台容积；（确定房间常数、混响时间）。

(3) 舞台内墙面、顶棚、地面、坐椅等材料吸声系数。

(4) 舞台座位数及其排列。

(5) 扬声器的位置。

(6) 近次反射声的分布。

了解舞台建筑数据后，充分考虑到直达声和混响声的扩散与叠加及声学比、混响半径等声学指标，并以此为基础对扩声系统进行声场设计。因为只有对声场深入仔细了解后，才能给出准确的电声设计指标，获得最佳的音质效果。

25.3.3.2 舞台、厅堂音响系统的扩声设计要求

音响器材的配置是十分考究的，其中功放与音箱的配置是最重要的，功放与音箱的配置所涉及的方面很多，例如功放牌号、功率管类型的选择及低灵敏度音箱应配置哪种功放等。

有些设计人员给音箱配置较小功率的功放，有些设计人员给音箱配置很大功率的功放，是小是大都不合适的都会给设备造成损坏。在功放与音箱配置中，功放功率的确是关键，也就是说，功放功率的确定原则应该是统一的。需要根据一系列计算确定音箱功率，然后再由音箱功率确定功放功率。

功放功率应大于音箱功率，但不能太大。在一般应用场所功放的不失真率应是音箱额定功率的 1.2～1.5 倍；而在大动态场合则应该是 1.5～2 倍。要重点注意以下要点：

(1) 舞台、厅堂的扩声特性指标按国家一级特性指标要求进行设计。

一级特性指标要求如下。

1) 最大声压级：大于等于 110dB；

2) 传输频率特性：以 100～6300Hz 的平均声压级为 0dB，在此范围内允许 ± 4dB，50Hz～10000Hz 允许＋4～－8dB；

3) 传声增益：－8dB，125Hz～4000Hz；

4) 声场不均匀度：小于等于 8dB，1000～4000Hz；

5) 总噪声级：小于等于 30dB (A)。

(2) 在海拔空气压力下，声音速度 21 摄氏温度时为 344m/s，温度越低，空气里的分子密度就会增高，声音的速度就会下降，音频及波长与声音的关系是：波长＝声音速度/频率。

(3) 音箱所发出来的声音不能直接射到地面上。

(4) 在台口两旁的主音箱，它们的低音纸盆离开地面及旁边的墙壁应大于在 1.5m。

25.3.3.3 扩声系统的扬声器布局

在大多数情况下，音响系统接收到的是微弱信号（例如：与会者发言），要把信号放大才能被听众听到，当配置音响系统时，音响工程师的对几个重要目的特别注意：

(1) 对整个听众席声音的均匀分布，对所有座位有均匀的响度，以及减少“死区”。

(2) 对整个听众区有稳定的系统频率响应，和均匀的音色。

(3) 提高清晰度和可懂度，因此讲话和歌唱的每个词都十分清楚。

(4) 创造适当的“声场”给语言、音乐有舒适的空间，音响效果得到真实地表现。

达到以上目标，必须做到一下几点：

(1) 在各种舞台、厅堂规模和形状条件下，扬声器摆位要遵循语言兼音乐的扩声标准；

(2) 舞台、厅堂和安装结构要避免造成因厅堂只注重装饰美观而忽略了建声装饰设计而带来的劣化音色；

(3) 合理的选择音响扩声设备，功率搭配得当。

25.3.3.4 音箱安装位置设计

采用了标准的语言兼音乐扩声类型扬声器系统。采用标准的立体声音箱布置方式，采用了一对主扩声扬声器和一对低频扬声器，放置在舞台台口两侧，主要用于语言扩声和小型文娱娱乐活动的扩声使用。

扬声器的选型与布局是整个扩声系统设计的重要一环，因为声学最终效果由此而体现。扬声器应具有：高灵敏度、高指向因数（Q值）、恒定指向性。

音箱应具有：音色保真度高、声压级大、效率高、声音定位要好。人声表现力要好，灵敏度高、低音力度强、冲击力足、高音清澈优美不刺耳。

(1) 主扩声音箱音箱指标特性。

1) 频率范围：35Hz～20kHz。

2) 灵敏度 1W/1m：98dB SPL。

3) 最大声压级：133dB SPL。

4) 连续功率：500W，8Ω。

5) 指向性：Horizontal 90°/Vertical 50°。

6) 类型：双 15in 二分频音箱。

(2) 重低音音箱指标特性。

1) 频率范围：33Hz～125Hz。

2) 灵敏度 1W/1m：96dB SPL。

3) 最大声压级：122dB SPL。

4) 连续功率：1200W，4Ω。

5) 指向性：Horizontal 360° /Vertical 360°。

(3) 返送音箱音箱特性指标。

1) 频率范围：60Hz～20kHz。

2) 灵敏度 1W/1m：95dB SPL。

3) 最大声压级：129dB SPL。

4) 连续功率：250W，8Ω。

5) 指向性：Horizontal 95° /Vertical 50°。

25.3.3.5 扩声多媒体音频矩阵

为了兼顾影院扩声和会议娱乐扩声的需求，系统在会议、演出娱乐、报告演讲、新闻发布、数字影院等多种使用模式下相互转换时操作简便转换灵活，在扩声系统设计时采用数字多媒体矩阵音频处理器系统。

(1) 功能变化多、调控方便。一般传统的模拟式电子音响设备组合模式是固定的，不易根据外界不断的应用变化来改动。就是可以改动，时间也太长，并要专业技术人员协助，因为调控设备分布广，使用者调控空间大，操作时间长，反应速度慢，所以成本高，调控烦琐。而数字多媒体矩阵系统只需通过计算机显示器，显示友好的工作界面，让使用者注意力集中，操作简便。在做好的预设中只需要按一个按键，就可以进行系统的转换和调控。

(2) 工作适应面广。当模拟电子音响周边设备一次调好后，在使用中就不易再变动。因此，每次活动的变更，客户的各种要求，都需要操作者花费许多时间和精力来进行调整，有时因条件局限，甚至是难以完成的。而媒体矩阵是由计算机控制的，各种变化过程都只需鼠标一点，即可完成，且存储量大。上一次，甚至多少年前的参量依然可以保留，所以非常适应客户的需要。不论任何人，任何节目，任何活动，只要在存储原始记录值，多少年后依旧可以恢复原来的风采，省时、省力，适应面广。

(3) 精密度高、信噪比高。由于使用数码总线和计算机调控，所调控的精密度要远远高于普通模拟音响设备，所以调控参量的准确度较高，能让各种配合扩声工作的全部数据，均处在最佳位置。使音响还音设备和节目源（音源）达到最佳还音效果。而且使用 DSP 处理只有 A/D、D/A 转换，根本就不存在一般设备的互联问题，所以极少有机会引入噪声，不仅连接变得方便，而且信噪比要高很多。

(4) 连接方便、一致性好、设备间传输故障率低。系统中的各种设备使用电脑操作，DSP 处理软件跳线互联，节省了大量的处部连线，不仅系统成本有所降低，而且大大提高了系统的稳定性。同时，DSP 设备都是数码的，大家在同一高水平的档次上，一致性、互补性好。不存在一般模拟电子音响设备，由于技术水平问题，进货渠道问题，资金分配问题，代理产品问题等诸多因素的影响，而造成系统周边设备性能参差不齐、搭配不尽合理，在整个系统中形成“瓶颈”，影响全部设备功效的发挥，浪费投资。

(5) 体积小、重量轻、占地少。数码计算机化的设备体积小，重量较轻，因此所需空间也较小，可以使控制室活动空间大一些，便于操作和散热通风，也便于维护保养。

25.3.3.6 无线话筒

(1) 无线手持话筒。无线手持话筒特性指标如下。

1）双接收单手持无线话筒。

2）指向性：心型。

3）频响范围：50Hz～18kHz。

4）防震设计。

5）工作距离：100m。

6）输出阻抗：3kΩ。

7）自动增益范围：40dB。

（2）无线领夹话筒。无线领夹话筒特性指标如下。

1）双接收单领夹无线话筒。

2）指向性：超心型。

3）频响范围：50Hz～18kHz。

4）防震设计。

5）工作距离：100m。

6）输出阻抗：3kΩ。

7）自动增益范围：40dB。

25.3.4　舞台灯光设计

舞台灯光设计要借鉴成熟、新颖的布光方式，采用以电脑灯光为主，舞台会议照明灯光为辅的布光方式。

25.3.4.1　舞台演出灯光设计要点

舞台演出灯光设计要重点注意以下六点内容：

（1）戏曲演出灯光要求。

1）重点突出服装的绚丽多彩，面光、耳光、柱光、顶光应能支持演员表情和手势，但不宜过强、宜多用白光或淡光。

2）勾画出人物、景观的轮廓，增强立体感和透明感。

（2）舞蹈演出灯光要求。

1）面光、耳光、柱光、顶光、追光应能支持演员表情和手势。

2）背景灯要强烈艳丽。

3）顶光、面光要白或淡，突出服装、表情、姿势。

4）宜选用追光，突出领舞者。

（3）歌曲演唱演出灯光要求。

1）歌曲演唱演出人数较少，宜用灯光缩小舞台轮廓。

2）演唱演员表演宜用追光。

3）顶光、面灯宜用淡色。

（4）现代舞演出灯光要求。

1）适时使用追光灯、柔光灯突出领舞、领唱和伴奏。

2）宜选用投影幻灯、天幕效果灯、电脑灯、频闪灯、烟机等增强效果。

（5）乐器演奏演出灯光要求。

1）宜选用顶灯、面灯，使观众能看清乐器演奏者、乐器、演奏手法。

2）宜选用追光突出指挥和独奏。

3）配备台灯，使演奏者能看清乐谱。

（6）会议演讲、报告会灯光要求。

1）演讲台附近要比其他地方亮宜光线柔和匀称，演讲者、报告者不感到晃眼。

2）打开一部分顶灯和天棚灯，使观众厅保持一定亮度。

3）宜用面光，使观众能看清台上演讲者、报告者面部。

25.3.4.2　基本要求

设计将整个场地分为舞台区和大厅会议区两部分，共做四个部分升降灯杆。

设有侧光灯二道，舞台左右各一道，各由4只成像灯构成；设有面光灯一道，位于舞台前方上空，由16只P64筒子灯构成；设有顶光一道，由6只三基色冷光灯构成；设有天排灯一道，位于天幕前上方，由8只天排灯构成；设有舞台效果灯一道，由专业舞台电脑灯构成。特点如下：

（1）信号：DMX512。

（2）通道数量：9通道。

（3）32种颜色＋白光。

（4）24个固定图案。

（5）可调速频闪。

（6）范围：水平扫描540°，垂直扫描270°。

（7）亮度：54 000lx。

（8）光源：700W放电泡灯泡，平均使用寿命2000h。

（9）效果：16BIT移动分辨率、双图案轮双颜色轮、11～24°自动便焦。

（10）供电：220V/50Hz，4.1A。

（11）灯体重量：28.5kg。

25.3.4.3　灯光吊笼设计要求

灯光吊笼设计要注意以下5点：

（1）外载：250kg。

（2）笼体尺寸：1.2×1×4（m）。

（3）升降速度：0.1m/s。

（4）平移速度：0.1m/s。

（5）垂直行程：6～8m。

25.3.4.4　常用舞台灯光设计参考配置

（1）面光设计参考配置。一面光作为舞台前区及乐池升起后正面主光，每道均考虑四组两种灯具横向打满舞台，以备使用中变色或舞台纵深照明，按上下两层布置。设计参考配置如下：

1）2kW 调焦成像聚光灯 8～16 只。

2）2kW 平凸聚光灯 8 只。

3）2kW 螺纹聚光灯 16 只。

（2）耳光设计参考配置。

1）左右耳光：2kW 调焦成像聚光灯 2×6 只。

2）2kW 螺纹聚光灯 2×8 只。

3）2kW 平凸聚光灯 2×8 只。

（3）侧光设计参考配置。

1）考虑大型舞台上，侧光最远照射距离不亚于面光。

2）2kW 调焦成像聚光灯 2×8 只。

3）2kW 平凸聚光灯 2×8 只。

4）2kW 螺纹聚光灯 2×8 只。

5）1kW 平凸聚光灯 2×8 只。

6）1kW 螺纹聚光灯 2×8 只。

（4）假台口光设计参考配置。

假台口光作为主演区的主光来源在各类演出中非常重要。

1）2kW 调焦成像聚光灯 8 只。

2）1kW 平凸聚光灯 8 只。

3）2kW 螺纹聚光灯 12 只。

4）1kW 螺纹聚光灯 16 只。

（5）柱光设计参考配置。

柱光作用是传统近距照明，而且还可作为中后场演区的 300～600lx 的主光需要，或充分内耳光使用。

1）2kW 调焦成像聚光灯 8 只。

2）2kW 螺纹聚光灯 8 只。

3）1kW 螺纹聚光灯 8 只。

4）1kW 平凸聚光灯 8 只。

（6）顶光设计参考配置。顶光以 1kW 和 2kW 螺纹聚光灯、1kW 平凸聚光灯为主，适应配一些 1kW 调焦成像聚光灯和 1kW 灯加换色器以满足不同节目的灯光需要。

（7）后桥光设计参考配。

1）2kW 调焦成像聚光灯 4 只。

2）2kW 平凸聚光灯 8 只。

3）1kW 平凸聚光灯 8 只。

4）1kW 螺纹聚光灯 8 只。

5）配有一定数量的 1kW 筒灯加换色器组成备投光系统。

（8）脚光设计参考配置。脚光为 6 只 6×0.1kW 六联条格灯。

25.3.4.5　灯光控制系统设计参考配置

主控台自身应具有应急备主控台，备份台要求统一品牌。具体性能指标如下：

（1）主控台。

1）1000 光路，可配接 1000 个回路。

2）DMX512/1990 信号输出。

3）每页不少于 20 个集控推杆共 10 页。

4）不少于 20 种走灯速度可同时调用。

5）完善的编辑功能，现场修改十分方便、快捷。

6）有线遥控功能，控制方便。

7）内存记忆容量平均超过 1000 个场景组合。

8）主控台自身具有应急备份功能，主备两部分的供电电源互为独立。

9）可控制符合 DMX512 国际信号标准的控制设备，如电脑灯、换色器等。

（2）备份调光台。

1）1000 光路、1000 硅路，光路、硅路可灵活配接。

2）4 页独立软配接。

3）通过接口专线能够与主台热备份切换。

25.3.5　舞台机械设计

舞台机械是剧场中必不可少的设备，舞台机械设计要注意以下内容。

（1）舞台机械设计对吊杆要求。

1）吊杆全部采用加强型水平吊杆。

2）灯具吊杆采用四吊点制，有效地防止了在灯具升降过程中可能发生的灯具吊杆晃动等情况。

3）灯具吊杆采用铝合金型材和特制钢管制成，铝合金型材的使用使水平吊杆的重量比同规格吊杆重量降低了三分之一。

4）铝合金型材上安装有防尘插座、信号线接口，吊杆上所有电缆为暗线（所有电缆安装在铝合金型材内），有效地克服了原有电缆过于凌乱的缺点。

5）阻燃电缆的使用解决了旧式电缆易老化、安全系数低等缺点，有效地避免了由于电缆老化而导致火灾危险的发生。

6）强、弱电分离。

7）设置有多重安全保护：上、下极限保护；短路保护；过流保护；钢丝安全系数大于 10。

（2）灯光吊杆设计要求。

灯光吊杆是用来悬挂舞台照明灯具的，其结构形式是梯子杆，由钢管焊接而成，灯杆运行方式是由减速机卷筒、钢丝绳、滑轮驱动吊杆，使其做升降运动，灯杆运行安全，升降自如，可自由定位，吊杆最低降至距台面 1～1.5m，以便装卸灯具，最高升到栅顶以下 1m。吊杆采用复式吊装，电机功率 2.2kW，升降速度为 0.35m/s。

（3）布景吊杆设计要求。布景吊杆可以悬吊软景、画景、纱景、边沿幕灯，运行方式同灯光吊杆。

(4) 银幕架设计要求。银幕架是用来悬挂电影银幕，采用固定框架安装方式。

(5) 天幕设计要求。天幕作为舞台背景使用与天幕灯配合使用将达到完美的艺术效果，形成一个天幕灯光区，天幕安装在固定天幕架上，天幕架用钢管焊接而成。

25.3.5.1 大幕沿幕升降机设计要求

前沿幕吊杆为悬吊前沿幕和会标所用，性能同吊杆。

(1) 升降速度：0.3m/s。

(2) 驱动装置净负载：$P \leqslant 300$kg。

(3) 驱动装置：减速机（直联电动机）。

(4) 电机功率：1.5kW；输出转速：1500rpm。

(5) 吊重用钢丝绳：绳径$\phi 4.8$。

25.3.5.2 无级调速均匀伸缩大幕机设计要求

无级调速大幕是一种新型的大幕形式，可根据剧情要求采用变频调速实现大幕的对开。达到速度的快、慢调整，增强了舞台演出的艺术性。大幕开合采用均匀伸缩机构，使幕布对开运行出现均匀的褶裥，美观大方。另外具备手动功能。要求：

(1) 电动机为三相异步电动机：转速$R=1500$r/min，$P=1.5$kW。

(2) 对开调速范围：$v=0.12 \sim 1.2$m/s。

(3) 最大悬吊幕布重量≤600kg。

25.3.5.3 电动布景吊杆设计要求

电动吊杆设置于主舞台上空，用于提升布景、道具和幕布。电动吊杆参加演出（即在舞台演出时频繁升降），对安全性和噪声提出很高要求。

吊杆驱动机选用优质制动电机减速器，钢丝绳单层缠绕，使吊杆在运行过程中始终保持平直。

采用数字智能控制，可设定位置、场景预选、储存，吊杆机可单动，也可分组联动。要求如下：行程：8m；吊点：4吊点；载荷：450kg（含杆重）；速度：0.34m/s；功率：3kW；噪声：不大于45dB（观众厅第一排测）；定位精度：±5mm。

25.3.5.4 电动灯光吊杆（5道）设计要求

设计要求为1道面光，1道顶光，1道天排光，2道侧光。动灯光吊杆设置于主舞台上空，用于吊挂顶光灯具。并作为景区划分标记。

要求如下：行程为8m；载荷为1000kg（含杆重）；速度为0.17m/s；功率为3kW。

25.3.6 舞台幕布设计

舞台幕布设计有以下7点。

(1) 幕类机械设备技术参数。

1) 牵引力：1500N；

2) 功率：1.1kW；

3) 开合速度：0.1～1.0m/s。

(2) 会标杆设计。在舞台台口内侧设计会标杆1道，用于展示会议标语，突出会议主题。

(3) 舞台沿幕设计。舞台沿幕位于舞台台口上沿，其作用是用来装饰大幕，同时可悬吊会标，在升降时可停在任意一个高度位置上，运行方式是由减速机驱动，通过卷筒钢丝绳分别分布到4个单滑轮拉动吊杆实现升降作用，大幕沿幕幕布为金丝绒。

(4) 舞台大幕机设计。

1) 舞台大幕幕布均匀伸展，均匀伸缩。

2) 为电动手动两用。

3) 启闭速度为0～1.3m/s。

4) 无级调速。

5) 电动功率1.1kW。

(5) 二道幕机设计。

1) 起闭速度为0.44m/s。

2) 导轨负载为≤400kg。

3) 运行速度为0.44m/s时，噪声小于45dB。

(6) 天幕设计。

1) 天幕框采用轻质高强度G100；

2) 天幕框四周配有挂幕钩。

(7) 银幕架。银幕架采用固定银幕架后弧度倾斜安装方式。

25.3.7 舞台安全设计

舞台安全设计有以下内容。

(1) 在演员进出通道及候演区应安装视频监控设备，监控信号需要分别送往主控台及导演室；

(2) 舞台所有机械、电气控制系统应具有故障自动保护功能；

(3) 所有从正常通道上能接触到的设备的移动或旋转的零部件均应设防护装置；

(4) 所有设备应满足相应的安全标准，符合安全卫生要求；

(5) 所有电线、电缆应为耐火型，阻燃型或低烟雾型；

(6) 所有运行设备均设置紧急停车系统；

(7) 台下升降设备均须设置边缘安全开关；

(8) 用于起吊或悬挂重物的钢丝绳的安全系数应等于或大于2；

(9) 各类设备必须具有超程保护。

25.4 舞台机械灯光系统的施工

25.4.1 舞台机械灯光系统工程施工的要求

(1) 舞台机械灯光系统工程建设中的有关技术人

员直接参与整个系统的设计，施工，安装调试等全过程，用户单位技术人员直接参与工程实施有利于系统建成后的顺利移交和日后的维护。

(2) 施工企业要拥有合格的施工队伍，要拥有演出场馆设备演艺设备工程企业综合技术能力等级证书。

(3) 施工企业具有相关技术许可证的电工、焊工以及电子技术员等，同时尽量是些有广播音响工程施工经验的人员，这样的施工队伍才能保证工程顺利地完成。

(4) 舞台机械灯光系统工程包含较高的技术含量，需要严格的设计与选型，需要合格的预埋、穿管技术；需要可靠的焊接技术；需要科学的调试检测手段等。

(5) 舞台机械灯光工程是一项复杂的工程，理论设计和施工技术的关系较大，工程的施工一定要严格按照设计方案进行。

(6) 舞台机械灯光工程涉及不同的工种，这些工种的施工技术要求和安全措施不尽相同，只有认真地执行舞台机械灯光系统的设计、施工、检验与验收应符合国家现行的有关标准和法规，保证各个施工环节的质量，才能保证施工人员的安全。

(7) 工程施工外行人看"漂亮"，内行人看质量，要保证工程"漂亮"、质量。

25.4.2　舞台机械灯光工程施工难点

舞台机械灯光工程施工难点有以下五点。

(1) 施工工艺要求高。

1) 舞台的大部分灯具要能够快速自动升降及旋转，并可在灯控室内对每盏灯具进行任意控制；

2) 舞台的所有电气设备和灯光控制设计要单独配置电源，一路一管，以达到光控稳定、准确、快速、安全的要求；

3) 舞台机械吊杆要有效地防止了在灯具升降过程中可能发生的灯具吊杆晃动。

(2) 舞台灯具布局复杂、品种繁多。

舞台照明灯具品种繁多，分布在各个不同部位，面光、柱光（侧光）、耳光、顶光、逆光、桥光、脚光、天地排光、流动光、追光和舞台四周马道的维修用照明系统等。整个舞台上空及边墙上都布满了各种不同功能的灯具，而且要求所有灯具必须做到多而不乱，纵横排列整齐美观以及定位准确。

(3) 舞台灯光、配音、机械吊杆等系统的管路敷设困难，穿线数量大。

(4) 管路敷设集中、固定困难。要求灯控室、舞台的所有照明管线采用明敷设方式引入舞台照明灯位。

(5) 管路敷设拐弯多。舞台管路敷设涉及灯光、配音、机械吊杆等系统，要求和安全措施不尽相同，要符合国家现行的有关标准和法规，管路敷设拐弯多。

25.4.3　舞台机械灯光系统工程施工的步骤

(1) 进行管线和挂接件的预埋。

(2) 进行各种棚、架的焊接和安装。

(3) 进行各种线缆的铺设。

(4) 进行各种设备的安装。

(5) 供电线路、控制线路和信号线路的连接。

(6) 对安装、供电线路、连接情况的测试。

(7) 调试设备。

25.4.4　舞台机械灯光系统工程施工技术要求

25.4.4.1　管线和挂接件预埋的施工技术要求

预埋的管线主要都在没有搭建的舞台里或设在有装饰的地面、墙面、天花板里面。预埋管线的出口一定要协同装饰部门处理，不能影响装饰的美观。挂接件的预埋位置和吊装强度一定要符合安全性。预埋管线决定在什么地方，埋多少，怎么埋，且预埋完工后不能更改。预埋管线的方法和施工技术要求请参见第 14 章综合布线系统的设计与施工技术有关章节。

25.4.4.2　各种棚、支架、配管焊接和安装的施工技术要求

各种棚、支架、配管焊接和安装尽量与装饰工程交叉进行，在施工中难免开启一些孔洞以及对已有的装饰物产生破坏，需要和装饰部门协调。

支架、配管焊接的过程中，焊接工要拥有焊接资格证书。焊接施工通常与装饰工程同时进行，施工现场会有易燃物，焊接施工过程中一定要注意防火。支架、配管焊接要牢固。

支架配管施工要点：

(1) 在安装之前做好准备工作，对弯管、钢管做好防腐处理。

(2) 将单面支架两端分别固定在两根槽钢上，位置分别在距地 1.2～2.4m 的地方。

(3) 配管，在钢管排放之前，配管间的加长螺杆一定要先穿好，且最里侧必须固定。在有接头的部位必须注意对管箍的位置进行调整，保证管箍处于一条水平位置。管箍调整好后对管路进行固定调整，满足管间排放整齐、间距均匀的要求后，才可焊接跨接地线。

(4) 安装双面支架和单面支架时应注意安装的高度要对齐，并穿入加长固定螺杆。

（5）将支架调整整齐，用加长螺杆进行紧固。

支架、配管焊接的方法和施工技术要求请参见第14章综合布线系统的设计与施工技术有关章节。

25.4.4.3　各种线缆铺设的施工技术要求的施工技术要求

线缆的铺设不是一项简单工作，线缆铺设的质量影响到舞台机械灯光系统整体质量，容不得一点马虎。一定要在铺设的线缆上做好明显的标记，以备安装设备和日后检修时使用。

舞台机械灯光系统布线方法和施工技术要求请参见第14章综合布线系统的设计与施工技术有关章节。

25.4.4.4　各种设备安装的施工技术要求

各种设备的安装必须在装饰完工、线缆铺设正确后进行。各种设备的安装必须做好防尘处理，舞台设备、音响灯光设备价格贵，设备需要防尘土。设备安装必须严格按照设计方案、设备安装说明书要求进行。

各种设备安装的安装工艺同于本书的介绍计算机系统、投影系统、综合布线、大屏幕显示系统章节，请参见本书的有关章节。

25.4.4.5　供电线路、控制信号线路和音响线路连接的施工技术要求

供电线路，控制线路和信号线路的连接是一项重要的工作，在线路的连接时，要认真地执行国家现行的有关标准和法规。要重点注意：

（1）供电线路连接。

1）供电线路提供的电源不安全，很容易损坏设备；

2）供电线路连接施工要符合电器安装规范；

3）要重点注意：使用110V交流电的设备不要将设备的电源插头插在于220V的电源上。

（2）控制信号线路连接。控制信号线需要用各种接头（二芯、三芯、莲花、卡侬插头、多芯插头），控制信号的各种接头一定要接好，弄清楚连接方法和焊接方法，千万不能连错、焊错。线路中所有的火线，零线，地线和屏蔽线的连接必须准确无误。零、地、屏蔽线和信号线连接错，会带来大量的干扰。缆线在连接前，必须核对缆线标识内容是否正确。

1）缆线中间不应有接头。

2）缆线终接处必须牢固、接触良好。

3）对绞电缆与连接器件连接应认准线号、线位色标，不得颠倒和错接。

4）各类跳线缆线和连接器件间接触应良好，接线无误，标志齐全。

5）跳线选用类型应符合系统设计要求。

6）各类跳线长度应符合设计要求。

（3）音响线路连接。音响线路连接同于控制信号线路连接。

25.4.4.6　供电线路、控制信号线测试

（1）供电线路测试。

1）供电线路是否合理。

2）电流是否舞台设备要求。

（2）音响、控制信号线测试。音响、控制信号线测试在下节中介绍。

25.5　舞台机械灯光系统的测试检验验收

25.5.1　舞台机械灯光系统的测试要求和条件

舞台机械灯光系统的测试是一项既需要技术又需要工程经验的工作。对舞台机械灯光系统的测试要注意如下要求和条件。

（1）为保证舞台机械灯光系统的的实施质量，需要制定确实可行监督管理措施，对各类设备进行严格测试。

（2）测试的内容包括系统的稳定性，功能和性能是否达到要求。

（3）测试的条件。

1）舞台机械灯光系统设备已经安装完毕，具备加电条件；

2）调音台以及功放的频率补偿置于平直位置；

3）测试点的声压级至少高于厅堂总噪声15dB，测混响时信噪比不少于35dB；

4）各项测试一般在空场条件下进行；

5）所有测试点必须离墙1.5m以外，对地面高度为1.2～1.3m之间；

6）测试点应均匀分布，在厅内一般不于4～9点。

（4）测量传输频率特性。

（5）调整传输频率特性（调整EQ）。

（6）测量最大声压级。

（7）测量声场均匀度。

（8）测量传声增益。

（9）语言清晰度测量。

（10）测试分各类设备测试和总体调试。

（11）准备相应的测试仪器和工具。

25.5.2　舞台机械灯光系统的测量仪器

舞台机械灯光系统的测量仪器：

（1）声频信号发生器。

1）频率范围：20～20kHz，不均匀度优于0.5dB；

2）总谐波失真：不大于0.3%。

（2）白噪声信号发生器。

1）粉红噪声：－3 dB/Oct。

2）频谱密度：20Hz～20kHz。

3）不均匀度优于±1.5dB，20～20kHz。

4）幅度为高斯分布信噪比不低于60dB。

（3）电平记录仪。

1）频率范围：20Hz～20kHz，不均匀度优于±0.5dB动态范围：50dB、70dB。

2）分辨率：用100mm记录纸时优于0.5mm；用50mm记录纸时优于0.25mm。

3）输入阻抗：16～18kΩ。

4）描划速度：至少具有100和250mm/S两挡。

（4）声级计。按GB 3785—1983《声级计的电、声性能及测试方法》的标准规定。

（5）声频频谱仪。声频频谱仪是测量放大器与1/1和1/3OCT滤波器的组合。

（6）视频综合测试仪。

（7）照度计。

（8）示波器。

（9）交直流两用钳形电流表。

（10）袖珍漏电显示器。

（11）标准电流发生器。

（12）接地电阻测试仪。

（13）兆欧表（三量程）。

（14）劣化避雷测试仪。

（15）功率记录仪。

（16）谐波测试仪。

（17）漏电流绝缘监视装置。

（18）袖珍万用表。

（19）检电器、三相三线监测器。

25.5.3　舞台机械灯光系统的调试

（1）控制信号线测试。

1）电气测试要求。

①综合布线工程电气测试包括电缆系统电气性能测试；

②电缆系统电气性能测试项目应根据布线系统的类别要求制定；

③各项测试结果应有详细记录，作为竣工资料的一部分。

2）控制信号线性能指标的要求。控制信号线性能指标应符合第14章综合布线系统的设计与施工技术表14-2的要求。

（2）音响系统的调试。音响系统的调试是舞台工程调试的关键，音响系统涉及的设备最多，调试的部位也最多。

1）从音源设备（单独开机）检查信号的传输电平、增益、相位和畅通情况。

2）观察设备的工作是否正常，是否稳定。

3）在1）、2）无误后，就将音箱和功放逐一接入系统，在较小的音量下，利用相位仪首先逐一检查音箱相位是否一致。

4）对均衡器进行调试，均衡器在20Hz～20kHz的音频范围内，显示的厅堂频响曲线在各测试点处基本平直。

5）对分频器的调试。

6）对话筒和效果器的调试。

7）对于压限器的调试。

8）音响系统总体调试。音响系统总体调试没有明确的具体调整部位，它主要的任务是在各系统协同运行中，检查它们相互联系的工作部分是否协调，检查它们在一道工作时是否会产生相互影响和干扰。

9）系统模拟运行。

（3）舞台机械灯光系统试运行。

25.5.4　舞台机械灯光系统的验收

25.5.4.1　舞台机械灯光系统验收的范围

（1）设备安装验收。设备、机架的安装应牢固，如有抗震要求时，应按施工图的抗震设计进行加固。

（2）各类配线部件安装验收。

1）各部件应完整，安装就位，标志齐全。

2）安装螺钉必须拧紧，面板应保持在一个平面上。

（3）电缆桥架及线槽安装验收。

1）桥架及线槽的安装位置应符合施工图规定，左右偏差不应超过50mm。

2）桥架及线槽水平度每米偏差不应超过2mm。

3）垂直桥架及线槽应与地面保持垂直，并无倾斜现象，垂直度偏差不应超过3mm。

4）线槽截断处及两线槽拼接处应平滑、无毛刺。

5）吊架和支架安装应保持垂直，整齐牢固，无歪斜现象。

6）金属桥架及线槽节与节间应接触良好，安装牢固。

7）安装机柜、机架、配线设备屏蔽层及金属钢管、线槽使用的接地体应符合设计要求，就近接地，应保持良好的电气连接。

（4）现场抽测系统声学特性指标。如传声增益、传输频率特性、声场不均匀度和最大声压级等。

（5）检查系统的静噪声。在离扬声器箱2～3m的位置，不应听到有明显的交流声和丝丝噪声。

（6）播放音质主观评价专用节目源（GSBM

61001）进行音质主观评价。

（7）对舞台、舞台幕布、舞台灯光、舞台音响、舞台机械进行主观评价。

25.5.4.2 舞台机械灯光系统验收程序

验收小组首先听取设计、施工单位的工程实施情况简介及可达到的使用功能及对音响效果的说明试运行情况、发现的问题及解决措施。然后根据验收范围到现场实地考查施工质量、抽测系统声学特性指标和进行音质主观评价。最后验收小组与建设单位和设计、施工单位进行交流。设计、施工单位回答提出的质询问题。

验收过程中发现的一般问题可限期进行改正。如果工程验收不合格（发现重大质量问题或音质效果差等），允许设计、施工单位限期改正后再进行复验。

工程竣工验收后一年内，由于产品设备或设计、施工质量造成系统工作异常，设计、施工单位应负责采取措施恢复系统正常工作。

附录A　建筑弱电工程设计与施工使用的主要表格

建筑弱电工程使用的主要表格分为三类，如附图A-1所示。

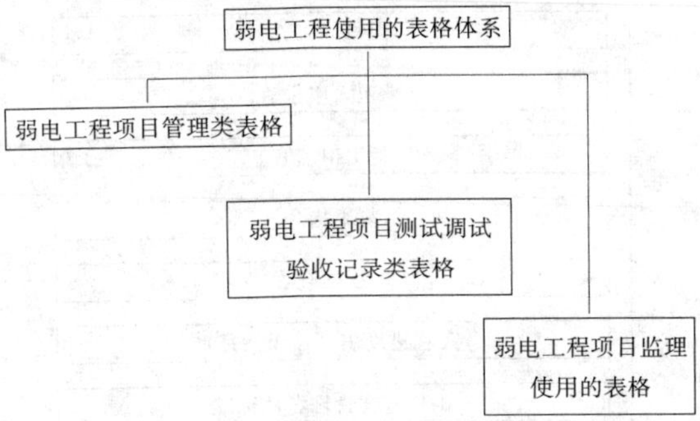

附图 A-1　建筑弱电工程使用的主要表格

本章对建筑弱电工程常用的主要表格作介绍。

1. 弱电工程项目管理类表格

弱电工程项目管理类表格分13种，如附图A-2所示。

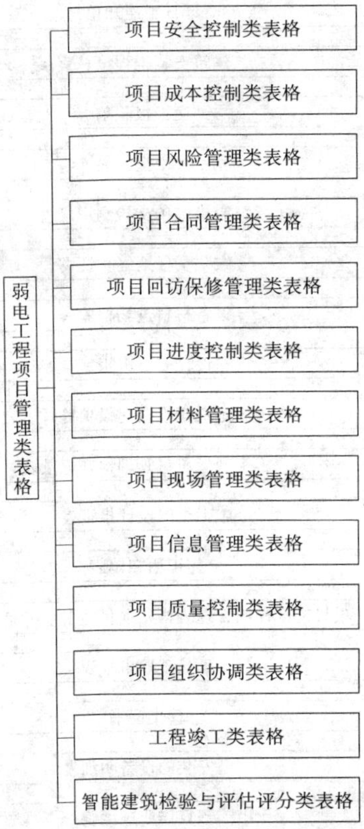

附图 A-2　弱电工程项目管理类表格

（1）项目安全控制类表格，如附图A-3所示。

附图 A-3　项目安全控制类表格

（2）项目成本控制类表格，如附图A-4所示。

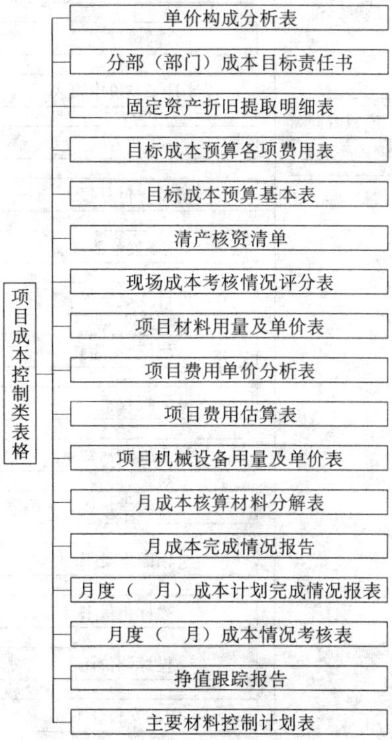

附图 A-4　项目成本控制类表格

（3）项目风险管理类表格，如附图 A-5 所示。

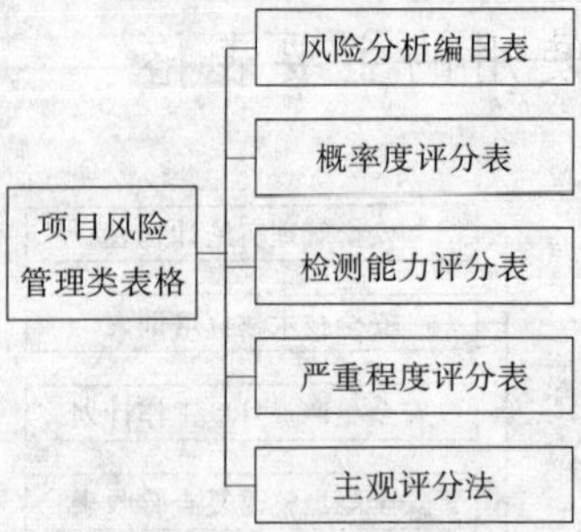

附图 A-5　项目风险管理类表格

（4）项目合同管理类表格，如附图 A-6 所示。

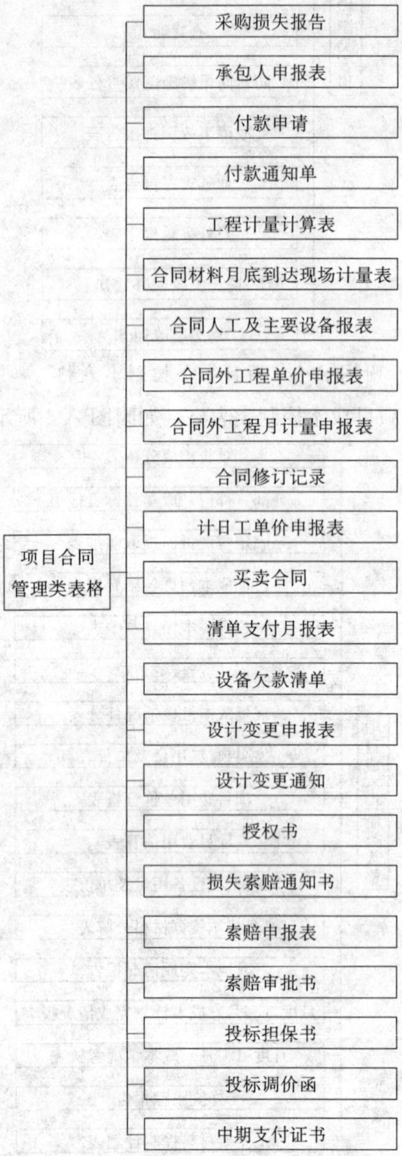

附图 A-6　项目合同管理类表格

（5）项目回访保修管理类表格，如附图 A-7 所示。

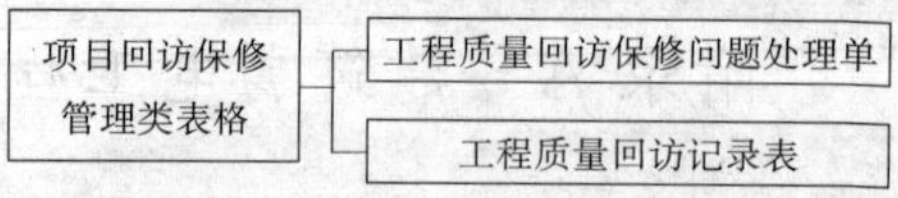

附图 A-7　项目回访保修管理类表格

（6）项目进度控制类表格，如附图 A-8 所示。

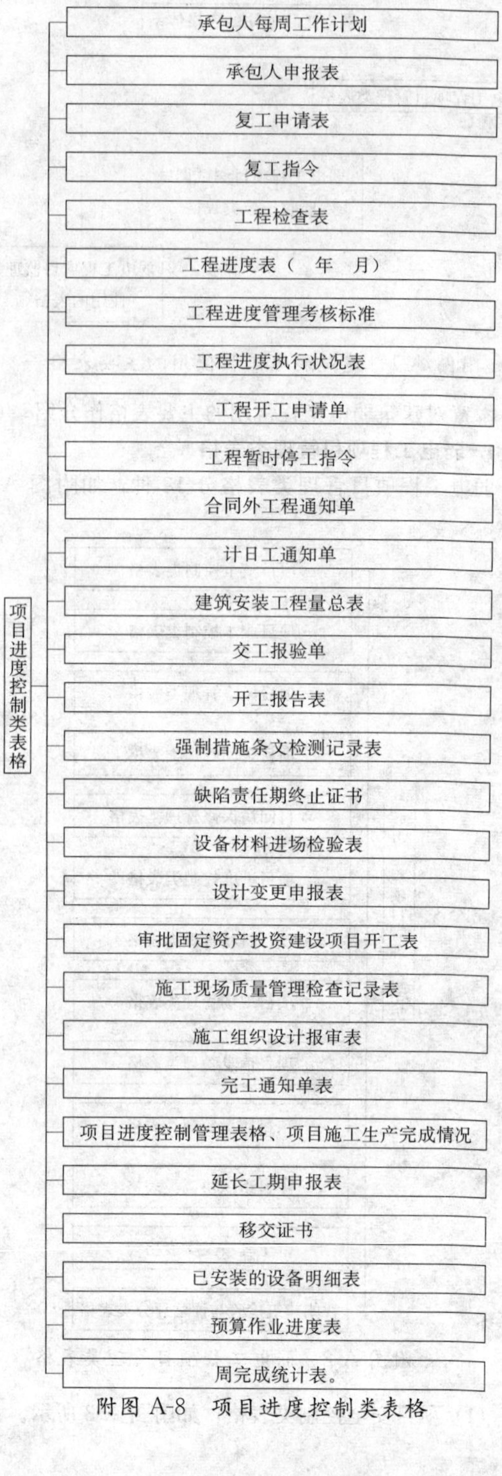

附图 A-8　项目进度控制类表格

(7) 项目材料管理类表格，如附图 A-9 所示。

- 项目材料管理类表格
  - 材料统计表
  - 材料消耗量核算统计表
  - 公用工具领用登记表
  - 加工件材料定额核算单
  - 进料检验说明书
  - 领用物料记录表
  - 设备进场验收单
  - 收货单
  - 外包申请单
  - 物料订购单
  - 物料收发记录表
  - 用工统计表

附图 A-9　项目材料管理类表格

(8) 项目现场管理类表格，如附图 A-10 所示。

- 项目现场管理类表格
  - 已安装的设备明细表
  - 更改审核表
  - 工程安装质量及观感质量验收记录表
  - 工程变更单表

附图 A-10　项目现场管理类表格

(9) 项目信息管理类表格，如附图 A-11 所示。

- 项目信息管理类表格
  - 发文簿
  - 工程业务联系单
  - 管理部收文清单
  - 收文簿
  - 收文处理表
  - 受控质量文件发放表
  - 外来文件管制表
  - 文件和资料借阅登记表
  - 文件和资料现行状态清单
  - 资料管理清单

附图 A-11　项目信息管理类表格

(10) 项目质量控制类表格，如附图 A-12 所示。

- 项目质量控制类表格
  - 材料不合格品报告
  - 分项工程（工序）试验计划表
  - 更改审核表
  - 工程变更单表
  - 工程质量监督委托书表
  - 工程质量事故报告
  - 工程质量事故处理表
  - 工程质量事故处理记录
  - 工程质量问题处理表
  - 工程质量中间检测记录表
  - 工序质量自互检卡
  - 技术交底通知书
  - 检验、试验委托单
  - 检验异常处理单
  - 建筑安装工程量总表
  - 纠正（预防）措施要求表
  - 设备材料进场检验表
  - 施工现场质量管理检查记录表
  - 现场质量检验报告单
  - 项目质量控制分项工程（工序）检验计划表
  - 最终检验和试验自验记录

附图 A-12　项目质量控制类表格

(11) 项目组织协调类表格，如附图 A-13 所示。

- 项目组织协调类表格
  - 部门冲突争端协调表
  - 部门来往记录表
  - 访问表·答复函表格表
  - 供应商预防纠正联络单表
  - 沟通核查表
  - 口头联络记录单表
  - 联合体冲突争端协调表
  - 联合体来往记录表
  - 内部联络单表
  - 人员协作申请单
  - 项目部内部业务便笺表

附图 A-13　项目组织协调类表格

(12) 工程竣工类表格，如附图 A-14 所示。

- 工程竣工类表格
  - 工程初步验收报告表
  - 工程单项工程质量合格证表
  - 工程竣工报告表
  - 工程竣工验收资料审查表
  - 工程竣工质量等级评定表
  - 竣工说明表
  - 竣工验收结论汇总表
  - 完工通知单表
  - 系统试运行记录表

附图 A-14 工程竣工类表格

(13) 智能建筑检验与评估评分类表格，如附图 A-15 所示。

- 智能建筑检验与评估评分类表格
  - 办公自动化系统评分表
  - 电源与接地评分表
  - 公共安全防范系统评分表
  - 环境评分表
  - 火灾自动报警与消防联动控制系统评分表
  - 建筑设备监控系统评分表
  - 结构化布线系统评分表
  - 通信网络系统评分表
  - 物业管理招标评分细则表
  - 智能建筑等级评估方法及评分表
  - 智能建筑物业管理评分表
  - 智能化系统集成评分表

附图 A-15 智能建筑检验与评估评分类表格

2. 弱电工程项目测试调试验收记录类表格

弱电工程项目测试调试验收记录类表格分 24 种，如附图 A-16 所示。

- 弱电工程项目测试调试验收记录类表格
  - 防雷与接地系统测试调试验收记录表
  - 广播音响系统测试调试验收记录表
  - 电视监控系统测试调试验收记录表
  - 防盗报警系统测试调试验收记录表
  - 出入口控制系统测试调试验收记录表
  - 楼宇对讲系统测试调试验收记录表
  - 电子巡更系统测试调试验收记录表
  - 电话通信系统测试调试验收记录表
  - 火灾自动报警与消防联动控制系统测试调试验收记录表
  - 有线电视和卫星接收系统测试调试验收记录表
  - 视频会议系统测试调试验收记录表
  - 综合布线系统测试调试验收记录表
  - 计算机网络系统测试调试验收记录表
  - 楼宇自控系统测试调试验收记录表
  - 一卡通系统测试调试验收记录表
  - 停车场系统测试调试验收记录表
  - 内装修测试调试验收记录表
  - 电源系统测试调试验收记录表
  - 机房工程测试调试验收记录表
  - 舞台机械灯光系统测试调试验收记录表
  - 信息引导系统工控主机测试调试验收记录表
  - 系统集成综合测试调试验收记录表
  - 工程系统验收记录表
  - 应用软件系统测试调试验收记录表

附图 A-16 弱电工程项目测试调试验收记录类表格

(1) 防雷与接地系统测试调试验收记录表格，如附图 A-17 所示。

防雷与接地系统测试调试验收记录表格

- 安防接地装置安装检验批质量验收记录表
- 安防楼顶接地装置安装检验批质量验收记录表
- 安防室外电源与接地系统接地随检表
- 安防室外接地装置安装检验批质量验收记录表
- 安防屋面电源与接地系统接地随检表
- 安防系统电源与接地系统接地随检
- 背景系统电源与接地系统接地随检
- 背景音乐及紧急广播系统的电源与接地隐蔽工程（随工检查）验收表
- 背景音乐及紧急广播系统接地装置安装质量验收记录表
- 避雷引线和变配电室接地干线敷设检验质量验收记录表
- 布线接地装置安装检验批质量验收记录表
- 布线系统电源与接地系统接地随检表
- 单独接地装置分项工程质量检测记录表
- 等电位接地带分项工程质量检测记录表
- 电气接地电阻测试记录表
- 电视监控及防盗报警系统的电源与接地装置安装隐蔽工程（随工检查）验收表
- 电视监控及防盗报警系统的电源与接地装置安装质量验收记录表
- 电视监控及防盗报警系统楼顶的防雷与接地隐蔽工程（随工检查）验收表
- 电视监控及防盗报警系统楼顶的防雷与接地装置安装检验验收记录表
- 电视监控及防盗报警系统室外防雷与接地装置安装隐蔽工程（随工检查）验收表
- 电视监控及防盗报警系统室外防雷与接地装置安装质量验收记录表
- 电源与接地工程安装质量及观感质量验收记录表
- 电源与接地系统子系统检测记录表
- 电源与接地子系统检测记录表
- 防雷及接地安装分部（子分部）工程质量验收记录表
- 防雷与接地竖井的等电位连接隐蔽工程（随工检查）验收表
- 防雷与接地系统分项工程质量验收记录表
- 防雷与接地系统分项工程电源与接地质量检测记录表
- 广播接地装置安装检验批质量验收记录表
- 机房防雷与接地系统分项工程质量检测记录表
- 集成系统电源与接地系统接地随检表
- 建筑物等电位联结检验批质量验收记录表
- 建筑物等电位联结质量验收记录表
- 建筑物筑物等电位联结检验批质量验收记录表
- 接地线分项工程质量检测记录表
- 接地装置安装分项工程质量验收记录表
- 接地装置安装分项工程质量验收记录表
- 接入网设备分项工程质量检测记录表
- 空调与通风系统分项工程质量验收记录表
- 浪涌保护器分项工程质量检测记录表
- 楼控电源与接地系统接地随检表
- 楼控接地装置安装检验批质量验收记录表
- 楼宇自控接地装置安装隐蔽工程（随工检查）验收表
- 楼宇自控接地装置安装质量验收记录表
- 视频安防监控系统分项工程质量验收记录表
- 视频率会议集成接地装置安装检验批质量验收记录表
- 视频系统电源与接地系统接地随检表
- 竖井电源与接地等电位系统接地随检表
- 数字会议集成接地装置安装检验批质量验收记录表
- 数字系统电源与接地系统接地随检表
- 网络表电气接地电阻测试记录表
- 网络接地装置安装检验批质量验收记录表
- 网络系统的电源与接地接地装置安装质量验收记录表
- 网络系统电气接地电阻测试记录表
- 网络系统电源与接地系统接地随检表
- 舞台接地装置安装检验批质量验收记录表
- 舞台系统电源与接地系统接地随检表
- 系统集成的电源与接地接地装置安装隐蔽工程（随工检查）验收表
- 系统集成的电源与接地接地装置安装质量验收记录表
- 系统集成接地装置安装检验批质量验收记录表
- 信息引导接地装置安装检验批质量验收记录表
- 信息引导系统的电源与接地装置安装隐蔽工程（随工检查）验收表
- 信息引导系统的电源与接地装置安装质量验收记录表
- 一卡通接地装置安装检验批质量验收记录表
- 一卡通系统的电源与接地装置安装质量（随工检查）验收表
- 一卡通系统的电源与接地装置安装质量验收记录表
- 一卡通系统电源与接地系统接地随检表
- 引导系统电源与接地系统接地随检表
- 有线电视系统的电源与接地隐蔽工程（随工检查）验收表
- 有线电视系统的电源与接地装置安装质量验收记录表
- 有线电视系统电气接地电阻测试记录表
- 有线电视系统接地装置安装检验批质量验收记录表
- 有线电视系统屋面卫星天线的防雷与接地装置安装隐蔽工程（随工检查）验收表
- 有线电视系统屋面卫星天线的防雷与接地装置安装质量验收记录表
- 有线电源与接地系统接地随检表
- 有线卫星天线屋面接地装置安装检验批质量验收记录表
- 有线屋面天线电源与接地系统接地随检表
- 有线屋面天线电源与接地系统接地随检表
- 综合布线系统的电源与接地接地装置安装隐蔽工程（随工检查）验收表
- 综合布线系统的电源与接地接地装置安装质量验收记录表

附图 A-17　防雷与接地系统测试调试验收的记录表格

（2）广播音响系统测试调试验收记录表格，如附图 A-18 所示。

- 广播音响系统调试调试验收记录表格
  - 背景系统分项工程质量验收记录表
  - 背景系统设备调试记录表
  - 背景音乐广播系统扬声器安装质量验收记录表
  - 背景音乐及广播系统缆线布放表
  - 背景音乐及广播系统缆线布放检验批表
  - 背景音乐及广播系统扬声器安装检验批表
  - 背景音乐及广播系统扬声器安装随检表
  - 背景音乐及广播系统扬声器安装隐蔽工程（随工检查）随检表
  - 背景音乐及广播系统音控开关安装随检表
  - 背景音乐及紧急广播系统检测调试记录表
  - 背景音乐及紧急广播系统子系统检测记录表
  - 背景音乐及事故广播系统分项工程质量验收记录表
  - 背景音乐及事故广播系统工程安装质量及观感质量验收记录表
  - 背景音乐及事故广播系统子系统检测记录表
  - 背景音乐紧急广播工程安装质量及观感质量验收记录表
  - 背景音乐紧急广播系统分项工程质量验收记录表
  - 背景音乐系统音控开关闭安检验批表
  - 背景音乐系统音控开关隐蔽工程（随工检查）验收表
  - 背景音乐系统音控开关质量验收记录表
  - 电梯背景音乐及广播系统缆线布放表
  - 电梯背景音乐及广播系统扬声器安装检验批表
  - 电梯背景音乐及广播系统扬声器安装随检表
  - 电梯井背景音乐及广播系统缆线布放检验批表
  - 电梯吸顶扬声器安装检验质量验收记录表
  - 电梯吸顶扬声器安装隐蔽工程（随工检查）验收表
  - 公共广播紧急广播系统分项工程质量验收记录表
  - 公共广播与紧急广播系统分项工程质量检测记录表
  - 公共广播与紧急广播系统分项工程质量验收记录表
  - 安防系统测试调试记录竖井背景音乐及广播系统缆线布放表
  - 竖井背景音乐及广播系统缆线布放检验批表

附图 A-18　广播音响系统测试调试验收记录表格

（3）电视监控系统测试调试验收记录表格，如附图 A-19 所示。

- 电视监控系统测试调试验收记录表格
  - 安防系统测试调试记录表
  - 安防系统电视墙安装检验批表
  - 安防系统电视墙安装随检表
  - 安防系统电视墙内设备安装检验批表
  - 安防系统电视墙内设备安装随检表
  - 安防系统电源箱安装检验批表
  - 安防系统电源箱安装随检表
  - 安防系统调试记录表
  - 安防系统工程安装质量及观感质量验收记录表
  - 安防系统控制台安装检验批表
  - 安防系统控制台安装随检表
  - 安防系统控制台内设备安装检验批表
  - 安防系统控制台内设备安装随检表
  - 安防系统联动调试记录表
  - 安防系统入侵调试记录表
  - 安防系统摄像机安装检验批表
  - 安防系统摄像机安装随检表
  - 安防系统视频调试记录表
  - 安防系统室内球安装检验批表
  - 安防系统室内球安装随检表
  - 安防系统探测器安装检验批表
  - 安防系统探测器安装随检表
  - 安防系统子系统检测记录表
  - 安防系统综合防范功能调试记录表
  - 安防系统综合管理调试记录表
  - 安全防范综合管理系统分项工程质量检测记录表
  - 安全防范综合管理系统分项工程质量验收记录表
  - 安全检查系统分项工程质量检测记录表
  - 半球形、枪形摄像机安装隐蔽工程（随工检查）验收表
  - 半球形、枪形摄像机安装检验质量验收记录表
  - 报警控制器分项工程质量检测记录表
  - 成套配电柜、控制柜(屏、台)和动力、照明配电箱(盘)安装隐蔽工程(随工检查)验收表
  - 成套配电柜、控制柜(屏、台)和动力、照明配电箱(盘)安装工程检验批质量验收表
  - 电视监控及防盗报警系统缆线布放检验批表
  - 电视监控及防盗报警系统随工检查表

附图 A-19　电视监控系统测试调试验收记录表格（一）

电视监控系统测试调试验收记录表格

- 电视墙安装检验质量验收记录表
- 电视墙安装隐蔽工程（随工检查）验收表
- 电视墙内设备安装检验质量验收记录表
- 电视墙内设备安装隐蔽工程（随工检查）验收表
- 电梯安防系统摄像机安装随检表
- 电梯安防系统摄像机安装隐蔽工程随检表
- 电梯井安防系统摄像机安装检验批表
- 电梯井摄像机安装检验质量验收记录表
- 电梯井摄像机安装隐蔽工程（随工检查）验收表
- 对射安装检验质量验收记录表
- 对射安装隐蔽工程（随工检查）验收表
- 紧急报警安装隐蔽工程（随工检查）验收表
- 紧急报警安装检验质量验收记录表
- 控制台安装隐蔽工程（随工检查）验收表
- 控制台安装检验质量验收记录表
- 控制台内安装检验质量验收记录表
- 控制台内安装隐蔽工程（随工检查）验收表
- 设备安装分项工程质量检测记录表
- 视觉照明环境检测分项工程质量检测记录表
- 视频安防监控系统分项工程质量验收记录表
- 视频监控系统分项工程质量检测记录表
- 室内球安装隐蔽工程（随工检查）验收表
- 室内球安装检验质量验收记录表
- 室外安防系统对射安装检验批表
- 室外安防系统对射安装随检表
- 室外安防系统紧急报警安装检验批表
- 室外安防系统紧急报警安装随检表
- 室外安防系统室外球安装检验批表
- 室外安防系统室外球安装随检表
- 室外暗管敷设电视监控及防盗报警系统随工检查表
- 室外电视监控及防盗报警系统导管敷设检验批表
- 室外电视监控及防盗报警系统缆线布放检验批表
- 室外球安装检验质量验收记录表
- 室外球安装隐蔽工程（随工检查）验收表
- 竖井电视监控及防盗报警系统缆线布放检验批表
- 竖井电视监控及防盗报警系统随工检查表
- 探测器安装隐蔽工程（随工检查）验收表
- 探测器安装检验质量验收记录表
- 网络系统电视墙安装检验批表
- 网络系统电视墙安装随检表
- 屋面安防系统室外球安装检验批表
- 屋面安防系统室外屋面球安装随检表
- 屋面电视监控及防盗报警系统明管敷设检验批表
- 屋面电视监控及防盗报警系统随工检查表
- 屋面明管敷设电视监控及防盗报警系统随工检查表
- 巡更管理系统分项工程质量检测记录表
- 巡更管理系统分项工程质量验收记录表
- 综合防范功能分项工程质量验收记录表

附图 A-19　电视监控系统测试调试验收记录表格（二）

（4）防盗报警系统测试调试验收记录表格，如附图 A-20 所示。

防盗报警系统测试调试验收记录表格

- 安全防范综合管理系统分项工程质量检测记录表
- 安全防范综合管理系统分项工程质量验收记录表
- 安全检查系统分项工程质量检测记录表
- 半球形、枪形摄像机安装隐蔽工程(随工检查)验收表
- 半球形、枪形摄像机安装检验质量验收记录表
- 报警控制器分项工程质量检测记录表
- 成套配电柜、控制柜(屏、台)和动力、照明配电箱(盘)安装隐蔽工程(随工检查)验收表
- 成套配电柜、控制柜(屏、台)和动力、照明配电箱(盘)安装工程检验批质量验收表
- 电视墙安装检验质量验收记录表
- 电视墙安装隐蔽工程(随工检查)验收表
- 电视墙内设备安装检验质量验收记录表
- 电视墙内设备安装隐蔽工程(随工检查)验收表
- 电梯井摄像机安装检验质量验收记录表
- 电梯井摄像机安装隐蔽工程(随工检查)验收表
- 对射安装检验质量验收记录表
- 对射安装隐蔽工程(随工检查)验收表
- 紧急报警安装隐蔽工程(随工检查)验收表
- 紧急报警安装检验质量验收记录表
- 控制台安装隐蔽工程(随工检查)验收表
- 控制台安装检验质量验收记录表
- 控制台内安装检验质量验收记录表
- 控制台内安装隐蔽工程(随工检查)验收表
- 入侵报警系统分项工程质量检测记录表
- 入侵报警系统分项工程质量验收记录表
- 设备安装分项工程质量检测记录表
- 视频安防监控系统分项工程质量验收记录表
- 室内球安装隐蔽工程(随工检查)验收表
- 室内球安装检验质量验收记录表
- 室外球安装检验质量验收记录表
- 室外球安装隐蔽工程(随工检查)验收表
- 探测器安装隐蔽工程(随工检查)验收表
- 探测器安装检验质量验收记录表
- 巡更管理系统分项工程质量检测记录表
- 巡更管理系统分项工程质量验收记录表
- 住宅(小区)智能化安全防范系统分项工程质量检测记录表
- 住宅(小区)智能化火灾自动报警分项工程质量检测记录表
- 住宅(小区)智能化家庭控制器分项工程质量检测记录表
- 住宅(小区)智能化监控与管理系统分项工程质量检测记录表
- 住宅(小区)智能化室外设备及管网分项工程质量检测记录表
- 子分部检测记录表
- 综合布线系统管理分项工程质量检测记录表
- 综合防范功能分项工程质量检测记录表

附图 A-20　防盗报警系统测试调试验收记录表格

(5) 出入口控制系统测试调试验收记录表格，如附图 A-21 所示。

- 出入口控制系统测试调试验收记录表格
  - 出入口控制(门禁)系统分项工程质量检测验收记录表
  - 出入口控制(门禁)系统分项工程质量验收记录表

附图 A-21　出入口控制系统测试调试验收记录表格

(6) 楼宇对讲系统测试调试验收记录表格，如附图 A-22 所示。

- 楼宇对讲系统测试调试验收记录表格
  - 住宅(小区)智能化安全防范系统分项工程质量检测记录表
  - 住宅(小区)智能化分项工程质量验收记录表
  - 住宅(小区)智能化火灾自动报警分项工程质量检测记录表
  - 住宅(小区)智能化家庭控制器分项工程质量检测记录表
  - 住宅(小区)智能化监控与管理系统分项工程质量检测记录表
  - 住宅(小区)智能化室外设备及管网分项工程质量检测记录表

附图 A-22　楼宇对讲系统测试调试验收记录表格

(7) 电子巡更系统测试调试验收记录表格，如附图 A-23 所示。

- 电子巡更系统测试调试验收记录表格
  - 巡更管理系统分项工程质量检测记录表
  - 巡更管理系统分项工程质量验收记录表

附图 A-23　电子巡更系统测试调试验收记录表格

(8) 电话通信系统测试调试验收记录表格，如附图 A-24 所示。

- 电话通信系统测试调试验收记录表格
  - 程控电话交换设备安装工程验收内容和标准
  - 程控电话交换设备安装工程验收内容和标准表
  - 程控电话交换系统分项工程质量验收记录表
  - 传输设备安装工程验收表
  - 电话交换系统分项工程质量检测记录表
  - 电话线路工程施工验收内容与标准表
  - 电缆电气性能测试记录表
  - 电缆气闭性测试记录表
  - 电缆线路工程验收内容和标准表
  - 电源设备接地电阻测试记录表
  - 电源设备接地电阻测试记录表

附图 A-24　电话通信系统测试调试验收记录表格（一）

- 电话通信系统测试调试验收记录表格
  - 调压器检查记录表
  - 工程安装质量及观感质量验收记录表
  - 光缆工程竣工验收内容与标准表
  - 光缆工程随工检验项目内容表
  - 建筑安装工程量总表
  - 交流配电屏检查记录表
  - 接入网设备分项工程质量检测记录表
  - 接入网设备分项工程质量验收记录表
  - 强制措施条文检测记录表
  - 施工现场质量管理检查记录表
  - 数据通信接口分项工程质量检测记录表
  - 数据通信接口分项工程质量验收记录表
  - 数字微波接力通信工程验收内容与标准表
  - 通信管道最小埋深表
  - 稳压器检查记录表
  - 无线电中短波电台通信工程验收内容与标准表
  - 系统（分部工程）检测汇总表
  - 下行传输系统主要技术参数表
  - 蓄电池组初充电测试记录表
  - 蓄电池组初放电测试记录表
  - 已安装的设备明细表
  - 隐蔽工程（随工检查）验收表
  - 隐蔽工程验收记录单及图、像和记录资料表
  - 油机发电机组测试记录表
  - 整流器测试记录表
  - 直流馈电母线电压降和绝缘电阻测试记录表
  - 直流配电屏检查记录表
  - 智能建筑工程分项工程质量检测记录表
  - 子系统检测记录表

附图 A-24　电话通信系统测试调试验收记录表格(二)

(9) 火灾自动报警与消防联动控制系统测试调试验收记录表格，如附图 A-25 所示。

- 火灾自动报警与消防联动控制系统测试调试验收记录表格
  - 钢质防火卷帘挡烟垂壁和防火门系统分项工程质量检测记录表
  - 火灾探测器和手动报警按钮分项工程质量检测记录表
  - 火灾自动报警及消防联动系统分项工程质量验收记录表
  - 火灾自动报警系统调试报告
  - 火灾自动报警系统季（年）检登记表
  - 火灾自动报警系统控制器日检登记表
  - 火灾自动报警系统施工及验收系统竣工表
  - 火灾自动报警系统运行日登记表
  - 泡沫灭火系统分项工程质量检测记录表
  - 气体灭火系统分项工程质量检测记录表
  - 消防监控系统和控制室分项工程质量检测记录表
  - 消防水系统分项工程质量检测记录表
  - 消防通信和联动系统分项工程质量检测记录表

附图 A-25　火灾自动报警与消防联动控制系统测试调试验收记录表格

(10) 有线电视和卫星接收系统测试调试验收记录表格，如附图 A-26 所示。

- 有线电视和卫星接收系统测试调试验收记录表格
  - 竖井有线电视系统缆线布放表
  - 竖井有线电视系统缆线布放检验批表
  - 卫星数字电视系统分项工程质量检测记录表
  - 卫星数字电视系统分项工程质量验收记录表
  - 有线电视卫星数字电视系统分项工程质量验收记录表
  - 有线电视系统电视墙安装检验批表
  - 有线电视系统电视墙安装随检表
  - 有线电视系统分配器安装检验批表
  - 有线电视系统分配器安装随检表
  - 有线电视系统分项工程质量检测记录表
  - 有线电视系统分项工程质量验收记录表
  - 有线电视系统分支器安装检验批表
  - 有线电视系统分支器安装随检表
  - 有线电视系统高频头安装检验批表
  - 有线电视系统高频头安装随检表
  - 有线电视系统工程安装质量验收记录表
  - 有线电视系统功分器安装检验批表
  - 有线电视系统功分器安装随检表
  - 有线电视系统混合器安装检验批表
  - 有线电视系统混合器安装随检表
  - 有线电视系统机柜安装随检表
  - 有线电视系统解码器安装检验批表
  - 有线电视系统解码器安装随检表
  - 有线电视系统缆线布放检验批表
  - 有线电视系统缆线布放表
  - 有线电视系统收记录表
  - 有线电视系统数卫机安装检验批表
  - 有线电视系统数卫机安装随检表
  - 有线电视系统卫星天线安装检验批表
  - 有线电视系统卫星天线安装随检表
  - 有线电视系统隐蔽工程（随工检查）验收表
  - 有线电视系统终端面板安检验批表
  - 有线电视系统终端面板随检表
  - 有线电视系统子系统检测记录表
  - 有线分配系统调试记录表
  - 有线干扰设备调试记录表
  - 有线干扰设备调试记录表
  - 有线前端设备调试记录表
  - 有线天线调试记录表
  - 有线系统调整调试记录表

附图 A-26　有线电视和卫星接收系统测试调试验收记录表格

(11) 视频会议系统测试调试验收记录表格，如　　附图 A-27 所示。

- 视频会议系统测试调试验收记录表格
  - 会议电视系统分项工程质量检测记录表
  - 会议电视系统分项工程质量验收记录表
  - 视频会议扩展功能调试记录表
  - 视频会议系统的电源与接地装置安装隐蔽工程（随工检查）验收表
  - 视频会议系统的电源与接地装置安装质量验收记录表
  - 视频会议系统调试记录表
  - 视频会议系统工程安装质量及观感质量验收记录表
  - 视频会议系统功能测试分项工程质量验收记录表
  - 视频会议系统功能调试记录表
  - 视频会议系统基本功能测试分项工程质量验收记录表
  - 视频会议系统基本功能调试记录表
  - 视频会议系统扩展功能测试分项工程质量验收记录表
  - 视频会议系统缆线布放检验批表
  - 视频会议系统缆线布放随检表
  - 视频会议系统摄像机安装随检表
  - 视频会议系统视音频质量测试分项工程质量验收记录表
  - 视频会议系统音视频质量调试记录表
  - 视频会议系统中央安装随检表
  - 视频会议系统终端安装检验批表
  - 视频会议系统终端安装随检表
  - 视频会议系统子系统检测记录表
  - 视频系统中央安装检验批表
  - 数字会议系统的电源与接地装置安装隐蔽工程（随工检查）验收表
  - 数字会议系统的电源与接地装置安装质量验收记录表
  - 数字会议系统分项工程质量验收记录表
  - 数字会议系统工程安装质量及观感质量验收记录表
  - 数字会议系统缆线布放检验批表
  - 数字会议系统缆线布放随检表
  - 数字系统混合音视频选择控制器安装随检表
  - 数字系统机安装检验批表
  - 数字系统机安装随检表
  - 数字系统机柜安装检验批表
  - 数字系统机柜安装随检表
  - 数字系统检测调试记录表
  - 数字系统离子安装检验批表
  - 数字系统离子安装随检表
  - 数字系统面盘安装检验批表
  - 数字系统面盘安装随检表
  - 数字系统幕安装检验批表
  - 数字系统幕安装随检表
  - 数字系统屏安装检验批表
  - 数字系统屏安装随检表
  - 数字系统器安装检验批表
  - 数字系统器安装随检表
  - 数字系统器混合音视频选择控制器安装检验批表
  - 数字系统软件安装检验批表
  - 数字系统设备性能检测评测调试记录表
  - 数字系统摄像头安装检验批表
  - 数字系统升降器安装检验批表
  - 数字系统升降器安装随检表
  - 数字系统线缆布放设安调试记录表
  - 数字系统箱安装检验批表
  - 数字系统箱安装随检表
  - 数字系统终端面板安检验批表
  - 数字系统终端面板随检表
  - 竖井数字会议系统缆线布放随检表
  - 竖井视频会议系统缆线布放检验批表
  - 竖井视频会议系统缆线布放随检表
  - 竖井数字会议系统缆线布放检验批表
  - 数字会议系统系统集成服务器软件安装随检表

附图 A-27　视频会议系统测试调试验收记录表格

(12) 综合布线系统测试调试验收记录表格，如　　附图 A-28 所示。

附图 A-28　综合布线系统测试调试验收记录表格

(13) 计算机网络系统测试调试验收记录表格，如附图 A-29 所示。

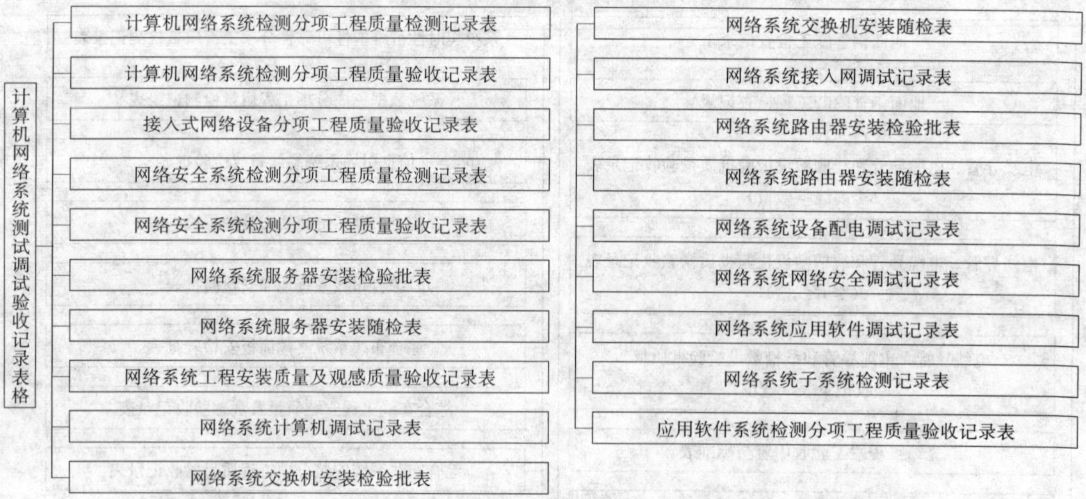

附图 A-29 计算机网络系统测试调试验收记录表格

(14) 楼宇自控系统测试调试验收记录表格，如附图 A-30 所示。

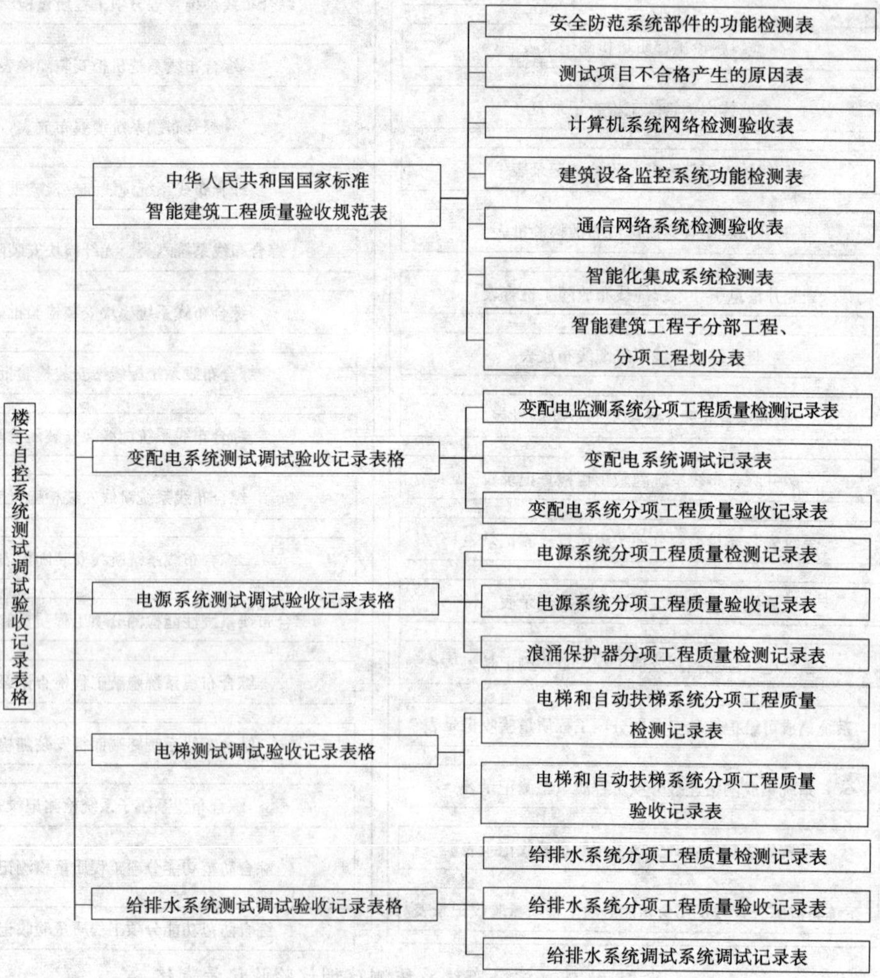

附图 A-30 楼宇自控系统测试调试验收记录表格（一）

- 楼宇自控系统测试调试验收记录表格
  - 公共照明测试调试验收记录表格
    - 公共照明系统分项工程质量检测记录表
    - 公共照明系统分项工程质量验收记录表
    - 楼层走道照系统调试记录表
  - 环境检测测试调试验收记录表格
    - 环境检测分项工程质量验收记录表
    - 室内电磁环境检测分项工程质量检测记录表
  - 空调与通风测试调试验收记录表格
    - 防排烟及通风系统分项工程质量检测记录表
    - 空调与通风系统分项工程质量检测记录表
    - 空调与通风系统分项工程质量验收记录表
    - 空调与通风系统调试记录表
    - 冷冻和冷却水系统分项工程质量检测记录表
    - 热源和热交换系统分项工程质量检测记录表
    - 室内空调环境检测分项工程质量检测记录表
    - 室内空气环境质量检测分项工程质量检测记录表
  - 冷冻和冷却水系统测试调试验收记录表格
    - 冷冻和冷却水系统分项工程质量检测记录表
    - 冷冻和冷却水系统分项工程质量验收记录表
    - 冷冻水和冷却水系统调试系统调试记录表
  - 成套配电柜、控制柜（屏、盘）和动力、照明配电箱（盘）安装工程检验批质量验收记录表
  - 成套配电柜、控制柜（屏、台）和动力、照明配电箱（盘）安装工程检验质量验收记录表
  - 成套配电柜、控制柜（屏、台）和动力、照明配电箱（盘）安装工程隐蔽工程（随工检查）验收表
  - 检查接线、通信检查、新风机组调试记录表
  - 建筑设备自动化（楼宇自控）系统缆线布放表

附图 A-30　楼宇自控系统测试调试验收记录表格（二）

- 楼宇自控系统测试调试验收记录表格
  - 楼控系统测试调试验收记录表格
    - 建筑设备自动化（楼宇自控）系统缆线布放检验批表
    - 楼控传感器安装检验批表
    - 楼控系统传感器安装随检表
    - 楼控系统电动通阀安装检验批表
    - 楼控系统电动通阀安装随检表
    - 楼控系统电动执行器安装检验批表
    - 楼控系统电动执行器安装随检表
    - 楼控系统工程安装质量及观感质量验收记录表表
    - 楼控系统楼控箱安装检验批表
    - 楼控系统楼控箱安装随检表
    - 楼宇自控系统子系统检测记录表
    - 设备安装、性能、评测调试记录系统调试记录表
    - 数据通信接口分项工程质量验收记录表
    - 数据通信接口调试记录表
    - 系统实时性、可维护性、可靠性调试记录调试记录表
    - 系统实时性、可维护性、可靠性分项工程质量验收记录表
    - 现场设备安装及检测分项工程质量验收记录表
    - 现场设备性能检测和安装质量检查分项工程检测记录表
    - 智能建筑工程分项工程质量检测记录表
    - 中央管理工作站及操作分站分项工程质量检测记录表
    - 中央管理工作站及操作分站分项工程质量验收记录表
    - 中央管理工作站系统调试记录表
  - 热源和热交换系统测试调试验收记录表格
    - 热源和热交换系统调试记录表
    - 热源和热交换系统分项工程质量检测记录表
    - 热源和热交换系统分项工程质量验收记录表

附图 A-30　楼宇自控系统测试调试验收记录表格（三）

(15) 一卡通系统测试调试验收记录表格，如附图 A-31 所示。

- 一卡通系统测试调试验收记录表格
  - 竖井一卡通系统缆线布放表
  - 竖井一卡通系统缆线布放检验批表
  - 消费系统系统功能分项工程质量验收记录表
  - 一卡通出入口控制（门禁）系统分项工程质量验收记录表
  - 一卡通停车场（库）管理系统分项工程质量验收记录表
  - 一卡通系统采集器安装检验批表
  - 一卡通系统采集器安装随检表
  - 一卡通系统出门按钮安装检验批表
  - 一卡通系统地感线圈安装检验批表
  - 一卡通系统地感线圈安装随检
  - 一卡通系统调试记录表
  - 一卡通系统读卡器安装检验批表
  - 一卡通系统读卡器安装随检表
  - 一卡通系统对讲电话安装检验批表
  - 一卡通系统对讲电话安装随检表
  - 一卡通系统服务器安装检验批表
  - 一卡通系统服务器安装随检表
  - 一卡通系统工程安装质量及观感质量验收记录表
  - 一卡通系统计算机安装检验批表
  - 一卡通系统计算机安装随检表
  - 一卡通系统控制器安装检验批表
  - 一卡通系统控制器安装随检表
  - 一卡通系统栏杆安装检验批表
  - 一卡通系统栏杆安装随检表
  - 一卡通系统缆线布放表
  - 一卡通系统缆线布放检验批表
  - 一卡通系统满屏显示器安装检验批表
  - 一卡通系统满屏显示器安装随检表
  - 一卡通系统摄像机安装检验批表
  - 一卡通系统摄像机安装随检表
  - 一卡通系统锁具安装检验批表
  - 一卡通系统锁具安装随检表
  - 一卡通系统停车调试记录表
  - 一卡通系统消费调试记录表
  - 一卡通系统巡更调试记录表
  - 一卡通系统指纹机安装检验批表
  - 一卡通系统指纹机安装随检表
  - 一卡通系统中心调试记录表
  - 一卡通系统子系统检测记录表
  - 一卡通巡更管理系统分项工程质量验收记录表
  - 一卡通系统出门按钮安装随检表
  - 中心系统功能分项工程质量验收记录表

附图 A-31　一卡通系统测试调试验收记录表格

(16) 停车场系统测试调试验收记录表格，如附图 A-32 所示。

- 停车场系统测试调试验收记录表格
  - 停车场(库)管理系统分项工程质量检测记录表
  - 停车场(库)管理系统分项工程质量验收记录表

附图 A-32　停车场系统测试调试验收记录表格

(17) 内装修测试调试验收记录表格，如附图 A-33 所示。

- 内装修测试调试验收记录表格
  - 地面钢管施工检查记录表
  - 地面钢管隐蔽工程检查记录表
  - 吊顶内钢管施工检查记录表
  - 吊顶内钢管隐蔽工程检查记录表
  - 钢管地面预检记录表
  - 钢管吊顶内预检记录表
  - 钢管墙体内预检记录表
  - 墙体内钢管施工检查记录表
  - 墙体内钢管隐蔽工程检查记录表

附图 A-33　内装修测试调试验收记录表格

(18) 电源系统测试调试验收记录表格，如附图 A-34 所示。

- 电源系统测试调试验收记录表格
  - 变配电监测系统分项工程质量检测记录表
  - 变配电系统分项工程质量验收记录表
  - 电源设备接地电阻测试记录表
  - 电源设备接地电阻测试记录表
  - 电源系统分项工程质量检测记录表
  - 电源系统分项工程质量验收记录表
  - 电源系统分项工程质量验收记录表
  - 调压器检查记录表
  - 稳压器检查记录表

附图 A-34　电源系统测试调试验收记录表格

(19) 机房工程测试调试验收记录表格，如附图 A-35 所示。

- 机房工程测试调试验收记录表格
  - 玻璃隔断安随检表
  - 不锈钢玻璃隔断工程检验批质量验收记录表
  - 地板检验批表
  - 地板随检表
  - 地电线导管、电缆导管和线槽敷设检验批质量验收记录表
  - 地面电线导管、电缆导管和线槽敷设检验批质量验收记录表
  - 电源系统分项工程质量验收记录表
  - 吊顶内电线导管、电缆导管和线槽敷设检验批质量验收记录表

附图 A-35　机房工程测试调试验收记录表格（一）

- 防雷与接地系统分项工程质量验收记录表
- 机房 UPS 安装检验批表
- 机房灯光安装随检表
- 机房等电位联结检验批质量验收记录表
- 机房等电位系统接地随检表
- 机房地管随检表
- 机房电源与接地系统接地随检表
- 机房顶管随检表
- 机房防雷接地装置安装检验批质量验收记录表
- 机房防雷与接地系统接地随检表
- 机房工程电气绝缘电阻测试记录表
- 机房工程工程安装质量及观感质量表
- 机房机柜安装检验批表
- 机房机柜安装随检表
- 机房接地装置安装检验批质量验收记录表
- 机房空调安装检验批表
- 机房空调安装随检表
- 机房龙骨、石膏板墙安随检表
- 机房龙骨顶安随检表
- 机房面板安检验批表
- 机房面板随检表
- 机房配电箱安装检验批表
- 机房配电箱安装随检表
- 机房普通灯具安装检验批质量验收记录表
- 机房墙管随检表
- 机房线槽地随检表
- 机房线槽顶随检表
- 机房 UPS 安装随检表
- 金属门饰检验批表
- 金属门随检表
- 壳体检验批表
- 壳体随检表
- 缆线终接检验批表
- 缆线终接随检表
- 铝塑板墙安检验批表
- 铝塑板墙安随检表
- 木门检验批表
- 木门随检表
- 墙电线导管、电缆导管和线槽敷设检验批质量验收记录表
- 轻钢龙骨、石膏板安检验批表
- 轻钢龙骨安检验批表
- 水性涂料涂饰检验批质量验收记录表
- 涂料墙随检表

附图 A-35　机房工程测试调试验收记录表格（二）

（20）舞台机械灯光系统测试调试验收记录表格，如附图 A-36 所示。

舞台机械灯光系统测试调试验收记录表格

- 电影系统调试记录表
- 舞台、机械、音响、灯光系统 隐蔽工程（随工检查）验收表
- 舞台、机械、音响、灯光系统缆线布放检验批表
- 舞台、机械、音响、灯光系统质量验收记录表
- 舞台、机械、音响、灯光系统缆线布放随检表
- 舞台系统分项工程质量验收记录表
- 舞台系统工程安装质量及观感质量验收记录
- 舞台系统检测调试记录
- 舞台系统设备性能检测调试记录
- 舞台系统子系统检测记录
- 舞系统分项工程质量验收记录表（1）
- 系统设备安装调试记录表

附图 A-36　舞台机械灯光系统测试调试验收记录表格

（21）信息引导系统工控主机测试调试验收记录表格，如附图 A-37 所示。

信息引导系统工控主机测试调试验收记录表格

- 分部（子分部）工程竣工验收记录表
- 强制性条文检测记录表
- 系统（分部工程）检测汇总表
- 信息系统分项工程质量验收记录表
- 信息引导系统调整调试记录表
- 信息引导系统分项工程质量验收记录表
- 信息引导系统工程安装量及观感质量验收记录表
- 信息引导系统工控主机安装检验批表
- 信息引导系统工控主机安装随检表
- 信息引导系统检测调试记录表
- 信息引导系统收记录表
- 信息引导系统液晶电视安装检验批表
- 信息引导系统液晶电视安装随检表
- 信息引导系统子系统检测记录表

附图 A-37　信息引导系统工控主机测试调试验收记录表格

（22）系统集成综合测试调试验收记录表格，如附图 A-38 所示。

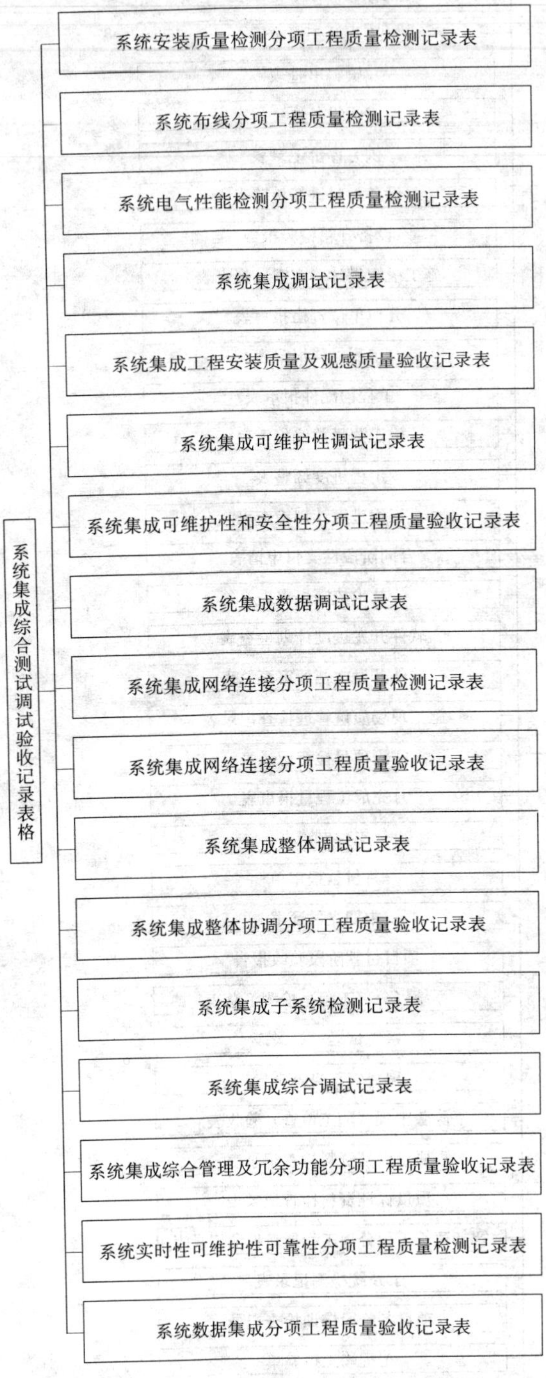

附图 A-38　系统集成综合测试调试验收记录表格

（23）工程系统验收记录表格，如附图 A-39 所示。

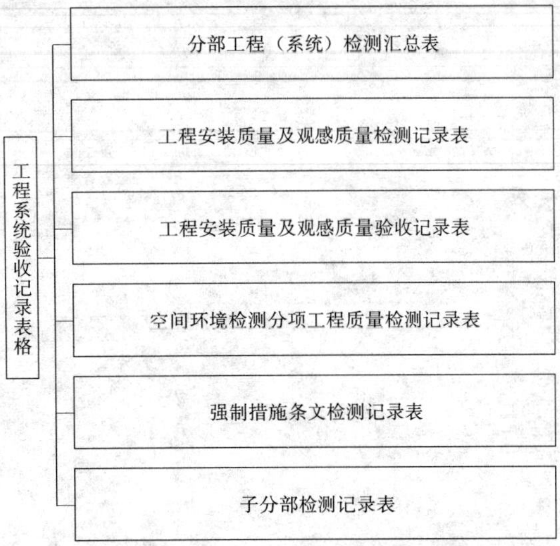

附图 A-39　工程系统验收记录表格

（24）应用软件系统测试调试验收记录表格，如附图 A-40 所示。

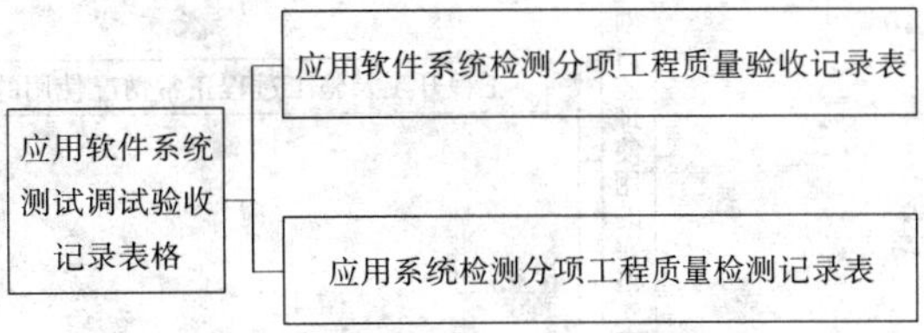

附图 A-40　应用软件系统测试调试验收记录表格

3. 弱电工程项目监理使用的表格

弱电工程项目监理使用的表格是监理工作信息的重要载体，也是监理的工作内容，对监理单位和业主单位都有重大作用。

监理工程师应当熟悉各类监理使用表格的作用和填写方法，并在弱电工程项目实施过程的不同阶段、不同场合灵活应用，以形成系统的项目监理文档体系。弱电工程项目监理使用的表格包括：

（1）工程开工及施工过程正常情况使用的文档；

（2）工程施工过程中非正常情况使用的文档；

（3）工程检验、日志所使用的文档。

弱电工程项目监理使用的表格，如附图 A-41 所示。

附图 A-41 弱电工程项目监理使用的表格（一）

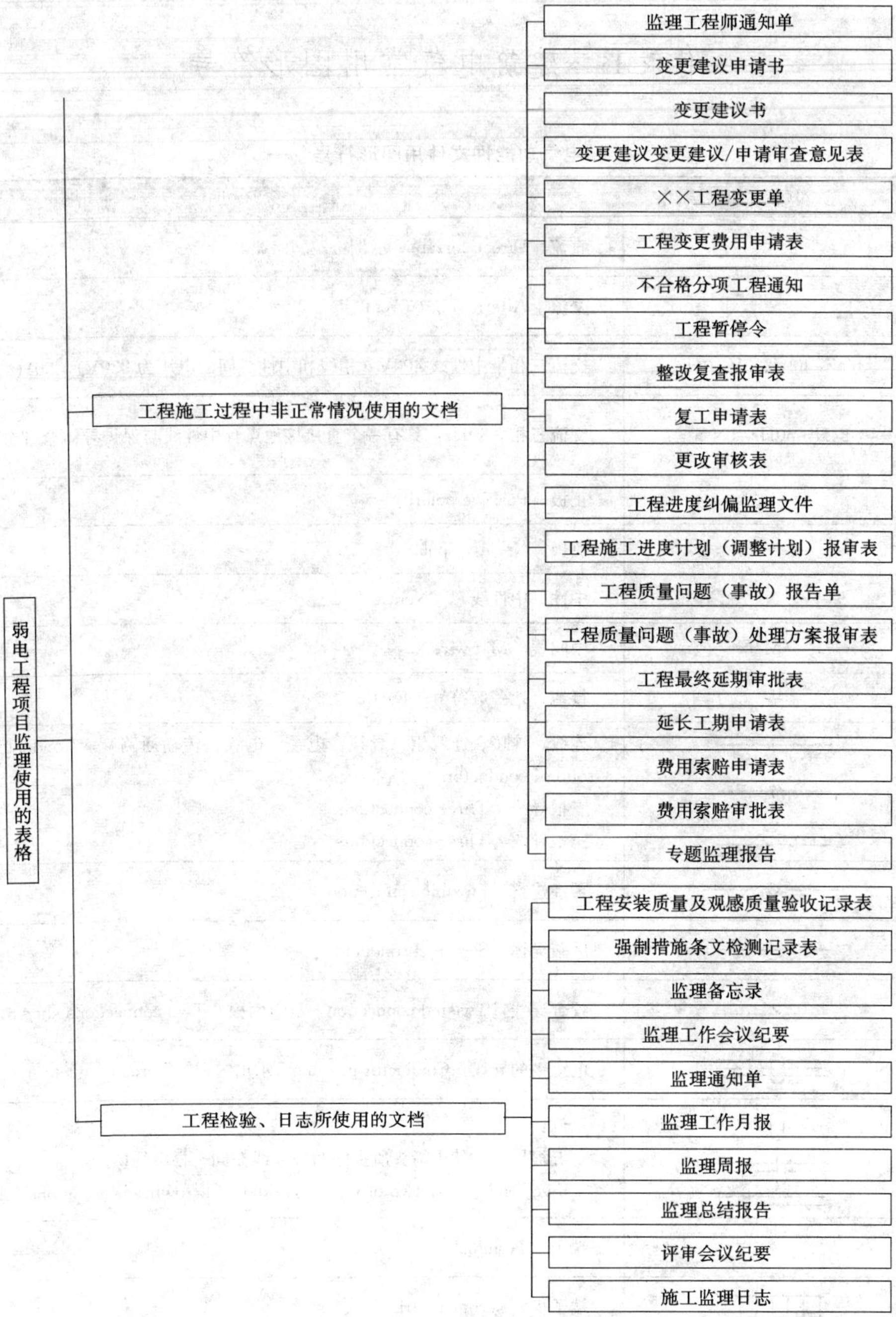

附图 A-41　弱电工程项目监理使用的表格（二）

附录B 建筑电气常用图形符号

附表 B-1 电气功能性文件用图形符号

序号	符　号	说　　明
001	==	直流 Direct current 示例：2/M=220/110V
002	～	交流 Alternating current
003	3/N～400/230V 50Hz	交流三相带中性线 400V（相线和中性线间的电压为 230V），50Hz
004	3/N～50Hz/TN-S	交流三相，50Hz，具有一个直接接地点且中性线与保护导体全部分开的系统
005	+	正极 Positive polarity
006	−	负极 Negative polarity
007	N	中性（中性线） Neutral
008	M	中间线 Mid-wire
009	⏚	接地、地一般符号 Earth
010		连线、连接、连线组（导线、电缆、电线、传输通路） Conductor Connection Group of conductors
011	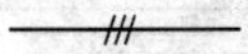	三根导线 Three connections
012	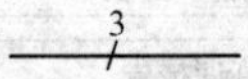	三根导线 Three connections
013		柔性连接 Flexible connection
014	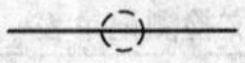	屏蔽导体 Screened conductor
015	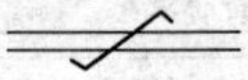	绞合导线 Twisted connection 示出两根 Two connections shown
016		电缆中的导线 Conductor in cable 示出三根 Three conductors shown
017	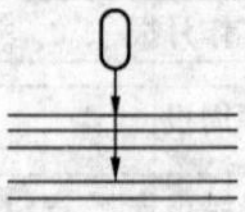	示例： 五根导线，其中箭头所指的两根导线在同一根电缆内 Five conductors，two of which marked by arrowheads are in one cable
018	∘	端子 Terminal
019	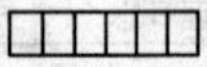	端子板 Terminal strip
020	形式1 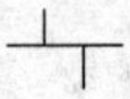	导线的双重连接 Double junction of conductors
021	形式2 	若设计认为需要可用型式 2 Form 2 shall only be used if required by layout considerations
022		阴接触件（连接器的）、插座 Female contact（of a socket or plug），Socket
023		阳接触件（连接器的）、插头 Male contact（of a socket or plug），Plug
024		插头和插座 Plug and socket

续表

序号	符　　号	说　　明
025		接通的连接片　Connecting link，closed
026		断开的连接片　Connecting link，open
027		电阻器，一般符号　Resistor，general symbol
028	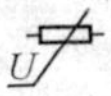	压敏电阻器　Voltage dependent resistor　变阻器 Varistor
029	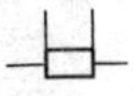	分路器　Shunt 带分流和分压端子的电阻器　Resistor with separate current and voltage terminals
030		电热元件　Heating element
031		电容器，一般符号　Capacitor，general symbol
032		极性电容器，例如电解电容　Polarized capacitor，for example electrolytic
033		电感器 Inductor　线圈 Coil　绕组 Winding　扼流圈 Choke 若表示带磁芯的电感器可以在该符号上加一条平行线；若磁芯有间隙，这条线可断开画 If it is desired to show that the inductor has a magentic core，a single line may be added parallel to the symbol. The line may be annotated to indicate non-magnetic materials；it may be interrupted to indicate a gap in the core
034		半导体二极管一般符号　Semiconductor diode，general symbol
035		PNP 半导体管　PNP transistor
036		集电极接管壳的 NPN 半导体管　NPN transistor with collector connected to the envelope
037		电机一般符号　Machine，general symbol "★"用下述字母之一代替： G 发电机 Generator GS 同步发电机 Synchronous generator M 电动机 Motor MS 同步电动机 Synchronous motor
038		三相鼠笼式感应电动机 Induction motor，three-phase，squirrel-cage
039	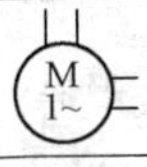	单相鼠笼式有分相绕组引出端的感应电动机　Induction motor，single-phase，squirrelcage，ends of split-phase winding brought out
040		三相绕线式感应电动机 Induction motor，three-phase，with wound rotor
041	形式1 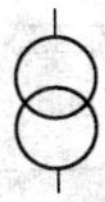	双绕组变压器　Transformer with two windings
042	形式2 	瞬时电压的极性可以在形式 2 中表示　The instantaneous voltage polarities may be indicated in form 2 of the symbol

续表

序号	符号	说明
043	形式1 	星形-三角形连接的三相变压器　Three-phase transformer，connection star-delta
044	形式2 	
045	形式1 	可调压的单相自耦变压器 Auto-transformer，single-phase with voltage regulation
046	形式2 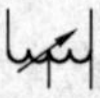	
047		三相感应调压器　Three-phase induction regulator
048	形式1 	扼流圈　Choke 电抗器　Reactor
049	形式2 见 033	
050	形式1 	电压互感器 Voltage transformer
051	形式2 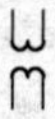	
052		三绕组电压互感器 Voltage transformer，with three windings
053	形式1 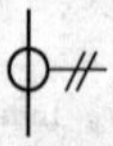	电流互感器　Current transformer 脉冲变压器　Pulse transformer
054	形式2 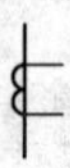	
055	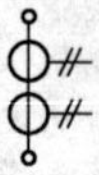	具有两个铁芯，每个铁芯有一个二次绕组的电流互感器 Current transformer with two cores with one secondary winding on each core
056		一个铁芯具有两个二次绕组的电流互感器 Current transformer with two secondary winding on one core

续表

序号	符号	说明
057	形式1 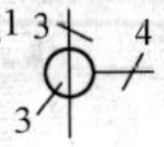	三个电流互感器（4根二次引线） Three Gurrent transformers
058	形式2 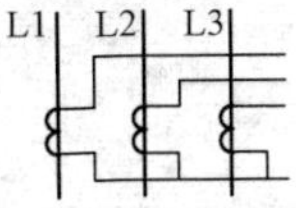	
059		原电池或蓄电池组 Battery of primary or secondary cells
060		电能发生器一般符号 Generator，general symbol 旋转的电能发生器用符号 3-037 For a rotary generator，use symbol 3-037
061		光电发生器 Photovoltaic generator
062		隔离开关 Disconnector（isolator）
063	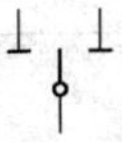	具有中间断开位置的双向隔离开关 Two-way disconnector（isolator）with off-position in the centre
064	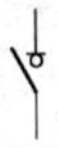	负荷开关（负荷隔离开关） Switch-disconnector（on-load isolating switch）
065		具有由内装的测量继电器或脱扣器触发的自动释放功能的负荷开关 Switch-disconnector with automatic tripping initiated by a built-in measuring relay or release
066		断路器 Circuit breaker
067		熔断器式开关（GB/T 200. 18—1992 同义词：熔断器式刀开关） Fuse-switch
068		熔断器式隔离开关 Fuse-disconnector（GB/T 2900. 18—1992 为熔断器式隔离器）
069		熔断器式负荷开关 Fuse switch-disconnector（GB/T 2900. 18—1992 为熔断器式隔离开关）
070		接触器 Contactor 接触器的主动合触头 Main make contact of a contactor
071		接触器 Contactor 接触器的主动断触头 Main break contact of a contactor
072		静态开关一般符号 Static switch，general symbol
073		静态（半导体）接触器 Static（semiconductor）contactor

续表

序号	符　　号	说　　明
074		熔断器一般符号　Fuse，general symbol
075	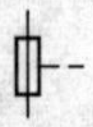	带机械连杆的熔断器（撞击式熔断器） Fuse with mechanical linkage（striker fuse）
076		火花间隙　Spark gap
077		避雷器　Surge diverter Lightning arrester
078	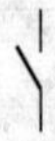	动合（常开）触点　Make contact 开关的一般符号 This symbol may also be used as the general symbol for a switch
079		动断（常闭）触点　Break contact
080		先断后合的转换触点 Change-over break before make contact
081	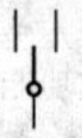	中间断开的双向转换触点 Change-over contact with off-position in the centre
082		（多触点组中）比其他触点提前吸合的动合触点　Make contact（of a multiple contact assembly）which is early to close relative to the other make contacts of the assembly
083	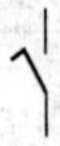	（多触点组中）比其他触点滞后吸合的动合触点　Make contact（of a multiple contact assembly）which is late to close relative to the other make contacts of the assembly
084	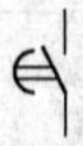	当操作器件被吸合时延时闭合的动合触点　Make contact，delayed when the device containing the contact is being activated
085	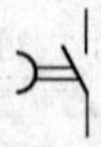	当操作器件被释放时延时断开的动合触点　Make contact，delayed when the device containing the contact is being de-activated
086		当操作器件被吸合时延时断开的动断触点　Break contact，delayed when the device containing the contact is being activated
087	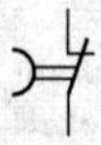	当操作器件被释放时延时闭合的动断触点　Break contact，delayed when the device containing the contact is being de-activated
088	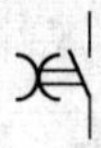	当操作器件被吸合时延时闭合，释放时延时断开的动合触点　Make contact，delayed both when the device containing the contact is being activated and when it is being de-activated
089	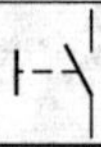	手动操作开关一般符号 Manually operated switch，general symbol

续表

序号	符号	说明
090	形式1 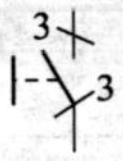	一个手动三极开关 One switch，triple pole，manually operated
091	形式2 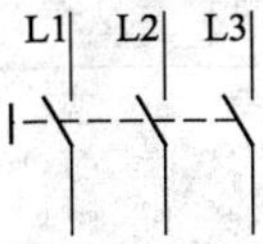	
092	形式1 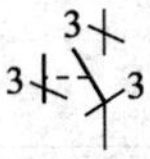	三个手动单极开关 Three switchs，single pole，manually operated
093	形式2 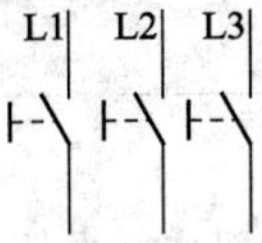	
094	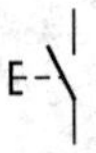	具有动合触点且自动复位的按钮开关 Push-button switch make contact and automatic return
095	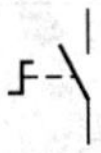	具有动合触点但无自动复位的旋转开关 Turn-switch with make contact without automatic return
096	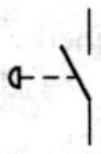	具有动合触点且自动复位的蘑菇头式的按钮开关 Push-button switch，type “mushroom-head”，by key operation
097	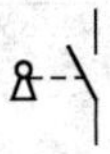	具有动合触点钥匙操作的按钮开关 Push-button switch，by key operation
098	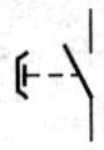	带有防止无意操作保护的具有动合触点的按钮开关 Push-button switch，protected against unintentional operation
099		位置开关，动合触点（GB/T 2900.18—1992 定义限位开关即终端开关、接近开关，是位置开关的一种）Position switch，make contact
100		位置开关，动断触点（GB/T 2900.18—1992 定义限位开关即终端开关、接近开关，是位置开关的一种）Position switch，break contact
101	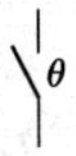	热敏开关，动合触点 Temperature sensitive switch，make contact
102	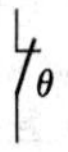	热敏开关，动断触点 Temperature sensitive switch，break contact
103	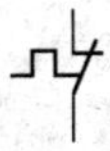	热敏自动开关，动断触点 Self-operating themal switch（for example，bimetal）break contact
104	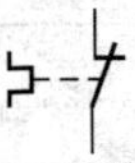	热继电器，动断触点 Thermal relay or release，break contact

续表

序号	符　　号	说　　明
105	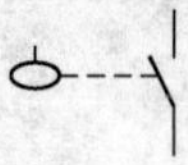	液位控制开关，动合触点 Actuated by liquid level switch，make contact
106	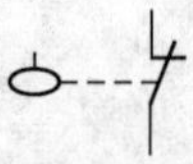	液位控制开关，动断触点 Actuated by liquid level switch，break contact
107	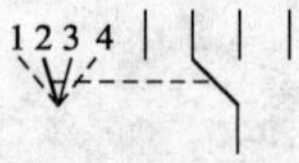	位置图示例　多位置开关 Example with position diagram
108		接触敏感开关动合触点 Touch sensitive switch，make contact
109		接近开关动合触点 Proximity switch，make contact
110	形式1 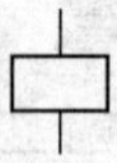	操作器件一般符号　Operating device，general symbol 继电器线圈一般符号　Relay coil，general symbol
111	形式2 	
112	形式1 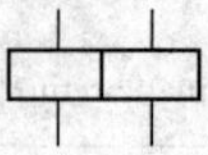	具有两个独立绕组的操作器件的组合表示法 Operating device with two separate windings，attached representation
113	形式2 	
114	形式1 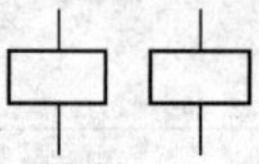	具有两个独立绕组的操作器件的分立表示法 Operating device with two separate windings，detached representation
115	形式2 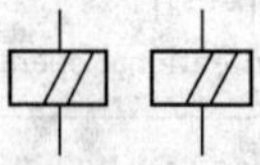	
116	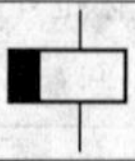	缓慢释放继电器的线圈 Relay coil of a slow-releasing relay
117	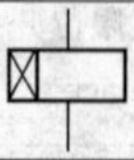	缓慢吸合继电器的线圈 Relay coil of a slow-operating relay
118	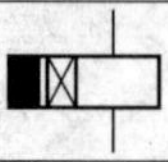	缓吸和缓放断电器的线圈 Relay coil of a slow-operating and slow-releasing relay
119	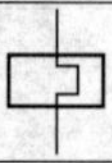	热继电器的驱动器件 Themal relay，operating device
120	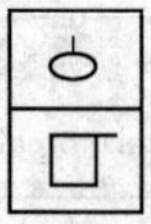	瓦斯保护器件（气体继电器） Buchholz protective device（Cas relay）
121		自动重闭合器件　Device for auto-reclosing 自动重合闸继电器　Auto-reclose relay

续表

序号	符 号	说 明
122	V	电压表 Voltmeter
123	A	电流表 Ammeter
124	A Isinφ	无功电流表 Reactive current ammeter
125	→ W Pmax	积算仪表激励的最大需用量指示器 Maximum demand indicator actuated by an integrating meter
126	var	无功功率表 Varmeter
127	cosφ	功率因数表 Power-factor meter
128	φ	相位计 Phase meter
129	Hz	频率计 Frequency meter
130	θ	温度计 Thermometer 高温计 Pyrometer
131	n	转速表 Tachometer
132	W	记录式功率表 Recording wattmeter
133	Wh	电度表（瓦时计） Watt-hour meter
134	Wh	复费率电能表，示出二费率 Multi-rate watt-hour meter，two-rate shown
135	varh	无功电度表 Var-hour meter
136	形式1 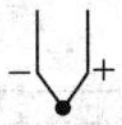	热电偶，示出极性符号 Thermocouple，shown with polarity symbols
137	形式2 	带直接指示极性的热电偶 负极用粗线表示 Thermocouple with direct indication of polarity，the negative pole being represented by the thick line
138		钟，一般符号 Clock，general symbol 子钟 Secondary clock
139		母钟 Master clock

续表

序号	符　号	说　明
140		灯，一般符号　Lamp，general symbol 信号灯，一般符号　Signal lamp，general symbol 如果要求指示颜色，则在靠近符号处标出下列代码： RD—红色　red YE—黄色　yellow GN—绿色　green BU—蓝色　blue WH—白色　white 如果要求指示灯类型，则在靠近符号处标出下列代码： Ne—氖　neon Xe—氙　xenon Na—钠气　sodium vapour Hg—汞　mercury I—碘　iodine IN—白炽　incandescent EL—电发光　electroluminescent ARC—弧光　arc FL—荧光　fluorescent IR—红外线　infra-red UV—紫外线　ultra-violet LED—发光二极管　light emitting diode
141		闪光型信号灯　Signal lamp，flashing type
142	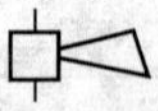	电喇叭　Horn
143		电铃　Bell
144		报警器　Siren
145		蜂鸣器　Buzzer
146		电动气笛　Whistle，electrically operated

附表 B-2　　电力位置文件用图形符号

序号	符　号	说　明
147	规划(设计)的 	变电所、配电所　Substation
148	运行的或未加规定的 	

续表

序号	符　号	说　明
149		连线、连接　Connection 连线组　Group of connections 示例 —导线　conductor　　—电线　line —电缆　cable　　—传输通路　transmission path
150		地下线路　Undergroud line
151		接地极　Earthed pole
152	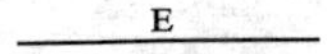	接地线　Ground conductor
153		架空线路　Overhead line
154		管道线路　Line within a duct Line within a pipe
155	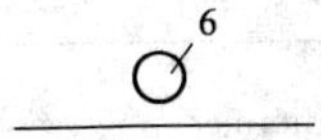	附加信息可标注在管道线路的上方，如管孔的数量 Additional information may be shown above the line representing the duct route，for example the number of ways. 示例：6 孔管道的线路 Line within a six-way-duct
156	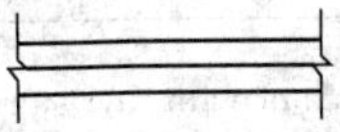	电缆桥架线路　Line of cable tray 注：本符号用电缆桥架轮廓和连线组组合而成
157		电缆沟线路　Line of cable trench 注：本符号用电缆沟轮廓和连线组组合而成
158		中性线　Neutral conductor
159	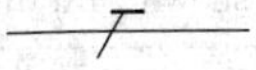	保护线　Protective conductor
160	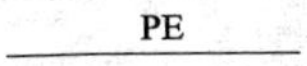	保护接地线　Protective earthing conductor
161	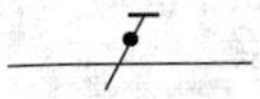	保护线和中性线共用线 Combined protective and neutral conductor
162		示例：具有中性线和保护线的三相配线 Three -phase wiring with neutral conductor and protective conductor
163		向上配线　Wiring going upwards
164	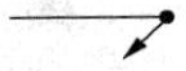	向下配线　Wiring going downwards
165	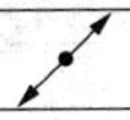	垂直通过配线　Wiring passing through vertically
166	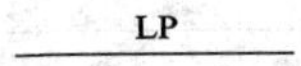	避雷线　Earth wire，ground-wire 避雷带　Strap type lightning protect 避雷网　Network of lightning conduct
167		避雷针　Lightning rod
168	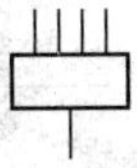	配电中心　Distribution centre 示出五路馈线　The symbol is shown with five wirings
169	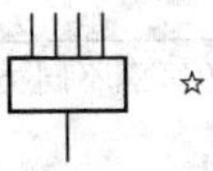	符号就近标注种类代号“☆”，表示的配电柜（屏）、箱、台： 种类代码 AP，表示为动力配电箱　Power distribution board 种类代码 APE，表示为应急电力配电箱　Emergency power distribution board 种类代码 AL，表示为照明配电箱　Lighting distribution board 种类代码 ALE，表示为应急照明配电箱　Emergency lighting distribution board
170		盒（箱）一般符号　Box，general symbol

续表

序号	符　号	说　明
171		连接盒　Connection box 接线盒　Junction box
172	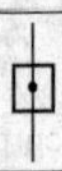	用户端　供电输入设备　示出带配线　Consumers terminal Service entrance equipment The symbol is shown with wiring
173		电动机起动器一般符号　Motor starter，general symbol
174		调节—起动器　Starter-regulator
175		可逆式电动机直接在线接触器式起动器 Direct-on-line starter with contactor for reversing the rotation of a motor
176		星-三角起动器　Star-delta starter
177		自耦变压器式起动器　Starter with auto-transtormer
178		带可控整流器的调节—起动器　Starter-regulator with thyristors
179		（电源）插座，一般符号　Socket outlet（power），general symbol Receptacle outlet（power），general symbol
180	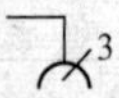	（电源）多个插座示出三个 Multiple socket outlet（power）The symbol is shown with three outlets
181		带保护接点（电源）插座 Socket outlet（power）with protective contact
182		根据需要可在"★"处用下述文字区别不同插座： 1P—单相（电源）插座 3P—三相（电源）插座 1C—单相暗敷（电源）插座 3C—三相暗敷（电源）插座 1EX—单相防爆（电源）插座 3EX—三相防爆（电源）插座 1EN—单相密闭（电源）插座 3EN—三相密闭（电源）插座
183		
184	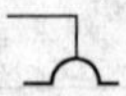	带护板的（电源）插座 Socket outlet（power）with shutter
185	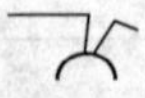	带单极开关的（电源）插座 Socket outlet（power）with single-ploe switch
186		带联锁开关的（电源）插座 Socket outlet（power）with interlocked switch
187		具有隔离变压器的插座　示例：电动剃刀用插座 Socket outlet（power）with isolating transformer，for exampie：shaver outlet
188		开关一般符号　Switch，general symbol
189		根据需要"★"用下述文字标注在图形符号旁边区别不同类型开关： C—暗装开关 EX—防爆开关 EN—密闭开关

续表

序号	符　号	说　明
190		带指示灯的开关　Switch with pilot light
191		单极限时开关　Period limiting switch，single pole
192	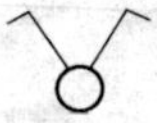	多拉单极开关（如用于不同照度） Multiposition single pole switch，for example for different degrees of lighting
193	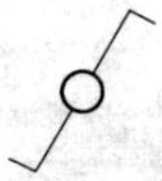	两控单极开关　Two-way single pole switch
194	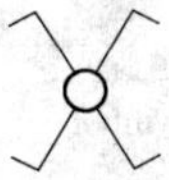	中间开关　Intermediate switch 等效电路图　Equivalent circuit diagram 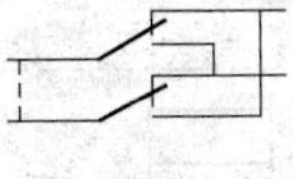
195		调光器　Dimmer
196		单极拉线开关　Pull-cord single pole switch
197		按钮　Push-button
198		根据需要"★"用下述文字标注在图形符号旁边区别不同类型开关： 2—二个按钮单元组成的按钮盒 3—三个按钮单元组成的按钮盒 EX—防爆型按钮　Push-botton，Explosion-proof type EN—密闭型按钮　Push-botton，Sealed type
199		带有指示灯的按钮　Push-button with indicator lamp
200		防止无意操作的按钮（例如借助打碎玻璃罩）Push-button protected against un-intentional operation，for instance by means of a break-glass cover
201	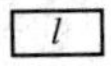	限时设备　Period limiting equipment 定时器　Timer
202		定时开关　Time switch
203		钥匙开关　Key-operated switch 看守系统装置　Watchman's system device
204		灯一般符号　Lamp，general symbol 如果要求指出灯光源类型，则在靠近符号处标出下列代码： Na—钠气 Hg—汞 I—碘 IN—白炽 ARC—弧光 FL—荧光 IR—红外线 UV—紫外线 MH—金属卤化物灯　Metal halide lamp HI—石英灯　Halogen incandescent lamp

续表

序号	符　号	说　明
205	⊗★	如需要指出灯具种类，则在“★”位置标出数字或下列字母： W—壁灯　Wall lamp C—吸顶灯　Ceiling lamp R—筒灯　Recessed down lights EN—密闭灯　Enclosed lamp EX—防爆灯　Explosion-proof lamp G—圆球灯　Globe lamp P—吊灯　Pendant lamp L—花灯　Lustre，chandelier LL—局部照明灯　Local lighting lamp SA—安全照明　Safety lighting ST—备用照明　Standby lighting
206		荧光灯，一般符号　Fluorescent lamp，general symbol 发光体，一般符号　Luminaire，general symbol
207	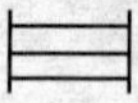	示例：三管荧光灯　Luminaire with three fluorescent tubes
208	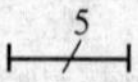	五管荧光灯　Luminaire with five fluorescent tubes
209	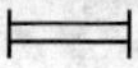	二管荧光灯　Luminaire with two fluorescent tubes
210		如需要指出灯具种类，则在“★”位置标出下列字母： EN—密闭灯　Enclosed lamp EX—防爆灯　Explosion-proof lamp
211		
212		投光灯，一般符号 Projector，general symbol
213		聚光灯　Spot light
214		泛光灯　Flood light
215		气体放电灯的辅助设备　注：仅用于辅助设备与光源不在一起时　Auxiliary apparatus for discharge lamp. The symbol shall only be used when the auxiliary apparatus is not incorporated in the luminaire
216		在专用电路上的事故照明灯 Emergency lighting luminaire on special circuit
217		自带电源的事故照明灯 Self-contained emergency lighting luminaire
218	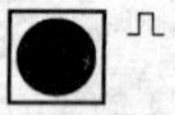	障碍灯，危险灯，红色闪烁、全向光束 Obstacle light，Hazard light，red flashing omni-directional beam
219	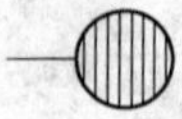	热水器示出引线　Water heater The symbol is shown with wiring
220	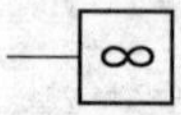	风扇示出引线　Fan The symbol is shown with wiring
221		时钟　Time clock 时间记录器　Time recorder
222	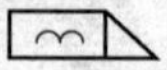	电锁　Electric lock
223		安全隔离变压器 Safety isolating transformer

续表

序号	符号	说明
224		电动机 Motor
225		发电机 Generator
226	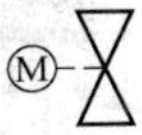	电动阀 Electrical Valve
227	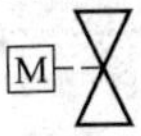	电磁阀 Solenoid Valve
228		风机盘管 Fan-coil unit
229		窗式空调器 Window air conditioner

附表 B-3 通信系统及通用布线系统图形符号

序号	符号	说明
230	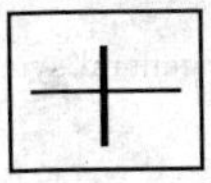	自动交换设备 Automatic switching equipment
231	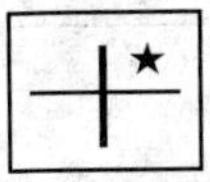	需指出自动交换设备的类型时，可在"★"处加注下列字母 SPC—程控交换机 Program controlled exchange PABX—程控用户交换机 Privat automatic branch exchange C—集团电话主机 Telephone Group
232	MDF	总配线架 Main distribution frame
233	DDF	数字配线架 Digital distribution frame
234	ODF	光纤配线架 Fiber distribution frame
235	VDF	单频配线架 Single-Frequency distribution frame
236	IDF	中间配线架 Mid distributicn frame
237	FD	楼层配线架 Floor distributor
238		通用布线配线架（用于概略图） Cross connect，premises distribution（overview diagram）
239	HUB	集中器 Hub
240	CP	集合点 Consolidation point
241	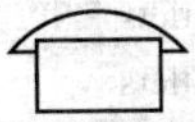	电话机，一般符号 Telephone set，general symbol

续表

序号	符　　号	说　　明
242		防爆电话机，一般符号　Telephone set，explosion-proof type general symbol
243	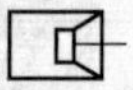	对讲机内部电话设备　Audio intercommunication equipment
244	 简化形	分线盒的一般符号　Junction box，general symbol 可加注：$\frac{N\text{-}B}{C}\Big\vert\frac{d}{D}$ 其中：N—编号　No. B—容量　Capacity C—线序　Line Sequence d—现有用户数　Existing User D—设计用户数　Design User
245		
246		室内分线盒　Indoor distribution box 加注同 244
247		室外分线盒　Outdoor distribution box 加注同 244
248	 简化形	分线箱的一般符号 示例：分线箱（简化形加标注）　Junction box，general symbol 加注同 244
249	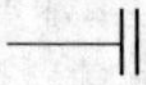	
250	 简化形	壁龛分线箱 Buit-in junction box 示例：分线箱（简化形加标注） 加注同 244
251	W 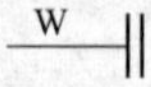	
252		架空交接箱　Overhead cross connection box
253		落地交接箱　Floor cross connections box
254		壁龛交接箱　Builtin-in cross connection box
255	 TP	电话出线座　Telephone outlet holder
256	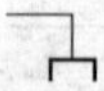	电信插座的一般符号　Socket outlet（telecommunications），general symbol 可用以下的文字或符号区别不同插座 TP—电话　Telephone FX—传真　Facsimile M—传声器　Microphone —扬声器　Loudspeaker FM—调频　Frequency modulation TV—电视　Television
257	形式 1： 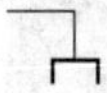 nTO	信息插座　Telecommunications outlets n 为信息孔数量，例如： TO—单孔信息插座　1—Telecommunications outlets 2TO—二孔信息插座　2—Telecommunications outlets 4TO—四孔信息插座　4—Telecommunications outlets 6TO—六孔信息插座　6—Telecommunications outlets nTO—n 孔信息插座　n—Telecommunications outlets
258	形式 2：  nTO	

附表 B-4　　火灾报警与消防控制系统图形符号

序号	符　号	说　明
259		需区分火灾报警装置“★”用下述字母代替： C—集中型火灾报警控制器　Gentral fire alarm control unit Z—区域型火灾报警控制器　Zone fire alarm control unit G—通用火灾报警控制器　General fire alarm contral unit S—可燃气体报警控制器　Combustible gas alarm control unit
260		需区分火灾控制、指示设备“★”用下述字母代替 RS—防火卷帘门控制器　Electrical control box for fire-resisting rolling shutter RD—防火门磁释放器　Megnetic releasing device for fire-resisting door I/O—输入/输出模块　I/O module O—输出模块　Output module I—输入模块　Input module P—电源模块　Power supply module T—电信模块　Telecommunication module SI—短路隔离器　Short cireuit isolator M—模块箱　Module box SB—安全栅　Safety barrier D—火灾显示盘　Fire display panel FI—楼层显示盘　Floor indicator CRT—火灾计算机图形显示系统　Computer fire figure displaying system FPA—火警广播系统　Public-fire alarm address system MT—对讲电话主机　The main telephone set for two-way telephone
261		缆式线型定温探测器　Cable line-type fixed temperature detector
262		感温探测器　Heat detector
263	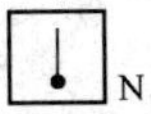	感温探测器（非地址码型）　Heat detector（non-addressable type）
264	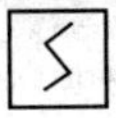	感烟探测器　Smoke detector
265	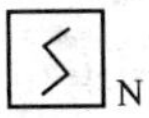	感烟探测器（非地址码型）　Smoke detector（non-addressble type）
266	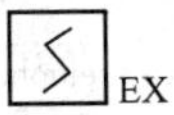	感烟探测器（防爆型）　Smoke detector（explosion-proof type）
267		感光火灾探测器　Flame detector
268		气体火灾探测器（点式）　Gas detector（point type）
269		复合式感烟感温火灾探测器　Combination detector，smoke and heat
270		复合式感光感烟火灾探测器　Combination detector，flame and smoke
271		点型复合式感光感温火灾探测器　Combination detector，flame and neat

续表

序号	符号	说明
272		手动火灾报警按钮 Manual station
273		消火栓起泵按钮 Pump starting button in hydrant
274		水流指示器 Flow switch
275		压力开关 Pressure switch
276		带监视信号的检修阀 Remote signalling check valve
277		报警阀 Alarm valve
278		防火阀（需表示风管的平面图用） Fire-resisting damper
279		防火阀（70℃熔断关闭） Fire-resisting damper（shut off 70℃）
280		防烟防火阀（24V控制，70℃熔断关闭） Smoke control/fire-resisting damper（open w/24V electric control，shut off 70℃）
281		防火阀（280℃熔断关闭） Fire-resisting damper（shut off 280℃）
282		防烟防火阀（24V控制，280℃熔断关闭） Smoke control/fire-resisting damper（open w/24V electric control，shut off 280℃）
283		增压送风口
284		排烟口
285		火灾报警电话机（对讲电话机） Speaker-phone（or two-way telephone）
286	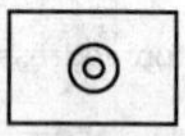	火灾电话插孔（对讲电话插孔） Jack for two-way telephone
287		带手动报警按钮的火灾电话插孔 Jack for two-way telephone with manual station
288		火警电铃 Alarm bell
289		警报发声器 Alarm sounder
290		火灾光警报器 Alarm illuminated signal
291		火灾声、光警报器 Audio-visuol fire alam
292	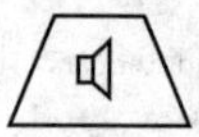	火灾警报扬声器 Fire alarm loudspeaker

续表

序号	符　号	说　明
293	IC	消防联动控制装置　Integrated fire control device
294	AFE	自动消防设备控制装置　Device for controlling automatic fire equipments
295	EEL	应急疏散指示标志灯　Emergency exit indicating luminaires
296	EEL →	应急疏散指示标志灯（向右）　Emergency exit indicating luminaires (right)
297	EEL ←	应急疏散指示标志灯（向左）　Emergency exit indicating luminaires (left)
298	EL	应急疏散照明灯　Emergency escape indicating sign luminaires
299		消火栓　Hydrant

附表 B-5　　**安全防范系统图形符号**

序号	符　号	说　明
300	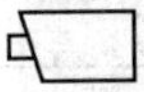	电视摄像机　Television camera
301		带云台的电视摄像机　Television camera with pan/till unit
302	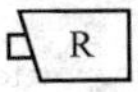	球形摄像机　Round camera
303	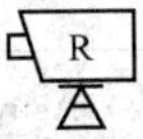	带云台的球形摄像机　Round camera with pan/till unit
304	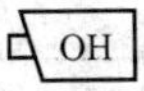	有室外防护罩的电视摄像机　Television camera with outdoor housing
305		有室外防护罩的带云台的摄像机 Television camera with outdoor housing and pan/till unit
306		彩色电视摄像机　Colour television camera
307		带云台彩色摄像机　Colour television camera with pan/till unit
308		电视监视器　Television monitor 彩色电视监视器　Colour television monitor
309		带式录像机　Video tape recorder
310	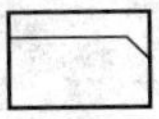	读卡器　Card reader
311		保安巡查打卡器　Patrol card reader

续表

序号	符　号	说　明
312		紧急脚挑开关　Deliberately-operated device (foot)
313		紧急按钮开关　Deliberately-operated device (manual)
314		压力垫开关　Pressure pad
315		门磁开关　Magnetically-operated protective switch
316		压敏探测器　Pressure-sensitive detector
317		玻璃破碎探测器　Glass-break detector (surface contact)
318		被动红外入侵探测器　Passive infrared intrusion detector
319		微波入侵探测器　Microwave intrusion detector
320		被动红外/微波双技术探测器　IR/M dual-technology detector
321	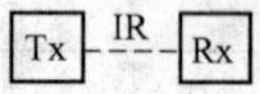	主动红外入侵探测器（Tx、Rx分别为发射、接收）Active infrared intrusion detector
322	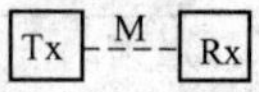	遮挡式微波探器（Tx、Rx分别为发射、接收）
323	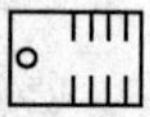	楼寓对讲电控防盗门主机 Mains control module for flat intercom electrical control door
324		对讲电话分机　Interphone handset
325		电控锁　Electro mechanical lock
326	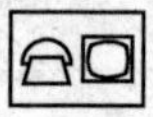	可视对讲机　Video doorphone
327	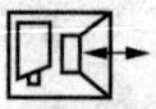	可视对讲户外机　Video phone, outdoor set
328	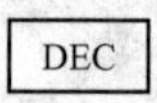	解码器　Decoder

续表

序号	符　号	说　明
329	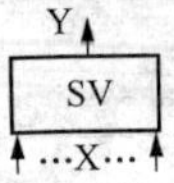	视频顺序切换器　Sequential video switcher （X 代表几位输入，Y 代表几位输出）
330	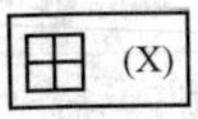	图像分割器　Video splitter （X 代表画面数）
331	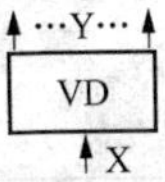	视频分配器　Video amplifier distributor （X 代表输入，Y 代表几位输出）
332	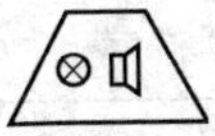	声、光报警箱　Alarm box
333	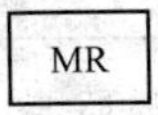	监视立柜
334	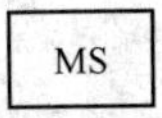	监视墙屏

附表 B-6　**有线电视系统图形符号**

序号	符　号	说　明
335	 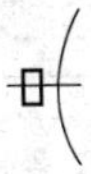	天线，一般符号　Antenna，general symbol 带矩形波导馈线的抛物面天线 Parabolic antenna，shown with rectangulay waveguide feeder
336		有当地天线引入的前端，示出一个馈线支路，馈线支路可从圆的任何点画出 Head end with local antenna The symbol is shown with one branch feeder Branch feeders may be drawn from any convenient point on the circle
337		无当地天线引入的前端，示出一个输入和一个输出通路 Head end without loccal antenna The symbol is shown with one input and one output trunk feeder
338		放大器，一般符号。中继器一般符号　Amplifier，general symbol，Repeater，general symbol 三角形指向传输方向　The triangle is pointed in the direction of transmission
339		均衡器　Equalizer
340		可变均衡器　Variable equalizer
341		变频器，频率由 f_1 变到 f_2　Frequency converter，changing from f_1 tof_2 f_1 和 f_2 可用输入和输出频率数值代替　The f_1 and f_2 may be replaced by indications of the input and output frequencies
342		固定衰减器　Attenuator，fixed loss
343	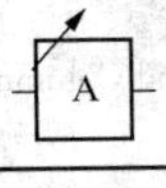	可变衰减器　attenuator，variable loss

续表

序号	符　号	说　明
344	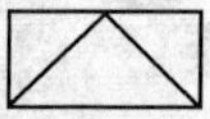	调制器、解调器或鉴别器一般符号 Modulator，demodulator or discriminator，general symbol
345	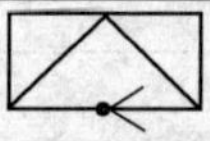	解调器　Demodulator
346	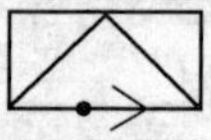	调制器　Modulator
347	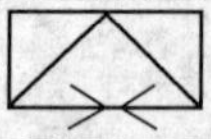	调制解调器　Modem
348	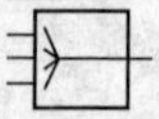	混合网络　Mixing network
349		彩色电视接收机　Colour television receiver
350	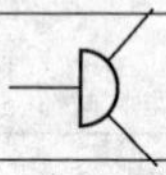	分配器，两路，一般符号　Splitter，two-way，general symbol
351	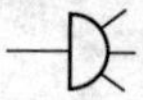	三路分配器　Splitter，three-way
352	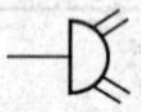	四路分配器　Splitter，four-way
353		信号分支，一般符号　Single tap-off，general symbol
354		用户分支器　示出一路分支　Subscriber's tap-off The symbol is shown with a single tap-off on line
355		用户二分支器　Subscriber's tap-off，two-way
356		用户四分支器　Subscriber's tap-off，four-way
357		系统出线端　System outlet
358		匹配终端　Matched termination
359		视盘放像机　Video disc player

附表 B-7　　服务性广播及厅堂扩声系统图形符号

序号	符　号	说　明
360		传声器，一般符号　Microphone，general symbol
361		扬声器，一般符号　Loudspeaker，general symbol
362		需要注明扬声器的型式时在符号附近注"★"用下述文字标注： C—吸顶式安装型扬声器　Loudspeaker，ceiling mounted type R—嵌入式安装型扬声器　Loudspeaker，flush type W—壁挂式安装型扬声器　Loudspeaker，wall mounted type
363		扬声器箱、音箱、声柱　Loudspeaker box，Sound Column

续表

序号	符　号	说　明
364	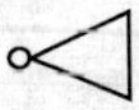	高音号筒式扬声器　Horn
365	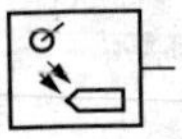	光盘式播放机　Optical disc type reproducer
366	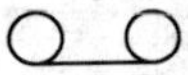	带录音机　Tape recorder
367		放音机、唱机　Record player，phonograph
368	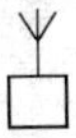	调谐器、无线电接收机　Tuner，radio receiver
369		放大器　Amplifier
370	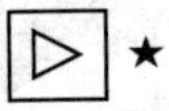	需指出放大器设备的种类在符号处就近“★”用下述字母替代标注： A—扩大机　Audio amplifler PRA—前置放大器　Preamplifier AP—功率放大器　Power amplifier
371		电平控制器　Level control

附表 B-8　**建筑物自动化系统图形符号**

序号	符　号	说　明
372		温度传感元件　Temperature transducer element
373		压力传感元件　Pressure transducer element
374		流量传感元件　Flowrate transducer element
375		湿度传感元件　Humidity transducer element
376	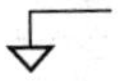	液位传感元件　Level transducer element
377		流量测量元件（*为位号）　Measuring component，flowrate
378		流量变送器（*为位号）　Transducer，flowrate
379		液位变送器（*为位号）　Transducer，level
380		压力变送器（*为位号）　Transducer，pressure
381		温度变送器（*为位号）　Transducer，temperature
382		湿度变送器（*为位号）　Transducer，humidity
383		模拟/数字变换器　Converter，A/D

续表

序号	符号	说明
384	D/A	数字/模拟变换器 Converter，D/A
385	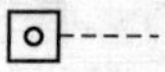	计数器控制 Actuated by a counter
386	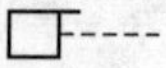	流体控制 Actuated by fluid flow
387	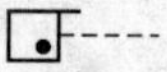	气流控制 Actuated by gas flow
388	$\%H_2O$	相对湿度控制 Actuated by relative humidity
389	BAC	建筑自动化控制器 Building automation control ler
390	DDC	直接数字控制器 Direct digital control ler (DDC)
391	GM	燃气表 Gas meter
392	WM	水表 Water meter
393		空气过滤器 Air filter
394		空气加热器 Air heater
395		空气冷却器 Air cooler
396	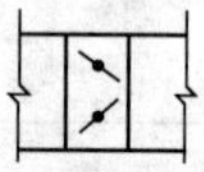	对开式多叶调节阀 Open multi-blade regulating valve
397	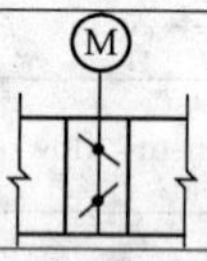	电动对开多叶调节阀 Electric operated open multi-blade regulating valve
398	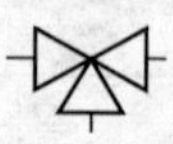	三通阀 Three-way valve
399		四通阀 Four-way valve
400	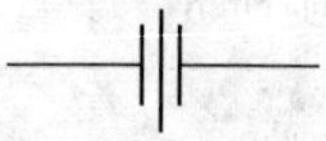	节流孔板 Orifice plate
401		加湿器 Humidifer

续表

序号	符　　号	说　　明
402	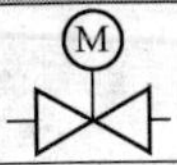	电动蝶阀　Electrically butterfly valve
403		风机　Fan
404	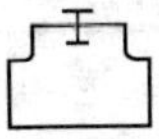	冷却塔　Cooling tower
405		冷水机组　Water chillers
406	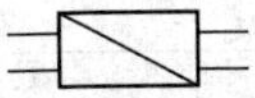	热交换器　Heat exchanger

附表 B-9　　**线 路 图 形 符 号**

序号	符　　号	说　　明
407	F	电话线路或电话电路　Telephone line or circuit
408	T	数据传输线路　Transmission of data line
409	V	视频通路（电视）　Telecommunication-line，video channel（television）
410	R	射频线路　Telecommunication-line，radio frequency
411	GCS	通用布线系统线路　GCS line
412	B	广播线路　Broadcast line
413		永久接头　Permanent joint
414	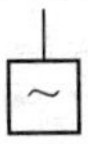	线路电源器件　示出交流型　Line power unit，shown AC type
415	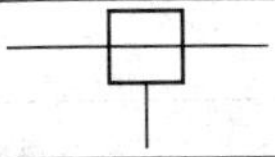	线路电源接入点　Power feeding injection point
416		光纤或光缆一般符号　Optical fibre or optical fibre cable，general symbol

附表 B-10　　**其 他 图 形 符 号**

序号	符　　号	说　　明
417	CPU	计算机　Computer
418	STB	机顶盒　Set-top-box
419	KY	操作键盘　Operation keyboard
420		打印机　Printer

续表

序号	符　　号	说　　明
421	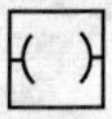	接口器件的一般符号　Interftace dcvice，general
422		过电压保护装置　Overvoltage protection device
423	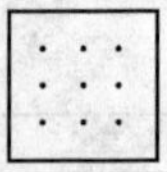	模拟显示板　Simulation panel
424		报警传输发送、接收器　Transceiver
425	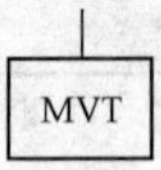	视频报警器　Video motion defector

附表 B-11　　　　　　　　弱电功能性及位置文件用图形符号

序号	符　　号	说　　明
426	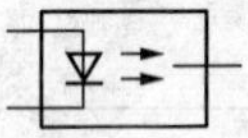	光发射机　Guided light transmitter
427	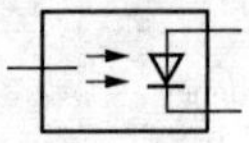	光接收机　Guided light treceiver
428	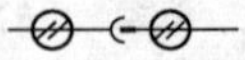	光连接器（插头—插座）　Optical connection female-male
429		光纤光路中的转换触点　Change-over contact in optical fibre circuit
430	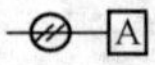	光衰减器　Optical attenuator
431		滤波器　Filter
432		高通滤波器　High-pass filter
433		低通滤波器　Low-pass filter
434		带通滤波器　Band-pass filter

注　摘自 00DX001《建筑电气工程设计常用图形和文字符号》。

附录C 建筑电气常用文字符号

文字符号	名称	英文名称
	导线敷设方式的标注	
K	瓷片或瓷珠敷设	
PR	塑料线槽敷设	PVC raceway
MR	金属线槽敷设	Metallic raceway
SC	穿焊接钢管敷设	Welded steel conduit
MT	穿金属电线管敷设	Metallic tubing
PC	穿聚氯乙烯管敷设	PVC conduit
FPC	穿阻燃聚氯乙烯管敷设	Flame retardant PVC conduit
CT	用电缆桥架敷设	Cable tray
PCL	用瓷夹敷设	
PMC	穿蛇皮管敷设	Flexible metal conduit
CP	穿金属软管敷设	Flexible metal conduit
DB	直埋敷设	Direct burying
TC	电缆沟敷设	Cable trough
CE	混凝土排管敷设	Concrete encasement
M	用钢索敷设	Messenger wire
	导线敷设部位的标注	
AB	沿梁或跨梁敷设	Along or across beam
AC	沿柱或跨柱敷设	Along or across column
WS	沿墙面敷设	Wall surface
WC	墙内敷设	Concealed in wall
SCE	吊顶内敷设	Recessed in ceiling
BC	暗敷在梁内	Concealed in beam
CLC	暗敷在柱内	Concealed in column
F	地板或地面下敷设	Floor
CC	暗敷设在屋面	Concealed in ceiling or slab
	设备安装方式的标注	
W	墙装式	Wall
C	吸顶式	Ceiling
R	嵌入式	Flush
DS	管吊式	Conduit suspension
CS	链吊式	Catenaries suspension
SW	线吊式	Wire suspension
S	支架	Support
CL	柱上	Column
HM	座装	Holder mounting

续表

文字符号	名称	英文名称
	设备安装方式的标注	
WR	墙壁内安装	Recessed in wall
CR	顶棚内安装	Recessed in ceiling
参数		
P_N	设备安装功率	Installed capacity
P	计算有功功率	Calculate active power
I_C	计算电流	Calculate current
f	频率	Frequency
U_N	标称电压	Nominal voltage
	项目代号	
A	部件、组件	
AM	计量柜	Electric energy measuring cabinet
AH	高压开关柜	HV switchgear
AA	交流开关柜	AC switchgear
AD	直流开关柜	DC switchgear
AP	动力配电盘	Power distribution board
APE	应急动力配电盘	Emergency power distribution board
AL	照明配电盘	Lighting distribution board
ALE	应急照明配电盘	Emergency lighting distribution board
AT	电源自动切换盘	Power automatic transfer board
AC	控制箱	Control box
AW	电能表箱	Watt hour meter box
AFC	火灾报警控制器	Fire alarm controller
ABC	建筑物自动化控制器	Building automation controller
B	事件或状态检测	
BP	压力传感器	Pressure transducer
BT	温度传感器	Temperature transducer
BF	流量传感器	Measuring transducer for flow rate
BH	湿度传感器	Measuring transducer for humidity
BL	液位传感器	Measuring transducer for level
C	电容器	Condenser
E	产生冷热光的物体	
EH	发热器件	Heating device
EL	照明灯	Lamp for lighting
EV	空调器	Ventilator
EE	电加热器	Electrical heater
F	保护器件	
FV	限压保护器件	Voltage threshold protective device
FU	熔断器	Fuse

续表

文字符号	名称	英文名称
	项目代号	
G	产生物质、能量或信号的物体	
GA	异步发电机	Asynchronous generator
GB	蓄电池	Battery
GD	柴油发电机	Diesel-engine generator
GU	不间断电源	Uninterrupted power system（UPS）
H	信号或信息	
HA	声响指示器	Acoustical indicator
HL	光指示器	Optical indicator
K	处理信号或控制其他物体的物体	
KT	时间继电器	Time delay relay
KC	电流继电器	Current relay
KV	电压继电器	Voltage relay
KF	频率继电器	Frequency relay
KH	热继电器	Thermal relay
M	提供动力驱动其他物体的设备	
MD	直流电动机	Direct current motor
MA	异步电动机	Asynchronous motor
P	测量、试验设备	
PA	电流表	Ammeter
PV	电压表	Voltmeter
PJ	电能表	Watt hour meter
PW	有功功率表	Watt meter
PF	频率表	Frequency meter
PPA	相位表	Phase meter
Q	电力开关	
QF	断路器	Circuit breaker
QM	电动机保护开关	Motor protection switch
QS	隔离开关	Disconnector，Isolator
QR	漏电保护断路器	Residual current circuit breaker
QL	负荷开关	Load-breaking switch
QCS	转换开关	Change over switch
QC	接触器	Contactor
QST	启动器	Starter
QTS	切换开关	Two direction switch
R	电阻	Resistor
S	提供手动输入信息或从系统选择信息的物体	
SA	控制开关，选择开关	Control switch，Select switch
SB	按钮开关	Push-button

续表

文字符号	名称	英文名称
	项目代号	
SL	液位传感器	Liquid level sensor
SP	压力传感器	Pressure sensor
SQ	位置开关	Position switch
T	能量或信息转换器	
TA	电流互感器	Current transformer
TM	电力变压器	Power transformer
TV	电压互感器	Voltage Transformer
W	传导、引导物质、能量、信息的物质	
WP	电力线路	Power line
WL	照明线路	Lighting line
WPE	应急电力线路	Emergency power line
WLE	应急照明线路	Emergency lighting line
WC	控制线路	Control line
WS	信号线路	Signal line
X	静态连接体	
XT	端子板	Terminal board
	常用辅助文字符号	
A	电流	Current
A	模拟	Analog
AC	交流	Alternating current
A AUT	自动	Automatic
ACC	加速度	Accelerating
ADD	附加	Add
ADJ	可调	Adjustability
AUX	辅助	Auxiliary
ASY	异步	Asynchronizing
B BRK	制动	Braking
BC	广播	Broadcast
BK	黑	Black
BL	蓝	Blue
BW	向后	Back ward
C	控制	Control
D	延时	Delay
D	数字	Digital
DC	直流	Direct current
DR	方向	Direction
E	接地	Earthing
EM	紧急	Emergency

续表

文字符号	名称	英文名称
常用辅助文字符号		
EN	密闭	Enclosed
EX	防爆	Explosion proof
F	快速	Fast
FM	调频	Frequency modulation
G	气体	Gas
H	高	High
IN	输入	Input
L	左	Left
L	限制	Limiting
LA	闭锁	Latching
M	主	Main
MAX	最大	Maximum
MIN	最小	Minimum
MC	微波	Microwave
MN	监听	Monitoring
MUX	多路复用	Multiplex
N	中性线	Neutral
NR	正常	Normal
OFF	断开	Off，Open
ON	闭合	On，Close
OUT	输出	Output
P	压力	Pressure
P	保护	Protection
PE	保护接地	Protective earthing
PEN	保护接地与中性线合一	Protective earthing neutra
PL	脉冲	Pulse
PR	参数	Parameter
R	纪录	Record
R	右	Right
RD	红	Red
RUN	运转	Run
S	信号	Signal
ST	启动	Start
S，SET	设置	Setting
SA	安全	Safety
SAT	饱和	Saturate
SB	电源箱	Power supply box
STE	步进	Stepping

续表

文字符号	名称	英文名称
常用辅助文字符号		
STP	停	Stop
SYN	同步	Synchronize
T	温度	Temperature
T	时间	Time
T	力矩	Torque
TM	发送	Transmit
U	向上	Up
UPS	不间断电源	Uninterruptible power supplies
V	真空	Vacuum
V	速度	Velocity
V	电压	Voltage
VR	可变	Variable
WH	白	White
YE	黄	Yellow

参 考 文 献

[1] 黎连业．关于智能大厦(一)．北京：中国计算机报，1999.7
[2] 黎连业．关于智能大厦(二)．北京：中国计算机报，1999.7
[3] 黎连业．智能大厦综合布线的工程设计．北京：计算机世界，1999.7
[4] 黎连业．智能大厦中网络布线测试技术．北京：计算机世界，1999.7
[5] 黎连业．智能大厦的监控系统．北京：计算机世界，1999.7
[6] 黎连业．智能大厦的消防系统．北京：计算机世界，1999.7
[7] 黎连业．计算机网络的传输介质．北京：计算机世界，1999.8
[8] 吕泉，张洪润．现代传感器原理及应用．北京：清华大学出版社，2006.
[9] 张洪润，张亚凡．传感技术与应用教程．北京：清华大学出版社，2005.
[10] 黎连业．双绞线的品种、性能与标准．北京：计算机世界，1999.
[11] 黎连业．同轴电缆的品种、性能与标准．北京：计算机世界，1999.8
[12] 黎连业．光缆的品种、性能与标准．北京：计算机世界，1999.8
[13] 黎连业．智能大厦网络实施指南．北京：清华大学出版社，1998.
[14] 黎连业．智能大厦智能小区基础教程．北京：科学出版社，2000.
[15] 黎连业等．网络互联设备 技术专题 北京：计算机世界，1999.8
[16] 黎连业等．入侵防范电视监控系统设计与施工技术．北京：电子工业出版社，2005.
[17] 黎连业，单银根等．综合布线系统弱电工程的设计与施工技术．北京：电子工业出版社，2006.
[18] 叶宜强，黎连业．弱电工程监理实用技术．北京：电子工业出版社，2007.
[19] 黎连业，王超成，苏畅．电视监控系统工程资质教程．北京：中国电力出版社，2006.
[20] 黎连业，王超成，苏畅．智能建筑弱电工程设计与实施．北京：中国电力出版社，2006.
[21] 黎连业，王超成，苏畅．智能小区弱电工程设计与实施．北京：中国电力出版社，2006.
[22] 黎连业，王超成，苏畅．综合布线系统工程资质教程．北京：中国电力出版社，2006.
[23] 黎连业．安全防范电视监控系统设计与工程施工技术．北京：中国电力出版社，2008.
[24] 罗先明．卫星通信．北京：人民邮电出版社，1993.
[25] 范东平，杜之云．工业电视接收机原理与制作．北京：电子工业出版社，1993.
[26] 张瑞武．智能建筑．北京：清华大学出版社，1996.
[27] 黎连业，陈俊良，黎萍．计算机网络系统集成与方案实例．北京：机械工业出版社，2007.
[28] 万博通公司技术部．网络系统集成行业实用方案．北京：海洋出版社，1999.
[29] 而师玛乃，花铁森主编．建筑弱电工程安装施工手册．北京：中国建筑工业出版社，1999.
[30] 汪纪峰．高层建筑消防监控系统工程技术基础．北京：中国建筑工业出版社，1993.
[31] 王以真．实用扬声器技术手册．北京：国防工业出版社，2007.
[32] 黎连业．网络综合布线系统与施工技术．北京：机械工业出版社，2000.
[33] 乐正友，杨为理．程控数字交换机硬件软件及应用．北京：清华大学出版社，1991.
[34] 张文冬．程控数字交换技术原理．北京：北京邮电大学出版社．2002.